ZG-10

钻孔/攻丝双功能试验机
Drilling&Tapping Tester

● 钻孔和攻丝双功能模拟试验机是应用于润滑介质、螺纹加工刀具及涂层功效评估的多元化开发工厂

● 有真实的切削和挤压□ 其他试验机好。

● 通过仿真钻孔和攻丝□ 及涂层功效进行评估，代表性地应用 测的螺纹机械切削加工及成型加工, 的实际验证可实现图表可视化分析。

TENKEY 厦门天机自动化有限公司

润滑油质量与成本的控制专家

四球摩擦试验机
Four ball Tester

MS-10J

MS-10A

● 可评定润滑油、润滑脂、切削液的PB、PD、ZMZ、D值。

● 采用磨斑与摩擦系数两种评定方法，可实现在线检测，用时短，效率高。

● 应用工业计算机与NI高端控制卡，可实现精细摩擦曲线的采集等。

● 软件可自行判定PB、PD，并计算ZMZ。

● 杠杆、砝码加载，与Falex、Hansa、Seta四球机一致。

圆锥滚子轴承剪切试验机
KRL Tapered Roller Bearing Shear Tester

● 采用圆锥滚子轴承剪切试验机，在类似于齿轮箱的试验条件下，使润滑油经过机械剪切应力的作用，造成永久性的黏度损失，并根据试验润滑油试验前后运动黏度的下降率来表示润滑油的黏度剪切安定性。

● 试验标准
NB/SH/T 0845-2010
CEC L-45-A-99

KRL-10A

KRL-10A-TC

联系人：陈东毅　手机：13306004000
地址：厦门火炬高新区火炬园光业楼东二层　邮编：361006
电话：0592-2080901　传真：0592-2080903
网址：www.tenkey.com.cn　电子邮箱：tenkey@tenkey.com.cn

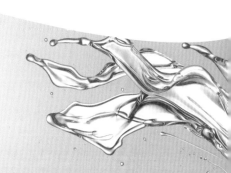

汽油机、柴机油、空压机油及耐燃液压油用的合成酯

型号	TRS0810	TRS0812	TRS6810	TMA-10	TRS0018	TRS0068	TRS0019	TRS500
名称	辛癸酸三羟甲基丙酯	C8-12酸三羟甲基丙烷酯	C6-12酸三羟甲基丙烷酯	偏苯三酸异10醇酯	油酸三羟甲基丙烷酯	油酸三羟甲基丙烷酯	油酸三羟甲基丙烷酯	混合酸多元醇复合酯
建议用途	汽油机、柴机油	汽油机、柴机油	汽油机、柴机油	高温链条油	耐燃液压油	耐燃液压油	切削油、乳化液	拉伸油、脱模油
外观	澄清透明	澄清透明	澄清透明	澄清透明	澄清透明	澄清透明	澄清透明	澄清透明
色号	≤100	≤150	≤300	≤150	≤200	≤200	≤200	≤800
密度/(kg/m³)	0.93~0.95	0.93~0.95	0.95~0.98	—	0.91~0.93	0.91~0.93	0.91~0.93	0.95~0.98
40℃黏度/(mm²/s)	18~21	20~23	25~29	110~130	42~50	62~74	42~50	560~650
100℃黏度/(mm²/s)	4.1~4.6	4.5~5.0	4.5~5.5	11~13	8~10	11~14	8~10	—
黏度指数	≥130	≥130	≥110	≥80	≥180	≥180	≥180	—
-30℃黏度/(mm²/s)	1400	1610	3670	—	—	—	—	—
倾点/℃	≤-50	≤-35	≤-25	≤-35	≤-35	≤-30	≤-35	≤-15
开口闪点/℃	≥240	≥240	≥245	≥260	≥300	≥300	≥300	≥220
蒸发损失(%)	3.7	4.2	3.5	—	—	—	—	—
酸值/(mg KOH/g)	≤0.1	≤0.1	≤0.1	≤0.1	≤1	≤1	≤1	≤10
羟值/(mg KOH/g)	≤2	≤2	≤5	≤1	≤15	≤15	≤40	—
碘值/(g/100g)	≤1	≤2	≤2	≤2	75~95	75~95	75~95	—
水含量(%)	≤0.1	≤0.1	≤0.1	≤0.1	≤0.1	≤0.1	≤0.1	≤0.1

冷冻机油用的合成酯

型号	TRRL-32	TRQY-28	TRL1068	TRQY1120	TRQY1170	TRQY1220	R32-6068	R32-6032
名称	混合酸季戊四醇酯	混合酸季戊四醇酯	混合酸季戊四醇酯	混合酸季戊四醇酯	混合酸季戊四醇酯	混合酸季戊四醇酯	混合酸季戊四醇酯	混合酸季戊四醇酯
建议用途	R134a.R407c.R570	R134a.R407c.R570	R134a.R407c.R570	R134a.R407c.R570	R134a.R407c.R570	R134a.R407c.R570	R32	R32
外观	澄清透明	澄清透明	澄清透明	澄清透明	澄清透明	澄清透明	澄清透明	澄清透明
色号	≤60	≤100	≤60	≤60	≤100	≤100	≤60	≤60
密度/(kg/m³)	0.96~0.98	0.96~0.99	0.94~0.96	0.97~0.99	0.97~0.99	0.97~0.99	0.99~1.05	0.99~1.05
40℃黏度/(mm²/s)	30~38	120~140	61~75	110~130	165~180	198~242	62~74	28~36
100℃黏度/(mm²/s)	5~7	13~15	7~10	11~14	15~18	18~21	8~11	5~7
黏度指数	≥85	≥95	≥85	≥95	≥90	≥90	≥110	≥95
倾点/℃	≤-50	≤-25	≤-35	≤-30	≤-25	≤-20	≤-35	≤-45
开口闪点/℃	≥240	≥270	≥250	≥270	≥270	≥280	≥210	≥200
酸值/(mg KOH/g)	≤0.05	≤0.05	≤0.05	≤0.05	≤0.05	≤0.05	0.03	0.03
羟值/(mg KOH/g)	≤3	≤3	≤3	≤3	≤8	<3	≤3	<3
碘值/(g/100g)	≤0.5	≤0.5	≤0.5	≤0.5	≤0.5	≤0.5	≤0.5	≤0.5
水含量(%)	≤0.03	≤0.05	≤0.05	≤0.05	≤0.03	≤0.05	≤0.03	≤0.03
R134a相溶性10%/℃	-22	-8	-21	-15	-10	-10	-50	-50
R407c相溶性10%/℃	-22	-8	-21	-15	-10	-10	-50	-50
R32相溶性10%/℃	不相溶	不相溶	不相溶	不相溶	不相溶	不相溶	-20	-50

绿色环保型水溶性润滑剂、水溶性极压剂

型号	K6660	KN7636	KN7606	KN901	G0058	KP318	KP728	AC1240	NS6511
名称	聚醚酯	聚醚酰胺	聚醚酰胺	聚醚酰胺	网状聚醚	磷酸酯	聚醚磷酸酯	氯代酸	硫化酰胺
建议用途	全合成切削液	乳化液	全合成切削液	全合成切削液	磨削液	乳化液	全合成液	乳化液、全合成液	乳化液、全合成液
外观	黄色液体	黑色液体	黄色膏体	黄色液体	黄色液体	黄色膏体	黑色液体	黄色液体	黑色液体
40℃黏度/(mm²/s)	183	4665	1666	150	9341	—	105	251	1716
倾点/℃	-3	14	11	-2	17	—	-2	-15	13
酸价/(mg/g)	6	—	—	—	—	289	27	170	—
皂化价/(mg/g)	65	—	—	—	—	—	—	348	—
5%水溶液PH	6	不溶于水	10	8	7.5	2	6	2	8
0.5%水溶液PB/(kg)	114	—	100	88	—	40	114	114	171
1%水溶液PB/(kg)	135	—	121	121	—	61	135	128	181
2%水溶液PB/(kg)	152	—	135	135	—	82	135	128	201
5%水溶液PB/(kg)	171	—	135	152	—	114	152	152	201

公司地址：浙江省杭州市临安区昌化镇双塔村工业园区
公司网站：www.hzymhg.com 联系方式：18989866409

广告

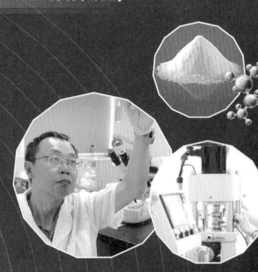

先进润滑技术及应用

林亨耀 编著

机 械 工 业 出 版 社

本书主要介绍了摩擦、磨损、润滑、润滑油、润滑脂、润滑剂等润滑基础知识，绿色润滑、油雾润滑、油气润滑、微量润滑、气体润滑、纳米润滑、仿生润滑、薄膜润滑等润滑技术及其应用，以及新兴产业和特殊产业领域的润滑技术、设备润滑管理及润滑状态监测与诊断技术等内容。

本书内容较系统和全面，实用性强，先进性和环保性突出，可操作性和应用性较强。本书可供润滑领域的研发人员和设备润滑管理与维修人员参考，也可供高等院校相关专业师生参考。

图书在版编目（CIP）数据

先进润滑技术及应用/林亨耀编著. —北京：机械工业出版社，2022.12（2024.1重印）

ISBN 978-7-111-71327-2

Ⅰ.①先… Ⅱ.①林… Ⅲ.①润滑 Ⅳ.①TH117.2

中国版本图书馆 CIP 数据核字（2022）第 139059 号

机械工业出版社（北京市百万庄大街 22 号 邮政编码 100037）
策划编辑：徐 强 雷云辉 责任编辑：徐 强 雷云辉 高依楠
责任校对：张晓蓉 王明欣 封面设计：马精明
责任印制：刘 媛
涿州市京南印刷厂印刷
2024 年 1 月第 1 版第 2 次印刷
184mm×260mm·29.5 印张·5 插页·1015 千字
标准书号：ISBN 978-7-111-71327-2
定价：149.00 元

电话服务 网络服务
客服电话：010-88361066 机 工 官 网：www.cmpbook.com
　　　　　010-88379833 机 工 官 博：weibo.com/cmp1952
　　　　　010-68326294 金 书 网：www.golden-book.com
封底无防伪标均为盗版 机工教育服务网：www.cmpedu.com

序

众所周知，润滑可以减小相对运动表面之间的摩擦，减少甚至避免材料磨损，这是机械设备低能耗、高精度、高可靠性、长寿命运作的保证。但是由于机械设备所处环境十分严酷，要实现和保持有效润滑非常困难。在工业发展历程中，为克服这些困难，人们开发了多种多样的润滑方式和技术，而且还在不断发展。

不论是设计、运行，还是管理或者维修一台机械设备的润滑系统，任何现有的专业培训都难以给予全部必需的知识。润滑工程师需要在工作岗位上依靠自学和在实践中锻炼成长，这种情况下，一本好书就很重要了。

《先进润滑技术及应用》这本书，对润滑的基本概念，多种先进润滑方式及其机理与所涉及的润滑材料、材料性质、材料制备，润滑在不同机械设备中的应用、管理、维护，以及润滑技术未来可能的发展，都做了翔实的阐述。作者在此前编写的若干专著，特别是在大型工具书《设备润滑手册》编写过程中积累的大量素材和观点，无疑都会积淀在这本书里。

说到万众创新，创新需要有创意和围绕创意生成可供实施的设计。万众创新与精英创新相比，在产生创意的实践性方面具有明显优势，但是在产生创意和生成设计所需要的知识拥有和运用方面则显然不足。实现万众创新要解决的一个重要问题是对万众的知识供给，而这些知识绝不应该理解为仅是浅知识，更重要的是由专业人士精心处理过的、高水平的、有针对性的、代表技术发展方向的深知识。把这些知识积淀在一本书里，是一种传统的、很有效的知识供给方式，既可以让万众自学，也可以作为润滑技术培训班的教材。

我与林亨耀同志是 1977 年在共同参加一个原机械工业部组织的摩擦学代表团赴欧洲参加国际摩擦学学术交流会时认识的。几十年来他为了我国制造业的发展，不懈地奋斗在润滑技术领域，不仅做研究，还不断把研究成果编写成解决问题的书，这种精神值得我们每一个人学习。希望他在润滑技术领域里的这本新书能够对大家有所裨益。

中国工程院院士
上海交通大学教授　谢友柏
西安交通大学教授

前　言

随着现代科技的发展，进一步深入研究摩擦学及先进润滑方式与润滑技术显得尤为重要。笔者有幸于1977年作为中国机械工程学会摩擦学分会代表团8人成员之一赴联邦德国杜塞尔多夫（Dusseldorf）参加国际摩擦学学术交流会。从1977年至今，笔者涉足摩擦学和润滑材料及润滑技术方面的科研和实践工作长达四十多年，也积淀了一定的知识和实践经验，并取得了多项国家发明专利。在此期间，笔者曾多次出国参加国际摩擦学学术交流会（英国、德国、意大利、瑞典、芬兰、美国、加拿大等），在1990—1991年底，笔者还曾作为原国家科学技术委员会委派的中方专家组组长赴芬兰国家技术研究中心执行中国-芬兰两国政府间的摩擦学科技合作项目。

1996年，笔者离开广州机床研究所，创建广州市联诺化工科技有限公司，现任该公司董事长。20多年来主要从事绿色润滑剂的开发及相关润滑技术的应用研究。

近年来，笔者一直在考虑把掌握的先进润滑技术相关知识和实践经验融会贯通，编写成册，提供给润滑领域的科技人员和设备润滑管理及维修人员等参考，而且尽量将较前沿的润滑领域的知识纳入书中，如谢友柏院士最早在国内提出的"摩擦学设计及润滑技术"的论述，温诗铸院士和雒建斌院士提出的"薄膜润滑理论"，以及薛群基院士、刘维明院士和徐滨士院士等关于"纳米润滑技术"方面的论述等。笔者期待与行业同仁相互交流，共同分享本书的有关知识，希望本书能对读者有所启发和帮助，对行业发展有一定的推动作用。

在本书的编写过程中，笔者参阅了大量的国内外文献资料和科技论文，也引用了许多专家、学者的一些论述和数据图表，这些都在每章的参考文献中列出，在此，特向这些专家、学者致以崇高的谢意！另外，在本书的编写过程中，得到了广州机械科学研究院冯伟博士的诸多帮助及机械工业出版社的大力支持，在此深表谢意！同时，对于广州市联诺化工科技有限公司的领导和相关人员（尤其是熊舜徽和毛志铭）对本书编写的热情帮助，表示诚挚的谢意！

最后，笔者要特别感谢谢友柏院士在百忙之中为本书作序并提出指导性意见！

由于作者水平有限，本书的缺陷和错误在所难免，敬请各位专家、读者批评指正，笔者将深表谢意！

林亨耀

目　录

第1章 摩擦、磨损和润滑

摩擦、磨损和润滑是在人们生活和生产中常见的现象，但以前这方面的基础知识很缺乏。英国政府较早意识到了这方面的问题，1964 年，英国政府委托以 H. Peter Jost 为首的小组负责调查英国工矿企业在摩擦、磨损和润滑方面的实际情况，后于 1966 年提出了一项调查报告，即著名的"乔斯特报告"（Jost report）。这项报告指出，通过充分利用现有的摩擦学知识，就可为英国工业每年节省 5 亿 1 千多万英镑，相当于当时英国国内生产总值（GDP）的 1%。这项调查报告随即引起了英国政府和工业部门的高度重视。从此英国开始着力开展摩擦、磨损和润滑方面的科研工作。

20 世纪 60 年代中期，H. Peter Jost 教授正式提议，将研究摩擦、磨损和润滑这三者的知识形成一门新兴的学科，提出了一个崭新的科学技术领域的概念，并将其定义为摩擦学（Tribology）。这个新概念一提出便很快得到世人的认同，并随即在许多国家广泛开展了相关的科研活动。摩擦学被定义为研究相对运动的相互作用表面及其有关理论的一门科学。国际摩擦学理事会总部设在英国伦敦，H. Peter Jost 教授出任主席。从此，摩擦学这门新学科在全世界范围内得到了快速发展，许多国家相继成立了摩擦学专业学会，中国机械工程学会摩擦学分会于 1979 年在广州宣告成立。

随着现代工业的快速发展，在工程应用中人们经常会面临更多和更复杂的摩擦、磨损和润滑问题。两个相互接触的表面做相对运动时，便会发生摩擦和磨损，而润滑则是降低摩擦和减少磨损的重要技术措施。世界上每年由于摩擦和磨损所造成的损失是惊人的。据报道，世界上的能源有 1/3～1/2 消耗在摩擦上；约 80% 的机械零部件失效都是磨损造成的；50% 以上的机械装备事故都源于润滑失效或过度磨损。

据报道，发达国家每年因摩擦、磨损所造成的经济损失约占 GDP 的 3%～5%。我国是制造业大国，其损失比例更高。据不完全统计，我国 2019 年由于摩擦、磨损造成的经济损失达 5 万亿元（按 2019 年我国 GDP 接近 100 万亿元计算）。因此，正确运用和推广摩擦学知识，提高材料的耐磨性和使用寿命，减

少维修，节约成本，减少能源浪费，避免非正常停机损失等，都具有很高的社会价值和经济效益。因此，摩擦学工作者的主要任务是如何采用合理和先进的润滑技术来控制摩擦、减少磨损，使机械设备高效、安全运行。

芬兰著名的摩擦学专家 K. Holmberg 教授 2017 年应邀来北京参加第六届世界摩擦学大会，并在大会上做主题报告，图 1-1～图 1-3 是他提供的统计数据。1990—1991 年底，本书作者林亨耀先生曾作为中方专家组组长赴芬兰首都赫尔辛基执行中国-芬兰两国政府间摩擦学科技合作项目，芬兰的合作专家正是 K. Holmberg 教授。

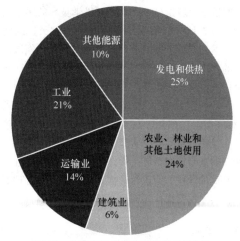

图 1-1 全球各行业的温室气体排放占比

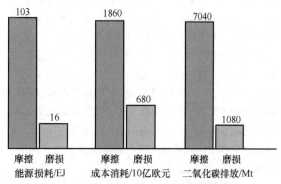

图 1-2 摩擦、磨损造成的全球性能源损耗、成本消耗及二氧化碳排放

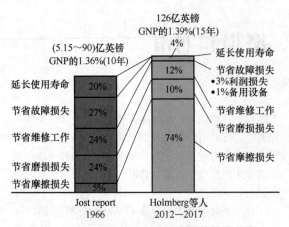

**图 1-3 在机械设备中应用新的摩擦学知识,使英国
节省的经济价值从 1966 年的 5 亿多英镑
提升到了 2017 年的 90 亿英镑**

注:GNP 为国民生产总值。

许多研究表明,现代化工业中存在的大量摩擦、磨损等方面的问题都可应用现有的摩擦学知识来解决。摩擦学领域是一个充满高新科学技术的多学科交叉的工程领域。摩擦学的发展对航空航天、国防安全、微纳制造、生物制造和人类健康等重要领域都有直接的作用,对建设资源节约型社会和实现国民经济的可持续发展会产生重大和深远的影响。

一切相互接触并做相对运动的设备零件表面(统称摩擦副)都会产生摩擦,磨损是伴随摩擦产生的必然结果,对摩擦副实施润滑,则是减少摩擦、降低磨损的重要技术措施。摩擦学作为一门实用性强和适应性广的学科,为改善摩擦、控制磨损和合理润滑等工程实际问题提供了理论基础和解决方案。

1.1 摩擦

摩擦是人类历史上研究和利用得最久远、最基础、最重要的现象之一,它对人类文明史有着重要的意义。因摩擦带来的难题,也通过古人的经验得到了巧妙解决。北京故宫是我国明清两代的皇宫,有大小宫殿七十多座,规模巨大。史料介绍,在建造故宫时,重达上百吨的石料就是通过冰道从近百公里之外的采石场"滑"到故宫的。古埃及人在没有任何机械辅助的情况下,是如何将几十米之巨大的法老石雕像运送到沙漠中的金字塔附近的?这是考古学家一直想破解的谜题,这里面也隐含着古埃及人的"润滑"智慧。

由于摩擦机理极其复杂,对摩擦原理的研究成为一项长期的艰难挑战,至今依然十分活跃。事实上,

由于摩擦的存在是无法避免的,很多关键技术(如航天器、火星机器人、月球机器人、高铁、计算机存储、微机电系统等)都遇到了发展瓶颈。

两个相互接触的物体,在外力作用下发生相对运动或具有相对运动趋势时,在接触面上发生阻碍相对运动的现象称为摩擦。两个相互接触发生相对运动的部件,称为摩擦副,而摩擦副间的接触面称为摩擦面。接触面间产生的切向运动阻力,称为摩擦力。在机械运动中,发生相对运动的零件或部件统称为运动副,如轴与轴承、齿轮与齿轮、蜗轮与蜗杆、链条与链轮、凸轮与顶杆、钢轨与车轮、带与带轮等,这些运动副在相对运动的同时都会发生摩擦,因此人们也称这些运动副为摩擦副。存在摩擦现象的同时也存在着摩擦力、摩擦热和磨损三种现象。

目前人们虽然可以通过不同的实验方法获得不同量级、不同接触状态、不同运动方式下的摩擦力和摩擦系数等,但是,对摩擦产生的机理和本质还没有完全弄清楚,特别是从分子、原子量级揭示摩擦的起源尚待深入研究。摩擦的最简单的定义就是两个接触的物体,在相互运动时所发生的阻力。摩擦的大小一般用摩擦系数 μ 表示,其值等于摩擦力(切向力)F 与法向力(负荷)N 的比值,即 $\mu = F/N$。在早期,人们认为摩擦系数是常数,是一种材料的属性,但近年来,发现它并非材料的属性,而是在受润滑条件、固体材料、环境介质、工作参数等一系列因素的影响时,它会在很大范围内发生变化。

摩擦本质上是一个机械能转化为热能的不可逆耗散过程。当今摩擦机理的研究更多是在微观领域,常以原子力显微镜、表面力仪、扫描电子显微镜等为工具进行实验研究,并通过构造适当的数学-物理模型,从分子和原子尺度解释摩擦产生的原因,进而明晰摩擦的内在机理。众多研究表明,摩擦能量耗散的主要途径涉及结构损伤、声子的激发、电子诱发的能量耗散,以及以光、电的形式导致的能量辐射。对这个转化过程的研究或许能使人们从根本上理解摩擦的起源,能够帮助人们精确计算摩擦力,准确预测材料的磨损性能。

专家认为,相互接触的两个相对运动的物体,一般遵循法国物理学家阿蒙顿-库伦的经典摩擦定律,它主要包括以下几点:

1)摩擦力与名义接触面积无关。

2)摩擦力与法向负荷成正比。

3)静摩擦力大于动摩擦力。

4)在动摩擦中,摩擦阻力与滑动速度大小无关。

但近年有学者研究发现，上述的经典摩擦定律并不完全正确。

摩擦力 F 的大小可用摩擦系数 μ 表示，即 $\mu = F/N$，N 为摩擦面上的法向负荷。摩擦系数 μ 因材料、摩擦的类型及表面粗糙度等的不同而不同。

实际上，任何存在的表面都不是绝对平滑的，即使经过精密加工，表面上也会留下加工痕迹。若把它放大来看，其表面是凹凸不平的，也就是说，存在一定的表面粗糙度。从微观角度看，工件表面的接触实际上是粗糙微凸体的接触，球体、圆柱体和锥体较为常见。图 1-4 所示为接触表面呈圆弧状的微凸体接触示意图。

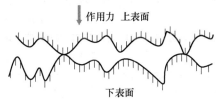

图 1-4　微凸体接触示意图

1.1.1　摩擦分类

因研究和观察的依据不同，摩擦的分类也不同，这里只介绍较常见的分类法。

1. 按摩擦发生的部位分类

（1）外摩擦　外摩擦是指在两个相互接触的物体表面之间发生的摩擦，即一般所指的摩擦，它只与接触表面的作用有关，而与物体的内部状态无关。

（2）内摩擦　内摩擦是指在同一物体内部各部分之间或分子之间发生的摩擦。内摩擦一般发生在液体或气体之类的流体润滑剂内，但也可能发生在固体内，如石墨、MoS_2 等固体润滑剂内。

外摩擦和内摩擦的共同特点是，在摩擦过程中都会发生能量的转换、磨损、噪声和温升等，这就是摩擦在动力学上的特征。可采用良好的润滑剂和润滑技术以降低摩擦、减少磨损、节约能源，确保机械设备安全营运。

2. 按摩擦副的运动状态分类

（1）静摩擦　当物体在外力作用下相对另一物体产生微观静位移（如弹性和塑性变形等），但还尚未发生相对运动时的摩擦称为静摩擦。在相对运动即将开始瞬间的静摩擦，即最大静摩擦，又称极限静摩擦，此时的摩擦系数称为静摩擦系数，一般在 0.41~3.31 范围内。

（2）动摩擦　物体在外力作用下沿另一物体表面相对运动时的摩擦，称为动摩擦。此时的摩擦系数称为动摩擦系数，一般在 0.001~0.9 之间。

3. 按摩擦副的运动形式分类

（1）滑动摩擦　两接触物体做相对滑动时的摩擦。在工业设备中，滑动摩擦副十分常见，如机床导轨副、滑动轴瓦与轴颈等。

（2）滚动摩擦　两接触物体沿接触表面滚动时的摩擦。常见的滚动摩擦副有滚动轴承等。

（3）旋转摩擦　物体沿垂直于接触表面的轴线做旋转运动时的摩擦，称为旋转摩擦。

图 1-5 所示为上述三种摩擦形式示意图。

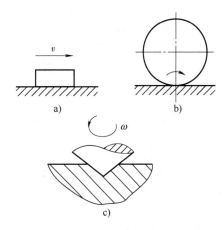

图 1-5　摩擦形式

a）滑动摩擦　b）滚动摩擦　c）旋转摩擦

（4）滚-滑复合摩擦　两接触物体表面既存在滚动又存在滑动时的摩擦。常见的滚-滑复合摩擦副有齿轮副、凸轮机构等。

4. 按摩擦副表面的润滑状况分类

（1）干摩擦　通常是指两物体表面间无任何形式的润滑剂存在时的摩擦，如图 1-6a 所示。

（2）边界摩擦　做相对运动的摩擦副表面之间存在一层极薄的边界膜（吸附膜或反应膜）时的摩擦，如图 1-6b 所示。边界膜的厚度约为 0.1μm 左右，边界摩擦是液体摩擦进入干摩擦之前的临界状态。

（3）流体摩擦　两接触表面被一层连续的润滑剂薄膜完全隔开时的摩擦，如图 1-6c 所示。这时流体摩擦发生在界面的润滑剂膜内，其摩擦阻力由流体的黏性阻力或流变阻力决定。

（4）混合摩擦　在摩擦副表面之间同时存在着干摩擦、边界摩擦和流体摩擦的混合状态时的摩擦，如图 1-6d 所示。混合摩擦一般是以半干摩擦和半流体摩擦的形式出现。

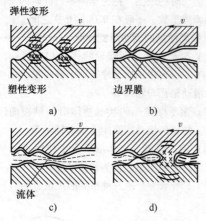

弹性变形

塑性变形 边界膜

a) b)

流体

c) d)

图 1-6 摩擦状态示意图

a) 干摩擦 b) 边界摩擦 c) 流体摩擦 d) 混合摩擦

1.1.2 摩擦接触

实际的零件表面不可能是绝对平整光滑的，在摩擦表面之间的摩擦、磨损与润滑过程中，摩擦表面的宏观与微观几何特性以及接触过程的特点具有重要意义，因此在研究固体的摩擦、磨损与润滑时，首先要考虑表面性质与接触过程的特点。

1. 表面形貌

如果从微观上对固体表面进行研究，则外观上认为光滑平整的表面，实际上是由许多不同几何形状的凸峰和凹谷所组成。固体表面的微观几何形态，特别是微凸体高度的变化，称为表面形貌。微凸体是指表面上微小的不规则的凸体，微凸体的几何形态是不规则的，典型的微凸体模型常取为圆柱体、锥体或半球体等。

形成表面形貌不平的原因有很多，例如在切削加工过程中形成的刀痕、磨痕，切屑分离时的塑性变形，以及由于机床-刀具-工件系统的刚度差及振动等原因，在表面上形成的形状误差、颤纹等。通常用以下 3 种几何特性来描述。

（1）表面几何形状宏观误差　它是指在制造过程中形成的表面几何形状相对标准形状的误差，如表面凸起、凹入和锥度等，一般是有规则的、不重复出现的，如图 1-7 曲线 1 所示。

（2）表面波纹度　又称表面加工纹理，它是在制造过程中由于机床和刀具性能不完善，例如系统刚度差、振动、齿轮误差，以及旋转刀具不准确等所形成的周期性的、有规则的表面几何形状误差，如图 1-7 曲线 2 所示。

（3）表面粗糙度　表面粗糙度是指零件加工表

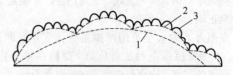

图 1-7 表面形貌及特性

1—表面几何形状宏观误差　2—表面波纹度

3—表面粗糙度

面上具有的较小间距和峰谷所形成的微观几何形状特性，如图 1-7 曲线 3 所示。一般由所采用的加工方法和（或）其他因素形成。

为了综合评价具有复杂形状的表面粗糙度，通常取一段用于判别被评定轮廓不规则特征的 X 轴上的长度（称为取样长度 lr）进行测量。为了能够充分合理地反映表面粗糙度的特性，在用于判别被评定轮廓的 X 轴方向上，取包括一个或几个取样长度作为评定长度 ln。在评定表面粗糙度时，是以轮廓中线为基准线的。轮廓的最小二乘中线 m，是指具有几何轮廓形状并划分轮廓的基准线，在取样长度内使轮廓线上各点的轮廓偏距的平方和为最小（见图 1-8）。轮廓的算术平均中线是指具有几何轮廓形状，在取样长度内与轮廓走向一致的基准线，在取样长度内由该线划分轮廓使上下两边的面积相等（见图 1-9）。

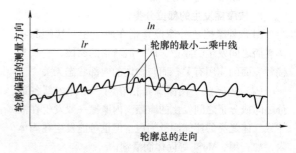

图 1-8 轮廓的最小二乘中线

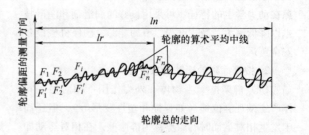

图 1-9 轮廓的算术平均中线

表面粗糙度可按下列表征参数之一进行评定。

1）轮廓的算术平均偏差 Ra。它是指在一个取样长度内，纵坐标 $z(x)$ 绝对值的算术平均值（见图 1-10）。

$$Ra = \frac{1}{lr}\int_0^{lr}|z(x)|\mathrm{d}x \qquad (1\text{-}1)$$

或近似取

$$Ra = \frac{1}{n}\sum_{i=1}^n|z_i| \qquad (1\text{-}2)$$

式中　$z(x)$——各点轮廓高度；

　　　　lr——取样长度；

　　　　z_i——各测量点的轮廓高度。

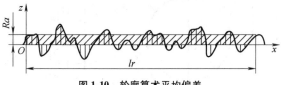

图 1-10　轮廓算术平均偏差

2）轮廓的最大高度 Rz。它是指在一个取样长度内，最大轮廓峰高 Zp 和最大轮廓谷深 Zv 之和（见图 1-11）。

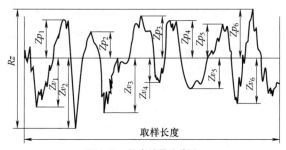

图 1-11　轮廓的最大高度

3）轮廓的均方根偏差 Rq。它是指在一个取样长度内，纵坐标 $Z(x)$ 的均方根值。

$$Rq = \sqrt{\frac{1}{lr}\int_0^{lr}Z^2(x)\mathrm{d}x} \qquad (1\text{-}3)$$

式中　lr——取样长度。

除了以上参数外，轮廓微观不平度的平均高度和轮廓曲线峰圆弧平均半径等，对研究对偶表面的摩擦学特性也具有较重要的意义。

表面粗糙度是通用的评价表面微观几何形状的重要参数，但它只能说明与表面垂直截面上的表面轮廓而无法说明表面微凸体的形状、尺寸、斜率及分布状况等。例如，图 1-11 所示的各表面轮廓算术平均偏差虽然相同，但却具有完全不同的轮廓。因此，要想把表面形貌描述好，还需要测量评定一些其他参数，如微凸体的形状及其分布状况等。

在取样长度内，一条平行于中线的线与轮廓相截，所得到的各段截线长度之和为轮廓的支承长度

η_p，η_p 与取样长度 l 之比为轮廓支承长度率 l_p，由图 1-12 可知，l_p 值是对应于不同截距 c 而给出的。

$$\eta_p = b_1 + \cdots + b_i + \cdots + b_n \qquad (1\text{-}4)$$

$$l_p = \frac{\eta_p}{l}$$

轮廓支承长度率 l_p 提供了识别不同轮廓形状的方法，可用于评定表面的耐磨性能。

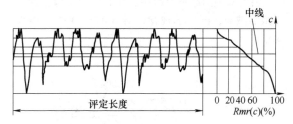

图 1-12　轮廓支承长度

2. 表面的物理化学特性

通常将固体表面看成是固体与周围介质分隔的表面，真实表面层由不同物理特性的外表面层与内表面层所组成。引起表面层变化的过程很复杂，可以概略地描述如下。

（1）接触表面几何形状的变化　例如上面提到的表面粗糙度、波纹度，以及由于接触点上存在磨料和磨屑而产生的几何形状。

（2）晶体结构的变化　包括晶体结构缺陷的扩展，如点缺陷、线缺陷（位错）、面缺陷（孪晶界、晶界、晶粒位向变化等）、体缺陷（空位积聚、形成孔隙），以及金属结构的变化，如晶格转变、碳化物的生成和溶解、相变、再结晶等。

（3）摩擦表面膜的形成　包括环境介质（气体、润滑剂）吸附气体分子膜、化学吸附膜、物理吸附膜、化学反应膜和转移膜、由润滑剂生成的聚合物膜等。

图 1-13 所示为金属表面层的结构，其中外表面层由自然污染层、吸附气体分子层和环境介质化合物层（氧化物层、硫化物层、氯化物层）所组成，主要由表面与环境间的化学反应产生。内表面层又称次表面层，包括毕氏层、变形层和部分金属基体。毕氏层是在表面加工过程中，金属材料受热熔化，并在随后冷却过程中使材料特性和组织改变而形成的，它具有细微的晶体结构，比金属基体要硬一些，耐磨性也较高。变形层是材料塑性变形而形成的硬化层。

除此之外，有润滑的表面通常还会含有一层润滑剂膜，可能还有外界灰尘和磨屑存在于表面上。所谓

"纯净表面"，意味着表面上已去掉了所有的污染物，如灰尘、磨屑、微量润滑剂及氧化物层等化学膜，并且必须保持超高真空状况下两个表面相互附着而避免重新污染，这不太容易做到。因此，通常将用溶剂将表面上的油脂、灰尘等清洗干净，却仍然保持有氧化物层存在的表面看作纯净表面，这时表面间的黏附作用可以忽略。

在金属表面摩擦过程中，表面层的结构特性及生成、破裂、再生的规律，对其摩擦性能有很大影响。

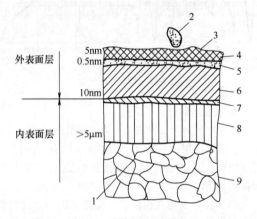

图 1-13　金属表面层的结构

1—晶间杂质　2—尘粒　3—表面微凸体　4—自然污染层
5—吸附气体分子层　6—环境介质化合物层　7—毕氏层
8—变形层　9—金属基体

3. 固体表面的接触

固体表面的接触及相互作用过程和特性，属于"接触力学"范畴。根据赫兹弹性接触理论，滚动轴承、齿轮副和凸轮副等运动副工作表面之间的弹性接触，可以看成半径为 R_1、R_2 的钢球间的接触（见图 1-14）。在接触区范围内，任意半径 r 处的压力 p 可按式（1-5）求出

$$p = \frac{3P}{2\pi a^2}\left[1-\left(\frac{r}{a}\right)\right]^{1/2} \tag{1-5}$$

接触半径 a 为

$$a = \left(\frac{3PR}{4E'}\right)^{1/3} \tag{1-6}$$

接触面积 A 为

$$A = \pi a^2 = \pi\left(\frac{3PR}{4E'}\right)^{2/3} \tag{1-7}$$

式中　P——载荷；

R——当量曲率半径，$\dfrac{1}{R} = \dfrac{1}{R_1} + \dfrac{1}{R_2}$（$R_1$、$R_2$ 为两个钢球的半径）；

E'——当量弹性模量，$\dfrac{1}{E'} = \dfrac{1-\nu_1^2}{E_1} + \dfrac{1-\nu_2^2}{E_2}$（$E_1$、$E_2$ 为两钢球的弹性模量，ν_1、ν_2 为两钢球的泊松比）。

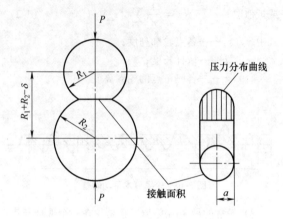

图 1-14　两钢球接触的压力分布

实际上，机械零件的表面并非理想的光滑表面，而是由许多不同形状的微凸峰和凹谷组成的粗糙表面。当两个固体表面接触时，由于表面粗糙，实际上只有一部分表观面积发生接触，因而实际接触面积的大小和分布，对于其摩擦、磨损起着决定性影响。通常，表面上的粗糙峰顶的形状可以看成椭圆体，由于椭圆体的接触区尺寸远小于本身的曲率半径，因而粗糙峰可以近似地视为球体，两个平面的接触可以看成一系列高低不齐的球体相接触。在分析粗糙表面接触时，通常都采用这种模型。两个弹性体的接触，可以转换为具有当量曲率半径 R 和当量弹性模量 E' 的弹性球体与刚性光滑平面的接触。

1.1.3　摩擦机理

摩擦的分子-机械理论认为，外摩擦具有双重特性，即不仅要克服对偶表面间分子相互作用的连接力，而且还要克服表面层形状畸变而引起的机械阻力（变形阻力）。具体地说，做相对运动的对偶表面在法向载荷下接触时，由于表面粗糙，首先是表面上的微凸体凸峰接触，相互啮合，较硬表面微凸体嵌入较软表面，接触点的压力增大，实际接触面积增加，当压力达到压缩屈服点后，将产生塑性变形。在表面做切向运动时，这些微凸体将"犁削"表面，使表面层畸变。与此同时，表面间存在的分子相互作用的连接力，使表面黏附，生成结点，严重者生成微小的固相焊合点，在表面做切向运动时，将这些黏附连接剪断，如图 1-15 所示。

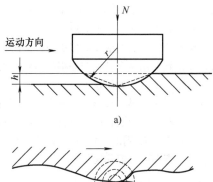

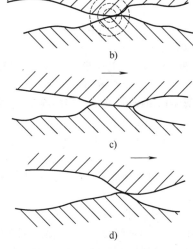

图 1-15　单个微凸体的摩擦过程

a) 圆球状微凸体犁削模型　b) 第一阶段: 弹性变形、
塑性变形、"犁削"　c) 第二阶段: 黏附连接
d) 第三阶段: 剪切结点、弹性恢复

由此可见　　　　$F = F_1 + F_2$　　　　　(1-8)

或　　　　$\mu = \mu_1 + \mu_2 = \dfrac{\tau_0}{P_\tau} + \beta + k_x\sqrt{\dfrac{h}{r}}$　(1-9)

$$\mu_1 = \dfrac{\tau_0}{P_\tau} + \beta \qquad (1\text{-}10)$$

$$\mu_2 = k_x\sqrt{\dfrac{h}{r}} \qquad (1\text{-}11)$$

式中　F——总摩擦力;

F_1——摩擦的分子分力;

F_2——摩擦的机械分力;

μ——总摩擦系数;

μ_1——由分子分力求得的摩擦系数;

μ_2——由机械分力求得的摩擦系数;

τ_0——分子黏附连接的剪切阻力, 无润滑的金属摩擦副: $\tau_0 = 2.5 \sim 30\text{MPa}$, 有润滑的金属摩擦副: $\tau_0 = 1\text{MPa}$, 金属与聚合物摩擦副: $\tau_0 = 0.2 \sim 0.5\text{MPa}$;

P_τ——摩擦结点的平均压力;

β——与摩擦的分子分力有关的系数, 二硫化钼: $\beta = 0.0002$, 石墨: $\beta = 0.0003$, 云母: $\beta = 0.00054$, 铜: $\beta = 0.11$, 铝: $\beta = 0.043$;

k_x——与摩擦的机械分力有关的系数, 塑性接触的场合: $k_x = 0.55$, 弹性接触的场合: $k_x = 0.19\alpha_r$;

α_r——滑动时的滞后损失系数, 对于滑动的球, $\alpha_r = 2.2\alpha$, α 为材料拉压时的滞后损失系数, 可由实验得出;

h——嵌入深度;

r——接触区半径。

在总摩擦系数 μ 中, 每个分量 μ_1、μ_2 所占的比值取决于载荷、表面粗糙度和波纹度、力学性能、摩擦副的分子特性以及接触条件。在处于弹性接触的磨合表面, 对于金属, μ_1/μ_2 可达 100; 而对于聚酰胺与金属接触时, μ_1/μ_2 在 $2 \sim 9$ 范围内变化; 对于聚碳酸酯, 在 $0 \sim 4$ 范围内变化; 对于氟塑料, 在 $0.2 \sim 1$ 范围内变化; 对于低压聚乙烯, 在 $1 \sim 2$ 范围内变化。

1.1.4　影响摩擦系数的因素

摩擦是一个十分复杂的过程, 摩擦副在摩擦过程中受到很多因素的影响, 接触面也会发生很多复杂的变化, 而这些都会直接影响摩擦系数的值。摩擦系数是反映摩擦副表面磨损性能的一个综合因子, 摩擦系数由滑动表面的性质、粗糙度和润滑剂 (可能存在的话) 所决定。一般认为, 滑动表面越粗糙, 摩擦系数越大。摩擦系数的主要影响因素如下。

(1) 表面氧化膜的影响　存在表面氧化膜的摩擦副, 摩擦主要发生在膜层内。一般情况下, 由于表面氧化膜的塑性和机械强度比金属低, 因此, 在摩擦过程中, 氧化膜首先被破坏, 金属摩擦表面不易发生黏着, 使摩擦系数降低和磨损减少。

(2) 材料性质的影响　金属摩擦副的摩擦系数随配对材料性质的不同而不同。一般来说, 相同金属或互溶性较大的金属摩擦副, 易发生黏着现象, 这时摩擦系数较大。而不同金属的摩擦副, 其互溶性差, 不易发生黏着, 其摩擦系数一般都比较低。

(3) 载荷的影响　载荷是通过接触面积的大小和变形状态来影响摩擦系数的。当表面呈塑性接触时, 滑动摩擦系数与载荷无关。在弹性接触的情况下, 由于真实接触面积与载荷有关, 摩擦系数随载荷的增加而快速增加。当载荷足够大时, 真实接触面积变化不大, 这时摩擦系数趋于稳定。

(4) 滑动速度的影响　滑动速度如果不引起表面层性质发生变化, 这时, 摩擦系数几乎与速度无关。

通常情况下，滑动速度增大将引起表面层发热、变形、化学变化及磨损等，这就会显著影响摩擦系数。

（5）温度的影响　与滑动速度相似，温度也是通过改变摩擦材料表面层的性质来影响摩擦系数的。在一定温度范围内，摩擦系数随温度升高而增大，但超过一个极大值后，温度再升高，摩擦系数反而会下降，直至摩擦材料熔化。

（6）表面粗糙度的影响　在塑性接触情况下，由于表面粗糙度对真实接触面积影响不大，因此，摩擦系数可视为与表面粗糙度无关。而对于在弹性接触或弹塑性接触的情况下，当表面粗糙度达到使表面分子吸引力有效地发生作用（如超精密加工的表面）时，摩擦副的表面粗糙度越高，真实接触面积就越大，则摩擦系数也会增大。

（7）滚动摩擦　虽然滚动摩擦阻力比一般滑动摩擦阻力要小很多，但滚动摩擦与滑动摩擦一样，都是一种复杂的运动现象。滚动摩擦可分为两类：一类是传递很大的切向力，如火车头驱动轮、汽车驱动轮等；另一类是传递很小的切向力，常称为"自由滚动"，如支承轮。对于滚动接触的物体，其接触区的形状和尺寸取决于各个物体的几何形状、载荷和材料的变形特性等因素。一般认为，在弹性范围内滚动时，摩擦产生的原因主要是微观滑动损失和弹性滞后损失；而在塑性范围内滚动时，滚动阻力主要是消耗在使滚动体前面的金属产生塑性变形上。

1.2 磨损

磨损是伴随摩擦产生的，磨损是指摩擦副的对偶表面相对运动时工作表面物质不断损失或产生残余变形的现象。磨损过程主要因对偶表面间的机械、化学与热作用而产生。

从界面力学观点来看，摩擦磨损是发生在材料表面或界面的微观物理和化学变化过程。实际工程应用中，由不同配副材料以及润滑介质形成的固-固或固-液-固界面形式的滑动摩擦副，在循环应力场、热场、电场、磁场、辐照、氧等环境因素交互作用下，滑动界面真实接触区域可能产生很高的局部应力与变形，发生化学反应。摩擦副表面或界面和润滑介质之间复杂的物理化学变化过程、接触界面分子或原子构象变化过程以及表面接触形态变化过程是一个看不见摸不着的"黑箱"过程，直接或间接地影响着磨损过程的产生、发展和迁移，设备磨损在工业界甚至被比喻为机器设备的"慢性癌症"。

一般来说，机械零件表面磨损后，往往造成设备精度丧失、能耗增加及对环境造成污染，需要进行维修，造成停工损失、材料损耗与生产率降低。因此，人们对磨损问题极为重视，不断对磨损现象进行分析研究，找出影响磨损的因素和磨损机理，从而寻求提高零件耐磨性和使用寿命及控制磨损的措施，减少制造和维修费用。所以，如何在不影响机器系统正常运行的前提下，通过及早发现异常摩擦磨损、不当润滑等故障趋势或状态，为延长机械设备的使用寿命和提升维修水平提供可靠依据，成为提高机器的精度保持性、可靠性、寿命，节能降耗及降低维修工作量等的关键难题。

机械零件正常运行过程中的磨损，一般可分为三个阶段（见图1-16）。

（1）跑合阶段　也称为磨合阶段，对应图1-16中的 Oa 曲线段。新的摩擦副表面具有一定的粗糙度，真实接触面积较小，经过短时间跑合后，表面逐渐磨光，真实接触面积逐渐增大，磨损速度减缓，为正常运行稳定磨损创造了条件。为了缩短跑合期，可以采用适当的加工与装配工艺，使用合适的润滑油，或是选用适当的试车规范等方法。在跑合阶段结束后重新换油，进入稳定磨损阶段。

（2）稳定磨损阶段　这一阶段的磨损缓慢稳定，对应图1-16中的 ab 曲线段，ab 曲线段的斜率就是磨损速度，由 ab 曲线段上各点的坐标，可以找到某一工作时间（或某一摩擦行程）内零件的磨损量。

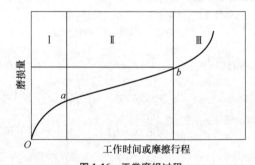

图 1-16　正常磨损过程

Ⅰ—跑合阶段　　Ⅱ—稳定磨损阶段　　Ⅲ—剧烈磨损阶段

（3）剧烈磨损阶段　这一阶段对应图1-16中 b 点以后的曲线段。在剧烈磨损阶段，磨损速度急剧增长，机械效率下降，精度丧失，还有可能产生异常噪声及振动，摩擦副温度迅速升高，最终导致零件失效，必须进行维修。这是一段较为典型的工况剧烈的磨损过程，在实际运行中可能会有意外情况发生。

1.2.1 磨损的主要类型

磨损的分类有很多方法，但并没有严格统一的分类法，下面仅列出五种较常见的磨损类型，即黏着磨损、磨料磨损、疲劳磨损、磨蚀磨损和微动磨损。

（1）黏着磨损 当摩擦表面相对滑动时，由于黏着效应所形成的黏着结点发生剪切断裂，被剪切的材料或脱落成磨屑，或由一个表面迁移到另一个表面，此类磨损统称为黏着磨损。黏着磨损的主要特征是出现材料的转移，同时，在滑动方向出现不同程度的磨痕。黏着磨损是一种常见的磨损形式，与其他磨损类型不同，黏着磨损发生得很突然，主要发生在滑动副或滚动副之间没有润滑剂时，或其油膜受到过大负荷或过高温度影响而破裂时，容易使零件或机器发生突然事故。实际上，许多零件的磨损失效也都与黏着磨损机制有关，如刀具、模具、量具、齿轮、蜗轮、轴承和铁轨等。在空间环境中，由于缺乏氧气，故黏着现象十分严重，因此，黏着磨损是航空航天技术中非常关键的问题。图 1-17 所示为黏着磨损模型。

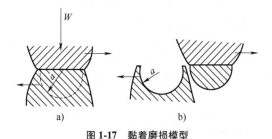

图 1-17　黏着磨损模型

a）黏着结点形成　b）黏着结点破坏

按照摩擦表面的损坏程度，黏着磨损还可分为以下五类，这些类型的划分，取决于黏着强度和摩擦副两基体金属的强度。

1）轻微磨损（mild wear）。轻微磨损也称为跑合（running-in）。当黏着的强度小于摩擦副两基体金属的强度时，剪切发生在结合面上。此时，虽然摩擦系数增大，但磨损却很小，材料转移也不多，故称为轻微磨损。新机器的跑合阶段，或在设备安装后的试运转阶段，就是借助轻微磨损使表面粗糙度得以改善，以利于机器正常运转。

2）涂抹（smearing）。金属从一个表面离开，并以很薄的一层堆积在另一个表面上的现象，称为涂抹。一般是较软的金属涂抹在较硬的金属表面上，例如，蜗轮表面上的铜，涂抹在蜗杆的螺旋面上，就是一种典型的涂抹现象。产生涂抹的原因主要是黏着点的强度大于较软金属材料的强度。可以通过增加滑动面的油膜厚度，或者降低表面的粗糙度来减轻涂抹。

3）擦伤（scratching）。沿滑动方向产生细小抓痕的现象，称为擦伤。这是由于黏着点的强度大于两基体金属的抗剪强度，转移到金属表面上的黏着物对

软金属一方有犁削作用。如内燃机的活塞和缸壁之间，经常会出现这种擦伤现象。

4）划伤（scoring）。在滑动表面之间，局部产生固相焊合时，沿滑动方向形成的较严重的抓痕现象，称为划伤。表面之间有磨耗存在时，也会产生划伤。

5）胶合（scuffing）。在滑动表面之间，由于固相焊合产生局部破坏，但尚未出现局部熔焊的现象，称为胶合。胶合是破坏性最大的一种黏着磨损。产生胶合时，黏着点的抗剪强度比两基体金属的抗剪强度高得多，这时两表面都出现严重磨损，甚至两表面之间会咬死，不能相对运动。

胶合通常发生在高速、重载和润滑不良的摩擦副中，如齿轮传动、凸轮传动、蜗轮传动、滑动轴承、滚动轴承以及气缸与活塞环之间等。发生胶合的主要原因是润滑油膜破裂和表面局部瞬时温升太高。

影响黏着磨损的因素很多，但主要是两个方面，一是摩擦副材料的特性；二是摩擦副的工作条件。

（2）磨料磨损 磨料磨损是接触表面做相对运动时，由硬质颗粒或较硬表面上的微凸体，在摩擦过程中通过微犁削、微切削与微开裂综合作用，引起表面擦伤与表层材料脱落，或分离出磨屑来。磨料磨损的产生与对偶表面的材料特性和硬度差异、磨粒类型等有关。图 1-18 所示为磨料磨损的形式。

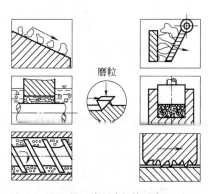

图 1-18　磨料磨损的形式

在滑动表面间存在第三种物质，如泥沙、矿石粉之类的硬质颗粒物质时，产生的磨料磨损称为三体磨料磨损，或称为高应力磨料磨损，常见于农业机械、工程机械、矿山机械及球磨机械中。如果在滑动表面间不存在第三种物质，这时的磨料磨损称为二体磨料磨损，或称为低应力磨损。另一种形式的磨料磨损是磨粒侵蚀，即磨粒随同液流或气流冲击机械零件工作表面，造成磨损或产生疲劳裂纹，常见于喷砂机喷嘴、汽轮机或水轮机叶片、搅拌机推进器等。磨粒侵蚀有时又称为冲击磨损。

磨料磨损的影响因素很多，实际上，磨料磨损是一个多因素综合作用的过程。利用系统分析可以更清楚地考察各个组元及其相互作用，以及环境条件的影响。图 1-19 所示为磨料磨损系统中各种影响因素。

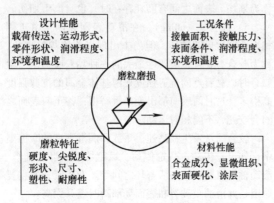

图 1-19　磨料磨损系统中各种影响因素

磨料磨损的机理一般认为是磨粒的微观犁削与切削过程，伴随着挤压剥落与疲劳破坏。常用的基本模型是拉宾诺维奇在 1965 年首先提出的，以一个半球形或微凸体嵌入，并犁削较软表面，可由式（1-12）计算磨损所去除的材料体积 V

$$V = \frac{2}{\pi} \frac{Nl}{H} \cot\varphi \tag{1-12}$$

或
$$\frac{V}{l} = K_M \frac{N}{H} \tag{1-13}$$

式中　φ——圆锥体顶角的 $1/2$；

　　　N——法向载荷（N）；

　　　l——滑动距离（mm）；

　　　H——较软材料的布氏硬度；

　　　K_M——磨料磨损常数，根据磨粒硬度、形状和起切削作用的磨粒数量等因素而定。

（3）疲劳磨损　疲劳磨损是指两个相互做滚动，或滚动兼滑动的摩擦表面，在交变接触应力重复作用下，由于表层材料疲劳，产生微观裂纹并分离出磨粒或碎片而剥落，形成凹坑，造成的磨损，有时又称为点蚀（pitting）或接触疲劳磨损。常见于滚动轴承、齿轮、凸轮、钢轨与车轮等摩擦副表面。

疲劳磨损是一种最普遍的磨损形式，它常出现在滚动接触的机器零件表面，如滚动轴承、齿轮、车轮、核电站传热管，以及轧钢设备的轧辊等。

疲劳磨损的产生具有随机性质，在同一批试件的疲劳寿命之内有很大差异。比较流行的疲劳磨损计算模型，是克拉盖尔斯基等人提出的。

$$I_h = i_h \frac{A_x}{A_a} = \frac{K}{n} \sqrt{\frac{h}{r} \frac{P_a}{P_r}} \alpha \tag{1-14}$$

式中　I_h——线磨损率；

　　　i_h——单位磨损率；

　　　A_x——实际接触面积；

　　　A_a——名义接触面积；

　　　K——系数，$K = \dfrac{1}{2(v+1)} \sqrt{\dfrac{v}{2\alpha}}$；

　　　v——支承面曲线的幂近似参数；

　　　α——重叠系数；

　　　n——引起变形体积破坏的循环次数；

　　　h——嵌入常数；

　　　r——微凸体曲率半径；

　　　P_a——名义压力；

　　　P_r——实际压力。

对于球状微凸体，在弹性接触下 $\alpha = 0.5$，当 v 值范围为 $1 \sim 3$ 时，$K = 0.25 \sim 0.21$；在塑性接触下 $\alpha = 1$，当 v 值范围为 $1 \sim 3$ 时，$K = 0.18 \sim 0.15$。

英国 J. Halling 提出的疲劳磨损计算模型为

$$V = C \frac{\eta v}{(\overline{\varepsilon_1}) m H} Nl \tag{1-15}$$

式中　V、N、l、H 意义同前；

　　　C——材料屈服应力与材料硬度之比，对金属 C 约为 2.8；

　　　η——微凸体的直线分布；

　　　v——规定颗粒尺寸的常数；

　　　$\overline{\varepsilon_1}$——在一个加载循环内失效时的应变值；

　　　m——疲劳失效判据常数，对于金属可取 $m = 2$。

（4）腐蚀磨损　这是金属表面在摩擦过程中与周围介质在化学与电化学反应作用下产生的磨损。腐蚀磨损主要由环境介质引起，包括润滑介质变质产生的酸性油泥，手汗，潮湿空气中的氧、二氧化硫、硫化氢及二氧化碳等均可引起腐蚀磨损。

（5）微动磨损　两个做微小振幅重复摆动的接触表面所产生的磨损，称为微动磨损。它可看成是一种黏着磨损、腐蚀磨损和磨料磨损并存的复合磨损形式。在载荷作用下，接触表面的中心区将产生较高接触应力，而其周围区域接触应力较低，这将会产生滑移。这种黏滑状况表现为微小位移的微动磨损，这种滑移在黏着区将随着所作用切向力的增加而收缩；在黏滑边界区将出现应力峰值，使结合面上实际承载的微凸体产生塑性变形，并产生黏着，而微振幅摆动将黏着结点剪切脱落，露出基体金属表面。这些初生表面和脱落的颗粒与大气中的氧发生反应而被氧化，这些氧化物颗粒留在结合面上起着磨料作用，引起磨料磨损。当切向力反复作用时，在接触区内形成应力的反复作用，使疲劳裂纹集聚和增长，最终导致表面完全破坏。

微动磨损常发生在名义上静止但相互间有微幅摆动的摩擦副上，例如，飞机的机翼操纵绳换向机构上的滚动轴承，行走机械和车辆上受振动影响的螺钉联接的螺纹结合面等。

学者周仲荣曾对微动磨损进行了较详细的介绍。微动磨损普遍存在于机械行业、航空航天、核工业、电力工业、桥梁工程、交通运输工具甚至人体植入器官等领域的紧密配合部件中，它已成为大量关键零部件失效的主要祸患之一。代表性的微动磨损实例有各种连接件，包括各种螺栓、铆钉、销连接和搭接。图 1-20 所示为部分螺栓、铆钉和销连接常见的微动磨损位置。

一般情况下，若条件发生了改变就会出现不同的磨损机制，从而引起磨损形式的变化。

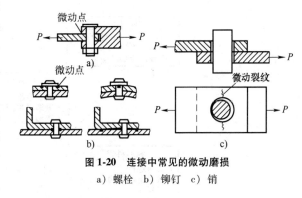

图 1-20　连接中常见的微动磨损
a）螺栓　b）铆钉　c）销

德国学者契可斯（H. Czichos）于 1985 年提出了图 1-21 所示的磨损分类，表明了摩擦学的相互作用关系与磨损机理的分类。

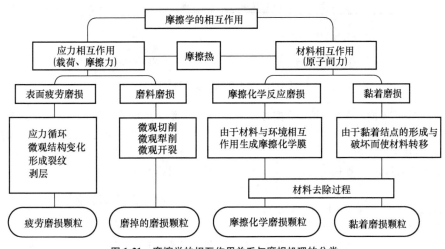

图 1-21　摩擦学的相互作用关系与磨损机理的分类

磨损研究的对象虽然只是材料表面的破坏失效问题，但要把这个薄层内的问题研究清楚是非常困难的。不仅因为表面层的厚度只有几纳米到几十微米的量级，对其组织和性能进行分析和测定需要特殊的方法与手段，更主要的是由于它涉及很多学科和一系列的影响因素，即显示出磨损的多学科性质。材料磨损的多学科性质，可用图 1-22 表示。

鉴于磨损的复杂性，德国摩擦学专家 Czichos 提出摩擦学系统分析的概念，即强调磨损是受摩擦学系统一系列因素影响的系统问题，必须对其进行综合分析，才能找到真正引起磨损失效的原因。

1.2.2　影响磨损的主要因素

最早从 20 世纪 50 年代初期，工业发达国家开始研究"黏着磨损"理论，探讨磨损机理。20 世纪 70 年代后，电子显微镜、光谱仪、能谱仪、俄歇谱仪及

电子衍射仪等微观分析技术的发展，推动了对各种磨损现象在微观尺度下的检测分析和微观机理的深入探求。利用这些手段，可以分析和监测磨损的动态过程，研究磨损的表面和次表面及磨屑的形貌、组织成分和性能的变化等，揭示影响磨损的机理，从而有助于寻求提高机器寿命的可能途径。然而，工程设计中目前还没有行之有效的磨损定量预测模型，只能采用条件性计算，主要是因为磨损涉及的影响因素相对较多，包括工况条件、摩擦副材料的组织成分、力学性能等，这些都会导致磨损发生的机理存在较大差异。

磨损是一个多因素在摩擦表面相互作用的过程。摩擦副的材料及加工处理方法不同，其工况条件（载荷、速度、温度、环境和润滑介质等）也不同，磨损的形式和磨损的发展过程也随之不同。磨损包括以下主要影响因素。

（1）外界机械作用的影响　摩擦类型不同，金

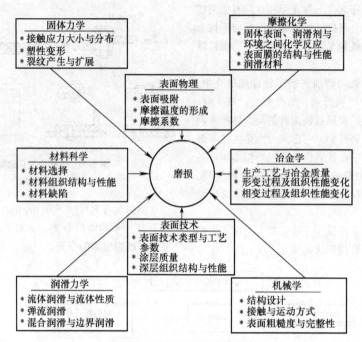

图1-22 材料磨损的多学科性质

属表面磨损形式也相应不同。例如，滚动摩擦时，容易引起表面的疲劳磨损；滑动摩擦时，可能最后表现为黏着磨损和腐蚀磨损的结合。

（2）摩擦副材料的影响 摩擦副的材料及其加工方法对磨损的影响与材质本身的力学、物理和化学性能有关，也与这些材质的性能在摩擦和磨损过程中的变化有关。对于磨料磨损，一般情况下，金属材料的硬度越高，耐磨性越好；对于疲劳磨损，材料的弹性模量会显著影响材料的磨损。一般情况下，随着塑性材料弹性模量的增加，磨损程度也增大；而对于脆性材料来说，则随着弹性模量的增加，材料的磨损减少。

（3）环境介质的影响 一般在空气中摩擦时，随着滑动速度和温度的不同，可能会出现从氧化磨损过渡到黏着磨损，以及从黏着磨损又过渡到氧化磨损。外界气体介质对摩擦表面的温度有很大的影响。在氧的介质中摩擦时，在所有的速度范围内，试件温度均不会很高，约为350~400℃；而在氩气、二氧化碳介质中摩擦时，试件温度可达1200~1300℃，温度提高会使得黏着现象更容易形成。

（4）温度的影响 温度可以改变摩擦副材料的性能。温度导致材料相变对金属的摩擦、磨损性能影响极大。

（5）润滑和接触表面状态的影响 润滑状态对磨损影响较大，如边界润滑时的磨损值大于流体动压润滑时的磨损值，而流体动压润滑时磨损值又大于流体静压润滑时的磨损值。一般来说，表面粗糙度降低，抗黏着磨损的能力增大，但过分降低表面粗糙度，会使润滑剂不易储存在摩擦表面内，这样又会促使黏着磨损发生。

1.2.3 磨损形式的转化

上面所讨论的磨损机理常常是作为单一类型磨损机理来考虑的，实际上在对某一具体的磨损类型进行失效分析时，往往需要考虑多种因素的相互作用，利用系统分析的方法对工作变量和系统的结构进行分析，包括以下内容。

（1）工作变量的分析 包括运动类型（如滑动、滚动、摆动等）、载荷、速度、温度（或温升）、行程（或运动距离）、工作持续时间及干扰（如振动及辐射等）等工作变量的分析。

（2）系统结构的分析 包括确定在磨损过程中参与的部件材料及其表面处理、硬度、尺寸、表面粗糙度等；分析表面接触时相互作用的主要特性，摩擦、磨损与润滑状况是以黏着作用还是机械作用为主，应变类型是弹性变形还是塑性变形，载荷特性与表层变化特性等；此外还要分析各部件的相关特性。

当工作变量或环境条件改变时，往往会发生磨损形式的转化。因此，需要了解表征磨损形式转化的临界点参数，以便掌握磨损形式转化的规律。一般与磨损形式转化有关的临界状态有以下几种。

1）由表面弹性变形过渡到塑性变形或破坏。

2）由表面塑性挤压过渡到微观切削或胶合。

3）由于固体结构的改变而产生表面层的"犁削"现象。

4）由表面层的固相焊合过渡到涂抹及材料转移。

5）由形成吸附膜过渡到形成反应产物或膜的破坏。

关于不同磨损机理的转化，前文讨论过的微动磨损就是一个例子。表面疲劳及腐蚀而产生的磨损产物，在微小振幅摆动过程中被剪切脱落，这些硬的磨屑又对表面进行微观切削而转化为磨料磨损。

1.2.4　减少磨损的途径

减少磨损的途径如下。

（1）材料的选配　磨损失效是机械零件失效的主要模式，因此，选择机器零件材料时，不仅要考虑强度、工艺性和经济性等，还应把材料的耐磨性作为重要的选材依据。另外，还应注意摩擦副材料配偶表面的匹配性。一般来说，一个较完整的选材过程包括以下步骤。

1）分析摩擦副的工况条件，明确其磨损形式。

2）预选摩擦副材料。

3）校核摩擦副的强度和磨损特性等。

（2）润滑　润滑状态对磨损值有很大影响。实践证明，边界润滑时的磨损值大于流体动压润滑，而流体动压润滑时的磨损值又大于流体静压润滑。在润滑油脂中加入油性和极压添加剂能提高润滑油脂的吸附能力及油膜强度，因而能提高抗磨能力。

（3）强化处理　为了使材料表面强化、耐磨损，并使高性能与经济性较好地结合起来，可采用各种表面强化方法。例如，滚压加工表面强化处理既能降低表面粗糙度，又可提高表面层的硬度，延长零件的使用寿命；采用各种热处理方法（如渗碳、渗氮、氰化等）、电火花强化或耐磨塑料涂层，也有助于提高零件的耐磨性。工业生产中常采用一些表面处理技术（如激光技术、电刷镀技术、热喷焊技术、堆焊技术及粘接技术等），既可修复零件的磨损尺寸，又可提高零件表面的耐磨性。

（4）结构设计　正确的摩擦副结构设计是减少磨损和提高耐磨性的重要条件，结构设计应有利于摩擦副间表面保护膜的形成和恢复、压力的均匀分布、摩擦热的散发和磨屑的排除，以及防止外界颗粒、灰尘等的进入。

（5）精心使用和维护机器设备　机器设备使用中较常见的问题和故障，如轴之间的不同轴、轴与孔之间的不同轴、润滑装置异常温升、外部杂质异物渗入机器内部等，都会不同程度地引起相关零件的磨损。还有违规操作、超载超温作业等人为因素，也会加剧零件的磨损，并直接影响机器设备的使用寿命。

1.3　润滑

摩擦学的主要内容包括摩擦、磨损和润滑。自古以来，人们一直在努力控制摩擦和减轻磨损。如很早以前，从车轮的发明和动物脂肪的使用便可以看出，人们早就知道了采用润滑方法可有效地减少摩擦和磨损。

润滑是抵抗摩擦和磨损的一种手段，将具有润滑性能的物质，加入摩擦面之间形成一层润滑膜，使摩擦面脱离直接接触，从而控制摩擦和减少磨损，达到延长摩擦副使用寿命的目的，称为润滑。凡能起到降低接触面间摩擦阻力的物质均可称为润滑剂，包括液态、气态、半固态和固态物质。

1.3.1　润滑的作用

润滑及润滑剂对机械设备的正常运转发挥着重要作用，主要表现如下。

（1）控制摩擦，降低摩擦系数　在两个相互摩擦的表面间加入润滑剂，形成一个润滑油膜的减摩层，使金属表面的摩擦转化为具有较低抗剪强度的油膜分子间的内摩擦，这样就可起到减小摩擦阻力和功耗的作用。

（2）减少磨损　润滑剂在摩擦表面之间，可以减少硬粒磨损、表面锈蚀、金属表面间的咬焊与撕裂等造成的磨损及划伤，保持零件的配合精度。

（3）散热、降低温度　运转中的机械克服摩擦所做的功会全部转变成热量，一部分由机体向外扩散，另一部分则使机械温度不断升高。采用液体润滑剂的集中循环润滑系统，便可带走摩擦产生的热量，起到降温冷却作用，有助于机械设备的正常运转。

（4）防止腐蚀，保护金属表面　机械表面不可避免地要与周围介质（如空气、液态水、蒸汽、腐蚀性液体及气体等）接触，使机械的金属表面生锈、腐蚀而损坏。尤其在冶金工厂的高湿车间和化工厂，腐蚀磨损更为严重，而润滑剂膜可以隔绝这些环境介质对摩擦表面的侵蚀。随着优秀润滑剂的开发，目前有不少润滑油脂中已复合进防腐蚀剂或防锈剂，可对金属表面起到保护作用。

（5）冲洗作用　冲洗作用能隔绝潮湿空气中的水分和有害介质的侵蚀。利用液体润滑剂的流动，可以把摩擦表面间的磨粒带走，在压力循环润滑系统中，冲洗作用更为显著。在冷轧、热轧及切削、磨削、拉拔等加工工艺中采用工艺润滑剂，除有降温冷却作用之外，还有良好的冲洗作用。在内燃机气缸中所用的气缸油里加入悬浮分散添加剂，使油中生成的凝胶和积炭能从气缸壁上洗涤下来，使其分散成小颗粒状并悬浮在油中，随后被循环油过滤器滤去。

（6）密封作用 对于蒸汽机、压缩机和内燃机设备中的气缸与活塞，润滑油不仅能起到润滑减摩作用，而且还有增强密封效果，使设备在运转中不漏气。

除上述这些作用外，润滑油还有传递动力、缓冲减振和减少噪声的效果。

1.3.2 润滑的类型

机械摩擦副表面间的润滑类型或状态，可根据润滑膜的形成原理和特征分为六种：①流体动压润滑；②流体静压润滑；③弹性流体动力润滑；④薄膜润滑；⑤边界润滑；⑥干摩擦状态。表1-1列出了各种润滑状态的基本特征。

表 1-1 各种润滑状态的基本特征

润滑状态	典型膜厚	润滑膜形成方式	应　用
流体动压润滑	$1 \sim 100 \mu m$	由摩擦表面的相对运动所产生的动压效应形成流体润滑膜	中、高速的面接触摩擦副，如滑动轴承
流体静压润滑	$1 \sim 100 \mu m$	通过外部压力将流体送到摩擦表面之间，强制形成润滑膜	各种速度下的面接触摩擦副，如滑动轴承、导轨等
弹性流体动力润滑	$0.1 \sim 1 \mu m$	与流体动压润滑相同	中、高速下的点、线接触摩擦副，如齿轮、滚动轴承等
薄膜润滑	$10 \sim 100 nm$	与流体动压润滑相同	低速下的点、线接触高精度摩擦副，如精密滚动轴承等
边界润滑	$1 \sim 50 nm$	润滑油分子与金属表面产生物理或化学作用而形成润滑膜	低速重载条件下的高精度摩擦副
干摩擦	$1 \sim 10 nm$	表面氧化膜、气体吸附膜等	无润滑或自润滑的摩擦副

各种润滑状态所形成的润滑膜厚度不同，但是单纯由润滑膜的厚度还不能准确地判断润滑状态，还需要与表面粗糙度进行对比，才能正确地判断其润滑状态。图1-23所示为典型的斯特里贝克（Stribeck）摩擦曲线与润滑类型，由图可以看出，根据两对偶表面粗糙度的综合值 $\overline{R}$ 与润滑膜厚度 h 的比值关系，可将润滑状态区分为流体润滑区、混合润滑区和边界润滑区。表面粗糙度综合值 $\overline{R}$ 可由式（1-16）计算得出

$$\overline{R} = (R_1^2 + R_2^2)^{1/2} \qquad (1-16)$$

式中　R_1、R_2——两接触表面的表面粗糙度 Ra。

（1）流体润滑 包括流体动压润滑、流体静压润滑与弹性流体动力润滑，对应曲线的右侧一段。在流体润滑状态下，润滑膜厚度 h 和表面粗糙度综合值 $\overline{R}$ 的比值 λ 约为3以上，典型润滑膜厚 h 为 $1 \sim 100 \mu m$。对于弹性流体动力润滑，h 为 $0.1 \sim 1 \mu m$，摩擦表面完全被连续的润滑膜所分隔开，由低摩擦的润滑膜承受载荷，磨损轻微。

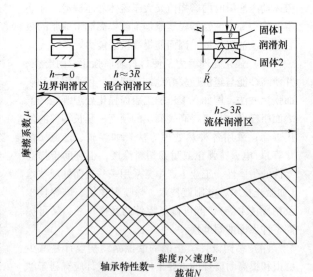

图 1-23 斯特里贝克摩擦曲线与润滑类型

（2）混合润滑 几种润滑状态同时存在，对应曲线的中间一段，比值 λ 约为3，典型润滑膜厚 h 在

1μm 以下，此状态下摩擦表面的一部分被润滑膜分隔开，承受部分载荷，也会发生部分表面微凸体间的接触，这时由边界润滑膜承受部分载荷。

（3）边界润滑　对应曲线左侧一段，比值 λ 趋于 0，典型润滑膜厚 h 为 1~50nm。在边界润滑状态下，摩擦表面微凸体接触较多，润滑剂的流体润滑作用减小，甚至完全不起作用，载荷几乎全部通过微凸体及润滑剂和表面之间相互作用所生成的边界润滑膜来承受。

（4）无润滑或干摩擦　当摩擦表面之间，润滑剂的流体润滑作用已经完全不存在，载荷全部由表面上存在的氧化膜、固体润滑膜或金属基体承受时的状态称为无润滑或干摩擦状态。一般金属氧化膜的厚度在 0.01μm 以下。

随着工况参数的改变，润滑状态可能发生转化，润滑膜的结构特征发生变化，摩擦系数也随之改变，处理问题的方法也有所不同。例如在流体润滑状态下，润滑膜为流体效应膜，主要是计算润滑膜的承载能力及其他力学特性。在弹性流体润滑状态时，还要根据弹性力学和润滑剂的流变学性能，分析高压力下的接触变形和有序润滑剂薄膜的特性。而在干摩擦状态下，主要是应用弹塑性力学、传热学、材料学、化学和物理学等来考虑摩擦表面的摩擦与磨损过程。

根据润滑膜厚度鉴别润滑状态是可靠的，但由于测量上的困难，往往不便于采用。另外，也可以用摩擦系数值作为判断各种润滑状态的依据。图 1-24 所示为摩擦系数的典型数值。

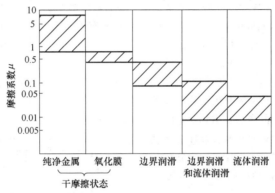

图 1-24　摩擦系数的典型数值

1.3.3　润滑状态判定

可根据所形成的润滑膜的厚度与表面粗糙度综合值，并借助斯特里贝克摩擦曲线进行对比，可较正确地判断润滑状态。

$$\lambda = \frac{h_{min}}{\sqrt{R_1^2 + R_2^2}} \qquad (1\text{-}17)$$

式中　λ——膜厚比；

　　　h_{min}——摩擦表面之间的最小润滑膜厚度；

　　　R_1、R_2——两接触表面的表面粗糙度。

图 1-23 中的曲线代表了油膜的连续程度与膜厚比 λ 之间的关系。由曲线的变化趋势可以看出，当 $\lambda<1$ 时，为边界润滑区，摩擦系数很大，两个接触表面的金属直接接触，此时磨损很严重；当 $\lambda = 1~3$ 时，为混合润滑区，此时摩擦系数急速降低；当 $\lambda>3$ 时，为完全流体动力润滑区。

由斯特里贝克摩擦曲线可知，润滑类型是随着速度、载荷和润滑剂黏度的变化而变化的，润滑状态可从一种润滑状态转变为另一种润滑状态，同时表面粗糙度对润滑状态也有一定影响。膜厚比 λ 对应的润滑状态及应用见表 1-2。

表 1-2　膜厚比 λ 对应的润滑状态及应用

膜厚比 λ	润滑状态	润滑膜的形成	典型应用
$\lambda \geqslant 3$	流体动压润滑	摩擦表面的相对运动所产生的动压效应或挤压效应形成流体润滑膜	中、高速下的面接触摩擦副，如滑动轴承
	弹性流体动力润滑		中、高速下的点线接触摩擦副，如齿轮、滚动轴承等
	流体静压润滑	通过外界压力将流体送到摩擦表面之间，强制形成润滑膜	所有速度下的面接触摩擦副，如滑动轴承、导轨等

（续）

膜厚比 λ	润滑状态	润滑膜的形成	典型应用
$1<\lambda<3$	混合润滑	润滑材料只是部分地隔开相对运动零件摩擦表面的润滑	机器开动或停车时、往复运动和摆动时、速度与载荷急剧变化时、高温时、高比压时等
$\lambda\leqslant1$	边界润滑	润滑油脂或其他流体中的成分与金属表面产生物理或化学作用而形成润滑膜	低速度或重载荷条件下的摩擦副

1.3.4 流体动压润滑

流体动压润滑是依靠运动副两个滑动表面的形状，在其相对运动时形成产生流体动压效应的流体膜，从而将运动表面分隔开的润滑状态。

1883 年，托尔（B. Tower）首先观察到采用油浴润滑的火车轮轴轴承在运动时产生流体动压力，足以将轴承壳体油孔中的油塞推开。同年，彼得洛夫（Н. П. ПеТРОВ）发表了《机械中的摩擦及其对润滑剂的影响》论文。1886 年，雷诺（O. Reynolds）应用简化的纳维-斯托克斯（Navier-Stokes）方程推导出计算相对运动支承表面间流体润滑膜中的压力分布方程，即雷诺方程，从而为流体动压润滑理论奠定了基础。

流体动压润滑的主要特性有以下两点。

（1）流体的黏度　在流体动压润滑系统中，运动的阻力主要来自流体的内摩擦。流体在外力作用下流动的过程中，流体分子之间的内摩擦力，即流体膜的剪切阻力，称为黏度。

17 世纪，牛顿首先提出了黏性流动定律，认为黏性流体的流动是许多极薄的流体层之间的相对滑动，由于流体的黏滞性，在相互滑动的各层之间将产生切应力，也就是流体的内摩擦力，由它们将运动传递到各相邻的流体层，使流动较快的流体层减速，而流动较慢的流体层加速，形成按一定规律变化的流速分布。如图 1-25a 所示，在两块距离为 h 的平行板中间有黏性流体时，如下表面保持固定，而上表面在力 F 作用下以速度 u 平行于下表面移动，当速度不太高时，流体分子黏附在表面上，流体相邻层的流动是相互平移的层流状流动，这时为保持上表面移动所需的力 F 与表面面积 A 以及所发生的切应变率 $\dfrac{U}{h}$ 成正比。

由此可得

$$\frac{F}{A}=\eta\,\frac{U}{h} \tag{1-18}$$

即流体层间的切应力与切应变率成正比。

按图 1-25b 所示模型，如果在垂直高度 $\mathrm{d}z$ 间每一层流体按线性增加一个速度增量 $\mathrm{d}u$，上表面上的切应力 τ 与切应变率（或速度梯度）成正比，由此

$$\tau=\eta\,\frac{\mathrm{d}u}{\mathrm{d}z} \qquad \eta=\frac{\tau}{\dfrac{\mathrm{d}u}{\mathrm{d}z}} \tag{1-19}$$

式中　η——动力黏度，又称绝对黏度。

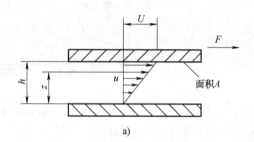

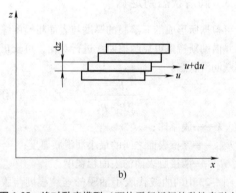

图 1-25　绝对黏度模型（两块平行板间的黏性牵引力）
a）按一定规律变化的流速分布　b）在垂直高度 $\mathrm{d}z$ 间每一层流体按线性增加一个速度增量

在法定计量单位或国际单位制（SI）中，动力黏度的单位为 $\mathrm{Pa\cdot s}$（帕斯卡秒），也可使用 $\mathrm{mPa\cdot s}$ 或 $\mathrm{N\cdot s/m^2}$。而在工程中过去常采用 CGS 制单位 P（泊）。

$$1\mathrm{P}=0.1\mathrm{N\cdot s/m^2}=0.1\mathrm{Pa\cdot s}$$

P 的单位较大，常使用 cP（厘泊），$1\mathrm{cP}=1\mathrm{mPa\cdot s}$。

常用润滑油的动力黏度范围为 2 ~ 400mPa·s，水的动力黏度为 1mPa·s，空气的动力黏度为 0.02mPa·s。

一般称遵从黏性切应力与切应变率成比例规律的流体为牛顿流体，而不遵从此规律的流体为非牛顿流体。常用的矿物润滑油均属于牛顿流体。

动力黏度 η 与流体密度 ρ 的比值称为运动黏度 ν，即 $\nu = \dfrac{\eta}{\rho}$

在法定计量单位或国际单位制（SI）中，运动黏度的单位用 m^2/s。CGS 制单位为 St（斯托克斯，简称斯）。

$$1St = 10^{-4}m^2/s = 10^2 mm^2/s$$

常用 cSt（厘斯）作为 CGS 制的运动黏度单位，$1cSt = 1mm^2/s$。

通常矿物油的密度 0.85g/cm³，因此动力黏度 η 为 1cP 的矿物油，运动黏度 ν 为 0.85cSt。

（2）楔形润滑膜　流体动压润滑的第二个主要特性是依靠运动副的两个滑动表面的几何形状在相对运动时产生收敛型液体楔，形成足够的承载压力，以承受外载荷，从而将两表面分隔开，使其不会互相接触，减少表面的摩擦与磨损。在图 1-26 中，倾斜上表面 AB 是静止的，下表面以速度 u 沿 x 方向做相对运动，两表面间充满黏性流体即润滑剂，两表面间的入口间隙为 h_1，出口间隙为 h_0，中间任意点的间隙或流体膜厚为 h。当下表面以速度 u 沿 x 方向做相对运动时，若入口处 A 点流体层速度（速度梯度）按线性变化，则单位表面宽度内（与纸面垂直）的流量 q_{x1} 为 $\left(\dfrac{u}{2}\right)h_1$，流体平均速度为 $\dfrac{u}{2}$。同理，若在出口处 B 点流体层速度也按线性变化，单位表面宽度内的流量 q_{x0} 为 $\left(\dfrac{u}{2}\right)h_0$。因为 $h_1 > h_0$，故流入的流体比流出的流体要多一些，这种流动显然不可能连续。而且流体实际上可被看成是不可压缩的，因此只能是在两表面间的流体楔中产生压力而自动补偿流量。也就是在入口的流体层速度分布曲线向内凹入，产生压力限制流体流入，流量小于 $\dfrac{uh_1}{2}$；而出口的流体层速度分布曲线向外凸出，压力升高推动流体流出，流量大于 $\dfrac{uh_0}{2}$。只有在流体楔中间某点的速度分布图是直线，压力梯度为零，即 $\dfrac{dp}{dx} = 0$，流量为 $\dfrac{uh}{2}$，这就是流体动压润滑的主要特点。

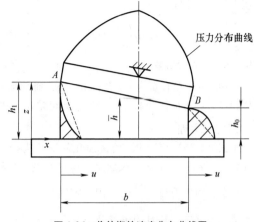

图 1-26　收敛楔的速度分布曲线图

根据以上分析，假设无侧向流动，单位表面宽度的流量 q_x 必然有两项，基本项为 $\dfrac{uh}{2}$，另一项是根据压力梯度 $\dfrac{dp}{dx}$、流体膜厚度 h 和黏度 η 等的变化而修正的流量 $f(p)$。因此流量 q_x 的方程为

$$q_x = \frac{uh}{2} - f(p) \qquad (1\text{-}20)$$

式中负号表示正压力梯度下必然限制流体流入，流量应有所减少。

$$f(p) = h^a \left(\frac{dp}{dx}\right)^b \eta^c \qquad (1\text{-}21)$$

式中　a、b、c——常数，可由量纲分析得到 $c = -1$，$b = 1$，$a = 3$。

由于等式左、右两端的量纲应相等，故 $a = 3$，因此流量方程为

$$q_x = \frac{uh}{2} - k\frac{h^3}{\eta}\left(\frac{dp}{dx}\right) \qquad (1\text{-}22)$$

式中　k——比例常数，$k = \dfrac{1}{12}$。

如上所述，在流体楔中有某点的压力梯度 $\dfrac{dp}{dx}$ 为零，此点的流量膜厚度为 $\bar{h}$，则这时的流量 q_x 为

$$q_x = \frac{u\bar{h}}{2} = \frac{uh}{2} - k\frac{h^3}{\eta}\left(\frac{dp}{dx}\right) \qquad (1\text{-}23)$$

整理后可得

$$\frac{dp}{dx} = \frac{u\eta}{2k}\left(\frac{h-\bar{h}}{h^3}\right) = 6u\eta\left(\frac{h-\bar{h}}{h^3}\right) \qquad (1\text{-}24)$$

式（1-24）即为一维雷诺方程，表达了压力梯度、黏度与间隙或流体膜厚度的关系。

将式（1-24）积分可得任意点的压力 p，即流体

膜压力的分布曲线

$$p = 6u\eta \frac{h - \bar{h}}{h^3} x + C \qquad (1\text{-}25)$$

式中 C——积分常数。

可用此式评价任意给定 x 值的 p 和 $\bar{h}$，通常利用流体膜压力分布曲线的起点与终端，即可定出 C 与 $\bar{h}$，而完成此方程。

由式（1-25）可看出，流体楔几何形状为楔形是非常必要的，如果对偶表面是完全平行的，h 不随 x 变化，则压力梯度 $\dfrac{\mathrm{d}p}{\mathrm{d}x} = 0$，因此不能产生流体动压力来承受载荷。而且为了承受载荷，还必须有足够的切向运动速度 u 和流体黏度 η。例如当轴承温度升高时，会使表面受热膨胀而变形，引起流体膜厚度和黏度改变，引起速度分布曲线的扭曲，使流体膜承载压力发生变化，这正是流体动压润滑的特性之一。

1. 雷诺方程

在进行流体润滑基本计算时，为了计算润滑膜的承载力，需要计算其压力分布。为了计算其摩擦阻力，需要计算切应力分布。为了计算流体的流量，需要计算润滑膜内的速度分布。有时还要计算润滑腔中的温度分布和热变形。

对于刚性表面，流体润滑理论基于下面的基本方程。

（1）运动方程 代表动量守恒原理，也称为纳维-斯托克斯（Navier-Stokes）方程。

（2）连续方程 代表质量守恒定律。

（3）能量方程 代表能量守恒定律。

（4）状态方程 建立密度与压力、温度的关系。

（5）黏度方程 建立黏度与压力、温度的关系。

对于弹性表面的润滑问题，还需要加上弹性变形方程。

雷诺方程是流体润滑理论最基本的方程，它是由运动方程和连续方程推导的，是二阶偏微分方程。过去依靠解析方法求解十分困难，必须经过许多简化处理才能获得近似解，从而使理论计算具有较大误差。直到 20 世纪中叶以后，依靠电子计算机辅助计算，已可对复杂的润滑问题进行数值解算。此外，先进的测试技术也已可在润滑现象的实验研究中进行深入细致的观察，从而建立更加符合实际的物理模型。这样，许多工程问题的润滑计算大大接近于实际。但为了寻求雷诺方程的通解，仍然需要进行繁杂的计算，通常还要进行一些简化假设。

假设：

1）忽略体积力的作用，即流体不受外力场，如磁力、重力等的作用，这一假设对磁流体动力润滑不适用。

2）沿流体膜厚度方向，流体压力不变，因为当流体膜薄至百分之几毫米时，流体压力一般不可能有显著变化。对于弹性流体，流体压力可能有较大变化，这一假设将不适用。

3）与流体膜厚度相比较，轴承表面的曲率半径很大，因此，不需要考虑流体速度方向的变化。

4）流体吸附在表面上，即流体在界面上没有滑动，因此在邻近界面上的流体层速度与表面速度相同。

5）润滑剂是牛顿流体，即切应力与切应变率成正比。这对一般工况条件下使用的矿物油是合理的。

6）流体的流动是层流。对于高速大型轴承及采用低黏度润滑剂的轴承，则应考虑到可能出现涡流和湍流。

7）与黏性力相比，可忽略流体惯性力的影响。有些研究表明，即使雷诺数高达 1000 左右，压力也只改变了 5%。然而，对于高速大型轴承，则需考虑惯性力的影响。

8）沿流体膜厚度方向黏度数值不变。实际上并非如此，提出这个假设，只是为了简化数字运算。

9）润滑剂是不可能压缩的。对于气体润滑剂，这是不正确的。

以上假设 5）~9）主要是为了简化计算，只能有条件地使用。

雷诺方程的推导：

运用上述假设，由纳维-斯托克斯方程和连续方程采用微元体分析方法可以直接推导出雷诺方程，其主要步骤如下。

1）由微元体受力平衡条件，求出流体沿润滑膜厚度方向的流速分布。

2）将流速沿润滑膜厚度方向积分，可求得流量。

3）应用流量连续条件，最后推导出雷诺方程的普遍形式。

4）微元体的平衡。

从润滑流体膜中取边长为 $\mathrm{d}x$、$\mathrm{d}y$ 与 $\mathrm{d}z$ 的微元体，其在 x 方向的受力状况如图 1-27 所示。微元体只受流体压力 p 与黏性切应力 τ 的作用，按假设 1）、7）忽略体积力与惯性力的作用。左侧有压力 p 和相应的力 $p\mathrm{d}y\mathrm{d}z$ 作用，右侧的压力为 $\left(p + \dfrac{\partial p}{\partial x}\mathrm{d}x\right)$，相应

的力为$\left(p+\dfrac{\partial p}{\partial x}\mathrm{d}x\right)\mathrm{d}y\mathrm{d}x$，此处压力梯度$\dfrac{\partial p}{\partial x}$可取任意值及方向。底面受切应力$\tau$和相应的力$\tau\mathrm{d}x\mathrm{d}y$作用，顶面受切应力$\left(\tau+\dfrac{\partial \tau}{\partial z}\mathrm{d}z\right)$和相应的力$\left(\tau+\dfrac{\partial \tau}{\partial z}\mathrm{d}z\right)\mathrm{d}x\mathrm{d}y$作用。为了达到相互平衡，可得式（1-26）

$$p\mathrm{d}y\mathrm{d}z+\left(\tau+\dfrac{\partial \tau}{\partial z}\mathrm{d}z\right)\mathrm{d}x\mathrm{d}y=\left(p+\dfrac{\partial p}{\partial x}\mathrm{d}x\right)\mathrm{d}y\mathrm{d}z+\tau\mathrm{d}x\mathrm{d}y$$

$$\text{（1-26）}$$

展开并消去相同项，得

$$\dfrac{\partial p}{\partial x}=\dfrac{\partial \tau}{\partial z} \qquad \text{（1-27）}$$

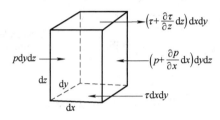

图 1-27　微元体的平衡

根据假设 2），在 z 方向上的压力梯度为 0，因此 $\dfrac{\partial p}{\partial z}=0$。

根据牛顿黏性流动定律和假设 5）、6），$\tau_x=\eta\dfrac{\partial u}{\partial z}$，$\tau_y=\eta\dfrac{\partial v}{\partial z}$，式中，$u$、$v$ 为质点在 x、y 方向的速度。代入式（1-27），可得压力梯度及速度梯度的关系式

$$\dfrac{\partial p}{\partial x}=\dfrac{\partial}{\partial z}\left(\eta\dfrac{\partial u}{\partial z}\right) \qquad \text{（1-28）}$$

因为假设压力 p 和黏度 η 与 z 无函数关系，可将式（1-28）对 z 积分两次，得

$$\eta\dfrac{\partial u}{\partial z}=\int\dfrac{\partial p}{\partial x}\mathrm{d}z=\dfrac{\partial p}{\partial x}z+C_1$$

$$\eta u=\int\left(\dfrac{\partial p}{\partial x}z+C_1\right)\mathrm{d}z=\dfrac{\partial p}{\partial x}\dfrac{z^2}{2}+C_1 z+C_2$$

$$\text{（1-29）}$$

用边界条件确定 C_1 和 C_2。由于界面上流体速度等于表面速度（假设 4），如果两固体表面的速度为 u_0 和 u_h，当 $z=0$ 时，$u=u_0$；当 $z=h$ 时，$u=u_h$，求得

$$C_2=\eta u_0, \quad C_1=(u_h-u_0)\dfrac{\eta}{h}-\dfrac{h}{2}\dfrac{\partial p}{\partial x} \qquad \text{（1-30）}$$

因此，润滑膜中任意点沿 x 方向的流速为

$$u=\dfrac{1}{2\eta}\dfrac{\partial p}{\partial x}(z^2-zh)+(u_h-u_0)\dfrac{z}{h}+u_0 \qquad \text{（1-31）}$$

同理

$$v=\dfrac{1}{2\eta}\dfrac{\partial p}{\partial y}(z^2-zh)+(v_h-v_0)\dfrac{z}{h}+v_0 \qquad \text{（1-32）}$$

式中　v_0 和 v_h——与 u_0 和 u_h 相对应的 y 方向的速度。

图 1-28 表示流速 u 沿 z 向的分布，它由 3 部分组成：第 1 项按抛物线分布，表示由 $\partial p/\partial x$ 而引起的流动，故称压力流动；第 2 项按线性（三角形）分布，代表由两表面的相对滑动速度（u_h-u_0）引起的流动，称为速度流动；第 3 项是常数，表示整个润滑膜以速度 u_0 运动，沿膜厚方向（即 z 向）各点的速度相同。

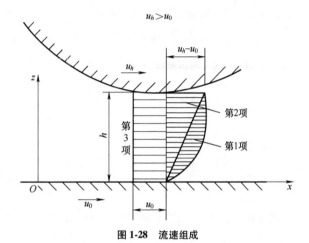

图 1-28　流速组成

此处雷诺方程是根据一些假设推导出来的，适合于一般工况条件的润滑计算。在特殊工况条件下，当某些假设不能成立时，必须针对具体情况对雷诺方程的推导进行相应的调整。例如对于采用低黏度润滑剂的高速大型轴承，应考虑流体惯性力和湍流的影响；当采用润滑脂作为润滑剂时，应考虑到润滑脂的非牛顿性质和流变关系等。

2. 雷诺方程的应用

雷诺方程是润滑理论中的基本方程，流体润滑状态下的主要特性，都可以通过求解这一方程而推导出来。

（1）压力分布　从理论上讲，当运动速度和润滑剂黏度已知时，对于给定的间隙形状 $h(x,y)$ 和边界条件，将雷诺方程积分，即可求得压力分布 $p(x,y)$。

雷诺方程中含有许多变量，如黏度、密度、膜厚等，它们和压力场、温度场以及固体表面变形之间相互影响。因此，为了精确地求解流体润滑问题，常需要将雷诺方程和能量方程、热传导方程、弹性变形或热变形方程，以及润滑剂黏度与压力或温度的关系式等联立求解。这样，在数学上很难求出解析解，通常采用

电子计算机辅助运算，用数值解法求解雷诺方程。

（2）载荷量　流体润滑剂膜支承的载荷量 W 可在整个润滑剂膜范围内将压力 $p(x,y)$ 积分求得，即

$$W = \iint p \mathrm{d}x \mathrm{d}y \qquad (1\text{-}33)$$

积分的上下限根据压力分布来确定。

（3）摩擦力　在液体膜润滑系统中，要克服的摩擦力 $F_{0,h}$ 是由速度及压力引起的与表面接触的流体层中的切应力造成的，即

$$F_{0,h} = \pm \iint \tau \mid_{z=0,h} \mathrm{d}x \mathrm{d}y \qquad (1\text{-}34)$$

式中正号表示 $z=0$ 表面上的摩擦力，负号表示 $z=h$ 表面上的摩擦力。根据牛顿黏性定律可得

$$\tau = \eta \frac{\partial u}{\partial z} = \frac{1}{2} \frac{\partial p}{\partial x}(2z - h) + (u_h - u_0)\frac{\eta}{h} \qquad (1\text{-}35)$$

对于下表面 $z=0$，可得摩擦力为

$$F_0 = \iint \left[-\frac{h}{2}\frac{\partial p}{\partial x} + (u_h - u_0)\frac{\eta}{h} \right] \mathrm{d}x \mathrm{d}y \qquad (1\text{-}36)$$

对于上表面 $z=h$，可得摩擦力为

$$F_h = \iint \left[-\frac{h}{2}\frac{\partial p}{\partial x} - (u_h - u_0)\frac{\eta}{h} \right] \mathrm{d}x \mathrm{d}y \qquad (1\text{-}37)$$

求得摩擦力之后，就可确定摩擦系数 $\mu = \dfrac{F}{W}$，以及摩擦功率损失和因黏性摩擦所产生的发热量。

（4）润滑剂流量　通过流体润滑剂膜边界流出的流量 Q 可以按式（1-38）计算

$$Q_x = \int q_x \mathrm{d}y \text{ 或 } Q_y = \int q_y \mathrm{d}x \qquad (1\text{-}38)$$

将各个边界的流出流量相加，可求得总流量，根据计算的流量可以确定必需的供油量，以保证间隙内填满润滑剂，同时根据流出流量和摩擦功率损失还可以确定润滑剂膜的热平衡温度。

3. 压力分布的边界条件

在应用雷诺方程求解压力分布时，需要应用压力分布的边界条件来确定积分常数。根据几何结构与供油情况的不同，可以得到不同的边界条件，由此可以确定其压力分布情况。

图 1-29 所示为径向轴承展开图中的压力分布边界条件，按照索莫费尔特（Sommerfeld）边界条件，在收敛区形成正压力，而在发散区则形成负压力，而且压力分布是反对称的，即在最大间隙 h_{max} 与最小间隙 h_{min} 处，压力 $p=0$。但这种条件事实上是不可满足的。因为油膜在发散区不可能承受持续作用的较大负压力，而只能承受较高负压的冲击波或者很小的持续

负压。实际上在负压区油膜将破裂，混入空气或蒸汽而产生气蚀现象，从而丧失承载能力。按索莫费尔特边界条件则可方便地求解压力分布，有时用作润滑问题的定性分析。

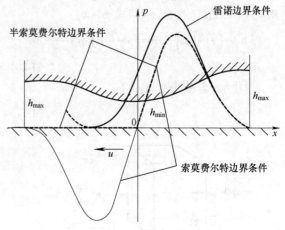

图 1-29　压力分布的边界条件

略去负压的简单方法是采用半索莫费尔特边界条件，即在图中 $x \leqslant 0$ 的发散区内取全部压力为零，而在收敛区内油膜压力与索莫费尔特边界条件相同。但是半索莫费尔特边界条件实际上也是不能实现的，因为在收敛区和发散区的流量不相等，破坏了流量连续条件。但由于它使用方便，所给出的压力分布与实际情况相当接近，而且偏于安全，所以常用于工程计算。

雷诺边界条件是应用较多而又比较合理的方法，它将油膜的起点取在最大间隙即 h_{max} 处，令 $p=0$。而油膜的终止点是由油膜的自然破裂确定的，它位于最小间隙之后发散区内的某点，该点同时满足 $p=0$，$\dfrac{\mathrm{d}p}{\mathrm{d}x}=0$ 的条件。雷诺边界条件可以保证流动连续性，在油膜起始点和终止点之间，润滑膜是连续的。

4. 湍流和流态转变

（1）湍流现象　湍流又称紊流，是流体层中出现的不稳定流动情况。由于在推导雷诺方程时曾经假设流体的流动是层流，当流体的流动性质由层流转变为湍流时，如高速大型轴承及采用低黏度润滑剂的轴承中润滑剂的流动往往处于湍流状态，这时润滑剂的惯性力增大到与黏性力相当，促使流动出现不稳定惯性，因而雷诺方程已不再适用。因此，必须了解支承元件中流体的流动状态是否处于湍流状态以及流态转变的临界条件，以防止可能产生的润滑失效。

在流体力学中通常用雷诺数 Re 来判别流体流动

性质。对于黏度为 η、密度为 ρ 的流体，当以速度 u 流过直径为 D 的圆柱管道中时，雷诺数 Re 为

$$Re = \frac{\rho u D}{\eta} = \frac{uD}{\nu} \tag{1-39}$$

式中　ρ——流体密度（kg/m³）；

　　　u——流体流速（m/s）；

　　　D——管径（m）；

　　　η——流体动力黏度（Pa·s）；

　　　ν——运动黏度（m²/s）。

泰勒（G. I. Taylor）曾对同心圆柱在转动时流体的流动情况进行过分析，并提出开始出现不稳定流动的临界雷诺数 Re_c 为

$$Re_c = 41.1\sqrt{\frac{R}{c}} \tag{1-40}$$

式中　R——内圆柱半径；

　　　c——两圆柱的半径间隙。

$c/R = \psi$，称为间隙比，一般 ψ 小于 0.01，大于 0.001。

这种同心圆柱的流动情况与径向轴承近似。进一步实验表明：当雷诺数超过临界雷诺数 Re_c 时，将出现涡流，由层流转变为湍流，常称为泰勒涡旋。

（2）由层流到湍流的流态转变　雷诺数是流体流动时的惯性力和黏性力的比值，在雷诺数小的情况下，黏性作用相对较大，扰动总会被阻滞而能维持层流流动。而当雷诺数增加到足够大时，惯性力的大小将与黏性剪切力具有相同的数量级，此时流体将从层流过渡到湍流状态。因此可以由雷诺数来判别润滑剂处于层流还是湍流状态。

根据雷诺数的大小，流体润滑状态可以划分为三个范围。

1）润滑剂处于层流状态的低雷诺数区域。此时黏性力起主要作用，可采用通常形式的雷诺方程求解。

2）润滑剂以层流状态为主的中间雷诺数区域。此时黏性力和惯性力同时存在，在进行润滑计算时应考虑惯性力的影响，这将使雷诺方程变得复杂，但在处理方法上与层流润滑计算相同。这一区域的范围较狭窄。

3）湍流润滑状态下的高雷诺数区域。此时通常形式的雷诺方程已不适用，必须建立新的润滑方程和求解方法。

由此可见润滑剂在支承元件中的润滑状态从层流转变到湍流的条件是雷诺数的大小，同时这一转变过程存在过渡区域。中间状态是以出现涡旋为特征的涡流区，这时雷诺数增加到临界值 Re_c。但有时这个转变过程很不明显，而由层流直接转变为湍流。

对于径向轴承，近似于内圆柱体转动的两个同心圆柱，而推力轴承则近似于两个平行圆盘的相对转动。依照雷诺数的定义，轴承的雷诺数 Re 为

$$Re = \frac{\rho}{\eta}uh = \frac{uh}{\nu} \tag{1-41}$$

式中　h——间隙或油膜厚度（m）。

但由于径向轴承的偏心和推力轴承的楔形，使油膜中各处的间隙值不同；又由于轴承油膜中各处的温度不同，黏度值也不一样，因此在轴承中各处的雷诺数是个变量。而且轴承中有一个复杂现象是润滑剂为沿着两个方向的两维流动，同时存在着由表面移动引起的速度流动（流体的剪切作用）和由于表面间的压力差引起的压力流动的组合。由于这些原因，流动更不稳定，要精确地决定实际轴承的临界雷诺数值。

由实验求得它们由层流转变为湍流的临界雷诺数 Re_c 分别为

速度流动

$$Re_c = \frac{\rho}{\eta}uh \approx 1500 \sim 1900 \tag{1-42}$$

压力流动

$$Re_c = \frac{\rho}{\eta}uD = 2000 \tag{1-43}$$

在轴承中的润滑剂是两种基本流动的组合，同时轴承中各处黏度和间隙不同，因此为安全起见而选用较低的临界雷诺数，即

$$Re_c = \frac{\rho}{\eta}uc = 1000 \sim 1500 \tag{1-44}$$

应当指出，以上所选用的轴承层流润滑的临界雷诺数值是相当粗略的，它是在不考虑轴承实际因素的条件下用平均油膜厚度和平均黏度计算的。通常只能用来预示层流转变的开始。

在润滑剂流动状态由层流转变为湍流状态时，将伴随出现以下变化：功耗增大、轴承温度升高、油流量减少、摩擦系数剧烈增加以及轴承工作时的偏心率剧增等。

1.3.5　流体静压润滑

流体静压润滑是指利用外部的流体压力源（如供油装置），将具有一定压力的流体润滑剂输送到支承的油腔内，形成具有足够静压力的流体润滑膜来承受载荷，并将表面分隔开的润滑状态，又称为外供压润滑。

流体静压润滑的主要特点是支承在很宽的速度范围内以及静止状态下都能承受外力作用而不发生磨

损。流体静压润滑的优点有：①起动摩擦阻力小，节能；②使用寿命长；③可适应较广的速度范围；④减振性能好；⑤运动精度高；⑥能适应各种不同的要求。缺点是需要专用的流体压力源，增大了设备占用的空间。

早在1862年，法国人谢拉特首先验证了静压轴承的原理，并于1865年在火车车轮轴承中应用并取得专利，在1878年巴黎的世界博览会上展出了这种轴承，摩擦系数约1/500。1938年，美国加利福尼亚州帕罗马尔山观测站的5m（200in）天文望远镜的支承导轨采用了流体静压支承，三个油垫的支承力各为729.5kN。该望远镜质量约500t，每天转一转，驱动功率只需62W。从20世纪40年代末期液体静压轴承开始在机床中应用起，近几十年来已在重型机床、精密机床、高效率机床和数控机床中得到日益广泛的应用。在航天设备、测试仪器、重型机械、冶金机械、发电设备、某些通用机械和液压元件中也得到了应用。

在工业应用领域，油膜轴承具有一般滑动轴承和滚动轴承无法比拟的优点，例如摩擦系数小、损耗低等。世界范围内有两家大型轧机油膜轴承生产厂家，分别是太原重型机械集团有限公司和美国 Morgan 公司。近十几年，黄庆学院士、王建梅教授团队在大型油膜轴承的设计、理论与试验测试研究等方面做了大量工作，联合太重集团、燕山大学等研究单位，完善了油膜轴承从刚流润滑、弹流润滑、热流润滑、热弹流润滑到磁流体润滑的理论，完成了大型油膜轴承综合试验台的建设与升级改造，为我国油膜轴承新技术、新产品、新工艺的开发提供了试验保障和技术支持。

1. 流体静压润滑系统的基本类型

流体静压润滑系统的类型很多，一般可按供油方式和轴承结构进行分类，其中按供油方式划分的基本类型有两种，即定压供油系统与定量供油系统。

（1）定压供油系统　这种系统供油压力恒定，一般包括三部分（见图1-30），即支承（轴承）本体，节流器，如小孔式、毛细管式、滑阀反馈式、薄膜反馈式和内部节流器等，以及供油装置或流体动力源。压力大小由溢流阀调节，集中由一个泵向各个节流器供油，再分别送入各油腔。依靠油液流过节流器时的流量改变而产生的压力降调节各油腔的压力，以适应载荷的变化。

（2）定量供油系统　这种系统各油腔的油量恒定，随油膜厚度变化自动调节油腔压力，以适应载荷的变化。定量供油方式有两种：一种是由一个多联泵

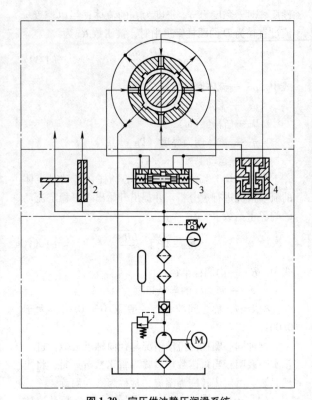

图1-30　定压供油静压润滑系统
1—小孔式节流器　2—毛细管式节流器
3—滑阀反馈式节流器　4—薄膜反馈式节流器

分别向油腔供油，每个油腔由一个泵单独供油；另一种是集中由一个油泵向若干定量阀或分流器供油后再送入各油腔（见图1-31）。

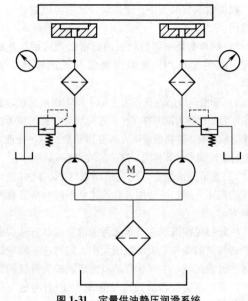

图1-31　定量供油静压润滑系统

2. 流体静压润滑油膜压力的形成

以径向和止推静压轴承系统为例，当油泵尚未工作时，油腔内没有压力油，主轴与轴承接触。油泵起动后，从油泵输出的润滑油通过节流器进入油腔，油腔压力升高，当油腔压力所形成的合成液压力与主轴的重量及载荷平衡时，便将主轴浮起。油腔内的压力油连续地经过周向和轴向封油面流出，由于油腔四周封油面的微小间隙的阻尼作用，使油腔内的油继续保持压力。润滑油从封油面流出后汇集到油箱，组成油路的循环系统。

图 1-32a 所示是润滑油进入油腔后的实际压力分布，在油腔内，润滑油压力大小相等、分布均匀，在四周封油面内，压力近似地按直线变化，封油面和油腔连接处的压力等于油腔压力，封油面外端压力为零。由此可见，当油膜将主轴和轴隔开后，受润滑油压力作用的面积，除了油腔面积外，还有油腔四周封油面的面积。计算时所采用的压力分布如图 1-32b 所示，图中虚线所示面积 A 是圆弧面的投影面积，代表轴承一个油腔的有效承载面积，由此可知静压轴承一个油腔的承载能力 F 为

$$F = Ap_t$$

式中　p_t——油腔压力。

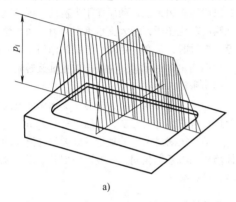
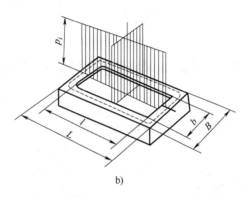

a)　　　　　　　　　　　　　　　　　b)

图 1-32　油腔和封油面上的压力分布
a）实际压力　b）计算用压力

上面是轴承单个油腔同油泵直接相连的工作情况。在静压支承中经常是使用多油腔与一个油泵相连。在这种情况下各个油腔之前都装有节流器，调节各油腔中的压力以适应各自的不同载荷。

3. 因压力降而产生的黏性流体的缝隙流动

（1）两平行平板　按照流体力学基本方程，两平行平板间的黏性流体的流动如图 1-33 所示。黏性流体在缝隙中的流量可按式（1-45）计算。

$$Q = \frac{bh^3}{12\eta l}\Delta p \tag{1-45}$$

式中　b——板宽；

　　　h——缝隙宽度；

　　　η——动力黏度；

　　　l——板长；

　　　Δp——在缝隙长度上的压力降，$\Delta p = p_1 - p_2$。

（2）环形缝隙　对于同心圆环形缝隙，可看成是一个将缝隙沿圆周展开，相当于长度 $b = \pi d$ 的平行平板缝隙，因此缝隙中的流量 Q 可按式（1-45）改写为

$$Q = \frac{\pi dh^3}{12\eta l}\Delta p \tag{1-46}$$

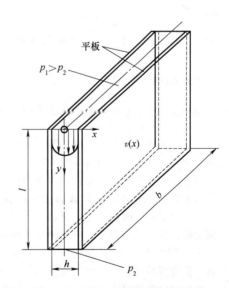

图 1-33　两平行平板间黏性流体的流动

式中　d——圆环直径。

（3）圆形油腔平面油垫　由空心圆台和平面形成的圆环形平面缝隙（见图 1-34），液体沿圆台径向缝隙往外流动，设圆台的内、外圆半径分别为 r_1、

r_2，缝隙两边的压力差 $\Delta p = p_1 - p_2$。在任意半径 r 处取宽度 $\mathrm{d}r$ 的圆环，可看成是展开后相当于宽度 $b = 2\pi r$，长度 $l = \mathrm{d}r$ 的平行平板的缝隙。考虑到压力随半径的增加而减小，代入式（1-45）并积分可得

$$Q = \frac{\pi h^3 (p_1 - p_2)}{6 \eta l_n \dfrac{r_2}{r_1}} \qquad (1\text{-}47)$$

式中 l_n——平行板的缝隙长度。

如果液体沿圆台径向缝隙由外向内流动，可用同样方法求得流量 Q 为

$$Q = \frac{\pi h^3 (p_2 - p_1)}{6 \eta l_n \dfrac{r_2}{r_1}} \qquad (1\text{-}48)$$

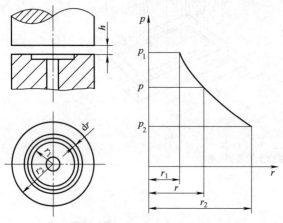

图1-34 圆台缝隙黏性流体的流动及压力分布

1.3.6 流体动静压润滑

（1）概述 流体动静压润滑是在流体动压润滑与流体静压润滑的基础上发展起来的，它兼有两者的作用，在支承结构上又有所不同，既可依靠运动副滑动表面形状在其相对运动时形成具有足够动压力的流体膜，又能利用外部的流体压力源形成具有足够静压力的流体膜，可使支承表面之间在静止、起动、停止、稳定运动或是工况交变状况下均能具有流体润滑膜，从而降低起动转矩，防止表面间的干摩擦、半干摩擦及磨损，使用安全，温升和功率损耗较低，精度保持性好。因此，流体动静压支承在大型、高速、重载、精密机床和机械中正得到日益广泛的应用。

（2）流体动静压润滑系统的基本类型 按照流体动静压润滑系统的工作原理，其基本类型有以下三类。

1）静压浮起、动压工作的方式。这种润滑系统

在支承起动、制动或速度低于某一临界值时，静压系统工作；而在支承正常运行过程中，动压系统工作，静压系统停止工作，常用于重载的球磨机、轧钢机、水轮发电机、重型机床等，特别是带载起动的机械。

2）动静压混合作用。这种润滑系统的特点是静压系统不只在支承起动、制动或速度低于某一临界值时工作，在正常运行过程中也连续工作，此时动压系统同时起作用。它的承载力是由动压效应和静压效应共同作用形成的，常用于轻载又同时要求轴承刚度高的场合，如机床，特别是机床主轴轴承。

3）静压作用为主，动压作用为辅。这种润滑系统以静压作用为主，动压作用为辅助，可以充分利用油膜的动压作用，增大支承承载能力，而当静压作用万一失效时，又有一定动压起保护作用，可保护支承不致损伤。常用于对安全要求与主轴旋转精度要求较高的精密机床等。

除了以上分类以外，按静压支承供油方式与结构等还可有许多分类方法，此处不一一列举。

动静压润滑系统的理论基础大致与流体动压和流体静压润滑系统相同，一般可根据其工作原理和结构特征进行分析。

1.3.7 弹性流体动力润滑

（1）概述 当滚动轴承、齿轮、凸轮等高副接触时，名义上是点、线接触，实际上受载后承载面极窄小，由于载荷集中作用，接触区内产生极高压力，其峰值有时可达几千兆帕，在承载表面产生较大弹性变形。而接触表面间的油膜厚度又较薄，有时仅为接触区长度的千分之一；同时，由于接触压力极高，润滑剂的黏度也随之相应改变，不再是恒定值，比正常室温下的黏度要大许多倍。在这种情况下，相对运动表面的润滑状态是近几十年来人们所关注的弹性流体动力润滑的研究领域。概括来说，弹性流体动力润滑就是两相对运动表面间的弹性变形与润滑剂的压黏、温黏效应对其摩擦与油膜厚度起着重要作用的润滑状态。

由于弹性流体（常简称为弹流）润滑计算中必须在考虑到接触表面的弹性变形的情况下，求出润滑油膜的几何形状和其中的压力分布情况，同时又要考虑到润滑油黏度随压力和温度变化对润滑的影响，而且相互之间也有影响，因此，不能用一般计算方法进行计算，只有用迭代法并借助电子计算机采用数值计算求解，计算较为复杂。这也是过去虽然有不少人在研究弹流润滑理论，但一直进展迟缓的原因之一。

早在1916年，马丁提出了计算齿轮接触面间润

滑油膜厚度的公式，但没有考虑轮齿的接触变形和润滑油黏度变化的影响，而且在重载下所算得的油膜厚度远小于实际膜厚。艾特尔和格鲁宾等人分别于1945 年和 1949 年探讨了重载弹性接触点的油膜厚度近似方程，检验了高压力对润滑剂黏度的影响和形成接触的固体弹性变形的复合影响，格鲁宾等人首次对线接触的等温全膜弹流求得了近似解。1951 年，彼得鲁谢维奇求得了第一个线接触等温全膜弹流润滑的数值解。1959 年以后，英国的道森与希金森对等温线接触弹流问题进行了系统的数值计算，并在此基础上提出了适合实际使用的膜厚计算公式，并已被实验所验证。1970 年，郑绪云对于椭圆接触弹流得出了格鲁宾型解。1972 年，塔廉又提出了部分弹流润滑理论。目前弹流润滑理论在滚动轴承、齿轮、凸轮和人工关节的球形支承等领域内获得了广泛应用。

（2）弹流润滑理论的应用　弹流润滑理论在工业中的应用还处于发展阶段，这是由于弹流润滑计算过程较为复杂，计算公式存在各种限制条件，而且机械零件的接触表面状态相当复杂，在分析中需要进行简化，使计算带有一定局限性。

在将弹流理论应用于齿轮、滚动轴承及凸轮等高副运动时，首先要找出两个等效圆柱，从而求得当量曲率半径；其次求出接触处的载荷和平均速度，再确定接触表面材料的弹性模量、润滑油的黏度和黏压系数；然后根据这些参数计算出弹性参数、黏性参数和膜厚参数等；还要计算表面粗糙度综合值及膜厚比，以判断润滑状态和润滑的有效性。

为了工程计算上的方便，人们采用一组统一的无量纲参数，把各种润滑状态下的油膜厚度用图线或公式表示在一张图上，称为弹性流体动力润滑状态图或油膜厚度图。图 1-35 所示是 1970 年约翰逊整理的，并经虎克在 1977 年修订的弹性流体动力润滑状态图。

图 1-35 中，横坐标表示弹性参数 g_e，纵坐标表示黏性参数 g_v。此处用三个统一的无量纲参数（材料参数 G^*、载荷参数 W^* 和速度参数 u^*）来表示油膜厚度与其他物理量之间的关系，即

1）膜厚参数 h_f。表示实际最小油膜厚度 h_{min} 与刚性润滑理论算得的油膜厚度相比较的大小。

$$h_f = \frac{h_{min} W}{\eta_0 u R} = \frac{h_{min} W^*}{u^*} \qquad (1-49)$$

2）黏性参数 g_v。表示润滑剂的黏度随压力而变化的大小。

$$g_v = \left(\frac{a^2 W^3}{\eta_0 u R^2} \right)^{\frac{1}{2}} = G^* (W^*)^{\frac{3}{2}} (u^*)^{-\frac{1}{2}} \qquad (1-50)$$

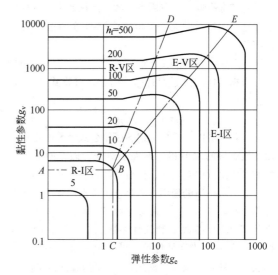

图 1-35　弹性流体动力润滑状态图

3）弹性参数 g_e。表示弹性变形的大小。

图中绘出了通过计算求得的无量纲膜厚参数 h_f 的等值曲线。同时以四条点画线为界将全区域划分为四个润滑状态区，给出了各区所适用的线接触润滑油膜厚度计算公式。汇交于 B 点的四条直线为 AB（$g_v = 5$）、BC（$g_e = 2$）、BD（$g_v^{-\frac{1}{3}} g_e = 1$）、$BE$（$g_v g_e^{\frac{7}{5}} = 2$）。四个润滑状态区如下：

1）刚性-等黏度（R-I 区）。在此区域内，g_v 和 g_e 值都很小，压力未使黏度发生明显变化，表面弹性变形微小，这对黏压效应和弹性变形均可略去不计，如轻载高速下使用任何润滑剂的金属柱体接触的润滑状态。可根据马丁公式计算油膜厚度，即

$$h_f = 4.9 \qquad (1-51)$$

2）刚性-变黏度（R-V 区）。在此区域内，g_e 值保持较小值，即表面弹性变形微小，可认为是刚体，但 g_v 值较大，黏压效应成为不可忽视的因素，如载荷不大时使用大多数润滑剂的金属柱体接触的润滑状态。可根据布洛克公式计算油膜厚度，即

$$h_f = 1.66 g_v^{\frac{2}{3}} \qquad (1-52)$$

3）弹性-等黏度（E-I 区）。在此区域内，g_v 值较小，即黏度保持不变，而 g_e 值较大，弹性变形对润滑的作用不可忽视，如采用任何润滑剂的橡胶类圆柱体或用水润滑的金属圆柱体接触的润滑状态等。可根据赫雷布勒公式计算油膜厚度，即

$$h_f = 3.01 g_v^{0.8} \qquad (1-53)$$

4）弹性-变黏度（E-V 区）。在此区域内，g_v 和 g_e 值均很大，因而黏压效应和弹性变形对于油膜厚

度具有综合影响，如采用大多数润滑剂的重载金属圆柱体接触的润滑状态。可根据道森-希金森公式计算油膜厚度，即

$$h_\mathrm{f} = 2.65 g_v^{0.54} g_e^{-0.25} \tag{1-54}$$

根据格林伍德等人的计算结果，可将式（1-54）修正为

$$h_\mathrm{f} = 1.65 g_v^{0.75} g_e^{-0.25} \tag{1-55}$$

在各区域以内，按上述各膜厚公式计算所得值与由图线查得的数值相差不大于 20%，而在两润滑区的过渡线附近误差增大，但也不超过 30%。

润滑状态图的使用方法是：①根据已知工况条件计算出材料参数 G^*、载荷参数 W^* 与速度参数 u^*；②计算出弹性参数 g_e 和黏性参数 g_v；③根据坐标点 (g_e, g_v) 在图中所处位置，可从图上直接查得无量纲膜厚参数 h_f，或者根据该点所在润滑区相应的公式计算出油膜厚度。

在一些高精尖机器和设备领域，如无保持架的滚动轴承及滚针轴承、内燃机凸轮-挺杆机构、直线导轨等，弹流接触滑滚比通常在 2 到无穷之间变化；而在高速机床主轴轴承、新能源车辆、航空发动机轴承中普遍存在高速或超高速润滑条件，线速度普遍高于 80m/s。在这些特殊条件下，弹流油膜形状和变化规律一般偏离经典弹流理论，出现油膜凹陷、膜厚随速度升高而减小等异常行为，研究者提出了温度-黏度楔、柱塞流等模型以解释油膜的异常行为，然而不同的机理可能导致相同的油膜异常行为，因此各种机理的适用范围以及它们之间如何过渡是尚未解决的问题。此外，不同的散热结构、添加剂、润滑油种类及成分、接触固体界面特性，对大型工业机械设备弹流润滑的影响也是需要考虑的问题。

1.3.8 气体润滑

气体也是一种润滑剂，通过动压或静压方式由具有足够压力的气膜将运动副摩擦表面分隔开并承受外加载荷作用，从而降低运动时的摩擦阻力与表面磨损。用作润滑剂的气体主要是空气，也可以使用氨、氮、一氧化碳和蒸汽等。气体的重要特点是黏度为液体的 1/1000～1/100，而且可压缩，必须将密度作为变量来处理。

与液体润滑相同，气体润滑系统也有动压润滑及静压润滑两类系统，其基本原理与液体润滑系统大致相同。

由于气体是压缩性流体，当气体流过支承元件中

时受热而膨胀，遇冷而收缩，密度随压力与温度的改变而变化，因此需要运用流动质量的守恒定律来处理。微元体将以单位时间内的密度变化与体积的乘积存储质量，即

$$\frac{\partial \rho}{\partial t} \mathrm{d}x\mathrm{d}y\mathrm{d}z$$

而净流入微元体的质量为

$$\left[\frac{\partial}{\partial x}(\rho u) + \frac{\partial}{\partial y}(\rho v) + \frac{\partial}{\partial z}(\rho w) \right] \mathrm{d}x\mathrm{d}y\mathrm{d}z \tag{1-56}$$

因此连续方程可写成

$$\frac{\partial}{\partial x}(\rho u) + \frac{\partial}{\partial y}(\rho v) + \frac{\partial}{\partial z}(\rho w) + \frac{\partial \rho}{\partial t} = 0 \tag{1-57}$$

对于理想气体，气体的状态方程式为

$$\frac{p}{\rho} = RT \tag{1-58}$$

式中　p——压力；

　　　ρ——密度，见表 1-3；

　　　R——气体常数，对于一定气体，其值恒定，见表 1-3；

　　　T——热力学温度。

通常气体润滑膜温升很低，可假设为等温过程，此时状态方程为

$$p = k\rho \tag{1-59}$$

式中　k——比例常数。

对于气体变化过程迅速，热量来不及传递的润滑状态，可把这种过程看成绝热过程，此时气体状态方程为

$$p = k\rho^n \tag{1-60}$$

式中　n——气体的比热比，与气体中的原子数有关，对于空气，$n = 1.4$。

对于等温过程的气体润滑，由以上分析可得气体润滑的雷诺方程为

$$\frac{\partial}{\partial x}\left(\rho h^3 \frac{\partial p}{\partial x} \right) + \frac{\partial}{\partial y}\left(\rho h^3 \frac{\partial p}{\partial y} \right) = 6\eta \left[u\frac{\partial}{\partial x}(\rho h) + 2\frac{\partial}{\partial t}(\rho h) \right] \tag{1-61}$$

式（1-61）是气体润滑的基本方程。

根据动力学原理，气体的黏度与压力无关，而是随热力学温度的平方根变化的，只有在很高或很低的压力下例外，常用苏泽兰公式修正如下

$$\frac{\eta}{\eta_0} = \left(\frac{T}{T_0} \right)^{\frac{3}{2}} \left(\frac{T_0 + b}{T + b} \right) \tag{1-62}$$

式中　η——热力学温度为 T 时的黏度；

　　　η_0——热力学温度为 T_0 时的黏度；

　　　b——苏氏常数，见表 1-3。

表 1-3　气体的黏度、密度及一些常数

气　　体	空气	氩	氧	氮	二氧化碳	氢（在 0.42MPa 下）
黏度/(10^{-5}Pa·s)（大气压下，20℃）	1.82	2.23	2.03	1.76	1.47	0.890
苏氏常数 b	117	142	125	104	240	72
气体常数 R/[J/(kg·K)]	287.06	—	259.82	296.8	188.92	4124.2
气体密度 ρ_0/(kg/m³)	1.29	—	1.43	1.25	1.98	0.09

1.3.9　边界润滑

1. 边界润滑的特点

从斯特里贝克摩擦曲线（见图 1-23）中间一段可以看到，随着运动副摩擦表面相对滑动速度降低和载荷的增加，以及润滑膜厚度 h 与表面粗糙度综合值 $\overline{R}$ 的比值 λ 的减小，摩擦表面之间已不能被润滑膜完全分隔开。在做相对运动时，在摩擦表面上存在着一部分流体效应膜润滑作用的同时，一部分表面微凸体直接发生接触，这种润滑状态称为混合润滑。此时所产生的总摩擦力由润滑剂黏度所决定的黏性摩擦力和表面微凸体接触所产生的摩擦力组成，因此是一种不稳定的润滑状态。在混合润滑状态下，λ 值为 0.4～3，膜厚大于 30nm 时，称为微弹流润滑。

如果摩擦表面过分靠近，λ 值小于 0.4 时，表面微凸体接触增多，润滑剂膜的流体动压作用和黏度对降低摩擦所起的作用很小，甚至会完全不起作用，摩擦系数急剧增大，从而进入边界润滑状态。这时决定摩擦表面之间摩擦学性质的将是润滑剂和表面之间的相互作用及所生成的边界膜的性质。当由于接触表面温度急剧升高等原因而导致边界膜破裂时，将产生金属直接接触，磨损加剧，甚至表面胶合。

1922 年，英国学者哈迪第一次提出"边界润滑"的概念，他和达勃代注意到在对置固体表面靠得很近时，决定表面的摩擦磨损特性的主要是吸附在固体界面的薄层分子膜的化学特性和润滑剂的物理特性，他们称这种润滑状态为"边界润滑"。后来有许多学者陆续对边界润滑的机理与特点进行了研究，近代新型表面微观分析技术的发展，使我们对边界润滑的特点有了较深入的了解。

1）边界润滑状态下，两相对表面间的作用涉及冶金学、表面粗糙度、物理和化学等方面因素的作用和影响，如物理吸附、化学吸附、化学反应、腐蚀、催化和温度效应以及反应时间等。

2）边界润滑状态下最重要的是在金属上生成表面膜以降低固体对固体接触时的损伤。

3）表面膜的形成取决于润滑剂与表面的化学特性，而环境介质如氧、水与对表面活性起对抗作用的介质会影响膜的生成。

4）边界润滑的有效性由膜的物理性能所决定，包括厚度、硬度、抗剪强度、内聚力、黏附力、熔点以及膜在基础油中的溶解度等。

5）表面相对运动时的工况，如速度、载荷的大小与性质和加载速度、温度、加热或冷却速度、是往复滑动还是单向滑动等都对边界润滑性能有影响。

各种机械中的大多数运动副并不是在完全流体润滑状态下运转，特别是在起动、停止、慢速运转、载荷或速度突变的瞬间往往处于边界润滑状态下。因此，研究摩擦状态的转化过程以及采用有效的边界润滑剂来减少接触表面的磨损是十分必要的。

2. 边界润滑的机理

在法向载荷的作用下，做相对运动的表面微凸体接触增加，其中一部分接触点处的边界膜破裂，产生金属-金属接触及黏附，另有很小部分表面由流体效应膜润滑，承受部分载荷，即

$$N = N_A + N_B + N_S \qquad (1-63)$$

式中　N——法向载荷；

N_A——产生直接接触的表面承受的载荷；

N_B——金属表面边界膜承受的载荷；

N_S——由流体效应膜支承的载荷。

通常在边界润滑状态下，流体效应膜几乎不起作用，这时，N_S 一项可略去不计。

图 1-36 所示是边界润滑机理模型，摩擦力 F 可看成是剪断表面黏附部分的剪切阻力与边界膜分子间的剪切阻力以及微凸体之间空腔中产生的液体摩擦力之和，即

$$F = aA\tau + A(1-a)\tau_1 + F_1 \qquad (1-64)$$

式中　a——在承受载荷的面积内发生金属直接接触部分占承载面积的百分比；

A——承受全部载荷的面积；

τ——金属黏附部分的抗剪强度；

τ_1——边界膜的抗剪强度；

F_1——液体摩擦力，通常可略去不计。

由此

$$F = aA\tau + A(1-a)\tau_1 \qquad (1-65)$$

在边界润滑中，当边界膜能够起到很好的润滑作用时，a 值较小，摩擦力 F 和摩擦系数 μ 可以近似地表示为

$$F = A\tau_1 \qquad (1-66)$$

$$\mu = \frac{\tau_1}{\alpha_{ny}} \qquad (1-67)$$

式中 α_{ny}——较软金属的抗压屈服强度。

由此可知，当边界膜能起很好的润滑作用时，摩擦系数决定于边界膜内部的抗剪强度。由于它比干摩擦时金属的抗剪强度低得多，所以摩擦系数也小得多。当边界膜的润滑效果较差时，a 值较大，即摩擦面金属的粘接点较多，因而摩擦系数增大，磨损也随着增大。在边界润滑状态下，摩擦表面的摩擦特性是依靠边界润滑剂的作用来改善的。

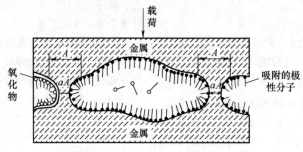

图 1-36　边界润滑机理模型

3. 边界润滑剂的性能

对边界润滑剂的要求有以下三个方面。

1）润滑剂的分子链环之间具有较强分子吸引力，能阻止表面微凸体将润滑剂膜穿透，因而可以缓和磨损过程。

2）润滑剂在表面所生成的膜具有较低的抗剪强度，也就是说摩擦力较小。

3）润滑剂在表面所生成膜的熔点要高，以便在高温下也能产生保护膜。

常用的边界润滑剂有固体润滑剂和添加有油性、极压与抗磨等类添加剂的流体润滑剂，如硬脂酸（$C_{17}H_{35}COOH$）就是一种常添加在润滑油中的长链型的极性化合物。它一端的 COOH 称为极性团，这种分子的极性团可以牢固地吸附在金属表面上，形成边界吸附膜。如遇摩擦产生高温时，它与表面金属形成金属皂（$C_nH_{2n+1}COOH$），它也是极性物质，同样在金属表面上形成膜，但金属皂膜的熔点却比纯脂肪酸高，在边界润滑状态下的摩擦是指金属皂膜接触并发生相对滑动时的摩擦，它的摩擦系数比干摩擦低。如果金属皂膜破裂，金属表面立即直接接触而造成润滑失效，因此金属皂的熔点是边界润滑失效的指标之一。

除了脂肪酸之外，油酸、氯化油脂、硫化油脂也是油性添加剂。

极压添加剂一般用于接触温度较高和高压工作场合下，它与表面金属在一定的接触温度下形成化学反应膜，使摩擦表面不致发生胶合磨损，常用的极压和抗磨添加剂有氯化石蜡、二苯基二硫化物及二烷基二硫代磷酸锌（zinc dialkyl dithio phosphate，ZDDP）等。

4. 形成边界膜的物理-化学过程

在润滑剂与固体表面之间产生保护性边界膜的相互作用机理有以下三种（见图 1-37）。

（1）物理吸附　当润滑剂中具有轻微极性的分子在范德华表面力作用下吸附在表面上，形成定向排列的单分子层或多分子层的吸附膜时，这种吸附称为物理吸附。物理吸附时，分子的结合较弱，没有化学作用产生，所生成的膜可以脱附，又可重新吸附，是可逆的吸附作用。通常极性分子，特别是长链烃的分子垂直定向吸附在表面上，分子之间有内聚力存在，互相吸引，靠得很紧，在表面凝聚生成一层薄膜，有能力抵抗微凸体将膜击穿，从而阻止金属之间接触，如图 1-37a 所示。而在表面吸附膜的最外层，是一个低抗剪强度区，有降低摩擦的作用。

具有物理吸附的边界润滑系统对温度较为敏感，因为热能可引起解吸、位向消失或膜的熔化，因此只限于体积平均温度及摩擦生热较低，也就是低载荷与低滑动速度的工况下使用。

（2）化学吸附　当润滑剂分子通过化学键的作用而吸附在表面上时，称为化学吸附。通常化学吸附的分子之间也有内聚力，吸附作用是不完全可逆转的。化学吸附比物理吸附作用要强得多，由于需要更多活化能量，因此具有较高的吸附热，物理吸附的吸

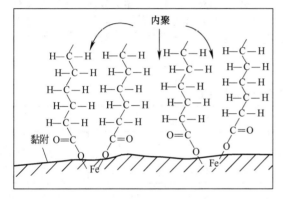

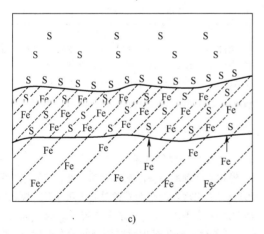

图 1-37　边界润滑膜示意图

a) 物理吸附膜　b) 化学吸附膜　c) 化学反应膜

附热为 8374～41868J/mol，而化学吸附的吸附热为 41868～418680J/mol。例如硬脂酸与氧化铁在有水参与的情况下发生反应，在表面上形成硬脂酸铁的金属皂膜，如图 1-37b 所示，这些金属皂不只是有较好的剪切性能，熔点也比硬脂酸高。

化学吸附可在其熔点以下保持有效的润滑，一般

可在中等的载荷、温度与滑动速度下起润滑作用。在更严酷的工况下，由于吸附膜的位向消失，变软或熔化而失效。

（3）化学反应　当润滑剂分子与固体表面之间有化合价电子变换时就会发生化学反应并生成一种新化合物膜，如图 1-37c 所示。化学反应膜的厚度只受通过晶格扩散的过程支配，它具有较高的活性与键能，而且完全不可逆转。大多数产生化学反应膜的边界润滑剂分子中含有硫、磷与氯原子，它们可在边界上生成抗剪强度低但熔点高的金属盐膜，如硫化物、磷化物或氯化物等，这些薄膜比物理或化学吸附膜更为稳定。有时在同一分子中含有几种活性元素，效果会更好一些。

产生化学反应膜的边界润滑剂适合在重载荷、高温度和高滑动速度下，也就是在称为极压的工况下使用，但限于能与表面产生反应，而且应当是在最适宜的工况（如极压工况）才产生反应的润滑剂，以避免加速摩擦时的化学磨损过程。摩擦表面的突出部位承受重载荷时，可能使膜破裂而在相对运动过程中将突出部位磨平，然后在局部高温下又再次生成新的化学反应膜。

5. 影响边界膜润滑性能的因素

一般认为，影响干摩擦的因素也直接影响边界摩擦，而边界摩擦具有更为普遍的意义，要考虑到由平稳滑动过渡到干摩擦以致金属严重咬黏、焊合整个摩擦过程的影响因素。

在边界润滑系统中，首先要考虑到除黏度作用外润滑剂降低摩擦与磨损的能力，即油性的作用。油性好的润滑剂易于形成吸附膜，在摩擦副相对运动时摩擦阻力与磨损较小。对于吸附膜，极性分子链的结构、极性分子的吸附节、极性分子膜的层数等，都会影响吸附膜的润滑效果。在一般情况下，随着极性分子链长增加，摩擦系数将下降，达到一定值后不再变化。在润滑剂中加入适量油性添加剂可改善其摩擦性能，例如在基础油中添加 1% 油酸，可使摩擦系数从 0.28 降到 0.12 左右。但再增大添加量，效果则不大。

温度是边界润滑膜的重要影响因素，如图 1-38 所示。曲线 I 表示非极性基础油润滑的系统，由于弱的物理吸附键的松解，摩擦系数随温度的升高而增大。曲线 II 表示基础油中溶有脂肪酸，这种润滑剂与金属表面起反应，表面上形成一种容易剪切的金属皂，在金属皂的熔点 T_m 以内，摩擦系数低且为一常量。但超过了 T_m 点，摩擦系数就急剧上升，T_m 可看作润滑剂膜的临界温度。曲线 III 表示基础油中溶有极压添加剂，在反应温度 T_r 以下，添加剂的反应很慢，

摩擦系数较大，当达到 T_r 后，就开始化学反应，形成边界润滑膜，摩擦系数下降，直到高温都能有效润滑。曲线Ⅳ是由Ⅱ和Ⅲ有效组合的理想化曲线，在 T_r 以下脂肪酸起着良好的润滑作用，而在 T_r 以上，在很大程度上由极压添加剂起着润滑作用。

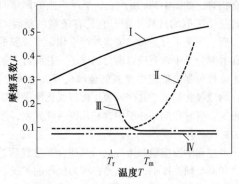

图 1-38　边界润滑系统的摩擦特性

速度是边界润滑膜的影响因素之一。在平稳的摩擦状态下，边界润滑膜的摩擦系数一般不随滑动速度的改变而改变。在低速下，在由静摩擦向动摩擦过渡时，吸附膜的摩擦系数随滑动速度的增加而下降，直到某一定值；化学反应膜的摩擦系数随速度的增加而增大，直到某一定值。

在吸附膜的允许承载压强限度内，吸附膜的摩擦系数不因载荷的变化而变化，保持稳定值。当载荷超过允许值时，边界膜将随着载荷的增加而发生破裂或脱吸，将导致摩擦表面接触，使摩擦系数急剧升高。在高速重载的条件下，某些化学反应膜有较强的抗黏附能力。

此外，边界摩擦系数与摩擦表面的粗糙度也有关，随着表面粗糙度的提高，摩擦系数随之增大（见表 1-4）。

表 1-4　摩擦系数与表面粗糙度的关系

表　　面	超精加工	磨　　削			
表面粗糙度 $Ra/\mu m$	2	7	20	50	65
矿物油	0.128	0.189	0.360	0.372	0.378
矿物油+质量分数为 2% 的油酸	0.116	0.170	0.249	0.261	0.230
油酸	0.099	0.163	0.195	0.222	0.238

6. 提高边界膜润滑性能的方法

从以上分析可以清楚地看到，在边界润滑状态下摩擦表面的相互作用受到表面上存在的污染物与保护性边界膜的种类与状况的显著影响，而摩擦表面间的摩擦与磨损，则取决于边界润滑膜的有效性。因此，为了提高边界润滑膜性能，必须合理选择摩擦副的材料、润滑剂及其应用方法．注意保持适度的表面粗糙度与工况，边界润滑膜的作用是值得重视的重要因素，需要进行综合分析。例如使用产生吸附膜的油性添加剂作为边界润滑剂时，应在中等的负载、温度与滑动速度下使用；而在重载、高温和高滑动速度的严酷工况下使用产生化学反应膜的极压剂时，则在一般工况下效果可能不明显。许多化学反应膜，如脂肪酸金属皂及氮、硫、磷化物在使用时的反应速度也是一项基本因素，应根据工况条件加以考虑，例如液压油的添加剂，工作较缓和，要求有较高的使用寿命，应具有较低的反应速度；而对于金属切削、金属成形与拉拔加工，润滑剂只与金属有极短时间的接触，工况条件极为严酷，最好使用反应速度快的边界润滑剂。

固体润滑剂与摩擦表面不一定产生化学反应，但它本身作为一层材料插入摩擦表面之间，比金属界面更容易发生剪切，具有更小的摩擦，也常作为边界润滑剂使用。

1.3.10 "爬行"现象

1. "爬行"现象概述

做相对运动的摩擦副在其驱动速度和载荷保持恒定的情况下表现出的时而停顿时而跳跃或者忽快忽慢的运动不均匀现象，一般称为"爬行"或"黏-滑"现象。"爬行"现象是由于摩擦副间的摩擦特性所引起的一种张弛型自激振动。爬行是一种有害现象，机床进给传动部件发生爬行，破坏了进给运动的均匀性，影响工件的加工精度和表面粗糙度，摩擦表面磨损增加，使机床不能正常工作。火车车轮在通过弯道时与钢轨发生爬行，往往发生尖叫，并使钢轨表面发生颤纹。

爬行现象常出现在承受重载的滑动摩擦副，如机床工作台与床身导轨由静止状态起动瞬间及低速运动过程中产生。此时摩擦面一般处于边界摩擦状态，摩擦阻力具有随相对滑动速度增加而下降的特性。在这个自振系统中，摩擦过程相当于具有反馈特性的控制调节系统，交变振动速度 $\tilde{x}$ 通过摩擦过程的作用，产生维持自振的交变摩擦阻力 $\tilde{F}$（见图 1-39）。

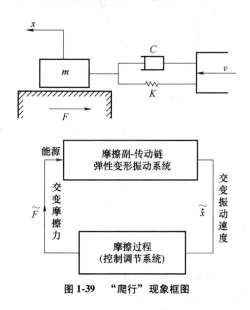

图 1-39　"爬行"现象框图

当对质量为 m 的滑块施加驱动力，使其将由静止进入运动状态时，表面微凸体在法向载荷作用下处于啮合状态，产生微观弹性位移，分子黏附连接，相当于弹簧 K 被压缩，阻尼 C 吸收输入的一部分能量，此时的摩擦阻力相当于静摩擦力，加上传动链各环节刚性不足等因素，滑块暂时不会立即运动。当驱动力继续加大，微观弹性位移加大，分子黏附伸展，直至弹簧弹性力 Kx 大于静摩擦力 F_N，使分于黏附连接破坏，滑块 m 即开始对底板产生相对滑动，摩擦力转为动摩擦力 F_d，由于摩擦力随相对滑动速度增加而下降的特性，$F_d < F_a$，$Kx > F_d$，滑块 m 得到一个加速度，速度逐渐增加，储存在弹簧内的能量释放，弹簧的压缩量减小。由于惯性的影响，滑块继续冲过一小段距离，直至弹性力小于摩擦力时滑块减速，而当弹性力减小到不能维持滑块运动时，运动将停顿。接着表面微凸体进入新的啮合状态，上述黏-滑过程又再次重复，从而形成了滑块的爬行。如果驱动速度较高，或 $F_s \leqslant F_d$，就不会出现爬行，图 1-40 所示为滑块的驱动速度和位移与时间的关系。

2. 消除"爬行"现象的方法

在运动副运动过程中发生爬行现象会影响正常工作过程，使机床加工件精度和表面粗糙度变差，因此

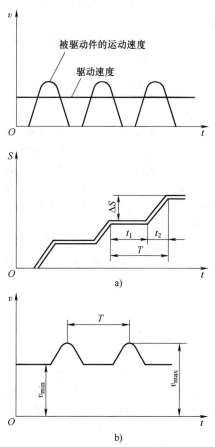

图 1-40　滑块驱动速度和位移与时间的关系
a）时走时停的爬行　b）忽快忽慢的爬行

研究爬行现象产生的机理及消除方法是一项重要课题，一般来说，可以从以下途径入手来消除爬行现象。

1）改善运动副摩擦表面间的摩擦特性，如通过采用动压导轨、静压导轨或卸荷导轨等，使之成为流体润滑，或是采用在边界润滑状态下具有优良润滑性能的润滑剂，如添加油性、极压或抗磨添加剂的防爬润滑油，以降低表面间静、动摩擦系数之差，改变低速时摩擦力的下降特性。

2）降低系统总摩擦力，增加系统阻尼等。如采用滚动导轨及专门的阻振材料等。

3）选择适当的摩擦副材料，使摩擦系数降低，不易咬黏，如耐磨塑料、涂层及软带等。例如聚四氯乙烯及聚甲醛类塑料或复合材料，其静、动摩擦系数之差很小，基本上没有摩擦力的下降特性。

4）提高传动装置的刚度。由于爬行振幅和临界速度都与刚度成反比，因此，提高传动装置刚度，特别是提高直线运动机构的刚度，是降低爬行临界速度

和减少爬行的重要措施。例如消除齿轮与丝杠副背隙，调节好轴承与滑板镶条的间隙，提高传动装置在低速下的稳定性，缩短传动环节及提高接触刚度，以及减少传动件的数量等。

1.3.11 润滑脂润滑

1. 概述

润滑脂是一种常用的润滑剂，在机械中应用广泛，特别是在滚动轴承中较多地使用了润滑脂润滑。与润滑油相比，润滑脂具有一系列优点，如适用温度范围较广，易于保持在滑动面上，不易流失和泄漏，润滑系统与密封结构简化，能有效地封住污染物和灰尘，防锈性与热氧化安定性优良，而且节省能源，如相同尺寸的滚动轴承以同样转速运转时，用润滑脂润滑比采用油浴润滑所消耗的能量要低得多。润滑脂的不足之处是更换润滑脂较为困难，不易散热，摩擦力矩较使用润滑油大一些，而且在高速场合应用效果较差。

2. 润滑脂的流变性能

从润滑机理看，润滑脂和润滑油非常相似，但流变性质有很大不同。首先，润滑脂是已被稠化成为半固体状或固体状的润滑剂，是具有一定稠度和触变性的结构分散体系。它的稠度在切应力作用下变小，当停止剪切时，稠度又变大。但因在剪切过程中有一部分皂纤维会被剪断，故一般不可能恢复原状。稠度和触变性的大小，取决于金属皂的种类、浓度和分散状态的特性。

另一方面，润滑脂具有宾汉塑性流体之类非牛顿流体的特性，它的流动不遵循牛顿黏性流动的规律，只有在足够外力的作用下，才能产生变形和流动。当运动副运转时润滑脂成为黏度接近基础油的流体而起润滑作用；当除去外力或运动副停止运转时润滑脂又成为半流体，因此润滑脂可保持在滑动面上不会流失。

按宾汉塑性流体来考虑润滑脂，则其黏性流动的规律为

$$(\tau - \tau_0) = \eta \frac{\mathrm{d}u}{\mathrm{d}z} \tag{1-68}$$

式中　τ——切应力；

　　　τ_0——屈服切应力（开始剪切时的临界切应力）；

　　　η——塑性黏度；

　　　$\dfrac{\mathrm{d}u}{\mathrm{d}z}$——剪切率（或切应变）。

图1-41所示为润滑油、润滑脂的切应力与剪切率的关系。

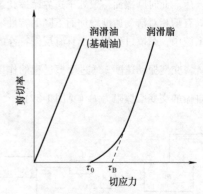

图1-41　润滑油、润滑脂的切应力和剪切率的关系

如图1-41所示，当切应力小于屈服切应力 τ_0 时，润滑脂基本上不流动，剪切率等于零。当切应力大于屈服切应力 τ_0 时，润滑脂开始流动，但切应力与剪切率不呈线性关系，其比值 η_0 称为相似黏度或结构黏度，是剪切率或切应力的函数。

1.3.12 超滑理论

超滑是国际摩擦学研究的热点之一。通常将摩擦系数小于0.001的润滑状态称为超滑。超滑可分为固体超滑（含结构超滑）和液体超滑，其机理与摩擦起源密切相关。国际上许多人从原子、分子的角度研究摩擦的规律和现象，在单晶二维材料层间超滑性能、无定型碳薄膜的超低摩擦现象、新的液体超滑体系（磷酸体系、生物液体、酸与多羟基醇混合溶液）等方面取得了大量的成果。对超滑机理和技术的深入研究，不但对探索润滑和摩擦的本质具有很大的意义，而且是对润滑理论体系的一种丰富。

（1）超滑理论研究　超滑现象和近零摩擦是近几十年发现的新形象，引起了摩擦学、机械学、物理学乃至化学等领域学者的高度关注，为解决能源消耗这一难题提供了新的途径。理论上讲，超滑是实现摩擦系数接近于零的润滑状态。但是，一般认为滑动摩擦系数在0.001量级或更低（与测试干扰信号同一量级）的润滑状态即为超滑状态。在超滑状态下，摩擦系数较常规的油润滑成数量级的降低，磨损率极低，接近于零。超滑状态的实现和普遍应用，将会大幅度降低能源与资源消耗，显著提高关键运动部件的服役品质。

2012年以来，超滑领域所取得的突破性进展和对超滑认识的逐步深入，为超滑从实验室研究走向技术创新应用打开了大门，为全世界感兴趣的年轻学者、发明家和创新技术投资者提供了一次重要机遇。

为了加速对超滑机理的认识、增强中国在超滑研究设备方面的开发，国家科学技术部于 2013 年设立了由清华大学郑泉水领衔的国家重点基础研究发展计划（973 计划）项目"纳米界面超润滑检测技术与机理研究"，国家自然科学基金委 2018 年设立了由郑泉水领衔的重大项目"介观尺度结构超滑力学模型与方法"，并于 2018 年在顶级期刊 *Nature* 发表了结构超滑与超低摩擦的相关成果。另外，2015 年在北京召开了由雒建斌、M. Urbakh 和郑泉水担任主席，全球 20 余位超滑、极低摩擦领域顶尖专家参加的首届超滑国际研讨会议，探讨了超滑在新一代信息技术、太空探测、精密制造等领域的几个潜在重要应用。

（2）超滑和近零摩擦的发展阶段　在原子尺度、纳米级的摩擦理论层面，早在 1983 年，佩拉尔（M. Peyrard）和奥布里（S. Aubry）就利用一个十分简单、只含两个弹簧系数的 Frenkel-Kontorova 模型（简称 FK 模型），从理论上预测了两个原子级光滑且非公度接触的范德华固体（如石墨烯、二硫化钼等二维材料）表面之间存在几乎为零（简称"零"）摩擦、磨损的可能。1991 年，日本科学家平野（M. Hirano）等人通过 FK 模型的计算，根据宏观力学的理论再次提出了类似的预测，将其命名为超滑（Superlubricity），并做了多次固体润滑剂的超滑现象实验尝试，或许是向"高温超导（High Temperature Super-conductivity）"致敬。此后，马丁（J. M. Martin）等于 1993 年在实验中观察到了摩擦系数低达 10^{-3} 量级的超低摩擦现象。由于长期没有证实佩拉尔等预测的超滑概念，人们渐渐地将超低摩擦现象称为超滑，而将前者改称为结构润滑（Structural Lubricity）。人类历史上第一次观察到结构超滑（Structural Superlubricity）是在 2004 年，由荷兰科学院院士弗伦肯（J. Frenken）领衔的团队在纳米尺度、超高真空、低速（微米每秒）的条件下观察到石墨-石墨烯界面超滑。通过近二十年的研究（1984—2004），包括弗伦肯本人在内的许多科学家都不仅认为，而且从理论上"证明"了纳米以上尺度结构超滑难以实现。超滑科学成为全世界的研究难题。

然后，2008 年清华大学郑泉水团队在世界上首次实验实现了微米尺度结构超滑。2012 年，郑泉水团队证实了这是结构超滑，从而颠覆了人们的有关认识。弗伦肯（J. Frenken）等在《化学世界》（*Chemistry World*）（2012）上评价："这是一个聪明的、经过仔细设计且极具勇气的实验。该现象发生在介观尺度，立刻将这个现象的研究从学术兴趣转化到了实际应用。此后，全球性的结构超滑和极低摩擦研

究都进入了一个加速增长期，研究者们在不同的系统中都观测到了结构超滑现象。事实上，重大科学问题的研究进程一般经历三个阶段：现象发现→机理揭示→实践应用，未来十年可能是超滑面临重大突破和飞速发展的重要时期。例如，美国国家航空航天局 NASA、欧洲研究理事会 ERC、日本宇宙航空研究开发机构 JAXA 等重要组织已相继投入巨资开展超滑研究，先后公布了一系列具有优秀超滑性能的材料。

（3）超滑理论的潜在价值　科学家针对二硫化钼、类金刚石和石墨烯涂层、水基液体润滑等材料体系，相继在实验中观察到以摩擦系数为 10^{-3} 量级或以下为特征的所谓极低摩擦（Ultralow Friction）现象或超滑材料体系。中国学者对这个方向的发展做出了重要贡献，特别是清华大学摩擦学国家重点实验室的雒建斌、张晨辉等课题组，清华大学郑泉水、马明课题组，中国科学院兰州化学物理研究所固体润滑国家重点实验室刘维民和张俊彦课题组等。

清华大学雒建斌、李津津团队报告了二氧化硅和石墨在纳米尺度下的超滑；通过摩擦作用，石墨最外几层原子会转移到二氧化硅表面形成石墨烯纳米片，从而和石墨基底之间形成非共度接触。在这种情况下，摩擦系数可以减小到 0.0003，而且非常稳定，几乎不受二氧化硅表面粗糙度、滑移速度和滑移方向的影响。超低摩擦系数主要归因于转移的石墨烯纳米片和石墨基底之间非常弱的相互作用和抗剪强度。这一工作为纳米尺度下实现二维材料超滑提供了新方法。

中国科学院兰州化学物理研究所固体润滑国家重点实验室等单位，在压力诱导摩擦塌缩实现固体超滑方面取得了新进展。他们从材料表面的基本相互作用入手，通过第一性原理计算研究了多种微观滑动体系摩擦力随载荷的演化行为。结果表明，在界面间高接触压力的近接触区域和低接触压力的远接触区域，界面摩擦均会发生随着法向压力的增加而减小的反常行为，直至在临界状态下出现极低摩擦的超滑。这归因于滑移路径上滑动能垒的平坦化，源于压力诱导滑动势垒的褶皱-平坦-反褶皱转变。通过对电荷密度的分析发现，界面间的静电排斥和色散吸引作用分别是在相应区域产生反常超滑行为的主要原因。因此，这种界面量子力学效应引起的零势垒超滑拓展了人们对超滑概念的认识，丰富了超滑的现有理论体系。

目前，常规下摩擦系数对于固体来说大概都在 0.1 以上，如果超滑技术能够规模化推广的话，那么全世界能源消耗就会大幅度降低。美国 Argonne 国家实验室 2018 年 4 月设立了全球第 1 个超滑研究中心；

2018年9月清华大学和深圳市共同设立了全球第2个超滑研究中心——深圳清华大学研究院超滑技术研究所。据统计,未来如果把乘用车的发动机摩擦系数降低18%,预估每年就可以节约5400亿元燃油,减少2.9亿吨二氧化碳排放,大大有益于全球节约资源能源、保护生态环境、提高人们健康生活水平等。

参 考 文 献

[1] 霍林. 摩擦学原理 [M]. 上海交通大学摩擦学研究室, 译. 北京: 机械工业出版社, 1981.

[2] 谢友柏, 张嗣伟. 摩擦学科学及工程应用现状与发展战略研究: 摩擦学在工业节能、降耗、减排中的地位与作用的调查 [M]. 北京: 高教教育出版社, 2009.

[3] 温诗铸, 黄平. 摩擦学原理 [M]. 北京: 清华大学出版社, 2017.

[4] 贺石中, 冯伟. 设备润滑诊断与管理 [M]. 北京: 中国石化出版社, 2017.

[5] 谢友柏. 摩擦学设计主要是摩擦学系统的设计 [J]. 中国机械工程, 1999, 10 (9): 968-973.

[6] 林亨耀, 汪德涛. 机修手册 (第8卷): 设备润滑 [M]. 3版. 北京: 机械工业出版社, 1994.

[7] 广州机床研究所. 液体静压技术原理及应用 [M]. 北京: 机械工业出版社, 1978.

[8] HOLMBERG K, ERDEMIR A. Influence of Tribology on global energy consumption , costs and emission [J]. Friction, 2017, 5 (3): 263-284.

[9] 谢友柏. 摩擦学面临的挑战及对策 [J]. 中国机械工程, 1995, 6 (1): 6-9.

[10] 中国科学技术协会, 中国机械工程学会. 2014—2015机械工程学科发展报告 (摩擦学) [M]. 北京: 中国科学技术出版社, 2016.

[11] 王成彪, 刘家浚, 韦淡平, 等. 摩擦学材料及表面工程 [M]. 北京: 国防工业出版社, 2012.

[12] 张嗣伟. 关于摩擦学的思考 [M]. 北京: 清华大学出版社, 2014.

[13] 侯文英. 摩擦磨损与润滑 [M]. 北京: 机械工业出版社, 2012.

[14] LUDEMA K. History of Tribology and its Industrial Significance [M]. Berlin: Springer, 2001.

[15] 周仲荣, 谢友柏. 摩擦学设计: 案例分析及论述 [M]. 成都: 西南交通大学出版社, 2000.

[16] 张嗣伟. 基础摩擦学 [M]. 东营: 石油大学出版社, 2001.

[17] 汪德涛, 林亨耀. 设备润滑手册 [M]. 北京: 机械工业出版社, 2009.

[18] 王毓民, 王恒. 润滑材料与润滑技术 [M]. 北京: 化学工业出版社, 2004.

第2章 润滑油基础油

润滑油的主要组成部分为基础油，它既是润滑油添加剂的载体，又是起润滑作用的主体，基础油含量占成品润滑油总量的大部分或绝大部分，因而，基础油的性能和质量对润滑油的使用性能影响重大。按来源不同，基础油一般可分为矿物基础油和合成基础油两大类。由石油炼制得到的基础油称为矿物基础油，因它来源广阔，价格便宜，由它制成的成品润滑油一般可满足大多数机械对润滑的要求，因而应用很广，用量最大（约占95%以上）。对于一些苛刻环境条件或特殊用途的场合，矿物基础油不能满足机械设备的使用要求，在这种情况下，必须使用性能更为优越的合成基础油来调配润滑油品。本章主要介绍矿物基础油。

据《2019年全球基础油炼油指南》资料介绍，基础油市场供需方面，2019年，全球基础油产能已升至120万桶/日，同比增长7.3%；而全球基础油市场规模约为10万桶/日，其中亚太地区的基础油需求占到65%~70%。图2-1所示为2018—2019年全球润滑油基础油产能。图2-2所示为2016—2020年国内润滑油基础油产能变化走势。从供应方面来看，2016—2020年，国内基础油产能呈现逐年增长趋势，由于润滑油行业升级对基础油品质提出了更高的要求，国内基础油产能出现集中增长。据数据统计，截至2020年末，国内基础油装置总产能为1436万吨，同比增长9.12%。

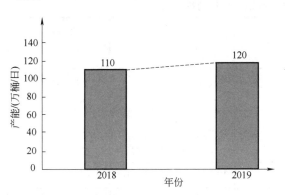

图 2-1 2018—2019 年全球润滑油基础油产能

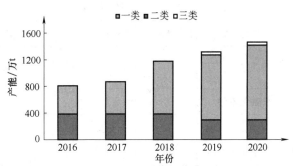

图 2-2 2016—2020 年国内润滑油基础油产能变化走势

2.1 润滑油基础油的化学组成和性能

矿物基础油的化学成分包括高沸点、高相对分子质量的烃类和非烃类混合物，其组成一般为烷烃（直链、支链、多支链）、环烷烃（单环、双环、多环）、芳烃（单环芳烃和多环芳烃）、环烷基芳烃，以及含氧、氮、硫有机化合物和胶质、沥青质等非烃类化合物。烃类是构成润滑油的主体。对于馏分润滑油来说，其烃类碳数分布为 $C_{20} \sim C_{40}$，沸点范围为350~535℃，平均相对分子质量为300~500。残渣润滑油的烃类碳数大于 C_{40}，沸点大于535℃，相对分子质量大于500。非烃类成分的含量一般很少，但对润滑油的加工过程和使用性能却有着不可忽视的影响。

原油是从地下深处开采出来的棕黑色可燃性黏稠液体。按化学组成不同，原油可分为石蜡基（烷烃>70%，质量分数，后同）、环烷基（环烷烃>60%）、中间基（烷烃、环烷烃、芳烃含量接近）和沥青基（沥青质>60%）等几类。通常以烷烃为主的原油称为石蜡基原油、以环烷烃、芳烃为主的原油称为环烷基原油，介于二者之间的称为中间基原油。另外，原油还按硫含量高低分为低硫原油（<0.5%）、含硫原油（0.5%~1.5%）和高硫原油（>1.5%）。

石油主要由碳、氢两种元素组成。原油首先要经过蒸馏工艺，把不同相对分子质量的碳氢化合物按轻重分离出来，依次是石油气、石脑油、汽油、煤油、柴油、重馏分和残渣油，其中的重馏分和残渣油就是润滑油基础油的原料。但也不是所有石油的重馏分和残渣油都可以用作润滑油基础油的。根据其碳氢化合物的结构可分为饱和烃和非饱和烃。饱和烃中的烷烃黏温性能好，润滑性和抗氧化性也好，适用于作为大部分润滑油的基础油；其缺点是含石蜡多、低温流动性差，统称为石蜡基基础油。

（1）石蜡基原油　我国大庆油田原油的主要特点是蜡含量高、凝点高、硫含量低，属低硫石蜡基原油。由其生产的基础油称为石蜡基基础油，它是目前应用最广泛的基础油品种，适合调配高黏度指数的高级润滑油和固态蜡。

（2）环烷基原油　环烷基原油是各类原油中最珍贵的资源之一，其储量较少，仅占原油总储量的2.2%，目前世界上只有美国、委内瑞拉和中国拥有环烷基原油资源，我国新疆产的原油能用于生产典型的环烷基基础油。从环烷基原油的特点看，其润滑油馏分的化学组成以环烷烃、芳烃为主，直链石蜡较少，凝点较低，这种原油适合于生产电器用油和冷冻机油，同时也适用于生产白油、化妆品用油及特殊工艺用油。

（3）中间基原油　中间基原油是石蜡基原油和环烷基原油的混合体，其性能介于两者之间。中间基原油制得的煤油质量好，汽油辛烷值不高，可以用来制配润滑油、重油和沥青等。

理想的润滑油基础油应具有如下性能。

1）适当的黏度和好的黏温性能。

2）低的蒸发损失。

3）优良的低温流动性。

4）良好的氧化安定性。

5）适宜的对氧化产物及添加剂的溶解能力。

6）良好的抗乳化性及空气释放性。

学者王先会指出，在加工润滑油基础油的过程中，不论是采用物理方法还是化学方法，实质上就是调整烃类和非烃类、极性成分和非极性成分在基础油中的比例，最大限度地保留理想组分，去除非理想组分。基础油中的各组分对润滑油的特性发挥着不同的作用，会产生正面或负面的影响，其影响情况见表2-1。

表2-1　不同组分对基础油主要理化特性的影响

项　目	正构烷烃	异构烷烃	环烷烃	芳　烃	极性物
黏度指数	很高	高	中	低	低
氧化安定性	好	好	一般	一般或差	S为抗氧剂，N、O为促氧化剂
添加剂感受性	好	好	好	比较差	差
倾点	高	较低	低	轻芳烃低，重芳烃高	低
挥发性	低	低	较低	很高	—
苯胺点	高	高	低	很低	—
闪点	高	高	较低	低	—
溶解能力	对造成油污染的燃烧残留物有机体没有溶解能力，对氧化产物的溶解能力也较差		对于汽油机油因化学变化生成的不溶物有溶解能力，而对柴油机油因燃烧不完全的残留物溶解能力较差	能溶解因高温（180℃）下化学变化而产生的产物	—
与橡胶相容性	不能真正溶解，油容易从橡胶表面析出		稍差	很好	—

氧化性能是润滑油基础油最重要的性能之一。基础油中各组分的氧化性能及对抗氧剂的感受性见表2-2。

影响基础油氧化安定性的主要因素为基础油中烃类化合物的分子结构及其组成的分布。基础油中的饱和烃化合物的含量是影响基础油氧化安定性的主要因素，芳烃含量对氧化安定性的影响也很大。而基础油中的含硫化合物对基础油的氧化有抑制作用，含氮化合物对基础油的氧化有促进作用，尤其是碱性含氮化合物的影响最为明显。除此之外，基础油的氧化安定性还受温度、氧的压力和金属催化剂等的影响。同时，不同类型的基础油对不同类型的抗氧剂的感受性也是不同的。随着环保和可持续发展意识的提高，对润滑油产品质量的要求也随之提高，单纯依靠调整添加剂配方来提高润滑油使用性能的办法已无法达到要求，需要从润滑油基础油质量上去考虑解决问题。而通过传统工艺生产的矿物润滑油质量很难满足要求，因此，需要采用更加先进的加工工艺。

表 2-2　基础油中各组分的氧化性能及对抗氧剂的感受性

组　分	氧化性能	对抗氧剂的感受性
烷烃	可延缓氧化，有诱导期。容易氧化生成酸，以后生成可溶解的黏稠物，而氧化产物一形成就会沉淀下来	对抗氧剂有最好的感受性
环烷烃	氧化过程中无明显诱导期，氧化产物高温下腐蚀作用较小，初期沉淀物处于分散状态，而后生成油泥	对抗氧剂有最好的感受性
烷基苯、烷基萘	相当稳定，氧化生成酸	中等抗氧剂的感受性
环烷苯	容易氧化	对抗氧剂的感受性不好
多环芳烃	较烷烃、环烷烃更容易氧化，氧化生成油泥，产生胶质沥青状腐蚀性产物。少量芳烃与硫化物配合有抗氧作用	对抗氧剂的感受性不好
含硫化合物	是天然抗氧剂，但本身易氧化，基础油中最佳含量为 0.1%～0.5%	与抗氧剂有协同作用
极性化合物	氧化促进剂	—

2.2　润滑油基础油的精制方法

润滑油基础油加工的目的是为了获得所期望的产品性能，因原油经蒸馏后的重馏分并不能直接作为润滑油的基础油，它需要进一步加工，以取得符合基础油要求的理想组分，得到最大的基础油产率。润滑油基础油的加工过程一般可归纳为三条不同的工艺路线。

1. 物理工艺路线

用减压馏分油按顺序经过溶剂精制、溶剂脱蜡、加氢或白土补充精制，称为溶剂法，如图 2-3 所示。

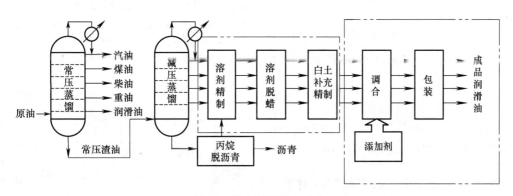

图 2-3　基础油物理加工方案

（1）常减压蒸馏　利用原油中各组分的沸点差，通过常减压蒸馏装置从原油中分离出各种石油馏分。常减压装置可分为初蒸馏部分、常压部分及减压部分，图 2-4 所示为其流程示意图。

经常压塔蒸馏，可蒸出约 400℃以下的馏分，但常压蒸馏只能获取低黏度的润滑料，因原油被加热至 400℃后，有部分烃会裂解，且在加热中会结焦，影响油品质量。

（2）溶剂精制　溶剂精制是用选择性溶剂来抽提原油中的某些非理想组分，以改变油品的品质。主要用糠醛或 N-甲基吡咯烷酮（NMP）除去不期望的组分，如低黏度芳烃、环烷烃和一些杂原子，从

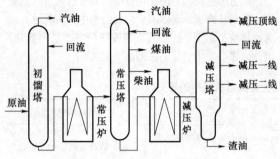

图 2-4 常减压蒸馏流程示意图

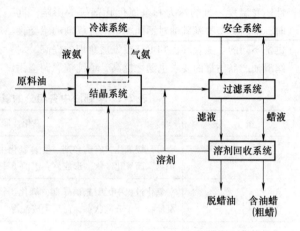

图 2-5 酮苯脱蜡过程原理流程

而得到具有较好黏度指数的精制油和较高芳烃的抽出油。溶剂精制的作用在于从润滑油原料中抽出其中的非理想组分，故这一过程也称为溶剂抽提或溶剂萃取。

（3）溶剂脱蜡　为了保证润滑油的低温流动性，必须将润滑油料中的高凝固点组分（蜡）脱除，这一工艺称为脱蜡。润滑油原料中的蜡不是一种纯化合物，也不是单一类型的烃类。蜡是指在一定温度下以固态存在的烃类，也是一种复杂的混合物。蜡在温度较高时会溶解在油中，但当温度低于其熔点时，它在油中的溶解度是有限的。由于含蜡原料油的轻重不同，以及对凝固点的要求不同，脱蜡的方法有很多种，我国主要用溶剂脱蜡法。

溶剂脱蜡是利用一种在低温下对油溶解能力很大，而对蜡溶解能力很小，并且本身低温黏度又很小的溶剂来稀释原料，使蜡能结成较大晶粒。但溶剂的溶解能力和选择性往往是矛盾的，实际生产中，主要是通过调节溶剂组成使混合溶剂具有较高的溶解能力和较好的选择性。溶剂组成应根据原料油黏度大小、蜡含量多少及脱蜡深度等具体情况而定。对重质油料，宜增加苯量减少酮量；反之，则增加酮减少苯量。溶剂的组成不仅会影响对油的溶解能力，而且还会影响结晶的好坏。一般情况下，溶剂中的丁酮含量（质量分数）为 40% ~ 65%，甲苯含量（质量分数）为 35% ~ 60%。

溶剂脱蜡过程包括五个系统：结晶系统、过滤系统、溶剂回收系统、冷冻系统和安全系统。图 2-5 所示为酮苯脱蜡过程原理流程。

（4）丙烷脱沥青　原油经减压蒸馏后，渣油中除了高分子的烃类，还含有大量的胶质和沥青质，必须除去。为了取得这部分高黏度的原料，必须将其与沥青质、胶质分开。利用丙烷、丁烷等轻烃类溶剂对渣油中的烷烃、环烷烃、单环芳烃等溶解能力强，对多环芳烃溶解能力弱，对胶质溶解能力更弱，对沥青

基本不溶解的特性，将杂质除去，这个加工步骤称为渣油脱沥青。

（5）白土精制　经过溶剂精制和脱蜡后的油品，其质量已基本上达到要求，但总会还有少量未分离掉的溶剂、水分、胶质和不稳定的化合物，以及一些从设备中带出来的铁屑之类的机械杂质。为了将这些杂质去掉，进一步改善润滑油的颜色及提高安定性等，还需要一次补充精制，常用的补充精制方法就是白土精制。

白土是一种具有多孔结构的物质，具有很大的比表面积（1g 白土的表面积达 150~450m²）。白土有天然白土和活性白土，天然白土经活化处理后，称为活性白土。活性白土吸附活性较天然白土大大提高，因而在工业上得到广泛应用。白土的化学组成见表 2-3，白土精制（接触法）工艺流程如图 2-6 所示。

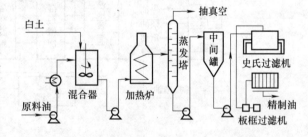

图 2-6 白土精制（接触法）工艺流程

白土精制是物理吸附过程，油品中残留的杂质大部分属于极性物质，易被活性白土吸附除去。油品中加入少量预先烘干的活性白土，边搅拌边加热，使油品与白土充分混合，这时杂质即完全被白土所吸附，然后用细滤纸（布）过滤，除去白土和机械杂质，即可得到精制后的基础油。

表 2-3　白土的化学组成　　　　　　　　　　　　　　　　　（质量分数,%）

组成	水	SiO_2	Al_2O_3	Fe_2O_3	CaO	MgO
天然白土	24~30	54~68	19~25	1.0~1.5	1.0~1.5	1.0~2.0
活性白土	6~8	62~63	16~20	0.7~1.0	0.5~1.0	0.5~1.0

白土精制的温度一般不应超过 300℃，最低不要低于 100℃。处理高黏度油品时，操作温度应高一些，处理低黏度油品时，温度则可低一些。油品加入白土后经过约 30min 的接触后再过滤，以使杂质充分吸附在白土上。

为保证精制效果，对活性白土的质量有如下要求。

1）活性高，吸附能力强。

2）适宜的粒度，一般采用筛分为 200 目的白土。

3）不应含过多的水分，以免影响吸附作用。

实践证明，当水含量在 10%~25% 时，白土的吸附能力最高。

2. 化学工艺路线

化学工艺路线（见图 2-7）指的是润滑油的加氢新工艺，它是通过催化剂的作用，使润滑油的原料与氢气发生各种加氢反应，其目的是：

1）除去硫、氧、氮等杂质，保留润滑油的理想组分。

2）将非理想组分转化为理想组分，从而使润滑油质量得到提高。

3）同时裂解产生少量的气体、燃料油组分。

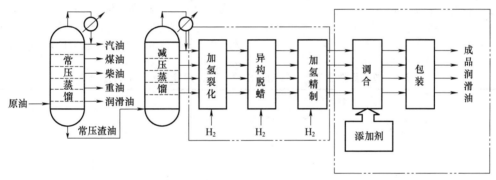

图 2-7　基础油化学工艺路线

润滑油加氢工艺的发展，使一些含硫、氮晶以及黏温性能差的润滑油劣质原料也可以用于生产优质的润滑油。润滑油生产中所用的加氢方法大致分为三类，即加氢补充精制、加氢处理（也称加氢裂化）和加氢脱蜡。

（1）加氢补充精制　通过加氢补充精制，可使油品的颜色、气味和安定性均得到改善，对抗氧剂的感受性也显著提高，而黏度和黏温性能等变化不大，油品中的非烃元素，如硫、氮、氧的含量降低。这一过程能改善油品的中和值、残炭和气味。由于我国原料油的特殊情况，加氢精制油的光安定性和储存稳定性不如白土精制油，这些都有待进一步改善。在国外，加氢法基本上取代了大部分白土精制。加氢补充精制没有白土供应和废白土处理等问题，应该说，加氢补充精制是取代白土精制的一种较有前途的方法。

丁丽芹等介绍，润滑油和氢补偿精制过程中发生的主要化学反应如下。

1）加氢脱硫反应。润滑油基础油中的含硫化合物的 C—S 键是较易断裂的，其键能比 C—C 或 C—N 键的键能小许多。因此，在加氢过程中，一般含硫化合物中的 C—S 键首先断开而生成相应的烃类和 H_2S，如下式所示：

2）加氢脱氮反应。润滑油基础油中的含氮化合物主要是吡咯类杂环化合物，加氢精制的关键是脱除杂环含氮化合物。一般认为，杂环含氮化合物的加氢脱氮主要经历以下三个步骤：

① 杂环和芳烃的加氢饱和。

② 饱和杂环中 C—N 键的氢解。

③ 氮最终以氨的形式脱除。

含氮化合物加氢脱氮后生成相应的烃类和氨，如下式所示：

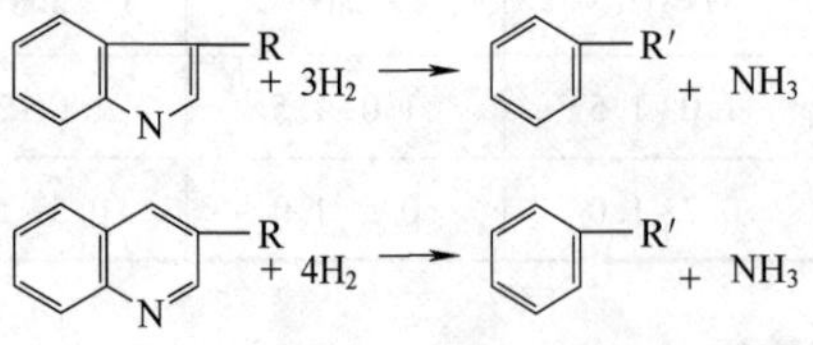

3）加氢脱氧反应。润滑油基础油中的含氧化合物在加氢时生成水和相应的烃类，如下式所示：

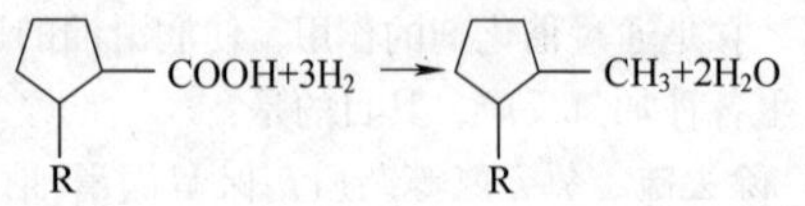

应该说，与白土精制相比，加氢补充精制不仅能减少环境污染，而且产品黏度较低，黏度指数较高，脱色、氧化安定性和脱硫的效果均较好，但脱氮效果较差。故对高硫低氮的基础油生产较合适。

（2）加氢处理（也称加氢裂化）　润滑油加氢处理又称加氢裂化或加氢改质，它是指在催化剂及氢气的作用下，通过选择性加氢裂化反应，将非理想组分转化为理想组分，以提高基础油的黏度指数，改善基础油的黏温性能。

加氢处理工艺的实质是在比加氢补充精制更苛刻一些的条件下，除了加氢补充精制的各种反应，还有多种加氢裂化反应，使大部分的非理想组分经过加氢变为环烷烃或开环，并转化为理想组分。例如，多环烃类加氢开环，形成少环长侧链的烃，其反应如下式所示：

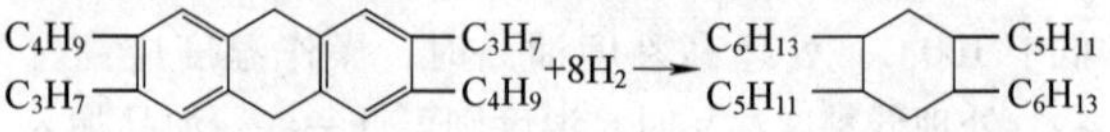

多环短侧链的烃　　　　单环长侧链的烃

由于加氢基础油化学组成的变化，不但给成品油带来很多优点，而且也给添加剂带来了新的要求。与常规溶剂精制基础油相比，加氢基础油的主要特点是低硫、低氮、低芳烃含量、低毒性、较高的黏度指数、优良的热安定性和氧化安定性、良好的黏温性能和添加剂的感受性等。加氢基础油的性能已接近成油，但价格仅为合成油的 1/3~1/2，具有明显的价格优势。但加氢基础油也存在某些不足，如光安定性差，与添加剂的配伍性也需改善。加氢基础油与溶剂精制基础油、聚 α-烯烃基础油的性能对比见表 2-4。

表 2-4　加氢基础油与溶剂精制基础油、聚 α-烯烃基础油的性能对比

项目	烷烃（质量分数，%）	环烷烃（质量分数，%）	芳烃（质量分数，%）	硫（质量分数，%）	苯胺点/℃	成焦板/（mg/min）
溶剂精制基础油	15	65	19	0.6	180	5.0
加氢基础油	50	48	0.2	0.02	118	7.0
聚 α-烯烃基础油	85	15	0	0	125	8.0

加氢基础油优于普通基础油的特性包括更好的油水分离性、生物降解性以及更低的残炭和蒸发性。总体来说，加氢基础油是一种性能优异且具有成本优势的基础油。

（3）加氢脱蜡　润滑油加氢脱蜡一般可通过两种途径来实现，一是催化脱蜡；二是异构脱蜡。润滑油催化脱蜡是在氢气和有选择性能的分子筛催化剂的存在下，利用分子筛独特的孔道结构，将原料中凝点较高的正构烷烃和带有短侧链的异构烷烃，在分子筛孔道内选择性地裂化成气体和低凝点烃类分子，从而降低油品凝点或倾点的过程，故又称选择性催化加氢裂化脱蜡。

异构脱蜡的基本原理是在专用分子筛催化剂的作用下，将高倾点的正构烷烃异构化为单侧链的异构烷烃和将多环环烷烃加氢开环为带长侧链的单环环烷烃，从而降低润滑油的倾点，改善润滑油的低温流动性。正构烷烃或低分支异构烷烃通过异构化，转化为高分支异构烷烃的反应示意如下

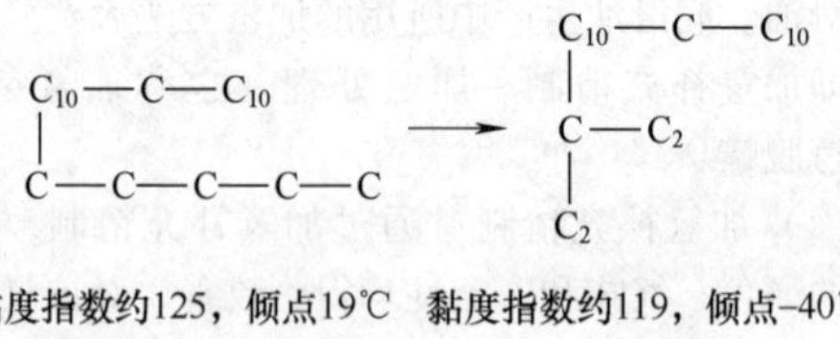

黏度指数约125，倾点19℃　黏度指数约119，倾点-40℃

异构脱蜡主要通过蜡的催化异构来降低产品的倾点，脱蜡的效率提高了，且产品的黏度指数也高于溶剂脱蜡油。异构脱蜡技术比其他脱蜡技术有明显的优势。这项技术自 Chevron 公司工业化以来，应用发展很快，我国也引进了这项新技术。

润滑油加氢处理是生产润滑油的一种新工艺，即通过催化剂的作用，润滑油原料与氢气发生各种加氢反应，改变基础油的烃结构，使非饱和烃或环烷烃变

为饱和烃，使低温下易结晶的正构烷烃转变为不易结晶的异构烷烃。加氢处理工艺又可除去 S、O、N 等杂质，保留润滑油的理想组分。加氢工艺的发展，使一些劣质的润滑油原料可用于生产优质的润滑油。

无论是催化脱蜡还是异构脱蜡，其工艺关键是催化剂。催化脱蜡工艺要求催化剂具有较高的选择性，即能选择性地从润滑油混合烃中，将高熔点石蜡（正构石蜡烃及少侧链异构烷烃）裂解生成低分子烷烃从原料中除去或异构成低凝点异构石蜡烃，而使凝点降低。为此目的，催化脱蜡所采用的催化剂都是双功能催化剂。工业上脱蜡催化剂所用沸石主要有丝光沸石和 ZSM 型沸石。载体中最受重视的是 ZSM 型沸石（特别是 ZSM-5 沸石）。ZSM 型沸石是由 Mobil 公司研制的一类新型合成高硅沸石。国内外润滑油加氢异构脱蜡催化剂开发较成功的有 Chevron 公司、Exxon Mobil 公司、中国石化石油化工科学研究院和中国石化大连（抚顺）石油化工研究院等。润滑油催化脱蜡工艺的典型流程如图 2-8 所示。

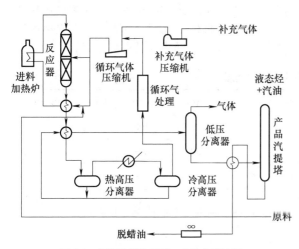

图 2-8　润滑油催化脱蜡工艺的典型流程

3. 物理-化学联合路线

物理-化学联合路线工艺过程可以是溶剂预精制→加氢裂化→溶剂脱蜡，也可以是加氢裂化→溶剂脱蜡→加氢补充精制，统称为联合法或混合法。

2.3　润滑油基础油的分类及应用

20 世纪 90 年代以来，随着现代工业的快速发展及环保法规的日益严格，对润滑油的质量要求越来越高。迫切需要生产出具有高黏度指数、高抗氧化安定性和低挥发性的润滑油基础油。以发动机油的发展为先导，润滑油趋向低黏度、多极化、通用化，对基础油的黏度指数提出了更高的要求，对油品的规格要求

也不断提高。国际上广泛承认和实际应用的是美国石油学会（API）和欧洲润滑油工业技术协会（ATIEL）对润滑油基础油的分类方法，这种分类方法把润滑油基础油划分为五大类，见表 2-5。

表 2-5　API 和 ATIEL 基础油分类

类别	指　标		
	饱和烃含量[①]（质量分数，%）	硫含量[②]（质量分数，%）	黏度指数[③]
I 类	<90	>0.03	80~120
II 类	≥90	≤0.03	80~120
III 类	≥90	≤0.03	≥120
IV 类	聚 α-烯烃（PAO）		
V 类	除 I~IV 类外的其他基础油		

① ASTM D2007。
② ASTM D2622/ASTM D4294/ASTM D4927/ASTM D3120。
③ ASTM D2270。

（1）I 类基础油　此类基础油采用传统的溶剂精制和溶剂脱蜡工艺生产，不改变烃类结构，生产的基础油的品质取决于原料中理想组分的含量和特性。I 类基础油一般为石蜡基基础油。

（2）II 类基础油　此类基础油是通过溶剂工艺和加氢工艺的结合或者全加氢工艺制得，即通过催化剂进行加氢裂解，以除去 S、N、O 等杂质，保留润滑油的理想组分。II 类基础油的生产工艺以化学过程为主，不受原料限制，可以改变原来的烃类结构。此类基础油的芳烃含量低，一般小于 10%，且具有一定比例的异构烷烃。用 II 类基础油调制出来的油品，其氧化安定性较好，可满足长寿命油品的使用要求。

（3）III 类基础油　与 II 类基础油相比，它属于高黏度指数的加氢基础油。一般是通过催化剂和氢气进行选择性加氢裂化，将油中的蜡除去或者转化，降低润滑油的倾点。其烷烃含量大于 50%，芳烃含量小于 1%，其余为环烷烃。III 类基础油的性能远超过 I 类和 II 类基础油，尤其是具有很高的黏度指数和很低的挥发性，对抗氧剂感受性好。

（4）IV 类基础油（聚 α-烯烃合成油，PAO）　聚 α-烯烃由馏分烯烃聚合而成，习惯上把 C_4 及以上的端烯烃称为 α-烯烃。α-烯烃是化学工业及精细化工的重要有机原料。聚 α-烯烃合成油是由 α-烯烃（主要是 C_8~C_{10}）在催化剂作用下聚合而成的一类长链烷烃，其结构式为

$$nRCH\!\!=\!\!CH_2 \xrightarrow{\text{催化剂}} CH_3\!-\!\underset{R}{CH}\!-\!\!\Big[\!CH_2\!-\!\underset{R}{CH}\Big]_{n-2}\!\!CH_2\!-\!\underset{R}{CH_2}$$

式中，n 为 3~5；R 为 C_mH_{2m+1}（m 为 6~10）。

PAO 不含任何非烃类和芳烃、环烷烃等环状烃

类，基本上是由一类独特的梳状结构的异构烷烃所组成，图 2-9 所示为 PAO 分子结构示意图。

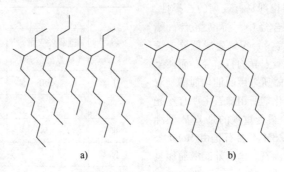

a)   b)

图 2-9 PAO 分子结构示意图

a）常规（低黏度）PAO，侧链平均长度 6~7 个碳

b）SuperSyn Ultra™ 系列（高黏度）PAO，侧链平均长度 8 个碳

近年来，由于节能的需要，加上发动机油对热安定性要求进一步的提高，仅用矿物基础油已调配不出满足苛刻使用要求的高档油品，而具有独特结构的PAO 则可生产出高档、节能的发动机油和其他苛刻条件下使用的润滑油品。表 2-6 为 PAO 的典型物理性质，表 2-7 为 PAO 的性能特点及主要用途。

表 2-6 PAO 的典型物理性质

项　　目		PAO2	PAO4	PAO6	PAO8	PAO10	PAO40	PAO100	PAO300	PAO3000
运动黏度/（mm²/s）	100℃	1.8	3.9	5.9	7.8	9.6	40	100	300	3000
	40℃	5.54	16.8	31	45.8	62.9	395	1250	3200	3570
	−40℃	310	2460	7890	18610	32650	—	—	—	—
黏度指数		137	138	140	134	151	168	235	235	388
倾点/℃		<−63	−70	−68	−63	−53	−34	−30	−30	−9
闪点/℃		>155	215	235	252	264	272	288	235	235
蒸发损失（%）		99	12	7.0	3.0	2.0	0.8	0.6	—	—

表 2-7 PAO 的性能特点及主要用途

性能特点	主要用途
高温性好（175~200℃）	燃气轮机油、高温航空润滑油、高温润滑脂基础油
低温性好（−60~−40℃）	寒区及严寒区用内燃机油、齿轮油、液压油、冷冻机油
黏度高，抗剪切性好	齿轮油、高黏度航空润滑油、自动传动液
黏度指数高	液压油、数控机床用油
结焦少	空气压缩机油、长寿命润滑油

（续）

性能特点	主要用途
电气性能好	变压器油、高压开关油
无色，无毒	食品及纺织机械用白油、塑料聚合溶剂
对皮肤浸润性好	化妆及护肤用品
闪点及燃点高	难燃液压油组分
其他特性	金属加工液、导热油、振动吸收液、纺织工业用油

PAO 按照聚合度可分为低聚合度、中聚合度和高聚合度，分别用来调制不同的油品。这类基础油与矿物油相比，不含硫、磷和金属，也不含蜡，故倾点极低，通常在-40℃以下，黏度指数很高，一般超过140；但 PAO 边界润滑性较差，另外，它本身由于极性小，故溶解极性添加剂的能力有限，但这些问题可以通过添加一定量的酯类油得以克服。PAO 在美国和欧洲被广泛用于合成油中。

（5）Ⅴ类基础油　这是除Ⅰ~Ⅳ类基础油之外的其他合成基础油，主要包括合成酯类、聚醚、甲基硅油、植物油、再生基础油和天然气合成油（Gas To Liquid，GTL）等，统称为Ⅴ类基础油。合成基础油一般具有倾点低、黏度指数高等特性，常用于极端工况场合。它具有优良的极压特性和边界润滑性能，可与矿物油、添加剂和大多数合成油相溶，尤其是具有优异的生物降解性，但植物油具有热氧化安定性差及低温流动性不好等缺点。Ⅴ类基础油具有良好的高温性能、低温性能和黏温性能等，见表2-8。

表 2-8　各类型油品的性能比较

类别	热分解温度/℃	长期工作温度/℃	短期工作温度/℃	黏度指数	凝点/℃
矿物油	250~340	93~121	135~149	50~130	-45~-6
PAO	338	177~232	316~343	80~150	-60~-20
双酯	283	175	200~220	110~190	-80~-40
多元醇酯	316	177~190	218~232	60~190	-80~-15
聚醚	279	163~177	204~218	90~280	-65~5
磷酸酯	194~421	93~177	135~232	30~60	-50~-15
硅油	388	218~274	316~343	100~500	-90~10

API 基础油分类法对基础油组成（饱和烃、芳烃和硫含量）提出了明确的规定，而对黏度指数要求较宽；而中石化润滑油基础油的企业标准 Q/SHR 001-95（99）主要按照黏度指数、倾点和使用类型对基础油进行分类，见表2-9。通用润滑油基础油分类见表2-10。

表 2-9　润滑油基础油的分类　[Q/SHR 001-95（99）]

润滑油基础油 黏度指数 VI			超高（UH） VI≥140	很高（VH） VI≥120	高（H） VI≥90	中（M） VI≥40	低（L） VI<40
润滑油 基础油代号	通用基础油		UHVI	VHVI	HVI	MVI	LVI
	专用基础油	低凝	UHVIW	VHVIW	HVIW	MVIW	LVIW
		深度精制	UHVIS	VHVIS	HVIS	MVIS	LVIS

表 2-10 通用润滑油基础油的分类

项　　目	I		II		III
	MVI	HVI HVIS HVIW	HVIH	HVIP	VHVI
饱和烃（%）	<90	<90	≥90	≥90	≥90
黏度指数 VI	80≤VI<95	95≤VI<120	80≤VI<110	110≤VI<120	VI≥120

参 考 文 献

[1] 王雷，王立新. 润滑油及其生产工艺简学 [M]. 沈阳：辽宁科学技术出版社，2014.

[2] 程丽华. 石油炼制工艺学 [M]. 北京：中国石化出版社，2005.

[3] 王先会. 工业润滑油生产与应用 [M]. 北京：中国石化出版社，2011.

[4] 关子杰，钟光飞. 润滑油应用与采购指南 [M]. 北京：中国石化出版社，2005.

[5] 张晨辉，林亮智. 润滑油应用及设备润滑 [M]. 北京：中国石化出版社，2002.

[6] 丁丽芹，张君涛，梁生荣. 润滑油及其添加剂 [M]. 北京：中国石化出版社，2015.

[7] 孔劲媛. 国内外润滑油基础油市场分析及展望 [J]. 国际石油经济，2009（10）：49-53，84.

[8] 刘文君，张杨，冯和翠，等. 浅淡润滑油的几种调和方法 [J]. 炼油与化工，2010（3）：45-46.

[9] 张建芳，山红红，涂永善. 炼油工艺基础知识 [M]. 2 版. 北京：中国石化出版社，2006.

[10] 梁治齐. 润滑剂生产及应用 [M]. 北京：化学工业出版社，2000.

[11] SEQUEIRA A. Lubricant base oil and wax processing [M]. New York：Marcel Dekker，1994.

[12] 钱伯章. 润滑油和基础油生产与市场 [M]. 北京：中国石化出版社，2014.

[13] 王毓民，王恒. 润滑材料与润滑技术 [M]. 北京：化学工业出版社，2004.

第3章 润滑油的主要添加剂

添加剂是润滑油的主要组成部分，润滑油性能的提高和使用寿命的延长等重要指标在很大程度上取决于添加剂技术的进步。润滑油的生产供应及经济性等也都在一定程度上受制于添加剂。因此，有关添加剂产业的基本概况及其技术发展一直受到业界的强烈关注。

我国润滑油添加剂产业起步较晚，但经过了几十年的积累和发展，已经形成了相当的生产规模。目前可生产十大类约160多个添加剂单剂品种，年总产量已超过 7×10^5 t。近些年来，国外添加剂公司已经敏锐地觉察到我国添加剂市场的变化和由此带来的商业机遇。

添加剂是润滑油的精髓，它对润滑油的性能影响非常大，可以说，没有先进的添加剂技术就不可能生产出高性能的润滑油产品。当代润滑油基本上都是由各种基础油与各类添加剂经科学调配而成的复合产品。根据功能的不同，添加剂可分为功能添加剂和非功能添加剂。功能添加剂是指在润滑油中强化或赋予某些特性的添加剂，如洗涤剂、分散剂、抗氧抗腐剂、极压抗磨剂、油性剂（摩擦改进剂）、抗氧剂和金属钝化剂、防锈剂等。非功能添加剂是指具有改善油品高低温流变及抗泡沫等性能的添加剂，如黏度指数改进剂、降凝剂、抗泡剂、乳化剂及破乳剂等。表3-1列出润滑油添加剂的类型及作用。

表 3-1　润滑油添加剂的类型及作用

类　　型	代表性化合物	主要作用
洗涤剂	磺酸盐、烷基酚盐、烷基水杨酸盐、硫代磷酸盐	防止内燃机油形成烟灰、漆状物沉积，中和酸性物质，减少腐蚀磨损
分散剂	丁二酰亚胺、丁二酸酯、酚醛胺聚合物	与洗涤剂复合，有协同作用，特别在防止低温油泥方面效果突出
抗氧抗腐剂	ZDDP、二烷基二硫代氨基甲酸盐	具有抗氧化抗腐蚀及极压抗磨作用，主要用于内燃机油及液压油、齿轮油
极压抗磨剂	硫化异丁烯、氯化石蜡、烷基磷酸酯胺盐、硫代磷酸酯胺盐、磷酸酯、有机硼化物	改善油品在高温高载荷下抗擦伤、抗磨损的性能
油性剂（摩擦改进剂）	脂肪酸及其皂类、动植物油或硫化动植物油、磷酸酯或油酸酯类、二烷基二硫代磷酸钼、烷基二硫代氨基甲酸钼	油性剂属于摩擦改进剂，其可以提高油品的润滑性，降低摩擦及磨损
抗氧剂和金属钝化剂	屏蔽酚类、2，6-二叔丁基对甲酚、芳胺、β-萘胺、苯并三唑衍生物、噻二唑衍生物	抗氧剂能延缓油品氧化、延长油品使用期，金属钝化剂防止金属氧化的催化作用，二者复合后效果更显著，此类添加剂多用于工业润滑油
防锈剂	磺酸盐、烯基丁二酸及其酯类、羧酸盐、有机胺类	提高油品阻止水分和氧分子对金属的腐蚀作用，保护金属表面延缓锈蚀
黏度指数改进剂	乙丙共聚物、甲基丙烯酸酯、聚异丁烯、苯乙烯与异戊二烯或丁二烯共聚物	能显著改善油品黏温性能，主要用于多级内燃机油、齿轮油、液压油和液力传动油

（续）

类 型	代表性化合物	主要作用
降凝剂	聚甲基丙烯酸酯、烷基萘、PAO	使油品中的蜡晶细化，降低油品凝点，改善低温流动性
抗泡剂	甲基硅油、丙烯酸酯与烷基醚共聚物	降低油品泡膜的表面张力，阻止泡沫形成
乳化剂及破乳剂	烷基磺酸盐、脂肪醇聚氧乙烯醚类、山梨醇月桂酸脂	是一类不同结构的表面活性剂，改变结构用于不同场合时，分别具有乳化及抗乳化性能，根据情况通过试验选用

添加剂用量以质量分数计，从百万分之几（如抗泡剂）至 20% 或更高。添加剂可相互作用（协同作用），或者可导致反协同效应。精心协调和优化的添加剂系统，可大大提升润滑油的使用性能。当然，润滑油的使用性能还与基础油的品质密切相关。目前，基础油使用较多的是加氢裂化和深度加氢处理过的高度精制矿物油、合成酯和 PAO。润滑油添加剂的种类繁多，在学者黄文轩的专著《润滑油添加剂性质及应用》以及伏喜胜主编的《油品添加剂手册》中都进行了详细的描述。

图 3-1 所示为润滑油添加剂的发展历程。从图中可以看出，20 世纪 30 年代以后润滑油添加剂快速发展，主要品种有：降凝剂（20 世纪 30 年代）、ZDDP 抗氧/抗磨剂（20 世纪 40 年代）、磺酸盐和烷基水杨酸盐洗涤剂（20 世纪 40 年代）、酚类洗涤剂（20 世纪 50 年代）、聚合物型黏度指数改进剂（20 世纪 50 年代）、无灰分散剂（20 世纪 60 年代）、防腐剂（20 世纪 70 年代）、摩擦改进剂（20 世纪 70 年代）、无灰抗磨剂（20 世纪 90 年代）。

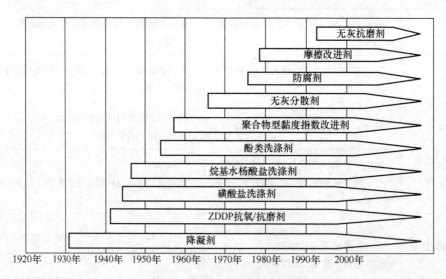

图 3-1   润滑油添加剂的发展历程

据市场分析报道，2015—2017 年世界润滑油添加剂需求保持 2.2% 的年增长率（超过成品润滑油 1.7% 的年增长率），2017 年产量达 450 万 t。图 3-2 所示为 2015—2017 年世界润滑油添加剂需求的复合年增长率。

从图 3-2 可以看出，润滑油添加剂需求增长高于润滑油需求增长，但并非所有润滑油添加剂均增长。

其中，抗氧剂、分散剂、黏度指数改进剂和降凝剂的增长率均高于平均增长率，年增长率分别为 4.9%、2.9%、2.5% 和 2.3%；摩擦改进剂年增长率为 2%；防腐剂、极压剂、乳化剂、抗磨剂和洗涤剂年增长率则低于 1.7%。表 3-2 为不同润滑油所需的添加剂品种。

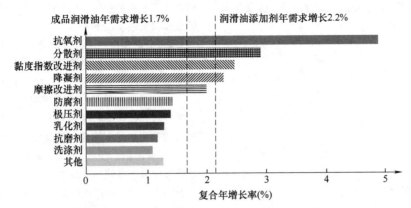

图 3-2　2015—2017 年世界润滑油添加剂需求的复合年增长率

表 3-2　不同润滑油所需的添加剂品种

项目	洗涤剂	分散剂	抗氧抗腐剂	抗氧剂	油性剂	极压剂	防锈剂	黏度指数改进剂	抗泡剂	降凝剂	乳化剂	破乳剂	防腐剂	pH 值控制剂	杀菌剂	耦合剂	光亮剂
内燃机油	✓	✓	✓	✓	✓			✓	✓	✓							
齿轮油				✓	✓	✓	✓	✓	✓	✓		✓					
液压油				✓	✓		✓	✓	✓	✓		✓					
自动传动液	✓	✓		✓	✓		✓	✓	✓	✓							
金属加工液				✓	✓		✓			✓	✓	✓		✓	✓	✓	✓
压缩机油				✓	✓		✓	✓		✓							
汽轮机油				✓			✓	✓	✓	✓							
轴承油				✓	✓		✓	✓	✓	✓		✓					
热处理油				✓			✓	✓	✓	✓							
机床用油				✓	✓		✓	✓	✓	✓							

下面仅介绍目前工业上广泛应用的几种主要的润滑油添加剂。除此之外，还有降凝剂、黏附剂、螯合剂、耦合剂、渗透剂、冲洗油添加剂、防霉剂、颜色稳定剂和光稳定剂等，在这里不做详细介绍。

3.1　洗涤剂

洗涤剂是现代润滑剂的五大添加剂（洗涤剂、分散剂、抗氧剂、极压抗磨剂和黏度指数改进剂）之一，以前把洗涤剂和分散剂统称为洗涤分散剂，但实际上洗涤剂和分散剂在润滑油中的作用还是有区别的，因此，后来业界又把洗涤分散剂分为洗涤剂和分散剂两个品种。

顾名思义，洗涤剂是指能使发动机部件得到清洗并保持干净的化学品，它是内燃机油的重要添加剂。洗涤剂是有机酸的金属盐，它主要用于发动机油中，它可在高温下抑制和减少润滑油氧化变质或减少活塞环区（活塞、活塞环、缸套、环槽）表面高温沉积物的生成，使发动机内部（燃烧室及曲轴箱）保持洁净。它同时也兼有低温分散作用，以保持油路循环畅通。

金属洗涤剂属于表面活性剂，它是一种兼含亲水极性基团和亲油非极性基团的双性化合物，即是由亲油基团、极性基团和亲水基团三部分组成。金属洗涤剂的作用如图 3-3 所示。

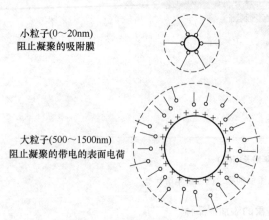

小粒子(0~20nm)
阻止凝聚的吸附膜

大粒子(500~1500nm)
阻止凝聚的带电的表面电荷

图 3-3　金属洗涤剂的作用

（1）洗涤剂的作用　大量实践表明，各种洗涤剂都不同程度地具有以下几方面的作用。

1）酸中和作用。多数洗涤剂具有碱性，有的呈高碱值，一般称这种碱值为总碱值（Total Base Number，TBN），在使用过程中，它能持续地中和由润滑油氧化和燃料燃烧不完全所生成的酸性氧化产物或酸性胶质，并可中和含硫燃料生成的 SO_2、SO_3 和硫酸。不仅可防止机件腐蚀磨损，而且还可大大缓解油品的进一步氧化衰败，这对使用高硫燃料的柴油机油和船舶用油尤为重要。

2）增溶作用。它是借助少量表面活性剂的作用，使原来不溶解的液态物质"溶解"于介质内，使其中的各种活性基团，如羰基、羧基、羟基等失去反应活性，从而抑制它们形成漆膜、积炭和油泥等沉积物的倾向。洗涤剂在油中的溶存状态如图 3-4 所示。

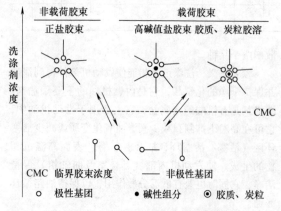

非载荷胶束	载荷胶束	
正盐胶束	高碱值盐胶束	胶质、炭粒胶溶

洗涤剂浓度

CMC

CMC　临界胶束浓度　　—— 非极性基团
○　极性基团　　●　碱性组分　　◎　胶质、炭粒

图 3-4　洗涤剂在油中的溶存状态

3）洗涤作用。在油中呈胶束的洗涤剂对生成的

漆膜和积炭有很强的吸附性能，它能将黏附在活塞上的漆膜和积炭洗涤下来。

4）分散作用。洗涤剂能将已生成的胶质和炭粒等固体小颗粒加以吸附并分散在油中，防止它们之间凝聚起来形成大颗粒而黏附在气缸上或沉降为油泥。

（2）洗涤剂品种　洗涤剂的种类主要有磺酸盐、烷基酚盐和硫化烷基酚盐、烷基水杨酸盐、硫代磷酸盐（硫磷化聚异丁烯盐）和环烷酸盐 5 种。

1）磺酸盐。磺酸盐型洗涤剂是使用较早、应用较广和用量较多的一个品种。按原料来源不同，可分为石油磺酸盐和合成磺酸盐，两者性能和使用效果差不多。磺酸盐的结构如下：

$$\left[R \text{—} \bigcirc \text{—} SO_3 \right]_{\frac{1}{2}} M \qquad \text{中性磺酸盐}$$

$$\left[R \text{—} \bigcirc \text{—} SO_3 \right]_{\frac{1}{2}} M \cdot OH \qquad \text{碱性磺酸盐}$$

$$\left[R \text{—} \bigcirc \text{—} SO_3 \right]_{\frac{1}{2}} M \cdot (CaCO_3)_n \qquad \text{高碱性磺酸盐}$$

$$\left[R \text{—} \bigcirc\bigcirc \text{—} SO_3 \right]_{\frac{1}{2}} M \qquad \text{石油磺酸盐}$$

$$\left[R \text{—} \bigcirc \text{—} SO_3 \right]_{\frac{1}{2}} M \qquad \text{合成磺酸盐}$$

2）烷基酚盐和硫化烷基酚盐。烷基酚盐和硫化烷基酚盐是当今世界上应用最广泛的品种之一。其用量仅次于磺酸盐。硫化烷基酚盐的钙盐结构如下：

$$(R \text{—} \bigcirc \text{—} O)_2 Ca \qquad \text{烷基酚钙}$$

$$R \text{—} \bigcirc \text{—} S_x \text{—} \bigcirc \text{—} R \qquad \text{中性硫化烷基酚钙}$$

$$R \text{—} \bigcirc \text{—} S_x \text{—} \bigcirc \text{—} R \qquad \text{碱性硫化烷基酚钙}$$

$$R \text{—} \bigcirc \text{—} S_x \text{—} \bigcirc \text{—} R \qquad \text{高碱值硫化烷基酚钙}$$

硫化烷基酚钙洗涤剂具有良好的高温清净性和较强的酸中和能力，并具有一定的抗氧化及抗磨性能，它与其他洗涤剂、分散剂及抗氧剂复合后，广泛应用于各类内燃机油中，特别是应用于增压柴油机油中以减小活塞顶环槽的积炭。又由于它的碱性保持较好，在船用气缸油中也得到广泛应用。

3）烷基水杨酸盐。烷基水杨酸盐是含羟基的芳香羧酸盐。烷基水杨酸盐按总碱值可分为低碱值（TBN 低于 100mgKOH/g）、中碱值（TBN 在 150mgKOH/g 左右）、高碱值（TBN 在 280mgKOH/g 左右）和超高碱值（TBN 在 350mg KOH/g 左右）烷基水杨酸盐；按所含金属来分有钡盐、钙盐、锌盐和镁盐，目前应用较广泛的是钙盐。烷基水杨酸盐的结构式如下：

且兼具一定的抗氧化及抗磨性能，尤其是它在汽油机油中的低温分散性比磺酸盐、烷基酚盐和烷基水杨酸盐洗涤剂更好。

5）环烷酸盐。环烷酸盐主要是钙盐，其总碱值为 $\text{TBN} = 250 \sim 300\text{mgKOH/g}$，一般合成方法是用环烷酸为原料，经钙化、分渣、脱溶剂等工艺而得，其结构式如下：

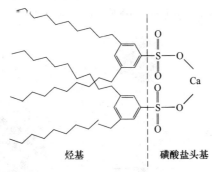

4）硫代磷酸盐（硫磷化聚异丁烯盐）。硫代磷酸盐按碱值可分为中碱值（TBN 在 70mgKOH/g 左右）、高碱值（TBN 在 120mgKOH/g 左右）和超高碱值（TBN 在 180mgKOH/g 左右）硫代磷酸盐；按所含金属来分有钡盐和钙盐。硫代磷酸盐的结构式如下：

结构式中 M 为 Ca、Ba；R 为 $C_{60\sim70}$ 聚异丁烯；X 为 S 或 O。

硫代磷酸盐具有较好的清净性和酸中和能力，而

各大添加剂公司和科研单位都有关于洗涤剂制备的核心工艺，各具特色，保密非常严格。一般来说，金属洗涤剂的制备工艺主要包括无溶剂工艺、烷氧基化工艺和碳酸化工艺。其中，碳酸化工艺是高碱值洗涤剂生产中广泛采用的方法，该工艺是以金属氧化物为原料，在促进剂的存在下吹入二氧化碳进行碳酸化，可制得高碱值盐产品。现在国内外多采用以甲醇为主的促进剂，又加入辅助促进剂或催化剂构成混合促进剂等以进一步提高碱值并改进工艺效果。据文献介绍，可作助促进剂的有氨水、胺类、羧酸、酸酐等有机化合物。制备金属洗涤剂时所用的碳酸化工艺由于所用金属氧化物、促进剂及助促进剂的不同而略有差异。

碱性洗涤剂中含有以胶束形态进入洗涤剂的储备碱，这些碱（如 $CaCO_3$）通常认为是被皂分子以胶囊状态包裹（见图 3-5）。这样的结构使得皂的极性基（磺酸盐、酚盐、羧酸盐）与碳酸盐相连，而烃基部分和油接触。

中性磺酸钙　　　　碱性磺酸盐胶束结构，大小为 $100 \sim 150\text{nm}$

图 3-5　洗涤剂的胶体结构

3.2　分散剂

分散剂是指能抑制油泥、漆膜和淤渣等物质的沉积，并能使这些沉积物以胶体状态悬浮于油中的化学品。

无灰分散剂在要求具有好的分散性的同时还具有

好的抗氧抗磨及橡胶相容性，其发展与现代汽车工业的发展密不可分。由于汽车数量的增多（尤其是小型汽车急剧增加），严重污染了环境。为了减少对空气的污染，汽车普遍使用了正压进排气（Positive crankcase ventilation, PCV）系统。这样虽然改善了汽车的排气，但造成燃料燃烧后的酸性物质易窜入曲轴箱，使曲轴箱内的润滑油变质，油泥增加。由于汽车增多，交通阻塞增多，城市中行驶的汽车经常处于低速运转和反复起停的状态，这样汽车曲轴箱内的油温较低，使燃料燃烧所产生的蒸汽不易排出，也容易增加漆膜和油泥等沉积物，阻塞管道及滤网，严重影响曲轴箱油的正常使用。为了解决这个问题，新型聚合型高相对分子质量的分散剂应运而生。目前已成为配制高档内燃机油的主要添加剂品种之一。其中丁二酰亚胺无灰分散剂占 80%（质量分数）以上，丁二酰亚胺的增溶、分散性能较好。但丁二酰亚胺的碱值对发动机油的中和性能贡献不大。

分散剂与洗涤剂相比有以下三个不同点：

1）分散剂不含金属，但洗涤剂含有金属，如 Mg、Ca 或 Ba，这就意味着燃烧洗涤剂时会产生灰分，而分散剂不会产生灰分。

2）分散剂几乎没有酸中和能力。

3）分散剂的相对分子质量比洗涤剂要高许多，因此具有更好的悬浮和清洗功能。

分散剂一般都是一些相对分子质量较大的表面活性物质，其分子由亲油基团（烃基团）、极性基团和连接基团三部分结构特征明显的基团组成，如图 3-6 所示。

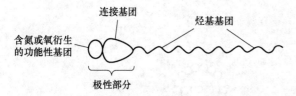

图 3-6 分散剂分子示意图

（1）分散剂的作用 连接基团和极性基团对分散剂分子的分散性十分重要，它们都为分散剂提供极性。另外，分散剂能与润滑油中的水和其他活性化学物质反应。

1）分散作用。分散剂分子中的烃基（亲油基团）比洗涤剂分子中的烃基大很多倍，其分散作用也比洗涤剂强十多倍，因此，它能有效地形成立体屏障膜，使积炭和胶状物不能相互聚集。分散剂可吸附于粒径在 2~50nm 范围内的粒子表面形成胶体，并使

其稳定地分散在油中，相对分子质量较大（如聚合型）的分散剂，能在离子之间形成较厚的立体屏障膜，可胶溶粒径高达 100nm 的粒子分散于油中形成胶束，其作用如图 3-7 所示。

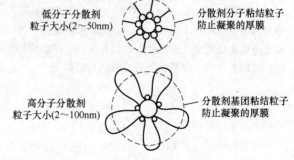

图 3-7 无灰分散剂的作用

当发动机油含有分散剂时，发动机的污垢倾向是极性，所以分散剂的极性头附着在污垢的极性部分，分散剂的极性头与油垢作用，使之在油中保持悬浮状态，直到换油时期或者粒子结块足够大后被润滑油的滤网过滤掉。

2）增溶作用。分散剂是一些表面活性剂，它通过与不溶于油的液态极性物质（如烟炱和树脂等）相互作用，使其分散于油中。发动机油的油泥是一些氧化产物经聚合后与冷凝水混合生成的，这些聚合物不仅会形成油泥，而且会使发动机油的积炭增加，容易造成机油滤网的堵塞。分散剂能与生成油泥的羰基、羧基、硝基、硫酸酯等直接作用，并溶解这些极性基团，把它们络合成油溶性的液体而分散于油中。分散剂的增溶作用好，比洗涤剂高出十倍多，其增溶作用如图 3-8 所示。

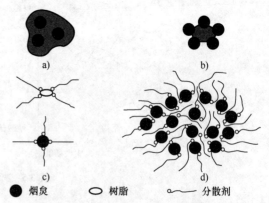

图 3-8 烟炱、树脂、分散剂相互作用

a）烟炱粒子被包裹在黏性的树脂中 b）烟炱粒子吸附在黏性的树脂表面 c）极性基团与极性粒子链接 d）非极性粒子悬浮在润滑油中

（2）分散剂的品种　按结构不同，分散剂主要分为聚合型和非聚合型两大类，而聚合型分散剂目前已被列入黏度指数改进剂，在此不予叙述。

非聚合型分散剂种类很多，有聚异丁烯丁二酰亚胺、聚异丁烯丁二酸酯、苄胺、硫磷化聚异丁烯聚氧乙烯酯等。上述四种分散剂的亲油基全部是聚异丁烯（Polyisobutylene，PIB），因为 PIB 的价格低廉，可以得到各种相对分子质量的 PIB，而且油溶性好。现在使用的 PIB 的相对分子质量分为三级，根据聚合物的平均相对分子质量或黏度进行分类的，实际上因生产厂家不同而异，见表 3-3。高活性聚异丁烯无灰分散剂是高端发动机油的主要组分。在这四种分散剂中，聚异丁烯丁二酰亚胺的使用量最多、应用最广泛。

表 3-3　用于分散剂中的 PIB 平均相对分子质量

平均相对分子质量	运动黏度（100℃）/（mm²/s）
1000	220
1300	680
2200	3200

丁二酰亚胺的制备工艺主要包括烃化、氨化和分离等过程。可以通过控制原料比例制得单、双和多聚异丁烯丁二酰亚胺等。这三种类型的丁二酰亚胺的分子结构如图 3-9 所示。

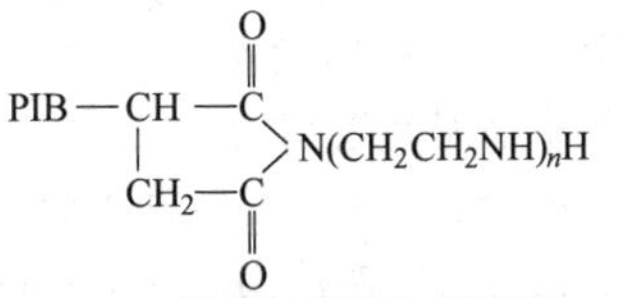

单聚异丁烯丁二酰亚胺 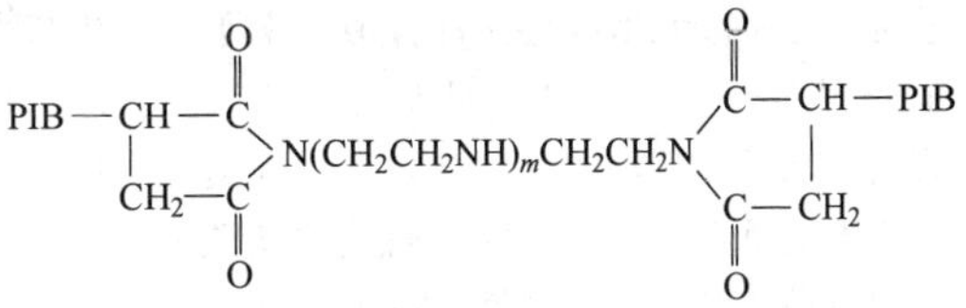　　双聚异丁烯丁二酰亚胺

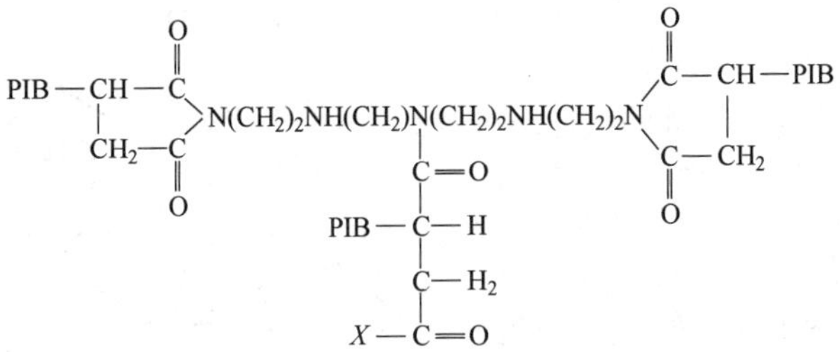

多聚异丁烯丁二酰亚胺

图 3-9　丁二酰亚胺的分子结构

注：PIB 的平均相对分子质量约为 1000；$n=3\sim4$；$m=2\sim3$；X 为单或双聚异丁烯丁二酰亚胺

丁二酸酯具有很好的抗氧和高温稳定性，在高强度发动机运转中可有效控制沉淀物的生成。由于酯分散剂具有更好的热氧化稳定性，因此这种分散剂常用于柴油机中。酯类无灰分散剂（如丁二酸酯）是一种新型的高温分散剂，在高端发动机油配方中与低温分散性好的丁二酰亚胺分散剂复合使用效果更好。

分散剂一般主要用于汽车发动机油中，它占汽车用分散剂近 80% 的用量。另外，分散剂还被用于自动变速器油、齿轮油和液压油中。相对分子质量相对较低的分散剂也被用于燃料油中，以控制喷嘴和燃烧室沉积物。

作为润滑油五大添加剂之一的分散剂，正朝着进一步提高其分散性和多功能的方向发展。国外已研制成功既能防止汽油机油低温油泥、漆膜的生成，又能抵抗柴油机油高温油泥和漆膜生成的无灰分散剂，如聚甲基丙烯酸酯型的无灰剂。

研究表明，高分子无灰分散剂自身热稳定性好，在高温条件下表现出良好的分散性和抗氧化性。也可通过引入功能基团或改进产物部分片断的结构来起到增加产品功能、改善产品性能的作用。较为成熟的有通过引入小分子酚或胺改善产品的抗氧化性能，引入硼改善产品的抗磨性能及与橡胶的相容性。为了开发环境友好型分散剂，国外已将油品中使用的无灰分散剂向无氯产品全面过渡。

为提高发动机油质量，防止油泥的生成、降

低油粒、减少发动机磨损，目前正在大力发展无灰分散剂。尤其是经过硼酸处理导入硼原子的丁二酰亚胺，实践表明，其使用性能更好，能有效防止油泥的生成，既可用于汽油机油，又可用于柴油机油。

国外生产的单聚异丁烯丁二酰亚胺无灰分散剂有 Lubrizol 公司的 LZ894、LZ6418，Exxon 公司的 Paranox100、ECA5025，Afton 公司的 Hitec638、Hitec645，Chevron 公司的 OLOA1200，Shell 公司的 SAP230。

双聚异丁烯丁二酰亚胺和多聚异丁烯丁二酰亚胺无灰分散剂有 Lubrizol 公司的 LZ890、LZ948，Chevron 公司的 OLOA373、OLOA373A、OLOA373C、OLOA374Q，Shell 公司的 SAP220、SAP223 等。

目前，国内外在洗涤分散剂上的开发重点是从有灰型向无灰型过渡，在用硼元素改性洗涤分散剂上下功夫，改进后的产品要求多功能化、低灰分、高性能，满足油品低硫、低磷、低氯的需要，减少对环境的污染。另外，业界也重点关注开发新型高效油品洗涤分散剂，使其同时具有良好的稳定性、抗氧化性以及优良的抗磨性。

3.3 抗氧抗腐剂

在石油产品添加剂中，抗氧抗腐剂的产量仅次于洗涤分散剂和黏度指数改进剂，位居第三位。抗氧抗腐剂作为润滑油功能添加剂，在油品中占有很重要的位置，它能有效防止发动机轴承腐蚀和因高温氧化而使油品黏度增大，能与洗涤剂和分散剂复合后应用于内燃机油中，与其他添加剂复合后也可用于工业润滑油中。

抗氧抗腐剂是指能抑制油品氧化变质从而延长其使用寿命和贮存期的化学品。具体地说，抗氧抗腐剂具有抗氧化、抗腐蚀性能，并兼有抗磨作用，主要用于内燃机油，其次用于齿轮油、液压油、轴承油、导轨油和压缩机油等工业润滑油。在油品中加入抗氧抗腐剂，其目的是抑制油品的氧化，并钝化金属对氧化过程的催化作用，以延长油品的使用周期，特别是可有效解决发动机凸轮和挺杆的磨损和腐蚀。近年来，由于环保问题和发动机操作条件越来越苛刻，要求内燃机油具有更好的耐热氧化性，以具有更长的使用期，这就要求开发综合性能更好和更环保的新型抗氧抗腐剂。

常用的抗氧抗腐剂是各种金属（如 Cu、Zn、Mo、Sb 等）的烷基硫代磷酸类化合物和氨基甲酸类化合物，还有一些有机磷、有机硫化合物也是较好的抗氧抗腐剂。抗氧抗腐剂是应用范围极其广泛的一类

添加剂，几乎每一种润滑油中都含有所需的抗氧抗腐剂。

目前已有不少有效的商用抗氧剂，这些抗氧剂已在发动机油、液力传动油、齿轮油、汽轮机油、压缩机油、液压油、金属加工液以及润滑脂中得到广泛应用。

润滑油的氧化过程非常复杂，影响氧化速率的因素很多。润滑油的氧化主要是由光、热、过渡金属等的作用产生了自由基而开始氧化的，自由基与氧反应产生过氧基（ROO·），过氧基与其他分子反应产生过氧化氢（ROOH）和自由基（R·），从而使油品的氧化反应持续不断地循环进行。

1. 抗氧抗腐剂作用机理

润滑剂在受热和氧的影响下会发生氧化降解而产生自由基，这些自由基进一步与烃反应生成醇、醛、酮和水等物质。这些物质在催化作用下进行缩合，促使发动机中油泥和漆膜的生成。抗氧抗腐剂就是抑制自由基的生成，延缓润滑油的氧化降解，降低磨损，延长润滑油的换油期。润滑剂的氧化降解路径如图 3-10 所示。

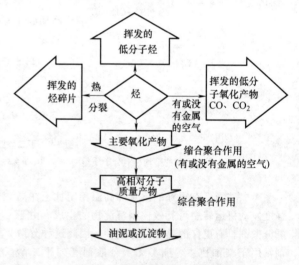

图 3-10 润滑剂的氧化降解路径

（1）自由基终止剂作用机理 目前所使用的自由基终止剂主要有酚型和胺型两大类。这两类化合物都能够给氧化反应链中的自由基提供活泼氢，使其转化为较稳定的化合物。酚型和胺型自由基终止剂中最具代表性且用量大的为 2,6-二叔丁基对甲酚和二烷基二苯胺两种抗氧剂。2,6-二叔丁基对甲酚与烷基自由基和烷基过氧自由基的反应过程如下：

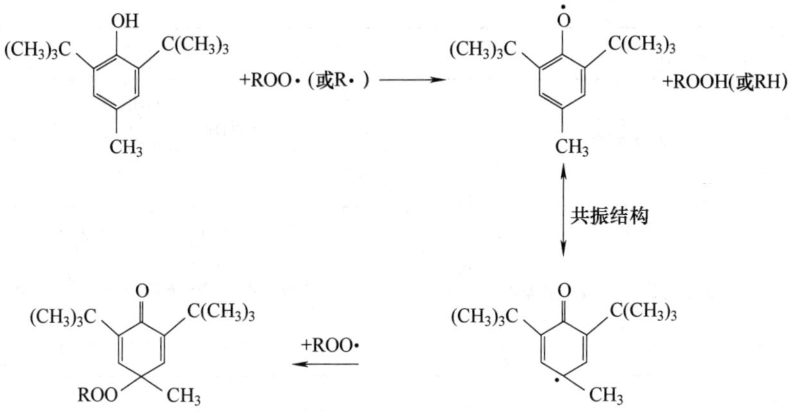

$$M^{n+}+O_2 \rightarrow M^{(n+1)+}+O_2^-$$

（2）过氧化物分解剂作用机理　过氧化物分解剂主要是指一些含硫有机化合物，目前应用最广泛和最成功的是 ZDDP，ZDDP 是一种兼有抗氧化、抗磨、抗腐蚀等优异性能的有灰型多效润滑油添加剂。由于 ZDDP 综合性能优异，成本较低，它一直是内燃机油等油品中重要的添加剂，并在齿轮油和液压油等工业用油中也得到广泛的应用。尽管在过去几十年中，人们做了大量研究工作试图淘汰 ZDDP，但目前还没有发现一种添加剂在综合性能上能够完全取代 ZDDP。

（3）金属钝化剂作用机理　金属离子对油品氧化过程中的链引发阶段和链支化阶段的反应都具有催化作用，以下是金属离子对油品氧化的催化作用机理。

油品氧化反应的链引发阶段：

$$M^{(n+1)}+RH \rightarrow M^{n+}+H^++R$$

油品氧化反应的链支化阶段：

$$M^{(n+1)+}+ROOH \rightarrow M^{n+}+H^++ROO \cdot$$
$$M^{n+}+ROOH \rightarrow M^{(n+1)+}+HO^-+RO \cdot$$

润滑油金属钝化剂是一些含 S、P、N 或其他一些非金属元素的有机化合物。金属钝化剂一般不单独使用，常和抗氧剂一起复合使用，这样不仅有协同效应，而且还能降低抗氧剂的用量。因这类钝化剂本身并无抗氧化作用，但可钝化金属活性，使其失去对油品氧化反应的催化作用，从而起到延缓油品氧化速度的作用。如苯并三唑及其衍生物是有色金属铜和银等的抑制剂，它能与铜等生成螯合物，它是有效的金属钝化剂。苯并三唑及其可用作金属钝化剂的主要衍生物的结构如图 3-11 所示。

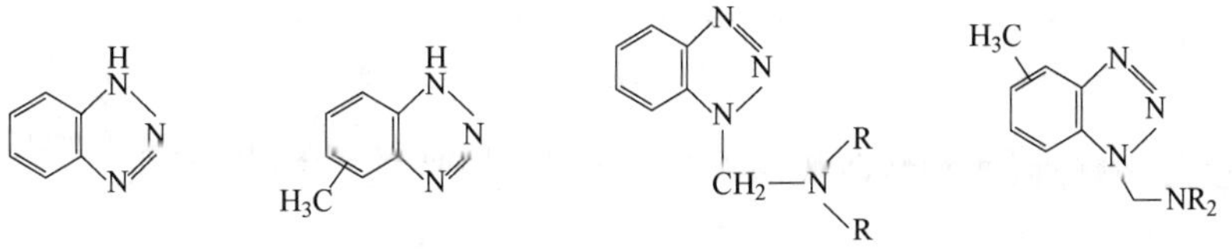

苯并三唑　　甲基苯并三唑　　N,N-二烷基氨基亚甲基苯并三唑　　N,N-二(2-乙基己基)-甲基-1H-苯并三唑-1-甲胺

图 3-11　苯并三唑及其可用作金属钝化剂的主要衍生物的结构

2. 抗氧剂的品种及应用

抗氧剂常常采用几种不同类型品种复配的方式使用，很少单独使用一种抗氧剂，酚、胺型抗氧剂的类型、化合物和分子结构见表 3-4。

表 3-4　酚、胺型抗氧剂的类型、化合物和分子结构

类型	化合物	分子结构
酚型	2,6-二叔丁基对甲酚	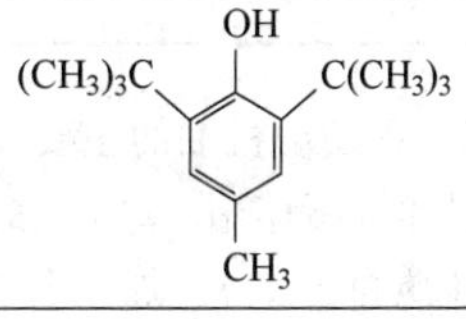

（续）

类型	化合物	分子结构
酚型	2,6-二叔丁基酚	
	4,4′-亚甲基双（2,6-二叔丁基酚）	
	亚甲基 4,4′-硫代双（2,6-二叔丁基酚）	
胺型	苯基-α-萘-胺	
	二烷基二苯胺	
	烷基化二苯胺	
酚胺型	2,6-二叔丁基 α-二甲基氨基对甲酚	
酚酯型	3,5-二叔丁基-4-羟基苯基丙烯酸甲酯	
	β-（3,5-二叔丁基-4-羟基苯基）丙酸十八碳醇酯	

ZDDP 是目前四冲程发动机油的主要添加剂，主要起抗氧化、抗磨损和抗腐作用。ZDDP 的加入量一般为 0.5% ~ 1.5%（质量分数）。加入量更多的话，对抗磨性并无改善，而且还带来活塞环槽的沉积物问题。现在环保发动机油对磷含量有严格限制，要求改进 ZDDP 使其磷含量降低，并保持原有的抗磨性。应

该指出，ZDDP 不宜用于二冲程发动机油。

ZDDP 常用的合成方法是由醇或烷基酚与五硫化二磷反应制得硫磷酸，再用氧化锌中和硫磷酸来制取 ZDDP。ZDDP 是一种四个硫原子配位一个锌原子的有机金属化合物，具有四面体结构。其反应式如下：

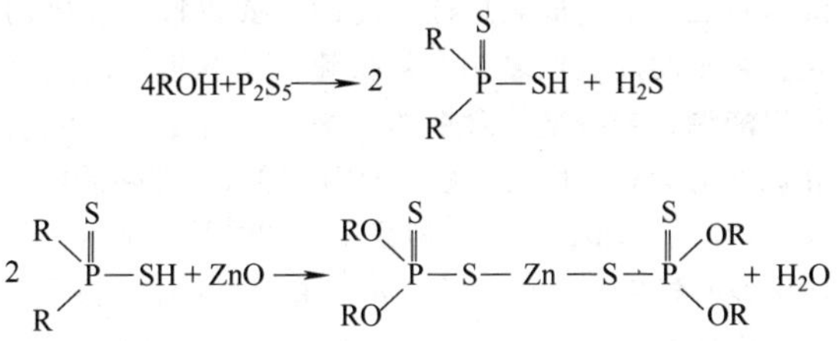

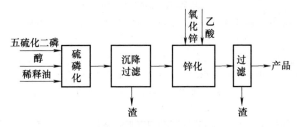

在制取 ZDDP 时所采用的醇的烃基结构不同，得到的 ZDDP 的烷基也不同。不同烷基结构的 ZDDP 具有不同的性能，应用的领域也不同。通常 ZDDP 烷基类型有仲烷基、伯烷基和芳烷基三种，其性能各不相同，从热稳定性来看，芳烷基>长链伯烷基>短链伯烷基>仲烷基。从抗磨性来看，仲烷基>短链伯烷基>长链伯烷基>芳烷基。从水解安定性来看，仲烷基>长链伯烷基>短链伯烷基>芳烷基。不同烷基结构的 ZDDP 的性能见表 3-5。ZDDP 的生产工艺流程如图 3-12 所示。ZDDP 的分子结构如图 3-13 所示。双辛伯烷基二硫代磷酸锌的化学结构如图 3-14 所示。

表 3-5　不同烷基结构的 ZDDP 的性能

	ZDDP 的类型	仲烷基	短链伯烷基	长链伯烷基	芳烷基（已被淘汰）
性能	抗氧化性	优	好	优	好
	极压抗磨性	优	好	好	差
	热安定性	差	好	优	优
	水解安定性	优	好	优	差
发动机性能	汽油机油氧化与磨损	优	好	优	好
	柴油发动机	好	好	优	优

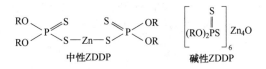

图 3-12　ZDDP 的生产工艺流程

RO—P（中性ZDDP、碱性ZDDP 分子结构）

图 3-13　ZDDP 的分子结构

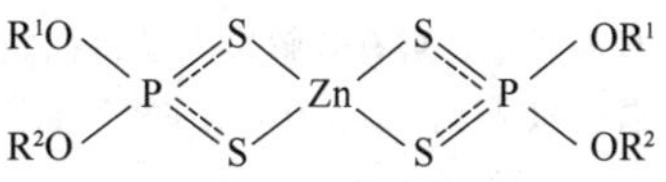

R¹O—P（双辛伯烷基二硫代磷酸锌的化学结构）

图 3-14　双辛伯烷基二硫代磷酸锌的化学结构

结构式中，R^1，R^2 为 C_4H_9 或 C_8H_{17}。

所以正确选用不同结构的 ZDDP 是非常重要的。

仲烷基 ZDDP 的极压抗磨性、抗氧化性和水解安定性好，多用于汽油机油和抗磨液压油，但它的热稳定性差；伯烷基 ZDDP 的抗氧化性、热稳定性和水解安定性好，特别是长链伯烷基 ZDDP 的热稳定性、抗氧化性和水解安定性特别好，多用于增压柴油机油中，可防止顶环槽的积炭生成，也用于抗磨液压油；而短链伯烷基 ZDDP 的这些性能一般，常用于普通的内燃机油中；芳烷基 ZDDP 的热稳定性特别好，抗氧化性一般，而极压抗磨性和水解安定性都较差，只用于增压柴油机油，由于性能不全面，目前国内外均已淘汰。

随着汽油发动机排气规定日趋严格，各发动机制造厂采用净化触媒，同时为得到合适的空燃比，在排气系统中设置了氧气传感器。由于发动机油中的磷能使尾气转化器中的三元催化剂中毒，锌会与转化器中的活性材料反应，降低转化器效率。因此，业界对发动机油中的磷和锌含量进行了越来越严格的限制。由国际润滑剂标准化及认证委员会（International Lubricant Standardization and Approval Committee，ILSAC）实施的 GF-3 规格中，磷含量（质量分数，后同）不大于 0.10%，GF-4 规格中的磷含量不大于 0.08%，而 GF-5 规格中原计划磷含量拟定为 0.05%，由于烟炱引起的磨损达不到要求，所以最后磷含量仍保持与

GF-4 规格相同，但增加了油中磷保持量最小 79% 的指标。通常发动机油中的磷大部分来源于 ZDDP，实现低磷化就意味着减少 ZDDP 的用量，大幅度减少会对润滑油的抗氧和抗磨性能产生较大的影响，为了弥补抗氧化性和抗磨性的不足，常用非磷或无灰添加剂作为补充。

随着汽车排放法规变得更具有挑战性，除了磷元素外，有可能影响换档系统的其他元素也越来越受到限制。由于环境原因，金属系抗磨/极压剂的使用量正在减少。由于 ZDDP 中含有 P、S 和 Zn 元素，故 ZDDP 是一个明显的排放控制目标，对于氧化和沉积控制，可在发动机油配方中多加一些无灰抗氧剂，这些无灰抗氧剂（受阻酚和芳胺）可以有效地弥补由于减少 ZDDP 的用量而损失的抗氧化性能。因此，目前非常需要有一种先进的无灰抗磨系统以取代或补充 ZDDP 的功效。

目前还没有完全能取代 ZDDP 的添加剂，加入高温抗氧化性好的助抗氧剂是弥补减少 ZDDP 用量的低磷发动机油抗氧化性变差的主要手段。有机铜化合物是助抗氧剂之一，包括硫代磷酸铜、硫代氨基甲酸铜、羧酸铜、含铜的磺酸盐、烷基水杨酸盐和烷基酚盐等。目前在减少 ZDDP 加入量和降低最高磷含量限值的情况下，一般采用增加烷基二苯胺、位阻酚及有机钼化合物等添加剂的加入量来弥补润滑油的抗氧抗磨性能。目前国内 ZDDP 产品已发展成系列，见表 3-6。

表 3-6 ZDDP 产品的品种、化合物、质量指标和应用

品种	化合物	质量指标	应用
T202	硫磷丁辛基锌盐	密度（20℃）为 1080~1130kg/m³，闪点（开口）不低于 180℃，硫含量为 12.0%~18.0%（质量分数，下同），磷含量为 6.0%~8.5%，锌含量为 8.0%~10.0%，pH 值不小于 5.0，热分解温度不低于 220℃	具有良好的抗氧抗腐蚀性及一定的抗磨性，它能有效地防止轴承腐蚀和因高温氧化而导致的油品黏度增加，与国外 OLOA267 质量相当。主要适用于汽油机油及工业用油。油品中参考加入量为 0.5%~3.0%
T203	硫磷双辛基锌盐	密度（20℃）为 1060~1150kg/m³，闪点（开口）不低于 180℃，硫含量为 12.0%~18.0%，磷含量为 6.5%~8.8%，锌含量为 8.0%~10.5%，pH 值不小于 5.3，热分解温度不低于 225℃	本产品是润滑油抗氧、抗腐、抗磨多效添加剂，并具有较高的热稳定性，与国外 OLOA3269A 质量相当。一般与金属清净剂、无灰分散剂复合用于配制热负荷高的中高档级内燃机油、船用油，又可用于抗磨液压油。由于热安定性较好而主要用于柴油机油。油品中参考加入量为 0.5%~3.0%
T204	硫磷伯仲醇基锌盐	锌含量不小于 7.5%，硫含量为 13.6%~16.0%，磷含量不小于 6.5%，pH 值不小于 5.5，热分解温度不低于 200℃，密度（15.6℃）为 1050~1150kg/m³，闪点（开口）不低于 100℃，水分不大于 0.08%，机械杂质不大于 0.08%	适用于调制高档低温抗磨液压油及工业用油。参考加入量为 0.5%~2.5%
T205	硫磷仲醇基锌盐	锌含量不小于 9.0%，硫含量为 15.0%~19.0%，磷含量不小于 7.5%，pH 值不小于 5.5，热分解温度不低于 190℃，密度（15.6℃）为 1080~1150kg/m³，闪点（开口）不低于 100℃，水分不大于 0.07%，机械杂质不大于 0.07%	其抗氧化、抗磨性更优于 T202、T203、T204 产品，可有效解决发动机凸轮及挺杆的磨损和腐蚀，适用于调制高档汽油机油

高温抗氧剂是高档汽油机油、柴油机油必须添加的添加剂，以提高发动机油的高温抗氧化性能，故高温抗氧剂的性能与油品的使用寿命关系密切。另外研究表明，发动机油碱值的保持程度与高温抗氧剂的作

用关系也很大，而不是单看油品的总碱值，抗氧化性能好的，其碱值的保持性也较好。

胺型抗氧剂是一种性能较好的传统高温抗氧剂，在高端发动机油配方中已广泛使用，其不足之处是容易引起油品变黑和生成油泥或沉淀物，特别是在加入量较大时。但是，胺型抗氧剂与其他抗氧剂复合使用可以更好地发挥其作用，也可以克服上述缺点，如与

酚酯型、硫化氨基甲酸酯等复合使用。

一般来说，含硫键结构的酚类抗氧剂比常用酚类抗氧剂在高温条件下效果更好，特别适用于已高度精制基础油调和的润滑油。图 3-15 所示为不同结构的含硫键的酚类抗氧剂，它们已运用于多种润滑剂配方中。

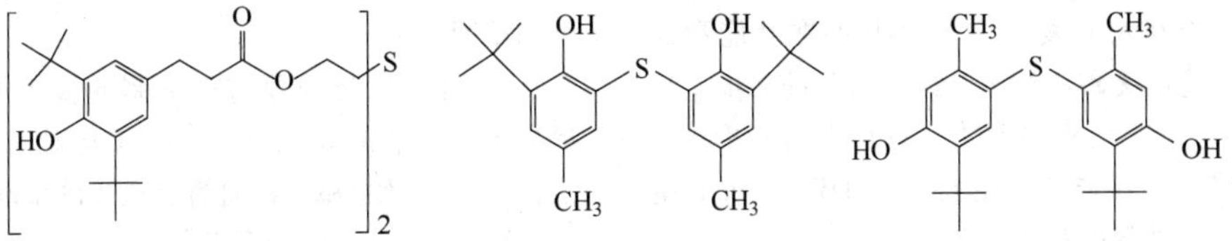

图 3-15　不同结构的含硫键的酚类抗氧剂

3. 发展趋势

随着发动机功率的不断增大，对润滑油品的高温使用性能提出了更高的要求，换油期（即润滑油使用寿命）的延长也对油品提出了更高的要求。从环保角度看，油品中的磷、硫含量有所限制，甚至要求使用无灰添加剂。为适应这些要求，国内外近年来对润滑油抗氧剂的研究热点如下：

（1）复合抗氧剂　通过不同抗氧剂间的复合效应及最佳复合比例等的研究，可以取得较为满意的复合抗氧剂，复合抗氧剂有助于满足不同润滑油对抗氧化性能的需求，同时也有助于润滑油的升级换代。目前，复合抗氧剂在润滑油抗氧剂中占主导地位。

（2）高温抗氧剂　发动机不断向高速、大功率和重负荷方向发展，使发动机的工作温度越来越高。这也会加快油品的氧化速度，这就需要能在更高温度下使用且综合性能良好的添加剂。目前较多采用烷基化萘胺与烷基化二苯胺缩合来提高胺类抗氧剂的热分解温度，从而提高其使用温度。

（3）高效多功能抗氧剂　人们重点关注在现有添加剂产品中引入新的基团，形成新的衍生物，或开发高效多功能的新型抗氧剂，以满足发动机油的高抗氧化性能要求。

（4）开发低灰分甚至无灰抗氧剂　随着机械和车辆设计技术的不断改进，以及发动机向小型、高速、重负荷、大功率等方向发展，在这样的工况条件下，使用有灰型抗氧剂会产生灰分，形成油泥，加速机件磨损，从而影响发动机的正常工作。因此，研究人员近年来热衷于开发性能好的无灰型抗氧剂代替有灰型抗氧剂。

（5）环境友好型抗氧剂　随着使用加氢处理

基础油和合成基础油作为润滑油配方的情况增加，抗氧剂在润滑油中的需求会不断上升。由于植物油独特的 C-H 化合物组成，这些液体中的抗氧化反应与矿物基基础油不同。环保型润滑油需要使用更能满足生物降解性和生物累积性标准的绿色添加剂。

抗氧剂是一类很重要的润滑油添加剂，在提高油品的氧化安定性、改善油品质量和延长油品使用寿命等方面发挥着积极的作用。因此，开发环境友好、高性能、高效、无灰和多功能的抗氧剂是未来的重点研究内容。

学者黄文轩介绍，二烷基二硫代磷酸锌（ZnDTP）之所以能使有机钼盐（MoDTC）降低摩擦系数，是因为它们在摩擦表面能生成 MoS_2。研究者建立了 MoDTC 和 ZnDTP 结合时的摩擦表面反应模型，在 ZnDTP 中使用 ^{34}S 示踪原子，以揭示生成 MoS_2 的硫的来源，如图 3-16 所示。由图可见，MoDTP 和 ZnDTP 首先被吸附，通过表面间摩擦后，ZnDTP 释放出 ^{34}S 示踪原子与钼（Mo）反应生成 MoS_2 薄膜，从而降低了摩擦系数。

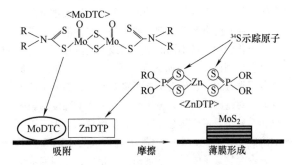

图 3-16　MoDTC 和 ZnDTP 结合时的摩擦表面反应模型

美国专利披露了用烷基或烯基琥珀酸衍生物与二氨基萘化合物制备的产品可作为润滑油抗氧剂、抗腐蚀剂和烟炱分散剂使用。

业界专家认为，来自抗氧抗腐剂的二烷基二硫代磷酸锌（ZnDTP）中的磷会在催化剂表面形成钝化膜，从而阻止催化剂与汽车排出的尾气接触而发生作用。为了延长汽车后处理设备的耐久性，发动机油将持续朝低磷化方向发展，这也将限制 ZnDTP 的加入量。因此，需要尽快开发替代 ZnDTP 的在性能和经济性上令人满意的无磷添加剂，这就需要进一步了解 ZnDTP 的磨损和氧化保护的作用机理。故研制与 ZnDTP 的经济性和性能相当的替代 ZnDTP 的抗氧抗腐剂将成为当今业界的艰巨任务。

3.4　黏度指数改进剂

在大跨度高级别的多级油中，由于黏度级别跨度大，对其高低温性能要求较高，通常需要使用黏度较低的基础油，以确保油品的低温性能，并且轻馏分油的黏温性能比相同黏度指数的重馏分油的黏温性能好得多。为保证油品的高温黏度满足要求，就必须加入一定量的油溶性高聚物，将其稠化并改善油品的黏温性能，也即提高油品的黏度指数，以使油品在较高温度下具有一定的油膜强度，这类高聚物就是黏度指数改进剂。

黏度指数改进剂主要用于内燃机油、液压油、齿轮油和液力传动油中。黏度指数改进剂不仅能稠化基础油，改善油品的黏温性能，使油品具有良好的高温润滑性和低温流动性，而且可降低燃料和润滑油的消耗。目前，由于多级油发展速度很快，也使得黏度指数改进剂的使用量不断增加，其使用量约占润滑油添加剂总量的20%左右，黏度指数改进剂的主要功能如下：

1）用黏度指数改进剂调配的内燃机油、齿轮油和液压油，具有良好的低温起动性能和高温润滑性，可四季通用。

2）用黏度指数改进剂配制的多级油内燃机油，提高了多级油的黏温性能，确保运动部件的良好润滑，降低润滑油和燃料油的消耗及机械部件的磨损。

3）由于高黏度油资源较短缺，可利用黏度指数改进剂将低黏度的油变成高黏度的油，增加高黏度油的产量。

1. 组成结构

从分子结构来看，黏度指数改进剂都是一些油溶性的链状高分子化合物，它们加入油品中能起到改善油品黏温性能和提高油品黏度指数的作用，其性能随分子结构不同而异。目前常用的黏度指数改进剂主要有聚甲基丙烯酸酯（Polymethacrylate，PMA）、烯烃共聚物（Olefin Copolymers，OCP）和氢化苯乙烯-双烯共聚物（Hydrogenated Styrene-diene Copolymer，HSD）等几种类型，这些代表性化合物的分子结构如下：

$$\begin{array}{ccc} \left[\begin{matrix} CH_3 \\ | \\ CH_2-C \\ | \\ C=O \\ | \\ O-R \end{matrix}\right]_m & \left[CH_2-CH_2\right]_m\left[\begin{matrix} CH_2-CH \\ | \\ CH_3 \end{matrix}\right]_n & \left[\begin{matrix} CH_2-CH \\ | \\ \bigcirc \end{matrix}\right]_m\left[\begin{matrix} CH_2-CH_2-CH-CH_2 \\ | \\ CH_3 \end{matrix}\right]_n \\ PMA & OCP & HSD \end{array}$$

黏度指数改进剂的使用性能主要通过增黏能力、剪切稳定性、低温性能和热氧化安定性等来评价。

2. 作用机理

多级油之所以具有良好的黏温性能，主要是因为多级油是由低黏度的基础油加入黏度指数改进剂调配而成，而黏度指数改进剂一般都是一些油溶性的链状高分子化合物，在不同的溶剂中或不同温度下，它的分子会收缩或伸展。如图 3-17 所示，溶解在油中的高分子聚合物，在低温下或不良溶剂中，高分子收缩卷曲，对基础油的内摩擦影响小，因而对黏度的影响也相对较小。聚合物分子间相互作用较强，大于溶剂的溶解力，因此，聚合物凝聚起来成为小的圆形状态，聚合物分子中没有溶剂进入。相反，在高温或优良溶剂中，聚合物本身分子能增加，高分子伸展，流体力学体积和表面积增大，基础油的内摩擦显著增加，凝聚力减小，处于膨胀状态，导致基础油黏度变化较大，这就弥补了基础油温升造成的黏度下降。黏度指数改进剂正是基于在不同温度下，不同形状对黏度影响的差异，改善了油品的黏温性能。

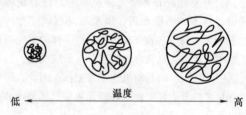

低　←　温度　→　高

图 3-17　高分子的收缩和伸展

黏度和黏度指数的绝对增加取决于配方中黏度指数改进剂的相对分子质量和浓度，实际上根据设计目的采用的相对分子质量为 10000~250000。质量分数通常在 3%~25% 范围内。由于相对分子质量高，黏度指数改进剂始终溶解在基础流体之中。

如图 3-18 所示，除增稠效率是相对分子质量的函数外，剪切稳定性也是一个特征。假如聚合物浓度保持恒定不变，增加相对分子质量可降低剪切稳定性。

产生这一效应的原因是机械或热导致链降解。牛顿流体的黏度与剪切速率或速度梯度无关。与此相反，长链化合物经受高剪切时发生机械断裂。依负荷类型和持续时间，产生许多不同的分子尺寸，由此产生的黏度降低。

上述两方面对汽车工业领域，特别对发动机、齿轮的润滑油和液压油极为重要，因为技术规范中对这类油品规定的特性，不仅适用于新鲜油品，还应在整个换油周期中保持稳定。

3. 品种及应用

可用作黏度指数改进剂的高分子化合物主要有聚异丁烯、聚甲基丙烯酸酯、乙烯-丙烯共聚物、氢化苯乙烯-双烯共聚物、苯乙烯聚酯、聚正丁基乙烯基醚等。其中，前三种是目前最常用的黏度指数改进剂。常用的黏度指数改进剂的分子结构见表 3-7。

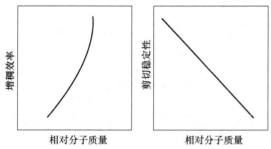

图 3-18　黏度指数改进剂的增稠效率和剪切稳定性

表 3-7　常用的黏度指数改进剂的分子结构

品种	化合物	分子结构
聚异丁烯		$\begin{array}{c} CH_3 \\ | \\ \text{---}[CH_2\text{---}C]_m\text{---} \\ | \\ CH_3 \end{array}$
聚甲基丙烯酸酯	非分散型	$\begin{array}{c} CH_3 \\ | \\ \text{---}[CH_2\text{---}C]_m\text{---} \\ | \\ C=O \\ | \\ O\text{---}R \end{array}$　$R=C_1\sim C_{20}$
	分散型	$\begin{array}{cc} CH_3 & R_2 \\ | & | \\ \text{---}[CH_2\text{---}C]_m[CH_2\text{---}C]_n\text{---} \\ | & | \\ C=O & Y \\ | \\ O\text{---}R_1 \end{array}$　$R_1=C_1\sim C_{20}$，$R_2=H$ 或 CH_2，Y=极性基团
乙烯-丙烯共聚物	非分散型	$\text{---}[CH_2\text{---}CH_2]_m[CH_2\text{---}CH]_n\text{---}$ ，CH_3 支链
	分散型	$\begin{array}{c} CH_3 \\ | \\ \text{---}[CH_2\text{---}CH_2]_m[CH_2\text{---}C]_n\text{---} \\ | \\ Y \end{array}$

（续）

品种	化合物	分子结构
氢化苯乙烯-双烯共聚物	氢化苯乙烯-丁二烯共聚物	$\text{\textlbrackdbl}CH_2-CH\text{\textrbrackdbl}_m \text{\textlbrackdbl}CH_2-CH_2-CH_2-CH_2\text{\textrbrackdbl}_n$
	氢化苯乙烯-异戊二烯共聚物	$\text{\textlbrackdbl}CH_2-CH\text{\textrbrackdbl}_m\text{\textlbrackdbl}CH_2-CH_2-CH-CH_2\text{\textrbrackdbl}_n$ CH_3
苯乙烯聚酯		$\text{\textlbrackdbl}CH_2-CH\text{\textrbrackdbl}_m\text{\textlbrackdbl}CH-CH\text{\textrbrackdbl}_n$ $C=O$ $C=O$ O O R R
聚正丁基乙烯基醚		$\text{\textlbrackdbl}CH_2-CH\text{\textrbrackdbl}_m$ O C_4H_9

4. 黏度指数改进剂的使用性能要求

一种好的黏度指数改进剂，不仅要求增稠效率高，而且还要求具有良好的剪切稳定性，其具体要求如下：

1）剪切稳定指数（SSI）。油品的剪切稳定性用剪切稳定指数（SSI）来表示

$$SSI = \frac{新油黏度-剪切后油品黏度}{新油黏度-基础油黏度}$$

SSI 越小，表明油品的剪切稳定性越好。

2）增稠效率。增稠效率表示高聚物加入油中后增加黏度的能力。增稠效率越大则用量越少、越经济，而且对清净性影响越小。同一类高聚物相对分子质量越大，其增稠效率越高，但剪切稳定性变差。不同结构的高聚物剪切稳定性一样时，其增稠效率是不同的。

3）剪切稳定性与增稠效率的关系。增稠效率与剪切稳定性是一对与聚合物结构和相对分子质量大小相关的特性指标，图 3-19 所示为几种不同类型的黏度指数改进剂的增稠效率及 SSI 指数的对比结果。

由图 3-19 可看出，位置越靠左上角性能越差，剪切稳定性和增稠效率都很差，而越靠右下角性能越好。聚甲基丙烯酸酯类黏度指数改进剂的剪切稳定性好，但增稠效率低；乙丙共聚物类的黏度指数改进剂增稠效率高，但剪切稳定性差；氢化苯乙烯-异戊二烯共聚物的综合性能优异。

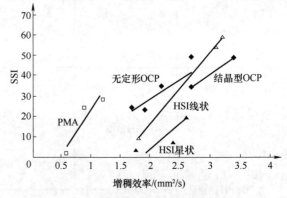

图 3-19　几种不同类型的黏度指数改进剂的增稠效率与 SSI 的对比结果

PMA—聚甲基丙烯酸酯　OCP—乙烯-丙烯共聚物
HSI—氢化苯乙烯-异戊二烯共聚物

5. 发展趋势

为适应节能的需要，最近日本三洋化成公司研制了一种适用于高黏度指数（115~150）基础油的黏度指数改进剂。可以提供极低的低温黏度，以满足驱动系统及液压油的低温黏度要求。目前，多功能黏度指数改进剂发展很快，已成为业界关注的热点。业界专家指出，从结构上发展那些剪切稳定性好、增稠效率高、低温性优异和结构具有超支化的星形结构的高聚物，应是今后黏度指数改进剂的发展方向。李树新等

人曾制备了四臂星形聚异丁烯，其制备过程如图 3-20 所示。

他们发现，采用 150SN 的基础油，当四臂星形聚

异丁烯的添加量为 1%（质量分数）时，其黏温性能可达到市场中常用的几种黏度指数改进剂的效果。

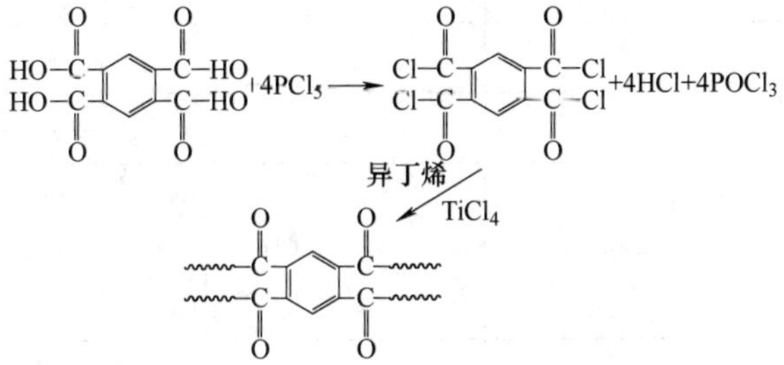

图 3-20　四臂星形聚异丁烯的制备过程

3.5　极压抗磨剂

载荷添加剂按其作用性质可分为油性剂、抗磨剂和极压剂三种，但抗磨剂和极压剂的区分不是很明显，有时甚至很难区分，因此业界一般把载荷添加剂分为油性剂和极压抗磨剂。

极压抗磨剂是指能够提高润滑油在极压条件下防止滑动金属表面产生烧结、擦伤和磨损能力的化学品。具体来说，极压抗磨剂是一种能在油性剂已失效的苛刻工况下肩负起润滑作用的添加剂。一般来说，这类添加剂在高温、高速、高载荷或低速、高载荷、冲击载荷条件下，能放出活性元素并与金属表面起化学反应，形成低熔点、高塑性的反应膜。反应膜有较高的强度，可承受较重的载荷。反应膜使金属表面凸起部分变软，产生塑性变形，降低接触面的单位负荷，减少摩擦和磨损。目前常用的极压抗磨剂主要是硫、磷、氯等的有机极性化合物。当极重载或冲击负荷很大时，局部高温在 200℃ 以上，此时，油性剂的物理吸附膜将失去作用，此时必须采用极压抗磨剂，它与摩擦金属表面起摩擦化学反应，生成低熔点和低抗剪强度的反应膜，这将起到降低摩擦磨损和防止擦伤及熔焊的作用。由于近年来环保方面的压力，对低硫、低磷及无硫无磷型极压抗磨剂的研究较多。

1. 极压抗磨剂作用机理

不同类型极压抗磨剂的作用机理不同。

（1）含硫极压抗磨剂　有机硫化物的作用机理

首先是在金属表面上吸附，减少金属表面之间的摩擦。随着负荷的增加，金属表面之间接触点的温度瞬时升高，这时有机硫化物首先与金属反应形成硫醇铁覆盖膜（S-S 键断裂），从而起到抗磨作用。随着负荷的进一步提高，C-S 键开始断裂，生成硫化铁固体膜，起到极压作用。所以，随着负荷增加，二硫化物能发挥抗磨和极压作用，以下是其反应过程。

在铁表面吸附：

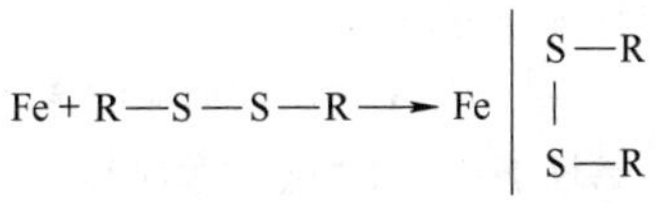

$$Fe + R-S-S-R \longrightarrow Fe \begin{array}{|c} S-R \\ | \\ S-R \end{array}$$

形成硫醇铁膜，在边界润滑条件下起抗磨作用：

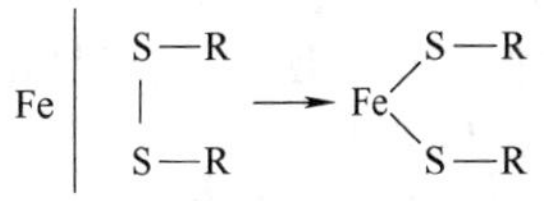

$$Fe \begin{array}{|c} S-R \\ | \\ S-R \end{array} \longrightarrow Fe \begin{array}{c} S-R \\ S-R \end{array}$$

形成硫化铁膜，在边界润滑条件下起极压作用：

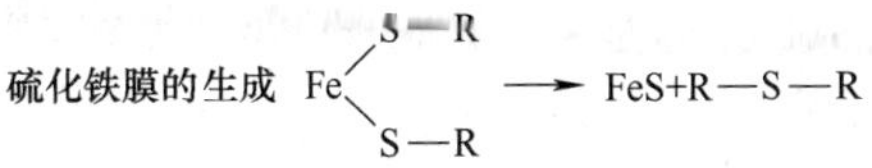

硫化铁膜的生成　$Fe \begin{array}{c} S-R \\ S-R \end{array} \longrightarrow FeS + R-S-R$

硫系添加剂国外称为"含硫承载添加剂"。就其种类而言，主要包括硫化动植物油、硫化烯烃、硫代酯、多硫化物等。一般来说，分子中硫的含量越高，就越容易分解，与金属的反应也就越容易，而单硫化合物对热不敏感，很难分解，所以不宜作为极压剂。一些主要的含硫极压抗磨剂的分子结构见表 3-8。

表 3-8　一些主要的含硫极压抗磨剂的分子结构

含硫极压抗磨剂类型	硫的质量分数（%）	分子结构
硫化鲸鱼油	6~15	$CH_3(CH_2)_x-CH=\overset{\cdot}{C}H-(CH_2)_x COOR$ $\underset{S_2}{}$ $CH_3(CH_2)_x-CH=\overset{\cdot}{C}H-(CH_2)_x COOR$

（续）

含硫极压抗磨剂类型	硫的质量分数（%）	分子结构
硫化油脂	4~18	
单硫化物		R—S—R
二硫化物		R—S—S—R
硫化异丁烯	40~46	CH_3—C—CH_2—S—S—CH_2—C—CH_3 （含S桥联）
多硫化烯烃	40~48	R_1—CH=CH—R_2 | S_x | R_2CH—CH—R_4
二硫化二苄	26.0	⬡—CH_2—S—S—CH_2—⬡
烷基多硫化物	25~39	R—$(S)_x$—R

硫系极压抗磨剂可分为硫型、硫-磷型、硫-氮型、硫-磷-氮型以及硫-磷-硼-氮型。学者王先会在这方面曾做过详细介绍。

1）硫型。硫型极压抗磨剂形成的硫化物覆盖膜熔点高，抗磨性能优于氮型和磷型极压抗磨剂。含硫极压抗磨剂品种较多，主要包括硫化异丁烯、硫化油脂及多硫化物等。

2）硫-磷型。硫-磷型极压抗磨剂分为两大系列，其中大部分为 ZDDP 系列。ZDDP 是一种具有抗氧、抗腐蚀和抗磨功能的有灰型多效润滑油添加剂。硫-磷型极压抗磨剂的另一系列为硫磷酸和烯烃或环氧烷烃的加成物，这是一种多功能的无灰添加剂，其热稳定性及防锈性能优异。

3）硫-氮型。硫-氮型极压抗磨剂有硫代氨基甲酸衍生物和杂环衍生物两个系列。硫代氨基甲酸衍生物主要有硫代氨基甲酸盐类和硫代氨基甲酸酯类。杂环衍生物由杂环的醚类组成，这类化合物因引入防锈环而提高了抗磨剂的防锈功能，而含氮杂环衍生物具有良好的极压抗磨、抗氧、抗腐蚀性能。瑞士 Ciba 公司、美国 Lubrizol 公司等相继开发出性能优良的含氮杂环化合物，并在各种润滑油和润滑脂中得到应用。

4）硫-磷-氮型。硫-磷-氮型极压抗磨剂的复合性能优良，磷元素在低速高转矩下的承载性能最好，但在高速冲击下表现不佳。硫元素在高速冲击下极压性能最突出，由于引入胺可降低磷酸酯的酸值，从而抑制铜腐蚀，所以，硫-磷-氮型极压抗磨剂具有较好的抗氧和防锈性能。

5）硫-磷-硼-氮型。这类抗磨剂具有良好的油溶性、抗腐性及优良的减摩性能。引入硼元素可明显提高抗磨剂的综合性能。

使用最多的含硫极压抗磨剂是硫化异丁烯，它能在高速冲击载荷下有效防止齿面擦伤，但硫化异丁烯气味较大，对环境危害较重。因此，硫化异丁烯替代品的研究将是今后含硫极压抗磨剂的发展方向。

（2）含磷极压抗磨剂　含磷极压抗磨剂在使用过程中首先吸附在铁表面上，在边界条件下发生 C-O 键断裂，与铁反应生成亚磷酸铁或磷酸铁有机膜，起抗磨作用。在极压条件下，有机磷酸铁膜进一步反应，生成无机磷酸铁反应膜，使金属之间不发生直接接触，从而起极压作用，保护了金属。图 3-21 所示为二烷基亚磷酸酯在不同使用环境下的作用机理。

含磷极压抗磨剂的极压性能大小顺序为：磷酸酯胺盐＞磷酸酰胺＞亚磷酸酯＞酸性磷酸酯＞磷酸酯＞膦酸酯＞次膦酸酯。

通常有机磷添加剂是与有机硫添加剂复合应用的，其原因是通过有机硫添加剂来改善生成防护膜的强度和韧性。磷系极压抗磨剂中使用较广泛的有烷基亚磷酸酯、磷酸酯、酸性磷酸酯及其胺盐（磷-氮剂 T308）、硫磷酸（T309）、硫-磷-氮-硼剂（T310）、硫代磷酸酯胺盐（硫-磷-氮剂 T305、T307）。表 3-9 所列为主要的含磷极压抗磨剂的品种、化合物和分子结构。

实践应用表明，含磷极压抗磨剂可以满足高档润滑油对极压抗磨性的要求，业界专家认为，含磷极压抗磨剂的发展方向应该是在不降低极压抗磨性能的前提下，提高热氧化稳定性，降低磷消耗，以延长其使用寿命。

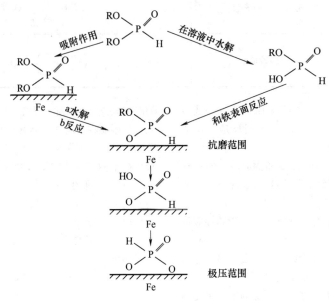

图 3-21　二烷基亚磷酸酯在不同使用环境下的作用机理

表 3-9　主要的含磷极压抗磨剂的品种、化合物和分子结构

品种	化合物	分子结构
亚磷酸酯	亚磷酸二正丁酯	$[C_4H_9O]_2POH$
磷酸酯	二月桂基磷酸酯	$[C_{12}H_{25}O]_2P$（$=O$，$—OH$）
	一油基磷酸酯	$[C_{18}H_{35}O]_2P$（$=O$，$—OH$）
	二-十八烷基磷酸酯	$C_{18}H_{37}O$，$C_{18}H_{37}O$—P（$=O$，$—OH$）
磷酸酯胺盐	磷酸酯胺盐	RO，RO—P（$=O$，$—OHNH_2R'$）
硫代磷酸酯胺盐	硫代磷酸-甲醛-胺缩合物	OR，OR—P（$=S$）$—S$—$CH(CH_3)$—CH_2—O—CH_2—NHR'
	硫代磷酸复酯胺盐	$[OR, OR$—P（$=S$）$—S$—$CH(CH_3)$—CH_2—$O]_2$—P（$=O$，$—OHNH_2R'$）

（续）

品种	化合物	分子结构
芳基亚磷酸酯	亚磷酸三壬苯酯	$\left(C_9H_{19} \bigcirc O \right)_3 P$
芳基磷酸酯	三甲酚磷酸酯	$\left(CH_3 \bigcirc O \right)_3 P{=}O$

（3）含氯极压抗磨剂 含氯极压抗磨剂是通过与金属表面的化学吸附或与金属表面反应，生成 $FeCl_2$ 或 $FeCl_3$ 的保护膜，显示出抗磨和极压作用。氯化铁膜为层状结构（类似石墨和 MoS_2），但应注意，含氯添加剂在无水及低于350℃的条件下使用才有效。含氯极压抗磨剂的作用效果取决于它的分子结构、氯化程度和氯原子的化学活性。氯在脂肪烃碳链末端时最为活泼，载荷能力最高；氯在碳链中间时，其活泼次之；氯在环上的化合物时，其活性最差。

在氯极压抗磨剂中使用最多的是氯化石蜡，因原料易得，价格便宜。但近年来由于环保问题，氯化物的严重缺点暴露无遗，发达国家都立法将润滑油中的氯含量限制在 10^{-6} 级，含氯极压抗磨剂尤其在车辆齿轮油中的应用显著减少，现在美国和西欧国家已明确禁止在车辆齿轮油中使用含氯添加剂。

目前，国内主要生产氯含量（质量分数，后同）为42%（T301）和52%（T302）的两种氯化石蜡产品（见表3-10），其在切削液和不锈钢拉拔油中仍有一定的应用。含氯极压抗磨剂的作用机理表述如下：

$$RCl_x + Fe \rightarrow RCl_{x-2} + FeCl_2$$
$$RCl_x \rightarrow FeCl_{x-2} + 2HCl$$

表 3-10 含氯极压抗磨剂品种、质量指标和应用

品种	化学名称	质量指标	应用
T301	氯化石蜡（含氯42%）	水白色或黄色黏稠液体。密度（50℃）为1130～1170kg/m³，热分解温度不小于120℃，黏度（50℃）不小于500mPa·s，折光率（n）为1.500～1.508，加热减量（130℃，2h）不大于0.3%，氯含量为40%～44%	主要用于聚氯乙烯（PVC）制品的辅助增塑剂、润滑油的添加剂等，在金属冷加工中作切削液
T302	氯化石蜡（含氯52%）	水白色或黄色黏稠液体。密度（50℃）为1230～1250kg/m³，黏度（50℃）为150～250mPa·s，折光率（n）为1.510～1.513，加热减量（130℃，2h）不大于0.3%，氯含量为51%～53%	

氯化铁膜有层状结构，临界抗剪强度低，摩擦系数小，但它的缺点是耐热强度低，在300～400℃时破裂，遇水产生水解反应，生成盐酸和氢氧化铁，失去润滑作用。

（4）含硼极压抗磨剂 硼酸盐是一种新颖的润滑油极压抗磨剂。硼酸盐具有特殊的极压抗磨减摩性，优异的氧化安定性与防锈抗腐性，还具有良好的密封性能，油膜强度也很高。实践应用表明，硼酸盐随着润滑油的黏度的降低，它的耐负荷性能反而提高了。硼酸盐热稳定性好，硫-磷型极压抗磨剂的使用温度界限为130℃，而硼酸盐润滑剂在150℃时仍能使用。对铜无腐蚀性，无毒无味，对橡胶密封件的适应性好。硼酸盐的缺点是微溶于水，不适合在接触大量水且定期排水的设备中应用。

硼酸盐极压机理与普通润滑剂不同，在极压状态下，它不与金属表面起化学反应。中国人民解放军陆军勤务学院董浚修等学者认为，硼酸酯的抗磨作用机理是在摩擦金属表面上形成了由吸附膜、聚合物膜以及金属局部高温高压而形成的 FeB、Fe_2B 扩散渗硼、渗碳层三者组成的复合保护膜，由这一复合膜发挥润滑作用。

实践表明，硼酸盐比磷、硫系添加剂性能更优越，它已在工业齿轮油、二冲程油中得到应用，但其存储稳定性和抗乳化能力仍需改善。一般认为，含硼添加剂是今后极压抗磨剂的一个发展方向，但解决含硼极压抗磨剂的水解安定性是进一步研究开发的关键。

（5）纳米极压抗磨剂　由于纳米材料具有与常规材料截然不同的光、电、热、化学或力学性能的特点，将纳米材料用作润滑添加剂时，不仅可以在摩擦表面形成降低摩擦系数的薄膜，而且可以修复受损的摩擦表面，还可以渗透进入表层，产生强化作用。在接触面可起到类似"轴承"的作用（见图 3-22a）。在摩擦过程中，纳米粒子能填平摩擦表面凹处，及时填补损伤部位，具有自修复功能，使摩擦表面始终处于较为平整的状态（见图 3-22b）。

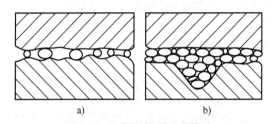

图 3-22　纳米材料润滑作用模型
a) 起类似轴承的作用　b) 自修复功能

近年来，纳米微米在摩擦学领域中的应用受到越来越广泛的重视，纳米材料作为极压抗磨剂已显示出其独特的性能。但应该指出，由于纳米微粒在油品中的分散性和稳定性等问题还未得到很好的解决，导致纳米材料还没有在润滑油领域中得到大规模的应用，这是纳米润滑添加剂未来要突破的技术关键。

（6）有机金属盐极压抗磨剂　具有代表性的有机金属盐极压抗磨剂有 ZDDP、二烷基二硫代磷酸钼、二烷基二硫代氨基甲酸钼和环烷酸铅。ZDDP 兼有抗氧、抗腐、极压和抗磨等多种功能，加上其生产成本较低，故长期以来一直是内燃机油等润滑油品中不可缺少的添加组分，在齿轮油和液压油等工业用油中也得到广泛应用。但由于环保问题，环烷酸铅已逐步退出市场。近年来，为了减少汽车尾气中氮氧化物（NO_x）等有害气体的排放，各大原始设备制造商（OEM）开始在汽油机上使用三元催化转化器。但由于发现磷酸锌会使三元催化剂中毒，随之出台的内燃机油品规格中开始对磷含量进行越来越严格的限制，故 ZDDP 的使用也开始受到限制。近年来业界十分注重开发 ZDDP 的替代品，但至目前还没有发现哪种添加剂能够真正全面地取代 ZDDP，从这个角度讲，ZDDP 的替代研究工作将任重道远。

2. 极压抗磨剂的使用性能

极压抗磨剂在金属表面承受负荷的条件下起防止金属表面滑动时的磨损、擦伤甚至烧结的作用。极压抗磨剂一般不单独使用，它常与其他添加剂复合，广泛应用于内燃机油、齿轮油、液压油、压缩机油、金属加工液和润滑脂中。

一般来说，两种以上添加剂复合使用比单独使用时效果更好，这样可以使油品的性能更加全面。这是因为不同类型的极压抗磨剂具有不同的特点和使用范围，如含硫极压抗磨剂抗烧结性好，但抗磨性差，而含磷极压抗磨剂抗磨性好，但极压性较差，两者可以相互互补。但必须注意的是，当极压抗磨剂与摩擦改进剂、防锈剂或其他极压抗磨剂两种以上添加剂复合时，它们之间可能产生协同效应也可能产生对抗效应。极压抗磨剂与摩擦改进剂、防锈剂、磺酸盐复合使用时，它们之间产生的对抗效果是众所周知的。

3. 发展趋势

众所周知，极压抗磨剂主要都是一些含硫、磷、氯的有机化合物，在这些化合物中，硫、磷、氯含量越高，极压抗磨性能就越好。但近年来，随着环保法规越来越严格，在这些极压抗磨剂的合成和使用中对环保和人体健康造成的危害不容忽视，促使人们加大对无氯、低硫或无硫、低磷或无磷极压抗磨剂的开发和研究，并出现了多种新产品，如硼酸盐类、过碱性磺酸盐类、稀土有机物类、纳米粒子类等。高效多功能添加剂、环境友好型添加剂和复合添加剂的开发已成为业界关注的热点。含氮杂环化合物、纳米粒子、液晶润滑等添加剂也成为绿色极压抗磨剂的开发方向。

近年来，受 GF-2 和 GF-3 中磷含量（质量分数）0.1%的限制要求，ZDDP 产量在下降。由于其中磷导致汽车催化剂中毒和锌对环境的污染，也使汽车和工业应用面临压力，开始寻求无金属和无磷替代物。这已形成了发展无灰抗磨极压剂的趋势。

3.6　防锈剂

据统计，世界上冶炼得到的金属中约有三分之一由于生锈而在工业中报废，许多精密仪器、设备也因腐蚀而无法正常运转。金属锈蚀问题遍及国民经济各行各业。从工业角度来看，最应受到重视的是铁和钢的腐蚀生锈，锈对钢铁制品和机械设备的损害是极其严重的问题。

金属由于受到环境介质中水、氧和酸性物质等的化学或电化学作用而引起腐蚀和锈蚀，由于水的催化作用，锈蚀随湿度的增加而加重。防锈剂是指能在金属表面形成一层保护膜以使金属不受氧及水的侵蚀的化学品。水和氧是锈蚀的必要条件，防锈剂对水和极性物质有增溶作用和对水的置换作用。另外，温度的高低、酸度的强弱以及其他催化性物质（如杂质等）的有无也是锈蚀的影响因素。

在金属表面上，由于防锈剂极性偶极子与表面发生静电吸引而产生物理吸附，有些防锈剂极性基团还会与金属表面起化学反应，形成化学吸附。这种吸附层可起到防止空气中氧气和水分及酸性物质侵蚀金属表面的作用，从而达到防锈效果。

1. 防锈剂的性能比较

防锈剂多是一种带有极性基的表面活性剂，常常是一些强极性的活性油溶性有机化合物，其分子结构的特点是，一端是极性很强的基团，具有亲水性；另一端是非极性的烃基，具有疏水性。

（1）极性基的影响　Baker 等人早就采用汽轮机油试验方法（ASTM D 665）对 76 种化合物进行了防锈性能评定，从中获得防锈剂的结构对其性能的影响情况。并初步得知，磺酸盐、羧酸盐（金属盐、胺盐）具有较好的防锈性，羧酸和磷酸酯次之，单胺效果较差，而醇、酚、酯、酮和腈基类最差。按此观点，下面将极性基的种类按防锈性等级予以区分。

防锈性强的极性基：—SO$_3$，—COO—

中等防锈性的极性基：—COOH，$\begin{matrix} & O \\ & \| \\ \rangle P & —OH \end{matrix}$

防锈性弱的极性基：

$$\rangle NH，—OH，—C\!\!=\!\!O，—\overset{\displaystyle O}{\underset{\displaystyle OR}{\overset{\|}{\underset{|}{C}}}}，—C\!\!\equiv\!\!N$$

多元醇部分酯，如山梨糖醇单油酸酯（Span-18）具有良好的防锈性。

（2）非极性基的影响　防锈剂分子在金属表面吸附的同时，其分子间（主要指烃基）依靠范德华力把它们紧密地吸引在一起。一般认为，相同极性基防锈剂中烃基大的比烃基小的防锈性要好，直链烃基比支链烃基防锈性好。例如，十七烯基丁二酸比十二烯基丁二酸的防锈性好，直链烯基丁二酸比支链烯基丁二酸的防锈性好。

2. 防锈剂的作用机理

当含有防锈剂的油品与金属接触时，防锈剂分子中的极性基团对金属表面有很强的吸附力，在金属表面形成紧密的单分子或多分子保护层，阻止腐蚀介质与金属接触，起到防锈作用。图 3-23 所示为在酸性和碱性介质中腐蚀产物的形成过程。

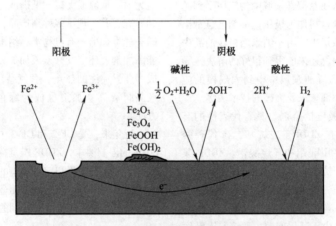

图 3-23　在酸性和碱性合介质中腐蚀产物的形成过程

防锈剂在金属表面的吸附有物理吸附和化学吸附两种，有时两者共有。对于防锈油来说，当与金属接触时，防锈剂分子首先吸附在金属表面上，形成极性基靠近金属表面，烃基远离金属表面，且排列成较整齐的一层吸附膜，在这层吸附膜外部，由于防锈剂烃基与油分子（烃分子）间具有相似相溶性，油分子会深入到防锈分子之间，使烃基排列更紧密，形成疏

水性细密的混合吸附膜，它能更有效地阻止水、氧和腐蚀性物质与金属表面接触，防止金属离子化（见图 3-24）。

3. 防锈剂的品种

常用的防锈剂按其结构可分为磺酸盐、羧酸及其衍生物、酯类、有机磷酸及其盐类和杂环化合物五大类，其分子结构见表 3-11。

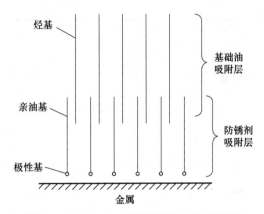

烃基

亲油基

极性基

基础油吸附层

防锈剂吸附层

金属

图 3-24　极性分子与烃基在金属表面的吸附模型

表 3-11　常用的防锈剂的品种、化合物和分子结构

品种	化合物	分子结构
磺酸盐	石油磺酸盐	$\left[\begin{array}{c} \text{(四氢萘环)} \cdot SO_3 \\ R \end{array}\right]_n M$ 　M: Na　Ca　Ba　Zn　Mg
	二壬基萘磺酸盐	$\left[\ H_{19}C_9-\text{(萘环)}-C_9H_{19}\ \right]_n M$ 　M: Na　Ca　Ba　Zn　NH_4
羧酸	长链羧酸	$RCOOH$（$R = C_7H_{15} \sim C_{17}H_{35}$）
	烷基苯甲酸	$R-\text{(苯环)}-COOH$
	壬基苯氧乙酸	$C_9H_{19}-\text{(苯环)}-OCH_2COOH$
	烯基丁二酸（二元酸）	$\begin{array}{c} RCH=CH-CH-\overset{O}{\underset{}{C}}-OH \\ CH_2-\underset{O}{\overset{}{C}}-OH \end{array}$
酯类	山梨糖醇单油酸酯（Span-80）	$\begin{array}{c} H_2C-O-CHCH_2OH \\ HO-CH \quad CHOH \\ C \\ H \quad OOCR \end{array}$
	季戊四醇单油酸酯	$C_{18}H_{33}COOC\begin{array}{c}-CH_2OH \\ -CH_2OH \\ CH_2OH\end{array}$

（续）

品种	化合物	分子结构
有机磷酸盐	磷酸酯	$RO-\overset{\overset{O}{\|}}{P}-OH$ $OR(H)$ $R=C_9H_{15}-C_{18}H_{35}$
杂环化合物	苯并三氮唑	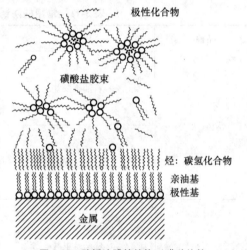
有机胺	酰胺	$RC-NHR_1$ $R=C_9H_{15}-C_{18}H_{35}$ $R_1=H, C_2H_5-C_{18}H_{35}$

（1）磺酸盐 磺酸盐是防锈剂中具有代表性的品种，几乎可应用在所有的防锈油里。按原料来源分为石油磺酸盐和合成磺酸盐；按金属类型来分为钡盐、钙盐、镁盐、钠盐、锌盐和铵盐。作为洗涤剂的磺酸盐用得最多的是钙盐，其次是镁盐。而作为防锈剂的磺酸盐用得最多的是钡盐，其次是钠盐和钙盐。

磺酸盐作为防锈剂的作用机理是吸附与增溶作用。磺酸盐的增溶作用使侵入油膜中的水及酸性物质失去活性，故具有防锈性能。图 3-25 所示为防锈油膜的结构。磺酸盐与其他防锈剂复合可产生协同效应，同时也有助于增加难溶添加剂的溶解性。这类添加剂的特点是防锈性、油溶性和稳定性均好，并有较好的抗盐雾和人汗置换性，适用于钢铁、铜的防锈，其代表性的产品是石油磺酸钡和二壬基萘磺酸钡。磺酸盐防锈剂的主要品种、化合物质量指标和应用见表 3-12，二壬基萘磺酸钡的结构式如图 3-26 所示。

图 3-25 防锈油膜的结构（磺酸盐的溶解状态与极性化合物的增溶溶解）

表 3-12 磺酸盐防锈剂的主要品种、化合物质量指标和应用

品种	化合物	质量指标	应用
T701	石油磺酸钡	棕褐色黏稠液体或半固体。磺酸钡含量（质量分数，后同）不小于 50%，水分为无，pH 值为 7~8，气味为无	主要用作配制切削液及各种乳化油、防锈油，用于轻载切削的润滑冷却，同时具有防锈清净的作用
T702	石油磺酸钠	棕黄或橙黄色油状液体或半固体。磺酸钠含量 35%~50%，无机盐含量不大于 0.35%，矿物油含量不大于 50%，pH 值为 7~8，水分为无，气味为无	有较强的亲水性，对金属起缓蚀作用，是一种良好的防锈剂和乳化剂。可调制金属切削液和各种乳化油、防锈油。与矿物油或油脂匹配可制成工序间短期使用的防锈油脂，亦可作为肥皂的填充剂。添加量一般为 3%~15%，仪表封存油中加入 1%。作乳化油使用时应使用软化水，以免影响乳化性能

（续）

品种	化合物	质量指标	应用
T705	二壬基萘磺酸钡	棕色或深棕色黏稠液体。密度（20℃）不小于 1000kg/m³，运动黏度（100℃）实测，钡含量不小于 7.0%，闪点（开口）不低于 160℃，总碱值为 33～55mgKOH/g，机械杂质不大于 0.15%，水分为痕迹，湿热试验为实测	适用于各种润滑油和润滑脂中作为防锈剂，是一种高性能的优良防锈防腐剂。具有良好的油溶性、配伍性和替代性。对黑色金属有良好的防锈性能。适用于调制防锈润滑油、润滑脂；亦可作为发动机燃料的防锈剂

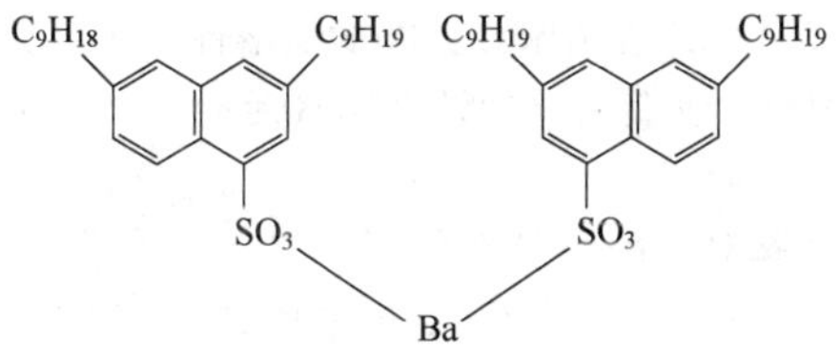

图 3-26 二壬基萘磺酸钡的结构式

石油磺酸钡和合成磺酸钡具有优良的抗潮湿、抗盐雾、抗盐水性能，以及优良的水置换性、酸中和性，对多种金属具有优良的防腐性能。磺酸钡盐是使用较广的防锈剂，用于多种防锈油脂中。磺酸钙主要用于内燃机油中起清净、分散、防锈和酸中和的作用。磺酸钠具有防锈和乳化性能，主要用于金属切削油和水基切削液中，发挥其润滑、冷却、防锈和清洗作用。作为防锈剂使用的一般选用中性、低碱值或中碱值磺酸盐。作为洗涤剂用的高碱值磺酸盐主要用于发动机油中，这是因为碱值越高，其防锈性越差。

（2）羧酸及其衍生物 在羧酸盐及其衍生物中，长链脂肪酸具有一定的防锈性，羧酸防锈剂中用得较多的是烯基或烷基丁二酸，如十二烯基丁二酸是汽轮机油的主要防锈剂，也广泛用于液压油、导轨油、主轴油和其他工业润滑油中，对钢、铸铁和铜合金都具有良好的防锈效果。在羧酸盐防锈剂中，比较重要的还有环烷酸锌和羊毛脂镁皂。环烷酸锌的油溶性好，对黑色金属和有色金属均有防锈效果。通常以 2%～3%含量（质量分数）与石油磺酸钡复合使用，多用在封存防锈油中。

（3）酯类 己二酸和安息酸在水中具有防锈效果，如果把它们酯化，就可得到油溶性的防锈剂。酯类防锈剂用得最多的是 Span-80、季戊四醇单油酸酯、十二烯基丁二酸半酯和羊毛脂等。脂肪酸种类不同，其酯的防锈效果也不同。按防锈效果是油酸>硬脂酸>月桂酸，而单酯与三酯的防锈效果基本相同。Span-80 是一种既有防锈性又有乳化性的表面活性剂、具有防潮、水置换性能，它用于多种封存油和切削油液中。Span-80 与磺酸盐复合，可产生优异的防锈性能。

羊毛脂是一种天然酯，用途很广。羊毛脂是羊身体分泌并附在羊毛上的一种复杂脂状物，是在毛纺前对羊毛进行洗涤脱脂得到的清洗液经回收、脱臭、脱色和干燥后得到的黄褐色脂状物。羊毛脂主要成分是高级脂肪酸和脂肪醇，构成羊毛脂的脂肪酸中 95%（摩尔分数，后同）是饱和脂肪酸，其中 90%以上具有支链，含有约 30%的羟基酸。

羊毛脂既可用作防锈剂，又可用作溶剂稀释型软膜防锈油的成膜材料。由于羊毛脂结构中含有酯键与羟基，因此它是一类非结晶性化合物，具有优异的低温特性及附着性。羊毛脂与磺酸盐复合使用具有协同效应，复合剂具有优异的防锈性和脱脂性。把羊毛脂制成金属皂，可提高水置换性和手汗置换性，可用它来生产置换型防锈油。

（4）有机磷酸及其盐类 有机磷酸盐主要是正磷酸盐、亚磷酸盐和磷酸盐，作为防锈剂使用的主要是正磷酸盐。这种防锈剂具有好的防锈性和抗磨性。常用的磷酸盐型防锈剂主要有单或双十三烷基磷酸十二烷氧基丙基异丙醇胺盐，它具有抗氧、防锈和抗磨性能。磷酸酯常作为极压抗磨剂使用，常用在润滑油和金属加工液中。与石油磺酸盐、Span-80 复合使用，可发挥优良的协同防锈效果，烷基磷酸咪唑啉盐具有防锈和抗磨性能。

（5）杂环化合物 苯并三唑在杂环化合物防锈剂中是使用最多和最成功的一种防锈剂。它是对于有色金属铜及其合金来说极好的防锈剂、防变色剂，对钢也有一定的防锈效果。但苯并三唑难溶于矿物油中，易溶于水，它是一种水溶性的化合物。一般在加入矿物油时需要加助溶剂，如可先溶于乙醇、丙醇或丁醇后，再加入矿物油。苯并三唑在非铁表面构成钝化保护膜，其成膜机理如图 3-27 所示。

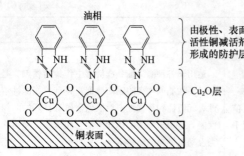

图3-27 苯并三唑成膜机理

为了改善其油溶性，国内外开发出了多种苯并三唑的衍生物。由于苯并三唑本身具有金属减活性质，其衍生物仍以金属减活和抗氧化性为主：一方面苯并三唑中的极性基团如胺基、酰胺基、三氮唑环等具有孤立电子的氮原子会使它们在金属表面生成一层致密的化学保护膜，阻止金属变成离子进入油中，减弱其对油品氧化的催化作用。同时这种膜还有保护金属表面的功能，能防止硫和有机酸对金属表面的腐蚀，这也是许多杂环化合物同时具有抗氧化、抑制铜腐蚀和金属减活等多效性能的重要原因；另一方面，化合物中的三唑环是具有较强配位能力的配体，能与金属离子络合成为惰性的物质，使之失去催化油品氧化的作用。

在苯并三唑衍生物中，N, N'-二烷基氨基亚甲基苯并三唑是一种性能良好且用量最大的金属钝化剂。国内开发的 N, N'-二烷基氨基亚甲基苯并三唑是 N, N'-二正丁基氨基亚甲基苯并三唑（T551）。其合成工艺是以苯并三唑、二正丁胺为原料，在存在甲醛的条件下发生缩合反应而成。在搅拌时顺序加入苯并三唑、二正丁胺、甲醛和溶剂，加热至回流温度进行缩合反应，反应结束后，加水沉降并加入酸化试剂中和，加入溶剂抽提，反应物经水洗 pH 值达到 7 后经减压蒸馏即可得到 N, N'-二正丁基氨基亚甲基苯并三唑（T551）产品。

T551 既改善了苯并三唑的油溶性，又具有优良的抗氧化、抑制铜腐蚀及金属减活性能。T551 用量少（0.01%~0.05%），效果好，与酚型抗氧剂（2,6-二叔丁基对甲酚）复合使用，有突出的增效作用，能显著减少抗氧剂的用量，明显提高油品的抗氧化性能。适用于汽轮机油、压缩机油、变压器油、HL-通用机床用油等油品。

（6）噻二唑衍生物　噻二唑衍生物是铜防锈剂，非铁金属钝化剂。其衍生物有 2,5-二（烷基二硫代）3,4-噻二唑、2,5-二巯基 1,3,4-噻二唑（DMTD）、2-巯基苯并噻唑（MBT）、2-巯基苯并噻唑钠（MBT）等化合物，其分子结构如图 3-28 所示。

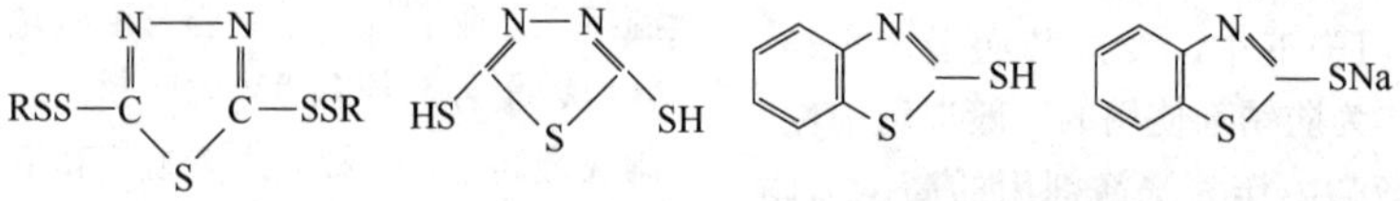

RSS—C—C—SSR　　HS—C　C—SH

2,5-二（烷基二硫代）3,4-噻二唑　2,5-二巯基 1,3,4-噻二唑　2-巯基苯并噻唑　2-巯基苯并噻唑钠

图3-28 噻二唑衍生物分子结构

国内开发了噻二唑多硫化物（T561），即 2,5-二（烷基二硫代）3,4-噻二唑，其合成工艺是以水合肼、二硫化碳和氢氧化钠为原料合成 2,5-二巯基噻二唑（DMTD）钠盐，酸化后再加硫醇和过氧化氢进行氧化偶联，再经抽提、水洗、蒸馏得产品 T561。T561 具有优良的油溶性、抑制铜腐蚀性和抗氧化性能，用于液压油能显著降低 ZDDP 对铜的腐蚀并解决其水解安定性问题。

2,5-二巯基 1,3,4-噻二唑、2-巯基苯并噻唑、2-巯基苯并噻唑钠等金属钝化剂都是铜防锈剂。2,5-二巯基 1,3,4-噻二唑和 2-巯基苯并噻唑可用作含硫燃料、重负荷切削油、金属加工液、液压油及润滑脂等的铜防锈或钝化剂；2,5-二巯基 1,3,4-噻二唑钠盐和 2-巯基苯并噻唑钠盐可用作水系统中非铁金属防锈剂和金属钝化剂。

除苯并三唑衍生物和噻二唑衍生物外，可用作润滑油金属钝化剂的还有杂环硫氮化合物和有机胺化合物等。

杂环化合物防锈剂中还有烃基取代咪唑啉，如十七烯基咪唑啉烯基丁二酸盐，它也是一种很好的防锈剂，对黑色金属和有色金属均适用。

人们发现，一些咪唑啉衍生物在海洋环境中具有较低的毒性，因而可以用于近海石油开采和天然气生产。尽管对上述作用的机制并不清楚，但似乎是因为环结构中的高碱值氮与有机酸反应后被转化成了低碱值的盐，而这种低碱值使得其分子在海洋环境中的毒性较低。

虽然有许多杂环胺类化合物可用作为防锈剂，但只有咪唑啉及其衍生物具有相对较低的成本和良好的防锈效果，因此，它在润滑脂、乳化剂，以及轧制、钻孔、车削、磨削和拉丝等金属加工领域取得了不同程度的成功应用。此外，咪唑啉可单独使用或与一些有机酸复合形成无灰胺盐后使用，实践表明它们是非常有效的防锈剂。图 3-29 所示为常见的含氮杂环结构。

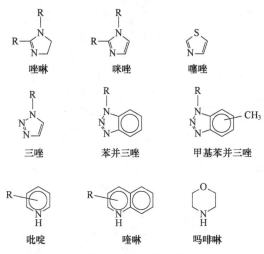

吡啶　　　　喹啉　　　　吗啡啉

图 3-29　常见的含氮杂环结构

4. 防锈剂的应用

防锈剂主要用来配制防锈油脂，按应用不同可有以下分类。

（1）溶剂稀释型防锈油　溶剂稀释型防锈油主要由成膜材料、防锈剂和溶剂汽油组成，包括硬膜防锈油和软膜防锈油。硬膜防锈油的特点是在溶剂挥发后留下一层干燥而坚硬的固态薄膜，防锈期长，可存放在室外，适用于大型加工件和管线等大型钢件的防锈，这种硬膜可用汽油或煤油清除掉。

软膜防锈油的特点是溶剂挥发后留下一种软脂状膜，不流失，不黏手，具有较好的防锈性能，适合室内较长时间的封存防锈，软膜很容易用溶剂汽油洗去。

（2）防锈脂　防锈脂有石油脂型和皂基脂型。石油脂型防锈脂主要用作封存防锈，皂基脂型防锈脂主要用于润滑。防锈脂耐盐雾，抗湿热性强，防护期长，高温不流失，低温不开裂，油膜透明柔软，涂覆性好，主要用于转动轴承类高精度机械加工表面的封存防锈。

（3）润滑油型防锈油　润滑油型防锈油是以各种润滑油馏分为基础油，加入适当防锈剂调配而成的。黄文轩学者在他的"防锈剂"技术演讲中做了较详细的介绍。这类材料分为一般金属材料和内燃机内部防锈两大类。主要用于金属材料及其制品的室内

短期封存防锈，在应急情况下可对机械运转起短期润滑作用。这类产品是目前防锈油中用途最广、用量最大的品种，按其用途可分为封存防锈油和防锈润滑两用油。

封存防锈油中有时也加入水置换性或人汗置换性防锈剂，以除去加工过程中残留的切削液和指纹、手汗等腐蚀物质。封存防锈油主要用于工序间零部件、半成品、组件和成品整机封存，以及运输过程中的防锈，例如，501 特种防锈油实际上就是一种封存防锈油，其配方组成（质量分数）大致为 4% 石油磺酸钡、2% 环烷酸锌、1% 石油磺酸钠和 93% 15 号车用机油（650SN）。

防锈润滑两用油除基础油和防锈剂外，还要加入抗磨剂和抗泡剂等添加剂。主要用于试车后不排油，直接留在机内作封存防锈。防锈润滑两用油主要包括内燃机防锈油、液压设备封存防锈油、防锈仪表油和防锈汽轮机油等。

（4）气相防锈油　气相防锈油是加有气相防锈剂并在常温下能汽化的防锈油。由于气相防锈剂在常温下能慢慢挥发，挥发的气体对金属起防锈作用，因此，使用时直接涂覆在被保护的金属表面，同样可以达到防锈保护的目的。气相防锈油可对设备内腔裸露的金属起防锈作用，防护期较短。这类产品主要用于内燃机、传动设备、齿轮箱、滚筒油压等密闭式润滑设备或体系中起到润滑防锈作用。例如，1 号气相防锈的大致配方组成（质量分数）为 1% 辛酸三丁胺、1% 苯并三唑三丁胺、0.5% 石油磺酸钠、0.5% 石油磺酸钡、1% Span-80 和 96% 32 号机械油。

（5）含水型防锈液　含水型防锈液包括乳化防锈油和水基防锈液，具有环保、节能、无污染的特点，受到国内外业界的广泛关注。乳化防锈油是一种含有乳化剂的防锈油品，使用时用水稀释成乳化液。例如，"乳-1"乳化防锈油的大致配方组成（质量分数）为 11.5% 环烷酸锌、11.5% 石油磺酸钡、12.7% 磺化油（DAH）、3% ~ 3.5% 三乙醇胺油酸皂（10:7）、余量为 10 号机械油。该油在使用时配制成 2% ~ 3%（质量分数）的水溶液用于工序间防锈。

水基防锈液是用水溶性防锈剂与水配制而成的防锈液，具有良好的防锈性能。将硼酸盐 BM 和羧酸盐 CM 以 7:6（质量比）复配的合成型防锈切削液既有较好的防锈性能，又无毒，它是目前亚硝酸钠的理想替代品。

国产防锈剂的主要品种、化合物及应用见表 3-13。

表 3-13　防锈剂的主要品种、化合物及应用

主要品种	化合物	应用	主要品种	化合物	应用
T701	石油磺酸钡	对所有金属均有良好的防锈作用，对酸性介质有中和作用，用于调制置换性防锈油、封存防锈油和润滑防锈两用油等，用量5%~8%	T707	亚硝酸钠	将碱土金属皂作为载体，作为塑性润滑防锈剂，主要用于黑色金属防锈
T702	石油磺酸钠	用于置换型防锈油和乳化油，对所有金属均有良好的防锈作用，还用于工序间防锈和制备水溶性乳化油	T708	磷酸咪唑啉盐	对钢、铜、镁、铸铁均有防锈效果，耐湿热性优异，可用于防锈润滑两用油，用量2%
T703	十七烯基咪唑啉的十二烯基丁二酸盐	对黑色金属、铜铝合金有良好的防锈作用，与其他添加剂复合使用效果更佳	T743	氧化石油脂钡皂	用于军工器械、枪支、炮弹及各种机床、配件、工卡量具等，对钢、铜、铝有良好的抗大气腐蚀性能和抗湿热作用，用量3%~5%
T704	环烷酸锌	具有良好的油溶性，对铜、钢、铝有良好的防锈作用，常与磺酸盐联用，用量5%~10%	T746	十二烯基丁二酸	用于汽轮机油的用量为0.03%~0.05%，在封存油中常与二壬基萘磺酸钡联用，用量1%~2%
T705	二壬基萘磺酸钡	油溶性较石油磺酸钡为佳，缓蚀性能与石油磺酸钡相似，适用于钢、铜防锈，用量2%~5%	氟油	全氟三丁胺	抗腐蚀且具有润滑耐磨、气相防锈作用，用量0.78%左右
T706	苯并三唑	用于对铜、银金属的防锈，使用时常加入助溶剂如丙醇、丁醇、石油磺酸钠等	Span-80	山梨糖醇单油酸酯	用于钢铁件工序间防锈和封存，与苯并三唑、氧化石油脂复合使用，以1%~3%的用量与石油磺酸钡联用
			羊毛脂	—	油溶性好，黏着力强，吸水性强，用于所有金属防锈，用量5%~10%，可与石油磺酸钡和环烷酸锌合用

国内外业界都重点关注现有多类商品化防锈剂在环境安全方面的一些问题。对于胺型产品，人们希望能够降低它们对海洋生物的毒性或生态毒性，也促使人们开发环境友好的替代防锈剂产品。对于经典的钡基防锈剂，人们期望降低其中的重金属含量，尽量采用钠、钙、镁来取代重金属钡。随着环保法越来越严格以及人们对环境和健康的持续关注，业界都在努力开发环境友好型的防锈剂，如含硼防锈剂就是其中之一，开发具有生物降解性的防锈剂产品已成为防锈剂发展的主流。

3.7　油性剂

油性剂属于摩擦改进剂，是指在边界润滑条件下能增强润滑油的润滑性、降低摩擦系数和防止磨损的化学品。油性剂通常是动植物油或在烃链末端含有极性基团（—COOH，—OH，$-\overset{\overset{\textstyle O}{\textstyle \|}}{C}-O-$）的化合物，这些化合物对金属有很强的亲和力，其作用是通过极性基团吸附在摩擦面上，形成分子定向吸附膜，阻止金属相互间的接触，从而减少摩擦和磨损，并具有一定承载能力。但是，当载荷增大时，温度升高，会因油膜破裂而失效。油性剂通常只在载荷不大，即摩擦部位温度不高的情况下使用。油性剂的油性好坏取决于油性剂分子对金属表面的吸附力和油性剂分子之间的吸附力，这两个因素使油性剂形成牢固的、耐剪切和抗磨的油膜。一般来说，希望油性剂分子中具有—COOH、—NH$_2$等吸附力大的极性基，且油性剂的碳链以直链为好。人们曾研究过不同润滑状态（如流体润滑和边界润滑）下的摩擦系数与摩擦区之间的关系，提出了如下的摩擦系数值：干摩擦（无润滑）的摩擦系数$f>0.5$；抗磨/极压膜的摩擦系数$f=0.1$~0.2；摩擦改进膜的摩擦系数$f=0.01$~0.02；流体润滑的摩擦系数$f=0.001$~0.006。从上述数字看，最理想的是流体润滑，其次是摩擦改进膜。实际上，完全流体润滑的情况是较少见的。一般在摩擦面突出部分的金属会产生相互接触，摩擦力也相应变得较大，因此产生了磨损。此时的润滑就变成混合润滑、

边界润滑，润滑膜受热及机械的影响而发生破裂，摩擦和磨损增大，最后还会产生烧结。因此，润滑油中需要添加摩擦改进剂，防止在边界润滑状态下的金属表面摩擦磨损和烧结问题。图 3-30 所示为流体润滑、边界润滑和添加剂作用原理。

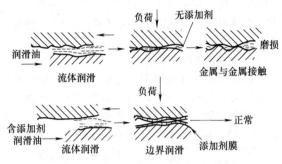

图 3-30　流体润滑、边界润滑和添加剂作用原理

有机摩擦改进剂通常是由至少 10 个碳原子组成的直链烃，大多是一些极压有机化合物，分子由极性基团和烃基组成。如图 3-31 所示为有机摩擦改进剂结构。含有极性基团的物质对金属表面有很强的亲和力，极性基团强有力地吸附在金属表面上形成保护膜，防止金属直接接触，用作油性剂的主要有动植物油脂、脂肪酸、酯、胺、高级醇、硫化油脂（酯）等。一般认为，油性剂的非极性基部分多数是长链的烷基，烷基链长度与极性基的位置是非常重要的因素。极性基最合适的位置是在烷基链的最末端，长链状的油性剂分子的极性基端垂直地吸附在金属表面上，这样其作用就大。另外，油性剂的烷基链长短和类型在不同的基础油中的效果也不一样。极性基（头部）锚固在金属表面，烃基（尾部）溶于油中，在金属表面定向排列，如图 3-32 所示。

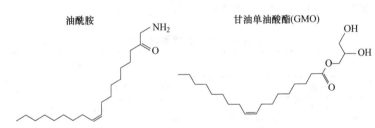

图 3-31　有机摩擦改进剂结构

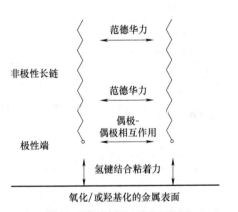

图 3-32　有机摩擦改进剂—吸附层的形成

1. 作用机理

在边界润滑条件下，摩擦副之间的润滑是通过摩擦改进剂吸附在摩擦副表面形成的吸附膜来实现的，其吸附分为物理吸附和化学吸附两种。物理吸附是指金属表面与摩擦改进剂之间靠分子间作用力形成的吸附，这种吸附是可逆的，当温度升高到一定程度时，吸附膜会脱附。摩擦改进剂的结构不同，其脱附温度也不同。脂肪胺和脂肪酰胺脱附温度较高，故常被用来作为车辆齿轮油的摩擦改进剂。

化学吸附是指金属表面原子与摩擦改进剂分子之间发生表面化学反应，形成了化学键的吸附。化学吸附是表面化学反应的结果。因此需要一定的活化能，即当温度升高到某一温度（即活化温度）后才能进行化学吸附。与物理吸附不同，化学吸附往往是不可逆的。摩擦改进剂烃基结构中，碳链越长，形成的吸附膜越厚，烃基间的作用也越强，烃基为直链时，形成的吸附膜紧密，强度高，减摩效果好。

黄文轩学者指出，为了使油品在极压抗磨剂活化温度（T_Z）以下也能提供有效的润滑，在油品中若采用极压抗磨剂与摩擦改进剂复合将会取得较好的效果。图 3-33 所示为在不同类型润滑剂摩擦系数与温度的关系。曲线 1 是基础油，摩擦系数一开始就较大，然后随温度升高而逐步升高；曲线 2 是基础油加入油性剂，从室温开始时能提供良好的润滑，当温度升高时，油性剂开始脱附，从而使摩擦系数变大；曲线 3 代表基础油中加入极压抗磨剂，在低于 T_Z 温度时的润滑效果差，而在 T_Z 温度以上时能形成保护膜，提供有效的润滑；曲线 4 代表基础油中同时加入极压抗磨剂和油性剂，在低于 T_Z 温度时，脂肪酸提供良好的润滑，而在高于 T_Z 温度时，极压抗磨剂提供良好的润滑。

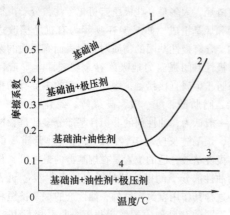

图 3-33 不同类型润滑剂摩擦系数与温度的关系

摩擦改进剂与极压抗磨剂之间是有区别的。极压抗磨剂是一类能提供良好边界润滑的化合物，此类物质在苛刻的载荷条件下，具有形成坚固润滑膜层的能力，故极压抗磨剂保护了紧密接近的金属表面，并使对应的表面不受凸起体的损害。极压抗磨剂膜与摩擦改进剂膜的主要区别在于它们的力学性能不同。极压抗磨剂为半成型的沉积膜，不易折断；而摩擦改进剂的润滑膜是有序的、紧密排列的多分子层的极性头锚固在金属表面上，膜的外层易被剪掉，提供低的摩擦系数。

2. 品种及应用

摩擦改进剂种类很多，按是否含有金属元素可分为有灰型和无灰型两类。无灰型摩擦改进剂常含有氧、硫、磷、硼、氮等非金属元素，如脂肪酸、脂肪醇、脂肪胺、酰胺、长链亚磷酸脂、硫磷硼酸酯、羟基醚胺等。有灰型摩擦改进剂主要指有机硫磷酸铝、氨基甲酸钼等。常用的摩擦改进剂见表 3-14。

表 3-14 常用的摩擦改进剂

品种	化合物	分子结构
脂肪酸	油酸	$CH_2(CH_2)_7CH=CH(CH_2)_7COOH$
	硬脂酸	$CH_3(CH_2)_{16}COOH$
	二聚亚油酸	$(CH_2)_4H_3C$ 环己烯 $CH_2(CH_2)_7COOH$ / $CH_2CH=CH(CH_2)_7COCOH$ / $CH_3(CH_2)_4$
脂肪醇	十二醇	$CH_3(CH_2)_{11}OH$
	鲸蜡醇	$CH_3(CH_2)_{15}OH$
	油醇	$CH_3(CH_2)_7CH=CH-(CH_2)_7CH_2OH$
脂肪酸皂	油酸铝	$(CH_2(CH_2)_7-CH=CH-(CH_2)_7COO)_3Al$
	硬脂酸铝	$(CH_3(CH_2)_{16}COO)_3Al$
酯类	硬脂酸丁酯	$CH_3(CH_2)_{16}COOC_4H_9$
	油酸丁酯	$CH_2(CH_2)_7CH=CH(CH_2)_7COOC_4H_9$
	油酸乙二醇酯	$C_{17}H_{33}\overset{O}{C}-O-CH_2CH_2OH$
脂肪胺类	十六烷胺	$CH_3(CH_2)_{14}CH_2NH_2$
	苯三唑十八胺盐	苯并三唑 $H\cdot NH_2-CH_2(CH_2)_{16}CH_3$
脂肪酰胺	油酸酰胺	$C_{17}H_{33}\overset{O}{C}-NH_2$
硫化动植物油	硫化棉籽油	
	硫化烯烃棉籽油	

常用的油性剂主要包括：高级脂肪酸，如棕榈酸及油酸；高级醇，如月桂醇及鲸蜡醇；脂肪酸酯，如油脂及硬脂酸丁酯；烷基胺，如油酰胺；酸式磷酸酯和有机硫化合物，如硫化油酸。

（1）脂肪酸、脂肪醇及其盐类　常用的脂肪酸有油酸 $[CH_3(CH_2)_7CH=CH(CH_2)_7COOH]$ 和硬脂酸 $[CH_3(CH_2)_{16}COOH]$，对降低静摩擦系数效果显著，因而润滑性好。在滑动面的导轨中可防止黏附、滑动，尤其在导轨处于高负荷和低速运行情况下免于出现黏附。但是它的油溶性差，长期贮存易产生沉淀，对金属有一定的腐蚀作用，使用时要特别注意。若用硬脂酸铝配制导轨油，其防爬性能较好。实践表明，脂肪醇和脂肪酸酯在铝箔轧制油中有较好的减摩性能。

（2）脂肪胺及其衍生物　常用的脂肪胺类油性剂主要有十六烷胺 $[CH_3(CH_2)_{14}CH_2NH_2]$ 和十八烷胺 $[CH_3(CH_2)_{16}CH_2NH_2]$，脂肪胺类油性剂具有吸附能力强、脱附温度高、减摩性能好的特点，常用于车辆齿轮油中。

脂肪胺衍生物主要为长链脂肪胺和苯并三唑脂肪胺盐，这些化合物除具有好的减摩性能外，还具有防锈和抗氧化性能，属于多功能添加剂，而且与含硫极压剂复合有很好的协同效应。脂肪胺衍生物的代表性化合物有油酰胺、苯并三唑十八胺盐等，其结构如下：

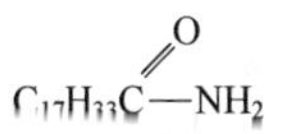

$$C_{17}H_{33}C-NH_2$$

油酰胺 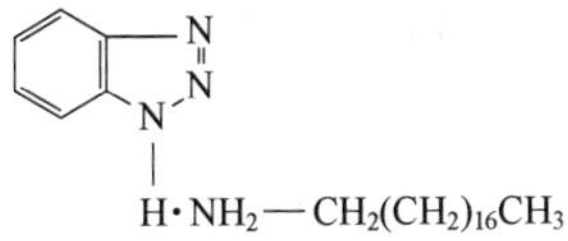　　　　苯并三唑十八胺盐

$$H\cdot NH_2-CH_2(CH_2)_{16}CH_3$$

（3）硫代鲸油及其代用品　鲸油与大多数天然动植物油是由长链不饱和脂肪酸的三甘油酯组成不同，它主要由长链不饱和脂肪酸和长链不饱和脂肪醇的单酯构成。因此，硫化鲸油在高黏度的石蜡基基础油中具有良好的热稳定性、极压抗磨性，与其他添加剂的相容性好，作为油性剂和极压剂在齿轮油、导轨油、蒸汽气缸油和润滑脂中得到了广泛的应用。自 20 世纪 70 年代以来，许多国家开始禁止捕鲸，禁止使用鲸油及鲸副产品后，各国都在开展鲸油代用品的研究工作。国内已有两类硫代鲸油代用品：一是植物油直接硫化，如硫化棉籽油；二是植物油与 α-烯烃按一定的比例混合后，再硫化，生产硫化烯烃棉籽油。其特点是油溶性好，对铜片腐蚀性小，可用于切削液、液压导轨油、工业齿轮油和润滑脂中。

（4）有机钼化合物　有机钼化合物具有很好的减摩性，能降低运动部件之间的摩擦系数，它是一种很好的摩擦改进剂。常用的化合物有二烷基二硫代磷酸钼、二烷基二硫代氨基甲酸钼、硫化二烷基二硫代磷酸氧钼，后者是润滑油和润滑脂的良好摩擦改进剂。例如，在内燃机油中加入（质量分数，后同）0.5%～2.0% 可作摩擦改进剂；在润滑油和润滑脂中加入 0.5%～1.0% 可作抗氧剂，若添加 1.0%～3.0% 可作极压抗磨剂。为了克服对铜的腐蚀性，还必须与金属钝化剂复合使用。表 3-15 所列为实际使用中的有机钼化合物添加剂。

表 3-15　实际使用的有机钼化合物添加剂

化合物	类型	性能	主要用途
二烷基二硫代氨基甲酸钼	油分散型	抗磨剂 极压剂 抗氧剂	润滑脂
	油溶型	摩擦改进剂 抗氧剂 抗磨剂	发动机油
二烷基二硫代磷酸钼	油溶型	摩擦改进剂 抗磨剂	发动机油、切削液、加工油

3. 摩擦改进剂的发展方向

世界范围内的能源短缺等已成为国际关注的热点，故节约能源、降低消耗、开发性能优良的摩擦改进剂迫在眉睫，王先会学者在这方面做过深入分析如下：

1）开发不含硫、磷的油溶性有机钼盐。此类添加剂可广泛用于调配各种高档内燃机油、汽轮机油和齿轮油等，能明显降低油品的摩擦系数，有效提高发动机燃油的经济性，延长发动机使用寿命。该剂与 ZDDP 有明显的协同作用，两者结合可改善润滑油的摩擦学性能。

2）开发新型无灰摩擦改进剂。有机硼酸酯化合物在润滑油中具有减摩抗磨作用，在负荷较高的情况下，摩擦表面温度很高，使得硼酸酯分子中的 B—O、C—O、C—H 键均开始断裂。随着摩擦条件变得更苛刻，分子链断裂加剧，分解出更多活性的硼、碳、氧等原子，这就为摩擦渗碳渗硼提供了条件，因此，有机硼酸酯化合物是一种具有良好摩擦学性能的多功能润滑油添加剂。

3）复合型摩擦改进剂。通过不同产品复配以取得多功能化的产品，并提高其摩擦学性能。

4）开发纳米级摩擦改进剂。通过纳米技术可以开发新型的纳米级摩擦改进剂，进一步降低能耗，尤其对于汽车工业来说更重要，可有效延长汽车引擎的使用寿命。

5）开发具有较高热/氧化安定性的有机摩擦改进剂将是提高燃油经济性和成功应用于润滑油配方的关键。

3.8 抗泡剂

抗泡剂是指能抑制或消除油品在应用中起泡的化学品。抗泡剂一般不溶于油，以高度分散的胶体离子状态存在于油中。分散的抗泡剂粒子吸附在泡膜上，继而在泡膜上扩张，随着抗泡剂的继续扩张，膜变得越来越薄，最后膜破裂，于是达到了抗泡目的。润滑油产生的泡沫对其工作状况造成很大的危害，大量而稳定的泡沫会使体积增大，易使油品从油箱中溢出，同时增大润滑油的压缩性，使油压降低。如液压油是靠压力传递功的，油中一旦产生泡沫，就会使系统中的油压降低，从而破坏系统中传递功的能力。另外，润滑油易受到配方中的活性物质如洗涤剂、极压剂和抗腐剂等的影响，这些添加剂大大增加了油的起泡倾向。

目前工业上应用的抗泡剂主要分为含硅、非硅和复合抗泡剂三大类。

造成润滑油发泡的原因很多，主要原因如下：

1）油品中使用了各种添加剂，特别是一些具有表面活性的添加剂。

2）润滑油本身被氧化变质。

3）机械的强烈震荡及润滑油使用中的循环。

4）油温上升和压力下降而释放出空气等。

润滑油发泡的危害性很大，主要表现在以下方面：

1）机械效率下降、能耗增加、性能变差。

2）润滑油正常润滑状态受到破坏，机件磨损加快。

3）润滑油与空气的接触面积增大，促进润滑油的氧化变质。

4）润滑油冷却效果下降，造成机件局部过热。

5）含泡润滑油的溢出。

目前针对润滑油的抗泡问题提出了三种解决方法——物理抗泡法、机械抗泡法和化学抗泡法（抗泡剂）。业界较喜欢采用抗泡剂的方法，因应用简单，使用效果好。

1. 抗泡剂的类型及结构

常用的抗泡剂有硅型和非硅型两大类。

（1）有机硅型抗泡剂　硅油的抗泡能力与结构有关。作为润滑油使用的有机硅多是一些无臭、无味的有机液体，商品牌号为 T901，推荐用量为 0.001% ~ 0.01%。硅油是直链状结构，它是由无机物的 Si-O 键和有机物（R）组成的。当 R 是甲基（—CH₃）时，该化合物称为甲基硅油，它是目前应用最广的抗泡剂，可广泛用于各种润滑油，为了能高度分散于油中，须先将硅油与煤油等溶剂制成浓缩液，然后用胶体磨将其分散。若 R 是乙基或丙基，该化合物就是乙基或丙基硅油。硅油的结构如下：

$$R-\underset{\underset{R}{|}}{\overset{\overset{R}{|}}{Si}}-O\left(\underset{\underset{R}{|}}{\overset{\overset{R}{|}}{Si}}-O\right)_n\underset{\underset{R}{|}}{\overset{\overset{R}{|}}{Si}}-R$$

（2）非硅型抗泡剂　为了克服硅油在应用中存在的局限性和不足，发展了非硅型抗泡剂。非硅型抗泡剂多是一些聚合物，使用较多的是丙烯酸酯或甲基丙烯酸酯的均聚物或共聚物，丙烯酸酯非硅型抗泡剂是一种在元素组成和结构上都不同于硅油的新型抗泡剂。非硅型抗泡剂最大的优点是易溶于水，具有良好的消泡效果，尤其是在高黏度油中，其结构式如下：

$$\left(CH-CH_2\right)_m\left(CH-CH_2\right)_n-\left(CH-CH_2\right)_x$$

T911

$$\left(CH-CH_2\right)_m\left(CH-CH_2\right)_n-\left(CH-CH_2\right)_x$$

T912

现在，不含聚硅氧烷的抗泡剂越来越多地应用在许多领域。特别是在金属加工过程中，所有切削液以及液压液，必须是不含聚硅氧烷抗泡剂的，以保证随后在工件上能涂施涂料或油漆。实际应用已经发现，聚硅氧烷抗泡剂会引起众多问题。实践证明，两种新开发的非硅型抗泡剂（T911、T912）具有高效和稳定性好的优点。T911 多用于中质和重质润滑油中，T912 还可用于轻质润滑油中。有机硅型与非硅型抗泡剂性能特点比较见表 3-16。

表 3-16　有机硅型与非硅型抗泡剂性能特点比较

抗泡剂	二甲硅油抗泡剂（T901）	聚丙烯酸酯型抗泡剂（T911，T912）
抗泡作用及特点	1）减少润滑油气泡生成量 2）能提高润滑油沫表面油膜的流动性，使气泡油膜变薄，气泡加速上升到油表面并破裂 3）具有使气泡变小的作用，用量越大，这种趋势越强烈，使油品中的释放变缓慢	1）减少润滑油气泡生成量 2）能使油品中小气泡合并成大气泡，使气泡加速上浮到油表面并破裂，从而降低油中小气泡量，有利于改善油品的空气释放值
对油品放气性的影响	有严重的不利影响	不利影响小
配伍性特点	1）在酸性介质中消泡持久性差 2）对现有各种润滑油添加剂均有良好配伍性	1）在酸性介质中消泡持久性好 2）与 109、T601、T705 三种添加剂复合使用效果变差

（3）复合抗泡剂　由于硅型和非硅型抗泡剂都有各自的优缺点，单一使用很难满足所有油品的要求，因而发展了复合抗泡剂，将硅型和非硅型抗泡剂这两种不同类型的抗泡剂复合使用，平衡了这两类抗泡剂的优缺点，以达到提高油品抗泡性或改善其空气释放性能的目的。上海炼油厂研究所研制的复合抗泡剂的系列产品在抗磨液压油、内燃机油及齿轮油中得到了广泛的应用。表 3-17 为复合抗泡剂品种、质量指标和性能。

表 3-17　复合抗泡剂品种、质量指标和性能

品种	质量指标	性　能
T921	透明流体。密度（20℃）780kg/m³。机械杂质：无。抗泡性（在 500SN 中，24℃）100mL/0mL，放气性（在 500SN 中）12min	与各种添加剂配伍性好，对油品空气释放性影响小，对加入方式无特殊要求，油溶性较好，使用方便，不需稀释，在 60～70℃下直接加入油品中，用于各种润滑油中作消泡剂，特别适用于含有 T705 的抗磨液压油以及对空气释放值有要求的油品
T922	透明流体，密度（20℃）780kg/m³，机械杂质：无。闪点（闭口）30℃，抗泡性（在 500SN 中，24℃）25mL/0mL	对配方中含有合成磺酸盐或其他发泡性较强物质的油品有高效的抗泡能力，油溶性较好，不需稀释，加入方便，可直接加入油品，特别适用于各种牌号柴油机油及对抗泡性要求高、对放气性无要求的油品

2. 抗泡剂的抗泡机理

抗泡剂的作用机理较为复杂，各家说法不一，较有代表性的观点是：降低部分表面张力、扩张和渗透三种观点。

（1）降低部分表面张力　持这种观点的人认为，抗泡剂的表面张力比发泡液小，当抗泡剂与发泡沫接触后，使泡膜的表面张力局部降低而其余部分保持不变，泡膜较强张力牵引着张力较弱部分，从而使泡膜破裂，如图 3-34 所示。

（2）扩张　这种观点认为，抗泡剂小滴 D 浸入泡膜内使之成为膜的一部分，然后在膜上扩张，随着抗泡剂的扩张，抗泡剂最初进入部分开始变薄，最后导致破裂，如图 3-35 所示。

（3）渗透　这种观点认为，抗泡剂的作用是增

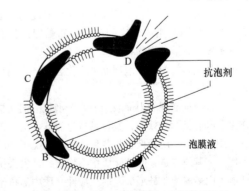

图 3-34　抗泡剂降低局部液膜表面张力而破泡

加气泡壁对空气的渗透性，从而加速泡沫的合并，减少泡沫壁的强度和弹性，达到破泡的目的。

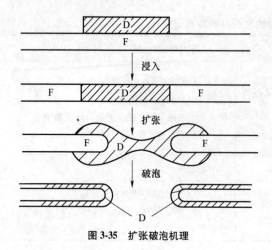

图 3-35 扩张破泡机理

3. 抗泡剂的应用

硅油是一种无臭、无味的有机液体，作为润滑油抗泡剂使用历史最久，已有 50 多年时间。其中，二甲硅油是目前使用范围最广的一种润滑油抗泡剂，因为它具有下列性质：

1) 表面张力比润滑油低，故能促使发泡剂脱附，但它本身形成的表面膜强度较差。

2) 在润滑油中溶解度小，但又有一定亲油性。

3) 化学性不活泼，不易和润滑油发生反应。

4) 用量少，使用效果好。

5) 挥发性小、闪点高、凝点低，并有良好的抗氧化与抗高温性能等。

二甲硅油的化学结构式如下：

$$CH_3-\underset{\underset{CH_3}{|}}{\overset{\overset{CH_3}{|}}{Si}}-O\underset{}{\left(\underset{\underset{CH_3}{|}}{\overset{\overset{CH_3}{|}}{Si}}-O\right)_n}\underset{\underset{CH_3}{|}}{\overset{\overset{CH_3}{|}}{Si}}-CH_3$$

二甲硅油广泛用于各类润滑油中，加入量一般在 $1\sim100\mu g/g$ 范围内。高黏度的润滑油用低黏度的硅油为好；对轻质油品用高黏度的硅油；高黏度硅油在高、低黏度的润滑油中均有效。

国内外主要的商品抗泡剂品种、化合物、应用见表 3-18。

二甲硅油抗泡剂和丙烯酸酯型非硅型抗泡剂在抗泡作用上既有相同的效果，又各具特色。硅油抗泡剂具有应用范围广、用量低、与各种添加剂的配伍性较好等优点，其缺点是在酸性介质中不稳定，易失去抗泡性能。丙烯酸酯非硅型抗泡剂在酸性介质中的抗泡性高，并且特别适合在受到如液压泵、齿轮箱等强烈搅拌所产生泡沫的情况下使用，其缺点是对某些添加剂（如 T601、T705、T109）的配伍性不好，不能与之复合使用。

表 3-18 常用润滑油抗泡剂

品种	化合物	应用
T901	聚甲基硅氧烷	$1\sim100\mu g/g$，用于各类润滑油
T911	丙烯酸酯醚共聚物	加入 0.05%～0.08%（质量分数，后同），可用于各种润滑油，特别适于较高黏度的润滑油
T912	丙烯酸酯醚共聚物	用于低、中黏度润滑油
DF-283	聚丙烯酸酯	加入 0.05%～0.1%，用于齿轮油、汽轮机油
LZ889A	丙烯酸辛酯、乙酯和乙酸乙烯酯共聚物	尤其适用于较高黏度润滑油
Hetic PC1244	丙烯酸酯共聚物	尤其适用于较高黏度润滑油
Mobilad C-405	非硅聚合物溶液	加入 0.02%～1.0%，用于齿轮油、压缩机油、液压油

硅油对常用的抗氧剂、增黏剂、防锈剂和洗涤分散剂等有良好的配伍性，它们在油品中的存在不影响硅油的抗泡能力。但非硅型抗泡剂 T912 则在有 T601、T109 和 T705 存在时无抗泡性或抗泡性减弱。当 T912 与硅油复合使用时，既有可能加强硅型油的抗泡性，同时也克服了非硅型抗泡剂这一配伍上的弱点。

硅油抗泡剂和 T911 非硅型抗泡剂对油品放气性能均有不利影响，而且都随着用量的增加而加大。若在低硅油用量中加入适量对放气性能影响较小的 T911 非硅型抗泡剂，则放气性和抗泡性均能达到合格要求，因此，液压油、机床用油等油品使用复合抗泡剂时效果较好。

在高档车辆齿轮油中，若单独加入 T901 硅油或非硅 T911 抗泡剂时，油品的抗泡性不合格，则将两种抗泡剂同时用于油品中，就有望达到规定的质量指标。又如，当液压油配方中含有二千基萘磺酸钡一类的防锈剂（如 T705）时，若单独使用非硅 T912 抗泡剂，油品放气性合格，但抗泡性不好；若单独使用硅油抗泡剂，抗泡性好，但放气性不达标。在这种情况下，若在非硅型抗泡剂中加入适量的硅油，则可使抗泡性和放气性两个参数都能达标。表 3-19 为硅油和非硅型抗泡剂作用的比较。

表 3-19　硅油和非硅型抗泡剂作用的比较

作用效果	二甲硅油抗泡剂	非硅型抗泡剂（T911）
减少润滑油中气泡的生成量	有	有
使油品中生成的小气泡合并成大气泡，气泡加速上浮到表面并破裂，降低油中残存的微小气泡量	无	有
提高泡沫表面流动性，使气泡加速上升到油面而破裂	有	无

3.9　乳化剂和破乳剂

　　乳化剂和破乳剂几乎都是表面活性剂。能使两种以上互不相溶的液体（如水和油）形成稳定的分散体系（即乳化液）的物质，称为乳化剂。乳化剂的特点是降低油水之间的界面张力，在界面上表面活性剂分子的亲油基和亲水基分别吸附油相和水相，排列成界面膜，防止乳化粒子重新结合，促使乳化液稳定。另一方面，在许多情况下，润滑油会受到水的污染，形成乳状液，因此降低了油品的润滑性，故在油品中需加入破乳剂，以加速油水分离，防止乳化液的形成。破乳剂大都是水包油型表面活性剂，它使乳化液从油包水型转变为水包油型，在相转变过程中，油水便得到分离。

　　在自然界中，水和油是两种不相溶的物质。为了使水分散到油中，通常用乳化剂使不相溶的油和水两相乳化形成稳定的乳化液。乳化剂作为油水界面的表面活性剂在乳化过程中起着极为重要的作用。乳化剂按其极性基团的结构分类见表 3-20。

表 3-20　乳化剂按其极性基团的结构分类

阴离子表面活性剂	阳离子表面活性剂	两性表面活性剂	非离子表面活性剂
羧酸盐 磺酸盐 硫酸酯盐 磷酸酯盐	伯胺盐 季铵盐 吡啶盐	氨基酸型 甜菜碱型	脂肪醇聚氧乙烯醚 烷基酚聚氧乙烯醚 聚氧乙烯醚烷基胺 聚氧乙烯醚烷基酰胺 多元醇型

　　根据乳化机理选择合适的乳化剂对性质稳定、经济、环保安全的乳化液具有重大意义。

1. 乳化作用机理

　　形成乳化液所使用的乳化剂绝大多数都是表面活

性剂，它们由亲水基和亲油基两部分组成，它们能在相互排斥的油水界面形成分子膜，从而降低其表面张力。由于表面活性剂的存在，使得非极压憎水型油滴变成了带负电荷的胶粒，并因此获得了更大的表面积和更大的表面能。由于极性和表面能的作用，带负电的油滴胶核吸附水中的反离子或阴性水分子形成胶体双电层，这进一步阻止了油滴间的相互碰撞，使油滴能长期稳定地存在于水中，脂肪酸钠作用原理如图 3-36 所示。

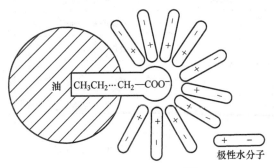

图 3-36　脂肪酸钠作用原理

　　乳化剂形成水包油型还是油包水型取决于乳化剂的亲水基与亲油基的平衡值（Hydrophil Lipophile Balance value，HLB 值），因此，HLB 值成为选择乳化剂的一个尺度。选择适合所需的 HLB 值的乳化剂，是制备稳定乳化液的前提。

　　乳化剂的特点是降低油水之间的界面张力，防止乳化粒子结合，促使乳化液呈稳定状态。破乳剂可增加油与水的界面张力，使得原来稳定的乳化液成为热力学上的不稳定状态，使乳化液受破坏。破乳剂大多都是水包油型表面活性剂，它吸附在油-水界面上，改变界面的张力，或吸附在乳化剂上，破坏乳化剂亲水-亲油平衡，使乳化液从油包水型转变成水包油型，在转相过程中，油水便得到分离。表 3-21 为常用乳化剂的 HLB 值。

表 3-21　常用乳化剂的 HLB 值

乳化剂类型	HLB 值
油酸单甘油酯	2.8
山梨糖醇酐硬脂酸酯	4.7
油醇（EO）$_4$ 加成物[①]	8.8
壬基酚（EO）$_6$ 加成物	10.8
山梨糖醇酐单油酸酯（EO）$_{20}$ 加成物	15.0
油酸钾盐	20
月桂基硫酸钠盐	40

① EO—环氧乙烷。

2. 乳化剂和破乳剂的品种

乳化剂和破乳剂几乎全是表面活性剂，表面活性剂按其离子的性质大致可分为阴离子型、阳离子型、非离子型和两性型。但作为乳化剂主要是阴离子与非离子型。阴离子乳化剂的活性成分是阴离子，它的用途很广，其分子由两部分组成——亲油基为长链烷基、芳基和烯基等；亲水基的化学结构大致分为羧酸盐（—COOM，M 为碱基）、硫酸酯盐（—OSO$_3$M）、磺酸盐（—SO$_3$M）和磷酸盐（—OPO$_2$MO—）。表 3-22 为阴离子表面活性剂的种类与分子结构。

表 3-22　阴离子表面活性剂的种类与分子结构

亲水基类型	阴离子表面活性剂的种类	分子结构
羧酸盐	高级脂肪酸盐	R—COONa
硫酸酯盐	高级醇硫酸酯盐	R—OSO$_3$Na
	高级烷基醚硫酸酯盐	RO—(CH$_2$CH$_2$O)$_n$—SO$_3$Na
	硫酸化烯烃盐	RCH—OSO$_3$Na | CH$_3$
	硫酸化脂肪酸酯盐	RCH—R′—COOR″ | OSO$_3$Na
磺酸盐	烷基苯磺酸盐	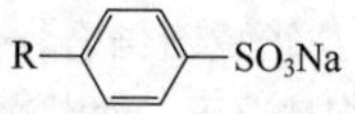 R—⬡—SO$_3$Na
	α-烯烃磺酸盐	RCH =CHCH$_2$—SO$_3$Na 等的混合物
	磺基琥珀酸二酯盐	ROCOCH$_2$ | ROCOCH—SO$_3$Na
磷酸酯盐	高级醇磷酸酯盐	R—OPO$_3$Na$_2$ (R—O)$_2$PO$_2$Na

非离子表面活性剂不显电性，是以在水中离子不解离的羧基与醚基结合为亲水基的表面活性剂。主要有聚氧乙烯型、多元醇型及醇酰胺型表面活性剂。聚氧乙烯型表面活性剂是将环氧乙烷与具有活泼氢的疏水性分子聚合，使其具有亲水性而形成表面活性剂。一般来说，使用聚乙二醇型作为亲水性乳化剂，使用多价醇型作为亲油性乳化剂。表 3-23 为非离子型表面活性剂的种类与分子结构。

表 3-23　非离子型表面活性剂的种类与分子结构

亲水基类型	非离子型表面活性剂的种类	分子结构
聚氧乙烯型	高级醇 EO 加成物	RO—(EO)$_n$—H
	烷基酚 EO 加成物	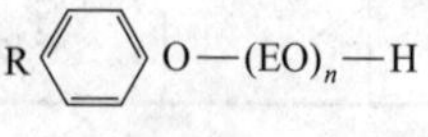 R—⬡—O—(EO)$_n$—H
	脂肪酸 EO 加成物	RCOO—(EO)$_n$—H RCOO—(EO)$_n$—COR

（续）

亲水基类型	非离子型表面活性剂的种类	分子结构
聚氧乙烯型	高级烷基胺 EO 加成物	$R-N\begin{cases}(EO)_m-H\\(EO)_n-H\end{cases}$
	脂肪酸酰胺 EO 加成物	$R-CON\begin{cases}(EO)_m-H\\(EO)_n-H\end{cases}$
	聚丙撑二醇 EO 加成物	$HO-(EO)_l-(CH_2CHO)_m-(EO)_n-H$ 中 CH_3
多元醇型	多元醇的脂肪酸酯	$RCOOCH_2CH-CH_2$，OH　OH
	烷醇胺的脂肪酸酰胺	$RCON\begin{cases}CH_2CH_2OH\\CH_2CH_2OH\end{cases}$
	多元醇的烷基醚	$ROCH_2CH-CH_2$，OH　OH

3. 乳化剂的应用

乳化剂常用于切削液、磨削油、拉拔油和轧制油等金属加工液及含水系的抗燃液压油中。使用乳化剂较多的是水溶性切削液，在切削液中，不仅要求具有乳化性，还要求具有防锈性、清洗性和润滑性等。乳化剂的选用要看所需制备的金属加工液的类型是水包油型还是油包水型，除了考虑亲水亲油基平衡外，还须考虑酸碱平衡。对于一个已知的或给定的油相，用不同 HLB 值的乳化剂将其乳化时，必有一个 HLB 值为最合适于该体系的 HLB 值，这样形成的乳化液最稳定。因此，用矿物油作为切削液基础时，除复合少量的阴离子及非离子表面活性剂外，还配有乳化助剂、防锈剂、稳定剂、防腐剂和水等。在轧制油中，为了稳定乳化液，粒径应尽量地小，这就需要通过乳化剂对粒径进行调控。

油品的抗乳化性能是工业润滑油的一个重要的性能指标。如工业齿轮油不但要求有良好的极压抗磨性、抗氧性和防锈性，还要求有良好的抗乳化性。若抗乳化性能差，就会由于油品乳化而降低油品的润滑性和流动性，引起机件腐蚀和磨损。汽轮机油经常与蒸汽接触，冷凝水常进入油中，要求汽轮机油应具有良好的分水能力。抗磨液压油的抗乳化性也是一项重要的性能指标，含锌的液压油中含有 ZDDP，故抗乳化性差，这是抗磨液压油使用中经常遇到的难题。

破乳剂用于工业齿轮油、液压油、汽轮机油、发动机油等油品，以防油品乳化，破乳剂也常用于切削油和轧制油等废弃乳化液的处理等。

由于科技的进步，乳化剂在许多行业得到广泛的应用。在这方面，王宇曾做过较详细的介绍。

（1）乳化剂在食品行业的应用　乳化剂是食品行业中常用的食品添加剂，它一方面在原料混合、融合等加工过程中起乳化、分散、润滑和稳定作用；另一方面起着提高食品品质和稳定性的作用。乳化剂用于面包制造主要是维持面包松软的口感，乳化剂用于冷食品制造主要是提高产品的膨胀率，乳化剂用于乳制品加工主要是制作人造奶油，采用复合乳化剂还能解决全牛油基人造奶油的不少问题。

（2）乳化剂在材料合成行业的应用　乳化剂行业利用乳液聚合来合成涂料、黏合剂等产品。寻找性能稳定和价格低廉的高效乳液聚合剂是该行业的乳化剂研究发展方向。

（3）乳化剂在养殖行业的应用　乳化剂在养殖行业主要用于养殖饲料的改性。为了加快动物的生长速度，提高动物的产能，降低料肉比，在饲料中普遍使用乳化油脂。为此，选择合适的饲料乳化剂成为乳化剂在养殖行业应用中的关键。

（4）乳化剂在日化行业的应用 在日化行业中，乳化剂被广泛应用于洗护产品及化妆品中。使用的乳化剂包括天然表面活性剂和人工合成表面活性剂两种。

（5）乳化剂在其他行业的应用 在军事工业中，乳化剂常被添加到炸药中制作乳化炸药，由于乳化炸药是热力学高度不稳定体系和不可逆体系，乳化剂的作用在于大幅度降低油水界面张力，在界面形成界面膜，使内相的硝酸铵液滴难以聚结，从而提高乳化炸药的稳定性。

在矿石浮选中，乳化剂用于煤泥、金属矿、非金属矿的浮选中对浮选剂进行改进。另外，将乳化剂添加到水、甲醇和柴油的混合体系中得到微乳化柴油，具有比普通柴油更好的燃烧性能、更低的能耗和更少的污染。

随着乳化剂的不断商品化，具有更高适应性、更强乳化能力的复合乳化剂必将成为乳化剂的发展热点。此外，由于某些行业在乳化剂使用后会产生大量难以处理的废乳化液，故环保型乳化剂也成为今后乳化剂开发的必然方向。

3.10 润滑油添加剂的发展状况

添加剂是润滑油的重要组成部分，润滑油的性能提高和使用寿命的延长等重要指标在很大程度上取决于添加剂技术的进步。润滑油的生产供应及经济性等也都在一定程度上受制于添加剂。因此，有关添加剂产业的基本概况及其技术发展一直受到业界的强烈关注。

据 Clariant 公司的调研，2012 年全球润滑油添加剂的总消耗量约为 $390 \times 10^4 t$，价值约 132 亿美元，其中车用润滑油添加剂消耗最多，其消耗量超过总消耗量的 64%。据 Clariant 公司《全球润滑油添加剂》研究报告，预计全球润滑油添加剂的消费将以每年 3.2% 的速度增长，分散剂、黏度指数改进剂和洗涤剂位居前 3 位，约占消费总量的 68%。按润滑油分类，添加剂消费最高的是重负荷发动机油，它占添加剂总量的 34%，乘用车发动机油约占 27%，金属加工液约占添加剂总消费量的 16%。

从添加剂的供应上看，国外添加剂产业集中度比较高，现在基本上形成了以四大添加剂专业公司为主的分布格局。Lubrizol 公司、Infineum 公司、Chevron Oronite 公司和 Afton 公司四大添加剂专业公司控制了全球润滑油添加剂约 80% 左右的市场份额。

（1）Lubrizol 公司 Lubrizol 公司总部位于美国俄亥俄州，是目前世界上最大的添加剂生产商。该公司的复合剂品种比较齐全，主要产品有发动机油复合剂、传动系统（ATF 和车辆齿轮油）用复合剂、液压油、工业齿轮油和汽轮机油等的工业润滑油复合剂以及金属加工液用的复合剂。特别在工业用油领域，Lubrizol 公司生产的添加剂居于全球领先地位。

2010 年 7 月 8 日，Lubrizol 公司与珠海市签署润滑油添加剂项目投资协议，标志着 Lubrizol 润滑油添加剂项目落户珠海，注册成立路博润添加剂（珠海）有限公司。该公司的产品主要涉及车用润滑油添加剂、工业油添加剂及燃油添加剂等。该项目与现有的壳牌润滑油项目形成紧密的产业配套，使珠海高栏港经济区形成完备的润滑油产业链，从而提高珠海的产业竞争力。

（2）Infineum 公司 Infineum 公司总部位于英国米尔顿山（Milton Hill），是由 Exxon Mobil 石油公司和 Shell 石油公司各出资 50%，并将各自的添加剂业务进行合并后成立的合资公司。目前市场占有率在全球位居第二。

Infineum 公司产品线主要集中在车用润滑油和船用润滑油等领域。主要有原 Mobil 公司开发的齿轮油复合剂以及由原 Shell 公司开发的氢化苯乙烯/异戊二烯共聚物黏度指数改进剂。

（3）Chevron Oronite 公司 Chevron Oronite 公司在硫化烷基酚盐洗涤剂领域拥有极强的传统优势，确立了其在工业发动机用油，铁路机车发动机、船用发动机及天然气发动机用油等领域的全球领先地位。目前，Chevron Oronite 公司的市场占有率在全球位居第三。Chevron Oronite 公司的添加剂特别有助于提高船舶、汽车和天然气发动机以及汽车变速箱用的润滑油性能。

（4）Afton 公司 Afton 公司的前身为 Ethyl 公司。Afton 公司目前是全球第四大添加剂生产商，在柴油机油、铁路机车用油以及液力传动油（AFF）等领域有很强的业务实力。

（5）国外其他添加剂公司 除上述四大添加剂专业公司之外，还有几家规模较小和生产单剂为主的添加剂公司，如 Chemtura 公司、Ciba 公司、Vanderbilt 公司及 Rohmax 公司等，以生产单剂为主，这些公司一般在各自的产品领域都具有全球领先的研发实力，在业界具有很高的知名度，并占有相当的市场份额。其中，Chemtura 公司在磺酸盐、洗涤剂，Ciba 公司在抗氧剂，Rohmax 公司在 PMA 型黏度指数改进剂和降凝剂，Vanderbilt 公司在极压抗磨剂和摩擦改进剂等领域分别处于领先地位。

（6）国内添加剂产业概况 我国润滑油添加剂

产业起步较晚，但经历几十年的积累和发展，已经形成一定的生产规模，目前可生产十大类约 160 个添加剂单剂品种，总产量已超过 $13 \times 10^4 t$。由于复合剂在储存、运输及调和等方面具有突出的优势，故国内润滑油公司大多选择生产复合剂。近几年来，国外添加剂公司已经敏锐地察觉到中国添加剂市场的变化和由此带来的商业机遇，纷纷通过与中国石化和中国石油合资等手段扩大生产规模，抢占市场份额。目前，国内主要有两大合资企业，分别是上海海润添加剂有限公司（简称上海海润）和兰州路博润兰炼添加剂有限公司（简称路博润兰炼），这两家合资公司以生产复合剂为主。国内单剂生产企业的产品主要集中在常用单剂，如磺酸盐、硫化烷基酚盐、无灰分散剂、ZDDP 和无灰抗氧剂等品种，用于生产内燃机油及其复合剂。

参 考 文 献

[1] 黄文轩. 润滑剂添加剂应用指南 [M]. 北京：中国石化出版社，2003.

[2] 黄文轩，韩长宁. 润滑油与燃料添加剂手册 [M]. 北京：中国石化出版社，1994.

[3] 付兴国. 润滑油及添加剂技术进展与市场分析 [M]. 北京：石油工业出版社，2004.

[4] RUDNICK L R. 润滑剂添加剂化学与应用 [M]. 李华峰，李春风，赵立涛，等译. 北京：中国石化出版社，2006.

[5] 伏喜胜，姚文钊，张龙华，等. 润滑油添加剂的现状及发展趋势 [J]. 汽车工艺与材料，2005（5）：1-6.

[6] 姚文钊，李建民，刘雨花，等. 内燃机油添加剂的研究现状及发展趋势 [J]. 润滑油，2007，22（3）：1-4.

[7] 梁兵，徐未，魏克成，等. 无灰分散剂研究现状及发展趋势 [J]. 石油商技，2009（4）：20-25.

[8] 夏延秋，刘维民，薛群基. 几种有机铜盐的抗磨减摩性能研究 [J]. 润滑与密封，2001（6）：43-44.

[9] ZHANG R M. Multifunctional lubricant additive：US 5885942A [P]. 1997-3-23.

[10] 伏喜胜，等. 一种润滑油添加剂：01130774.9 [P]. 2003-3-19.

[11] 王刚，王鉴，王立娟，等. 抗氧剂作用机理及研究进展 [J]. 合成材料老化与应用，2006，35（2）：38-39.

[12] 刘维民，薛群基，周静芳，等. 纳米颗粒的抗磨作用及作为磨损修复添加剂的应用研究 [J]. 中国表面工程，2001（3）：21-23，29.

[13] DONG J X, et al. A new concept—formation of permeating layer fromnonactive antiwear additives [J]. Lubrication Engineering，1994（22）：124-128.

[14] 刘维民，薛群基. 有机硼酸酯润滑油减摩抗磨添加剂 [J]. 摩擦学学报，1992（3）：193-202.

[15] 夏延秋，刘维民，薛群基，等. 新型高效磷系极压剂的研究 [J]. 润滑与密封，2000（3）：30-31.

[16] 张辉. 润滑油抗氧剂的现状与发展趋势 [J]. 石油商技，2008（6）：44-48.

[17] 黄之杰，费逸伟. 国产粘度指数改进剂的使用性能与发展 [J]. 润滑油，2003，18（5）：1-6.

[18] 焦学瞬，贺明波. 乳化剂与破乳剂性质、制备与应用 [M]. 北京：化学工业出版社，2008.

[19] 王开毓. 抗泡剂的复合应用研究 [J]. 石油炼制与化工，1994，25（6）：15-19.

[20] 王景昌，赵建涛，杜中华，等. 高效降凝剂的合成与改性 [J]. 石油化工，2012，4（2）：181-184.

[21] 邓广勇，刘红辉，李纯录. 润滑油抗泡剂的类型和机理探讨 [J]. 润滑油，2010，25（3）：41-42，46.

[22] 罗永秀，李少正. T8-MC 防锈润滑添加剂及其应用的研究 [J]. 材料保护，1991，10（24）：12-16，3.

[23] NAKAZATO. Low phosphorous engine oil composition and additive composition：US6531428 [P]. 1994-04-04.

[24] VICENT J, et al. The anti oxidant properties of organo-molybdenum Compounde in Engine oils [J]. Trib Lubr Tech，2006（1）：32-39.

[25] REYES G, et al. A review of the mechanism of action of anti-oxidants，metal deactivators and corrosion in hibitors [J]. NLGI Spokesman，2000，64（11）：22-31.

[26] 胡行俊. 抗氧剂 [M]. 北京：国防工业出版

社，2009.

[27] 石油化工科学研究院. 齿轮油 [M]. 北京：石油工业出版社，1980.

[28] 黄文轩. 第16讲：防锈剂的作用机理、主要品种及应用 [J]. 石油商技，2018 (2)，84-95.

[29] GEORGE G. Additives Demand to outpace Lubes [J]. Lube & Grease, 2014, 20 (4): 30-35.

[30] WU D X, et al. Therectical and experimental studies of structure and inhibition efficiency of imidazoline derivatives [J]. Corrosion Science, 1999 (41): 1911.

[31] 李霞. 合成高温链条油的研制 [J]. 合成润滑材料，2009，36 (1)：11-14.

[32] TIM C. Ashless Additive Trends [J]. Lubricants World, 1998 (9): 30-33.

[33] HOCHBERG E D. Trends in Hydraulic and Metalworking Fluid Additives [J]. Lubricants world, 1999 (8): 46-48.

[34] 唐晖，李芬芳. 国内外润滑油添加剂现状与发展趋势 [J]. 合成润滑材料，2010 (4)：28-34.

[35] SCHMITT G SCALEH A O. Evaluation of environmentally friendly corrosion in hibitors for sour service [J]. Materials Performance, 2000, 39 (8): 62-65.

第4章 重要的工业润滑油品种及其应用

润滑油是石油产品中品种和牌号最多的一大类产品,应用极为广泛。随着科技进步和机械工业的快速发展,对润滑油的质量和使用性能提出了更高的要求。润滑油品种繁多,用途各异。若按使用特性可分为内燃机油（主要用于汽油机和柴油机的润滑）、齿轮油（包括车用齿轮和工业齿轮油）、液压油与液力传动油（用于工程机械、矿山机械、建筑机械、交通机械等液压系统）、压缩机油、冷冻机油、汽轮机油、链条油等。

4.1 内燃机油

1. 概述

内燃机润滑油简称内燃机油（又称发动机油、曲轴箱油和马达油等）是润滑油中用量较大且较重要的一种润滑油,凡是用于内燃发动机的润滑油统称内燃机油,内燃机油的消耗量约占润滑油总量的一半左右。他们的工作条件比较苛刻,除与温度较高的部件如气缸、活塞等接触外,还要受燃气的影响。近些年来,随着车辆、舰艇及工程机械等向高速、重载方向发展,对发动机润滑油的要求也越来越高,因此也促进了发动机润滑油的研制和应用工作不断深入发展。国外目前在考虑油品发展时常提到"三 E"原则,即"节能、环保和技术进步"（Economy，Emission，Evolution）作为推进油品质量提高的动力和改进品种的依据。

学者关子杰在他的专著《内燃机润滑油应用原理》中对内燃机油做了全面论述。内燃机的种类很多,其分类见表4-1。

发动机是由各种部件组合而成的,它需要润滑的部件虽然很多,但在考虑发动机的润滑时,主要着眼于气缸-活塞、连杆轴承、曲轴轴承及配气机构等主要摩擦副。因为这些部件运动时产生的摩擦损失占内燃机摩擦损失的绝大部分,约达 96%（见图4-1）。同时,因为这些部件的工作条件比较苛刻,它们又具有代表性,只要这些部件的润滑问题解决了,其他零件的润滑问题就容易得到解决。在解决发动机润滑问题时,最困难的是气缸-活塞的润滑。因为气缸和活塞直接与燃气接触,而燃气的最高温度在汽油机中能达 2200~2800K,在柴油机中能达 1800~2200K。最大压力在汽油机中达 3~5MPa,在柴油机中达 6~

9MPa。活塞直接接触燃气的部位温度较高,其他部位的则随着距燃气的距离增加而降低。

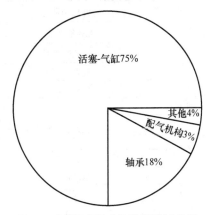

图 4-1 内燃机各运动部件摩擦损失比例

活塞的顶部温度最高,汽油机的活塞顶部约为 230℃,高压缩比、高转速的活塞顶部可达 250℃,柴油机的活塞顶部还要高一些,约为 280℃。第一道活塞环处的温度约为 200℃,活塞销处的温度约为 140℃,连杆轴承的温度约为 110℃,曲轴轴承的温度约为 100℃。当然活塞等处的温度是受负荷影响的,负荷越高,温度越高。对于连杆轴承及曲轴轴承来说,还受润滑油温度的影响。连杆轴承的温度在较低转速下（2000~3000r/min）约比油温高 10℃；在 5000r/min 以上时,约比油温高 30~40℃。上文所述是在正常工作状态下温度分布的情况,在发生爆震时温度还要高些,此时,活塞顶部的温度可达 340℃。

由此可见,润滑油在发动机中的工作条件是较为苛刻的。在这当中,工作温度较高,可达 300℃左右,这是最主要的问题。窜到活塞上部的润滑油还会遇到更高的温度,在高温下润滑油容易氧化,裂解,产生积炭等沉积物。用于车辆发动机的润滑油还会遇到低温下的起动问题。

不同类型的内燃机,供油方式也有所不同,表4-2所列为内燃机润滑系统的供油方式。其中循环式润滑的油在机内使用,定期补加润滑油。外循环式是油润滑某润滑点后即行烧掉,随排气排出,没有废油。

表 4-1　内燃机分类表

分类依据			分类依据		
按活塞运动		往复活塞式	按所用燃料	气体燃料内燃机	氢气发动机
		旋转活塞式			液化石油气发动机
		自由活塞式			天然气发动机
按点火方式		火花式点火			发生炉煤气机
		压缩式点火		多种燃料内燃机	
		热泡式		柴油机	单作用式
按工作方式		奥托循环			双作用式
		狄塞尔循环			直接喷射式
		混合加热循环			涡流室式
按气缸排列		直列立式			预燃室式
		直列卧式			高速
		V 型			中速
		W、X、I、正型			低速
		星型等		双燃料内燃机	
按用途		汽车用		汽油机	化油器式
		拖拉机用			汽油喷射式
		农用		煤油机	
		船用	按行程数	二冲程内燃机	横流扫气式
		摩托车用			同气扫流式
		航空用			直流扫气式
		工程机械用			罗茨泵扫气
		发电用			曲轴箱扫气
		固定动力用等			离心泵扫气
按冷却分项		水冷式			活塞底泵扫气
		风冷式		四冲程内燃机	
按进气方式	增压内燃机	废气涡轮增压			
		机械增压			
		复合增压			
		气液增压			
		惯性增压			
	自然吸气内燃机				

表 4-2　内燃机润滑系统的供油方式

方式		特点	优点	缺点	适用机型
循环式	飞溅	由曲轴及连杆下部油匙把曲轴箱中的油溅起甩到曲轴箱周围的部件，如活塞、气缸、轴承和凸轮表面等进行润滑	结构简单	可靠性差，润滑范围小、油变质快	小型单缸机
循环式	压力（强制）	通过机油泵把油打到各润滑部位，如曲轴主轴承、连杆轴承、凸轮轴轴承、摇臂轴轴承等	润滑可靠，保证发动机位置倾斜时的润滑	结构复杂	大型柴油机及工作时位置有变动的机子
	复合	曲轴箱内周围用飞溅润滑，其他部位用压力润滑	兼有二者优点	—	一般中小型发动机

（续）

方式		特点	优点	缺点	适用机型
非循环式	油雾	油和燃料按一定比例混合，从燃料供给系统进到曲轴箱，减压时燃料蒸发进入燃烧室，润滑油分离出来润滑气缸及轴承后燃烧掉	无需专门的润滑系统，简化机器结构	润滑油耗量大，排烟大，对润滑油有特殊要求	小型二冲程汽油机
	注油	用注油泵定时定量打到气缸及轴承等润滑部位，最后也烧掉	供油可靠性好，使燃烧质量更好	对润滑油有特殊要求	小型二冲程汽油机及大型十字头二冲程柴油机

发动机的主轴承、连杆轴承、摇臂轴承和活塞销处，一般处于流体润滑状态，而凸轮、挺杆和活塞往复运动上下止点则处于边界润滑状态。发动机油主要起润滑、减摩抗磨、冷却发动机部件、密封燃烧室、防锈抗腐等作用。

发动机是汽车动力系统的主要部分，它是汽车的心脏，摩擦损失是发动机最大的机械损耗来源，影响发动机摩擦损失的因素很多，如图 4-2 所示。

相关研究结果表明，摩擦功耗降低 10%，可节省燃油 1.5%～2.0%。

实践表明，减少发动机摩擦副的机械损失是提高发动机效率的主要途径之一，降低主要摩擦副的磨损也是延长发动机寿命的主要途径，所以采用先进的润滑技术是降低有害物质排放、提高发动机可靠性和延长发动机使用寿命的关键所在。

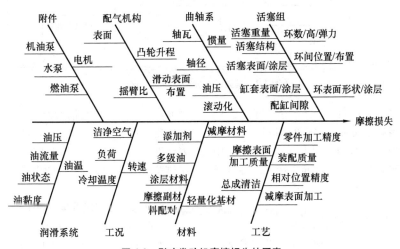

图 4-2 影响发动机摩擦损失的因素

润滑油在发动机中的工作条件是比较苛刻的。在第一活塞环附近的工作温度为 200～300℃，活塞销轴承受到的压力约为 35MPa，主轴承摩擦面的相对速度为 15m/s。在这些工作条件中，主要的问题是工作温度较高，达 300℃左右，窜到活塞上部的润滑油还可能遇到更高温度，在这样高温下的润滑油容易氧化、裂解，并产生积炭等沉积物。用于车辆上的发动机时，润滑油还会遇到低温下的起动问题。图 4-3 所示为某乘用车发动机的润滑系统。

总之，内燃发动机促使机油劣化的影响是多方面且严重的，故内燃机对润滑油的性能有独特的要求：

黏度指数规格要高，黏度指标要适宜；清净分散性要好（包括酸中和性）；低温性能好；不应含有挥发性成分，350℃以下馏分不得超过 5%；抗氧化性能（包括轴承抗腐蚀性）良好；抗磨性良好；防锈性良好；抗泡沫性良好。在组成上，内燃机润滑油的平均相对分子质量为 500～800，而终沸点约 550℃，一般由碳原子数为 40～50 带有 1～3 个环的长链烃类组成，且大都含有几种添加剂。

上述这些性能当中，黏度指数是内燃机润滑油最关键的使用性能指标，它不但影响发动机的冷起动性能和磨损，而且影响发动机的磨损功率损失，它是直

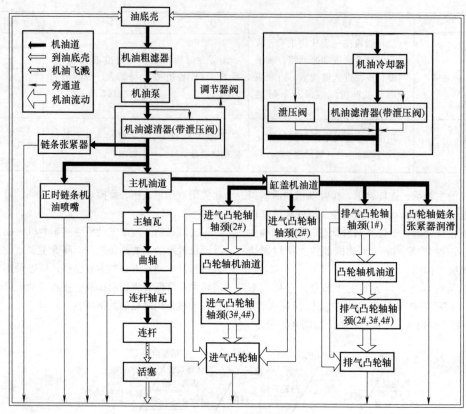

图 4-3 某乘用车发动机的润滑系统

接关系燃油消耗量的重要问题。日本把黏度指数 85 以上的润滑油称为高级润滑油，而黏度指数 85 以下的称为普通润滑油，并且已有一半以上的内燃机油中都添加了高分子聚合物型（如聚异丁烯）的黏度指数改进剂。

2. 内燃机油的分类

（1）按用途分类 内燃机油按用途可分为汽油机油（汽车用机油，二冲程汽油机油，航空发动机油）、柴油机油（汽车，拖拉机和固定式柴油机油，

二冲程柴油机油，铁路内燃机车柴油机油）、船用内燃机油（船用气缸油，船用系统油，船用筒状活塞发动机油）、气体燃料发动机油、醇燃料发动机油、绝热发动机油，每一种类的内燃机油又分为不同的品种。

（2）按黏度等级分类 1911 年，美国汽车工程学会（SAE）开始按黏度对发动机油分类，分类标准经多次修改，现执行的是 SAE J300：202104（见表 4-3），我国参考制定了 GB/T 14906—2018（见表 4-4）。

表 4-3 内燃机油黏度分类（SAE J300：202104）

黏度等级	低温起动 黏度/mPa·s	低温泵送 黏度/mPa·s	低剪切速率 运动黏度（100℃）/（mm²/s）		高剪切速率黏度（150℃）/ mPa·s
	≤	无屈服应力时≥	≥	≤	≥
0W	6200（-35℃）	60000（-40℃）	3.8	—	—
5W	6600（-30℃）	60000（-35℃）	3.8	—	—
10W	7000（-25℃）	60000（-30℃）	4.1	—	—
15W	7000（-20℃）	60000（-25℃）	5.6	—	—
20W	9500（-15℃）	60000（-20℃）	5.6	—	—

（续）

黏度等级	低温起动黏度/mPa·s	低温泵送黏度/mPa·s	低剪切速率运动黏度（100℃）/(mm²/s)		高剪切速率黏度（150℃）/mPa·s
	≤	无屈服应力时≥	≥	≤	≥
25W	13000（-10℃）	60000（-15℃）	9.3	—	—
8	—	—	4.0	<6.1	1.7
12	—	—	5.0	<7.1	2.0
16	—	—	6.1	<8.2	2.3
20	—	—	6.9	<9.3	2.6
30	—	—	9.3	<12.5	2.9
40	—	—	12.5	<16.3	3.5（0W-40、5W-40 和 10W-40）
40	—	—	12.5	<16.3	3.7（15W-40、20W-40、25W-40 和 40）
50	—	—	16.3	<21.9	3.7
60	—	—	21.9	<26.1	3.7

表 4-4　中国内燃机油黏度分类（GB/T 14906—2018）

黏度等级	低温启动黏度/mPa·s ≤	低温泵送黏度（无屈服应力时）/mPa·s ≤	运动黏度（100℃）/(mm²/s) ≥	运动黏度（100℃）/(mm²/s) <	高温高剪切黏度（150℃）/mPa·s ≥
试验方法	GB/T 6538	NB/SH/T 0562	GB/T 265	GB/T 265	SH/T 0751[①]
0W	6200 在-35℃	60000 在-40℃	3.8	—	—
5W	6600 在-30℃	60000 在-35℃	3.8	—	—
10W	7000 在-25℃	60000 在-30℃	4.1	—	—
15W	7000 在-20℃	60000 在-25℃	5.6	—	—
20W	9500 在-15℃	60000 在-20℃	5.6	—	—
25W	13000 在-10℃	60000 在-15℃	9.3	—	—
8	—	—	4.0	6.1	1.7
12	—	—	5.0	7.1	2.0
16	—	—	6.1	8.2	2.3
20	—	—	6.9	9.3	2.6
30	—	—	9.3	12.5	2.9
40	—	—	12.5	16.3	3.5（0W-40、5W-40 和 10W-40 等级）

（续）

黏度等级	低温启动黏度 /mPa·s ≤	低温泵送黏度 （无屈服应力时） /mPa·s ≤	运动黏度 （100℃） /(mm²/s) ≥	运动黏度 （100℃） /(mm²/s) <	高温高剪切黏度 （150℃） /mPa·s ≥
40	—	—	12.5	16.3	3.7（15W-40、20W-40、 25W-40 和 40 等级）
50	—	—	16.3	21.9	3.7
60	—	—	21.9	26.1	3.7

① 也可采用 SH/T 0618、SH/T 0703 方法，有争议时，以 SH/T 0751 为准。

黏度是内燃机油最主要的使用性能指标之一。现代内燃机油工作温度范围很宽，严寒区冬季发动机必须在 -35~4℃下启动，而正在工作的发动机活塞滑动面上的温度高达 200~300℃。用通常方法生产的润滑油难以同时满足如此宽温度范围内的用油要求。因为在低温时润滑油很快变稠，而在高温时又很快变稀，无法保证机件的良好润滑，只有使用稠化机油（又称多级油）才能解决这一问题。稠化机油是在深度溶剂精制的石蜡基油或加氢精制的矿物油中添加增黏剂（如聚异丁烯、聚甲基丙烯酸酯、聚正丁基乙烯基醚、乙烯-丙烯共聚物等）的润滑油，加入量（质量分数）一般为 5%~20%，它是高黏度指数的基础油。稠化机油属于非牛顿流体，它的黏度随剪切率的增大而降低，而且温度越低，黏度的降幅越大，即在较低温度下非牛顿特征更加显著。其原因是，在基础油中增黏剂的大分子蜷缩成线团状，在运动时链段就沿流动方向发生相变和定向，减少流动时的内摩擦而降低了黏度。基础油中增黏剂浓度较大时，增黏剂分子间黏结形成空间网，而稠化机油随剪切速率增加而黏度下降的原因是增黏剂分子沿流动方向的扭变和定向，以及破坏了形成的空间网。但是，随着剪切速率的增大，稠化机油的温度也升高，增黏剂分子的热运动也随之增加，其结果是抵制了黏度降低的倾向。

（3）按质量等级分类　内燃机油的质量分类实际上也就是内燃机油的性能等级的分类。国际广泛采用的是 API 的质量分类法。我国汽油机油和柴油机油的质量分类均参照 API 的性能分类（见表 4-5）。

表 4-5　API 的性能分类

API 分类		使用性能说明	发动机试验及实验室试验
汽油机用	SA	适用于 1930 年以前的汽油机，不含添加剂	无
	SB	用最低级的添加剂调合成的发动机油，在质量方面具有防擦伤性能和抗氧化安定性，适用于二十世纪三、四十年代的汽车	L-38，程序Ⅳ（试验程序已废除）
	SC	适用于 1964 型的汽油机（1964—1968 年），具有防止高低温沉积物的性能、防磨损性、防锈性以及防腐蚀性	程序ⅠA、ⅢA、Ⅳ、Ⅴ，L—38，修正L-Ⅰ（燃料中硫的质量分数 0.95% 以上）或Ⅰ-H（试验程序已废除）
	SD	适用于 1968 型的汽油机（1968—1972 年），具有比 SC 更高一级的质量。也可用于使用 SC 级油的汽油机	程序ⅡB、ⅢB、Ⅳ、ⅤB，L-38、Falcon、修正 L-1、Ⅰ-H（试验程序已废除）
	SE	适用于 1972 型的汽油机（1972—1980 年），具有较好的清净性，高温抗氧、低温抗油泥性能。也可用于使用 SC、SD 级油的汽油机	程序ⅡD、ⅢD、ⅤD、L-38

（续）

API 分类		使用性能说明	发动机试验及实验室试验
汽油机用	SF	适用于 1980 型的汽油机（1980—1988 年），具有比 SE 级油更好的高温抗氧化变稠性能、更好的清净性和低温油泥分散性能。也可用于使用 SC、SD、SE 级油的汽油机	程序 ⅡD、ⅢD、VD、L-38
	SG	适用于 1989 型的汽油机（1989—1993 年），在抑制沉积物和油泥的生成、抗磨性、抗氧化性、防锈防腐性能方面比 SF 级油更优越，也可用于使用 SE、SF、SF/CC、SE/CC 的发动机上	程序 ⅡD、ⅢD、VE、Ⅵ、L-38、Ⅰ-H2
	SH	适用于 1993 型的汽油机（1993—1998 年），除具备 SG 级油的性能外，其含磷量开始得到控制，延长尾气催化转化器的寿命。也可用于使用 SG 级以下级别油的汽油机	程序 ⅡD、ⅢE、VE、Ⅵ、L-38
	SJ	适用于 1997 型的汽油机（1997 年以后），除具备上述 SG 级油的性能外，其含磷量进一步降低，更进一步延长尾气催化转化器的寿命，并具有更好的低温性能。也可用于 1997 年以前所有的高等级汽油机	程序 ⅡD、ⅢE、VE、Ⅵ-A、L-38
柴油机油	CA	适用于轻负荷柴油机（1954 年以前），被使用高质量的燃料、在比较缓和条件下运转的柴油机采用，具有防止轴承腐蚀、防止高温沉积物的性能	L-4 或 L-38、L-1（试验程序已废除）
	CB	适用于中等负荷柴油机，被使用含硫量高的燃料的柴油机采用，具有抗腐蚀以及抗高温沉积物的性能	L-4 或 L-38 修正 L-I（试验程序已废除）
	CC	适用于中等负荷（1964 型）的柴油机，具有防止产生高温沉积物、防锈、防腐蚀以及防止产生低温油泥等性能	L-38 LTD 或修订的 LTD、程序 ⅡD、Ⅰ-H 或 Ⅰ-H2
	CD	适用于重负荷的柴油机，具有较好的抗高温沉积、防止轴承腐蚀的性能。广泛用于中等增压的高速高功率柴油机	LG2 L-38
	CD-II	适用于重负荷二冲程柴油机，具有 CD 级油性能，用于要求严格控制磨损和沉积物的二冲程柴油机	1G2、6V-53T、L-38
	CF	适用于非公路用的中等增压柴油机，并使用含硫燃料。具有较好的抗高温沉积及抗轴承腐蚀性	1MPC、L-38
	CF-II	适用于与 CF 级油要求大体相同的二冲程柴油机	1MPC、6V-92TA、L-38
	CE	适用于 1983 型装有涡轮增压器以及增压器的高效能大型柴油机，如公路上用的大型集装箱柴油车头	1G2，L-38、马克 T-6，T-7，康明斯 NTC-400

（续）

API 分类		使用性能说明	发动机试验及实验室试验
柴油机油	CF-4	适用于 1991 型重负荷柴油机，并满足美国 1991 年排放标准	1K、马克 T-6、T-7、康明斯 NTC-400、L-38
	CG-4	适用于 1994 型重负荷柴油机，燃烧低硫燃料，满足美国 1994 年排放标准	1N、L-38、马克 T-8、阀系磨损 GM6.2L、ⅢE、康明斯模拟试验、抗泡程序Ⅳ、剪切 L-38
	CH-4	适用于 1998 型重负荷柴油机，烧高硫或低硫燃料，满足美国 1998 年排放标准	1K 或 1P、马克 T-8、阀系磨损 GM6.5L、ⅢE、改进型康明斯模拟试验、抗泡改进 D892、马克 T-9、康明斯 M11、剪切柴油喷嘴、挥发度诺瓦克法

欧洲更强调燃料的经济性，车小、排量小、压缩比高、输出功率大、润滑油耗少，速度上限小和换油期长等，对发动机的节能和环保的要求甚至比美国还要严格。我国内燃机油的规格参照美国规格制定，今后的发展更注重节能和环保。

3. 内燃机油的组成

基础油是调制生产内燃机油的基础成分，它的组成性质直接影响油的使用性能，基础油的性质与使用性能之间的关系如图 4-4 所示。由图可以看出，基础油的物理化学性质决定了基础油的黏度。

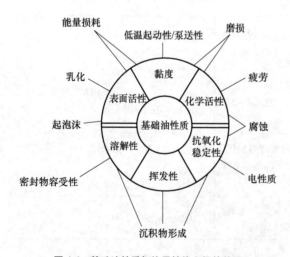

图 4-4　基础油性质与使用性能之间的关系

内燃机油的基础油是由相对分子质量为 400~800 的烃类组成的复杂混合物，一般都是由原油减压分馏取得的中质馏分、经溶剂精制或加氢精制的油料，以及降凝剂和增黏剂所组成。按需要也可与丙烷脱沥青并经溶剂抽提的浅度精制的重质残渣油（光亮油）调和。调入光亮油除了增加黏度和改善润滑性外，也

有增加其抗氧化性、化学活性、溶解性和挥发性等的作用，而这些性质直接影响油品的使用性能。例如，黏度影响油品的低温起动性和泵送性，抗氧化性、挥发性、溶解性都影响活塞沉积物的形成，而黏度和化学活性对发动机磨损也有影响。在基础油中按需要调入其他添加剂制成内燃机油。

（1）汽油机油和柴油机油

1）基础油。由不同黏度的精制石蜡基矿物油（如 150SN 和 500SN）及黏度指数改进剂、降凝剂调和而成。

调配高档汽油机油要选用黏温特性好、经过适当精制、倾点较低的基础油。在满足低温黏度要求的前提下，调和后基础油黏度较小，可节省黏度指数改进剂。最佳调和基础油黏度如下：10W/30 调和基础油的 100℃黏度为 $5.5~6.5\text{mm}^2/\text{s}$，10W/40 调和基础油的 100℃黏度为 $4.5~6.0\text{mm}^2/\text{s}$，15W/40 调和基础油的 100℃黏度为 $7.0~8.0\text{mm}^2/\text{s}$。

2）添加剂。汽油机油和柴油机油的商品添加剂以单剂和复合添加剂两种形式提供，有些是属于汽油机油和柴油机油通用的复合添加剂。汽油机油使用仲醇或伯/仲醇混合的 ZDDP 为主抗氧抗腐剂，在机油中的含量（质量分数，后同）约为 1%。无灰分散剂采用对分散油泥能力强的单丁二酰亚胺。洗涤剂常使用高碱磺酸钙（TBN300），但用量多时对油品的氧化稳定性不利，可使用一定量的硫化烷基酚钙。无灰分散剂/洗涤剂之质量比控制在 1~2.5：1。使用磺酸镁盐和锂盐代替磺酸钙盐可降低油品的灰分。受环保法规的限制，现 ZDDP 用量逐渐降低，加助抗氧剂可弥补因 ZDDP 含量下降带来的抗氧化性不足，可加适量的助抗氧剂，如二异辛基二苯胺、烷基酚等。为弥补 ZDDP 含量下降所带来的磨损问题，以及满足高档油

品节省燃料的要求，也可加入具有抗磨作用的特殊结构的黏度指数改进剂，如含硼丁二酰亚胺无灰分散剂、硫代酯摩擦改进剂等。四种汽油机油和汽油机油/柴油机油通用油复合剂的实例如下：

① SF 级汽油机油复合剂：总剂量 8%。单挂无灰分散剂（N2.3%）4%，高碱磺酸钙（TBN300）0.85%，高碱硫化烷基酚钙（TBN 250）1.65%，仲醇或伯/仲醇混合 ZDDP1.5%。

② SF/CC 级汽柴油机通用复合剂：总剂量 8%。单挂、双挂复合无灰分散剂 4.0%，高碱磺酸钙 1.0%，低碱磺酸钙 0.5%，抗氧抗磨剂 ZDDP-A0.8%，抗氧抗磨剂 ZDDP-B0.5%，硫化烃类抗氧剂 0.5%，硫代酯摩擦改进剂 0.7%。

③ 30#CC 级柴油机油：总剂量 6.0%。500SN 基础油 94%，[（高碱值磺酸钙（TBN300）+丁二酰亚胺无灰分散剂（N1%)+长链 ZDDP（C$_8$）] 5.5%，降凝剂 0.5%。

④ 15W/40 CD 柴油机油：总剂量 8.5%（不计 VI 改进剂和降凝剂）。[150SN+500SN]（将基础油 100℃黏度调至 7mm^2/s 以上）82%～83%，[高碱值磺酸钙（TBN300）+丁二酰亚胺无灰分散剂（N1%左右）+长链 ZDDP（C$_8$）] 8.5%，非分散性黏度指数改进剂（DCP）7%～8%，降凝剂 0.5%。

内燃机油（包括汽油机油和柴油机油）除了冷却发动机部件，还起着密封燃烧室、保持润滑部件清洁（因加洗涤分散剂，使氧化生成的油泥和污染物分散成细小的颗粒悬浮在油中）、润滑、减摩、防锈及抗磨的作用。发动机中的腐蚀性氧化产物中，水来自燃烧产物，硫酸来自燃料油中硫的氧化，烟酸和氢

溴酸来自含铅汽油携出剂的燃烧产品，有机酸来自机油的氧化，这些产物会对活塞环、缸套和轴瓦产生腐蚀。因此，内燃机油中需使用较大量的防锈剂（如磺酸盐）和具有防锈功能的多效添加剂（如丁二酰亚胺），使油品具有中和增溶能力，减少腐蚀介质的侵蚀，因此，洗涤分散剂占车用机油复剂总量的 1/2 以上。

（2）船用气缸油　船用气缸油用于低速二冲程增压式十字头发动机的活塞与缸套之间的润滑，燃烧的是重质的高硫燃料。因此，气缸油必须有足够的碱度以中和劣质燃料燃烧中产生的酸性物质，在高温下有足够的黏度而且流动性好，在气缸表面形成有良好承载能力的油膜，形成有效的密封，防止燃气泄漏并降低活塞环与缸套间的摩擦与磨损，而且还要求燃烧干净，能有效防止活塞环槽和缸套气口处的积炭。由于燃油硫含量越来越高，为中和燃料中的硫燃烧生成的 SO$_2$ 和 SO$_3$，以及在露点以下和燃烧废气中水分形成的亚硫酸和硫酸，以防止发动机部件受到腐蚀，必须根据燃料的硫含量选用碱值适当的气缸油。一般用途的气缸油的总碱值（TBN）有 30～40mgKOH/g 和 40～80mgKOH/g 两种，远洋轮船主要使用总碱值在 70 左右的气缸油。如果燃油硫含量低，而气缸油所含碱性钙盐过高，则润滑油中的碱性成分会在燃烧室和活塞顶上生成莫氏硬度达 3 级以上的沉积物，这样易造成气缸壁和活塞环的严重磨损和拉缸。为防止这种现象，某些船用柴油机厂建议根据燃料硫含量确定所采用气缸油的碱值，并且规定相应的磨合期（见表 4-6）。

表 4-6　几种船用气缸油的碱值和磨合期

燃料中硫的质量分数（%）	<0.5	0.5～1.0	1.0～1.5	1.5～2.5	2.5～3.5	>3.5
船用气缸油的碱值/（mgKOH/g）	<5	5～10	10～20	20～40	40～75	>80
磨合时间/h	50～100	20	10	10	—	—

为方便起见，也有人将碱性气缸油划分为低碱值（TBN = 3～14）、中碱值（TBN = 15～39）和高碱值（TBN = 40～75）三种。配方中采用环烷基或石蜡基油作为基础油，加入洗涤分散剂（如相对分子质量为 400～600 的石油磺酸钙盐、钡盐、镁盐等）、碱性烷基酚盐（醋酸钙、烷基水杨酸钙）、碱性硫代磷酸盐、相对分子质量为 800～1200 的聚异丁烯丁二酰亚胺等。船用高碱值气缸油大致可分为乳化型、悬浮型和油溶型三种。乳化型碱性气缸油由碱性添加剂水溶

液乳化润滑油制备，悬浮型油是将非碱性添加剂悬浮于油中使用的，油溶型安定性和润滑性好。此外，还有船用系统油（如柴油机油曲轴箱油或曲轴箱/气缸通用油）、船用蒸气透平油、船用往复蒸汽机用油、船用辅机润滑油等。船用高碱性气缸油共同的特点是在配方中加入具有清净分散作用的碱性添加剂以中和燃料馏分燃烧所生成的酸性物质，加入抗氧抗磨添加剂以抑制氧化和腐蚀，以及加入抗泡剂以消除泡沫。我国船用气缸油的研发起步较晚，近十几年来，经过

技术攻关，研发成功的船用气缸油已基本系列化，但与国外先进技术相比，所用剂量偏大。

4. 内燃机油的主要品种

近二十多年来，我国内燃机油的质量水平已经有了很大提高。现在不仅能够生产各种系列的中档产品，而且能够生产各种接近或达到国际先进水平的高等级内燃机油。

（1）汽油机油　SE、SF、SG、SH、GF-1、SJ、GF-2、SL、GF-3 级汽油机油，按国家标准 GB 11121—2006 分为 0W-20、0W-30、5W-20、5W-30、5W-40、5W-50、10W-30、10W-40、10W-50、15W-30、15W-40、15W-50、20W-40、20W-50、30、40、50 十七个牌号。

（2）柴油机油　CA 级柴油机油原来是我国柴油机油的大宗产品，仅适用于热负荷和机械负荷较低的、非增压型的柴油发动机。由于这类柴油机能耗大、热效率低、又不环保，所以逐步淘汰，所以国家废除了 CA 级柴油机油标准，各大石油公司已不再生产、销售 CA 级柴油机油。目前还有小量需求，可用 CC 级及以上多级油代用，既经济，又节能，又环保。

CC 级柴油机油，按国家标准 GB 11122—2006，分为 0W-20、0W-30、0W-40、5W-20、5W-30、5W-40、5W-50、10W-30、10W-40、10W-50、15W-30、15W-40、15W-50、20W-40、20W-50、20W-60、30、40、50、60 二十个牌号。

（3）通用内燃机油　通用内燃机油（或通用发动机油）即汽油机、柴油机通用的内燃机油。通用内燃机油在国外应用十分广泛，在欧美市场已超过60%。它要求同时通过汽油机油和柴油机油的台架试验，既能满足汽油机油的性能要求，又能满足柴油机油的性能要求。如 SE/CC 级内燃机油，既可用于要求使用 SE 级汽油机油的汽油机，也可用于要求使用 CC 级柴油机油的柴油机。通用内燃机油最早的目的是为了方便汽油车和柴油车混合车队的用油需求而设置的。但是，随着内燃机热负荷越来越高，新型的高等级汽油机都要求使用既具有高等级汽油机油性能又具有相关的柴油机油性能的通用内燃机油，所以国外高等级的汽油机乘用车大部分都使用通用内燃机油。

通用内燃机油若把汽油机油写在前面（如 SF/CD），表示以 SF 级汽油机油为主，也可用作 CD 级柴油机油，若把 CD 写在前面（如 CD/SF），则意思正好相反。通用内燃机油给用户的保管、使用带来了极大的方便，但由于成本较高，目前仍不能完全取代非通用的汽、柴油机油。目前在国外，大部分高档的汽

油机都使用以汽油机为主的通用内燃机油。而柴油机仍普遍使用单独的柴油机油。

（4）船用柴油机油　我国的船用柴油机油尚未标准化，生产这类油的厂家也不多，目前都按自己的企业标准生产。船用柴油机油的牌号按 SAE 的黏度分类，一般有 30、40、50 等牌号，此外，由于所用的燃料质量和硫含量不同，在牌号后面还需加上总碱值（TBN）数。TBN 数一般有 TBN5、TBN12、TBN30、TBN50、TBN70、TBN90 等，所以同一牌号同一等级的油可有不同的 TBN 组合。

兰州石化炼油厂等单位生产相当于 ZA 级的船用十字头发动机气缸油，供国内海运、船用单位使用。

国内相当于 ZB、ZC 级的中速筒状活塞柴油机油一直是空白，其原因是复杂的。1986 年，广东省为了解决用电紧张问题，引进了 50 多台大功率的中速筒状活塞柴油发动机发电，急需大量的中速筒状活塞柴油机油。中国石化集团公司茂名石化南海高级润滑油公司引进国外先进技术和添加剂生产出 ZB 级油，分别在德国、日本生产的中速筒状活塞柴油机上使用，达到国外同类产品水平，填补了我国的一项空白。

（5）二冲程汽油机油　二冲程汽油机由于结构简单，转速高，功率大等，在摩托车、摩托艇及小型农林动力机械方面得到广泛应用。二冲程汽油机采用油雾润滑，汽油与润滑油按比例混合后进入发动机，汽油首先汽化后与润滑油分离，雾化的润滑油对运动部件起润滑作用。随着技术的进步和对环境保护的关注，要求二冲程汽油机油达到高燃润比（目前已达到 100∶1）、低烟或无烟、低灰分、优良的高温清净性，以及良好的抗磨性和润滑性等。

我国二冲程汽油机油目前仍无国家标准，仍执行暂定标准和企业标准。企业标准大都等效采用美国 TSC-2、TSC-3 或日本汽车标准化组织（JASO）FB、FC 规格。中国石化集团旗下公司生产的南海牌、长城牌 JASO FB、FC 级二冲程摩托车油很受顾客欢迎，特别是 FC 级油达到低烟无烟的环保要求，非常适合在城镇推广应用。

5. 内燃机油的选用

正确选择和使用内燃机油是保证发动机正常运转、减少机件磨损、延长使用寿命、降低油耗和费用的重要因素。

各种不同类型的发动机对润滑油有不同要求，而每种润滑油又有一定的使用范围。通常根据发动机类型、结构特点、有关参数和工作条件、工作环境温度来选用适当的润滑油。为新开发的发动机初次选择润

滑油时，还需进行考核试验。首先确定其合适的质量等级，再根据发动机使用工况、车况、外部环境温度等选择该质量等级中的黏度等级。在实际选油时，应严格按照发动机使用说明书中规定的用油等级选取油品。一般来说，高等级的内燃机油可以代替低等级的内燃机油，但低等级的内燃机油不能代替高等级的内燃机油。

（1）汽油机油的选用　随着汽油机结构的不断改进及环保、节能等方面的要求日益苛刻，汽油机的机械载荷及热载荷越来越高，需要不断改进发动机以满足这些要求，而这些改进往往也对机油的性能提出新的要求。如为了防止汽车排气系统对环境的污染而在发动机进排气系统中增加了一些附加装置，以减少汽车排出的有害物质。但使用这些附加装置会使润滑油的工作条件恶化，令汽车对油的性能提出了进一步的要求。例如：有曲轴箱正压通风装置（PCV）的发动机可用 SE 级汽油机油（GB 11121—2006）；有废气循环装置（EGR）的发动机可用 SE 级汽油机油（GB 11121—2006）；有废气催化转化器的发动机可用 SF 级汽油机油。

（2）柴油机油的选用　柴油发动机是现在燃油型动力机械中最节省能源的一种，受到各国的广泛关注，它一般比汽油机燃油的有效利用率高出 30%～40%，随着柴油机制造技术的不断进步，柴油发动机得到了广泛的应用。

柴油机油用于压燃式内燃发动机，根据转速和平均有效压力的不同，习惯上把它分成高速与低速两档。但是，实际上一般中、小型低速柴油机对润滑油质量没有特殊要求，使用适当普通黏度的润滑油即可。业界通常所说的柴油机油，一般都是指高速柴油机用的润滑油，也就是指的是高速柴油机油。

四冲程柴油机油使用较为广泛，选择四冲程柴油机油，主要是根据柴油机的强化系数 K 的大小，以及柴油机的单位热负荷与结构上的特殊需要。

柴油机强化系数 K 为

$$K = p_e C_m Z \tag{4-1}$$

其中

$$p_e = \frac{N_e \tau \times 30 S}{V n} \tag{4-2}$$

式中　p_e——活塞平均有效压力（0.1MPa）；

$C_m = \dfrac{S_n}{30}$——活塞平均线速度（m/s）；

　　　Z——冲程系数（四冲程柴油机 $Z = 0.5$，二冲程柴油机 $Z = 1.0$）；

　　　N_e——柴油机功率（kW）；

　　　τ——冲程数（四冲程 $\tau = 4$；二冲程 $\tau = 2$）；

　　　S——活塞行程（m）；

　　　V——工作容积（L）；

　　　n——转速（r/min）。

柴油机增压比为

$$\pi_k = p_k / p_0 \tag{4-3}$$

式中　π_k——增压比；

　　　p_k——增压器压力；

　　　p_0——标准大气压。

按照强化系数和增压比，可分为如下三类情况：

1）$K < 30$，非增压柴油机，活塞上部环区温度在 230℃ 以下，一般可以选用普通 CA 级柴油机油。

2）$K = 30～50$，低增压，即增压比在 1.4 以下，活塞上部环区温度在 230~250℃ 范围内的柴油机，可选用 CC 级柴油机油。

3）$K > 50$，中高增压，即增压比在 1.4~2 范围内或 2 以上，活塞上部环区温度在 250℃，应选用 CD 级或更高质量等级的柴油机油。

此外，当柴油机燃烧的柴油中硫的质量分数增加 1% 时，应将柴油机油的质量级别提高一级。翻斗车、拖拉车及大负荷重型柴油车必须选用 CD 级柴油机油。

（3）气体燃料发动机油的选用　目前常用气体燃料发动机包括使用液化石油气（LPG）和压缩天然气（CNG）以及液化石油气/柴油双燃料的发动机。与汽油、柴油发动机相比，天然气发动机产生的排放物少，对环境的污染要小得多。而且在能源日益紧张的今天，较低的燃料费用也具有很好的驱动力。因此，天然气作为汽车代用燃料，最具有发展潜力和实用价值。

天然气的主要成分是甲烷，与汽油相比具有较高的热值，但气体不能像汽油、柴油燃料那样靠液体蒸发降温，在燃烧过程中也没有过量的空气来冷却燃烧气，因此发动机温度较高，很容易引起润滑油品的氧化和硝化反应，促使润滑油老化；添加剂中过量的灰分含量也容易引起预点火；气体含有腐蚀性时，还需在润滑油中考虑抗腐蚀性能。这是在使用燃气发动机油时需要注意的问题。

燃气发动机润滑油目前还没有统一的标准，一般使用汽油机油和柴油机油规格，而且多半采用多级润滑油以适应可变化的操作条件和保证在低温下使用。对于以重型柴油发动机和压缩天然气公共汽车的发动机为主要使用领域的专用润滑油，一般要通过发动机制造厂商行车试验和检验性试验，如 Mercedes-Benz 的 MB226.9、MAN 的 M3271、Cummins 的 CES20074

等规格的试验。一些厂商根据 300～10000h（约 2 年）的行车试验来提出对润滑油的要求。中国石化润滑油公司现已开发生产系列天然气发动机油，以及液化石油气/汽油机油和液化石油气/柴油机油双燃料发动机油，并制定了企业标准。

（4）农用柴油机油的选用　为简化管理，拖拉机用油往往具备多功能的要求，目前国际上比较常用的类型有拖拉机传动装置万能润滑油 STOU，主要用于拖拉机的液压系统、齿轮箱和湿式闸；超级拖拉机万能润滑油 UTTO，主要用于拖拉机的液压系统、齿轮箱、湿式闸和发动机。UTTO 作为发动机润滑油，也要求有较好的清净分散性，有适合使用的黏度级别和质量级别。对这种类型的润滑油，拖拉机制造商也有相应的技术要求。

农用车是我国的特色产品，具有价廉、实用、多功能的特点，介于汽车和拖拉机之间，兼具两者的功能，主要以单缸直喷柴油机为动力，农用车的用油为目前最低档的柴油机油。为了规范市场，满足农用车的需要，已制定出农用柴油机油的国家标准。

（5）船用柴油机润滑油的选用　由于船用柴油机的负荷比较大，发动机缸套与活塞等主要摩擦副之间的温度比较高，航行在高温线时，船舶环境温度也比较高，因此在选择润滑油时，首先应该考虑选用黏度等级较高的油品。平均有效压力大于 0.8MPa 的发动机要使用黏度等级高于 SAE40 的油；反之，则可选用黏度等级在 SAE40 以下的油。然后根据燃料油的硫含量，选择合适的总碱值（TBN）。

（6）中速机油的选用　中速筒状活塞柴油机除了作为动力输出用在船舶上外，还可以作为电力输出装置用在发电机组上。国内用于调峰的发电机组还很多，分布在广东、福建等沿海地区。根据中速机油的使用特点，兼有气缸油和系统油的双重功能。因此在油品的选择过程中需要重点考虑油品的总碱值，中速机油 TBN 的选择可以参考表 4-7。

对于工况条件较缓和、所用燃料硫含量不高的中速筒状柴油机，也可选用低速十字头发动机用的系统油。国内研制成功的参数为 TBN12、TBN25、TBN40、SAE40 的中速机油经实际使用，得到了用户的肯定，是很好的选择。

用户在使用过程中，应注意保持循环油箱中有一个 TBN 的稳定值，式（4-4）中推算了 TBN 的稳定值：

$$TBN_\infty = TBN_0 - 6.5\frac{S}{C} \qquad (4-4)$$

表 4-7　中速机油 TBN 的选择

工况	燃油含硫的质量分数（%）	中速机油 TBN/（mgKOH/g）
苛刻	3.5～4.0	40
苛刻	2.0～3.5	30
苛刻	1.0～2.0	20
苛刻	0.5	12
中等苛刻	1.5～2.0	25
中等苛刻	0.5～1.5	15
中等苛刻	0.5	10
缓和	<0.5	7

式中　TBN_∞——TBN 的稳定值（mgKOH/g）；

$\quad\quad TBN_0$——新油的 TBN（mgKOH/g）；

$\quad\quad S$——燃料油中硫的质量分数（%）；

$\quad\quad C$——润滑油耗量 [g/（kW·h）]。

国外有些发动机厂商规定了 TBN_0，同时也规定了 $TBN_\infty \geq$（40%～50%）TBN_0。

（7）船用气缸油的选用　气缸油用于低速十字头柴油主机气缸的润滑，它可根据所用燃油的质量、机型、工作条件等来选择。

TBN 是否和所用燃料的硫含量相匹配，是气缸油首选的指标，见表 4-8。TBN 太低，不能有效中和燃烧产物，造成严重的腐蚀磨损；TBN 偏高，不经济，而且过量碱值的气缸油燃烧后灰分增多。

表 4-8　气缸油适宜 TBN 的选择

燃料油含硫的质量分数（%）	0.5	0.5～1.0	1.0～1.5	1.5～2.0	>2.0
气缸油 TBN（mgKOH/g）	5	5～10	0～20	20～40	40～75

在气缸油的使用中，注油量也是一个重要的指标。在 MAN B&W 公司、Wartsila 公司开发的润滑油供油系统中，出于环保和经济性的考虑，都降低了注油量，以更有效地使用气缸油。在 MAN B&W 公司设计的 AL-PHA 供油系统中，可以根据燃料油中的硫含量计算润滑油的注入量，也可以混配两种气缸油用以调整所需的 TBN，通过实时监控气缸油废油调整气缸油的加入量。

影响高温沉积物生成的因素很多，如发动机的增压程度、润滑油温度及冷却液温度等。发动机增压后，工作条件比较苛刻，容易产生积炭和漆膜。发动机冷却液的温度越高，越容易产生积炭和漆膜，而发动机润滑油的温度越高，也越容易产生积炭和漆膜。

从油品方面来说，对发动机内产生积炭和漆膜的主要影响因素包括硫含量、馏分范围、润滑油组成、精制工艺和馏分轻重等。

影响油泥生成的主要因素包括发动机的操作条件、燃料和润滑油的性质等。当发动机处于时开时停

或空转时，发动机温度较低，燃烧后产生的蒸汽、CO_2、CO、NO_2、炭末以及燃料的重馏分等落入曲轴箱，加速了润滑油的氧化，并使之乳化，因而生成不溶于油的油泥。由于油泥是在较低温度下形成的，故与积炭、漆膜生成的条件相反，温度越低，越容易生成油泥。

内燃机油沉积物生成机理，国内外学者做了大量的研究和报道，业界较为普遍接受的内燃机油沉积物生成机理如图 4-5 所示。

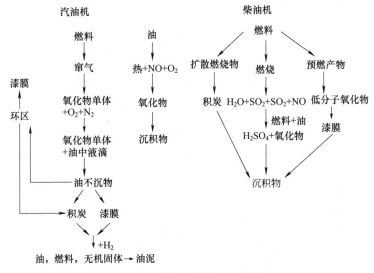

图 4-5　内燃机油沉积物生成机理

提高内燃机润滑油的清净分散性可从两个方面入手：一是改进基础油的质量，另一是使用洗涤剂和分

散剂。常用国产洗涤剂和分散剂见表 4-9。

表 4-9　常用国产洗涤剂和分散剂

化学名称	化学结构	代号	备注
中灰分石油磺酸钙	$R{-}\bigcirc{-}SO_3{-}Ca{-}SO_3{-}\bigcirc{-}R \cdot CaCO_3$	T101	上海炼油厂
高灰分石油磺酸钙	$R{-}\bigcirc{-}SO_3{-}Ca{-}SO_3{-}\bigcirc{-}R \cdot nCaCO_3$	T102	上海炼油厂　上 202B 玉门炼油厂　1201
高碱度石油磺酸钙	$R{-}\bigcirc{-}SO_3{-}Ca{-}SO_3{-}\bigcirc{-}R \cdot nCaCO_3$	T103	上海炼油厂　上 202B 玉门炼油厂
中碱值合成磺酸钙	$R{-}\bigcirc{-}SO_2{-}O{-}Ca{-}O{-}SO_2{-}\bigcirc{-}R$ $(CaCO_3)_n$	T105	锦州炼油厂

（续）

化学名称	化学结构	代号	备注
高碱值合成磺酸钙	R─〈苯环〉─S(=O)(=O)─O─Ca─O─S(=O)(=O)─〈苯环〉─R　(CaCO₃)$_n$	T106	锦州炼油厂 锦州炼油厂　694
硫磷化聚异丁烯钡盐	R─O─〈S─Ba─S〉(CaCO₃)$_n$	T108	兰州炼油厂　兰108 锦州炼油厂　694
烷基水杨酸钙	R─〈苯环·OH〉─C(=O)─O─Ca─O─C(=O)─〈OH·苯环〉─R · (CaCO₃)$_n$	T109	兰州炼油厂　兰109
单烯基丁二酰亚胺	R─CH─C(=O)─N─(C₂H₄NH─)$_n$ C₂H₄NH₂ ; CH₂─C(=O)	T151	兰州炼油厂　兰113A
双烯基丁二酰亚胺	R─CH─C(=O)─N─(C₂H₄NH─)$_n$ C₂H₄NH─C(=O)─CH─R ; CH₂─C(=O) ; C(=O)─CH₂	T152	兰州炼油厂　兰113B
多烯基丁二酰亚胺 聚异丁烯丁二酰亚胺（高氮） 聚异丁烯丁二酰亚胺（低氮） 硫化烷基酚钙		T153 T-154 T-155	兰州炼油厂　兰113C 锦州炼油厂 锦州炼油厂 兰州炼油厂　兰115B

洗涤剂是一种表面活性化合物，在油中形成非极性的首尾结构，并通过这种结构起作用。另外洗涤剂不能减缓油的变质速度，而只能使油变质后生成的酸性物及沉积物不至于对发动机的工作造成危害。图 4-6 所示为洗涤剂的吸附机理。

6. 内燃机油换油指标及润滑事故处理

（1）内燃机油换油指标

1）汽油机润滑油。

① 当润滑油黏度比新油黏度增加或减少 15% 时。

② 当润滑油被所用燃料（汽油或柴油）稀释到一定程度［夏天机油中含燃料（质量分数，下同）5%，冬天机油中含燃料 7%］时。

③ 润滑油中的油泥及沉淀物的含量达 2.0% 时。

④ 润滑油的残炭值增加到 1.0% 以上时。

⑤ 润滑油酸值增加到 0.8mgKOH/g 以上时。

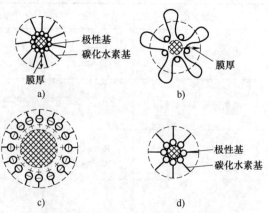

图 4-6　洗涤剂的吸附机理

a）小颗粒（2~5mm）金属系洗涤剂　b）无灰高相对分子质量洗涤剂　c）大颗粒（500~1500mm）金属系洗涤剂　d）无灰低相对分子质量洗涤剂

⑥ 无添加剂机油的灰分比新油增加 0.05% 时。

2）柴油机润滑油。

① 当润滑油黏度比新油增加或减少 20% 时。

② 润滑油中的己烷不溶物含量达 3%，或油泥沉淀物量达 1.0% 时。

③ 当润滑油的残炭值增加到 2.0%，或灰分含量比新油增加 0.5% 时。

④ 当润滑油中添加剂消耗到新油的 25% 以下时，就应该换油。

3）船用大型二冲程柴油机曲轴润滑系统用油。

① 当润滑油黏度比新油黏度增加或减少 25% 时。

② 当润滑油闪点下降到 190℃ 以下时。

③ 当润滑油水分增加到 0.2% 以上时。

④ 当润滑油残炭增加到 2.0% 时。

⑤ 润滑油酸值增加到 0.2mgKOH/g 以上时。

⑥ 润滑油的胶质含量增加到 0.5% 以上时，就应换油。

（2）润滑事故处理　一般来说，机械效率的发挥程度取决于润滑效果，其现象及原因可归纳如下：

1）机械运转不良和状态异常。

① 设计和装配或安装不良。

② 材料和润滑剂选用不当。

③ 夹杂物混入。

④ 摩擦部位拉伤或破损。

2）噪声或振动。

① 装配或安装不良。

② 润滑剂选用不当。

③ 设计不合理。

3）温度升高。

① 摩擦力太大。

② 润滑不良，或润滑油排热不好。

③ 润滑油黏度太大。

④ 机械热变形，致润滑不良。

4）机械不能运转。

① 摩擦部位损伤。

② 摩擦部位夹杂沙尘杂质。

③ 间隙太小，润滑不良。

④ 配合不当，膨胀不均，造成抱轴。

7. 内燃机油使用中应注意的几个问题

发动机润滑油在高温作用下发生氧化、聚合、缩合等一系列变化，其结果是在活塞顶部形成积炭，在活塞侧面产生漆膜，在曲轴箱中产生油泥等。产生的这些物质对发动机的工作性能危害极大，必须足够重视并采取相应措施。柴油机中漆膜、积炭的生成过程如图 4-7 所示，汽油发动机中漆膜、积炭和油泥的生成过程如图 4-8 所示。

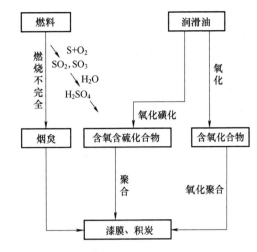

图 4-7　柴油机中漆膜、积炭的生成过程

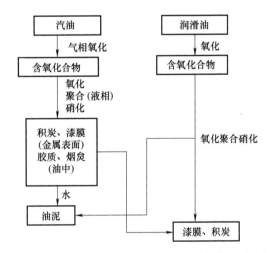

图 4-8　汽油机中漆膜、积炭和油泥的生成过程

（1）积炭的危害　积炭是一种炭状物，它是燃料燃烧不完全或是润滑油窜入燃烧室在高温下分解的烟炱等物质沉积在活塞顶部和燃烧室周围等部位形成的。积炭的成分与发动机使用的燃料和润滑油有很大关系。

发动机中的积炭对发动机的工作有相当的危害，主要表现在：

1）使发动机产生爆震的倾向增大。

2）积炭在燃烧室中形成高温颗粒，造成发动机的功率损失。

3）如果积炭沉积在火花塞电极之间，会使火花塞短路。

4）排气阀上的积炭使阀门关闭不严，出现漏气。

5）若积炭掉进曲轴箱中，会引起润滑油变质，并会堵塞过滤器等。

（2）漆膜的危害　漆膜是一种坚固的、有光泽的漆状薄膜。产生的部位主要是在活塞环区、活塞裙部及内腔。它主要是烃类在高温和金属的催化作用下经氧化、聚合产生的胶质、沥青质等高分子聚合物。在发动机工作的热状态下，漆膜是一种黏稠性物质，它能把大量的烟炱黏在活塞环槽中，使环和槽之间的间隙变小，这样会降低活塞环的灵活度，甚至会发生

黏环现象，使活塞环失去密封作用，造成功率下降。同时漆膜的导热性很差，漆膜太多会使活塞所受的热不能及时传出，导致活塞过热膨胀，甚至发生拉缸现象。

（3）油泥的危害　油泥是润滑油、燃料、水分和固体颗粒等形成的混合物，它沉积在油池底部、滤清器、连杆盖、曲轴箱边盖等温度较低部位上，外观呈棕黑色稀泥状。油泥的组成如图4-9所示。

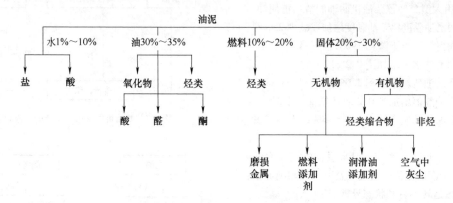

图4-9　油泥的组成（质量分数）

8. 内燃机工况苛刻化及节能和环保法规对内燃机油发展的影响

内燃机油在运转过程中，有关零件受到冲击性气缸爆发压力和活塞连杆组惯性力的作用，轴承受负荷高达 30～35MPa，表面产生很高的压缩应力，再加上交变负荷的存在使轴承容易产生疲劳破坏，工作负荷最重的主轴承和连杆轴承设计在全膜润滑下工作，实际上难以达到。由于汽车和拖拉机等内燃机的转速、负荷经常改变，起动和停车频繁发生，可能进入混合润滑，甚至边界润滑状态。内燃机的配气机构按照内燃机工作循环要求控制进气和排气过程，实现气缸中气量的更换。现代四冲程内燃机的配气机构采用挺杆气门式，其中的凸轮是控制内燃机进排气门开闭的主要部件，凸轮和随动体的磨损形式主要是擦伤和点蚀。擦伤加剧引起部位的磨损，往往磨成秃头，点蚀则起因于低转速、高接触应力下材料的疲劳，在材料亚表面最大切应力处产生裂纹并逐渐扩展到表面，导致材料的剥落而形成凹坑。内燃机燃料在密闭的燃烧室内燃烧，产生高温高压气体，推动活塞运动而对外做功。燃烧室由活塞顶、气缸壁和气缸盖组成，带有环塞环的活塞在很高的温度下工作，既要防止高压燃气的泄漏，又要使活塞在气缸内运动阻力小，而且磨损在可以接受的范围内，就要借助高质量的内燃机

润滑油的帮助。活塞环和气缸这对摩擦副的磨损是决定内燃机寿命的主要因素之一，这时，过度磨损会引起内燃机噪声和振动增大，燃油泄漏增加，润滑油耗增加，功率下降。对于柴油机来说，还会产生起动困难，燃烧不充分而冒黑烟等现象。目前，发动机的设计趋向于高负荷、高功率、高转速、高压缩比，环保部门对排放日益严格的要求和车辆拥有者对实用性及操作可变换性的要求，促进了多级内燃机油产品的不断更新换代，使多级油向低黏度、低挥发度、大跨度方向发展，以满足节能和排放的要求。为满足新的排放法规，重负荷柴油机采用了排气再循环（ECR）的设计，循环气被冷却以改善容积效率和降低 NO_x 排放。但 ECR 会增加机油的酸度和烟炱的含量，增大腐蚀和磨损，使冷却剂和机油的温度升高（潜热比无 ECR 的发动机油大 25%～30%），增加轴承的磨损。为应对这一挑战，新研发的柴油机油应可用于重负荷柴油车。

9. 内燃机油液监测与故障诊断

通过对内燃机中的润滑油进行监测，可获得内燃机磨损状态信息和润滑油品质状态信息，从而预测内燃机工作状态和趋势，以期发现内燃机磨损故障隐患，并确定故障部位、原因和类型。

油液监测主要从油品性能和磨损微粒分析这两个

方面着手，包括油液常规理化性能分析、原子光谱分析、红外光谱分析、铁谱分析和颗粒计数五项主要技术。内燃机油液监测的一般步骤包括新油监测、在用油监测、故障诊断方法和故障诊断案例分析等。图 4-10 所示为内燃机油液监测步骤。

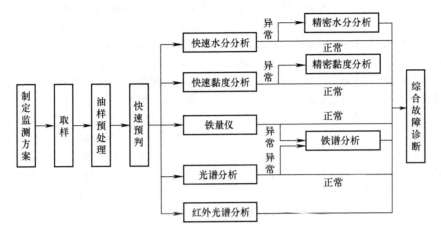

图 4-10　内燃机油液监测步骤

应用实例表明，油液监测技术可在不停机、不拆检的情况下，提前掌握内燃机主要摩擦副的磨损状态和磨损趋势，预测和诊断因摩擦副磨损引发的故障，掌握柴油机润滑油品质衰变状况，确定合理的换油周期，及时掌握内燃机的工作状态，指导使用管理和维修。因此，内燃机油液监测对提高内燃机运行的可靠性具有重要意义。

我国于 2018 年对 GB/T 14906—1994 的内燃机油标准做了修订，新修订的标准增加了黏度等级，对指标项目、试验方法以及指标设置均进行了修订，形成了 GB/T 14906—2018 标准，新标准适应现代发动机及润滑油技术发展的需要，也有利于推动我国发动机油的开发和升级。

4.2　齿轮油

在现代化机械装备中，尤其是汽车、飞机、舰船、工程机械及各种工业机组都离不开齿轮。工业齿轮传动是机械设备中广泛采用的重要传动形式，齿轮是采用最广的动力变速和转向的装置，其类型多而各有特点，因此对润滑油的要求也各有不同。齿轮油主要用于润滑齿轮传动装置，还包括蜗轮蜗杆副等。

在工业快速发展的今天，工业齿轮装置的体积越来越小，功率越来越大，运行工况条件越来越苛刻，这就使工业齿轮的润滑成了齿轮传动的关键技术之一。

1. 齿轮传动的类型

一对齿轮分别装在主动轴和从动轴上，利用两齿轮轮齿的相互啮合，以传递运动和动力的传动方式，称为齿轮传动。根据齿轮轴线的相互位置，齿轮传动可分为平行轴传动、相交轴传动和交错轴传动三种类型，每种类型传动还包括几种传动方式。齿轮传动分类如图 4-11 所示。

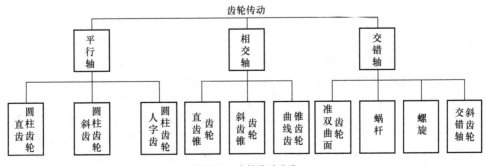

图 4-11　齿轮传动分类

2. 齿轮润滑的特点

齿轮油主要是在相互啮合的齿面间起润滑和冷却作用，减少摩擦，降低磨损，同时也起缓冲，防止腐蚀、生锈，以及清洗摩擦面尘粒污染物的作用。齿轮润滑的特点如下：

1）齿轮润滑的理想状态是弹性流体动力润滑状态，两个相啮合的齿面在较高接触压力下形成一层薄薄的润滑膜。这层油膜的厚度随齿轮啮合过程的接触几何、表面速度和载荷等因素的影响而变化。在很多情况下，齿轮润滑是处于混合摩擦或边界润滑的状态下的。

2）齿面间除了有滚动运动以外，还存在着滑动运动，滑动量和滚动量的大小因啮合位置而异。这就说明齿轮的润滑状态是随时间而不断改变的。

3）齿轮的接触压力非常高，如一般齿轮齿面单位负荷压力最大不超过 100MPa，而一些重载机械，如卷扬机、起重机、水泥窑和轧钢机减速器齿轮的齿面压力可高达 400～1000MPa，准双曲面齿轮的接触压力更可高达 1000～3000MPa。在这些情况下，为了防止油膜破裂引起齿面金属的直接接触，故在齿轮油中必须加入极压添加剂。

4）由于齿面加工精度不高，齿轮的润滑是断续性的，每次啮合都需要重新建立油膜，这些也是齿轮产生磨损、擦伤和胶合的原因所在。

5）齿轮的失效形式有五种，即齿的断裂、轮齿表面塑性变形、疲劳磨损（又称点蚀）、磨料磨损和黏附磨损（或胶合），因此，也对齿轮油的使用性能提出了不同的需求。润滑对齿轮失效的影响见表4-10。

6）齿轮的润滑还受到其他因素的影响，如设计因素、制造、安装和运转条件等。

表 4-10　润滑对齿轮失效的影响

润滑	齿轮失效形式									
	磨损	腐蚀性磨损	擦伤与胶合	点蚀	剥落	整体塑变	滚轧与锤击	峰谷塑变	起皱	断齿
齿轮油黏度	△	△	△	△		△		△	△	
齿轮油性质	△		△			△		△	△	
润滑方式及齿轮油供应量	△		△			△			△	

注：△表示有影响。

3. 齿轮油的性能要求

齿轮传动的润滑主要是靠反应膜来确保的。只要在转齿接触面间存在反应膜，齿面就可免遭破坏。只要齿轮油中含有组分和加量合理的添加剂，就可在原位生成反应膜。齿轮油中90%以上是矿物油，而齿轮油的承载能力主要来自添加剂，基础油的主要功能是作为润滑载体，它的主要任务是及时将油中的添加剂运送到齿轮啮合部位。

根据齿轮的运转工况和润滑特点，对齿轮油的主要性能有以下要求：

（1）合适的黏度　黏度是齿轮油的主要质量指标，合适的黏度可确保在弹性流体动力润滑状态下形成足够的油膜，使齿轮具有足够的承载能力，降低齿面的磨损。

（2）良好的极压抗磨性　对重负荷下工作的齿轮，特别是准双曲面齿轮和弧齿圆锥齿轮和蜗杆副等，为了使齿面不会产生擦伤、胶合、点蚀及磨损，齿轮油应具备良好的极压抗磨性。

（3）良好的抗氧化安定性　齿轮在较高油温下运转时，容易加快齿轮油的热氧化速度，使油变质劣化，造成齿轮磨损和点蚀等，因此，要求齿轮油具备良好的抗热氧化安定性。

（4）良好的抗剪切安定性　在齿轮运转中所引起的对齿轮油的剪切作用，会使油的黏度改变，油中添加的黏度指数改进剂受到剪切作用最明显，特别是在中重载荷条件下，作为黏度指数改进剂的聚合物受影响最大。因此，齿轮油中不允许加入抗剪切性能差的黏度指数改进剂。齿轮油中聚合物剪切安定性用剪切后黏度下降率，即剪切安定性指数 $n_1-n_2/（n_1-n_0）$ 表示，其中 n_1 为添加聚合物后的黏度，n_2 为剪切试验后的黏度，n_0 为基础油黏度。

（5）良好的抗泡沫　由于齿轮及齿轮润滑系统中的油泵等在运转中的搅动，会使齿轮油产生气泡，影响齿轮啮合面油膜的形成，在一定程度上会引起齿轮及轴承的损坏，故要求齿轮油具有良好的抗泡性能，泡沫生成少，消泡性能要好。

（6）良好的防锈防腐性　在齿轮运转中，常因油氧化而变质，产生油泥和胶质酸性物质，使齿轮生锈和腐蚀，特别是与冷凝水接触时更容易产生腐蚀和锈蚀。因此，要求齿轮油具有良好的防锈防腐性能。

（7）良好的抗乳化性　由于齿轮油（尤其是工业齿轮油，如轧钢机齿轮油）在齿轮运转中常接触到冷凝水和冷凝液等而使齿轮油乳化，引起添加剂水解或沉淀分离，产生有害物质，使齿轮油变质，失去使用性能，造成齿轮擦伤或磨损，甚至出现事故。因此，良好的抗乳化性是工业齿轮油的一项重要指标。

4. 齿轮油的分类

张晨辉和林亮智学者在他们的专著《润滑油应用及设备润滑》中对齿轮油做了较详细的介绍。齿轮油按 GB/T 7631.7—1995 的分类，分为工业闭式齿轮油、工业开式齿轮油和车辆齿轮油三类。

（1）工业齿轮油

1）工业闭式齿轮油。我国把工业闭式齿轮油分为 CKB、CKC、CKD、CKE、CKT、CKS 六个档次（第二个字母引进字符 K 是为了避免与柴油机油混淆），见表 4-11。

表 4-11　工业闭式齿轮油的分类

分类 ISO	分类 我国	现行名称	组成、特性及使用说明	相对应的国外标准
CKB	CKB 抗氧防锈型	工业齿轮油	由精制矿物油加入抗氧、防锈添加剂调配而成，有严格的抗氧、防锈、抗泡、抗乳化性能要求，适用于一般轻负荷的齿轮润滑	AGMA 250.03 R&O 型
CKC	CKC 极压型	中负荷工业齿轮油	由精制矿物油加入抗氧、防锈、极压抗磨剂调配而成，具有比 CKB 更好的抗磨性，适用于中等负荷的齿轮润滑	AGMA 250.03EP
CKD	CKD 极压型	重负荷工业齿轮油	由精制矿物油加入抗氧、防锈、极压抗磨剂调配而成，具有比 CKC 更好的抗磨性和热氧化安定性，适用于高温下操作的重负荷的齿轮润滑	AGMA 250.04EP 美钢 224
CKE	CKE 蜗轮蜗杆	蜗轮蜗杆油	由精制矿物油或合成烃加入油性剂等调配而成，具有良好的润滑特性和抗氧、防锈性能，适用于蜗轮蜗杆的润滑	ACMA 250.04COMP，MIL-L-15019E（1982）6135，MIL-L-18486B（05）（1982）
CKT	CKT 合成烃极压型	低温中负荷工业齿轮油	由合成烃为基础油，加入同 CKC 相似的添加剂，除具有 CKC 的特性外，还具有更好的低温、高温性能，适用于在高、低温环境下的中负荷齿轮的润滑	
CKS	CKS 合成烃型	合成烃齿轮油	由合成油或半合成油为基础油加入各种相配伍的添加剂，适用于低温、高温或温度变化大，耐化学品以及其他特殊场合的齿轮润滑	

2）工业开式齿轮油。根据 GB/T 7631.7—1995，我国把工业开式齿轮油分为 CKH、CKJ、CKM 三档，见表 4-12。

3）工业齿轮油的黏度分级。我国采用国际通用的 ISO 348 工业润滑油黏度分类法，按其 40℃ 运动黏度的中心值分为 68、100、150、220、320、460 和 680 七个牌号，表 4-13 为我国工业润滑油新旧黏度等级以及美国齿轮制造商协会（AGMA）和国际标准化组织（ISO）的黏度等级对应。

表 4-12 工业开式齿轮油的分类

分类 ISO	分类 我国	现行名称	组成、特性及使用说明	性能要求
CKH	CKH	普通开式齿轮油	由精制润滑油加抗氧防锈剂调制而成。具有较好的抗氧、防锈性和一定的抗磨性。适用于一般载荷的开式齿轮和半封闭式齿轮润滑	
CKJ	CKJ	极压开式齿轮油	由精制润滑油加入多种添加剂调制而成，它比 CKH 油具有更好的极压性能。适用于苛刻条件下的开式或半封闭式的齿轮箱润滑	Timken OK 值不小于 200N，或 FZG 齿轮试验通过九级以上
CKM	CKM	溶剂稀释型开式齿轮油	由高黏度的普通开式或极压开式齿轮油加入挥发性溶剂调制而成，当溶剂挥发后，齿面上形成一层油膜，该油膜具有一定的极压性能	溶剂挥发后的油膜强度 Timken OK 值不小于 200N 或 FZG 齿轮试验通过九级以上

表 4-13 我国工业润滑油新旧黏度等级及 AGMA 和 ISO 的黏度等级对应

黏度等级	40℃运动黏度/(mm^2/s)	相当于旧牌号（50℃黏度）	AGMA 黏度等级	ISO 黏度等级
68	61.2~74.8	50	2EP	VG68
100	90~110	50~70	3EP	VG100
150	135~165	90	4EP	VGI50
220	198~242	120	5EP	VG220
320	288~352	200	6EP	VG320
460	414~506	250	7EP	VG460
680	612~748	350	8EP	VG680

（2）车辆齿轮油 车辆齿轮油有质量分档和黏度分档两类。

1）质量分档。我国车辆齿轮油的质量分档是采用目前国际通用的 API 齿轮油使用性能分档标准。它是根据齿轮的形式和负荷等工况要求对其进行分类的，见表 4-14。

表 4-14 API 齿轮油使用性能分档标准（SAE J308C）

使用性能分档	GL-1	GL-2	GL-3	GL-4	GL-5
API 使用性能分档	普通	蜗轮用	中等极压性	通用强极压性	
润滑油类型	直馏或残馏油	含油性剂、脂、直馏残馏油	含硫、磷、氯等化合物或锌化合物等极压剂与直馏或残馏油的混合物		
使用范围	低载荷低速的正齿螺旋齿轮、蜗轮、锥齿轮及手动变速等	稍高速、高载荷的条件稍苛刻的蜗轮及其他齿轮用（双曲线齿轮不能用）	不能用 GL-1 或 2 的中等载荷及速度的正齿轮及手动变速箱用（双曲线齿轮不适用）	高速低转矩，低速高转矩的双曲线齿轮及很苛刻条件下工作的其他齿轮用	比 GL-4 更苛刻的双曲线齿轮用。耐低速高转矩、高速低转矩和高速、冲击性载荷的双曲线齿轮油

（续）

使用性能分档	GL-1	GL-2	GL-3	GL-4	GL-5
使用部位	不能满足汽车齿轮要求，不能用在汽车上	不能满足汽车齿轮的要求，除特殊情况外不能用在汽车上	变速箱、转向器齿轮及条件缓和的差速器齿轮用	差速器齿轮、变速箱齿轮及转向器齿轮	工作条件特别苛刻的差速器齿轮及后桥齿轮用
极压剂含量（质量分数，%）			2～4	2～4	4～8
相当标准				MIL-L-2105	MII-L-2105C

我国车辆齿轮油质量分类与 API 使用性能分类的对应关系见表 4-15。

2）黏度分档。我国车辆齿轮油的黏度分类等效采用美国汽车工程师学会的汽车齿轮油黏度分级标准 SAE J306C，见表 4-16。

表 4-15　我国车辆齿轮油分类与 API 使用性能分类的对应关系

我国车辆齿轮油名称	API 使用性能分类
普通车辆齿轮油	GL-3
中负荷车辆齿轮油（GL-4）	GL-4
重负荷车辆齿轮油（GL-5）	GL-5

表 4-16　后桥齿轮及手动变速箱润滑油黏度分级 SAE J306C

SAE 号	150Pa·s 时最高温度/℃	黏度（100℃）/（mm²/s）	成沟点/℃（非标准规定）	SAE 号	150Pa·s 时最高温度/℃	黏度（100℃）/（mm²/s）	成沟点/℃（非标准规定）
75W	-40	≥4.1		90		13.5～24.0	≤-29（-20℉）
80W	-26	≥7.0		140		24.0～41.0	≤-17.8（0℉）
85W	-12	≥11.0		250		41.0 以上	≤1.5（35℉）

5. 齿轮油的主要品种介绍

（1）CKB 抗氧防锈工业齿轮油　这类齿轮油由采用深度精制的矿物油，加入抗氧剂、防锈剂、抗泡剂和抗乳化剂等多种添加剂调配而成。适用于普通负荷工业齿轮的润滑。现执行国家标准 GB 5903—2011，黏度等级包括 100、150、220、320。适用于齿应力低于 500kgf/mm²，最大滑动速度与速度之比 v_g/v <1/3，一般负荷的曲线齿锥齿轮，在不高于 70℃ 温度下操作的一般齿轮和低速低负荷的蜗轮蜗杆的润滑。

（2）CKC 中负荷工业齿轮油　采用深度精制的矿物油（中性油）为基础油，加入性能优良的硫磷型极压抗磨剂、抗氧剂、抗腐剂、防锈剂等添加剂配制而成。现执行国家标准 GB 5903—2011，牌号有

32、46、68、100、150、220、320、460、680、1000、1500。具有良好的极压抗磨和热氧化安定性等性能，Timken 试验 OK 值不小于 200N。32、46 两个牌号 FZG 试验不小于 10 级，68、100、150 三个牌号 FZG 试验不小于 12 级，220、320、460、680、1000、1500 六个牌号 FZG 试验大于 12 级。

（3）CKD 重负荷工业齿轮油　基础油与添加剂的要求与中负荷油基本相似，一般性能要求与中负荷油相当，但具有比中负荷油更好的极压抗磨性、抗氧化性和抗乳化性。目前执行国家标准 GB 5903—2011，牌号有 68、100、150、220、320、460、680、1000。要求通过四球机试验，Timken 试验 OK 值不小于 267N，68、100、150 三个牌号 FZG 试验不小于 12 级，220、320、460、680、1000 五个牌号 FZG 试验

大于 12 级。

（4）CKE 蜗轮蜗杆油 采用深度精制的矿物油，加入油性剂、抗磨剂、抗氧剂、防锈剂、抗泡剂等添加剂配制而成，具有良好的润滑性和承载能力，良好的防锈抗氧化性能。能有效地提高传动效率，延长蜗轮副寿命，适用于蜗轮蜗杆传动装置的润滑。

目前执行石油化工行业标准 SH/T 0094—1991，分为 220、320、460、680、1000 五个牌号。

（5）普通车辆齿轮油 采用深度精制的矿物油，加入抗氧剂、防锈剂、抗泡剂及少量极压剂，具有较好的抗氧防锈性和一定的极压性。适用于一般车辆曲线齿锥齿轮减速机构、手动变速器齿轮机构。

（6）中负荷车辆齿轮油（GL-4） 比重负荷油少一半的极压抗磨剂，其他原料一样，除极压抗磨性能比重负荷（GL-5）油稍逊外，其他性能一致，其质量达到 API GL-4 性能水平。

该产品执行石化行业暂行标准，牌号划分与重负荷一样，适用于进口或国产乘用车、载重卡车要求使用 GL-4 性能水平齿轮油的后桥齿轮箱的润滑。

（7）重负荷车辆齿轮油（GL-5） 采用深度精制的矿物油，加入硫磷极压抗磨剂、防腐剂、防锈剂等配制而成。必须通过 CRCL-33、CRCL-37、CRCL-42、CRCL-60 等台架试验。

该产品执行 GB 13895—2018 技术标准，分为 75W-90、80W-90、80W-110、80W-140、85W-90、85W-110、85W-140、90、110 和 140 十个牌号。

6. 齿轮的磨损和齿轮油的关系

北京石油化工科学研究院曾对齿轮的不同磨损形式与齿轮油的关系做详细论述。实验和实践均表明，齿轮的损伤和负荷与转速有密切的关系，图 4-12 所示为各种齿轮损伤的领域。

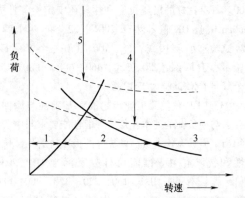

图 4-12 各种齿轮损伤的领域
1—磨损 2—如果油清洁基本无磨损
3—胶合或擦伤 4—疲劳点蚀 5—折断

（1）破坏性磨损与齿轮油的关系 一般齿轮油阻止或降低磨损的能力取决于齿轮油的承载能力，承载能力随黏度的升高而增大，随着黏度的增高，降低磨损的能力也增加，这已为实践所证明。

非极性型矿物油是以保持齿轮油油膜来降低磨损（油使两表面分离）的，油的黏度越大，油膜越厚，降低磨损的能力越大。

在齿轮润滑中，油膜将承受高压，压力能提高油的黏度，从而提高了油膜的承载能力，有助于降低磨损。

对于在较高压力下的边界润滑，采用复合矿物油可以降低磨损。复合矿物油加入了油脂之类的油性剂，它能吸附在金属表面，形成吸附膜，因而可以降低磨损。在蜗轮润滑中，复合油对抗磨损特别有益。在极压条件下，有极压性的齿轮油能降低磨损。含磷的化合物是优良的抗磨剂。

（2）磨粒磨损与润滑关系 齿轮油本身是不能改善磨粒磨损的，因为这种磨损是啮合两表面之间硬的颗粒引起的。除非颗粒沉淀下来，否则还会继续起研磨作用。如果颗粒是金属、砂子等，齿轮油可将颗粒从齿面冲洗并沉淀下来。因此，低黏度的油冲洗作用好，可使较大的粒子沉淀在油速低的地方，使其无害。

对齿轮磨粒磨损最好的解决办法是放掉旧油，冲洗齿轮箱，换上新油；其次是在循环系统中安装滤清器，在贮槽中使油有较长的沉淀期；还有在汽车齿轮箱中应用磁化放油塞以吸住大部分铁粉。在尘土较多的环境中工作的齿轮要特别注意这种磨损。开式齿轮中经常遇到这种磨损。

（3）腐蚀磨损和齿轮油的关系 如果有空气、水或电介质存在，则容易引起生锈和腐蚀，它们在齿面啮合时就容易磨掉。齿轮油中加入防锈剂、防腐剂能减少这种作用。在齿轮油中最容易发生的腐蚀磨损是由于化学活泼的添加剂（如极压剂）引起的。若想得到令人满意的极压齿轮油，必须控制它的腐蚀性，以使它既能防止烧结，又能降低磨损。大部分的极压齿轮油引起的腐蚀磨损不会太大，而在极苛刻条件下有延长齿轮寿命的好处。

（4）胶合和齿轮油的关系

1）胶合产生的过程和原因。胶合是油膜破型引起金属熔融而产生的损伤，新齿轮多半在运转初期发生胶合。新齿轮齿面不是完全光滑的，难免有加工上的误差，局部有凸起点，因此初期胶合可以用磨合运转来避免。胶合程度轻的是在滑动方向有撕裂痕迹和撕裂，严重的是齿面毁坏，不能再使用。易引起胶合的部位是啮合的开始和终止处。即在减速时在小齿轮齿根和大齿轮的齿顶，或小齿轮的齿顶和大齿轮齿根。这是因为这些地方滑动速度大，而且在啮合开始时一般有很大的力的作用，如果齿轮有制造上的误差，这种作用更大。如果齿面有一部分胶合擦伤，则损伤可以延伸到从节线到齿顶或从节线到齿根的齿面。

胶合产生的条件有负荷、滑动速度、摩擦系数、材质、制造误差、应力集中和齿轮油等多种因素，非常复杂。

2）胶合与齿轮油的关系。

① 黏度对胶合的影响。润滑油黏度高，则难以引起擦伤。因为黏度越高，油膜越易形成，油膜也厚，保持负荷在流体润滑领域的比例就越大，就越具有高抗胶合性。

② 齿轮滑油种类和添加剂对胶合的影响。齿轮油种类和极压添加剂对胶合的影响是很大的。极压油的抗胶合性比非极压油好得多。极压性也因极压剂种类不同和添加量不同而异。一般添加量大则抗胶合性好。不同极压水平的润滑油的抗胶合性不同，极压水平高的润滑油抗胶合性高。

③ 油量和润滑方法对胶合的影响。在齿轮啮合区润滑油量供应不足的范围内，随润滑油量增加，抗胶合的负荷能力增加。但增加到某一量以上，再增加供油量，其负荷能力就基本不变了。循环喷油润滑比油浴润滑冷却效果好，油温低，对抗胶合有利。一般油从啮合部的啮入侧喷油比较好。

由于齿轮油造成的故障、大致原因及建议的解决的措施见表 4-17。

表 4-17　齿轮油使用中的问题

故　障	大致原因	建议的解决措施
腐蚀和锈蚀	缺少防锈剂，有水分，有腐蚀的极压剂，有外部污染物，如水果酸、植物酸或油氧化生成的酸	用含防锈剂的油，在循环系统中勤放水，换油，防止污染物进入
起泡	缺乏抗泡剂，油面的高度不适当，夹杂空气或水分存在油中	用含抗泡剂的油，检查所推荐的油面深度，隔绝水、气的接触
沉淀或油泥	可能是由于添加剂不溶性，由于水形成乳化或长期使用造成的油氧化产物	将油换成添加剂溶解性好，也有良好抗乳化性的油；将油换成具有抗氧化性的油
黏度增加	最可能的原因是油的氧化或过热	用含有抗氧剂的更稳定的油，如可能则降低操作温度
不正常发热	齿轮箱油太多，油黏度太高，在齿轮面上没有足够的油流；超负荷；在循环系统中冷却管有故障，齿轮箱外有尘土堆积物妨碍散热	降低油黏度，只充油到刻度，清洁循环系统，清洁齿轮箱外部和邻近的金属部件
漏油	齿轮箱有缺陷或密封不好	重新换密封，但如果齿轮箱不密合可用更重的油或甚至用润滑脂作为润滑剂
污染	有主机和部件安装时留存于齿轮箱的杂物，也可能是磨损粒子的积累或通过通气孔进入的污染物	如果金属颗粒或尘土颗粒存在于油箱中，在运转后立即将油放出，清洗油箱，加入新油；若为青铜蜗轮，则检查钢蜗杆，清扫颗粒；检查或换空气过滤器，防止油箱口进入污染物
油不足	漏油或充油时齿轮箱不平	加到规定的油面，机器停止时检查油面
油太多	充油时油箱不平，或在运转时加油过多	当机器水平时或停止时将油只加到规定油面

7. 齿轮润滑遇到的问题及处理

一般齿轮润滑除了受到运转温度、速度、负荷、给油法、给油量影响外，还受齿轮形式、材质、加工精度、表面处理等机械因素和环境尘土等条件的影响，在使用齿轮油时要充分考虑这些条件。表 4-18 列出了影响齿轮润滑的各种条件及处理措施。

表 4-18　影响齿轮润滑的各种条件及处理措施

条　件	影　响	处理措施
运转温度	由于温度上升，黏度下降，并且促进油的变质	采用黏度相应于环境温度的油，并调节油量，调查温度上升的原因
运转速度	因没有考虑节线速度而产生胶合和磨损	选择相应于速度的黏度
负荷（传递功率）	由于重负荷、冲击负荷引起胶合和磨损	条件苛刻时，选加有极压剂的齿轮油
给油方式	因不能在适合的地点给适量的齿轮油而产生的胶合，磨损	针对使用条件，选择适当的给油方式
机械原因	由于齿面不均而产生胶合和异常磨损	运转初期不加负荷，充分进行"磨合"和"走合"
环境气氛	由于尘土、切屑、磨粒、水分等物的混入而润滑不良，胶合	加强润滑管理

如果能及时发现齿轮将要失败的早期迹象，则可以进行修正，可防止进一步发展，避免事故。某些这样的早期迹象参见表 4-19。

齿轮损伤类型、可能的原因及解决措施见表 4-20。

表 4-19　齿轮失败的早期迹象

基本故障	早期迹象	基本故障	早期迹象
安装误差较小	在负荷侧齿的一端磨光线垂直于节线	齿轮油黏度级别太高	油温高于正常，齿轮表面温度与油温相同
安装误差较大	在负荷侧齿的一端上和另一端齿背面的一端上，磨光线垂直于节线	润滑（类型）需要重负荷油	在主动齿轮上有高度磨光的表面，偶尔的擦伤垂直于节线
产生振动	在齿轮上或与齿轮有联系的辅助装置上有大的噪声	由于冶金技术上的问题	接触区表面被高度磨光且末梢呈羽状
产生冲击	在低速齿轮上有一个或一个以上的点表面被磨光	由于表面处理上的问题	接触区有毛细裂纹
齿轮油黏度级别太低	油温高于正常，齿轮表面温度高于油温	由于设计上齿轮的问题	噪声、偏移节线接触，迅速磨损
		轴承	间隙过大，轴承套上发热

表 4-20　齿轮损伤类型、可能的原因及解决措施

损伤类型	齿轮类型	可能的原因	解决措施
磨粒磨损	所有类型	无论是金属粒子还是其他粒子都能引起	换油，在换油前要冲洗箱体
烧伤	所有类型	缺油，超负荷	供给足够的油，如可能则降低负荷
擦伤	斜、准双曲面、曲线齿锥齿轮	高的表面温度，油膜破裂	用降低操作温度的措施，使用极压油

（续）

损伤类型	齿轮类型	可能的原因	解决措施
疲劳点蚀	所有类型	油的黏度过低，表面粗糙，局部压力过高	提高油的黏度，试用极压油，采用表面粗糙度较低的齿面，经磨合一段时间，初期点蚀可以自行停止
胶合	斜、正齿轮和曲线齿锥齿轮	黏度太低，重负荷下发生滑动，表面粗糙，由安装误差引起不适当的齿接触，起动时温度低	提高黏度，或用极压油，起动前将油预热

8. 齿轮油使用中质量变化原因及表现

吴晓铃在其专著中对这方面的问题做过较详细的论述。与其他润滑油品一样，齿轮油在使用过程中的质量也不断发生变化，其主要原因是油品自身的内在变化以及外部杂质混入所造成的。前者称为油品的老化，后者称为油品的污损，总称为齿轮油品质劣化。实际上，老化和污损密切相关，互为因果。一般来说，油品的老化会加剧磨损，磨粒作为催化剂又加速了油品的老化。齿轮油品质劣化的因素如图 4-13 所示。

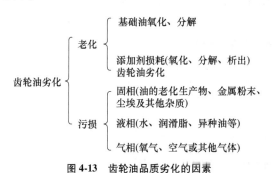

图 4-13　齿轮油品质劣化的因素

（1）质量变化原因

1）基础油氧化。基础油氧化首先产生醇、酮、醚之类的含氧有机化合物，继而生成有机酸，使酸值上升，加重腐蚀。深度氧化会生成缩合物，如胶质、沥青质等，促使油品颜色变深，黏度增大，不溶物增加。影响齿轮油基础油氧化速度的因素除了油品的自身化学组成和添加剂之外，还有如下的其他因素：空气或氧气、温度、金属的催化作用等。

2）添加剂损耗。齿轮油使用中的添加剂损耗主要是指极压抗磨剂的损耗。常用的齿轮油极压添加剂有 ZDDP（T202）和氯化石蜡。他们遇水易发生分解产生沉淀。齿轮油中极压剂的损耗必然影响油品的抗负荷能力，另外，添加剂的非正常损耗也会引起油品黏度及不溶物含量的明显上升。

3）金属磨粒及其他固体杂质的混入。金属磨粒主要是来源于齿轮或轴承磨损下来的铁粒子，由于铁的催化作用促使油品的进一步老化。若磨损下来的铁粒子过量，铁粒子本身也会使齿面和轴承产生磨粒磨损。

4）水分的混入。齿轮油中混入水分，不但会促使添加剂水解，而且还可使油品乳化。油品中的水分还可产生对金属（如铁、铜）氧化反应的催化作用，这样会进一步加速油品的老化。

（2）质量变化表现　齿轮油的劣化通常表现为以下指标的变化：黏度、腐蚀、不溶物、酸值、耐负荷性能、抗泡性、抗乳化性、闪点、铁含量和水含量。表 4-21 所列为业界专家提出的齿轮油劣化原因及改进措施。

表 4-21　齿轮油劣化原因及改进措施

问题	劣化原因	改进措施
腐蚀	缺少防锈剂 油中含水 腐蚀性的极压剂 污染物，如植物酸 油氧化产生的酸性物质	使用加足够防锈剂的油 勤排水、勤换油 防止污染物进入油

（续）

问题	劣化原因	改进措施
泡沫	缺少抗泡剂 抗泡剂析出 油面高度不当 空气进入油中 油中含水	使用含抗泡剂的油 补加抗泡剂 控制加油量 防止空气和水进入油中
沉淀或油泥	添加剂析出 遇水乳化 油氧化生成不溶物	使用储存稳定性好的油 使用抗乳化性好的油或补加抗乳化剂 使用氧化安定性好的油
黏度增加	氧化 过热	使用氧化安定性好的油 避免过热
黏度下降	增黏剂被剪断	使用剪切稳定性高的增黏剂
漏油	齿轮箱缺损 密封件损伤	使用高黏度油 更换密封件
不正常发热	齿轮箱中油太多 油黏度太大 齿轮供油量不足 负荷过高 齿轮箱外壳尘土堆积妨碍散热	控制加油量 降低油黏度 降低负荷 清洁齿轮箱外壳及邻接的金属部件
污染	主机装配或零件加工时留下的污物 磨粒 由通气孔进入的污染物	排掉脏油、清洗齿轮箱、换新油 防止污染物由通气孔进入齿轮箱
齿面磨粒磨损	磨粒或其他污染粒子	换油、清洁齿轮箱
齿面烧伤	缺油 负荷过高	提供足够的油量 降低负荷
擦伤	齿面温度高 油膜破裂	降低操作温度 使用极压齿轮油
点蚀	油黏度太小 齿面粗糙 局部压力太高	增加油的黏度 降低齿面粗糙度 用极压齿轮油
胶合	油黏度太小 重负荷下发生滑动 齿面粗糙 安装误差引起轮齿啮合不良 低温起动	增加油的黏度 使用极压齿轮油 降低齿面粗糙度 改进装配质量 低温起动前预热油

9. 齿轮油的更换

（1）决定换油期的原则　一般来说，用油量比较少的齿轮大部分是按机器制造的要求或经验定期换油。用油量多的和油消耗量大的齿轮装置，采用补给新油的办法，使用期相当长。这时，定期地分析检查使用中油的性质，常能正确掌握使用油的状态，可以判断换油期。这样既能够避免继续使用变质了的油的风险，又可避免换掉还能继续使用的油而造成浪费。

（2）齿轮油的换油标准　齿轮油的换油标准由于使用条件不同而有差别，不能一概而论。除了要考虑使用油变质外，还要考虑外来的尘土、水分等环境因素。

汽车齿轮油一般采取定期换油，换油期要看油的质量和使用条件。一般新齿轮第一次换油要采取早期换油，以便排出初期磨损粉末。有些国家第一次换油一般是 1000~4000km 换油（如日本），我国馏分型准双曲面齿轮油一般 20000~30000km 换油，但第一次换油是 1500km 左右，第二次是 3000km 左右，以后 10000km 以上，注意检查和补给油量即可。

对齿轮油换油指标参考如下：

① 黏度：变化超过新油的 ±10%。

② 酸值：无添加剂的油超过 1.0mg KOH/g；有添加剂的油超过新油酸值 0.5mg KOH/g。

③ 不溶物：石油醚不溶物或正戊烷不溶物与苯不溶物之和 >0.5%（质量分数，后同）左右。

④ 水分：超过 0.5%。

⑤ 灰分：显著增加。

（3）换油时的清洗　在新设备第一次加油时，要清除油槽油管内的任何杂物、锈，并冲洗干净，再加油。

在润滑给油装置的使用过程中，被夹杂物、氧化生成物等污染，从而积蓄了沉积物。因此，在换新油时，如果被管内或其他地方的沉积物污染，就会显著缩短新油寿命。所以在换油时要很好地洗净给油装置。

在旧油趁热放掉后，用人力扫除油槽内污物，然后用少量油加热循环，或用洗涤油加热循环，彻底除去任何沉积物和旧油，因为这些物质能加速新油的变质。在清洗干净后再加上新油，这样可以延长新油的寿命。

一般齿轮油换油的质量指标见表 4-22。

表 4-22　一般齿轮油换油的质量指标

质量项目	指　　标	有关变质原因
黏度变化（对新油，100℃ mm²/s）（%）	20 以内（一般 10~15）	氧化变质，生成胶质，或混入废油，或其他高黏度油
酸值增长/（mgKOH/g）	≤0.5	
水分（%）	≤0.2	冷却系统水分进入，或吸入大气水分
正戊烷不溶物（%）	≤1.0	氧化生成物、炭粒、添加剂、磨损金属粉末、尘埃等杂质混入
苯不溶物（%）	≤0.5	添加剂、炭粒、磨损金属粉末、尘埃等杂质混入
沉淀值/（mL/100mL）	≤0.1	水分、尘埃、杂质、磨损金属粉末混入
灰分（%）	≤0.2	尘埃、杂质、磨损金属粉末、添加剂混入
灰分铁含量（质量分数）	≤0.1	磨损金属粉末混入

10. 开发可生物降解齿轮油添加剂的重要性

齿轮传动是机械传动中的重要传动形式，齿轮的应用与齿轮油的润滑保护密不可分。随着齿轮设计水平的提高，齿轮箱的体积不断变小，导致齿轮的工况更为苛刻，因此工业界需要高品质的齿轮油。面对齿轮油品质不断升级的要求和严格的环保法规，可生物降解齿轮油的开发越来越重要。在现有可生物降解基础油的基础上，只有选用高效、绿色的可生物降解齿轮油添加剂，才能满足环保和使用的要求，这是可生物降解齿轮油必须解决的重要问题。曹静思和石嘛在近期对这方面做了详细的介绍。

（1）极压抗磨剂　传统的齿轮油极压抗磨剂通常是含硫、磷或氯的化合物。这些化合物容易在金属表面形成抗剪强度较低的硫化物、磷化物或氯化物，显示出很好的抗磨和极压性能。但实际上大多数适用于矿物型基础油的添加剂都会对可生物降解基础油本身的生物降解性有影响，尤其对在基础油降解过程起作用的活性微生物或酶有危害，因此，上述传统的极压抗磨剂不能作为可生物降解齿轮油的极压抗磨剂使用。

近年来，业界研究人员开展了许多关于可生物降解齿轮油极压抗磨剂的研究工作。研究表明，有机硫化物及其衍生物是良好的可生物降解齿轮油的极压抗磨剂，其作用机理与常见的含硫极压抗磨剂类似，都是在金属表面形成由硫化铁和有机硫添加剂组成的防护膜。常见的可生物降解齿轮油的极压抗磨剂生物降解性及试验方法见表4-23。

表4-23 常见的可生物降解齿轮油的极压抗磨剂生物降解性及试验方法

项　　目	生物降解性（%）	试验方法
硫化脂肪类	>80	CEC L-33-T-82
天然油和脂肪	>80	CEC L-33-T-82
甲基酯	>80	CEC L-33-T-82
天然油和烃的复合物	>80	CEC L-33-T-82
三甲基丙烷酯	>80	CEC L-33-T-82
烷氧基硼酸酯类	65~95	CEC L-33-T-82
噻二唑衍生物	>80	BDI 指数
哌嗪衍生物	60~90	BDI 指数

由表可知，硫化脂肪类添加剂具有出色的生物降解性，利用 CEC L-33-T-82 方法测得的生物降解性在 80%以上。

（2）防锈剂　目前，可生物降解防锈剂的研究多为水基，广泛用于切削液和防锈水等产品中。因环保需要，业界越来越重视油溶性防锈剂的开发，如 Fessenbecker 等人的研究表明，低碱值磺酸钙是酯类基础油的优良防锈剂。尤建伟等人提出苯并噻唑硼酸酯类化合物在菜籽油中具有很好的防锈性能，常用的可生物降解齿轮油的防锈剂生物降解性及试验方法见表4-24。

表4-24 常用的可生物降解齿轮油的防锈剂生物降解性及试验方法

项　　目	生物降解性（%）	试验方法
二烷基苯磺酸钙	60	CEC L-33-T-82
无灰磺酸盐	50	CEC L-33-T-82
苯三唑	70	CEC L-33-T-82
琥珀酸衍生物	>80	CEC L-33-T-82
丁二酸部分酯	>80	CEC L-33-T-82
磺酸钙类	>60	CEC L-33-T-82

从表 4-24 可看出，使用 CEC L-33-T-82 试验方法，琥珀酸衍生物类化合物的生物降解性比磺酸钙类、无灰磺酸盐类化合物高。从环保角度看，丁二酸部分酯和琥珀酸衍生物类化合物更适合作为可生物降解齿轮油的防锈剂。

（3）抗氧剂　当可生物降解齿轮油的基础油为植物油时，植物油分子中含有大量的 C═C 双键，这是导致油品氧化安定性变差的主要原因，因此，抗氧剂的开发应用对植物油来说尤其重要。国内外许多研究者在这方面做了深入的研究，如 Joseph Sharma 最先使用抗氧剂来防止植物油的氧化，他发现适量的胺与苯酚类抗氧剂复合能够提高植物油的氧化安定性。Becker 和 Knorr 研究发现，二甲基二硫代氨基甲酸锌（ZDDC）可以作为优良的抗氧剂用于菜籽油中。王建华等研究表明，胺类抗氧剂可提高酯类油的水解安定性。也有学者研究表明，作为齿轮油的抗氧剂，酚型抗氧剂比胺型抗氧剂的抗氧化性能好。4 种酚型抗氧剂对菜籽油的抗氧化性能见表 4-25，评价时复合 1%（质量分数）的防锈剂。可以看出，菜籽油中加入 1%（质量分数）的 2,6-二叔丁基酚，其抗氧化性能最佳。

表4-25 4种酚型抗氧剂对菜籽油的抗氧化性能

项　　目	丁基化羟基甲苯	2,6-二叔丁基酚油基丙酸酯	2,6-二叔丁基酚	亚乙基双酚	空白	试验方法
加剂量（质量分数,%）	2	2	1	2	0	
寿命（旋转氧弹法）/min	30	15	50	20	4	ASTMD 2272
40℃运动黏度变化（%）	33	194	15	50	>4000	ASTMD2272
总酸值变化（%）	-0.1	5.2	0.1	25	18	ASTMD 2272

常见的可生物降解齿轮油的抗氧剂生物降解性及试验方法见表4-26。

表4-26　常见的可生物降解齿轮油的抗氧剂生物降解性及试验方法

项　　目	生物降解性（%）	试验方法
2,6-二叔丁基对甲酚	17	CECL-33-A-93 (28 d)
2,6-二叔丁基对甲酚	24	CECL-33-A-93 (35 d)
烷基二苯酚	9	CEC L-33-A-93
烷基二苯胺	9	CEC L-33-A-93
苯三唑衍生物	17	CEC L-33-A-93

（4）生物降解促进剂　生物降解促进剂是一种促进油品生物降解的化合物，其研究内容主要分为两类：一类为矿物基齿轮油的生物降解促进剂研究，即研究提高矿物油的生物降解性能以减少对环境的副作用；另一类为合成型基础油的生物降解促进剂研究，如陈波水等人研究了磷氮化脂肪酸、酰胺化脂肪酸等促进合成型基础油生物降解性的作用。业界对可生物降解齿轮油开发应用的重要性已有共识，可生物降解齿轮油添加剂也必将成为可生物降解齿轮油发展的巨大推动力。

4.3　液压油与液力传动油

4.3.1　液压传动基础

在机械设备中以液体为工作介质传递和转换能量并进行控制的传动称为液体传动。液体传动分为利用密闭容积内的液体静压力传递和转换能量的液压传动和借助液体本身的动能传递能量的液力传动两大类。所使用的工作介质分别称为液压油（液）和液力传动油（液）。液压油在液压设备中发挥着主要作用。

在实际生产中，必须对能量进行控制、转换和传递。传递能量的方式很多，概括起来分为四大类——机械传动、电力传动、气压传动（风动）和液压传动。由于液压传动具有许多优点，它在工业界的应用越来越广泛。除了机床、冶金机械、汽车、船舶、农业机械、轻工机械、工程机械、建筑机械、铸造机械、起重运输机械之外，许多矿山机械如采煤机、掘进机、装载机、挖掘机、齿岩机和钻车等都需采用液压传动。液压传动在机械行业的应用见表4-27。

表4-27　液压传动在机械行业中的应用

行业名称	应　　　　用
机床	磨床、铣床、刨床、拉床、压力机、自动机床、组合机床、数控机床、加工中心等
工程机械	挖掘机、装载机、推土机等
汽车	自卸式汽车、平板车、高空作业车等
农业机械	联合收割机的控制系统、拖拉机的悬挂装置等
轻工机械	打包机、注塑机、校直机、橡胶硫化机、造纸机等
冶金机械	电炉控制系统、轧钢机控制系统等
起重运输机械	起重机、叉车、装卸机械、液压千斤顶等
矿山机械	开采机、提升机、液压支架等
建筑机械	打桩机、平地机等
船舶	起货机、锚机、舵机等
铸造机械	砂型压实机、加料机、压铸机等

如果说液压泵（主液压泵）是整个液压系统的心脏的话，那么液压油就是整个液压系统的血液，它对整个液压系统有着很大的影响。液压系统能否可靠、有效和经济地运行，在一定程度上取决于液压液的性能。液压传动是利用连通管原理工作的，并依靠液压系统中容积变化来传递运动。

液压油（液）流经液压系统中的所有管道、小孔、缝隙，因此液压油（液）的选用是否正确以及油品的品质对液压系统十分重要。据资料报道，液压系统的故障有70%～85%是由于液压油（液）方面的原因引起的。

1. 液压传动系统的组成

液压传动是利用连通管原理进行工作，并依靠液压系统中的容积变化来传递运动的，液压传动原理如图4-14所示。

如图4-14所示，作用在连通器两端活塞上的压强是相等的，因此压力 F_1、F_2 与活塞面积 S_1、S_2 成正比，而与活塞行程 L_1、L_2 成反比。

$$\frac{F_1}{F_2} = \frac{S_1}{S_2} = \frac{L_2}{L_1}$$

因此，在面积较小的活塞上使用较小的作用力运动较长的行程能够在较大面积的活塞上形成较大的压

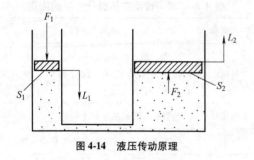

图 4-14　液压传动原理

力，是利用工作腔容积变化来传递压力能的装置。图 4-15 所示是液压传动系统工作原理。

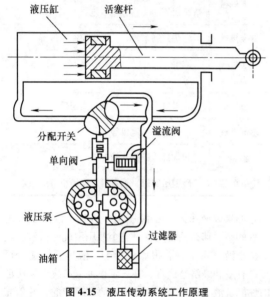

图 4-15　液压传动系统工作原理

　　虽然各种机械设备的液压系统具体构造不尽相同，但均是由动力元件、操纵元件、执行元件和辅助元件四大部分组成的（见图 4-16）。

　　动力元件主要是各种液压泵，液压泵的作用是将机械能传给液体使之转变成液体的压力能，如各种齿轮泵可以产生 20～30MPa 的压强，而柱塞泵可产生 50～60MPa 的压强。操纵元件又称控制和调节装置，包括各种单向阀、溢流阀、节流阀、换向阀，通过它们来控制和调节液体的压力、流量和流向以满足机器的工作性能要求，并实现各种不同的工作循环。执行元件又称液压机，包括传递旋转运动的液压马达和传递往复直线运动的液压缸，把液体的压力能转换成机械能输出到工作机械上。辅助元件包括油箱、油管、接头、蓄能器、冷却器、过滤器以及各种控制仪表，起到储存输送液体、控制液体温度、对液体进行过滤、储存能量以及密封等作用。

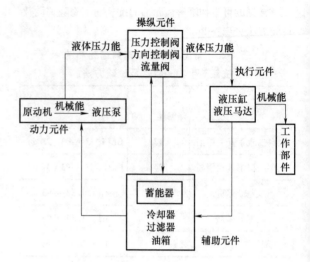

图 4-16　液压系统示意

2. 液压传动的特点

　　（1）液压传动的优点　与机械、电力等传动相比，液压传动具有以下优点：

　　1）能方便地进行无级调速，调速范围宽。

　　2）体积小，质量小，功率大，即功率质量比大。一方面，在相同输出功率的前提下，其体积小，质量小，惯性小，动作灵敏，这对于自动液压控制系统具有重要意义。另一方面，在体积或质量相近的情况下，其输出功率大，能传递较大的转矩或推力（如万吨水压力等）。

　　3）控制和调节简单、方便、省力，易实现自动化控制和过载保护。

　　4）可实现无间隙传动，运动平稳。

　　5）因传动介质为油液，故液压元件有自我润滑作用，使用寿命长。

　　6）液压元件实现了标准化、系列化、通用化，便于设计制造和推广使用。

　　7）可以采用大推力的液压缸和大转矩的液压马达直接带动负载，从而省去了中间的减速装置，使传动简化。

　　（2）液压传动的主要缺点　由于油液的可压缩性和泄漏等因素的影响，液压传动不能保证严格的传动比。

　　液压油对油液温度的变化很敏感，所以液压传动不宜在很高或很低的温度条件下工作。

　　由于液压传动存在着机械摩擦损失、液体的压力损失和泄漏损失，而且还有两次能量形式的转换，所以其效率较低，故不宜做远距离传动。

　　为了减少泄漏以及满足某些性能上的要求，液压元件的制造精度要求较高。

使用和维修技术要求较高，出现故障时不易找出原因。

3. 液压传动的应用和发展

相对于机械传动来说，液压传动是一门新的技术。虽然从英国 1795 年制成第一台水压机算起有着 200 多年的历史，然而广泛地应用于工业、农业和国防等各个领域，还是近半个世纪的事。因此，液压传动与机械传动相比还比较年轻。随着生产力的提高，20 世纪 30 年代前后一些国家生产了液压元件，应用在铣床、拉床和磨床上。在第二次世界大战期间，军事上迫切需要反应快、精度高、输出功率大的液压传动和控制装置，用于装备飞机、坦克、大炮、军舰和雷达，使液压技术在自动控制方面得到了快速发展，因而出现了电液伺服系统。二战后到 20 世纪 50 年代，液压技术很快转入民用工业，在机床、工程机械、农业机械、汽车、船舶、轻纺、冶金等行业都得到了较大的发展，特别是 20 世纪 60 年代以后，随着核能科学、空间技术、电子技术的发展，不断对液压技术提出新的要求，促使液压技术的应用与发展进入了一个崭新的历史阶段。

4.3.2　液压系统对液压油的性能要求

液压油是整个液压系统的血液，它对液压系统能否可靠运行起着重要作用。有的液压设备的运作工况条件十分恶劣，如高温、潮湿、粉尘、水分和杂质等，对液压油的性能提出了更高的要求。一般来说，会对液压油提出如下的性能要求：

1. 合适的黏度和良好的黏温特性

黏度是选择液压油时首先考虑的因素。在相同的工作压力下，黏度过高，液压部件运动阻力增加，液压泵的自吸能力下降，吸油阻力增加，容易产生空穴和气蚀作用，造成管道压力降并增大功率损失，阀和液压缸的敏感性降低，导致工作不可靠。若黏度过低，会增加液压泵的容积损失，元件内泄漏增大，并使滑动部件的润滑油膜变薄，支承能力下降。这样会造成磨损过大，甚至发生烧结。

由于液压油受温度、压力和剪切力的同时作用，故要求其黏度变化不能过大，要求液压油具有合适的黏度和较好的黏温特性，即其黏度随温度变化不大，这样才能较好地满足液压设备的运行要求。

2. 良好的润滑性（抗磨性）

液压系统有大量的运动部件需要润滑，以防止相对运动表面的磨损，特别是压力较高的系统，其对液压油抗磨性要求更高。因为液压设备在运转时也常处

于起动和停止状态，也就是常处于边界润滑状态。如果液压油的抗磨性不良，就会造成液压泵和液压马达性能降低，因此，液压油的抗磨性能很重要。

3. 良好的抗氧化性

和其他油品一样，液压油在使用过程中都不可避免地发生氧化，特别是受空气、温度、水分、杂质及金属催化剂等的影响。液压油被氧化后会产生酸性物质，对金属腐蚀性增加，产生的油泥沉淀物又会堵塞过滤器和细小缝隙，使液压系统失灵或工作不正常，因此要求液压油具有良好的抗氧化性能。

4. 良好的抗剪切安定性

液压油在通过泵、阀（如溢流阀、节流阀等）的缝隙或小孔时，要经受剧烈的剪切作用，导致油中一些大分子聚合物（如增黏剂）的分子断裂，变成小分子，使液压油的黏度降低。这种剪切作用能引起两种形式的黏度变化，即在高剪切速度下的暂时性黏度损失和高分子型增黏剂分子被破坏后造成的永久性黏度下降。油品黏度下降会使泵内泄漏增加，严重时会使液压系统停止工作。当黏度降低到一定限度时，液压油就不能再使用了。因此，要求液压油具有好的抗剪切安定性能。

5. 良好的防锈和防腐蚀性能

液压油在工作过程中难免接触水分、空气，油在使用过程中受氧化而产生的酸性物质等则引起液压元件的生锈或腐蚀。液压元件的锈蚀会影响液压元件的精度，锈蚀产生的颗粒脱落也会造成磨损，从而影响液压系统的正常工作或使元件损坏。因此，要求液压油具备良好的防锈和防腐蚀性。

6. 良好的抗乳化性和水解安定性

液压油在工作过程中，从不同途径混入的水分和冷凝水在受到液压泵和其他元件的剧烈搅动后，容易水解或乳化，使油劣化变质，降低油的抗磨性和润滑性。生成的沉淀物还会堵塞过滤器、管道及阀门等，使元件生锈或腐蚀。因此，要求液压油具备良好的抗乳化性和水解安定性。也就是说，液压油要能较快地与水分分离，使水沉淀到油箱底部，然后定期排出，避免形成稳定的乳化液。具有抗乳化性能的液压油常被推荐用于轧钢机和辊式破碎机，因为那些场合存在着大量水。

7. 良好的抗泡性和空气释放性

当空气释放速度大于液体表面气泡破灭速度即气泡形成量大于破灭量时，便发生表面起泡现象。

液压设备在运转时，使液压油产生气泡的原因如下：

1）在油箱内液压油与空气一起受到剧烈搅动。

2）油箱内油面过低，液压泵吸油时把一部分空气也吸入泵里。

3）因为空气在油中的溶解度是随压力而增加的，所以在高压区域油中溶解的空气较多，当压力降低时，空气在油中的溶解度也随之降低，油中原来溶解的空气就会释放出一部分来，因而产生气泡。

液压油中气泡的危害主要表现在以下几个方面：

1）气泡很容易被压缩，因而会导致液压系统的压力下降，不准确，产生振动和噪声，能量传递不稳定、不可靠，使液压系统的工作不规律。

2）容易产生气蚀作用。当气泡受到液压泵的高压时，气泡中的气体就会溶于油中，这时气泡所在的区域就会变成局部真空，周围的油液会以极高的速度来填补这些真空区域，形成冲击压力和冲击波。这种冲击压力可高达几十甚至上百兆帕，这就是空穴作用。如果这种冲击压力和冲击波作用于固体壁面上，就会产生气蚀作用，使机器损坏。

3）气泡在液压泵中受到迅速压缩（绝热压缩）时，产生的局部高温可高达 1000℃，促使油品蒸发、热分解和气化，使之变质变黑。

4）增加油与空气的接触面积，增加油中的氧分压，促进油的氧化。

抗泡性和空气释放性是液压油的重要使用性能。液压系统中易产生气泡，这不仅使液流产生空腔，发出响声、振动、气冲和气阻，以致造成液压不稳，控制速度缓慢或失灵，动作精度下降，产生泡沫，体积弹性加大，损失动力能量，还会促进液压油迅速氧化变质，甚至发生液压油溢流事故。因此，液压油应有良好的抗泡性和空气释放性，即在设备运转过程中，产生的气泡要少；所产生的气泡要能很快破灭，以免与液压油一起被液压泵吸进液压系统中去；溶在油中的微小气泡必须容易释放出来。为此，液压油中通常需加入诸如甲基硅油或聚酯等抗泡剂。然而，抗泡剂对液体空气释放性能也有负面影响，它可引起压缩空化问题，因此，抗泡剂的使用浓度要低（质量分数约 0.001%）。

另外，表面活性物质、除垢剂或分散剂、呈润滑脂形态的污染物、防腐剂、老化副产物等都有可能对起泡行为产生负面影响。而气泡升至表面的速度取决于气泡直径、液体黏度、基础油密度和质量等。基础油质量和纯度越高，空气释放速度越快；低黏度油比高黏度油的空气释放速度要快。

润滑油的抗泡性是以油品生成泡沫的倾向及泡沫的稳定性来评定的。评定方法为润滑油泡沫性质测定法（见图 4-17）。它是在 1000mL 的量筒中注入试油

约 200mL，以（94±5）mL/min 的流量将空气通入油中，5min 后记下量筒中泡沫的体积，即为起泡倾向（FT）。量筒静置 10min 后再次记下泡沫体积，即泡沫稳定性（FS）。试验油温为 24℃ 及 93.5℃ 两点。抗泡性好的润滑油起泡倾向要小，泡沫稳定性要高。

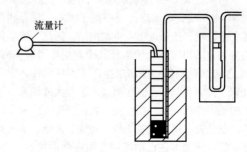

流量计

图 4-17 润滑油泡沫性质测定

8. 对密封材料的适应性

液压系统操作时，系统内与其接触的材料都有可能完全或部分地暴露于液压油中。液压油对与其接触的各种金属材料，橡胶、涂料、塑料等非金属材料，以及密封材料应具有良好的适应性，不会因相互作用而使金属腐蚀、涂料溶解、橡胶过分膨胀、密封失效或使液压油变质。

在液压系统中以橡胶作为密封件者居多，因此要求润滑油与橡胶要有较好的适应性，避免引起橡胶密封件变形。液压油规格中所用的测定方法是石油产品密封适应性指数测定法（SH/T 0305—1993），该法测定石油产品和丁腈橡胶密封材料的适应性，用体积膨胀百分数表示。方法概述：用量规测定橡胶圈的内径，然后将橡胶圈浸在 100℃ 的试样中 24h，将橡胶圈取出冷却后，用量规测定内径的变化。

液压设备对液压油的要求，除以上几点外，特殊的工况还有特殊的要求。例如，在低温地区露天作业，则要求液压油低温性能好，即要求油品的低温流动性好（倾点低）、低温起动性和低温泵送性好（低温黏度小），以保证液压设备的正常工作；与明火或高温热源接触有可能发生火灾的液压设备，以及需要预防一氧化碳、煤尘爆炸的煤矿井下某些液压设备，还要求液压油有良好的抗燃性；乳化型液压油还要求乳化稳定性好等。

液压油除了要满足标准所规定的理化指标外，更重要的是要有较好的使用性能，切不可认为理化指标达到了就是一个好的液压油。

4.3.3 液压油分类规格

国际标准化组织（ISO）用 H 来表示液压油，并

分为易燃的烃类油和抗燃液压油两大类（见表 4-28 和表 4-29）。

液压油的分类也可按黏度牌号分类，采用 40℃ 时运动黏度的某一中心值为黏度牌号，共分为 10、15、22、32、46、68、100、150 八个黏度级，见表 4-30。

表 4-28　易燃的烃类液压油 ISO 分类

用油系统	ISO 分类符号	组成和特性	主要用途
流体静力学系统用油	HH	不含任何添加剂的矿物润滑油	
	HL	具有防锈、抗氧性的精制矿物润滑油	用于通用型机床液压箱和齿轮箱，轻载荷机械的润滑
	HM	具有抗磨性的 HL 型油品，不仅具有 HL 油的全部特性，而且具有良好的抗磨性能	用于要求抗磨性能较高的中、高压液压系统
	HR	具有更好的黏温特性的 HL 型油品	用于要求高黏度指数的低、中压液压系统
	HV	具有更好的黏温特性的 HM 型油品	用于要求高黏度指数的中、高压液压系统
	HG	具有更好的防黏滑性（防爬性）的 HM 型油品	用于既有液压传动又有滑动面的系统
	HS	以合成烃为基础油，具有较低的倾点和良好的黏温特性	用于特殊环境及高寒地区作业
流体动力学系统用油	HA		用于自动变速齿轮箱
	HN		用于联轴节和变矩器

表 4-29　抗燃液压油 ISO 分类

ISO 分类符号	组成和特性	主要用途
HFA	水包油乳化液，可分为：无抗磨性（HFAL）；有抗磨性（HFAM）	用于钢铁厂、矿山及其他要求抗燃性的工业场合
HFB	油包水乳化液，可分为：无抗磨性（HFBL）；有抗磨性（HFBM）	
HFC	水-乙二醇（水、聚合物）可分为：无抗磨性（HFCL）；有抗磨性（HFCM）	
H（F）DR	不含水的磷酸酯	
H（F）DS	不含水的卤代烃	
H（F）DT	不含水的卤代烃与磷酸酯混合液	
H（F）DU	不含水的其他合成液压油	

表 4-30　液压油黏度等级（牌号）

黏度等级（新牌号）	40℃ 运动黏度/（mm²/s）	相当于旧牌号（50℃ 运动黏度）	ISO 黏度等级	黏度等级（新牌号）	40℃ 运动黏度/（mm²/s）	相当于旧牌号（50℃ 运动黏度）	ISO 黏度等级
10	9.00~11.0	7	VG 10	68	61.2~74.8	40（上限接近 50 号）	VG 68
15	13.5~16.5	10	VG 15	100	90.0~110	50，70（下限接近 50 号，上限接近 70 号）	VG 100
22	19.8~24.2	15	VG22				
32	28.8~35.2	20	VG 32				
46	41.4~50.6	30	VG 46	150	135~165	90	VG 150

4.3.4 液压油的主要品种

1. HL 液压油（普通液压油）

HL 液压油属于抗氧防锈型液压油，采用深度精制的矿物油作为基础油，加入多种相配伍的添加剂，具有较好的抗氧、防锈、抗泡、抗乳化、空气释放和与密封材料相适应等性能。HL 液压油牌号分为 15、22、32、46、68、100、150，目前执行国家标准 GB 11118.1—2011。这种油用于不需要防止磨损的液压系统，也可用于要求换油期较长的轻载荷机械的油浴式外循环润滑系统，是目前应用较广的润滑油。

2. HM 液压油

现代工业的液压设备正向着高压、高速、高效和小型化方向发展，这就要求液压油具备更好的抗磨性

能。HM 液压属于抗磨液压油，它由深度精制的优质中性基础油加入相应的添加剂，如抗氧剂、抗磨剂、防锈剂、抗泡剂以及金属钝化剂等调配而成。HM 液压油通常分为含锌型（或称有灰型）和无灰型两种。此外，油中锌含量（质量分数，后同）低于 0.07% 者称为低锌型，锌含量高于 0.07% 者称为高锌型。含锌型抗磨液压油中，因加有含锌抗磨剂，燃烧后含有残留的氧化锌灰，故称有灰型。HM 液压油对轴承合金有一定的腐蚀性，在抗氧化性、水解安定性、热安定性、抗磨性和酸值等方面都不如无灰型。但是，无灰型抗磨液压油所需添加剂价格较高，所以含锌型抗磨液压油仍在广泛使用。但是，无灰型抗磨液压油由于具有许多优点，正受到业界的广泛关注。含锌型与无灰型抗磨液压油的性能比较见表 4-31。

表 4-31　含锌型与无灰型抗磨液压油的性能比较

项　目	典型含锌型抗磨液压油	无灰型抗磨液压油
灰分	高	无
所含的金属	Zn（有的还含 Ca 或 Ba）	无
新油的中和值（或酸值）/（mgKOH/g）	有的可高达 1.5，通常<0.7 或 1.0	约 0.2
抗氧化性（酸值达 2.0 时所需的时间）/h	好，（1000 以上）	很好，（可高达 2600 以上）
水解安定性	一般~劣	很好
热安定性	一般	好
抗乳化性（油水分离性）	好~劣	好
生成沉积物的倾向	中等~强	弱
生成油泥粒子的倾向	强	弱
对铜和铜合金的腐蚀	可能性大	可能性小
液压泵的使用性能	好	极好
总磨损量（ASTM D2882，100h）/mg	中等（多数可<60）	很轻微（<20）
气蚀情况	中等~严重	无
防爬性（抗黏滑性）	不好	好
抗磨性	对钢-钢合金摩擦副好，但对钢-铜合金不够好	对两者都好
对橡胶密封材料的适应性	对丁腈橡胶好，但对聚氨酯橡胶不好	对两者都好
多效性	一般~好	极好
对污染的控制问题	成问题的可能性大	成问题的可能性小

含锌型与无灰型抗磨液压油的威克斯叶片泵磨损曲线如图 4-18 所示。

3. HG 液压油（液压导轨油）

很多种类的机床为了简化润滑系统和方便操作，

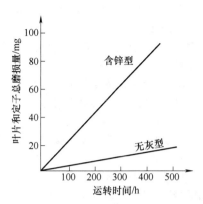

**图 4-18　含锌型和无灰型抗磨液压油的
威克斯叶片泵磨损曲线**

经常将导轨润滑系统与液压传动系统连在一起，这就要求有一种润滑油能同时满足这两个系统的要求。HG 液压油就是为了适应这两个系统的要求而开发的。

HG 液压油采用深度精制的矿物油作为基础油，加入多种相配伍的添加剂调制而成。具有优良的抗氧、抗磨、抗乳化、抗泡性和防爬性等，适用于液压系统和导轨润滑系统连在一起的机床液压箱、齿轮箱和导轨系统的润滑。HG 液压油是在 HM 抗磨液压油的基础上进一步改善其黏滑性能（防爬特性）的液压系统与导轨润滑共同使用的液压油。爬行是机床上常见的不正常运动状态，它主要出现在机床各传动系统的执行零部件上，例如刀架、与液压缸连在一起的工作台等，且一般在低速运行时出现较多。这是因为，速度低时润滑油被压缩，导致润滑油膜变薄，油楔作用降低，部分油膜受破坏，故要求 HG 液压油同时具备防爬性能。

4. HV 及 HS 低温液压油

在环境温度较低（−15℃以下）或环境温度变化比较大的地区，在室外工作的设备必须使用倾点较低（通常要求比环境最低温度低 10～15℃）和低温流动性较好的低温液压油。这种液压油除具有抗磨液压油的性能外，还应具有低温稳定性、优异的黏温特性，以及抗剪切性能。

HV 低温液压油采用精制矿物油作为基础油，加入抗剪切性能好的黏度指数改进剂，并加入相配伍的添加剂调制而成，适用于寒冷地区的工程机械和其他设备的液压系统。

HS 低温液压油采用合成烃作为基础油，加入抗剪切性能好的黏度指数改进剂和与其相配伍的其他添加剂调制而成，适用于极寒冷地区的工程机械和其他设备的液压系统。

5. 抗燃液压液

矿物油型液压油有许多优点，但主要缺点是具有可燃性，在接近明火或高温热源或其他易发生火灾的地方使用矿物油型液压油时，就会有着火的危险。因此，这些地方必须使用抗燃（难燃）液压液。所谓抗燃液压液不一定是绝对不燃，其抗燃性包括两个方面：液压液在明火或高温的作用下抵抗燃烧的性能（难燃性）；液压液在压力作用下发生物理状态变化时抵抗自燃的性能，即液体的抗压燃性。抗燃液压液的发展始于第二次世界大战末期，在民用工业中，主要用于冶金、采矿、电厂、机械加工等行业中接触或临近火源、热源的液压系统。为适应现代液压技术的发展，各种类型的抗燃液压液应运而生。抗燃液压油的最大用户是钢铁行业的压铸、冲压行业。下面介绍几类主要产品。

（1）HFAE 水包油型乳化液　它是水含量（质量分数，后同）在 80% 以上的乳化型水基抗燃液，它是细小油滴分散在水连续相里的混合物。基础油主要是作为各种添加剂的载体，可加入乳化剂、防锈剂、防霉剂、抗泡剂和助溶剂等。HFAE 从乳液（粒径为 5～25μm）向微乳液（粒径为 0.02～0.2μm）发展，以克服乳液的热力学不稳定性，同时提高了 HFAE 的润滑性能。

（2）HFB 油包水型乳化液　它是由 60% 的矿物油和 40% 的水借助于乳化剂的作用形成相对稳定的乳化混合体，它是细小的水颗粒分散在矿物油连续相里的混合物，常用于矿井设备，如液压支架及高温冶金设备等。油包水型抗燃液的特性接近矿物油型液压油，它的润滑性好，具有抗燃性，最高使用温度达 60～70℃，防腐性优于水泡油型乳化液。此外，它无毒，无味，价廉，应用较广，但稳定性略差。

（3）HFAS 高水基液　它是由 95% 的水和 5% 水溶性复合添加剂所组成的，不燃，无压缩性，导热性高，冷却效果好，使用温度为 4～50℃。高水基液压液黏度小，与水的黏度相近，故具有好的抗燃性，在高温或明火环境使用时较安全。试验证明，在 704℃的高温下，高水基液不发生燃烧。HFAS 高水基液节能、环保、价格低。另外，这类高水基液中通常不含高聚物，且液体黏度低，故剪切稳定性较好。

（4）HFC 水-乙二醇抗燃液压液　林济学者在他的专著《液压油概论》中对这类液压油做了详细介绍。水-乙二醇（水-聚合物）液压液中约含 35～55% 的水，其余为溶于水中的乙二醇或丙二醇或它们的二聚物，以及各种添加剂。添加剂包括：水溶性增黏剂，如聚乙二醇、聚甲基丙烯酸钠、聚烷撑乙二醇（由三份氧化乙烯和一份氧化丙烯共聚而成）等；抗磨剂，如磺基丁二酸酯；液相防锈剂和气相防锈剂，如胺类及其盐、吗啡啉等；抗泡剂，如硅油；抗腐蚀剂，如亚硝酸盐等；抗氧剂。

$$(H-\overset{\overset{\displaystyle H}{|}}{\underset{\underset{\displaystyle OH}{|}}{C}}-\overset{\overset{\displaystyle H}{|}}{\underset{\underset{\displaystyle OH}{|}}{C}}-H) \quad (H-\overset{\overset{\displaystyle H}{|}}{\underset{\underset{\displaystyle H}{|}}{C}}-\overset{\overset{\displaystyle H}{|}}{\underset{\underset{\displaystyle H}{|}}{C}}-\overset{\overset{\displaystyle H}{|}}{\underset{\underset{\displaystyle OH}{|}}{C}}-H)$$

水-乙二醇的黏度随水含量的减少而增高，随增黏剂的增多而增高。水-乙二醇液压液的抗燃性主要取决于水含量。水含量高于一定的下限时，一般都不会燃烧。但是在长时间的高温下，水会蒸发掉，液压液黏度就会增高。当水分降到这个下限以下时，该液体就会变成可燃性液体。因此为了保持原有的黏度和抗燃性，就需要及时补加适量的蒸馏水或冷凝水或去离子水。但是切不可加入硬水，否则，硬水中的 Ca^{++} 和 Mg^{++} 离子就会使某些添加剂产生沉淀而失效。

水-乙二醇的优点如下：

① 黏度指数很高，约为 130~170。凝点低，可低到-40℃。可在-20~60℃（或-18~65℃）的温度范围内使用。低温黏度较低，可适用于在低温下工作的机械。

② 润滑性比其他含水液压液好，又易于维护。

③ 压缩系数非常小，黏度随压力的变化也小，比热容和热导率高。

④ 使用寿命长，只要及时补加水和气相防锈剂即可继续使用。

⑤ 价格比其他合成型液压液低。

⑥ 能与矿物油型液压油的密封材料和绝缘材料相适应。

⑦ 不易水解。

⑧ 在消防上属于非危险品。

由于水-乙二醇液压液具有上述优点，所以应用越来越广泛，在一些国家（例如日本）中已成为抗燃液压液中的主流。国外还正在进一步试制可用于高压泵的新型水-乙二醇产品。水-乙二醇液压液通常用于钢铁、铸造业，在矿山的巷道运输机械、钻车、架空索道等领域也有应用。我国也已试制成功水-乙二醇液压液，并在工业上得到应用。

水-乙二醇的缺点如下：

① 润滑性比矿物油型液压油差些，故通常只用于 14MPa 以下（优质产品可用于 17.5MPa）的液压系统。

② 不能与锌、锡、镁、镉、铝等金属接触使用，因为它是碱性的，易与这些轻金属反应生成氢氧化物沉淀，损坏控制阀。

③ 难以从它里面分离出固体杂质，因而易堵塞吸油过滤器。

④ 与矿物油型液压油混合后易生油泥。

⑤ 比重大，故液压泵的吸入阻力大，易产生空穴作用。

⑥ 为了减少水分蒸发，使用温度要保持在 50℃ 或 60℃ 以下。

⑦ 呈碱性，能使普通油漆软化、脱落，故油箱内不能涂油漆，机器外面可涂环氧树脂和聚乙烯型树脂。

⑧ 抗泡性和过滤性较差。

⑨ 对皮肤有刺激性。

⑩ 因水易蒸发成蒸汽，故易产生空穴、气蚀现象和气相锈蚀。

⑪ 废油不好处理。

使用水-乙二醇时要注意：必须把机器内残留的矿物油清除干净；温度最好能控制在 10~50℃ 范围内，最高不超过 60℃，为此需要使用冷却器；要定期进行检验，及时补充水和气相防锈剂；要尽量防止矿物油和固体杂质进入。

1) 典型的水-乙二醇液压组成如下：水，它提供了防火性；乙二醇，它降低了液压液凝点并增稠了液压液；聚合增稠剂，它提供了液压液所必需的黏度（黏度直接影响润滑膜的负载能力）；添加剂，由胺（抗蚀剂）、抗磨剂（羟酸）、染料（方便查漏）、抗泡剂（减少泡沫）等组成。

在水-乙二醇系列液压液中，最常用的乙二醇类包括 1,2-亚乙基二醇（$HOCH_2CH_2OH$）、二甘醇（$HOCH_2CH_2OCH_2CH_2OH$）和 α-丙二醇（$HOCH_2CH(CH_3)OH$）。目前世界上最常用的乙二醇类是二甘醇。

聚（亚烷基）二醇（聚醚，PAG，$HO(CH_2CH_2O)_m(CH_2CH(CH_3O)_nH)$）是最常用的增稠剂，它是环氧乙烷和环氧丙烷的无规共聚物。

2) 水-乙二醇液压液的性能特点。环保型水-乙二醇液压液除具有优良的抗燃性、润滑性、防锈性、消泡性、稳定性外，还具备生物降解性及小的生态毒性。

①生物降解性。生物降解性是环保型水-乙二醇液压液的关键指标，它是指在较短时间内该水-乙二醇液体能被自然界中活性微生物（细菌）消化和代谢，并分解成二氧化碳、水和组织中间体。

水-乙二醇液压液的生物降解能力是指其被微生

物消化和代谢的能力，这种能力主要取决于水-乙二醇液压液的组成，即基础油组分和添加剂，所以在确定这些组分时需十分慎重。国际上，各个行业对油品和介质的生物降解能力都有相关的标准：德国"蓝色天使"环保标志规定，一种润滑油产品通过环保要求的标准为在 21 天内生物降解性不低于 80%；国际船舶工业协会（ICOMIA）把润滑油产品的生物降解性定为不低于 67%。而且所有的组分必须是不污染的，对水的危害性指标等级为 0 或 1。环保型水-乙二醇也应符合这些要求。表 4-32 给出了一些可作基础油润滑材料的生物降解性，表 4-33 列出了一些可用于环保油品添加剂的生物降解性。

表 4-32　可作基础油润滑材料的生物降解性[①]

材料	生物降解性（%）	材料	生物降解性（%）
菜籽油	100	聚烯烃	≤20
豆油	88	聚异丁烯	≤30
葵花籽油	97.5	聚丙二醇	≤10
聚酯	80~100	烷基苯	≤10
多元醇酯	60~100	矿物油	20
二元酸双酯	60~100		

① 用 CECL-33-T82 法测定。

由表 4-32 可以看出，菜籽油、豆油、葵花籽油等植物油和合成酯（聚酯、多元醇酯及二元酸双酯）具有较好的生物降解性，而矿物油和合成烃等不易被生物降解。有关资料表明：由于矿物油的生物降解性

差，它能长期留在水和土壤中，水中油含量超过 10μg/g 可使淡水鱼死亡。

② 黏度。水-乙二醇液压液的黏度随温度的升高而降低，实测某 N46 水-乙二醇液压液 20℃时的运动黏度约为 80mm²/s，40℃时约为 43mm²/s，50℃时约为 31mm²/s。黏度指数为 161。黏度随水含量的降低而增加，变化比较敏感，水分蒸发或外界水分进入都会改变溶液的黏度。黏度还与所含异物有关，常见的情况是，在更换液压元件或将原含油系统改造成水-乙二醇系统时，混入液压油，此时黏度会大大升高，甚至有堵塞系统中过滤器的危险。通常油含量（质量分数）不大于 0.1%，极限情况时也不大于 3%。此外，水-乙二醇液压液是一种非牛顿液体，黏度与运动的剪切速度有关。在标称黏度相等时，水-乙二醇液压液的动压黏度明显低于矿物油的动压黏度。

③ 腐蚀性。水-乙二醇液压液呈碱性，实测某 N46 水-乙二醇液压液的 pH 值约为 9.5。合格的水-乙二醇液压液含有液相防腐剂，对浸泡其中的钢铁类金属材料、铜或黄铜材料（青铜除外）不产生腐蚀作用。一般的液压阀、液压泵等均可直接使用，但订货时需要特别声明，以便厂家做相应的调整，因为有些液压用材料会与水-乙二醇液压液发生化学反应。如聚氨酯材料的密封圈，水-乙二醇液压液会使其软化变形，破坏其密封性能，不能使用。目前使用性能较好的密封材料是氟橡胶，其次是丁腈橡胶。金属材料如锌、镉、铅和未经阳极处理的铝等均会与水-乙二醇液压液发生化学反应，产生异物污染液压系统。其他如有机玻璃材料的液位计、一般的工业用漆等均不适用于以水-乙二醇液压液作为介质的系统。

表 4-33　一些可用于环保油品添加剂的生物降解性

添加剂名称	水害级别	生物降解性（%）	试验方法	添加剂名称	水害级别	生物降解性（%）	试验方法
二烷基苯磺酸钙	1	60	CECL-33-T82	硫化脂肪类，硫含量（质量分数）为 18%	0	>80	CECL-33-T82
无灰磺酸盐	1	50	CECL-33-T82	部分酯化丁二酸酯	—	>90	CECL-33-T82
琥珀酸衍生物	1	>80	CECL-33-T82	三羟甲基丙烷酯	—	>80	CECL-33-T82
苯并三唑	1	70	OECD 302B	磺酸钙	—	>60	CECL-33-T82
硫化脂肪类，硫含量（质量分数）为 10%	0	>80	CECL-33-T82	2,6-二叔丁基对甲酚	1	17	MIII II
				烷基化二苯酸	1	9	OECD 301D

④ 挥发性。水-乙二醇液压液在敞开的环境中会慢慢地挥发，溶液中的水分也会蒸发，此水溶液也会吸收空气中的水分或其他气体成分，使性质发生改变，严重时会导致不能使用。合格的水-乙二醇液压液含有气相防腐剂，可保护封闭油箱内介质上方的碳钢类材料不被氧化。但实际使用中发现，若油箱敞开过久，水-乙二醇液压液中的气相防腐剂挥发损失，油箱内未浸没在介质中的碳钢类金属表面会发生严重锈蚀。为保护气相防腐剂，水-乙二醇液压液系统通常做密闭处理，这一点与使用普通液压油系统有很大的不同。此外，在装拆维修或其他原因产生泄漏时，应及时解决问题，外表留下的残液要尽快擦拭干净，否则会引起锈蚀。

⑤ 润滑性。与相同黏度的矿物油相比，水-乙二醇对运动摩擦副的润滑性能稍差，不能在金属表面生成牢固的极压润滑膜。这一点虽对流体动力润滑摩擦副影响较小，但对重载的滚动轴承影响较大。尤其是对滚针轴承，水-乙二醇液压液在该类轴承中形成的油膜极易破坏，导致轴承碎裂。通常，滑动轴承支承的叶片泵仍可按额定参数使用，但滚动轴承支承的齿轮泵和轴向柱塞泵一般只能按50%额定压力工作。阀配流的三柱塞泵，因无重载波动轴承，即使使用水-乙二醇液压液，也仍能输出45MPa的工作压力。

此外，乙二醇液体具有一定的毒性，应防止进入口中，但对身体不产生危害。在使用中应定期监测黏度、水含量及pH值，如超过规定指标，应补加水和添加剂。适用于冶金、煤矿等行业的低压和中压液压系统，其使用温度为−20~50℃。

6. 磷酸酯液压液

磷酸酯的结构式是 $RO-\overset{\underset{\displaystyle |}{OR}}{\underset{\underset{\displaystyle |}{OR}}{P}}=O$ 或 $(RO)_3PO$。

其中三个烃基R可以相同，也可以不同。三个R均为芳基（即含有苯环）者，叫作三芳基磷酸酯，例如磷酸三甲苯酯（三个R都是甲苯基 —⟨⟩—CH₃）；三个R均为烷基者，叫作三烷基磷酸酯，例如磷酸三正丁酯；三个R中兼有芳基和烷基者，叫作芳基-烷基磷酸酯，例如磷酸二正丁基-苯基酯、二苯基-异辛基磷酸酯。磷酸酯型液压液的基础液，通常都是几种磷酸酯的混合物。各种磷酸酯都具有良好的抗燃性。上述三种磷酸酯的性能比较见表4-34。

表 4-34　三种磷酸酯的性能比较

项目	三芳基磷酸酯	芳基-烷基磷酸酯	三烷基磷酸酯
相对密度	大	中	小
黏度	大	中	小
黏度指数	小	中	大
热安定性	好	中	差
抗燃性	好（适用于149~177℃）	中	差（适用于93~107℃）
凝点	高	中	低
挥发性	小	中	大
主要用途	工业	航空	工业

磷酸酯的性能与分子结构有密切的关系：当相对分子质量增大时，黏度也增大；当烷基异构化（即具有侧链）时，黏度和黏度指数都会降低；当芳基被烷基化（即苯环上的H被烷基取代）时，黏度就会增加，而黏度指数降低，比重和凝点也会降低，但水解安定性增强。

磷酸酯液压液是由在磷酸酯中加入适当抗氧剂、抗腐蚀剂、酸性吸收剂和抗泡剂调制而成的。

磷酸酯液压液的主要优点如下：

① 润滑性好，从低压到高压的各种液压泵都能适用，德国磷酸酯液压液（HSD）在FZG齿轮试验机上可通过11级。

② 抗氧化性好。

③ 自燃温度高，可高达427~595℃。

④ 挥发性低。

⑤ 对大多数金属都不腐蚀。

⑥ 使用温度范围宽，可达−20~150℃。

磷酸酯液压液的主要缺点如下：

① 价格在抗燃液压液中属最高的，约为矿物油型液压油的5~8倍。

② 密封材料不能用一般的耐油橡胶，如丁腈橡胶、氯丁橡胶等（因磷酸酯对它们有溶解作用），必须用氟橡胶（最佳）、丁基胶、乙丙胶、硅橡胶等。

③ 不能用一般的耐油涂料（因为磷酸酯会使它们脱落或变色），只能使用环氧树脂或聚氨基甲酸酯涂料。

④ 混入水分时，会发生水解，生成磷酸，使金

属受到腐蚀。

⑤ 由于相对密度大，黏度指数又较低，液压泵容易因吸不上液压液而产生空穴现象。

⑥ 固体污染物难分离出来。

磷酸酯是化学合成产品，略有刺激性气味，有轻度毒性。因为它的蒸气压很低，所以蒸气危害很小。对皮肤有损害，使用时应尽量少与皮肤接触，如果沾到皮肤上，应及时用肥皂清洗。如果溅到眼睛，应用硼酸水清洗。油箱应密封好。使用磷酸酯的场所应保持良好的通风条件。

由于磷酸酯价格高昂，而且又必须使用昂贵的特殊橡胶作为密封材料，所以在应用上受到限制，通常只用于接近高温热源的或要求动作精密的高压液压系统，以及使用温度高于 80℃ 的液压系统。国外的一些矿山机械，如采煤机、掘进机等都有使用磷酸酯液压液的例子。

在合成润滑油和液压油中，磷酸酯的应用比较普遍，大多数磷酸酯都具有很高的抗燃性和热稳定性能。若能适当地改变磷酸酯的分子结构，还可获得水解安定性好的产品。磷酸酯的黏温性能可与优良的石油基液压油相媲美，有的甚至比石油基液压油还要好。

磷酸酯的物理化学性质主要取决于磷酸酯中有机基团的结构。由于分子中有机基团的结构是多种多样的，所以磷酸酯性质差别也比较大。它的某些性质还直接与碳、氧、磷键的存在有关。

7. 生物降解液压液

（1）生物降解液压液的种类

1）聚乙二醇基液压液。聚乙二醇基液压液不同点在于其是水溶性液体。根据用于制造聚乙二醇物质（环氧乙烷、环氧丙烷）的分子混合物比的不同，可合成不同结构的聚乙二醇。环氧乙烷合成的聚乙二醇水溶性高，与矿物油的混溶性差，极性高。含高比例环氧丙烷的聚乙二醇是非水溶性化合物，或仅略溶于水，与矿物油有一定程度的混溶，极性比聚乙二醇低得多。

聚乙二醇基液压液被广泛用在工业、农业、建筑等方面，使用温度范围为 -45~250℃，生物降解性达99%，换油期和矿物油基相当——约 2000h 或 1 年。

2）合成酯基液压液。合成酯基液压液在高、低温下具有良好的流动性和老化稳定性，以及优良的摩擦学性能，但其价格较高。

3）植物油基液压液。所用植物油主要包括菜籽油、大豆油、高油酸向日葵油等，它们具有极好的润滑性。菜籽油不产生二氧化碳，提供好的腐蚀保护性，不损伤密封材料、油漆、涂料等，但操作温度受限。用于 HETG 类的天然酯主要是甘油三酯，由甘油和脂肪酸生成，最重要的酯是菜籽油。这些基础油的物理和化学性质取决于脂肪酸种类。脂肪酸可以是饱和的，但也有使用单不饱和或多重不饱和脂肪酸的。用高比例不饱和或短链脂肪酸可生产低倾点润滑剂。双键比例高（不饱和脂肪酸）可提高润滑剂对氧和高温的敏感性。天然甘油三酯通过压榨和萃取油菜籽或向日葵籽而得。用此法获得的油须经数个精制过程处理才可使用。

4）PAO 和有关烃类产品。低相对分子质量 PAO及相应衍生烃类是环境友好型液压液。HEPR 液体比矿物油能更快地生物降解，但比大多数酯类油和天然油（如菜籽油）的生物降解要慢得多。

（2）生物降解液压液的性能

1）物理性能。为了满意地用作液压系统的压力介质，生物降解液压液必须满足各种物理性能，如可接受的闪点、空气释放性等。然而，对于植物油基和酯基液，有一些性能在使用过程中很关键，但也很难达到和保持，这些性能包括水解安定性、氧化安定性、腐蚀保护性及密封相容性等。

2）低温性质。生物降解液压液的低温性质，特别是倾点和低温稳定性非常重要，尤其是对在寒冷气候下的汽车设备更是如此。

3）氧化稳定性。在行驶场合下使用的液压油比在静态场合下使用的液压油通常要承受更高的温度，由于植物油的氧化安定性差，使其使用受到限制。在某些情况下，推荐的最高使用温度为 60~80℃，故开发生物降解液压油产品的一个关键挑战是保证其达到满意的氧化安定性。

4）水解安定性。在汽车液压系统中，很难排除水的污染，有水存在时，酯易水解形成有机酸，使腐蚀增大，并进一步催化酯的水解。

5）润滑性。

6）过滤性。

7）生物降解性及毒性。

4.3.5　液力传动油（又称动力传动油）

液力传动与液压传动都是以液体作为工作介质的一种能量转换装置，但是二者的工作原理不同。液压传动应用的是流体静力学原理，液力传动应用的是流体动力学原理。二者的机械结构、零部件、工作特性等也都不同，因此二者各自应用于不同的场合，它们对工作液的要求也有所不同。

1）要有良好的热氧化安定性。因为旋转速度高

(1000~3600r/min)，油的流速快（可高达 20m/s），油的工作温度可高达 140~175℃（比液压油使用温度高，一般液压油的工作温度可控制在 80℃或 70℃以下），在工作中液力油又不断与空气及铝、铜等有色金属（油品氧化的催化剂）接触，所以它比液压油更易氧化变质。液力传动油必须具有更好的热氧化安定性，才能防止在传动元件上生成漆膜和其他沉积物。漆膜是润滑油膜在热的金属表面上受热后，其中的轻馏分蒸发掉，重馏分残留下来，发生氧化、聚合、缩聚反应，生成黏胶状胶质，固结于金属表面上形成的。

2）要有良好的抗泡性和放气性。泡沫多会使液力油的冷却效果下降，使轴承及齿轮过热，甚至烧坏。泡沫多还会产生气蚀，损坏机器，或使机器工作不正常，效率降低。由于常用的抗泡剂硅油相对密度较大，在联轴器、变矩器做高速旋转运动的情况下，容易受离心力的作用而与油分离开来，以致失效。析出的硅油还会阻碍油的循环，目前正在研究改用其他更有效的抗泡剂（例如聚丙烯酸酯等）。

3）在高温、高压下液力油要保持合适的黏度，以保证液力传动系统具有较高的效率。此外，液力油的相对密度大一些为宜。同一尺寸的液力元件，在同一工作条件（转速）下，传动油的相对密度越大，它所能传递的功率就越大；在转速相同和传递的功率相同的条件下，传动油的相对密度越大，变矩器的尺寸就越小。

4）要具有一定的润滑性（抗磨性）。因为液力传动系统内的轴承、齿轮等摩擦副也要用传动油润滑，所以传动油要具有一定的润滑性。

5）在低温（例如-25℃）下工作的传动油要具有良好的低温流动性，即对低温黏度的要求比较严格。

此外，对于防锈性、抗腐蚀性、对合成橡胶的溶胀性等都有一定要求（与液压油差不多）。液力油的黏度通常为（10~30）×$10^{-6}m^2/s$。

液力油的发展趋势是要求具有更好的抗氧化性和更耐久的油性。由于传动油既要起油性润滑、极压抗磨、冷却等作用，又要起传递能量的作用，同时又要在-40~175℃这样宽的温度范围内工作（例如车辆），所以液力油多用经过加氢精制或溶剂精制的矿物油作为基础油，加有增黏剂、降凝剂、抗氧剂、抗泡剂、防锈剂、油性剂（摩擦改进剂）、极压剂等，还加有洗涤分散剂（如金属磺酸盐、烷基硫代磷酸盐、烯基丁二酸酰胺等），以防止或抑制油品在工作中产生油泥沉淀物，并使所产生的油泥分散于油中，

从而使元件表面保持清净。此外还可加入抗橡胶膨胀剂（例如磷酸酯、芳香化合物、氯代烃等），因此液力油的组成是比较复杂的。

4.3.6 液压液的选择原则

各种液压液都有其特性，都有一定的适用范围。生产实践的大量经验教训告诉我们，必须正确、合理地选择液压液，使之适应于特定的环境条件和工作条件，才能提高液压设备运转的可靠性，防止发生故障，延长液压设备和元件的使用寿命。有些厂矿曾发生过由于液压液选择不当而造成液压元件连续损坏的事故。因此对于液压液的选择，必须给予充分的重视，学者林济猷曾经总结过，选择液压液需要考虑下列因素。

（1）液压系统的环境条件

1）环境温度的变化情况。要了解环境温度的上限和下限，如果环境温度低，应选用低黏度液压液，如果环境温度高，应选用高黏度液压液。因为黏度是随温度的升高而降低的，如果环境温度变化范围很大，应选用高黏度指数液压液。如果环境温度下限低（-25℃）或很低（-35℃），则应选用低温液压液或严寒地区低温液压液。

2）液压设备附近有无明火或高温热源。如果在液压液的泄漏半径（约 12~18m 或更远些）内有明火或高温热源存在，泄漏或喷出的液压液有着火危险时，应考虑采用抗燃液压液。煤矿井下工作面有瓦斯、煤尘等易燃、易爆物质存在，为了安全起见，国外不少煤矿的井下机械液压系统，都选用了抗燃液压液。

3）环境的潮湿程度。如果环境很潮湿，液压液中难免混入水分，那么对液压液的防锈性、抗乳化性、水解安定性等的要求就要严格些。如果粉尘污染严重，就要考虑液压液对粉尘的分离性能（应要求粉尘容易从液压液中沉降下来）。

（2）液压系统的工作条件　在各种液压元件中，液压泵是整个液压系统的心脏，它是最主要的元件。因为液压泵转速快，压力大，温度高，又容易产生气蚀，所以通常主要根据液压泵的要求来选择液压液。

1）液压泵的类型。齿轮泵对液压液抗磨性的要求比叶片泵、柱塞泵低，因此齿轮泵常用普通液压油。在某些类型的柱塞泵中，柱塞-缸体是钢-青铜摩擦副，叶片泵的叶片-定子则是钢-钢摩擦副，两者对液压液抗磨性的要求也有所不同。

2）液压泵的工作压力。目前世界各国的液压泵

正在向高速、高压方向发展，压力越高，对液压液的要求也就越高。液压泵油压为低压（<2.5MPa）、中压（2.5～8.0MPa）时，常用普通液压油；压力为10MPa以上时常用抗磨液压油；压力很高时要考虑采用高级抗磨液压油。当工作压力高时，因泄漏问题比较突出，而压力损失问题（这是为了克服液压液黏滞阻力即内摩擦力而产生的）相对说来比较次要，故可选用黏度较高的液压油。

3）液压泵的转速。泵转速越高，对抗磨性的要求就越高。泵转速越高，液压液压力损失就越大，而泄漏率则相对减少，故宜选用黏度较低的液压液。泵转速越低，压力损失就越小，而泄漏率则相对增大，故宜选用黏度较高的液压液。

4）液压泵间隙的大小和内泄漏情况。在其他因素都不变的情况下，液压泵的内泄漏量与液压泵间隙尺寸的三次方成正比，而与液压液的运动黏度成反比。因此，间隙越大，内泄漏量就越多，为了减少内泄漏，可选用黏度较高的液压液。

5）液压系统的使用温度、使用时间、工作特点等。如果液压系统的使用温度上限较高（60℃或70℃以上），使用时间较长，或者要求液压液使用寿命长，则可选用抗氧化性、热安定性、抗磨性好的液压液。一般来说，使用温度较高的液压系统，可选用黏度较高的液压液。如果由于使用温度太高而使油品易受氧化、生成较多的油泥沉淀物，还可考虑选用加入洗涤分散剂的液压油。如果使用温度较低，则可选用黏度较低的液压液。在低压（2.0～3.0MPa）的往复运动的液压缸中，当活塞速度很高时（≥8m/min），可选用低黏度液压液。在旋转运动的液压马达中，则可选用黏度较高的液压液。

6）液压液与金属、密封材料、涂料的适应性（配伍性）。如果液压系统中有镀银元件，则应选用能防止银腐蚀的液压液。如果使用磷酸酯抗燃液压液，则不能选用普通的耐油合成橡胶（腈基橡胶等）密封件，而应选用特殊的合成橡胶（氟橡胶、硅橡胶、乙丙橡胶、丁基橡胶等）密封件。如果液压系统中有铝元件，则不能选用 pH 值>8.5 的碱性液压液。

（3）液压液的特性　液压液的物理化学性能和使用性能要适合液压系统的环境条件和工作条件的要求。例如，如果油箱中不可避免有进水的可能，就要特别重视液压液的防锈性、抗乳化性、水解安定性等；压力达到 10MPa 以上的液压系统，选用液压液时应重视液压液的抗磨性；在低温下工作的液压系统要特别重视液压液的低温流动性、凝点；温度变化范围大的液压系统要注意液压液的黏温特性；数控机床要选用专用的数控液压液。

除上述因素外，选用液压液时还应从经济的角度去考虑。

4.3.7　航空液压油

飞机液压系统主要用于完成收放起落架及襟翼等的特定操纵和驱动，因此有人把航空液压系统比作飞机的"肌肉"，而液压系统中的工作介质航空液压油，则称为飞机的"血液"。据统计报道，飞机液压系统的故障占飞机机械故障总量的30%左右，而其中一半以上故障都与航空液压油有关。由此可见，航空液压油对于飞行安全是十分重要的。王长春等学者对航空液压油做过较详细的介绍。

1. 航空液压油的性能要求

根据飞机液压系统的结构与工作特点，对航空液压油的性能提出如下要求：

1）压缩性小。航空液压油作为飞机液压系统的能量传递介质以操纵飞机起落架及襟翼等特定部件，其压缩性越小越好。压缩性越小，则传递的能量损失就越小，就越稳定、准确、飞机的操纵就越灵敏。

2）适当的运动黏度以及良好的润滑性能。

3）剪切安定性好。航空液压油在高压下通过液压泵或液压阀等元件间隙时会受到机械剪切作用，这样会导致航空液压油的运动黏度下降，直接影响航空液压油的使用，因此，要求航空液压油的剪切安定性好。

4）黏温性能好。航空液压油的工作温度范围很宽，要保证其正常工作就要求航空液压油具有良好的黏温性能。在温度发生变化时，其运动黏度随温度变化不能太大。

5）抗燃性好。可避免液压系统因故障发生泄漏时，航空液压油飞溅到高热的金属部件上引发火灾，威胁飞机的安全。

6）抗泡沫性能好。飞机在高空飞行时，外界压力低，溶解在航空液压油中的空气会析出并产生泡沫。若泡沫不能及时消除，就会严重影响航空液压油的压缩性能，使液压操纵失灵，影响飞机的飞行安全。

7）热安定性和水解安定性好。

8）相容性好。在飞机液压系统中，航空液压油会与多种材料直接接触（包括金属与非金属），因此，要求航空液压油既不腐蚀金属部件，也不溶解非金属密封材料，也就是说，液压油与直接接触材料的相容性要好。

2. 航空液压油的应用现状

1）美国航空液压油包括石油基航空液压油和合成基航空液压油，石油基航空液压油的军用规格应符合 MIL-H-81019D 标准。美国合成航空液压油主要包括磷酸酯航空液压油和合成烃航空液压油。磷酸酯航空液压油最突出的特点是抗燃性明显优于石油基液压油，其性能要满足 MIL-H-5606 的标准要求。合成烃航空液压油的规格应符合 MIL-H-87257 标准，美国海陆军均采用 PAO 合成烃航空液压油，其规格应符合 MIL-H-27601 标准。

2）国产航空液压油。国产航空液压油包括石油基液压油和合成基液压油。石油基航空液压油包括 10 号、12 号和 15 号航空液压油，军用航空液压油主要为 15 号航空液压油。我国合成航空液压油主要包括 RP-4350 号航空液压油、HFS N15 合成烃抗燃航空液压油和昆仑 HFDU 合成酯抗燃液压油等。

RP-4350 号合成烃航空液压油应满足 MIL-H-83282D 标准，具有一定的抗燃性，使用温度范围为 -40~205℃，目前主要用于直升机的液压系统。昆仑 MFDU 合成酯抗燃液压油具有良好的抗燃性、抗磨性以及高温性能。

随着飞机性能的不断提高，飞机液压系统已朝着高温高压方向发展，对于航空液压油抗燃性的要求也越来越高。由于石油基液压油本身不具备抗燃性的缺陷以及目前合成航空液压油的抗燃性还存在一定的局限性等，因此研制新型不燃航空液压油来替代现有的可燃型航空液压油是航空液压油发展的必然趋势。随着对环境保护意识的不断增强，研制无毒、可生物降解的环保型的航空液压油也是航空液压油发展的主流方向。

4.3.8 液压油磨粒检测新方法

为了预防机器在运行期间发生灾难性零件故障，可通过对液压油中磨粒的检测间接获取零部件的工作状态。研究表明，液压油中磨粒的尺寸和浓度与机械部件磨损程度有直接关系，史皓天和张洪明等学者对液压油磨粒检测新方法做了较详细的介绍。

当液压油中出现尺寸大于 20μm 的磨粒时，表明该设备已出现异常磨损，且磨损的尺寸和浓度也随着设备的运行而持续增加，若不及时维修便会造成机械故障。此外，液压元器件的材质也有所差异，通过检测磨粒的材质可识别和定位磨损部件及位置的信息。近年来，有大量涉及液压油磨粒检测的装置被开发出

来，根据检测原理主要分为光学检测、声学检测、电感电容检测和电容检测等。

近些年来，基于微制造技术的微传感器已应用于油液污染的检测，与传统油污传感器相比，微流体检测装置可实现颗粒计数，且便于携带。为了克服电容式传感器和电感式传感器的极限性，史皓天等学者提出了一种集成电容和电感检测原理的磨粒传感器。通过比较分析电感式传感器对液压油中的铁磁性磨粒和非铁磁性磨粒进行检测，通过电容式磨粒传感器，可对液压油中混有的金属颗粒和气泡进行检测。通过比较分析电感式传感器和电容式传感器的检测结果，能够实现对液压油中的各类污染物进行高精度的区分检测。这种装置可用于液压油污染物的在线和便携式检测，该研究为液压油污染快速检测提供了技术支持。

4.4 压缩机油

4.4.1 压缩机概述

1. 压缩机用途

压缩机是用来提高气体压力和输送气体的通用机械，用途非常广泛。压缩机是把机械能转换为气体压力能的一种动力装置，常为风动工具、气动装置、气体轴承等提供气体动力。在石油化工、钻采和冶金等行业也常用于压送氧、氢、氨、氮、天然气、焦炉煤气和惰性气体等介质。压缩机还广泛用于制冷及分离气体，即将制冷剂经压缩、冷凝、液化后再吸热汽化而制冷；或将待分离的混合气体压缩、冷凝、液化后送入气体分离装置，可将不同的气体分离，得到较纯的气体。

2. 压缩机类型

根据结构可将压缩机分为容积式和动态式，如图 4-19 所示。

按排气压力不同，压缩机可分为低压压缩机（排气压力小于 1MPa）、中压压缩机（排气压力为 1~10MPa）、高压压缩机（排气压力为 10~100MPa）和超高压压缩机（排气压力大于 100MPa）。低压压缩机多为单级式，中压、高压和超高压压缩机多为多级式。目前，国外已研制成压力达 343MPa 聚乙烯用的超高压压缩机。按压缩介质的不同，一般压缩机可分为空气压缩机、氧气压缩机、氮气压缩机和氢气压缩机等。按排气压力、排气量及功率划分的压缩机分类见表 4-35，压缩机工作介质的类型见表 4-36。

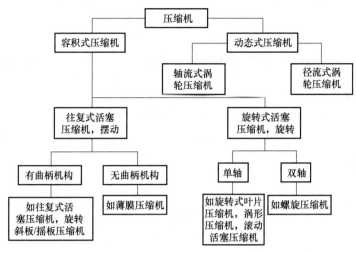

图 4-19　根据结构对压缩机的分类

表 4-35　按排气压力、排气量及功率划分的压缩机分类

按排气压力		按排气量		按 功 率	
类型	排气压力/MPa	类型	排气量/(m³/min)	类型	功率/kW
低压压缩机	<1	微型压缩机	<3	微型压缩机	<10
中压压缩机	1~10	小型压缩机	3~10	小型压缩机	10~100
高压压缩机	10~100	中型压缩机	10~100	中型压缩机	100~500
超高级压缩机	>100	大型压缩机	>100	大型压缩机	>500

表 4-36　压缩机工作介质的类型

一般气体和惰性气体	烃类气体	化学活性气体
空气、二氧化碳、氦、氖、氩、氮、氢	石油裂解气、石油废气、天然气、焦炉煤气、城市煤气	氧、氯、氯化氢、硫化氢、二氧化硫

在压缩机中,压缩介质的成分和性质与所采用的润滑方式和润滑材料密切相关。

3. 压缩机的润滑方式及特点

润滑剂在压缩机中的作用是降低机器的摩擦、磨损与功耗,同时还可起到冷却、密封和降低运转噪声的作用。正确选择润滑油,保证良好的润滑条件,是压缩机长期安全可靠运行的重要保证。不同结构型式的压缩机,由于工作条件、润滑特点和压缩介质的不同,对润滑油的质量及使用性能的要求也不同。

压缩机的润滑部位原则上可分为两类,一类是油与压缩气体直接接触的内部零件,如往复式压缩机的气缸、活塞、活塞环、活塞杆、排气阀、密封填料,回转式压缩机的气腔、转子(旋转体)、排气阀等。另一类为油不与压缩气体接触的外部传动机构,如往复式压缩机曲轴箱中的曲柄销、曲柄轴承、连杆滑块、滑道、十字头,回转式和速度式压缩机的轴承、增速齿轮等。

某些类型的压缩机,如罗茨式压缩机,因转子相互间和转子与壳体间可经常保持一定间隙而无滑动接触,可采用无油润滑。小型干式的螺杆式和滑片式压缩机也可在无油润滑的条件下工作。在极低温度下(-50~-20℃或更低)工作或压缩高纯度气体的活塞式压缩机,为防止润滑介质冷凝或润滑油混入压送气体中,也可采用无油润滑方式。表 4-37 所列为各种压缩机的润滑部位和润滑方法。

通常对于大中容量、多级、带十字头传动的中、高压压缩机来说,以上所说的内部零件和外部零件的润滑均为相互分开的独立系统,可分别采用各自所要求的润滑介质或润滑油。外部零件润滑采用油泵压力供油强制循环式润滑系统，该系统可以单独调节和分配各润滑点的给油量，并因设有独立的油泵、油箱、冷却器和过滤器等，使润滑油液得到充分冷却和过滤，从而可长时间保持油液的清洁和相对恒定的油温。内部零件润滑则采用多头注油器将压力油强制注入气缸及活塞杆的填料密封处。注油器实际上是一个小型柱塞泵，通常它的吸（压）油

柱塞是通过机械（如压缩机曲轴上的凸轮）带动的。因此，当压缩机停止工作时，注油器也随之停止供油。注油器可直接从油池中吸油，并把油压向润滑点，它的供油是间歇性的，通过调节柱塞的工作行程，可方便地调节注油器每次的供油量。注油器可以单独使用，也可将几个注油器组合在一起来集中供油。

表 4-37　各种压缩机的润滑部位和润滑方法

压缩机		润滑部位	润滑方法
往复式	中小型无十字头活塞式	内部——气缸、活塞环等	曲轴箱飞溅
		外部——曲轴箱润滑系统	对于极差压缩机还用吸油法
	大型有十字头活塞式	内部——气缸、活塞环等	压力给油
		外部——曲轴箱润滑系统	压力、循环给油
	无油润滑活塞式	内部——气缸、活塞环等	—
		外部——曲轴箱润滑系统	压力、循环给油
	膜片式	内部——气缸	—
		外部——曲轴连杆、油泵	压力、循环给油
回转式	滴油滑片	气腔	滴油
	喷油内冷滑片		喷油
	干螺杆	内部——气腔	—
		外部——轴承、齿轮	油浸
	喷油螺杆	内部——气腔	喷油
		外部——轴承、齿轮	油浸
	液环式	气腔	油浸
	转子式	内部——气腔	—
		外部——轴承、齿轮	油浸
速度式	离心式和轴流式	内部——气腔	—
		外部——轴承、增速齿轮	油浸

气缸内部润滑所需要的油量可大致按式（4-5）计算：

$$Q = 120\pi KDLN \qquad (4\text{-}5)$$

式中　Q——润滑油量（g/h）；

K——单位润滑表面的耗油量（g/m^2），对卧式气缸可取 $K = 0.025 g/m^2$；对立式气缸，可取 $K = 0.02 g/m^2$；

D——气缸直径（m）；

L——气缸行程（m）；

N——曲轴转速（r/min）。

计算出来的 Q 值仅为润滑油量的大致数值，

实际油量可按压缩机的运行情况（如噪声大小、磨损程度等）及所采用润滑介质的类型、工作温度、冷凝液混入的多少等予以适当调整，并以停机检查气缸内部和气阀被油湿润的程度适当为宜。

对多级活塞式压缩机，通常只需在最初的一级或二级气缸施以润滑。如多级气缸每级都设有中间冷却器和油气分离器吸收气体中所含的油分时，则每级气缸都需单独润滑，但后级气缸所需的润滑油量要比初级气缸少得多。

润滑油在压缩机中的移动路线如图 4-20 所示。

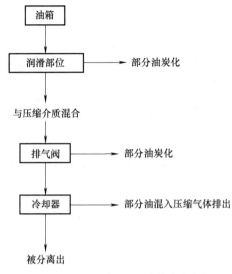

图 4-20　润滑油在压缩机中的移动路线

压缩机油主要用在往复活塞式的压缩机、排送机和活塞泵的气缸和活塞的摩擦部分及进、排气阀等部件的润滑上，也同时润滑压缩机的主轴承、联杆轴承和十字头、滑板等。

4.4.2　压缩机油

1. 压缩机油的分类

在通常情况下，压缩机油按基础油的种类可分为矿物油型压缩机油和合成型压缩机油两大类。按压缩机的结构可分为往复式空气压缩机油和回转式空气压缩机油两种。按被压缩气体的性质可分为空气压缩机油和气体压缩机油。按压缩机负荷不同，可分为轻、中、重负荷压缩机油。

国际标准化组织（ISO）为了统一压缩机油标准，提出了压缩机油分类（见表 4-38）和规格（见表 4-39 和表 4-40）。

表 4-38　轻、中、重负荷的压缩机油分类

（气缸润滑）往复式空气压缩机			（油冷式）回转式空气压缩机		
负荷	油品	操作条件	载荷	油品	操作条件
轻	DAA	每次运转周期之间有足够的时间进行冷却，压缩机开停频繁，排气量反复变化 1）排气压力≤1MPa 排气温度≤160℃ 级压力比<3∶1 2）排气压力>1MPa 排气温度>160℃ 级压力比≤3∶1	轻	DAG	1）排气及气/油温度<90℃ 排气压力<0.8MPa 2）缓和操作条件下，排气压力>0.8MPa
中	DAB	每次运转周期之间有足够的时间进行冷却 1）排气压力≤1MPa 排气温度>160℃ 2）排气压力>1MPa 排气温度>140℃且≤160℃ 3）级压力比>3∶1	中	DAH	1）排气及气/油温度<100℃ 排气压力0.8~1.5MPa 2）排气及气/油温度100~110℃ 排气压力<0.8MPa
重	DAC	当达到中负荷使用条件，而预期用中负荷油（L-DAB）在压缩机的排气系统剧烈形成积炭沉淀物的，应选用重负荷油（L-DAC）	重	DAJ	1）排气及气/油温度>110℃ 排气压力<0.8MPa 2）排气及气/油温度≥110℃ 排气压力0.8~1.5MPa 3）排气压力>1.5MPa

间断运转
连续运转（DAA行）

间接运转
连续运转（DAB行）

间断运转和
连续运转（DAC行）

表 4-39　往复式空气压缩机油规格

项目		ISO/DIS 6521.2-83 DAA（矿物油）	ISO/DIS 6521.2-83 DAB（矿物油）	SC/WG2 提案 DAC（合成油）	试验方法
标准号		ISO/DIS 6521.2-83	ISO/DIS 6521.2-83	SC/WG2 提案	
ISO-L 的符号		DAA	DAB	DAC	
油组成		矿物油	矿物油	合成油	
黏度等级（ISO VG）		32　46　68　100　150	32　46　68　100　150	32　46　68　100　150	ISO 3104
运动黏度/（mm²/s）40℃	±10%				
运动黏度/（mm²/s）100℃	报告	报告	报告	报告	
黏度指数		—	—	—	ISO 2909
倾点/℃	≤	-9	-9	-9	ISO 3016
铜片腐蚀（100℃，3h）/级	≤	1	1	1	ISO 2160
抗乳化性　温度/℃		—	54　82	54　82	ISO 6614
抗乳化性　乳化层到小于 3mL 的时间/min	≤	—	30	30	
防锈（24h）		—	无锈	无锈	ISO 7120A
老化特性　200℃，空气　蒸发损失（质量分数，%）	≤	15		方法待定	ISO 6617（Ⅰ）（=DIN51352 Ⅰ）
老化特性　200℃，空气　康氏残炭增加（质量，%）	≤	1.5　2.0			
老化特性　200℃，Fe₂O₃ 空气　蒸发损失（质量分数，%）	≤		20		ISO 6617（Ⅱ）（=DIN51352 Ⅱ）
老化特性　200℃，Fe₂O₃ 空气　康氏残炭增加（质量分数，%）	≤		2.5　3.0		
减压蒸馏蒸出 10% 后残留物性质　残留物康氏残炭（质量分数，%）	≤		0.3　0.6		ISO 6616 / ISO 6615
减压蒸馏蒸出 10% 后残留物性质　新旧油 40℃时运动黏度比	≤		5		ISO 3104

表 4-40　回转式空气压缩机油规格

项目	ISO/DIS 6521.2-83 DAA（矿物油）	DAB（矿物油）	SC/WG2提案 DAC（合成油）	试验方法
标准号	ISO-L			
黏度等级（160VG）	15　22　32　66　68　100	15　22　32　66　68　100	15　22　32　66　68　100	
运动黏度/(mm²/s)　40℃　±10%	15　22　32　66　68　100	15　22　32　66　68　100	15　22　32　66　68　100	ISO 3104
100℃	—	—	报告	
黏度指数　≥	90	90		ISO 2909
倾点/℃　≤	-9	-9	-9	ISO 3016
铜片腐蚀（100℃，36）/级　≤	1b	1b	1b	ISO 2160
抗乳化性　温度/℃	54　82	54　82	54　82	ISO 6614
乳化层到小于3mL的时间/min　≤	30	30	30	
防锈性（24h）	无锈	无锈	无锈	ISO 7120A
老化特性　200℃，空气：蒸发损失（质量分数，%）≤；康氏残炭增加（质量分数，%）≤	—	方法待定	方法待定	ISO 6617（I）（=DIN51352 I）
老化特性　200℃，空气，Fe_2O_3：蒸发损失（质量分数）≤；康氏残炭增加（质量分数）≤				ISO 6617（II）（=DIN51352 II）
抗泡沫性（24℃）（吹气5min/静10min）/(mL/mL)　≤	300/D	300/D	300/D	
氧化安定性/h　≥	1000	—		ISO 4263

2. 压缩机油的组成

压缩机油主要由基础油和添加剂组成。基础油一般占压缩机油成品油的95%以上，因此基础油的质量优劣直接关系压缩机油成品油的质量水平。而基础油的质量又与其精制工艺和精制深度有着直接关系。精制深度深的基础油，其重芳烃、胶质含量较少，残炭低，对抗氧剂的感受性好，这样的基础油质量就高。

合成油用作压缩机油基础油的有合成烃、有机酯、聚亚烷基二醇、氟硅油和磷酸酯等。合成压缩机油具有优良的氧化安定性，积炭倾向小，使用温度高于矿物油，使用寿命长。合成基础油如聚丙烯烃（PIO）用于回转式螺杆压缩机油，其换油期可延长4倍。节能也是压缩机油的要求之一，合成油的油耗约为常规矿物油油耗的一半，且其使用寿命要长得多。

常用于压缩机油中的添加剂主要有以下几种：

（1）抗氧剂 在压缩机中，润滑油与高温高压的空气频繁接触，机器的金属表面又起着催化作用，因此要求压缩机油具有好的氧化安定性，以防止或改变氧化过程，延长油品使用寿命。常用的抗氧剂有酚类化合物、芳胺类和有机硫化物等。

（2）防锈剂 压缩机系统一般处于有水和含有蒸汽的空气中。进入系统中的水，主要是由于大气中的蒸汽经压缩冷凝而成的。压缩机油中加入防锈剂能置换蒸汽，增加其防护性能。常用的防锈剂有烯基丁二酸、二壬基萘磺酸钡、苯并三唑等。

（3）洗涤分散剂 作为温度较高环境下使用的压缩机，可使用高碱值合成磺酸钙、环烷酸钙及聚烯基丁二酰亚胺等添加剂。

（4）金属钝化剂 铜、铁等金属是润滑油氧化的强烈催化剂。金属钝化剂能与金属表面形成络合物，抑制金属在油品氧化过程中的催化作用，并有利于防止金属腐蚀。常用的金属钝化剂有苯并三唑类及某些硫氮化合物。

（5）抗泡剂 由于压缩机吸入空气或在高速操作时夹带的空气极易生成泡沫，特别是添加的洗涤分散剂具有表面活性的作用，也容易促使气泡生成，影响正常使用，因此，需要加入抗泡剂（如二甲硅油或丙烯酸酯聚合物）来降低其表面张力，促使气泡消除。

3. 压缩机油的性能要求

对于多数压缩机来说，空气或气体经各段压缩后的温度通常会超过170~180℃，活塞式压缩机的出口温度有时超过220℃。为确保压缩机的安全运转，延长换油期，压缩机油应具有如下性能：

（1）黏性 合适的黏度能使压缩机油在正常工作温度和压力下起到良好的润滑、冷却和密封作用，保证压缩机正常运转。黏度过低，润滑油不易形成足够强度的油膜，会加速磨损，缩短机件的使用寿命。反之，润滑油黏度过高，会加大内摩擦力，增大油耗和功耗，也会在活塞环槽内、气阀上、排气通道内等处形成沉积物。因此，在保证润滑的前提下，选择黏性适宜的油品，对于压缩机的可靠运行有着重要影响。

（2）黏温性 喷油内冷回转式空气压缩机在工作过程中反复被加热和冷却，因此，油品黏度不应由于温度变化而产生太大的变化，也即应具有良好的黏温性能。精制的压缩机油的黏度指数约在90以上。

（3）闪点 闪点表示油品在大气压力下加热形成的蒸气，达到用明火点燃的下限浓度时的温度。闪点过高，油品馏分偏重，黏度也大，沥青质等含量就高。闪点过高的压缩机油，使用时易产生积炭，反而会成为不安全的因素。因此，要求压缩机油应有合适的闪点，一般在200℃以上都可以安全使用。

（4）积炭倾向性 实践证明，大中型压缩机由于积炭而着火、爆炸的事故时有发生，是由于排气系统的积炭致使排气阀关闭不严。油品中易生成残炭的主要物质是沥青质、胶质及多环芳烃的叠合物。优质的压缩机油应选用深度精制的窄馏分基础油，添加剂也应尽量选用无灰型添加剂。

（5）良好的氧化安定性 由于压缩机油在高温下工作（排气温度通常为120~200℃，有的时候可能达到300℃），故油品易于氧化变质，生成油泥及积炭沉淀物，使换油周期缩短，腐蚀金属表面，又会堵塞油气分离器等，因此要求压缩机油具有良好的氧化安定性。

（6）良好的抗乳化性和抗泡性 压缩机油中易混入冷凝液及空气，使油品乳化变质，造成油气分离不清，增加机件磨损，因此，优质压缩机油应具有良好的抗乳化性和油水分离性。另外，回转式压缩机油在循环使用过程中，由于循环速度快，油品处于剧烈搅拌状态，极易产生泡沫，影响油气分离效果。因此，对回转式压缩机油来说，应含有一定量的抗泡剂，以防止起泡及确保泡沫稳定性。

4. 压缩机油的选用

压缩机油的选用取决于压缩机压缩介质的性质、

设计、工作参数、环境条件与操作条件等因素。合理选用压缩机油对延长设备的使用寿命和工作可靠性等有着直接的关系。压缩机油的选用主要应考虑品种和黏度等级。

（1）品种的选择　根据压缩介质及压缩机的类型来选择压缩机油品种。压缩机的结构类型、工作参数（压缩比、排气压力和排气温度等）及被压缩气体的性质都是选油的主要参考因素，表 4-41 和表 4-42 分别列出往复式空气压缩机油及回转式压缩机油的选用。

表 4-41　往复式空气压缩机油选用

负荷	用油品种代号	操作条件	
轻	DAA	间断运转	每次运转周期之间要有足够的时间进行冷却；压缩机开停频繁；排气量反复变化
		连续运转	1）排气压力≤1000kPa，排气温度≤160℃，级压力比<3∶1 2）排气压力>1000kPa，排气温度≤140℃，级压力比≤3∶1
中	DAB	间断运转	每次运转周期之间要有足够时间进行冷却
		连续运转	1）排气压力≤1000kPa，排气温度>160℃，级压力比<3∶1 2）排气压力>1000kPa，排气温度 140~160℃ 3）级压力比>3∶1
重	DAC	间断运转或连续运转	当达到上述中负荷使用条件，而预期用中负荷油（DAB）压缩机排气系统严重性成积炭沉积物的，则应选用重负荷油（DAC）

表 4-42　回转式压缩机油选用

负荷	用油品种代号	操作条件
轻	DAG	空气和空气-油排出温度<90℃，空气排出压力<800kPa
中	DAH	空气和空气-油排出温度<100℃，空气排出压力 800~1500kPa
		空气和空气-油排出温度 100~110℃，空气排出压力<800kPa
重	DAJ	空气排出温度>100℃，空气排出压力<800kPa
		空气和空气-油排出温度≥100℃，空气排出压力 800~1500kPa
		空气排出压力>1500kPa

（2）黏度的选择　一般来说，吸气温度低，气缸冷却条件好、极压力比小、行程短、转速高的压缩机，宜选用黏度较低的润滑油。反之，对于多级、高压、排气温度较高、空气温度较高和空气湿度较大的压缩机，应选用黏度较高的润滑油。冬季用油的黏度要比夏季用油的黏度低一些。其次，为防止凝结的液态烃和空气中的水分对润滑油的洗净作用，可在矿物油中添加 3%~5% 的动物油脂，以提高对金属的附着力，阻止润滑油的流失。总之，要求油对润滑部位能形成油膜，同时起到润滑、减摩、密封、冷却和防腐蚀等作用。表 4-43 所列为各类压缩机油的黏度选择。

表 4-44 所列为不同压缩机类型的选油参考。

5. 压缩机推荐用油

表 4-45 所列为各种往复式、回转式和涡轮式压缩机的选油参考。当压缩机采用油润滑时，外部零件和内部零件的润滑可用同一牌号的润滑油，也可采用不同牌号的润滑油。但是，不论内部零件采用何种类型的润滑介质，外部传动零件的润滑都应采用矿物基的润滑油。

表 4-43 各类压缩机油的黏度选择

压缩机型式			排气压力/0.1MPa	压缩级数	润滑部位	润滑方式	ISO 黏度等级
容积型	往复式	移动式	10 以下	1~2	气缸	强制、飞溅	46、68
					轴承	循环、飞溅	46、68
			10 以上	2~3	气缸	强制、飞溅	68、100
					轴承	循环、飞溅	46、68
		固定式	50~200	3~5	气缸	强制	68、100、150
					轴承	强制、循环	46、68
			200~1000	5~7	气缸	强制	100、150
					轴承	强制、循环	46、68
			>1000	多级	气缸	强制	100、150
					轴承	强制、循环	46、68
	回转式	滑片式 水冷式	<3	1	气缸滑片 侧盖轴承	压力注油	100、150
			7	2			
		滑片式 油冷式	7~8	1	气缸	循环	32、46、68
			7~8	2			
		螺杆式 干式	3.5	1	轴承、同步齿轮传动机构	循环	32、46、68
			6~7	2			
			12~26	3~4			
		螺杆式 油冷式	3.5~7	1	气缸	循环	32、46、68
			7	2			
		转子式	—	—	齿轮	油浴、飞溅	46、68、100
			—	—	气缸、齿轮	循环	46、68、100
速度型	离心式		7~9	—	轴承（有时含齿轮）	循环（或油环）	32、46、68
	轴流式		<	—			

表 4-44 不同压缩机类型的选油参考

压缩机类型	压缩机规格	润滑点	润滑方式	润滑油类型	黏度等级
空气压缩机（回转式）	叶片型	气缸、轴承	循环	空气压缩机油	32、46
	螺旋型	气缸、轴承	循环	空气压缩机油	32、46
空气压缩机（离心、轴流式）	电动机直结式	轴承	强制、循环	空气压缩机油	32、46
	齿轮增速式	齿轮、轴承	强制、循环	空气压缩机油	68
高压气体压缩机（往复式）	终压 25MPa 以下	气缸	强制	压缩机油，CO_2、CO、H_2、N_2 等用低黏度；CH_4、C_2H_6 用高黏度；O_2、Cl_2 等活性气体不得用石油润滑油，应用惰性润滑剂	100、150
		轴承	强制、循环	压缩机油，CO_2、CO、H_2、N_2 等用低黏度；CH_4、C_2H_6 用高黏度；O_2、Cl_2 等活性气体不得用石油润滑油，应用惰性润滑剂	68

（续）

压缩机类型	压缩机规格	润滑点	润滑方式	润滑油类型	黏度等级
高压气体压缩机（往复式）	终压 25~70MPa	气缸	强制	压缩机油，CO_2、CO、H_2、N_2 等用低黏度；CH_4、C_2H_6 用高黏度；O_2、Cl_2 等活性气体不得用石油润滑油，应用惰性润滑剂	150、220、320
		轴承	强制、循环	压缩机油，CO_2、CO、H_2、N_2 等用低黏度；CH_4、C_2H_6 用高黏度；O_2、Cl_2 等活性气体不得用石油润滑油，应用惰性润滑剂	68
	终压 70MPa 以上	气缸	强制	压缩机油，CO_2、CO、H_2、N_2 等用低黏度；CH_4、C_2H_6 用高黏度；O_2、Cl_2 等活性气体不得用石油润滑油，应用惰性润滑剂	220、320、460
		轴承	强制、循环	压缩机油，CO_2、CO、H_2、N_2 等用低黏度；CH_4、C_2H_6 用高黏度；O_2、Cl_2 等活性气体不得用石油润滑油，应用惰性润滑剂	68

表 4-45　各种往复式、回转式和涡轮式压缩机的选油参考

压缩机型式			排气压力/MPa	压缩级数	润滑部位	润滑方式	合适黏度（100℃）/（mm^2/s）	推荐油品
往复式	移动式		0.7~0.8	1~2	气缸及传动部件	飞溅式润滑	7~10	DAA100 或 DAB100 空压机油
			0.7~5	2~3			10~12	
	固定式		5~20	3~5	气缸及传动部件	压力强制润滑及压力注油润滑	12~18	DAA100 或 DAB100 空压机油，150 空压机油，4502 合成油
			20~100	5~7			18	
			>100	多级			18～22	
回转式	滑片式	干式	<0.3	1	气缸轴承	无油润滑、油环式或油脂润滑	4~5	2 号轴承润滑脂
			0.7	2				
		喷油式	0.7~0.8	1	气缸及轴承	喷油循环式		2DAG32，46 或 100 回转压缩机油
			0.7~2	2				
	螺杆式	干式	0.3~0.5	1	轴承及同步齿轮	油环式或油脂润滑		2 号轴承润滑油
		喷油式	0.6~0.7	2	气缸及轴承	喷油循环式	5~7	DAG32，46 或 100 回转压缩机油
			1.2~2.6	3~4				
涡轮式	离心式				轴及密封环	压力循环式、油环式或油脂润滑	5~8	TSA32-TSA46-TSA68 抗氧汽轮机油，润滑脂
	轴流式							

注：带十字头的压缩机的外部传动零件可以采用 L-AN68、L-AN100 全损耗系统用油，不带十字头的压缩机外部零件可以采用与气缸相同牌号的机油。

4.5 冷冻机油

随着科技的高速发展，各种类型的冷冻机不断出现，广泛用于石油、化工、纺织、医疗、机械制造、食品加工、交通运输等国民经济的各个领域。冷冻机可分为压缩式、吸收式、蒸气喷射式和半导体式等类型，其中除压缩式以外的三种冷冻机因没有运动部件，不需要润滑。因此，这里主要讨论目前最常用的制冷压缩机的润滑。制冷压缩机的类型和结构与空气压缩机基本相似，所不同的是它压缩的不是空气，而是低沸点液体。它是利用低沸点液体（制冷剂）蒸发时吸收热量的原理，以获得低温（低于环境温度）的机械，也就是将具有较低温度的被冷却物体的热量转移给环境介质，从而获得冷量的机器。冷冻机油是制冷压缩机的专用润滑油，它是制冷系统中影响制冷装置功能和效果的至关重要的组成部分。

4.5.1 制冷压缩机概述

制冷压缩机是压缩式制冷的主要设备，其种类很多，最主要的有往复、离心式和回转式三种。其中，往复式制冷机是得到最广泛应用的一类制冷压缩机。从密封程度上，往复式又可分为开启式、半封闭式和全封式。制冷压缩机分类见表 4-46。

表 4-46 制冷压缩机分类

种类		主要用途
往复式	开式	船舶，陆地上的大型冷库，汽车冷气设备
	半开式	工厂，小型空调机
	闭式	电器冷藏库，家庭用空调机，商品陈列
离心式		工厂，地区冷库
回转式	螺杆式	船舶，陆地上大型冷库
	转子式	空调机，室内冷气设备，商品陈列橱
	涡轮式	空调机，室内冷气设备，商品陈列橱

大型冷库、空调机、冰箱等的心脏部分就是制冷压缩机，也就是冷冻机，制冷循环系统如图 4-21 所示。

4.5.2 制冷压缩机润滑的特点

1. 往复式制冷压缩机

在往复式制冷压缩机中，需要润滑的摩擦部位有活塞与气缸的壁面、连杆大头轴瓦与曲柄销、连杆小头轴瓦与活塞销、活塞销与活塞销座、前后滑动轴承的轴瓦与主轴颈，以及主轴轴封的静动摩擦密封面等。在制冷压缩机中大多采用强制性循环润滑，即利

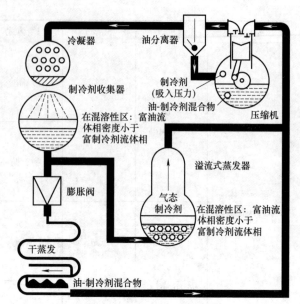

图 4-21 制冷循环系统

用油泵将压力润滑油强制性输送到各润滑点。往复式制冷压缩机的润滑多为内传动润滑油，即润滑系统不单独设立油箱和油泵站，而是采用制冷压缩机的曲轴箱兼作润滑油箱。专门的润滑泵直接与曲轴的一端相连，这样，润滑装置和制冷压缩机就构成了一个整体。往复式制冷压缩机润滑系统的原理如图 4-22 所示。

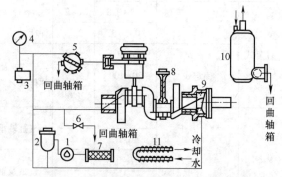

图 4-22 往复式制冷压缩机润滑系统的原理
1—转子式油泵 2—精细过滤器 3—压力继电器
4—压力表 5—油量调节器 6—安全溢流阀
7—粗过滤器 8—活塞销 9—轴封
10—氨油分离器 11—油冷却器

2. 螺杆式制冷压缩机

螺杆式制冷压缩机的润滑部位有凸凹螺杆（也称阴阳转子）的转动啮合部、转动的螺杆与壳体的相对滑动面、螺杆前后的滑动轴承、主动螺杆的平衡活塞及轴端的机械密封摩擦面。上述这些润滑部位均

开有与压力润滑油相同的油口。在能量调节滑阀上或壳体上开设的大小不同、相隔一定距离的油孔可使压力润滑油直接喷射到转子上，这样，既可冷却润滑转子和壳体，又可对运动部位的间隙进行密封，以减少被压缩气体的泄漏，并降低运动噪声。单级螺杆式冷冻机润滑系统原理如图 4-23 所示。

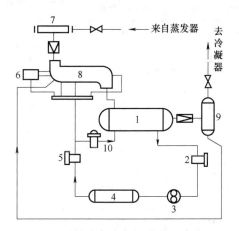

图 4-23　单级螺杆式冷冻机润滑系统原理
1—油分离器　2—粗过滤器　3—润滑油泵　4—油冷却器
5—精过滤器　6—油量调节阀　7—吸气过滤器
8—螺杆式压缩机　9—二次油分离器　10—油压调节阀

3. 离心式制冷压缩机

离心式制冷压缩机的主要润滑部位是增速齿轮、主轴承及轴端的机械密封。通常齿轮箱可兼作润滑油箱，其中装有电热器可对润滑油进行预热。油泵将油抽送至高位油箱，再由高位油箱把油引到所需的润滑部位。这种方式可防止在油泵供油系统突然故障或制冷压缩机突然断电停机时，油泵无油供应而制冷压缩机仍然保持运转，避免无润滑而造成设备摩擦部位的"烧伤"或"胶合"事故。离心式制冷压缩机润滑系统及制冷流程如图 4-24 所示。

4.5.3　冷冻机油的应用及注意事项

1. 冷冻机油的主要作用

在制冷压缩机中工作的冷冻机油的作用与一般压缩机油有部分相同之处，如起润滑、密封和冷却作用。所不同的是以下几方面：

1）它要与制冷剂直接接触。

2）要承受压缩后的制冷剂蒸发的低温和排气阀的高温。

3）在如电冰箱等用途中是全封闭的，不存在中途补加油和换油，因而是全寿命的。

4）它与线圈的绝缘材料和机子的密封材料接触。

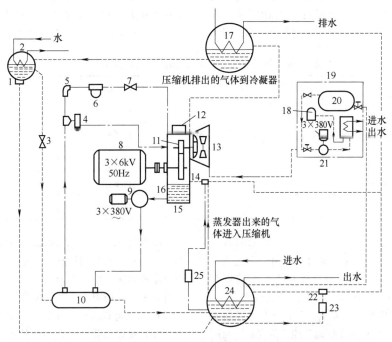

图 4-24　离心式制冷压缩机润滑系统及制冷流程
1—节流管　2—过冷器　3—油量调节阀　4—安全阀　5—调压阀　6—油过滤器　7—止回阀
8—主电动机　9—液压泵　10—油冷却器　11—增速箱　12—高位油箱　13—压缩机
14、22—喷嘴　15—油箱　16—机械密封　17—冷凝器　18—均压缓冲器　19—抽油设备
20—储液罐　21—活塞压缩机　23—干燥器　24—蒸发器　25—油分离器

2. 冷冻机油的主要性能要求

一般来说，要求冷冻机油与制冷剂共存时应具有优良的化学稳定性、良好的润滑性，与制冷剂极好的相溶性，对绝缘材料和密封材料良好的适应性。冷冻机油综合性能比较见表4-47。

表 4-47　冷冻机油综合性能比较

性　能		环烷基冷冻机油	石蜡基冷冻机油（深冷脱脂）	烷基苯冷冻机油（硬性）	烷基苯冷冻机油（软性）	聚烯烃冷冻机油
低温流动性		良	中	优	优	优
相容性	R-12	优	良	优	优	优
	R-22	良	中	优	良	良
	R-502	差	差	优	中	差
化学定性		中	良	优	良	优
热稳定性		中	良	优	良	良
润滑性		良	良	差	良	良
黏温性能		差	良	差	中	中～良
供应稳定性		中	优	良	良	良
价格		良	良	中	良	中～良

（1）黏度和黏温特性　冷冻机油的黏度除了要满足各运动部件的摩擦面有良好润滑性之外，还要从制冷机中带走部分热量，以及起到密封作用。由于冷冻机油在制冷循环系统中的使用温度范围很宽，因此要求冷冻机油必须具有适宜的黏度并且黏度随温度变化要小，即应具有良好的黏温特性，以保证冷冻机油在各种温度下都具有良好的润滑性和流动性。不同基础油冷冻机油的黏度和黏温特性见表4-48。

表 4-48　不同基础油冷冻机油的黏度和黏温特性

	100℃黏度/(mm²/s)	40℃黏度/(mm²/s)	黏度指数
石蜡基油（深冷脱蜡）	5.54	33.4	102
石蜡基油	5.42	31.6	106
环烷基油（深度精制）	4.96	32.8	59
环烷基油（一般精制）	4.27	29.3	-10
烷基苯（硬性）	4.35	33.0	-44

（2）较低的倾点、絮凝点和R12不溶物的含量（也即低温性能）　由于制冷剂的工作温度变化范围较大，如氨制冷剂在压缩时可高至160℃，而膨胀时温度又下降至-10℃，因此，冷冻机油的倾点要低，一般应低于冷冻温度10℃左右。而且油品的黏温特性要好，以确保冷冻机油在低温下能从蒸发器返回压缩机。

卤代烃类R12制冷剂和冷冻机油混合会产生石蜡等沉淀，即石蜡和石油树脂在高于油的浊点前就会凝结。它会堵塞冷却系统的调节机构与制冷设备的管线，影响设备的热交换，因此，应检验冷冻机油中的R12的含量，含量越低越好。一般认为R12制冷剂会和冷冻机油发生如下的反应：

$$CCl_2F_2 + R_1CH_2CH_2R_2 \Longrightarrow CHClF_2 + R_1CHCHR_2 + HCl$$

（R12）　（冷冻机油）　（R22）　（冷冻机油）（盐酸）

（3）良好的化学稳定性和热氧化安定性　制冷机工作中的最后压缩温度可达130~160℃，在此温度下，冷冻机油会受热而不断分解变质，生成积炭而导致制冷机产生磨损与故障。另外，冷冻机油的分解产物又会与制冷剂发生化学反应，使制冷效果变差，生成的酸性物质又会强烈地腐蚀制冷机部件。因此，要求冷冻机油具有良好的热氧化安定性，在出口阀的高温下不结焦、不炭化。同时要求冷冻机油要有良好的化学稳定性，避免与制冷剂如卤代烃（RCl、RF）类作用生成酸性腐蚀性物质。

（4）挥发性　冷冻机油的挥发量越人，随制冷剂循环的油量也越多，因此，冷冻机油的馏分范围越窄越好，闪点也应高于制冷机排气温度 30℃ 以上。

（5）不含水和杂质　因为水会在蒸发器上结冰，影响供热效率，水与制冷剂接触会加速制冷剂分解并磨蚀设备，故冷冻机油不能含有水和杂质。

（6）其他　冷冻机油还应具有良好的抗泡性，以及对橡胶及漆包线等材料的不溶解、不膨胀性能。在封闭式制冷机中使用时应有良好的电绝缘性。

3. 冷冻机油的分类及组成

国际标准化组织根据冷冻机油的特性、蒸发器的操作温度和所用制冷剂的类型，把冷冻机油分为 DRA、DRB、DRC 和 DRD 四种，见表 4-49。其中，DRA、DRB 和 DRC 分别适用于蒸发温度高于 -40℃，低于 -40℃ 和高于 0℃ 的各种制冷压缩机，而 DRD 则适用于所有的蒸发温度及润滑油与制冷剂不互溶的开式压缩机。

表 4-49　ISO 冷冻机油的分类

字母	一般应用	特殊应用	更特殊应用 操作温度 冷剂类型	组成和特性	ISO-L 的符号	典型应用	备注
D	制冷压缩机	往复式和回转式的容积型压缩机（封闭、半封闭或开式）	高于 -40℃（蒸发器）氨或卤代烷	深度精制矿物油（环烷基油，石蜡基油或白油）和合成烃油	DRA	普通制冷压缩机空调	
			低于 -40℃（蒸发器）氨或卤代烷	合成烃油，允许烃/制冷剂混合物有适当相溶性，控制这些合成烃必须互相相溶	DRB	普通制冷压缩机	装有干蒸发器时，相溶性就不重要了，在某些情况下，根据制冷剂的类型可使用深度精制矿物油（考虑低温和相溶性）
			高于 0℃（蒸发器或冷凝器）和/或高排气压力或温度卤代烷	深度精制矿油和具有良好热/化学安定性的合成烃油	DRC	热泵空调普通制冷压缩机	合成烃油，允许烃/制冷剂或烃/矿物油混合物有适当相溶性控制
			所有蒸发温度（蒸发器）烃类	合成润滑剂（与制冷剂、矿物油或合成烃油无相溶性的）	DRD	润滑剂和制冷剂必须不互溶，并能迅速分离	通常用于开式压缩机

注：1. 根据系统的设计和所要求的润滑剂的性质来选油。

2. 只有当气缸中润滑剂要与被压缩的气体接触时，或假如气缸不需要润滑而在机械的其他部件中润滑剂有可能与该气体接触时，才需要在本表中选择一种润滑剂。

3. 采用简陋冷却器技术和食品与制冷剂/润滑剂混合物之间有接触可能的场合，应根据每个国家的规定选用特定润滑剂。

我们现有冷冻机油的国家标准 GB/T 16630—2012 是由 1986 年制定的专业标准 ZBE 34003—1986 经 1992、1996、2012 年转换而成，见表 4-50。

表 4-50 L-DRA、L-DRB、L-DRD 冷冻机油技术要求

项目	L-DRA						L-DRB						L-DRD												试验方法
品种 / 黏度等级（GB/T 3141）	15	22	32	46	68	100	22	32	46	68	100	150	7	10	15	22	32	46	68	100	150	220	320	460	
外观	清澈透明						清澈透明						清澈透明												目测①
运动黏度（40℃)/(mm²/s)	13.5~16.5	19.8~24.2	28.8~35.2	41.4~50.6	61.2~74.8	90.0~110	19.8~24.2	28.8~35.2	41.4~50.6	61.2~74.8	90.0~110	135~165	6.12~7.48	9.00~11.0	13.5~16.5	19.8~24.2	28.8~35.2	41.4~50.6	61.2~74.8	90.0~110	135~165	198~242	288~352	414~506	GB/T 265
倾点/℃ ≤	-39	-36	-33	-33	-27	-21	②						-39	-39	-39	-39	-39	-39	-36	-33	-30	-21	-21	-21	GB/T 3535
闪点/℃ ≥	150	150	160	160	170	170	150	150	180	180	200	200	130	130	150	150	180	180	180	210	210	210	210	210	GB/T 3536
密度（20℃)/(kg/m³)	报告						报告						报告												GB/T 1884③及 GB/T 1885
酸值（以KOH计)/(mg/g) ≤	0.02④						②						0.10④												GB/T 4945⑤
灰分（质量分数,%) ≤	0.005④						—						—												GB/T 508
水分/(mg/kg) ≤	30⑥						350⑦						100⑧ / 300⑦												ASTM D6304⑨
颜色/号 ≤	1	1	1	1.5	2.0	2.5	②						②												GB/T 6540
机械杂质（质量分数,%)	无						无						无												GB/T 511
泡沫性（泡沫倾向/泡沫稳定性,24℃)/(mL/mL)	报告						报告						报告												GB/T 12579

项目			试验方法
铜片腐蚀（T₂铜片，100℃，3h）/级 ≤	1	1	GB/T 5096
击穿电压/kV ≥	①	25	GB/T 507
化学稳定性（175℃，14d）	—	无沉淀	SH/T 0698
残炭（质量分数,%） ≤	0.05④	—	GB/T 268
氧化安定性（140℃,14h）	氧化油酸值（以KOH计）/（mg/g） ≤	0.2	—	SH/T 0196
	氧化油沉淀（质量分数,%） ≤	0.02	②	
极压性能（法莱克斯法）失效负荷/N	报告	报告	SH/T 0187
压缩机台架试验⑪	通过	通过	供需双方商定

① 将试样注入100mL玻璃量筒中，在（20±3）℃下观察，应透明，无不溶水及机械杂质。

② 指标由供需双方商定。

③ 试验方法也包括SH/T 0604。

④ 不适用于含添加剂的冷冻机油。

⑤ 试验方法也包括GB/T 7304。有争议时，以GB/T 4945 为仲裁方法。

⑥ 仅适用于交货时密封容器中的油。装于其他容器时的水含量由供需双方另订协议。

⑦ 仅适用于交货时密封容器中的聚（亚烷基）二醇油。装于其他容器时的水含量由供需双方另订协议。

⑧ 仅适用于交货时密封容器中的酯类油。装于其他容器时的水含量由供需双方另订协议。

⑨ 试验方法也包括GB/T 11133 和NB/SH/T 0207，有争议时，以ASTM D6304 为仲裁方法。

⑩ 该项目是否检测由供需双方商定，如果需方要求应不小于25kV。

⑪ 压缩机台架试验（包括寿命试验、结焦试验和与各种材料的相容性试验等）为本产品定型时和用油者首次选用本产品时必做的项目。当生产冷冻机油的原料和配方有变动或转厂生产时，应重做台架试验。如果供油者提供的产品，其红外线谱图与通过压缩机台架试验压缩图相一致，又符合本标准所规定的理化指标，红外线谱图可以采用 ASTM E1421：1999（2009）方法测定。压缩图可以不再进行压缩机台架试验。

冷冻机油是一种质量要求较高的专用润滑油，它是以深度精制的矿物油或以合成油作为基础油，加入适当的添加剂，如抗氧剂、润滑剂、抗泡剂和降凝剂（制冷剂与降凝剂会发生化学反应者不得使用烷基苯冷冻剂）等调制而成。基础油的类型和质量是影响冷冻机油质量和选用的关键因素，不同类型基础油生产的冷冻机油的性能比较见表4-51。

表4-51 不同类型基础油生产的冷冻机油的性能比较

项目		环烷基冷冻机油	石蜡基冷冻机油	烷基苯冷冻机油		聚烯烃冷冻机油
				硬性	软性	
低温流动性		○	△	●	●	●
相溶性	R12	●	○	●	●	●
	R22	○	△	●	○	○
	R502	×	×	●	△	×
化学安定剂		△	○	●	○	●
热稳定剂		△	○	●	○	○
润油性		○	○	×	○	○
黏温性能		×	○	×	△	△~○

注：●—优；○—良；△—中；×—差。

4. 冷冻机油的选用

在选用冷冻机油时，应根据制冷压缩机的产品类型、所使用的制冷剂类型及其蒸发温度以及制冷压缩机的具体工作条件（如速度高低、负荷大小和工作环境等）加以综合分析比较，以便正确选定冷冻机油的具体规格或牌号。冷冻机油选择的根据如下：

（1）制冷剂的种类 根据制冷剂与冷冻机油相互溶解的程度及有无化学反应等情况来选用。如以氟利昂为制冷剂的制冷压缩机不能选用含蜡或加有降凝剂的油品，因氟利昂和降凝剂会产生化学反应。以二氧化硫作制冷剂的制冷压缩机不能使用芳烃含量较高的油品。

（2）气缸的排气温度和压力 排气温度高、压力大的，则应选择高黏度、高闪点的冷冻机油。

（3）制冷温度（蒸发温度） 制冷温度低，要求冷冻机油的凝点或倾点也要低。若制冷温度要求很低，则应选用具有良好性能和凝点很低的合成冷冻机油。

（4）密封程度 对于半封闭和全封闭式的制冷压缩机，则要求选用具有良好热安定性和电气绝缘性的冷冻机油。图4-25表示影响冷冻机油选择的因素。

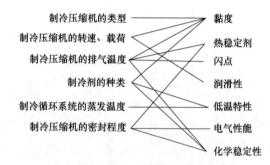

图4-25 影响冷冻机油选择的因素

冷冻机油品种及黏度的选择参见表4-52。

中国石油润滑油公司开发生产了系列冷冻机油产品，其推荐应用参见表4-53。

表4-52 冷冻机油品种及黏度的选择

冷冻机油		制冷压缩机的工况					用途
质量等级	黏度等级	功率	排气温度/℃	排气压力/MPa	制冷剂	密封程度	
DRA/A	32	小型低速	小于125	1.6	NH_3、CO_2	开启式	冷却、冷冻、空调、大型冷库、冷藏车等
	46	大、中型	小于145	3.0			
	68	大型调整多缸	大于145	3.0			

（续）

冷冻机油		制冷压缩机的工况						用途
质量等级	黏度等级	功率	排气温度/℃	排气压力/MPa	制冷剂	密封程度	
DRA/B	32	中、小型				氟利昂	半封闭式	
	46	大中型						
DRB/A	32	小型				氟利昂	全封闭	冰箱、冷柜、空调器、冷藏车、冷水机、车用空调等
DRB/B	32	小型						
	56	中、小型往复式、回转式						

表 4-53　冷冻机油推荐应用一览表

制冷设备类型	制冷剂	压缩机类型	推荐冷冻机油
电冰箱	R22	往复式	DRB/A22、DRB/A32
		回转式	DRB/A32
	R502	回转式	DRB/A32
	R22	节能型	KRD10~KRD15
		普通型	DRB/A22、DRB/A32
	R600	节能型	KRD10~KRD22
		普通型	KRD10~KRD22
家用空调	R22	往复式	DRC/B32（昆仑 3GS）
		回转式	DRC/B56（昆仑 4GS）
	R407C	回转式	Lcematic SW68
	R410A	回转式	Lcematic SW68
中央空调各型冷库工业冷冻机组工业冷凝机组	R22 R502 R11 R12	往复式	DRC/B32（昆仑 3GS）
		回转式	DRC/B56（昆仑 4GS）
		离心式	DRC/B56（昆仑 4GS）
		涡轮式（高压）	DRC/B56（昆仑 4GS）
		涡轮式（低压）	DRC/B32（昆仑 3GS）
	R123	离心式	LUNARIA KT32、46、56
	R717（NH$_3$）	−29℃以上	DRA/A68
		−29℃以下	DRA/A32、DRA/A46
	R134a，R400A R407C，R410A	往复式	Lcematic SW68
		回转式	Lcematic SW68
		离心式	Lcematic SW68
冷冻、冷藏陈列展示柜	R22	往复式	DRC/A32、DRC/A56
		回转式	DRC/A56
	R502	往复式	DRC/A32、DRC/A56
		回转式	DRC/A56

5. 冷冻机油的更换

在使用冷冻机油的过程中，当压缩机的排气温度较高时，有可能引起油品氧化变质，尤其是化学稳定性差的冷冻机油，更易变质。经过一段时间使用后，冷冻机油中会产生残渣、影响轴承的润滑。有机填料及机械杂质等的混入，也会加速冷冻机油的氧化或老化。制冷设备使用的冷冻机油，直接影响压缩机的使用寿命，故必须定期对油品进行检查分析，当其中的一项指标达到表 4-54 中所列的参考换油指标时，就应该更换新油。

表 4-54　冷冻机油参考换油指标

项目	质量控制指标	备注
外观	混油	水分混入，油品变质
颜色（ASTM D1500）	≥4	油品变质，混入其他物品
水分/（μg/g）	≥50	系统内混入水分或空气
运动黏度变化（40℃）（%）	≥15	油品变质，混入其他油品
正辛烷不溶物（质量分数，%）	≥0.1	油品变质，混入灰尘、磨粒
酸值/（mgKOH/g）	≥0.3	油品变质

6. 冷冻机润滑故障及对策

王先会学者在这方面曾经做过详细的论述。

（1）润滑系统油泵无压、调压失灵及压力表指针剧烈摆动

1）冷冻机润滑系统正常工作的主要标志如下：

① 油压表指示稳定。

② 曲轴箱中的油温保持在 40~65℃ 范围内，最适宜的工作温度为 35~55℃。

③ 曲轴箱中的油面应足够高，并应长期保持稳定。

④ 滤油器的滤芯不应堵塞。

2）润滑系统油泵无压、调压失灵及压力表指针剧烈摆动的主要原因如下：

① 曲轴箱中的油温过低。

② 油泵长期工作，泵的磨损严重，容积效果明显降低。

③ 调压阀芯被卡死在开启位置或调压阀的弹簧失效。

④ 系统严重外漏。

3）为解决上述问题，可采取以下措施：

① 按冷冻润滑油规定的换油指标定期检查油质，更换新油。

② 定期更换或清洗滤芯、管路及曲轴箱。

③ 在维修时，应注意检查和调整油泵的端面间隙，必要时应换泵，泵的端面间隙为 0.03~0.08mm。

（2）镀铜现象产生的原因及防止措施　以氟利昂作为制冷剂的制冷系统，在使用过程中，其钢铁零部件的表面常常形成一层铜原子的沉积，这就是所谓的镀铜现象。严重的镀铜现象会直接导致配合部件的堵转（滑片与滑片槽、活塞与气缸）。镀铜现象是由于冷冻机油与氟利昂在高温和水分存在下发生下列化学反应所致：

$$CCl_2F_2 + R\text{—}CH_2\text{—}CH_3 \xrightarrow{\text{高温}} R\text{—}\underset{\underset{Cl}{|}}{CH}\text{—}CH_3 + CHClF_2$$

$$R\text{—}\underset{\underset{Cl}{|}}{CH}\text{—}CH_3 \longrightarrow RCH=\!CH_2 + HCl$$

$$O_2 + 4HCl + 2Cu \longrightarrow 2CuCl_2 + 2H_2O$$

$$Fe + 2CuCl_2 \longrightarrow FeCl_2 + 2Cu$$

由于镀铜现象导致了铜制部件（如连杆小头铜轴承、轴封等）的腐蚀，使部件间隙变大，密封不良，影响制冷效率。

减少镀铜现象的措施如下：

1）及时排除冷冻机油和制冷系统中的水分。

2）防止压缩机过热。

3）及时清洗制冷系统。

（3）制冷系统"冰塞"现象与防止　"冰塞"现象是由于氟利昂系统因各种原因而混入水分，在温度低于 0℃ 的地方结成冰，造成管路堵塞。在冰塞时，膨胀阀的高压液态制冷剂，无法经过球阀而蒸发成低压、低温汽化的制冷剂。这样，蒸发器得不到足够的过冷蒸气，当然也就没有冷气送出了。

"冰塞"也是由于空调系统中有水分进入而产生的。冷冻机油中混入水分后，除造成黏度降低，对金

属产生腐蚀外，还会在氟利昂制冷系统中引起"冰塞"现象。为了除去水分，在系统中都安装有液管干燥过滤器，其中的干燥剂可吸收进入系统中的少量水分。但若进入系统的水分过多，则会使干燥剂失效，从而导致"冰塞"。

4.6　汽轮机油

4.6.1　概述

汽轮机油过去曾称为透平油，通常包括蒸汽轮机油、燃气轮机油、水力汽轮机油及抗氧汽轮机油等。它主要用于润滑汽轮发电机组和水轮发电机组的滑动轴承、减速齿轮、调速器和液压控制系统的润滑。此外，汽轮机油还广泛用于大中型船舶、军舰的汽轮机，工业燃气汽轮机，以及涡轮压缩机、涡轮鼓风机、涡轮冷冻机、涡轮增压器、涡轮泵等设备的润滑。

汽轮机又称透平、蜗轮机，包括汽轮机和燃气轮机等，汽轮机是将蒸汽的能量转换成机械功的旋转式动力机械，它是蒸汽动力装置的主要设备之一。燃气轮机的结构和用途与其相似，是将热的气体携带的热能转换为旋转机械能的热气体动力机械。汽轮机包括驱动汽轮机和工业发电汽轮机两大类，按用途不同可分为电站汽轮机、工业汽轮机和船用汽轮机。汽轮机广泛应用于石油、化工、冶金、建材、轻纺等各工业部门。汽轮机种类很多，分类方法也不同。若按结构分类，有单级汽轮机和多缸汽轮机，有各级装在一个气缸内的单缸汽轮机，有各级分装在几个气缸内的多级汽轮机，有各级装在一根轴上的单轴汽轮机，有各级装在两根平行轴上的双轴汽轮机等。汽轮机也有按工作原理分类、按热力特性分类以及按主蒸汽参数分类的。

汽轮机的主要用途是在热力发电厂中作为带动发电机的原动机。为了保证汽轮机正常工作，还需配置必要的附属设备，如管道、阀门、凝汽器等。汽轮机及其附属设备的组合称为汽轮机设备。图 4-26 所示为汽轮机设备组成。来自蒸汽发生器的高温高压蒸汽经主汽阀、调节阀进入汽轮机。由于汽轮机排气口的压力大大低于进汽压力，蒸汽在这个压差作用下向排气口流动，其压力和温度逐渐降低，部分热能转换为汽轮机转子旋转的机械能。为了调节汽轮机的功率和转速，每台汽轮机都有一套由调节装置组成的调节系统。为保证汽轮机安全运行，还配有一套自动保护装置。调节系统和保护装置常用压力油来传递信号和操作有关部件。汽轮机的各个轴承也需要油润滑和冷却，故每台汽轮机都配有一套供油系统。汽轮机设备是以汽轮机为核心，包括凝汽设备、回热加热设备、调节和保护装置及供油系统等附属设备在内的一系列动力设备组合，正是靠它们协调有序的工作，才能完成能量转换任务。

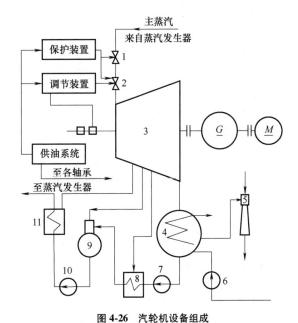

图 4-26　汽轮机设备组成
1—主汽阀　2—调节阀　3—汽轮机　4—凝汽器
5—抽水器　6—循环水泵　7—凝结水泵
8—低压加热器　9—除氧器　10—除水泵
11—高压加热器

汽轮机油主要用于蒸汽轮机、燃气轮机和水轮机的主机及辅机的主轴润滑。这几类汽轮机普遍用于发电机组、轮船动力装置等。随着这些设备的参数越来越先进，汽轮机油承受的温度和压力越来越高，对汽轮机油的性能要求也越来越高。

汽轮机润滑油系统是石化电力行业中大型汽轮机组的重要组成部分，由主油箱、射油器、冷油器、电加热器、油泵、排烟系统、滤油器等部件组成。图 4-27 所示为汽轮机的润滑系统。由于结构复杂、工况变化和其他因素的影响，润滑油系统容易出现各种问题。张正东和夏泽华等人对某电厂 350mW 汽轮发电机组润滑油系统进行定期取样研究，通过理化性能分析和元素光谱分析等手段结合实验结果，对设备中的磨损及故障进行判断，提出了一种"多种油液分析技术相结合"的分析方法。实验表明，这种多种分析技术可对润滑油系统进行有效监控，对磨损趋势进行有效预测，能够比较准确地对设备磨损和故障变化发展做出评估，有利于做好预防。

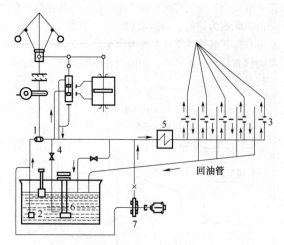

图 4-27 汽轮机的润滑系统
1—主轴泵 2—过滤器 3—汽油发电机组各轴承
4—减压阀 5—油冷却器 6—起动油泵 7—电动油泵

汽轮机油从油箱出来后分成两路，一路进到调速系统，作为工作液，像液压液一样起调速作用；另一路进到各轴承中润滑各滑动轴承。因此，汽轮机油的主要作用如下：

（1）润滑作用 汽轮机油通过油楔作用把滑动轴瓦托起，发挥流体润滑作用。主要用于润滑汽轮机、发电机及其励磁机的滑动轴承和减速齿轮等。

（2）调速作用 用于汽轮机调速系统的汽轮机油是作为一种液压介质，传递控制机构给出的压力，对汽轮机的运行起到调速作用。汽轮机的调速系统主要由调速汽门、伺服阀、调速器及其控制系统等部件组成。

（3）散热冷却作用 汽轮机的转速一般在3000r/min以上，机组高速运转会产生大量摩擦热，蒸汽和燃气的高温也通过叶片传递到轴承，这些都通过循环流动的汽轮机油把热量带走，通过冷却系统降温，使机组在合适的温度下安全运行。一般来说，轴承的正常温度在60℃以下，如果超过70℃，则表示轴承润滑不良，需要增加供油量加以调节，或立即查找原因。

除上述功能之外，汽轮机油还起冲洗和减振等作用。

4.6.2 汽轮机油的性能要求

1. 黏度和黏温性

油品黏度是保证机组正常润滑的一个重要参数。汽轮机油既要满足轴承的润滑和冷却要求，又要满足压力较大的减速齿轮的润滑和冷却要求。

汽轮机油黏度的要求与汽轮机组的结构有关，采用压力循环的汽轮机，常使用黏度较小的汽轮机油。而采用油杯给油的小型汽轮机，则因转轴传热，影响油膜在轴承表面的黏着力，故使用的油品黏度应稍大一些，通用采用40℃运动黏度在 $32 \sim 100 mm^2/s$ 范围的中等黏度润滑油作为基础油。低黏度范围（ $32 \sim 46 mm^2/s$ ）的油用于直接耦合的设备，如汽轮发电机组；高黏度范围（ $68 \sim 100 mm^2/s$ ）的油用于有齿轮减速器的汽轮机组。此外，汽轮机油还应具有良好的黏温特性，一般要求油品的黏度指数为80~90，甚至90以上，以保证汽轮机组的轴承在不同温度下均能得到良好的润滑，蒸汽轮机组高端温度可达200℃，油出口平均温度为60℃左右。

2. 良好的抗氧化安定性

汽轮机组通常是长期连续运转，一般要求不少于5年（40000h以上），有的要求达到10年的使用时间，国外甚至在20年以上。汽轮机长期与空气、蒸汽和金属接触，会发生氧化反应而生成酸性物质和沉淀物。当酸性物质累积过多时，会腐蚀金属零件并形成盐类，而加速油品氧化和降低抗乳化性能。溶于油中的氧化产物又会使油的黏度增大，降低润滑和冷却效果。运行中的汽轮机油与大量空气接触，油的氧化主要是空气中氧气的作用，此外，温度、压力、流速、催化剂和其他杂质如水分、尘土等都可促使油品氧化。油的氧化不仅受外界的影响，而且受化学组成的影响，不同烃类有不同的氧化倾向，其氧化产物也不同。因此，要求汽轮机油必须具有良好的氧化安定性。油品的使用寿命要求长，一般在5~15年范围。

3. 优良的破乳化性能

汽轮机油在使用过程中不可避免地混入水分，使油乳化而生成乳浊液。油水不易分离而降低油的润滑性和防锈性，同时使油加速氧化变质而使金属零部件受腐蚀。因此，要求汽轮机油具有优良的破乳化性能（即油水分离性）。要达到此目的，则基础油必须经过深度精制，尽量减少油中的环烷酸、胶质、沥青和多环芳烃，这样油品的抗乳化性能才好。

抗乳化性能是指油品本身在含水情况下抵抗油的水乳化液形成的能力，其能力大小通常用破乳化度来表示，它是评定油品抗乳化性能的质量指标。在运行中往往由于设备或运行调节不当，使蒸汽、水漏入供油系统中，引起油质乳化，油乳化后进入轴承润滑系统，有可能析出水分，使油膜受损，增大部件摩擦、轴承磨损、机组振动及锈蚀，若不及时处理，会造成重大事故。因此，为了防止油的乳化，要求汽轮机油必须有良好的破乳化性能。

除此之外，汽轮机油还应具有良好的抗泡沫性与防锈性。

4.6.3　汽轮机油的分类

我国汽轮机油分类标准根据 GB 7631.10（等效采用 ISO 6743/5）"润滑剂和有关产品（L 类）的分类　第 10 部分：T 组（汽轮机）"，根据汽轮机油的用途、组成和性质进行分类，参见表 4-55。

表 4-55　汽轮机油分类（GB 7631.10—1992）[①]

具体应用	组成和性质	品种代号 L-	典型应用
一般用途	具有防锈性和氧化安定性的深度精制的石油基润滑油	TSA	发动机、工业驱动装置及其相配套的控制系统，不需改善齿轮承载能力的船舶驱动装置
特殊用途	不具有特殊难燃性的合成液	TSC	要求使用具有某些特殊性如氧化安定性和低温性液体的发动机、工业驱动装置及其相配套的控制系统
难燃	磷酸酯润滑剂	TSD	要求使用具有难燃性液体的发电机、工业驱动装置及其相配套的控制系统
高承载能力	具有防锈性、氧化安定性和高承载能力的深度精制石油基润滑油	TSE	要求改善齿轮承载能力的发电机、工业驱动装置和船舶齿轮装置及其配套的控制系统
一般用途	具有防锈性和氧化安定性的深度精制石油基润滑油	TGA	发电机、工业驱动装置及其相配套的控制系统，不需改善齿轮承载能力的船舶驱动装置
较高温度下使用	具有防锈性和改善氧化安定性的深度精制石油基润滑油	TGB	由于有热点出现，要求耐高温的发电机、工业驱动装置及其相配套的控制系统
特殊用途	不具有特殊难燃性的合成液	TGC	要求具有某些特殊性如氧化安定性和低温性液体的发电机、工业驱动装置及其相配套的控制系统
难燃	磷酸酯润滑剂	TGD	要求使用具有难燃性液体的发电机、工业驱动装置及其相配套的控制系统
高承载能力	具有防锈性、氧化安定性和高承载能力的深度精制石油基润滑油	TGE	要求改善齿轮承载能力的发电机、工业驱动装置和船舶齿轮装置及其配套的控制系统
难燃	磷酸酯润滑剂	TCD	要求液体和润滑剂分别供给，并有耐热要求的蒸气汽轮机和汽轮机控制机构
航空涡轮发动机		TA	
液压传动装置		TB	

① 此标准更新为涡轮机油，故仍使用旧标准内容。

4.6.4　汽轮机油的品种及组成

1. 品种

张晨辉和林亮智学者对这方面的内容曾经做过较详细的介绍。

（1）GB 11120—2011 汽轮机油　这类油品是采用深度精制的矿物油作基础油，复合适量的抗氧剂、抗泡剂和抗腐剂等添加剂调制而成。具有良好的抗氧化性和抗乳化性,适用于汽轮发电机组的润滑,也适用于工作条件不甚苛刻的汽轮压缩机、鼓风机和机床的轴承及减速箱的润滑。由于该油品没含防锈添加剂,故不能用于有防锈要求的设备。但这类油品目前用得较少,基本上由防锈汽轮机油代替。

(2) L-TGA 和 L-TGE 燃气轮机油(原防锈汽轮

机油) L-TGA 为含有适当的抗氧剂和腐蚀抑制剂的精制矿物油型燃气轮机油;L-TGE 是为润滑齿轮系统而较 L-TGA 增加了极压性要求的燃气轮机油,适用于燃气轮机。表 4-56 中的性能相当于 ISO 分类中 L-TGA 防锈汽轮机油的水平。

表 4-56　GB 11120 汽轮机油(L-TSA)标准

项　目		质量指标						试验方法
		L-TGA			L-TGE			
黏度等级(GB/T 3141)		32	46	68	32	46	68	GB/T 3141
外观		透明			透明			目测
色度/号		报告			报告			GB/T 6540
运动黏度(40℃)/(mm²/s)		28.8~35.2	41.4~50.6	61.2~74.8	28.8~35.2	41.4~50.6	61.2~74.8	GB/T 265
黏度指数　　　　≥		90			90			GB/T 1995[①]
倾点[②]/℃　　　≤		-6			-6			GB/T 3535
密度(20℃)/(kg/m³)		报告			报告			GB/T 1884 和 GB/T 1885[③]
闪点/℃　≥	开口	186			186			GB/T 3536
	闭口	170			170			GB/T 261
酸值(以 KOH 计)/(mg/g)　≤		0.2			0.2			GB/T 4945[④]
水分(质量分数,%)　≤		0.02			0.02			GB/T 11133[⑤]
泡沫性(泡沫倾向/泡沫稳定性)[⑥](mL/mL)　≤	程序Ⅰ(24℃)	450/0			450/0			GB/T 12579
	程序Ⅱ(93.5℃)	50/0			50/0			
	程序Ⅲ(后24℃)	450/0			450/0			
空气释放值(50℃)/min　≤		5		6	5		6	SH/T 0308
铜片腐蚀(100℃,3h)/级　≤		1			1			GB/T 5096
液相锈蚀(24h)		无锈			无锈			GB/T 11143(B 法)
旋转氧弹[⑦]/min		报告			报告			SH/T 0193
氧化安定性	1000h 后总酸值(以 KOH 计)/(mg/g)　≤	0.3	0.3	0.3	0.3	0.3	0.3	GB/T 12581
	总酸值达 2.0(以 KOH 计)/(mg/g)的时间/h　≥	3500	3000	2500	3500	3000	2500	GB/T 12581
	1000h 后油泥/mg　≤	200	200	200	200	200	200	SH/T 0565
承载能力齿轮机试验/失效级　≥		—			8	9	10	GB/T 19936.1[⑧]

（续）

项　目		质量指标						试验方法
			L-TGA			L-TGE		
黏度等级（GB/T 3141）		32	46	68	32	46	68	
过滤性	干法（%）　≥	85			85			SH/T 0805
	湿法	通过			通过			
清洁度⑨ ≤		-/17/14			-/17/14			GB/T 14039

① 测定方法也包括 GB/T 2541，结果有争议时，以 GB/T 1995 为仲裁方法。

② 可与供应商协商较低的温度。

③ 测定方法也包括 SH/T 0604。

④ 测定方法也包括 GB/T 7304 和 SH/T 0163，结果有争议时，以 GB/T 4945 为仲裁方法。

⑤ 测定方法也包括 GB/T 7600 和 SH/T 0207，结果有争议时，以 GB/T 11133 为仲裁方法。

⑥ 对于程序 I 和程序 III，泡沫稳定性在 300s 时记录，对于程序 II，在 60s 时记录。

⑦ 该数值对使用中油品监控是有用的。低于 250min 属不正常。

⑧ 测定方法也包括 SH/T 0306，结果有争议时，以 GB/T 19936.1 为仲裁方法。

⑨ 按 GB/T 18854 校正自动粒子计数器（推荐采用 DL/T 432 方法计算和测量粒子）。

防锈汽轮机油通常由深度精制的基础油复合适量抗氧剂、防锈剂、金属钝化剂和抗泡剂等添加剂调配而成。除适用于原来抗氧汽轮机油所润滑的设备外，还可用于船舶汽轮机、燃气汽轮机等要求有良好防锈能力的设备。中国石化公司研制的长城 TSA 防锈汽轮机油具有优良的氧化安定性和黏温性能、极好的抗乳化性和消泡性、优异的防锈性和抗腐性。适用于电力、船舶及其他工业汽轮机组、蒸汽轮机组的润滑和密封。长城 TSA 防锈汽轮机油的典型参数见表 4-57。

表 4-57　长城 TSA 防锈汽轮机油的典型参数

项　目		质量指标						试验方法
		L-TGA			L-TGE			
黏度等级（GB/T 3141）		32	46	68	32	46	68	
外光		透明			透明			目测
色度/号		报告			报告			GB/T 6540
运动黏度（40℃）/（mm²/s）		28.8~35.2	41.4~50.6	61.2~74.8	28.8~35.2	41.4~50.6	61.2~74.8	GB/T 365
黏度指数　≥		90			90			GB/T 1995
倾点/℃　≤		-6			-6			GB/T 3535
密度（20℃）/（kg/m³）		报告			报告			GB/T 1884 和 GB/T 1885
闪点/℃　≥	开口	186			186			GB/T 3536
	闭口	170			170			GB/T 361

（3）抗氨汽轮机油　在现代化肥工业中，合成氨用的压缩机常由汽轮机带动，压缩机和汽轮机共用一套润滑系统。该系统不能采用上述的防锈汽轮机油，因为防锈汽轮机中常使用酸性的防锈剂，而氨是碱性的。当氨气渗到汽轮机油中时就会与酸性物质反应，生成白色的絮状沉淀物，导致油品性能变差，引发事故。因此，就需要一种不会与氨起化学反应的汽轮机油，即抗氨汽轮机油。这必须在添加剂配方上做相应改变，即采用与氨气不发生反应的防锈添加剂。不使用烯基丁二酸等羧酸类酸性防锈剂，因而不会与氨起反应。抗氨汽轮机油除具有良好的抗氧、防锈和抗乳化等性能外，还必须通过特定的抗氨试验（SH/T 0302）。我国现行的抗氨汽轮机油标准是 SH/T 0362—1992，见表 4-58。

表 4-58 抗氨汽轮机油（SH/T 0362）

项 目		质量指标			试验方法
牌号		32	32D	68	GB/T 3141
运动黏度（40℃）/(mm²/s)		28.8~35.2	28.8~35.2	61.2~74.8	GB/T 265
黏度指数	≥	90	90	90	GB/T 1995①
倾点/℃	≤	−17	−27	−17	GB/T 3535
闪点（开口）/℃	≥	180	180	180	GB/T 267
酸值/(mgKOH/g)	≤	0.03	0.03	0.03	GB/T 264
灰分（加剂前）（质量分数,%）	≤	0.005	0.005	0.005	GB/T 508
水分		无	无	无	GB/T 260
机械杂质		无	无	无	GB/T 511
氧化安定性（氧化后酸值达 2.0mg KOH/g 的时间）/h	≤	1000	1000	1000	GB/T 12581②
破乳化时间（54℃）/min	≤	30	30	30	GB/T 7305
液相锈蚀试验蒸馏水（24h）		无锈	无锈	无锈	GB/T 11143
抗氨性试验		合格	合格	合格	SH/T 0302②

① 中间基原油生产的抗氨汽轮机油黏度指数允许不低于 70。
② 氧化安定性和抗氨性试验作为保证项目，每年测定一次。

这类汽轮机油主要用在以氨气、氮气、氢气为压缩介质的合成气压缩机上。合成气压缩机由汽轮机驱动，和调速器共用一个润滑系统，昆仑 KTA 抗氨汽轮机油的典型数据参见表 4-59。

表 4-59 昆仑 KTA 抗氨汽轮机油的典型数据

项 目	32	46	68
运动黏度（40℃）/(mm²/s)	31.5	44.62	68.5
黏度指数	101	98	97
倾点/℃	−17	−17	−17
抗氨试验		合格	

（4）极压汽轮机油 当汽轮机由齿轮连接到载荷时，汽轮机油不但要润滑汽轮机，而且还要润滑齿轮，在这种工况条件下必须采用极压汽轮机油，即分类中的 TSE 和 TGE。极压汽轮机油的组成与防锈汽轮机油基本相类似，不同之处是它含有极压抗磨剂，因此这种油品具有较强的承载能力。极压汽轮机油主要用于船舶，尤其是军舰汽轮机组的轴承、减速齿轮和调速控制系统，以减少齿轮和调速器的擦伤和磨损。

2. 组成

（1）基础油 在汽轮机油组成中，基础油占比很高，达 97%（质量分数，后同）以上。因此，汽轮机油的许多重要性能都是由所使用的基础油的性质所决定的。为满足 OEM 的新要求，同时为了延长油品的使用周期，各大石油公司普遍采用加氢异构化工艺生产的 API Ⅱ/Ⅲ 类基础油，以作为生产汽轮机油的基础油。在基础油中，与饱和烃相比，芳烃和非烃物质如硫、氮等都是极性物质，这些极性物质会降低汽轮机油的抗乳化性能，同时降低油品的氧化和空气释放性能。

（2）添加剂 汽轮机油使用的抗氧剂由最初的 2,6-二叔丁基对甲酚发展到屏蔽酚与烷基二苯胺复合使用。为了进一步提高油品的耐高温氧化安定性，据王先会学者介绍，有些汽轮机油的配方中已经引入了苯基-α-萘胺。汽轮机油中加入抗氧剂能有效改善氧化安定性，2,6-二叔丁基对甲酚是汽轮机油最常用的抗氧剂，它具有抗氧化性能好、油品不变色、毒性小等优点。胺型抗氧剂的热分解温度高，在抑制氧化油酸值的增长方面有良好的效果，但胺型抗氧剂易使油品变色并生成沉淀物。为了得到氧化稳定性好而氧化时产生沉淀物又少的润滑油，一般推荐的方法是以2，6-二叔丁基对甲酚为主剂，再复合使用少量的胺型抗氧剂。

在油品氧化过程中，溶解的金属离子能使烃类的氢过氧化物分解为游离氢，从而加速氧化反应的进行。金属钝化剂可在金属表面形成保护膜，阻碍金属离子进入油中，减缓对油品氧化的催化作用，常用的金属钝化剂有苯并三唑类、噻二唑类。一般要求金属钝化剂要与抗氧剂复合使用，其用量为0.02%~0.10%。

4.6.5　汽轮机油的选择及使用管理

1. 汽轮机油的选择

根据汽轮机的类型选择汽轮机油的品种。如普通的汽轮机可选择防锈汽轮机油，接触氨的汽轮机应选择抗氨汽轮机油，减速箱载荷高、调速器润滑系统工作条件苛刻的汽轮机必须选择极压汽轮机油；高温汽轮机则须选择难燃汽轮机油。

根据汽轮机的轴转速选择汽轮机油的黏度等级。通常在保证润滑性能的前提下，应尽量选用黏度较小的油品，因为低黏度的油品散热性和抗乳化性均较好。

2. 汽轮机油的使用管理

1）汽轮机油的容器，包括储油缸、油桶和取样工具等必须洁净。尤其在储运过程中，不能混入水、杂质和其他油品。不得使用镀锌或有磷酸锌涂层的铁桶及含锌的容器装油，以防油品与锌接触发生水解和乳化变质。

2）新机加油或旧机检修后加油或换油前，必须将润滑油管路、油箱等清洗干净。每次检修抽出的油品，应通过严格的过滤并经检查合格后，方可再次投入运行。

3）汽轮机油的使用温度以40~60℃为宜，要经常调节汽轮机油冷却器的冷却水量或供油量，使轴承回油管温度控制在60℃左右。

4）在机组运行过程中，要防止漏气、漏水及其他杂质的污染。

导致运行中油品变质的因素很多，其内在原因主要是油品的化学组成。油中的环烷烃、烷烃及长侧链芳烃等氧化产物主要是羰基酸和少量的综合产物树脂，而短侧链芳烃及长侧链断链后的芳烃，其氧化产物中酸性物质少而油泥沉淀多。油质劣化后，主要表现为酸性物质增加，沉淀物生成。油品劣化会直接影响设备的安全运行并缩短设备使用寿命。

在运行过程中，应按GB/T 7596—2017电厂运行中汽轮机油质量标准，监督各项指标，并使其符合标准的规定，否则应进行处理或更换。表4-60为运行中汽轮机油的质量标准。

表4-61是国外一些石油公司推荐的汽轮机油换油指标，可供参考。

表 4-60　运行中汽轮机油的质量标准（GB/T 7596—2017）

序号	项　　目		质量指标	检验方法
1	外观		透明，无杂质或悬浮物	DL/T 429.1
2	色度		≤5.5	GB/T 6540
3	运动黏度[①]（40℃）/(mm²/s)	32	不超出新油测定值±5%	GB/T 265
		46		
		68		
4	闪点（开口杯）/℃		≥180，且比前次测定值不低10℃	GB/T 3536
5	颗粒污染等级[②] SAE AS4059F，级		≤8	DL/T 432
6	酸值（以KOH计）/(mg/g)		≤0.3	GB/T 264
7	液相锈蚀[③]		无锈	GB/T 11143（A法）
8	抗乳化性[③]（54℃）/min		≤30	GB/T 7605
9	水分[③]/(mg/L)		≤100	GB/T 7600

（续）

序号	项　目		质量指标	检验方法
10	泡沫性（泡沫倾向/泡沫稳定性）/（mL/mL）　≤	24℃	500/10	GB/T 12579
		93.5℃	100/10	
		后 24℃	500/10	
11	空气释放值（50℃）/min		≤10	SH/T 0308
12	旋转氧弹值（150℃）/min		不低于新油原始测定值的 25%，且汽轮机用油、水轮机用油 ≥100，燃气轮机用油 ≥200	SH/T 0193
13	抗氧剂含量（%）	T501 抗氧剂	不低于新油原始测定值的 25%	GB/T 7602
		受阻酚类或芳香胺类抗氧剂		ASTM D6971

① 32、46、68 为 GB/T 3141 中规定的 ISO 黏度等级。

② 对于 100MW 及以上机组检测颗粒度，对于 100MW 以下机组目视检查机械杂质。

　对于调速系统或润滑系统和调速系统共用油箱使用矿物涡轮机油的设备，油中颗粒污染等级指标应参考设备制造厂提出的指标执行，SAE AS4059F 颗粒污染分级标准参见标准附录 A。

③ 对于单一燃气轮机用矿物涡轮机油，该项指标可不用检测。

表 4-61　国外汽轮机油换油指标

项　目		丸善公司	大协公司	加德士公司	日本船用机关学会
运动黏度（40℃）/（mm²/s）	>	±10	±15	±20	±10
酸值/（mgKOH/g）	>	0.5	0.3	0.3	0.3
水分（质量分数，%）	>	0.2	0.2	爆裂试验有水	0.1
表面张力（25℃）/（dym/cm）	<	新油的 1/2	15		
色度	>		5		
沉淀值/（mL/10mL）	>		0.1		
污染度/（mg/100mL）	>				10

注：$1 dym = 10^{-5} N$。

4.7　（高温）链条油

1. 链条传动特点

　　链条是一种由彼此可以互相转动的链节组成的机械传动元件，它是重要的机械基础元件，已广泛应用于各工业领域，它兼有齿轮和传动带的特点。在众多的链条种类中，传统的套筒滚子链所占的比例最大，约为 80%。图 4-28 所示为套筒滚子链的组成。

　　链传动由主动链轮、从动链轮和绕在两轮上的一条闭合链条所组成，如图 4-29 所示。

它靠链条与链轮之间的啮合来传递运动和动力。与带传动相比，链传动有结构紧凑，作用在轴上的载荷小，承载能力大，效率较高，能保持准确的平均传动比等优点。

　　链传动广泛应用于冶金、轻工、化工、机床、农业、起重运输领域和各种车辆的机械传动中。

　　润滑对链传动十分重要，对高速、重载的链传动尤为重要。良好的润滑可缓和冲击、减轻磨损，延长链条使用寿命。链传动润滑方法包括人工润滑、滴油润滑、油浴或油盘润滑，以及喷油润滑四种，如图 4-30 所示。

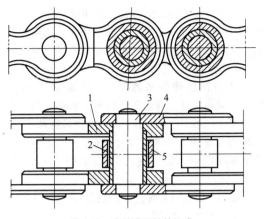

图 4-28　套筒滚子链的组成
1—内链板　2—套筒　3—小轴　4—外链板　5—滚子

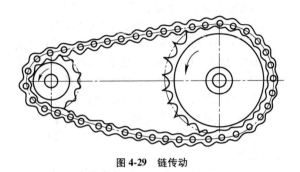

图 4-29　链传动

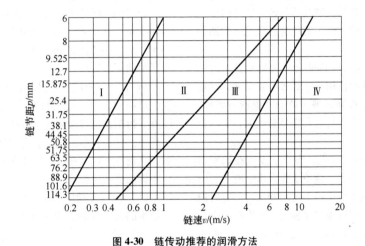

图 4-30　链传动推荐的润滑方法
Ⅰ—人工润滑　Ⅱ—滴油润滑　Ⅲ—油浴或油盘润滑　Ⅳ—喷油润滑

　　1）人工润滑。用刷子或注油壶定期地在链条松边的内外链板环境处加油，最好是每工作 8h 加一次油。

　　2）滴油润滑。利用滴油杯将油滴在两铰接板之间，单排链每分钟滴油约 5~20 滴，若油滴在链的中心，不能有效滴滑其结合的面积，这时，必须将润滑剂导引到销轴内侧和滚子侧板表面。

　　3）油浴或油盘润滑。用油浴润滑时，将下侧链条通过变速箱中的油池，其油面应达到链条最低位置的节圆线上。用油盘润滑时，则链条在油面之上工作。油盘从油池里带上的油常利用一油槽导引，使油沉降至链上。油盘的直径应足以产生 3.3~4.5m/s 的旋转速度。若总链宽大于 25mm，应在链轮两侧都装油盘。

　　4）喷油润滑。这是对每条传动链供给一连续的油流。油应加在链环的内侧，恰好对准链板环境处，沿着链宽均匀地导向链松弛的一侧。

　　（1）链条传动的摩擦特性　王先会学者在这方面有过较详细的介绍。链条传动已经在各工业领域得到长期和广泛的应用，常用的有传动链条、传送链条、升举链条及控制链条等。对一般的链条来说，其润滑部位主要是链轮和链条的滚子、链轴和轴套。由于链条的轴和轴套的配合间隙较小，故润滑也较为困难。链条润滑的目的是保持链条精度，防止早期失效。

　　常见的链条磨损主要发生在销轴与套筒之间，一般来说，链条因磨损而变长是一个渐进的过程，大致包括三个阶段：

　　1）第一阶段——初期磨合。这个阶段时间较短，销轴和套筒上的突点被磨掉。

　　2）第二阶段——稳定而又缓慢的润滑磨损。在这一阶段，销轴恰当地置于套筒中，承载区得到正确而充足的润滑。

3）第三阶段——末期磨损。在这一阶段，润滑可能无效或失效。或者销轴与套筒表面的硬层被磨掉，或者链条变长，使得个别节点的负载急剧增加。当载荷超过屈服极限时，链条就发生塑性变形。

链条的结构和工作条件常常决定其摩擦特点。绝大多数摩擦件之间为线接触，且接触面积极小。摩擦件的运动方式多为往复摆动，摩擦点不易接近，摩擦件表面承受的压力很高，一般表现为混合摩擦。磨损链条的主要失效形式与其润滑不良有直接关系。

（2）链条传动的失效形式　链条的失效形式有多种表现：

1）链变长失效。当载荷超过屈服极限时，链条会发生塑性变形，链板及链板孔被拉长，使得链条不能正常工作。若链条过长，则链节与链轮间的同步运动受到干扰，产生抖动，严重的还会造成链条的断裂或链轮的断齿。

2）疲劳损坏。若传动链的受力边与非受力边的拉力不等，在变载荷的作用下，经过反复循环，链板会出现显微裂纹，并逐渐扩展，就会产生疲劳磨损，最终发生断裂。滚子表面也会发生疲劳点蚀，影响链条的使用寿命。

3）链条磨损。一般来说，磨损常发生在销轴与套筒之间，使得间隙变大，链条变长，影响链条与链轮的啮合，或者不能维持正确的定距和定时。有时滚子与套筒之间的磨损或链板与导板之间的磨损也会导致链条故障。由于链条长期处于交变载荷作用下的边界摩擦或混合摩擦状态下，故磨损和疲劳往往是链条失效的主要形式。

4）胶合。在润滑剂不足或不合适的情况下，当链条处于高速或重载时，销轴与套筒接触表面间难以形成完整的润滑油膜，这样，两金属表面有可能直接接触，从而导致金属表面的胶合或焊合，影响链条的正常传动。

实践证明，链条的磨损失效与链条的胶合失效往往与润滑有直接关系。链条若处于良好的润滑状态，能使链条磨损的第二阶段大大延长，使磨损第三阶段大大推后，这样就可延长链条的服务周期，取得明显的经济效益。经验表明，合理且良好的润滑能够延长链条的使用寿命最长可达 100 倍。由此可见，链条油的质量对链条传动（尤其在高温工况条件下）是何等的重要。

2. 双向拉伸工艺的发展及对链条传动的要求

（1）双向拉伸工艺技术的发展　用双向拉伸工艺生产塑料薄膜的方法始于 1935 年，当时德国首先用这种方法生产聚苯乙烯薄膜。20 世纪 40 年代末，美国 DOW 化学公司制出了偏二氯乙烯与氯乙烯的共聚物，并推出了双向拉伸聚偏二氯乙烯薄膜，商品名为 Saran。1953 年，英国 Imperial Chemical Industri 公司推出了双向拉伸聚酯薄膜，商品名为 Melinex。1958 年，双向拉伸聚丙烯薄膜得到了发展，当时以意大利 Montecatini 公司的 Mopletfan 商品最有名。

20 世纪 80 年代以来，双向拉伸塑料薄膜的生产在全世界范围内得到了高速的发展，其中以双向拉伸聚丙烯、聚对苯二甲酸乙二醇酯、聚苯乙烯以及尼龙的生产量最大，应用范围也最为广泛。

其工艺发展趋势如下：

1）生产设备大型化，目前薄膜宽度都在 3m 以上，最大幅宽已超过 10m。

2）生产高速化，生产设备的机械速度高达 450m/min，在生产 12μm 薄膜时，生产速度最高达 350m/min，由于速度快，传动系统温升高，对链条润滑油的要求最高。

3）自动化程度高，目前在大型双向拉伸塑料薄膜生产线中，生产过程的温度、速度、压力、张力、厚度等控制系统自动化程度很高，计算机网络技术的发展使大型薄膜生产线能够实现整个生产线的集中控制，实现生产控制和生产管理等的有机结合，从而进一步提高企业的经济效益。

（2）链条传动的要求　由于双向拉伸聚丙烯生产技术的快速发展，对链条传动提出了以下更高的要求：

1）从摩擦学系统的概念来设计制造传动链，以降低摩擦阻力和提高链条的耐磨性。

2）链条运行平稳，无爬行现象，因为爬行运动会引起拉伸的不均匀性，导致薄膜厚度公差较大。

3）振动小，噪声低。

4）链条传动系统始终处在一个高温工作环境中，对润滑油的要求特别高。要求润滑油具有良好的高温抗氧化稳定性，以及高黏度、高闪点、低灰分、低残炭、低蒸发损失等特点。如果蒸发损失大，在横向拉伸中的冷凝区，从大烘箱顶部的油滴掉下来滴到薄膜表面上，当薄膜进入膨胀区时，薄膜就会被拉断。若油污染薄膜，对薄膜后续工序的电镀和印刷将带来不利影响。若油的蒸发损失小，不但降低油耗，而且减少冷凝区油滴的形成，确保链条上湿膜的润滑性好。

从上述看出，TDO 中的链条传动系统对润滑油提出了特殊的要求，也就是必须采用具有优异高温性能的润滑油，也即高温链条润滑油。

3. 链条油工况及对润滑的要求

（1）链条油工作状况　由于链和链轮在高速冲击的瞬间油膜会破裂，故要求所选用的链条油要能迅速重新形成油膜。链环的类型决定了链的间隙，其间隙大小应使油能进入。如果没有这种润滑油膜的话，固体磨料或腐蚀性气体会进入间隙内。在这种状况下，载荷将增加并造成对润滑剂的负担，在这里，润滑剂应起润滑和保护的双重作用。

（2）链条油的性能要求

1）润滑性。链在传动中的每个环节都存在两对摩擦副，即销轴与套筒、套筒与滚子，而且链条和链轮啮合的过程中也存在摩擦。故在链条传动中必须要有良好的润滑剂，否则，销轴和套筒将发生磨损，并由此引起链条与链轮啮合失调，噪声增加，链节伸长，严重的还会造成断链事故。滚子与套筒之间若润滑不良，将造成零件早期磨损。因此，要确保链条各摩擦表面之间有充分润滑，这是对发挥链条性能至关重要的措施。链条的合理和有效润滑可以收到如下效果：

① 减少摩擦副的磨损。

② 减少动力消耗。

③ 防止发生黏着磨损引起的胶合。

④ 消除因摩擦而产生的过热。

⑤ 确保链条传动平稳，延长使用寿命。

2）热安定性。链条油广泛用于纺织、印染行业的热定型机与拉幅机，建材行业高温烘房，耐火材料厂的窑车毂轴承，水泥厂的烘房，汽车制造厂的高温烘房，空调器厂的高温烘房，面包生产线，以及板材加工、玻璃纤维、石棉、电镀、胶印等设备的高温链条。上述这些地方的链条传动系统，均需要相应的链条油。尤其像德国 Brückner、日本三菱重工及东芝、法国 DMT 这些国际名牌的双向拉伸塑料薄膜生产线上的传动链条，要求链条油具备优异的耐热性、抗氧化性，还应具有良好的高温润滑性，确保生产线运行始终处于最佳状态，油品不易结焦。

3）防锈、防腐和清洗性。对于暴露在外的链条传动系统，如起重设备、叉车、摩托车、链锯传送带等，链条油还应具备防锈和防腐性。对于高温链条油来说，还应具有不结垢、不滴落、耐温持久和易清洗等特性。

（3）链条油选择　在选用链条油时，必须综合考虑润滑形式、环境温度以及链条规格之间的配合等。一般选用化学性质稳定的优质矿物或合成油作为基础油，成分纯净，不含杂质。对使用过的油类或脂类，绝对不可回用。

（4）链条油品种选择　选择传动润滑剂时，要根据链条的速度、载荷、间隙和工作温度等因素综合考虑。随着现代工业技术的发展，链条的使用工况越来越苛刻，最高使用温度达 250~300℃，最快速度达 400m/min。一般来说，矿物油型链条油只适用于 150℃ 以下，聚醚型链条油使用温度在 150~220℃ 范围，合成酯类链条油使用温度为 220~260℃，在使用温度高达 250~300℃，应选用特制的高温链条油（如以聚苯醚或多元醇酯为基础油）。

（5）链条油黏度选择　链条油黏度应与链条类型和间隙大小相适应，要求在其操作使用温度下链条油要能进入摩擦面。可按链条载荷来选择油品黏度。一般来说，在链条载荷相同的条件下，链条速度越高，则使用链条油黏度越低（见表 4-62）。

表 4-62　按链条载荷选择润滑油黏度

链条载荷/MPa	加油方式	链条速度/(m/s)	用油黏度/(mm²/s)
<10	手加油	<1	70~100
		1~5	50~80
		>5	30~60
<10	过油箱	<5	50~80
		5~10	30~60
		10~100	20~40
		>100	10~20
10~20	手加油	<1	80~120
		1~5	70~100
		>5	60~80
	过油箱	<5	80~110
		5~10	70~100
		10~100	40~60
		>100	20~40
>20	手加油	<1	160~240
		1~5	120~160
		>5	80~120
	过油箱	<5	160~200
		5~10	120~160
		10~100	80~120
		>100	65~100

也可按工作环境温度来选择链条油的黏度，参见表 4-63。

表 4-63　按工作环境温度选择链条油黏度

工作环境 温度/℃	适用油黏度/ (mm²/s)	工作环境 温度/℃	适用油黏度/ (mm²/s)
<0	30~40	10~40	100~120
0~10	50~60	40~70	160~240

4. 高温链条油的特性及组成

刘功德和李霞等学者对高温链条油进行过较深入的研究，并开发出一些成功的高温链条油产品。随着现代工业技术的快速发展，链条的使用工况也越趋苛刻。最高使用温度常达到 260~300℃，速度也超过 400m/min。要求相应的高温链条油具有优异的高温稳定性，结焦少，且形成的焦质可溶入新油中，从而延长结焦周期。挥发损失低可降低油耗，而且避免滴油污染。润滑性能优良可确保链条在滑轨上平稳运行。同时也要求高温链条油具有良好的金属浸润性，易于扩散，这样有利于油品充分到达链条的各个润滑部位。

（1）高温链条油的特性　在塑料薄膜生产、染纺、烤漆、陶瓷及木材加工等许多领域中的链条传动经常在 200~300℃或更高温度下工作，故对链条油有如下的特殊要求：

1）良好的极压抗磨性。链条中的某些摩擦副，如内链板与外链板、轴与滚子等，其负荷很大，某一部件的磨损将会影响链条传动系统，造成非匀速运动或传动不平稳，因此，高温链条油要具有良好的极压抗磨性。

2）好的黏附性。由于链条在高速运行中离心力较大，易把润滑油甩出，因此，高温链条油应具有一定的黏附性，这就是为什么链条油的黏度一般较大的原因。

3）有一定的渗透能力。因链条中的链板、销轴及滚子间的间隙一般都很小，润滑油须迅速渗透进去才能发挥润滑作用，这与上述的高黏度附着性是相矛盾的。也就是说，高温链条油必须兼顾这两种性能。

4）高温抗氧化性。链条油广泛用于纺织、印染行业的热定型机和拉伸拉幅机，建材行业高温烘房链条传动系统，水泥厂的烘房支承转鼓等，高温链条油的使用温度经常达到 250℃以上。油品在高温下易氧化，生成沉积物，堵塞链条间隙，妨碍传动，清洗又困难，因此，油品应具有良好的高温稳定性和抗氧化性，使其变质后生成沉积物的倾向小一些。

5）低的挥发性。高温下挥发性低，能使油膜保持性好。矿物油若长期在 200~300℃温度下工作，易生成大量沉积物，故不适宜作为高温链条油的基础油。经验表明，需要采用高温稳定性好的聚醚、多元醇聚酯等合成油为基础油，加上合适的高温抗氧剂及极压抗磨剂等复配而成的高温链条油。

（2）高温链条油的组成　链条油由基础油和添加剂组成，常用的链条油基础油有矿物油和合成油两类。在高温场合工作的链条，应采用合成酯基础油的链条油。

链条润滑油必须有合适的黏度，这既有利于润滑油渗透到链条内部表面，又要在工作温度和压力下维持有效的润滑油膜。一般链条油所需的添加剂包括抗氧剂、抗磨剂、摩擦改进剂、抗腐蚀剂、抗泡剂等，而为了确保在更高温度下使用，有时还需添加某些固体润滑剂，如石墨、二硫化钼与聚四氟乙烯（PTFE）等。这些添加剂有利于提高链条油的润滑性，承载能力和耐高温性能。

1）基础油的选择。合成酯基础油具有优异的抗氧化稳定性，蒸发损失量小，结焦少，而且胶质和漆膜具有一定的溶解性，同时还具有优良的润滑性能和黏温性能。因此，合成酯较为适合作为高温链条油的基础油。上述学者研究指出，随着黏度的增加，季戊四醇直链酸酯高温下的蒸发损失降低，作为高温链条油的基础油较为合适。

酯类油的氧化机理被普遍认为与烃类相同，在光、热和金属催化剂的影响下，少数被活化的酯首先与氧作用，生成有强氧化能力的过氧化物或过氧自由基。过氧自由基对酯结构中的氢进行攻击，倾向于吸收分解能最低的 C—H 键中的氢。据报道，C—H 键易氧化的程度为叔键>仲键>伯键。受高温作用，C—H 键易发生分解反应，生成羧酸和烯烃。用烷基取代酯中醇侧的 β 碳原子上的氢，可制得热安定性能较好的新戊基多元醇酯。上述学者发现，根据高温链条油对高温性能及黏温性能的要求，应选择黏度较高、支链酸含量适中的多元醇酯为基础油。

2）添加剂的筛选。要取得高质量的润滑油品，高质量的基础油是必要的，而高质量的添加剂同样也是重要的。根据链条油的特殊使用要求，添加剂如抗氧剂、极压抗磨剂、抗腐蚀剂和增黏剂等对链条油的使用性能也起着很重要的作用。

① 高温抗氧剂。高温下的热氧化稳定性是高温链条油的关键性能，优异的抗氧剂可以阻止油品高温分解蒸发和聚合结焦。实践证明，胺型抗氧剂是合成酯类常用的高温抗氧剂。二芳胺对抑制酯类油在高温下酸值和黏度的增加效果较显著，而烷基化二芳胺能明显降低酯类油在高温下的胶质生成量。又有报道，烷基化二苯胺及芳香胺复配使用，不但可进一步提高油品的高温抗氧化性能，而且还能有效抑制高温油泥的生成。

② 极压抗磨剂。链条是由链节支撑的轴承所组成的,链轮上的链条呈多边形,链条的运动速度经常在最大值和最小值之间持续波动。链条速度的变化导致轴承产生微振动,因而,在摩擦点上很难形成完全的弹性流体润滑膜,通常处于混合润滑状态。因此,高温链条油的极压抗磨性也是关键性能之一。极压抗磨剂可以提高链条油在高温下的润滑性能,也是影响链条油的高温性能,特别是抗结焦性能的重要因素。

③ 增黏剂及抗腐蚀剂。增黏剂可提高油品的黏度及黏温性能,增强对链条和滑轨的黏附性,以尽量避免链条油在链条高速运转时出现飞溅问题。因此,必须选择与基础油相容性好及抗剪切性能好的增黏剂。

链条和滑轨的集中润滑系统中常采用铜管线,因此,必须选择良好的防锈剂,尤其是抑制铜的腐蚀。

④ 高温抗结焦性。高温链条油通常在高温和与空气充分接触的工况下使用,如果油品抗高温结焦性能不好,高温下结焦量过多,则造成链节件的运动受阻,磨损加快,链条运转不平稳,这样就会影响产品质量,故高温链条油必须具有良好的抗结焦性能。

高温链条油常用聚醚、PAO 及聚酯类油等合成油作为基础油,再复配进合适的添加剂,如高温抗氧抗腐剂、极压抗磨剂等。随着我国的纺织、印染、石化、建材及塑料等行业的迅速发展,这些工业设备的传动系统的工况越来越苛刻,对链条油的性能要求也越来越高。不同的使用环境必须选用不同的链条油,各类型链条油的典型应用领域见表4-64。

表 4-64　各类型链条油的典型应用领域

使用温度范围/℃	基础油种类	主要使用领域
<150	矿物油、半合成油、双酯、聚链	运输、农业、采矿、食品等
150~250	聚链、聚烯烃/双酯、偏苯三酸酯	汽车喷漆、面包业、饮料等
220~300	多元醇酯、二元酸酯	纺织定型、拉伸拉幅、建材等
>600	石墨等固体润滑材料	陶瓷、水泥、制砖、制瓦等

随着使用条件的不断提高,国内公司和国外公司相继开发了使用温度更高又具有特殊结构的酯类油及精心复配的添加剂组成的高温链条油产品。进口和国产高温链条油性能对比见表4-65。

表 4-65　进口和国产高温链条油性能对比

项　　目		Premium Fluid Special (德)	C1—175 (英)	SH—500 (中)
运动黏度/mm²	100℃	25.4	26.4	25.6
	40℃	279.5	229.8	259.6
黏度指数		105	119	127
凝点/℃		−26	−22	25
闪点/℃		232	202	250
薄层蒸发 (230℃, 2h) (%)		52.64	66.72	44
蒸发损失 (250℃, 10h) (%)		40	35	30
结焦量 (250℃) (质量分数,%)		22.71	18.95	22.14
恒温热重损失 (250℃) (%)	1h	14	24	13
	2h	26	40	23
	3h	46	53	34
四球实验 (常温, 1500r/min)	P_B/N	808	735	735
	P_D/N	1960	1568	1960

5. 高温链条油的主要应用

我国双向拉伸聚丙烯薄膜生产始于 1958 年,由于其具有优异性能,因而在食品包装、工业包装和其他包装领域获得了越来越广泛的应用。从 1982 年广州石化薄膜厂和北京化工六厂引进第一批薄膜生产线开始,到了 20 世纪 90 年代初,我国塑料行业大量引进国外的塑料薄膜拉伸生产线，如双向拉伸聚丙烯薄膜生产线有来自德国 Brückner、日本三菱重工和东芝、法国 DMT 和 Cellier 以及美国 Marshall & Williams 等公司的不同生产线。其中，从 Brückner 引进的生产线数量占一半以上。双向拉伸聚对苯二甲酸乙二醇酯薄膜生产线除了来自上述这些公司以外，还有来自日本帝人和制钢所、德国 DOUNER 和英国的生产线。双向拉伸聚苯乙烯薄膜生产线来自美国 Marshall & Williams、日本三菱重工以及德国 Brückner 等公司。这些进口设备都采用设备供应商推荐的国外高温链条油。引进这些设备的企业主要集中在沿海开放城市，其中广东、江苏、上海、浙江企业最多；仅广东省就占全国约 1/3 的双向拉伸聚丙烯薄膜产量。广东佛山东方包装材料厂的生产能力超过 65kt/年，生产能力超过 30kt/年的企业广东就有 7 家，高温链条油的需求量非常大。

中国市场的高温链条油主要由国外品牌占据。生产酯型高温链条油的主要公司有英国 ROCOL、德国 Klüber、日本出光、美国 Castrol 和西班牙 Brugarolas 等公司。据初步统计，全国印染行业使用高温链条油的热定型机就有 6000 台以上，双向拉伸聚丙烯薄膜生产线有 200 多条，合成型高温链条油的需求量为 1000t/年以上。汽车制造行业和空调器制造行业的高温烘房的喷、烤漆涂装生产线有几百条，都需要大量的高温链条油。另外，板材加工行业的热压机都需要很多数量的合成酯高温链条油。

本节主要介绍双向拉伸塑料薄膜生产线所需的高温链条油，重点以德国 Brückner 生产线为例加以说明。

（1）双向拉伸工艺技术的发展　在双向拉伸聚丙烯薄膜生产中，薄膜在横向拉伸过程中处于最薄弱阶段，因此对横拉机的性能要求很高。在高温和高速运转时链条平稳、无抖动地运行是保证横拉伸时不破膜的先决条件。链条的平稳运行和链节的灵活自如以及减少磨损，都依赖于链条润滑系统的良好润滑。润滑系统必须将高温链条油定时、定量地注入链条的销轴和套筒之间的间隙，以保证良好的润滑效果和减少链条油的消耗，有效降低成本。广东湛江包装材料公司曾报道过该厂对双向拉伸聚丙烯薄膜生产线横拉机润滑系统的成功改造。

（2）Brückner 塑料生产线的特点及对链条油的要求　Brückner 塑料生产线具有薄膜平面双向（轴）拉伸功能，图 4-31 所示为生产线外形，图 4-32 所示为横拉机外形。

横拉机链条润滑系统的结构特点如下：

图 4-31　生产线外形

图 4-32　横拉机外形

横拉机出口链盘处装有上下两个喷油嘴，上喷油嘴通过导油槽，把润滑油注入链销中；下喷油嘴把润滑油喷入链销的间隙中进行润滑。整个供油部件由一个油泵和单向阀组成。系统结构简单，制造成本低，但由于不能定时、定量地润滑，因此润滑效果较差，耗油量大。由于进口耐高温润滑油的价格非常昂贵，因此有的薄膜生产厂家提出对润滑系统进行改造。

改造后的链条润滑系统采用自动编程注油器自动注油，只要输入简单的参数就可操作。系统包括喷油嘴、探头、供油部件、控制部件和过滤器等。在每个链轨上安装两个高速喷油嘴和两个探头，喷油嘴把润滑油直接喷入链销的间隙中进行润滑，喷油嘴之间的安装距离等于链条的节距。当探头探测到链轮齿时，发出信号给控制部件控制喷油嘴动作，从而保证喷油的准确性。喷油嘴实际上是一个电磁阀，有信号时打开，没有信号时关闭，能杜绝润滑油的浪费，每次喷油量为 10mL。横拉机一经起动，润滑程序便自动运行，控制整个润滑系统工作。

横拉机的出口装有两个手动按钮，以便必要时手动加油润滑，还可以用来检查润滑系统的运行状况。供油部件相当于整个润滑系统的供油站，包括储油箱、油泵、压力阀、压力探头、油位探头和过滤器等。压力阀是油泵的压力保护装置，压力探头用于探测油泵起动时的输出油压，油位探头用于监测润滑系统的耗油量，过滤器保证过滤油泵输出的油洁净，避免堵塞喷油嘴。

横拉机链条润滑系统改造后，自动化程度提高，润滑效果良好，大大减少了耐高温润滑油的消耗量，降低了生产成本。在生产速度为 200m/min 的情况下，改造前后润滑系统的耗油量比较见表 4-66。生产线的链条总长 200m，每年运行时间为 330 天，改造前润滑系统耗油量为 4L/天，改造后仅为 0.8L/天，一年可节约耐高温润滑油 1000L 左右。

表 4-66　改造前后耗油量比较

链总长/m	100	150	200	250
改造前的耗油量/(L/天)	2	3	4	5
改造后的耗油量/(L/天)	0.4	0.6	0.8	1.2

（3）薄膜平面双向（轴）拉伸　塑料片材的拉伸取向，分为单向拉伸与双向拉伸两大类。在实际应用中，尽管单向拉伸会使聚合物在拉伸方向的性能有所提高，但性能改善的程度仍然有限，只有在垂直的两个方向上进行双向拉伸后，才能使其性能得到充分的改善。

1）纵向拉伸。纵向拉伸是将挤出的厚片通过多个高精度金属辊筒进行加热，并在一定的速度梯度下，将片材纵向拉长，使聚合物分子进行纵向取向（定型、冷却）的过程，所用的设备称纵向拉伸机。

2）横向拉伸。塑料片材的横向拉伸是在横向拉伸机（简称拉幅机或横拉机）内完成的。横拉机内有两条无端回转的特殊链条，链条上装有夹具，可紧紧夹住片材的两个边缘，并支撑在可变幅宽的导轨上，借助两条链夹同向、同步运行。

横向拉伸工艺中，拉伸温度是影响薄膜性能的最主要的因素。它直接影响薄膜的力学性能、成膜性和厚度均匀性。热定型区的温度是横向拉伸机内最高的温度区域。

（4）横向拉伸机的链轨及其润滑　横向拉伸机是一台装有可变幅宽、高速运行链条夹具的大烘箱。链条-夹具是横向拉伸机最主要的部件之一，它们的对称性、运行平稳性、夹持力的大小、夹具开闭功能的好坏等，都与塑料薄膜的成膜性密切相关。链条-夹具包括左右对称的两组链条，在每个链条的相邻两链节上，都固定一个易于拆卸的夹具。链条-夹具支撑在固定的导轨上，被横向拉伸机出口的链轮驱动。

链条由高强度的内外链片、硬质耐磨的链轴、衬套、滚套等组成。德国 Brückner 公司的横向拉伸机大多数是属于全滑动式链条-夹具的组合。链夹上有上下两个特殊的耐磨塑料滑块卡靠在连接的金属导轨上。这种链夹结构运行时十分平稳，振动小，噪声低，多用于高速生产线。然而，这种设备的摩擦阻力较大，工作时需要注入较多的耐高温的特种润滑油（即高温链条油），才能保证横向拉伸机中链条的正常运行。在横向拉伸机导轨的底部必须设有接油槽，防止链条油滴落到薄膜与风管上。

（5）链条润滑系统　链条润滑系统是将高温链条油定时定量地注入链条的销轴与套筒之间的间隙中，先进的横向拉伸机的链条润滑系统采用自动编程注油器自动注油。其机械系统包括油杯、油气分配器或油泵、电磁阀、喷油嘴等，喷油嘴固定在横向拉伸机出口，或链轮上方，或链轮上，或链条进入回链导轨的直轨处。

1）喷油嘴在链轮上方的喷油装置。对于这种喷油装置，喷油嘴悬置在链轮上方，不受链轮旋转的影响。当链条的注油孔对准喷油嘴时，链轮上的限位开关能及时使电磁阀打开，将油泵提供的润滑油注入链条。为了提高注油速度，每个链轮上可以安装多个喷油嘴，喷油嘴之间的距离等于链条的节距，各喷油嘴用油管连在一起。这种注入方法的优点是注油速度快，注油效率高，润滑油浪费少，注油装置安全、可靠。

2）喷油嘴固定在链轮上的注油装置。对于这种装置，链轮每转一圈，轮盘上的传感器（光电传感器或磁感应传感器）接受一次信号，电磁阀使喷油嘴上的气缸注油或使油泵的高压油喷出。这种喷油嘴每次注油量少，能够准确注油，润滑油浪费少，但是如果油气分配器安装在链轮轴上，容易出现密封件磨损，导致注油系统失灵。

3）喷油嘴固定在回链导轨上。在这种装置的润滑系统中，利用油泵将高温链条油送入油嘴，然后利用压缩空气将润滑油喷向链条。注油的时间及时间间隔是利用编程器控制的。这种方法结构简单，设备费用低，但由于润滑油不能完全喷入链条上的注油孔中，润滑油浪费较大。

（6）导轨润滑　横向拉伸机中的导轨也是使用高温润滑油进行润滑的。注油器可以安装在横向拉伸机的出口，链夹进入回轨的直轨处，有的设备是在横向拉伸机的入口两侧各装一个。润滑点位于夹具的滚动轴承（或滑块）与导轨接触处。可以使用油泵强制注油，也可以使用高位油杯，利用液位差进行注油。润滑油通过导轨顶部及侧面的小孔流至导轨的润滑点。注油量取决于导轨与夹具的摩擦方式，通过改变注油时间或调节油杯出油阀来控制。一般滑动摩擦注油量比滚动摩擦要多些。

6. 英国 ROCOL 公司高温合成链条油 500（Flo-Line500）

为什么德国 Brückner 公司会选择英国 ROCOL 公司

的高温链条油泥？答案很简单，就是 ROCOL 公司的链轨润滑产品较以往 Brückner 建议的产品表现更为优秀。

（1）组成及特性　ROCOL 公司高温合成链条油（Flo-Line500）实际上是由一种合成酯和特定添加剂经过特殊工艺调配而成的。合成酯是由多元醇与一元酸反应而得，其反应通式如下：

$$HO-CH_2-\overset{\overset{\textstyle CH_2OH}{|}}{\underset{\underset{\textstyle CH_2OH}{|}}{C}}-CH_2OH \;+\; R-\overset{\overset{\textstyle O}{\|}}{C}-OH \longrightarrow$$

$$R-\overset{\overset{\textstyle O}{\|}}{C}-O-CH_2-\overset{\overset{\textstyle CH_2-O-\overset{\overset{\textstyle O}{\|}}{C}-R}{|}}{\underset{\underset{\textstyle CH_2-O-\overset{\overset{\textstyle O}{\|}}{C}-R}{|}}{C}}-CH_2-\overset{\overset{\textstyle O}{\|}}{C}-O-R \;+H_2O$$

具体来讲，Flo-Line 500 实际上是一种多元醇酯合成油。这种高温链条油的特性如下：

1）专为 Brückner 公司生产线的滑动链条和链销设计。

2）250℃高温下湿膜寿命长久。

3）对润滑元件与链销有优异的承载能力和抗磨特性。

4）不会生成硬的积炭。

5）含有特殊添加剂，故氧化稳定性高。

6）专为现代链条结构使用配制。

7）在润滑剂停供的情况下，具有应急润滑特性。

8）油品洁净，易深入链销，确保油路不受污染。

9）与各类塑料薄膜有极好的相容性。

（2）技术数据　Flo-Line 500 高温合成链条油的技术数据见表 4-67。

表 4-67　Flo-Line 500 高温合成链条油的技术数据

项　目	技术数据	项　目	技术数据
外观	蓝色液体	"4球"烧结负荷(IP239)/kg	225
基础油	合成酯	平均赫兹负荷/kg	39
黏度(40℃)/(mm²/s)	375	操作温度范围/℃	10~250
黏度指数	110	闪点/℃	265
相对密度	0.98	蒸发量(250℃下,24h)(%)	7

Flo-Line 500 高温链条油的优异性能也可从与其他竞争对手产品的性能对比中看出（见图 4-33 ~ 图 4-36）。图 4-33 和图 4-34 分别代表 50℃和 200℃时试验测得的磨损系数。图 4-35 所示为化学（氧化）不稳定性的比较，图 4-36 所示为不同温度下的蒸发损耗。

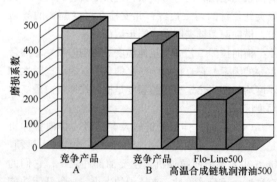

图 4-34　SRV（震动、摩擦、磨损）的试验结果（200℃，2h）

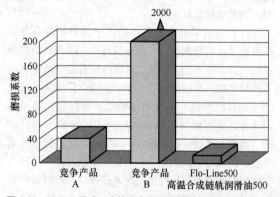

图 4-33　SRV（震动、摩擦、磨损）的试验结果（50℃，2h）

从上述比较图可以看出，Flo-Line 500 高温链条油在许多性能方面比竞争产品优异，这就是为什么从

20 世纪 90 年代中期以来，我国几乎所有从 Brückner 公司引进的大型的双向拉伸聚丙烯/聚对苯二甲酸乙二醇酯薄膜生产线，其横向拉伸机中的链轨所使用的润滑油大部分都是 Flo-Line 500 高温链条油。到目前为止，全国许多重点的双向拉伸薄膜生产线已使用 Flo-Line 500 高温链条油多年，客户对油品的反映和评价都很好。用户普遍认为，Flo-Line 500 高温链条油能满足设备正常运行条件，油品性能良好，耗油量低，蒸发损失较小，可保证生产薄膜产品质量。

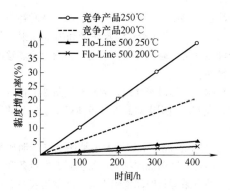

图 4-35　化学（氧化）不稳定性的比较

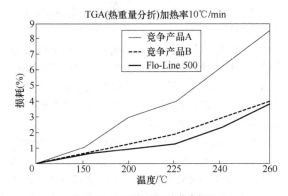

图 4-36　不同温度下的蒸发损耗

7. 其他高温链条油

Klüber 公司的 premium Super M93 高温链条油的市场占有率较高，此油品的最大优点是：高温热稳定性好、蒸发损失较少，确保生产薄膜产品厚度均匀，且不受到破损，防止链条运行不稳定性和爬行。此油品已通过美国农业部 USDA（United States Department of Agriculture，USDA）授权，可用于食品加工工业（USDA H2）和食品包装薄膜及烟草包装膜方面。

premium Super M93 高温链条油的产品性能见表 4-68。

表 4-68　premium super M93 高温链条油的技术数据

项　　目		技术数据
颜色		棕黄色液体
基础油		酯类油
密度（DIN51 757，20℃）g/cm³		约 0.97
运动黏度 （DIN51 561）/mm²/s	20℃	约 1200
	40℃	约 300
	100℃	约 26
适用温度/℃		0~250
黏度指数（Ⅵ，DIN ISO 2909）		>100
闪点（DIN ISO 2592）/℃		>230

国内也有一些单位在从事高温链条油的研制工作，如中石化石油化工科学研究院、中石化重庆润滑公司、中石油大连润滑油研发中心、浙江恒顺和上海纳克等公司都已开发出高温链条油产品，并已在一些双轴拉伸塑料薄膜生产企业得到成功应用。

中石化重庆合成油脂研究院的康涛和李霞等报道，他们通过调研，了解到纺织印染行业的国产及进口热定型机、拉伸拉幅机、印花定型机等高温链条传动系统的温度长期维持在 210~230℃，有的甚至高达 250℃以上，因此，实际应用对链条油的高温抗结焦性能和蒸发损失性能要求很高。而市面上大部分链条油的高温性能较差，高温蒸发损失较大，高端链条油市场又几乎被进口品牌所占据，价格很高。

为了占据高温链条油的高端市场，重庆合成油脂研究院开展了合成超高温链条油的研制工作，并成功研制出一款超高温链条油——SHT-700，其高温抗结焦性能和高温蒸发损失性能均与进口高端链条油性能相当。通过深入研究，确定了以特定结构的双季戊四醇为基础油，添加复合抗氧剂（质量分数 3.0% 的芳胺+质量分数 2.0% 的苯胺微生物）和复合抗磨极压剂（质量分数 3.0% 的磷极压剂+质量分数 0.05% 硫磷极压剂+质量分数 0.05% 的硫极压剂）等制成。表 4-69 所列为 SHT-700 合成超高温链条油的理化性能典型数据，由表可知，其研制的合成超高温链条油的各项理化性能与进口高温链条油性能相当。

表 4-69　SHT-700 合成超高温链条油的理化性能典型数据

项　　目		SHT-700	进口链条油
运动黏度/（mm²/s）	40℃	379.2	365.4
	100℃	24.81	23.61
酸值/（mgKOH/g）		0.19	0.11
倾点/℃		-12	-9
闪点（开口）/℃		292	289
水分（%）		无	无
机械杂质（%）		无	无

SHT-700 合成超高温链条油的高温性能和润滑性能评价结果分别见表 4-70 和表 4-71。从表中评价结果看出，所研制的高温链条油的高温性能、润滑性能及抗磨损性能均优于进口同类产品。

表 4-70 SHT-700 合成超高温链条油的高温性能典型数据

项目	研制链条油	进口链条油
蒸发损失（230℃，48h）（%）	37.6	86.3
结焦情况（230℃，48h）	合格	不合格

表 4-71 SHT-700 合成超高温链条油的润滑性能典型数据

项目	研制链条油	进口链条油
最大无卡咬负荷/N	687	491
烧结负荷/N	1962	1962
磨斑直径/mm	0.45	1.44

链条油的使用很广泛，不同的使用工况和环境要求使用不同的链条油品。高温性能好和蒸发损失低的双季戊四醇酯型高温链条油在双向拉伸聚丙烯薄膜等使用工况苛刻、对环境要求高的应用领域起主导作用，它是高性能高温链条油的首选基础油。增黏型阻化多元醇酯、复酯、聚醚（PAG）及 PAO 型高温链条油目前占据中端市场。对于更高的使用温度，则需使用含 MoS_2 等固体润滑材料的润滑剂才能满足要求。

8. 油品的监测与更换

（1）油品的监测 对于链条油关注的化验项目如下：

1）黏度：警戒值是其变化率超过 15%。

2）闪点：关系到油品的安全性，其大幅降低一般是由于轻质油的混入。

3）光谱元素含量：Fe、Cu、Si 警戒值为 $200\mu g/g$，金属含量表示链条的磨损程度，Si 元素代表链条油的灰尘污染程度。

4）抗乳化性：容易乳化的链条油将失去润滑性和对链条的保护。

当上述这些指标超过警戒值时，应安排换油。

（2）链条油更换 通常链条油是根据 OEM 的推荐周期进行更换，也可根据经验和现场观察决定是否需换油。比较科学的方式是定期对油品进行化验，以确定在用油是否需更换，如需换油，则在换油前进行清洗，最好采用阻燃溶剂清洗或者 OEM 推荐的洗涤剂清洗。

（3）链条润滑维护

1）当人工润滑时，需确保定期加油，对脏了的链条需用环保溶剂清洗。

2）对于滴油，确保流量满足要求，且油能够准确地滴进链条中，每天检查滴油情况，及时补充。

3）对于油浴润滑、油盘润滑和喷油润滑，每天检查油池润滑，确保油嘴清洁畅通，润滑油能够准确到达链条。

覃永华和李霞曾介绍，因高温链条油的运行工况苛刻，在实际使用中对高温链条油提出了如下的性能要求：

1）结焦性能。结焦量大小是评定链条油质量的最重要指标。链条油的结焦产物会附着在链条和导轨上面，使链条运行时摩擦阻力大，严重的甚至会造成跳齿、脱链、电动机烧毁等，结焦是链条油高温氧化的产物。水、蒸汽、酸碱物质的存在还会加剧氧化，增加结焦量。

2）挥发性能。挥发性是衡量链条油质量的另一个指标。链条油在使用过程中挥发，不仅油耗增加，而且还污染环境。更值得关注的是，若油挥发量过大，排风机没能及时将其抽走，会在烘箱上部形成油雾，油雾冷凝后滴落会污染织物或薄膜。

3）渗透性能。链条内、外链板间及滚子与内链板间有少许间隙，链条油就是通过这些间隙渗入套筒与销轴、滚子与套筒间的摩擦面的。若链条油渗透性差，则其难以进入摩擦点，加剧链条摩擦，缩短链条使用寿命。

4）润滑性能。润滑性能是指链条油在高温时的油膜强度。润滑性差，使链条摩擦增大，增加能耗，加剧磨损。

5）低温性能。在冬季，设备在停机较长时间后重新启动时，链条油黏度若过大或发生凝固，会导致设备启动困难，甚至会烧毁电动机，因此，要求链条油具有良好的低温流动性。

6）容易清洗。若油品在高温下过稀，当链速很高时，链条和轨道上的油会飞溅到织物或薄膜上，因此，要求链条油在高温下应具有合适的黏度，而且易于清洗。总的来说，链条油技术的发展经历了从低档到高档的发展过程，即经历了矿物油型链条油、聚醚型链条油和合成型链条油三个发展阶段。矿物油成分复杂，含有饱和、不饱和的链状及环状等各种结构的碳氧化合物。对于较低工况使用温度来说，以矿物油作为基础油的链条油在应用上是最经济有效的。但矿物油一般在 140℃ 以上温度时会迅速氧化，形成积炭。随着科技的进步，工况条件越来越苛刻，因此，矿物油型链条油已逐步被淘汰。

聚醚作为合成高温链条油的基础油具有很高的黏度指数，且耐温性能突出。在不高于 220℃ 的使用工况条件下，它具有很好的润滑性能，结焦少，不易挥发。聚醚油技术较成熟，品质稳定，价格也较合理，因此，聚醚油已成为高温链条油的理想选择。中石化润滑油重庆分公司已研制出 4402 系列的全合成高温链条油，在同类型产品市场中占有很高的市场份额。

人们在实践中发现，当设备使用温度超过 220℃时，以聚醚为基础油的合成高温链条油在使用中明显结焦增多，挥发性大，严重影响正常生产。此时，以合成酯为基础油的高温链条油应运而生。由于合成酯特有的酯分子结构，其使用温度可高达 260℃，结焦少，挥发性小，油耗量少。业界认为，合成酯高温链条油成为目前市场上质量档次最高的链条油。中石化润滑油重庆分公司已成功开发出 SHT-500、SHT-600 和 SHT-518 合成高温链条油。这些产品已在我国的纺织印染行业、塑料薄膜行业、汽车制造行业、电镀、陶瓷窑等高温设备输送链条上得到广泛的应用。

参 考 文 献

[1] 关子杰. 内燃机润滑油应用原理 [M]. 北京：中国石化出版社，2000.

[2] 《机修手册》第 3 版编委会. 机修手册：第 8 卷 [M]. 3 版. 北京：机械工业出版社，1994.

[3] 伏喜胜. 油品添加剂手册 [M]. 北京：化学工业出版社，2020.

[4] 黄兴，林亨耀. 润滑技术手册 [M]. 北京：机械工业出版社，2020.

[5] 吴晓铃. 润滑设计手册 [M]. 北京：化学工业出版社，2006.

[6] 董浚修. 润滑原理及润滑油 [M]. 2 版. 北京：中国石化出版社，1998.

[7] 颜志光. 润滑材料与润滑技术 [M]. 北京：中国石化出版社，2000.

[8] 石油化工科学研究院. 齿轮油 [M]. 北京：石油工业出版社，1980.

[9] 谢泉，顾军慧. 润滑油品研究与应用指南 [M]. 2 版. 北京：中国石化出版社，2007.

[10] 张群生. 液压传动与润滑技术 [M]. 北京：机械工业出版社，1996.

[11] 王九，熊云. 液压油产品及应用 [M]. 北京：中国石化出版社，2006.

[12] 蒋蕴德，张华. 内燃机油的发展与节能 [J]. 石油商技，2004（3）：1-4.

[13] 胡邦喜. 设备润滑基础 [M]. 2 版. 北京：冶金工业出版社，2002.

[14] 王先会. 工业润滑油生产与应用 [M]. 北京：中国石化出版社，2011.

[15] 丁丽芹，张君涛，梁生荣. 润滑油及其添加剂 [M]. 北京：中国石化出版社，2015.

[16] 安文杰，赵正华，周旭光，等. 烟炱对柴油机油性能影响及解决方案 [J]. 润滑油，2015（5）：28-31.

[17] 林济猷. 液压油概论 [M]. 北京：煤炭工业出版社，1986.

[18] 张晨辉，林亮智. 润滑油应用及设备润滑 [M]. 北京：中国石化出版社，2002.

第5章　润滑脂及其工业应用

润滑脂是由基础油、稠化剂及添加剂组成的在常温下呈半流体至半固体状态的塑性润滑剂，是一种稠厚的油脂状的固体、半固体或半流体状的物质。润滑脂是一类重要的润滑材料，应用非常广泛。在润滑脂产品应用领域中，汽车及农业机械约占总量的40%，冶金、机电和机械等工业部门约占60%。据报道，2016年，中国润滑脂的产量是40多万t，约占世界产能的37%。

润滑脂的作用是减少相对运动表面之间的摩擦和磨损。润滑脂在机械中受到运动部件的剪切作用时，能产生流动并进行润滑，以降低摩擦副间的摩擦和磨损；而在剪切作用停止后，它又能恢复一定的稠度。由于润滑脂具有这种独特的流变性，决定了它可以在不适合使用润滑油的部位进行润滑。此外，润滑脂的密封和防护作用也比润滑油要好。

润滑脂的主要优点如下：

1）使用寿命长，供油次数少，不需要经常添加。

2）适用于重负荷、低速、高低温、极压以及有冲击负荷的苛刻条件下的运动部件的润滑。

3）密封性良好，有些机械部件密封不严，使用润滑脂可以防止水分、尘土和其他机械杂质进入摩擦表面。

4）在金属表面上黏附力强，可以保护金属长期不锈蚀。

5）使用温度范围比润滑油宽。

6）用润滑脂时，不需要复杂的密封装置和供油系统，可以简化机械结构。

润滑脂的缺点如下：

1）冷却散热作用不如润滑油。

2）用润滑脂的设备，起动时摩擦力矩大。

3）润滑脂的更换操作比润滑油复杂。

5.1　润滑脂的组成与结构

润滑脂是由基础油、稠化剂和添加剂所组成的，基础油是液体润滑剂，可采用矿物油或合成油。稠化剂是一些有稠化功能的固体物质，包括皂基和非皂基稠化剂。添加剂可以改进或增加润滑脂的某些性能。润滑脂的性能主要取决于润滑脂的组成和结构。

1. 基础油

基础油在润滑脂胶体分散体系中起分散介质的作用，它分散稠化剂和添加剂。基础油具有润滑作用，对润滑脂的多项性能有重要影响。基础油在润滑脂中的含量（质量分数）很高，约占70%~90%，有些品种高达95%。基础油本身是液体润滑剂，基础油的种类和性质对润滑脂的某些性能影响较大。如润滑脂的蒸发性和对橡胶密封材料的相容性几乎完全取决于基础油。润滑脂的高温性能受基础油的氧化安定性、热分解温度和蒸发性的影响。润滑脂的黏度和泵送性受基础油黏度的影响。

在润滑脂生产中，基础油的选择非常重要。在润滑脂制造中用得较多的基础油是环烷基油。脂肪酸金属皂在环烷基油中的稠化能力比在石蜡基油中强，但石蜡基油的黏温性好，黏度指数高。在低温、轻负荷、高速轴承上使用的润滑脂，应选用黏度低、凝点低、黏温性好的基础油。用于中负荷、中速和温度不太高的机械的润滑脂，则应选用中等黏度的基础油。在高温、重负荷和低速下使用的润滑脂，则应选用高黏度的基础油。

润滑脂所用的基础油分成两大类：矿物油和合成油。

（1）矿物油　矿物油是润滑脂生产中用量最多、使用最广和价格较便宜的基础油。矿物油按原油的烃族组成分为石蜡基（SN）、环烷基（DN）和中间基（ZN）基础油。基础油还按黏度指数分为超高黏度指数（VHVI）、高黏度指数（HVI）、中黏度指数（MVI）和低黏度指数（LVI）基础油。另外基础油还分为馏分中性油和光亮油（BS）。馏分中性油以40℃赛氏黏度划分牌号：75，100，150，200，300，350，400，500，600，750和900。光亮油以100℃赛氏黏度划分牌号：90，120，125/140，135/150。

润滑脂的流动和润滑性能主要取决于基础油，特别是在低温时的流动性能和在高温时的使用寿命与其液相的油液有着极其重要的关系。润滑脂内润滑油液的选择主要根据润滑脂的用途和使用条件确定。例如，低温、轻负荷、高转速轴承润滑脂应选用低凝点、低黏度、高黏度指数的润滑油，如变压器油、仪表油等。温度不太高、负荷速度中等的轴承润滑脂应选用 150ZN、150SN 基础油或 L-AN15～L-AN68 全损耗系统用油等。而温度高、负荷大但转速低的轴承润滑脂，或用于保护机械表面的润滑脂应选用 500SN 或 150BS 等高黏度油。高温用润滑脂最好选用溶剂精制的矿物油，其对氧化有较高的抵抗能力，而且对加入的抗氧剂有较优的感受能力，而一般精制的矿物油抗氧化性能都较差，又难于利用抗氧剂加以处理。

（2）合成油　合成油作为润滑脂基础油的还不多，主要原因是合成油的价格比矿物油贵很多。但随着机械设备向高性能发展，合成油的使用会越来越多。作为润滑脂基础油的合成油主要有 PAO、酯类油、合成烃（烷基萘）、聚醚和硅油等。润滑脂液相各种基础油的性能比较见表 5-1，摩擦副的运行速度及使用温度范围与选用脂的基础油黏度见表 5-2。

表 5-1　润滑脂液相各种基础油的性能比较

基础油	黏温特性	耐高温性	低温流动性	氧化安定性	润滑性	抗燃性	抗辐射
矿油（混合烃油）	一般	一般	一般	一般	优	不良	一般
超精制矿油	一般～良	良	良	良	优	差	差
双酯	优	一般～良	优	良	优	差	差
新戊基多元醇酯	优	良	优	良	优	差	差
聚乙二醇醚酯	差	优	差	优	良	一般	优
硅油	优～良	优	优～良	一般	差	良	一般
聚苯醚	差	优	差	优	良	一般	优
聚四氟乙烯（PTFE）	一般～良	优	良	优	优	优	—
PAO	优	良	优	良	优	差	差

表 5-2　摩擦副的运行速度及使用温度范围与选用脂的基础油黏度

使用温度范围 /℃	DN 值 /(mm·r/min)	50℃黏度 /(mm²/s)	使用温度范围 /℃	DN 值 /(mm·r/min)	50℃黏度 /(mm²/s)
40～0	<75000 75000～200000 200000～400000 >400000	-32 -20 	65～95	<75000 75000～200000 200000～400000 >400000	65～150 35～65 20～35 15～25
0～65	<75000 75000～200000 200000～400000 >400000	20～65 15～35 -25 -20	95～120	<75000 75000～200000 200000～400000 >400000	150～350 75～250 45～95 55～65

2. 稠化剂

稠化剂是润滑脂中不可缺少的固体组分，其含量约占润滑脂质量的 5%～30%，一般为 10%～20%。它的主要作用是悬浮油液并保持润滑脂在摩擦表面的密切接触，相比液体油液它对金属有更高的附着力，并能减少润滑油液的流动性，因而能降低其流失、滴落或溅散。它同时也有一定的润滑、抗压、缓冲和密封效应，因而在防腐蚀、防沾污方面比液体油液有更大

的优势。此外，稠化剂一般对温度不敏感，故使润滑脂的稠度随温度的变化较小，因而比润滑油液有更好的黏温特性。

稠化剂的种类很多，基本上可分为四大类——皂基稠化剂、烃基稠化剂、有机稠化剂和无机稠化剂。润滑脂的性能在很大程度上取决于稠化剂种类。其中脂肪酸金属皂是用得最多的一类稠化剂。表 5-3 为各种稠化剂所制成的润滑脂的性能比较。

表 5-3 各种稠化剂所制成的润滑脂的性能比较

稠化剂 名称	用量 (%)	脂的外观	滴点 /℃	最高使用 温度/℃	抗水性	防护性	机械安 定性	主要使用 范围	备注
钙皂 水化钙皂	12~18	光滑，油性的	75~100	60~80	好	好	中等	广用，价廉	
复合钙皂	7~12	光滑，油性的	200~250	150~200	中	中	好	多用，高温	
锂皂 硬脂酸锂	8~15	光滑，油性的	200~210	100~120	好	中	低	高温，低温 航空	
12-羟基硬 脂酸锂	6~12	光滑，油性的	200~210	120~140	好	好	好	多用，航空	
钠皂 普通钠皂	15~30	粒状或纤维状	120~200	110~130	低	低	中	高温，廉价	
复合钠皂	15~25	粒状或光滑的	200~250	150~200	低	低	好	高温，仪表	
钡皂 普通钡皂	20~40	光滑，油性的	90~120	80~100	好	好	好	海洋机械	
复合钡皂	20~30	光滑或细粒， 油性	120~190	120~150	好	好	好	多用	
铝皂 普通铝皂	10~20	光滑，胶黏的 半流体	70~100	60~80	很好	很好	低	海洋机械防护	
复合铝皂	6~10	光滑，油性的	250~300	200~220	好	好	很好	多用	
钙-钠皂		同钠皂							
固体烃	15~30	膏状	50~70	40~50	很好	很好	好	防护用	
硅胶	6~10	光滑、透明 油性	—	150~250	好	中-低	好	多用、核反 应堆和火箭机 械、高速轻 负荷	对腐蚀性 介质和核辐 射安定
膨润土	9~11	光滑	—	120~150	好	中-低	中-低	多用、航空 高温轴承	对核辐射 安定
MoS_2 或石墨 （油膏）	50~90	粗黑	—	300~400	好	中-低		螺纹接头、 低速轴承	对核辐射 安定
染料	20~50	细粒、带色	—	250~300	好	中-低	好	低负荷、高 温轴承	
聚脲基	8~25	光滑、半透明 油性	250 以上	150~200	好	好	好	宽温范围， 高速摩擦部件、 多用	
聚合物 含氟烃	20~40	膏状细粒	250 以上	80~150	满意	低	低	同腐蚀性介 质接触的部件 （火箭及化学生 产）等，高温 轴承	对强氧化 剂、碱等非 常安定，密 度约$2g/cm^3$
聚丙烯、 聚乙烯等	10~15	膏状	—	60~100	好	好	中	真空密封， 食品工业机械	有老化 倾向

（1）皂基稠化剂　皂基稠化剂是目前制备润滑脂得最多的一类稠化剂，它属于高级脂肪酸的各种金属盐，也即金属皂，其结构式可用（RCOO）$_n$M 表示。皂分子的一端为极性的羧基，另一端是非极性的烃基。在适当条件下，皂分子在基础油中聚结成皂纤维，皂纤维的结构如图 5-1 所示。

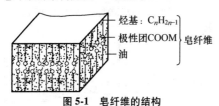

图 5-1　皂纤维的结构

皂分子的端羧基相互吸引在纤维的内部，烃基则指向纤维的表面，因而使纤维表面具有亲油性。皂纤维靠分子和离子力相互吸引而形成交错的网络骨架，将油固定在结构骨架的空隙中，并吸附在皂纤维的表面和膨化到皂纤维的内部，从而形成润滑脂。

皂基稠化剂包括单皂（如锂皂、钙皂、铝皂、钠皂等）、混合皂（如钙-钠皂、锂-钙皂等）和复合皂（如复合钙皂、复合铝皂和复合锂皂等）。

（2）烃基稠化剂　烃基稠化剂主要包括地蜡、石蜡和石油脂。

地蜡主要由异构烷烃和固体环状烃所组成，相对分子质量约为 500～700，化学结构较复杂。地蜡是制烃基润滑脂的良好原料，由它制成的润滑脂不易分油。

石蜡主要由正构烷烃组成，也含有少量的异构烷烃和环烷烃。分子较地蜡小，相对分子质量约为 300～500，分子结构也相对简单。石蜡与润滑油混合时容易分层，制成的润滑脂也较易分油，故一般不单独用石蜡作为稠化剂，通常是加入一定量的地蜡，以更好地解决蜡油的分层问题。

（3）有机稠化剂　有机稠化剂通常是一些有机化合物或聚合物，常见的有脲、酰胺、酞菁、阴丹士林和 PTFE 等。目前发展最快的是脲基稠化剂，它是分子中含有一个或多个脲基（—NH—CO—NH—）的化合物，它可用来稠化矿物油和合成油。生产高档润滑脂时大多使用合成油。

脲基脂具有很好的高低温性能，良好的热安定性和氧化安定性，良好的胶体安定性、机械安定性和抗水性等优点，这是一种公认较有发展前景的高温多效润滑脂。

（4）无机稠化剂　无机稠化剂包括膨润土、炭黑、硅胶和氮化硼等。

我国有丰富的膨润土资源，有钙型膨润土和钠型膨润土等，均可作润滑脂原料。作为润滑脂用的膨润土要求阳离子交换量为 60～100mg/100g，钠型膨润土性能最好。膨润土润滑脂的特点是没有滴点，并具有优良的高温性、极压性、抗水性和胶体安定性等。

炭黑是有机物不完全燃烧或热分解的粉状产物，主要成分是碳。炭黑用作稠化剂时，其稠化能力与分散程度和颗粒结构有关。炭黑的粒子越小，比表面积越大，则稠化能力越强。炭黑制成的润滑脂，其耐热性、胶体安定性和抗水性均好，而且稠度随温度的变化不大。

硅胶的主要成分是 SiO_2。一般硅胶的粒度小于 $1\mu m$，它具有较大的比表面积，能较好地稠化润滑油。由于硅胶本身不熔化，故所制成的润滑脂无滴点。但抗水性差，且受热时会失去润滑作用。这些缺点可通过对硅胶的表面进行改质加以解决。

氮化硼（BN）是一种新型固体润滑剂，常作为高温脂的稠化剂。一般使用粒度为 15～75nm、比表面积为 150～650m^2/g 的 BN 为稠化剂。氮化硼不溶于水，所制得的润滑脂具有良好的抗水性。由于氮化硼具有高的熔点和分解温度，故所制成的润滑脂具有高滴点和在高温工况下的长的使用寿命。氮化硼适合作为高温航空脂，已应用于导弹和火箭中。

3. 润滑脂的添加剂

添加剂或填充剂的作用是改善润滑脂的使用性能和寿命。按其具体的功能可做以下分类：

（1）结构改善剂　主要用以稳定润滑脂中的胶体结构，它能提高矿物油对皂的溶解度，故又称为胶溶剂，主要是一些极性较强的半极性化合物如甘油乙醇等。水也是一种特殊的胶溶剂。其他如锂基脂中添加的环烷酸皂，钙基脂中添加的醋酸钙等都属于结构改善剂。

（2）抗氧剂　皂本身易起"氧化强化剂"的作用，其他影响润滑脂氧化的因素很多，制脂用脂肪的碘值越高，越易受氧化，故只能用低碘值的不干性油制脂，还须严格控制原料的质量，尽量避免在润滑脂中含有易氧化或催化的物质，如不饱和脂肪、过多的甘油、过量的游离水分等。另外尚可在润滑脂中添加抗氧剂如二苯胺、苯基-α 萘胺、苯基-β 萘胺等，以延长在超高温度下工作的润滑脂的使用寿命。

（3）极压添加剂　在高速重负荷条件下使用的润滑脂常加入含硫、磷或卤素的化合物，以提高润滑脂的油膜强度。这类添加剂有硫、磷化高级醇锌盐，磷酸酯类（磷酸三酚酯、磷酸三苯酯），有机酸皂类，氯化石蜡等。

（4）防锈添加剂　在潮湿条件下使用的润滑脂以及仪器仪表防锈用润滑脂常加有防锈添加剂。一般采用亚硝酸钠、Span-80、石油磺酸钡等于钢铁的防锈上，采用苯并三唑、二壬基萘磺酸钡于有色金属防腐上。根据需要，可以单独使用，也可联合使用，有的还考虑加助溶剂。

（5）抗水添加剂　主要用于无机稠化剂制成的润滑脂。例如为了提高硅胶基脂的抗水性，可在硅胶表面覆盖一层有机硅氧烷（如八甲基环四硅氧烷）。

（6）增黏剂　润滑脂添加增黏剂能更牢固地黏着在金属表面上，并保持本身的可塑性。润滑脂中常用聚异丁烯为增黏剂，也有采用铝皂、硅酸盐、聚甲基丙烯酸酯的。

（7）填料　添加到润滑脂中不能溶解的固体物质称为填料。大多数填料是无机物，通常呈粉状或片状。添加填料可以提高润滑脂的抗磨性，也可在一定程度上提高其使用温度。常用的填料有石墨、二硫化钼、滑石粉、氧化锌、炭黑、碳酸钙、金属粉等，其中石墨和二硫化钼用得最多。一般情况下，石墨和二硫化钼的添加量为 3%～5%（质量分数）。其粒度有几种规格，可根据需要选定。

在润滑脂中添加带润滑性的固体填料能进一步提高脂的润滑性和抗压性。表 5-4 列出了常用的润滑脂添加剂。

表 5-4　常用的润滑脂添加剂

种类	化合物举例	用量（质量分数，%）
抗氧剂	苯基-α-萘胺	0.1～1.0
	二苯胺	0.1～1.0
	2，6-二叔丁基对甲酚	0.05～1.0
	二丁基二硫代氨基甲酸锌	0.11～1.0
	二芳基硒	2.0～5.0
防腐剂	磺酸钠	0.2～3.0
	山梨糖醇单油酸酯	1.0
防锈剂	牛脂脂肪胺	0.01～6.0
金属钝化剂	疏基苯并噻唑	0.01～0.05
极压剂	氯化石蜡二硫代磷酸锌二苄基二硫化物	2.0～15.0
颜色安定剂	对苯酚衍生物	0.01～0.1
	呋喃吖嗪	0.01～0.1
增黏剂	聚异丁烯	0.02～1.0
染料	油溶性红或绿	0.01～1.0
结构改善剂	丙烯乙二醇	0.1～1.0
	甘油	0.1～1.0

4. 润滑脂的结构

润滑脂的结构是指稠化剂、添加剂在液体润滑剂中的物理排列，正是这种排列的特性和稳定性决定了润滑脂的外观和性质。润滑脂是由稠化剂在一定条件下稠化基础油构成的分散体系。

利用电子显微镜微观摄影技术对润滑脂的微观结构研究的结果说明，润滑脂具有如图 5-2 所示的一些结构形状。

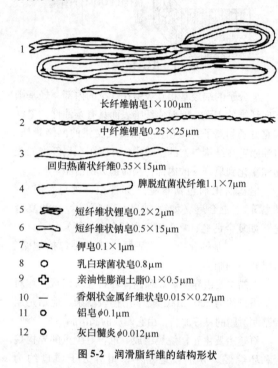

1　长纤维状钠皂 $1\times100\mu m$
2　中纤维锂皂 $0.25\times25\mu m$
3　回归热菌状纤维 $0.35\times15\mu m$
4　脾脱疽菌状纤维 $1.1\times7\mu m$
5　短纤维状锂皂 $0.2\times2\mu m$
6　短纤维状钠皂 $0.5\times15\mu m$
7　钾皂 $0.1\times1\mu m$
8　乳白球菌状皂 $0.8\mu m$
9　亲油性膨润土皂 $0.1\times0.5\mu m$
10　香烟状金属纤维状皂 $0.015\times0.27\mu m$
11　铝皂 $\phi0.1\mu m$
12　灰白髓炎 $\phi0.012\mu m$

图 5-2　润滑脂纤维的结构形状

润滑脂的结构主要随所用的皂型和生产的方法而异。润滑脂纤维短时就表现为光滑而形成乳酪状结构，这种结构对要求黏性拖动力矩的摩擦副特别有利。反之，润滑脂纤维长时就形成丝状结构，这种结构应用在高速装置上最有利。

润滑脂的结构能影响其润滑效果。例如从图 5-2 可以看出，上述金属皂中的钠皂和锂皂具有螺旋或扭曲的形状。另外还有长、短和中纤维形和各种细菌形组成的乳酪状结构。这些所谓分散相的稠化剂成脂时，其粒子的直径都非常小，而且并不是单个粒子，而是结成如图 5-2 所示各种形状的胶束纤维。松散的外形正是这些胶束纤维纵横交错构成脂的空间网络和骨架。它有似蜂窝或海绵的结构，把基础油吸附和渗透在它无数大小不等的孔缝里，形成储油的仓库。而这些仓库正是润滑脂使用时供给润滑油的源泉。润滑脂组织里能分出过多的油，必然会增加漏油的倾向；反之如分出的油太少，又会影响润滑的效果。

不只在润滑时，润滑脂的结构在泵送时也十分重要。现代大型设备大都利用集中润滑系统将润滑脂泵送到各个润滑点。脂从中央的脂箱按定量泵送出，常通过很长的管道。为让润滑脂能畅通无阻地到达润滑点而不使泵压降太大，润滑脂应具有良好的流动性能。

5.2 润滑脂的生产工艺

润滑脂的制造是一个比较复杂而牵涉面较广的问题。以下只以用得最多的皂基润滑脂为例说明其生产工艺流程，如图 5-3 所示。

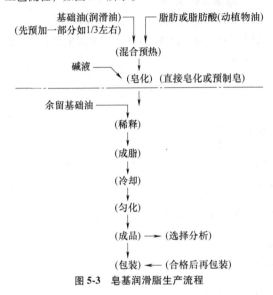

图 5-3　皂基润滑脂生产流程

利用动植物油脂稠化润滑油液的制脂过程，包括皂化、成脂、冷却和研磨等步骤。

（1）皂化　皂化是动植物油脂中的主要成分——酯类（高级脂肪酸内混合甘油三酯）和碱液在较高温度下的反应。现在已普遍采用热压罐或接触器的新型制皂方法。大多数皂基润滑脂均是利用脂肪（或脂肪酸）在压力下通过搅拌或泵的循环进行皂化制成的。制脂用热压罐如图 5-4 所示，现代化润滑油脂厂成套装置如图 5-5 所示。

当热压罐充满料后关闭，通过（用油作为加热介质）加热套加热，使其内部的温度（常在 140℃ 以上）和压力升高至所加工润滑脂预定的范围时，起动搅拌器或泵将料加以混合，使各种制脂成分相互间有良好的接触以连续进行皂化反应，在实际的生产中还常预加一些皂、成品润滑脂或乳化能力特别强的环烷酸皂来作为乳化剂，以加快反应速度。在制钙皂时，除主材氢氧化钙以外，还可随同加入少量的氢氧化钠，反应生成的钠皂也会成为乳化剂。在使用乳化剂时需要加水，因水是溶解碱类形成乳液的必要媒介，

一般在 30~45min 内完成这一过程。

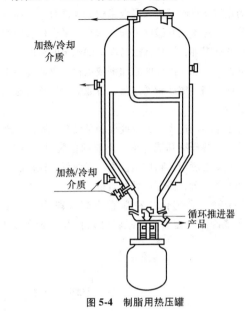

图 5-4　制脂用热压罐

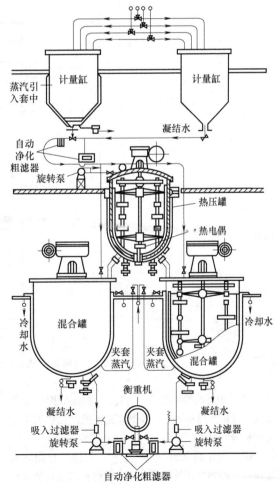

图 5-5　现代化润滑油脂厂成套装置

（2）成脂　在皂化完成后，热压罐内产生的蒸汽压力足以将皂吹下进入混合罐中。经试验室按润滑脂的质量指标鉴定其酸度、碱度和水含量合格后即加入留存的润滑油，稀释并搅匀而达到规定的稠度而成脂，并按配方加入需要的添加剂或填料，再通过一次检验证明合格。成品脂通过泵、过滤器和匀化器送入包装的容器中。

在整个生产过程中，温度控制是极其关键的。现代工厂常在热压罐和混合罐等重要部位装设感温器，并接入自动温度记录和控制仪表，以便可靠地控制各生产环节的温度，保证产品的质量。

（3）冷却和匀化　在最后冷却阶段中，配置有加热或冷却外套的混合罐就可以打开（或关闭）循环水冷却或在搅拌的情况下自行冷却，冷却的条件对成品脂的性能有重要的影响。如钠基脂冷却速度快，则所成纤维较短；铝基脂必须在静止情况下冷却，在冷却过程中任何搅动都会影响皂基结构的形成。封闭的罐子对准确控制一般钙基脂中的水含量特别有用。使用带有搅拌装置的罐子对生产质量均匀的脂很重要。必须避免静态的空气囊，以及防止脂成为薄膜状在罐子壁上沉积和过热。

1. 皂基润滑脂的生产

（1）钙基润滑脂的生产工艺　钙基脂的生产工艺较为成熟，其中较常用的是开口釜式生产工艺，如图5-6所示。

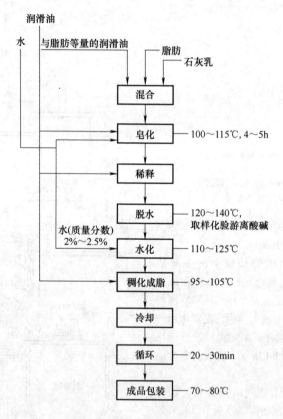

图5-6　钙基脂开口釜式生产工艺

（2）钠基润滑脂的生产工艺　主要是控制冷却方式、基础油的加入，以及最高温度控制和后加工方法调整等。其管式反应生产工艺如图5-7所示。

（3）锂基润滑脂的生产工艺　关键是控制好皂化反应、冷却方式及冷却条件，还要特别注意调节好最高炼制温度。如图5-8所示。

2. 复合皂基润滑脂的生产

复合皂基润滑脂生产工艺可分为皂化、复合和稠化成脂三个阶段。具体工艺流程如图5-9所示。

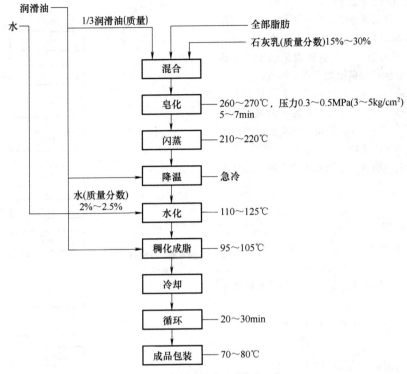

图 5-7　钠基脂管式反应生产工艺

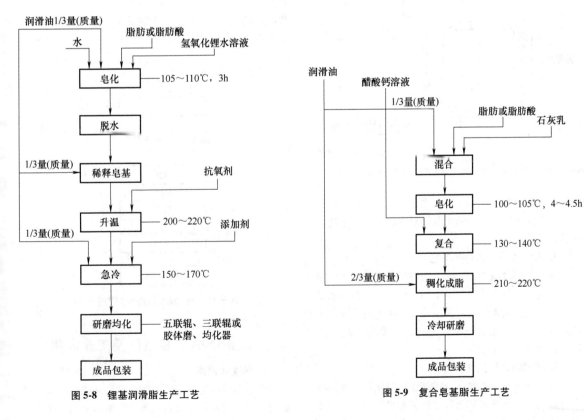

图 5-8　锂基润滑脂生产工艺

图 5-9　复合皂基脂生产工艺

3. 有机润滑脂的生产工艺

聚脲润滑脂是有机润滑脂中最重要的一类，它是由分子中含有脲基的有机化合物稠化矿物油（或合成油）所制得的润滑脂。由于聚脲稠化剂不含金属离子，具有热稳定性好和稠化能力强等特点，尤其适合于高温、高负荷、宽速，以及与不良介质接触的润滑场合，广泛应用于电气、冶金、食品、造纸、汽车和飞机等工业领域。近些年，聚脲润滑脂的研制与生产受到世界各国的高度重视。

聚脲稠化剂是一类含脲基的有机化合物，其分子式为

$$ \left(R^1{-}N{-}\overset{\displaystyle O}{\underset{H}{C}}{-}N{-}R^2 \right)_n $$

$n=1$ 时，称为单脲；$n=2$ 时，称为双脲；$n=4$ 时，称为四脲。

制备聚脲化合物用得最广泛的方法是异氰酸酯和胺的反应：

$$ R^1NH_2 + R^2NCO \longrightarrow R^1NH{-}\underset{\displaystyle O}{\overset{\| }{C}}{-}NHR_2 $$

聚脲润滑脂的制备工艺流程如图 5-10 所示。

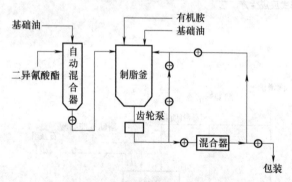

图 5-10　聚脲润滑脂的制备工艺流程

聚脲润滑脂虽然由美国最先开发，但在日本应用较广。近些年来，我国的聚脲脂研发和生产也呈逐年增长的趋势。

4. 无机润滑脂的生产工艺

在这类润滑脂中，膨润土润滑脂是业界关注的重点。膨润土润滑脂是以有机膨润土作为稠化剂与基础油混合而成的胶体体系。其工艺流程主要包括膨润土处理、悬浮、变型、覆盖、分离、干燥和制脂等工序，如图 5-11 所示。

5. 烃基润滑脂的生产工艺

烃基润滑脂用石蜡、地蜡等作为稠化剂，分散在润滑油内，或以凡士林为基础制成膏状润滑脂，烃基润滑脂的生产比皂基润滑脂简单，主要是固体烃类与

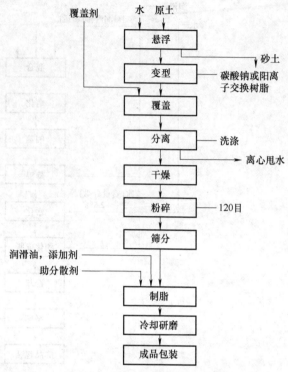

图 5-11　膨润土润滑脂生产工艺流程

基础油的混合。其中钢丝绳润滑脂是烃基润滑脂的典型代表，其生产工艺流程如图 5-12 所示。

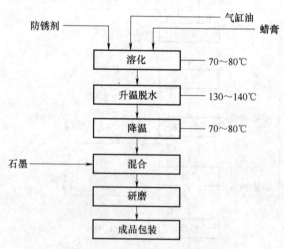

图 5-12　钢丝绳润滑脂生产工艺流程

5.3　润滑脂的主要品种及工业应用

1. 钙基润滑脂

钙基润滑脂是用天然脂肪酸钙皂稠化中等黏度的矿物润滑油制成的，而合成钙基润滑脂是用合成脂肪酸钙皂稠化中等黏度的矿物润滑油制成的。钙基润滑

脂的主要特点如下：

1）由于钙皂和水生成水化物，只有在水的形态下钙皂才能在矿物油中形成高度分散的纤维。钙皂的水化物在100℃左右便水解，这是钙基润滑脂滴点低的原因。这就限制了钙基润滑脂的使用温度范围。一般其使用温度不超过60℃，如果超过这一温度，钙基润滑脂就会变软甚至流失，不能保证润滑。

2）钙基润滑脂具有良好的抗水性，遇水不易乳化变质，能适用于潮湿环境或与水接触的各种机械部件的润滑。

3）钙基润滑脂具有较好的泵送性。因为钙基润滑脂的纤维较短，具有较低的强度极限，在使用同一矿物油和制成同样稠度时，钙基润滑脂比其他皂基润滑脂更易于泵送。

4）钙基润滑脂具有良好的剪切安定性和触变安定性。在使用中经过搅动再静止时，它仍能保持在作用面上，产生封闭作用而不至于甩出。

国家标准GB/T 491—2008《钙基润滑脂》将钙基润滑脂分为四个牌号，见表5-5。钙基润滑脂适用于工业、农业及交通运输业等中、低负荷的机械设备的润滑，如用于中小电动机、水泵、拖拉机、汽车、冶金、纺织机械等中转速、中低负荷的滚动和滑动轴承的润滑。

表 5-5　钙基润滑脂技术指标

项　目		质量指标				试验方法
		1 号	2 号	3 号	4 号	
外观		淡黄色至暗褐色均匀油膏				目测
工作锥入度/0.1mm		310~340	265~295	220~250	175~205	GB/T 269
滴点/℃	≥	80	85	90	95	GB/T 4929
腐蚀（T2铜片，室温，24h）		无绿色或黑色变化				GB/T 7326 乙法
水分（质量分数,%）	≤	1.5	2.0	2.5	3.0	GB/T 512
灰分（质量分数,%）	≤	3.0	3.5	4.0	4.5	SH/T 0327
钢网分油（60℃，24h）（质量分数,%）	≤	—	12	8	6	SH/T 0324
延长工作锥入度（1万次）与工作锥入度差值/0.1mm	≤		30	35	40	GB/T 269
水淋流失量（38℃，1h）（质量分数,%）	≤	—	10	10	10	SH/T 0109

注：水淋后，轴承烘干条件为77℃，16h。

2. 钠基润滑脂

钠基润滑脂是由天然脂肪酸钠皂稠化中等黏度的矿物润滑油或合成润滑油制成的，而合成钠基润滑脂是由合成脂肪酸钠皂稠化中等黏度的矿物润滑油制成的，它具有下列特点：

1）钠皂-矿物油体系的相转变温度较高，一般从伪凝胶态到凝胶态的转变温度为140℃左右，凝胶态转变为溶胶态的温度为210℃左右，所以钠基润滑脂属于高滴点润滑脂，可以在120℃下较长时间内工作。

2）钠基润滑脂具有较长的纤维结构和良好的拉丝性，对金属的附着力较强，可以使用于振动较大、温度较高的滚动或滑动轴承上。采用不同饱和度的脂肪酸、不同黏度的矿物油和不同的冷却方式，可以制得不同纤维长度的钠基润滑脂。由于长纤维钠基润滑脂的内摩擦大，与金属表面黏着力低，不适用于高速低负荷的机械润滑。在低速高负荷的轴承里，长纤维钠基润滑脂具有优良的剪断安定性，可用于铁路和汽车的轴承、曲柄机械和制动装置、大型绞盘和万能接头等润滑部位。短纤维润滑脂能运用于中速和中等负荷的各种轴承的润滑。

3）脂肪酸钠皂是所有金属皂中最容易溶解于水的一种，皂分子羧基端的水解使皂纤维丧失了稠化能力，因此，钠基润滑脂遇到水时，稠度就下降，也就不能用于潮湿环境或与水及蒸汽接触的机械部件上。

4）钠基润滑脂具有优良的防护性，因为它本身可吸收外来的蒸汽，延缓蒸汽渗透到金属表面的过程。

按现行国家标准GB/T 492—1989，钠基润滑脂分为ZN-2、ZN-3两个牌号，见表5-6。钠基润滑脂适用于工业、农业等机械设备中不接触水而温度较高的摩擦部位的润滑。ZN-2、ZN-3号润滑脂使用温度不高于110℃。

表 5-6　钠基润滑脂技术指标

项 目	技术指标 ZN-2	技术指标 ZN-3	试验方法
滴点/℃　≥	160	160	GB/T 4929
工作锥入度/0.1mm	265~295	220~250	GB/T 269
延长工作锥入度（10万次）/0.1mm　≤	375	375	GB/T 269
腐蚀试验（T2铜片，室温，24h）	铜片无绿色或黑色变化		GB/T 7326 乙法
蒸发量（99℃，22h）（%）	2.0	2.0	GB/T 7325

注：原料矿物油运动黏度（40℃）为41.5~165mm²/s。

表 5-7　几种高低温润滑脂的质量要求

项目	7014	7014-1	7014-2	7015	7016-1	7017-1	7018	试验方法
外观	浅黄色至褐色均匀油膏				乳白色至浅褐色均匀油膏	灰色均匀油膏	黄色至淡褐色均匀油膏	目测
滴点/℃　≥	230	280	250	200	2501	300	260	GB/T 4929
锥入度（25℃，9.38g）/0.1mm	55~75	62~75	60~75	60~80	66~78	65~80	64~78	GB/T 269
分油量（压力法）（%）　≤	15	15	15	25	15	15	10	GB/T 392
蒸发度（200℃）（%）　≤	5	5	5	3（180℃）	4	4	21.5	SH/T 0337
腐蚀（T2铜片，100℃，3h）	合格	合格（45钢片）	合格	合格	合格	合格	合格	SH/T 0331
相似黏度（-50℃，$10s^{-1}$）/Pa·s　≤	1500	1500（-40℃）	1100（-40℃）	500（-60℃）	1300	1800	1000（-40℃）	NB/SH/T 0048
机械杂质（显微镜法）/（个/cm³）　直径0.025~0.075mm　≤	5000	5000	5000	5000	1000		1000	SH/T 0336
机械杂质（显微镜法）/（个/cm³）　直径0.075~0.125mm　≤	1000	1000	1000	1000	1000		120	SH/T 0336
机械杂质（显微镜法）/（个/cm³）　直径大于0.125mm	无	无	无	无	无		无	SH/T 0336

国产的几种高低温钠基润滑脂，是由对苯二甲酸酰胺钠皂稠化合成油（硅油、酯类油）而成的，并加有添加剂。产品按使用温度范围分为几个高低温润滑脂牌号：7014 号（-60~200℃）、7014-1 号（-40~200℃）、7014-2 号（-50~200℃）、7015 号（-70~180℃）、7016-1 号（-60~230℃）、7017-1 号（-60~250℃）、7018 号（-45~160℃）。其质量要求见表 5-7。几种牌号应用部位如下。

7014 号高低温润滑脂适用于飞机重负荷摆动轴承和操作节点、起落架系统，以及在高速、高负荷下工作的各种滚动轴承的润滑，也可用于一般齿轮的润滑。7014-1 号和 7014-2 号高低温润滑脂也可用于上述部位。

7015 号高低温润滑脂适用于在宽温度范围内工作的滚动轴承（如伺服电动机、自动同步电动机、陀螺仪、小型精密仪表）的润滑，其中加有锂皂作为润滑脂的稠化剂。

7016-1 号高低温润滑脂适用于航空电机（如发电机、电动机、变流机）的轴承以及其他需要在较高温度下工作的滚动轴承的润滑。

7017-1 号高低温润滑脂适用于高温下工作的滚动轴承（如航空电机的滚动轴承）。

7018 号高速轴承润滑脂适用于各种高速轴承、高速长寿命陀螺电动机、高速磨头，以及其他高速仪表和机械轴承的润滑。

3. 铝基润滑脂

铝基润滑脂是由硬脂酸铝皂稠化矿物油制成的，具有高度耐水性。铝基润滑脂的特点如下：

1）铝基润滑脂不含水也不溶于水，可以用于与水接触的部位。

2) 铝基润滑脂在 70℃ 以上开始软化，因此只能在较低温度下（50℃ 左右）使用。

3) 铝基润滑脂具有良好的触变性，较少的皂量可以制成半流体润滑脂，适用于集中润滑系统。

铝基润滑脂按现行行业标准 SH/T 0371—1992 只有一个品种牌号（见表 5-8）。由于它具有抗水性好、本身不含水、不溶于水、氧化安定性好等优点，适用于航运机器摩擦部分润滑及金属表面的防蚀。

表 5-8　铝基润滑脂技术指标

项　　目	质量指标	试验方法
外观	淡黄色到暗褐色的光滑透明油膏	目测
滴点/℃　≥	75	GB/T 4929
工作锥入度/0.1mm	230~280	GB/T 269
防护性能	合格	SH/T 0333
水分	无	GB/T 512
机械杂质（酸分解法）	无	GB/T 513
皂含量（质量分数，%）　≥	14	SH/T 0319

4. 锂基润滑脂

锂基润滑脂是由天然脂肪酸（硬脂酸或 12-羟基硬脂酸）锂皂稠化中等黏度的矿物润滑油或合成润滑油制成的，而合成锂基润滑脂是由合成脂肪酸锂皂稠化中等黏度的矿物润滑油制成的。锂基润滑脂生产工艺如图 5-13 所示。

1) 锂基润滑脂中的 12-羟基硬脂酸锂稠化的润滑脂，通过电子显微镜可见其皂纤维形成双股的、缠结在一起的扭带状，因而其具有良好的机械安定性。

2) 通过气相色谱法测定 12-羟基硬脂酸锂和硬脂酸锂对烷烃的吸附热，发现 12-羟基硬脂酸锂和硬脂酸锂对皂纤维表面液相的结合强度，以及对晶格内液相的结合强度都是较大的。因此，锂基润滑脂具有较好的胶体安定性。

3) 碱金属中的锂对水的溶解度较小，因此锂基润滑脂具有较好的抗水性，可以使用于潮湿和与水接触的机械部位。

4) 锂皂，特别是 12-羟基硬脂酸锂皂，对矿物油或合成油的稠化能力都比较强，因此锂基润滑脂与钙钠基润滑脂相比，稠化剂用量可以降低约 1/3，而使用寿命可以延长一倍以上。

锂基润滑脂，特别是以 12-羟基硬脂酸锂皂稠化

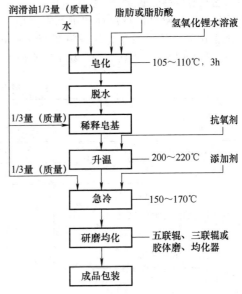

图 5-13　锂基润滑脂生产工艺

的润滑脂，在加入抗氧剂、防锈剂和极压剂之后，就成为多效长寿命通用润滑脂，可以代替钙基润滑脂和钠基润滑脂，用于飞机、汽车、坦克、机床和各种机械设备的轴承润滑。

通用锂基润滑脂具有良好的抗水性、机械安定性、防锈性和氧化安定性等特点，属于多用途、长寿命、宽使用温度的一种润滑脂，适用于 −20~120℃ 宽温度范围内各种机械设备的滚动轴承和滑动轴承及其他摩擦部位的润滑。

5. 钡基润滑脂

钡基润滑脂是由脂肪酸钡皂稠化中等黏度矿物油制成的，具有良好的抗水性、较高的滴点（不低于135℃），对金属表面有较好的附着力和防护性能。它不溶于汽油和醇等有机溶剂，故是优良的抑制剂、防溶剂、表面保护材料和间隙密封材料。钡基润滑脂适用于水泵、船舶螺旋桨等的润滑。钡基脂的缺点是胶体安定性差，易析出油，不宜长期储存，一般储存期不宜超过半年。

6. 复合皂基润滑脂

复合皂基润滑脂是金属皂和盐复合而成的特殊分子结构，由于盐的存在使晶体结构发生变化。其主要性能如滴点、机械安定性、胶体安定性等相比单皂基润滑脂有较大的提高。复合皂基润滑脂的主要品种有复合钙基润滑脂、复合铝基润滑脂、复合锂基润滑脂等。

（1）复合钙基润滑脂　复合钙基润滑脂是由脂肪酸和醋酸的复合钙皂稠化矿物油或硅油等制

成的。它具有较高的滴点，一般在180℃以上，使用温度较高，有较好的极压性和机械安定性，使用温度范围宽，矿物油复合钙润滑脂可在-40~150℃范围内使用。其缺点是表面易于吸水而发生硬化。

复合钙基润滑脂按标准SH/T 0370—1995分为三个牌号，其技术指标见表5-9，适用于工作温度在-10~150℃范围及潮湿条件下机械设备的润滑。

表5-9 复合钙基润滑脂技术指标

项　　目		质量指标			试验方法
		1号	2号	3号	
工作锥入度/0.1mm		310~340	265~295	220~250	GB/T 269
滴点/℃	≥	200	210	230	GB/T 4929
钢网分油（100℃，24h）（%）	≤	6	5	4	NB/SH/T 0324
腐蚀（T2铜片，100℃，24h）		铜片无绿色或黑色变化			GB/T 7326 乙法
蒸发量（99℃，22h）（%）		2.0			GB/T 7325
水淋流失量（38℃，1h）（%）		5			SH/T 0109
延长工作锥入度（10万次，0.1mm）变化率（%）	≤	25		30	GB/T 269
氧化安定性（99℃，100h，0.760MPa）压力降/MPa		报告			SH/T 0325
表面硬化试验（50℃，24h），不工作1/4锥入度差/0.1mm		35	30	25	SH/T 0370 附录A

（2）复合铝基润滑脂　复合铝基润滑脂是由硬脂酸或合成脂肪酸与低分子酸的复合铝皂稠化高黏度矿物油制成的，具有较高的滴点（可达180℃以上）、良好的机械安定性、泵送性和优良的抗水性，以及较好的胶体安定性和氧化安定性。

复合铝基润滑脂目前执行生产厂的企业标准，一般都分1~4号。适用于各种电动机、发电机、鼓风机、交通运输业、钢铁企业及其他各种工业机械设备的润滑，特别适用于各种较高温度潮湿条件下机械设备摩擦部位的润滑。

（3）复合锂基润滑脂　复合锂基润滑脂是一类新型的复合皂基润滑脂，它是由12-羟基硬脂酸与二元酸复合锂皂作为稠化剂制成的，具有很高的滴点（高于260℃）和优良的高温流动性、机械安定性、抗水性、防锈性、氧化安定性，以及很好的极压性能和泵送性。

复合锂基脂是目前高滴点润滑脂的主要品种之一。复合锂基脂主要应用在汽车工业、冶金工业和多类长寿命轴承中，其综合应用性能突出，具有通用、多效、耐高温和长寿命的特性，被业界认为是最具有发展前途的润滑脂品种之一。近年来，复合锂基脂的市场占有率逐年增加，发展态势良好。

7. 膨润土润滑脂

膨润土润滑脂是用经过表面活性剂处理的膨润土稠化中黏度或高黏度矿物油制成的。膨润土也可用来稠化合成油制成高温航空润滑脂。膨润土润滑脂没有滴点，其耐温性能决定于表面活性剂和基础油的高温性能（本身熔点高，使用温度达到150℃以上），其低温性能决定于选用的基础油；具有较好的胶体安定性，其机械安定性随表面活性剂的类型而异，对金属表面的防腐蚀性稍差，故必须添加防锈剂以改善这种性能，抗水性好，辐射安定。

膨润土润滑脂目前尚无统一的标准，各生产厂按自己的企业标准生产，主要适用于重负荷、中高转速工作条件下机械设备的润滑。

8. 烃基润滑脂

（1）烃基润滑脂的特性　烃基润滑脂是以固体烃（地蜡、石蜡、石油脂）稠化润滑油所得的产品。这类润滑脂中有时还添加一些填料或添加剂以提高产品的某种性能，例如在润滑脂中加入石墨作为填料，可提高烃基润滑脂的极压性；有的产品加有少量氢氧化钠，使烃基润滑脂呈弱碱性至中性，适用于保护黑色金属以防止锈蚀。

烃基润滑脂是一种均匀油膏状物质，除可于低温、低负荷条件下用作润滑剂外，还可用于保护和密封机件，这是因为这类润滑脂有防水、防腐蚀等优良性能，而且有良好的化学安定性和胶体安定性。与皂基润滑脂比较，它较不易氧化变质，不致因稠化剂氧化分解而使润滑脂稠度改变。烃基润滑脂几乎不溶于水，也不乳化，有良好的抗水性。烃基润滑脂的滴点较低，因此使用温度不高。

（2）烃基润滑脂的牌号、标准和用途　3 号仪表润滑脂代号为 ZJ53-3。Z 表示属润滑脂类，J 表示烃基，53 表示仪表用，3 为牌号。

3 号仪表润滑脂是用 80 号微晶蜡（NB/SH/T 0013—2019）和 10 号仪表油（SH/T 0138—1994）调配而成，其中微晶蜡占 24%±2%（质量分数），其余为仪表油。制造时，将微晶蜡和仪表油升温并搅拌，至 125～130℃脱水，然后过滤并快速冷却成脂。

3 号仪表润滑脂使用于−60～55℃温度范围内工作的仪表。由于其使用温度低，要求有良好的耐寒性，因此用低凝点、低黏度的润滑油（仪表油）作基础油，因为是用微晶蜡为稠化剂，润滑脂的滴点不高（60℃以上），最高使用温度仅为 55℃。

5.4　润滑脂的性能及评定方法

不同类型的润滑脂具有不同的性能，不同的机械在不同的工作条件下对润滑脂也有不同的性能要求，如高温性能、低温性能、安定性能、润滑性能、防护性能和抗水性能等。我国现行的润滑脂评定方法标准共有 43 个。我国润滑脂试验方法与国外润滑脂试验方法对照见表 5-10。

表 5-10　我国润滑脂试验方法与国外润滑脂试验方法对照

序号	方法名称	标准号	对应的国外标准
1	润滑脂和石油脂锥入度测定法	GB/T 269—1991	等效 ISO 2137：1985
2	润滑脂压力分油测定法	GB/T 392—1977	等效 ГОСТ 7142—1974
3	润滑脂水分测定法	GB/T 512—1965	等效 ГОСТ 2477—1965
4	润滑脂机械杂质测定法（酸分解法）	GB/T 513—1977	等效 ГОСТ 6479—1973
5	润滑脂宽温度范围滴点测定法	GB/T 3498—2008	修改 ISO 6299—1998
6	润滑脂滴点测定法	GB/T 4929—1985	等效 ISO/DP 2176—1979
7	润滑脂防腐蚀性试验法	GB/T 5018—2008	修改 ASTM D1743-05a
8	润滑脂和润滑油蒸发损失测定法	GB/T 7325—1987	等效 ASTM D972—56（81）
9	润滑脂铜片腐蚀试验法	GB/T 7326—1987	甲法等效 ASTM D4048—1981 乙法等效 JISK 2220—1984-5.5
10	润滑脂相似黏度测定法	SH/T 0048—1991	等效 ГОСТ 7163—1963
11	润滑脂抗水淋性能测定法	SH/T 0109—2004	等效 ISO 11009：2000
12	润滑脂滚筒安定性测定法	SH/T 0122—1992	参照 ASTM D1831—1988
13	润滑脂极压性能测定法（四球机法）	SH/T 0202—1992	参照 ASTM D2596—1982
14	润滑脂承载能力的测定　梯姆肯法	NB/SH/T 0203—2014	修改 ASTM D2509—03（2008）
15	润滑脂抗磨性能测定法（四球机法）	SH/T 0204—1992	参照 ASTM D2266—67（81）
16	润滑脂皂分测定法	SH/T 0319—1992	等效 ГОСТ 5211—1950
17	润滑脂有害粒子鉴定法	SH/T 0322—1992	参照 ASTM D1404—1983
18	润滑脂强度极限测定法	SH/T 0323—1992	等效 ГОСТ 7143—1973
19	润滑脂分油的测定　锥网法	NB/SH/T 0324—2010	
20	润滑脂氧化安定性测定法	SH/T 0325—1992	参照 ASTM D942—78（84）
21	汽车轮轴承润滑脂漏失量测定法	SH/T 0326—1992	等效 ASTM D1263—1986
22	润滑脂灰分测定法	SH/T 0327—1992	等效 ГОСТ 6474—1953

（续）

序号	方法名称	标准号	对应的国外标准
23	润滑脂游离碱和游离有机酸测定法	SH/T 0329—1992	等效 ΓOCT 6707—1976
24	润滑脂机械杂质测定法（抽出法）	SH/T 0330—1992	等效 ΓOCT 1036—1950
25	润滑脂腐蚀试验法	SH/T 0331—1992	等效 ΓOCT 9080—1977
26	润滑脂化学安定性测定法	SH/T 0335—1992	等效 ΓOCT 5743—1962
27	润滑脂杂质含量测定法（显微镜法）	SH/T 0336—1994	等效 ΓOCT 9270—1986
28	润滑脂蒸发度测定法	SH/T 0337—1992	等效 ΓOCT 9566—1974
29	滚珠轴承润滑脂低温转矩测定法	SH/T 0338—1992	参照 ASTM D1478—1980
30	润滑脂齿轮磨损测定法	SH/T 0427—1992	等效 FS 791 B 335.2
31	高温下润滑脂在球轴承中的寿命测定法	SH/T 0428—2008	修改 ASTM D3336-05$^{\varepsilon1}$
32	润滑脂和液体润滑剂与橡胶相容性测定法	SH/T 0429—2007	非等效 ASTM D4289—2003
33	润滑脂贮存安定性试验法	SH/T 0452—1992	等效 FS 791 C3467.1（1986）
34	润滑脂抗水和抗水-乙醇（1:1）溶液性能试验法	SH/T 0453—1992	等同 FS 791 C5415（1986）
35	润滑脂接触电阻测定法	SH/T 0596—1994	自建
36	润滑脂抗水喷雾性测定法	SH/T 0643—1997	等效 ASTM D4049—1993
37	润滑脂宽温度范围蒸发损失测定法	SH/T 0661—1998	等效 ASTM D2595—1996
38	润滑脂表观黏度测定法	SH/T 0681—1999	等效 ASTM D1092—1993
39	润滑脂在贮存期间分油量测定法	SH/T 0682—1999	等效 ASTM D 1742—1994
40	润滑剂的合成橡胶溶胀性测定法	SH/T 0691—2000	等效 FS 791 C3603.5（1986）
41	润滑脂防锈性测定法	SH/T 0700—2000	等效 ISO 11007—1997
42	润滑脂抗微动磨损性能测定法	SH/T 0716—2002	等效 ASTM D4170—1997
43	润滑脂摩擦磨损性能的测定　高频线性振动试验机（SRV）法	NB/SH/T 0721—2016	修改 ASTM D5707—2011

1. 润滑脂的流变性能及低温性能

润滑脂的流变性能是指润滑脂在受到外力作用时所表现出来的流动和变形的性质。由于润滑脂是具有结构性的非牛顿流体，其黏度与温度和切应力有关。流变性能是润滑脂的重要性能指标之一，它与润滑脂的应用关系密切。

润滑脂的低温性是由润滑脂在低温下的相似黏度或稠度增大的程度来表示的，其主要指标有稠度、强度极限、相似黏度、表观黏度和低温转矩。

（1）稠度　稠度是指润滑脂在受力作用时，抵抗变形的程度，稠度是塑性的一个特征。润滑脂的稠度常用锥（或针）入度来表示。锥入度是在规定的测定条件下，一定重量和形状的圆锥体，在 5s 内落入润滑脂中的深度，以 0.1mm 或 1/10mm 表示。实际上，锥入度测定的数值大小和稠度大小相反，即润滑脂锥入度越小，稠度越大，润滑脂越硬；反之，锥入度越大，稠度越小，润滑脂越软。

（2）锥入度　锥入度是润滑脂质量评定的一项重要指标，我国的测定方法是 GB/T 269—1991《润滑脂和石油脂锥入度测定法》，等效 ISO 2137:1985；美国材料试验协会标准方法为 ASTM D217。测定用的仪器为锥入度计（见图 5-14）。标准圆锥体形状和重量都有严格规定，圆锥体及杆重 150g。

润滑脂锥入度有以下测定方法：

1）工作锥入度。工作锥入度是指润滑脂在工作器中以 60 次/min 的速度工作 1min 后，在 25℃ 下测得的结果，以 1/10mm 表示。

2）延长工作锥入度。润滑脂样品在工作器中工作 1 万次或 10 万次后测得的锥入度数值，以 1/10mm 表示。

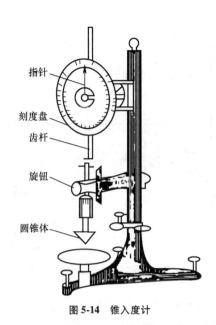

指针

刻度盘

齿杆

旋钮

圆锥体

图 5-14　锥入度计

3）不搅动锥入度。润滑脂在原容器中不搅动时于 25℃ 测得的锥入度。

4）未工作锥入度。将润滑脂样品在尽可能不搅动的情况下，移到润滑脂工作器中，在 25℃ 测定的锥入度。

5）块锥入度。具有足够硬度以保持其形状的润滑脂在 25℃ 的锥入度。

除上述按标准方法规定的全尺寸圆锥体测定锥入度外，还有用 1/4 尺寸或 1/2 尺寸的圆锥体测定微锥入度。

微锥入度使用小型（1/4 或 1/2 比例）的工作器和圆锥体，1/4 型圆锥体及杆总重（9.38±0.025）g，1/2 型圆锥体及杆总重（37.5±0.05）g。此两型锥入度限于测定 0~4 级润滑脂微锥入度不大于 100 单位的少量样品用，限用于因样品量的限制不能使用全尺寸锥入度计测定的场合，不能用以代替全尺寸锥入度。需要时，可由公式换算成全尺寸锥入度。

（3）触变性　润滑脂和某些非牛顿流体（如高分子溶液、沥青等）一样具有触变性，它的流变性随时间呈缓慢变化。在一定的剪速下，随时间的增加，切应力下降，其黏度（或稠度）降低，由稠变稀。达到某一时刻后，切应力不再变化，形成动平衡。剪切作用一旦停止，则其黏度（或稠度）又开始缓慢上升，直至一定程度为止。

润滑脂的触变性是指润滑脂受到剪切作用时（在一定剪速下，随着剪切时间的增加）稠度下降发生软化，而在剪切作用停止后稠度又上升（硬化）的性质。

但须注意，触变性和非牛顿流体的黏度剪速特性（非牛顿性）是有区别的。非牛顿性是指黏度随剪速的增加而降低，随剪速的减小而升高，是完全可逆的，瞬时完成的过程。触变性是指黏度（或稠度等）在一定剪切下，随剪切时间的增长而下降，剪切作用停止后，黏度（或稠度等）随停歇时间的增长而上升。触变的恢复程度是不完全可逆的，润滑脂经剪切后放置，其黏度（或稠度等）不一定恢复到和剪切前同样的程度，多数是低于剪切前的数值，也有和剪切前相等或更高的情况。此外，触变恢复的速度是开始时较快后来比较缓慢的，而且恢复是一个较长的过程，这与剪速降低时黏度瞬时上升是不同的。

润滑脂在受到剪切作用时，构成连续骨架的个别皂纤维之间的接触部分从开始滑动至脱开，使体系从变形到流动。在长期或高剪力作用下，皂纤维本身也会遭到剪断，因此表现为黏度和稠度下降。剪切作用停止后，结构骨架又开始恢复，但皂纤维重新排列需要一定时间，所以恢复比较缓慢。不同的润滑脂的恢复速度不同，恢复程度也各不相同，与受剪切破坏程度也有很大关系。重新形成的结构骨架也可能与原来的结构有差别。例如，随皂纤维接触点减少或纤维数目减少，结构骨架也就比原来未破坏前的强度低，稠度下降。反之，如纤维数增加，接触点增多，稠度就比原来大。

脂肪酸钙皂基润滑脂破坏时剪速小，停歇后强度极限恢复程度大；随着变形强度增大（剪速增大），停歇后强度极限恢复程度减小。

在剪速很小时，强度极限下降较少，停歇后强度极限增加较多。剪速为 3200s^{-1} 时，变形后强度极限增大，停歇时增加更多。停歇 30min 后强度极限即比原来未受剪切的强度极限大约增加了 5 倍。由此可见，所试验合成脂肪酸钙基脂的触变性比脂肪钙基脂大得多。润滑脂触变性随润滑脂所含稠化剂而异。

润滑脂的触变性对于润滑脂的使用有实际意义，润滑脂有轻微的触变性是有益的，因为润滑脂在机械作用下产生轻微的触变，强度极限、稠度、黏度下降，可使润滑脂容易被压送，而且在机件中运动时阻力减低。但当外力停止时，润滑脂的结构逐渐恢复，它的强度极限、稠度、黏度又加大，使它在机械不转动时或在机械不转动的部件上不易流失。但过大的触变性会导致润滑脂在机械作用下流失。

目前测定润滑脂的触变性尚无满意的方法，有用锥入度搅拌器工作多次，比较工作前、后锥入度的变化，并将工作过的润滑脂放置后再测锥入度，可看出其恢复程度。

（4）低温转矩　润滑脂的低温转矩是指在低温时，润滑脂阻滞低速滚珠轴承转动的程度。低温转矩是在一定低温下，以试验润滑脂 204 型开式滚珠轴承，当其内环以 1r/min 的速度转动时，阻滞该轴承外环所需的力矩。低温转矩是衡量润滑脂低温性能的一项重要指标。润滑脂低温转矩特性好，就是指润滑脂在规定的轴承中，在低温试验条件下的转矩小。低温转矩的大小关系到用脂润滑的轴承低温起动的难易和功率损失。低温转矩对于在低温使用的微型电机、精密控制仪表等特别重要。因精密设备要求轴承的转矩小而稳定，以确保起动容易且灵敏、可靠地工作。

（5）低温泵送性　润滑脂的低温性能除用低温相似黏度、低温转矩表示以外，还有低温泵送性。相似黏度会影响润滑脂在集中润滑系统中的流动性及在轴承中的运转力矩等。一般要求低温用的润滑脂在低温下的相似黏度不得大于某一数值，例如，7008 号通用航空润滑脂要求-50℃、10s^{-1}时相似黏度不大于 1000Pa·s。如要制备低温黏度小的润滑脂，一般要用低黏度、低凝点和黏温特性好的基础油和低皂含量。不同稠化剂的润滑脂低温相似黏度的比较见表 5-11。

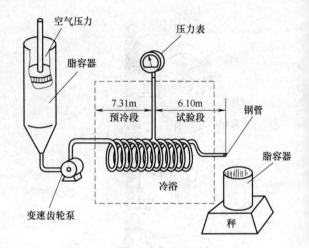

图 5-15　润滑脂低温泵送性试验装置

表 5-11　复合铝基脂、钙基脂、锂基脂的低温相似黏度

润滑脂		复合铝	复合铝	复合铝	锂基脂	钙基脂
皂含量 （质量分数,%）		8.0	8.6	6.9	8.0	10
温度/℃		2.2	-40	-40	2.2	-40
相似黏度 /Pa·s	20s^{-1}	60	2450	1750	87	1400
	200s^{-1}	24	570	430	19	440

低温泵送性是指在压力作用下，将润滑脂送到分配系统的管道喷嘴和脂嘴等处的能力。由于集中润滑方式的发展，对润滑脂泵送性测定的要求日益迫切，因此，国外一些研究部门建立了泵送性试验方法。泵送性试验方法的原理是，在冷浴中放置一根环形铜管（总长 13.41m，预冷段长 7.31m，试验段长 6.10m），用泵定量送入润滑脂样品，测定润滑脂在一定温度下和一定时间内的流量。根据流出量的多少，可以预测润滑脂在管内输送的性能。润滑脂低温泵送性试验装置如图 5-15 所示。

润滑脂的低温泵送性与基础油和稠化剂都有关系。基础油的凝点低、黏度小，制备的润滑脂的泵送性好；稠化剂的种类不同，则其泵送性也不同。

2. 润滑脂的高温性能及轴承性能

润滑脂在受热时，其性质会发生多方面的改变，如从不流动状态变成流动状态，稠度也发生变化，还有分油和氧化等，这些变化都会影响润滑脂在高温下的使用性能。在润滑脂的实验室评价中，常用一些较简单的仪器和方法来评定润滑脂的高温性能，如滴点、高温流动性、蒸发、胶体安定性和氧化安定性等指标。但由于单个指标往往不能很好地反映润滑脂的使用性能，因此，各国都重视发展一些测定使用性能的方法，直接以使用润滑脂的典型零部件为试件，在实验室固定的条件下考察润滑脂的性能。如测定润滑脂在轴承中的使用寿命、漏失量、摩擦力矩等。

（1）滴点　滴点是润滑脂的一个重要的质量指标，它是指润滑脂在一定的条件下加热时，从仪器的脂杯中滴下第一滴液体时的温度，即为该润滑脂的滴点。润滑脂滴点测定法 GB/T 4929—1985 等效于 ISO/DP 2176—1979（但 GB/T 4929 测试的温度比较低，高温滴点测试应采用 GB/T 3498）。

润滑脂在高温下的这些性能统称为润滑脂的轴承性能，但须说明，润滑脂的轴承性能和理化性能相比，虽然更接近实在，能筛选使用对象不同的润滑脂性能，但因受试验条件的限制，仍不能代替实际应用试验。

（2）高温流动性　润滑脂的滴点只能反映在试验条件下润滑脂从不流动转变为流动态的温度，而不能表示在某一温度范围内润滑脂的流动特性或稠度的变化。润滑脂要满足高温使用要求，不仅要求滴点高于使用最高温度，而且要在使用温度范围内，不因过分软化或硬化等状态变化而丧失润滑性。润滑脂的高温流动性测定法采用 ASTM D3232 的规定，如图 5-16 所示。

（3）蒸发损失　在高温或真空条件下润滑脂的

基础油会蒸发损失，若基础油蒸发损失过大，会使润滑脂的稠度增大，摩擦力矩增大，使用寿命缩短，故高温下使用的润滑脂或真空下使用的润滑脂及精密光学仪器用润滑脂均要求有低的蒸发损失指标。润滑脂

和润滑油蒸发损失测定法的国家标准为 GB/T 7325—1987，等效于 ASTM D972—56（81）。适用于测定在 99~150℃ 范围内的任一温度下润滑脂或润滑油的蒸发损失，测定装置如图 5-17 所示。

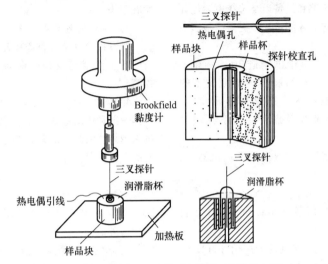

图 5-16　润滑脂高温流动性测定装置（旋转黏度针）

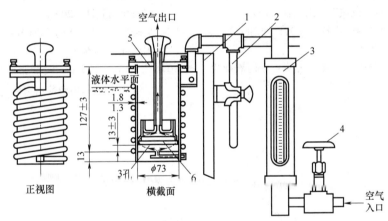

图 5-17　润滑脂蒸发损失测定装置
1—恒温浴浴壁　2—支撑杆　3—转子流量计　4—针形阀　5—环槽盖　6—试样杯组合件

试验步骤：称量已洗净的试样杯和杯罩；将润滑脂试样填满试样杯，防止混入空气，用刮刀刮平试样使试样表面和试样杯边缘相平，将试样杯盖上并拧紧；称量试样杯组合件；将试样杯组合件放入已达到试验温度的恒温浴中的蒸发器里，使干净的空气以规定的流速流过蒸发器，经过 22h 试验后，从蒸发器上取下试样杯组合件，冷却至室温，称量并记下样品净质量。以蒸发损失的质量百分数表示。

（4）润滑脂的氧化安定性　润滑脂在储存和使用中抵抗氧化的能力称氧化安定性或抗氧化性，它是润滑脂的一项重要的性能指标。氧化安定性是影响润

滑脂最高使用温度和使用寿命长短的一个重要因素，因为润滑脂氧化后其性质会发生如下变化：

1）游离碱减少或酸值增大。
2）滴点降低。
3）强度极限改变。
4）锥入度改变。
5）颜色外观改变。
6）相转变温度、介电性能及结构的改变。

现代润滑脂的发展与机械的发展和节能等方面的要求密切相关。过去一段时间，由于航空业和军事工业的要求促进了润滑脂的发展。而现在，由于现代化

机械向高温、重负荷、高速和小型化等方面发展，需要提供新型的高性能润滑脂才能满足这些工业领域的使用要求。业界认为，未来一段时间，锂基润滑脂仍是工业应用的主要品种。但应继续挖掘潜力，从提高原材料质量，改进生产工艺和设备以及选择更为优异的添加剂等方面进行改进，才能进一步提高锂基润滑脂的综合性能。

刘维民院士指出，在《中国制造2025》和工业4.0建设的大背景下，润滑脂作为机械设备的柔性部件，需跟随机械设备的产业升级而发展。从产业角度来讲，润滑脂应重点关注以下领域的发展：

1) 高端装备用润滑脂，如高速铁路、机器人、风电、汽车与无人机等。

2) 传统工业，如钢铁、水泥、电力等行业的升级换代，对润滑材料也提出了节能减排、降粒等的要求，因此，对传统润滑脂的高性能优化将成为重要的发展趋势。

3) 精密制造产业，随着机械设备的精密化发展，对设备的寿命、静音和转速等的要求越来越高，对低噪声润滑脂及长寿命润滑脂的技术需求不断提高。

4) 防护领域，如桥梁、港口、矿井及电梯等使用钢丝绳和传动链条的行业对润滑脂的防护性能要求越来越高，因此，特殊功能化的防护润滑脂将迎来极好的发展机遇。

参 考 文 献

［1］ 朱延彬. 润滑脂技术大全［M］. 北京：中国石化出版社，2005.

［2］ 蒋明俊，郭小川. 润滑脂性能及应用［M］. 北京：中国石化出版社，2010.

［3］ 林亨耀，汪德涛. 机修手册：第8卷　设备润滑［M］. 北京：机械工业出版社，1994.

［4］ 王先会. 润滑油脂生产技术［M］. 北京：中国石化出版社，2005.

［5］ 张澄清. 润滑脂生产［M］. 北京：中国石化出版社，2003.

［6］ 李辉. 复合锂基脂的研究［J］. 润滑与密封，1982，6：26.

［7］ 孙全淑. 润滑脂性能及应用［M］. 北京：中国石化出版社，1988.

［8］ 颜志光. 润滑材料与润滑技术［M］. 北京：中国石化出版社，2000.

［9］ 吴晓玲. 润滑设计手册［M］. 北京：化学工业出版社，2006.

［10］ 张澄清，李庆德. 润滑脂应用指南［M］. 北京：中国石化出版社，1993.

第6章 润滑剂及应用技术

6.1 合成润滑剂

6.1.1 概述

众所周知，润滑油可分为矿物润滑油和合成润滑油两大类。矿物油基润滑油是以石油为基本原料加工而成的，也是目前应用最广泛的一类润滑材料。但随着科技的进步和工业的发展，矿物油已不能满足许多苛刻工况条件下的使用要求。因此，各种类型的合成润滑剂得到迅速的发展。

合成润滑剂又称合成润滑油脂，它是一种新型的润滑材料，它是通过化学合成的路线制备而成的较高相对分子质量的化合物，再经调配或进一步加工而成的润滑油、脂产品。它可以满足矿物油脂所不能满足的使用要求，如低温、高温、高负荷、高转速、高真空、高能辐射、强氧化介质以及长寿命等。合成润滑剂的研究、开发、生产和应用是在第二次世界大战中开始的。当时缺乏石油资源的德国和日本，为战争的紧迫需要，不惜成本地开发合成润滑剂。日本从二十世纪三四十年代起就使用 PAO 润滑油、蓖麻油加氢精制油等烃型合成油。德国从二十世纪四十年代起就开始用醇醚型和酯型的合成油。与此同时，美国也研发出以酯类为主的全合成润滑油。目前，合成润滑剂的发展已到了一个新的阶段。

通俗来讲，把矿物基础油用酯类或聚烯烃类来取代，再加添加剂参配，就形成了合成油。在各类合成润滑油中增长较快的是 PAO 和合成酯类油。近年来，由于对生态环境的日益重视，为合成润滑油在工业上的扩大使用创造了条件。合成润滑油因日益显示出优异的综合性能而越来越被重视，合成润滑油的发展顺应世界潮流，从而也促进了"绿色润滑"技术的发展。

与国外相比，我国合成润滑剂的生产规模仍较小，但业界已充分认识到合成润滑剂能适应多种现代机械日益苛刻的设计要求。实践表明，使用合成润滑剂已取得了明显的综合经济效益，因此，合成润滑剂的开发和使用必将迎来黄金时期。颜志光和杨正宇主编的专著《合成润滑剂》全面详细论述了合成润滑剂的性能特点、制备方法及应用等，可谓是合成润滑剂方面的经典之作。

第一个商用合成润滑油始于 1934 年，由德国法本公司化学家 Dr. Hermann Zorn 通过石蜡加氢裂解制成了一种高黏度指数的加氢异构油，并用于当时的高性能活塞发动机的战斗机上。从 1939 年开始，德国即利用蜡裂解生产 PAO，企图以此解决润滑剂的短缺问题。后在 1943 年，德国陆军的装备采用了 PAO 合成油。与此同时，美国也研发出以酯类为主的全合成型润滑油。1951 年，美国公布了燃气涡轮发动机油标准 MIL-L-7808。在 20 世纪 60 年代初，美国海陆研究室研制成功阻化酯或新戊基多元醇酯，使飞机发动机润滑油的使用温度提高了 50℃以上，并于 1965 年发布了新标准 MIL-L-23699，从而使酯类油成为较大产量的合成油。

经过几十年的发展，在 1973 年，由荷兰皇家壳牌公司研发的超高黏度指数加氢异构油，性能接近 PAO，它很快成为新一代的合成油。在 20 世纪 60 年代，壳牌公司开发了磷酸酯型航空液压油和工业难燃液压油，以及全氟聚醚产品等，在民用和军工上得到成功应用。

环保和节能是合成润滑油发展的动力。目前，汽车和其他工业的快速发展对节能减排和低碳经济提出了迫切的需求，因此，业界对合成润滑剂的发展十分关注，它在推动润滑油行业向绿色节能转型中扮演着重要角色。尤其是高科技的发展对润滑剂性能要求更苛刻，资源短缺及可持续发展战略等均对合成润滑剂提出较高要求。又如近年来发展迅猛的风力发电，因它是一种可再生的清洁能源，世界各国都十分重视和开发。风力发电机的主要润滑部位很多，包括齿轮箱、发电机轴承、偏航系统轴承与齿轮、液压制动系统和主轴承等，而合成润滑剂在风力发动机系统中的应用中也发挥着不可替代的作用。如我国自己开发的长城牌 SH500 系列合成烃重负荷工业齿轮油已在风电等行业得到成功应用。

一般来说，每类合成润滑剂都有其独特的化学结构、制备工艺和应用范围，表 6-1 为主要合成润滑剂与典型矿物油的性能对比。

表 6-1　主要合成润滑剂与典型矿物油的性能对比

油品类型	典型矿物油	聚烯烃	烷基芳烃	二元酸酯	新戊基聚酯	聚二醇	磷酸酯	硅酮	硅酸酯	氟碳化合物	聚苯醚
液相呈现	中等	好	好	很好	很好	好	中等	极好	极好	差	差
黏温性能	中等	好	中等	极好	很好	好	差	极好	极好	中等	差
低温性能	差	好	好	好	好	好	中等	好	好	好	差
加抗氧剂后的抗氧稳定性	中等	很好	中等	很好	中等	差	好	很好	很好	极好	很好
与矿物油的共溶性	—	极好	极好	好	中等	差	中等	差	中等	差	好
挥发度	中等	好	好	极好	极好	好	好	好	好	中等	好
与清漆和涂料的配伍性	极好	极好	极好	好	中等	中等	差	好	好	好	中等
水解稳定性	极好	极好	极好	中等	中等	好	差	好	差	很好	极好
加添加剂后的防锈性能	极好	极好	极好	好	好	好	好	好	好	好	好
添加剂的溶解性能	极好	好	极好	很好	很好	中等	好	差	—	—	—
布纳橡胶溶胀反应	轻度	无	轻度	中等	强烈	轻度	强烈	轻度	轻度	中等	轻度
润滑性能	好	好	好	很好	很好	好	极好	中等	中等	极好	极好
热稳定性	中等	中等	中等	好	好	好	中等	很好	好	很好	极好
抗燃性	差	差	差	中等	中等	中等	极好	中等	中等	极好	中等
价格	低	中等	中等	中等	中等	中等	中等	高	高	很高	很高

6.1.2　合成润滑剂的分类与特性

1. 合成润滑剂的分类

根据合成润滑剂的化学结构, 已工业化生产的合成润滑剂分为以下 7 类。

(1) 有机酯　包括双酯、多元醇酯及复酯等, 其分子简式为

$$R-O-\overset{O}{\underset{}{C}}-(CH_2)_n-\overset{O}{\underset{}{C}}-O-R \text{ 和}$$

$$R'_n-C-(CH_2-O-\overset{O}{\underset{}{C}}-R)_{4-n}(n=0,1,2)$$

(2) 合成烃　包括 PAO、烷基苯、聚异丁烯等, 其分子简式为 C_nH_m。

(3) 聚醚类 (又名聚烷撑醚)　包括聚乙二醇醚、聚丙二醇醚, 其分子简式为

$$R_1-O-(CH_2CHO)_n R_3$$
$$\underset{R_2}{|}$$

(R 为 H 或烷基)。

(4) 聚硅氧烷 (又名硅油)　包括甲基硅油、乙基硅油、甲基苯基硅油、甲基氯苯基硅油等, 其分子简式为

$$\left(\underset{R'}{\overset{R}{Si-O}}\right)_n, R、R' 为 CH_3、C_2H_5、C_6H_5。$$

(5) 含氟油　包括氟碳、氯氟碳、全氟聚醚及氟硅油等, 其分子简式为 $(CF_2)_n(CF_nCl_m)$, 或 $C_nF_mO_p$。

(6) 磷酸酯类　包括烷基磷酸酯、芳基磷酸酯和烷基芳基磷酸酯等, 其分子简式为

$$R_1-O-\overset{O}{\underset{OR_3}{P}}-OR_2, R_1、R_2、R_3 为烷基或芳基。$$

(7) 合成润滑脂　国标 GB/T 7631.1—2008 是等同采用国际标准 ISO 6743-99:2002 制定的标准, 其分类原则是根据应用场合划分, 每一类润滑剂中已考虑了应用合成液的润滑剂, 因此没有将合成润滑油单独分类, 而只有一些产品标准。

2. 合成润滑剂的特性

（1）较好的高温性能　合成润滑油比矿物油的热安定性要好，热分解温度、闪点和自燃点都高，允许在较高的温度下使用。表 6-2 为各类合成油的闪点、自燃点及热分解温度等温度特性。

表 6-2　合成油的温度特性

类别	闪点/℃	自燃点	热分解温度/℃	黏度指数	倾点/℃
矿物油	140~315	230~310	250~310	50~130	−45~−10
双酯	200~300	370~430	283	110~190	−70~−40
多元醇酯	215~300	400~440	316	60~190	−70~−15
PAO	180~320	325~400	338	50~180	−70~−40
二烷基苯	130~230	—	—	105	<57
聚醚	190~340	335~400	279	90~280	−65~5
磷酸酯	230~260	425~650	194~421	30~60	−50~−15
硅油	230~330	425~550	388	110~500	−70~10
硅酸酯	180~210	435~645	340~450	110~300	<−60
卤碳化合物	200~280	>650		−200~−100	−70~65
聚苯醚	200~340	490~595	454	100~1000	−15~20

（2）优良的黏温性能和低温性能　大多数合成润滑油比矿物油黏度指数高，黏度随温度变化小。在高温黏度相同时，大多数合成油比矿物油的倾点（或凝点）低，低温黏度小。

（3）较低的挥发性　合成油一般是一种纯化合物，其沸点范围较窄，挥发性较低，因此挥发损失低，可延长油品的使用寿命。

（4）优良的化学稳定性　卤碳化合物如全氟碳油、氟氯油、氟溴油、聚全氟烷基醚等，具有优良的化学稳定性，在 100℃ 不与氟气、氯气、硝酸、硫酸、王水等强氧化剂起反应。在国防和化学工业中具有重要的使用价值。

（5）抗燃性　某些合成油如磷酸酯、全氟碳油、水-乙二醇等合成油具有抗燃性，被广泛用于航空、冶金、发电、煤炭等工业部门。表 6-3 所列为一些合成油的抗燃性。

表 6-3　合成油的抗燃性　（单位：℃）

类别	闪点	燃点	自燃点	热歧管点火温度	纵火剂点火
汽轮机油（矿物油）	200	240	<360	<500	燃
芳基磷酸酯	240	340	650	>700	不燃
聚全氟甲乙醚	>500	>500	>700	>930	不燃
水-乙二醇抗燃油	无	无	无	>700	不燃

（6）抗辐射性　某些合成油的烷基化芳烃、聚苯和聚苯醚等具有较好的抗辐射性。

（7）与橡胶密封件的适应性　在使用合成润滑油时，应选择与这种合成油相适应的橡胶密封件，因为与矿物润滑油相适应的丁腈橡胶密封件，并不与多数合成油相适应。例如与磷酸酯相适应的橡胶是乙丙橡胶，与甲基硅油及甲苯基硅油相适应的橡胶是氯丁橡胶及氟橡胶。

（8）对金属的作用　某些合成油可能在有水存在或高温时腐蚀某些金属，例如有水存在时，磷酸酯及甲基氯苯基硅油的腐蚀性增大，多元醇酯在较高温度下也会腐蚀某些有色金属。

合成润滑剂在很多方面得到广泛应用，表 6-4 所列为合成润滑剂的用途。

表 6-4　合成润滑剂的用途

种类	用途
合成烃	燃气涡轮润滑油、航空液压油、齿轮油、车用发动机油、金属加工油、轧制油、冷冻机油、真空泵油、减震液、制动液、纺丝机油、润滑脂基础油等
酯类油	喷气发动机油、精密仪表油、高温液压油、真空泵油、自动变速机油、低温车用机油、制动液、金属加工油、轧制油、润滑脂、基础油、压缩机油

（续）

种　类	用　途
磷酸酯	用于有抗燃要求的航空液压油、工业液压油、压缩机油、制动液、大型轧制机油、连续铸造设备用油
聚乙二醇醚	液压油、制动液、航空发动机油、真空泵油、制冷机油、金属加工油
硅酸酯	高温液压油、高温传热介质、极低温润滑脂基础油、航空液压油，导轨液压油
硅油	航空液压油、精密仪表油、压缩机油、扩散泵油、制动液、陀螺液、减震液、绝缘油、光学用油、润滑脂基础油、介电冷却液、脱模剂、雾化润滑液
聚苯醚	有关核反应堆用润滑油、液压油、冷却介质、发动机油、润滑脂基础油
氟油	核能工业用油、导弹用油、氧气压缩机油、陀螺液、减震液、绝缘油、润滑脂基础油

6.1.3　合成润滑剂的主要品种及应用

1. 酯类油

酯类油是有机酸和醇在催化剂作用下酯化脱水，其反应原理为

$$R'—\underset{\underset{O}{\|}}{C}—OH +HOR \Longleftrightarrow R'—\underset{\underset{O}{\|}}{C}—O—R +H_2O$$

酯类油分子中一般都含有酯基官能团—COOR'，自然界存在的动物脂肪或植物油多为饱和一元羧酸或不饱和一元羧酸与丙三醇生成的酯。在合成润滑剂中的酯类油可分为双酯、多元醇酯和复酯。

（1）酯类油的特性　合成酯由于特殊的分子结构而具有优异的高/低温性能、黏温性、热氧化安定性、润滑性和低挥发性等。此外，合成酯还具有优异的生物降解性和原材料可再生性等优势，使它成为目前最具研究价值和应用前景的一类合成润滑油。

1）良好的黏温特性。酯类油的黏温特性良好，黏度指数较高。若加长酯分子的主链，则其黏度增大，黏度指数增高。双酯中常用的癸二酸酯和壬二酸酯的黏度指数均在150以上。

2）低温性能好。双酯中带支链醇的，通常具有较低的凝点，常用的癸二酸酯和壬二酸酯的凝点均在-60℃以下。同一类型的酯，随着相对分子质量的增加及支链酸的引入，低温黏度会增加。

3）良好的高温性能。同一类型的酯，随着相对分子质量的增加，闪点升高，蒸发度降低。

4）氧化稳定性好。酯类油常作为高温润滑材料，因此，酯类油的特点之一是其氧化稳定性好，但也因其结构的不同而异，实际使用时仍需添加适当的抗氧剂。

5）润滑性好。由于酯类油的分子结构中含有较高活性的酯基基团，酯分子易吸附在摩擦表面上形成边界润滑油膜，因而酯类油的润滑性一般优于同黏度的矿物油。但是，酯类油多用于高温工况下，对其高温润滑性能有较高要求，因此，常常需要加入一定的添加剂以满足其高温润滑性能要求。

（2）酯类油的结构　酯类油包括一元醇酯（聚亚烷氧基醚单酯）、二元醇酯（双酯）、三元醇酯（三羟甲基丙烷酯等）、四元醇酯（如季戊四醇酯），以及复酯。三元以上的醇生成的酯通称为多元醇酯，三羟甲基丙烷酯和季戊四醇酯因结构上的共同点又称为新戊基多元醇酯。生成酯的除了醇以外，还可以是单醚，如由一元醇和环氧乙烷作为原料通过聚合反应生成单醚再酯化获得的聚亚烷氧基单脂、双脂、三脂和四脂，其分子结构式如下：

$$C_4H_9—O\!\!\left(\!\!CH_2—\underset{\underset{CH_3}{\|}}{CH}—O\!\!\right)_{\!\!n}\!\!\underset{\underset{O}{\|}}{C}—C_{11}H_{23}$$

单酯

$$C_6—O—\underset{\underset{O}{\|}}{C}—\underset{\underset{\underset{O.}{\|}}{\underset{C_6.}{\underset{\underset{O}{\|}}{C=O}}}}{\overset{\overset{C_2}{\|}}{C}}—\underset{\underset{O}{\|}}{C}—O—C_6$$

三羟甲基丙烷三庚酯

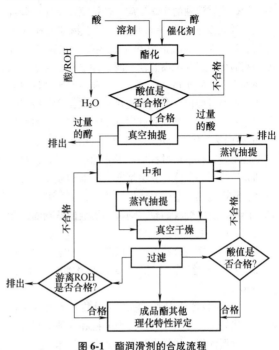

$$C_6H_{13}-C-O+CH_2-CH-O\frac{}{}_n C-C_6H_{13}$$

双酯

季戊四醇四己酯

蒸气压低、低温流动性好、氧化稳定性好、无毒和可生物降解。目前用得最广的是双酯和多元醇酯。几种典型的酯类油的物理特性列于表6-5。

图 6-1　酯润滑剂的合成流程

1) 制备。酯的制备过程一般分为三步：即酯化、中和及过滤。酯类油由酯化反应脱水制备，通常生产二元酸双酯时，为醇过量；生产二元醇双酯和多元醇酯时为脂肪酸过量；生产复酯时，第一步反应按摩尔比，第二步为封头的酸和醇过量。常用的酯化催化剂有硫酸、硫酸氢钠、对甲基苯磺酸、磷酸、磷酸酯、钛酸酯、锆酸酯、活性炭、氧化锌和阳离子交换树脂等，制备时还要经过精制以提高酯类油的抗氧化安定性。图6-1所示为酯润滑剂的合成流程。

2) 性质及特点。酯类油是目前应用最广而又大量生产的合成油，加添加剂后使用温度可达-60～200℃，短时间可达250℃。其特点是价廉、油性好、

差，与涂料不相容，水解安定性差。

(3) 酯类油的应用　酯类油主要是在飞机涡轮发动机润滑油（又称航空涡轮发动机润滑油）中应用，是其用量最大的油品，其次是在精密仪器仪表油、合成压缩机油、汽车发动机油、金属加工油剂、合成润滑脂基础油及塑料、化纤及精细化工领域中的应用。

1) 航空涡轮发动机油。随着航空涡轮发动机性能的不断提高，发动机润滑系统工作温度不断升高，润滑油工作时间延长，使润滑油的工作条件日益苛

表 6-5　几种典型的酯类油的物理特性

项　　　目		双酯	邻苯二甲酸酯	偏苯三酸酯	二聚酸酯	多元醇酯	多元醇油酸酯	复酯
黏度/(mm²/s)	40℃	4～46	19～80	46～320	90～184	7～220	46～100	46～460
	100℃	2～8	3～8	7～20	12～20	2～20	10～15	7～45
黏度指数		120～160	-90	75～130	120～150	50～140	130～180	130～200
倾点/℃		-70～40	-50～30	-55～25	-50～5	-60～9	-40～8	-60～-20
闪点/℃		200～260	200～270	270～300	240～310	250～310	220～280	240～280
热稳定性		好	非常好	非常好	好	优	好	尚可
生物降解性		好	尚可	差	尚可	优	优	优

酯类油在烃基骨架相同的条件下，链长增加，黏度和黏度指数增大。链的分支程度增加，倾点下降。影响酯类油低温性能的有酯的类型、相对分子质量和结构。一般来说，新戊基多元醇的低温性能较二元醇差，相对分子质量大的酯比相对分子质量小的差，结构对称的酯比不对称的酯差。酯结构中醇部分的 β-碳原子上的氢、醇的相对分子质量、分子结构、酸的结构，酯类物中酸性及含金属的杂质和催化剂，酯化的完全程度等均对酯的热安定性有一定的影响。酯类油的缺点是难以得到高黏度油，与密封材料相容性较

刻，要求润滑油具有耐高温、耐高速、耐重负荷、长寿命、热氧化稳定性高等特点。最新设计的飞机发动机润滑油主体温度已超过300℃，润滑油温度的升高，加速了润滑油的化学反应，包括氧化反应、分解反应和催化反应。润滑油的其他化学物理性质（如黏度、蒸发性、表面张力和起泡性等）也由于温度的升高而变差。除了黏温性和润滑性之外，航空发动机油的主要性能是热氧化稳定性。油在使用过程中的变化，可通过酸值和黏度的变化来反映，换油指标随不同用户而定。通常以黏度增加15%~20%和酸值达1~2mgKOH/g为最大允许值。由于润滑油的热氧化安定性不好，在使用过程中产生非油溶性产物，对润滑油系统是潜在危险，它会堵塞过滤器和喷嘴，劣化供油，阻碍传热，造成发动机故障，目前，酯类油已被广泛用作航空燃气涡轮发动机润滑剂的基础油，在军用或民用飞机中得到了成功应用。在船用燃气涡轮发动机中的应用也日益广泛，以酯类油为基础油的航空润滑油的主要规格有 MIL-L-7808K、MIL-L-23699E 等。

2）精密仪器仪表油。随着科学技术的发展，各种高精密陀螺、导航仪表、微型电机和各种精密仪器仪表对润滑油提出了越来越高的要求，具体包括：

① 宽温度范围下黏温性良好，要求在宽温度范围下，油品的黏度变化小，不允许固化，保持足够的力矩。

② 低蒸发速率。精密仪器仪表油品的蒸发速率（挥发性）必须最小，才能尽可能长期保持油量，以保证得到充分的润滑，例如在航空航天工业中使用的自动仪表和设备要求工作温度范围为-40~120℃，飞行寿命达7~10年。

③ 油滴黏附性好。许多精密仪器仪表要求润滑剂能保持在润滑点上，为此必须采用具有较高表面张力的润滑剂。

④ 良好的抗氧化安定性。许多精密仪器仪表一般情况下不允许增添或更换润滑剂，因此要求润滑剂具有良好的抗氧化安定性，以满足其使用寿命。

⑤ 不与聚合物和油漆发生作用，防腐蚀性好。

3）合成压缩机油。现代压缩机生产技术的发展，促使了以结构紧凑、高效节能为特点的旋转式压缩机的出现，对压缩机油的热氧化安定性提出了更高的要求。往复式压缩机采用矿物油润滑，曾因出口处积炭而引起爆炸着火的事故时有发生。合成压缩机油具有热氧化安定性好、积炭少、黏温性好、操作温度宽、磨损少、使用寿命长等特点。国外试验结果表明，使用合成压缩机油，叶片式压缩机的润滑油换油

周期由500h延长到4000h，螺杆式压缩机换油周期由1000h延长到8000h，往复式压缩机的换油周期从1000h延长到3000h。中石化高级润滑油公司研制生产的4502-1、4502-2、4502-3合成压缩机油产品，已在大功率中压的单、双螺杆压缩机上成功应用，延长了设备使用寿命、降低了能耗。故压缩机用油是酯类油的另一个主要应用领域。据报道，当前市面上销售的酯类油约有一半是用于润滑压缩机的。

4）车用发动机油。将多元醇酯添加到矿物油中形成的半合成型发动机油，它能降低蒸发损失、提高油品的热氧化安定性与发动机的清净性。可延长发动机油的使用寿命，减少摩擦损失，节约燃料费用等，一般可达到SE级标准。实践表明，酯类油和PAO油掺和使用，其效果更好。另外，酯类油具有优良的生物降解性。

5）金属加工油剂。在金属加工油剂中常应用硬脂酸甲酯、硬脂酸丁酯和硬脂酸己酯等作为油性剂。一些合成型酯类油如由有机酸和多官能团的醇形成的新戊基多羧基酯，在300℃以上才分解。酯类油作为金属加工液的优点如下：环境友好，良好的极压性，可作为摩擦改进剂，生物降解性能好，对机床和加工件的湿润性好。这些特性使酯类油能成功用于轧钢、铝拉伸和切削加工等。

6）液压油。目前，以酯类油为基础油的液压油主要有两类：一类是可生物降解液压油，这类液压油主要用于油品泄漏可能给环境带来污染的场合，如水上机械、农业机械、森林机械、建筑机械等。另一类酯类油是难燃液压油，这类液压油无毒，可与磷酸酯液压油等互换，在钢铁和汽车工业中得到成功应用。

7）高温链条油。用于高温链条油的酯为双酯和多元醇酯，也有用偏苯三酸酯的，市场驱动方向是更高的热稳定性和更少的沉积物。很多工业产品的制造是在高温下进行的，如纺织厂、汽车厂、陶瓷、玻璃炉等用滚子链、展幅机链和滑动链，这些链条的润滑剂温度都在150℃以上，短期甚至可达300℃以上，双酯可用在200℃以下；而200~300℃则需用多元醇酯和偏苯三酸酯。

8）汽车齿轮油。用于汽车齿轮油的一般为双酯和多元醇酯，其市场驱动力是延长换油期和节能。

近10年来齿轮油的发展趋势如下：油的氧化稳定性要求增加；环保法令更严；改善换档要求。

9）润滑脂。用于润滑脂的酯类油为双酯和多元醇酯，有时也用邻苯二甲酯和偏苯三酸酯，市场以生物降解性好的来取代白油，当有下列特性要求之一时，可用酯类油作基础油：高温用途，生物降解性，

低毒（如食品级用途）。

2. 合成烃

PAO 是合成烃的一种，它是目前合成油中发展最快的品种，也是合成油中性能较全面而优良的油品。它是由 α-烯烃（主要是 $C_8 \sim C_{10}$）在催化剂作用下而获得的一类具有比较规则的长链烷烃。PAO 的结构式为

$$nRCH=CH_2 \rightarrow CH_3-CH{\underset{R}{\Big[}}CH_2-CH{\underset{R}{\Big]}}_{n-2}CH_2-CH_2(n=3\sim5)$$
$$\underset{R}{|}$$

结构式中，R 为 C_mH_{2m-1}（$m=6\sim10$）。

（1）结构　α-烯烃指的是高碳端烯烃，工业品 α-烯烃是直链 α-烯烃的混合物。α-烯烃的端烯含量、碳数分布、纯度等均会影响 PAO 产品的性能。PAO 合成油是由 α-烯烃（主要是 $C_8 \sim C_{10}$）在催化剂作用下聚合（主要是三聚体、四聚体和五聚体）而得到的一类比较规则的长链烷烃，其结构为

$$nRCH=CH_2 \rightarrow CH_3-CH-[CH_2-CH]_{n-2}-CH_2-CH_2(n=3\sim5)$$
$$\underset{R}{|} \qquad \underset{R}{|} \qquad \underset{R}{|}$$

结构式中，R 为 C_mH_{2m+1}（$m=6\sim10$）。

（2）制备　工业上制备 PAO 有蜡裂解法和乙烯齐聚法两大类。早在 1931 年国外就使用蜡裂解烯烃在 $AlCl_3$ 催化下聚合得到 PAO。我国在 20 世纪 70 年代就开始生产合成烃油。我国原油中蜡含量较高，蜡资源丰富而乙烯短缺，因此，多采用蜡裂解法，用 $AlCl_3$ 为催化剂，生产 PAO 合成油，但产品质量较差。随着乙烯齐聚法生产 PAO 工艺日趋成熟，产品质量好，价格接近蜡裂解法，因此，国外已用乙烯齐聚法代替蜡裂解法生产 PAO。

PAO 合成油分为高黏度（$40\sim100mm^2/s$）、中黏度（$10\sim40mm^2/s$）和低黏度（$2\sim10mm^2/s$）三档。高黏度主要用 Ziegler-Natta 催化剂，中黏度主要用 $AlCl_3$ 催化剂，低黏度主要用 BF_3 催化剂。

（3）性质及特点　PAO 合成油黏度指数高、闪点高、凝固点低、挥发性低、热安定性好，在极低温度下具有独特的低黏度，不但与矿物油基础油相比优越，在合成油中也是一种综合性能优秀的油品。PAO 主要应用领域为汽车发动机油、齿轮油、航空发动机油、液压油、压缩机油和介电冷却液等。表 6-6 为 PAO 的性能特点及主要用途。

张景何等人介绍，PAO 类基础油之所以能独占一类（第Ⅳ类）基础油而进入润滑油市场，是与其独特的化学组成结构并从而具有优异的使用性能密切相关的。PAO 类基础油内不含任何烃类和芳烃、环烷烃等环状烃类，而基本上全是由一类独特的梳状结

表 6-6　PAO 的性能特点及主要用途

性能特点	主要用途
高温性好（175~200℃）	燃气轮机油、高温航空润滑油、高温润滑脂基础油
低温性好（-40~60℃）	寒区及严寒区用内燃机油、齿轮油、液压油、冷冻机油
黏度高，抗剪切性好	齿轮油，高黏度航空润滑油，自动传动液
黏度指数高	液压油，数控机床用油
结焦少	空气压缩机油，长寿命润滑油
电气性能好	变压器油，绝缘油：高压开关油
无色、无毒	食品及纺织机械用白油，塑料聚合溶剂
对皮肤浸润性好	化妆及护肤用品
闪点及燃点高	难燃液压油组分
其他特性	金属加工液，导热油，涂层光导纤维的胶体、海上钻孔泥浆，震动吸收液，纺织工业用油

构的异构烷烃所组成。图 6-2 所示为两种不同黏度级别（不同相对分子质量范围）的典型 PAO 产品分子的梳状结构。

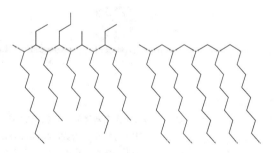

常规(低黏)PAO　　　SpectraSyn Ultra™系列(高黏PAO)

侧链平均长度6~7个碳　　　侧链平均长度8个碳

图 6-2　两种不同黏度级别的典型 PAO 产品分子的梳状结构

由于 PAO 独特的化学结构，使其具有优异的性能，如黏温性能（黏度指数）、低温流动性（倾点）和物理化学稳定性（较低的挥发度和较高的热氧化安定性）等。直链烷烃骨架有利于良好的黏温特性，

而多侧链的异构烷烃骨架和相对较短的直链段有利于保持良好的低温流动性。可以认为，这种规整的、由多个长度适中的直链烷段组成的多侧链（梳状）的异构烷烃，是一种非常适合高档润滑油基础油的理想化学结构。业界认为，尤其在低温流动性和热氧化安定性这两方面，PAO类基础油是十分突出的。

（4）PAO的应用　PAO是合成油中发展最快且用量大的品种，目前在汽车和航空发动机油、齿轮油与无级变速器油、循环油、液压油、液力传动油（自动变速器油）、压缩机油、润滑脂基础油、导热油和工艺油等油品中都得到应用。

1）发动机油。以PAO为基础油调制的车用发动机油与矿物基发动机油相比有许多优点。由于合成油具有优异的低温性能，轻质PAO的挥发性较低，因此适合在寒冷地区使用，也可使用较低黏度的发动机油节约燃料，减少磨损，可得到较好的燃料经济性。目前市售低黏度发动机油主要是用PAO和酯类油调配而成的，使用这种油可得到平均节油3%～4%的效果。

2）齿轮油。由PAO合成的多级车用齿轮油与矿物油型相比具有较低的倾点和低温黏度，因此，在低温下能顺利启动，使齿轮啮合，同时在车辆升温后仍具有良好的润滑性，因此，使用PAO的车辆齿轮油低温性能较好，可显著提高传动效率，降低能耗。

PAO合成车用齿轮油与矿物油的性能比较见表6-7。

表6-7　为PAO合成车用齿轮油与矿物油的性能比较

项　目		矿物油 SAE90	Mobil SHC 75W-90	Gulf Synfluid 75W-90
基础油类型		矿物油	PAO	PAO
黏度 /(mm²/s)	37.8℃	223	95	105.7
	98.9℃	18.4	14	14.62
黏度指数		99	149	153
-40℃低温 黏度/MPa·s		固化	106000	143000
倾点/℃		+7	-54	-49
成沟点/℃		—	-59	-45
闪点/℃		210	202	188

3）液压油等其他应用。除此而外，由于PAO所具有的低温性能、较高的闪点、牵引系数及热氧化稳定性、较低的挥发性能等，PAO已应用于-54～135℃液压油、无级变速器油以及介电冷却液及回转式空气压缩机油。除此之外，PAO合成基础油与矿物油相比具有优异的生物降解性（见图6-3）。

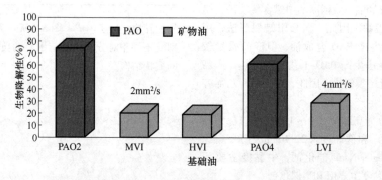

图6-3　PAO合成基础油与等黏度的MVI油、HVI油及LVI油的生物降解性对比

注：MVI为中黏度指数矿物油（环烷基基础油，芳烃质量分数为1.9%）；

HVI为高黏度指数矿物油（石蜡基基础油，芳烃质量分数为2.6%）；

LVI为低黏度指数矿物油（环烷基基础油，芳烃质量分数为12.3%）。

在现代工业装备所使用的合成基础油中，PAO合成基础油约占30%～40%，目前它是一类重要的合成润滑材料。

3. 烷基苯合成油

烷基苯合成油是合成烃润滑油中的一类主要品种，它与PAO及聚丁烯合成油的不同之处是结构中含有芳环。根据烷链的多少，烷基苯可分为单烷基苯、二烷基苯和多烷基苯，作为合成润滑油组分的主要是二烷基苯和三烷基苯。烷链为直链的称直链烷基苯，烷链为支链的称支链烷基苯。

（1）烷基苯合成油的性能　烷基苯合成油具有优良的低温性能、蒸发损失小、油中不含硫，氧化后沉淀物少，油气性能好，与矿物油能以任意比例混合，能与矿物油所用的非金属材料相配伍，因此，烷基苯是合成烃中较有发展前途的品种。表6-8列出了不同结构烷基苯的性能对比。二烷基苯油与轻质石蜡基矿物油的主要物理性质比较见表 6-9。

表 6-8　不同结构烷基苯的性能对比

性　能	$CH_3-CH-CH_2-[CH-CH_2]_n-C-CH_3$ (苯环, H)		$CH_3-CH-CH_2-[-CH_2-CH_2-]_n-CH_2-CH_3$ (苯环)	
	烷基苯	重烷苯	烷基苯	重烷苯
相对密度（d_4^{15}）	0.862	0.872	0.864	0.873
闪点（开口）/℃	132	160	146	202
运动黏度 /(mm²/s)　40℃	6.29	33.46	4.65	26.20
100℃	—	4.35	—	4.61

表 6-9　二烷基苯油与轻质石蜡基矿物油的
主要物理性质比较

项　目		二烷基苯油	轻质石蜡基矿物油
黏度 /(mm²/s)	98.9℃	5.0	5.7
	37.8℃	30.0	37.0
	-40℃	9700	凝固
黏度指数		100	103
凝点/℃		-53.9	-15
闪点（开口）/℃		232	210
蒸发损失（204℃，6.5h）（%）		14.4	23.2
橡胶膨胀	F 胶（204℃）（体积分数，%）	+4.6	+1.6
	H 胶（70℃）（体积分数，%）	+0.8	+1.4
	L 胶（70℃）（体积分数，%）	+0.7	+1.4

（2）烷基苯合成油的生产及应用　由于烷基苯合成油具有优良的低温性能及电气性能，因此广泛用于调制寒区及严寒区用车用发动机油、齿轮油及液压油。也常用于制备各种冷冻机油、电器绝缘油及低温润滑脂。表 6-10 为典型的冷冻机油基础油的特性。

表 6-10　典型的冷冻机油基础油的特性

项目		直链重烷基苯油	支链重烷基苯油	环烷基矿物油
运动黏度 /(mm²/s)	100℃	4.87	4.44	4.32
	40℃	32.0	33.67	29.8
	0℃	361	603	570
	-15℃	1350	3250	3630
黏度指数		56	-33	-5
倾点/℃		-57.5	-45.0	-40
浊点/℃		<-70	<-70	-57
闪点/℃		192	172	176
烧结负荷/N（法列克斯试验）		2666	2048	2352

4. 聚醚

聚醚又称聚亚烷基二醇（polyalkylene glycol，PAG）、聚乙二醇醚或烷撑聚醚，它是在工业中应用最广的一类合成油。它是以环氧乙烷（Ethylene Oxide，EO）、环氧丙烷（Propylene Oxide，PO）、环氧丁烷（Butadiene Monoxide，BO）和四氢呋喃（Letrahydrofuran，THF）等为原料，在催化剂作用下开环均聚或共聚制得的线型聚合物，其结构通式为

$$R_1-O-[CHCH_2O-[CH_2CH-O]_n R_4 \quad (n=2\sim500)$$
$$\qquad\quad R_2 \qquad\qquad R_3$$

结构式中，R_1、R_2、R_3 可以是氢或烷基。

PAG 共聚物根据单体系列的分布可分为无规聚合物和嵌段聚合物。

（1）聚醚的特性　聚醚的性质取决于聚醚分子中烷链的长度，主链中环氧烷的类型与比例、相对分子质量的大小、分布及端基的类型和浓度等。由于上述可变因素很多，因此不同结构聚醚的性质差异很大。

1）黏度特性。聚醚的突出特点是随着聚醚相对分子质量的增加，其黏度和黏度指数相应增加。它在50℃时的运动黏度在$6\sim1000mm^2/s$范围内变化，聚醚的黏度指数比矿物油大得多，约为$170\sim245$。

2）黏压特性。聚醚的黏压特性也与其分子链长短及化学结构有关，黏压系数通常低于同黏度矿物油的黏压系数。

3）低温流动性。聚醚的凝点一般较低，低温流动性较好。

4）润滑性。基于聚醚的极性，加上具有较低的黏压系数，在几乎所有润滑状态下都能形成非常稳定的具有较大吸附力和承载能力的润滑剂膜，因此它具有较低的摩擦系数与较强的抗剪切能力。聚醚的润滑性优于矿物油、PAO和双酯，但不如多元醇酯和磷酸酯。

5）热氧化稳定性。与矿物油和其他合成油相比，聚醚的热氧化稳定性并不优越，在氧的作用下聚醚容易断链，生成低分子的羰基和羧基化合物。在高温下迅速挥发掉，而不会生成沉积物和胶状物质，黏度逐渐降低而不会升高。聚醚对抗氧剂有良好的感受性，加入阻化酚类、芳胺类抗氧剂后可提高聚醚分解温度达到$240\sim250℃$。

6）水溶性和油溶性。调整聚醚分子中环氧烷比例可得到不同溶解度的聚醚，环氧乙烷的比例越高，在水中溶解度就越大。随相对分子质量降低和末端羟基比例的升高，水溶性增强。环氧乙烷、环氧丙烷共聚聚醚的水溶性随温度的升高而降低。当温度升高到一定程度时，聚醚析出，此性能称为逆溶性，利用这一特性，聚醚水溶液可作为良好的淬火液和金属切削液。经验证明，控制聚醚的结构参数——碳原子与氧原子比值（C/O），可以有效地控制聚醚的溶解性。如C/O为3.5以上时，聚醚在矿物油中有优良的溶解性；C/O为$3\sim3.5$时，聚醚有一定油溶性；C/O小于3时，聚醚有水溶性。

（2）聚醚的应用　聚醚具有许多优良性能，因此应用范围不断扩大，包括高温润滑剂、齿轮油、制动液、难燃型液压液、金属加工液、压缩机油、冷冻机油、真空泵油等。

1）高温润滑油。良好的黏温性能和在高温下不结焦的特性，使聚醚可以作为玻璃、塑料、纺织、印染、陶瓷、冶金等行业中的高温齿轮、链条和轴承的润滑材料。

2）齿轮油。聚醚中加入一些抗磨或极压添加剂后，可得到一种理想的齿轮润滑剂，用于大、中功率传动的蜗轮蜗杆副、闭式齿轮和汽车减速齿轮，可降低齿轮磨损，延长换油期和检修期。

3）金属加工液。由于聚醚的水溶性和油溶性以及逆溶性，在金属加工液中主要用作切削液和淬火液。当用作切削液时，其冷却性、润滑性、无沉淀和起泡倾向、渗透力等方面很好。对大部分金属不腐蚀，较少受水质与水硬度的影响，因此它是一种优良的金属切削液。由环氧烷无规共聚醚和水组成的水溶性淬火液，由于它具有逆溶性，在$75\sim80℃$以下完全溶于水，传热比较均匀。在工件加热后放入淬火液中，由于温度上升，共聚醚析出，在工件表面形成连续均匀并能导热的薄膜，而冷却后共聚醚又逐渐溶解到水中，降低淬火液热导率，使工件的冷却速度减慢，防止工件变形，这类淬火液已得到广泛应用。

4）润滑脂基础油。聚醚可用作润滑脂基础油，主要应用领域为制动器和离合器用脂，以及在高于300℃高温下使用的螺栓、链条等高温摩擦件用脂和食品机械用脂等。其中在汽车制动器和离合器中使用时，其主要优点是与其中的橡胶件和制动液有良好的相容性和优良的抗氧化性。

5）热定型机油。印染和塑料工业中使用的热定型机和拉伸拉幅机的链条与导轨之间是在高温和高速下的滑动摩擦，要求润滑油具有良好的高温氧化安定性，以及结焦少、润滑性好等性能，中石化高级润滑油公司生产的4402号聚醚型热定型机油能满足使用要求。热定型机油主要质量指标见表6-11。

表 6-11　热定型机油主要质量指标

项　目	4402	4402-1	4402-2
黏度/(mm^2/s)　100℃　≥	24.0	25.0	65
黏度指数	150	150	220
闪点/℃　≥	240	250	250
凝点/℃　≥	-30	-30	-35
使用温度/℃	175	190	220

6）压缩机油、冷冻机油和真空泵油。由于聚醚具有良好的黏温性能、低温流动性和氧化稳定性，对烃类气体和氢的溶解度小，与氟利昂气体有好的相溶

性，因此很适合用作氢气、乙烯和天然气的压缩机油以及冷冻机油和真空泵油。

7）难燃液压液。水-乙二醇难燃液压液是目前使用量最大的一类难燃液压液，它含水 35%~55%（质量分数），其余为乙二醇、丙二醇和一定量的聚醚以及各种添加剂，是由这些组分形成的一种水溶液。

8）以聚醚作为制动液具有沸点高、对橡胶无影响等优点，因而广泛应用，并逐步取代蓖麻油-酒精或正丁醇型的低沸点制动液。

（3）油溶性聚醚（Oil Soluble Polyethers，OSP）

近些年，DOW 公司推出了油溶性聚醚（OSP），它既保留了传统聚醚的优势，又改善了聚醚的短处。相比于传统聚醚，OSP 可作为基础油或添加剂，可有效改善润滑油的油泥控制和提高摩擦学性能等。OSP 的独特性能为润滑油脂的配方设计带来了更多的选择。

聚醚是一类含有醚键的高分子聚合物，它可以分为油不溶性聚醚和油溶性聚醚。油不溶性聚醚主要是由环氧乙烷和环氧丙烷共聚或均聚制得的。它具有优异的润滑性、承载能力、低倾点和高的黏度指数等优点，因而广泛应用在润滑油的许多领域。

油溶性聚醚是由环氧丙烷与环氧丁烷共聚或环氧丁烷均聚而成的，主链中含有醚键结构，可溶于大部

分基础油，它区别于一般聚醚主要是 C/O 的不同。由于其独特的结构，决定了油溶性聚醚可以保持油不溶性聚醚的优异性能，如优良的成膜性能，尤其能在较宽的温度范围内保持这种特性。

油溶性聚醚作为新兴的合成油产品越来越受到广泛的关注。油溶性聚醚可作为合成基础油使用，也可作为辅助基础油或添加剂与矿物油、PAO、酯类油等基础油混合使用，对原配方可促进升级换代，其优势表现如下：

1）可使新配方具有卓越的油泥、积炭和烟炱等沉积物控制性能。

2）可使配方的空气释放性得到显著改善。

3）与防锈剂、抗磨剂等添加剂起协同作用，为新配方带来更为卓越的腐蚀抑制、摩擦控制等性能。

4）可改善酯类基础油的水解安定性。

上述这些突出的特性使得油溶性聚醚可以应用在液压油、压缩机油、汽轮机油、齿轮油和润滑脂等领域中。

油溶性聚醚的制备方法有多种，其中，以氢氧化钾作为催化剂，环氧丙烷与环氧丁烷共聚制备的油溶性聚醚合成反应式如下：

$$m\text{H}_3\text{C}-\overset{\displaystyle\text{O}}{\text{CH}-\text{CH}_2} \; +n\text{CH}_3\text{CH}_2-\overset{\displaystyle\text{O}}{\text{CH}-\text{CH}_2} \xrightarrow[\text{引发剂}]{\text{KOH}}$$

$$\text{R}-\text{O}-(\overset{\displaystyle\text{H}_3\text{C}}{\text{CH}}-\text{CH}_2)_m\text{O}-(\overset{\displaystyle\text{CH}_2\text{CH}_3}{\text{CHCH}_2\text{O}})_{n-1}\overset{\displaystyle\text{CH}_2\text{CH}_3}{\text{CHCH}_2\text{OH}} \quad (\text{R 为烷基})$$

程亮等学者考察了抗氧剂对油溶性聚醚氧化安定性的影响，指出油溶性聚醚本身的氧化安定性不够好，但可通过加入抗氧剂来改善。经研究，发现胺类抗氧剂与油性聚醚具有较好的互配性。同时考察了胺类抗氧剂与其他抗氧剂在油溶性聚醚中的协同效应。

一般来说，通过碱催化阴离子聚合反应，可以制得在基础油中溶解性良好的聚醚产品。用氢氧化钾作为催化剂，正丁醇作为起始剂，且氢氧化钾/正丁醇质量比为 1/8，在 70℃ 下反应，可制得高产率的油溶性聚醚。

有许多因素限制了聚醚的普遍应用，其中最大的问题是与矿物油产品不混溶，这些原因一度使聚醚只能使用在特定的场合。为了寻找一种能克服这些缺点的聚醚，DOW 公司经过深入研究，发现其关键是使用更高碳数的环氧烷，如环氧丁烷及其衍生物（而不是低碳数的环氧烷混合物）作为分子主链形成新型聚醚。因此，DOW 公司自 2017 年基于环氧丁烷生

产了一系列商业化的油溶性聚醚产品，其 40℃ 运动黏度范围涵盖 18~680mm²/s。

DOW 公司将油溶性聚醚基础油注册为牌号 UCON OSP，并在北美和欧洲生产。目前 UCON OSP 在我国也占有相当的市场份额，而其价格与高黏度 PAO 的价格相当。

由于油溶性聚醚为极性有机物，且能与 Ⅱ、Ⅲ 类基础油完全混溶，因此油溶性聚醚可以直接使用或与 Ⅱ 类或 Ⅲ 类基础油混合使用，以提高润滑油的整体溶解能力。

在润滑油的配方研究中，为了提高对添加剂的溶解性，以前一种常用的方法是加入酯。加入酯虽然有利于溶解性能的改进，但也带来水解安定性差的风险。而油溶性聚醚则可以改善这一点，因为它可吸附游离水，使水分子吸附在该分子的主骨架上，并将水带离金属表面，避免产生腐蚀。

油溶性聚醚除了具有传统聚醚的低倾点和高黏度

指数的性能之外，还具有优良的成膜性能，并且在较宽温度范围内保持这种特性。因此，在使用 ISO 46 黏度等级的应用场合，若使用了 ISO 32 的油溶性聚醚，其润滑膜也不会消失。而且在确保耐久性的同时，较低黏度等级将有助于降低设备的能源损耗。油溶性聚醚在轴承润滑油、金属加工液、汽轮机油，甚至高性能赛车用油中都有优异表现。对于当今世界占 90%的矿物油油基润滑油来说，油溶性聚醚有着巨大的市场潜力。

中国石油大连润滑油研发中心曾对含有油溶性聚醚的汽轮机油的性能进行了深入研究。将油溶性聚醚（OSP）作为汽轮机油的基础油组分，考察了油品的抗氧化性、清净性、油泥生成趋势和抗乳化性能等。研究结果表明，OSP 具有很好的油溶性和独特的醚链结构，显示将 OSP 作为汽轮机油基础油组分是改善汽轮机油性能的有效途径；随着基础油中 OSP 含量的增加，新汽轮机油的黏度等级没有发生改变，而黏度指数增加，倾点降低，其他指标没有明显变化；加入 OSP 的油品具有很好的抗氧化性、清净性、抑制油泥生成性能和抗乳化性。OSP 的醚链结构导致本身具有较大的极性，同时，在高温时可以使得醚键断裂，生成一些易挥发的小分子化合物，因而，OSP 具有较好的清净性能，并可以有效地提高油品的破乳化能力，延长油品的使用寿命。

早期我国的聚醚润滑油生产主要集中在中石化重庆润滑油公司，其产品主要包括高温润滑油、齿轮油、压缩机油、空压机油、金属加工液及特种润滑脂基础油等聚醚润滑油。近些年来，中石化上海高桥石化公司、天津分公司、江苏怡达化学公司、淮安利邦化工公司及南京威尔公司等也先后推出了聚醚基础油。

近期南非 Sasol 公司推出了沙索油溶性聚醚（SASOL Oil-Solube PAGS）。据报道，这种高性能合成润滑油完全没有灰分，并可以合成具有特定相对分子质量、特定黏度和结构的产品。这种产品既无灰，又没有有机物残留，倾点非常低，黏度指数高（$VI > 140$），广泛的黏度等级为 $20 \sim 320 mm^2/s$。这种油溶性聚醚的抗磨性能突出，并与其他基础油有良好的兼容性，其热稳定性能十分优异。这种新产品已成功地用于下列领域：

1）工业润滑剂：基础油成分，摩擦改进剂，燃油的油泥控制剂，耦合剂以及冷冻机油等。

2）风力蜗轮齿轮油：MARLOWET M 沙索油溶性聚醚适用于为在最苛刻条件下运行的齿轮箱、轴承和链条提供润滑。它们提供优异的热稳定性、优良的极压抗磨性和微点蚀保护性能。

3）金属加工油：作为基础油成分，制作微量润滑油、成型油、切削油、淬火油。

5. 硅油

硅油主要是指液体的聚有机硅氧烷，它是最早得到工业化应用的合成润滑剂之一。它是由有机硅单体经水解缩合、分子重排和蒸馏等过程得到的。硅油的性能取决于硅油的分子结构和相对分子质量，有机基团的类型及数量、支链的位置及长短等。最常用的硅油有甲基硅油、乙基硅油、甲苯基硅油和甲基氯苯基硅油。聚硅氧烷分成三个大类——流体（硅油）、树脂及弹性体，如图 6-4 所示。

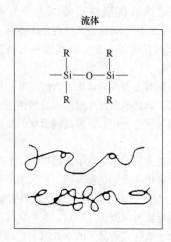
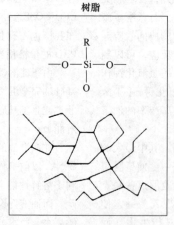

图 6-4 聚硅氧烷的三个大类

硅油是最早得到工业化的合成润滑剂之一。有机硅化合物是指至少有一个有机基团通过碳原子和硅直接相连的化合物，以硅氧链为主链的有机硅高聚物已广泛应用到国防和国民经济多个领域。硅油和硅酸酯从一开始就是作为航空润滑剂而研制的，表 6-12 为硅油及其制品在各种领域的主要用途。

表 6-12　硅油及其制品在各种领域的主要用途

工业领域	主要用途
军事工业和尖端技术	仪表油、阻尼油、特种液压油、高低温润滑油脂、抗辐射油、光学仪器密封剂、防霉防雾剂
机械工业	减震液、液力传动油、转矩传递油、阻尼油、扩散泵油、热传递油、高低温润滑油脂
家电、电子和电气工业	电绝缘油脂、阻尼脂、防盐雾脂、导电脂、变压器油、密封剂
石油及石化工业	抗泡剂、原油破乳剂、特殊介质的隔离液、高低温润滑油脂、絮凝剂
塑料、橡胶及轻工业	抗泡剂、脱模剂、抛光剂、帘子线润滑剂、纸制品防黏剂、化妆品助剂、纤维处理剂、涂料添加剂
汽车工业	制动液、减震液、油封抛光剂
其他	食品抗泡剂、脱模剂、复印机油、表面活性剂、医药用品

硅油主要是指液体的聚有机硅氧烷，它是由有机硅单体经水解缩合、分子重排和蒸馏等过程制得的。硅油又称聚硅氧烷或聚硅醚，它的结构式如下：

$$R-\underset{\underset{R}{|}}{\overset{\overset{R}{|}}{Si}}-O-\left[\underset{\underset{R}{|}}{\overset{\overset{R}{|}}{Si}}-O\right]_n\left[\underset{\underset{R'}{|}}{\overset{\overset{R'}{|}}{Si}}-O\right]_m\underset{\underset{R}{|}}{\overset{\overset{R}{|}}{Si}}-R$$

结构式中，R、R'基团为氢、甲基、乙基、苯基、氯苯基等。

作为合成硅油使用的主要有甲基硅油、乙基硅油、甲基苯基硅油和甲基氯苯基硅油等。

甲基硅油是以二甲苯基二氯硅烷为原料，先进行水解，得到二甲基硅二醇，再经聚合即得到甲基硅油。乙基硅油是以二乙基二氯硅烷与封头剂一起水解

聚合而成。甲基氯苯基硅油是为改良硅油的润滑性能而生产的，在和硅原子相连的有机基上引入氯原子而成。

硅油和硅酸酯分子的主链是由硅原子与氧原子交替组成的—Si—O—链节构成的，它与二氧化硅的结构有相似之处，硅原子又通过侧链与其他有机基团相连。这种特殊结构使它兼有无机聚合物和有机聚合物的许多特性，如耐高温、耐老化、耐臭氧，有良好的电绝缘性、疏水性、难燃性、低温流动性、无毒、无腐蚀和生理惰性等，有的品种还具有耐油、耐溶剂和耐辐射的特性。

硅油和硅酸酯的分子以硅氧链为主链，因此有很好的热稳定性，这是因为：①共价键能是化合物热稳定性的决定因素，Si—O 键的共价键能比普通有机聚合物中 C—C 键的共价键能大；②硅原子和氧原子的相对电负性差数较大，Si—O 键有较大的极性，使硅原子上连接的有机基团产生偶极感应，提高了所连基团对氧化作用的稳定性；③硅原子与氧原子、硅原子与所连基团中的碳原子形成 dπ-pπ 配键，使得 Si—O 键和 Si—C 键都带有部分双键的性质，体系能量下降，热稳定性增强。

硅油和硅酸酯的特殊结构也决定了它们具有良好的低温流动性和黏温性能。以甲基硅油为例，其结构为

$$\underset{\underset{CH_3}{|}}{-O-\overset{\overset{CH_3}{|}}{Si}}-O-\underset{\underset{CH_3}{|}}{\overset{\overset{CH_3}{|}}{Si}}-O-\overset{\overset{CH_3}{|}}{Si}-O-$$

由于 Si 原子比普通有机聚合物中的 C 原子大得多，整个（CH_3）$_2$Si—基团围绕着硅氧链旋转，在硅氧链上容易缠绕和解开。聚硅氧烷中分子间的作用较弱，甚至在低温下也能伸展开，人们利用核磁共振研究（CH_3）$_3$SiOSi（CH_3）$_3$ 的结构时发现，其甲基的旋转非常自由，甚至在 -196℃ 也不凝固。因此温度的变化不会引起聚硅氧烷黏度的显著变化，这种分子结构赋予了硅油、硅酸酯优良的黏温性能、可压缩性及抗剪切性能。

（1）硅油的特性

1）黏温特性。硅油的黏温特性好，它的黏温特性变化曲线比矿物油平稳，黏温系数比较小。在各种液体润滑剂中，硅油和硅酸酯的黏温性能是最好的，即使是一些改性硅油，其黏温性能也优于许多其他油品。表 6-13 所列为几种硅油的黏温性能。

表 6-13　几种硅油的黏温性能

油品名称	黏度/(mm²/s)			黏温系数 $\left(\dfrac{\nu_{50}-\nu_{100}}{\nu_{50}}\right)$	黏度比 $\left(\dfrac{\nu_{-40}}{\nu_{100}}\right)$
	100℃	50℃	-40℃		
甲基硅油	9.18	18.58	168	0.51	18.3
	241.5	492.8	4796	0.51	19.8
	771	377.8	16135	0.51	20.9
甲基氯苯基硅油［氯含量（质量分数，5%）］	7.47	15.9	410	0.53	55
甲基苯醚基硅油［苯醚基含量（质量分数，3%）］	10.46	23.09	608.3	0.62	58
甲基苯基硅油 苯基含量（质量分数，10%）	38.9	88.4	4511	0.56	116
苯基含量（质量分数，20%）	19.10	48.36	5726	0.62	300
甲基十四烷基硅油	58	298	—	0.81	—

2）热稳定性和氧化稳定性。硅油在 150℃下长期与空气接触也不易变质。在 200℃下与氧气接触时氧化也较慢，此时硅油的氧化安定性仍比矿物油和酯类油要好。它的使用温度可达 200℃，闪点在 300℃以上，凝点在-50℃以下。表 6-14 所列为常用硅油的挥发性和热分解温度的比较。

表 6-14　常用硅油的挥发性和热分解温度的比较

油品	挥发性（40g 油，150℃，30d）（%）	热分解温度/℃
甲基硅油	0.3	316
甲基氯乙基硅油（氯质量分数为5%）	1.7	318
甲苯基硅油（苯基质量分数为5%）	—	318
甲苯基硅油（苯基质量分数为20%）	0.5	327
甲苯基硅油（苯基质量分数为45%）	0.1	371
二（2-乙基己基）癸二酸酯	15.8	183
重质矿物油	15.7	300

将少量硅油加入到矿物油中，可使矿物油的氧化稳定性能得到一定的提高。

3）黏压特性。硅油的黏压系数比较小。由于 Si—O 链的易挠曲性，使得硅油有较高的可压缩性。压力升高黏度也增大，但黏度随压力的变化较小，即黏压系数较小，可利用硅油的这种特性来制备液体弹簧。

4）优良的化学安定性和电绝缘性能，如甲基硅油能抗水、防潮，因此适用于电子工业和仪表工业。在实际应用中，添加少量硅油于润滑油与液压油中，可以减少产生泡沫的倾向，故常作为抗泡剂使用。

（2）硅油的结构　硅油通常是指以 Si—O—Si 为主链，具有不同黏度的线型聚有机硅氧烷，在室温下为油状液体。硅油等分子结构主要有以下几种形式：

A 型：

B 型：

C 型：

在 A 型结构中，若 R 全部是甲基，称甲基硅油；若 R 全部是乙基，称乙基硅油；若 R 为烷氧基，即硅酸酯。在 B 型结构中，R 基团除甲基外，常见的在侧链（特别是 R′位置）和末端还有其他基团，如苯基、氢、乙烯基、羟基、苯醚基、氰乙基、三氟丙基、长链烷基、聚醚基等，相应地称为甲苯基硅油、甲基氢硅油、聚醚硅油等。在 C 型结构中，常见的 R 基团有甲基氯苯基硅油（氯苯基、甲基、苯基等）、含支链甲基或苯基硅油等。硅油和硅酸酯分子的主链是由硅原子与氧原子交替组成的—Si—O—链节构成的，与二氧化碳的结构有相似之处。

在硅油、硅橡胶、硅树脂、硅偶联剂这四大类有机硅产品中，硅油约占 1/2。我国从 20 世纪 50 年代开始进行有机硅化学研究，1958 年进行小规模工业生产，1991 年有机硅产品已达 1.45 万 t，其中硅油约 0.65 万 t。近几十年来，开发了各种活性有机硅化合物，有机硅与其他化合物共混，接枝、嵌段、互穿网络聚合物已大量涌现，硅油种类不断扩大。

（3）硅油的制备　有机卤硅烷 $R_n SiX_{4-n}$（R 为 CH_3—、C_2H_5—、丙基、苯基等，X 为 F、Cl、Br、I，n 为 1~3）是制备硅油的最重要原料，如工业上二甲硅油可由 $(CH_3)_2 SiCl_2$ 与 $CH_3 SiCl$ 共水解缩合法制备。改性硅油由硅油和相应的改性剂制备，如聚醚改性硅油等。如硅酸酯由四氯化硅与醇或酚反应制备：

$$4ROH + SiCl_4 \longrightarrow (RO)_4 Si + 4HCl$$

用作润滑剂的除正硅酸酯外，还有其二聚体和三聚体。

硅油的表面张力小，常温下黏度为 $50mm^2/s$ 以上的甲基硅油的表面张力为 0.021k/m，因而具有优良的润滑性。

低黏度甲基硅油对橡胶、塑料、涂料有较大的溶解作用，在高温下，硅油有溶解橡胶中增塑剂的倾向，引起橡胶收缩及硬化。只有氯丁橡胶与氟橡胶等在高温下接触硅油仍能满意地工作。

一般情况下，硅油对金属无腐蚀作用。可以认为它是无毒性的化合物。

（4）硅油的应用　硅油主要用于电子电器、汽车运输、机械、轻工、化工、合成纤维、办公设备、医药及食品工业等行业领域中。举例如下：

1）仪表油。使用硅油作仪表油具有使用寿命长、氧化安定性好、挥发性低及能在宽温度范围内使用的特点。

2）特种液体。在现代飞行器的自动控制系统中使用大量的液浮陀螺、浮子式加速度计、磁罗盘、各种传感器等。常采用液体悬浮以减轻轴承负荷和摩擦力矩，提高灵敏度、精度和稳定性。要求使用的液体要有特定的黏度和密度，好的黏温性能和低的凝点等。

3）减震液。硅油是螺旋形的分子结构，因而具有非常高的压缩率，它具有良好的剪切安定性并有吸收震动、防止震动传播的性能。广泛用作减震液和阻尼液。高黏度的硅油用作柴油发动机、汽车、坦克等的曲轴传出的扭转振动及各种仪表指针摆动的减震液，帮助仪表在剧烈震动时显示出正确的指示。常温黏度为 $300mm^2/s$ 左右的甲基氯苯基硅油可用作坦克的回转叶片式液力减震液。甲基硅油和甲基苯基硅油用作宇宙飞船的液体定时计的工作液。随着汽车的高速化，发动机的散热更显得重要。现代汽车采用了直接与发动机相连的冷却风扇联轴器（离合器），这种联轴器所用的液体就是一种黏度（25℃）为 $(1~3) \times 10^4 mm^2/s$ 的甲基硅油。汽车中利用黏性液体传递转矩的部位还很多，都需填充高黏度的硅油作为转矩传递油。

4）润滑脂基础油。使用甲基硅油、乙基硅油及甲基苯基硅油可制成各种真空脂、高低温脂等使用。使用温度范围宽，低温达 -40℃ 以下，高温分别达 200℃、250℃、300℃。广泛应用于精密仪表、航空电机、热定型机、热熔风机、各种工业隧道窑车等的轴承、齿轮等。使用硅油脂的轴承寿命远比矿物油脂长。

5）雾化润滑剂。雾化润滑剂又称气溶胶润滑剂。硅油雾化润滑剂通常用聚甲基硅氧烷或聚乙基硅氧烷作为润滑油，用 1:1 的 R11 和 R12 混合物作推进剂而制成。广泛用于处理塑料加工和橡胶加工的模具以及压铸模具的脱模剂、合成纤维的喷丝头清洁生产和热定型机中防止纺织材料黏附于金属表面上，亦可用于食品加工机械的润滑和食品脱膜剂。上述各种脱模剂亦可不用气雾式而采用专门的硅油脱膜剂涂刷或喷涂等。

喷雾硅油还大量用作抛光剂，它能使抛光制品表面平滑，有光泽，疏水性好。油漆中加入 0.01%（质量分数）的硅油，其流动性得到改善，消除了"漂浮"现象。高黏度硅油还是油漆的锤纹润湿改进剂。硅油用作油墨的添加剂可防止印刷品的黏结。

硅油和氟硅油常用作抗泡剂，抗泡力强。硅型抗泡剂广泛用于石油、化工、纺织、金属加工、医药食品、水及废水处理等方面。硅油在节能（如节能添加剂）、环境保护（如处理污水用的絮凝剂）、文物保护（如砖石防水剂、防风化剂）等方面都有许多重要用途。

6）其他用途。除此而外，各种黏度的甲基硅油可以用作计量传递的标准油，也可用作一些光学仪器的密封剂。在复印机、影片、唱片、录音磁带等许多非金属材料的转动部位上使用甲基硅油作为润滑剂。表 6-15 所列为常用硅油的性能及应用。

表 6-15　常用硅油的性能及应用

硅油类型	性　能	应　用
二甲硅油	优良黏温特性，水解稳定性，低表面张力，橡胶和塑料上优良的润滑性，具防水功能	塑性轴承，压片材料，切削刀具，模塑及挤出零部件，缝纫线；复配用基础油，液压油，制动液
氟硅油	良好润滑性，化学惰性，耐溶剂性能，延长轴承使用寿命，优良高温性能，高载荷特性	润滑脂的基础油，液压油，轴承，化工过程压缩机，真空泵，化工及腐蚀性介质中使用的设备
苯基甲基硅油	增高的热稳定性，良好的高温及低温稳定性，优良的抗辐射性，改进的抗氧化性	润滑脂的基础油（连续操作维护及润滑）；橡胶及塑料上的润滑；液压油；胶线，纤维
烷基甲基硅油	动态条件下展现厚膜，与有机材料相容性极好，不沾污已上漆的表面	润滑脂的基础油，有难度的粉末冶金，模铸，金属加工，切削油，渗透油
苯基氯甲基硅油	显著改善的高温润滑性，氯为金属的有效边际润滑提供所需的化学反应性，改良的倾点	微型轴承；润滑脂的基础油，高环境温度作业用轴承，钟及计时器，液压系统，录音机，真空泵

6. 磷酸酯

磷酸酯分为正磷酸酯和亚磷酸酯两类，其中正磷酸酯多用作抗燃油品，它又可分为伯、仲、叔磷酸酯，作为合成油使用的主要是叔磷酸酯，正磷酸酯的结构式为

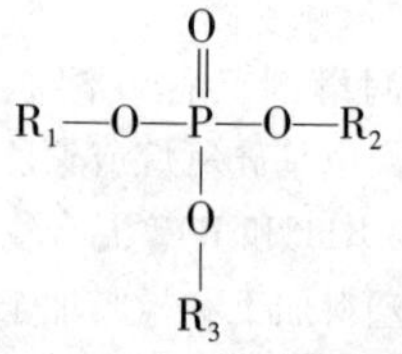

结构式中，R_1、R_2、R_3 可以是烷基或芳基，也可部分是烷基部分是芳基。

叔磷酸酯按其取代基不同可分为三烷基、三芳基以及烷基芳基磷酸酯等，系由醇或酚与磷酸的氯化物作用而制得。

$$3ROH+POCl_3 \rightarrow (RO)_3PO + 3HCl\uparrow$$

磷酸三芳酯是最主要的商业产品，包括磷酸三甲苯酯（TCP）和磷酸三（二甲苯）酯（TXP），其结构式如图 6-5 所示。

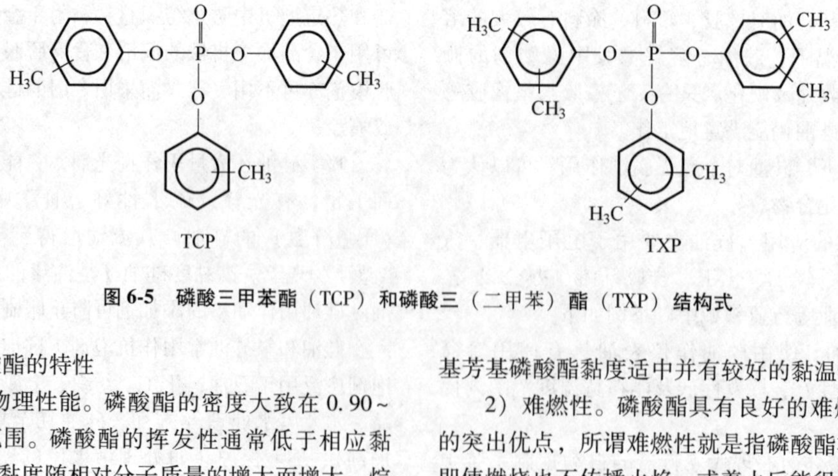

图 6-5　磷酸三甲苯酯（TCP）和磷酸三（二甲苯）酯（TXP）结构式

（1）磷酸酯的特性

1）一般物理性能。磷酸酯的密度大致在 0.90～1.25kg/dm³ 范围。磷酸酯的挥发性通常低于相应黏度的矿物油。黏度随相对分子质量的增大而增大，烷基芳基磷酸酯黏度适中并有较好的黏温特性。

2）难燃性。磷酸酯具有良好的难燃性，这是它的突出优点，所谓难燃性就是指磷酸酯在极高温度下即使燃烧也不传播火焰，或着火后能很快自灭。在高

温（700~800℃）下仍不燃烧，它是抗燃介质的理想材料。

3）润滑性。磷酸酯是一种很好的润滑材料，可用作矿物基润滑油的极压剂和抗磨剂。一些学者认为，磷酸酯在边界润滑条件下，由于磷酸酯在摩擦副表面与金属发生反应，生成低熔点、高塑性的磷酸盐混合物，因此具有很好的抗磨性能。一般认为磷酸酯的抗磨机理如下：

磷酸酯在金属（铁）摩擦面上形成磷酸盐膜，然后进一步分解为磷酸铁极压润滑膜，如 $Fe(PO)_2$、FeP-Fe 及 $FePO_4$ 等。磷酸酯类极压剂在钢铁金属表面上遇水发生加水分解并和钢铁金属表面发生摩擦化学反应，生成有良好耐负荷、抗磨损、防烧（黏）结和抗擦伤性能的极压边界润滑膜，如

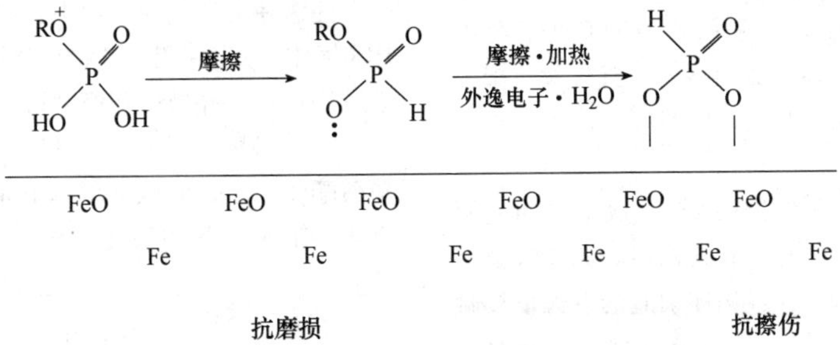

三苯基磷酸酯在钢铁摩擦面上发生摩擦化学和加水分解化学反应，如

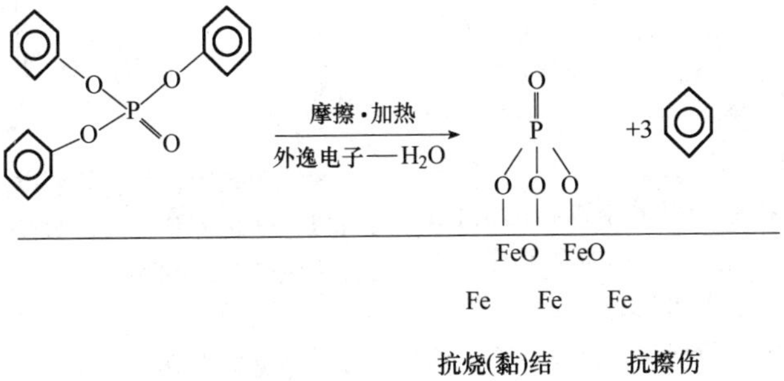

如此，在摩擦金属表面上形成极压化学边界润滑膜，从而避免擦伤或烧（黏）结。

4）水解安定性。磷酸酯看作是一个有机醇和无机的磷酸的反应产物。像所有酯化一样，在有水存在时，其制备反应是可逆的。磷酸酯的水解安定性不好，在一定条件下磷酸酯可以水解，特别是在油中的酸性物质会起催化作用，加速水解反应。磷酸酯的水解产物为酸性磷酸酯，酸性磷酸酯氧化后会产生沉淀，同时它又是磷酸酯进一步水解的催化剂，因此使用中要及时除去它的水解产物。这个反应可简单表示为

$$(ArO)_3PO + H_2O \xrightarrow{H^+} (ArO)_2 \overset{\overset{\textstyle O}{\|}}{P}\!\!-\!\!OH + ArOH$$

式中，Ar 代表 C_6、C_7、C_8 苯基和烷基取代苯基。这一反应可继续进行到二酸单酯 $(ArO)PO(OH)_2$，最终则可得到磷酸。

研究工作还表明，路易斯酸（如三氯化铁或二氯化锡）是更有效的催化剂，比无机酸（如盐酸或磷酸）更能加速磷酸酯的水解，其机理为

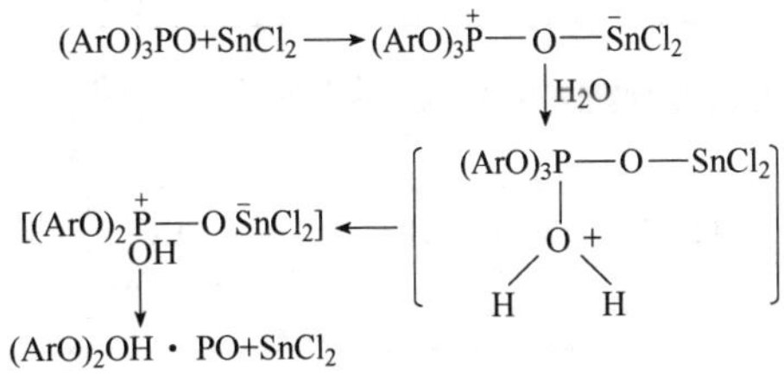

$$(ArO)_3PO + SnCl_2 \longrightarrow (ArO)_3\overset{+}{P}\!\!-\!\!O\!\!-\!\!\bar{S}nCl_2$$

式中，Ar 为 $C_6H_3(CH_3)_2$。

磷酸酯的水解产物酸性磷酸酯氧化后不但会产生沉淀，还会促使磷酸酯进一步水解，因此，在实际应用中应尽量避免磷酸酯的酸值升高，通常可在磷酸酯中加入酸吸收剂以抑制酸值的升高。因此，在磷酸酯的实际应用中，水解的管理成为最主要的抑制因素。

5）热稳定性和氧化稳定性。磷酸酯的热稳定性和氧化稳定性取决于酯的化学结构。通常三芳基磷酸酯的使用温度范围不超过 150~170℃，烷基芳基磷酸

酯的允许使用温度范围不超过 $105\sim121℃$。结构上的对称性是三芳基磷酸酯具有好的热氧化稳定性的重要条件。

6）溶解性。磷酸酯对许多有机化合物具有极强的溶解能力，使各种添加剂易溶于磷酸酯中，这有利于改善磷酸酯的性能。但极强的溶解性也会给选择配套的油漆、橡胶密封件和其他非金属材料带来一定困难。与磷酸酯相适应的材料有环氧和酚型油漆或塑料，硅橡胶、丁基橡胶、乙丙橡胶、PTFE 等。与磷酸酯不适应的材料有普通工业油漆、有机玻璃、聚丙烯、苯乙烯与聚氯乙烯等塑料，以及氯丁橡胶、丁腈橡胶等。

7）毒性。磷酸酯的毒性因结构组成不同而差别很大，有的无毒，有的低毒，有的剧毒。如磷酸三甲苯酯的毒性是由其中的邻位异构体引起的，大量接触后神经肌肉器官受损，呈现出四肢麻痹，此外对皮肤、眼睛和呼吸道有一定刺激作用。因此在制备过程与使用时应严格控制磷酸酯的结构组成，采取必要的安全措施，以降低其毒性，防止其危害。例如美国军方规格 MIL-L-7808 飞机涡轮发动机合成润滑油中明确规定：如果润滑油中含有磷酸三甲苯酯添加剂，供应者必须保证其中邻位异构体不得超过 1.0%。在油品配方中应加入一定量的抗氧剂以抑制毒物的活化，在操作时操作者应穿戴专门的防护工作服和手套。在短时间接触后，则应及时用热水和肥皂洗净。长期接触磷酸酯的工作人员，应给予药物及预防性食物，如维生素 B6、亚硒酸钠、玉米油等。

（2）磷酸酯的制备 由相应的醇或酚与三氯氧磷、三氯化磷反应制备，例如，烷基芳基磷酸酯由下列反应制备：

$$2ROH+POCl_3 \longrightarrow (RO)_2P\!-\!Cl+2HCl\!\uparrow$$

$$(RO)_2P\!-\!Cl+Na\!-\!O\!-\!\bigcirc \longrightarrow (RO)_2P\!-\!O\!-\!\bigcirc +NaCl$$

注意在上述反应过程中，应及时除去反应生成的 HCl 气体，其次在后处理粗酯时要按水洗、碱洗、水洗顺序进行，并碱压蒸馏制得产品。

（3）磷酸酯的应用 目前实际应用较多的是将磷酸酯作为难燃液压油的基础油，广泛应用于飞机、舰艇、工业设备的液压系统中，以减少发生火灾的危险。

根据上述特性，磷酸酯主要用作难燃液压油、润滑性添加剂和煤矿机械的润滑油。

适合作抗燃油品的是正磷酸酯，其结构式为

$$R_1\!-\!O\!-\!\overset{\overset{O}{\|}}{\underset{\underset{O-R_3}{|}}{P}}\!-\!O\!-\!R_2$$

结构式中，R_1、R_2、R_3 既可以全部是烷基，也可以全部是芳基，或部分烷基部分芳基。正磷酸酯可分为三烷基磷酸酯、三芳基磷酸酯和烷基芳基磷酸酯三类，制备方法和性能各不相同。磷酸酯的主要种类及用途见表 6-16。

表 6-16 磷酸酯的主要种类及用途

种 类	化学结构	用 途
二（叔丁苯基）-苯基磷酸酯	$\left[CH_3\!-\!\underset{\underset{CH_3}{\|}}{\overset{\overset{CH_3}{\|}}{C}}\!-\!\bigcirc\!-\!O\right]_2\!\overset{\overset{O}{\|}}{P}\!-\!O\!-\!\bigcirc$	高温抗燃液压油 防爆燃润滑油
甲苯基二苯基磷酸酯	$\left(\bigcirc\!-\!O\right)_2\!-\!\overset{\overset{O}{\|}}{P}\!-\!O\!-\!\bigcirc\!-\!CH_3$	抗燃液压油
三甲苯磷酸酯	$\left[\underset{CH_3}{\bigcirc}\!-\!O\right]_3\!-\!P\!=\!O$	抗燃液压油 压缩机油
三（二甲苯）磷酸酯	$\left[\underset{CH_3}{\overset{CH_3}{\bigcirc}}\!-\!O\right]_3\!-\!P\!=\!O$	抗燃液压油 抗燃汽轮机油

（续）

种　类	化学结构	用　途
苯基异丙苯基磷酸酯	$\left[\bigcirc\!\!-O\right]_n\!\!-\overset{\overset{\displaystyle O}{\|}}{P}\!\!-\left[O\!\!-\bigcirc\right]_{3-n}$ 　　C_3H_7	绝缘油 电容器油
三丁基磷酸酯	$(H_9C_4\!\!-\!O)_3\!\!-\!P\!\!=\!\!O$	航空抗燃液压油
二丁基-苯基磷酸酯	$(H_9C_4\!\!-\!O)_2\!\!-\!\overset{\overset{\displaystyle O}{\|}}{P}\!\!-\!O\!\!-\!\bigcirc$	航空抗燃液压油
丁基二苯基磷酸酯	$H_9C_4\!\!-\!O\!\!-\!\overset{\overset{\displaystyle O}{\|}}{P}\!\!-\!\left(O\!\!-\!\bigcirc\right)_2$	航空抗燃液压油

1）航空抗燃液压油。飞机的液压系统靠近高温的发动机排气系统，当液压油发生泄漏时，有发生火灾危险，所以必须采用具有难燃性的磷酸酯作为液压油。

目前，世界上许多飞机出于安全考虑，均采用磷酸酯液压液，表 6-17 所列为一些使用磷酸酯抗燃液压油的飞机。

表 6-17　一些使用磷酸酯抗燃液压油的飞机

飞机公司	机种	使用磷酸酯的飞机架数		
		用 Skydroll 型和 II 型油	用 Skydroll IV 型油	用 HyjetI V型油
美国 Boeing	707	170	160	254
	720	46	29	29
	727	135	851	475
	737	82	203	253
	747	14	84	253
	DC-8	106	217	147
	DC-9	165	565	118
	DC-10	27	156	103
美国 Lockheed	L-1011	1	122	40
英国 Aerospace	BAC-111	104	61	0
Airbus	A-300	0	10	64
荷兰 Fokker	F-28	81	20	3
其他		—	107	
合计		1038	2478	1739

2）工业用抗燃液压油。在冶金、发电、汽车制造、煤炭等行业的防火设备上采用磷酸酯作为抗燃（或难燃）液压油，以保证设备安全可靠地运转。工业磷酸酯油的典型用途见表 6-18。在蒸汽轮机装置中，泄漏的润滑油呈雾状喷洒在附近的高温蒸汽管上时，易引起火灾，因此液压介质也采用了磷酸酯型抗燃液压油。

表 6-18　工业磷酸酯油的典型用途

工业部门	典型用途	工业部门	典型用途
冶金	钢块起重机 高炉泥炮液压系统 精轧弯辊装置 脱锭吊液压系统 转炉加料及卸料 连续浇铸 钢包升降装置 炉子控制 清渣排渣移动设备	煤矿	装料机 压液铲车 连续采煤机 顶板锚铨冲击机 穿梭式矿车 侧位车
		电力	蒸汽透平电液控制系统
		制铝	液压设备
		汽车制造	感应淬火设备

我国从 20 世纪 70 年代起开始研制工业磷酸酯抗燃油品，目前已有系列产品并工业化生产。工业磷酸酯油主要用在冶金行业的大型轧钢机、脱锭吊等装置和发电行业的大功率汽轮发电机组的液压系统。几种主要的国产工业磷酸酯型抗燃油的性能见表 6-19。工业磷酸酯抗燃液压油的主要用途见表 6-20。

表 6-19　几种主要的国产工业磷酸酯型抗燃油的性能

项　目		4613-1	4614	HP-38	HP-46	试验方法
黏度 /(mm²/s)	100℃	3.78	4.66	4.98	5.42	GB/T 265
	50℃	14.71	22.14	24.25	28.94	
	40℃	—	—	39.0	46.0	
	0℃	474.1	1395	—	—	
倾点/℃		−34	−30	−32	−29	GB/T 3535
酸值/mgKOH/g		中性	0.04	中性	中性	GB/T 264
密度（20℃)/(g/mL)		1.1530	1.1470	1.1363	1.1424	GB/T 13377
闪点（开口)/℃		240	245	251	263	GB/T 3536
四球试验（75℃，1500r/min)	d（98N，60min)/mm	0.35	0.34	—	—	GB/T 3142
	d（392N，60min)/mm	0.69	0.51	0.65	0.58	
动态蒸发（90℃，6.5h)（%)		0.11	0.28	—	—	NB/SH/T 0059
氧化腐蚀试验	氧化前黏度（50℃)/(mm²/s)	14.17	22.14	24.25	28.94	SH/T 0450
	氧化后黏度（50℃)/(mm²/s)	14.62	22.39	24.05	28.92	
	氧化前酸值，mgKOH/g	中性	0.04	中性	0.06	
	氧化后酸值，mgKOH/g	中性	0.04	0.03	中性	
金属腐蚀（钢、铜、铝、镁)/(mg/cm²)		无腐蚀	无腐蚀	无腐蚀	无腐蚀	

表 6-20　工业磷酸酯抗燃液压油的主要用途

使用部门	用　途	使用部门	用　途
轧钢厂	连铸连轧机 热轧带钢机自动测量系统 热轧带钢机张力控制系统 转炉加料及卸料 炉子控制系统 清渣、排渣移动设备 燃气轮机润滑系统	煤矿	连续采煤机 液压铲车 穿梭式矿车 装卸车 顶板锚铨冲击机
		制铝	制铝厂所有液压系统
		汽车制造	感应淬火设备
		发电	蒸汽轮机电气液压控制系统及润滑系统

3）其他应用。除了以上应用之外，由于磷酸酯具有较好的润滑性，可用作润滑油的极压抗磨剂，尤其是用于航空燃气涡轮发动机油中有很好的抗磨效果，常用作添加剂的有亚磷酸酯、磷酸酯、酸性磷酸酯及其胺盐等。

磷酸酯还可用作抗燃脂基础油，这些脂具有良好的润滑性以及较长的使用寿命，而且抗燃性较好。

7. 氟油

氟油是分子中含有氟元素的合成润滑油，可视为烷烃的氢被氟或被氯取代而得的氟碳化合物或氟氯碳化合物，常用的有全氟烃、氟氯碳油和全氟聚醚油三类。

全氟烃是烃中的氢几乎完全被氟取代，其分子式为 C_nF_{2n2}（直链全氟烷烃）及 C_nF_{2n}（全氟环烷烃）。

氟氯碳油可视为烃中的氢原子被氟、氯所取代，其分子式可表示为

$$R \leftarrow C_nF_{2n-m}Cl_m \rightarrow R'$$

分子式中，R、R′通常为 F。

全氟聚醚油又分为聚全氟异丙醚和聚全氟甲乙醚，下面是其分子式。

$$CF_3-O \leftarrow CF-CF_2-O \rightarrow_m \leftarrow CF_2-O \rightarrow_n CF_2H$$

聚全氟异丙醚：

$$CF_3-CF_2-CF_2-O \leftarrow\ CF-CF_2-O\ \rightarrow_n CF_2-CF_3$$
$$|$$
$$CF_3$$

氟硅油是三氟丙基甲基二氯硅烷水解后，再加封头剂聚合的产物，其分子式为

$$(CH_3)_3Si-O \left[\begin{matrix} CH_2CH_2CF_3 \\ | \\ Si-O \\ | \\ CH_3 \end{matrix} \right]_n Si(CH_3)_3$$

（1）氟油的特性　全氟润滑油的性能随其结构和分子中引入的不同原子而有显著区别。

1）一般物理性能。全氟油是无色无味液体，它的密度较大，约为相应烃的 2 倍多，相对分子质量大于相应烃的 2.5～4 倍，凝点较高。氟氯碳的轻、中馏分是无色液体，凝点稍高，黏温性能比全氟烃油好。

聚全氟丙醚油也是无色液体，密度为 1.8～1.9g/mL，其凝点较低，黏温性最好。聚全氟甲乙醚的凝点更低。

2）黏度特性。在上述三类含氟油中，全氟烃油的黏温性最差，氟氯碳油的黏温性比全氟烃油好。全氟醚油分子中由于引入了醚键，增加了主链的活动度，因此其黏温性优于全氟烃，而其稳定性相似。聚全氟甲乙醚的黏温性比聚全氟异丙醚更好。

3）化学惰性。含氟油具有优异的化学惰性，在 100℃以下它们在与浓硝酸、浓硫酸、浓盐酸、王水、氢氧化钾、氢氧化钠的水溶液、氟化氢、氯化氢等接触时不发生化学反应。

4）氧化稳定性。这三类含氟油在空气中加热不燃烧，与气体氟、过氧化氢水溶液、高锰酸钾水溶液等在 100℃以下不反应。氟氯碳油与三氟化氯气态（100℃以下）或液态均不发生反应，全氟醚油在 300℃时与发烟硝酸或四氧化二氮接触不发生爆炸。

5）热稳定性。这三类含氟油的热稳定温度随精制深度不同而不同，聚全氟异丙醚油为 200～300℃，氟氯碳油为 220～280℃，全氟烃油为 220～260℃。

6）润滑性。含氟润滑油的润滑性比一般矿物油好，用四球机测其最大无卡咬负荷，氟氯碳油最高，聚全氟异丙醚次之，全氟烃再次之。

学者研究表明，全氟烃基聚醚油都是优越的润滑剂，它们在重载、高速及高温下均表现出良好的润滑性能。全氟烃基聚醚油在 75℃及 316℃，载荷 1～40kg 条件下，用不同合金的球进行四球磨损试验通过，图 6-6 给出了 620r/min 及 1280r/min 下的试验结果。

但由于全氟聚醚液体溶解能力很有限，在其中很少能加入添加剂以改善其性能。因此在真空极压条件下氟醚与金属表面发生作用，造成润滑剂变质，发生腐蚀。为了改善全氟聚醚油在极压下的性能，可以通过抑制或显著降低裸金属与全氟聚醚油之间的相互反应来达到，或是添加特殊的添加剂来达到改善性能的目的。

（2）氟油的应用　由于氟油具有许多优异的性能，如使用温度范围宽、低蒸汽压、好的黏温性和化学惰性等。尽管价格较贵，但在核工业、航天工业以及民用工业中仍然获得了广泛应用。

在核工业中，由于氟油不与六氟化铀反应，因此可用它作为铀同位素分离机械的润滑、密封和仪表液。

在航天工业中，氟油及脂可用于各种导弹和卫星的运载液体发动机的氧化剂泵、燃料泵和齿轮箱的润滑与密封。

在舰船导航的电陀螺仪中，含氟油可作为陀螺球的支承润滑液，满足舰船长期安全航行的要求。用于飞机喷气燃料输送泵的润滑，可大大延长泵的使用寿命，也可用于导弹、火箭、飞机陀螺装置作为悬浮液。

全氟烃油和氟氯碳油的轻油，可用于电子元器件壳封的检漏，对器件壳封的漏速精度可达到氦气精密检漏的上限 1Pa·mL/s。

由于含氟油不与各种酸、碱、盐、腐蚀性气体作用，在纯氧中不燃烧、不爆炸，因此在石油化工厂、氯碱厂、洗涤剂厂和其他化工厂中使用含氟油、脂作为抗化学腐蚀和抗氧的仪表油和润滑剂，如差压变送

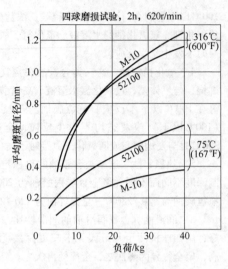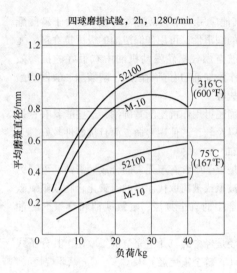

图 6-6 全氟烃基聚醚油的磨损特性

器、压力变送器的隔离液或传递液、液面指示液，体积流量计的润滑剂，电动阀门、搅拌机、压缩机、泵、液氧泵、真空泵的润滑与密封剂，反应器的惰性密封剂以及化学反应的惰性溶剂。

含氟油可作为电影胶片和磁带的润滑剂，可提高胶片和磁带的耐磨性，延长使用寿命。含氟油具有高的击穿电压和绝缘电阻，可作为电触点润滑剂和灭弧脂的重要组分。

含氟油还可作为热塑性塑料挤出、射出成型的润滑剂，只需少量含氟油就可起到良好的润滑和脱模效果，以得到耐热性、耐气候性、耐水性好的产品。也可作为橡胶的离型剂、塑料和橡胶的填充剂，以改善其性能。

6.1.4 新型合成润滑剂研究进展

综合以上合成润滑油的性能与应用可以看到，合成油在许多性能方面优于矿物油，因而能够满足许多苛刻工况的使用要求，提高机械效率，延长换油期，缩短停机时间，减少维修费用。在很多根本不可能使用矿物油的场合下应用合成油脂，可起到独特的润滑、密封作用。但也要看到不足的一面，就是制造合成油脂需要消耗更多的能源，价格也比较昂贵。

综上看来，与矿物油相比，合成润滑剂具有许多优异性能，它能够满足许多苛刻条件下的使用要求。由于技术的不断进步和石油资源的短缺，越来越多的润滑剂将是合成的，可以预言，合成润滑剂在整个润滑剂中所占的份额会逐步增加。在现有的几类主要合成润滑剂中，发展最快的要算 PAO，其次是酯类油和聚醚。

近年来茂金属 PAO 合成基础油受到极大的关注。茂金属（metallocence）是指由过渡金属（如铁、钛等）与环戊二烯（CP）相连所形成的有机金属配位化合物，以这类有机金属配位化合物合成的高分子材料称为茂金属聚合物。与传统催化剂相比，茂金属催化剂活性高。目前已开发应用的茂金属催化剂有多种结构。如普通茂金属结构、桥连茂金属结构和限定几何构型的茂金属结构等。

高分子材料是国民经济的支柱产业之一，其中占高分子材料 1/3 以上的聚烯烃材料又是合成材料中最重要的一种。其迅速发展，一方面得益于聚烯烃的物美价廉，另一方面归功于德国汉堡大学高分子研究所科学家 Kaminsky 发明的茂金属催化剂。烯烃聚合用茂金属催化剂通常是由茂金属化合物作为主催化剂和一个路易斯酸作为助催化剂所组成的催化体系。若金属催化剂具有优异的共聚合能力，几乎能使大多数共聚单体与乙烯共聚合，可以获得许多新兴聚烯烃材料。

用茂金属催化出来的新的 PAO 基础油被称为 mPAO。通常情况下，PAO 分子拥有突出的基干，从基干以无序方式伸出长短不一的侧链。采用茂金属催化剂合成工艺，可得到很均一的物质，故 mPAO 拥有梳状结构，不存在直立的侧链。与常规 PAO 相比，这种形状拥有改进的流变特性和流动特征，从而可更好地提供剪切稳定性、较低的倾点和较高的黏度指数。特别是由于有较少的侧链而具有比常规 PAO 高得多的剪切稳定性。这些特性决定了 mPAO 的使用目标是高苛刻条件下的应用，包括动力传动系统和齿轮油、压缩机润滑油、传动液和工业润滑油。

上海大学马跃锋等人提出了茂金属液化体系下煤制 α-烯烃制备低黏度 PAO 基础油的新工艺。以茂金属为主催化剂，三异丁基铝和有机硼化物为助催化剂，煤制 α-烯烃为原料，采用釜式聚合法合成了低黏度 PAO 基础油。

PAO 基础油是由 α-烯烃（$C_8 \sim C_{12}$）在催化剂的作用下聚合，再经过加氢饱和而制得的合成油。PAO 基础油具有黏度指数高、倾点低、闪点高、与矿物油相溶性好、无潜在毒性等特点。合成 PAO 的催化剂有 $AlCl_3$、BF_3、Ziegler-Natta 和茂金属等催化剂，其中茂金属催化体系以活性高、聚合得到的 PAO 结构均一和相对分子质量分布窄等优点而备受关注。

煤制烯烃可以作为生产 PAO 基础油的原料，以乙烯齐聚法生产的 α-烯烃为原料合成 PAO 的报道较多，而以茂金属为催化体系，煤制 α-烯烃为原料合成 PAO 未见相关报道。上海大学经过深入研究，提出了以煤制 α-烯烃为原料，以釜式聚合法合成低黏度 PAO8 的工艺条件。

Mobil 公司为全球领先的合成基础油生产商，该公司认为，推出高品质的润滑油确实需要基础油生产商与添加剂公司以及润滑油制造商三方的高度协作。Mobil 公司拥有成熟的茂金属工艺，近几年已推出新一代的合成基础油产品，如 Spectrasyn Elite 茂金属 PAO。Mobil 公司指出，随着技术的发展，对润滑油的研究已进入分子设计领域，润滑油的性能日益趋近于其所能达到的极限，该公司已推出使润滑油的调和具有更大灵活性和更有效率的工艺技术。Mobil 公司是目前全球最大的 PAO 生产商，它指出，市场对提高能效和耐用年限以及延长换油周期等方面的要求，正在刺激高级合成基础组分的需求。

特别要指出的是，上海纳克润滑技术公司是我国目前领先的合成基础油应用研究的专业公司。该公司拥有核心专利技术，可生产全系列 PAO 合成基础油和烷基萘（AN）合成基础油，并在全球范围内申请注册以中国合成为内涵的"Sinosyn"商标。上海纳克与世界五百强之一的山西潞安集团合资成立的"山西潞安纳克碳一化工有限公司"，它是世界首个基于费托合成技术和资源，生产异构烷烃溶剂油和高黏度 PAO 合成基础油的专业公司。

上海纳克位于上海化学工业区（SCIP）的规模化合成基础油 PAO 生产装置，已于 2014 年 10 月竣工投入运营，合成基础油产品已出口北美、日本、韩国、欧洲、印度和东南亚等国家和地区，成为合成基础油供应领域的世界新选择。2014 年上海纳克成为除 Mobil 公司之外，全球第二个、亚洲第一个，既生产 IV 类合成基础油 PAO 又生产 V 类合成基础油烷基萘的专业公司。上海纳克自主研究茂金属催化体系，成功投产超高黏度 mPAO，填补了国内空白。在烷基萘合成基础油领域，上海纳克是继 Mobil、美国 KING 化学后第三家规模化生产的企业，助力国内润滑油的升级换代。

邓颖等人对 mPAO 制备的复合锂基润滑脂的摩擦学性能进行了深入研究，并指出，基础油类型不同对润滑脂轴承寿命的影响较大，以合成油为基础油的复合锂基脂在轴承寿命方面的表现远远好于矿物油。mPAO 与常规 PAO 相比，具有更好的剪切稳定性、较低的倾点和较高的黏度指数，这些特性使得以 mPAO 制备的复合锂基润滑脂可满足更苛刻的润滑条件。在相同载荷条件下，应用 mPAO 基础脂进行摩擦试验的摩擦系数和磨损钢球的磨斑直径小于 PAO40 基础脂摩擦试验的摩擦系数和磨损钢球的磨斑直径。因此，mPAO 基础脂比 PAO40 基础脂具有更好的减摩抗磨性能。

许多合成基础油是高品质润滑脂的基础油。合成润滑脂的产量虽然不大，但产品牌号却很多，在工业的各个领域的一些关键部位发挥着十分重要的作用。张麟文曾介绍过新型合成润滑剂的研究进展，介绍了聚苯醚、多烷基化环戊烷、磷嗪和硅烃的最新型研究进展。

6.2　固体润滑材料

6.2.1　概述

固体润滑技术是一门古老而新兴的技术。早在 19 世纪初，石墨、铅等已经用于某些机械的润滑。第二次世界大战期间，德国和美国开发出了一些固体润滑剂，成功地将 MoS_2 润滑脂和 PTFE 润滑脂等用于设备的润滑。固体润滑是摩擦学的重要组成部分，固体润滑剂是涂（或镀）在两个有载荷作用的相互滑动面，用于降低摩擦和磨损的固态粉末状或薄膜状的物质，它是一种易剪切、低摩擦的固体。固体润滑是对流体润滑的补充和发展，其使用范围超越了液体润滑。固体润滑突破了液体润滑的限制，它可广泛用于高温（$900 \sim 1000$℃）、超低温（-253℃）、超高真空、强辐射和高负荷等苛刻条件下的润滑，可满足各种恶劣工况环境下运转的摩擦副的工作要求。目前，固体润滑剂和固体润滑技术已广泛应用于人造卫星、航天器、空间站、导弹、核装置等领域，显示出液体润滑无法企及的优越性。它既弥补了流体及半流体润滑剂（如润滑油、润滑脂）不能在苛刻条件下有效工作的缺陷，又解决了在不能使用润滑油或润滑脂的干摩擦条件下的摩擦副的润滑难题。

特别要指出的是，随着航空航天对现代机械工业的发展，许多苛刻环境和工况条件已经超越了润滑油脂的使用极限，摩擦学的研究也从传统流体润滑向摩擦学新材料与表面工程转变，在这当中，固体润滑技术的研究日益受到重视。固体润滑材料是航天、航空、核工业等高新技术领域不可或缺的润滑材料，固体润滑技术已成为对航天器正常可靠工作具有重要影响的一项关键技术，为航天器往返的正常运行提供了可靠的技术支撑。神舟七号载人飞船的第一个太空科研试验，就是中国首位太空漫步宇航员第一次出舱取回中国自主研发的固体润滑材料样品。中国探测月球背面的嫦娥四号月球探测器，其使用的固体润滑材料也是我国自主研制的，固体润滑技术已成为对航天器正常可靠工作具有重要影响的一项关键技术。

我国从 20 世纪 50 年代末开始研究固体润滑技术与固体润滑材料，并逐步在许多高技术含量的机械和各工业领域中的常规机械的润滑中得到成功的应用。实际上，固体润滑剂的应用已有很长的历史，如石墨、MoS_2、金属粉末等都在工业上得到很好的应用。还有，如 PTFE 粉末已成功应用在润滑脂和润滑油中作润滑添加剂。实践证明，MoS_2 在高真空、高温和高压下的润滑更为有效。

中科院兰州化学物理研究所固体润滑国家重点实验室是我国固体润滑技术和固体润滑材料研究应用领域的标杆性单位，为我国固体润滑技术的发展做出了卓越的贡献。

6.2.2 固体润滑剂的特性和优缺点

1. 固体润滑剂的特性

（1）摩擦特性 一般来说，所有的摩擦副都要承受一定的负荷或传递一定的动力，并且以一定的速度运转。黏结于摩擦表面的固体润滑剂在与对偶材料摩擦时，在对偶材料表面上形成一层转移膜，这样就使摩擦发生在固体润滑剂的内部，从而表现出良好的摩擦特性，即较低的摩擦系数。

固体润滑剂的摩擦特性与其抗剪强度有关，抗剪强度越小，摩擦系数则越低。固体润滑剂一般都具有层状结构，在摩擦力作用下，易于在层与层之间产生滑移，故摩擦系数小。

（2）承载特性 固体润滑剂应具有承受一定负荷和运动速度的能力，即承载能力。在它所能承受的负荷和速度范围内，应该使摩擦副保持较低的摩擦系数，使对偶材料间不发生咬合现象。固体润滑剂的承载特性与其本身的材料有关，也与固体润滑剂在基材上的黏着强度有关。黏着强度越高，其承载能力越大。

对于轴承等材料来说，为了使固体润滑剂在规定的工作条件下充分发挥其润滑作用，在工业上有个特定的标准量，即 pv 值（$Pa \cdot m/s$），也就是负荷与速度的乘积。对于每一种润滑材料，都有其极限 pv 值（超过该值运行会失效）和工作 pv 值（正常工作条件），通常，工作 pv 值为极限 pv 值的一半左右。

（3）耐磨性 在一定负荷和速度下相对运动的表面会发生摩擦，有摩擦就会产生磨损，固体润滑剂的耐磨性与下列两个因素有关：

1）固体润滑剂对摩擦表面的黏着力越强，越容易形成转移膜，其耐磨性也越好，固体润滑膜的寿命也越长。

2）固体润滑剂应该具有不低于基材的膨胀系数。当摩擦引起升温时，由于它的热膨胀较高而出现在基材表面。在与对偶材料接触时，它不断提供固体润滑剂，确保摩擦表面维持较好的耐磨性。

（4）宽温性 通常，润滑油、脂的使用温度范围是 $-600 \sim 350 ℃$，而固体润滑剂的工作温度范围为 $-270 \sim 1000 ℃$。应用于高温条件下的润滑材料，包含聚酰亚胺（PI）、氧化铅、氟化钙与氟化钡的混合物。在钢材热轧制时，工作温度可达 1200℃ 以上，在这种条件下，需要选择石墨和多种软金属被膜才能胜任。

（5）耐腐蚀性 固体润滑剂在腐蚀性环境中工作时应保持其性能稳定，不发生任何变化，在规定的使用寿命期限内保持良好的润滑性能。

（6）耐辐射性 在核工业、原子能电站或有放射性物质存在的环境中使用的固体润滑剂，必须具有耐辐射性能。在其工作期间内能够承受一定强度的放射性辐射。层状固体润滑剂和软金属润滑材料及其复合材料一般都具有这种特性。

（7）蒸发性 各种物质在一定的温度和压力下都会蒸发，由液体变成蒸气，弥散在空间中，因此求应用于真空中的固体润滑剂应该具有蒸发率低的性能。

（8）时效性 时效性是指固体润滑剂的物理力学性能和摩擦学性能在规定的使用时期内基本上不发生变化，并能起到良好的润滑作用，这就要求固体润滑剂在其设计的使用寿命期限内具有良好的时效性。

2. 固体润滑剂的优缺点

（1）使用固体润滑剂的优点

1）固体润滑剂可在恶劣环境中使用，如高低温、高真空、强辐射等特殊工况中，以及粉尘、潮湿及海水中。

2）可以用在润滑油脂不能胜任的工况条件下。

3）时效变化小，降低维护保养工作量和费用。

4）重载低速下能够防止滑动部件出现黏滑现象。

5）能简化润滑系统设计。

（2）使用固体润滑剂的缺点

1）固体润滑剂的摩擦系数一般比润滑油脂大。

2）因热传导不良，摩擦部件易于温升。

3）有时会产生噪声和振动。

4）自行修补性差。

6.2.3　固体润滑剂的种类

固体润滑剂的种类很多，若以基本的原料来划分，可以分为软金属类、金属化合物类、无机物类和有机物类等。

（1）软金属类固体润滑剂　可以充当固体润滑剂的软金属包括铅、锌、铟、金、银等这些软金属，它们在辐射、真空、高低温和重负荷条件下具有良好的润滑效果。通常，将软金属粉末制成合金材料，或用电镀等方法将其涂覆于摩擦表面，形成固体润滑膜。

（2）金属化合物类固体润滑剂　可作为固体润滑剂的金属化合物较多，如金属的氧化物、卤化物、硫化物、硒化物、硼酸盐、磷酸盐、硫酸盐和有机酸盐等，金属卤化物主要有氟化钙、氟化钡、氟化锂、氯化镉、氯化钴、氯化铁、氯化硼、溴化铜、碘化钙、碘化银等，金属硫化物有二硫化钼、二硫化钨、硫化铅等，金属硒化物有二硒化钨、二硒化钼等，金属硼酸盐有硼酸钾、硼酸钠等，金属磷酸盐有磷酸锌等，有机磷酸盐有二烷基二硫化磷酸锌等，金属硫酸盐有硫酸银、硫酸锂等，金属有机酸盐指各种金属脂肪酸皂，如钙皂、钠皂、铝皂等。

（3）无机物类固体润滑剂　这类润滑剂有石墨和氟化石墨等，其具有层状晶体结构，抗剪强度很小。当它与摩擦表面接触后便有较强的黏着力，能防止对偶材料的直接接触。

（4）有机物类固体润滑剂　各种高分子材料，如蜡、固体脂肪酸和醇可作为固体润滑剂。各种树脂和塑料，包括热塑性树脂（如 PTFE、聚乙烯、尼龙、聚甲醛、聚苯硫醚等）和热固性树脂（如酚醛、环氧、有机硅、聚氨酯等）都可作为固体润滑剂。

高分子材料除了以粉末形式作为润滑添加剂加入其他润滑剂以外，一般都作为基材，添加其他固体润滑剂（如 MoS_2 等）后制作高分子基复合润滑材料。表 6-21 所列为固体润滑剂的类型及特性。

表 6-21　固体润滑剂的类型及特性

类　　型		特　　性
金属化合物	石墨	在吸附蒸汽或气体情况下，摩擦系数较小，典型值为 0.05~0.15，在真空中，摩擦系数很大，不能用。当温度较高时，减少了吸附蒸汽，摩擦系数增大；添加某些无机化合物如 CdO、PbO 或 Na_2SO_4 等，可扩展低摩擦范围至 550℃。在大气中，温度上升到 500~600℃，由于发生氧化而应用受到限制。承载能力较大，但不如 MoS_2；无毒，价廉；可用于辐射环境及高速低负荷场合，导电性、导热性良好，热膨胀小
	MoS_2	摩擦系数较小，典型值 0.05~0.15；承载能力高，可达 3200MPa；抗酸；抗辐射，能用于高真空。在大气中一般用于 400℃ 以下；对强氧化剂不稳定
	WS_2	与 MoS_2 相似，但高温抗氧化温度略高
	$(CF_x)_n$ 氟化石墨	耐高温，承载能力优于石墨，能用于真空环境的润滑，承载能力和摩擦系数与 MoS_2 相仿，温度可用到 550℃；色白；耐高温
	BN	新型耐高温材料，能用于 900℃ 以下，摩擦系数为 0.35 左右，承载能力不高，使用寿命短，不导电，色白

（续）

类　型		特　　性
软金属	PbO	从室温到350℃，摩擦系数为0.25左右，在500~700℃时摩擦系数为0.1左右，提供有效润滑。在350~500℃范围内，氧化成 Pb_3O_4，润滑性较差。为填补这一空当，可掺入 SiO_2
	CaF_2 及 BaF_2 的混合物	很好的高温润滑剂，CaF_2 用陶瓷黏合剂在钢板上生成黏结膜。在800~1000℃，摩擦系数为0.1~0.15，磨耗很小。混入 BaF_2 可进一步改善摩擦
	PbS	在500℃时，摩擦系数为0.12~0.25，室温时摩擦较大
其他	In、Pb、Sn、Cd、Ba、Al、Sb、Bi、Tl、Au、Ag、Cu 等	摩擦系数在0.3左右，提高温度或载荷，可使摩擦系数下降。主要用于辐射、真空环境及高温条件（金属热压力加工），有较好润滑效果。常用于电镀、蒸镀、溅射、离子镀等方法生成薄膜
	SiN_4	耐高温（大气中，耐1200℃），硬度大（莫氏9级）。粉末状态不具润滑性。只有当成形表面经精加工后，显示低摩擦。耐磨、抗卡咬，可用作空气轴承及无润滑滑动轴承材料
	玻璃	并无边界润滑性。通常将工件预热，浸入玻璃粉末或纤维中，形成薄膜，用于热压加工中，在界面上以熔化状态的流体膜保持润滑，故也有人认为不属于固体润滑剂

6.2.4　固体润滑剂的使用方法及选用原则

1. 固体润滑剂的使用方法

固体润滑剂的使用方法有以下几种：

（1）制成整体零部件使用　某些工程塑料如PTFE、聚甲醛、聚缩醛、聚酰胺、聚碳酸酯、聚砜、PI、氯化聚醚、聚苯硫醚和聚对苯二甲酸酯等的摩擦系数较低，成形加工性和化学稳定性好，电绝缘性优良，抗冲击能力强，可以制成整体零部件。若采用玻璃纤维、石墨纤维、金属纤维、硼纤维等对这些塑料增强，其综合性能更好，在这方面使用较多的有齿轮、轴承、导轨、凸轮、滚动轴承保持架等。石墨电刷、电接点、宝石轴承、刀刃支承等则是使用一定特性的材料直接制成零部件来使用的例子。由有机材料制成的零部件的共同缺点是热膨胀系数大，尺寸稳定性差，力学强度都会随温度升高而降低，易于在摩擦界面嵌入污垢、尘土等而增大磨损。而由无机材料制成的整体零部件热稳定性、化学稳定性和耐磨性好，导电性或电绝缘性好，但它们的力学强度特别是抗冲击强度差，石墨制品应用于真空或惰性气体中的摩擦系数较大。

因此在设计使用这类零件时，应考虑到固体润滑剂的特点及实际工况条件，合理选材。如在设计塑料滑动轴承时，必须考虑到塑料的热膨胀系数比金属材料大，导热性也较差，轴承的配合间隙必须进行相应的改变，同时注意具有冷却散热条件。应用塑料活塞环时也应考虑类似问题。

（2）制成各种覆盖膜来使用　通过不同方法将固体润滑剂覆盖在运动副摩擦表面上，使之成为具有一定自润滑性能的干膜，这是较常用的方法之一。成膜的方法很多，各种固体润滑剂可通过溅射、电泳沉积、等离子喷镀、离子镀、电镀、化学生成、浸渍、黏结剂黏结、挤压、滚涂等方法来成膜。

不论用什么方法成膜，一般要求所获得的干膜摩擦系数低，耐磨，寿命长，膜对底材的黏结能力大，有较高的抗压强度和足够的硬度。另一方面，也要选择适当的对摩材料和底材以及金属底材的预处理方法，提高干膜与底材的黏结能力。

（3）制成复合或组合材料来使用　所谓复合（组合）材料，是指由两种或两种以上的材料组合或复合起来使用的材料系统。这些材料的物理、化学性质以及形状都是不同的，而且是互不可溶的。组合或复合的最终目的是要获得一种性能更优越的新材料，一般都称为复合材料。目前用得最广的有称为"金属塑料"的复合材料（国外牌号有 DU 材料）。它是一种在镀铜钢背上烧结一层多孔青铜球粒子，然后在多孔层上面浸渍一层 PTFE 乳液；或者将 PTFE 制成糊状，热滚压在多孔层上，再烧结成多层复合材料。与 DU 材料类似的还有表面带自润滑层的聚缩醛 DX 材料。

（4）作为固体润滑粉末来使用　将固体润滑粉末（如 MoS_2）适量添加到润滑油或润滑脂中，可提高润滑油脂的承载能力及改善边界润滑状态等，这也是较常用的使用方法，如 MoS_2 油剂、MoS_2 油膏、MoS_2 润滑脂及 MoS_2 水剂等，这些国内均有商品出售。但是，在实际使用时，往往效果不明显，而且会因添加 MoS_2 而堵塞油路，故应注意了解其特性，慎重选用。最常用的使用方法有三种，即固体润滑剂粉末、固体润滑膜和自润滑复合材料。固体润滑剂的使用方法参见表 6-22。

表 6-22　固体润滑剂的使用方法

类型	使用方法	说　　明
固体润滑剂粉末	固体润滑剂粉末分散在气体、液体或胶体中	1）固体润滑剂分散在润滑油（油剂或油膏）、切削液（油剂或水剂）及各种润滑脂中 2）将固体润滑剂均匀分散在硬脂酸和蜂蜡、石蜡等内部，形成固体润滑蜡笔或润滑块 3）运转时将固体润滑剂粉末随气流输送到摩擦面
固体润滑膜	借助于人力或机械力等将固体润滑剂涂抹到摩擦面上，构成固体润滑膜	将粉末与挥发性溶剂混合后，用喷涂或涂抹、机械加压等方法固定在摩擦面上
	用黏结剂将固体润滑剂粉末黏结在摩擦面上，构成固体润滑膜	用各种无机或有机的黏结剂、金属陶瓷黏结固体润滑剂，涂抹到摩擦面上
	用各种特殊方法形成固体润滑膜	1）用真空沉积、溅射、火焰喷镀、离子喷镀、电泳、电沉积等方法形成固体润滑膜 2）用化学反应法（供给适当的气体或液体，在一定温度和压力下使表面反应）形成固体润滑被膜或原位形成摩擦聚合膜 3）金属在高温下压力加工时用玻璃作为润滑剂，常温时为固体，使用时熔融而起润滑作用
自润滑复合材料	将固体润滑剂粉末与其他材料混合后压制烧结或浸渍，形成复合材料	1）固体润滑剂与高分子材料混合，常温或高温压制，烧结为高分子复合自润滑材料 2）固体润滑剂与金属粉末混合，常温或高温压制，烧结为金属基复合自润滑材料 3）固体润滑剂与金属和高分子材料混合，压制、烧结在金属背衬上成为金属-塑料复合自润滑材料 4）在多孔性材料中或增强纤维织物中浸渍固体润滑剂
	将固体润滑剂预埋在摩擦面上，长期提供固体润滑膜	1）用烧结或浸渍的方法将固体润滑剂及其复合材料预埋在金属摩擦面上 2）在金属铸造的同时将固体润滑剂及其复合材料设置在铸件的预设部位 3）用机械镶嵌的办法将固体润滑剂及其复合材料固定在金属摩擦面上

一般认为，几个微米厚的固体润滑膜大都能耐 10^6 次以上的摩擦，但当要求更长的使用寿命时，则必须采取某种方法使制备的摩擦部位能不断提供固体润滑剂，如可预先把固体润滑剂压制成片，置于摩擦面上，或者在摩擦面上钻孔（开槽），预先将固体润滑剂嵌入其中，作为润滑供应源，表 6-23 给出某些固体润滑剂的使用性能及状态。

表 6-23 某些固体润滑剂使用性能及状态

种类及名称		使用极限温度/℃	典型摩擦系数	磨损率 /[mm³/(N·m)]	使用状态
层状固体润滑剂	二硫化钼	350（空气中）	0.1	$10^{-6} \sim 10^{-5}$	粉末、黏结膜、喷浅膜
	胶体石墨	500（空气中）	0.2	10^{-6}	粉末
	二硫化钨	440（空气中）	0.1		粉末
	氟化钙	1000			被膜
	氟化石墨		0.1	10^{-6}	擦抹或喷涂被膜
	滑石粉		0.1	高	粉末
热塑性树脂润滑剂	PTFE（非填充）	280	0.1	10^{-4}	粉末、固体块、黏结膜
	PTFE（填充）	300	0.1	10^{-7}	固体块
	尼龙 6-6	100 以上	0.25	$10^{-6} \sim 10^{-5}$	固体块
	尼龙 6-6（填充）	200	0.25	10^{-7}	固体块
	聚氨酯	260	0.5	$10^{-6} \sim 10^{-5}$	固体块
	醋酸酯	175	0.2	10^{-6}	固体块
	聚脲烷	100	0.2		固体块
其他	酞菁	380			粉末
	铅	200		10^{-6}	擦抹或喷溅膜

2. 固体润滑剂的选用原则

（1）根据工作特性来选用 在选用固体润滑剂时，首先要明确其工作环境（温度、气氛或液体介质）、工作参数（压力、速度）和对摩擦学性能（摩擦系数、磨损量、使用寿命）的要求等，才能合理地挑选出性能指标略高于工作参数的理想固体润滑材料。

选用固体润滑剂时，首先确定选用何种类型材料（如层状类材料、高分子类、软金属类或金属化合物类材料等）。如果选用高分子材料或软金属基复合材料，还应首先选择合适的基材。在选择基材时，应同时考虑对偶材料的性质和结构，使其形成合理的匹配。

（2）根据使用性能来选用 固体润滑膜的润滑特性随气氛而变化，若同时使用润滑油或脂，则膜的寿命就会明显降低。如果要求延长润滑膜的使用寿命，可以将其同时黏结在摩擦副的两个滑动面上，这样，膜的寿命能明显延长。如果只在一个摩擦面上黏结固体润滑膜，则要求对偶材料的表面粗糙度 Ra 控制在 0.8μm 以下，有利于确保润滑膜的使用寿命。

含油自润滑复合材料大都属于烧结型结构，在烧结时必须预先留下一定比例的气孔，在孔中浸入润滑油，这样在摩擦过程中，润滑剂不断迁移至摩擦面，

发挥润滑作用。

（3）根据环境特性来选用 不同润滑材料的润滑性能对环境气氛均有不同程度的依赖性，这主要取决于固体润滑剂的性质、填料和黏结剂的耐腐蚀性等。例如，PTFE 具有优异的化学惰性，它耐强酸、强碱、强氧化剂和任何溶剂的作用；PI 耐辐照、耐化学性良好；MoS_2 最适宜在真空中使用，但其易与浓盐酸、浓硫酸和王水等化学试剂作用，应避免在这些介质中使用；软金属容易与化工生产中的某些气体和液体介质起反应，因此，在选用软金属或金属基自润滑复合材料时，必须对化学环境做全面的了解和评估。

6.2.5 几种常用固体润滑剂

设备润滑最常用的固体润滑剂包括 MoS_2、石墨和 PTFE 等几种。这几种材料在设备润滑中的使用量占固体润滑剂全部使用量的大部分，下面重点对这几种材料加以介绍。

1. MoS_2

MoS_2 作为固体润滑剂已久负盛名，它是从辉钼矿提纯得到的一种矿物质，外观和颜色与铅粉和石墨近似。

（1）MoS_2 的润滑机理 MoS_2 是层状六方晶体结

构物质,其晶体结构如图 6-7 所示。

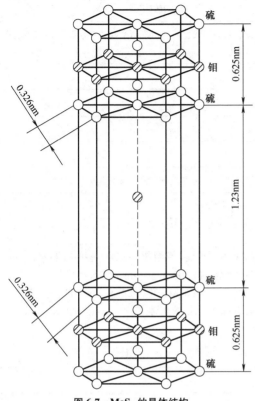

图 6-7　MoS_2 的晶体结构

由结构图可以看出,MoS_2 晶体是由 S-Mo-S 三个平面层构成的,很像"夹心面包",由薄层单元所组成。每个 Mo 原子被三菱形分布 S 原子包围着,它们是以强的共价键联系在一起的。邻近的 MoS_2 层均以 S 层隔开,且间距较远。与 S 原子间结合较弱,其结合力主要是范德华力,因而很容易受剪切。将它们重叠起来就构成了 MoS_2 晶体。也就是说,它是以 S-Mo-S-S-Mo-S 的顺序相邻排列而构成的晶体。据推算,一层厚度仅为 $0.025\mu m$ 的 MoS_2 层就有 40 个分子层和 39 个低剪切力的滑动面。正是由于这些低剪切力的滑动面黏附在金属表面,使原来两个金属表面间的摩擦转化为 MoS_2 层状结构间的滑移,从而降低摩擦力和减少磨损,达到润滑的目的。图 6-8 表示 MoS_2 在受剪切力作用时层与层之间相对滑移的情况。

(2) MoS_2 的主要性能

1) 低摩擦特性。从 MoS_2 的层状结构所知,在每组 S-Mo-S 中,把原子拖住的力是相当强的共价键。反之,在相邻的两层 S 原子之间的力,则是较弱的范德华力。其结果是 S 原子的相邻面易于滑动,这就是 MoS_2 低摩擦特性的来由。

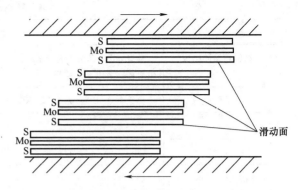

图 6-8　MoS_2 承受剪切力时的滑移示意图

2) 高承载能力,在极高压力(如 2000MPa)下,一般的润滑膜早已被压破,形成干摩擦,致使金属表面拉毛或熔接。若在金属表面加入 MoS_2,试验表明,当压力增高至 2812MPa 时,金属表面仍不发生咬合或熔接现象。而且往往由于压力增大还能使 MoS_2 的摩擦系数进一步降低。

3) 良好的热安定性。大气中,MoS_2 在 399℃ 下可短期使用,在 349℃ 下可长期使用。一般来说,MoS_2 在空气中于 -184~400℃ 下都具有低摩擦的润滑特性。但是,当温度超过 450℃ 以后,MoS_2 要发生明显氧化。尤其当温度高于 538℃ 时,其氧化作用急剧进行,这是指在与空气充分接触的条件下发生的情况。

MoS_2 在真空中温度达 840~1000℃ 时才开始分解,而在氮气中需达 1350~1550℃ 才分解,分解后的产物为三氧化钼(MoO_3)和氧化钼(MoO)等。但是,在高温下 MoS_2 附着于金属表面的能力低于常温。MoS_2 在低温下的使用性能是十分突出的。

4) 强的化学安定性。MoS_2 对酸的抗腐蚀性很强。对碱性水溶液要在 pH 值>10 时才缓慢氧化。但对各种强氧化剂不安定,容易被氧化成钼酸。对油、脂、醇的化学安定性很高。

5) 抗辐照性。将 MoS_2 制成抗辐照的固体润滑膜,能在 -180~649℃ 的温度范围内使用。这种抗辐照的固体润滑膜对于外层空间的应用来说具有重大的意义。

6) 耐高真空性能。MoS_2 是一种在超高真空和极低温度条件下仍有效的润滑材料,这对于尖端科学技术具有非常重要的作用。国外已将由 MoS_2 和环氧树脂等制成的轴承用于人造卫星上的仪表和控制系统中。MoS_2 的基本特性见表 6-24,MoS_2 的使用形态和用途见表 6-25。

表 6-24 MoS₂ 的基本特性

外　　观	灰黑色、无光泽、有一定脂肪感
分子结构和晶体结构、劈开性	具有如图 6-7 所示的分子结构，是六方晶系的层状物质。由于两个硫原子层间的相邻面易产生滑移，所以易于劈开
硬度	莫氏 1.0~1.5，克氏 12~60
密度 /(g/cm³)	4.7~4.8
熔点/℃	1800
相对分子质量	160.08
热安定性	在真空或惰性气氛中，能稳定到 1093℃，在空气中则易被氧化，氧化温度为 350℃
摩擦系数	随条件而变化，在一般使用条件下为 0.04~0.1
负荷能力/MPa	>2745
化学安定性	除不能抗王水、热浓硫酸、盐酸和浓硝酸外，能抗大多数的酸腐蚀；能被 F₂ 和 Cl₂ 分解，不被 HF 分解。在室温、湿空气中氧化是轻微的。但这种氧化作用的结果能得到一个可观的酸值。在干燥空气中，399℃时氧化较慢；538℃时氧化加剧。其氧化物有 MoO₃ 和 SO₂，氧化反应为放热反应，MoO₃ 不能认为是磨料。MoS₂ 可以被碱金属（如 Li、Na、K、Rb、Ca、Fr）侵蚀
可溶性	不溶于水、石油产品、合成润滑剂
磁性	无（抗磁性）
导电性	<table><tr><td>温度/℃</td><td>比电阻/Ω·cm</td></tr><tr><td>-65</td><td>8.330</td></tr><tr><td>+19.5</td><td>0.790</td></tr><tr><td>+73</td><td>0.470</td></tr><tr><td>+92</td><td>0.409</td></tr></table>
与水的接触角	60°

表 6-25 MoS₂ 使用形态和用途

使用形态	MoS₂ 含量（质量分数,%）	用　　途	目的及效果
MoS₂ 粉末	100	飞溅、挤压、拉拔，冲压、铰深孔、冷锻造	防止金属或模具咬合，烧结、微动磨损
MoS₂ 悬浮液（用各种分散剂将其悬浮在润滑油、水和聚亚烷基二醇中）	0.5~5	齿轮、发动机、减速机，轴套，滑板（导轨），金属切削加工	减少摩擦磨损，延长机械寿命，降低温度，节省燃油，延长刀具使用寿命
MoS₂ 涂层，被膜（用结合剂、溶剂等制备）	约 80	螺纹、工具、绞盘，轴承、阀、齿轮、滑板（导轨）	减少摩擦磨损，耐重负荷，耐高低温，耐腐蚀，耐放射性
MoS₂ 油膏（混入润滑油或硅油内并加稠化剂）	50~65	机械组装，精加工，螺纹结合，花键，轴承，接头	防止微动磨损、烧结、咬合，降低摩擦力矩

（续）

使用形态	MoS$_2$ 含量 （质量分数,%）	用　途	目的及效果
MoS$_2$ 润滑脂（调入皂 基脂、复合皂基脂、硅 酮脂内）	1~25	球轴承，滚柱轴承，花键， 阀，车底盘，传送带，螺纹	减少摩擦磨损，降低温度，防止噪声
MoS$_2$ 复合材料（高分 子基或金属基复合材料）	2~80	齿轮，导轨，轴承，轴套， 保持架，密封件，制动盘座	减少摩擦磨损，减轻重量，防止噪声， 减少维修

2. 石墨

石墨具有稳定且明显的层状六方晶体结构，是碳结晶的变形体，其结构模型如图 6-9 所示。在同一平面层内，相邻碳原子间以牢固的共价键相连，其距离较短（0.142nm）。层与层之间的碳原子由较弱的范德华力相联结，其距离较大（0.341nm），具有明显各向异性的特性。由于这种晶体结构特点，使得层与层之间的碳原子作用力要比层内者弱得多。因此，当晶体受到剪切力作用时，层的劈开远比法向的作用力对层的破坏容易，这样石墨晶体就容易产生层间滑移。

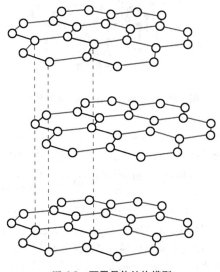

图 6-9 石墨晶体结构模型

当石墨晶体吸附蒸汽后，层间的结合力就减弱，因而层与层之间容易被剪断而产生滑移。所以，石墨在有蒸汽存在的情况下具有良好的润滑性能。但是，在高真空或十分干燥的条件下，它的摩擦系数比在大气中几乎大一个数量级，磨损率也大。这就是说，石墨不宜使用于真空条件下。

石墨在摩擦状态下，能沿着晶体层间滑移，并沿着摩擦方向定向。石墨与钢、铬和橡胶等的表面有良好的黏着能力，因此，在一般条件下，石墨是一种优良的润滑剂，但是，当吸附膜解吸后，石墨的摩擦磨损性能会变坏。所以，人们倾向于在氧化的钢或铜的表面上使用石墨作为润滑剂。

用于润滑的石墨是粉末，既可添加在液体中，又可以加工成复合材料或涂层膜。实践证明，石墨的结晶度、平均粒径、粒子形状和杂质含量均对石墨的润滑特性有影响。一般来说，石墨的结晶度越高，它对被润滑的表面保护性就越好。

利用石墨易于吸附气体的特性，可以在其层间引入氟、金属或金属化合物制成层间化合物。通常，层间化合物的润滑特性比石墨本身要好一些。因此，近年来对层间化合物的研究十分活跃。

石墨的基本特性见表 6-26。

表 6-26 石墨的基本特性

外　观	黑色粉末有脂肪质感
分子结构、 晶体构造 及劈开性	具有图 6-9 所示的分子结构，为六方晶系层状结构，成鳞片状，层间易于劈开。石墨的润滑性不仅与它的层状结构有关，而且与它是否凝聚了蒸汽或吸附了其他气体有关，同时也与摩擦表面是否有氧化物存在有很大关系
硬度	莫氏 1~2 级、肖氏 90~100HS
密度	2.23~2.25g/cm³
松装密度	1.67~1.83g/cm³
熔点	3527℃
相对分子质量	12.011
耐热性	在大气中 550℃ 时，可短期使用；在 426℃ 下，可长期使用；在 454℃ 时，会发生快速氧化，氧化产物为 CO、CO$_2$

（续）

外　观	黑色粉末有脂肪质感
比热容/(J/g·℃)	0.167
热导率 /[J/(s·℃·cm)]	0.3
蒸气压	较低
与金属、橡胶的 反应	不起反应
摩擦系数	吸附于其他物体的能力较弱，甚至对洁净金属表面的吸附能力也如此，石墨的润滑作用受蒸汽及其他气体吸附层的影响较大，在真空中则失去润滑作用，摩擦系数因试验条件而异，一般在 0.05~0.19 内变化
导电性	比电阻 $10^{-3}\Omega\cdot cm$，比金属的导电性 $10^{-6}\Omega\cdot cm$ 要大
抗压强度/MPa	2.5~3.5
抗拉强度/MPa	20~24
抗弯强度/MPa	8.5~10
抗冲强度 /(N·cm/cm²)	14~16
抗辐照性	在 γ 射线辐照后，室温下，摩擦力增加 43%；经中子辐照后，晶格会损伤；辐照时，摩擦系数会降低
线膨胀系数/(1/℃)	$(1.5~2.5)\times10^{-6}$
弹性模量/MPa	9140
与水的接触角	50°
平均 pv 值 （MPa·m/s）	干摩擦下为 0.3 有润滑液的情况下为 3

注：表中所列石墨的一些力学特性，均为碳-石墨材料的数据。

3. 氟化石墨

氟化石墨是一种从灰色到白色的粉末，它是无机高分子化合物，其结晶为六方晶形，氟碳之间是以牢固的共价键相结合于"平面层内"。它的结晶构造也具有层状结构，如图 6-10 所示。这种化合物是由石墨与元素氟一起加热直接反应的生成物，即

$$C+xF_2 \xrightarrow{\text{加热}} (CF_x)_n \qquad (x=1 \text{ 或 } \frac{1}{2})$$

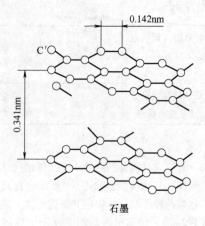

石墨

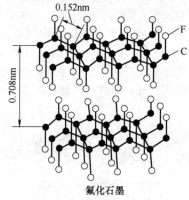

氟化石墨

图 6-10　石墨和氟化石墨基本构造比较

反应完成后，粉末就变成白色，有一定滑润感。氟化石墨摩擦系数比石墨低，在大气中为 0.02~0.2，在真空中为 0.2~0.28；密度为 2.81g/cm³；莫氏硬度为 1~2 级；氧化点为 320~340℃，分解温度 520℃，可在 344℃下使用；与水的接触角为 130°。与石墨或二硫化钼相比，它的耐磨性好，能承受的 pv 值也较高，这是由于氟碳键的结合能较强所致，层与层之间的距离比石墨大得多，因此更容易在层间发生剪切。由于氟的引入，使它在高温、高速、高负荷条件下的性能优于石墨或 MoS_2，改善了石墨在没有蒸汽条件下的润滑性能。

作为润滑剂的氟化石墨，其摩擦系数仅为石墨的1/2（100℃以内）至 1/5（300℃以上）。分解温度在380℃（石油焦）和 420℃（天然石墨）之间。直到400℃时都能保持良好的润滑性能。用氟化石墨制备的固体润滑膜，其膜厚为 3.6~22μm。氟化石墨的基本性质见表 6-27。

表 6-27　氟化石墨的基本性质

性能	量值	性能	量值
密度/(g/cm³)	2.34~2.68	色相	白色
		形状	微粉、层状
		导电性	无
熔点/℃	—	润滑性	极好
分解温度/℃	320~420		

在轻负荷时，氟化石墨的磨损性能类似于石墨，但比石墨的承载性能好，耐磨损寿命长。作为润滑脂的减摩添加剂时，氟化石墨比石墨的减摩效果好。一般锂基润滑脂在 27~93℃时的摩擦系数为 0.14~0.12，加 2%（质量分数，后同）的石墨时为 0.15~0.17，而加 2%氟化石墨时为 0.13。向矿物油中加入 5%时，承载能力比基础油提高 1 倍，比加同等数量 MoS₂ 的承载能力提高 50%；加入 10%时比基础油提高 2 倍，比加同等数量 MoS₂ 的承载能力提高 1 倍。

4. 氮化硼（BN）

氮化硼是一种新型陶瓷材料，在高温、高压下可以烧结成形。它具有与石墨类似的六方晶系层状结构（见图 6-11），是一种白色粉末，有"白石墨"之称。它与云母、滑石粉、硅酸盐和脂肪酸统称成为"白色固体润滑剂"。每层之间的 B 原子与 N 原子交错地重叠着，结晶层间的结合力比层内结合力弱得多，所以层与层之间容易滑移。氮化硼与石墨的性质有很大不同。

氮化硼的密度为 2.27g/cm³，熔点为 3100~3300℃；莫氏硬度为 2 级；在空气中摩擦系数为 0.2，而在真空中为 0.3；在空气中热安定性为 700℃，而在真空中为 1587℃。它耐腐蚀，电绝缘性很好，比电阻大于 $10^{14}\Omega\cdot cm$；压缩强度为 170MPa；在 c 轴方向上的热膨胀系数为 $41\times10^{-6}/℃$，而在 d 轴方向上为 -2.3×10^{-6}；在氧化气氛下最高使用温度为 900℃，而在非活性还原气氛下可达 2800℃，但在常温下润滑性能较差，故常与氟化石墨、石墨与二硫化钼混合用作高温润滑剂。用氮化硼粉末分散在油中或水中可以作为拉丝或压制成形的润滑剂，亦可用作高温炉滑动零件的润滑剂，氮化硼的烧结体可用作具有自润滑性能的轴承、滑动零件的材料。

氮化硼悬浮液呈白色或浅黄色，在纺织机械上不污染纤维制品，因而适用于合成纤维纺织机械的润滑。

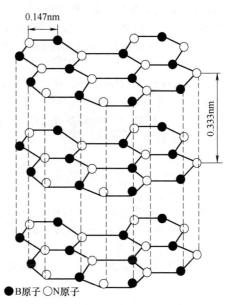

图 6-11　氮化硼的六方晶系结构

●B 原子 ○N 原子

5. 氮化硅（Si₃N₄）

氮化硅也称氮化陶瓷，它是一种陶瓷材料，属于六方晶系，不具有 MoS₂ 及石墨那样的层状构造，也没有氧化铅那样的塑性流动性，由于粒子硬度高，所以在粉末状态下不具有润滑性。但其成形体表面经过适当精加工，由于其接触的微凸体点数减少可呈现出低摩擦系数。据研究结果称，表面精加工至 0.05~0.025μm 时，摩擦系数可达 0.01。氮化硅的耐磨性因环境气氛、负荷、速度等滑动条件及表面粗糙度状态不同而不同。在干摩擦条件下耐磨性也良好。Si₃N₄ 润滑膜已广泛应用于航天工程等的高温润滑上。

6. 聚四氟乙烯（PTFE）

PTFE 的商品名为特氟隆，它是由四氟乙烯聚合而成相对分子质量为 $4~9\times10^4$ 的高分子材料，PTFE 含有"$\left(CF_2\right)$"的基本链节，由这种链节形成了牢固的碳链结构；同时它又使聚合物分子间的键能变得很弱。

PTFE 有很好的化学安定性和热稳定性。在高温下与浓酸、浓碱、强氧化剂均不发生反应，甚至在王水中煮沸，其重量及性能都没有变化。与绝大多数有机溶剂，如卤化碳氢化合物、酮类、醇类、醚类都不起作用。PTFE 仅与熔融态碱金属、三氟化氯、元素氟等起作用。但是，也只是在高温下作用才显著。PTFE 的耐热、耐寒性都很好，使用温度范围为 -195~250℃，且性能不变，即使在 250℃ 下处理 240h，力学性能也不会降低。在温度超过 385℃时能观察到有明显的失重。但是，也有人指出，PTFE 从室温就有难以被人察觉的、极缓慢的升华。PTFE 具有极小的表面能，因此它在很宽的温度范围和几乎所有的环境气氛下，都能保持良好化学安定性、热稳定性以及润滑性。

PTFE 也具有各向异性的特性，在滑动摩擦条件下，也能发生良好的定向。PTFE 的摩擦系数比石墨、MoS_2 都低。一般 PTFE 对钢的摩擦系数经常引用值为 0.04，在高负荷条件下，摩擦系数会降低到 0.016。

PTFE 是层状结构，层中结合力强，层与层之间结合力弱，极易相互滑动。在运动过程中，PTFE 能在极短的时间内在对偶表面上形成转移膜。使摩擦副变成 PTFE 对 PTFE 的内部摩擦，这样便可得到很低的摩擦系数，如图 6-12 所示。一般情况下摩擦系数为 0.04~0.05，在高分子润滑材料中，PTFE 是应用最多的一种。

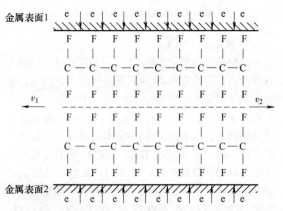

图 6-12　PTFE 润滑机理

但是 PTFE 在对偶面上黏着性较差导致磨损严重。因而单独使用 PTFE 的机会并不多，而是往往在添加了其他物质后，以高分子复合材料的形态使用较多。

对 PTFE 的摩擦特性研究报道很多，解释也各不相同。有人认为，当清洁的 PTFE 表面被压在一起时，一般情况下它的分子可以越过界面与对方形成强的键合，如果滑移，这种键能紧紧地卡住，而且可能使一方的结构破裂。这时，剪切将发生在较软材料体的内部而不是发生在摩擦的表面，此时的摩擦系数值应近似地等于较软材料的抗剪强度与屈服压力之比。但是，有人认为 PTFE 的低摩擦是分子键之间或者是由于转移膜之间的低黏结作用，同时加之 PTFE 体内坚固的键能之间的联结而形成相当高的体积抗剪强度，这种分子间的低黏结作用和高的体积抗剪强度是带来低摩擦的主要原因。换句

话说，PTFE 的低摩擦，实际上不是 PTFE 对其他材料的摩擦，而是 PTFE 在极短时间内，在对偶摩擦材料表面上形成的 PTFE 转移膜与 PTFE 之间的表面摩擦。这样看来，PTFE 也可以认为是一种内在的具有低摩擦特性的材料。另外，PTFE 不论是与金属还是与被氧化的金属表面接触摩擦时，它能很快地在其表面上生成强的化学键合。例如 PTFE 在硬的钨表面滑动时，在钨的表面上能形成非常牢固的、有时仅有几个单分子层厚度的 PTFE 转移膜；再如当 PTFE 在软金属锂上滑动时，上述现象不但发生，而且这种作用还相当强，以至金属锂的质点也能转移到 PTFE 的表面上。正是由于这种转移膜，它提供了 PTFE 具有低摩擦的根本条件。

PTFE 的耐磨损性不好，很多人正借助于现代分析测试仪器，深入、广泛地研究它的晶体形成过程、晶包的大小以及 PTFE 的生产工艺对晶体结构的影响等，希望能从根本上改善 PTFE 的耐磨损性。此外，必须注意的是 PTFE 在低负荷条件下也会出现"流动"（形变）的倾向，一般称为"冷流现象"，而且 PTFE 的耐辐照性也不好。目前多是通过在 PTFE 中填充其他物质来进行改性。大量的实践证明，几乎任何填料，不论是具有润滑性的还是具有研磨作用的填料，对提高 PTFE 的耐磨损性都是有益的。问题的关键是对这些填料如何影响 PTFE 的摩擦特性至今还没有确切解释，填料的添加多年来还是靠经验决定。此外，用纤维增强 PTFE 的方法，也取得了令人满意的结果。实验证明，不论是用长纤维或是用短纤维来增强 PTFE，都会有明显的效果，从而也成功地解决了 PTFE 在负荷作用下的冷流问题。但是，必须说明，用碳纤维来增强 PTFE 后，其耐磨损性的改善没有取得令人满意的结果，这仍然是今后还须进一步研究的课题之一。在选择不同填料和增强材料来改性 PTFE 时，近年来对添加硬质相物质，如二氧化硅、碳化硅、碳化硼等正受到人们的重视，而且在实际应用中也取得了好的结果。实际应用较多的 PTFE 基复合材料主要有以下三种：

1）无机物填充的 PTFE 基复合材料。

2）金属填充的 PTFE 基复合材料。

3）高聚物填充的 PTFE 基复合材料。

图 6-13 所示为 PTFE 复合材料的摩擦系数与温度及摩擦速度的关系。

PTFE 的改性，除添加不同的填料和增强材料外，目前国外还趋向应用化学的共聚、共混的方法来根本改变 PTFE 的固有缺陷，这也是塑料基固体润滑材料

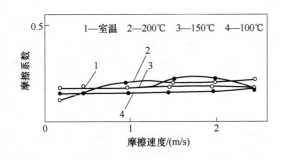

图 6-13　PTFE 复合材料的摩擦系数与
温度及摩擦速度的关系

注：PTFE+玻璃纤维+5%（质量分数）MoS_2。

的共性，必须引起我们足够的重视。

PTFE 的化学安定性很好，表面能又很小，因此它的成型材料对金属表面的黏结能力很差。这就在很大程度上影响了它作为减摩材料的用途，怎样才能提高它对金属表面的黏结能力呢，有希望的办法是在黏结剂中加入某种有机酸。PTFE 的一般性能见表 6-28。

7. 尼龙

尼龙（PA）是热塑性聚酰胺树脂族的统称，从定义上讲，它是任意一种长链的合成聚酰胺。一般是二羧酸和二胺缩聚而成或者是 α-氨基酸在熔点以上的温度（200℃）加热合成。不论用哪种方法得到的尼龙，都有酰胺基团作为主要聚合链的组成部分。广泛应用的尼龙有尼龙 6（又叫 MC 尼龙或称为铸型尼龙）、尼龙 66、尼龙 1010，它们的分子式如下：

$$[NH(CH_2)_5 \overset{\overset{\displaystyle O}{\|}}{C} —]_n$$

$$[NH(CH_2)_6 —NH—\overset{\overset{\displaystyle O}{\|}}{C} —(CH_2)_4 —\overset{\overset{\displaystyle O}{\|}}{C} —]_n$$

$$[NH(CH_2)_{10} —NH—\overset{\overset{\displaystyle O}{\|}}{C} —(CH_2)_8 —\overset{\overset{\displaystyle O}{\|}}{C} —]_n$$

尼龙在机械工业中能得到较为泛的应用是因为它具有优良的力学性能和耐磨损性，而且干摩擦系数也不很高（对钢的干摩擦系数为 0.2 左右），尼龙部件 pv 值可达 0.55MPa·m/s，此外，尼龙易于成形加工、价格低廉。虽然不能把尼龙完全看作润滑材料，但由于它有上述这些优点，因此它仍然被广泛使用。尼龙的一般性能见表 6-29。

表 6-28　PTFE 的一般性能

外观	白色粉末，有一定脂肪感
雏晶密度/（g/cm^3）	2.35
密度/（g/cm^3）	未淬火样品 2.20（结晶度 65%） 淬火样品 2.15（结晶度约 50%） 非晶区密度 2.01
吸水率 （质量分数，%）	<0.01
热导率 /［W/（m·K）］	0.25
热变形温度 （4.6MPa）/℃	121
线（膨）胀系数 （-60~280℃）/℃$^{-1}$	（8~25）×10^{-5}
可燃性	不燃
伸长率（%）	未淬火样品 150~350 淬火样品 160~300
抗弯强度/MPa	11~14
耐折次数 （0.4mm 厚的试样）	200000 次（用 Z-485 试验机测定）
抗拉强度 ［（20±2）℃］/MPa	未淬火样品 14~24 淬火样品 16~20
抗压强度/MPa	4.2
冲击韧度/（J/m^2）	10^3
极限 pv 值 /（MPa·m/s）	0.048~0.099
摩擦系数	在大气中 0.04~0.2 在真空中 0.04~0.2
表面比电阻/Ω·cm	$9.7×10^{12}$
体积比电阻/Ω·cm	大于 10^{17}（在 10^6Hz 下测定）
介质损耗角的正切	小于 $2.5×10^{-4}$（在 10^6Hz 下测定）
介质常数	小于 2.2（在 10^6Hz 下测定）
击穿电压（64±2μm） /（kV/mm）	>40
抗拉弹性模量/GPa	0.6
热稳定性/℃	260
比热容/J/（kg·℃）	$1.05×10^{-3}$
热失重 （390℃/h）（%）	<0.1

表 6-29　尼龙的一般性能

项目		尼龙 6	尼龙 66	尼龙 1010
密度/(g/cm^3)		1.13~1.15	1.14	1.03~1.05
熔点/℃		215~225	250~260	200~210
吸水率（质量分数,%）（24h）		1.8~2.0	1.3	0.05~0.39
开始可塑温度/℃		160	220	
软化温度/℃		170	235	
马丁耐热温度/℃		40~50	50~60	42~45
热导率/[W/(m·K)]		0.24	0.24	0.1~0.4
脆化温度/℃		-20~-30	-25~-30	-40
硬度（洛氏硬度 R）		85~114	118	17.2
抗拉强度/MPa		54~79	80	50~60
抗弯强度/MPa		70~120	100~110	70~80
冲击韧度/(J/m^2)			400~500	>1000
屈服强度/MPa			60~83	60~83
抗剪强度/MPa			32.3	
伸长率（%）		70~250	60	250
线膨胀系数/(10^{-3}/℃)		7.9~8.7	9~10	9~12
摩擦系数（对钢干摩擦）		约 0.2	约 0.2	约 0.2
化学安定性	体积分数为 97% 的甲酸中	在 40~45℃时溶解		
	体积分数为 30% 的煮沸盐酸中	部分溶解		
	体积分数为 80% 的硫酸中	溶解		
	碱	稳定		
	油	稳定		
电击穿强度/（kV/mm）		18	15	10~15
体积电阻率/Ω·cm		7×10^{14}	5×10^{14}~10^{15}	10^{14}

下面仅就尼龙的摩擦、磨损特性进行简单的叙述。

尼龙的摩擦系数随负荷的增加而降低，在高负荷条件下，摩擦系数可以降至 0.1~0.15；在摩擦界面有油或水存在时，摩擦系数下降的趋势更大。尼龙的摩擦系数还随着速度的增加或界面温度的升高而下降。

尼龙的耐磨损性好，特别是在有大量尘土、泥沙的环境中，它所表现出来的耐磨损性是其他塑料无法与之相比的。例如尼龙 6 在泥沙的质量分数为 5% 的泥浆水中与不锈钢对磨时，尼龙 6 的耐磨损性比 ZCuAClOFe3Mn2 铸造铝青铜在相同条件下的耐磨性好 2~3 倍，若在尼龙 6 中添加质量分数为 0.3% 的氧化钛，它的耐磨性在上述条件下比青铜好 10 倍左右。在摩擦界面上有泥沙、尘土或其他硬质相材料存在时，尼龙的耐磨性比轴承钢、铸铁甚至比经淬火再表面镀铬的碳钢还要好。

在应用尼龙材料时，要特别注意选择与之对摩的材料。在摩擦界面有硬质微粒存在时，尼龙的耐磨损性是一般钢材不能与之相比的。例如用尼龙轴瓦代替青铜轴瓦时，被磨损的是轴，轴是不易更换的零件，它被磨损后会带来严重后果。

尼龙的缺点是吸水性大、吸潮性强、尺寸稳定性差，这在铸型尼龙方面表现更为突出。为克服这些缺点，一般是将铸型后的毛坯零件在 147~200℃ 的过热气缸油中处理 24h，然后在沸水中处理 48h，再静置三个月以上的时间，最后精加工成形。设计工作者若不考虑尼龙材料的特性，用原有图样上的零部件尺寸，不经修改就用尼龙材料去取代原来的材料，往往达不到预期的效果。

尼龙的热导率小，热膨胀系数大，加之摩擦系数也不算低，因此最好用于有油至少是少油润滑和有特殊冷却装置的条件下。

要改善尼龙的摩擦状态，添加其他填料或填充 PTFE 粉，是行之有效的方法。添加玻璃纤维、碳纤维、石墨纤维等可以达到增加机械强度的目的，添加金属粉可以获得满意的热导率等。但是对于铸型尼龙来说怎样才能将这些材料均匀地混合，这是较突出的问题，添加 PTFE 粉末是降低尼龙摩擦的好方法，但必须找到能把 PTFE 粉末均匀分散在铸型尼龙中的分散剂。据报道，用三乙撑二胺或苄叉丙酮（4-苯基-3-丁烯-2 酮）作为 PTFE 在铸型尼龙中的分散剂能得到满意的效果。

8. 聚甲醛

聚甲醛（POM）是分子主链中含有 $\left(CH_2\!-\!O\right)$ 链节的热塑性树脂。它可分为两大类，一类是环状三聚甲醛与少量二氧五环的共聚体，称为共聚甲醛；另一类是三聚甲醛或甲醛的均聚体，称为均聚甲醛。美国 Dupont 公司生产的品种牌号为"Derlin"。

在工业生产上，聚甲醛以三聚甲醛为单体生产均聚甲醛；以三聚甲醛和二氧五环为单体生产共聚甲醛，聚合时采用阳离子型催化剂，如三氟乙硼-乙醚络合物等。其分子式为

$$\left[CH_2-O \right]_n \left[CH_2O-CH_2-CH_2 \right]_m$$

聚甲醛是一种乳白色不透明的结晶性线型聚合物，具有良好的综合性和着色性的高熔点、高结晶性的热塑性工程塑料，它是在塑料中力学性能与金属较为接近的品种之一。它的尺寸稳定性好，耐冲击、耐水、耐油、耐化学药品及耐磨性等都十分优良。它的摩擦系数和磨耗量较低，而 pv 值又很大，因此，特别适用于长期经受滑动的部件如机床导轨。在运动部件中使用时不需使用润滑剂，具有优良的自润滑作用。均聚甲醛的一般性能见表 6-30。

表 6-30　均聚甲醛的一般性能

项　　目		均聚甲醛
密度/(g/cm³)		1.42
熔点/℃		175
吸水率（质量分数,%）（24h）		0.25
热变形温度（1.8MPa）/℃		125
冲击韧度/(J/m²)	无缺口试样	1310
	有缺口试样	76
抗拉强度/MPa		70
弯曲模量/MPa		2880
抗压强度/MPa		127
伸长率（%）		40
维卡软化点/℃		162
洛氏硬度 HRM		94
线膨胀系数/(10⁻⁵/℃)		7.5
长期使用温度/℃		−40~120
热导率［W/(m·K)］		0.23
电击穿强度/(kV/mm)		20
体积电阻率/Ω·cm		10¹⁵
摩擦系数（钢对偶）		0.2
比磨损率/(10⁷mm³/N·m)		12.5
极限 pv 值/(MPa·m/s)	0.05m/s	0.14
	5m/s	0.09

9. 聚酰亚胺（PI）

PI 是分子主链中含有链节的芳香族杂环型的高分子化合物，一般由芳香族二胺与芳香族二酐在极性溶剂中缩合而成。PI 可分为 4 类：芳环和亚胺环连接的聚合物；在二酐组分中含有杂原子的聚合物，在二胺组分中含有杂原子的聚合物，二酐和二胺组分中均含有杂原子的聚合物；主要品种有均苯型聚酰亚胺、可熔性聚酰亚胺、聚酰胺·酰亚胺等。它是目前工程塑料中耐热性最好的品种之一，PI 薄膜常用于 H 级绝缘等级的绝缘材料中。

PI 的生产采用缩聚物，均苯型产品是以均苯四甲酸二酐和 4, 4-二氨基二苯醚为原料，在二甲基乙酰胺溶剂中缩聚，得到聚酰胺酸，再经过脱水环化而得的。其分子式为

均苯型聚酰亚胺的长期使用温度为 260℃，具有优良的耐摩擦、磨损性能和尺寸稳定性。在无润滑的情况下，与钢摩擦时的极限 pv 值比其他工程塑料大，可达 4MPa·m/s。在惰性介质中，在高负荷和高速下的磨损量极小。它具有优良的耐油和耐有机溶剂性，能耐一般的酸，但在浓硫酸和发烟硝酸等强氧化剂作用下会发生氧化降解，在高温下仍具有优良的介电性能。但它不耐碱，成本也较高，这是它的缺点。

10. 聚对羟基苯甲酸酯

聚对羟基苯甲酸酯是全芳香族的聚酯树脂。分子结构是直链状的线性分子，但结晶度很高（大于 90%），使它难以熔融流动，因而具有热固性树脂的成型特性。它与金属的性能接近，是目前塑料中热导率和空气中的热稳定性最高的品种，在高温下还呈现与金属相似的非黏性流动。它是一种摩擦系数极低的自润滑材料，可达到 0.005（涂覆到铝表面上时），甚至比用润滑油、脂润滑时的还低。耐磨性也好，承载能力高，能耐溶剂，有抗湿性，弹性模量和介电强度也较高，可在 315℃下连续使用。其可用来制造滑动轴承、活塞环、密封件、电子元件、耐腐蚀泵、超音速飞机外壳钛合金的涂层材料。但热塑成形较为困难，需用高速高能锻成形，或是采用等离子喷涂及一般金属加工方法加工。

这种塑料在 1970 年首先由美国 Carborundum 公司开发成功，商品名为 Ekonol，1972 年日本住友化学株式会社与该公司合资建立日本 Ekonol 公司并进

行了深入研究，于 1979 年开始单独向市场投放产品。我国晨光化工研究院等单位已经研究成功，投放市场多年。

聚对羟基苯甲酸酯的生产采用酯交换法和苯酚转化法。酯交换法用对羟基苯甲酸和碳酸二苯酯按等摩尔比加入带搅拌的不锈钢反应釜中，以二苄基甲苯为溶剂、钛酸四丁酯为催化剂，先在 180℃进行酯交换反应，然后升温至 300~380℃进行缩聚反应，反应结束后，经过滤、洗涤及干燥而成。其分子式为

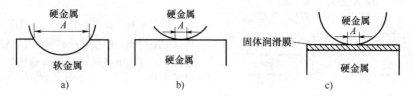

11. 软金属

软金属如铅、锌、锡、铟及金、银等均可作为固体润滑剂使用。软金属可以单独使用或是和其他润滑剂一起使用。

其中一种使用方法是将铅、锌、锡等低熔点软金属、合金薄膜当作干膜那样使用，铜和青铜等虽然不是低熔点，有时也可这样使用，在航空航天工业中开发的金、银等薄膜也作为干膜使用。

另一种使用方法是将软金属添加到合金或粉末合金中作为润滑成分以利用其润滑效果，如一般的白色合金（轴承合金）、油膜轴承合金（Kelmet）等就含有铅、锑、锌、锡、铟等软金属，又如烧结合金摩擦材料与电刷材料集流环和触点等也可含软金属如银、金等成分。

6.2.6 固体润滑机理

如果硬金属在软金属表面上滑移，在负荷的作用下，硬金属压入软金属中，真实接触面积增加，则摩擦力也将增加，如图 6-14a 所示，将发生犁沟现象。如果硬金属在硬金属表面滑移，尽管硬金属间的接触面积不会增加，但因硬金属的屈服强度大，则摩擦力也将增加，如图 6-14b 所示，由于摩擦表面的温升，容易发生咬合现象。这两种情况的摩擦系数都比较大。

图 6-14　固体润滑膜的润滑作用
a）硬金属无润滑膜在软金属上滑移　b）硬金属无润滑膜在硬金属上滑移　c）有固体润滑膜

如果在硬金属基材表面涂覆一层抗剪强度很小的薄膜，使摩擦副间的接触面积既不增加，又能使抗剪强度降低得很多，如图 6-14c 所示，因而摩擦力和摩擦系数都有较大的降低，这就起到了固体润滑的作用。但是，如果这层薄膜涂覆在软金属表面，仍将发生如图 6-14a 所示的现象，不能起到润滑作用。

因此，在摩擦表面黏着一层抗剪强度很小的薄膜能够起到减摩的润滑作用。如果这层薄膜由固体物质来充填，则可称该物质为固体润滑剂，而这层极薄的膜称为固体润滑膜。

1. 固体润滑膜的形成

固体润滑膜的形成方法很多，既有把固体润滑剂粉末擦涂在摩擦部位上的原始方法，也有在真空中使固体润滑剂以原子状态溅射成膜的方法。

用各种方式使固体润滑剂黏着于基材表面，以形成固体润滑膜。由于其抗剪强度很小，在摩擦过程中，存在于基材表面的固体润滑膜会转移到对偶材料表面，形成转移膜。使摩擦发生在转移膜和润滑膜之间，则可以减小摩擦系数和减少磨损。

固体润滑剂能牢固地附着于某基材表面，在摩擦时不易脱落，并且能够稳定而持久地提供转移膜，表示该固体润滑剂黏着强度高，或称黏着性好。对形成黏着现象进行解释的理论较多，影响黏着的因素也很多，但影响黏着的主要原因与物质的匹配有关，在理论上也许是多方面因素组合影响的结果。

2. 摩擦聚合膜

摩擦聚合膜是一种在摩擦过程中形成的聚合物膜。一般以固体膜的形式存在于摩擦表面上。它的形成是一个复杂的过程，取决于摩擦条件、成膜物质和基材的性质等。摩擦聚合膜能有效地起到抗磨、极压和抗擦伤的作用。

在摩擦条件下能够形成具有上述性能的聚合膜的物质称为成膜剂。摩擦聚合膜是在磨损部位附近逐渐聚合的。由于它对表面凹谷有填补作用，减轻了凸峰的负荷，因而最终导致了磨损的减少。

3. 固体润滑膜的转移

多年来，人们对转移膜与金属材料相互作用机理进行了多方面的研究。由于实验条件、研究角度以及

实验手段的限制，致使诸如机械作用、静电吸附、自由能效应、极性相互作用和化学作用等观点各树见解。总结起来有以下 4 种。

1）摩擦过程中，材料表面化学物质性质和机械性质会影响它的转移，具有高表面能和低硬度的材料比具有低表面能和高硬度的材料在产生和接受转移粒子方面有更明显的倾向。按照这种模型，软金属很容易转移，而高硬度的陶瓷材料则不易转移而容易接受转移粒子，它类似于材料的化学吸附效应。这就是说，转移膜的形成取决于材料的硬度和表面能这两个因素。因此要求润滑剂供方具有高的表面能，同时要保证润滑膜的磨损率较低。而对偶材料方应具有低的表面能，保证转移膜的黏着。如碳化钛的表面能为 $9 \times 10^{-5} J/cm^2$，硬度为 24GPa；而铁的表面能为 $15 \times 10^{-5} J/cm^2$，硬度为 0.82GPa。在真空中使用的滚动轴承，在其保持架上镀有软金属银，而滚圈和钢球应有足够强的硬度和一定的表面粗糙度，以便在它们表面形成转移膜。如果球用高硬的陶瓷材料（如氮化硅）制作，则无助于从具有润滑作用的保持架材料转移到球上再转移到轴承滚道表面以形成转移膜。

2）转移膜的形成是物理作用的结果。转移膜是以利用对偶材料表面两个凸峰之间储存的弹性能机械地捕获润滑剂的磨损粒子为基础而形成的。

3）转移膜的形成是机械作用的结果。在摩擦副滑动过程中，润滑剂供方会产生磨损粒子。由于对偶材料表面存在着的微观不平度，磨损粒子将会镶嵌在对偶材料表面的微波谷处，形成转移膜。

4）转移膜的形成是物理吸附或化学吸附效应的结果。

物理吸附效应：石墨和高分子材料中的碳原子具有吸附性。高分子材料中的碳原子数越多，其吸附效应越好，因而摩擦系数越小。

化学吸附效应：它主要是由高分子极性基团与活性金属之间在一定压力和温度条件下形成的反应产物。如脂肪酸在金属（特别是活性金属）或金属氧化物表面上起化学吸附形成皂膜。化学吸附比物理吸附稳定，在一定的条件下，化学吸附会发展成为化学反应，并生成新的物质。

例如，MoS_2 与金属表面摩擦生成的转移膜及其黏着强度受下列因素影响：

① 在各种摩擦条件下，MoS_2 在金属材料上的转移膜呈明显的取向排列，其基础面平行于金属表面。

② MoS_2 对不同金属材料的转移不一样。如将它擦涂在铜材上，其膜厚的平均值为 $0.77 \mu m$，而在铁材上的平均膜厚为 $0.45 \mu m$，在铝材上的平均膜厚仅为 $0.17 \mu m$。对硫有较高化学活性的金属材料上的转移膜较厚，其耐磨寿命也长。

③ MoS_2 中的硫为活性元素，在一定的压力和温度条件下会与金属发生化学反应，生成新的物质，这层反应膜能够降低摩擦系数。实验结果表明，MoS_2 最容易与铜发生化学反应，并生成 CuS；铁次之，可生成 FeS；而铝几乎不与它发生化学作用。因此，MoS_2 在铝材上的转移膜最薄，而且容易脱落，耐磨寿命也短。

其中①和②为物理吸附，③为化学吸附反应。

6.2.7　固体润滑材料的应用

1. 概述

固体润滑材料的发展和应用虽有较长的历史，但自润滑复合材料在工业上的广泛使用还是 20 世纪 60 年代以后的事。它的出现，弥补了轴承材料的不足，满足了航空航天和其他新技术新产品在苛刻条件下对润滑的要求，成为润滑领域里的一类新型材料。同时，它对于农业和其他工业，如钢铁、机械、核能、交通运输、船舶制造、建筑、食品、纺织、家电、医疗设备和各种科学仪器等，也同样重要。

固体润滑材料的使用温度范围广，耐腐蚀，抗污染，能在极压、辐射和真空等条件下工作，使用寿命长，并能直接加工成零部件，如轴承保持架、衬套、轴承、齿轮组合件、止推垫圈及密封环等。这些零部件工作时，一般不需添加润滑油脂就有良好的润滑和抗磨效果。

航天技术集中代表了前沿科学和高技术发展的水平。我国从第一颗人造地球卫星起已研制出不少固体润滑材料，以中科院兰州物化所为首的科研机构成功地解决了航天机械的许多润滑问题。如人造卫星的拉杆天线、太阳能电池帆板铰链及扭簧机构、卫星姿态控制用重力平衡杆伸缩机构、百叶窗温控轴承、红外线照相机自润滑滚动轴承、光学仪器驱动机构的润滑、万向接头和继电器开关的自润滑、功率环-电刷和电触点的自润滑，液氧输送泵滑动轴承和液氢中工作的齿轮等，都成功地应用了固体润滑材料。

2. 固体润滑材料的应用

固体润滑材料的应用可归纳为以下诸多方面：

1）负荷高的滑动部件，如重型机械、拉丝机械等。

2）高速运动的滑动部件，如弹丸与枪膛之间的滑动面。

3）速度低的滑动部件，如机床导轨等。

4）温度高的滑动部件，如炼钢机械、汽轮机等。

5）温度低的滑动部件。如制冷机械、液氧、液氢输送机械等。

6）高真空条件下的滑动部件，如航天器上的机械等。

7）接受强辐射的滑动部件，如核能发电站的某些机械等。

8）耐腐蚀的滑动部件，如处于强酸、强碱和海水中的活动部件等。

9）需防止压配安装时损坏的部件，如某些紧固件等。

10）需长期搁置，但一旦启动就要求运转很好的部件，如安全装置、汽车驾驶盘的保险装置、导弹防卫系统等。

11）安装后不能再接近的部件，如核能机械、航天机械等。

12）安装后不能再拆卸的部件。如桥梁支承、航天器的密封部件等。

13）导电性良好的滑动部件，如可变电阻触点、电机电刷等。

14）有微振动的滑动部件，如汽车、飞机等有不平衡件的自动工具等。

15）不能使用油泵油路系统润滑的机械，如航天器、人造卫星上的滑动部件等。

16）环境条件很清洁的滑动部件，如办公机械、食品机械、精密仪表、家用电器和电子计算机等。

17）耐磨粒磨损的运动部件，如钻探机械、农业耕作机械等。

18）环境条件很恶劣的运动部件，如矿山机械、建筑机械、潜水机械等。

还可以列出一些固体润滑材料的应用范畴。每一类固体润滑材料可以在多个领域、多种工业或多种工况条件下得到应用。而每一个领域、每一种工业或每一种工况条件下也可以应用多种类型的固体润滑材料。其中涉及固体润滑材料的设计、制备工艺方法和应用技术等，下面仅列举几方面已得到成功应用的范例。

3. 镀覆型材料的应用

应用表面涂层技术，尤其是物理气相沉积（PVD）、化学气相沉积（CVD）和离子注入技术等，获得显著的减摩和耐磨效果。非常薄的 TiN、TiAlN 和 TiBN 等涂层均已应用于金属切削工具和大型挖掘机的齿轮等不同形状和尺寸的零件上，使生产力大幅度提高，如在高速钢、热锻模具钢等表面用离子镀（在回火温度600℃以下）方法镀一层高硬度耐磨镀层（TiN、TiC 等）可用于精密工具。TiN、TiC 等化合物与普通钢的亲和性小于高速钢与普通钢的亲和性，因而在加工普通钢零件时不易发生咬合。所以用它加工的零件的表面粗糙度 Ra 小，且工具的使用寿命也得到延长。

在高速钢刀具表面离子镀 TiC、TiN 膜，镀层厚 $2\mu m$，TiC 膜的硬度高达 30GPa，TiN 膜的硬度高达 25GPa，在连续切削时，刀具的使用寿命可延长 5~10 倍。高速钢丝锥镀 TiC 膜后，其使用寿命可延长 4~5 倍；滚刀镀 TiN 膜后，切削效果可提高 3 倍。十字槽头螺钉冲头镀 TiN 膜后，使用寿命提高了 2 倍。模具钢冲孔冲头镀 TiC、TiN 膜后，其使用寿命延长了 3~5 倍。高速钢冲裁模镀 TiN 膜后，其使用寿命延长了 3~6 倍。高速钢铰刀镀 TiN 膜后，其使用寿命延长了 3~4 倍。另外，离子镀 TiC 膜也已应用于切纸刀、刨刀、家用切菜刀等，其效果也很显著。

用电镀或化学镀的方法将金属与一种或多种非金属微粒共同沉积于材料表面所获得的镀层称为复合镀层。复合镀层具有优良的机械物理化学和摩擦学性能。人们将金刚石微粒共沉积于 Ti 镀层中，制得了性能良好的刀具，获得了复合镀层的第一个专利。以后又研制了含氧化物、碳化物硬质材料的 Ni 或 Cr 复合镀层，它们具有极优异的耐磨性能，并在工业上获得了实际应用。复合镀层的种类及其应用可归纳如下。

1）耐磨复合镀层　在复合镀层中，由于添加了氧化物、碳化物等硬质微粒，其硬度将会有明显的提高。当硬度提高 10%~20% 时，其耐磨性可成倍地增加。复合镀层的基材通常为 Ni、Cr 和 Co，硬质微粒有 SiC、TiO_2、WC、Cr_3C_2 和 Al_2O_3 等。耐磨复合镀层可用于轴承、活塞环、制动器、起动器叶片、气缸、喷嘴和模具等表面。在汽车旋转发动机的次摆线型的套管内壁上获得了应用。Co 基复合镀层（如 Co-Cr_3C_2、Co-SiC 等）具有良好的高温耐磨性，可用作 400~600℃下的耐磨镀层。

2）自润滑复合镀层　在 Cu、Ni、Pb 等金属基材镀层内复合固体润滑剂微粒可以获得低摩擦、耐磨损的自润滑复合镀层。这种镀层不仅本身的耐磨性好，而且还能使摩擦对偶件的磨损减少。它适用于轻负荷滑动部件上作为减摩抗磨镀层，如制得的镍-氟化石墨复合镀层已用作活塞环上的耐磨自润滑镀层。同时，这种镀层有可能解决航天机械中在空间1000℃以上的润滑问题。

3）热处理合金镀层　它是由一种金属微粉与另一种金属共同电沉积而获得的含两种金属成分的复合

镀层，经高温热处理，使两种金属合金化而成的一种合金镀层。这种方法可以制得常规电镀难以获得的合金镀层。例如，Cr 粉与 Ni 共同沉积所得的 Ni-Cr 复合镀层，经 1000℃ 高温热处理，获得了综合性能良好的 Ni-Cr 合金镀层。这是复合镀层的一个重要方面的应用。

4）金属-高分子材料强黏结复合镀层　金属与有机高分子材料是两种难以相互黏结的材料。为了提高它们之间的黏结强度，一般采用金属表面处理的方法，如对金属表面进行磷化、铬酸盐处理或镀 Zn 后进行铬酸盐钝化处理等。但这些方法对提高两者的黏结强度并不理想。采用复合镀层的方法为，先在金属表面镀一层含有聚乙烯、环氧树脂、酚醛树脂或橡胶等微粒的 Cu 基或 Zn 基复合镀层，然后将它们与有机高分子材料复合黏结。

4. 背衬型材料的应用

背衬型材料以 DU 和 DX 为典型代表。这类材料国外最有代表性的产品为英国 Glacier 金属公司的 DU 和 DX 材料，国内同类材料有北京机床研究所研制并在北京粉末冶金五厂生产的 FQ-1 机床导轨板材料。另外，还有太湖无油润滑轴承厂的 SF 和嘉善轴承厂的产品等。

三层复合材料系由钢背、青铜和 PTFE（或聚甲醛）三层材料所组成。内层钢背是为了提高材料的机械强度和承载能力。中间层为烧结球形青铜粉或烧结青铜丝网的多孔层，以提高材料的导热性，避免氟塑料的冷流和蠕变，且有利于与表面层塑料的牢固结合，同时又是表面自润滑材料的储库。

在 0.5~3mm 的低碳冷轧钢板上烧结成颗粒直径为 0.06~0.19mm 的球形青铜粉，然后在青铜粉空隙中挤压入一层 0.02~0.06mm 厚的 PTFE 复合自润滑表面层。这种 Du 复合材料的摩擦系数约在 0.15 左右。也有在青铜粉空隙中挤压入一层聚甲醛树脂的，这种材料一般称为 DX 材料。

DU、DX 材料可制成各种规格的轴套、衬套、垫片、导轨、滑板、活塞环等零部件而用于汽车、拖拉机、工程机械、矿山机械、机床、液压齿轮泵等设备。

DU 材料可用于高压齿轮泵轴承，最高压力达 24.5~31.3MPa，最高转速可达 2500~4000r/min，使用寿命比原用滚针轴承长 2~3 倍。同时噪声小，价格只有滚针轴承的 1/3~1/5。DU 材料用作柱塞泵轴瓦，有效地克服了支承面和支承座的咬伤，正反向摇摆运动可超过 15 万次，比原结构的寿命提高 6 倍左右。DU 材料还可用作机床导轨板用于内圆磨床、外

圆磨床、数控铣床、电火花机床、插床，可以提高机床精度和使用寿命。具有摩擦系数低、阻尼性好、消震、吸音、杂物嵌入性好、防爬行和耐磨损等优点。DU 材料还可用来修补已磨损严重而不能正常工作和保持精度的机床导轨。

DX 材料在日、美、英等国已广泛用作汽车的轴承、衬套和垫片。在国内也已用作汽车转向节主销衬套，十字轴万向节轴承、方向机转向臂轴衬套，转向节止推轴承、减震器衬套和驾驶室翻轴衬套。

长春汽车所与辽源市科技所研制的含油聚甲醛钢背复合自润滑材料，也得到广泛的应用。北京第二汽车制造厂将这类材料用于 BJ-130 汽车万向节轴承上，通过 6 年时间 1062 辆次车 2138 套复合材料万向节总成的台架道路试验和使用考核表明，行驶 5 万 km 以上的 384 套万向节总成的技术状况良好率在 90% 以上（5 万 km 后损坏的为良好）。从行驶 6 万 km 以上 10 套万向节总成数据可知，40 个运动副的平均磨损量，轴承为 0.08mm，轴颈为 0.02mm，平均万 km 磨损量为轴承 0.012mm，十字轴 0.003mm，复合材料轴承的使用寿命比原滚针轴承至少提高 2 倍以上。采用复合材料万向节轴的传动效率并不降低，从价格上看，复合材料滑动轴承与原滚针轴承单价相差不大，但复合材料轴承的使用寿命比原滚针轴承高 2 倍以上。

DX 材料用作 $\phi150mm\times250mm$ 两辊冷轧带钢机轧辊主轴轴瓦代替铜瓦和锡基合金瓦，轧机压下量增加约 1/3，轴瓦不用水冷，比金属瓦水冷时低 40℃，轧制电流降低 46%，使用寿命提高 6 倍。

DX 材料用于水轮机导水叶轴套，与原用铸锡青铜轴套相比，DX 材料轴套的装配工艺性好，尺寸稳定，承载高，耐磨，工作寿命长，经 5 个电站多台机一年试验运行表明，其年平均磨损量为 0.09~0.05mm。

DX 材料还可用作采煤机、打桩机、卷扬机、机床导轨、水坝闸门滑道的轴套和滑板使用。

金属基复合材料：金属基复合材料具有比塑料基复合材料耐热、机械强度大、热和电的传导性好等特性而得到广泛应用。其使用方法为两种：一种是复合材料作为机械零件使用，另一种是依靠其摩擦过程中磨损下来的润滑剂转移到对偶表面上形成转移膜，但其本身并不支承负荷，实际上起着润滑剂供给源的作用。金属基自润滑材料可以球轴承、滚子轴承、滑动轴承、套筒、齿轮和电机电刷形式应用。

在使用过程中，当表面塑料层被磨损后，青铜与对偶件发生摩擦，其摩擦力增大使温度升高。由于塑料的热膨胀远大于金属，故塑料即从多孔层的孔隙中挤出，使自润滑材料不断向摩擦表面上补充，因此这

类材料具有良好的自润滑性。表面塑料层的厚度很薄，约为 0.05 ~ 0.01mm，因此，安装于机床导轨上后一般不需要再加工。

DU 类材料的磨损过程一般可分为三个阶段，即跑合阶段、稳定磨损阶段和急剧磨损阶段。在跑合阶段，DU 板的表面塑料层 PTFE 在滑动摩擦作用下向配对金属表面上转移，填补金属表面上的凹坑，并逐渐形成转移膜（或称第三组分）。所以，此阶段内，其磨损较大，摩擦系数也较高。在稳定磨损阶段内，经跑合阶段后，在配对金属表面上已形成一层连续的转移膜，故此阶段内，材料的磨损率较低且稳定。在急剧磨损阶段，由于经过较长时间运转后，原来浸渍在多孔青铜孔隙中的 PTFE 润滑剂已大量消耗掉，致使摩擦界面上没有足够量的润滑剂存在。因此，润滑不良，摩擦系数迅速增大，磨损率也急剧加大。图 6-15 所示为 DU 类材料的摩擦磨损特性曲线。

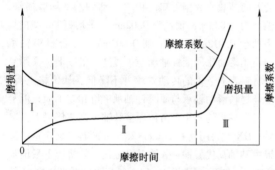

图 6-15　DU 类材料的摩擦磨损特性曲线

许多国家早有 DU 材料商品生产和供应，应用范围较广，在各种机械、液压与气动元件、超声速飞机、航天机械、船舶、汽车、机床及某些冶金机械的特定部位的零件也使用这种材料。

煤矿机械上用的柱塞油泵起动、停机、变速、变负荷频繁，工作特性和寿命一直不好，采用 DU 材料制作轴瓦后有效地克服了对摩面的咬伤，使正反向摇摆运动超过 15 万次，比原结构的寿命提高 6 倍。用 DU 材料制作机床导轨板，具有摩擦系数小、阻尼性好、消震、吸声、防爬行和耐磨损等优点。该材料还在矿山凿岩机、悬挂输送机等设备上应用，并取得了有效的结果。

DX 材料是以聚缩醛或尼龙作为表面聚合物，在这层表面上留有均匀分布的存油坑，以便在装配时添加润滑脂或润滑油。DX 作为需要另加润滑剂的材料，具有优良的摩擦和抗磨特性，承载能力大，尺寸稳定性较好，低速下无爬行现象。

DX 材料广泛用作各种汽车的轴承、衬套和垫片

等。其中最为有效的零件有转向节主销衬套、十字轴万向节轴承、方向机转向臂轴衬套、转向节止推轴承、减震器衬套和驾驶室翻转轴衬套等。如转向节主销衬套中的转向节主销衬套与主销之间经常处于频繁颠簸、扭摆、振动等运动状态，它们承受的扭矩大，瞬时冲击严重，同时经常被水和泥沙侵袭，工况条件恶劣，原该衬套用 Cu 套、Fe 基粉末冶金材料和尼龙等，其使用寿命依次为 5 万 km、1.5 万 km 和 1 万 km，注油周期均为 2000km，改用 DX 材料衬套后，使用寿命超过 5 万 km（最大为 16 万 km），注油周期延长至 1 万 km。φ150mm×250mm 两辊冷轧带钢机轧辊主轴轴瓦原用 Cu 瓦和 Sn 基合金瓦，轧制时压力大，速度低，压力变化频繁，因润滑不良经常烧瓦，改用 DX 材料轴瓦后，压下量由 0.65mm 提高到 0.98mm，轴瓦温度由 100℃（水冷却）降为 58℃（无冷却），轧制电流由 110A 降为 60A，轴瓦的使用寿命由 6 天提高到 40 天。DX 轴套和板材还在采煤机、打桩机、卷扬机、水轮机、机床导轨、水坝闸门滑道等设备上取得了满意的应用效果。

早期国产的背衬型材料称为金属塑料。它成功地应用于录音机轴承的工况条件如下：负荷小于 $5×10^4$Pa，转速为 800 ~ 3000r/min，转轴材料为 2Cr13，实现无油润滑，能在 ±40℃ 下工作，运转平稳，噪声小。金属塑料应用于航空仪表轴承的工况条件如下：起动力矩为 $(18 ~ 47)×10^{-4}$N·m，转速为 2250r/min（1.1m/s），轴材料为 2Cr13Ni2Mn（HRC40，Ra 值为 0.32μm），能承受高空、高湿、震动、冲击、过载等工作条件，并满足高低温（-60 ~ 60℃）条件下的性能要求，实现无油润滑，无须维护长期可靠工作，耐磨性好。

5. 机械加工中的自润滑技术

（1）机床导轨特性　机床是机械加工的重要母机之一，而导轨又是机床重要的运动部件，导轨精度和使用寿命在很大程度上决定着机床的工作性能。而机床导轨表面的耐磨性和抗擦伤能力又是影响其精度和使用寿命的关键因素之一。导轨大多数是往复运动形式，导轨的几何精度直接影响其导向精度。

传统的机床导轨副的配对形式为铸铁-铸铁组成，这样的导轨摩擦副在使用一定时间后，导轨面磨损逐渐加重，机床加工精度也随之降低。因此，经过一定时间使用后的机床导轨需要进行维修，我国每年需要停机维修的机床（或其他机械设备）数量十分惊人。

（2）机床导轨用高聚物制造　20 世纪 70 年代，国外采用高聚物来制造机床导轨日趋普遍，以满足机床导轨的低摩擦、耐磨、无爬行和高刚度等的要求。

其中用氟碳聚合物来制造机床导轨的发展极为迅速。美国 Shamban 公司首创的以 PTFE 为基的 Turcite-B 机床导轨自润滑抗磨软带就是其中的典型产品。后来德国、英国、日本和中国都相继引进了该项新技术，并制成了与 Turcite-B 同类型的导轨自润滑抗磨软带。原一机部广州机床研究所（现广州机械科学研究院有限公司）于 1982 年在国内率先研制成功同类型产品 TSF 导轨抗磨软带，同年通过部级鉴定，对满足国内高精度大型机床的发展起了很大的促进作用。该产品摩擦-速度特性曲线如图 6-16 所示。

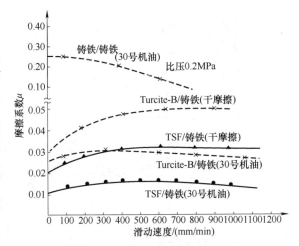

图 6-16 TSF 导轨抗磨软带摩擦-速度特性曲线

由于高分子抗磨软带分子结构上的特点，使 TSF 导轨抗磨软带表面具有不可黏性，这严重影响其应用，故必须对 TSF 软带进行表面处理及研制与之相适应的黏合剂，这也是该产品的核心技术之一。研究表明，采用活性钠化学处理比辐射接枝工艺简单，且处理后材料的力学性能也保持值较好，黏接强度也较高。在完全无水和有四氢呋喃存在时，金属钠和萘结合成相当稳定的呈现墨绿色的带有萘负离子和钠正离子的可溶性络合物，这种络合物与 PTFE 表面接触时，络合物中的钠破坏 F4 表面分子的 C-F 键，使 F4 中的氟分离出来，表面发生碳化，即形成活性的碳的双键，表面能提高，其反应式如下：

广州机械科学研究院有限公司同时研制成功与

TSF 导轨软带相配套的 DJ 胶黏剂。该胶黏剂是一种以双酚 A 型环氧树脂为主剂，以低相对分子质量聚酰胺为固化剂，液体羧基丁腈橡胶为增韧剂，并含有其他促进剂的双组分室温固化胶黏剂。其固化反应过程较为复杂，主要有环氧树脂与羧基丁腈橡胶的嵌段反应以及聚酰胺使环氧树脂开环的反应。

环氧树脂与羧基丁腈橡胶的嵌段反应为

环氧树脂在聚酰胺作用下的开环反应为

（3）HNT 环氧抗磨涂层 环氧抗磨涂层是另一大类机械加工用的自润滑材料。这种产品是由德国滑动涂层技术公司首先研制成功的。其典型产品有 SKC-3、SKC-5 和 SKC-7 等。广州机床研究所承接一机部下达的科研任务，并于 20 世纪 70 年代中期研制成功与 SKC-3 涂层类似的 HNT 抗磨涂层，随后与北京第一机床厂合作在 X2012 重型龙门铣床的导轨上进行应用试验，并取得满意效果。

HNT 环氧抗磨涂层的形成原理是，由环氧树脂和环氧化物分子结构中活性基团——环氧基

$$\overset{H_2C\,-\,CH\,-}{\underset{O}{\diagup\diagdown}}$$

与固化剂分子结构中的氨基（—NH_2 或—NH—）起化学反应，生成体型网状结构，并把涂料中的润滑剂、增强材料等包拢下来。下面以三乙基四胺固化剂为例来说明其固化反应过程。

三乙基四胺的结构式为

$$H_2N—C_2H_4—NH—C_2H_4—NH—C_2H_4—NH_2$$

其固化反应历程如下：

首先，环氧树脂分子中的环氧基 $\overset{H_2C\,-\,CH\,-}{\underset{O}{\diagup\diagdown}}$ 与

三乙基四胺中的胺基发生反应

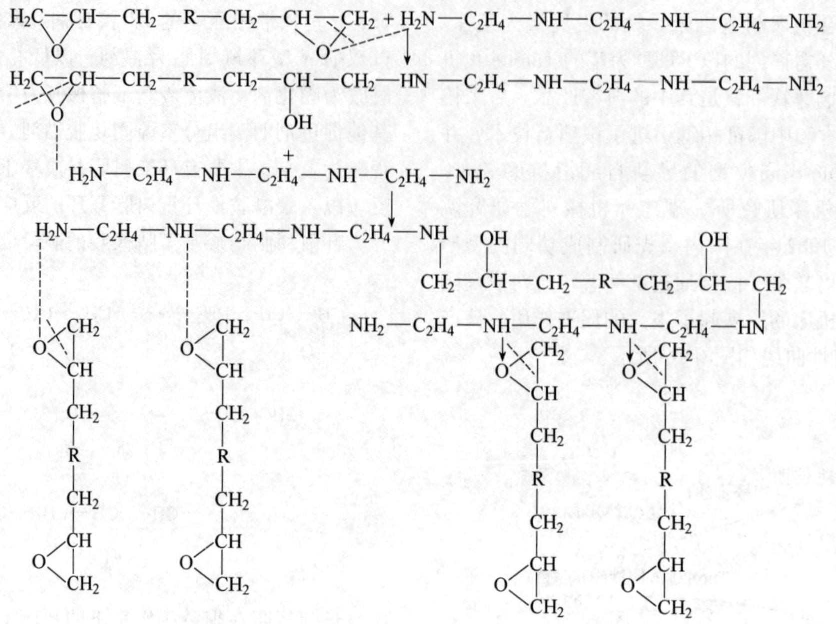

$$H_2C-CH-CH_2-R-CH_2-CH-CH_2 + H_2N-C_2H_4-NH-C_2H_4-NH-C_2H_4-NH_2$$

$$H_2C-CH-CH_2-R-CH_2-CH-CH_2-HN-C_2H_4-NH-C_2H_4-NH-C_2H_4-NH_2$$
$$OH$$

$$H_2N-C_2H_4-NH-C_2H_4-NH-C_2H_4-NH_2$$

$$H_2N-C_2H_4-NH-C_2H_4-NH-C_2H_4-NH \qquad OH \qquad OH$$

反应物中分子链上的胺基可再与其他环氧树脂分子发生反应。

HNT 抗磨自润滑涂层的施工工艺有严格的要求，其中重要一点是，为了使涂层在导轨基面上黏得牢固，要求将工作台导轨面粗刨成锯齿形状，锯齿条纹深度为 0.5mm，齿尖相距 1~2mm（见图 6-17）。

若以芳香族胺类 HNG-1 为固化剂，其反应过程首先是环氧树脂分子中的环氧基与缩胺分子中的胺基发生反应：

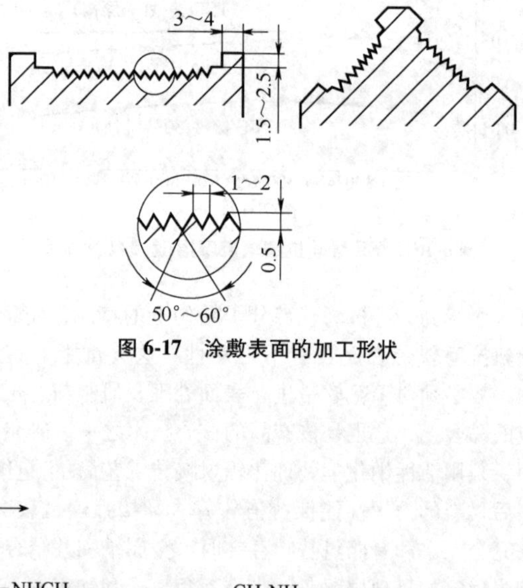

图 6-17 涂敷表面的加工形状

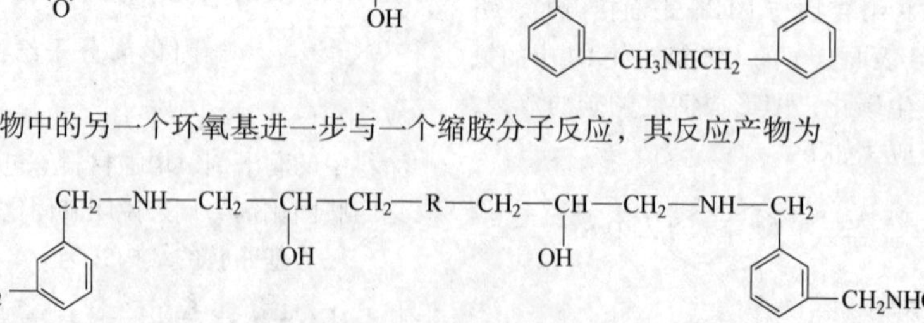

$$CH_2-CH-CH_2-R-CH_2-CH-CH_2$$

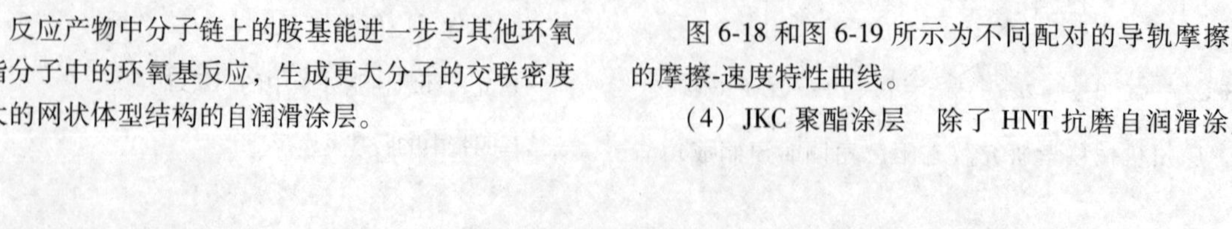

反应产物中分子链上的胺基能进一步与其他环氧树脂分子中的环氧基反应，生成更大分子的交联密度更大的网状体型结构的自润滑涂层。

其次是，反应产物中的另一个环氧基进一步与一个缩胺分子反应，其反应产物为

图 6-18 和图 6-19 所示为不同配对的导轨摩擦副的摩擦-速度特性曲线。

（4）JKC 聚酯涂层 除了 HNT 抗磨自润滑涂层

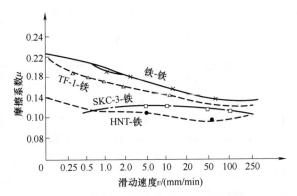

图 6-18　HNT 耐磨涂层-铸铁导轨摩擦副的摩擦-速度特性曲线

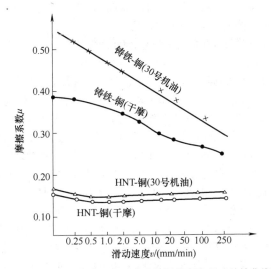

图 6-19　HNT 耐磨涂层-铜导轨摩擦副的摩擦-速度特性曲线

外，广州机床研究所还成功开发了另一种自润滑材料——JKC 聚酯涂层系列（JKC-B 和 JKC-C），也称不饱和聚酯涂层。该涂层是由不饱和二元醇与不饱和二元酸（或酸酐）缩聚而成的高分子化合物。为了提高性能，有时还加入一些饱和的二元酸。在分子主链中同时含有酯

键（）—C—O—（）和不饱和双链（—CH＝CH—），典型的不饱和聚酯涂层具有如下结构：

结构式中，G 及 R 分别代表二元醇及饱和二元酸中的二价烷基或芳基，x 和 y 表示聚合度。不饱和聚酯导轨涂层是以不饱和聚酯为基，添加交联剂、引发剂、加促剂、减摩材料及增强材质等组成的一种材料

体系。

21 世纪以来应用于机械加工中的自润滑技术得到了更快速的发展，尤其在大型和重型机床导轨的应用中取得了巨大的经济效益，特别得到机床工业界的一致好评。

6.2.8　固体润滑剂在空间机械中的应用

空间机械工作的环境条件比较苛刻，它们经常在高真空、高温、低温以及高低温频繁变化的情况下工作，不能采用液体润滑。固体润滑的成功与否，往往成为空间机械成败的关键。

1. 降低摩擦磨损和延长使用寿命

MoS_2 擦涂膜润滑的滚动轴承在真空度 $133.322 \times 10^{-11}Pa$ 下其摩擦系数为 0.0016，与用油润滑时的摩擦系数（0.0013）接近。MoS_2 溅射膜润滑的滚动轴承在真空度 $133.322 \times 10^{-8}Pa$、转速 3000r/min、负荷 20N 条件下的使用寿命超过 1500h。在相同条件下，MoS_2 黏结膜在真空中的摩擦系数仅约为大气中的 1/3，而使用寿命又比在大气中长几倍甚至几十倍。因而在空间机械中得到了广泛的应用，如人造卫星上天线驱动系统、太阳能电池帆板机构、光学仪器的驱动机构和温度控制机构、星箭分离机构及卫星搭载机构等都使用了黏结膜。

射频溅射的 WS_2 膜在真空中的摩擦系数为 0.04，使用寿命为 10^5 次（失效前的摩擦次数）。经离子束处理后其摩擦系数降为 0.01，使用寿命大于 2×10^5 次。利用磁控溅射的 MoS_2 膜在真空中的最小摩擦系数为 0.007，可应用于高精度和长寿命的陀螺仪常平架轴承的润滑。金属-MoS_2 共溅射膜的使用寿命明显地比溅射单质 MoS_2 膜的长，且与基材的结合强度高，磨屑少，摩擦系数低而稳定。在相对湿度小于 13%、等于 50%、大于 98% 及高真空（$1.33 \times 10^{-5}Pa$）条件下，Au-MoS_2 共溅射膜的使用寿命分别是单质 MoS_2 溅射膜在相同条件下的 2.7、6.0、2.4 和 24 倍。为了减少传动装置的噪声和振动，采用塑料基复合材料制作空间机械中的轻载精密齿轮，如聚酰胺齿轮的磨损率最低，而采用 PTFE 基复合材料加溅射 MoS_2 膜的转矩，其转矩噪声最低。

Ta-MoS_2 复合材料 204 轴承保持架运转了 94000h。以铅青铜作为保持架并以 Pb 膜润滑的保持架已运转了 11 年。离子镀 Au 膜、Ag 膜润滑的滚动轴承在 3000r/min、20N 和真空度 $133.322 \times 10^{-8}Pa$ 条件下使用寿命超过了 1000h。离子镀 Pb 膜润滑的滚动轴承在上述条件下的使用寿命达到 1800h。离子镀

Pb 膜的滚动轴承在卫星日光探测仪驱动机构和止回天线驱动机构中应用，在运转了几百万周（360°）时，润滑膜无明显的磨损，取得了满意的效果。离子镀 Ag 膜也已成功地应用在高温高真空滚动轴承中作干膜润滑剂。离子镀 Al 的 Fe 质螺钉螺母和 Ti 栓等紧固件在飞机上已广泛使用。

一些卫星上常用的滑动电接触材料起着传递电信号或电能，以及接通或切断电路的作用。如滑环常用 Ag 合金（Ag：Cu = 90：10）（质量比，后同）、Cu 上镀 Ag 镀 Re、Cu 上镀 Ni 镀 Au 等；电刷常用含固体润滑剂的 Ag 基复合材料（如 Ag：石墨：MoS_2 = 75：20：5、Ag：石墨 = 50：50、Ag：MoS_2 = 88：12、Ag：MoS_2：Cu = 85：12.5：2.5 等）；电机整流子常用 Cu 或 Cu 上镀 Ag 镀 Au 等材料。这些电接触材料都具有良好的摩擦学性能。电接触材料的性能直接影响整个电路系统的可靠性、稳定性、精确性和使用寿命。

2. 用于航天的耐高温固体润滑材料

航天飞机的方向舵轴承和控制装置表面密封，火箭燃气轮机叶片与壳体的密封等都要承受 800 ~ 1000℃ 的高温。因此迫切需要研制从常温到 800℃ 乃至 1000℃ 都具有良好摩擦学特性的固体润滑材料。为实现高温润滑而设计的材料和工艺如图 6-20 所示。将固体润滑剂分散到整个组织中的复合材料具有较长的使用寿命，在其表面上再涂以固体润滑膜可以得到极低的摩擦系数。

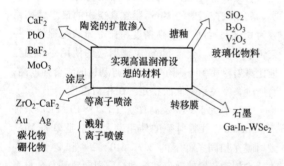

图 6-20 为实现高温润滑而设计的材料和工艺

用热压烧结法或在多孔性材料中浸渍固体润滑剂制成的复合材料，既可以用作轴承，也可以用作密封，还可以在耐热金属基材上用等离子喷涂复合涂层。例如，PS100 材料可在 500 ~ 900℃ 范围内实现有效润滑，PS101 材料则在 −107 ~ 870℃ 范围内的摩擦系数均为 0.2 的量级。PS100 材料的组成为 67.0%（质量分数，下同）Ni-Cr 合金、16.5% CaF_2 和 16.5% 玻璃。PS101 材料的组成为 30% Ni-Cr 合金、30% Ag、25% CaF_2 和 15% 玻璃，该玻璃由 58% SiO_2、21% BaO、8% CaO 和 13% K_2O 构成，属无 Na 玻璃，可以防止 NiCr 合金氧化。

由于金属基复合材料和涂层受氧化的限制，人们又致力于无机非金属和陶瓷复合材料的研究。例如，含有 15% CaF_2 和 NO 等离子喷涂涂层与锂-铝硅酸盐、镁-铝硅酸盐等多孔性陶瓷滑动摩擦具有良好的抗磨性。ZrO_2-CaF_2 等离子喷涂陶瓷涂层在室温到 930℃ 范围内的摩擦系数为 0.23 ~ 0.34，与之对摩的 Ni 基耐热合金的磨损也很轻微。

含 MoS_2、WS_2 等固体润滑剂的难熔金属基自润滑材料在室温至 800℃ 范围内于真空中具有良好的摩擦学性能，在从室温到上千摄氏度都需要润滑的燃气配气阀中得到了成功的应用。

喷气轰炸机上大约有 2500 个各种类型的轴承均长期工作在高温下，有的温度高达 315℃，采用了由玻璃纤维增强的 PTFE 轴承，解决了用高温润滑脂出现的严重磨损问题。B-1 轰炸机和 F-14 战斗机在应急翼枢轴部位用 PTFE 纤维衬套进行润滑。飞机操纵面机构的滑动球轴承是用石墨纤维和 PI 树脂热压聚合而成的，它可耐 320℃ 的温度。从室温到 260℃ 时，动载荷承载能力为 138MPa，320℃ 时为 69MPa。用粉末冶金工艺制造的 Nb-Ta 骨架填充 MoS_2 的衬里轴承，用于高性能操纵面机构，能经受 1269MPa 的静载和 276MPa 的动载，以及 0.18N 和 15 ~ 2000r/s 的震动载荷。用碳纤维、环氧树脂制备的复合材料轴承，在无润滑情况下，转速为 30000 ~ 40000r/min 时未发现有任何响声。在 F-15 和 F-16 战斗机的动力装置涡轮风扇发动机上，使用了由 MoS_2、Sb_2O_3 和硅酮树脂组成的复合材料轴承。

3. 耐低温固体润滑材料

许多设备都需要在超低温条件下运转，如红外探测仪、超导装置、多种望远镜（红外线、X 射线、γ 射线和高能望远镜等）需要在 4K 的低温下操作，液氧、液氢火箭发动机中的齿轮、轴承和密封件也都要在超低温条件下操作。迄今为止，PTFE 是最好的超低温润滑剂，用玻璃布增强的、玻璃纤维-MoS_2 填充的或仅用玻璃纤维填充的内径球轴承中的 PTFE 保持器都具有良好的润滑性能。其中含 15% ~ 25% 玻璃布增强的 PTFE 耐磨性最好。用含 PTFE 或 MoS_2 复合材料保持器润滑的轴承，用含 Pb 保持器并用离子镀 Pb 膜润滑的轴承，在冷至温度为 20K 时都具有良好的润滑性能。也有采用离子镀 Pb 膜的青铜保持器来润滑的。

黏结膜的适用温度范围广，如环氧树脂系黏结膜的使用温度为 −70 ~ 250℃，PI 系黏结膜为 −70 ~

380℃。而且在适用范围内其膜无相变化，摩擦系数低而稳定。如火箭氢、氧发动机涡轮泵齿轮和超导设备的有关滑动部件上都有黏结膜。

4. 高真空中用的固体润滑材料

真空中使用的润滑材料除了摩擦学特性的要求外，对其蒸发量应有个限制，不能因蒸发而造成系统的污染。非金属基润滑材料主要使用 PTFE，它在真空中的蒸发速率低，约为 10^{-9}g/$(cm^2 \cdot s)$；所以很少污染周围环境。为了增加强度，常在其中添加玻璃纤维或碳纤维。用 PTFE 基复合材料制成的保持架对轴承进行润滑，仅适于低负荷、工作温度不超过 100℃的场合。在 290℃时 PTFE 开始分解，超过 350℃时蒸发度剧增。PI 树脂的耐热性优于 PTFE，在 260℃的温度下能长期工作，在 500℃时可短时间或间断工作，并且它还具有优异的耐辐照性，可作为高温和高真空环境中的自润滑轴承保持架或滑动轴承。

Au、Ag、Pb 在真空中的蒸发速率非常低，即使在 500℃高温时，也只有 $10^{-7} \sim 10^{-8}$g/$(cm^2 \cdot s)$，适宜作高真空条件下的润滑材料。这些软金属通常以电镀、真空蒸镀、溅射和离子镀等方法镀覆在基材表面形成极薄的润滑膜。这种润滑膜与基材的黏着力强，且有良好的润滑性能。其中，Ag 膜和 Pb 膜在大气中的使用寿命均很短，但在高真空中的寿命却很长，所以 Ag、Pb 膜主要在真空环境中应用。Au 膜不受周围环境的影响，适宜在空气和真空中作低速运转构件间的润滑。

MoS_2 和 WS_2 在真空中的蒸发速率也很低，在 200℃时为 10^{-10} g/$(cm^2 \cdot s)$ 以下，500℃时为 10^{-8}g/$(cm^2 \cdot s)$，对周围环境无污染。在大气中的 MoS_2 和 WS_2 分别在 350℃和 500℃时氧化而不能使用，而在真空中它们在 800～1100℃ 时也不会氧化。它们可以采用黏结干膜或溅射等方法黏着在基材上形成润滑膜。而且，在外加负荷增加时，其摩擦力矩和轴承温度并不增加，这是二硫化系材料在真空中作为

润滑材料的特点。另外，含二硫化系固体润滑剂的金属基自润滑复合材料在真空环境中得到了成功的应用，如含 50% MoS_2 的 Ta-Fe 基滚动轴承保持架在高真空（133.322×10^{-8} Pa）、高温（450℃）和高转速（4500r/min）条件下能长时间运转，并使轴承运转平稳，磨损量甚小。在几种粉末冶金型自润滑复合材料保持架对比试验中，WS_2：Co：Ag = 52.9：11.8：35.3（质量比）复合材料的使用寿命最长。

6.2.9 固体润滑材料在医药工程中的应用

固体润滑材料在医药工程中的应用有人工臀关节、膝关节、踝关节、肩关节、肘关节、腕关节、手指关节和心脏瓣膜等。多年来的研究表明，以超高相对分子质量［为 $(1 \sim 4) \times 10^6$］聚乙烯与各种对偶材料对摩制作的人工关节是比较适宜的。如以聚乙烯为球座，其他金属或陶瓷作股骨等。所研究的与聚乙烯对摩的材料有 316LVM 不锈钢，含 Co、Ni、Cr、Mo、Ti 等组分的多元合金，维塔利姆合金（含 Co59%～65%、Cr28%～32%、Mo5%～7%，质量分数，后同），TiN 6-4 合金（含 TiN、Al、V 等组分），氧化铝陶瓷（含 $Al_2O_3$99.7%、MgO 0.3%）和硅铝化合物（含 Si_4N_3、Al_4N_3 和 AlO_3 等组分）等。其中，维塔利姆合金应用最广。

针对几种金属基复合材料和陶瓷复合材料与聚乙烯对摩时的摩擦学性能也进行过研究。试验是在针-盘式试验机上进行的。试验的负荷分别为 3.5MPa 和 7MPa，这是由于临床实践估计臀关节替代物的平均接触应力约为 3.5MPa，有可能达到的峰值为 7～10.5MPa。润滑剂为经过消毒的牛血浆，这是因为牛血浆作为润滑剂时产生的磨损现象与所观察到的从体内移出的人工关节组分的磨损情况极为相似。由表 6-31 可见，其磨损率都很低，约为 0.3～0.9μm/年，符合人工关节临床以 10 年为一个周期的要求。

表 6-31　几种材料与聚乙烯对摩时的摩擦学性能

对摩材料名称	表面粗糙度/μm	试验条件	摩擦系数	磨损率	
				mm³/10⁶ 周	μm/年
不锈钢	0.05	负荷 7MPa 转速 100r/min	0.03～0.09	0.20×(1±15%)	0.7
多元合金	0.05		0.04～0.10	0.13×(1±13%)	0.4
TiN 合金	0.05		0.07～0.11	0.27×(1±4%)	0.9
硅铝化合物	0.04～0.15		0.03～0.09	0.12×(1±17%)	0.4
不锈钢	0.05	负荷 3.5MPa 转速 60r/min	0.03～0.15	0.12×(1±17%)	0.4
维塔利姆合金	0.05		0.03～0.16	0.16×(1±33%)	0.6

为了提高聚乙烯材料的抗蠕变性，可以在其中添加 10%~20% 的碳纤维进行改性。实践证明，这种复合材料是一种耐磨损的材料，而且经较长时间的考察揭示：人体组织能很好地容纳碳纤维及其磨屑，临床检查也未观察到有害反应。

还要特别指出的是，固体润滑涂层作为航空航天高技术领域和民用机械工业领域不可或缺的材料，在保障系统装备可靠性、安全性和长寿命方面发挥了重要的作用，目前正受到业界的高度重视。

6.2.10　其他常用固体润滑材料

其他常用固体润滑材料有很多，如二硫化钨（WS$_2$）、氟化钙（CaF$_2$）、氧化铝（Al$_2$O$_3$）、玻璃粉，以及高分子润滑材料，这里主要介绍高分子润滑材料。

高分子润滑材料根据其温度特性分为热塑性和热固性两大类，分别使用在不同场合中。由于其物理力学性能的某些不足，通常在其中添加某些起增强作用的填料和固体润滑剂制成复合材料后使用。尼龙是人们熟悉的用于制造轴承（瓦）的润滑材料。

高分子润滑材料的润滑机理不同于其他各类固体润滑剂。它不能使用于高温环境，但在超低温环境中离不开它。高分子润滑材料的气氛特性较好，能与油、水共存，与其他固体润滑剂也有协同效应，因而它的应用领域非常广泛。

1. 高分子材料的种类

高分子材料可分成两大类：即遇热软化的热塑性高分子材料和遇热硬化的热固性高分子材料。前者由长链状高分子构成，有结晶型和非晶型两种。轴承等材料所用的多为熔点比较固定的结晶型高分子材料，如聚乙烯、尼龙、聚缩醛、PTFE 和 PI 等。

常用于滑动部件的热固性高分子材料是酚醛树脂。这种树脂一般都要添加 MoS$_2$、石墨及纤维等进行增强而制成复合材料。滚动轴承保持架常采用酚醛树脂层压材料。酚醛树脂复合材料的另一个优点是抗磨粒磨损性强，因此，有时也可用于多泥沙的浅水域用船舶的船尾轴套。

注射成型的热塑性塑料中，尼龙轴套使用最广泛。在尼龙轴承中加入 MoS$_2$，可有效地增加尼龙的弹性模量和蠕变强度。注射成型尼龙 66 是市场上销售最广的以 MoS$_2$ 填充的复合材料。

热塑性高分子材料由长碳链状高分子构成。这种长链形成的板状晶体称为薄层，薄层集中起来形成球晶，链状高分子沿着薄层平面曲折地排列。这种折叠结构可以说是结晶高分子的特征，尼龙和聚乙烯等大多数热塑性高分子都是球晶结构，然而 PTFE 却是带状结构。表 6-32 列出了各种高分子材料对钢的摩擦系数，可以看出，PTFE 的摩擦系数最低，而以球晶结构的高分子次之。具有三维网状结构的热固性高分子材料的摩擦系数较高，因而只有在添加了其他润滑剂之后，才显示其润滑性能。

表 6-32　各种高分子材料对钢的摩擦系数

材料名称		钢-塑料	钢-塑料	μ_k 平均值
热固性	酚醛树脂	0.468	0.524	
	三聚氰酰胺树脂	0.567	0.686	0.566
	尿素树脂	0.453	0.711	
非晶型热塑性	MMA 树脂	0.568	0.385	
	聚苯乙烯	0.368	0.517	
	ABS	0.366	0.376	0.377
	PVC	0.219	0.216	
结晶型热塑性	聚乙烯	0.139	0.109	
	聚丙烯	0.300	0.316	
	尼龙 6	0.192	0.104	
	聚碳酸酯	0.302	0.362	0.1
	聚缩醛	0.129	0.180	
	PTFE	0.117	0.100	
钢		0.448	0.448	0.448

注：载荷为 8.1×10^4 Pa，摩擦速度为 6.2×10^{-2} m/s。

高分子材料的磨损与载荷的关系如图 6-21 所示。
而摩擦速度对磨损的影响行为要视材料的种类而异。
摩擦速度对 PI 磨损率的影响如图 6-22 所示。由图看
出，PI 的比磨损量大约从摩擦速度超过 3m/s 时就开
始下降，这是因其分解温度比熔点低而摩擦热导致表
面层碳化的结果。

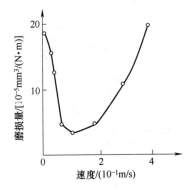

图 6-23　摩擦速度对尼龙 6 磨损率的影响
注：载荷为 196N。

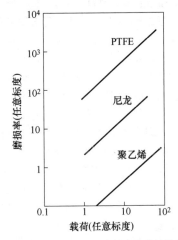

图 6-21　高分子材料的磨损与载荷的关系

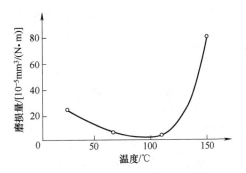

图 6-24　温度对尼龙 6 磨损率的影响
注：载荷为 196N，速度为 20mm/s。

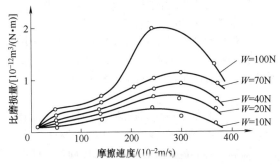

图 6-22　摩擦速度对 PI 磨损率的影响

尼龙 6 的磨损率却随着摩擦速度的增加首先减
少，并出现极小值，然后又增加（见图 6-23）。温度
对磨损的影响如图 6-24 所示。

比较图 6-23 和图 6-24 可知，磨损率随温度的增
加先是减少，继而又增加。M. Watanage 等人认为，
这种现象与尼龙 6 在不同温度下向钢表面转移有关。
并认为，速度和载荷对磨损的影响是通过温度来实
现的。

不同滑动速度下载荷对尼龙摩擦系数的影响如
图 6-25 所示。由图看出，载荷相同时，摩擦系数随
速度增加有变小的趋势。而在一定的速度下，摩擦系
数随载荷增加先是增大，继而减少。聚乙烯的摩擦系
数随温度和速度的变化情况如图 6-26 所示。一般来

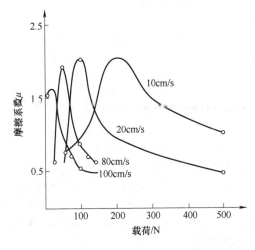

图 6-25　不同滑动速度下载荷对尼龙摩擦系数的影响

说，聚乙烯的摩擦系数随温度增加有减少的趋势，而
随速度增加而增大。

近年来，国内外开发了含油尼龙，通过特殊工艺
方法，将所需的润滑油预先加入到原料中。含油尼龙
的摩擦系数小，自润滑性能好，使用过程中不需外界

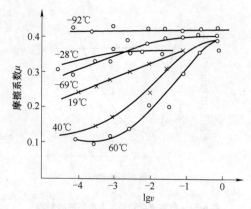

图 6-26 聚乙烯的摩擦系数随温度和速度的变化

供油润滑。含油尼龙轴套可以取代传统的铜锡轴承，而且延长了轴承的使用寿命，深受工厂和维修工人的欢迎。

MC 尼龙是己内酰胺在强碱作用下的阴离子快速催化聚合反应的产物。当催化剂与助催化剂的用量在 1/250～1/300g 当量时，它的聚合度最高，相对分子质量可高达十万，为普通尼龙 6 的 3 倍以上，结晶度也高达 10% 以上。MC 尼龙可在较低温度下快速成形，生成均匀而规则的小球晶。这些结构因素使 MC 尼龙具有优良的强度、刚度、韧性、低蠕变性、化学安定性及摩擦磨损性能。因此，国内外广泛应用 MC 尼龙作为低摩擦、耐磨损机械零部件（如轴承、齿轮等）的材料。

MC 尼龙的干摩擦系数在高分子材料中是较高的。要想在干摩擦条件下使用 MC 尼龙，其场合必须载荷小、速度低。若在 MC 尼龙中添加某些固体润滑剂，可降低 MC 尼龙的摩擦系数，改善其自润滑性。

MC 尼龙在油润滑条件下的摩擦系数较低，磨损小，摩擦温度也不高。适用于重载荷、低速度和常温的场合，但必须采取滴油、浸油或注油等措施。

高聚物共混改性可获得新性能的高分子材料。共混工艺有两种：一是物理法，包括熔融共混、溶液共混和乳液共混；另一种是化学法，包括接枝共聚、嵌段共聚、离子聚合以及 IPN 法等。共混聚合物的组成与其摩擦磨损性能有密切的关系。

IPN 是 20 世纪 80 年代迅速发展起来的一类重要共混物，由两种或多种聚合物分子网络相互穿贯、紧密缠结而成。IPN 材料已显示其良好的性能，受到许多国家的重视。

总之，通过共混获得高性能润滑是高分子润滑材料发展的重要趋势。如 PTFE 和聚醚酮复合，聚对苯二甲酸丁二醇酯和聚碳酸酯的复合，均可改善复合材料在无润滑条件下的摩擦特性。

Lancaster 全面分析了高聚物复合材料的特性并提出改善耐磨性的十大要点，设计出理想的各种高聚物、编织加强纤维和固体润滑剂的复合材料模型。

聚合物复合材料在摩擦学中的应用主要在机械结构方面，如齿轮、凸轮、叶轮、制动器、离合器、轴承等方面。聚合物复合材料大多用来制作轴承。二硫化钼填充的尼龙 66 衬套可代替金属用作铲车上的大型枢轴轴承，尤其是钢厂铲车的轴承。

各种填充的和增强的 PTFE 复合材料已在铁路车辆转向架轴承中应用。PTFE 填充酚醛-棉层压材料广泛应用于无油气体压缩机上的叶片。其他由 PTFE 填充聚合物制造的摩擦部件有活塞环、大型轴承（填充的酚醛-棉层压材料）和弧齿锥齿轮（填充带有金属嵌件的尼龙）。

最近发展了一种注射模塑材料，这种可模塑材料包含有分散在整个热塑性树脂中的油和其他材料，制成一种自润滑的聚合物复合材料。据称这种材料的摩擦磨损性能优于填充的 PTFE 材料。

滚动轴承应用于高真空下的宇宙空间设备，在那里常规润滑是困难的。由 PTFE-MoS_2-玻璃纤维复合材料制成的保持架，用这样的复合材料保持架制造的小型轴承在 150～300℃ 的空气中也是很有效的。

一般发动机的金属活塞环需要润滑。但对于压缩机来说不希望被润滑剂污染。在食品加工设备或是可能引起火灾的地方活塞环可用自润滑材料制成，进行干运转。

由增强聚合物所制成的齿轮有下列优点：运转无声，振动减轻，磨损减少，价格低廉。塑料齿轮可用于压缩机、运输机、起重机、洗衣房设备、机械工具、研磨设备、造纸和印刷设备、木材加工设备和纺织设备。

近年来，通过不同塑料共混来制造塑料合金发展很快，其原因是该材料的开发是建立在现有树脂和生产设备的基础上，因此开发此类材料耗资少、见效快。适当选用一对性能不同的高分子材料，可获得一种兼备二者优点的新型材料，满足特殊要求，填补通用塑料和工程塑料之间的应用空白，这是单一高分子材料往往难以实现的。目前一些国家对高分子合金技术都十分重视，若在高分子合金中通过特殊工艺加入自润滑固体材料，这样所制得的高分子合金的自润滑性能良好，用制得的摩擦副可在干摩擦状态下使用，这对于食品机械和制药机械等方面的应用尤为重要。

热固性高分子材料包括酚醛树脂和环氧树脂等具有三维网络结构，但又不显示结晶性的物质。在固体润滑膜中，这些树脂与其说提供润滑性，不如说作为黏结剂而发挥其作用更为合适。高分子材料的分类情况见表6-33。

表 6-33　高分子材料的分类

类型	特　点	品　　种
热塑性高分子材料	受热后软化熔融，冷却后再恢复，可以反复多次进行而化学结构基本不变	聚乙烯、聚丙烯、聚氧乙烯、聚苯乙烯、ABS树脂、聚甲基丙烯酸甲酯（有机玻璃）、聚酰胺（尼龙）聚甲醛、聚碳酸酯、氯化聚醚、聚对苯对甲酸乙二醇酯（线型聚酯）、氟塑料、聚苯醚、PI、聚砜、聚苯硫醚
热固性高分子材料	可在常温或受热后起化学反应，固体成形，再加热时不可逆	酚醛树脂、脲醛树脂、三聚氰胺树脂、环氧树脂、聚邻（间）苯二甲酸二丙烯酯树脂、有机硅树脂、聚氨酯树脂

2. 高分子材料的基本性能

热导率小、传热困难是高分子材料作为滑动构件（轴承）的突出弱点。所以，高分子材料制作的轴承都有严格的使用温度极限规定。

如聚缩醛和尼龙在100℃时的抗拉强度都只接近室温时的一半。由于热导率低，产生的摩擦热不易散发，所以摩擦部位的力学强度降低。

PI的抗拉强度与金属相当，因此它有较高的承载能力。其力学性能与温度的关系与其他热塑性材料具有相同的规律。随着温度的升高，其力学性能有所下降。但是，PI的耐热性非常好，在316℃的温度下与铝1100具有同样的抗拉强度，热固性高分子材料的物理性质虽然不像热塑性高分子材料那样受温度的影响很大，但其热导率也同样很小，因而也需防止过高的摩擦热。热固性高分子材料对钢的摩擦系数比热塑性高分子材料的大。这就不仅要考虑其容易产生摩擦热，而且还要注意在高温下可能发生烧焦而使轴承受到损害。因为热塑性高分子材料在高温下呈熔融状态，所以轴承不会遭受损伤。

3. 高分子材料的优缺点

与其他固体润滑剂相比较，高分子材料作为滑动部件具有以下优点。

1）韧性好，能有效地吸收振动，无噪声，不损伤对偶材料。

2）化学稳定性好，摩擦磨损对气氛的依赖性

小，在水中或海水中也能使用。

3）低温性能好，即使在液氢、液氧的超低温条件下仍能发挥其润滑作用，在真空中同样可以应用。

4）与润滑油的共存性，这是高分子材料最引人注目的优点。它具有很强的耐油性，诸如酚醛树脂和聚缩醛等都适宜作含油轴承使用，而其他许多承受高负荷的固体润滑膜却不行。

5）电绝缘性能优良。

其缺点如下：

1）力学强度低，承载能力差。

2）不宜在高温下使用。

3）有吸湿性，时效变化明显。

4）轴承的间隙大，因而配合精度低。

4. 高分子材料的摩擦磨损特性

PTFE的非结晶部分容易滑动，这有利于摩擦，但也引起磨损的增加。同样条件下，PTFE的磨损率比尼龙和聚乙烯至少高出10~100倍。

随着负荷的增加，磨损率增大。这是所有高分子材料的共性。像聚乙烯或聚丙烯材料的表面层会因摩擦发热而呈熔融状态。如果摩擦条件进一步苛刻，则熔融层相应扩大，并流出摩擦接触区，变成所谓熔融磨损态。

5. 高分子材料的气氛特性

与其他固体润滑剂相比，高分子材料的摩擦磨损特性基本不受气氛的影响或者所受的影响很小（尼龙除外）。在存在蒸汽时，尼龙的摩擦系数会增大。

尼龙在水中的磨损增大，其他热塑性高分子材料在水中或海水中的耐磨性都比干燥状态下差。水下轴承较多用热固性酚醛树脂制作。

6. 固体润滑膜

固体润滑膜是固体润滑法中应用最久的一类润滑材料。固体润滑膜的制备方法很多，既有把固体润滑粉末涂敷在摩擦部位上的原始方法，也有在真空中使固体润滑剂以原子状态溅射成膜的方法等。固体润滑膜用途广泛，从家用电器和乘用车之类的民用产品到核能和航天工业等尖端技术领域的应用。固体润滑膜的一些应用实例见表6-34。

（1）固体润滑膜的特征　同其他固体润滑剂一样，固体润滑膜起初也是作为军品研制的，后来才逐步扩展到民用方面。但直到现在，美国军用固体润滑膜的市场占有率仍很高。表6-35所列是固体润滑膜的美国军用标准。日本也采用这些标准来衡量固体润滑膜的润滑性能。固体润滑膜之所以大多作为军用，这是因为需要润滑的军工设备的使用环境和条件非常苛刻，并且要求承受重载荷，在润滑油或脂的油膜不

表 6-34　固体润滑膜的一些应用实例

应用举例	使用的部件	所利用的特性
照相机，摄像机	快门，光圈，变焦距镜筒	耐磨性，耐蚀性，色彩
电视摄像机	离合器压盘分离杆，连杆机构	承载能力
磁带录音机，录音机走带装置	磁带盘座，清洗机构	稳定的摩擦系数
放大器，调谐器，唱机	筒形线圈	耐磨性，耐蚀性
复印机，计算机	滑轨，分离器	耐磨性，非黏附性，抗黏滑性，耐载荷性
汽车，摩托车，船舶铁道，高速公路，桥梁	活塞，花键轴，联轴器，汽化器，汽车冷气装置，自动关门机离合器，刮水器，天线侧支撑，导电弓架柱塞	初期磨合，干润滑性，耐磨性，承载能力，耐磨蚀性

能承受的重载荷情况下，固体润滑膜同样能发挥润滑作用而不破裂。另外，固体润滑膜还具有防腐蚀性，但固体润滑膜的使用寿命一般较短。通常使用的膜厚约为 $10\mu m$，在承受 $10^5 \sim 10^6$ 以上的重复摩擦后，就达到了膜的寿命。为了使润滑膜在其寿命终止后仍能维持润滑特性，就必须采取适当的方法向摩擦部件补充固体润滑剂。

表 6-35　固体润滑膜的美国军用标准

MIL-L-8937D	寿命长，能黏着在一般金属上，发热处理，使用温度上限为 120℃
MIL-L-23398B	室温干燥型，寿命短，防止烧结使用
MIL-L-4617A（MR）	树脂黏结，寿命与 MIL-L-8937D 接近，耐腐蚀，使用温度上限为 120℃
MIL-L-46147A	室温干燥型，具有长期耐蚀性和耐溶剂性，使用温度范围为 -70~90℃
MIL-L-81329A（ASG）	使用温度范围为 -185~400℃，可在滚动轴承、液氢、辐射、真空等极端条件下使用，耐腐蚀

（2）固体润滑膜的摩擦磨损性能　固体润滑膜是通过底材承受载荷而发挥本身润滑作用的，因此，底材硬度必然对膜的摩擦磨损特性产生影响。一般来说，固体润滑膜的摩擦系数随底材硬度的增大而减小，磨损寿命随底材的硬度增大而延长。

固体润滑膜在重复摩擦过程中，对偶材料同样要遭受磨损，对偶材料的硬度越大，耐磨性就越好。此外，底材韧性对磨损也起重要作用。实际使用情况也是很复杂的，既有硬度和韧性之类的物理性质的影响，又有底材、对偶材料与固体润滑剂之间的化学反应，以及底材与对偶材料的相互作用等，这些都是影响固体润滑膜摩擦磨损特性的重要因素。例如，对于钢上的石墨来说，在钢表面分别经过磷酸锌处理和硫化处理的两种情况下，尽管前者的表面硬度还不及后者的 50%，但是前者的膜的寿命却为后者的 13 倍以上。

影响固体润滑膜摩擦磨损性能的其他物理性质还有热膨胀系数。为了更有效地散发摩擦热，膜的热导率显然越高越好。

（3）影响固体润滑膜润滑特性的因素　影响固体润滑膜摩擦磨损特性的因素是温度、速度、载荷、气氛和滑动方向等。它们对膜的润滑性能的影响均随主要成分固体润滑剂的不同而不同。

1）温度的影响。图 6-27 所示是对氟化石墨膜、二硫化钼膜以及它们的黏结剂 PI 膜摩擦磨损-温度特性进行考察的结果。可以看出，除了 PI 膜在室温下的情形之外，这三种膜的摩擦系数均不受温度上升的影响。但是 PI 的膜在室温下具有很高的摩擦系数和磨损速率，这是在低于 50℃ 的条件下，PI 丧失空间排列的结果。

这些固体润滑膜的适用温度范围是从室温到360℃，在更高的温度条件下，它们的耐久性就很差。可以在 350℃ 以上使用的固体润滑膜有 PbO 喷镀膜，其摩擦系数和寿命与温度的关系曲线如图 6-28 所示。可以看出，摩擦系数在从室温到 800℃ 范围内变化很小，而且稳定。寿命在 400~700℃ 的温度范围内较好。

从上述结果来看，可以说从室温到高温范围内，只含一种固体润滑剂的膜很难满足使用要求。因此，人们又开展了低温和高温用两种固体润滑剂混合使用的研究。在以 CaF_2 为主要成分的高温用固体润滑膜中添加银，这是为了使高温用固体润滑膜在低温区也具有低摩擦特性。

润滑油遇到低温就凝固丧失润滑能力，即使是低温特性好的润滑油，在 -70℃ 左右也不能再起润滑作

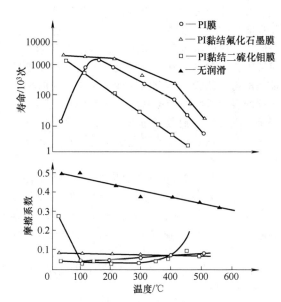

图 6-27　PI 黏结膜的摩擦磨损-温度特性

○—PI膜
△—PI黏结氟化石墨膜
□—PI黏结二硫化钼膜
▲—无润滑

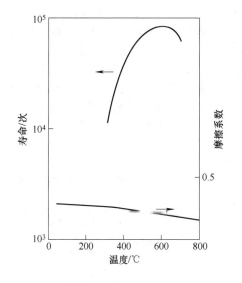

图 6-28　PbO 喷镀膜的摩擦系数和寿命与温度的关系曲线
注：载荷为 20N，摩擦速度为 2m/s。

表 6-36　气氛对各种固体润滑膜磨损特性的影响
（对偶材料和底材都是铁系材料）

材料	有氧气氛	无氧气氛	真空中	湿气中
铝	--	+	+++	
金	-	+	+	+
银	--	+	+++	
MoS_2	--	++	+	---
石墨	+	-		+
PTFE	不受影响			

注：+表示耐久性提高；-表示耐久性降低。

4) 固体润滑膜的制备方法。按成膜的方法，可将固体润滑膜分为擦入膜、挤压膜、溅射和离子镀膜以及黏结膜四大类。

① 擦入固体润滑膜。这是一种借助人力或机械力的方法将固体润滑剂擦涂在要润滑的表面上形成的膜。按具体成膜工艺又可分为擦涂、滚涂及振涂成膜。这些擦入固体润滑膜都有一定的润滑效果，特别适于在低速轻载荷下运转的精密仪器上使用。

② 挤压固体润滑膜。挤压膜就是将固体润滑成膜剂放在既有滚动又有滑动的机械力作用下在摩擦表面形成的润滑膜。中国科学院兰州化学物理研究所开发了各种挤压膜。目前国内若干厂矿企业，将挤压膜用于桥式起重机减速器齿轮机构上，实现了无油润滑。

③ 溅射和离子镀膜。所谓溅射成膜，是指在高真空条件下，接通高压电源使靶与样品之间产生辉光放电，少量容易电离的气体在辉光下电离，这些电离粒子在电场下被加速，以高速轰击靶材表面，使靶材表面的原子或分子飞溅出来，镀敷在需要成膜的样品上形成一层薄膜。溅射膜特别适用于高真空、高温、强辐射等特殊工况环境下的高精度、低载荷的滚动或滑动部件，以及用于精密光学仪器上作固体润滑膜。所谓离子镀膜，它与真空溅射一样，首先在正负两极之间建立一个低压气体放电的等离子区。在镀膜过程中，这个离子流连续轰击作为负极的工件，除去工件表面上物理吸附的气体污染层，因而整个镀膜过程始终保持膜层新鲜清洁。离子镀膜比溅射成膜所用的电压更高。

溅射和离子镀均系在真空条件下成膜，因此可以

用了。相反，聚四氯乙烯和铅之类的固体润滑剂，在超低温下也仍然具有润滑性能，如 PTFE 在液氢（沸点-253℃）或液氧（沸点-183℃）中还能润滑旋转的滚动轴承。

2) 速度及载荷的影响。一般来说，速度和载荷越大，固体润滑膜的耐久性就越差。摩擦系数基本上是随载荷的增大而减小的。

3) 气氛的影响。固体润滑剂的润滑效果对气氛有依赖性，这种影响又因润滑剂而不同。气氛对各种固体润滑膜磨损特性的影响见表 6-36。

使用离子轰击的方法来清洗工件表面。从而可使膜与底材的结合更牢固，也提高了膜的寿命。

④ 黏结固体润滑膜。几十年来我国发展了数十种黏结固体润滑膜。应用比较成功的黏结膜是以无机盐（硅酸钾）为黏结剂的膜，如 SS-2、SS-3 黏结固体润滑膜（即干膜）。近年又发展了一大批有机干膜。

上海跃进电机厂、兰州化学物理研究所、四川新都机械厂等单位已经用等离子喷镀技术，以金属作为黏结剂研制了等离子喷镀固体润滑膜。

6.2.11 添加固体润滑剂的油脂

润滑油是通过形成油膜而发挥润滑作用的，而黏度对润滑油的使用性能影响很大。黏度过高，黏性阻力增大，使摩擦损耗增大，若黏度过低，则润滑油膜承载力下降。更重要的问题是润滑油的黏度随温度变化非常明显。随着温度升高，使原来吸附的润滑油膜的附着力下降，影响润滑效果。另外，温度上升还常伴随着润滑油的氧化。因此，在商品润滑油中常添加了黏度指数改进剂、流动点降凝剂、抗氧剂和极压添加剂等。尽管如此，在某些情况下，还是不能满足使用要求的，而必须选用某些固体润滑剂添加于润滑油脂中。

（1）用于润滑油脂中的固体润滑剂　一般添加于润滑油脂中的固体润滑剂如下：

1）二硫化钼和石墨等层状结构物质。

2）硫代磷酸锌和三聚氰胺、三聚氯酸酯等非层状结构物质。

3）PTFE 和尼龙等高分子材料。

4）硫代钼化合物等油溶性有机金属化合物。

在上述固体润滑剂中，硫代磷酸锌可与摩擦表面反应生成具有润滑性能的磷化物。目前使用最多的添加在润滑油中的固体润滑剂是 MoS_2，其次为石墨和PTFE。典型的添加量与用途见表 6-37。

表 6-37　固体润滑剂添加量与用途

类型	固体润滑剂的添加量（质量分数,%）	用　　法
润滑油	0.5~5	耐磨损、耐载荷、省能源、耐高温
润滑脂	3~50	耐载荷、耐磨损、抗烧结
润滑油膏	10~60	初期磨合、抗咬合、安装用

（2）分散安定性与附着性　要使固体润滑剂发挥润滑作用，重要的问题是必须使其进入摩擦面间。要使固体润滑剂粉末能进入摩擦面间，不仅要求粉末的形状和粒度要适当，而且还要求固体润滑粉末能稳定地分散在润滑油中，同时具有足够的表面活性。有两种方法可以达到上述要求，一是把界面活性剂敷于粉末表面；二是使粉末表面获得亲油性。利用这些方法可防止粉末间发生相互聚集。

（3）粒度与粒度分布　分散在润滑油中的固体润滑剂经历着附着在摩擦表面上，因摩擦剪切而微细化和从表面上脱离的过程。而粒度和粒度分布对固体润滑粉末能否导入到摩擦面间影响较大。据报道，对于粒径小于 $10\mu m$ 的粉末来说，粒度差别的影响是不一致的。以 MoS_2 为例，$7\mu m$ 以下的粉末在润滑性能上无多大差异。

一般来说，固体润滑剂制造厂商是把平均粒径大于 $10\mu m$ 的粉末除掉，并对小于该尺寸的粉末进行粒度分布调节之后，再添加到润滑油脂中。

（4）固体润滑剂的添加量　一般来说，在润滑油脂中，固体润滑剂的添加量越大，对改善润滑油脂的摩擦磨损性能越有好处。大部分商品润滑油中，固体润滑剂的含量大致在 0.5%~0.4%（质量分数）范围内。不同固体润滑剂添加在润滑油脂中的作用见表 6-38。但固体润滑剂在润滑脂中的添加量通常比润滑油中要高。可以说，固体润滑剂添加量高的润滑脂能使轴承的寿命延长。MoS_2 添加量对锂基润滑脂的 ASTM 滚珠轴承寿命影响如图 6-29 所示。

表 6-38　不同固体润滑剂添加在润滑油脂中的作用

固体润滑剂	基油	试片材质	有效添加量（质量分数,%）	效果
WS_2	矿物油	轴承钢	1~12	减少磨损
MoS_2	矿物油	轴承钢	1~10	减少磨损
MoS_2	矿物油	轴承钢	1~10	减少磨损

（续）

固体润滑剂	基油	试片材质	有效添加量（质量分数,%)	效果
MoS$_2$	矿物油	铝合金	2~15	降低摩擦
MoS$_2$	矿物油	工具钢	—	降低摩擦
PTFE	矿物油	轴承钢/钢	1~20	减少磨损
(CF)$_n$		轴承钢		
MoS$_2$	矿物油系润滑脂		1~10	减少磨损
MoS$_2$	双酯润滑脂	轴承钢	3~20	提高承载能力
MoS$_2$	锂基润滑脂	轴承钢	1~3	降低摩擦

MoS$_2$ 油脂能降低机械部件的磨损。据统计，在一个运输队的试验表明，在各种重型汽车操纵零件用油脂中加入 MoS$_2$，结果使磨损率降低 88%。但另一方面，由于 MoS$_2$ 的加入，使油脂中石油烃和双酯的抗氧化和抗腐蚀能力降低。因此需要加入适量抗氧化、抗腐蚀添加剂以克服这一问题。

（5）基油与其他添加剂的相互作用　固体润滑剂的润滑特性是随着基油的性状而有明显变化的。实际上商品润滑油均含有各种各样的添加剂。例如，发动机油添加了抗氧剂、洗涤分散剂、黏度指数改进剂、流动点降低剂、极压添加剂、防锈剂和抗泡剂等，其添加总量有时高达百分之几十。不难想象，在商品润滑油中添加固体润滑剂，它必须会与上述这些添加剂发生相互作用。有人曾发表过关于极压添加剂和洗涤分散剂与 MoS$_2$ 相容性的研究报告，认为 MoS$_2$ 的添加效果是随这些添加剂的种类和浓度而不同的。并且指出它们共同作用的结果是优劣皆有。

要发挥添加剂固体润滑剂的油脂的润滑作用，必须注意下面几个问题：

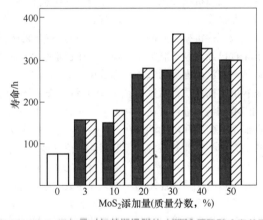

图 6-29　MoS$_2$ 添加量对锂基润滑脂的 ASTM 滚珠轴承寿命影响
注：黑色柱线表示粒径 7μm 的 MoS$_2$；斜影柱线表示粒径 0.7μm 的 MoS$_2$。

1）摩擦面应当具有将固体润滑剂导入摩擦面间的形状。

2）与滑动摩擦相比，应当采用滚动摩擦或滚动滑动摩擦。

3）在滑动摩擦的情况下，摩擦表面的表面粗糙度在一定程度上大一些为好。

为了把固体润滑剂粉末导入摩擦面间，应当注意粉末的粒度和粒度分布状态。通常应把所添加的固体润滑剂的平均粒度大于 10μm 的粉末除掉。因为较大粒度的颗粒不容易进入摩擦表面之间，同时还会引起其他一些不利因素（如堵塞油路的微小孔隙等），对于小于 10μm 尺寸的粉末，应该对粒度分布进行调节之后再使用。

实际上，添加固体润滑剂的油脂在齿轮和高温滚动轴承上的应用已十分成功，其原因就在于它们的接触面形状能很好地满足上述的要求。

添加了固体润滑剂的润滑油、润滑脂和润滑油膏（简称为添加固体润滑剂的油脂）能在低速、高温、高负荷条件下油膜遭受破坏时发挥润滑作用。而润滑油脂在这种情况下是作为载体向需要润滑的部位输送固体润滑剂而已。

（6）添加固体润滑剂油脂的应用　这类加有固体润滑剂的油脂已成功应用于机械传动部件和机械加工中。机械传动部件中的固体润滑包括轴承的润滑、齿轮的润滑、导轨的润滑、气缸与活塞的润滑以及其他零部件的润滑（如导电滑动面、密封环和紧固件等）。

机械加工中所用的固体润滑剂，一般是作为添加剂加入油基或水基切削液中，主要的应用领域为压力加工和切削加工。在压力加工中，工具与坯料之间的接触压力很高，工具与坯料表面直接接触时有可能会发生金属的黏结。如果两者间存在润滑剂，则润滑剂将承担部分接触载荷以降低工具与坯料间的摩擦力。在压力加工中固体润滑剂的主要应用对象包括拉深、拉拔、锻造、挤压和压铸等工艺过程。

金属压力加工中的摩擦磨损和润滑问题是决定工艺成败的关键，由于摩擦两表面之间的接触压力极高且高压接触面积又很大，因此，对润滑剂的要求也很苛刻。在压力加工中应用的固体润滑剂必须具有某些特殊要求，包括能牢固地黏着在模具与坯料的表面，在加工温度下有良好的热稳定性、润滑性能优良、脱模性好以及不污染环境等。

在机械加工中使用的固体润滑剂，通常是以油基和水基切削液为主，以解决切削加工中的冷却润滑问题。有利于提高刀具及砂轮的寿命、提高机械加工效率以及确保机加工件的精度和表面粗糙度。

应该指出的是，随着航空航天及现代机械工业的快速发展，许多苛刻环境和工况条件已经超越了润滑油脂的使用限制，在这当中，固体润滑涂层也受到重点关注。固体润滑涂层着眼于材料的表面性质，通过多种表面工程技术对材料表面的组成和结构进行再设计与制造，赋予材料表面特殊的润滑、耐磨和防护性能，这是解决材料在这方面运用的摩擦学特性的最有效和最经济的途径。

刘维民院士指出，固体润滑涂层以其优异的性能在解决高温、高负荷、超低温、高真空、强辐照和腐蚀性介质等特殊及苛刻环境工况下的摩擦、磨损、润滑、防护等方面发挥着其他材料不可替代的重要作用。已经广泛应用于航空航天、海洋、核技术、电子、汽车、能源和石化等军工高技术领域和民用机械工业领域，取得了显著的社会效益和经济效益。

6.3 金属塑性成形中的工艺润滑技术

6.3.1 概述

我国已发展成为全球的制造业大国，而金属材料塑性成形加工在制造业中扮演着十分重要的角色，对国民经济的贡献也不可小觑。经塑性成形加工后的金属零部件具有许多突出的优点，如耗材少、重量轻、生产率高、成本低等，现已广泛应用于许多工业领域，如飞机、汽车、电机电器、仪器仪表、日用五金、家用电器以及玩具等行业。赵振铎等学者在他们

的专著《金属塑性成形中的润滑材料》中做了较深入的描述。

金属材料塑性成形时的摩擦与机械传动时的摩擦有很大的差别。其摩擦特点如下：

1) 金属材料的塑性成形是在比较高的接触压力下产生的摩擦，接触面上压力高，润滑油薄膜易破裂，润滑比较困难。

2) 由于金属材料在塑性变形的过程中，一部分塑性变形功转化为热量，连同相对滑动产生的热量，共同使金属材料和模具升温，如不锈钢板料在室温下进行拉深的过程中局部的温度也可高达 400℃ 以上。金属材料塑性成形中的高温使润滑剂的黏度变稀，改变了摩擦条件，给润滑工作带来很大的困难。

3) 金属板料在面积成形过程中不断有少量新的金属表面出现，而金属材料的体积成形将产生大量的新生金属材料表面，新的金属表面的物理、化学性能与原先的金属材料表面不同，同时也没有润滑剂薄膜的保护，易与模具发生黏着现象，也给润滑增加了困难。

4) 模具在金属材料塑性成形中的摩擦是一种间断的、非稳定摩擦，模具接触表面的不同部位的摩擦都不相同。

5) 许多金属材料的体积成形通常需要采用加热工艺，此时的摩擦表面也处于高温状态。

6) 在金属板料塑性变形的过程中，还存在有利摩擦的部位（摩擦力有利于金属材料的流动变形）。金属材料的塑性成形中的摩擦同机械传动中的摩擦一样，大多数的摩擦是有害摩擦。但是在金属材料的塑性成形工艺中确实存在着有利摩擦的部位。对于有利摩擦的部位，不能够涂覆润滑剂。

在金属材料的塑性成形过程中的有害摩擦将给金属板料的塑性成形带来很多不利影响，摩擦减少了金属材料的流动范围，使金属材料过多地集中在局部产生变形。其结果是，当局部变形超过材料的变形能力时，材料将会发生断裂，材料加工终止，从而减少了金属材料的整体变形能力；摩擦力还会改变金属的变形方式，如筒形件的扩口与缩口，当摩擦力比较大时，筒形件将会产生轴向受压失稳而使加工失败；同时摩擦将提高金属材料的变形温度，使金属板料容易与模具产生黏连，从而影响金属零件的表面质量。通常随摩擦力的增加还需要提高材料的成形力，从而增加设备的能耗；摩擦还将使模具产生磨损，降低模具的使用寿命。

在研究金属材料塑性成形中的润滑剂时，首先有必要对金属材料的塑性成形中的摩擦与润滑理论进行

简要的讨论。

6.3.2　金属材料塑性成形中的摩擦机理分析

在金属材料相互接触并产生滑动时，接触压力、滑动速度和润滑剂的黏度对润滑膜的作用可用 Stribeck 在 1900—1902 年提出的 Stribeck 曲线表示（见图 6-30）。图中的 I 区为厚膜润滑或者流体动力润滑区；II 区为薄膜润滑或者弹性流体润滑区；III 区为边界润滑或者极压润滑区。

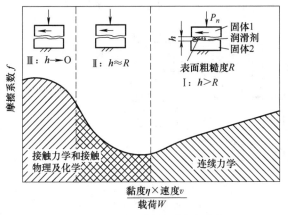

图中分的三个区域，对应着三种主要的润滑状态。在区域 I 中，摩擦表面被连续的润滑油膜所隔开，油膜的厚度远大于两表面粗糙度之和，摩擦阻力由润滑油的内摩擦来决定，这是流体动压润滑或弹性流体动力润滑状态。当两个金属表面的接触压力增大，或者润滑剂的黏度和滑动速度降低时，润滑剂的油膜会变得越来越薄，将出现表面微凸体间的接触，从而进入混合润滑状态 II。在这种状态下，载荷一部分由流体润滑油膜承受，另一部分为接触的表面微凸体所承受，摩擦阻力由油膜的剪切和表面微凸体的相互作用来决定。进入区域 III 后，摩擦表面靠得极近，摩擦表面微凸体之间产生更多的接触，流体动压的作用和润滑油的整体流变性能的影响已无足轻重，这时起主要作用的是边界润滑剂薄层的特性与固体表面之间的相互作用。这个区域为边界润滑区，当接触压力达到非常大的时候，金属材料的摩擦才有可能进入干摩擦状态。

在实际的金属材料塑性加工过程中，金属材料与模具表面之间的接触状态是十分复杂的。由于存在相当大的接触压力和接触温度（变形金属材料由于塑性变形产生的热量和由于加工的需要对金属坯料的加热），使较软的变形金属材料表面上的凸峰一部分被比较硬的模具平面压平，而且其中一部分还可能与模具材料发生黏着；比较硬的模具表面上的凸峰压入比

较软的金属材料表面；金属材料的一部分平面与比较硬的模具表面平行接触，其中比较软的金属材料可能一部分发生弹性变形、甚至发生塑性变形，而另一部分可能刚刚接触，两个表面之间还存在润滑剂薄膜；而金属材料表面的一部分凹谷处还存在比较厚的润滑剂，等等。所以当金属材料与模具发生相对滑动时，比较软的金属材料黏着部分将被撕离而留在比较硬的模具表面上；压入金属材料的比较硬的模具凸峰将在比较软的金属材料表面上犁出一条沟；金属材料与模具的平面接触部分也将产生滑动的阻力；两个接触表面之间的润滑剂因为需要流动，也将产生流动阻力，这些滑动的阻力就共同组成了摩擦的阻力（即摩擦力）。因此，金属材料塑性成形中的摩擦阻力应该由四部分阻力组成。

如图 6-31 所示，在金属材料与模具表面存在四种接触状态。图中的 A 区表示较软的金属材料凸峰被模具材料压平，B 区表示较软的金属材料被模具的凸峰压入，C 区表示金属材料的平面部分与模具出现平面接触的状态，D 区表示金属材料与模具的凹谷之间还存在着润滑剂。

金属材料的塑性加工在制造业中占有十分重要的位置。金属材料经过塑性加工成型后的零件具有重量轻、耗材少、生产率高、成本低以及制品的内在组织性能好的优点，广泛应用于飞机、汽车、家用电器、日用五金、电机电器和玩具等行业，人们的衣食住行都离不开各种各样的金属材料经过塑性成形加工后的制品。大多数的金属材料制品都是通过使用各种压力机和相应的专用模具，使金属材料产生塑性变形，从而得到所需的形状和尺寸的零件。

金属塑性成形加工工序包括锻造、轧制、挤压、拉拔和薄板成形等。典型的成形加工分类如图 6-32 所示。

金属塑性成形加工中存在两种润滑——机械润滑和工艺润滑，此外主要介绍工艺润滑技术。

在压力加工中所进行的工艺润滑，与机械中的润滑相比，要求和特点都有所不同。这是由于压力加工具有高压、高温、甚至高速以及金属基体连续变形、接触表面不断更新等特性。为适应多种加工方式及不同加工条件的要求，要有种类繁多、性能各异的润滑剂，并要求这些润滑剂在较恶劣的摩擦条件下起到润滑作用。对工艺润滑剂的一般要求如下：

1）对工具与变形金属表面有较强的黏附能力，以保证形成强度较大，而且较完整的润滑油膜。

2）有适当的黏度，既保证润滑层有一定的厚度，有较小的流动切应力，又能获得较光洁的制品表面。

3）对工具以及变形金属有一定的化学稳定性，

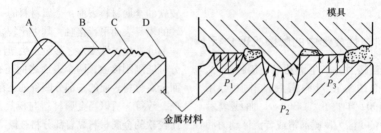

图 6-31 金属材料与模具的接触状态

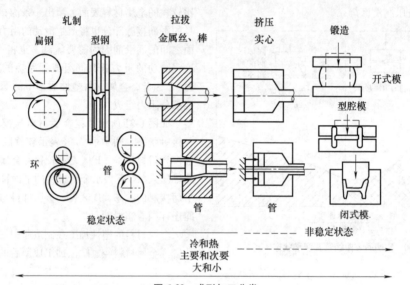

图 6-32 成形加工分类

以免腐蚀工具与金属制品表面。

4）有适当的闪点及着火点，避免在压力加工过程中过快地挥发或烧掉、丧失润滑能力，同时也是保证安全生产。

5）燃烧后的残物要少，保证制品不出现各种斑迹，避免脏化制品表面。

6）润滑剂本身或生成物（烟、尘或气体）不应对人体有害。

7）冷却性好，以利于对工模具起到冷却、调节与控制的作用，提高工模具的使用寿命以及产品质量。

8）成本低廉，资源丰富。

在金属压力加工中使用的润滑剂，按其形态可以分为液体润滑剂、固体润滑剂、液-固润滑剂以及熔体润滑剂。其中，液体润滑剂使用最广，通常又可分为纯油型（矿物油或动植物油）和水溶型两类。

6.3.3　金属塑性成形工艺润滑剂的选用原则

在金属材料的塑性成形过程中，针对不同的材料和不同的变形程度，应选择不同的润滑剂，以在保证金属材料成形工艺的情况下，降低工件的生产成本。

一般来说，润滑剂配方选择原则如下：

1）必须综合考虑具体的成形金属材料的材质、成形工艺的特点、金属材料的变形程度等各种因素，选择适当的润滑剂配方。

2）对于变形程度比较大的成形工艺，在润滑剂的配方中需要添加极性物质，如各种脂肪酸、脂肪酸皂等，以使润滑剂在金属表面能形成一层较为有力的化学吸附膜或者化学反应薄膜。

3）因为化学吸附有一定的选择性，所以必须针对各种不同的变形金属材料，在润滑剂中应选择相应的不同添加剂做润滑剂的主要成分。

4）对于在一些变形大、表面接触压力大的成形工艺中使用的润滑剂应有足够的黏度。

5）对于在热传导差的变形工艺过程使用的润滑剂应有一定的冷却降温作用，故最好采用水基润滑剂（水包油）。

6）因滚动摩擦较滑动摩擦系数小，对于金属材料变形比较大的工艺，在润滑剂溶液中，应选用一种微小的颗粒如二硫化钼、石墨等作机械隔离剂。

7）润滑剂各组分材料应无毒无味，不污染环境，对操作人员无毒害作用。

8）润滑剂不腐蚀金属材料，应基本上呈中性。

9）固体颗粒在润滑剂中应能够分布均匀，颗粒细小，短时间内不沉淀、不破乳。

10）润滑剂各主要成分应来源广，价格便宜。

6.3.4　金属塑性成形中的工艺润滑剂

1. 金属轧制工艺用润滑剂

轧制是冶金行业企业生产钢材和有色金属材料零件的主要加工方法。孙建林学者在他的专著"轧制工艺润滑原理、技术与应用"中做了深入的分析和论述。轧制过程有一个共同的特点，就是在轧制过程中通过轧辊与轧件的接触，使轧件发生塑性变形。轧辊连续不断地生成新的表面，而且在接触面具有很高的单位压力，由于变形温度高和滑动速度大等特点，使轧辊表面易黏附金属，由此引发轧辊磨损，降低轧辊使用寿命，严重时致使轧制过程无法进行，由此，可看出轧制工艺润滑的重要性，因它能有效地控制和降低摩擦和磨损问题。

轧制是利用轧辊把金属坯料压延变形成为型材（如钢板、圆钢、角钢、槽钢等）的加工方法，如图 6-33 所示。

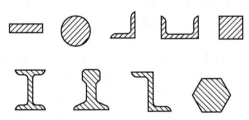

图 6-33　轧制部分产品截面图

轧制在轧机旋转的轧辊之间改变金属的断面形状与尺寸，同时控制其组织状态和性能。轧制是金属发生连续塑性变形的过程，生产效率高，应用十分广泛。轧制可用以生产板带材、线材和管材等，其基本原理如图 6-34 所示。

轧辊以速度 v_3 转动，板材以速度 v_1 进入轧辊间隙之间，板材厚度从 s_1 降至 s_2 而延长了长度，因而板材初始进料速度肯定低于轧辊外缘速度，而末期速度可高于轧辊外缘速度，这种进料-轧辊-出料的不等速就产生两种不同方向的滑动摩擦。

v_1（进料速度）和 v_3（轧辊速度）之差的百分比称背向滑动，也称后滑。

v_2（压出速度）和 v_3（轧辊速度）之差的百分比称前进滑动，也称前滑。

轧制产品占所有塑性加工产品的 90%以上。轧

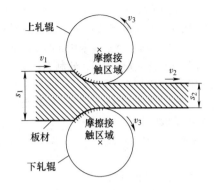

图 6-34　轧制工艺原理

v_1、v_2—材料的初始和最终速度　v_3—板材的外缘速度

s_1—金属板的起始厚度　s_2—金属板轧制后的厚度

制是冶金工业企业生产钢材和有色金属材料的主要加工方法。

由于轧制过程中轧件是通过与轧辊之间的摩擦带入辊缝的，摩擦既能保证轧制过程顺利进行，同时又导致轧制压力增加，使轧辊磨损加剧，影响轧件表面质量，因此对轧制工艺润滑有特殊要求。一般认为，轧制过程的润滑是流体润滑和边界润滑同时存在的半流体润滑状态。张旭等人研制了环保型高润滑性带钢轧制油，并提出了轧制油的大概配方，见表 6-39。

表 6-39　轧制油的大概配方

组　　成	质量分数（%）
加氢精制矿物油	20~30
季戊四醇酯	60~80
硫化脂肪和有机磷酸酯	8~12
脂肪酸酯类和磺酸钙类防锈剂	1~5
高分子量醇醚脂肪酸酯乳化剂	4~8
抗氧剂和金属减活剂	0.3~1.2

（1）轧制工艺过程的摩擦特点　在轧制过程中，轧辊与轧件之间发生相对运动，由此产生相对运动阻碍接触表面金属质量流动的助力，称为外摩擦力，摩擦力方向与运动方向相反。在轧件发生塑性变形时，金属内部质点产生滑移而引起的摩擦，称为内摩擦。一般来说，轧制过程所论述的摩擦主要是指轧辊与轧件之间的外摩擦。

摩擦始终存在于整个轧制过程中，在很大程度上影响着轧件的加工质量，因此，业界对轧制过程的摩擦学问题给予高度重视。在摩擦磨损过程中，摩擦表面及表层的形貌、结构与性能均发生变化，同时也伴随着能量的传递与消耗等。可以把轧制过程视为一个摩擦学系统，此系统由轧辊、工艺润滑剂和轧件组

成，其相互间的关系如图 6-35 所示。

（2）轧制工艺润滑剂的基本功能　为了降低和控制轧制过程的摩擦与磨损，采用轧制工艺润滑剂是最科学有效的方法，实践表明，轧制工艺润滑剂可起到如下的作用：

1）降低轧制过程的动力参数，如轧制力，轧制力矩，主电动机功率等。

2）提高轧机的轧制加工能力，如实现低温、高速轧制等。

3）提高轧辊使用寿命。

4）减少轧件的不均匀变形，改善轧制后制品的质量。

按加热方法不同，可将金属轧制过程分为热轧和冷轧。通常，将高于再结晶温度以上进行的轧制称为热轧，而低于再结晶温度进行的轧制称为冷轧。表 6-40 所列为热轧和冷轧工艺过程轧制工艺润滑作用效果的比较。

表 6-40　热轧和冷轧工艺过程轧制工艺润滑作用效果的比较

项　目	润滑作用效果（%）	
	热轧	冷轧
摩擦系数降低	30~50	10~30
轧制力降低	10~40	10~30
轧机功率降低	5~30	5~20
轧辊使用寿命提高	20~50	10~25
酸洗速度提高	10~40	—
作业率提高	3~10	3~5
轧后制品表面粗糙度降低	10~50	10~50

一般来说，热轧工艺润滑应用重点在于轧制过程的节能降耗，如中厚板轧制、薄板坯连铸连轧、低温轧制技术等领域。而冷轧工艺润滑的目的在于控制轧后板形，改善轧后薄板的表面质量等。

由于近年来对工艺润滑的环保要求越来越高，轧制工艺润滑剂除应具有如控制摩擦、减少磨损、确保轧件表面质量和冷却及安全性等基本功能外，在环保方面还有以下要求：

1）加工后轧件上润滑剂的残留物除易于清洗外，还应是无毒、无味，而且不能与工件发生化学反应。

2）工艺润滑剂在生产、储运、特别是使用时对生产者和使用者无毒，无味，对皮肤不过敏、不致癌。

3）工艺润滑剂烟尘、废液应易于回收处理，应达标排放。

常用的轧制工艺润滑剂有轧制油和轧制乳化液两大类。

（3）油基轧制润滑剂

轧制油通常由基础油和添加剂组成，其中基础油占主要成分，占比在 80% 以上。轧制油的许多理化性能，如黏度、闪点、倾点等均由基础油决定。基础油可以是矿物油、动植物油或合成油。

矿物油的化学组成很复杂，主要为烷烃、环烷烃、芳烃及少量烯烃。此外，还有少量含硫、氮、氧等非烃类化合物。不同类型矿物油的润滑效果不同，见表 6-41。

表 6-41　不同类型矿物油润滑特性比较

润滑特性	轧制油的基础油			
	链烷烃	环烷烃	芳烃	烯烃
黏压特征	良好	良好	增高	增高
变形程度	中	中	高	高
变形速度	高	高	高	高
表面光泽度	高	高	高	低
退火表面油斑	少	少	多	多
溶解能力	中	强	强	中

从动物脂肪中提炼出来的油称为动物油。从植物的果实或种子提炼出来的油称为植物油。动植物油是最早使用的轧制润滑剂。动植物油主要由碳原子数 12~18 的各种脂肪酸组成，其中以硬脂酸（$CH_{18}H_{35}O_2$）、油酸（$CH_{18}H_{38}O_2$）和棕榈酸（$CH_{16}H_{31}O_2$）为主。由于动植物油在分子结构上为极性化合物，故氧化稳定性较差。但动植物油具有良好的润滑性能，油膜强度高，摩擦系数小。一般在对轧制后表面要求不高的场合，如热轧工艺润滑和小型轧机冷轧润滑等中使用。但目前大多数动植物油都用来作为矿物油的添加剂，很少单独用作轧制润滑剂。

合成油由于其分子结构是人为设计的，可以根据需要设计并获得一些矿物油和动植物油不存在的特殊分子结构的合成油。故目前合成油受到业界的广泛关注，其应用领域也越来越广。合成油主要有烯烃合成油和合成酯两大类。烯烃的双键能聚合形成一种类似饱和烷烃的聚合物。

酯类合成油主要有醚和酯，醚为两个单价烷基与氧原子的化合物，其通式为 R—O—R′；酯是有机酸和醇的反应物。酯键（C—O—R）非常稳定，所以酯类合成油具有高温稳定性。

（4）轧制乳化液　两种互不相溶的液相中，一种液相以细小液滴的形式均匀地分布于另一种液相中而形成的两相平衡体系称为乳化液。其中，含量少的称为分散相，含量多的称为连续相。若分散相是油，而连续相是水，则形成 O/W 型乳化液；反之，则形成 W/O 型乳化液。

1）乳化液的组成。乳化液主要由基础油、乳化剂、添加剂和水组成。基础油可以是矿物油或动植物油。基础油的黏度是影响乳化液润滑性能的关键因素之一。乳化液中的添加剂主要有乳化稳定剂、抗氧剂、油性剂、极压剂、防锈剂、抗泡剂等。其中的油性剂和极压剂主要用于提高乳化液的润滑性能。由于

乳化液中水占 80%～90%，油相只占 10%～20%，故基础油中必须加入极压剂。通常轧制乳化液使用的极压剂有氯系、磷系和硫系极压剂以及它们的复合物。

乳化剂具有独特的分子结构，其分子一端为亲油基，而另一端为亲水基，这样通过乳化剂把油和水结合起来，形成稳定的油水平衡体系。例如，乳化剂硬脂酸钠的结构和乳化液的形成过程如图 6-36 所示。

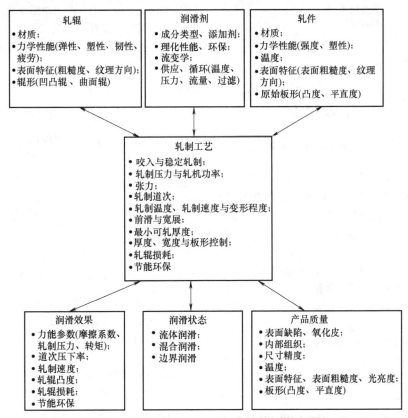

图 6-35　轧辊、工艺润滑剂与轧件组成的摩擦学系统

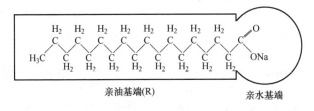

图 6-36　乳化剂硬脂酸钠的结构和乳化液的形成过程

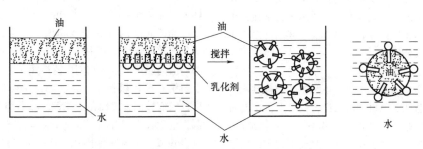

2）乳化液的使用性能。乳化液的稳定性与润滑效果关系密切。一般来说，在循环系统中采用稳定性或半稳定性的乳化液，这样既可保证循环系统中无油水分离，而且油又易于漂浮到金属表面上，确保润滑效果。乳化液稳定性与润滑性的关系如图 6-37 所示。

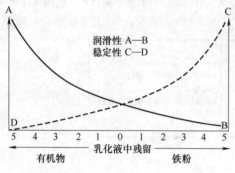

图 6-37　乳化液稳定性与润滑性的关系

乳化液的热分离性也很重要，它是指在受热状态下，从乳化液游离出油的能力。由于受热，乳化液的稳定态被破坏，分离出来的油吸附在金属表面上，形成润滑油膜，起防黏润滑作用，而水则起冷却轧辊作用。乳化液正是通过这种热分离性来达到润滑和冷却的目的。

由于乳化液通常在高温、高压和高速条件下使用，因此，要求具有好的极压润滑性，但在选择极压剂时应注意 S、P、Cl 等元素与金属表面会发生化学反应而引起金属表面的腐蚀。

（5）轧制用固体润滑剂和固体纳米粒子　使用最广泛的固体润滑剂是粉末状的石墨和 MoS_2，如钢管热轧芯棒润滑、铝铸轧时铸轧辊润滑等常用石墨乳。虽然石墨和 MoS_2 都是优良的高温润滑剂，但由于它们在使用过程中常伴有黑烟污染环境，因此，在条件允许情况下，也可选用其他润滑剂，如金属氧化物——氧化铅（PbO）、氧化铜（CuO）以及铁的氧化物等。它们在高温下都具有较好的润滑性能。

大量研究表明，经表面改性的纳米粒子作为轧制油添加剂，能有效地提高油膜承载能力，降低轧制力，改善轧件质量，这为解决含 S、P、Cl 极压添加剂带来的环境问题提供了新的途径。但从实践中认识到，作为轧制油的纳米添加剂需解决纳米粒子在油或水中的分散与稳定问题，在这方面，我国许多学者都在进行深入的研究。

2. 锻造冲压工艺用润滑剂

锻造与冲压作为金属塑性成形加工的两种基本方式，在汽车、造船、飞机、电站设备、重型机械及现代工业（如航空航天和核能）中得到了广泛的应用。锻造与冲压在工艺润滑方面的特点是润滑剂不能连续导入，润滑剂对制品的外形和尺寸精度等影响很大，要求润滑剂在温、热锻过程中有助于锻件脱模，同时起到热防护和润滑作用。

锻造工艺按金属材料锻造时的温度可分为冷锻、温锻和热锻。锻造是一种非稳态的间隙工艺过程，润滑总是受到变化的接触压力和锻造速度的影响。自由锻造是将加热后的金属坯料置于上下砧铁间受冲击力或压力而变形的加工方法。如图 6-38a 所示。模型铸造（又叫模锻）是将加热后的金属坯料置于具有一定形状的锻模膛内受冲击或压力而变形的加工方法，如图 6-38b 所示。

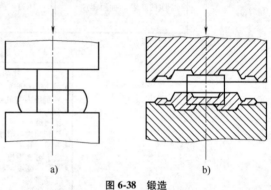

a)　　　　　　　　　　b)

图 6-38　锻造

a）自由锻造　b）模锻

（1）锻造润滑剂的作用　锻造可在室温下进行，也可在中温或高温下进行，它是一种间隙式的加工过程，润滑剂作用如下：

1）降低锻造负荷。

2）防止模具卡死。

3）促进金属在模具中流动。

4）减少模具磨损。

5）使完工件脱锻。

（2）锻造润滑剂的特性

1）均匀湿润金属表面，以防局部无润滑。

2）没有残渣，不腐蚀模具。

3）具有一定的冷却作用。

（3）锻造润滑剂的组成及选择依据　温、热锻润滑剂包括固体、可溶性物质、有机化合物及水溶性物质四类。润滑剂通常是它们当中的两种或三种的混合物。

固体润滑剂有石墨、MoS_2、黏土、石膏、金属氧化物及云母等。其中，石墨与 MoS_2 同时具有较好的润滑与隔热性能。它们广泛应用于锻造加工。但由于所用石墨色黑粒小，易扩散，污染环境及影响健康，人们转向开发白色或无色的非石墨型的锻造润滑剂，也称合成润滑剂。石墨类和合成类润滑剂的性能见表 6-42。这两类润滑剂的锻造加工机理也不相同。

图 6-39 和图 6-40 所示分别为石墨润滑剂的润滑和合成润滑剂的润滑。

表 6-42 石墨类和合成类润滑剂的性能

项 目	石墨类	合成类
离型性	○	◎
润滑性	◎	○
流动性控制	◎	○
绝热性	○	◎
冷却性	□	□
模具的浸润性	□	□
气体逸出	○	◎
低沉积	○	△
对操作设备的适应性	□	□
卫生性（对人体无毒）	△	○
经济性	◎	◎

注：□—相同；◎—好；○—较好；△—差。

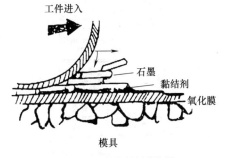

图 6-39 石墨润滑剂的润滑

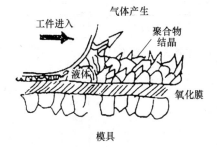

图 6-40 合成润滑剂的润滑

从图 6-39 可看出，由于黏结剂的作用，氧化膜与片状石墨紧密结合在一起。随着加工工件的推进，片状石墨被切断，产生极薄的润滑膜，从而起到润滑作用。

由图 6-40 可看出合成润滑剂的润滑机理与石墨润滑剂的不同之处如下：

1）在模具表面形成的氧化膜上覆盖着高分子晶体。

2）伴随着工件的压入产生压力，温度上升，高分子聚合物一部分溶解成为液体润滑剂。

3）部分液体润滑剂在高温下分解，逸出气体，在工件和模具之间形成气垫，增大了脱模力。

白色水溶性锻造润滑剂，包括水溶性高分子化合物、水玻璃和羧酸盐三类。其中以水溶性高分子化合物发展最快。典型的水溶性高分子化合物的结构与特性见表 6-43。这类高分子化合物通常带有下列官能团中的 1 个或几个：羟基（—OH），羧基（—COOH），氨基（—NH$_2$），磺酸基（—SO$_3$H）。

表 6-43 典型的水溶性高分子化合物的结构与特性

名 称	结 构 式	特 性
聚（烷撑）二醇（PAG）	HO—(CH$_2$—CH$_2$O)$_n$—(CHCH$_2$O)$_m$—OH 　　　　　　　　　　　　　│ 　　　　　　　　　　　　　CH$_3$	易分解，皮膜保持性差
聚乙烯醇（PVA）	—(CH—CH$_2$)$_n$—(CH—CH$_2$)$_m$— 　　│　　　　　　│ 　　OH　　　　　O—COCH$_3$	易盐析，高温会产生不溶物
羧甲基纤维素盐（CMC-Na）	CH$_2$OCH$_2$OCO—Na结构	少量添加即可显著增加黏度，皮膜黏附性稍差
聚丙烯酸盐（PA-Na）	—(CH$_2$—CH)$_n$— 　　　　　│ 　　　　O═CONa	易分解，致密性好

（续）

名　称	结　构　式	特　性
烷基马来酸盐聚合物（PAM-Na）	$-(R-CH_2-CH\qquad\qquad CH)_n-$ $Na-O-C=O\quad O=C-O-Na$	化学稳定性好，皮膜黏附性好
聚乙烯亚胺（PEI）	$-(CH_2-CH-N)_n-(CH_2-CH-NH)_m-$ $\quad\quad CH_2$ H_2-C-NH_2	易发泡，高温下易产生臭氧
聚乙烯磺酸盐（PSS-Na）	$-(-CH-CH_2)_n-$ $SO_3\cdots\cdots X$	浸润性差，安定性差

3. 冲压拉伸工艺用润滑剂

冲压是通过模具对板料施加外力，使之分离或产生塑性变形，从而获得一定尺寸、形状和性能的零件的加工方法。厚度小于 4mm 的薄钢板通常在常温下加工，又称冷冲压。厚板则需加热后再进行冲压。冲压加工应用范围很广，不仅可冲压金属板材，也可冲压非金属材料，如橡胶、塑料等。无论在航空航天、汽车还是在电器、电子仪表等工业中都占有极重要的地位。

冲压也称板材成形。所谓板材成型是指用板材、薄壁管、薄型材等作为原材料进行塑性加工的成形方法。冲压涉及领域极其广泛，深入机械制造行业的方方面面。冲压润滑剂是冲压加工工艺过程中使用的润滑冷却介质。

（1）冲压加工分类　板料冲压加工可分为 25 个工序，归结成分离和成形两大类，如图 6-41 所示。分离工序是使坯料中的一部分与另一部分分离的工序，工厂称为剪切和冲裁、修整。成形工序为改变金属形状而不破裂的工序，工厂称为弯曲、拉延和各种成形加工。冷冲压所用板材的厚度一般在 4mm 以下，只有板厚超过 8mm 的才采用热冲压工艺。

（2）冲压加工工作条件以及对润滑剂的要求　冲压是机械制造中的一类塑性变形加工工艺。冲压加工是金属成形中的重要加工工序，用途十分广泛，特别适用于大规模的批量生产。工件在冲压形变的过程中，由于晶格的滑移以及剧烈的摩擦，会产生大量热量，这些热量最高可达 700℃ 以上。如不能迅速散去，一则会引起模具热变形，影响冲出工件的精度及凸凹模之间的间隙，影响模具的寿命，再则模具的表面退火会造成烧结、拉伤等事故。冲压加工中所需润滑的部位是模具和被加工板材实际相互摩擦的界面。

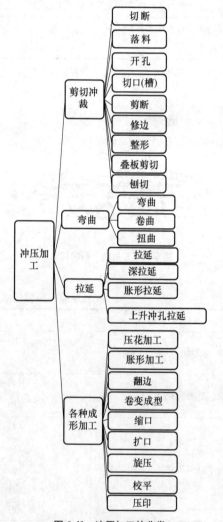

图 6-41　冲压加工的分类

在冲压加工中，整个摩擦面很难形成连续的流体润滑膜，存在着边界润滑和干摩擦。金属材料在冲压变形的过程中，其材料的新表面不断出现，这些新表面特别易产生氧化、生锈。润滑性是冲压油的最主要性能，它的好坏直接影响产品质量的好坏，如不合格则会在产品上产生划伤、局部拉薄、毛刺增加、表面粗糙度增加甚至产生破裂，同时使模具磨损加重，并可发生工件与模具胶黏、烧结等故障，严重影响模具的使用寿命。冲压工序零件周转期长，因此冲压油必须有良好的防锈性。有许多冲压件不经清洗后直接进入

焊接工序，因此要求冲压油在焊接部位不产生有害气体，不影响焊接强度。

（3）钢板冲压加工用润滑剂　在钢板冲压加工中所用润滑剂除了要在加工过程中能起到有效的润滑作用外，还必须从冲压制品全生产过程进行综合考虑。这是由于冲压制品一般不作为最终产品使用，大多数还要进行焊接组装、喷漆或电镀等后续工序。为此，在选用润滑剂时还应同时考虑各个工序的作业要求，其应具备的特性见表 6-44。

表 6-44　冲压加工用润滑剂应具备的特性

工　序	要求的性能	工　序	要求的性能
原料运入与保管	防锈性	组装	焊接性、工作环境卫生
洗净、切断	洗净性	表面处理	脱脂性
成形	润滑性、生产效率、环境卫生	废液处理	可处理性
保管	防锈性	其他	对人体无害，对材料与模具不腐蚀

板料冲压使用的润滑剂通常包括以矿物油为基的各种油性、水溶性润滑剂和固体润滑膜。

油性润滑剂也称全油型润滑剂，它是在基油中添加适量油性剂、极压或其他添加剂配制而成的，这类润滑剂的应用较为广泛。

水溶性润滑剂有乳液型、半透明乳液型以及化学溶液型。这类润滑剂可通过改变水的稀释比例以适应不同变形量的各种加工。此外，由于其冷却性能好，适用于高速生产。但这类润滑剂存在防锈性差，水分挥发后有固体填充剂等物残留在模具和设备上，污染生产环境以及在废液处理时油、水分离困难等缺陷。

干性润滑膜是预先在材料上直接涂敷石蜡、脂肪

酸酯、金属皂、丙烯聚合物等，或者是在化学生成膜之上再涂敷金属皂，即所谓磷化-皂化处理膜。干性润滑膜的润滑性、防锈性和抗黏着性能都很好，但在焊接性、脱脂性和经济性方面存在一些不足。

有机聚合物润滑薄膜是预先在材料上制备有机聚合物薄膜。其制备方法有两种，一是用辊子把附有黏结剂的塑料薄膜压在材料上，二是用涂布器把塑料涂布在材料上。多数采用后一种方法。塑料薄膜润滑效果明显，尤其在防止冲件表面损伤方面优于其他任何润滑方法。但由于价格昂贵及薄膜剥离与废弃处理费工，所以只在冲制一些要求高的零件时才使用。冲压加工油的种类和特征见表 6-45。

表 6-45　冲压加工油的种类和特征

状态	种　类	类　型	用　途	特　征 优　点	特　征 缺　点
液体	油性润滑剂（矿物油、合成油）	矿物油+油性剂	适于非铁金属（铝、铜）拉延	1）可调节黏度，应用范围广，几乎可用于所有拉延加工工序 2）可根据需要加入适当添加剂，可用于深拉延加工 3）可使之具有良好防锈性 4）廉价	1）要求高黏度油时，则脱脂性、加工性差 2）由于温度变化引起黏度改变导致润滑性能改变；高速加工时，由于发热可使油品安定性变差 3）污染工作环境
液体	油性润滑剂（矿物油、合成油）	矿物油+油性剂+极压剂	钢、不锈钢拉延部分铜合金、铝合金拉深加工		
液体	油性润滑剂（矿物油、合成油）	拉延兼防锈油	尤适宜长时贮存的钢板拉延（如汽车车体）		
液体	水溶性润滑剂	1）乳化液（占大部分） 2）水溶性冲压油 3）化学溶液	不锈钢深拉延（浴缸、化学容器等） 对外观要求不高的钢板的拉延（汽车燃油箱、散热器水箱等）	1）改变与水的稀释倍率，可以适应各种冲压加工工序，用途广泛 2）冷却性好，尤适于高速加工	1）防锈性差 2）废液处理难 3）残留固体填充物

（续）

状态	种 类	类 型	用 途	特 征	
				优 点	缺 点
固体	干性润滑膜	1）蜡 2）金属皂类 3）二硫化钼 4）石墨 5）丙烯聚合物 6）化学合成皮膜（磷酸盐）	用于极难加工钢、不锈钢的拉延（汽车保险杠、底盘等）	1）润滑性好，具有良好的表面保护效果 2）防锈性好（二硫化钼例外）	1）脱脂困难 2）焊接性差 3）容易黏附到模具上 4）价格高
	有机聚合物薄膜	1）聚氯乙烯 2）聚乙烯	用于加工后要求产品外表美观的钢板、不锈钢板的冲压加工（汽车保险杠，装饰品、浴缸等）	1）润滑性，表面保护效果极好 2）多数在生产厂已涂好塑料膜，冲压时节省了涂膜工序	1）涂膜剥离困难 2）除去后废物难处理 3）除去前不能焊接 4）价格高
半固体	润滑脂	1）烃基脂 2）皂基脂 3）无机润滑脂 4）有机润滑脂	与油性润滑剂大致相同，较少使用	见油性润滑剂	见油性润滑剂

冲压加工润滑剂的发展有以下三方面显著变化：

1）发展水溶性冲压加工油剂。这主要是考虑避免环境污染问题，其优点是可同时取得润滑和冷却两种效果，缺点是易腐败、防锈性稍差。

2）发展生物降解型润滑油。在国外许多国家（尤其是德国、瑞士和美国）大力开发出多种类型的生物降解型润滑油。

3）开发钢板防锈冲压两用油，即钢板卷材到达目的地开捆后，不需经过脱脂而直接进行冲压加工。

4. 拉拔工艺用润滑剂

金属拉拔是指金属坯料在夹具施加的拉力作用下，通过具有一定形状的模孔而获得小截面产品的塑性成形方法。变形区内金属承受着径向与周向为压应力，纵向为拉应力的"两压一拉"应力状态。当制品在模孔出口断面上的拉伸应力超过材料的极限强度时，就会出现拉断现象。因此，在拉拔生产过程中必须采用有效的工艺润滑及相应的润滑方法，拉拔过程中的摩擦与润滑状态受工艺条件、材质、模具几何因素、润滑剂及润滑方法等的影响。在金属的拉拔过程中，拉件与模具间的摩擦状态一般为滑动摩擦状态。加工材料在模具孔受到挤压而发生变形，同时受到加工件和模具间的摩擦作用，都会导致拉拔材料快速升温，如不及时冷却就会造成黏结、断线，使拉拔过程中断。在金属加工业中，拉拔是一种技术要求很高的加工工艺，拉拔后的线材或管材要求直径或厚度都要

均匀。中石油润滑油研发中心研制出多个品种的金属拉拔工艺用油。姚若浩学者提出这些影响因素之间的相应关系可用图6-42加以说明。

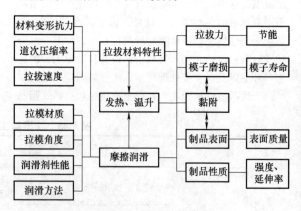

图6-42　拉拔变形中各因素间的相应关系

拉拔制品在工业上和日常生活中应用广泛，而这些制品的质量及生产率都需要性能良好的工艺润滑剂予以保证。

（1）棒材、线材拉拔润滑剂

1）钢丝拉拔润滑。钢丝拉拔时，由于存在易黏模的危险，常常采用干膜润滑作为初始防护层。低、中碳钢丝拉拔采用干拉法，润滑剂用石灰或硼砂，也可以使用一般拉拔油；对于重负荷，要求价格较低时，可选用石灰或硼砂。硼砂在高湿度情况下会恢复

结晶状态，但在中等湿度时，具有良好的防腐蚀性能。如果拉丝以后不需清除环节，最好用硬脂酸钙作为润滑剂。硬脂酸钙也常与硬脂酸钠、石灰一起用于低碳钢和中碳钢的拉拔。需经退火处理的，必须在退火前将残渣清除，否则在热处理时，残渣转变成炭化沉积物，部分沉积在金属表面上，影响拉制品质量。

为了减少拉拔车间的空间粉尘，在润滑处理的"上灰"池中，加入一定的皮膜组分，帮助石灰均匀黏附在坯料金属表面，从而抑制工艺过程粉尘的飞扬。

对于高速、中等变形程度的拉拔工艺常用皂乳化液。其典型的成分（质量分数）是：硬脂酸钾 35%、动物油 25%、矿物油 8%、硬脂酸 2% 和水 30%。

拉拔硬质合金钢、不锈钢时，需进行预处理，如用草酸盐法处理。草酸盐法是采用由草酸铁及化学促进剂组成溶液的温浴浸泡使其成膜，处理前必须充分脱脂酸洗，否则拉拔后退火时发生渗碳而影响质量。拉拔时，还要根据制品的要求及工艺条件使用不同的润滑剂。

不锈钢，特别是奥氏体不锈钢与模具容易产生黏结，这可能与很薄的固有的氧化膜容易破裂以及硬化速度高等因素有关。所以拉拔时，必须使用能形成较厚膜的润滑剂（如使用树脂膜涂层），以达到有效隔离的目的。

2）铝和铝合金的拉拔润滑。铝和不锈钢相似，表面有一层易碎的氧化膜，但比不锈钢好拉得多。铝和铝合金带材及棒材拉拔，常用钙基润滑脂和质量分数为 10%~20% 的动植物油及皂的润滑剂。近年来也较多使用合成酯油代替动植物油。

铝线拉拔，一般由直径 10mm 的铝棒拉成铝线，此时用 40℃ 时黏度为 13~14mm²/s 的润滑油喷在拉模和铝棒上。所用润滑油黏度的大小，视拉拔铝线的尺寸、拉拔速度、拉拔直径减小比和表面粗糙度的要求而定。如拉拔 5~10mm 直径铝线时，一般用 50℃ 时黏度为 100~250mm²/s 的混合脂肪润滑油在 50~65℃ 下循环使用；拉拔 2~5mm 直径铝线，用 50℃ 时黏度为 30~50mm²/s 的混合脂肪润滑油；拉拔 2mm 以下的细铝线，用 50℃ 时黏度在 10mm²/s 左右的混合脂肪润滑油。

也有使用乳化液和乳化油膏润滑的，不过使用范围不大，使用时需注意防止白色锈斑的产生。

3）铜和铜合金的拉拔润滑。铜和铜合金的拉拔润滑剂的选择受拉拔速度、棒的直径及模具等诸多因素影响。一般来说，在低速拉拔棒材时，使用皂-脂肪膏、含动物油或合成脂肪的润滑油，或采用加有脂

肪衍生物和极压添加剂的高黏度油，但不能使用含活性硫的添加剂，因易使铜表面变色。如拉拔的棒材直径在 9mm 以上时，可使用加有质量分数为 5% 的菜籽油和 40℃ 的黏度为 100mm²/s 油酸的润滑油；也可用质量分数为 5%~6% 的脂肪皂的乳化液。棒材在直径 9mm 以下的，可使用含油酸钠、硬脂酸钠质量分数为 5%~10% 的水基润滑液。

对于高速拉拔，几乎广泛使用水基润滑液、高皂低脂肪乳化液（游离脂肪的质量分数<1%，属阴离子型乳化液）。但当水质较硬和有铜粉存在时，会因形成铜皂而受破坏，掺入非离子型乳化液，可增加乳化液的稳定性。乳化液 pH 值一般应保持在 8~9.5 范围内。有时为进一步提高加工质量，可加入适量的极压添加剂。

近年发展的高速拉丝生产线，对润滑液有更高的要求。如要求适宜的润滑性，以减少磨损，有助于模具寿命的提高；具有良好的清洗性，以避免铜粉黏在模具周围而造成磨损；还要有好的冷却效果和较长使用周期，从而保证拉丝质量和高的生产率。目前，开发具有上述良好综合性能的高速拉丝润滑冷却剂，是进步提高拉丝技术所迫切要求的。

特别要求指出的是，随着电力、建筑和家电等行业的快速发展，对铜材的需求是持续增长的。在铜加工中，铜线材是电线电缆的主要部件。电线电缆、漆包线等所用的铜线都是通过水箱拉丝机拉拔而成的。在铜线拉制过程中，坯料的变形量很大，摩擦磨损严重。同时由于现代拉丝速度高达 800~3000m/min，使变形过程产生大量的热量，导致模具升温很快，因此，要求拉拔用润滑剂应具有优良的润滑性和冷却性。另外，为防止拉丝过程中铜粉黏着模具并堵塞模孔，造成断丝，还要求润滑剂具有好的清洗性。为确保拉丝后的金属表面的光洁度，还要求润滑剂具备良好的防腐防锈效果。

一般来说，铜线的生产主要是以 8mm 铜杆为原料，经过大拉机、中拉机、细拉机和微拉机，分别将其控制成不同规格的中线、细线、微线和超微线等单线。由大、中、细拉工艺生产的铜线（丝）直径为 0.1~3mm，这种规格在电线电缆行业的应用最为广泛。

早期最常用的铜拉丝润滑剂是以矿物油为主要成分的皂化油，这种润滑剂的主要缺点是在铜丝拉拔过程中，容易发生摩擦化学反应，生成铜皂，沉积在金属表面上，引起断丝又污染铜丝。

目前，铜拉丝工艺过程普遍采用水基润滑剂，而且，以乳化液和微乳液应用最为广泛。与乳化液相

比，微乳化液的稳定性更好，使用寿命长，且清洗性好，它是目前铜拉丝液的发展方向。大、中拉工艺由于减径率大，故侧重润滑性，所需的微乳液浓度也较高。而细拉工艺更注重清洗性能，所需的微乳液浓度较低，在研制铜拉丝时需要重点考虑润滑性与清洗性之间的平衡问题。因此，根据铜拉丝液应具备的特点，陈志忠等人对铜拉丝液中重要组分的选择进行如下的分析：

① 基础油的选择。根据铜拉丝工艺的特点，对基础油要求如下：良好的乳化性能；较低的黏度，以取得良好的冷却性和清洗性；闪点不宜太低，以确保运输、储存方面的安全；具有较高的性价比。

根据上述要求，选用黏度较低的石蜡基油与环烷基油复配作为基础油组分。

② 润滑剂的选择。为满足微乳液对润滑性能的要求，应选用油性剂和极压剂作为添加剂，有助于降低拉丝过程中的摩擦磨损。常用的油性剂有动植物油、酯类、聚合物、聚醚等。动植物油的润滑性优异，但氧化安定性及低温流动性较差。使用一段时间后，容易在铜丝表面下留下难以清洗的斑点，因此，尤其对植物油要进行改性，包括化学改性及基因改性等，国外对植物油的基因改性做了很深入的研究。酯类油及聚醚类在铜拉丝液中是应用较多的油性剂。其润滑性优良，且氧化安定性好。

极压剂主要有 S、P、Cl 系，有机金属盐系及硼酸盐系等。在选用极压剂时，要同时兼顾其极压性及对铜的腐蚀性。一般来说，含 Cl 极压剂与含活性 S 极压剂对铜的腐蚀较大，不适宜用于铜材加工。而含 P 剂大多是水性的，易引入微乳液中，但容易导致菌类滋生，影响微乳液的使用寿命。而特殊分子结构的含 S 剂具有优异的润滑极压性和较低的腐蚀性，相比含 P 剂有更好的抗微生物性，因此常用于铜材加工中。

③ 乳化剂的选择。乳化剂（包括耦合剂）的选用直接关系到微乳液的稳定性和使用寿命。原使用较多的是阴离子和非离子乳化剂的复配物，但由于阴离子的乳化剂抗水性较差，易形成铜皂，故现在多采用非离子乳化剂。被乳化油相的 HLB 值应在 10~13 范围内。为进一步降低界面张力，提高微乳液的稳定性，可选择长链异构醇作为耦合剂。

④ 防腐防锈剂的选择。在铜拉丝过程中，为防止铜丝变色以及对设备不造成锈蚀，必须加入一定量的防腐防锈剂，常用的防腐剂是以苯并三唑类为主，常用的防锈剂有硼酸酯、磷酸酯以及羧酸盐等。

⑤ 杀菌剂、消毒剂的选择。陈志忠通过大量试验，选用三嗪和 BIT（苯并异噻唑啉酮）的复配物，可在较长时间内保持良好的杀菌效果。

⑥ 碱保持剂的选择。铜拉丝微乳液中，碱保持剂的引入也是不可少的。一方面是增加 pH 值的稳定性，另一方面对金属也起到保护作用。常用的有单乙醇胺、三乙醇胺、二甘醇胺、二异丙醇胺等。但要注意的是二乙醇胺易与亚硝酸物反应生成有毒的硝胺，目前，欧美国家已禁止其在加工液中使用。

目前，国内铜拉丝液的高端市场大多被国外公司所占据，如德国 FUCHS 铜加工液 MCU20、Multidraw CUMFE，美国 Houghton 的 Houghto-Draw WD2800，日本 N-160，德国 CUSY 全合成液和英国 250B 全合成液等。

（2）管材拉拔用润滑剂

1）钢管拉拔的润滑。钢管的拉拔，一般先将坯管进行酸洗以除去氧化皮，然后经磷化-皂化表面预处理，所形成的润滑膜可满足拉拔工艺的要求。磷化-皂化处理的质量直接影响管材质量、模具寿命及生产率。特别对于高精度管材的拉拔，良好的润滑状态是保证生产顺利进行的重要因素。

不锈钢管材拉拔的润滑，与棒材、线材拉拔的润滑相类同。

2）铝及铝合金管材拉拔的润滑。铝管拉拔一般使用 100℃时黏度为 27~32mm²/s 的高黏度油，有时根据制品的要求还要加入适量油性添加剂、极压添加剂和抗氧剂等。铝管的光亮度与润滑油的黏度、拉拔速度和模具状况等因素有关，如使用 100℃时黏度为 7~8mm/s 低黏度油润滑，可获得较好的光亮度。铝管拉拔也可使用石蜡润滑剂，把管坯浸入经溶剂稀释的石蜡溶液或乳化液中，然后进行拉拔。这样可连续三次拉拔而不必再涂润滑剂，而且拉制的铝管清洁，能保持良好的环境。铝管和硬铝管的拉拔使用重油润滑也较普遍，不过制品清洗较为困难，有待改善。

3）铜和铜合金管材拉拔的润滑。铜和铜合金管材拉拔，最早是使用一般全损耗系统用油来润滑，后来为改善制品质量，逐渐采用植物油来代替部分全损耗系统用油。由于设备尚无完善的配套润滑系统，采用手工灌油环境比较脏，植物油对需退火处理的制品容易产生油斑。水基润滑剂在某些方面显示较多的优越性，以脂肪酸皂类为主要成分的水基润滑剂具有较好的综合性能，应用广泛。铜管的拉拔有直拉和盘拉，在直拉生产中，普遍使用水基乳化液。随着拉拔机械设备性能的提高和生产技术的发展，管材拉拔速度增长了数倍，对润滑剂的要求也越来越高。

无论是水基还是油基润滑剂都应具备以下基本

性能：

① 良好的润滑性能，以减少拉拔时的振纹、断头等不良影响，保证制品的高质量，提高生产率。

② 不易产生油斑，保证铜管退火后的良好光亮度。

③ 不会使铜管变色，不产生难以清除的沉积物。

④ 对铜管的力学性能及表面质量均不能有不良影响。

由于拉拔是在夹具所施拉力作用下迫使金属通过模孔而变形，变形区内金属承受着径向与周向为压应力、纵向为拉应力的"两压一拉"应力状态。当制品在模孔出口断面上的拉伸应力数值超过材料的强度极限时，就会出现拉断现象。因此，在拉拔生产中也应采用有效的工艺润滑剂和润滑方法，以强化生产工艺，提高生产效率与提高产品质量。此外，在拉拔过程中，由于变形金属与模具之间的相对滑动速度较大，因而变形热效应与摩擦热效应使模具温升特别显著，从而对制品质量与模具损耗产生很大影响。因此，要求所用的润滑剂具有良好的润滑与冷却性能。

在拉拔生产中，常常希望增大道次加工率，提高拉拔速度，以强化材料生产过程，缩短生产周期，减少模具消耗，减少换模时间，提高制品的表面、内部质量以及尺寸精度，减少拉断次数，减少力能消耗，降低生产成本。所有这些，都要求润滑剂良好的防黏、降摩与减少模具磨损性能。

众所周知，金属在发生塑性变形时，外力所做的功消耗于两部分。一是为使金属发生塑性变形，这部分约占消耗功的 80%～85%，用于克服原子由一个稳定位置到另一个稳定位置的滑移阻力（内摩擦力），并以热的形式释放出来，表现为使变形体产生温升的变形热效应，其大小与材料性质有关。二是消耗于克服工件与工具间的接触（外）摩擦。此部分在拉拔变形中约占 10% 左右，以摩擦热的形式表现出来。这两部分热量必然导致拉拔制品与模具的界面以及体积温度增高。有人计算过，在干摩擦条件下高速将 $\phi3.4mm$ 钢丝拉拔成 $\phi2.9mm$（$\Psi=27.2\%$）时，在入口处温度为 70℃，而在出口处温度可高达 450～550℃。在管、棒、型、线材的低速拉拔中，上述所产生的热量几乎为制品、模具及润滑剂等所吸收，温升较小，对摩擦与润滑影响不大。但在高速拉拔线材时，由于来不及散热，温升异常明显，致使润滑膜破裂，造成线材与拉模模壁之间直接接触，出现金属黏着与黏附，摩擦与磨损增大。为此，在拉线速度由过去的几米每秒，提高到 20～50m/s，甚至高于 80m/s 的情况下，模子、卷筒以及线材都需要得到水溶性润滑剂（乳液）的直接冷却-润滑作用。

5. 挤压工艺润滑剂

挤压变形与其他变形方式相比，具有金属变形所需压力特别大，金属与变形工具接触面积大、接触持续时间长，以及在变形过程中不能连续导入润滑剂等特点。因此，在挤压生产中，采用有效的工艺润滑剂，对于减少力能消耗，改善金属塑性流动条件，提高制品质量以及减少工模具的磨损与损坏，更有特别重要的作用。

（1）挤压加工的分类和特点

1）挤压加工的分类。挤压按照成形时坯料温度的不同可分为冷挤压、温挤压和热挤压。冷挤压是指坯料在室温下成形；温挤压是指将坯料加热到金属再结晶温度下某个适当的温度范围内进行的成形加工；热挤压是将坯料加热至金属再结晶温度以上的某个温度范围内进行的成形加工。

2）挤压加工的特点。冷挤压是在不引起坯料再结晶软化的温度下，全靠挤压力进行塑性成形的一种加工工艺。

冷挤压技术作为生产无切屑或少切屑零件（坯料）的方法被得到广泛应用。而且随着技术的发展，这种技术已扩大到许多低合金钢、不锈钢、低塑性的硬铝以及锻铝等材料。

与热挤相比，冷挤温度较低，即使在连续工作条件下，由变形热效应与摩擦导致的模具温度也不过为 200～300℃，这点对工艺润滑来说是有利的。但要在室温下使处于凹模内的金属产生必要的塑性流动，就势必需要比热挤压大得多的挤压力，单位压力一般达 2000～2500MPa，甚至更大。同时，这种高压持续时间也较长。由于冷挤压使变形金属产生强烈的冷作硬化，又会导致变形抗力的进一步提高，所有这些都要求润滑剂具有更高的耐压能力。

温挤压坯料的变形抗力比冷挤压小，成形较容易；温挤压件的尺寸精度和表面光洁度都比较好。温挤压还可进行大变形量挤压成形。可形成一些非轴对称的异形件，这样有助于拓展挤压技术的应用范围。但在温挤压过程中，坯料的温度难于控制，这是温挤压存在的短板。

热挤压由于是在金属坯料加热至再结晶温度以上的某个温度下形成的，故坯料的变形抗力大为降低。因此，热挤压的应用范围很广，它不仅可以成形变形抗力小的有色金属及其合金以及低、中碳钢，而且还可以成形变形抗力大的高碳钢、结构用特殊钢、不锈钢、高速工具钢等。但热挤压也存在某些缺点，如坯料在加热至高温时会产生氧化、脱碳等情况，致使挤压产品的尺寸精度和表面质量有所降低，故热挤压一般用于预成形及对成形质量要求不高的零件。

（2）挤压成形过程的工艺润滑

1）冷挤压工艺润滑。在冷挤压中，为了降低坯料与模具之间的摩擦，减少模具磨损，延长模具使用寿命，改善和提高挤压零件的表面质量，必须采取有效的润滑手段。生产中实际应用的润滑方法有磷化-皂化。目前，低碳钢冷挤中较广泛采用的润滑方法是进行磷化-皂化处理。所谓磷化处理，就是将经过除油清洗、表面洁净的钢件置于磷酸锰铁盐或磷酸二氢锌水溶液中，使金属铁与磷酸相互作用，生成不溶于水且牢固结合的磷酸盐膜层。膜层主要成分是用磷酸铁和磷酸锌，膜层厚度一般为 $10 \sim 15\mu m$。它具有细小的片状组织，而且能坚实地黏附在钢材表面上，从而表现出一定的润滑性能。此外，由于膜层质软、耐热、多孔，能有效吸附润滑剂，因而又可作为其他润滑剂的载体。

2）温挤压工艺润滑。温挤压是在冷挤压工艺基础上发展起来的，其挤压温度在挤压金属的再结晶温度以下，挤压金属材料在变形后会产生冷作硬化。由于温挤压的特点，它除要求润滑剂具有一般挤压润滑剂的共同特点外，还要求所采用的润滑剂在约 800℃ 以下的温度范围内其性能基本维持不变。

3）热挤压的工艺润滑。因金属热挤压是金属在再结晶温度以上的某个合适温度范围内进行的挤压加工，故挤压时的变形抗力低一些，但由于其变形温度相对较高，给工艺润滑带来一定的困难。它要求润滑剂更具备高的耐热性能、热稳定性和保温绝热性能。

6.3.5 金属塑性成形加工工艺润滑技术的发展趋势

由于欧洲和北美等发达国家不断推出新的环保法规，对金属塑性加工工艺润滑方面要求也更加严格，我国也面临着巨大压力。过去由于要取得经济的高速发展，往往会牺牲环保，现在已经意识到这是一个严重问题。因此，我国这几年也逐步跟上西方发达国家的环保步伐。我国经济发展已从高速转向中速和高质方向，来确保环保和生态的平衡。本节叙述在工艺润滑技术方面的发展趋势。

1. 发展绿色工艺润滑材料

在塑性加工润滑剂的生产中要尽量选择容易生物降解的基础油和添加剂，尽量避免采用含 S、P、Cl 的极压剂和氯化石蜡，因这些元素对环保极为不利。如短链氯化石蜡已被列入欧盟《关于 POPs 的斯德哥尔摩公约》提出的首批受控 POPs 清单中，并于 2011 年正式列入受控范围。根据该项指令，含有浓度超过 1% 的短链氯化石蜡的产品均在禁用之列，在轧制油和金属加工油中已正式禁止该物质。国内已开发出由平均碳原子数为 $15 \sim 16$ 的天然脂制成的环保型氯化石蜡，不含有害金属和邻苯二甲酸酯类物质，符合欧盟出口要求。表 6-46 列出一些常用基础油的生物降解性和运动黏度。

表 6-46　一些润滑油基础油的生物降解性和运动黏度

基础油	生物降解性（%）	40C 运动黏度 ν /（mm^2/s）
环烷基矿物油	26.2	19.70
中间基矿物油	24.0	18.61
石蜡基矿物油	42.0	16.56
15 号白油	63.1	14.21
22 号白油	41.0	23.96
36 号白油	31.3	32.92
蓖麻油	96.0	255.96
低芥酸菜籽油	94.4	34.56
高芥酸菜籽油	100	8.78
豆油	77.9	33.20
棉籽油	88.7	35.32
橄榄油	99.1	37.81
己二酸二乙酯	97.0	2.25
己二酸二正丁酯	96.3	3.55
己二酸二辛酯	93.1	7.86
己二酸二癸酯	91.0	13.66
己二酸二异十三醇酯	82.0	13.98
邻苯二甲酸二丁酯	97.2	8.95
邻苯二甲酸二异辛酯	86.5	26.64
邻苯二甲酸二异癸酯	69.5	4.73
邻苯二甲酸二异十三醇酯	48.0	110.2
邻苯二甲酸三异十三醇酯	2.0	143.0
三羟甲基三己酸酯	98.0	11.53
季戊四醇四己酸酯	99.0	78.16
三羟甲基三油酸酯	80.2	53.81
季戊四醇四辛酸酯	90.0	24.3
季戊四醇四异辛酸酯	82.2	55.77

广州市联诺化工科技有限公司近年来大力开发环

保型的金属塑性加工用润滑材料，推出了一系列产品，取得了多项发明专利，得到了广大客户认可和使用。

该公司已开发更多的与新型基础油相匹配的环境友好润滑添加剂，如改性植物油润滑添加剂、有机硼酸酯类添加剂等。有机硼酸酯具有两性离子表面活性剂的一些性质，不挥发，无毒无臭，抗磨性良好。硼酸酯易生物降解，硼酸酯类化合物原料来源丰富，价格也较低。

在塑性成形中已明确应用的植物油有大豆油、菜籽油、棉籽油、橄榄油、蓖麻油、棕榈油和亚麻籽油等。

2. 贯彻"清洁生产"原则

对塑性成形润滑剂来说，首先要求原材料及生产和管理本身符合"清洁生产"的前提，在生产过程中，要全盘考虑和执行先进合理的生产工艺、管理程

序和废异物的安全回收。只有执行好"清洁生产"的原则，才能确保各个环节符合环保要求。如以凝聚法为主体的废液处理流程如图 6-43 所示，处理后的 SS、COD、BOD 和油含量均符合排放标准。

3. 工艺润滑剂性能的评价方法

这类润滑剂性能的评价除了要借鉴一般润滑剂的评价方法，如理化性能、台架试验外，更重要的是摩擦学特性、塑性成形工艺性能和制件表面质量等。摩擦磨损试验测试有四球摩擦试验机、梯姆肯磨损润滑试验机、法莱克斯摩擦磨损试验机、MM-200 磨损试验机，还有其他模拟试验方法。

广州机床研究所（现广州机械科学研究院有限公司）曾自行设计研制了探针测试装置，其探针的安装位置可以在被测点任何塑性成形过程中的变形区内，如图 6-44 所示。

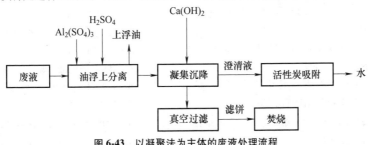

图 6-43　以凝聚法为主体的废液处理流程

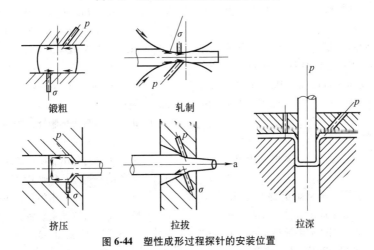

图 6-44　塑性成形过程探针的安装位置

参 考 文 献

[1]　颜志光，杨正宁. 合成润滑剂 [M]. 北京：中国石化出版社，1996.

[2]　林亨耀，汪德涛. 机修手册：第 8 卷 [M]. 北京：机械工业出版社，1994.

[3]　董浚修. 润滑原理及润滑油 [M]. 北京：中国石化出版社，1998.

[4]　王汝霖. 润滑剂摩擦化学 [M]. 北京：中国石化出版社，1994.

[5]　D. 克拉曼. 润滑剂及有关产品 [M]. 张溥译，译. 北京：烃加工出版社，1990.

[6]　CRACKNELL R. Oil soluble polyethers in crankcase lubricants [J]. Journal of Synthetic Lubrication,

1993, 10（1）：47-66.

［7］ HENTSCHEL K H, Polyethers, their preparation and their use as lubricants：US 4481123［P］. 1984.

［8］ BROWN P. Synthetic base stocks（Groups IV and VI）in lubricant applications［J］. Lubrication Engineering, 2003, 59（9）：20-22.

［9］ 程亮, 等. 碱催化制备油溶性聚醚［J］. 科技通报, 2013（4）：58-60.

［10］ 马跃峰. 茂金属催化体系下煤制 α-烯烃制备低黏度 PAO 基础油的工艺研究［J］. 石油炼制与化工, 2016, 47（6）：32-35.

［11］ 张晓秋. 茂金属催化剂聚烯烃生产工艺新进展［J］. 中外能源, 2008, 13（6）：62-66.

［12］ 崔敬佳, 等. 烷基萘—新型合成基础油料："中国石油润滑油科技情报站 2004 年年会"论文集［C/J］. 北京：创新思维科技发展有限公司, 2004.

［13］ ASHJIAM H, et al. Naphthalene Alkylation process：US, USP5034563［P］. 1991.

［14］ 王雷, 王立新. 润滑油及其生产工艺简学［M］. 沈阳, 辽宁科技出版社, 2014.

［15］ 林亨耀. 塑料导轨与机床维修［M］. 北京：机械工业出版社, 1989.

［16］ 石森森. 固体润滑材料［M］. 北京：化学工业出版社, 2000.

［17］ 颜志光. 新型润滑材料与润滑技术实用手册［M］. 北京：国防工业出版社, 1999.

［18］ SLINEY H E. Solid Lubricant Materials for High Temperatures-A Review［J］. Tribology International, 1982, 5（5）：255-263.

［19］ 薛群基, 吕晋军. 高温固体润滑研究的现状及发展趋势［J］. 摩擦学学报, 1999（1）：91-96.

［20］ 胡大越, 林亨耀. 环氧耐磨涂层及其应用［M］. 北京：机械工业出版社, 1987.

［21］ 张祥林, 等. 高温固体润滑涂层最新研究与进展［J］. 材料导报, 2017（6）：4-8.

［22］ 黄志坚. 润滑技术及应用［M］. 北京：化学工业出版社, 2015.

［23］ 王毓民, 王恒. 润滑材料与润滑技术［M］. 北京：化学工业出版社, 2005.

［24］ KENNETH H. Coating Tribology Properties, Techniques and Applications in Surface Engineering［M］. Surface Engineering 1994.

［25］ 林亨耀. COC 含油抗摩涂层研究［J］. 润滑与密封, 1990（2）：30-35.

［26］ 刘维民. 空间润滑材料与科技手册［M］. 北京：科技出版社, 2009.

［27］ 熊党生, 李建亮. 高温摩擦磨损与润滑［M］. 西安：西北工业大学出版社, 2013.

［28］ 赵振铎等. 金属塑性成形中的润滑材料［M］. 北京：化学工业出版社, 2005.

［29］ 茹铮, 等. 塑性加工摩擦学［M］. 北京：科学出版社, 1992.

［30］ 孙建林. 轧制工艺润滑原理、技术与应用［M］. 北京：冶金工业出版社, 2010.

［31］ 潘传艺, 张晨辉. 金属加工润滑技术的应用与管理［M］. 北京：中国石化出版社, 2010.

［32］ 孙建林, 马艳丽. 轧制过程工艺润滑技术的发展与应用［J］. 特殊钢, 2007, 28（3）：47-49.

［33］ PERETIN M J. Coordinated Application of Roll cap Lubri cation, Work Roll Cooling and Antipeeling System in Hot Rolling Mills［J］. Iron and Steel Technology, 2004, 1（5）：30.

［34］ SHIRIJLY A, Lenard J G. The Effecf of Lubrication on Mill Loads during Hot Rolling of Low Carbon Steel Strips［J］. Process Technol, 2002（6）：61.

［35］ 周耀华, 张广林. 金属加工润滑剂［M］. 北京：中国石化出版社, 1998.

［36］ 罗新民. 金属加工用油产品与应用［M］. 北京：中国石化出版社, 2006.

［37］ 姚若洗. 金属压力加工中的摩擦与润滑［M］. 北京：冶金工业出版社, 1990.

［38］ 陈志忠. 铜拉丝微乳液的研制［J］. 润滑油, 2013, 28（5）：17-21.

［39］ 张广林, 王世富. 冲压加工润滑技术［M］. 北京：中国石化出版社, 1996.

［40］ 张旭, 王士庭. 环保型高润滑性带钢轧制油的研制［J］. 润滑与密封, 2010（12）：99-103.

第7章　金属加工用油（液）

金属加工油（液）是润滑材料的一个重要组成部分，广泛应用于汽车、钢铁和有色金属、机械加工、电子产品加工等领域。我国是制造业大国，金属加工油（液）的消耗和增长量也位居世界前列。根据欧洲独立润滑剂制造商联合会的市场研究报告显示，2010 年全球金属加工液消耗量为 220 万 t，其中亚洲占 41%，欧洲占 27%，北美洲占 28%，我国金属加工液市场年需求量为 50 万 t 左右。其中，水基金属加工产品占北美金属加工液总消耗量的 88%，在亚洲水基金属加工产品的市场份额也达到了 65%，这说明水基金属加工产品正在逐步成为金属加工液市场的主体产品。

金属加工润滑技术涉及面很广，包括机械加工工艺学、摩擦学与润滑科学、材料力学、流体力学、表面科学、热力学、分析化学和应用数学等多个学科，以及这些学科之间的交叉科学。从摩擦学角度看，金属加工基本上可分为两大类，即金属切削加工与金属塑性成形。

金属切削加工是把不符合外形要求的外部金属除去，生成新鲜金属加工表面，从而达到预定的几何形状和尺寸及精度等，其特征是在加工过程中伴有金属屑的产生。金属切削示意如图 7-1 所示。

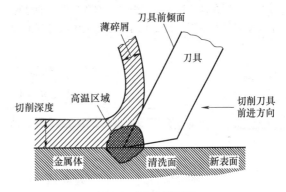

图 7-1　金属切削示意

金属切削成品的重量低于毛坯重量。在这一类切削加工中，又可分为两类：

1）刀具有规定几何形状的切削，如车削、镗、铣、钻、锯等。

2）刀具没有规定几何形状的切削，如各种磨削等，切削加工类型如图 7-2 所示。

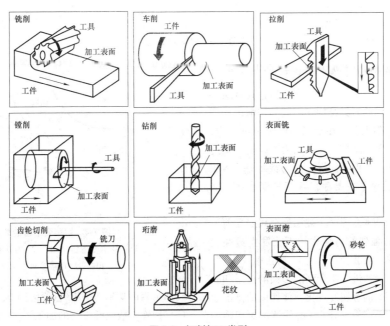

图 7-2　切削加工类型

在这些切削中所发生的摩擦学现象大致相似，其所需要的金属加工液的配方组成体系也大体相似。

金属塑性成形的特征是在加工过程中无切屑或少金属切屑产生，通常称为少无切屑，成品的重量与毛坯重量大致相同。它是在比较高的接触压力和/或加热情况下产生摩擦，使金属通过塑性变形以改变其外形，大多数是以特定的模具限制其成形以符合要求的金属外形和尺寸，如轧制、挤压、拉伸、拉拔、锻、墩等工艺。在这些加工过程中，它们各自发生的摩擦学现象有很大不同，其要求的塑性加工用润滑剂的配方体系也差别较大。本章主要是论述金属切削加工用润滑剂。

7.1 金属切削加工用润滑剂

金属切削加工用润滑剂不同于一般设备部件的润滑，这是由于切削加工工艺的特点所决定的。金属的切削是用楔形工具从工件表面切除不需要的金属，从而使工件的外形尺寸和表面质量等指标均符合预定要求的一种加工过程，除去的金属称为切屑，典型切削加工如图 7-3 所示。

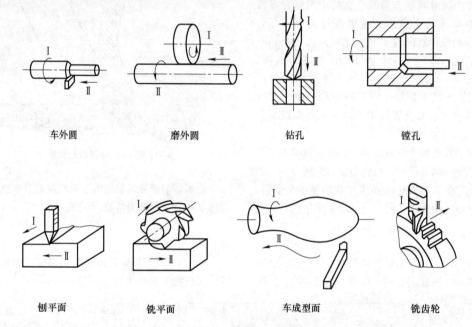

车外圆　　　　　磨外圆　　　　　钻孔　　　　　镗孔

刨平面　　　　　铣平面　　　　　车成型面　　　　　铣齿轮

图 7-3　典型切削

任何切削工艺都必须具备三个基本条件：切削工具、工件和切削运动。切削工具应有刀口，其材质必须比工件坚硬。不同的刀具结构和不同的切削运动形式构成了不同的切削工艺。在金属切削加工过程中，刀具与工件之间的关系十分复杂，因为不同的切削过程也存在着很大差异，但其润滑过程的特征却基本相似。在金属切削过程中主要存在着三种变形区，如图 7-4 所示。

第 I 变形区为基本变形区，被切削金属层受前刀面的推挤作用，在强烈的剪切作用下，发生塑性变形，产生剪切滑移。第 II 变形区为刀-屑接触变形区，切屑沿前刀面排出时，进一步受到前刀面的挤压和摩擦。使靠近前刀面处的金属纤维化，使切削的排出速度变慢，形成所谓的"滞流层"，这种情况对切削的外形影响较大。第 III 变形区即刀-工件接触变形区。

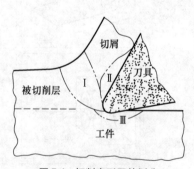

图 7-4　切削变形区的划分
I —基本变形区　　II —刀-屑接触变形区
III —刀-工件接触变形区

已加工表面受到切削刃钝圆部分和后刀面的挤压、摩擦和回弹，造成纤维化的加工硬化。

刀具无固定几何形状的切削如各种磨削加工

（磨削、珩磨、精磨和研磨等），它们的"刀具"是指各种高硬度的磨料，如刚玉、碳化硅、立方晶系氮化硼、合成金刚石等，通过黏结剂粘接成固定形状（如砂轮、砂条等）。砂轮磨粒磨削加工时的前、后角如图7-5所示。

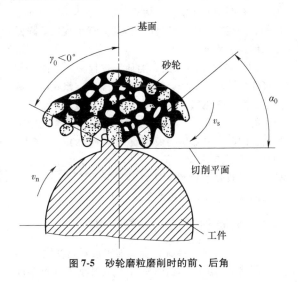

图 7-5　砂轮磨粒磨削时的前、后角

7.2　金属加工液的主要功能

使用金属切削液的目的是为了降低切削时的切削力及刀具与工件之间的摩擦，及时带走切削区内产生的热量，以降低切削温度，减少刀具磨损，延长刀具的使用寿命，保证工件加工精度和表面质量，提高加工效率，从而达到最佳经济效果。随着金属加工技术的不断进步，高性能的切削液已成为金属加工工艺的重要组成部分，因此，要求金属加工液必须具备以下功能。

（1）冷却作用　切削过程中的热量约2/3由塑性变形产生，约1/3由摩擦产生。切削液浇注在切削区后通过切削热的传导、对流和汽化，把刀具工件和切削中的切削热带走，从而降低了切削区的温度，达到了冷却作用。金属加工液的冷却性能与其热导率、比热容、汽化热和对金属表面的润滑性有关。因此，冷却能力一般按下列次序递减：合成液>微乳液>乳化液>切削油。表7-1是水、油和钢的冷却性比较。由表中数据可知，水的热导率和比热容均高于油，因此，水的冷却性能要优于油。

表 7-1　材料冷却性比较

材料	热导率/[W/(m·K)]	比热容/[J/(kg·K)]	汽化热/(J/g)	黏度（20℃）/(mm²/s)
水	0.628	4186	2260	1.0
油	0.125~0.21	1670~2090	167~314	20~300
钢	36~53.17	460.5	—	—

在切削加工中，不同冷却润滑材料的冷却效果如图7-6所示。

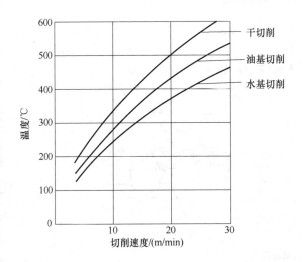

图 7-6　不同冷却润滑材料的冷却效果

（2）润滑作用　切削过程润滑的特点是切削内表面及已加工表面是从金属分裂开来的新生表面，润滑剂能否及时进入摩擦区起作用往往是润滑成败的关键因素。金属切削加工液在切削过程中的润滑作用，可以减少前刀面与切屑、后刀面与已加工表面间的摩擦，形成部分润滑膜，从而减少切削力、摩擦和功率消耗，降低工件表面温度和减小刀具磨损。切削液渗透到切削区，在刀具与切屑和工件的接触表面上产生吸附，并在一定程度上发生化学反应，形成润滑油膜而起到润滑作用。

在磨削过程中，加入磨削液后，磨削液渗入砂轮磨粒-工件及磨粒-磨屑之间形成润滑油膜，使界面间的摩擦减小，从而减小磨削力和摩擦热，提高砂轮耐用度及工件表面质量。

发生在切削过程中的摩擦磨损现象较为复杂，润滑剂在其中的作用既有流体润滑，也有边界润滑，又有介于流体润滑与边界润滑之间的混合润滑，还有弹性流体润滑。不同的加工工艺，或同一切削工艺而切削速度不同，或工件材质不同时，出现的各种润滑状态也不一样，因此，要完全满足金属加工液润滑要求的难度较大。

添加剂对切削液的润滑性能影响很大，一般油基切削液比水基切削液的润滑性能优越，而含油性或极压添加剂的油基切削液效果更好。油性添加剂一般带有极性基团（如—COOH、—OH、—C(O)NH$_2$）的长链有机化合物。油性添加剂是通过极性基吸附在金属的表面上形成一层润滑膜，减小刀具与工件、刀具与切屑之间的摩擦，从而达到减小切削阻力和延长刀具寿命的目的。但油性添加剂的作用只限于温度较低的状况，当温度超过200℃时，油性剂的吸附层易受到破坏而失去润滑作用。所以，一般在低速、精密切削时才使用含有油性添加剂的切削液，而在高速、重切削的场合，应使用含有极压添加剂的切削液。

所谓极压添加剂，它是指一些含有硫、磷、氯元素的化合物。这些化合物在高温下与金属起化学反应（或摩擦化学反应），生成硫化铁、磷化铁和氯化铁等具有低抗剪强度的物质，从而降低了切削阻力。切削液添加剂有效作用的温度范围如图7-7所示。

（3）清洗作用　在金属切削过程中，切屑、铁粉、磨屑、油污和砂粒等常常黏附在工件和刀具及砂轮上，影响切削效果，造成砂轮堵塞现象如图7-8所示。

清洗作用的本质是润湿作用和冲刷。含有表面活性剂的水基切削液清洗效果较好，因为它在表面上形成吸附膜，阻止粒子和油泥等黏附在工件、刀具及砂轮上。在磨削操作中，乳状液中黏稠液体对砂轮和碎屑的润湿能力较强时，将产生堵塞砂轮的现象，降低砂轮的锐利程度。

（4）防锈作用　在切削加工过程中，工件要与环境介质接触，如水、硫、二氧化硫、二氧化碳、氯离子、酸、硫化氢、碱以及切削液分解或氧化变质所产生的腐蚀性介质，这些介质都会使工件产生腐蚀和生锈，因此，要求切削液必须具有一定的防锈能力。切削液除具有冷却、润滑、清洗和防锈等主要功能外，还要兼顾抗泡性、防霉性、低油雾、水质适应性、油漆适应性、防霉性和安全性等。

7.3　金属加工液的主要分类

根据我国目前情况，金属加工液最常用的有四类：即油基切削液（切削油）、乳化切削液（可溶性油）、半合成切削液和合成切削液，他们之间的油含量、颗粒直径和外观的区别见表7-2。

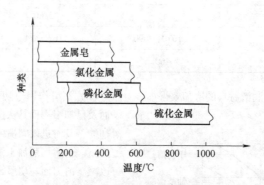

图7-7　切削液添加剂有效作用的温度范围

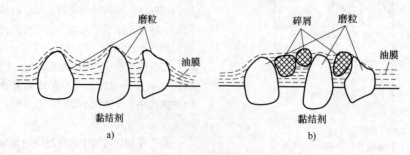

图7-8　砂轮堵塞现象

a）砂轮堵塞前　b）碎屑浸没于油膜中使砂轮堵塞

表 7-2　不同类型切削液的区别

类　型	油含量（质量分数，%）	颗粒直径/μm	外　观
油基切削液	100	—	透明
乳化切削液	60~90	>1	乳白色
半合成切削液	10~30	0.1~1	乳状蓝色
		0.05~0.1	半透明灰状
		<0.05	透明
合成切削液	0	—	透明

这四种金属加工液所用的添加剂类型也不相同，见表 7-3。

（1）油基切削液　油基切削液以矿物油（大多采用低黏度矿物油）为主要成分，并适当加入各类油性剂、极压添加剂、防锈剂、抗氧剂、抗泡剂等组成，油基切削液的一般组成见表 7-4。

表 7-3　四种金属加工液使用添加剂的类型

添加剂	油基切削液			乳化切削液			半合成切削液			合成切削液		
	简单型	脂肪型	极压型	简单型	脂肪型	极压型	简单型	脂肪型	极压型	简单型	脂肪型	极压型
防锈剂	√	√	√	√	√	√	√	√	√	√	√	√
杀菌剂				√	√	√	√	√	√	√	√	√
乳化剂				√	√	√	√	√	√			
偶合剂				√	√	√	√	√	√			
脂肪酸、皂		√	√		√	√		√	√		√	√
硫、磷、氯及 PEP 极压型			√			√			√			√
水溶性聚合物及极性化合物								√	√		√	√

表 7-4　油基切削液的组成

种　类	组　成
基础油	矿物油：煤油、柴油、机油、全损耗系统用油、硫化矿物油等 合成油：合成酯、PAO、聚醚、PAG 等
油性剂	脂肪油：豆油、菜籽油、猪油、鲸油、羊毛脂等 脂肪酸：油酸、棕榈酸等 酯类：脂肪酸酯等 高级醇：十八烯醇、十八烷醇等
极压添加剂	氯系：氯化石蜡、氯化脂肪酸酯等 硫系：硫化脂肪油、硫化烯烃、聚硫化合物等 磷系：ZDDP、磷酸三甲酚酯、磷酸三乙酯等 有机金属化合物：有机钼、有机硼等
防锈剂	石油磺酸盐、十二烯基丁二酸、环烷酸锌、氧化石油酯等
铜合金防蚀剂	苯并三唑、巯基苯并噻唑等
抗氧抗腐剂	二叔丁基对甲酚、胺系抗氧剂
抗泡剂	二甲硅油等
降凝剂	聚烷基丙烯酸酯、烷基萘等

一般来说在切削速度低于 30m/min 时使用油基切削液。不论对任何材料的加工，当切削速度不超过 60m/min 时使用含有极压添加剂的油基切削液都是有益的。在高速切削时，由于发热量大，而油基切削液的传热效果差，致使切削区的温度过高，切削油易产生烟雾，甚至起火。并且由于工件温度过高，会产生热变形，影响工件加工精度，故在这种情况下，推荐采用水基切削液。

油基切削液常用的添加剂见表 7-5。

表 7-5　油基切削液常用的添加剂

添加剂类型	化　合　物
油性剂	动物油、植物油、脂肪酸、高级脂肪醇、合成酯
极压抗磨剂	氯化石蜡、氯化脂肪、硫化脂肪、硫化烯烃、硫化矿物油、硫醚、磷酸酯、亚磷酸酯和超碱值的磺酸盐（PEP）
防锈剂	磺酸盐、羧酸盐、环烷酸盐、磷酸盐、醇胺盐、硼酸盐、钼酸盐、多元醇酯、羧酸、胺类、苯并三唑、噻唑类等
抗氧剂	屏蔽酚、胺类、含硫化合物
抗烟雾剂	乙烯、丙烯共聚物和聚异丁烯
降凝剂	烷基萘、聚甲基丙烯酸酯
抗泡剂	有机硅、丙烯酸酯共聚物

（2）乳化切削液　乳化切削液是由于切削技术的不断提高而出现的，随着切削温度的不断提高，油基切削液的冷却性能已不能完全满足切削要求。而乳化切削液能把油的润滑性和防锈性与水的极好冷却性很好地结合起来。与油基切削液相比，乳化切削液的优点在于具有较大的散热性和较好的清洗性。实际上，除特别难加工的材料外，乳化切削液几乎可以适用于所有的轻、中负荷的切削加工及部分重负荷加工。乳化切削液还可用于除螺纹磨削、沟槽磨削等复杂磨削加工之外的所有磨削加工。乳化切削液的缺点是容易滋生细菌、霉菌，它们会使乳化切削液中的有效成分产生化学分解而发臭、变质。

乳化切削液采用矿物油作基础油，加入适量的有关添加剂和乳化剂等调配而成，乳化切削液的典型配方组成见表 7-6。

表 7-6　乳化切削液（原液）的典型配方组成

序号	类别	名称	质量分数（%）
1	基础油	加氢精制环烷基油	68
2	乳化剂	磺酸盐	17
3	极压润滑剂	氯化烯烃	5
4	边界润滑剂	合成酯	5
5	防锈剂	链烷醇酰胺	3
6	防腐杀菌剂	苯酚类物质	2
	总量		100

（3）半合成切削液（微乳化切削液）　学者王恒在他的专著《金属加工润滑冷却液》中对这种类型的切削液做了较详细的描述。半合成液是由 5%～30%（质量分数）的矿物油、适量的水和有关添加剂组成的微乳化液。水稀释后，形成乳化颗粒直径为 0.05～0.1μm 的水包油（O/W）型透明或半透明稳定分散体系。国际上一般称半合成液为第五代切削液，其应用范围广，它是当今及今后重点发展的加工切削液品种。近几年，我国从德国、英国、意大利、日本、荷兰等国引进的柔性加工单元、加工流水线、组合机床等随机带进各种切削液，在这当中较多是这类新型半合成切削液。该类型微乳切削液适用于不同零件在同一台设备中进行混流加工，可完成车、钻、铣、磨、镗、铰等多种切削工序。微乳化液也适合黑色和有色金属的复杂部件，尤其适合汽车流水线中活塞、活塞环、减震器等部件的加工。它对确保高精度、高效率加工及延长刀具的耐用度，降低生产成本，提高产品质量等起着重要作用。

1）半合成切削液性能特点。半合成切削液不仅具有乳化切削液润滑性良好和合成型切削液清洗性好的优点，还克服了乳化切削液易变质、发臭、使用寿命短及合成型切削液油性及润滑性较差的缺点，它润滑性好，冷却清洗能力强，使用寿命长。在微观抗磨方面也有较大改善，能广泛用于各类金属切削加工中作切削液，尤其是在柔性加工中心和集中润滑冷却系统等大循环混流加工中应用更能显示出优良效果。半合成切削液特性如下：

① 用水稀释后呈透明或半透明状，有利加工过

程中清晰地观察工件表面状况。

②润滑及防锈性能优于合成切削液，由于它可以像乳化切削液一样，溶液干后能形成一层防锈保护膜，对机床滑动和转动部件起良好的防锈作用，因此尤其适用于全封闭加工机床。

③清洗性能适中，优于乳化切削液，但又不损害机床油漆，因此在保护机床外观质量上是合成切削液不可比拟的。

④使用周期长，一般为乳化切削液的 4~6 倍，对工作人员皮肤无刺激性，对人体无害。

⑤半合成切削液能综合乳化切削液、合成切削液的全部优点，能弥补这两种切削液的不足之处，性能优异，通用性强，在国内外得到越来越广泛的应用。

2）半合成切削液组成。半合成切削液是由水和多种水溶性添加剂等组成的，其配方见表 7-7。

表 7-7　半合成切削液的配方（质量分数，%）

成分	半合成切削液	成分	半合成切削液
基础油	<30	防锈剂	5~20
脂肪及脂肪酸	5~20	有色金属防锈剂	<0.5
极压剂	<20	杀菌剂	<2
烷基醇胺及无机碱	5~40	抗泡剂	<0.5
表面活性剂	20~80	水	30~80
多元醇	<20		

（4）合成切削液　合成切削液经过几十年的发展，现已成为切削液的主要类型之一。合成切削液是由各种水溶性添加剂和水构成的，在其成分中完全不含矿物油。其浓缩物可以是液态、膏状和固体粉剂等，使用时用一定比例的水稀释后，形成透明或半透明的稀释液。稀释液外观为浅黄色至暗褐色均匀液体，使用寿命长，适用于钢铁、铜、铝及其合金的磨削和切削等加工。

合成切削液是单相体系，其稳定性要比乳化切削液好，使用时间也较长。由于合成切削液不含油，而且清洗力强，易将裸露的机床导轨面上的润滑油给清洗掉，使金属表面产生腐蚀，故在使用合成切削液的场合需加强对设备的防锈管理。学者刘镇昌在他的专著《切削液技术》中做过较深入的介绍，并且推荐了合成切削液的基本组成，参见表 7-8。

表 7-8　合成切削液的基本组成

组分类别	组分类别中常用的物质
防锈剂	三乙醇胺、三乙醇胺硼酸缩合物、亚硝酸钠、硼酸盐等 参考用量：5%~20%（质量分数）
表面活性剂	吐温-80、TX-10、OP-10、平平加、油酸三乙醇胺、磺化蓖麻油等 参考用量：0%~60%（质量分数）
润滑剂	聚乙二醇、脂肪酸皂等 参考用量：5%~15%（质量分数）
极压剂	硫化脂肪酸皂、氯化脂肪酸酯、聚醚等 参考用量：0%~20%（质量分数）
铜合金防腐剂	苯并三唑 参考用量：≤0.5%（质量分数）
防腐杀菌剂	甲醛衍生物、二氢三氮杂苯、苯甲酸、苯酚等 参考用量：≤2%（质量分数）
抗泡剂	硅油、二甲硅油及其改性物（如聚硅氧烷衍生物乳液） 参考用量：≤0.5%（质量分数）
水	参考用量：40%~80%（质量分数）

以及合成切削液的典型配方，见表 7-9。

表 7-9　合成切削液的典型配方

序号	类别	名称	质量分数（%）
1	稀释液	水	70
2	防腐剂	羧酸胺	10
3	pH 值缓冲抑制剂	三乙醇胺	5
4	极压润滑剂	磷酸酯	4
5	边界润滑剂	聚乙二醇酯	5
6	边界润滑剂	硫化蓖麻油	4
7	防霉剂	嘧啶硫酮	2
	总量		100

与乳化切削液相比，合成切削液使用寿命长，冷却和清洗效果良好，更适合于高速切削加工。由于溶液透明，有助于提高加工过程的可见性，因此，特别适于在数控机床与加工中心等现代加工设备上使用。合成切削液的突出优点在于经济性好、冷却效果优良、清洗性强和加工件可见性极好。故易于控制加工尺寸，其稳定性比乳化切削液强。但是，合成切削液也存在一些短处，如润滑性欠佳，易引起机床活动部件的黏着和磨损，还常会使加工件（尤其是重叠面）

产生锈蚀等，合成切削液与乳化切削液的性能比较见表 7-10。

近年来，为适应国家的环保和可持续发展的战略，业界不断开发出新的产品，合成切削液也取得了一些新发展，如合成乳化切削液、合成微乳化切削液等新品种。其核心技术是采用具有良好润滑性的嵌段聚醚来代替油。

水基金属加工液常用添加剂见表 7-11。

表 7-10　合成切削液与乳化切削液性能比较

项　目	合成切削液	乳化切削液
对水质的适应性	不怕硬水，稀释水中可含有较多的电解质	遇硬水或水中电解质含量过多乳化稳定性会降低，甚至破乳
冷却性	合成切削液是真溶液，润滑、冷却两种功能同时作用，冷却速度快	乳化液的润滑、冷却作用主要是由油相、水相分别起作用，故冷却速度慢些
清净性	因加有较多的表面活性剂清洗性好，但往往因清洗性过强而洗去导轨上的油或造成油漆剥落	清洗性不如合成液，如果乳化稳定性不够好，分出的油状黏性物质会黏附在机器上或引起砂轮堵塞
使用寿命	不易生菌，使用期长，但有时会有霉菌繁殖问题	易腐败生菌，使用期短
防锈性	只能使用水溶性防锈剂，防锈性不理想	可以使用油溶性防锈剂，防锈性好
可洗性	因全部由水溶性物质构成，加工后的零件很容易用水基清洗剂洗去	加工后的零件上留有一层薄油膜，不易被水基清洗剂洗去
泡沫	容易产生泡沫问题，一旦问题产生不易解决	泡沫问题不严重
对材质的适应性	使用硬质合金刀具时，可能会出现所谓"润滑不足"问题而降低刀具的性能。锌、铝等对水敏感的金属会出现白锈、色斑等问题。出现以上问题都需要靠调整配方加以解决	也有白锈及色斑问题，但不如合成液造成的问题严重
漏油的影响	漏入的润滑油浮在液面，易于除去，影响不大	漏入的润滑油易被乳化而降低乳化液的性能及使用寿命
对皮肤的影响	因清洗性、渗透性好，易造成皮肤脱脂而变得粗糙	对皮肤的影响小
废水处理	BOD、COD 不易降低，处理困难	只要彻底破乳、分油，达到排放标准不难
极压剂	多用磷酸酯型	多用硫、氯型
经济性	因使用期长，经济性可能稍好些	—
环境卫生	好	稍差
外观	透明，操作时便于观察	不透明

表 7-11　水基金属加工液常用添加剂

添加剂类型	化　合　物
油性剂	油脂类：动物系油脂、植物系油脂 酯类：米糠油甲酯、棕榈油甲酯等

（续）

添加剂类型	化 合 物
极压抗磨剂	氯系：氯化石蜡、氯化脂肪酸酯、氯化脂肪酸 硫系：硫化脂肪、硫化矿物油、硫化物、硫、氯化油脂 磷系：磷酸盐、亚磷酸盐 其他：有机金属化合物、硫代磷酸盐、钼化合物和超碱值的磺酸盐（PEP）等
表面活性剂	阴离子系：脂肪酸衍生物（脂肪酸皂）、环烷酸皂 硫酸酯型：长链醇硫酸酯、动植物油的硫酸化油酯 磺酸型：磺酸盐等 非离子系：聚氧化乙烯系（聚氧化乙烯烷基苯基醚、聚氧化乙烯单脂肪酸酯） 多价醇：山梨糖醇酐单脂肪酸酯（Span-80） 烷基醇酰胺：脂肪酸二乙醇酰胺等
防锈剂	磺酸盐、环烷酸盐、羧酸、胺类、磷酸盐、醇胺盐、硼酸盐、钼酸盐等
碱储备添加剂	链烷醇胺、单乙醇胺、三乙醇胺、氨甲基丙醇、2-（氨基乙氧基）乙醇和磺酸盐等
偶合剂	异丙醇、乙二醇、多元醇
抗烟雾剂	聚环氧乙烷
抗泡剂	有机硅、高级醇、聚醚等
杀菌剂	甲醛缩合物：六氢化-1，3，5-三（羟乙基）-S-三嗪、噁唑烷 4，4-二甲基-1，3-噁唑烷、7-乙基双环噁唑烷、三羟甲基-硝基甲烷、六氢-1，3，5-三（2-羟甲基）-（S）-三嗪、六氢-1，3，5-三甲基-（S）-三嗪、六氢三嗪噁唑啉等 酚类化合物：2-苯基-苯酚（OPP）及 OPP 的钠盐、4-氯-3-甲基-苯酚、邻苯基酚、邻苯基酚钠、2，3，4，5-四氯酚、邻苄基对氯酚

7.4　油基切削液和水基切削液的主要区别

油基切削液与水基切削液的性能比较见表 7-12。

一般在下列的情况下应选用水基切削液：

1）对使用油基切削液存在潜在火灾危险的场所。

2）高速和大进给量的切削，使切削区趋于高温，冒烟激烈，有火灾危险的场合。

表 7-12　油基切削液与水基切削液的性能比较

项　　目		切削油	乳化切削液	合成切削液
润滑性	刀具磨损	小	稍大	大
	产品光洁度	好	较好	稍差
	抗烧结能力	强	较强	较强
	工件表面残余应力	小	较大	较大
冷却能力		较差	强	强
防锈能力		强	较差	较差
润湿能力		强	较强	较差
防止堵砂能力		强	差	较差
使用寿命		长	短	长

（续）

项　目	切削油	乳化切削液	合成切削液
废液处理	易	不难	难
环境卫生	差	较差	好
对皮肤的刺激	大	较小	较小
冒烟	严重	无	无
着火危险	有	无	无
使用中维护管理	简单	复杂	较复杂
泡沫问题	无	不常有，难解决	有泡沫，易解决
残留物的去除	难	难	易
微生物的繁殖问题	无	严重	不常有，难解决
对油漆的影响	小	小	大
混入润滑油的影响	稀释了切削液使效率降低	效率降低，乳化稳定性下降	浮在液面易于除去
与机床润滑系统中油容易互混	可采用两用切削液	不能使用	不能使用

3）从前后工序的流程上考虑，要求使用水基切削液的场合。

4）希望减轻由于油的飞溅及油雾的扩散而引起机床周围污染和肮脏，从而保持操作环境清洁的场合。

5）从价格上考虑，对一些易加工材料及工件表面质量要求不高的切削加工，采用一般水基切削液已能满足使用要求，又可大幅度降低切削液成本的场合。

当刀具的耐用度对切削液的经济性占有较大比重时（如刀具价格昂贵，刃磨刀具困难，装卸刀具辅助时间长等），或者机床精密度高，绝对不允许有水混入（以免造成腐蚀）时，或者机床的润滑系统和冷却系统容易串通时以及不具备废液处理设备和条件时，均应考虑选用油基切削液。

在不同的切削加工中油基切削液和水基切削液的应用情况见表7-13。

表 7-13　油基切削液和水基切削液的应用情况

切削种类	切削液的选用		切削种类	切削液的选用	
	水基切削液	油基切削液		水基切削液	油基切削液
车削、镗削	++	○	攻螺纹	+	+
多轴车削	○	++	滚齿、插齿、刨齿、剃齿	○	++
多工位切削	○	++	内、外圆磨削，平面磨削	++	○
钻削	+	+	槽沟磨削，螺纹磨削	○	++
深孔钻削	○	++	高速磨削、强力磨削	++	○
铣削	+	+	研磨、珩磨		++
拉削、铰削	+	+			

注：++最常用；+常用；○很少用。

7.5　金属加工切削液的选用原则

在某一加工工序中需要使用什么样的切削液，主要从以下几方面来考虑：

（1）改善材料切削加工性能　如减小切削力和摩擦力，抑制切屑瘤及鳞刺的生长以降低工件加工表面粗糙度，提高加工尺寸精度；降低切削温度，延长刀具耐用度。

（2）改善操作性能　如冷却工件，使其易装卸，冲走切屑，避免过滤器或管道堵塞；减少冒烟、飞溅、起泡，无特殊臭味，使工作环境符合卫生安全规定，不引起机床及工件生锈，不损伤机床油漆；不易变质，便于管理，使用完的废液处理简单；不引起皮肤过敏，对人体无害等。

（3）经济效益及费用的考虑　包括购买切削液的费用、补充费用、管理费用，以及提高效益、节约费用等。

（4）法规、法令方面的考虑　如劳动安全卫生法规、消防法、污水排放法规等。

图 7-9 中列出了选择切削液的依据。在根据加工方法和要求精度来选择切削液之前，设置了安全性、废液处理等限制项目，通过这些项目可确定是选用油基切削液还是水基切削液这两大类型，如强调防火的安全性，就应考虑选用水基切削液。当选用水基切削液时，就应考虑废液的排放问题，企业应具备废液处理的设施。有些工序，如磨削加工，一般只能选用水基切削液；对于使用硬质合金刀具的切削加工，一般考虑选用油基切削液。一些机床在设计时规定使用油基切削液，就不要轻易改用水基切削液，以免影响机床的使用性能。通过权衡这几方面的条件后，便可确定选用油基切削液还是水基切削液。在确定切削液的类别后，可根据加工方法，要求加工的精度、表面粗糙度等项目和切削液的特征来进行第二步选择，然后对选定的切削液能否达到预期的要求进行鉴定，鉴定如果有问题，再反馈回来，查明出现问题的原因，并加以改善，最后做出明确的选择结论。

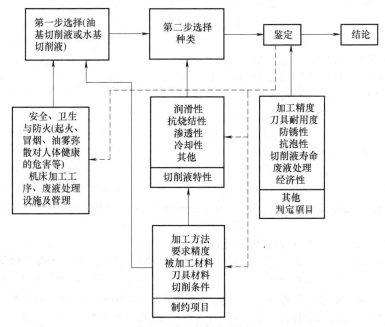

图 7-9　选择切削液的依据

一般根据以下几方面来选择切削液：

（1）根据机床的要求选择切削液　在选用切削液时，必须考虑到机床的结构装置是否适应。有些机床如多轴自动车床、齿轮加工机床等，设计时就已考虑使用油品种。

（2）根据刀具材料选择切削液　一般从以下几方面来选择切削液。

1）工具钢刀具。其耐热温度在 200~300℃ 范围内，只适用于一般材料的切削，在高温下会失去硬度。由于这种刀具耐热性能差，要求切削液的冷却效果要好，一般采用乳化液为宜。

2）高速钢刀具。这种材料是以铬、镍、钨、钼、钒（有的还含有铝）为基础的高级合金钢，它们的耐热性明显地比工具钢高，允许的最高温度可达

600℃。与其他耐高温的金属和陶瓷材料相比，高速钢有一系列优点，特点是它具有较高的坚韧性，适于几何形状复杂的工件和连续的切削加工，而且高速钢具有良好的可加工性且价格上容易被接受。

使用高速钢刀具进行低速和中速切削时，建议采用油基切削液或乳化切削液。在高速切削时，由于发热量大，以采用水基切削液为宜。若使用油基切削液会产生较多烟雾，污染环境，而且容易造成工件烧伤，加工质量下降，刀具磨损增大。

3）硬质合金刀具。用于切削刀具的硬质合金是由碳化钨（WC）、碳化钛（TiC）、碳化钽（TaC）和5%～10%（质量分数）的钴组成，它的硬度大大超过高速钢，最高允许工件温度可达1000℃，具有优良的耐磨性能，在加工钢铁材料时，可减少切屑间的黏结现象。

在选用切削液时，要考虑硬质合金对骤热的敏感性，尽可能使刀具均匀受热，否则会导致崩刃。在加工一般的材料时，经常采用干切削，但在干切削时，工件温升较高，使工件易产生热变形，影响工件加工精度，而且在没有润滑剂的条件下进行切削，由于切削阻力大，使功率消耗增大，刀具的磨损也加快。硬质合金刀具价格都较贵，所以从经济方面考虑，干切削也不合算。在选用切削液时，一般油基切削液的热传导性能较差，使刀具产生骤热的危险性要比水基切削液小，所以一般选用含有抗磨添加剂的油基切削液为宜。在使用切削液进行切削时，要注意均匀地冷却刀具，在开始切削之前，最好预先用切削液冷却刀具。对于高速切削，要用大流量切削液喷淋切削区，以免造成刀具受热不均匀而产生崩刃，亦可减少由于温度过高产生蒸发而形成的油烟污染。

4）陶瓷刀具。采用氧化铝（Al_2O_3）、金属和碳化物在高温下烧结而成，这种材料的高温耐磨性比硬质合金还要好，一般采用干切削，但考虑到均匀的冷却和避免温度过高，也常使用水基切削液。

5）金刚石刀具。具有极高的硬度，一般采用干切削。为避免温度过高，也像陶瓷材料一样，许多情况下采用水基切削液。

（3）根据工件材料选择切削液

工件材料的性能对切削液的选择很重要。据文献介绍，可把被加工材料按其可切削性的难易程度划分为不同的级别，以此作为选择切削液的依据。按材料的可切削性指数来分级。将铜在固定条件下的可切削性指数定为100，将其他材料在相同的条件下进行切削，按得出的刀具相对耐用度进行排列。

根据可切削指数来划分材料的级别见表7-14，切削指数越小的材料越难加工。在选择切削液时，对于难加工的材料应选择活性度高的含抗磨极压添加剂的切削液，对于易加工材料，可选用纯矿物油或其他不含极压添加剂的切削液。

表 7-14　根据可切削指数来划分材料的级别

材料组	材料举例	可切削指数
第一组	普通可切削钢：非合金钢、低合金钢及其淬火钢（15，35，15CrMn），易切削钢（Y12）	80
第二组	较难切削钢：高合金钢及其淬火钢（20CrMn，42CrMo）、高铬合金钢（10Cr17，40Cr13）、高铬镍合金钢（12CrNi2）、耐腐蚀耐酸的铬镍钢、铸钢	50
第三组	难切削钢：镍和镍合金、锰和锰硅钢（60Si2Mn）、铬钼钢（20CrMo）、硅钢、钛和钛合金	25
第四组	灰铸铁和可锻铸件（HT250，KTZ450-06）	60～110
第五组	有色金属：铜和铜合金	100～600
第六组	轻金属：铝和镁合金（5A05，5B05）	300～2000

切削加工是一个复杂过程，尽管是切削同一种材料，但当切削速度改变或切削工件的几何形状改变时，切削液显示的效果就完全不同，所以在选择切削液时要结合加工工艺和加工工件的特点来综合考虑。

在加工轻金属与有色金属时，切削力与切削温度都不高，一般可用矿物油及高浓度的乳化切削液。

在较低的切削用量下切削结构钢及合金钢（切削速度在10～15m/min，切削厚度小于0.15mm），而表面粗糙度值要求小时，例如拉削及螺纹切削等，这时主要要求切削液具有优异的润滑性能，则可使用极压油基切削液或高浓度乳化切削液。

在较高切削速度下粗加工各种材料时（例如车、铣、钻等），要求切削液具有良好的冷却作用，这时宜采用低浓度的乳化切削液及水基切削液。

在各种金属材料中，有的硬度高达65～70HRC，抗拉强度比45钢的抗拉强度高3倍左右，造成切削力比切削45号钢高200%～250%；有的材料热导率只有45钢热导率的1/7～1/4或更低，造成切削区热量不能很快传导出去，形成高的切削温度，限制切削速度的提高；有的材料高温硬度和强度高，有的材料加工硬化的程度比基体高50%～200%，硬化深度达

0.1~0.3mm，造成切削的困难；有的材料化学活性大，在切削中和刀具材料产生亲和作用，使刀具产生严重的黏结和扩散磨损；有的材料弹性模量极小，延伸率很大，这时更难于切削。因此，在切削上述材料时，要根据所切材料各自的性能、切削特点与加工阶段，选择相宜的切削液，以改善切削材料的切削加工性，达到高效加工的目的。一般的切削液，在 200℃左右就失去润滑能力。可是在切削液中添加极压添加

剂（如硫代磷酸盐、ZDDP）后，就成为润滑性能良好的极压切削液，可以在 600~1000℃ 高温和 1470~1960MPa 高压条件下起润滑作用。所以含硫、氯、磷等极压添加剂的乳化切削液和油基切削液，特别适于难切削材料加工过程的冷却与润滑。

切削液在使用和管理上也经常出现一些问题，需要及时进行分析和处理。表 7-15 列出了切削液使用和管理中出现的问题及其处理方法。

表 7-15　切削液使用和管理中出现的问题及其解决方法

出现的问题及现象	主要原因	解决的措施与办法
加工精度下降	1）冷却不充分或不均匀 2）切削液选型不合适 3）切削液失效	1）调整与改善供液喷雾，扩大供液范围，提供供液压力与流量，增大供液量 2）改用切削液品种，选择合适的切削液 3）更换切削液
机床或加工件生锈（含水）	1）切削液的浓度降低 2）切削液 pH 值降低 3）切削液腐败变质	1）经常检测浓度变化，添加新液，保持切削液浓度 2）补充碱，以保持 pH 值在 9 左右 3）加杀菌剂处理或更换切削液
铜、铝合金零件变色	切削液的组分与铜、铝合金起反应	更换切削液
切削液起泡，乳化液分离、转相（含水）	切削液中表面活性剂含量较大	1）加入适量抗泡剂 2）改用其他加工液
	1）稀释方法不当 2）漏入其他油液 3）腐败、劣化 4）加工铝或铝合金时，氢氧化铝起化学作用	1）按产品使用说明进行稀释 2）安装浮油回收处理装置 3）加杀菌剂杀菌 4）更换切削液
切削液变色发臭	1）漏入其他杂质，引起腐败 2）切削液中某些组分与切屑起反应	1）加杀菌剂杀菌 2）更换切削液
机床涂漆层变色与剥落	切削液中的碱与表面活性剂对漆层的作用	更换切削液，选择合适的切削液
对人体危害——皮肤过敏、皮肤炎	切削液中的碱、表面活性剂等组分对人皮肤起脱脂作用，某些组分对某些人有过敏作用，以致诱发皮肤炎等	1）选择对人体皮肤刺激小的切削液 2）操作者采取必要的防护措施，如戴手套等

7.6　切削液的废液处理

1. 油基切削液的废液处理

油基切削液一般不会发臭变质，其更换切削液的原因主要是由于切削液的化学变化，如切屑混入量增大，机床润滑油的大量漏入及水的混入等原因，对此

可采取如下措施。

1）改善切削液的净化装置。
2）定期清理切削液箱中的切屑。
3）通过检修机床防止润滑油漏入。
4）定期补充切削润滑添加剂。
5）加热去除水分，并经沉淀过滤后加入一些切

削润滑添加剂，即可恢复质量继续使用。油基切削液最终的废油处理一般是燃烧处理。为了节省资源，也可对废油进行再生，如图7-10所示。

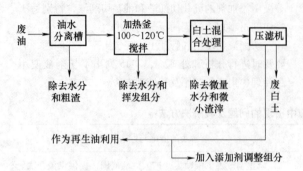

图 7-10　废切削油再生流程

2. 水基切削液的废液处理

水基切削液的废液处理可分为物理处理、化学处理、生物处理、燃烧处理四大类，如图7-11所示。

（1）物理处理　其目的是使废液中的悬浊物（指粒子直径在 $10\mu m$ 以上的切屑、磨屑粉末、油粒子等）与水溶液分离。其方式有以下三种：

1）利用悬浊物与水的密度差的沉降分离及浮游分离。

2）利用滤材的过滤分离。

3）利用离心装置的离心分离。

（2）化学处理　其目的是对在物理处理中未被分离的微细悬浮粒子或胶体状粒子（粒子直径为 $0.001\sim10\mu m$ 的物质）进行处理或对废液中的有害成分用化学处理使之变为无害物质，有下述四种方法：

1）使用无机系凝聚剂（聚氯化铝、碳酸铝土等）或有机系凝聚剂（聚丙烯酰胺）等促进微细粒子、胶体粒子之类物质凝聚的凝聚法。

2）利用氧、臭氧之类的氧化剂或电分解氧化还原反应处理废液中有害成分的氧化还原法。

3）利用活性炭之类的活性固体使废液中的有害成分被吸附在固体表面而达到处理目的的吸附法。

4）利用离子交换树脂使废液中的离子与有害成分进行离子交换而达到处理目的的离子交换法。

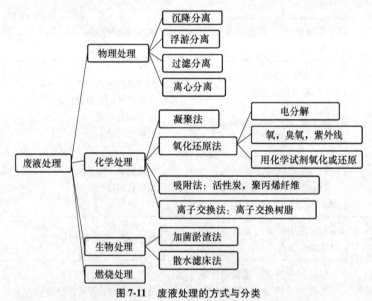

图 7-11　废液处理的方式与分类

（3）生物处理　生物处理的目的是对用物理、化学处理都很难除去的废液中的有机物（例如有机胺、非离子型活性剂、多元醇等）进行处理，其代表性的方法有加菌淤渣法和散水滤床法。

加菌淤渣法是将加菌淤渣（微生物增殖体）与废液混合进行通气，利用微生物分解处理废液中的有害物质（有机物）。

散水滤床法是当废液流过被微生物覆盖的滤材填

充床（滤床）的表面时，利用微生物分解处理废液中的有机物。

（4）燃烧处理　有直接烧除法和将废液蒸发浓缩以后再进行燃烧处理的"蒸发浓缩法"。

由于水基切削液的组成各异，所以到目前为止还没有一个固定的方法去处理，通常是根据被处理废液的性状综合使用上述各种方法。水基切削液常见的处理方法如图7-12所示。

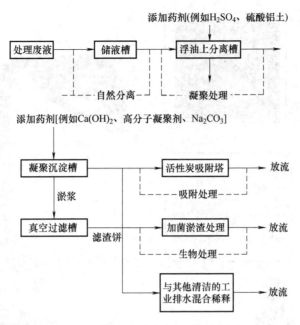

图 7-12　水基切削液废液常见的处理方法

7.7　切削液润滑性能的实验室评定方法

金属加工液润滑性能的实验室评定方法有很多种，但用得较广泛的主要有两种方法，即四球机法和攻螺纹扭矩法。

1. 评定润滑性能的四球机法

广州机械科学研究院有限公司（原机械部广州机床研究所）是国内设计和制造四球机最早的研究单位，于 20 世纪 60 年代成功制造出"吉山牌"四球机，后转至厦门、济南等地区进行商业生产。现在国内用得最广泛的四球机是厦门天机自动化有限公司专业生产的 TENKEY 四球摩擦试验机（MS-10J）。该机能准确地测试润滑剂的极压性能（PB、PD、ZMZ）与抗磨性能。厦门天机公司的四球摩擦磨损试验机已广泛应用于国内石化、机械、军工、高校和科研院所的基础研究中，对于润滑剂新产品的开发和润滑添加剂的筛选来说是一种极其重要的试验仪器，对润滑油质量与成本的控制发挥了关键作用。该试验机的外形和摩擦系数曲线如图 7-13 所示。韦谈平和陈东毅等人对四球机的摩擦、磨损和润滑方面的模拟试验进行过深入的研究并进行了四球摩擦副的力学分析，指导用户如何正确使用四球摩擦试验机。

该机采用四个 $\phi12.7mm$ 标准钢球，以滑动摩擦的形式在点接触压力下，评定润滑剂的承载能力和抗磨损性能（包括油膜强度 P_B、烧结负荷 P_D、综合磨损值 ZMZ、负荷磨损指数 LWI、摩擦系数 μ 和长期磨损 D 等指标）。该机还可以测定温度对润滑剂的影响以及润滑剂的温度特性。

试验机主轴端固定着一个钢球，对着下面浸没在润滑剂中并紧固在油盒内的三个静止的钢球，如图 7-14 所示。

在规定的负荷下，用选定的转速旋转滑动摩擦，控制润滑剂的温度和运行时间，进行一系列实验。然后测量油盒内钢球的磨痕直径或摩擦系数等，并据此对润滑剂的极压性能或抗磨性能等做出评价。

四球机需使用专用的试验钢球，材料为优质铬合金轴承钢 GCr15，直径 12.7mm，洛氏硬度 64~66HRC。

试验指标如下：

1）试验用标准钢球直径：$\phi12.7mm$。

2）主轴转速：50~3000r/min。

3）轴向加载范围：49~9800N。

4）摩擦力测量范围：0~534.9N；0~13363N。

5）油杯加热范围：室温至 200℃，偏差为±2℃。

6）试验力示值相对偏差：±1%。

7）试验力长时自动保持示值偏差：±1%FS。

8）油样极压试验：按 GB/T 3142 中规定的方法，报告 P_B 值、P_D 值、ZMZ 值。

9）油样磨损试验：按 SH/T 0189 中规定的方法，报告磨痕直径，并用显微镜检查三球。计算出三球平均磨痕直径与其中任一磨痕直径之差 Δ，应 $\Delta < 0.04mm$。

机械测量用显微镜外形如图 7-15 所示。

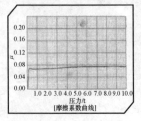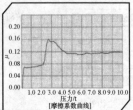

图 7-15 机械测量用显微镜外形

图 7-13 四球摩擦试验机的外形和摩擦系数曲线

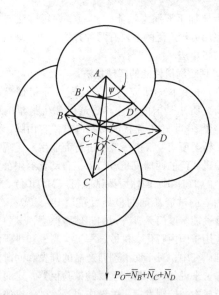

$$P_O = \overline{N}_B + \overline{N}_C + \overline{N}_D$$

图 7-16 四球摩擦副的力学分析

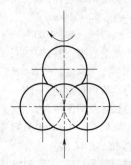

图 7-14 四球机 4 个钢球接触形式

四球摩擦副的力学分析如图 7-16 所示。

四球摩擦副受力的力多边形是由四个球的球心

A、B、C、D 为顶点所构成的正三棱椎体。B'、C'、D'分别为上球 A 与下三球的三个切点。三条棱边 AB、AC、AD 分别为上球与下三球接触面间正压力 NB、NC、ND 的方向线，其合力 P_O（大小等于试验负荷 P 而方向相反）的方向，即在正三棱锥体的中轴线 AO 上，与负荷 P 在同一轴上。

据此，又得

$$P = P_O = 3N\cos\Psi$$

$$N = P_O \times \frac{1}{3\cos\Psi} = \frac{\sqrt{6}}{3}P = 0.40825P$$

$$\cos\Psi = \frac{\sqrt{6}}{3}$$

式中　P——试验负荷；

　　　N——上球对下球的正压力。

2. 评定润滑性能的攻螺纹扭矩法

目前应用较广泛的是德国 Microtap 的攻螺纹扭矩试验机，其外形如图 7-17 所示，还有美国 Falex 攻螺纹扭矩试验机。

图 7-17　德国 Microtap 攻螺纹扭矩试验机外形

德国 Microtap 的 TTT 螺纹加工扭矩测试系统，该测试仪最主要的功能部件为加工测试用的刀具丝锥（见图 7-18）以及加工测试用的标准测试块（见图 7-19）。

图 7-18　加工测试用的刀具丝锥

其最大扭力值为切削螺纹丝锥——300N·cm；挤压成形丝锥——400N·cm；高黏度通用型挤压成形丝锥的材质主要是铝铜、不锈钢；高黏度通用型切削螺旋丝锥的材质也主要是铝铜、不锈钢。

测试标准如下：

挤压成型标准孔径为 $3.7^{+0.010}_{-0.010}$mm。

切削排屑标准孔径为 $3.3^{+0.009}_{-0.008}$mm。

加工测试用的标准测试块的材质主要为 6063 铝合金测试块和 6065 铝合金测试块，试验测试结果界

图 7-19　加工测试用的标准测试块

面如图 7-20 所示。

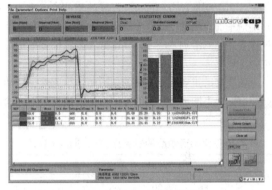

图 7-20　试验测试结果界面

攻螺纹扭矩试验机尤其对于金属加工油的配方研究及润滑性能的实验室评定发挥了重要的作用。

7.8　金属加工液的发展趋势

"绿色制造"是我国保护生态环境和可持续发展战略的重要组成部分，从技术层面上分析，绿色制造主要包括绿色设计方法和绿色工艺技术。很明显，这里面也包括绿色切削液的开发以及润滑方式应用的绿色化。

1. 绿色切削液的开发

大力开发对生态环境和人类健康副作用小、加工性能优越的切削液，朝着对人和环境完全无害的绿色切削液方向发展；同时，努力改进供液方法，优化供液参数和加强使用管理，以延长切削液的使用寿命，减少废液排放量；此外，还应进一步研究废液的回收利用和无害化处理技术。近几年来，为了适应机械加工技术的不断进步，对切削液也提出了更高的要求。此外，为了达到环境保护的目的，切削油还需要尽可能地对环境不产生污染。目前仍在使用的极压润滑剂主要是含有硫、磷、氯类的化合物，如硫化烯烃、硫化动植物油、硫脲磷酸酯、氯化石蜡等，它们在高温下与金属表面发生化学反应生成化学反应膜，在切削中起极压润滑作用。它们的润滑性能很好，但对环境有污染，对操作者有害。随着人们环保意识的加强，

现在已限制使用此类添加剂，国内外正在着手研究它的替代物。近年来，无毒无害的硼酸盐（酯）类添加剂系列受到了广泛的重视。目前研究开发的重点如下：

1）矿物油逐渐被生物降解性好的植物油和合成酯所代替。

植物油是最早被利用作为切削液的油类物质之一。在很长一段历史时期内，它曾被作为工业切削液使用。但在使用中，因发现其氧化安定性差及低温流动性不好等主要缺陷，后来又被矿物油所取代。但近年来，出于环保压力和可持续发展的要求，植物油在切削液中的应用又受到业界的高度关注，尤其是植物油作为绿色润滑剂基础油，在这方面我国许多单位都进行了研究。

植物油的主要成分是甘油和脂肪酸构成的三甘油脂肪酸酯。不同地区和不同种类的植物油是由不同的脂肪酸组成的，表7-16为常见植物油的主要成分。

表 7-16　常见植物油的主要成分（质量分数,%）

种类	油酸	亚油酸	亚麻酸	棕榈酸	硬脂酸
菜籽油	60	20	8	2~4	1~2
橄榄油	64~86	4~15	0.5~1	7~16	1~3
葵花籽油	14~35	50~75	011	4~19	3~6
玉米油	26~40	40~55	1	9~19	1~3
南瓜子油	24~41	46~57	—	7~13	6~7
亚麻籽油	20~26	14~20	51~54	6~7	3~5
大豆油	22~31	49~55	6~11	7~10	3~5
棕榈油	38~41	8~12	—	40	4~6

植物油的氧化安定性、低温流动性和润滑性等都是业界关注的需要解决的主要问题。目前，能解决的途径有3条，即化学改性，加入添加剂弥补改性和基因改性。

合成酯也是受到十分关注的作为绿色润滑剂的另一类基础油。合成酯是由有机酸与醇在催化剂作用下酯化脱水而成的一类高性能合成高分子材料，其分子中含有酯基官能团。根据分子中酯基的数量和位置，合成酯又分为双酯、多元醇酯和复酯等。图7-21所示为几种合成酯的生物降解性，图7-22所示为各种基础油的生物降解性比较。

2）油基切削液逐渐被水基切削液所代替。

3）开发性能优良且对人体无害和对环境无污染的添加剂。

绿色润滑剂是由绿色基础油和绿色添加剂组成的。近年来，绿色添加剂的开发应用也受到业界的高

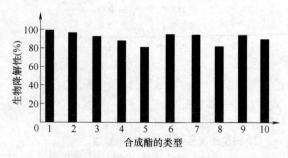

图 7-21　几种合成酯的生物降解性

1—己二酸二乙酯　2—己二酸二丁酯　3—乙二酸二辛酯
4—乙二酸二癸酯　5—乙二酸二异癸酯
6—三羟甲基丙烷三己酸酯　7—季戊四醇四己酸酯
8—三羟甲基丙烷三油酸酯　9—季戊四醇四辛酸酯
10—季戊四醇四异辛酸脂

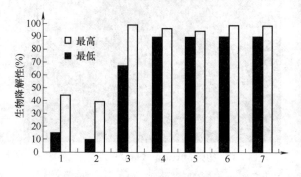

图 7-22　各种基础油的生物降解性比较

1—矿物油　2—白油　3—合成酯　4—花生油
5—棉籽油　6—菜籽油　7—蓖麻子油

度关注，目前，重点开发的有以下几方面的绿色添加剂：

1）改性植物油作为润滑添加剂。

2）有机硼酸酯类添加剂。

3）B-N化改性的脂肪酸水基润滑添加剂。

4）纳米润滑添加剂。

围绕环保和可持续发展的主题，绿色切削液的开发研究方向可归纳为去氯、减氮、少乳、抑菌、抗雾、兼用等几方面。

2. 润滑方式的绿色化应用

在本书后文先进润滑方式及其应用中，已经较详细地分析了油雾润滑、油气润滑、微量润滑和全优润滑等先进润滑方式，这些都是润滑方式绿色化应用的典型例子。符合我国的节能、减排、可持续发展的国家战略布局，也符合循环经济的原则。

循环经济是一种可持续的经济发展模式。"循环经济"一词最早由美国经济学家波尔丁于20世纪60年代提出。这种经济发展模式的核心是强调人与自然

的和谐与协调发展。"3R"是循环经济的原则，即对废异物"减量化（Reduce）""再利用（Reuse）""再循环（Recycle）"。

简而言之，绿色切削液的开发和润滑方式的绿色化应用都符合循环经济的原则，这些应该是金属加工液的主要发展方面。业界专家认为，我国金属加工液的发展趋势如下：

1）高性能、长寿命、低污染和环保应是金属加工液的主要发展方向。目前我国进口的数控机床、加工中心等先进制造设备越来越多，对水基金属加工液的需求量越来越大，而进口装备主要是使用设备制造商指定的进口水基金属加工液的产品。因此，我国急需研制高性能、长寿命的水基金属加工液以替代进口产品。

2）通用、高效是金属加工液的重要发展方向。

3）环保型水基润滑添加剂的开发，尤其是纳米水基润滑添加剂的开发应用，可减少硫、磷等传统润滑添加剂的使用，其结果更为环保。

4）水基金属加工液废液后处理技术的开发。

5）水基润滑剂的摩擦化学机理的研究。

参 考 文 献

[1]　黄兴，林亨耀. 润滑技术手册［M］. 北京：机械工业出版社，2020.

[2]　刘镇昌. 切削液技术［M］. 北京：机械工业出版社，2015.

[3]　王怀文，刘维民. 植物油作为环境友好润滑剂的研究概况［J］. 润滑与密封，2003（5）：127-130.

[4]　王恒. 金属加工润滑冷却液［M］. 北京：化学工业出版社，2008.

[5]　张康夫，王金高. 水基金属加工液［M］. 北京：化学工业出版社，2008.

[6]　杨汉民. 植物油制备绿色环保润滑剂的展望［J］. 中国油酯，2003，28（11）：65-67.

[7]　JERRY P B. Metalworking Fluids［M］. CRC Press, Society of Tribologists and lubrication Engineers, 2006.

[8]　SUDAS, et al. A synthetic ester as an optimal cuttiug fluid for minimat Facoutity lubri cation macting［J］. Annats of the CIRP, 2002, 51 (1)：61-64.

[9]　黄文轩. 润滑油添加剂应用指南［M］. 北京：中国石化出版社，2003.

[10]　陈波水，高建华. 环境友好润滑剂［M］. 北京：中国石化出版社，2006.

[11]　REBECCAL G, et al. Biodegradable lubricants［Z］. Lubrication Engineering, 1998, 54 (7)：10-16.

[12]　傅树琴. 金属加工润滑剂的研究与进展［J］. 石油商技，2001，19 (4)：1-4.

第 8 章　绿色润滑剂概述

作为石油基油品的替代产品，生物基和可生物降解润滑油已经引起人们的高度关注。根据美国海洋和大气管理局（NOAA）发布的数据，每年均有 7 亿加仑⊖的石油排入海洋，超过半数即 3.6 亿加仑的石油是因为不良习惯及常规的泄漏和流出造成的。

润滑剂在使用、储存和运输等过程中，经常会因泄露、飞溅、蒸发或不当抛弃等原因进入环境。例如链锯油、二冲程发动机油、铁道轨道润滑剂、开式齿轮油以及钢丝润滑脂等，这些一次性使用的润滑剂在使用过程中很容易进入环境。以链锯油为例，链锯油在使用时直接加到高速运动的链锯上，然后由锯屑吸附带走，这样就流入环境中，大部分油品流入到土壤中。又如，二冲程舷外发动机油在使用过程中，一些没烧尽的润滑油也会溅射到水域中，这样尤其是对水生植物和动物造成严重影响，甚至破坏生态平衡。据研究表明，矿物油对地下水的污染长达 100 年之久，$0.1\mu g/g$ 的矿物油能缩短海中小虾的寿命达 20%。

润滑剂生态毒性大小可用半致死量（LD_{50}）或半致死浓度（LC_{50}）来表示。LD_{50} 或 LC_{50} 系指染毒动物半数死亡的剂量（mg/kg）或浓度（mg/L），此值是将动物实验所得的数据经统计处理而得。国际上，一般认为 LD_{50} 值大于 $1000\mu g/g$ 的润滑剂是无毒的。通常要求环境友好润滑剂的 LD_{50} 值应大于 $100\mu g/g$，如果生物毒性累积很低，在水生类中，LD_{50} 在 $10\sim100\mu g/g$ 范围内也是可以接受的。

经验表明，润滑剂的毒性基本上是基础油毒性和添加剂毒性的算术总和，因此，开发环境友好（绿色）润滑剂的基本条件是必须采用绿色基础油和绿色添加剂。需要说明的是，当我们谈到润滑剂对人体健康危害的时候，也不要认为润滑剂是十分可怕的，我们要正确对待，科学使用。

业界人员一直专注于如何解决植物油用作润滑油基础油的局限性。如植物油存在氧化安定性、低温流动性以及与橡胶相容性差等缺点。采用化学改性和生物基因技术改性来解决植物油本身固有的缺陷，在这方面国内外已取得许多重大突破。

大多数生物基油品不含毒性物质，生物基油品通常经调制后也几乎无毒。众所周知，石油产品含有芳香、环状（环形结构）烃类，虽然经过苛刻加氧处理后的油品在炼制过程中会除去大部分芳烃，但这类油品溢出后也仍然会危害水源，伤害野生水中动物和生态系统。

8.1　绿色润滑剂的定义

润滑油是四大石油产品之一，我国是仅次于美国的世界上第二大润滑油消费国。矿物油基润滑油占润滑油总量约90%以上，比例相当大。但矿物油基的生物降解能力差，它流失到环境中对生态系统会造成巨大危害。据报道，每年全世界约有30%的废旧矿物基润滑油排放在环境中，这些难降解的化学物质大量进入生物圈，严重破坏了生态平衡。进入环境的矿物油基润滑油严重地污染土壤、河流等，极大地危害生态系统。图 8-1 所示为矿物润滑油的降解过程。

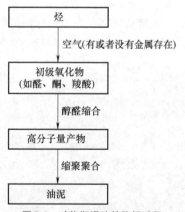

图 8-1　矿物润滑油的降解过程

所幸的是，人们在大量使用润滑剂的同时，也深深地感受到了润滑剂对环境和健康带来的双重创痛，并在创痛中幡然醒悟，保护环境已成为全世界的共识，激发出了开发绿色润滑剂的现代润滑新理念。国际上，对"环境友好"和"可生物降解"的绿色润滑剂的研究始于 20 世纪 70 年代，这是因为发现了很多润滑剂泄露流失到自然环境中产生的严重污染，如

⊖　1USgal = 3.785dm³。

在铁路系统中广泛使用的机车轮/轨润滑剂，它是在机车运行过程中喷涂到机车轮缘外侧或钢轨内侧起润滑作用，随着机车运行，大部分润滑剂会散失到周围环境中，造成污染。还有像船用二冲程弦外发动机在使用过程中没烧尽的润滑剂也会造成严重污染，曾经在瑞士和德国边界的 Bodensee 湖底发现了很厚的碳氢化合物沉积层，这就是来自二冲程弦外发动机使用的矿物油型润滑剂。其他类似的事例数不胜数。因此，人们把注意力转向开发环境友好可生物降解的绿

色润滑剂，以取代矿物油型的润滑剂。业界已充分认识到，保护环境与大自然和谐共处，才是人类社会可持续发展的明智选择。我们也深刻认识到，绿色润滑剂的开发和应用是资源、经济和环境有机结合的一项可持续发展的系统工程，绿色润滑剂全面取代对环境有害的润滑剂是 21 世纪的呼唤！因此，发展绿色润滑剂是可持续发展的必然选择，对于绿色润滑剂的生态研究是判断其是否与环境兼容的依据。润滑油的生物降解过程如图 8-2 所示。

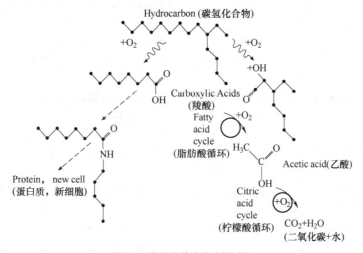

图 8-2　润滑油的生物降解过程

绿色润滑剂也称生态型润滑剂或称环境友好润滑剂、环境协调润滑剂、环境无害润滑剂、环境兼容润滑剂，以及环境满意润滑剂等。它的定义是指润滑剂既能满足机械设备的使用要求，又能在较短时间内被活性微生物（细菌）分解为 CO_2 和 H_2O，润滑剂及其耗损产物对生态环境不产生危害或在一定程度上为环境所兼容。

陈波水和方建华等学者在他们的专著《环境友好润滑剂》中对绿色润滑剂做了详细的描述。绿色润滑剂这一概念包含了两层含义，一是这类产品首先是润滑剂，它在使用效能上可达到特定润滑剂产品的规格指标，满足使用对象对润滑的要求；二是这类产品对环境基本无负面影响，在生态效能上对环境无危害，或为环境所许可，通常表现为易生物降解且生态毒性低。生物降解润滑性常被归入环境友好润滑剂之列，但严格上讲，生物降解并没有明确反映出生态毒性的问题。生物降解性和生态毒性是两个不同的方面。作为环境友好润滑剂，要求其生物降解性好且生态毒性及毒性累积性要小。绿色润滑剂的生物降解性很好。世界摩擦学理事会终身主席、摩擦学科创始

人 H. Peter Jost 爵士在第四届世界摩擦学大会（2009年）和第五届世界摩擦学大会（2013 年）的开幕式上都宣讲了绿色摩擦学，并称赞我国石油大学张嗣伟教授在我国最早提出绿色摩擦学的学科与技术体系。绿色摩擦学对节能减排、低碳经济及生态文明等都具有积极的意义。目前，国内外都十分关注绿色润滑剂的开发和应用，并已取得了许多重大发展，可以说，绿色润滑剂已成为润滑剂发展的一大潮流。

8.2　绿色润滑剂的发展及生态标志

1. 绿色润滑剂的发展

环境是人类及其他生命赖以生存的基础，随着国际社会对生态环境保护意识的不断提高，促进业界各国政府加强对油品使用的管理，希望采用新技术开发环境友好的绿色润滑油品，因此，可生物降解润滑油（绿色润滑剂）应运而生。

正如上面提到的，人们最早提出开发可生物降解油是由于在德国和瑞士边界的 Bodensee 湖的湖底发现很厚的碳氢化合物沉淀层。据分析发现，这些沉淀层主要是由于湖上行驶的二冲程舷外发动机中的润滑

油在使用过程中不断溅入湖中，日积月累便在湖底形成碳氢化合物的沉淀层。因此，政府下令禁止航程在7km以上的外置马达船只使用矿物润滑油，这也是最早提出的为何要使用可生物降解润滑剂的依据。可生物降解润滑剂的发展历程见表8-1。2024年全球生物基润滑剂终端用户所占市场的预测如图8-3所示，2022年全球生物基润滑剂所占市场的预测如图8-4所示。

表 8-1 可生物降解润滑剂的发展历程

年份	发展状况
1975	合成酯类二冲程舷外发动机油
1976—1979	研究建立了生物降解性试验方法 CEC L-33-T38
1985	液压液及链锯润滑剂
1989	德国链锯润滑剂"蓝色天使"规格
1990	生物降解性润滑脂
1991	德国发布脱模油、润滑脂及其他润滑剂"蓝色天使"规格
1992	可生物降解发动机油及拖拉机传动液
1994—1995	可生物降解液压液（DIN）德国工业标准颁布

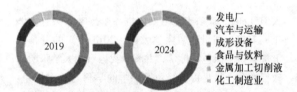

图 8-3 2024 年全球生物基润滑剂终端用户所占市场的预测

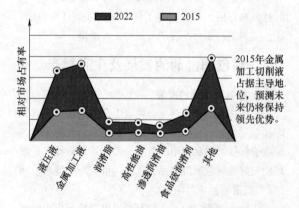

图 8-4 2022 年全球生物基润滑剂所占市场的预测

德国是 20 世纪 70 年代最早起步研究绿色润滑剂的国家。1986 年，德国出现了第一批完全可生物降解

的润滑油。瑞典的环保型润滑剂研究起步也较早，瑞典森林资源丰富，造纸业发达，在林木采伐过程中由于液压油泄漏等原因，对土壤的污染很严重，因此，1992 年，瑞典农业部发起并资助了由林业公司、润滑剂生产商和专家组成的工作组，展开了职业健康与安全调查，并对九种不同类型的液压油进行了实验室和野外试验，这些工作为后来研制绿色润滑油奠定了基础。1995 年，瑞典开始推行"清洁润滑"计划。在 1988—1998 年的十年间，瑞典的林木采伐中所使用的液压油有 70%~80% 已采用绿色润滑剂。英国于 1993 年 3 月专门召开了"润滑剂与环境"的学术研讨会，重点讨论润滑剂的生物降解性及其对环境的危害问题，并由此致力于绿色润滑剂的研究和开发。此外，奥地利、加拿大、匈牙利、日本、波兰、瑞士和美国等国家也都相继制定和颁布一些有关法规条例来规范和管理润滑剂的使用。欧洲环保法规明确规定，凡用于摩托车、雪橇、除草机和链锯等的润滑油必须是可生物降解的，这在很大程度上促进了绿色润滑剂的研制、应用和发展。因此，自 20 世纪 90 年代以来，全世界绿色润滑剂的发展非常迅速，并逐步形成了润滑剂发展的一大主流。

自 1997 年起，在国家自然科学基金的资助下，由上海交通大学王大璞等人负责的课题组开展了有关绿色润滑剂的研究工作，为我国后来在绿色润滑剂这一领域的研究打下坚实的基础。广州机械科学研究院和广州市联诺化工科技有限公司等单位从 20 世纪 90 年代末期就对绿色润滑剂进行了系统深入的研究，并取得许多重大的科研成果。

欧洲开发可生物降解润滑剂的大体要求如下：

1) 添加剂可接受生态毒性总量（质量分数）≤5%。

2) 不含氯和亚硝酸盐。

3) 无致癌物，不含金属（K、Ca 除外）。

2. 绿色润滑剂生态标志

目前，尚未有环境友好润滑剂（绿色润滑剂）的国际统一标准，ISO 制定过环境可接受的液压油标准（ISO 15380：2016），其中包括生物降解和毒性指标，并标志为"全球生态"。它是在满足液压油的一般要求外增加了生物降解性和毒性等指标。尽管现有指标各异，但均对降解性及生态毒性等有一定要求。国外许多公司现已能生产绿色润滑剂产品，而且产品上均带有环保标志，图 8-5 所示为部分国家和地区制定的生态标志，可用于区分环境友好润滑剂与普通润滑剂。

中国节能产品标志　　中国Ⅰ型环境标志　　中国Ⅱ型环境标志　　中国Ⅲ型环境标志

中国绿色食品标志　　北欧　　德国　　美国

全球环保标章　　加拿大　　奥地利　　匈牙利

日本　　韩国　　泰国　　新西兰

捷克　　荷兰　　西班牙　　克罗地亚

法国　　新加坡　　瑞典　　以色列

印度　　英国

图 8-5　部分国家和地区的生态标志

8.3 绿色润滑剂的组成

绿色润滑剂是由绿色基础油和绿色添加剂所组成的。绿色基础油的主要来源有两大类，一类是植物油，另一类是合成油。合成油主要包括 PAO、合成双酯、多元醇酯和 PAG 等。

作为绿色基础油的植物油的优点是优异的润滑性、良好的生物降解性、好的黏温性、资源十分丰富，以及可再生等。从分子结构分析，由于植物油基中的 C—O 键是一个弱键，它易被破坏，故植物油的生物降解性好。但从结构分析发现，植物油分子也存在固有缺陷，C=C 双键易氧化，且易水解成酸性物质，并存在大量活泼的烯丙基位。如甘油分子中的 β-H 是叔氢，易被热分解。因此，业界一致在努力研究，要想成功地把植物油作为绿色基础油使用，就必须对植物油进行必要的改性。目前，国内外对植物油的改性主要有三种方法，即化学改性、添加抗氧剂改性和生物技术改性。在以上三种改性方法中，生物技术改性更为绿色和先进，新技术一旦成熟，必将对植物油的改性带来重大变革。

合成酯也常被作为绿色润滑剂的另一类基础油。一般来说，合成酯是由有机酸与醇在催化剂作用下酯化脱水而成的一类高性能润滑材料。酯类油分子中含有酯基官能团—COOR′，根据分子中酯基的数量和位置，又可将酯类油分为双酯、多元醇酯和复酯等。

双酯是以二元羧酸与一元醇，或以二元醇与一元羧酸反应所制得的产物。双酯含有两个酯基，其化学结构式为

$$R'OOC—R—COOR'$$

结构式中，R、R′为不同碳数的烷基，如 R 的碳数为 8，则为癸二酸双酯；若 R 的碳数为 7，则为己二酸双酯；若 R 的碳数为 4，则为己二酸双酯。以上这三种双酯属于较常用的酯类油。

多元醇酯是由分子中羟基数大于 2 的多元醇与饱和直链脂肪酸反应制得的，其分子结构具有两个以上的酯基，其化学结构通式为

$$R'_n—C(CH_2O—\overset{\underset{||}{O}}{C}—R)_{4-n}$$

结构式中，$n=0$、1、2。如 $n=0$，则为季戊四醇酯；$n=1$，$R'_n=C_2H_5$ 时，则为三羟甲基丙烷酯，$n=2$ 则为新戊基二元醇酯。常用的多元醇酯有 $C_5 \sim C_9$ 脂肪酸的三羟甲基丙烷酯和季戊四醇酯，其结构式如下：

三羟甲基丙烷酯

季戊四醇酯

新戊基多元醇酯的共同特点是分子中的 β 碳原子上不含氢，因而其热安定性比其他酯类要好；其 R′基碳链长短决定其黏度和低温流动性，碳链越长，黏度越大，低温流动性变差。

复酯是由二元酸和二元醇（或多元醇）酯化成为长链分子，其端基再通过一元醇或一元酸酯化而得到的高黏度基础油。复酯的平均相对分子质量一般为 800～1500，其黏度较双酯和多元醇酯高，但其热稳定性不如多元醇酯好。

合成酯类具有较好的生物降解性，合成酯的生物降解性与其化学结构有很大关系，表 8-2 为几种合成酯的生物降解性。

表 8-2 几种合成酯的生物降解性（CEC L-33-T82）

酯的类型	生物降解性（%）	酯的类型	生物降解性（%）
单酯	90～100	聚合油酸酯	80～100
线性新多元醇酯	70～100	邻苯二甲酸酯	45～90
二元醇酯	75～100	二聚酸酯	20～80
复合多元醇酯	70～100		

酯类化合物在微生物的作用下，首先水解成有机酸和醇，然后在酶的作用下通过脂肪酸循环，进一步裂解成醋酸，再通过柠檬酸循环降解成 CO_2 和 H_2O。从表 8-2 中可看出，合成酯的生物降解性与其化学结构有关，可以发现，支链的引入会降低酯的生物降解性。二元酸酯具有较好的生物降解能力，故它是应用较为广泛的合成润滑剂之一。另外，酯类油的分子结

构中含有较高活性的酯基基团，它易于吸附在金属表面上而形成牢固的润滑膜，因而酯类油的润滑性较好。一般酯类油可视为一类无毒化合物。可以说，双酯、多元醇酯和复酯均可作为绿色润滑剂基础油，它解决了植物油所存在的部分弊端，但目前价格相对较高。

合成酯由于特殊的分子结构而具有优异的高/低温性能、黏温性、热安定性、氧化安定性、润滑性和低挥发性等，从而在航空等高技术领域获得了重要应用。另外，合成酯还具有优异的生物降解性和原材料可再生性等优势，目前已广泛应用于汽车、石化、冶金和机械等民用领域，它是一种具有广阔应用前景的合成润滑油。专家指出，我国目前已基本能够实现合成酯产品的规模化生产，但技术与国外相比仍存在一定差距，特别是在高品质（浅色、低酸值、低羟值）合成酯基础油方面缺乏成熟的工程技术。目前应该重点在合成酯基础油的分子设计、制备工艺与应用性能等方面开展深入的研究，设计新型结构或在酯化物中引入新的功能基团，以丰富合成酯基础油的种类，并拓宽其应用领域。

研究表明，有望作为绿色润滑剂基础油的还有PAO、聚烷撑二醇和聚醇醚类等。PAO 油具有优异的物理性质，如高闪点、高燃点、低倾点、高黏度指数和低发挥性等。而且 PAO 油具有优良的热稳定性和水解安定性，目前含有 PAO 油的润滑油已广泛用作液压油及乘用车发动机油等高档润滑油品。PAO 油的生物降解性与自身黏度有关，随着黏度增大，其生物降解性变差，如图 8-6 所示。

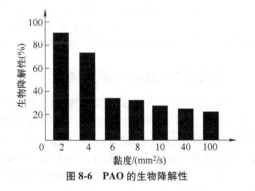

图 8-6　PAO 的生物降解性

聚醚是以环氧乙烷、环氧丙烷、环氧丁烷和四氢呋喃等为原料，在催化剂的作用下开环均聚或共聚制得的线型聚合物，其结构式为

$$R_1O \left[CH_2 - \overset{\displaystyle R_2}{\underset{\displaystyle H}{C}} - O \right] \left(CH_2 - \overset{\displaystyle R_3}{CH} \right)_x O \right]_n R_4$$

结构式中，$n = 2 \sim 500$，R_1、R_2、R_3、R_4 可以是氢，也可以是烷基。

改变原料环氧烷的比例可得到不同结构和性质的聚醚。根据不同的使用要求设计不同的聚醚结构，可得到具有所需性能的聚醚类润滑油。

我国是植物油生产大国，产量位于世界第三。其中菜籽油和棉籽油的产量位居世界第一，用植物油来制造绿色基础油在我国具有巨大的发展潜力。

不同种类润滑剂的基础油的生物降解性是不一样的，见表 8-3 所示。

表 8-3　润滑剂的基础油的生物降解性

基础油	生物降解性（%）
聚酯	80 ~ 100
二元酸双酯	60 ~ 100
多元醇酯	60 ~ 100
苯二甲酸二酯	60 ~ 70
聚烯烃	≤20
聚异丁烯	≤30
聚丙二醇	≤10
烷基苯	≤10
矿物油	20 ~ 60
植物油	70 ~ 100

环境友好型润滑剂也需要加入相应的绿色添加剂才能满足生态及使用要求，国外在这方面有严格的要求，如德国"蓝色天使"组织对可生物降解润滑剂的添加剂有具体的要求，尤其是添加剂的毒性和对环境的适应性。表 8-4 为部分生态效能较好的添加剂的水污染等级和生物降解性。

表 8-4　部分生态效能较好的添加剂的水污染等级和生物降解性

添加剂	化学物质	水污染等级	生物降解性（%）	评价方法
极压剂	硫化脂肪酸（10%质量分数的硫）	0	>80	CEC L-33-T82
	硫化脂肪酸（18%质量分数的硫）	0		

（续）

添加剂	化学物质	水污染等级	生物降解性（%）	评价方法
防腐剂	二烷基苯磺酸钙	1	60	CEC L-33-T82
	琥珀酸衍生物	1	>80	CEC L-33-T82
	无灰磺酸盐	1	50	CEC L-33-T82
	苯三唑	1	70	OECD 302B
抗磨/防锈剂	部分酯化的丁二酸酯	—	>90	OECD 302B
	三羟甲基丙烷酯	—	>80	
	磺酸钙	—	>60	
抗氧剂	2, 6-二叔丁基对甲酚	1	17（28d） 24（35d）	MTTI Ⅱ
	烷基二苯酚	1	9	OECD 301D

在绿色润滑添加剂的研制方面，目前主要的产品如下：

1）抗氧剂，如胺类、苯酚类等。

2）极压抗磨剂，如硫代磷酸酯（无灰）、二硫代氨基甲酸盐（无灰）、S-P 类化合物和硫化脂肪等。

3）防锈剂，如脂肪酸衍生物、胺类、咪唑啉类和三唑类等。

4）抗泡剂，如聚硅氧烷类、异丁烯酰脂等。

如果采用特定分子结构设计的理念对绿色润滑添加剂进行设计研究，则有望获得新型绿色且高效的添加剂。

选择绿色添加剂的标准通常要考虑下列因素：

1）水污染基准最大值（德国化学法）。

2）不含氯和氮。

3）不含金属（K、Ca 除外）。

4）生物降解性（OECD 302B 法大于 20）。

5）低毒性。

业界研究表明，一般含有过渡金属元素的添加剂和某些影响微生物活动及营养成分的洗涤分散剂会降低润滑剂的生物降解性。而含 N 和 P 元素的添加剂，因为能提供有利于微生物生长的氧分，故可提高润滑剂的生物降解性。硫化脂肪是非常适用于可生物降解

润滑油的抗压、抗磨添加剂。但由于植物油或合成酯的酯类结构具有较强的极性，与添加剂在摩擦表面形成竞争吸附，故相对添加量较大。无灰杂环类添加剂是很好的多功能型润滑油添加剂，在绿色润滑油中将会扮演重要角色。抗氧剂的选择对绿色润滑油至关重要，对植物油尤其如此。这是由于基础油本身含有大量的双键结构而易被氧化，且其易于水解生成酸性物质，进而加速氧化作用。

一般在较低温度下，酚型抗氧剂的感受性比胺型的好，而胺型抗氧剂有一定的毒性，且色泽较深，抗氧剂的协同效应也值得关注。大量研究发现，有机胺可提高酯类油的水解安定性，从而改善其氧化稳定性。

8.4 绿色润滑剂的应用案例

近十几年来，随着生态意识的增强和环保法规的不断完善，人们已经深刻体会到节约能源和环境保护是 21 世纪的两个重大课题。因此，国内外对开发和应用绿色环保润滑剂给予高度重视，并取得了大量成果。国外一些公司已开发出以植物油或合成酯为基础油的绿色润滑剂产品，且已商品化。国外主要公司生产的绿色润滑剂的商品牌号见表 8-5。

表 8-5 国外主要公司生产的绿色润滑剂的商品牌号

产品	生产公司	商品牌号	主要性能
二冲程发动机油	Total	Neptuna 2T	合成油基础油，黏度指数 142，40℃黏度 55mm²/s，闪点 142℃，倾点-36℃，生物降解性大于 90%，产品性能超过 TC-W3

（续）

产品	生产公司	商品牌号	主要性能
液压油	Castrol	Carelube HTG	三甘油酯基础油，黏度级别有 22，32 和 46
		Carelube HES	高性能酯基础油，黏度级别有 32，46 和 68
	Mobil	Mobil EAL 234H	菜籽油基础油，黏度指数 216，黏度 38mm²/s，使用温度-10~70℃，生物降解性大于 90%（ECE 法），301B 法为 75%
	Binol	Binol Hydrap 11	加有新添加剂及改进了氧化安定性的部分合成液
	Bechem	Hydrostar HEP	合成酯基础液
		Biostar Hydraulic	菜籽油基础油
		Hydrostar U WT	聚乙二醇基础油
	Fuchs	Plantotac	菜籽油基础油，黏度指数 210，40℃黏度 40mm²/s，用于林业、农业和建筑机械，适用于需要黏度级别 22~68 的液压油系统
	Total	Hydrobio 46	黏度指数 185，40℃黏度 4740mm²/s，闪点 242℃，倾点-42℃，FZG 为 12，生物降解性大于 90%，操作温度-40~100℃
	ICI	Emkarox HV	高黏度（2000~165000mm²/s），水溶型产品，主要用作水-乙二醇抗燃液压液链锯油
链锯油	Fuchs	Plantotac	菜籽油基础油，含有抗氧及改进抗磨性能的生物降解添加剂，它与矿物油可互溶，黏度指数 228，40℃黏度 60mm²/s，倾点-37℃
	Bechem	Biolubricant 150	一次性应用通过的黏附性植物油，达到德国"蓝色天使"颁布的环境满意润滑剂
齿轮油	Castrol	Careluble GTG	三甘油酯基础油，黏度级别有 150 和 220
		Careluble GES	高性能酯基础油，黏度级别有 68、100、150、220、320 和 460
	Be chem	Biost ar GEP	环境相容的极压润滑剂
润滑脂	Bechem	Biostar LFB	优质高性能酯基润滑脂
		Biostar GR5	稠化菜籽油的复合钙基脂
		BiostarVE4-000	中心润滑系统的半液体润滑脂
		Biostar VR 11，12，13	对环境无害的多功能润滑脂
		Biolubricant	含有石墨，具有针入度 2~1000 的胶状合成酯润滑脂
	Castrol	Biolube	船用润滑脂
		Carelube LC	锂钙复合润滑脂
		Carelube LCM	含有 MoO_2 极压添加剂的增强润滑脂
金属加工液	Binol	Filium 101	乳化切削液密度 1.08g/cm³
		Filium 102	植物油沥青乳液
		Filium201MD/HD	含有 EP 剂的切削液
		Filium202	纯切削液
		Filium 202E	纯植物油基切削液，40℃黏度 13mm²/s，它与直馏油 50/50 混合成乳化切削液应用是合理的
		Filium203	磨刀油
		Filium205	攻螺纹润滑剂

刘建芳等人以易生物降解的植物油酸为主要原料，合成了一系列水基润滑添加剂，通过四球摩擦实验机，考察其摩擦学特性，并利用薄层色谱分析水基润滑添加剂的结构。他们通过研究发现，随着合成酯的碳链长度增加，不饱和度减少，这样有利于提高摩擦学性能。并发现，以月桂酸、硬脂酸、三乙醇胺和硼酸为主要原料合成的添加剂，其摩擦学性能最好。

吴志宏等人成功地合成了蓖麻油酸三乙醇胺酯OE，并添加高效杀菌剂等配制成 GF 型长寿命合成切削液。这是一种绿色切削液，适用于多种加工，经实践表明，这种绿色切削液连续使用三年不变质。

目前我国绿色润滑剂的研究开发和应用方面已逐渐进入快车道，受到业界的高度关注。王德义等人曾提出一些好的建议，工作重点抓住以下几方面：

1）通过化学改性方法，拟提高植物油的氧化安定性。大家知道，氧化安定性是植物油应用过程中的瓶颈。可以通过一些特定的技术路线来提高植物油的氧化稳定性，是如氢化、酯交换、异构化和酯代等化学方法。其目的是减少植物油中的不饱和双键含量，增加其抗氧化性。

2）通过分子设计，以寻求适合于制造绿色润滑剂用的抗氧剂。绿色润滑剂与矿物油的氧化反应动力学有很大区别，除了制造主抗氧剂，还应该选用适当的抗氧助剂，还应研究主抗氧剂和抗氧助剂之间的协同效应。

3）针对绿色润滑剂本身的分子结构特点及其摩擦化学反应机理，提出适用于绿色润滑剂添加剂的分子设计思路。还应考虑添加剂本身的生态环境效应，以及对基础油生态效应的影响。

4）建立绿色润滑剂的数据库、专家系统，开发对摩擦化学性质进行智能预测的系统。

保护环境早已成为全世界的共识，绿色润滑剂的发展将是大势所趋。要想全面发展绿色润滑油，使其全面代替矿物基润滑油，不仅要深入研究绿色润滑油用的基础油和添加剂，而且其生态研究也是重中之重。因为只有建立起适合国情、科学完整的生态研究和评价方法，才能使绿色润滑剂的发展真正成为资源和环境有机结合的一项系统工程。

参 考 文 献

［1］ 陈波水，方建华. 环境友好润滑剂［M］. 北京：中国石化出版社，2006.

［2］ 董凌，方建华. 绿色润滑剂的发展［J］. 合成润滑材料，2003，30（2）：10-16.

［3］ 王大璞. 绿色润滑油发展概况［J］. 摩擦学学报，1996，19（2）：181-186.

［4］ 叶斌，陶德华. 环境友好润滑的特点及发展［J］. 润滑与密封，2002（5）：73-76.

［5］ 黄文轩. 环境兼容润滑剂综述［J］. 润滑油，1997，12（4）：1-8.

［6］ REBECCAL G, et al. Biodegradable lubricants［J］. Lub Eng, 1998, 54（7）：10-17.

［7］ 胡世军. 绿色切削液的研究与应用［J］. 甘肃科技，2004（8）：40-41.

［8］ 刘超. 我国绿色切削液的研究现状［J］. 机械，2003，30：40-41.

［9］ 康健. 生物降解型润滑脂的研究进展［J］. 石油学报（石油加工），2011，10：110-114.

［10］ DIETRICH H. Recent trends in environmentally friendly lubricants［J］. Synthetic lubrication, 2002, 18（4）：327-347.

［11］ KATO N. Lubrication life of biodegradable grease with rapeseed oil base［J］. Lubr Eng, 1999, 55（8）：19-25.

［12］ LOU A T H. Market opportunities for［soy］biobased lubricants［J］. NIGI Spokesman, 2007, 70（12）：23-30.

［13］ 张嗣伟. 绿色摩擦学的科学与技术内涵及展望［J］. 摩擦学学报，2011，4：417-424.

［14］ SHASHIDHARA Y M. Vegetable oil as a potential cutting fluid——an evolution［J］. Trib Inter, 2010, 43：1073-1081.

［15］ 孙志强. 绿色环保润滑剂研究技术的进展［J］. 润滑与密封，2005（6）：200-203.

［16］ 金志良. 汽车发动机绿色润滑油的发展［J］. 公路与汽运，2007（2）：20-23.

［17］ MICHAEL J R. Assuring food safety in food processing：the future regulatory environmentally for food grade lubricants［J］. Lubrication Engineering, 2002, 58（2）：16-20.

［18］ 郑发正. 环境友好润滑剂的研究概况［J］. 表面技术，2004（4）：9-11.

［19］ 朱立业. 绿色润滑剂的生态研究概况与进展［J］. 润滑油，2008，4：7-11.

第9章 绿色润滑油用基础油

基础油在润滑油中占绝大部分，一般约占润滑油组成的95%，因此，它是润滑油可生物降解的决定因素。一直以来，矿物油是最重要的润滑油基础油，一般按链烷烃、环烷烃和芳烃含量的多少，将其分为石蜡基、中间基和环烷基三种。若芳烃和环芳烃含量高，则难以被微生物降解。矿物油的生物降解性与芳烃含量的关系如图9-1所示。

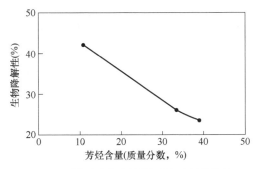

图9-1 矿物油生物降解性与芳烃含量的关系

业界认为综合性能好的加氢裂解降凝油已成为矿物润滑油的发展方向。由于加氢裂解油主要以链烷烃为主，几乎没有含难被生物降解的芳烃。因此，它具有较好的生物降解性，但应该注意的是，加氢裂解油的生物降解性随黏度的增加而降低。

应该说，目前以矿物油做基础油的润滑剂已经达到了很高的技术水平，但矿物润滑油难以生物降解，对环境造成了诸多不良影响。绿色润滑剂通常不用矿物油作为基础油，而是选用具有良好生物降解性且低毒或无毒的天然植物油和合成酯类油。另外，还有选用其他类型的基础油，如PAO、PAG、聚醚等。

9.1 绿色润滑剂基础油的特性

绿色润滑油基础油的主要性能要求包括良好的热安定性、低挥发性、高黏度指数、低硫或不含硫，以及环境友好等。

抗氧剂的选择对绿色润滑油来说非常重要，尤其是以植物油作为基础油时更为重要。这是因为植物油本身含有大量的双键结构，容易被氧化，且易水解成酸性物质，其对氧化过程还有进一步的催化作用。有研究结果报道，在较低温度下，酚型抗氧剂比胺型的感受性要好，而胺型抗氧剂在高温下的抗氧效果较为

突出，但胺型抗氧剂有一定的毒性。有学者研究发现，乙二胺四乙酸的部分碱金属盐、含卤羧酸碱金属盐、有机酸的碱金属盐等多种碱金属盐与苯基-α萘胺、二异辛基二苯胺等有良好的协同效应。有机胺可提高酯类油的水解安定性，从而改善其氧化安定性。各类基础油的物理化学性质见表9-1。

表9-1 各类基础油的物理化学性质

性 质	矿物油	合成酯	植物油
密度（20℃）/（kg/m³）	880	930	940
黏度指数	100	120~220	100~250
剪切稳定性	好	好	好
倾点/℃	−15	−60~−20	−20~10
与矿物油相容性	—	好	好
水溶性	不溶	不溶	不溶
生物降解性（%）	10~30	10~100	70~100
氧化稳定性	好	好	差
水解稳定性	好	差	差

9.2 润滑油基础油的生物降解性

随着全球环境污染的日趋严重，开发满足循环经济和可持续发展特点的可生物降解的基础油成为当今环境友好润滑剂的首要任务。目前，绿色基础油的主要来源有三大类，一类是植物油，一类是合成油，还有一类是聚醚。据报道，早在公元前1650年，古人就已经使用橄榄油、菜籽油、蓖麻油和棕榈油等植物油作为润滑剂。但由于这些天然植物油脂存在着许多性能上的缺陷，其应用也受到限制。从20世纪80年代以来，由于资源、能源和环境问题的日益严峻，人们又开始关注植物油的开发和使用。植物油作为基础油具有许多优点，如无毒、极佳的生物降解性、良好的润滑性、高的黏度指数及可再生性等。润滑油的生物降解性主要是由其基础油的生物降解性决定的。表9-2为常用润滑油基础油的生物降解性。

表 9-2 常用润滑油基础油的生物降解性

基础油	生物降解性（%）
聚酯	80~100
二元酸双酯	60~100
多元醇酯	60~100
苯二甲酸二酯	（60~70）
聚烯烃	≤20
聚异丁烯	≤30
聚丙二醇	≤10
烷基苯	≤10
矿物油	20~60
植物油	70~100

由表 9-2 可见，植物油和合成酯具有较佳的生物降解性，而矿物油和合成烃则不易被生物降解。

植物油作为绿色润滑剂基础油有以下优势：具有良好的润滑性能和生物降解性、资源可再生及无毒性和黏度指数高等，价格也较为合理。但植物油的主要缺点是热氧化安定性和水解安定性及低温流动性均较差，从而使其在应用上受到一定限制，通常的使用温度应在 120℃ 以下。不同植物油的组分含量和理化性能见表 9-3。

表 9-3 不同植物油的组分含量和理化性能

项　目		菜籽油	大豆油	蓖麻油	橄榄油	葵花籽油	玉米油	棉籽油
主要的不饱和组分（体积分数,%）	油酸	59~60	22~31	2~3	64~86	14~35	26~40	22~35
	亚油酸	19~20	49~55	3~5	4~5	30~75	40~55	10~52
	亚麻酸	7~8	6~11	痕量	<1	<0.1	<1	痕量
碘值/[g/100g]		120	130	110	90	140	120	—
运动黏度/(mm²/s)	40℃	35	27.5	232	34	28	30	24
	100℃	8	6	17	6	7	6	—
黏度指数		210	175	72	123	188	162	—
倾点/℃		−20~−4	−18~−8	−18~−12	−6~−4	−18~−16	—	—
最大无卡咬负荷 P_B/N		628	588	785	492	540	685	692
WSD[①]/mm		0.53	0.72	0.58	0.54	0.64	0.6	0.68
生物降解性（%）		94~100	90~100	88~100	89~100	90~100	95~100	90~100

① WSD 为磨斑直径。

植物油主要由饱和酸（硬脂酸）、单元不饱和酸（油酸）和多元不饱和酸（亚油酸和亚麻酸）等组成。由表 9-3 可知，脂肪酸（尤其是不饱和脂肪酸）的类型和含量的不同是导致植物油物理性质差异的主要原因。不饱和酸（特别是多元不饱和酸）含量越高、碘值越高，其氧化安定性越差。饱和酸含量越多，则凝点越高。针对不同植物油，采用不同方式来改善植物油的氧化安定性和低温流动性是植物油作为润滑油基础油的前提。

植物油的主要成分为甘油和脂肪酸形成的脂肪酸三甘油酯，平均相对分子质量为 800~1000，其脂肪酸包括一个双键的油酸，两个双键的亚油酸和三个双键的亚麻酸。一般来说，油酸含量越高，亚油酸和亚麻酸含量越低，则其氧化稳定性越好，而不同植物油的油酸含量也不同，其化学结构式如图 9-2 所示。甘油三酸酯分子的三维示意如图 9-3 所示。

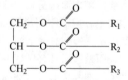

图 9-2 植物油的化学结构式

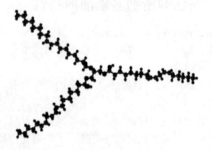

图 9-3 甘油三酸酯分子的三维示意

脂肪酸的结构对其性能起决定性作用，如过多的饱和脂肪酸导致油品的低温流动性变差，而过多的多元不饱和脂肪酸会导致油品的氧化安定性变差，且在高温下会形成胶质。尤其是含 2~3 个双键的脂肪酸，它在氧化初期就会迅速被氧化，同时对下一步的氧化又起引发作用。另外，植物油的倾点很高，运动黏度范围较窄，水解安定性也较差，上述这些缺点都需要进行改性。因此，若用植物油作为润滑油基础油时，应选择一元不饱和脂肪酸含量较高而多元不饱和脂肪酸含量较低，且饱和与不饱和程度达到最佳平衡的植物油。

一般来说，可用作可生物降解润滑剂基础油的植物油有菜籽油、大豆油、棉籽油、蓖麻油及花生油等种类，其生物降解性如图 9-4 所示。菜籽油和葵花籽油在欧洲应用最多，这主要是因为其热氧化稳定性在某些领域是可以接受的，且其流动性优于其他植物油。

几种植物油和石蜡基矿物油的性能比较见表 9-4。由表可看出，菜籽油和葵花籽油的抗磨减摩性能及生

物降解性均优于矿物油。这两种植物油也是国外重点研究开发的植物油品种。业界通过大量研究发现，选择繁殖或化学改性来改变植物油中的各种酸（如油酸、亚油酸和亚麻酸）的浓度，可使油品获得更好的润滑性和氧化安定性。而油品的水解安定性则可通过使用链更长的一元不饱和脂肪酸来提高，但这些性能的提高需要付出成本代价。

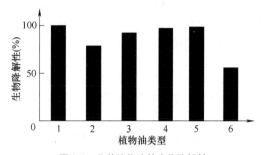

图 9-4　几种植物油的生物降解性
1—蓖麻油　2—大豆油　3—棉籽油　4—花生油
5—菜籽油　6—矿物油 HVIS150

表 9-4　几种植物油和石蜡基矿物油的性能比较

性　　　能		菜籽油	豆油	葵花籽油	石蜡基矿物油
运动黏度（40℃）/（mm²/s）		29.88	27.66	28.26	28.26
黏度指数		171	175	174	143
平均摩擦系数		0.057	0.07	0.063	0.078
四球试验	PWI[①]/（kg/mm²）	4.15	3.95	4	1.28
	磨斑直径/mm	0.45	0.6	0.6	1.5
生物降解性（%）	CEC L-33-T82（21d）	100	88	97.5	52.2
	改进 CEC L-33-T82（40d）	100	97.5	100	75.1
	改进 CECS oil（40d）	91	87	97	21

① PWI 为压力-磨损指标。

植物油在使用过程中所表现出来的润滑性，首先是其中的极性分子形成物理和化学吸附，其次是饱和脂肪酸在金属表面形成脂肪皂吸附膜，使其分子布满金属表面，这样就将相互摩擦的金属表面隔开。一般来说，碳数的多少对吸附膜的强度有一定的影响，通常情况下，植物油只能在中等负荷、中等速度和温度下才能发挥其减摩和抗磨作用。

另外，绝大多数植物油的黏度均较低，这有利于配制高黏度环境友好型润滑油。如在配制齿轮油和润滑脂时，可选用蓖麻油作为基础油。当然，其他植物油也可通过加入增黏剂来提高油品的黏度，但在这种情况下，油品的生物降解性会降低，而且对油品的剪切性能也会带来一定影响。应该指出，蓖麻油是植物油中唯一具有高羟基脂肪酸含量的油品，其在环境温度下的黏度（40℃时黏度为 252mm²/s）为大多数植

物油的 5 倍多，且具有较满意的黏度指数（90），在225℃时的沉积物生成趋势低于高油酸的葵花籽油。

合成油（如合成酯）具有优良的生物降解性、热稳定性、低挥发性、0 水害级及高黏度指数等诸多优点，非常适用于制备绿色润滑油。但酯类油由于其分子结构中含有极性较强的亲水基团——酯基，故其水解安定性较差，当然价格也相对较高。用于制备绿色润滑油的合成酯主要有双酯、多元醇酯、复合酯及混合酯。其通常是由醇和脂肪酸直接酯化而成。支链醇和纯油酸反应制得的合成酯具有较好的性能。选用纯油酸的目的是提高酯类油的热氧化安定性，而支链醇的使用则可改善酯类油的低温流动性和水解安定性。几种合成酯的生物降解性见表 8-2，由表可以看出，合成酯的生物降解性与化学结构有关，支链的引入会降低酯的生物降解性。

合成酯作为高性能润滑剂的基础油在航空领域早已得到广泛应用，近年来也应用于特种内燃机润滑油领域，以弥补矿物油在某些特性上的缺陷。可用于绿色润滑剂的合成酯主要有双酯、多元醇酯、复合酯和混合酯，通常是由醇和脂肪酸直接酯化而成。研究发现，支链醇和纯油酸反应制得的合成酯具有很好的性能，提高了热氧化安定性，而且改善了酯类油的低温流动性等。

PAO 这类合成基础油是由多支链、全饱和的无环烃构成的。它是由乙烯经聚合反应制成 α-烯烃，再经聚合及氧化而制成。PAO 是合成基础油中的一种，它具有较宽的工作温度范围，较高的黏度指数，良好的氧化安定性、热安定性、水解安定性、剪切安定性和低腐蚀性能等特点，在多个工业领域已获得广泛应用。据报道，在现代工业装备所使用的合成基础油中，PAO 合成基础油约占 30% ~ 40%。实践表明，含有 PAO 油的成品润滑油可作为液压油及乘用车发动机油等高档润滑油。与传统矿物油相比，PAO 油具有优异的物理性质，包括高闪点、高燃点、低倾点、高黏度指数和低挥发性等。PAO 还具有优良的热氧化安定性和水解安定性，但润滑性不如酯类油和矿物油，其原因与其极性较小有关。PAO 的生物降解性与自身黏度有关，如图 9-5 所示。

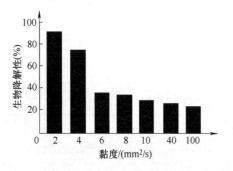

图 9-5 PAO 的生物降解性

业界专家指出，随着汽车和装备制造业的发展，对高端合成基础油，尤其是 PAO 的需求量会越来越大，发展前景广阔。但是，国内生产的 PAO 产品质量与国外相比尚存在较大差距，目前仍需在关键工艺技术及催化技术方面开展深入研究。结合我国多煤少油的能源结构特点，应大力推进以煤制烯烃为原料开发高品质 PAO 的工艺，并在此基础上打造成熟的产业链，这将是我国 PAO 发展的重要方向。

聚醚是 1943 年由美国联合碳化公司推出的，它具有良好的润滑性能、高闪点、高黏度指数、低倾点和抗燃等优点。调整聚醚分子结构中的可变因子可得到多种性能的产品，但聚醚具有一定的毒性，同时聚醚可溶于水，这就使得聚醚的应用受到一定的局限。

基础油的性能对润滑剂的生物降解性能起着决定性的作用，基础油的生物降解性不仅取决于其类型，而且还取决于其结构。总之可概括为具有线性、非芳环和无支链的短链分子的生物降解性更好。

为了满足实际工况需要，还应关注环境友好润滑剂的氧化稳定性、挥发性及黏温特性等性能，这是因为氧化可使润滑剂降解，黏度和倾点上升，又易形成沉淀。氧化是一个十分复杂的过程，氧化稳定性对含生物降解基础油的润滑剂来说尤为重要。

综上所述，绿色润滑剂基础油的主要技术要求是好的热氧化安定性、低挥发性、高黏度指数、低硫或无硫、环境友好等。因此，进一步降低石油类基础油中的芳烃，特别是稠环芳烃的含量，使基础油在加工处理或再生循环中不对人体或环境产生危害，这将成为今后绿色润滑剂基础液研究的重要方向。另外，植物油是可再生资源，无毒且具有优良的生物降解性。将植物油进行改性，提高其抗氧化性和热稳定性等综合性能，使其成为优良的绿色润滑剂基础油，是今后重点关注的重要研究方向。合成酯虽然成本较高，但这类产品具有优良的抗磨减摩的摩擦学特性，且抗氧化、抗腐蚀和热稳定性突出，为了满足苛刻机械工况条件的需要，绿色合成酯基础油的应用前景也被业界看好。

9.3 植物油的特性及改性方法

1. 植物油的特性

植物油的主要成分是甘油和脂肪酸形成的甘油酯，其结构如图 9-6 所示。

图 9-6 甘油酯的结构

食用植物油一般含有超过 98%（质量分数，后同）的甘油酯，组成甘油酯的脂肪酸绝大多数为包含 8 ~ 22 个碳的直链分子，主要有饱和酸（棕榈酸、硬脂酸等）、单不饱和酸（油酸）及多元不饱和酸（亚油酸和亚麻酸等）。脂肪酸的组成随不同种类及不同地区的植物油而不同，常见植物油的主要成分见表 9-5。

一般来说，植物油的物理和化学性质的差异依赖于其脂肪酸成分的不饱和度，饱和脂肪酸含量较高的植物油在室温下为固体或半固体。不饱和脂肪酸含量高的植物油更容易氧化聚合。脂肪酸的氧化速率与其

表 9-5　常见植物油的主要成分（质量分数）（%）

种类	棕榈酸	硬脂酸	油酸	亚油酸	亚麻酸
菜籽油	2~4	1~2	60	20	8
橄榄油	7~16	1~3	64~86	4~15	0.5~1
葵花籽油	4~19	3·6	14~35	50~75	0.1
玉米油	9~19	1~3	26~40	40~55	1
南瓜子油	7~13	6~7	24~41	46~57	—
亚麻子油	6~7	3~5	20~26	14~20	51~54
大豆油	7~10	3~5	22~31	49~55	6~11
棕榈油	40	4~6	38~41	8~12	—

不饱和度密切相关。由于大多数植物油为甘油三酯，它们容易发生水解而导致在应用上有极限性。

实践表明，可用于润滑油的植物油通常有菜籽油、葵花籽油、大豆油、蓖麻油等，其中蓖麻油的应用较为广泛。蓖麻油含有很高含量特殊的脂肪酸，蓖麻油酸的结构如图 9-7 所示。它拥有一个双键和一个羟基，羟基能与金属表面的极性基团发生键合，从而具有良好的润滑性能，而单个双键使其具有较好的低温性能和氧化安定性。

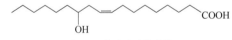

图 9-7　蓖麻油酸的结构

一般来说，植物油具有以下物理和化学特性：

1）植物油具有很高的相对分子质量（平均在 900 左右），使其挥发度很低。

2）由于植物油含有较多的不饱和键，导致了氧化稳定性变差。经研究表明，当亚油酸和亚麻酸的含量达 50% 时，其氧化非常严重。当饱和度太高时，低温流动性却不佳。

3）由于含有双键和分子的高线性，与含支链的碳氢化合物和酯相比，其具有较高的黏度指数，一般大于 100。

4）植物油分子含极性基团，可在金属表面形成吸附膜，其膜厚由分子的极性、构型、浓度和金属的表面性质所决定。植物油中的脂肪酸可与金属表面反应形成金属皂膜，发挥其抗磨减摩作用，表 9-6 为几种植物油的抗磨性能。

2. 植物油的改性

由于植物油本身分子结构的缺陷，使其氧化稳定性较差。植物油中除含有 C═C 双键使其易氧化外，其甘油分子中的 β-H 是叔氢，极不稳定，也导致其

容易发生热分解反应，影响植物油的使用寿命。另外，植物油中的三酰甘油酯的结构在低温下易于堆积形成晶体，从而降低植物油的低温流动性。因此，针对植物油的缺点和不足，需要对植物油进行改进，目前国内外对植物油的改性主要有以下三种方法：

表 9-6　几种植物油的抗磨性能

植物油	含油量（质量分数,%）	40℃黏度/(mm²/s)	P_B/N	WSD[①]/mm
棉籽油	14~15	24	692	0.68
玉米油	3~6	30	685	0.60
橄榄油	38~49	34	492	0.54
蓖麻油	50~60	232	785	0.58
菜籽油	35~40	35	628	0.53
豆油	18~20	27.5	588	0.72
葵花油	42~63	28	540	0.64

① WSD 为磨斑直径。

（1）化学改性　杜鹏飞等人介绍，支链化程度高的植物油有出色的低温性能和良好的水解安全性；高线性分子结构的植物油有高的黏度指数；低饱和度脂肪酸可以改善植物油的低温性能；而高饱和度脂肪酸则可以提高植物油的氧化安定性。因此，可以通过化学改性的方法来提高植物油的热安定性、氧化安定性和水解安定性等。

目前，对于植物油的化学改性主要集中于提高植物油的饱和度及支链化程度等方面。

对植物油进行化学改性，主要是想办法将油品中的大量 C═C 双键置换掉或打开，降低其碘值，增加饱和度，从而减少植物油双键的含量。目前，国内外采用的改性方法有氢化、环氧化和酯交换等工艺。氢化是一种提高植物油氧化安定性的主要方法。氢化工艺是以铜为催化剂，亚油酸、亚麻酸首先发生异构化反应，生成共轭亚油酸和共轭亚麻酸的氢化过程，即为共轭双键的加氢还原过程，异构化的亚油酸和亚麻酸被优先还原氧化，使 C═C 尤其是共轭双键数量大幅减少，饱和度提高，从而使植物油的氧化安定性得到改善。杨小敏等研究指出，植物油在氢化过程中如果将不饱和脂肪酸完全转变为饱和脂肪酸，则在提高氧化稳定性的同时，使低温流动性变差，通常认为单不饱和脂肪酸甘三酯具有较好的氧化稳定性和低温流动性。因此，选择性催化氢化，使多不饱和脂肪酸转变为单不饱和脂肪酸，是植物油氢化改性制备润滑油基础油研究的热点。

环氧化实质上是碳碳双键被氧化，结合一个氧原子形成了一个环氧键，从而生成了含环氧基团的化合物。在实际反应中，采用过氧化氢作为氧化剂，无水乙酸作为过渡氧化剂，硫酸作为催化剂提供 H^+，使乙酸与过氧化氢反应生成过氧乙酸，后者提供氧原子。经过两步反应完成油脂的环氧化，使 C=C 氧化断链形成环氧键，双键数量减少，分子结构发生变化（见图9-8），位阻效应增大，氧化安定性提高。有专家研究指出，将开环以后的环氧大豆油与醇反应制备润滑油基础油，所得的产品的倾点最低可达到 −45℃，并且氧化安定性优良。

植物油的酯化是提高植物油氧化稳定性的另一种方法。植物油的氧化安定性差是因为醇羟基 β 碳原子上有氢原子，且在较高温度下易发生水解，与羟基氧结合，生成酸和烯烃。采用烷基取代 β 碳原子上的氢原子，就可获得高温条件下氧化安定性好的酯类物质。专家发现，经过酯化后的菜籽油具有良好的氧化稳定性和黏温性能以及较高的闪点。菜籽油酯化产品生物降解性好，无毒，无腐蚀，适合作为绿色润滑剂的基础油。

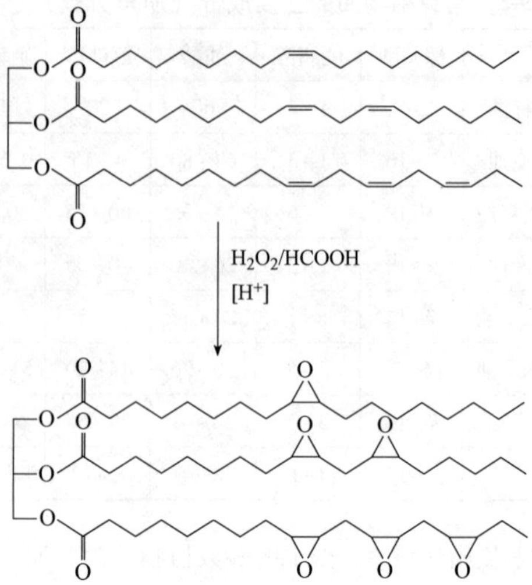

$$H_2O_2/HCOOH$$
$$[H^+]$$

图 9-8　植物油环氧化

应当指出的是，环氧化-开环反应是一种最为经济有效的改性方法，可提高植物油的高温氧化稳定性和低温流动性。三种常见的植物油化学改性方法比较见表9-7。

表 9-7　三种常见的植物油化学改性方法比较

项　　目	氢　　化	环氧化	酯　　化
催化剂	金属、纯镍或铜-镍催化剂，要具有一定的抗酸中毒性	过氧化氢作为氧化剂，无水乙酸作为过渡氧化剂的前体，硫酸作为催化剂提供 H^+	一般是碱
工艺要求	严格工艺条件，200℃、氢化压力2MPa，植物油脂肪酸中磷脂、蛋白质含量较多，这些物质以及硫、氯等使催化剂中毒，因此前期处理必须将这些物质除尽	条件苛刻，对催化剂的要求高，要采用惰性溶剂减少环氧基开环，工艺污染环境	条件温和，不需要对植物油进行预处理，因是均相反应，残留的催化剂难以除去，后处理工艺麻烦

在植物油化学改性以提高氧化稳定性方面，上海交通大学乌学东等人采用环氧化反应，对菜籽油进行分子结构改造，得到环氧化菜籽油，且效果较好。环氧化反应降低了菜籽油的碘值，这意味着油脂中的双键大部分被打开，生成环氧键。但由于环氧键的稳定性差，在酸、水等条件下，会发生氧化生成醇类等副产物，呈弱酸性，故进一步提高环氧化反应的选择性以及减少酸值应是环氧化技术改进的发展方向。

据报道，美国农业部国家农业应用研究中心研究人员采用化学改性技术成功制备了多种植物基润滑油，同时基于植物油分子结构设计制备了多种减摩抗磨添加剂。

（2）添加抗氧剂改性　抗氧剂因其反应活性高，容易与植物油的自由基发生反应，生成较为稳定的物质。金属有机化合物作为润滑油抗氧剂的研究已较为成熟。我们熟知的抗磨添加剂 ZDDP 已在润滑油领域中得到长期广泛的应用。抗氧剂的选择对润滑油，尤其是植物油基润滑油来说至关重要。润滑油的氧化是分子中烃类与光、热和氧相互作用的链反应过程，抗氧剂的作用就是抑制和防止链反应，终止氧化反应。因为基础油本身含有大量的 C=C 双键结构而易被氧化，且容易水解成酸性物质，从而加速氧化作用。

除了添加抗氧剂和极压抗磨剂对植物油进行改性外，也可选择添加降凝剂和新型纳米添加剂进行改性。降凝剂能保持油在低温下的流动性，降低油品的凝点。武雅丽分析了环境友好型润滑油低温成胶理论及动力学原理，进一步分析了影响油品低温性能的主要因素。孙琳等人在大豆油中加入 3 种纳米粒子，考察所添加的纳米粒子对植物油润滑性能的影响，发现对植物油的摩擦学性能有一定的改善和提高。除此之外，方建华等人还通过引入摩擦化学元素方法对植物油进行改性：通过化学反应，将有关的极压抗磨元素 B、S、N、P 等引入到植物油分子中，在高温下与摩擦表面的金属发生反应，生成诸如硫化物、磷化物、硼化物薄膜，这些化合物的抗剪强度低，并能承受较大载荷，故可提高其润滑性能。例如，在菜籽油中引入 P 和 N，用红外光谱对其主要官能团进行鉴定，并进行摩擦学性能考察；陈忠祥等利用 S、P 极压元素对菜籽油进行化学改性，制得羟基磷酸酯，经胺化或中和反应得到最终产物。

（3）生物技术改性　提高植物油的氧化稳定性是其用作润滑油基础油的关键，美国 Dupont 公司利用现代基因技术对植物油进行生物技术改性，可大幅度提高植物油的出油率和油酸含量，有效地改善植物油的氧化安定性和生物降解性。为了解决植物油本身存在的问题，国外已采用现代生物技术改造油脂作物的遗传特性，得到高油酸含量的植物油来提高其抗氧化性。例如通过生物技术，对芥花油和高油酸葵花籽油进行改性，使其油酸含量（质量分数，后同）达到 90% 以上、硬脂酸含量低于 1%。据报道，美国北艾奥瓦大学的国家植物基润滑材料研究中心开展了大量的环保油脂的研究工作，成功开发了 50 多种植物基润滑油脂产品，并在农业机械、轨道交通等多个领域获得应用。

在以上三种改性方法中，生物技术改性更为"绿色"和先进，更符合环保要求。这项新技术一旦成熟，必将带来植物油改性的变革，具有较好的潜力和发展前景。经过改性后的植物油可作为生物降解润滑剂的基础油。如美国用菜籽油为基础油，加入 2% 的生物降解型硫代脂肪酸酯极压剂和 1% 酚型抗氧剂，将其调配成 40℃时运动黏度为 100～200mm²/s 的链锯润滑油。美国还成功开发了植物油基车用机油，研制用于卡车、重型汽车及军用车的发动机油。

总之，植物油之所以能成为矿物油的替代品而作为绿色基础油，正是由于其高的生物降解性，对其改性也必须在保证其高生物降解性的前提下进行。因此，在对植物油进行改性时，考察其生物降解性很有必要。

国内从事植物基润滑材料方面研究的主要单位包括中国科学院兰州化物所、上海交通大学、上海大学、石油化工科学研究院、解放军后勤学院等单位。研究工作主要涉及环境友好润滑剂的基础油、添加剂及其改性等。德国 FUCHS 公司和美国 Quaker 公司分

别在植物基工业油品及金属加工油品方面占据领先地位。2014 年，美国 Biosynthetic Technologies 公司有两种含有高油酸大豆油合成的酯类化合物的配方已通过 API 的认证。专家指出，基于植物油分子结构，采用新颖的改性手段进一步提高其氧化安定性、低温流动性等关键性能将成为未来植物基绿色润滑材料的研究重点之一。鉴于植物油良好的生物降解性及润滑性能，应深入研究植物油在水基润滑体系中的摩擦学性能及理化性能，着力开发新型水基植物油润滑剂。

9.4　菜籽油酯化制备润滑油基础油

一般来说，润滑油基础油决定着润滑油的主要性能。据报道，地球上总石油储量仅可维持使用 40 多年，天然气的储量仅够使用 50 多年左右，因此，能源问题已成为制约经济发展的一个重要因素，而解决能源危机问题最直接、最有效的方法就是使用可再生能源来代替目前的石油产品，故寻找合适的基础油替代品是一个重要的突破口。目前，用于替代的基础液有聚醚、合成酯和天然植物油。由于前两者的使用局限性及价格的原因，故目前研究最广泛的当属天然植物油，基于我国植物油的构成情况，业界认为，研究菜籽油作为润滑油基础油更有价值。

菜籽油的主要化学成分为甘油三酸酯及少量的游离脂肪酸，甘油三酸酯由一个甘油分子和三个脂肪酸分子组成，植物油的性质主要取决于所含脂肪酸的种类、性质和数量。在常温下，菜籽油是液体，适合作为制备润滑油基础油的原料。菜籽油作为润滑油基础油的生物降解性较好，且不具有生态毒性及毒性积累性。但菜籽油也存在高温易氧化、低温流动性不好等问题，因此，国内外对菜籽油基础油的改性进行了大量的研究。

景恒等人对菜籽油酯化制备润滑油基础油进行过深入研究。植物油酯化是将植物油经过处理，使其中的三元酯转变成单酯。其主要工艺流程如下：过量的醇+植物油→反应→中和→排醇→分离→真空分馏→单酯。

用过量的甲醇处理所得到的产品称为甲基酯，而用乙醇时便称为乙基酯，而植物油中的甲基酯最适合作为润滑油基础油。

由于酯化产品是由植物油转化而来的，生物降解性好，绿色环保，菜籽油来源广泛，属于可再生能源，因此具有广阔的发展前景。但菜籽油酯化后的一些理化指标还不够理想，如黏度偏小，凝点偏高，目前的研究工作应该重点想办法改善这些不足的理化指标。应该指出，菜籽油酯化产品生物降解性好、无

毒、无腐蚀，适合绿色润滑剂的发展要求。

9.5 脂肪酸甲酯环氧化制备润滑油基础油

由于植物油具有许多特定优点，如易生物降解、无生物毒性，同时也具有高黏度指数、低挥发性以及优良的润滑性能，因此，植物油早已被业界认定为制备绿色润滑油的重要原料。许建等学者在这方面曾经做过较详细的描述。

植物油含有的甘油酯结构在低温下易发生堆积作用而成为大的晶体，从而导致植物油的低温性能变差。植物油分子中易受攻击的部位包括双键、烯丙基碳等，这些易受攻击氧化的部位正也是进行改性的潜在部位。目前对植物油进行化学改性的方法很多，而环氧化反应是一条优异的技术路线。

已经有许多报道，环氧植物油经化学改性可合成绿色润滑油的基础油，具体来说，就是对环氧植物油的衍生物环氧脂肪酸甲酯的化学改性。这种改性的技术路线是通过与有机醇、酸或酸酐进行开环、酯化、酰化和酯交换反应进行的。通过环氧化可以提高植物油热氧化稳定性。植物油中最易受攻击的部位是双键，它能够被过氧化氢、过氧甲酸、过氧乙酸等环氧化生成环氧化物。环氧剂一般选用过氧乙酸和过氧化氢的混合物。环氧化反应温度大约在 $40 \sim 80$℃，在植物油的双键处生成含氧环的产物。

实践证明，植物油经过环氧化改性后，其润滑性能得到明显的提升。生物降解试验结果也表明，环氧化反应对植物油的生物降解性没有负面影响。天然油经氧化变成环氧油，接着不饱和脂肪酸先反应成不饱和脂肪酸酯，然后再氧化成环氧脂肪酸酯，其反应机理如图 9-9 所示。

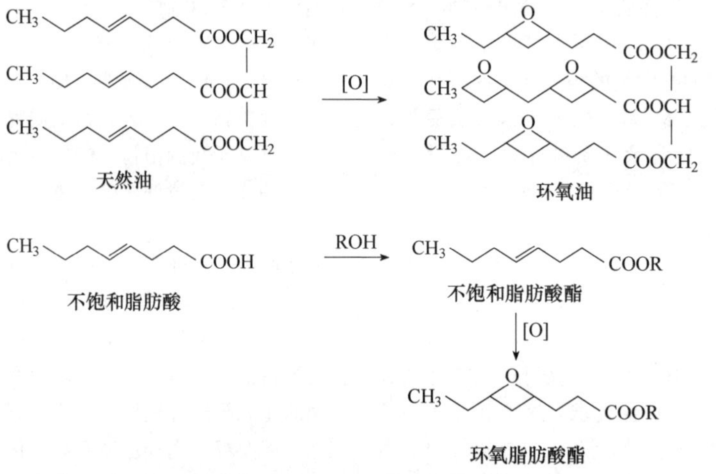

图 9-9 天然油多步反应生成环氧脂肪酸酯的反应机理

脂肪酸甲酯通过环氧化反应后可转化为高活性的环氧脂肪酸甲酯，这就为合成绿色润滑油基础油提供了一条新的合成路线。生产脂肪酸甲酯的原料和工艺都较简单，生产的关键步骤是酯化反应，在技术上已较为成熟。大力开发脂肪酸甲酯对于我国实施可持续发展战略和循环经济战略都具有十分重要的意义。脂肪酸甲酯是典型的"绿色能源"，因它是从植物油、动物油，甚至是废弃油脂经转化而生成的，原料来源十分广泛，且具有可再生性。环氧植物油双酯衍生物的合成大都采用两步法，而 Brajendra 等人采用以三氟化硼乙醚络合物为催化剂，分别与多种酸酐进行反应的一步法合成了双酯衍生物，其反应机理如图 9-10 所示。

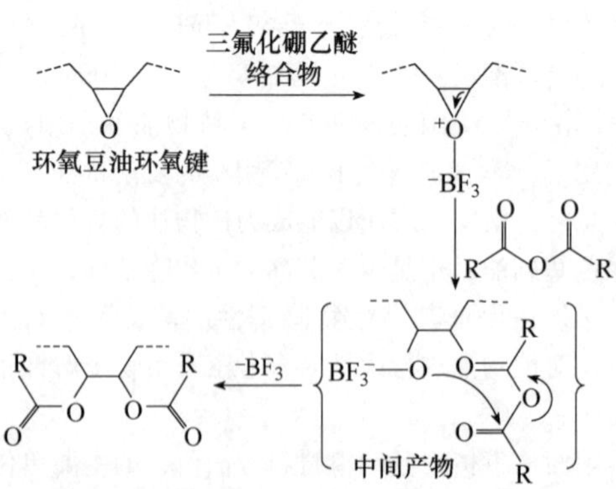

近年来，生物柴油的制备技术越来越成熟，而生物柴油的主要成分是脂肪酸甲酯混合物（FAMEs），

图 9-10 一步法合成环氧植物油双酯衍生物反应机理

这就为高纯度脂肪酸甲酯的来源提供了可靠保证。国外学者 Holser 研究了通过环氧化大豆油来合成环氧脂

肪酸甲酯的路线，以甲醇纳为催化剂在无溶剂的条件下进行酯交换反应，从而生成环氧脂肪酸甲酯。

环氧脂肪酸甲酯分子结构中，含有活性的环氧基团，它可以进一步进行化学改性。一方面可对环氧键进行开环反应，使其功能化；另一方面，环氧脂肪酸甲酯可以与多元醇进行酯交换反应，可进一步合成高性能的生物基润滑油基础油。

随着环保意识的不断提高和对发展可再生能源技术的重视，润滑油所引起的环境问题正日益受到广泛的关注。因此，可以说，寻找一种可替代矿物油的绿色环保润滑油基础油势在必行。而对植物油的化学改性中，目前环氧化-开环反应是一种最为经济有效的改性方法，可有效提高植物油的热氧化稳定性和低温流动性。

虽然对环氧化植物油进行化学改性可提高其使用性能，但也增加了成本。因此，需要进一步优化和发展环氧植物油的化学改性工艺，开发新的高效催化剂，降低改性成本，使植物油基绿色润滑油成为润滑油产品构成中的重要组成部分。

9.6　聚 α-烯烃（PAO）

PAO 是合成烃的一种，它是合成油中目前发展最快的品种，PAO 的分子通式为

$$R_1\big[CH_2\!-\!\underset{\underset{R_2}{|}}{CH}\big]_n R_3$$

分子式中，R_1、R_2、R_3 为碳数不等的烷基。

（1）结构　α-烯烃指的是高碳端烯烃，工业品 PAO 是直链 α-烯烃的混合物。α-烯烃的端烯含量、碳数分布、纯度等均会影响 PAO 产品的性能。PAO 合成油由 α-烯烃（主要是 $C_8 \sim C_{10}$）在催化作用下聚合（主要是二聚体、四聚体和五聚体）而得到的一类比较规则的长链烷烃。反应过程如下：

$$RCH_2\!=\!CH_2 \xrightarrow[\text{温度、压力}]{\text{催化剂}} CH_3\!-\!\underset{\underset{R}{|}}{CH}\!-\!(CH_2\!-\!CH)_{n-2}\!-\!\underset{\underset{R}{|}}{CH_2}$$

反应式中，$n = 3 \sim 5$，R 为 $C_m H_{2m+1}$（$m = 6 \sim 10$）。

（2）制备　工业上制备 PAO 有蜡裂解法和乙烯齐聚法两大类。早在 1931 年国外就使用蜡裂解烯烃在 $AlCl_3$ 催化下聚合得到 PAO。我国在 20 世纪 70 年代就开始生产合成烃油。我国原油中蜡含量较高，蜡资源丰富而乙烯短缺，因此，多采用蜡裂解法，用 $AlCl_3$ 为催化剂，生产 PAO 合成油，产品质量较差。随着乙烯齐聚法生产 PAO 工艺日趋成熟，产品质量好，价格接近蜡裂解法，国外已用乙烯齐聚法代替蜡裂解法生产 PAO。

PAO 合成油分为高黏度（40 ~ 100mm²/s）、中黏度（10 ~ 40mm²/s）和低黏度（2 ~ 10mm²/s）三档。高黏度主要用 Ziegler-Natta 催化剂，中黏度主要用 $AlCl_3$ 催化剂，低黏度主要用 BF_3 催化剂。

（3）性质及特点　实践表明，含有 PAO 基础油的成品润滑油可作为液压油和乘用车发动机油等高档润滑油品。使用 PAO 的车辆齿轮油，可显著提高传动效率和降低能耗。与传统的矿物油相比，PAO 油具有优异的物理性质，包括高闪点、高燃点、低倾点、高黏度指数。不同于许多合成油和天然酯，PAO 油具有优异的热氧化安定性和水解安定性。PAO 油被认为对哺乳动物无毒性和无刺激性。专家确认，PAO 的降解性与自身的黏度有关，试验表明，PAO-2 和 PAO-4 更易于生物降解。

9.7　聚醚（PAG）

聚醚又称聚乙二醇醚或烷撑聚醚，它是在工业中应用最广的一类合成油。关于 PAG 的详细介绍见 6.1.3 节。

9.8　烷基萘

催敬估介绍，近几年新出现的合成基础油料——烷基萘受到业界的广泛关注。由 PAO 与萘反应所制得的烷基萘，具有极好的热及氧化安定性、水解安定性，优异的添加剂溶解性，良好的橡胶相容性和抗乳化性，它属于 API 第 V 类基础油料，并已成功地用于发动机油、齿轮油、液压油和压缩机油等各种在苛刻条件下操作的合成工业用油以及高温润滑脂中。

新型烷基萘是由源于乙烯齐聚的 PAO 与萘在特定的催化剂作用下合成的，其反应式如下：

Mobil 公司的烷基萘商品名为 Synesstic，目前有两个牌号，Synesstic 5（AN5）和 Synesstic12（AN12），其主要理化性质参见表 9-8。

表 9-8　烷基萘的主要理化性质

性　　质		AN5	AN12
外观		透明清亮	透明清亮
ASTM 色度		<1.5	<4.0
相对密度（15.6℃/15.6℃）		0.908	0.887
开口闪点/℃		222	258
运动黏度 /（mm²/s）	100℃	4.7	12.4
	40℃	29	109

（续）

性　质	AN5	AN12
黏度指数	74	105
倾点/℃	−39	−36
总酸值/（mgKOH/g）	<0.05	<0.05
Noack 蒸发损失（%）	12.7	4.5
水分/（μg/g）	<50	<50

由于烷基萘是在特种催化剂下 PAO 与萘的烷基化合物，分子结构稳定，表现出优异的热氧化安定性，见表 9-9。

由于烷基萘具有上述的优异性能，在工业界已得到广泛应用。值得一提的是，在多数应用场合，烷基萘是作为调和组分与 PAO 复合使用的，它不仅可以取代酯类油，而且表现出比 PAO 与酯类油的复合更加优异的使用性能，它已广泛应用于合成发动机油、合成工业齿轮油、合成空气压缩机油、合成液压油和合成润滑脂中。

表 9-9　烷基萘产品优异的热氧化安定性

性　质		AN5	AN12
热安定性 （100h，204℃）	黏度增长（%）	3.8	1.4
	酸值变化/ （mgKOH/g）	0.070	0.002
	试验后外观	黄/棕色 无沉淀	黄/棕色 无沉淀
氧化安定性 （RBOT， 150℃）/min	不加抗氧剂	196	180
	加抗氧剂	>1425	>1425

综上所述，符合生态要求的环境兼容润滑剂一直是业界高度关注和努力追求的目标。通过先进的生物基因技术对植物油进行改性，取得高性能环境兼容的基础油，并且通过分子设计的添加剂技术，取得高性能环境兼容的复合剂，这样就有可能获得我们所追求的环境兼容的润滑剂，如图 9-11 所示。

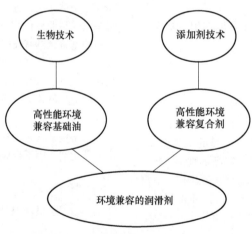

图 9-11　环境兼容的润滑剂

参 考 文 献

［1］　黄兴，林亨耀. 润滑技术手册［M］. 北京：机械工业出版社，2020.

［2］　黄文轩. 环境兼容润滑剂的综述［J］. 润滑油，1997，12（4）：1-8.

［3］　李芬芬，董俊修. 可生物降解并对环境无害的润滑剂基础油［J］. 润滑与密封，1998（1）：7~10.

［4］　全志良. 可生物降解的绿色基础油［J］. 环保与安全，2006（4）：190-193.

［5］　万金培，等. 绿色润滑剂的研究及进展［J］. 环境技术，2003，21（3）：26-30.

［6］　陈波水. 环境友好润滑油［M］. 北京：中国石化出版社，2006.

［7］　全志良. 汽车发动机绿色润滑油的发展［J］. 公路与汽运，2007（2）：20-22.

［8］　HELENA WAGNER，et al. Lubricant base fluids based on renewable raw materials——Their catalytic manufacture and modification［J］. Applied Catalysis, 2001, 22 (1): 429-442.

[9]　高军, 陈波水. 可生物降解润滑剂的发展概况 [J]. 化学工业与工程技术, 2008 (3): 1-4.

[10]　安军信. 环境友好润滑油的研究及应用 [J]. 合成润滑材料, 2004 (1): 20-23.

[11]　LESLIE R, RUDNICK. 润滑剂添加剂化学及应用 [M]. 2 版. 伏喜胜 潘元青, 译. 北京: 中国石化出版社, 2016.

[12]　ELZBIETA B M, et al. Influence of thermo-oxidative dlgradation onthe biodegradability of lubricant base oil [J]. Journal of Synthetic Lubrication, 2008, 25 (2): 75-83.

[13]　催敬佳, 等. 烷基萘—新型合成基础油料: "中国石油润滑油科技情报站 2004 年年会" 论文集 [C/J]. 北京: 创新思维科技发展有限公司, 2004.

第10章 绿色润滑油添加剂

10.1 概述

绿色润滑油与传统烃类结构矿物油在物理、化学性质方面不同。传统润滑油添加剂都是针对矿物油设计的，而绿色润滑油与矿物油在添加剂的响应上有很大差异。绿色润滑油要求低毒性、低污染和可生物降解。传统添加剂分子设计主要是从满足润滑油使用性能的角度出发，很少考虑环保和健康等因素，故研制适用于绿色润滑油的添加剂是实现绿色润滑油实际应用的重要前提。

实践证明，添加剂的加入对基础油本身的生物降解性有影响，尤其对基础油降解过程起作用的活性微生物或酶有危害作用，从而影响基础油的生物降解性。所以说，添加剂是绿色润滑剂的关键基础之一。有学者指出，通过组合化学方法，在植物油中设计安装某些功能基团，可直接将植物油改造成既具有优良抗磨、减磨、抗氧化、抗腐蚀等综合性能，又具有良好生物降解性能的绿色添加剂，这是研究绿色润滑剂的一种崭新的技术路线。

绿色润滑剂的添加剂本身应该是可生物降解的，而且无毒，或至少不妨碍基础油的生物降解性。专家指出，选择绿色润滑剂用的添加剂通常需考虑下列因素：

1）无致癌、致残和诱变因素。

2）水污染水平，WGK 最大量是 1（德国化学法）。

3）不含氯和亚硝酸盐。

4）不含金属（除最大可含 0.1% 钙外）。

5）生物降解性（OECD 302B 法）>20%。

6）低毒性。

根据德国指定的"蓝色天使法规"，添加剂必须满足以下条件：

无致癌物、无放射性、无氯、无亚硝酸盐。一种配方中最多含质量分数不大于 7% 的不可生物降解的添加剂。例如，工业上长期使用多功能添加剂 ZDDP，这种添加剂具有优良的抗氧、抗腐和抗磨作用，迄今为止，它仍是车用发动机油不可或缺的抗氧剂。但业界研究表明，由于 ZDDP 分子结构中含有硫、磷等极性元素，使 ZDDP 对环境和健康造成严重危害。因此，必须尽快开发其替代品。

21 世纪对汽车提出更苛刻的要求，如超低排放，甚至"零排放"，这除了要求汽车发动机技术的提高，对燃料、润滑剂和添加剂也提出了新的要求。其中硫、磷元素对汽车尾气排放和发动机危害很大，当前许多国家都已制定了严格的控制标准，限制车用燃料和润滑油的硫、磷等含量。为了适应这一要求，汽车必须使用低硫和低磷含量的清洁润滑油。目前发动机油中添加 ZDDP 确实是一种无奈之举，寻找 ZDDP 的替代品已成为全世界的共同课题。

专家研究指出，硼酸盐润滑油添加剂不但具有很好的抗磨减摩和抗氧化安定性，而且无毒无臭，对金属无腐蚀，不污染环境，故硼酸盐作为绿色润滑油添加剂具有很大的发展潜力。近年来，纳米粒子作为绿色润滑油添加剂的应用也引起人们极大的关注。

国外对绿色润滑油添加剂的研究主要集中在抗氧剂、防锈剂和极压抗磨剂等方面的研究。抗氧剂的选择对润滑油尤其是植物基润滑油来说十分重要。润滑油的氧化是分子中烃类与光、热和氧相互作用的链反应过程，而抗氧剂的作用就是抑制、防止链反应。植物油中含有大量易氧化水解生成酸性物质的 C=C 基团，它能促进烃类自由基的氧化。

综上所述，绝大多数的传统添加剂不能直接用于可生物降解润滑剂，这是因为传统润滑油添加剂都是针对矿物基油而设计的，而绿色润滑油一般采用生物降解性比较好的酯类结构的基础油。与烃类结构的矿物油相比，两者在化学结构和物理性质等方面存在很大不同，所以，在添加剂的响应和感受性上会有很大的差异，而且作用机理也有所不同。由此可见，对适用于绿色润滑油的添加剂的研究开发和应用是绿色润滑油课题的一个必不可少的组成部分。开发适合于植物油基润滑油的绿色添加剂是实现绿色润滑油成功应用的重要前提。

抗氧剂的选择对于植物基基础油来说非常重要，因为基础油本身含有大量的 C=C 结构，容易被氧化，且易水解成酸性物质，其对氧化过程又有催化作用。研究结果表明，在较低温度下，酚型抗氧剂比胺型的感受性要好，而胺型抗氧剂在高温下的抗氧效果较为突出，但胺型抗氧剂存在一定毒性。学者研究还指出，应当重视抗氧助剂的协同效应。王永刚等学者报道，乙二胺四乙酸部分碱金属盐、含卤羧酸碱金属盐、有机酸的碱金属盐、酚和磺酸的碱金属盐以及乙酰丙酮碱金属盐等多种碱金属盐与苯基-α 萘胺、二异辛基二苯胺等有良好的协同效应。有机胺可提高酯类油的水解安定性，从而改善其氧化稳定性。在抗氧剂的筛选中还可以选择一些天然抗氧剂，如茶多酚、维生素 E、单宁等物质。天然抗氧剂具有无毒、高效、生态效应好、来源丰富等优点，天然抗氧剂在食用油中已被广泛应用，但它也存在一些缺点，如有效使用温度低，油溶性也有待提高。

黄文轩对菜籽油及三羟甲基丙烷油酸酯进行了各种氧化试验，评价了各种抗氧剂的效果。他认为，作为液压油、链锯油和齿轮油的抗氧剂，酚系抗氧剂的抗氧化性能比胺系抗氧剂好。抗氧剂在菜籽油中的生物降解情况见表 10-1。由表可知，酚型抗氧剂的生物降解性最好。在 600h 时已经降解了 71%，到 1000h 时已完成降解。含铜化合物也较好，在 600h 时已降解了 50%，到 1000h 时也完全降解。而胺型抗氧剂的生物降解性较差，到 600h 时完全没有降解。到 1000h 时也只降了 41.5%。

表 10-1　抗氧剂在菜籽油中的生物降解情况

温度/℃	80~110				
时间/h	0	600		1000	
生物降解情况		剩余量	降解性	剩余量	降解性
酚型抗氧剂	1.4%	0.4%	71.4%	0	100%
含铜抑制剂	0.1%	<0.05%	50%	0	100%
胺型抗氧剂	0.65%	0.65%	0%	0.38%	41.5%

实践表明，植物油在工业应用中的主要弱点是其氧化不稳定性，它主要是由于油和氧之间的相互作用，植物油（甘油三酯）的双键数量取决于油品类型。油品在使用中会产生自由基离子，双键会寻找离子（游离电子），并与之发生反应，从而改善植物油的特性，即打开双键使副产物降解。植物油不饱和度与氧化安定性之间存在很好的相关性。

另外还有两种方法广泛用于抑制油品的氧化，分别是去除自由基和过氧化氢分解。植物油常用的自由基清除剂有芳基胺和受阻酚，ZDDP 实际上是一种应用广泛的自由基清除剂和优良的抗磨剂。可惜由于 ZDDP 存在毒性，在植物油配方中已不经常使用。

另外一种广泛使用的抗氧剂是基于过氧化物分解。过氧化物是氧化的另一种前身物，使之分解可大大提高氧化稳定性。有资料报道，可分解过氧化物的添加剂主要是含磷添加剂，它们大多对环境无害且相当有效。

业界专家指出，有三个特殊领域可能会是抗氧剂应用的主战场——现代发动机油、可生物降解润滑油和依靠生物燃料的发动机油。绿色润滑油需要使用更能满足生物降解性和生物累积性标准的添加剂。

总的来说，绿色润滑油要求抗氧剂应具有高性能、高性价比、多功能、环保属性，并且无灰。

10.2　纳米润滑添加剂

由于纳米材料的环境友好性能以及纳米微粒在摩擦过程中具有一定的修复功能，因此，近年来，纳米润滑添加剂的开发和应用受到业界的高度关注。纳米粒子因其具有奇异的光、电、磁、热和力学等特殊性质，已在摩擦学领域引起了人们的极大兴趣。

纳米润滑添加剂不但绿色环保，而且又可以解决一些特殊工况和高科技的润滑难题。纳米金属粒子作为润滑油添加剂能有效地改善润滑油的摩擦性能，这已在试验机模拟实验和实践应用中均得到验证。纳米添加剂的油膜强度远高于传统添加剂，在润滑油中的悬浮密度和均匀度也远高于传统添加剂，运用纳米粒子改善润滑油性能已成为一种重要的技术手段，具有广阔的应用前景。

薛群基等人利用含硫有机化合物修饰金属化合物制成的纳米微粒，将其添加到润滑油中，然后进行四球机摩擦磨损实验，结果表明，它是一种优良的润滑油极压抗磨添加剂。徐滨士等人对纳米铜润滑油添加剂的摩擦特性及其机理进行了深入研究，实验表明，它能使 650SN 基础油的摩擦系数降低 48%，并因铜保护膜隔离了摩擦副的直接接触而减少黏着磨损和磨粒磨损，同时对磨损表面也起到修复作用。

业界专家提出纳米润滑添加剂的摩擦机理如下：

1）纳米粒子在摩擦表面发生摩擦化学反应，生成化学反应膜。

2）纳米微粒在摩擦表面沉积，形成扩散层或渗透层，在摩擦剪切作用下形成具有抗磨减摩性能的润滑膜。

3）纳米粒子在摩擦表面被挤压，相当于"滚球轴承"，（见图 10-1），且能自我修复，从而起到抗磨减摩作用。图 10-2 所示为纳米 MoS_2 的润滑机理分析。

在现代工业中，纳米润滑材料的应用已相当广泛，并发挥了特殊的作用，举例如下：

1）高密度磁记录装置中，磁头磁盘界面需要纳

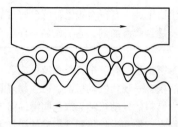

图 10-1 纳米微粒发挥"滚球轴承"作用

米级润滑剂。近年来广泛使用的是带有羟基、羧基末端极性基团的全氟聚醚润滑剂。可以在很广的范围内调整末端基团，使润滑剂发挥出最佳的性能。磁记录盘基底上的软磁层通常是涂覆了一层 3~5nm 厚碳的薄膜，因为碳膜涂层有比较高的表面能，而低表面能的全氟聚醚润滑剂可以附着在薄膜涂层上。应用最广泛的是具有乙型骨架链的全氟聚醚，具有线性骨架的链结构通式如下：

$$—CF_3CF_2CF_2O + CF(CF_3)CF_2—O +_n CF_2CF_3$$

现在，全氟聚醚磁记录盘润滑剂已发展到带有羟基末端基团，以增加其对碳膜的吸附能力。全氟聚醚的多功能性已引起了业界的广泛关注。

2）在微机电系统中，纳米固体润滑技术显得尤为重要，在微纳尺度上实现机械润滑是当今润滑技术发展的重要方向。目前已发现，纳米粉体及纳米薄膜等在许多微机电系统中具有重要的应用前景。

3）王示德等人用纳米石墨粉作添加剂合成高档润滑油并已取得发明专利，官文超等人合成的纳米润滑剂已成功地应用于钢的冷轧和石油钻井液中。

4）对于新能源汽车中的应用，中石油大连润滑油开发中心研制了纳米润滑油添加剂——烷基水杨酸盐，他们成功开发了国际上首个烷基水杨酸盐体系的自动变速箱油复合剂 RHY4165A。该产品具有低硫、低磷的技术特点，环保，能满足我国新能源汽车的润滑要求。

5）在润滑脂中的应用。工业上的绝大多数滚动轴承均采用润滑脂润滑，纳米添加剂在润滑脂中的应用研究成为目前一大热点。纳米碳酸钙添加剂浓度对摩擦学性能的影响如图 10-3 所示。

润滑脂的服役寿命在很大程度上取决于润滑添加剂的性能。目前，纳米材料作为润滑脂添加剂的研究还包括纳米软金属添加剂、纳米氟化物添加剂，纳米硫化物添加剂和纳米非晶合金添加剂等。

现任国际摩擦学理事会主席，美国 Argonne 国家实验室主任 Ali Erdemir 团队对微纳米润滑添加剂进行深入系统的研究，发现这类添加剂特别适用于重载、低速、高温和振动条件下使用。专家认为，研发微纳米润滑添加剂有助于推动润滑技术的突破与创新，"纳米润滑"和"分子润滑"的时代即将到来。

由于环保要求，具有生物降解性的生物基础油在未来将占据重要地位，而目前纳米润滑添加剂的研究主要局限于矿物基础油。由于生物基础油和矿物基础油具有截然不同的分子结构，物理化学性能也相差甚远，对添加剂的要求和感受性也不同。因此研究纳米润滑添加剂与生物基础油的配伍规律，将是纳米添加剂朝环保方面应用的重要发展方向。

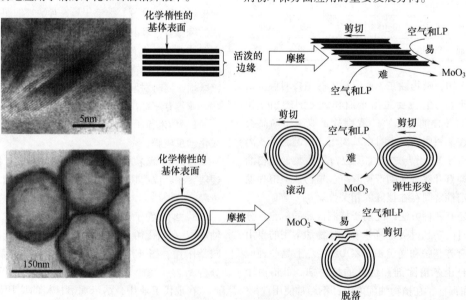

图 10-2 纳米 MoS₂ 的润滑机理分析

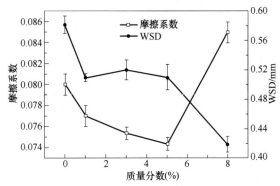

图 10-3　纳米碳酸钙添加剂浓度对摩擦学性能的影响

注：实验采用四球试验机，1450r/min，300N，30min。

10.3　有机硼酸酯

含硼节能润滑油添加剂已受到业界的高度关注。硼类化合物添加剂是典型的非活性润滑油添加剂，这是相对于含硫、磷或氯的添加剂来说的，因为含硫、磷、氯的添加剂易与摩擦副表面的金属反应生成硫化物或硫酸盐、磷酸盐、氧化物，造成金属表面腐蚀。而含硼添加剂的硼与金属表面发生渗硼作用，生成金属硼化物，不会造成金属表面腐蚀。这是因为硼的原子半径很小，电离能大，它主要以共价键与其他原子相连，此外，硼酸是弱酸，可见，硼类添加剂对金属摩擦副不会产生腐蚀。

含硼化合物主要包括硼酸盐和硼酸酯两大类。硼酸盐润滑油添加剂是一种具有优异稳定性和载荷性的极压抗磨剂，而且无毒无臭。据李雪梅等人介绍，这种添加剂已广泛应用于工业齿轮油中，可调配出 GL-5 性能的车辆齿轮油。这种添加剂不仅具有极好的抗磨减摩性，而且还具有很好的氧化安定性，在高温下对铜不腐蚀，对钢铁也有防锈性能。同时还具有很好的密封适应性，对橡胶密封件的适应性也很好。

乔玉林等人研究了表面经含—C—N 和—N—N 结构的化合物修饰的硼酸盐润滑油添加剂在钢球表面形成的表面膜的元素组成和化学状态，考察了化学反应膜的结构和化学作用机制。他们发现，硼元素在摩擦化学反应膜中的化学状态非常复杂，由于表面修饰剂与硼酸盐之间存在物理吸附作用，在摩擦过程中的摩擦剪切作用下，表面修饰剂发生脱附，并参与了摩擦反应。程西云等人对纳米硼酸镧润滑油添加剂进行了摩擦学性能研究，发现纳米硼酸镧添加剂能改善滑动摩擦副的摩擦学性能。这可能是由于纳米粒子特殊的小尺寸效应和化学活性所致，此处重点介绍有机硼酸酯。

有机硼酸酯是一种新型的极压添加剂，它不含硫、磷、氯等腐蚀性元素和金属元素。大部分硼酸酯由带羟基的物质（如醇）与硼化剂（如硼酸）反应而成，在降低油品的磷、硫含量和灰分的条件下，含氮硼酸酯可大幅度提高油品的抗氧抗磨性能。有机硼酸酯是一种多功能的润滑油添加剂，具有优良的摩擦学性能。引入长链烃基基团的硼酸酯具有极好的油溶性，可直接溶解进基础油中使用。有机硼酸酯的极压抗磨机制是在摩擦表面形成一层既有有机物又有无机物的无定形结构膜，且能在摩擦副表面发生渗硼作用，形成渗硼强化层。

我国学者发现含氮硼酸酯在摩擦表面形成 BN 和 Fe_2N，程西云等人对有机硼酸酯（$C_9H_{21}BO_3$）添加剂的摩擦学性能也做过深入研究。有机硼酸酯的缺点是水解安定性差，改善硼酸酯添加剂的水解安定性也是目前的研究热点。研究最多的改性方法是向硼酸酯分子结构中引入氮原子，使氮原子与硼原子配位，形成 N—B 配位键，从而提高水解安定性。另外在使用硼类添加剂时应注意防护，这是因为降解生成的硼酸根和有机链碎片同样会对环境产生不良影响。作为一种极压抗磨剂，有机硼酸酯已被业界十分看好。

有机硼酸酯的制备方法有以下几种。

1）三氯化硼与醇（或酚）反应：

$$3ROH+BCl_3 \rightarrow B(OR)_3+3HCl$$

2）硼酸与醇（或酚）直接反应：

$$3ROH+H_3BO_3 \longleftrightarrow B(OR)_3+3H_2O$$

3）由硼酐与醇（或酚）直接反应：

$$B_2O_3+3ROH \rightarrow B(OR)_3+H_3BO_3$$

制备多功能硼酸酯，一般应在合成反应之前，将活性元素硫、磷、氯、氧或氮引入醇或酚的分子中，再让其与硼的化合物（硼酸、硼砂、三氯化硼、硼酐等）反应，制得硼酸酯。Lubrizol 公司在一种复合添加剂配方中加入了硼酸酯化合物，不仅具有抗磨性，而且在抗氧化性、清洁性及发动机润滑方面均表现出优异的性能，该硼酸酯化合物可由硼酸与醇反应制得。试验表明，含氮硼酸酯的抗磨性能优于 ZDDP 类添加剂，硼类添加剂被誉为新型环保润滑油添加剂，这是与磷系和硫系添加剂相比较而言的。但对有机硼酸酯的生态毒性还须进一步研究。

有机硼酸酯分子中引入硫、磷、氮、氧等活性元素，可制得复合硼酸酯或多功能有机硼酸酯。硫、磷的引入可使硼酸酯更好地与金属表面发生亲和，硫、磷以化学吸附方式吸附在金属表面上，可增强硼酸酯的抗氧化性能和减摩作用。氮元素的引入具有抑制磷元素过度腐蚀的作用，增加油膜强度，提高有机硼酸酯的承载能力和抗磨性能。氧元素的引入有利于改善硼酸酯的润滑性能。

张建华和申士强等用四球试验机研究了硼酸三丙酯在摩擦表面的在线强化功能，结果表明硼酸三丙酯具有较好的摩擦表面在线强化功能。在低负荷下，硼酸三丙酯在摩擦表面形成吸附膜和摩擦聚合物膜；在较高负荷下，在摩擦表面形成 H_3BO_3 和 B_2O_3 的沉积物膜。硼酸酯在摩擦过程中分解产生的单质硼以化学吸附的方式吸附在摩擦面上，并渗入金属表面层，形成了含 FeB 和 Fe_2B 的渗硼层。研究者根据摩擦化学渗硼技术，提出了硼酸三丙酯在线强化的化学反应机制。摩擦化学在线强化零件表面这一构思提出后，便得到国内外专家的高度重视。

实践表明，有机硼酸酯是一种新型多功能的润滑油添加剂，但其缺点是易于水解，造成添加剂中硼有效成分的丢失，从而使其摩擦学性能下降，在实际应用中受到限制。目前研究较多的是提高硼酸酯水解安定性的方法，研究表明，在硼酸酯分子结构中引入氮原子，可提高其水解安定性和极压抗磨性。另外，在硼化物添加剂中引入稀土元素，可提高其极压抗磨性，同时，稀土元素对摩擦副表面的渗硼有催化促进作用。在硫系、磷系添加剂分子中引入硼原子，可改善硫系、磷系添加剂的性能，许多硼类化合物添加剂与其他添加剂之间还存在协同作用机制，在这方面需要业界进一步的探讨。

10.4 磷-氮（P-N）型极压抗磨剂

业界研究表明，含 P 和 N 元素的添加剂因为能提供有利于微生物生长的养分，从而可提高润滑剂的生物降解性。敖广等人指出，虽然酸性磷酸酯具有很好的极压抗磨性能，但其活性较高，磷消耗较快，易导致腐蚀磨损。而采用胺中和酸性磷酸酯可获得活性

相对较低的 P-N 型复合添加剂。P-N 型复合极压抗磨剂具有较高的承载能力，生产工艺也不复杂，它是目前很有发展前途的复合型极压抗磨添加剂。这类复合添加剂具有良好的极压、抗磨、防腐、防锈及抗氧化性能。

中科院兰州化物所刘维民等人对 P-N 型极压抗磨添加剂进行了深入研究，磷氮型的分子结构式如下：

结构式中，R、R' 和 R'' 表示 $C_1 \sim C_{12}$ 的烷烃，采用 SRV 摩擦磨损试验机进行评价。

研究 P-N 型极压抗磨剂对钢-铝摩擦副摩擦学性能的影响，采用 X 射线光电子能谱仪分析铝块磨痕表面边界润滑膜中的 P 和 N 元素的化学状态。结果表明，含磷抗磨剂可以有效提高铝合金的耐磨性，而其中以磷氮剂的效果最好。并指出，含磷添加剂通过摩擦化学反应在铝合金的磨损表面上形成由磷酸铝或亚磷酸等组成的边界润滑膜，这就是获得抗磨减摩性能的根本原因。

方建华等人采用磷氮化技术，研究改性菜籽油润滑添加剂。菜籽油本身是一种油性剂，抗磨极压性能不好，但当引入 P 和 N 元素时，表明其抗磨极压性有较大的提高，又可提供有助于微生物生长的养分 P 和 N。这类添加剂既溶于菜籽油，又能溶于水，多功能性良好。方建华的研究表明，菜籽油本身具有一定的润滑性，但当引入 P 和 N 时，菜籽油表现出极强的抗磨极压性。长链的菜籽油分子相当于一个载体，能强烈地吸附在金属表面，并使 P 更容易与金属表面作用生成极压膜。另外，由于 N 元素的电负性高，原子半径小，在摩擦过程中，当 P-N 型改性菜籽油添加剂吸附于摩擦面时，分子之间易形成氢键，使油膜强度提高。

顾卡丽等人设计和合成了一种绿色水基润滑添加剂（OT），根据不含 S、P、Cl 等元素的原则，设计添加剂分子时，分子的一端为羧基、酰胺基及聚氧乙烯等基团，这些基团的水溶性较理想，同时还具有强的极性，能牢固地吸附于摩擦表面上。而分子的另一端为长碳链的非极性基团，它游离于润滑液中，形成一层毛刷状隔离层，起到润滑膜作用。由于 OT 分子中引入了 N 元素，N 元素的电负性高，原子半径小，在摩擦过程中，当 OT 添加剂吸附于摩擦表面时，分

子之间较易形成氢键而导致横向引力的增强和油膜厚度的增加，即协同增强了表面膜的强度。因此，由于 N 的高反应活性、油酸分子的载体作用和聚氧乙烯链的高极性三者的协同作用，所形成的吸附膜和摩擦化学反应膜是 OT 添加剂具有优良润滑性能的根本原因。OT 添加剂由于不含 S、P、Cl 等易造成环境污染的元素，而所含 N 元素能作为养分促进微生物的生长，这样有助于添加剂的生物降解，因此，OT 添加剂是一种优良的绿色水基润滑添加剂。研究表明，磷、氮化合物能显著提高难降解润滑油的生物降解性能，因磷、氮化合物通过诱导微生物体内的生物降解酶组分，并促进微生物生长，增强微生物的活性，从而促进了难降解润滑油的生物降解性。

他们用美国 Nicolet 傅里叶红外光谱仪对 BNC 进行鉴定。由此推断，该化合物主要是硼酸酯化合物，并对其进行摩擦学性能研究。刘坪等人研究指出，合成的添加剂 BNC 是在精炼蓖麻油的双键上引入了 B、N 元素，长链蓖麻油分子强烈地吸附于金属表面，作为 B 和 N 元素的载体，使 B、N 元素更容易与金属表面协同作用而生成极压膜。极压较高的基团易于吸附在摩擦副表面形成物理或化学吸附膜，具有较好的摩擦润滑性能。由于 B、N 的高反应活性和极性、长链蓖麻油的载体作用及 B 的失电子性的协同作用，所形成的复合保护膜覆盖在摩擦副表面上，使硼氮改性蓖麻油润滑添加剂能够有效地阻止摩擦副的磨损，从而起到抗磨减摩作用。

上海大学胡志孟等人在植物油中引入 B 元素，合成了硼化植物油，发现其具有优良的极压抗磨减摩性能。方建华和陈波水等人对硼氮化改性菜籽油润滑添加剂也进行过深入研究，发现硼氮化改性菜籽油润滑添加剂是一种既能溶解于菜籽油，又能较好地溶解于水的油水两用性润滑添加剂。试验表明，硼氮化改性菜籽油润滑添加剂在菜籽油和水中均具有良好的抗磨减摩性能，而且发现，当以菜籽油为基础油时，饱和硼氮化菜籽油的抗磨减摩效果最佳。

杨蔚权和陈波水等人研究了油酸甲酯型含氮硼酸酯的合成及其摩擦学性能。他们通过环氧化处理，亲核开环反应和酯化反应，在油酸甲酯分子双键位置上

10.5　硼-氮（B-N）型润滑添加剂

植物油无毒且可再生，资源丰富，而且具有优良的生物降解特性。如果在其分子结构上引入抗磨性能好的 B、N 元素，通过 B 和 N 的配位，既可有效地克服传统硼酸酯水解安定性差的缺陷，又能有助于提高添加剂的抗磨减摩性能。这也是当前绿色润滑添加剂领域的研究热点之一。刘坪等人以精炼蓖麻油为原料，对其进行化学改性，在分子结构中引入了硼氮元素，合成了一种新型的绿色润滑油添加剂，即硼氮化蓖麻油（简称 BNC），并考察其对菜籽油和 400SN 矿物基础油摩擦学性能的影响。BNC 的分子结构式如下：

$$(HOH_4C_2)_2NH_4C_2O-B-O \cdots$$

引入含 B、N 基团，成功制备了一种硼氮化改性油酸甲酯，其结构式如下：

研究表明，硼氮化改性后，油酸甲酯的承载能力、极压性能和抗磨性能均有明显改善，说明硼氮化改性是一种有效提高油酸甲酯极压抗磨性能的技术手段。同时也说明，在油酸甲酯分子双键位置上引入抗磨减摩基团是提高油酸甲酯润滑性能的有效方法。

方建华和陈波水等人通过在脂肪酸分子中引入硼和氮，合成了新型水基润滑添加剂（BNR），用红外光谱仪对其主要官能团进行鉴定，用四球摩擦磨损试验机考察合成产物在水中的抗磨和极压性能，用 X 射线光电子能谱仪分析钢球磨损表面典型元素的化学状态。研究结果表明，含硼和氮的水基润滑添加剂具有良好的抗磨和减摩性能。由于长链脂肪酸分子的载体作用、B 的缺电子性、N 的高反应活性以及三者的协同作用，添加剂在钢球磨损表面上形成了高强度的吸附膜或摩擦化学反应膜，从而表现出良好的抗磨和极压作用。研究还证明，BNR 添加剂具有良好的生物降解性，添加剂中的 N 元素能提供微生物生长的养分，有利于促进添加剂的生物降解，实践已表明，BNR 添加剂是一种环境友好的绿色水基润滑添加剂。

10.6 环氧油酸甲酯润滑添加剂

生物柴油来源于动植物油，其良好的生物降解性为制备绿色润滑添加剂提供了可能。由于组成生物柴油的极性长链脂肪酸甲酯可在金属表面形成吸附层，因而生物柴油本身具有较好的润滑性。方建华和陈波水等人以油酸甲酯为原料，采用化学改性技术路线合成了环氧化改性油酸润滑添加剂（EOME），其化学反应式如下：

试验表明，以菜籽油为基础油时，润滑添加剂EOME对钢-钢摩擦副和钢-铝摩擦副均具有优良的抗磨减摩性能，而且，当添加质量为2%时，其效果最佳。近几年来，铝合金在汽车制造领域的应用日益广泛，实践表明，传统 ZDDP 添加剂对钢-铝摩擦副的作用效果较差，因此，专家认为，EOME 添加剂取代ZDDP 添加剂用于汽车制造业中将成为可能。

10.7 液晶润滑添加剂

近年来液晶润滑引起了国内外众多学者的极大兴趣，而液晶摩擦学也成为摩擦学领域中的一门新课题。液晶是介于各向异性晶体和各向同性液体之间的有序流体。液晶按其形成过程可分为溶致液晶和热致液晶两大类。

从摩擦学分析，若在两个运动平面之间存在有高载荷能力和低剪切阻力的润滑介质，就能达到降低能耗的目的。从分子结构上看，液晶恰能同时满足这两个条件。液晶分子排列的长程取向使之呈现出固体的抗压性能，从而能支撑摩擦副，阻止其相互靠近。在高剪切速率下，它又呈现出低黏度的液体流动性，能获得低的剪切阻力，因此，业界认为，液晶是一种性能优异的新型润滑介质。

专家认为，液晶可用于润滑，这不仅是因为它具有一维或二维长程有序，还因为这种有序是可控制的。通过调控外加条件，可使液晶分子沿着某一最佳方向取向，从而获得最佳的摩擦效果。专家还认为，液晶润滑性能主要取决于分子的刚性部分，而与柔性部分的长度无关。液晶润滑是机械、化学、物理甚至包括生物（仿生学）等多学科的交叉领域，它的发展依赖于各学科的合作和相互渗透。

液晶分子优良的润滑性能已确信无疑，然而纯液晶由于价格昂贵，且使用的温度范围也受限制。清华大学卢颂峰等人对液晶润滑添加剂进行过深入的研究。使用液晶分子作为润滑剂添加剂可以克服纯液晶在稳定性和温度适应性方面的不足，而且其表现出来的润滑效果也优于纯液晶化合物。因此，在实际应用中，液晶分子经常作为润滑添加剂来改善矿物基础油和合成油（如硅油和酯类油等）的润滑效果。

卢颂峰等学者将向列型液晶苯甲酸衍生物作为润滑添加剂，研究了它们在汽轮机油中的润滑作用。将0.5%（质量分数，下同）的乙氧基苯甲酸和0.1%的正辛基苯甲酸加入到汽轮机油中，在给定压力、速度和温度条件下，采用 Falex 试验机考察了其添加剂的减摩性能。试验结果表明，这两种添加剂的加入都可使油品的摩擦系数有明显的降低，其中以 0.5%的乙氧基苯甲酸最好。其减摩机理被解释为，液晶分子在润滑剂中主要以晶体微粒形式存在，这些微晶可填充摩擦副表面的细小凹坑，从而使表面平滑。而且液晶分子的化学活性较强，能以其所含极性基因（—COOH）在金属表面定向排列吸附形成减摩保护层。实验结果表明，液晶添加剂可有效地改善润滑剂的减摩抗磨性能。

通常情况下，在低速高载荷的运动副，如机床工作台导轨、滑座、溜板等直线往复运动机构中，采用普通机械油润滑时，往往出现明显的不均匀的移动速度，这种现象俗称爬行，爬行直接影响机床的加工精度和表面粗糙度。产生爬行的主要原因之一是滑动导轨面间的静、动摩擦系数的差异。于效光等学者还研究了液晶添加剂对润滑油防爬行性能的影响，采用液晶材料正辛基苯甲酸（C_8H_{17}—O—COOH）直接添加到试油中，并加入少量助溶剂，在一定温度条件下搅拌以促进液晶充分溶解于油中，液晶浓度为1%。试验结果表明，在油品中加入1%的正辛基苯甲酸液晶材料后，油品具有一定的防爬性能，并可降低动力消耗。

10.8　绿色水基润滑添加剂

水基润滑剂具有冷却性好、难燃和低污染等优点，但水基润滑剂也存在润滑性和防蚀性差的缺点，为了改善和提高水基润滑剂使用性能，往往需要在水基润滑剂中加入多种添加剂和表面活性剂，但这样对水基润滑剂的生态毒性造成了负面影响，因此，必须开发绿色水基润滑添加剂。

从分子设计观点出发，在分子内应该含有水溶性的亲水性基团，含有油性剂作用的吸附性基团和赋予极压、抗磨作用的反应性基团。一般来说，赋予水溶性的基团主要有—COOH、—OH、—NH$_2$ 等，发挥油性剂作用的分子包括起吸附作用的极性基团（如—COOH、—COOR 和—CONH$_2$ 等）以及起隔离作用的非极性基团（烃基）。

近年来，有关水溶性润滑添加剂的报道很多，包括硫磷系水溶性润滑添加剂、脂肪酸及其酯系水溶性润滑添加剂、硼系水溶性润滑添加剂等。

10.9　绿色环保多功能添加剂的开发现状

对于金属加工液来说，在金属切削液中一般含有表面活性剂、极压剂、防锈剂和杀菌剂等添加剂。在新的金属切削液添加剂及配方的开发中，环保型生物降解添加剂是目前开发研究的方向，吴志桥等人在这方面做过报道，黄文轩也在他的专著中做了详细介绍。

（1）表面活性剂　表面活性剂的用途十分广泛，这是由于它独特的分子结构所决定的。表面活性剂在金属加工液中发挥多种功能，如润滑、冷却、降低表面张力等。尤其在水基润滑剂中，表面活性剂的作用更不能忽视，表面活性剂分子中的亲水基和亲油基的比例对乳化油（尤其是微乳化液）起着重要作用。两者的平衡值 HLB 是衡量油溶性或水溶性的重要量化值。一般来说，当 HLB<7 时，它是油溶性的；当 HLB>11 时，它是水溶性的。

首先要考虑的是安全性，然后才是生物降解性。据文献报道，烷基糖苷（APG）具有生物降解快的特点，它是一种无毒无刺激性的绿色表面活性剂。另外，脂肪酸甲酯磺酸盐（MES）也是一种绿色表面活性剂，其生物降解性良好，抗硬水性强，并且环境友好。生物表面活性剂是微生物产生的一类具有表面活性的生物大分子物质，其特点是稳定性良好、无毒和可生物降解等。

（2）极压剂　传统的极压剂是含 S、P、Cl 等元素的化合物，这些化合物在高温下与金属表面发生化学反应，产生化学吸附膜。已经知道，S、P 和 Cl 是对环境有害的元素，故近年来业界都十分关注开发新型极压剂，以取代传统的极压剂。硼类极压剂已成为开发的热点，实践证明，有机硼酸酯是一种新型的减摩抗磨添加剂。据文献报道，硼酸盐作为润滑脂中的极压添加剂具有独特的性能，与其他添加剂复合制备的极压锂基润滑脂具有优异的综合性能，绿色环保，广受用户欢迎。一些新型绿色切削液用极压剂见表 10-2。

表 10-2　一些新型绿色金属切削液用极压剂

添加剂	结构或来源	主要性能	用　途
脂肪酸多元醇酯	CH$_2$OOCR	减摩性	高速剪切成型
	COOCR	防锈性	
	CH$_2$OOCR		
	X$_1$OCRSCH （CHCOX$_3$） COX$_2$X—	润滑性	
羟基烷基硫代琥珀及其酯、酰胺化合物、盐	X$_3$＝OH R＝C$_{1\sim3}$ 亚烷基醇	防锈性	较宽 pH 值范围下用于两性金属材料切削
高级烃基脂肪酸衍生物	蓖麻油酸、1，2 烃基硬脂酸及它们的低聚物与马来酸酐、琥珀酸酐、邻苯二甲酸酐形成的半酯环氧乙烷-氧化丙烯-C$_{2\sim20}$	防锈性 抗磨性 润滑性	水溶性金属切削液
块状聚合物	羧酸酯共聚物酯，可为烷基酯、链烯基酯、芳香基酯	防锈性	水溶切削液

（续）

添加剂	结构或来源	主要性能	用　途
羧酸链烷醇胺脂	$NH_X(R_1OOCR_2)_3$ （X=1，2，$R_1=C_{1~4}$，$R_2=C_{1~12}$）	消泡性 抗菌性 润滑性 防锈性	水基金属切削液
二聚酸甲酯	二聚酸与低级醇的反应产物	切削性	抗菌性切削液

（3）防锈剂　一般来说，为了保护机床、刀具及工件等不受乳液的侵蚀，通常要在切削液中加入防锈剂，以期在金属表面形成保护膜。河北省新资源技术研究所研制的 KJ 金属防锈剂，是以天然提取物环己六醇六磷酸酯为主要成分复配而成。实践表明，这是一种无毒无味的绿色防锈剂，它能有效地阻止 O 等元素的进入，从而达到使金属长期防锈的目的。郑磊和杨虎等人以丁烯酸、顺酐和二乙醇胺为原料合成了丁烯酸酰胺基非离子表面活性剂，这是一种不含亚硝酸盐的环保型水溶性有机防锈剂。一些新型绿色金属切削液防锈剂见表 10-3。

表 10-3　一些新型绿色金属切削液防锈剂

防锈剂名称	结构或组成元素（质量分数）	主要性能	用　途
植物提取物	K^+ 2.4%，CO_3^{2-} 33%，Na^+ 0.81%，SO_4^{2-} 0.58%，Cu^{2+} 0.03%，Cl^- 0.33%	防锈性	切削液
聚合物	$H(CH_2CH_2O)_n$—	防锈性	冷却液
非离子表面活性剂	$(CH_2CH_2O)_m$—COR	防锈性	水基切削液

（4）抗氧剂　业界研究表明，作为液压油、链锯油和齿轮油的抗氧剂，酚系抗氧剂的抗氧化性能比胺系抗氧剂好。酚系抗氧剂中的丁基化羟基甲苯适合作为菜籽油及三羟甲基丙烷油酸酯的抗氧剂。

（5）新型防腐杀菌剂　因切削液本身具有微生物和菌类滋生繁衍的条件，故容易腐败变质。防腐杀菌剂用于抑制细菌和霉菌的滋生，杀灭液体中的细菌，以期延长加工液的使用寿命。各国业界都十分重视新型防腐杀菌剂的开发。

（6）链锯润滑油用添加剂　在德国，已有超过80% 的链锯油从矿物油转为脂肪酸酯系的生物降解性的链锯润滑油。高性能的链锯油是以菜籽油为基础油，添加约 2%（质量分数，后同）的生物降解型硫化物-15，提高其极压和抗磨性能。添加约 1% 的 2，6-二叔丁基对甲酚抗氧剂，以防止基础油的聚合和氧化。

从全球润滑油添加剂的消费总量来看，内燃机油添加剂的消耗量约占总销售量的 70%，工业润滑油添加剂消耗量约占销售量的 17%~20%。全球添加剂消耗百分比（按功能统计）如图 10-4 所示。

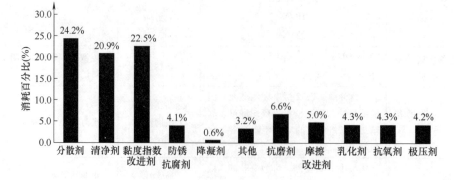

图 10-4　全球添加剂消耗百分比（按功能统计）

从添加剂的供应上看，Lubrizol、Infineum、Oronite 和 Afton 四大添加剂专业公司控制了世界添加剂 90% 以上的市场份额，产品以复合剂为主。我国作为世界上仅次于美国的第二大润滑油消费国，巨大的润滑油消费潜力拉动了添加剂的需求，但在添加剂市场的竞争中，国外添加剂公司以其领先的技术优势抢占了国内高端添加剂市场。

由于润滑油朝着绿色化发展，对润滑油添加剂也提出了全新的要求，主要表面在节能和环保方面。润滑油质量升级也给添加剂配方研究带来新的机遇。张晓熙认为，影响润滑油添加剂发展的主要有以下几方面因素：

1）燃油经济性及延长换油期给添加剂研发带来的挑战。

2）汽车工业发展及节能环保对发动机油添加剂发展的影响，要求发动机油具有更高的燃油经济性，更为苛刻的硫、磷含量限制和更低的硫酸盐灰分，这就要求添加剂应满足低硫酸盐灰分、低磷和低硫的要求。

3）生物柴油及其他替代燃料的使用对添加剂的影响。

业界专家都认为，绿色润滑油添加剂是实现绿色润滑油实际应用的重要前提，目前国内外都给予高度关注，主要表现在以下几方面：

1）低灰分、低硫和低磷。开发金属含量低、高性能的洗涤剂，以满足内燃机油的高要求，开发无灰分散剂，以满足发动机升级对润滑油的低磷和低灰分性的要求。

2）无灰抗氧剂。由于内燃机油中的磷、硫、灰分含量的限制，因此，ZDDP 的应用也受到制约，加大 ZDDP 替代品的研发力度，不含磷、硫、灰分的高温抗氧剂，如烷基二苯胺类和屏蔽酚型类将得到快速发展。

3）低黏度、多极化和无氯。低黏度、多极化是润滑油未来的发展要求，长效摩擦改进剂的用量也会相应增加，润滑油多极化的要求则需要剪切稳定性好和热稳定性好的增黏剂。

4）二异辛基二硫代磷酸硫氧钼为主要成分的润滑添加剂，由于其摩擦学性能突出、油溶性好以及环保生态性优良等特点已成为我国重点开发的新型添加剂。

5）纳米润滑油极压抗磨剂的深入研究和应用是今后主攻方向。

6）硫化脂肪非常适合用作可生物降解润滑油的极压抗磨添加剂。

7）无灰杂环类添加剂是一类很好的多功能新型润滑油添加剂，在绿色润滑油中将具有广阔的应用前景。

8）通过环氧化处理、亲核开环反应和酯化反应，在油酸甲酯分子双键位置上引入含硼、氮基团，可制备一种环保型的硼氮化改性油酸甲酯添加剂。

综上所述，节能、低排放、无污染和长寿命将成为我国润滑油发展的方向，而传统的添加剂已不能满足油品日益严格的要求，故开发节能、环保、无灰的高性能、多功能润滑添加剂已受到业界的高度关注并已深入研发应用。

参 考 文 献

[1] 吴志桥，辛田，韩生. 绿色环保型金属切削液研究进展 [J]. 上海化工，2011，36（8）：29-33.

[2] 益建国，等. 硼酸盐在锂基脂中的应用 [J]. 合成润滑材料，2002，29：8-10.

[3] 郑磊，杨虎. 丁烯酸酰胺型环保水基防锈剂的制备研究 [J]. 安徽工程科技学院学报，2009，24（2）：30-32.

[4] LESLIE R，Rudnick. 润滑剂添加剂化学及应用 [M].《润滑剂添加剂化学及应用》翻译组译. 北京：中国石化出版社，2016.

[5] 黄文轩. 润滑剂添加剂性质及应用 [M]. 北京：中国石化出版社，2012.

[6] 刘艳丽，等. 可生物降解润滑油添加剂的合成与摩擦学性能研究 [J]. 石油炼制与化工，2011，42（7）：54-57.

[7] 黄伟九. 可促进润滑油生物降解的新型润滑添加剂研究 [J]. 润滑与密封，2009，34（11）：5-8.

[8] WANK K. et al. Research on Tribological Behaviors of Boron nitrogenMoaified Rapeseed Oil as Caafer based Lubricating Additive [J]. Synthetic lubricants，2003，30（2）：11-15.

[9] 顾卡丽，等. 绿色水基润滑添加剂的研究 [J]. 润滑与密封，2005（4）：126-129.

[10] FESSENBECKER A. Additives for Environmentally Acceptable Lubricanrs [J]. NIGI Spokesman，1996，60（6）：9-25.

[11] WIIFRIED J B. Lubricants and the environment [J]. Tribology International，1998 30（1-3）：35-47.

［12］鲁治，戴康得，等. 环境友好含氮润滑油添加剂的合成及其摩擦学性能［J］. 石油学报（石油加工），2018（4）：767-775.

［13］ALIEV S R. Investigation of nitrogen-, sulfur-, and phosphorus-containingderivatives of O-hydroxy alkylthiophenols as lubricating oil additive［J］. Chemistry and Technology of Fuels and Oil. 2012, 48（3）：218-223.

［14］李斌，等. 纳米 MoS_2 作为润滑油添加剂的摩擦学性能研究［J］. 润滑与密封，2014（9）：91-95.

［15］夏迪，陈国需，等. 二烷基二硫代氨基甲酸钼作为润滑油添加剂的性能研究［J］. 石油学报（石油加工），2016（1）：125-131.

［16］KOSARIEH S. et al, The effect of MoDTC-type friction modifier on the mear performance of a tugdrogenated DLC coating［J］. Wear, 2012, 302（1）：890-898.

［17］范丰奈，等. 不同极压抗磨剂的研究进展［J］. 润滑油，2018（4）：30-35.

［18］王永刚，等. 绿色润滑油及绿色添加剂的应用进展［J］. 石油化工应用，2010，29（6）：4-8.

［19］CHOI A S, et al. Tribological behavior of some antiwear additives in vegetable oils［J］. Tribology International, 1997, 30（9）：677-683.

［20］CHEN B, et al. The influence of amino acids on biodegradability oxidation stability and corrosiveness of lubricating oil［J］. Petroleum Science and Technology, 2013, 31（2）：185-191.

［21］XIE H, et al. Lubrication performance of MoS_2 and SiO_2 nanoparticles as lubricant additives in magnesium alloy —steel contacts［J］. Tribology International, 2016, 93（1）：63-70.

［22］王恒. 绿色润滑油抗磨极压添加剂研究［J］. 润滑与密封，2007，32（1）：143-144.

［23］杜鹏飞，等. 植物油作为绿色润滑剂基础油和添加剂［J］. 合成润滑材料，2017，1：38-40.

［24］关磊，等. 新型润滑油添加剂的制备及润滑油性质研究进展［J］. 硅酸盐通报，2018，37（5）：1632-1636.

［25］张晓熙. 国内外润滑油添加剂现状与发展趋势［J］. 润滑油，2012，2：1-4.

［26］杨蔚权，等. 油酸甲酯型含氮硼酸酯的合成及其抗磨减摩特性［J］. 石油学报（石油加工），2016，1：82-87.

［27］CHEN B S, et al. Enhanced biodegradability and lubricity of mineral lubricating oil by fatty acidic diethanolamide borates［J］. Green Chemistry, 2013, 15（3）：738-743.

第 11 章　绿色润滑剂及其工业应用

11.1　概述

《中国制造 2025》是我国实施制造强国战略的第一个十年的行动纲领，在纲要中提到了绿色发展和构建绿色制造体系方面的问题，其内容包括加大研发先进节能环保技术、工艺和装备，努力构建高效、清洁、低碳、循环的绿色制造体系；加强绿色产品（低耗、长寿、清洁的产品）的研发应用等。在现实中，我国是制造业大国，约 70% 的污染物来自制造业，因此，在污染防治攻坚战的战略背景下，必须走绿色制造之路。

进入 21 世纪以来，全球的资源、能源和生态环境问题日益严峻，各国都十分注重环保、生态和可持续发展的战略，都在呼唤"绿色润滑"，都在大力发展高效、节能和环保的润滑新技术。许多先进的润滑技术在国内外工业界已得到广泛的应用，如油气技术在高新技术领域和重要工业领域发挥着不可替代的作用。润滑技术的不断创新所带来的经济效益是十分惊人的。绿色添加剂的深入研究为研究不含硫、磷极压添加剂，纳米微粒添加剂，水基润滑，微量润滑，油气混合润滑等开辟了广阔的应用空间，已成为业界各国目前关注的焦点。

国际上对"环境友好""可生物降解"的绿色润滑剂的研究始于 20 世纪 70 年代，并首先在森林开发中得到应用。德国是较早研究环境友好润滑剂的国家之一，1986 年，德国出现了第一批完全可生物降解的绿色润滑油。1992 年开始，瑞典农业部开始推行"清洁润滑"计划。英国于 1993 年也专门召开了"润滑剂与环境"的学术研讨会，从此致力于环境友好润滑剂的研究与应用。欧洲其他国家以及美国、加拿大、日本、澳大利亚等都相继制定和颁发了一些法规条例来规范和管理润滑剂的使用，这在相当大的程度上促进了绿色润滑剂的研制，应用和发展。近十多年来，绿色润滑剂在国际上的发展更为迅速，并逐步形成润滑剂发展的一大主流。

绿色润滑剂这一概念包含了两层含义，一是这类产品首先是润滑剂，在使用效能上达到特定润滑剂产品的规格指标，满足使用对象对润滑工况的要求；二是这类产品在生态效能上对环境无危害或为环境所兼容，通常表现为具有良好的生物降解性，但严格来讲，生物降解并没有明确反映出生态毒性的问题。生物降解性和生态毒性实际上是两个不同的方面。作为环境友好润滑剂，要求其生物降解性好，而且生态毒性、积累性也要小。

近 20 年的不断探索，中国学者在绿色摩擦学和绿色润滑方面的系列科技成果受到了全球的关注。实践表明，绿色摩擦学对节能减排、低碳经济、可持续发展及生态文明等方面都具有重大意义。

11.2　绿色金属加工液

近年来，金属加工技术发展迅速，这就要求与之配套的金属加工液不断更新换代。金属加工液具有润滑、冷却和防锈等作用。金属加工液的市场需求量巨大，它是优化金属加工过程的重要配套工程材料。金属加工液目前的发展趋势是向绿色金属加工液的方向发展，重点开发水基型金属加工液，尤其是半合成液和合成液。

"绿色金属加工液"是指对人和环境友好的金属加工液，其废液经处理后可再生利用或安全排放，其残留物质在自然界中可安全降解。金属加工液"绿色设计"是在充分考虑金属加工液性能和成本的同时，还要充分考虑金属加工液的环保和生态问题。

在绿色水基润滑剂的摩擦学性能研究方面，清华大学、中科院兰州化物所、合肥工业大学、广州机械科学研究院和广州市联诺化工科技有限公司等单位进行过系统的研究。发展绿色金属加工液必须解决两个关键问题，即基础油和添加剂的绿色环保问题。切削液的生物降解性主要取决于基础油和添加剂的生物降解性。目前基础油的发展趋势如下：

1）矿物油逐渐被生物降解性好的植物油和合成酯等所代替。

2）油基切削液逐渐被水基切削液所代替。本节主要讨论水基型金属加工液。

从 20 世纪 90 年代以来，欧美和日本等国大力开发绿色润滑油，尤其是水基金属加工液，并做出了一些严格的规定。德国与加拿大已禁止使用以氯化石蜡作添加剂的金属加工液，并规定在包装桶上应贴有警示标签。欧盟对金属加工液中的有毒及具有污染的添加剂用量也做了规定，禁止使用甲醛、酚及衍生物、氯乙酰胺、氯酚及其衍生物以及含锌添加剂等。

在绿色金属加工液的开发中，绿色环保型添加剂的开发是重中之重。吴志桥曾经介绍过一些新型绿色金属切削液的极压剂，见表 10-2。一些新型绿色切削液应用的防锈剂见表 10-3。

吴志宏等人曾开发过 GF 型长寿命合成切削液的产品，他们以二丁基亚磷酸，多元胺、甲醛、壬基酚聚氧乙烯醚、硼酸为原料合成多功能极压抗磨剂 BP，以蓖麻油酸和三乙醇胺为原料合成 OE，并添加高效杀菌剂等配制成 GF 型长寿命合成切削液。油酸三乙醇胺是一种好的润滑剂，但其水溶性不好，而蓖麻油酸比油酸多 1 个—OH，水溶性较好，因此可选用蓖麻油酸。三乙醇胺有 3 个—OH，可与酸发生酯化反应。

GF 型长寿命合成切削液已先后在广西玉柴股份有限公司和广西柳州五菱股份有限公司等大中型企业进行生产性运用，并获得了满意效果，具体表现如下：

1）具有优良的润滑性、防锈性、冷却性、清洗性和杀菌性。

2）通用性广，可满足多种进口及国产机床（如磨床、车床、铣床等）及多种加工工艺（车、镗、钻、扩）等应用要求。

3）杀菌抑菌性优良，具有连续使用三年不变质的独有品质，大幅度降低使用成本及排放成本。

4）环保性好，无毒，三年才排放一次。

综上所述，GF 型长寿命合成切削液是一种绿色的金属加工液。

合肥工业大学摩擦学研究所研制了 HW-5 型高水基切削液，选用水溶性润滑剂（如聚乙烯醇、甘油等），采用非离子型表面活性剂（如平平加、太古油等）和阴离子表面活性剂（如烷基苯磺酸钠），而且无氯、磷等有害元素，无毒。由于不含机械油，不易受细菌感染和发臭变质，使用周期长，与乳化液相比，可大大延长换油周期，减少废液排放量。

研究发现，切削液中防锈剂磷酸钠的积累会使河流、湖泊因营养富化而出现赤潮。众所周知，亚硝酸钠、铬酸盐等物质作为防锈剂和防腐剂，不仅其废液难于处理，而且对人类和环境造成危害。对于水基合成切削液，可选用水溶性极好的油酸酰基非离子表面活性剂，因其分子中同时含有多个羟基、酰胺基等极性基团和长碳链羟基，防锈性和抗腐蚀性可靠。钼酸盐系防锈剂能在金属表面形成 $Fe-MoO_4-Fe_2O_3$ 钝化膜，这是一种性能良好的防锈剂，几乎无毒，对环境无害。

总之，绿色金属加工液的发展方向应该是，围绕主题，即无毒害、低污染、长寿命、高性能等；广泛

研究，即除氯、降硫、抑磷、减氮、抗菌、新型等。

应该说，水基金属加工液的技术核心就是添加剂，相比于油基润滑基本上处于边界润滑状态，很难建立有效的流体润滑膜，只能通过水溶性添加剂发挥作用。添加剂的技术水平往往直接决定着加工液最终产品的质量，因此大力发展水基润滑添加剂是开发水基金属加工液的关键技术环节。因水基润滑添加剂与油基添加剂不同，除了要求具有良好的润滑性能外，还必须具有优异的水溶性和合适的生物降解性及低生态毒性。专家用分子设计的观点来指导水溶性添加剂的合成，取得了可喜的进展。分子设计的观点是把赋予水溶性的亲水基团、油性的吸附性基团和赋予极压、抗磨作用的反应性基团集合于一个分子内，这样才有集合成兼具有油性、抗磨性和极压性等多功效的水溶性润滑添加剂。

一般来说，赋予水溶性的基团有 $\left(CH_2CH_2\right)_n$、—COOH、—OH 和 NH_2 等，其中以羧基、酰胺基酸较为理想。起油性的基团有—COOH、—COOR 和—$COMH_2$。而发挥极压摩擦作用的基团一般包含 S、P、Cl 和 Mo 等化学反应活性高的元素、它们经摩擦化学反应生成金属化合物，从而起到极压润滑作用。最近几年有关水溶性润滑添加剂的报道，都大量体现了分子设计的观点。

近期郑哲等人还报道了新型水溶性润滑添加剂的研究进展情况，包括纳米水基润滑添加剂、含氮杂环类水基润滑添加剂、高分子聚合物水基润滑添加剂和离子液体水基润滑添加剂等。尤其是纳米水基润滑添加剂的加入可减少 S、P 等传统润滑添加剂的使用量，这样更加环保，因此，纳米润滑技术在金属加工液中的研究与应用已受到业界的重点关注。

11.3 食品加工机械用食品级润滑剂

食品机械的正常运转离不开润滑剂的支撑。在食品生产和加工行业需要广泛使用各种机械装置和设备，如榨汁机、搅拌机、灌装机、烘烤箱等。为了防止这些设备的内部和外部机械装置和转动装置等在工作过程中机械部件的磨损和腐蚀，就要求使用食品级润滑剂（即绿色润滑剂）。食品级润滑剂是在食品加工机械中使用时直接或偶尔与食品接触的润滑剂。这类润滑剂与普通润滑剂最大的区别在于要求其本身对人体健康无害，也就不会产生食品安全问题。

食品级润滑剂首先要满足润滑剂的基本性能要求，如具有良好的润滑性能、抗氧化、耐高低温和抗乳化性能。而且食品级润滑剂的安全、卫生指标需要通过对所使用的原料基础油和添加剂进行质量安全控

制来满足。食品安全关乎国计民生，"三鹿"事件为国人敲响了食品安全的警钟。众所周知，润滑是食品加工过程中的重要环节，它对食品污染的控制有着举足轻重的作用。世界粮农组织和世界卫生组织联合专家指出，因食品污染造成的疾病可能是当今世界上最为广泛的卫生问题。因此，控制食品污染来源是减少疾病的一种有效手段。

发达国家早已认识到润滑剂可能造成食品污染，并提出对食品加工机械用润滑剂应进行认证、分类管理等措施。早期 USDA 的食品级润滑油批准注册制度中对食品级润滑油分类体系，目前仍被全球范围内同业者的广泛认同。USDA 对拟批准注册的食品级润滑油开展基于配方毒理学方面的评价和标签评审，其配方需符合美国联邦法规 FDA 21 CFR 的需求。欧盟、加拿大农业与农业食品部、食品检验局、澳大利亚检验检疫局也对食品级润滑油进行认证或许可。

我国已制定并颁布了针对食品级石蜡、食品级白油、食品机械专用白油、食品机械润滑脂等产品的国家标准，主要有 GB/T 12494—1990《食品级机械专用白油》、GB 1886.215—2016《食品安全国家标准　食品添加剂　白油（又名液体石蜡）》、GB 15179—1994《食品机械润滑脂》、GB 1886.26—2016《食品安全国家标准　食品添加剂　石蜡》和 GB 23820—2009《机械安全　偶然与产品接触的润滑剂　卫生要求》等。

由于食品机械专用润滑剂是专门针对食品机械设计的配方，而食品加工行业中，食品机械的工作环境又是复杂多样的，这样对机械的润滑和保障食品的安全就提出了更高的要求。如耐受高温或低温、高湿度；承载冲击性负荷；抑制微生物及细菌的繁殖；确保食品安全卫生等。总之，食品机械专用润滑剂和普遍润滑剂最大区别在于其组分，包括基础油和添加剂都要

求无毒无害，即使偶然与食品接触也不会污染食品。

1. 基础油

食品机械润滑剂用的基础油一般是采用加氢裂解的精制矿物油（白油），其特点是组分较为纯净、含硫和芳香族成分少、水含量少、不易被氧化和乳化。经加氢裂解精制的矿物油，它的链状饱和碳氢化合物约占 99% 以上，且不含芳烃类，硫含量少于 $10\mu g/g$。另外，常用的基础油还有 PAO，这是一种人工合成的基础油，不含硫和芳香族成分，因它是人工合成的基础油，故在技术上可把油分子人工设计成期望大小和分子结构的合成油。总的要求是，食品机械专用润滑剂的基础油必须具有优异的抗氧化、耐高低温和抗乳化性能，使用寿命长，不含有毒物质，不会对食品造成污染。

2. 添加剂

众所周知，添加剂能显著改善润滑油脂的某些性能。由于食品机械润滑一般采用深度精制的白油，但该油品对负荷大或冲击性负荷的润滑部位的润滑性能不能满足要求，因此，需要加入油性剂或极压剂。油性剂常采用鲸油或蓖麻油等动植物油，而极压剂可采用经 FDA 或 USDA 认可的材料，如聚烷基乙二醇等。

3. 稠化剂

润滑脂多采用复合铝基、复合钙基等稠化剂与基础油进行调配。从外观上看多为白色或奶白色。这些稠化剂必须是无毒、无臭和无味的。

USDA 把食品级润滑剂产品分为 USDA-H1 和 USDA-H2 两类。USDA-H1 类润滑剂能够应用于食品加工机械中的所有摩擦部件，这些部件可能接触到食品。USDA-H2 类润滑剂禁止接触到食品。USDA-H2 类润滑剂与传统的工业润滑剂有所不同，它们也不含任何有毒成分。USDA 批准的食品加工润滑剂与工业润滑剂的区别见表 11-1。

表 11-1　USDA 批准的食品加工润滑剂与工业润滑剂的区别

成　分		工业润滑剂	食品润滑剂		成　分		工业润滑剂	食品润滑剂	
			USDA-H2	USDA-H1				USDA-H2	USDA-H1
基础油	矿物油	有	有	无	添加剂	氯化物	有	有	无
	白油/PAO	有	有	有		硫化物	有	有	有
	酯/硅油/聚二醇	有	有	特殊类型		铅化合物	有	无	无
	氟醚	有	有	无		钼化合物	有	无	无
稠化剂	锂/钠化合物	有	有	无		锑化合物	有	无	无
	铝化合物	有	有	有		镉化合物	有	无	无
						镍化合物	有	无	无
	聚脲	有	有	特殊类型	石墨		有	无	无
	钙/钡化合物	有	有	无	香料		有	无	无

随着食品加工业的快速发展和人们对食品卫生安全的进一步重视，由于食品机械的传送、加工、包装等设备采用大量的轴承，因此，对轴承食品级润滑脂也提出了管理、认证体系规范。轴承食品级润滑脂的选用应考虑的因素包括：速度、温度、载荷、环境条件和润滑方式等。表 11-2 为具有代表性的食品级润滑脂性能特点。

表 11-2 各型食品级润滑脂性能特点

项 目	长城 FG 系列	美孚 FM222	威氏 FGL 系列	克鲁勃 NHI 94-301	SKF NLG12	瑞安勃 RLI	试验 方法
基础油	合成油	合成油	合成油	合成油	药用白油	合成油	
稠化剂	铝皂	复合铝	复合铝	复合钙	复合铝	复合铝	
外观	白色油膏	白色	白色	米色	透明	白色	目测
滴点/℃	>300	260	268	250	>250		ASTM D2265
工作锥入度（0.1mm）	290	280	285	320~360	265~295	265~295	ASTM D217
腐蚀试验	1a	1b		1a		1b	ASTM D130
耐腐蚀试验	通过	通过	通过	通过	通过	通过	ASTM D1743
四球磨损试验/mm	0.55	0.5	0.56	0.5		0.6	ASTM D2266
氧化安定性/kPa	13.79		13.79			34.475	ASTM D942
耐水性试验	1%	4%	<2%	<5%	1%~5%	5%	ASTM D1264
使用温度范围/℃	−40~160	−25~130		−35~120	−20~110	−30~120	

特别要指出的是，食品加工中的高温烘烤炉和微波炉中的轴承使用温度经常超过 200℃，因此，必须选用耐超高温食品级润滑脂，如食品级氟油脂。对于温度不超过 160℃ 的高温轴承润滑可选用一般高温食品机械润滑脂。对于冰柜、速冻机等设备，其温度低于−30℃，如果在此温度下润滑脂失去流动性，将会造成轴承启动困难，故必须采用耐低温的润滑脂，如长城高温食品机械润滑脂、德国克鲁勃 NH194-301 耐低温食品级润滑脂。又如榨糖行业的榨糖机轴承受重载，必须采用基础油黏度高、稠化剂含量高的食品机械润滑脂。又如啤酒行业的罐装线，因润滑脂长期接触啤酒，要求其具有优异的耐乙醇性能，故须选用专用食品机械润滑脂。

我国中石化已开发出系列化的食品级润滑脂，并大量替代进口产品。在行业推广应用方面得到业界的认可，取得了很大的成绩。中石化润滑油天津分公司的高温食品机械润滑脂的性能基本达到国外同类产品的性能，并取得了 NSF 食品级润滑脂 H-1 认证。国际上著名的食品级润滑脂生产企业有美国 Fiske Brothers 炼油公司、西班牙 Bruqarolas 公司、DOW CORNING 公司、法国 Total 公司、ANDEROL 公司、德国 OPTIMOL 公司等。表 11-3 为中石化润滑油天津分公司与几家国外知名厂家的部分食品级润滑脂的典型指标。

表 11-3 中石化润滑油天津分公司与几家国外知名厂家的部分食品级润滑脂的典型指标

项目	中石化润滑油天津分公司产品	国外产品 A	国外产品 B	国外产品 C	国外产品 D	国外产品 E
基础油	食品级合成油	食品级白油	食品级白油	食品级白油	食品级白油	硅油
稠化剂	复合铝皂	复合钙皂	聚脲	复合铝皂	磺酸钙	全氟聚醚
添加剂毒性	无毒	无毒	无毒	无毒	无毒	无毒
外观	光滑透明状	琥珀色	白色黏稠	光滑黏稠	光滑黏稠	白色黏稠
NLGI 牌号	2	1	1	2	2	3

（续）

项目	中石化润滑油天津分公司产品	国外产品 A	国外产品 B	国外产品 C	国外产品 D	国外产品 E
锥入度/0.1mm	285	325	325	280	281	240
滴点/℃	280	260	266	240	318	>250
USDA 分类	H1	H1	H1	H1	H1	H1
适用温度/℃	−40~180	−20~180	−20~180	−20~160	−20~180	−50~150

11.4　绿色液压油

随着节能环保意识在世界范围内的形成，人们也加快了绿色液压技术的发展和应用步伐。一方面能源问题成为制约世界各国发展的主要原因，另一方面，工业污染使环境遭受严重破坏。"谁污染谁治理"原则的提出，使"绿色"这一理念在工业领域受到极大的重视。"绿色"既包括原料和能源的节省，也包括与自然和谐发展的内涵。传统液压技术能量损失大、噪声大、液压泄漏对环境污染大、不符合节约和环保的要求。因此，国内外对绿色液压技术的发展十分重视。

早在 20 世纪 90 年代，德国机械与工业制造协会就发布了可生物降解液压油标准 VDMA24568，该标准详细规定了可生物降解液压油的最低技术要求，这是全世界最早提出的可生物降解液压油（绿色液压油）标准。随后，北欧的瑞典、挪威、芬兰和冰岛四国，以及加拿大和日本等国都先后颁发了可生物降解液压油质量标准。表 11-4 为国际上可生物降解液压油质量标准的制定和发展历程。

表 11-4　可生物降解液压油质量标准的发展历程

年份	发展状况
1985	出现可生物降解液压油和链锯油
1994	可生物降解液压油德国工业标准 VDMA 24568 颁布
1996	"蓝色天使" RALUZ 79 快速生物降解液压油标准
1997	北欧"白天鹅" version4.2 可生物降解液压油标准
2000	瑞典可生物降解液压油标准 15 54 34 ed 4
2002	国际标准化组织可生物降解液压油标准 ISO 15380
2004	日本建筑机械委员会可生物降解液压油标准 JCMAS P 042
2005	欧盟环保委员会润滑油分会官方 2005/360/EC 标准

现在在液压油领域，许多生产商和用户已意识到"绿色液压油"的重大意义，纷纷转向符合环保（EA）的液压油生产和应用。这里指的 EA 液压油是可生物降解无毒液压油。当暴露于空气中，少量液压油会因自然土壤中的生物而极易分解，无毒是指外泄的液压油不会害死鱼或生物。基础油是影响液压液生物降解性能的决定性因素。植物油和合成酯由于其优良的生物降解性而成为生物降解润滑剂开发的主流。

生物降解液压油不仅包括植物油、多元醇酯、双酯、还包括深度精制矿物油、PAO、抗燃液（如水、乙二醇）等。根据其使用的基础油，已在工业上应用的可分为三类绿色液压油（液）：

（1）聚乙二醇基液压液　这类液压液已广泛应用于工业、农业和建筑等领域，使用温度范围−45~200℃，生物降解性达 99%，换油期与矿物油相当，约 2000h 或一年左右。

（2）合成酯基液压液　这类液压液在高、低温下具有良好的流动性、老化稳定性以及优异的摩擦学性能，但价格较高。

（3）植物油基液压液　所用植物油主要包括菜籽油、大豆油、芥花油、高油酸向日葵油等，这些具有极好的润滑性。

对生物降解性液压液的主要性能要求，曹月平等曾概述以下几点：

（1）物理性能　生物降解液压液必须满足有关物理性能，如可接受的闪点、空气释放性等，然而对于植物油基和酯基液压液，有些性能在使用过程中很关键，如水解安定性、氧化安定性、防腐性及与密封件相容性等，还要尽可能满足其他要求。

（2）低温性能　低温性能主要包括倾点和低温稳定性，尤其对于在寒冷气候下的汽车设备，另外也有很多应用场合，像林业，液压液的使用温度范围很宽（−35~100℃），压力有时高达近 50MPa，黏度指数常在 150 以上。有研究表明，支链双酯展示出很好的低温性能，支链度增加，其低温性能更好。另外，合成酯比植物油具有更宽的倾点范围，植物油为

-19~90℃，而合成酯为-40~150℃。严格地说，植物油的有限操作温度使其不太适合于在严寒气候环境下使用。

（3）氧化安定性 在高速公路上使用的液压液比静态使用场合下通常要遭受更高的温度。植物油的氧化安定性差，在这种工况下的使用受到限制。在某些情况下，推荐的最高使用温度为60~80℃，若使用温度高，则换油期会缩短。故开发生物降解液压液产品的一个关键挑战是确保其达到满意的氧化安定性。

（4）水解安定性 在汽车液压系统中，很难排除水的污染。有水存在时，合成酯易水解形成有机酸，从而腐蚀设备。因此，水污染必须消除，一般液压液的水含量（摩尔分数）应低于0.05%。

（5）防腐性 在高压液压系统中，高压泵的运转表面材料通常是黄铜，实践表明，对黄铜表面的腐蚀是使用植物油和合成酯液压液的液压泵的一种潜在失效模式，因此，在设计液压系统时需高度重视此问题。

（6）与密封件相容性 液压系统中常用到腈橡胶之类弹性体，它一般与生物降解液压液不相容。在80℃以上只有氟橡胶和某些聚氨酯材料与液压液相容。因此，在设计液压系统时，就应考虑液压液与系统中所使用材料之间的相容性问题。

（7）润滑性能 生物降解液压液的抗磨行为一般是通过液压泵来进行评定的，包括 Vickers V-104 叶片泵（DIN51389）、Vickers 35VQ25 叶片泵的评定方法。

（8）过滤性 实践表明，生物降解液压液替代石油基产品后，经常产生沉淀，导致过滤器寿命降低，目前已研制出混合式过滤器代替纸质过滤器，解决了这个问题。

（9）生物降解性及毒性 生物降解性及毒性是生物降解液压液的两个重要指标。关于水-乙二醇液压液和磷酸酯液压液的生物降解性和毒性的数据报道很多，两者基本无毒，而且生物降解性能良好。

综上所述，研发和应用可生物降解液压油（绿色液压油）已受到国内外业界的高度关注，符合我国机械工业绿色制造的可持续发展的国家战略方向，必须加大力度开发应用。

11.5 发动机用绿色润滑油

在现实生活中，汽车是使用最多的一种交通工具，近几年，汽车工业得到飞速的发展。汽车中的摩擦学行为也是种类繁多和最为复杂的，各种润滑形式都能在汽车中找到。发动机采用压力循环、飞溅润滑和加注润滑脂三种润滑方式，也称复合润滑。主轴承、连杆轴承、凸轮轴承、连杆衬套和摇臂衬套等采用压力润滑。在压力润滑系统中，从机油泵来的润滑油通过一个滤清器，然后进入一个油管。润滑油从主油道流到主轴承、凸轮轴承和液压气门挺杆。主轴承有供油孔或油槽，将润滑油再输送到曲轴内钻孔的通道中，润滑油就经过这些孔道流到连杆轴承。气缸套、活塞环和活塞是由连杆轴承溅起的润滑油进行润滑的。润滑后的润滑油流回曲轴箱油底壳中，如此不断循环，保证各部件的润滑。图11-1 所示为发动机润滑系统示意。

图11-2 所示为汽车发动机中气缸套、活塞和活塞环组成的摩擦副示意。

汽车起动时，发动机在极压工况下工作，缸套与活塞环直接接触，产生大量的热量，金属表面会发生擦伤甚至熔焊。这时车用润滑油必须能与缸套或活塞环表面起化学反应形成反应膜，发挥极压抗磨作用。汽车行驶在高速路上，发动机在高温下工作容易形成类似黑炭的积炭。当汽车在市内开开停停时，未燃烧的燃料油存于气缸，生成氧化产物，变成黏稠状物，因此，所选用的发动机油必须能够将积炭和氧化产物等沉积物从气缸壁上清洗下来，也就是汽车发动机油必须具有良好的清净能力、分散能力和增溶能力。

近几年，国内外在汽车发动机油绿色化方面取得了很大的发展，在绿色基础油和绿色添加剂方面下功夫，金志良等人曾提出汽车发动机绿色润滑油的发展思路。合成酯作为高性能润滑剂的基础油，在航空领域已得到广泛应用，近年来也被用到发动机润滑油领域。合成酯的热稳定性及低温性能突出，黏度指数高，生物降解性好并且摩擦学性能优异。绿色添加剂是实现绿色发动机油实际应用的重要前提。

在含磷载荷添加剂中，ZDDP 因为兼有抗氧、抗腐、极压和抗磨等多种功能，加上其生产成本低廉，几十年来一直是汽车发动机油中不可缺少的添加组分。近年来，为了减少汽车尾气中氮氧化物（NO_x）等有害气体的排放，各大 OEM（原设备制造商）开始在汽油机上使用三元催化转化器，后因发现磷元素对汽油机上的三元催化转化器有害，含磷的沉淀物（尤其是磷酸锌）会使三元催化剂中毒，随后 ZDDP 的应用开始受到限制，因此，研发 ZDDP 替代物是一项迫在眉睫的任务。

国内外围绕 ZDDP 替代物展开了许多研究工作，主要包括：

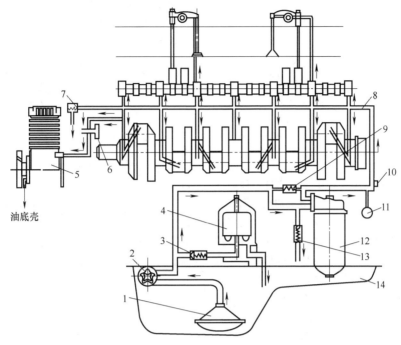

图 11-1　发动机润滑系统示意

1—机油集滤器　2—机油泵　3—离心式机油精滤器调压阀　4—离心式机油精滤器
5—空气压缩机　6—惰齿轮　7—限压阀　8—主油道　9—机油粗滤器旁通阀　10—油压过低报警器
11—机油压力表　12—机油粗滤器　13—机油粗滤器调压阀　14—油底壳

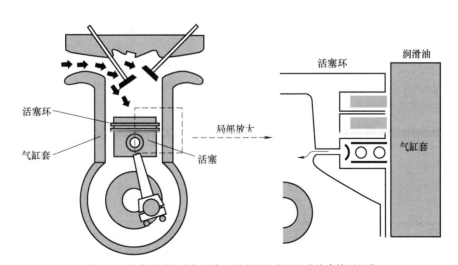

图 11-2　汽车发动机中气缸套、活塞和活塞环组成的摩擦副示意

（1）ZDDP 改进剂　这是指在 ZDDP 分子中引入活性元素氮，它与传统 ZDDP 不同之处是将芳苄胺基和烷基合成在一个分子上，这样利用芳基提高热稳定性和烷基的良好分散性，两者并存可提高添加剂的使用温度，并增加了油溶性。另外，硫元素主要起极压作用，磷元素发挥抗磨作用，而氮元素的引入又大大提高了抗腐蚀能力。根据分子设计原理，将氮、磷、硫、锌和芳香环同时引入一个分子中，所制得的添加剂——二烷基二芳苄胺基磷酸，具有优异的摩擦学性能。唐顺学和肖翠玲等对二烷基二芳苄胺基磷酸锌进行了合成研究，并提出如下结构式：

（2）硫代氨基甲酸盐（MDTC）　这是一种集抗氧、抗腐和抗磨等功能为一身的多效添加剂，因其分子不含磷元素，作为一种潜在的 ZDDP 替代物，多年来一直是人们研究的热点之一。业界专家认为，研发不含磷元素且摩擦学性能优良的添加剂以替代 ZDDP，已成为推动发动机油质量升级的关键。在这当中，二烷基二硫代氨基甲酸钼（MoDTC）因其对环境污染相对小，（本身不含磷元素），摩擦学性能和抗氧化性能优异，在众多 ZDDP 替代物中受到极大的关注。陈国需和夏延等人对 MoDTC 做过深入研究，朱金华等也详细考察了 MoDTC 的摩擦学性能。

（3）含氮杂环衍生物　含氮杂环衍生物，因其具有良好的极压抗磨性、高的热稳定性及良好的抗氧抗腐性能，多年来一直受到国内外学者的关注。人们合成出很多在同个分子中具有致密结构的含氮杂环官能团与含极压抗磨活性元素的基团相结合的杂环衍生物。这类化合物大多属于无灰和无磷添加剂，也是最有可能完全或部分替代 ZDDP 的化合物。薛群基、任天辉和刘维民等人对这类添加剂的摩擦学性能做过深入研究。国外对这类添加剂的研究也十分重视，近年来 Lubrizol 等各大添加剂公司都相继开发出性能优良的含氮杂环化合物，并在多种润滑油脂中得到应用，其中典型的添加剂分子结构式如下：

（4）硼酸衍生物　含硼添加剂不仅具有优良的极压抗磨减摩性能，而且氧化安定性也很好，在高温下对铜无腐蚀，对钢铁具有良好防锈性能，环保性突出。但含硼添加剂也有明显缺陷，如油溶性差，使其应用受到一定限制。因此研制综合性能优良的硼酸盐润滑油添加剂一直受到人们的关注。将稀土元素和油溶性有机基团——烷氧基（—OR）引入硼酸盐分子中，研制出油溶性的稀土硼酸盐。国外润滑油公司对

于含硼添加剂的研究开发也十分重视。如 Lubrizol 公司在一种复合抗磨添加剂配方中添加了含硼化合物，其结构式如下：

这种添加剂抗磨性能良好，可替代或部分替代 ZDDP。

近些年来，人们对 ZDDP 替代物的研究开发进行过大量的工作，取得了很大成绩。但综合起来，在已有的研究成果中，还没有发现一种添加剂能够真正全面取代 ZDDP，从这个角度来说，ZDDP 替代物的研究开发工作仍任重道远。

汽车排放物是由一氧化碳（CO）、烃类化合物（HC）、氮氧化合物（NO_x）和颗粒物（PM）所组成的，这些排放物对人类的健康产生严重威胁。现在我国治理环境污染刻不容缓，基于环保理念下的车用发动机油必须朝着绿色化、高档化、多级化方向发展。除了采用绿色基础油和绿色添加剂之外，还应重视汽车发动机油的燃料经济性，延长换油期，控制燃料硫含量，以及减少 NO_x 用催化剂等方面。

业界专家认为，未来 10 年，由于汽车行业的发展、发动机技术的提高及节能环保法规的进一步加强，汽车用润滑油将面临许多挑战，低磷、低硫、低灰分的环保型汽车发动机油将是今后油品发展的主要趋势。发动机技术与配套润滑油技术的同步设计、同步开发应是汽车行业发展的规律，目前已形成我国自主的 OEM 发动机油标准。

11.6　生物降解润滑脂（绿色润滑脂）

工业润滑剂对土壤、水和空气造成污染，破坏生态环境和生态平衡，已成为不可忽视的社会问题。从 20 世纪 80 年代后期开始，人们为了使泄漏于土壤和湖泊中的润滑剂在自然界的食物链中分解为二氧化碳和水等无害物质，开发了具有生物降解性的润滑油等。进入 20 世纪 90 年代后，其开发领域已扩展到液压油、润滑脂等封闭系统用润滑剂。近年来，我国已开发了许多用于轴承、建筑机械、农业机械和轨道交通等领域的多品种生物降解润滑脂。

生物降解润滑脂应满足润滑和生态的双重要求，这不仅要求具有润滑脂的常规理化性能，同时还要求具有生态学特性。其研究重点就在于找出这方面的最

佳搭配和平衡。

生物降解润滑脂是由约80%的基础油、10%以下的添加剂和5%～20%的稠化剂三部分构成。生物降解润滑脂选用的基础油包括植物油、合成酯类油以及植物油与合成酯类油的混合物；添加剂有S、P极压添加剂、ZDTP、聚合物和石墨等；稠化剂大多使用钙皂或锂皂。徐建平等曾经提供过这方面的信息。表11-5和表11-6为以天然植物油为基和以合成酯类油为基的生物降解润滑脂的组成及特性。

表11-5　生物降解润滑脂的组成及特性（天然植物油）

润滑脂		E（英国）	A（日本）	B（日本）	C（德国）	D（瑞士）
基础油		菜籽油	菜籽油+蓖麻油	菜籽油	菜籽油	菜籽油+蓖麻油
稠化剂		12-羟基硬脂酸钙	12-羟基硬脂酸锂	12-羟基硬脂酸钙	12-羟基硬脂酸锂/钙	12-羟基硬脂酸钙
主要添加剂		SP、聚合物	S、SP	SP、ZDTP	聚合物	石墨
外观		浅黄黏稠状	褐色黏稠状	黄色黏稠状	黑色黏稠状	
工作锥入度/10^{-1}mm		276	263	264	280	325
滴点/℃		150	189	129	180	140
氧化安定性/kPa	80℃	27	47	70		
	99℃				400	
烧结负荷 P_D/N		3089	3089	1569	1569	1961
生物降解性（%）		98	90			85

表11-6　生物降解润滑脂的组成及特性（合成酯类油）

润滑脂		F（日本）	G（日本）	H（德国）	I（瑞士）	J（英国）
基础油		PET	TMP	TMP	多元醇酯	合成酯
稠化剂		复合锂	12-羟基硬脂酸锂	脂肪脲	12-羟基硬脂酸锂	12-羟基硬脂酸锂/钙
主要添加剂		SP	S、SP	SP、ZDTP		
外观		浅褐黏稠状	褐色黏稠状	褐色黏稠状	绿褐色黏稠状	
工作锥入度/10^{-1}mm		288	272	279	282	280
滴点/℃		>260	190	273	194	193
氧化安定性/kPa	80℃	25	33	15	80	25
	99℃	19		59		
烧结负荷 P_D/N		4903	3089	1236	3089	2451
125℃润滑寿命/h		>4000	570	580		
生物降解性（%）		99	60	87		

一般来说，生物降解性好的基础油制备的润滑脂生物降解性也好。以合成酯类油或植物油为基础油的润滑脂，其生物降解性也较高，相同类型的基础油与不同类型的稠化剂配合时，其生物降解性均比较接近（见表11-7），故可以认为生物降解润滑脂的生物降解性主要取决于基础油。

目前，在可生物降解润滑脂的基础油中，植物油大多使用菜籽油，合成油较多使用酯类油。众所周知，植物油的主要成分是羧酸，而植物油的流动性取决于不饱和羧酸的含量，含有率高、凝点低，即流动性好，植物油的热安定性比矿物油低，由此引起润滑脂的稠度变化较大，所以，其使用的温度范围受到限制。

由于植物油存在一定的局限性，故对合成酯类油的研究显得尤为重要。不同类型的合成酯类油在特性

表 11-7 各种基础油、稠化剂的生物降解性（MITI 方法）

基础油	稠化剂	生物降解性（14 天,%）
菜籽油	12-羟基硬脂酸锂	100
	12-羟基硬脂酸钙	87
合成酯	复合锂	99
	12-羟基硬脂酸锂	86
	锂皂	82
	芳脲	58
矿物油	12-羟基硬脂酸锂	53
	锂皂	27
聚乙二醇	12-羟基硬脂酸锂	13
PAO	12-羟基硬脂酸锂	17
	芳香皂	7
	锂皂	4
烷基二苯醚	脂肪脲	0

上存在一定的差异，生物降解性和热安定性也存在差异。表 11-8 所列为合成酯类油的生物降解性数据。

表 11-8 合成酯类油的生物降解性数据

酯类型	生物降解性（21 天,%）	生物降解性（28 天,%）
单酯	70~100	30~90
双酯	70~100	10~80
邻苯二甲酸酯	40~100	5~70
偏苯三酸酯	0~70	0~40
二聚酸酯	20~80	10~50
直链多元醇酯	80~100	50~90
支链多元醇酯	0~40	0~40
复合多元醇酯	70~100	60~90

生物降解性润滑脂用的添加剂要求：无毒、可生物降解、无灰、不含重金属和亚硝酸盐等，而且要求与可生物降解基础油的相容性良好。据报道，含硫添加剂是生物降解型润滑脂最重要的极压剂。如硫化甲酯、硫化甘油三酸酯、硫化烯烃都具有良好的生物降解性。磷酸烷基酯是一种好的抗磨剂，苯并三唑是黄铜钝化剂，丁二酸半酯是一种良好的防锈剂。

生物降解润滑脂的稠化剂大多使用钙皂和锂皂，其中，在以植物油为基础油的生物降解润滑脂中，菜籽油与钙皂的组合较多。据报道，在生物降解润滑脂的开发过程中，发现一种新型的生物降解稠化剂，即复合钛皂，被认为是近期润滑脂领域的一个重大发现。它除了具有优异的生物降解性外，最大的特点是即使不添加其他任何添加剂，制备出来的润滑脂的各项理化性能也比复合锂基脂和复合铝基酯要好。由表 11-9 可看出，复合钛皂与各植物基础油构成的润滑脂（复合钛基脂）的生物降解性均超过 90%。

表 11-9 复合钛基脂的生物降解性

基础油	CEC-L-33-A-93 法
菜籽油	98%
蓖麻油	96%
菜籽油和 PAO（4:1）	91%
己二酸二异癸酯	91%
壬二酸二异辛酯	95%

新型的生物降解润滑脂复合钛基脂由于具有优异的生物降解性，目前已应用于矿山机械、农业机械、建筑机械和轨道等对生物降解性有高要求的应用领域。除此之外，在其他领域也取得较好的应用效果，如在钢铁厂、化工厂、电厂、机车车辆厂等的应用试验中，与其他润滑脂相比，润滑寿命可提高 4~6 倍。在化肥厂大型鼓风机的应用中，可使原来使用极压锂基脂时的工作温度从 75℃ 降低至 50℃以下。铁道轴杆用脂的 AARM-942-88 规格要求润滑寿命为 784h，而使用复合钛基脂，其润滑寿命可超过 2000h。

国外已有许多商品化的生物降解型润滑脂，通过化学改性或基因改性的植物油性能不断提高，产量增加，成本也得到降低。业界已有共识，生物降解型润滑脂是一类有发展潜力的润滑材料。

参 考 文 献

[1] 黄兴，林亨耀. 润滑技术手册 [M]. 北京：机械工业出版社，2020.

[2] 刘镇昌. 切削液技术 [M]. 北京：机械工业出版社，2015.

[3] 王恒. 金属加工润滑液 [M]. 北京：化学工业出版社，2008.

[4] 张康夫，王金高. 水基金属加工液 [M]. 北京：化学工业出版社，2008.

[5] JERRY P B. Metalworking Fluids [M]. CRC Press, 2006.

[6] SUDAS, et al. A synthetic ester as an optimal cutting fluids for minimat facoutity lubrication maching [J]. Annual of the CIRP. 2002, 51 (1): 61-64.

[7] 王怀文, 刘维民. 植物油作为环境友好润滑剂的研究概况 [J]. 润滑与密封, 2003 (5): 127-130.

[8] 杨汉民, 等. 植物油制备绿色环保润滑剂的展望 [J]. 中国油脂, 2003, 28 (1): 65-67.

[9] 陈波水, 方建华, 等. 环境友好润滑剂 [M]. 北京: 中国石化出版社, 2006.

[10] REBECCAL G, et al. Biodegradable lubricants [J]. Lubr Eng, 1998, 54 (7): 10-16.

[11] 博树琴. 金属加工润滑剂的研究与进展 [J]. 石油商技, 2001, 19 (4): 1-4.

[12] 陈冬梅. 车用润滑油 (液) 应用与营销 [M]. 北京: 中国石化出版社, 2007.

[13] 金志良. 汽车发动机绿色润滑油的发展 [J]. 公路与汽运, 2007 (2): 20-23.

[14] 吴志宏, 陈远霞. GF 型长寿命合成切削液的研制及应用 [J]. 润滑与密封, 2003 (1): 90-94.

[15] 吴志桥, 等. 绿色环保型金属切削液研究进展 [J]. 上海化工, 2011 (8): 29-33.

[16] 郑哲, 等. 新型水溶性润滑添加剂的研究进展 [J]. 摩擦学学报 2017, 37 (3): 409-420.

第 12 章　绿色润滑剂的生物降解性及评定方法

12.1　绿色润滑剂的生物降解特性

自 20 世纪 80 年代以来，随着人们环保意识的不断增强，以及国际社会对生态环境的日益重视，为了适应环保和可持续发展的要求，世界上许多国家先后提出必须使用无污染和不危害环境的绿色润滑剂，指出这类新型润滑剂必须既满足使用性能上的要求，又不对生态环境产生危害，或者说在一定程度上为环境所兼容。

人们已经发现和深刻意识到，矿物基润滑油在自然环境中的可生物降解性很差，在环境中滞留时间长会严重污染土壤和水资源，破坏生态环境和生态平衡。开发应用绿色润滑剂是世界各国的共同呼声。在欧洲，德国和瑞典是较早起步开发环保型润滑剂的国家。

随着我国人民的物质文化水平的不断提高，人们对赖以生存的环境的要求也越来越高。矿物油型润滑剂对环境的污染和对人体健康的危害也受到政府和大众的高度重视。虽然"绿色润滑剂"的研究工作起步较晚，但我国一些研究单位，如石油化工科学研究院、石油大学、兰州化物所、后勤工程学院、广州机械科学研究、上海交通大学和广州联诺化工科技有限公司等单位在 20 世纪 90 年代先后组织力量开发应用环保型润滑剂。

从 21 世纪初期以来，可生物降解润滑剂的发展十分迅速，它已形成了润滑剂发展的一大潮流，各国都很重视润滑剂的生态设计。而建立有关润滑剂环境性能（包括生物降解性、毒性及生态毒性等）的试验方法及标准是开展绿色润滑剂研究所应具备的前提条件。生物降解性是指某种化学物质（如润滑剂）能被自然界中一些活性微生物（如细菌、霉菌、藻类等）及其酶所分解和代谢。在润滑剂生物降解过程中，常伴随着与降解有关的现象，生物降解的试验方法正是通过测定生物降解过程中产生的现象，并使之定量化，来衡量试验对象的生物降解性。润滑剂生物降解性的研究还包括润滑剂的生物降解的过程及机理的研究，以及润滑剂结构与其生物降解性之间关系的研究，从而为绿色润滑剂（包括添加剂）的分子设计提供思路。

目前，绿色润滑剂产品还缺乏一套比较权威和全面的有关其生态效应的评价体系。业界除了加快绿色润滑剂的研发工作以外，还需要政府完善各种有关的法律法规来予以支持。可以预见，可生物降解润滑剂的开发研究与应用将会迎来更大的发展。

12.2　润滑剂生物降解性与结构及组成的关系

众所周知，润滑油的结构和组成决定其性能。润滑油的生物降解性也受其结构和组成的影响，因此，研究考察润滑油的结构和组成与生物降解性的关系十分重要。这可为研制可生物降解润滑剂提供坚实的理论基础。在这方面，冯薇苏等学者提出过很好的见解。

润滑剂的生物降解性即润滑剂受生物作用分解化合物的能力。润滑剂在生物降解过程中，总要伴随一些现象发生，如物质的损失、CO_2 和 H_2O 的形成、氧气的耗用和微生物的增加等。一般来说，润滑剂发生生物降解有三个必要条件：

1）要有大量的细菌群。

2）要有充足的氧气，否则无法发生氧化反应。

3）要有合适的环境温度，一般在 30℃ 左右，以利于细菌的生存，这三个条件缺一不可。

润滑油的生物降解是指润滑油在微生物作用下被氧化和分解的生化反应过程，不同类型的润滑油的生物降解过程不同。但一般认为，酯的水解、长链碳氢化合物的 U 氧化和芳烃的氧化开环是最主要的润滑油的三种生物降解过程。由于三种生化降解历程的活化能不同，其生物降解性也有很大差异。图 12-1 所示为润滑油的生物降解过程。

酯类化合物在微生物的作用下，首先水解成有机酸和醇，然后按图 12-1 所示方式降解。而芳烃化合物（如苯）在微生物作用下，经历以下过程。

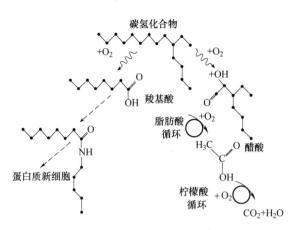

图 12-1　润滑油的生物降解性过程

酸（$C_{17}H_{29}COOH$）和不含不饱和双键的硬脂酸（$C_{17}H_{35}COOH$）。脂肪酸链的类型和含量不同，决定了植物油的种类，并对油脂的各种性能有较大的影响。冯薇荪学者列出了几种天然植物油的生物降解性和油酸含量的关系，见表 12-1。

表 12-1　几种天然植物油的生物降解性和油酸含量的关系

天然植物油	生物降解性（%）	油酸含量（质量分数,%）
蓖麻油	96.0	44.5
低油酸十字花油	94.4	38
高油酸十字花油	100	50
豆油	77.9	19
棉籽油	88.7	34.5
橄榄油	99.1	45

氧化的第一步是先变成长链脂肪酸，然后在酶的作用下，通过脂肪酸循环，伴随着进一步的裂解生成醋酸，再通过柠檬酸循环降解成 CO_2 和 H_2O。

人们通过大量试验，测定了不同类型和不同结构的合成酯、不同组成的天然植物油、不同结构和组成的烃类合成油等的生物降解能力。发现这些合成油的生物降解能力与润滑剂的类型、结构和相对分子质量等有着明显的关系。如己二酸类合成酯，这类合成润滑油是应用较为广泛的合成油之一，己二酸酯的一般分子结构式为

$$
\begin{array}{cc}
\text{O} & \text{O} \\
\| & \| \\
\text{C}-(\text{CH}_2)_4-\text{C} & \\
\text{R}-\text{O} & \text{O}-\text{R}
\end{array}
$$

从己二酸结构式可以看出，己二酸酯按酯的水解、烃的 U 氧化机理进行生物降解，己二酸酯虽然有较好的生物降解性，但随着酯基的碳数增加，酯的生物降解性随之降低。这是由于碳链越长，在微生物作用下被完全降解所需的时间越长，因而生物降解能力下降。对于天然植物油类来说，由于具有优异的润滑性，使其至今仍是金属加工油剂的重要组分之一，它们属于三甘油酯类物质，通用结构如图 12-2 所示。

从表 12-1 可看出，天然植物油有较好的生物降解性能，其中我国特有的高芥菜籽油显示了更好的生物降解性能。由于天然植物油中甘油酯基易水解，酯基链中的不饱和双键易受微生物的攻击发生 U 氧化，因此，使它具有较强的生物降解性。从表不难看出，天然植物油中的油酸含量越高，其生物降解能力越强。

烷基苯是一种常用的烃类合成油，它具有优良的低温流动性和较好的热稳定性。烷基苯的结构式一般有以下三种。

烷基苯 C：

$$CH_3-CH_2-CH_2-\underset{\underset{CH_3}{|}}{C}+CH-CH_2\underset{n}{)}\underset{\underset{CH_3}{|}}{CH}-CH_3$$

烷基苯 D：

$$CH_3-\underset{\underset{CH_3}{|}}{CH}-CH_2+CH_2\underset{2}{)}CH_3$$

烷基苯 A、B、E：

$$CH_3-CH+CH_2\underset{n}{)}CH_3$$

$$
\begin{array}{cccc}
& \text{O} & & \\
& \| & & \\
\text{CH}_2-\text{O}-\text{C} & & \text{R}_1 \\
& \text{O} & & \\
& \| & & \\
\text{CH}-\text{O}-\text{C} & & \text{R}_2 \\
& \text{O} & & \\
& \| & & \\
\text{CH}_2-\text{O}-\text{C} & & \text{R}_3
\end{array}
$$

图 12-2　植物油的化学结构式

其中 R 代表 C_{12}~C_{22} 的脂肪酸链，典型的脂肪酸是含一个双键的油酸（$C_{17}H_{33}COOH$）、含 2 个双键的亚油酸（$C_{17}H_{31}COOH$）、含 3 个双键的亚麻

表 12-2 列出了烷基苯的生物降解性与相对分子质量和支化度的关系。

表 12-2　烷基苯的生物降解性和相对分子质量及支化度的关系

类型	生物降解性（%）	相对分子质量	支化度
A	77.1	245	
B	72.8	260	
C	7.30	343	0.639
D	32.0	353	0.312
E	45.1	348	0.119

从表 12-2 可看出，低相对分子质量的烷基苯 A 和 B 有较好的生物降解性，但随着相对分子质量的增加，它的生物降解性明显下降。而且烷基苯的烷烃链的支化度对生物降解性能有明显的影响。烷链支化度不同，生物降解能力有很大的差别。支化度越高，即烷基的支链越多，空间位阻效应就越大，微生物越难攻击易发生 U 氧化的和芳环氧化开环的碳原子，因而其生物降解能力随烷链支化度的增加而降低。

矿物润滑油是最重要的润滑油基础油，它占据了 90% 以上的润滑油基础油的市场。业界对矿物油的生物降解性做了大量的研究，一般认为，具有较高黏度指数和较低芳烃含量的矿物油显示了较好的生物降解性。黏度指数低而芳烃含量较高的矿物油，其生物降解性较差。芳烃特别是稠环芳烃，在进行微生物氧化开环时，活化能较高，难以被微生物降解，故显示了较差的生物降解性。

润滑油的结构和组成是决定其生物降解性的重要因素，这些因素如下：

1）结构相似的润滑油，其生物降解性随平均相对分子质量的增加而降低。

2）平均相对分子质量相近的润滑油，其生物降解能力随其碳链异构化程度的增加而降低。

3）结构和平均相对分子质量相近的润滑剂，其生物降解能力随分子中不饱和键含量的增加而增强。

4）酯类润滑剂中的酯基（—COOR）为微生物攻击酯分子提供了活化点，使得酯分子具有生物降解性，因此其生物降解性优于烃类润滑剂。但应该指出，不同合成酯的生物降解性也存在差别，见表 12-3。

表 12-3　不同酯的生物降解性（CEC 法）

酯类型	生物降解性（%）
双酯	75~100
酞酸酯	45~90
偏苯三酸酯	0~70
均苯四酸酯	0~40
二聚酸酯	20~80
多元醇酯	80~100

合成酯中的多元醇酯在生物降解性润滑剂中的应用较多，其综合性能也较好，多元醇酯的润滑性能一般优于双酯。在同一类型合成酯中，长链酯较短链酯的润滑性好。合成酯的水解安定性较差，这是需要重点改进的内容。

合成酯的生物降解性与其化学结构有很大关系，支链和芳环的引入会降低合成酯的生物降解性，所以，用作绿色润滑油的合成酯一般是双酯和多元醇酯。双酯是由二元羧酸与一乙醇直接酯化而成，而多元醇酯是由新戊基多元醇与长链羧酸酯化而得。

12.3　绿色润滑剂生物降解性评定方法

目前，关于润滑剂的生物降解性的评定方法还没有一个统一的国际通用标准。大多数方法是建立在测量物质损失和新物质产生的基础之上的。根据万金培等学者提供的信息，一些国际上常用的评定生物降解性的实验方法见表 12-4。其中，OECD 系列方法是由经济协作开发组织（OECD）和欧洲共同体提出的一系列试验方法，主要适用于水溶性润滑剂，虽然已经在国际上接受并应用了很多年，但该方法试验过程复杂且周期长。CEC L-33-T-93 是由 CEC L-33-T-83 试验方法发展而来的，该方法是针对二冲程舷外发动机油而定制的，但很快被采用成为润滑油工业的标准，并在欧洲得到广泛的认同，但只适用于非水溶性润滑油。ISO 系列试验是国际标准化组织制定的标准试验方法。

表 12-4　一些国际上常用的评定生物降解性的实验方法

实验类型	实验名称	实验方法	分析参数	通气方法	应用范围	实验时间/天
OECD 实验	DDAT 实验	OECD 301A	TOC/DOC	振荡	水溶性	28
	Sturm 实验	OECD 301B	CO$_2$	吹空气	水溶、非水溶性	28
	MITI 实验	OECD 301C	BOD/COD	搅拌	水溶、非水溶、挥发性	28
	密封瓶实验	OECD 301D	BOD/COD	空气饱和	水溶、非水溶性	28
	MOST 实验	OECD 301E	TOC/DOC	振荡	水溶性	28
	Sapromat 实验	OECD 301F	BOD/COD	空气饱和	水溶、非水溶性	28
	SCAS 实验	OECD 302A			天然可生物降解物质	
	Zahn-Wellens Test	OECD 302B	TOC/COD		天然可生物降解物质	
ISO 实验	BODIS 实验	ISO 10708	BOD/COD		水溶、非水溶性	
	CO$_2$-headspace 实验	ISO 14593	CO$_2$		水溶、非水溶性	
其他实验	CEC 实验	CEC L-33-T-93	红外光谱	振荡	非水溶性	21

注：DOC—溶解性有机碳；TOC—总有机碳；BOD—生物耗氧量；COD—化学耗氧量。

　　表 12-4 所列的试验方法较为常见，但与润滑油污染环境的实际状况还有一定差别，同时还存在某些问题，如试验周期长（14 天以上）、过程复杂、成本较高、测定结果没有可比性和通用性等，这不仅不适应现今绿色润滑剂快速发展的需要，还令研究结果变得混乱。因此，国内外对上述试验方法进行了进一步的完善和发展，朱立业等人在这方面曾做过介绍。

　　土壤试验方法是欧洲近几年逐渐发展并成熟起来的方法，其主要试验装置如图 12-3 所示。

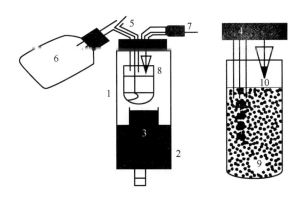

图 12-3　自动电解呼吸器的土壤生物降解试验
1—玻璃过滤管　2—玻璃排淤管　3—碱液容器
4—顶塞　5—聚丙烯 Y 形管　6—补偿瓶
7—SUBA 密封管　8—聚苯乙烯管
9—铜阴极　10—铂阳极

　　应该说，土壤实验法与润滑剂污染环境的状况十分接近，因为多数润滑剂污染的是陆地污染。以土壤为基础的试验更能准确地表示润滑剂在环境中的实际降解能力。同时，该方法不仅可以考察温度、时间对生物降解性能的影响，而且也可以考察其他因素对润滑剂生物降解性能的影响。因此，业界认为，土壤试验方法有望成为评定润滑剂生物降解性通用的标准试验方法。

　　我国研究人员也在借鉴常用上述试验方法，并结合我国国情，建立适合我国的生物降解评定方法。吕刚等人参照欧洲 CEC 标准，创新性地建立了二冲程汽油机油生物降解性能评定方法以及该方法采用的菌种标准。试验表明，该方法所得试样结果与国外已发布的类似方法的评定结果具有良好的相关性，且重复性好，更符合我国实际。

　　王昆等人进一步改进了唐秀军的方法，以 CO$_2$ 生成量作为评价指标建立起润滑油生物降解性测定方法，可以在较短时间内有效地测定油品的生物降解性，同时还提出了将受试油品与参比物（油酸）在试验期间内的 CO$_2$ 生成量做成百分比值，并以此作为该油的生物降解性指标（BDI），提出了合适的生物降解性评价标准。

　　生态毒性是指润滑剂在生态环境中对某些有机生命体所造成的毒性影响，由于在实验室内不可能对所有的野生生物都进行毒性研究，所以，通常是选取各种标准的物种（即在生物链中代表着不同级别的物种）来对润滑剂的生态毒性进行评价。水生生物的鱼、水蚤、海藻和菌类都是被取来作为常用的实验生物。OECD 对生态毒性的评定制定了标准的试验方法，见表 12-5。生态毒性实验分为 2 组，一组是急性试验，评价高浓度下短时间内润滑油的生态毒性，评价指标是半致死量 LD_{50}（mg/kg）及半致死浓度 LC_{50}（mg/L）。绿色润滑油的 LD_{50} 或 LC_{50} 应大于 $100\mu g/g$，如果生物毒性积累很低，在水生动植物类中，LC_{50} 在 $10\sim100\mu g/g$ 之间也可以接收，润滑剂的急性生态毒性分类见表 12-6。另一组是慢性实验，评价润滑油在亚致死浓度下，长期的影响结果。

表 12-5 生态毒性国际标准评定试验方法

实验类型	实验生物	实验方法
急性实验 （短时间效果，参数 LC_{50}）	哺乳动物口服	OECD 401
	水蚤（48h）	OECD 201/1
	鱼（96h）	OECD 203
	菌类（30min）	OECD 209
	海藻（72h）	OECD 201
慢性实验 （长时间效果，参数 NOEC）	水蚤（21d）	OECD 202/2
	鱼（>4 周）	OECD 210

表 12-6 急性生态毒性分类

毒性	急性水生毒性极限 $LC_{50}/$（mg/L）
轻微毒性/有害	$10\sim100$
有毒	$1\sim10$
高毒性/非常有害	<1

绿色润滑油对水生环境的毒性评价是以德国的 WGK（Wasser Gefhrdungs-Klassen）分类为基础的。WGK 分类是用水污染分类体系来确定物质对水污染的潜力，水污染分类体系以水污染的数值（WEN 值）为基础，而 WEN 值除急性毒性值外，是由生物降解能力和其他生物累积特性综合得到的。该标准由德国联邦环境部制定，其标准见表 12-7。

表 12-7 德国 WGK 分类体系

WGK 分类	WEN 值
0（无污染）	0
1（轻微污染）	$0\sim4$
2（一般污染）	$5\sim8$
3（严重污染）	$\geqslant9$

专家认为，生态毒性和生物降解性是属于润滑剂的内部特性，不包含与外界接触而产生的影响。一种润滑油对水生有机体有毒或生物降解性差，从本质上讲，这并不意味着它一定会对环境造成不良的影响。因此，为了能准确地评价一种润滑油是否是环境友好润滑油，还必须进行生态风险评价，这可以理解为评估污染物对动植物和生态系统产生不利作用的大小和概率。目前，对绿色润滑剂的生态风险评价还处于初始阶段，虽然能确定润滑油环境污染风险的"有"与"无"，但都不能确定危害的大致概率，也没有针对润滑剂的生态风险等级。

严格地说，绿色润滑剂是否可称为"绿色产品"，按照国际环境质量管理认证标准的规定，还必须要通过"生命周期评估"加以确定。生命周期评估（Life Cycle Assessment，LCA）是一种用于评价产品在从生产到使用，再到废弃后处置的整个过程中所产生的环境影响的方法。生命周期评估被用于评价润滑剂对环境的总影响，包括基础液、添加剂、原材料的使用、能源、包装、运输、产品的使用及废弃、处理处置以及循环再生等全过程。不过，目前要将 LCA 真正应用于润滑剂领域还存在许多困难。

总之，生物降解是一个复杂的生化过程，开发生物降解性能优良的"绿色润滑剂"，必须有一套科学完整的生物降解能力的评定方法，因此绿色润滑剂生物降解性能评定方法也是"绿色"润滑剂研究的重点方向。

参考文献

[1] BATTERSBY N S. The Biodegradability and Microbial Toxicity Testing of Lubricants [J]. Chemosphere, 2000, 257（41）：1011-1027.

[2] 冯克汉. 润滑剂生物降解性实验方法 [J]. 润滑油, 1999, 14（2）：43-46.

[3] 唐秀军, 汪孟言. 润滑油生物降解能力评定方法 [J]. 石油商校, 1999, 17（1）：24-26.

[4] NAGAI H. Evaluation of the Newly Developed Test Methods for Lubri cant Biodegradability [J]. Lubri cant Oils, 1999, 42（1）：45-51.

[5] 吕刚, 解世文. 二冲程汽油机润滑油生物降解性及其评定方法研究 [J]. 润滑与密封, 2006. 1（3）：51-56.

[6] 杨永河, 解世文. 绿色润滑油的生态评价 [J]. 润滑与密封, 2006（11）：190-193.

[7] NOVICK N J, et al. Assessment of the biodegradability of mineral oil and synthetic ester based stock using CO_2 ultimate biodegradability tests and

CEGL-33-T-82 ［J］. Sgn lubr, 1996, 13 （1）: 67-83.

［8］ 王昆. 润滑油生物降解性能快速测定方法研究 ［J］. 石油学报（石油加工）, 2004, 20 （6）: 74-78.

［9］ 朱立业, 等. 绿色润滑剂的生态研究概况与进展 ［J］. 润滑油, 2008, 23 （4）: 7-11.

［10］ 武雅丽. 润滑油生物降解试验研究 ［J］. 润滑与密封, 2004 （9）: 53-55.

［11］ WILLING A. Lubricants based on renewable resources——An environmentally Compatible alternative to mineral oil products ［J］. Chemosphere, 2001, 43: 89-98.

第13章 油雾润滑

油雾润滑是一种能连续有效地将油雾化为小颗粒的新型高效能的润滑方式，它与传统的润滑方式相比具有许多突出的优点，所以油雾润滑很快从早期的航空航天领域拓展到许多工业部门。近些年来，在实践应用中，油雾润滑已受到业界的广泛关注。在国外一些石化行业，油雾润滑已作为一种先进的润滑方式被采用，在许多现代化的大型生产装置中其应用优势更加明显。

与传统的滴油润滑、飞溅润滑、油池润滑、油环、油链及油轮润滑、油绳、油垫润滑、机械强制送油润滑、压力循环润滑及脂润滑等传统润滑方式相比，油雾润滑是一种新型的、连续的、稀油集中式的润滑方式。它是利用雾化器将润滑油液体分散成无数微米级的雾滴，经过管道将油雾滴输送到摩擦副，完成润滑作用的方法。

13.1 油雾润滑系统的结构

油雾润滑装置是以压缩空气为动力，通过高科技雾化工艺，产生微米级的油雾颗粒。在油雾发生器内通过管道将油气混合物以较高速度撞击在插板上，使原来较大的油滴经过撞击而形成一种像烟雾的粒径约为 2.0μm 的干燥油雾。而大于 2.0μm 的油滴流回发生器内，这种干油雾具有稳定的悬浮性，一般在不超过 180m 长度的管道内输送不会发生碰撞凝结，所以国内外的油雾发生器一般都选取此参数，油雾通过管路输送到润滑部位上。在油雾进入润滑点之前，还需通过一种称为凝缩嘴的元件，使油雾变成饱和湿态油雾，再度投入摩擦表面（如滚动轴承表面），以形成均匀的润滑油薄膜。现代润滑理论认为，最佳的润滑方式是摩擦表面保持适度的新鲜油膜。压缩空气及部分微小的油雾粒子经专设的排气孔排至大气。

油雾润滑系统如图 13-1 所示，它包括分水滤气器 1、电磁阀 2、调压阀 3、油雾发生器 4、油雾输送管道 5、凝缩嘴 6 以及控制检测仪表等。分水滤气器是用来过滤压缩空气中的机械杂质和分离其中的水分，以获得纯净干燥的气源。调压阀用来控制和稳定压缩空气的压力。特别要指出的是，由油雾发生器途经摩擦副产生的干燥油雾还不能产生润滑所需的油膜，而必须根据不同的工作条件，在润滑点安装相应的凝缩嘴。为了确保油雾润滑系统正常工作，在贮油器内还设有油温自动控制器、液位信号装置、电加热器和油雾压力继电器。

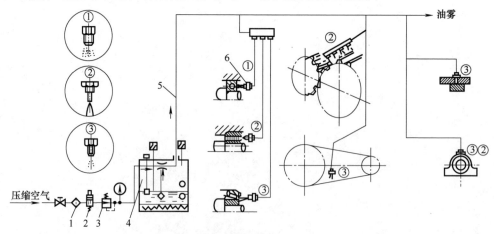

图 13-1 油雾润滑系统

1—分水滤气器 2—电磁阀 3—调压阀 4—油雾发生器 5—油雾输送管道 6—凝缩嘴
①～③—各工况下用凝缩嘴情况

油雾润滑装置是以单片机为核心，由可靠的硬件系统及满足工艺要求的软件系统来支持的，主要由油雾发生装置、系统管路、凝缩嘴及附件等部分组成。

（1）油雾发生装置 油雾发生装置又称雾化装

置，它是油雾润滑装置的核心设备，是形成油雾微粒的场所，主要由供气部件、雾化器组成。供气部件指将压缩空气经过连续过滤、干燥、稳压、加热后，转化为满足油雾发生装置雾化需求的气源的部件总称。根据空气动力学理论，压缩空气流经雾化器时，由于气流的引射作用使其内部形成局部真空，此时润滑油经过滤器沿吸油管路被吸入雾化器，在雾化器内部润滑油与压缩空气混合，润滑油被压缩空气分割成不均匀的油颗粒，在雾化器的出口处经超声速气流的作用，润滑油被进一步地雾化成不均匀的油颗粒而进入雾化箱。其中较大的油颗粒在重力的作用下落回到油箱中，而较小的颗粒（颗粒直径为 $1\sim5\mu m$）留在气体中形成油雾，随着压缩空气经管路被输送到润滑点上。

（2）系统管路　油雾润滑装置的系统管道主要有两类：一类是将压缩空气送到雾化器所用的压缩空气传送管道；另一类是将油雾发生装置产生的油雾输送到润滑点的润滑管道。系统管路在材质选择、内径尺寸的选取以及管路的正确安装等方面都十分重要。

（3）凝缩嘴　为了确保油雾在摩擦副部位形成良好的油膜，从而起到好的润滑作用。油雾在进入摩擦副部位之前，必须将先前微小油颗粒经过特定的装置凝缩为颗粒度较大的油颗粒，这种装置被称为凝缩嘴，它是安装在系统管路与润滑点之间，将系统管路运输来的油雾重新凝缩成粒径不同的油滴的装置，一般有以下三种类型。

1）细雾型（油粒约为 $5\mu m$）：用于球轴承等。

2）粗雾型（油粒约为 $30\mu m$）：用于滚子轴承、齿轮、链条传动等。

3）油滴型（油粒约为 $45\mu m$）：用于滑动轴承、滑动面等。

由于所需要润滑的摩擦副的类型不同，故要求凝缩后的颗粒度的大小也不尽相同，相应的要求凝缩嘴的机械结构也不相同。衡量凝缩嘴的主要指标参数是孔的内径、孔的长度和孔数。

油雾润滑具有连续流动的特点，既能保证润滑油膜持续新鲜完整又可及时带走产生的热量，以降低摩擦面温度。

计算每个润滑点的油雾量是油雾润滑系统设计中的一项重要工作。要使油雾润滑系统稳定高效地工作，必须统计出整套设备所需要的油雾量，并确定使用油的黏度。不同的摩擦副消耗的润滑油量不同，具有一定浓度的油雾被输送到摩擦副部位上，要保证有效地润滑摩擦副，就必须保证提供摩擦副的油雾量充足，以确保满足摩擦副所需求的油耗量。选用油雾润滑装置的油雾量，应大于或等于计算所需总的油雾量。不同类型的摩擦副所需油雾量可参照如下的公式来计算。

1）滚动轴承：轻负荷 $Q=0.85dN$；中等负荷 $Q=1.7dN$；重负荷 $Q=3.5dN$。

式中，Q 为油雾量（m^3/h）；d 为轴的直径（m）；N 为球或滚子的列数。

2）滑动轴承：轻负荷 $Q=26Ld$；中等负荷 $Q=44Ld$；重负荷 $Q=88Ld$。

式中，Q 为油雾量（m^3/h）；d 为轴的直径（m）；L 为轴承的长度（m）。

以上计算油雾量的公式都是国外公司经过无数次试验，结合实际应用总结出来的经验公式，根据摩擦副的实际情况，可以确定所需油雾量，前提是先确定油雾浓度。

这里要特别指出的是，油雾发生器是油雾润滑装置的核心部分，润滑油就是在这里被压缩空气雾化的，其工作原理如图 13-2 所示。经过过滤和稳压的纯净压缩空气由阀体 2 上部输入后，迅速充满阀体与喷油嘴 3 之间的环形间隙，并经喷油嘴 3 圆周方向的四个均布小孔 a 进入喷油嘴内室。由于喷油嘴内室右端是不通的，压缩空气只能沿喷油嘴中部与文氏管 4 之间狭窄的环形间隙向左流动。由于间隙小，气流流速很高，使喷油嘴中心孔的静压降至最低而形成真空度，即所谓文氏管效应。此时罐内的油液在大气压力和输入压缩空气压力的共同作用下，便通过过滤器 5 沿油管压入油室 b 内。接着进入喷油嘴中心孔，在文氏管 4 的中部（称为雾化室）与压缩空气汇合。油液即被压缩空气击碎成不均匀的油粒，一起经喷雾斗 1 的斜孔喷入油罐。其中较大的油粒在重力的作用下坠入油池中；细微的（$2\mu m$ 以下）油粒随压缩空气送到润滑部位。为了加强雾化作用，在文氏管的前端还有 4 个小孔 c，一部分压缩空气经小孔 c 喷出时再次将油液雾化，使输出的油雾更加细微均匀。油室 b 的前端装有密封而透明的有机玻璃罩，以供操作人员随时观察润滑油的流动情况。但是，进入玻璃罩的油液量并不等于油雾管道输出的油量，实际上只有可见油流的 5%～10% 才变成油雾输出。

现有两种油雾润滑方式：油池式油雾润滑和纯油雾润滑，一般来说对滑动轴承采用前者，而对滚子和球轴承可用任一方式。油池油雾润滑保险性大，但从实践结果来看，纯油雾润滑方式要比油池油雾润滑方式显著延长轴承寿命。

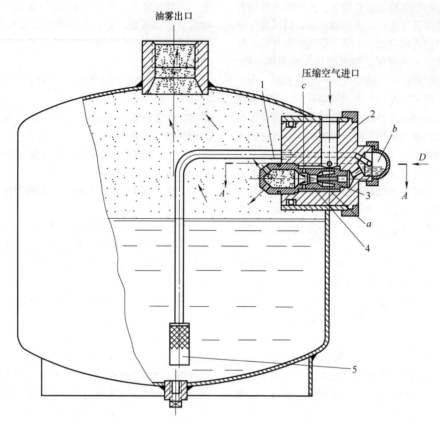

图 13-2 油雾发生器结构及工作原理
1—喷雾头 2—阀体 3—喷油嘴 4—文氏管 5—过滤器

油雾润滑的主要优点如下：油耗大幅度减少；大量减少轴承失效，延长使用寿命，减少维护费用；系统简单，造价较低；避免因在润滑件上使用过量润滑剂造成能量损失；易于实现集中和自动控制及远距离输送；对轴承有相当的冷却作用；轴承箱内的正压气氛有利于把外部杂质、潮气隔离在轴承外。

13.2 油雾润滑的特点

油雾润滑实施的主要对象为转动机械，对于石化行业来说，主要为非强制性润滑的工艺流程机泵，这是一项合理投资，并且这项投资有着快速、良好的资金回报。

油雾润滑作为新型的、先进的稀油集中润滑方式，具有润滑均匀、耗油量低、能提高设备运行效率和降低设备磨损等优点，在发达国家已逐步取代了传统的润滑方式。从严格意义上讲，油雾润滑方式是集中润滑方式的一种，但油雾润滑方式不仅具备集中润滑方式的优点，同时还具有自身的优势。油雾润滑能连续有效地将润滑油雾化为小颗粒，通过压缩空气传

输到轴承腔等，这样可大大降低轴承温度，保证设备长周期运行。油雾润滑能使腔体内成微正压，具有辅助密封的作用，可避免外界的杂质、水分、腐蚀性气体等侵入摩擦副。

有关科研机构和生产企业曾经做过油雾中断实验，其结论是，油雾中断一段时间内，只要机泵运行平稳，轴承座内残留的油雾仍可维持轴承温度在较长的时间内不会上升，证明油雾润滑的可靠性高。对于超过 300kW 电动机拖动的高温油泵，油雾中断后能继续维持运转 4h 以上；对于普通的中小型机泵，油雾中断后维持运行的时间更长，甚至可超过 24h。通过大量实践表明，在同样的载荷、速度、润滑剂和外部条件下，油雾润滑轴承的运转温度比油池润滑低 10℃ 左右，产生的摩擦力可降低 25%，轴承故障率大幅降低，尤其是对于炼油化工装置中的恶性抱轴事故有明显的抑制作用。

与其他润滑方式相比油雾润滑的特点十分鲜明：

1）油雾随压缩空气弥散到所需的润滑部位上能获得均匀良好的润滑效果。

2）有效降低摩擦副的工作温度，据报道，对高速滚动轴承，可提高极限转速，可使滚动轴承平均寿命提高 40%。

3）用油量极少，冷却作用由压缩空气来承担。

4）良好的密封作用，避免外界杂质、水分等侵入摩擦副。

5）系统结构轻巧、占地面积小、动力消耗低、维护管理方便、易于实现自动控制。

13.3 油雾润滑的应用及案例

目前，油雾润滑在国内外的石化、钢铁、造纸、纺织、机床和矿业等各工业领域中已得到广泛应用，尤其在轴承、链条等机械结构的润滑方面已取得很大成效。要充分发挥油雾润滑方式的优越性，就需要选择合适的油雾润滑系统。总体来说，要按照下列步骤来选择合适的油雾润滑系统：

1）看是否满足使用该装置需要满足的一些基本条件。

2）确定设备润滑所需要的油雾总量，然后以这个参数，结合油雾压力、摩擦副的类型及润滑点数目，来选择合适的设备型号。

3）产品扩展功能的选择及个性化设计。企业根据自己的实际需要，可以对设备提出个性化的设计要求，同时也可以对设备的扩展功能进行选择。据报道，国内外已有超过 5 万台机泵在使用油雾润滑。

油雾润滑中油滴的粒径是油雾润滑的核心参数，油滴粒径上限受制于油雾的输送，其下限却受制于环保要求。

当前世界油雾润滑系统市场上有 90% 以上的份额都被美国和欧洲的企业占据，美国 LSC 公司、瑞士 Sulzer Brothers 公司、德国 accu-lube Maulbronn 公司占据大部分市场。国内不少厂家都在使用油雾润滑，如中海石油炼化有限公司惠州炼油分公司 120 万 t/年催化裂化装置采用了 LSC 公司的油雾润滑，用一台 IVT 主机为该装置内的 35 台离心泵提供润滑，结果获得了很大的经济收益。中国石油锦西石化公司重催装置内的 31 台泵应用了集中油雾润滑后，因油雾润滑可靠性高、节约用油量，可使泵运行更加稳定，显著地延长了泵的使用寿命并降低了泵的故障率。实践告诉我们，要使油雾润滑获得最大收益，就要从选泵、现场安装施工等方面严格按照技术规范实施。

大连石化公司三催化装置于 1997 年投产，加工能力为 140 万 t/年。装置分馏、稳定区域共有机泵 33 台，绝大多数是 Y 型油泵。由于运行时间长，运行效率低，维修频次高。此前石化行业中的机泵，一般是采用非强制、分散给油的润滑方式，机泵润滑状况不良，故大连石化公司曾与北京朗德科技公司合作，于 2006 年对三催化装置分馏稳定区域的 31 台机泵进行了油雾润滑改造，结果取得了很大的成功。

中石油吉林石化公司炼油厂在汽油泵房成功引进油雾润滑，8 台机泵运行效果良好，机泵轴承温度平均下降 10~15℃，机泵运行平稳，大幅缩减用工人员，机泵集中管理，节约润滑油，提高设备自动化管理水平。

中石油庆阳石化分公司在 19 台 AY 离心泵中成功引入油雾润滑后，机泵运行效果良好，机泵轴承温度平均下降 10~25℃，节电，减少维修费用，泵房不设岗位，大幅缩减用工人员，机泵集中管理，节约大量润滑油，提高设备自动化管理水平。鉴于异构化泵房使用油雾润滑所取得的良好效果。庆阳石化分公司继而在该公司的所有泵房改用油雾润滑。

轴承的常规润滑方式是利用机泵进行油池或油脂润滑。目前国内外广泛推广应用的油雾润滑已被业界所认同。油雾润滑应用广泛，适用于封闭的齿轮、链条、滑板、导轨以及各种高速、重载的滚动轴承。目前，油雾润滑已经在压延设备及冶金机械，如铝箔轧机、带钢轧机、回转窑、球磨机、纤维机械、链条运送机、振动机、鼓风机、选矿机、粉碎机和高速纺锭等各种机械上得到成功的应用。

集中油雾润滑系统的研制成功，能够解决生产中能耗高、轴承寿命短的实际问题，并且能填补大集群机泵集中润滑的国内空白。按目前国内石化厂的情况分析，每百万吨炼油装置的机泵采用 2 套集中油雾润滑系统就可替代原机泵的油池润滑方式。目前国内年炼油能力约 2 亿 t，若全部采用集中润滑系统，仅炼油装置就有 200 余套的用量。每套油雾润滑系统的进口价格约为 13~14 万美元；研制具有自主知识产权的成套油雾装置，供货价格约为 50 万元。可以替代进口并形成一定的产业规模，每年可新增产值 5000 万元。

采用油雾润滑方式可使机械设备的平均使用寿命提高 1.5 倍以上，如一个中型炼油企业按 500~800 台机泵计算，每年可节约 15 万~30 万元轴承采购费用。由于轴承故障率降低，也降低了检修费用，据调研统计表明，采用油雾润滑和一般润滑相比，17 台中、小型泵，节约了维修费用 5.5 万元，每台泵节约了 3000 元的维修费用，再加上节约的维修人员工资等，每年为企业节约的资金约为 150 万~300 万元。

中石化总公司武汉、岳阳分公司等，已有部分装置的机泵采用了集中油雾润滑系统，起到了很好的节能效果。但油雾润滑系统均由国外公司提供,其工艺性能参数基本代表目前国际先进水平。其主要特点是高可靠性及超长距离输送,其最长输送距离可达180m;润滑油的雾化、油雾颗粒大小及油含量均采用PLC可编程序控制器控制。

中国石油锦西石化分公司重油催化装置泵群改用油雾润滑方式进行集中润滑后,轴承温度普遍降低,故障率大幅度下降,杜绝了定期换油造成的润滑油浪费。该公司近2000台各类机泵,采用油雾润滑后,已取得明显的经济效益。

某石化企业的生产装置在大检修期间,对30多台离心泵区增加了一套集中油雾润滑系统,经过生产使用验证,取得了非常好的效果。实践表明,轴承寿命是机泵正常运行的重要条件,而润滑是影响轴承寿命的重要因素。目前我国流程行业中的机泵大部分仍采用非强制、分散给油的润滑方式,其轴承故障率高,耗油量大。故建议改用集中油雾润滑这种先进高效的润滑方式,有助于提高轴承的润滑质量,确保机泵的长周期稳定运行。

目前,由于轧钢机向着高速、重载、高强度、高刚度和连轧化的方向迅速发展,因此对滚动轴承的要求也越来越高。选用正确和先进的润滑方式及良好的密封装置是延长轧机轴承寿命最有效的方法之一。业界认为,油雾润滑是一种高效能的轴承润滑方式。目前在冶金企业中,油雾润滑装置多用于大型、高速、重载的滚动轴承润滑。我国设计生产的适用于冶金设备的油雾润滑装置,其供油能力有 $100W_L$、$300W_L$ 和 $1000W_L$ 的三种大型规格(W_L 为油雾润滑油的当量单位)。

对于冷轧机来说,其润滑点主要是轧辊轴承。在轧钢机上广泛使用四列圆锥滚子轴承和四列圆柱滚子轴承,四列圆锥滚子轴承可承受更大的径向负荷和双向轴向负荷,而圆柱滚子轴承只能承受径向负荷。由于轧制中采用乳化液作为工艺轧制液,为防止乳化液的侵入使轴承产生锈蚀,故轴承座须选用合适的油封以达到密封作用。由此可见,一套油雾润滑系统对轧钢机轧辊轴承的润滑主要是针对四列圆锥轴承、四列圆柱滚子轴承附加止推轴承以及辊颈处的密封圈。

许多冶金企业的轧钢机上已广泛采用油雾润滑系统,如650mm 冷轧机和850mm 三机架带钢轧机等都有许多成功应用案例。

13.4 影响油雾润滑效果的主要因素

影响油雾润滑效果的主要因素包括温度、速度、载荷等。温度升高时,润滑油中的极性分子吸附能力会下降,如果温度继续升高到边界温度,就可能导致润滑失效;随着速度的增加,摩擦系数会减少;在允许的载荷限度内,摩擦系数可以保持一定的稳定性,但是如果载荷增大,会使摩擦系数急剧升高,摩擦副受磨损。

对于油雾润滑系统来说,影响雾化效果的因素主要有两个方面:雾化器本身的结构、工艺尺寸及加工精度;雾化器内润滑油和与空气有关的参数。

(1)雾化器本身的结构、工艺尺寸及加工精度 雾化器的工艺尺寸及加工精度对润滑油的雾化量及雾化后的颗粒度具有直接的影响。雾化器型号不同,会产生不同的雾化效果,同时还会影响管路传输中油滴的凝结量,甚至会影响摩擦副的润滑效果。实际应用中,往往对不同数量的雾化器进行组合,可以获得不同型号的油雾润滑装置主机,从而得到不同的雾化效果。

(2)雾化器内润滑油和与空气有关的参数 从理论上讲,黏性是润滑油最重要的物理特性,温度和压力对其有重要影响。对润滑油进行雾化时,它是压缩空气和润滑油相互作用的结果。因此,压缩空气及润滑油在温度和压力上的变化都会影响雾化效果。通过厂家大量的分析以及试验结果,可以得出影响雾化效果的主要参数如下:润滑油温度,空气压力,空气温度,雾化器结构,空气流量和气液质量比等。根据不同的摩擦副,油雾润滑系统用油的黏度范围见表13-1。

表 13-1 油雾润滑系统用油的黏度范围

黏度(38℃)/(mm^2/s)	摩擦副类型	黏度(38℃)/(mm^2/s)	摩擦副类型
20~100	高速轻负荷滚动轴承	440~520	热轧机轧辊辊颈轴承
100~200	中等负荷滚动轴承	440~650	低速重载滚子轴承、联轴器、滑板等
150~330	较高负荷滚动轴承	650~1300	连续运转的低速重载齿轮及蜗杆传动
330~520	大型、高负荷滚动轴承,冷轧机辊颈轴承		

13.5 油雾润滑对润滑剂的要求

油雾润滑对润滑剂有一定要求。油雾润滑系统设计中油的选用量是一个重要因素，它除具有一般润滑性能如润滑性、极压性、耐磨性、耐蚀性和抗氧化性外，还要求易于雾化，又具有最小的弥雾和管路凝缩，其基油可以是齿轮油或液压油。油雾在主机内产生，在自身压力下，经过油雾输送至主管、下落管、油雾分配器和油雾喷嘴，顺着油雾供应管进入轴承箱，流经轴承的滚动体，提供润滑。在选用油雾润滑方式时，其润滑剂选择必须考虑以下五个方面的因素：

1）黏度参数。
2）低温下抗蜡形成的能力。
3）高温下的稳定性。
4）雾化和重新分类的特性。
5）低毒性。

13.6 油雾润滑的优点

油雾润滑是目前世界上广泛采用的一种先进的集中润滑方式，因其优越的技术特性已得到业界的广泛好评。相对于传统的油池润滑，先进的油雾润滑方式在实际应用中的可靠性大大提高，运行成本也相对大幅降低，尤其在现代化的大型生产装置中的优势更加明显。

油雾润滑系统有两种形式：开环系统和闭环系统。开环系统的油雾在穿过轴承后不进行再次利用，即油雾仅使用一次，闭环系统则收集穿过轴承后的凝油再次使用。二者各有优点，前者简单并且投资少，后者则避免了润滑油的浪费，且保证了良好的现场卫生环境。目前多数石油化工厂还是采用开环系统，闭环系统是最近几年刚发展起来的新技术。

油雾润滑是一种先进的集中润滑方式，耗油量非常少。集中油雾润滑是解决大型工矿企业机泵润滑问题的第一选择，而且已被列为润滑系统改造的首选技术。油雾润滑已发展成为一种成熟可靠的润滑方式，具有设备体积小、自动化程度高和覆盖范围广等特点。业界认为，油雾润滑具有很高的使用价值和广阔的应用前景。

总之，通过大量的试验及长时间的应用实践证明，在使用油雾润滑系统之后可以取得很大的效益，其表现如下：

1）可形成优质洁净的润滑油膜，极大改善润滑效果。

2）轴承运行温度可下降 10~15℃，对某些机泵甚至可关闭其轴承套的冷却水。

3）轴承损坏可减少 85%~95%。

4）轴密封损坏可减少 45%~65%。

5）轴承寿命可延长 6 倍。

6）机泵维修费用可降低 60%~80%。

7）润滑油总耗用量可降低 40%左右。

8）可降低能耗，节约电费及其他能源的费用。

9）可大幅减少机泵所需库存的备品备件，节约资金。

10）集中式供油雾，主机由微机控制，并可与工厂的主控室相连，可长期自动运行，易于管理。

11）不再需要每班巡回检测机泵油位及为每台机泵定期换油，可实现减员增效。

12）整个系统运行涉及极少活动部件，系统运行可靠性提高，非常有利于设备的长周期无故障运行。

目前，油雾润滑已发展成为一种成熟可靠的润滑方式，具有设备体积小、自动化程度高和覆盖范围广等特点。从国内外广大用户的使用经验来看，只要使用得当和维护到位，其机泵故障率明显降低，设备运行周期明显延长。实践证明，集中油雾润滑是解决机泵润滑问题的第一选择。油雾润滑具有很高的使用价值和广阔的应用前景。

参 考 文 献

[1] 胡邦喜. 设备润滑基础 [M]. 北京：冶金工业出版社，2002.

[2] 张剑. 金映丽，等. 现代润滑技术 [M]. 北京：冶金工业出版社，2008.

[3] 黄志坚. 润滑技术及应用 [M]. 北京：化学工业出版社，2015.

[4] 王丽云. 油雾集中润滑新技术的应用 [J]. 中国设备工程，2009（11）：53-54.

[5] 绳劲松. 油雾润滑系统在实际生产中的应用 [J]. 润滑油，2007，22（5）：20-22.

[6] 黄军有. 机泵集群集中油雾润滑系统综合技术分析 [J]. 通用机械，2006（6）：79-80.

[7] 陆磐炎. 合理润滑背景下的油雾润滑技术应用 [J]. 石油化工设备技术，2013，34（6）：18-24.

[8] 李守权. 油雾润滑技术在常减压装置机泵群上的应用 [J]. 石油化工设备技术，2006，27（3）：19-1.

[9] 王旭. 油雾润滑在催化机泵群上的应用 [J]. 石油和化工设备，2009，12（1）：46-48.

第 14 章　油 气 润 滑

14.1　概述

为了适应现代机械设备向高温、高速、重载、高效、极低速和长寿命方向发展的需要，近年来在油雾润滑的基础上研制出了一种气液两相流冷却润滑新方式，即油气润滑。油气润滑是一种利用压缩空气的作用对润滑剂进行输送及分配的集中润滑系统。它与传统的单相流体润滑相比，具有无可比拟的优越性，并有非常明显的使用效果，大大延长了摩擦副的使用寿命。油气润滑作为一种先进的润滑方式已在钢铁行业的连铸、连轧等生产中发挥了巨大作用。

极低的耗油量和零排放是油气润滑的突出优势。油气润滑系统由流量分配器、油气混合器和电控装置等核心元件构成，如图 14-1 所示。流量分配器和油气混合器能合理分配各润滑点所需的油气用量，以获取最佳的润滑效果和耗油的经济性。

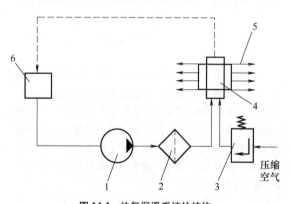

图 14-1　油气润滑系统的结构
1—供油泵　2—过滤器　3—供气部分　4—油气混合器
5—油气润滑管路　6—电控装置

在油气管道中，由于压缩空气的作用，经分配器输出的润滑油以较大的颗粒状黏附在管道内壁。当压缩空气快速流动时，其颗粒也随之缓慢向前移动，并逐渐被吹散变薄，在管道的壁面上形成一片连续波浪形的油膜层，在旋转气流的带动下具有一定的前进速度，为此，油气管始末端内壁设计成图 14-2 所示的形状。

油气润滑首先在冶金工业领域那些工作条件最严酷的滚动轴承得到应用，如轧机的支承辊、工作辊

及连铸机导卫等，这些地方往往兼有高温、重载、高污染等工况条件。实践表明，在这些领域的应用已为用户带来可观的经济效益。油气润滑方式近年来很快在工业界得到广泛的应用。广东工业大学、华东理工大学、东南大学、哈尔滨工业大学、重型机械研究院和沈阳建筑大学等单位都对油气润滑系统和原理进行过深入研究。

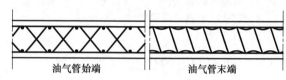

油气管始端　　　　　油气管末端

图 14-2　油气管始末端内壁形状

14.2　油气润滑的原理

油气润滑是一种新型的润滑方式。油气润滑与油雾润滑相似，但又不同于油雾润滑。两者都是以压缩空气为动力，将稀油输送到润滑点上，不同的是，油气润滑并不将油撞击为细雾，而是利用压缩空气的流动把油沿管路输送至润滑点上，因此不再需要凝缩。油气润滑是润滑剂和气体联合作用参与润滑，它具有气体润滑和液体润滑的双重优点，即气体的支撑作用以及气体黏度不受温度影响，还兼具液体润滑的减摩、降温、封密及清洗等特点。油气润滑具有油雾润滑的特点，同时又克服了油雾润滑无法雾化高黏度润滑油、污染环境以及油雾量调节较难等问题。

油气润滑系统一般由油气站和控制台等组成。油气站主要包括泵站、气站、混合部分（包括分配器、混合器和喷嘴等）、附属部分（包括各种过滤器、溢流阀、换向阀、压力表等）、控制部分（多为 PLC 控制）。供油采用间歇供油的方式，因为在油气润滑系统中，其耗油量很少，可根据设定的工作周期和各润滑点所需油量进行供油。图 14-3 所示为油气润滑系统的原理。图 14-4 所示为油气混合器的原理。

在油气润滑中，油的流速 $v_{油} = 2 \sim 5 \mathrm{m/s}$，空气的流速 $v_{气} = 50 \sim 80 \mathrm{m/s}$，工作压力为 $0.3 \sim 0.4 \mathrm{MPa}$。润滑点较多的场合，考虑管路多、损失大，可以适当调高压力；而在润滑点较少的场合，工作压力也可以是

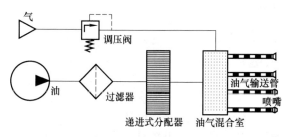

图 14-3　油气润滑系统的原理

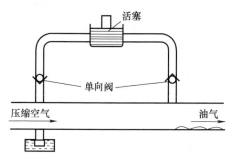

图 14-4　油气混合器的原理

0.2MPa。工作压力≤0.2MPa 时，尤其是压缩空气流速 $v_{气}$≤7m/s 时，则不易形成稳定连续的油膜。在油气润滑中，油的粒度为 50～100μm，而在油雾润滑中油雾的粒度为 0.5～2μm，而且油和气的速度相等。在油气混合的管道中，初始润滑油是以较大的颗粒呈断续状黏附在内壁上，当压缩空气快速流动时，断续分布的油滴随之流动并逐渐被压缩空气吹散变薄，最终形成连续的油膜，被空气带入润滑点。从油气管中出来的油和压缩空气也是分离的，油没有被雾化，因而油气润滑不像油雾润滑那样会污染环境，也比油雾润滑的效率高，同时润滑剂的利用率也高。

油气润滑就是气液两相流体冷却润滑方式的典型应用，它通过形成的气液两相膜隔开相对运动的摩擦面，从而起到润滑作用。哈尔滨工业大学闫通海教授在研究气液两相流体冷却润滑方面很有建树，研究表明气液两相膜比单相液体膜承载能力更大。气液两相膜的形成兼有流体动压和流体静压的双重作用。与油雾润滑不同，油气润滑几乎不受油的黏度限制，也无须对油进行加热，即使在寒冷地区也能适用。油气润滑对压缩空气的要求是工作压力在 0.3～0.4MPa 范围内，大多数工厂的压缩空气气源都能满足这个使用要求。

14.3　油气润滑的优点及特性

1. 油气润滑的优点

油气润滑的主要优点如下：

1）油气润滑中的润滑油是以油滴的形式被压缩空气输送到润滑部位，因而油气润滑系统能输送各种性能的润滑油，它不受润滑油黏度的限制。另外，油气润滑不需对润滑油进行加热，即使是在较寒冷的环境下也是如此。

2）油和气不具有一体性，所以油和气可以通过调整油量及压缩空气量，配成满足各润滑点要求的比例。

3）油没有被雾化，向大气排放的仅是空气，因而对环境没有污染。

4）润滑腔的压力由压缩空气的压力所决定，一般可达 0.25～0.8MPa，腔内高压对防止尘埃及杂物的侵入极为有利。

5）润滑效率高，可大幅度提高摩擦副的使用寿命。

6）耗油量极低，一般油气润滑的耗油量只有传统润滑方式耗油量的 1/5～1/100。

7）油气是两相润滑，它是通过形成的两相膜来隔开相对运动的摩擦副而起润滑作用的。大量的高速油气流，可以带走大量的摩擦热，起到冷却降温作用。另外，油气润滑尤其解决了高速轴承的润滑问题，高速轴承在转动时由于离心力的作用，油雾无法穿透空气层进入轴承，而油气润滑则能穿透，所以油气润滑的效果要比油雾润滑好。但是，有些设备因为需要压缩空气而受到限制，如起重机、移动行走机械等。由于要采用空压机，不仅增加了投资，同时也带来了噪声，这是油气润滑的缺点。

油气润滑作为一种新型的润滑方式首先在欧洲推广开来，并逐步在世界各国得到广泛的应用。极低的耗油量和零排放是油气润滑的突出优点。润滑剂也不用加热，不被雾化，100%被利用。油气润滑是一种精细的润滑方式，需要多少润滑量就流多少润滑量。无论是从润滑效果或是从环境保护角度来看，油气润滑都是一项值得推广的先进润滑方式。它突出的优点包括技术先进、经济优势明显和对环境友好等。油气润滑近年来在工业界发展很快，它的优越性也十分明显，对传统设备润滑系统的改造具有很大潜力，应用前景十分广阔。

2. 油气润滑的特性

（1）油气的输送特性　油气混合后形成两相流体，并向机械摩擦部位输送，使相对运动的固体壁面产生润滑和冷却降温的效果。在两相流体混合的过程中，油不被雾化，只形成油滴，因此，油和气不是一体，输送的动力是空气的压力。为防止两相流体在管道中产生附壁效应，需采用螺旋效应使压缩空气成为螺旋气流（可用一个涡流管来实现）。当油混入后，旋转气流把油液吹散成油滴，油滴基本上都分散在管壁的周围，油气两相流体在管道中旋转流动，因其油的黏度较大，再加上离心力的作用，很快便黏附于管壁的壁面上，形成连续而薄的呈环状的油膜层，在旋转气流的带动下具有一定的前进速度。

（2）油气的润滑特性　油气两相流体沿输送管道到达轴承附近时，通过在轴承腔的适当部位安装的喷嘴喷射进入腔内，成为油气两相流体的射流。油气两相混合射流在轴承内腔喷射出来以后，原来在管道中处于管壁四周的油液又被气流吹散成为油滴，随着射流的喷洒和辊颈高速旋转的诱导，油滴洒落贴于固体表面并迅速向摩擦处集中，在摩擦处可以形成局部富集的油流，这样对润滑区油膜的形成大为有效。

14.4　油气润滑主要性能参数

1）润滑油运动黏度为 $760 mm^2/s$（$40℃$），相当于黏度牌号 N680 以下。

2）压缩空气为 0.2~0.5 MPa（也可使用氮气）。

3）油气管道内径为 2~12mm；适用管道长度为 0.5~100m。

4）油气消耗量为常规润滑油的 1%~10%。

5）空气消耗量：一般常温工况条件下，每点 20L/min 左右，在高温及恶劣工况条件下，每点 30L/min 以上。

6）油气管道润滑剂的出口位置优先考虑在润滑点上方，其次是水平位置，不允许在润滑点下方。

油气润滑无雾化现象，无过量润滑现象，故在油气润滑系统中，一般都不用设置回油收集装置，可通过相应的电磁阀对其集中控制，定期排放。不难看出，相比于其他润滑方式，油气润滑的耗油量大概只有其他润滑方式的十几分之一或几十分之一。

油气润滑系统的供油方式为间隙式给油，需油量少，因此，要求润滑油具有良好的润滑性能。选择与之相匹配的润滑油对于系统的稳定运行及节能降耗显得非常重要。首先是润滑油的黏度要合适，过低则会削弱油膜强度或不易形成油膜而润滑不足；过高则增加油的输送阻力，导致发热严重。因此在选择润滑油时，同时也应充分考虑高速轴承的实际工作温度对润滑油黏度的影响，尽量选用耐热性好、黏度指数高的润滑油。在实际应用中，应根据转速、负荷、轴承温度等工况参数来选择润滑油的黏度，以保证良好的润滑效果。

随着油气润滑的广泛应用，根据工况条件的区别，选择与它相匹配的油气润滑剂（油）对于系统稳定运行及节能降耗的重要性也显现出来。在油气润滑应用初期，对油气润滑剂的性能要求并未引起重视，绝大多数用户是采用普通中、低负荷工业齿轮油系列产品。由于其精制深度不够，特殊碳值过高，在某些高温系统（尤其是连铸系统）长期处于高温、燃烧的部位易产生胶质、沥青质等沉淀物，造成分配器输送管路堵塞，导致润滑点润滑不良，有时出现干摩擦，甚至轴承抱死等情况。因此，在冶金企业连铸机油气润滑系统中选择高性能的油气润滑油显得尤为重要。王庆日等人介绍了合成油气润滑油的研制及其在炼铜厂连铸机上的应用案例。

油气润滑系统多数应用于冶金行业高温、高速、重载的工况条件，油气润滑是将单独供送的润滑剂和压缩空气进行混合，并形成紊混状的油气混合流后再输送到润滑点。油气与空气在高压下充分接触，这样加速了油品氧化的倾向，同时，多数工况还处于高温状态下如连铸机组辊组或轴承的温度高达 1400~1500℃，轴承自身高温也达 100~300℃。油气输送管路及润滑点长期处于高温和强辐射状态下，普通矿物型油品极易氧化，生成胶质、沥青质等物质，容易造成输送管路、油气分配器堵塞等现象。因此，用于高温系统的油气润滑油的基础油必须选择热稳定性好的合成型基础油。

合成型基础油主要包括聚醚、合成酯类油、PAO 三大类。这三类合成基础油的热分解初始温度分别为 352℃、380℃、430℃。连铸机轴承在正常工作状态下的轴承内的温度不超过 260℃，因此，以上三类合成油的使用温度均能满足工况要求。由于油气润滑系统的给油方式为间隙式供油，而且每次给油量很少，因此，要求基础油本身应具有良好的润滑性能，也即在一定温度下能保持一定的油膜厚度。基于聚醚的极性和具有较低的黏性系数，它几乎在所有的润滑状态下均能形成非常稳定的并具有大吸附力和承载能力的润滑膜。因此，聚醚的润滑性优于 PAO 和大部分酯类油。

王庆日等人通过一系列的实验室研究，终于筛选出 YBS320 聚醚型合成油。不同类型的油气润滑油的性能对比见表 14-1。

表 14-1 不同类型的油气润滑油的性能对比

技术参数	YBS320 聚醚型合成油气润滑油	国外某品牌 320 号油气润滑油	重负荷闭式工业齿轮油 CKD320
基础油类型	聚醚	聚 α 烯烃	矿物油
40℃黏度/（mm²/s）	316.9	326.1	323.2
黏度指数	225	140	95
倾点/℃	-36	-42	-15
闪点（开口）/℃	245	253	240
灰分（%）	0.02	0.02	0.07
腐蚀等级（T_2 铜片，100℃，3h）	1b	1b	1b
液相锈蚀	无锈	无锈	无锈
四球机试验 P_B[①]/N	1568	1068	980
四球机试验 P_D[②]/N	4900	4900	3087
磨斑直径 D（392N，60min）/mm	0.38	0.42	0.49
旋转氧弹 RBOT/min	265	545	95

① P_B 为最大无卡咬负荷。
② P_D 为烧结负荷。

由表 14-1 可以看出，聚醚型合成油气润滑油的所有性能都较优，并在国内某钢厂连铸机上进行应用试验，取得满意的使用效果。

14.5　REBS 集中润滑

德国 REBS 公司最早开发出油气润滑系统。该公司利用先进的 CNC 机床和独特的加工工艺，开发出了在包括中国在内的世界多个国家获得专利的 TUR-BOLUB 油气分配器，实现了对油气流的均匀和按比例分配，从而使油气润滑方式锦上添花，并大大拓展了油气润滑的应用领域。TURBOLUB 油气分配器是一种没有运动部件的分配器，可安装在任何部位，也不会被磨损，也不受油的黏度和空气量的影响。它可以使油气管路变得简洁，并可实现油量的再次分配。油气润滑的耗油量一般只相当于油雾润滑的 1/10 左右，干油润滑的 1/100 左右。因此，可采用间歇式供油方式，油气润滑的这种供油方式意义重大。实践表明，油气润滑的应用是从一些工况条件恶劣的部位（尤其是冶金设备）开始的，也就是说，油气润滑从一开始应用就针对其他润滑方式很难解决的问题和部位。据报道，现在世界上在运行的冷轧板带轧机中的 80% 都已采用 REBS 油气润滑，在我国多家炼钢厂连

铸机上也得到了应用。在港口起重运输机械和起重机的轨道和火车、地铁的轮缘上也得到了成功的应用。油气润滑很好地解决了高速轴承的润滑问题。高速轴承在转动时，由于离心力的作用，油雾无法穿透空气层进入轴承，而油气能穿透，所以，在这方面其润滑效果要比油雾好得多。借助于 TURBOLUB 油气分配器在分配油量方面的独特作用，REBS 公司的油气润滑系统只需一套即可满足许多润滑点（轴承）的连铸机组的润滑需求，并使轴承处于良好的润滑状态。

油气润滑不仅在速度高时能够形成完整的气液两相膜，而且在速度较低时依然能够形成具有较强承载能力的气液两相膜，可使相对运动的摩擦面始终处于良好的工作状态，这一点是仅靠流体动压形成的单相液体膜是无法做到的。专家研究表明，喷射到润滑点上的气液两相流体中的润滑油液体小颗粒在润滑区的固体表面上汇聚，同时由高速流动的空气形成的分散的空气小气泡混于汇聚在润滑区固体表面的润滑液之中。随着两摩擦表面的相对运动，在两摩擦表面之间形成了气液两相流体润滑膜。众所周知，黏度是润滑剂最重要的物理特性之一。研究表明，在同等润滑剂条件下，两相流的黏度明显大于单相流，而且随着两相流中空气小气泡相对体积含量的增加，两相流的

黏度也增大。换句话说，普通黏度的润滑剂形成的气液两相膜的厚度大于它的单相液体膜厚度。显然，由于润滑膜厚度的增加，减少了两摩擦表面直接接触的机会，减轻了两表面之间的摩擦，这就使得气液两相流体润滑具有优良的润滑减摩作用。与油雾润滑不同，油气润滑几乎不受油的黏度的限制，可以输送黏度值甚至高达 7500mm²/s 的油品，因此，绝大多数适宜的油品都可采用油气润滑，不仅是稀油，半流动干油甚至是添加了高比例固体颗粒的润滑剂都能顺利供送。另外，也不需对油进行加热，即使是在北方寒冷地区也是如此。

TURBOLUB 油气分配器具有以下显著的优点：

1）能实现油气的均等或按比例分配，极大地拓展了油气润滑的应用领域，同时也契合了 REBS 一贯倡导的精细润滑理念——需要多少润滑量就供给多少润滑量，不会过度润滑，也不欠缺润滑。

2）因为油气分配器自身也具有分配油量的作用，所以可以减少系统中分配油量的元件，如递进式分配器（活塞）的数量，不仅使一套系统能润滑数千个润滑点成为现实，也减少了系统中的运动部件数量，使系统运行更为可靠、故障率更低。在某些场合尤其是润滑点少的情况下，甚至可以弃用递进式分配器而直接采用 TURBOLUB 油气分配器来实现对油量的分配。因此，REBS 油气润滑系统中只有不多于 3 种的运动部件——泵、递进式分配器和电磁换向阀。

3）TURBOLUB 油气分配器内部没有运动零部件，因此不会磨损，并且可以内置或外置安装在受润滑的设备上，尤其是可以安装在设备内部、不易维护到的部位、高温区域、设备受水或其他有化学危害性流体侵蚀的部位。

4）TURBOLUB 油气分配器使油气润滑系统的管道变得简洁。因为它可以直接安装在设备上，所以从 TURBOLUB 油气分配器至润滑点的设备上配管就可以尽量缩短，同时从油气混合器出口只需采用一根油气管和 TURBOLUB 油气分配器连接就可以供给数十个润滑点。从现场使用的情况来看，采用 TURBOLUB 油气分配器可以节约管道量 20% ~ 25%。不仅如此，在某些受润滑设备需要整体更换的场合，采用 TURBOLUB 油气分配器后在整体更换时往往只需拆装一根管道（快速接头），这无疑减轻了工人的劳动强度并提高了作业效率。

14.6 油气润滑的应用

REBS 油气润滑方式经过几十年的发展，在实践中体现出了以下的突出优点：

1）润滑效能高，大幅提高传动件的寿命。REBS 油气润滑在德国帝森钢铁公司的实践表明，让轴承工作寿命超过 2 万 h 已不再是一个难以企及的目标；英国钢铁公司甚至报告说，在非恶劣工况下使用 REBS 油气润滑的轴承和齿轮竟然在 10 年之内无一损坏。来自世界各地包括中国在内的用户的报告表明，采用油气润滑的轴承等传动件的使用寿命是采用其他润滑方式的 3~6 倍，用户可因此节约大量的备件采购及储存费用。REBS 油气润滑之所以能大幅提高传动件的寿命，是由于以下原因：

① 油气润滑的气液两相油膜大大提高了油膜的承载能力，减少了摩擦损失，提高了润滑效能。

② 油气是连续供送到轴承座的，或者说润滑剂是以一种少量但源源不绝的方式供送到轴承座的，轴承每时每刻得到的润滑剂都是新鲜的，油气所产生的气液两相油膜也每时每刻都是新鲜的，承载性能未受到破坏。

③ 压缩空气是一种天然的冷却剂，这一点在油气润滑应用于轴承时尤其明显。由于压缩空气可以在轴承座内保持一定的正压，而轴承座内的正压和供送入轴承座的压缩空气压力之间有一个大的压差，这一较大的压差所起的作用就是冷却轴承，而且是持续不断地冷却，压缩空气的流量越大，降温效果越好。因此通过压缩空气的溢出带走了大量的热量，轴承可维持低温运行。

在一些高温场合，如冷轧连续退火机组、热轧出炉热送辊道、连铸等的应用表明，采用油气润滑后这些部位的轴承温度降低 30~150℃ 是现实可行的；在温度不太高的场合，将轴承温度降低 10~40℃ 也很容易实现。同时压缩空气通入轴承座并从轴承座中溢出也增强了轴承座的密封性能，因为压缩空气可使轴承座内保持 0.03~0.08MPa 的正压，使外来的水、有化学侵蚀性的流体、有害气体、氧化皮及其他脏物无法侵入轴承座危害轴承。

2）介质消耗量低。采用油气润滑后润滑剂的消耗量只相当于油雾润滑的几分之一、干油润滑的几十分之一、稀油润滑漏损掉的油量的一小部分，这已经被无数的实例所证明。采用油气润滑后压缩空气的消耗量平均也仅为每个润滑点 1.5m³/h，成本非常低。

3）适用于恶劣工况。适用于高速或极低速、重载、高温及受水或其他有化学危害性流体侵蚀的传动件运行的场合。

2003 年，上海澳瑞特润滑设备公司成立，该公司提供的各类油气润滑系统已应用于连铸机、高线和棒材轧机、中厚板轧机、矫直机、带钢轧机、炉前辊道和行车轨道等多个领域。随着现代机械设备对润滑效果的更高要求，油气润滑系统具有极大的优势，目前它已发展成为现代润滑技术中不可缺少的润滑手段，并逐步得到更广泛的应用。

REBS 递进式分配器适用于几乎所有油品，不管是干油还是稀油，因此，在多种类型的润滑系统中都可以应用。递进式分配器也可和绝大多数的泵配合使用，不管是气动泵、齿轮泵、干油泵还是电磁泵。

油气润滑方式的应用已在冶金设备上取得许多成功案例。例如高速线材轧机滚动导卫，由于转速极高（精轧区转速可高达 40000r/min），在采用油气润滑之前，每工作 1~2 班就得更换已烧毁的导卫，采用油气润滑之后更换时间间隔延长到数天甚至数月。

从传动件的类型来看，油气润滑不仅能用于滚动轴承和滑动轴承，还在齿轮（尤其是大型开式齿轮）、蜗轮蜗杆、滑动面、机车轮缘及轨道、链条等传动件上也获得了广泛应用。以下是在一些恶劣工况下的典型应用案例：

1）高负荷及高速运行的各种类型的轧机及其附属设备的轴承，如冷热轧普通钢或不锈钢板带轧机、线材或棒材轧机、冷热轧有色金属板带轧机（铝板、铝箔、铜带）、矫直机、拉伸弯曲矫直机、平整机、光整机、各类矫直辊、张力辊、夹送辊、转向辊、板形辊、跳动辊等。

2）高温场合运行的轴承，如连铸轴承，连续退火机组、热镀锌、热镀锡轴承，推钢机、各类辊道、冷床、热活套轴承，冶炼、造纸、化工及食品加工的高温区域等。

3）轴承受有化学侵蚀性流体危害的场合，如酸洗、碱洗设备，涂镀、钝化设备，处理水、乳化液、切削液、危险流体或有害气体中运行的设备等。

4）各类磨床高速主轴。

5）齿轮尤其是大型开式齿轮，如球磨机齿轮、回转窑齿轮、各式齿轮箱。

6）滑动面，如烧结机台车滑板、各种导轨等。

7）机车轮缘及轨道。

8）某些特殊结构的链条。

实践表明，在轧机轧辊轴承采用 REBS 油气润滑系统有以下收获：

1）轴承寿命比采用其他润滑方式提高 3~6 倍，大幅降低轴承消耗费用和备件费用。

2）耗油量仅为其他润滑方式的 1/5 甚至更少。

3）压缩空气在轴承座内保持正压，可有效防止外界杂物（尤其是乳化液）侵入轴承座并危害轴承。

4）系统监控完善，可避免轴承无润滑运转。

5）不污染环境，也不会像采用其他润滑方式时对乳化液及乳化液系统等构成严重影响，甚至缩短了乳化液的更换周期。

在连铸机采用 REBS 油气润滑系统也取得了很大效益。连铸机各工艺段如顶区、扇形段、矫直段及水平段等的辊组轴承多达数百个乃至上千个，轴承的润滑一直是一道难题。因为轴承所处的工况恶劣，受重载、高温、极低速运转、伴有蒸汽以及轴承座易受水及外界脏物侵入并危害轴承等的影响。采用干油润滑时，存在如下老大难问题：

1）轴承使用寿命短，运转不良且导致黏辊严重，从而加剧了辊子的消耗。

2）重载低速情况下轴承转动件之间难以建立起稳定的油膜。

3）油耗量大而利用率低。

4）每次换轴承都要清洗轴承座，使得维护不便且费用高，而使用过的干油又难以处理。

5）从轴承座溢出的干油对冷却水系统造成污染，严重时甚至会堵塞冷却水管道。

6）氧化皮等杂物和水容易侵入轴承座并危害轴承，缩短轴承使用寿命。

7）高温下轴承座内的干油容易碳化，并堵塞干油管道和分配器。针对这种情况，REBS 提供了完整的解决方案并在全世界多个炼钢厂连铸机上得以应用，使用效果非常理想，解决了以上这些难题。

在线材或棒材轧机上也成功应用了 REBS 油气润滑系统。现代化线材或棒材轧机在最后轧辊上的速度已达到或超过 90m/s，转速高的导卫辊已能达到 60000r/min，即使在速度较低的线材轧机上，导卫的转速也已达到 30000r/min，在采用油气润滑之前，导卫辊每班要更换两次以上。此外高速线材轧机滚动导卫轴承还往往处在高温的工况条件下，同时还要受到大量冷却水和脏物的影响，所以如果润滑不良和润滑方式不对，则轴承很容易损坏，既增加了备件费用，又降低了线材的成材率。采用干油润滑的滚动导卫轴承在高温高速的工况条件下，轴承座内的干油会很快碳化，不但达不到润滑效果，反而会起反作用；油雾润滑虽然对滚动导卫有一定作用，但效果远没有油气润滑好，而且油雾润滑会污染环境并对人体有害。由于轴承的转速极高，转动过程中轴承周围形成高速旋转的"气套"，不论是干油还是油雾都无法穿透这一气套层进入轴承内部，只有油气有能力穿透，因此在高速条件下运转的轴承由于容易发热及磨损而应采用油气润滑。REBS 油气润滑能对滚动导卫轴承进行有效的润滑，并且具有完善的监控功能。

鞍山宝得钢铁有限公司四流方坯连铸机的振动装置、拉矫机和辅助拉矫机共计76个轴承采用了油气润滑系统。在将近两年的使用过程中，采用油气润滑的设备没有因为润滑系统的故障而损坏一个轴承，油气润滑系统也无须专门维护，而且性价比很高。

高速切削等加工技术是近年来发展起来的先进制造技术，被称为21世纪机械制造业的一场技术革命。采用高速加工技术获得零部件的高加工精度和表面质量是当代重要的加工技术之一。由于工业应用的急切需求，使得高速机床/磨床电主轴高速化已成为目前发展的普遍趋势。而作为一种高效清洁的润滑方式，油气润滑已越来越多地应用于高速轴承。随着高速加工技术的快速发展，油气润滑方式应用于高速机床/磨床电主轴轴承已成为目前发展的一大趋势。目前高速机床/磨床用电主轴的转速已超过 $1 \times 10^5 r/min$，最高转速甚至达到 $3 \times 10^5 r/min$，因此，支承高速电主轴的角接触轴承往往处于高速运行状态，其所形成的气流使得润滑油不易进入轴承腔，润滑油在离心力作用下不易黏附于滚动表面。为了实现高速运行和保持良好的动态稳定性，目前高速轴承多采用有利于提高轴承极限转速的油气润滑方式。

高速数控机床是装备制造业的技术基础和发展方向之一，也是装备制造业的战略性产业。高速数控机床的工作性能，首先取决于高速主轴，电主轴作为高速机床的关键部件，它的性能直接影响到机床的加工效率和精度。因此，必须对电主轴进行有效的冷却及润滑。与其他润滑方式相比，油气润滑更适用于高速电主轴的润滑方式，也是目前使用最广泛的电主轴润滑方式。电主轴是将主轴电动机内装，将机床主轴与电动机融为一体的新技术，它是一套组件，电动机内置于主轴部件内，通过变频器类的驱动器，以实现主轴转速的变换。目前，电主轴在不断地向高速化方向发展，而电主轴轴承的润滑、冷却对实现电主轴的高速化具有极其重要的作用。

在国内，中小型卧式加工中心实现高速切削已有很多年的历史了，但大型主轴卧式加工中心实现高速切削还是较为鲜见的。究其原因，主要是因为要实现大直径主轴高速旋转就必须攻克主轴承润滑、主轴系统冷却、主轴的加工制造和主轴的装配工艺等诸多方面的瓶颈。沈阳中捷机床厂在这方面进行过深入的研究和开发，对大型卧式加工中心高速主轴的油气润滑系统的开发应用取得了很大的成果。大型卧式加工中心高速主轴的油气润滑系统的作用是减少大型主轴高速旋转时带来的巨大摩擦和由此产生的大量热量，从而使主轴轴承在正常工况下旋转时不至于过热甚至

烧坏。实践证明，在采用了油气润滑的情况下，大型号的主轴轴承内外套与滚珠之间的摩擦系数可以低到0.001，此时的摩擦阻力主要是液体润滑膜内部分子间相互滑移的低剪切阻力。

拉矫机滚动轴承的工作条件是集高温、水淋重负荷、粉尘于一体，工况十分苛刻，要想解决拉矫机滚动轴承使用寿命短的问题，关键在于一方面降低轴承的工作温度来保持润滑剂的黏度，增加油膜的厚度，并尽量将润滑剂直接输送至摩擦副受力的部位，另一方面改善轴承的密封条件，以防止水及杂质进入轴承内，减少轴承的疲劳剥落和锈蚀。鞍钢新轧公司一炼钢厂在大方坯拉矫机滚动轴承上试用了油气润滑方式，并采用鞍山海华油脂化学公司专门研制的合成型油气润滑油 YBS 150。经过实践验证，油气润滑系统运行正常，特别是拉矫机辊子轴承润滑状况发生了根本性的变化，过去常发生的堵塞油管、油品结集和滴油着火等现象消除了。过去经常发生的辊子轴承烧损和抱轴现象基本上也不出现了。有效地提高了铸机的作业率，经济效益可观，具有很大的推广应用价值。

张春霖等对国内外油气润滑系统进行深入研究后，形成了一种新的设计思路，开发出一种名为 LR 型的油气润滑系统，其特点如下：

1) 新型的 LR 油气分配器，采用这种油气分配器，能可靠地把一股油气分配成多股，如串联使用，油气分支的数目成几何级数增加。可使润滑点较多的系统大为简化，进而提高其可靠性。

2) 用节流孔直径和供油时间相匹配来控制供油量，尽量少用或不用容积式润滑油计量器。这样做的结果使系统内的运动部件大为减少。用供油时间控制给油量，增加了系统的灵活性，例如在系统刚投入运行时，可适当地延长供油时间，随着油膜的建立，再把供油时间长度降下来。

3) 用气动活塞驱动柱塞为润滑油保持压力，使供油载体与油压源统一起来，系统内不需要动力电，保证了调试的方便，同时也提高了可靠性。

4) 采用可编控程序控制器完成运行控制，使系统的油气中心能统一规格，对于不同使用要求只需更改程序，这可以大幅度压缩供货周期，并且便于运行人员熟悉和掌握运行与维护规范。

综上所述，这种 LR 油气润滑系统的突出特点是运动零部件尽量减少，从而使可靠性得到全面的保障，不言而喻，作为润滑技术，可靠性是第一重要的。

LR 油气润滑系统在东北轻合金公司的 800 轧机上应用取得了成功，实践表明，LR 油气润滑系统比传统的油气润滑系统有更高的可靠性，使用和维护更

方便有效。

参 考 文 献

[1]　张剑，金映丽. 现代润滑技术 [M]. 北京：冶金工业出版社，2008.

[2]　黄志坚. 润滑技术及应用 [M]. 北京：化学工业出版社，2015.

[3]　胡邦喜. 设备润滑技术 [M]. 北京：冶金工业出版社，2002.

[4]　窦锋，王斌. 油气润滑技术及应用 [J]. 重型机械，2011（4）：40-42.

[5]　李鹏飞. 油气润滑系统的应用 [J]. 中国设备工程，2013（1）：65-66.

[6]　杨和中，刘泵飞. TURBOLUB 油气润滑技术（四）[J]. 润滑与密封，2003（4）：100.

[7]　李睿远，柴苍修. 油气润滑技术及系统 [J]. 设备管理与维修，2006（9）：37-38.

[8]　王庆日. 合成油气润滑油的研制及应用 [J]. 化学工程与装备，2013（7）：110-114.

[9]　李静. 油气润滑技术及在高速线材机组上的应用 [J]. 河南冶金. 2006，14（1）：39-40.

[10]　王保元. 油气润滑技术在冷连轧机上的应用 [J]. 钢铁，1992（8）：66-68.

[11]　袁忠秋，等. 高速电主轴油气润滑流场仿真分析 [J]. 润滑与密封，2014，39（3）：39-83.

[12]　MOON J H, et al. Lubrication characteristics analysis of an air-oil lubrication system using an experimental design method [J]. International Journal of precision Engineering and Manufacturing，2013，14（2）：289-297.

[13]　YAN D P, et al. Research on oil-air lubrication system of high-speed electric spindle [J]. Mechanical Engineering Automation，2006（1）：37-39.

[14]　蔡胜年，等. 基于 ARM9 的轨道油气润滑系统控制器设计 [J]. 沈阳化工大学学报，2015，29（2）：172-177.

第15章 微量润滑

15.1 概述

微量润滑作为一种新型的绿色冷却润滑方式，近些年来受到业界的高度关注，国内外学者在微量润滑切削加工工艺方面进行了大量的试验研究，并在许多领域得到了成功的应用。

在传统机械加工中，通常采用大量浇注切削液的供给方式，以实现降低刀具温度、冲刷切屑、防止生锈和延长刀具寿命，从而确保加工质量。但切削液的大量使用不但增加了制造成本，还带来严重的环境污染问题。而且，只有少部分切削液能靠近和接触刀具、工件和切屑的表面。基于这种背景，切削液的使用问题倍受国内外行业专家的高度关注，"少""无"切削液加工技术随之产生。"无"切削液加工，如干切削等，由于自身的特点，其应用受到一定的限制，而"少"切削液加工（如微量切削液加工）是一种新型的绿色冷却、润滑方式，它开辟了实现绿色加工的新途径。

一般来说，切削液到达切削3个变形区的路径有 A、B、C、D 共4条，如图15-1所示。不管从哪里渗入，能够进入变形区的切削液的量都很少。在传统加工方式中，浇注的切削液最终能否进入变形区和进入多少量，这主要由两方面的综合作用所决定，即利于切削液进入的作用和阻碍切削液进入的作用。

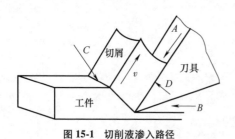

图 15-1 切削液渗入路径

微量润滑将干式切削和传统湿式切削的优点融合起来，具有较高的经济效益，取代切削液润滑装置和省去回收切削液的装置。大家知道，一般切削液中含有相当数量的氯系极压剂，在进行废油处理焚烧时会严重危害环境。

近几年来，全球变暖、生态恶化已引起各国的高度关注。德国、美国、加拿大和日本等发达国家相继制定出更加严格的工业排放标准，进一步限制切削液的使用。面对环保和可持续发展的法规，合理利用制造资源、减少废物排放和环境污染是金属加工领域迫切需要解决的问题，微量润滑在这种背景下应运而生。

15.2 微量润滑的工作原理

微量润滑是指将压缩气体（空气、氮气、二氧化碳等）作为动力，按一定的节奏频率把储油罐中的润滑剂精确地送达油气输送管道，并通过对速度与流量的精确控制，使压缩空气与极微量的润滑剂混合汽化，形成微米级的液滴，喷射到加工区的润滑点上。在微量润滑运行过程中，首先，压缩空气通过气源处理器后，控制气源开启，与设备的加工同步。其次，气动润滑泵工作动力受气动脉冲阀的控制，压缩空气通入后，油液压力受气动润滑泵控制而升高，油液被排入到定量油分配器中，由它再排出定量滴灌油，经过油气混合调节阀的定量滴灌油被压缩带动，从而喷到每个润滑点上。最后，断开气动脉冲阀的气源后，气动润滑泵的柱塞吸油工作通过弹簧复位完成，定量油分配器卸去压力，补充油液，从而又开始下一个循环工作。

在微量润滑中选用的润滑剂主要是以植物油或酯类油为基础油配成的切削液，这是一类绿色的润滑剂，具有高的生物降解性，而且微量润滑有很好的表面附着性、渗透性和润滑性，另外，油剂的密度、表面张力和运动黏度决定着油雾的油粒尺寸。基于绿色制造要求，设计出的微量冷却润滑系统由三部分组成，即供液系统、切削液及雾液回收装置，如图15-2所示。

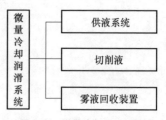

图 15-2 微量冷却润滑系统

装宏杰等介绍微量切削液供液系统主要有两种形式，一种是外置式（见图 15-3a），一种是内置式（见图 15-3b）。

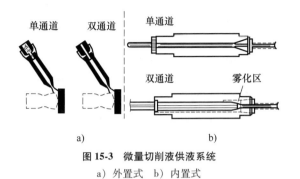

图 15-3 微量切削液供液系统
a）外置式 b）内置式

张剑等提出供油的定量泵用 CNC 控制，可以任意设定供油量。微量润滑系统的供油量一般不大于 50mL/h，压缩气体压力约为 0.2~0.4MPa，微量润滑加工时油剂的供给方式有三种，如图 15-4 所示。

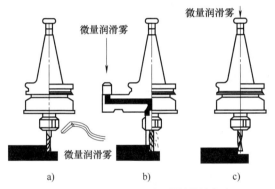

图 15-4 微量润滑加工时油剂的供给方式
a）外挂式 b）夹套式 c）中心喷射式

内置式供液系统集成在机床内部，通过机床主轴内孔，再由刀具供油孔直接流向加工部位，输送微量润滑液。外置式供液系统是单独设计的，通过喷嘴输送到切削区。对于微量切削液的传输雾化，也有两种形式。一种是单通道，这种形式需要一个单独的雾化装置，然后把雾化好的液滴与压缩空气的混合物，通过一个通道传到喷嘴。另一种为双通道，不需要单独的雾化装置。两个通道中小通道通过的是微量切削液，外部大通道通过的是压缩空气，在靠近喷嘴处（雾化区）或利用喷嘴雾化，进而喷射到切削区。

微量润滑加工尽管能用微量雾状液滴来取代大量的切削液，但在这种半干式加工过程中，还存在雾液漂浮问题。虽然半干式加工所用到的切削液是以植物油或酯类油为基础油的混合液体，且用量很少，但操作者长期吸入对健康还是不利的。经医学研究表明，油蒸气和大颗粒液滴对人体肺部的危害相对较小，以油蒸气形态存在的油雾被吸入肺部又被呼出，它们并不会被肺泡捕获，而大颗粒的油滴无法通过鼻子和支气管进入肺部。只有以液滴形式存在，且直径小于 5um 的油雾颗粒才能顺利到达肺泡，并在肺部沉淀，从而对人体造成较大的危害，因此，应该设置雾液回收装置。

微量冷却润滑系统，由于其本身的特点，它对机床、工具系统和刀具有兼容性要求。对于内置式供液系统，必须考虑到微量冷却润滑系统和机床的集成。在自动化生产系统中需要频繁更换刀具，空气和切削液需要定量供给，刀具相关数据也需储存在数控系统内。换刀时必须避免切削液液滴和压缩空气的泄漏，要求机床的密封性要好，以防止切削液雾滴泄漏到外面。

15.3 微量润滑机理和雾粒特性

1. 微量润滑的作用机理

袁松梅和严鲁涛等人对绿色切削液微量润滑的作用机理和润滑剂特性等进行过深入研究。对渗透润滑机理、冷却机理、切削机理及微量润滑雾粒特性等都提出了许多专业观点。

（1）渗透润滑机理 机械加工中，切削液的作用主要取决于其渗透效果，但对渗透机理有不同的观点，一种较为普遍的观点认为：切削区摩擦面上由于强大的抗压及切应力，会产生大量微裂纹。微裂纹作为毛细管，会把切削液引入摩擦接触区。图 15-5 所示为毛细管成形过程。

如图 15-5 所示，切削过程中，刀屑接触表面摩擦剧烈，接触面会出现小的硬质点，由于挤压作用，硬质点嵌在切屑内部；刀屑相对运动，硬质点会使切屑接触面上形成空隙；硬质点在摩擦力作用下逐渐磨损至被切屑带走，毛细管形成；从整个过程来看，毛细管内部真空，当其一端与大气相通时外界气体快速填充。在高速气流作用下，润滑剂急速填满毛细管，实现充分的润滑作用。随着切削过程的进展，刀具表面粗糙度值增加，毛细管的数量也随之增多，从而进入刀屑接触面的润滑剂量也增大，因此，润滑效果更佳，这就是微量润滑可以有效减少刀具磨损的原因。

（2）冷却机理 在流体流经高温面时，由于雾粒遇到高温加工表面会迅速蒸发，雾粒的温度改变量大于浇注式切削液的温度改变量，故浇注式切削液遇到高温表面吸收的热量小于同等质量的雾状切削液吸收的热量。同样，吸收同样的热量，需要的雾粒的质量也远小于浇注式切削液的质量。所以雾化形式的少量液体即可实现大量的换热功能。浇注冷却明显存在急冷过程，此过程将会影响金属的金相特征，而喷雾冷却不存在急冷作用，降温过程较平缓。微量润滑就是将润滑剂充分雾化并高速喷射到金属表面上，不会破坏金属的组成。

在微量润滑加工中，润滑剂可以为油水混合物，润滑油起润滑作用，而水则发挥降温作用，残留在工件表面的少量水分会被加工产生的切削热带走或蒸发，而微量油膜能发挥润滑和防锈作用，故可实现废液雾排放，符合环保要求。

（3）切削机理　刀具切割金属是通过金属层的断裂实现的。切削加工时，一方面切屑将裂点的热传递至刀具表面，另一方面切屑受弯曲应力的作用与刀具挤压接触产生摩擦热，使刀具及金属表面的温度迅速升高。切削过程中，由于高热的固体金属遇切削液时产生急冷，继而出现淬火效应，破坏金相结构。由于淬火效应的程度与温差成正比，而提高切削速度会使刀具温度更高，温差更大产生的淬火效应也更强，这也是切削速度越高对刀具寿命影响越大的原因。

在微量润滑加工时，润滑剂是以雾粒形式喷射到加工表面的，这样不会产生急冷作用，也就是说不会产生淬火效应。同时，提高切削速度，工件的切削破裂点会提前出现，裂点热源将远离刀尖，图 15-6 所示为浇注式切削与微量润滑切削的区别。

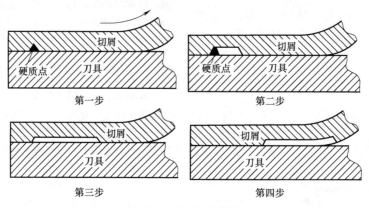

图 15-5　毛细管成形过程

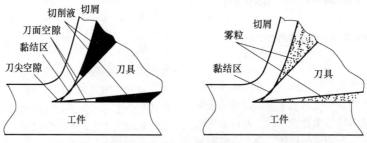

图 15-6　浇注式切削与微量润滑切削

2. 微量润滑雾粒特性

微量润滑作为一种新型的绿色冷却润滑方式，近年来受到业界的高度重视，国内外学者在微量润滑雾粒特性方面做了很多深入研究。微量润滑雾粒特性主要包括雾粒尺寸、雾粒速度和雾粒体积流量等。这些特性通常取决于空气压力、润滑剂用量、喷嘴方位以及润滑剂理化性质等因素。

由于微量润滑雾粒特性对研究其渗透性和冷却润滑机理等的重要性，所以，近些年来国内外学者很重视雾粒特性的研究。通过理论分析、数值仿真和雾粒特性试验等方法，揭示雾粒特性与微量润滑系统参数、工艺参数之间的关系。

研究者指出，微量润滑在加工深窄槽、框、腔结构时，采用外部微量润滑容易产生喷嘴干涉现象，使得润滑微粒很难进入加工区域，此时可使用内部微量润滑，如图 15-7 所示。内部微量润滑，指通过主轴和刀具内部的通道直接将冷却气雾送至切削区域，进行冷却和润滑。内部润滑系统供给的润滑剂可直接到达加工区域，润滑效果一般比外部润滑好，尤其对深槽腔的加工效果更加明显。目前，内部微量润滑在车削、切槽、钻削和铣削加工工艺上已得到应用。

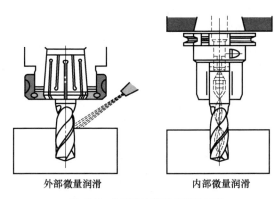

外部微量润滑　　　内部微量润滑

图 15-7　外部和内部微量润滑示意

微量润滑特性测试主要包括热导率、润湿性、润滑能力、极压性和雾化特性等。通过切削试验，对不同润滑剂的切削性能进行评价，确定切削性能与不同润滑剂特性之间的量化关系。这些研究可为微量润滑润滑剂的选择和研发提供科学指导。

15.4　微量润滑的特点

微量润滑融合了传统湿式切削与干式切削两者的优点。一方面是微量润滑将切削液的用量降低到极微量的程度，一般仅为 0.03~0.2L/h，而传统湿式切削的用油量为 20~10L/min，以最大限度地降低切削液对环境和人体的危害；另一方面，与干式切削相比，微量润滑引入了冷却润滑介质，使得切削过程的冷却润滑条件大为改善，这就有助于降低切削力、切削温度和刀具的磨损。

国际上很多石油公司针对微量润滑的特点要求，开发出了许多产品。如德国 Fuchs 公司开发的微量润滑专用润滑油就是一种适合铝合金、铸铁、钢等不同材质切削的微量润滑用油。近年来国内外学者在微量润滑切削加工工艺方面进行了大量的试验研究。在微量润滑应用方面，德国的 Zimmermann 公司、DST 公司、LICON 公司和美国的 MAG 公司都已销售带有微量润滑功能的机床。一些大汽车厂商（如 Ford 汽车公司）也已将微量润滑应用于汽车动力系统零件、气缸孔和变速器等关键零部件的加工中。

微量润滑近年来在雾粒特性、渗透性和润滑剂选择等方面有了深入研究，并认识到需要控制好微量润滑加工现场的油雾浓度和粒径分布，才能在切削区实现精准有效的冷却润滑。微量润滑的优势在于其润滑剂雾粒优越的渗透性，可充分填充切削区，实现精准

有效的冷却润滑。目前，在微量润滑雾粒特性、润滑剂选择和微量润滑增效技术方面，从国内外研究现状中可看出以下几个方面：

1) 在碳纤维增强复合材料铣削加工中，采用较高的空气流量和较低的润滑剂用量可实现更好的雾粒一致性，也可保证润滑剂的渗透性能。

2) 在内部微量润滑内通道传输中，雾粒尺寸随润滑剂黏度增加而减小，压缩空气在雾粒的传输中带来湍流现象，使得润滑剂雾粒沿内通道壁面积累，并产生更大尺寸雾粒，甚至在出口处产生喷溅现象。

3) 低黏度润滑剂具有较高的润湿性、较高的雾粒浓度和较大的雾粒直径，这样可有效提升钻削表面的光洁程度，降低能耗。

4) 需要综合考虑切削环境油雾控制和微量冷却润滑性能，合理设置微量润滑系统参数，创造安全、清洁、高效的生产环境。

5) 在润滑剂分子结构中，具有较长线性碳链结构的化合物可形成高强度的润滑油膜，提供较好的润滑性能。

作为一种典型的绿色冷却润滑方式，微量润滑具有广阔的发展前景，它助力制造业向高效、绿色和可持续方向发展。一些国家已对切削液的使用制定了严格的法律和法规，如美国国立卫生研究院要求把金属加工中液体薄雾量限制在 0.05mg/m³。实行绿色制造是未来制造业发展的必然趋势。

15.5　微量润滑的应用

微量润滑是将压缩空气与极少量的润滑剂混合汽化，并将形成的微米级雾粒喷向切削区，所以，它具有极强的渗透力。油粒直径一般应控制在 2μm 以下，而微米级直径油粒的获取是微量润滑系统能否成功应用的技术关键，它必须通过气动、超声等方式雾化。蒋伟群介绍，中国一汽解放汽车有限公司无锡柴油机厂在枪铰上采用微量润滑已取得了成功，并获得了很好的经济效益。尤其是解决了生产中枪铰导管孔刀具寿命短和生产成本高的难题。微量润滑加工方法的新发展之一是油-水复合供油法，如图 15-8 所示。

该方法是将油和水分别雾化，同时喷到切削点。油和水的混合比可以按需要调节，使之同时满足润滑和冷却的要求。

世界各国都很重视微量润滑在车削加工、铣削加工和钻削加工等方面的应用研究，并取得了很大进展。从研究中发现，通过采用微量润滑，可以用 TiN 涂层刀具来代替 CBN 刀具以降低刀具成本，减少刀具磨损，延长刀具使用寿命约 3~5 倍。微量润滑的

应用导致工艺润滑技术发生了巨大的变化，也带来了机床结构的变化。图 15-9 所示为主轴内部混合微量润滑方式的概念。图 15-10 所示为微量润滑切削的机械装置。

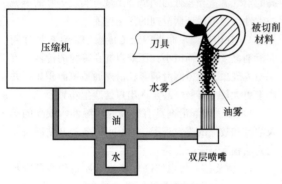

图 15-8　油-水复合供油法

微量润滑系统的最终目的是使生成的雾粒喷射至加工区，实现冷却润滑作用。而喷射方位的合理选择关系到加工表面换热系数及润滑液的渗透性，这也成为系统能否实现功能的关键。东北大学梅国晖等人曾深入研究喷射方位对喷雾冷却换热影响方面的问题。微量润滑目前已是一种成熟的润滑方式，国内已有多家供应商出售此类设备。

微量润滑主要应用于金属加工企业，据统计，可为企业节省 95% 以上的润滑剂用量，还获得了显著的环保和节能减排效果。如某大型企业的五轴数控加工中心进行动车零部件加工时，原使用传统的切削技术，导致了加工油剂使用量大，加工现场污染严重等问题。后来该企业采用了微量润滑，使金属加工系统的刀具使用寿命延长了 50% 以上，润滑油平均日耗量仅为 500mL，且无废油排放。还有某汽车轮毂生产企业，在数控车床中进行汽车轮毂加工时，原使用传统的切削技术，同样存在上述问题。改用微量润滑剂后，以往存在的问题得到解决，润滑油平均每天只需 200mL，同样没有废油排放，也无处理费用。

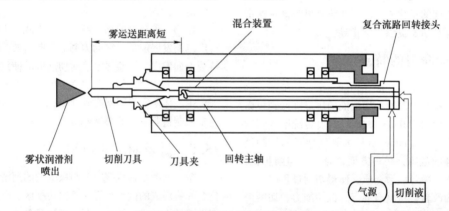

图 15-9　主轴内部混合微量润滑方式的概念

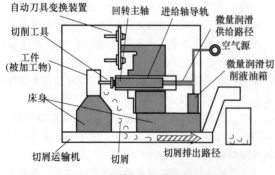

图 15-10　微量润滑切削的机械装置

朱红萍报道了微量润滑在冷镦机上的应用实例，图 15-11 所示是冷镦机生产过程中油雾弥漫的场景，可以看出这给环境和操作者的健康带来很大的伤害。

图 15-11　冷镦机生产过程中油雾弥漫的场景

在绿色制造的大环境驱动下，冷镦行业也急需寻求一条可持续发展的绿色润滑冷却之路。目前已在冷镦机上逐步扩大试验，但如何将微量润滑高效应用到冷镦机上，还有待进一步的探索。

广西玉柴集团已将微量润滑应用于发动机缸体、曲轴等的加工中，不但延长了刀具寿命，而且生产效率也大大提高。深圳比亚迪公司也引进微量润滑进行发动机的加工。

15.6　微量润滑加工用润滑油

最初采用了生物降解性优异的植物油作为微量润滑加工用润滑油。植物油是由甘油和脂肪酸构成的酯，脂肪酸为饱和脂肪酸时，常温下为固态，不能作为切削油使用，脂肪酸为不饱和脂肪酸时，常温下为液态，可作为切削油使用。但不饱和脂肪酸的酯具有易氧化聚合的性质，促使黏附性物质的生成。作为微量润滑加工润滑油，植物油氧化安定性差，且切削性能也不够理想，目前已逐渐被淘汰，由合成酯所取代。

徐建平在菜籽油和多元醇酯的薄膜黏附性变化方面做过评价试验，并指出，植物油的运动黏度和总酸值都逐渐升高，而多元醇酯的运动黏度和总酸值几乎没有变化，几乎不被氧化。微量润滑加工润滑油的切削性能取决于润滑油在金属新生面的吸附性或反应性，酯类油具有高吸附性，虽然微量润滑加工中油量极少，但酯能有效地吸附于金属新生面，生成有机酸金属盐的润滑膜，使切削阻力降低。此外，空气中的氧可加速酯与金属新生面的反应，也有助于润滑膜的形成。

随着人们环保意识的提高，微量润滑加工方法正在不断地普及推广，切削加工带来了巨大的变革。在微量润滑加工方法的发展过程中，适合的润滑油起着重要的作用。根据研究得知，使用不同的润滑油，微量润滑加工性能和作业环境的改善效果各异。目前普遍认为具有生物降解性的多元醇酯可满足微量润滑加工的性能要求。目前微量润滑加工的应用已不仅限于切削加工，在塑性加工领域也正进行开发应用。

青岛理工大学王胜等人在微量润滑油中添加具有一定质量分数的纳米粒子，试验证明，可改善其换热能力，同时提高加工过程的润滑效果，尤其在磨削加工中，这被认为是由于纳米粒子在砂轮和工件界面生成具有高的抗磨减摩特性的摩擦油膜所致。

纳米流体的制备是纳米粒子射流微量润滑磨削的前提。纳米流体的制备方法可分为两种——单步法和两步法。单步法制备纳米流体是指在制备纳米粒子的同时，将纳米颗粒分散在基液中。两步法制备纳米流体是指先制备纳米粒子，后将其颗粒分散到基液中获得纳米流体。随着纳米材料技术的发展，可以在市场上购买到不同材料的纳米颗粒粉体，使得两步法成为

比较通用的纳米流体制备方法。将一定比例的金属或金属氧化物纳米粒子添加到基液中，形成纳米粒子悬浮液，然后根据基液的种类和理化属性，添加相应的表面分散剂并辅以超声波振动，以获得悬浮稳定的纳米流体。试验表明，在一定范围内，随着纳米粒子的质量分数的提高，其磨削润滑效果也越来越好，纳米粒子的添加量对应不同的工况必定存在一个最优值。随着对纳米粒子射流微量润滑磨削的进一步研究，它有望被应用于工业生产中。

研究者进行了蓖麻油、大豆油、菜籽油、玉米油、葵花籽油、花生油、棕榈油7种植物油基润滑油在微量润滑方式下磨削高温镍基合金的磨削性能研究，研究发现蓖麻油能够获得最低的磨削力、最高的磨削温度和比磨削能（去除单位体积的材料消耗的能量）；棕榈油获得次之的磨削力，以及最小的磨削温度跟比磨削能；其他五种植物油获得的磨削力、磨削温度及比磨削能大小相当，介于蓖麻油跟棕榈油之间。黏度是主要影响磨削力以及磨削温度的因素；尽管植物油黏度越高润滑性越好，并且磨削能力越强，但是高黏度降低了植物油的热交换能力，因此产生的温度也更高；对比这些植物油所含脂肪酸的种类，饱和脂肪酸相比不饱和脂肪酸具有更强的润滑性；短碳链相比长碳链能更有效地进行热交换，故棕榈油是最佳的磨削润滑油。

江苏大学杨磊在2013年采用植物油基微量润滑技术，使用TiCN-A1203-TiN（CVD）涂层刀具进行车削合金结构钢18Cr2Ni4WA的研究，发现植物油微量润滑车削相比干切削显著减小切削力，抑制了车削过程中的共振现象，同时对比了植物油2000、蓖麻油、玉米油的切削效果，研究发现植物油2000的使用效果最好。

微量润滑系统中的润滑油在切削区高温高压条件下，形成流体润滑状态是不可能的，大多数情况下只能形成边界润滑状态，此时要的润滑油的量极少，所以润滑性能的优劣取决于润滑膜的形成速度和保护润滑膜的能力。通常要求润滑膜形成快，表面附着系数高，能够抑制刀具与切屑和刀具与工件接触面之间的黏结，又能耐压和耐热，而其本身的抗剪强度应远远低于工件或切屑材料的抗剪强度，使得摩擦产生在润滑层内部，从而降低切削中的摩擦，减小切削力和切削温度。当然，润滑油的环保性、安全性和可再生性是选择的首要条件。润滑油的量是切削性能的重要影响因素之一，不同的加工方式需要润滑油的量也不同。例如，铣削是一种表面操作，它需要最少量润滑油，而深孔钻削需要的润滑油量比较多。发生装置产

生油雾颗粒的大小及喷射方位，即雾液分布对加工性能也有一定的影响，而形成雾粒的大小和润滑油组成、压力、风速及喷孔直径有关，所以设计系统时，相关参数（雾粒的均匀性、雾粒直径、喷射方位、润滑油的量等）的控制是很重要的一个方面。

由于从喷嘴喷出的切削液呈雾状，其中大部分喷到切削区，一小部分弥散在空气中，为了避免环境污染及对操作者造成伤害，切削液的选择非常重要。通过使用非传统的切削液——植物油（包括脂类），环境成本显著减少。这些产品的技术优点包括具有洗涤剂、分散剂的性能，低发泡，快速放气，着火点相对较高以及表层兼容。基于植物的润滑油可迅速被生物降解，大多数情况下，润滑油在 21 天内即被分解，这样就无长期清洁的后顾之忧。这些润滑油也已经得到改进，具有低雾化的特点，有助于短期清洁。用于微量润滑的润滑油必须具有如下要求：

1）润滑油要求较低的黏度。

2）润滑油有很好的渗透性和表面附着系数。

3）润滑油要具有非常高的润滑性。

4）润滑油需要优良的极压性能。

5）润滑油环保、安全、可再生（植物性）。

目前，国际上很多石油公司针对微量润滑用润滑油的特点要求，进行专门的开发，取得了很好的效果。如德国 Fuchs 公司开发的 Ecocat Mikpo Plus 20 就是一种适合铝合金、铸铁、钢等不同材质切削的微量润滑用润滑油。

润滑油物理特性主要包括润滑油的密度、黏度及倾点等。为了测试润滑油物理特性对切削现场油雾浓度的影响，参考微量润滑切削时的常用润滑油，选用四种密度较为接近但黏度和倾点差值较大的植物油型润滑油进行试验。图 15-12 所示为润滑油黏度对油雾浓度的影响。从该图可以看出，随着润滑油黏度的增加（A→B/C→D），润滑油雾化效果降低，切削现场油雾浓度 PM10 与 PM2.5 数值也随之下降，但黏度为 42mm²/s 的润滑油 D 与黏度为 22mm²/s 的润滑油 B、C 的油雾浓度差异并不大；由于空气湿度的影响，低温微量润滑条件下的油雾浓度测试结果普遍偏大。

润滑油用量是影响切削现场油雾浓度的最重要因素，随着润滑油用量的增加，切削现场油雾浓度显著增大，从控制 PM2.5 最低接触限值标准出发，常温微量润滑的润滑油用量应控制在 15mL/h 以内。

微量润滑加工润滑油的主要性能要求归纳如下：

（1）生物降解性　一般情况下，无论何种方式的切削加工，切削液都会以油烟、油雾或黏附于切屑等方式排出。微量润滑加工微粒化的润滑油是向系统

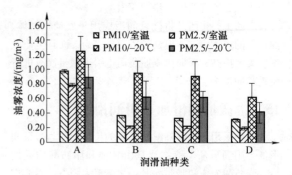

图 15-12　润滑油黏度对油雾浓度的影响

外排放的，要求排放的润滑油对环境损害降低到最低限度。因此要求微量润滑加工润滑油的生物降解性作为第一性能，这也是推荐使用植物油和合成酯类油的原因之一。

（2）氧化安定性　微量润滑加工时，润滑油与大量空气一起以雾状对加工点供油，与通常供油方式相比，更易被氧化。此外，雾状润滑油并非全部到达加工点，而有一部分飞散附着在机床内部和油雾收集器，形成薄膜状，氧化聚合生成黏附性物质。该黏附性物质会使滑动部位工作不良、喷嘴堵塞等，使作业性能降低及恶化作业环境。因此，氧化安定性是微量润滑加工润滑油一项重要的性能。

此外，由于微量润滑加工中润滑油用量极少，如润滑油供给量为 20mL/h 一天（按 8h 计算）的消耗量只不过 160mL，所以也需要考虑油箱中的润滑油能否长时间保存而不被氧化。

（3）切削性能　微量润滑加工与以前的湿加工相比，是以极少量的润滑油进行加工，所以需要将润滑状态维持在临近边界润滑。微量润滑加工润滑油的切削性能取决于润滑油对金属新生面的吸附性或反应性。合成酯类油对金属新生面的吸附性比植物油更强，从这一点看也更适合作为微量润滑加工润滑油。

此外，如果像以前使用的切削油那样大量使用硫、氯等极压添加剂，显然不符合环境要求。因此，希望能找到一种本身具有高切削性能的基础油作为微量润滑加工润滑油。

（4）雾化特性　即使是切削性能优异的润滑油，如果不能形成适当的油雾，也就不能充分适用于微量润滑加工。油雾中的油粒粒径在 2μm 以下，平均 1μm 以下最为合适，过大时会在管内附着，到达加工点的油量不足；过小时，喷嘴喷出的油雾易飞散，附着于加工点的油量也不足。根据润滑油的物性，油雾中油粒粒径的大小和润滑油的密度、运动黏度、表面张力以及供油装置有关。

在机械条件一定的情况下，润滑油的密度、运动黏度、表面张力越小，油雾中的油粒径越小。一般情况下，基础材料的密度、表面张力对粒径的影响很小；油雾中油粒粒径主要取决于润滑油的运动黏度。因此，微量润滑加工润滑油必须具有与系统相适应的运动黏度，运动黏度（40℃）为 $10mm^2/s \sim 35mm^2/s$ 最好。此外，考虑微量润滑加工润滑油在寒区或冷风下使用，所以要求倾点最好在-20℃以下。

15.7　低温微量润滑

随着高效绿色切削技术的发展，基于摩擦学和微量润滑发展起来的低温微量润滑得到了长足的发展。这种润滑方式是在微量润滑的基础上结合低温冷风而发展起来的。它是将低温压缩气体（空气、N_2、CO_2 等）与极微量的润滑油（$10 \sim 200mL/h$）混合汽化后，形成微米级液滴，将其喷射至加工区，对刀具和工件之间的加工部位进行有效的冷却和润滑。由于常规的微量润滑方式在高速切削难加工材料时，切削区温度过高会使刀具表面的润滑膜失去润滑效果，若采用有效的降温手段则可进一步提高微量润滑的润滑效果，同时还能起到降低切削温度的作用，低温微量润滑系统就是在此基础上发展起来的，如图 15-13 所示，它主要由低温冷风和微量润滑油两部分构成。

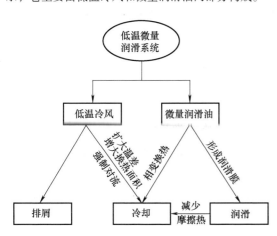

图 15-13　低温微量润滑系统

低温压缩气体的主要作用是冷却和排屑。微量的润滑油通过高压高速气流在加工区表面形成润滑膜，有效减小刀具与工件、刀具与切屑之间的摩擦，降低切削阻力；低温压缩气体的主要作用是冷却和排屑，降低切削温度的同时还有助于增强润滑油的润滑效果。冷却效应主要是通过高压下高速流动的油雾引起的剧烈对流作用产生的。通过降低压缩气体的温度，

一方面提高切削区的换热强度，改善换热效果；另一方面，换热效果的提高又可以使润滑液滴形成的润滑膜进一步保持润滑能力，从而降低刀具磨损，提高刀具的耐用度。冷风作为润滑油输送的载体，是促使润滑油形成稳定油膜的必要条件。冷风的压力和温度对低温微量润滑切削性能有着重要的影响。

一般来说，随着气压的增大，冷却效果越来越好。这是由于不断增大的气压能有效提高润滑薄膜的承载能力，同时压缩气体更加强烈的对流效应使得润滑油雾的冷却效应大大提升。另外，降低冷风温度同样可以提高冷却润滑效果，但是过低的温度一方面会影响润滑油的性能，另一方面会导致刀具产生热裂纹，从而加速刀具磨损。因此，在应用低温微量润滑切削时应适当控制冷风的温度和压力。通常冷风的气压为 $0.4 \sim 0.6$ MPa，温度在 $-10 \sim -30$℃范围内。

（1）低温微量润滑的冷却作用　在金属加工中切削热主要来源于金属的塑性变形。切削区的冷却过程，就是固体与流体之间的传热过程，低温微量润滑的冷却作用是通过低温油雾与加工区进行复杂的热交换，将全部或大部分切削热带走而实现强力冷却降温。对加工区的切削热，若忽略微小的损失，可以简单地认为加工过程中输入的总能量全部转化为切削热，输出的总能量即为主运动消耗的功率。

（2）低温微量润滑的润滑作用　切削加工中润滑的主要目的是减小刀具与工件表面的摩擦阻力，实现润滑的基本原理是在由刀具、工件和切屑所组成的摩擦副之间形成具有润滑作用的润滑膜。在切削过程中，刀-屑和刀-工件接触面间承受高温高压作用，切削液的润滑效果主要与切削液的性质、数量、切削参数、工件和刀具材料及环境等因素有关。

（3）低温微量润滑切削时形成的边界润滑模型　边界润滑通常以混合润滑状态中起主要润滑作用的形式存在，图 15-14 为低温微量润滑切削时的边界润滑模型。

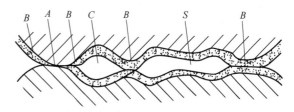

图 15-14　低温微量润滑切削时的边界润滑模型

当两摩擦表面承受载荷以后，将有一部分粗糙峰因接触压力较大导致边界膜破裂，产生两表面直接接触，如图 15-14 中的 A 所示，图中 B 表示以边界润滑

为主的承载面积。C 为粗糙峰之间形成的油腔，此处边界膜彼此不接触，所以它承受的载荷很小。图中 S 为油膜润滑部分，由于两表面距离很近，运动中产生流体动压或挤压效应并承受一部分载荷。

15.8　低温微量润滑的应用

油的运动黏度是影响低温微量润滑加工性能较为明显的润滑油参数。低温微量润滑切削时润滑油的选择必须综合考虑润滑油在低温下的特性，如黏度、表面张力和倾点等。选择合适的润滑油及其用量对低温微量润滑切削至关重要。微量润滑系统中润滑剂是以微米级雾粒进给，在一定压力气流作用下以高速射至加工区，由于雾粒的体积小、速度大，更有利于高速进入毛细管，渗透性大大增强，且喷射方位可任意选取，可从多个方向向刀具前刀面渗透，所以较容易到达刀-屑的接触面，实现更好的润滑效果。目前，以液态 CO_2 和超低温液氮为代表的低温微量润滑切削以其极高的冷却效率和加工效率也受到了国内外研究者的高度关注。低温微量润滑切削的应用如图 15-15 所示。

图 15-15　低温微量润滑切削的应用

低温微量润滑切削的优点如下：

（1）低温微量润滑能有效地降低切削力　研究表明，低温微量润滑能够提供与浇注式相当甚至更好的润滑性能。在切削过程中，切屑与前刀面产生剧烈的摩擦，冷却润滑液很难形成流体润滑，而是靠渗透到接触区的缝隙起作用，所以切削时的润滑属于边界润滑，并且主要发生在前刀面与切屑底层的摩擦界面上，其次是在后刀面与已加工表面之间。

（2）低温微量润滑的降温冷却特性　金属加工中切削热主要来源于金属的塑性变形，一般来说，低温气体雾化射流冷却高温表面存在 3 种不同机理的传热方式：

1）低温雾化与高温表面的沸腾传热。

2）高温表面的辐射传热。

3）冷气流以及被雾滴流卷起来的空气流与表面的对流换热。

实际切削时以第一种为主，切削区的冷却过程就是固体与液体的传热过程。由于流体与固体分子之间的吸引力和流体黏度作用，在固体表面就有一个流体滞留层，从而增加了热阻，滞留层越厚，热阻越大。滞留层的厚度主要取决于流体的流动性，即黏度，黏度小的流体冷却效果比黏度大的流体好。

低温冷风冷却比传统切削液更易形成薄膜，且低温冷风冷却扩大了切削区温度与冷却介质间的温差，增加了切削区动态换热面积，强化了散热条件，具有冷却针对性和强迫性。

喷雾冷却中两相流体有较高的速度，能够及时将铁屑冲走，并带走大量的热量，进一步增强了降温效果，因此，喷雾冷却实际上综合了气、液两种流体的降温效果和优点。

（3）采用低温微量润滑可减少刀具磨损　刀具磨损分为磨粒磨损、黏结磨损和扩散磨损 3 种形式。一般来说，低速切削时黏结磨损占主要部分，高速切削时扩散磨损占主要部分，而磨粒磨损在任何速度下都存在。低温微量润滑能有效地降低切削温度，减小切削界面的摩擦，防止刀具软化，减少磨料磨损以及与温度有关的黏结磨损和扩散磨损，因而可以大幅度提高刀具寿命。日本横川研究所采用不同的切削方法得到的刀具切削寿命对比如图 15-16 所示。

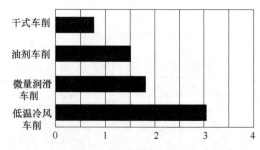

图 15-16　采用不同切削方法时的刀具切削寿命对比

（4）影响微量润滑切削加工效果的主要因素及措施　微量润滑切削加工的特点是以极少量的切削液达到良好的切削加工效果。切削加工效果与切削液的渗透、导热性、润滑性有着十分密切的关系。因此，一切与切削液渗透、导热及润滑性相关的因素，都在一定程度上对微量润滑切削加工效果有影响。这些因素包括切削工艺参数、喷雾参数、供液路径、刀具和工件材料等。其中，切削工艺参数包括切削速度、切削深度、进给量等；工件和刀具因素包括工件材料、表面粗糙度、切削性能、刀具材料及涂层；喷雾参数包括雾滴粒径、雾滴速度、喷雾方位、流量等。

提高微量润滑切削加工效果的措施如下：

1）选择性能良好的切削液，其一是在使用效能上必须满足使用对象的切削要求，其二是对环境的负面影响小，在生态效能上对环境无危害。

2）优化微量润滑切削液供应方法、供应参数和切削液用量。

3）优化切削用量，要保证润滑的有效性必须使切削区的温度、压力控制在一定的范围内，而这些条件受到切削用量的影响。

低温微量润滑在许多方面已得到成功应用，在对钛合金、淬硬钢、高温合金和不锈钢等难加工材料的切削加工应用方面，与使用干式切削和湿式切削相比，微量润滑表现出了良好的切削性能，而低温微量润滑的效果更加明显。

低温微量润滑切削在难加工材料的切削加工上体现了巨大的优越性，既能满足零件加工质量要求，提高了加工效率和刀具使用寿命，又可大幅减少切削液的使用量。

低温微量润滑能够提供与传统浇注切削相当甚至更好的冷却润滑性能。在适宜的切削参数下，可以更有效地在切削难加工材料时，解决切削区温度高、刀具寿命短等难题，给切削难加工材料提供了一种润滑清洁、高效的方法。

参 考 文 献

[1]　黄兴，林亨耀. 润滑技术手册 [M]. 北京：机械工业出版社，2020.

[2]　黄志坚. 润滑技术及应用 [M]. 北京：化学工业出版社，2015.

[3]　张剑. 现代润滑技术 [M]. 北京：冶金工业出版社，2008.

[4]　横田秀雄. MQL 切削的现状和发展 [J]. 吴敏镜，译. 航空精密制造技术，2004，40（1）：24-26.

[5]　周春宏，等. 最少量润滑切削技术（MQL）——经济有效的绿色制造方法 [J]. 机械设计与研究. 2005，21（5）：81-83.

[6]　袁松梅，等. 微量润滑系统冷却性能试验研究 [J]. 设计与研究，2008（11）：56-58.

[7]　裴宏杰，等. MQL 加工的微量冷却润滑系统 [J]. 中国制造业信息化，2007，36（19）：136-138，142.

[8]　戚宝运，等. 低温微量润滑技术及其作用机理研究 [J]. 机械科学与技术，2010，29（6）：826-831，835.

[9]　田佳，等. 微量润滑切削加工性能影响因素的研究 [J]. 工具技术，2009，43（2）：3-7.

[10]　袁松梅，等. 绿色切削微量润滑技术润滑剂特性研究进展 [J]. 机械工程学报，2017，53（17）：131-146.

[11]　李伟兴. 低温微量润滑技术在内冷刀具应用研究 [J]. 装备制造技术，2014（5）：107-108，134.

[12]　焦延博. 金属加工中微量润滑关键技术介绍及其运用研究 [J]. 科学中国人，2017（4）：32.

第16章 气体润滑

16.1 概述

人类在减少摩擦和提高效率的进程中，首先是将滑动变成滚动，进而又使干摩擦转向润滑。油脂润滑轴承从它的出现至今已有千年的历史，而气体润滑的问世只不过一百多年的历史。可以说，从油脂润滑到气体润滑是摩擦学史上的一次飞跃，也是轴承发展史的一个里程碑。

1854年法国人G. Hirn就提出了气体作为润滑介质的可能性，是第一次提出应用空气作为润滑剂。后来于1897年由美国人Albert Kinsbury在实验室首次制造出一个空气润滑的径向轴承进行试验和证实。空气轴承即是采用气体作为介质的流体膜润滑轴承。但由于当时的技术和生产状况比较落后，这项技术没有得到足够的重视和发展。1913年，英国人W. J. Harrison引用等温假设条件导出了可压缩的Reynolds方程，为气体动压润滑奠定了理论基础。

到了20世纪50年代，气体润滑从理想变成现实。一项崭新的技术以其独特的姿态加入了滑动轴承的家族。1959年，气体动压轴承在美国第一颗人造卫星上应用成功；同年，在美国华盛顿举行了第一届国际气体润滑轴承学术会议，从此，气体润滑在美、英等几个发达国家迅速发展起来。20世纪60年代~80年代是气体轴承大发展时期，已从理论研究进入实用设计及推广应用阶段。在轴承类型上，除纯动压和纯静压轴承外，又出现了动、静压混合轴承、压膜轴承、箔带轴承及多孔质轴承等新类型。气体轴承产品也从初期的军品为主而逐步转向以民品居多。也就是军品、民品同时发展的新格局。

我国在气体润滑方面的理论研究和工程应用方面起步较早，从20世纪50年代末就开始研究，并取得一些可喜成绩，如动压润滑在惯性导航陀螺仪上的应用，1970年，国产的DQR-1型圆度仪上成功地使用了空气静压轴承。随后，在高速轴承、透平膨胀机、高速空气牙钻、精密仪器及空向技术等领域，气体润滑得到快速发展。1975年，在北京召开了第一届全国气体润滑学术交流会。机械部广州机床研究所（现国机智能科技有限公司）研制了3、5、10、15万r/min箔片空气轴承，QGM型气动高速磨头磨具，DQM型电

动强力高速磨头，还研制了DS-01（02）-D型精密气浮数显数控转台等。这些应用气体润滑方式的研究成果在工业领域发挥了重要作用。可以说，气体润滑方式的出现，就打破了液体润滑"一统天下"的局面，赋予润滑技术新的内涵，使润滑技术产生了质的飞跃，目前这项绿色的气体润滑方式已在各工业领域发挥着不可估量的作用。

16.2 气体润滑的原理

气体润滑主要用于设备或仪器的精密及高速支承方面。气体润滑原理如图16-1所示。气体支承是由支承件1、被支承件2的内表面之间的细小间隙中充入气体而构成。静压润滑一般取间隙 $h = 12 \sim 50 \mu m$，动压润滑取 $h = 10 \sim 20 \mu m$。该间隙称为润滑间隙。当润滑间隙充满气体，就将形成具有一定压力的气膜，把被支承件浮起。只有当气膜厚度 h 大于两个润滑面的粗糙度时，被支承件才会悬浮起来，达到纯气体摩擦。气膜产生的总浮力与负载 W 相平衡时，气体支承才能工作在一定平衡位置，实现气体润滑。承载能力、气膜刚度、稳定性是气体润滑必须解决的基本问题，这些都是极为重要的技术指标。

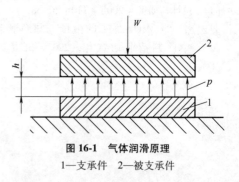

图16-1 气体润滑原理
1—支承件 2—被支承件

气体润滑是通过动压或静压方式由具有足够压力的气膜将运动副两摩擦表面隔开，承受外力作用，从而降低运动时的摩擦阻力，减少表面磨损。气体润滑包括气体动力润滑和气体静压润滑两个方面。前者是以气体作为润滑剂，借助于运动表面的外形和相对运动形成气膜，从而使相对运动两表面隔开的润滑；而后者是指依靠外部压力装置，将足够压力的气体输送到摩擦副运动表面之间，形成压力气膜而隔开两运动

表面的润滑。

液体静压润滑，比起流体动压润滑来要复杂一些，主要是要有专门设置一套静压系统，随之带来了附加的能源消耗；对设备工作的可靠性来说，又多了一个环节，增加了一个不利的因素。

流体静压润滑是靠泵（或其他压力流体泵）将加压后的流体送入两摩擦表面之间，利用流体静压力来平衡外载荷。如图 16-2 所示为典型流体静压润滑系统。由液压泵将润滑剂加压，通过补偿元件送入摩擦件的油腔，润滑剂再通过油腔周围的封油面与另一摩擦面构成的间隙流出，并降至环境压力，油腔一般开在承导件上。

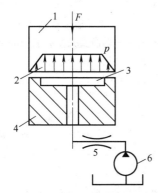

图 16-2 典型流体静压润滑系统
1—运动件 2—封油面 3—油腔 4—承导件
5—补偿元件 6—液压泵

利用这种润滑装置，可以使机器在极低速度下工作也不会产生爬行。如果采用可变节流，且参数选择得当的话，润滑流体膜的刚度可以做到很大。在轴承具有一定偏心的条件下，建立起轴承的承载及刚度机制，从而实现支撑载荷效果，故具有一定压力和容量的气源及控制气体进入轴承的节流器是静压轴承不同于动压轴承的两个重要特点。静压润滑的设计关键是节流器的设计，它是决定整个轴承性能的基础。

流体静-动压润滑，是兼备低速时的静压润滑特性及速度升高之后的动压润滑特性的混合型润滑。在实际工作中可以在低速时供静压流体，而当速度达到一定值之后即停供静压流体；也可以在整个工作过程中，静压流体始终供给。有静压流体供给即具有润滑特性，没有静压流体供给但具有相对滑动速度时，即具有动压润滑特性，而静压与速度同时具备时，即有静-动压的混合特性。气体动压润滑原理如图 16-3 所示。

如图 16-3 中所示，滑靴是由互相成一定夹角的二平板组成的，上板以速度 v 运动，两端部间隙分别

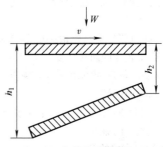

图 16-3 气体动压润滑原理

为 h_1、h_2，长度为无限长。当两相对倾斜的板相对运动时，其间的润滑流体在黏滞力的作用下，产生压力升，从而具有法向支承能力。动压润滑必须具备两个条件：一是具有速度 v，二是两润滑表面具有一定的夹角，即 $H=h_1/h_2\neq 1$。H 的最佳值域是 $2<H<3$，当 $H=2.3$ 时，承载力最大。

气体静压润滑原理如图 16-4 所示。

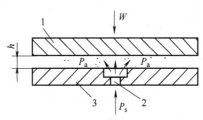

图 16-4 气体静压润滑原理
1—轴 2—节流器 3—轴承座

气体静压润滑的主要特点是由外部对轴承提供加压气体，通过节流器的节流作用，在轴承具有一定偏心的条件下，建立起轴承的承载及刚度机制，从而实现支撑载荷效果。所以，具备一定压力和容量的气源及控制气体进入轴承的节流器是静压轴承不同于动压轴承的两个重要特点。静压润滑的设计关键是节流器的设计，它决定了整个轴承性能的基础。

16.3 气体润滑的优点及应用

1. 气体润滑的优点

由于润滑油脂本身的特性决定了一些润滑区域是禁区，如高温情况下，油脂易挥发；低温情况下，油脂易凝固；有辐射的环境中，油脂易变质等，而气体润滑却可在这些油脂的润滑禁区里大显身手。气体润滑在高速度、高精度和低摩擦三个领域，均已显示出了强大的生命力，常常是滚动轴承和油滑动轴承所无法替代的。用气体作为润滑剂的支承元件具有以下几方面优点：

1）摩擦磨损低，在高速下发热量小，温升低。

2）由于温度而引起的气体黏度变化小，工作温度范围广。

3）气体润滑膜比液体润滑膜要薄得多，在高速支承中容易获得较高的回转精度。

4）气体润滑剂取用方便，不会变质，不引起支承元件及周围环境的污染。

5）在放射性环境或其他特殊环境下能正常工作，不受放射能等的影响。

2. 气体润滑方式的应用

中国机械工程学会摩擦学会气体润滑学组于1983年成立，1975年在北京召开的第一届全国气体润滑学术交流上，天津大学周恒教授和哈工大刘暾教授分别做了气体动压轴承运动稳定性和气体静压轴承理论分析和设计的专题报告，提出了我国自行设计气体轴承的设计方法。随后，气体轴承的研究工作在全国迅速开展起来，主要研究单位有哈尔滨工业大学、清华大学、西安交通大学、北京机床研究所、广州机床研究所（现广州机械科学研究院）、长春光机所、航空部精密机械研究所等。1975—1994年共召开了6届全国气体润滑会议，发表了许多有实用价值的论文，在理论分析和实验研究、设计方法、新型结构、节流控制方式、轴承材料方面取得了一定的成果。如长春光机所研制的空气静压轴承的回转精度达到0.015μm，导轨的运动精度达0.04μm/130mm。北京机床研究所、航空部303所分别成功地研制了超精密车床、超精密镗床，其主轴采用空气静压轴承，回转精度达0.05μm。哈尔滨工业大学在气体静压轴承的研究及应用方面做了大量工作，研制了双轴陀螺测试台，单轴、三轴惯性系统测试台、加速度计测试台和高精密离心机等惯导设备，以及大型圆度仪等测试装置。上述设备回转精度优于0.2″，径向振摆优于0.4μm，达到了同类设备的国际先进水平。在理论研究方面，国内以刘暾教授等编著的《静压气体润滑》、西安交通大学虞烈教授等编著的《可压缩气体润滑与弹性箔片气体轴承技术》为代表的多部著作相继出版，并且在气体轴承的承载能力、刚度、计算方法上进行了深入研究。进入21世纪以来，中国机械工程学会摩擦学分会气体润滑专业委员会由刘暾教授、杜建军教授等担任专委会主任，促进了相关行业技术、人才队伍进步。

气体润滑已在多个工业领域得到广泛的应用，如机床、气动牙钻、测量仪、陀螺仪和纺织机械类设备仪器上。应用气体润滑，已实现工业缝纫机的无油化，气体润滑在铝合金连铸中也得到成功应用。气体轴承就是利用气体润滑方式开发出来的核心产品。

在动压润滑技术的应用方面，按照轴承中润滑油的流动状态可分为湍流润滑、层流润滑和弹流润滑。湍流润滑轴承，也就是所说的高速轻载油膜轴承，像水、汽轮机轴承、发电机轴承、电动机轴承等。由于这类轴承转速高、载荷小，所以主要特点是油膜的自激振荡。很显然，这类轴承如果不是油膜轴承（纯液体摩擦轴承），而是一般的滑动轴承，则是无法工作的。它可以应用在电力、化工、机制、煤炭、冶金等高速运转的设备上。层流润滑轴承，也可认为是通常所说的中低速和中载油膜轴承。这类轴承应用很广，同时也很安全，可以应用在电力、化工、机制、煤炭、冶金、建材、轧制等很多设备上。弹流润滑轴承，即是低速重载轴承。它的特点是速度低而载荷大，以承载能力为主要标志，像大型轧机的油膜轴承。它可以应用在一切需要大承载能力的轴承上，对于所有机械设备都合适。弹流润滑理论适用于所有的高副，诸如齿轮啮合副、蜗轮蜗杆啮合副、凸轮滑动副等。在重型行业里所采用的静-动压油膜轴承，其静压供油系统为恒流量式，油腔很小，一般只占总承载面积的5%~7%左右，静压力也很高，故也称之为静压顶起的动压油膜轴承。为改善低速下的操作性能，在低速时采用静压式，当转速较高时，可切断静压供油，成为动压式。通常情况下，静压始终投入工作，此种情况下，静压、动压实现自动调整。现在应用静-动压油膜轴承的有大型板带材冷连轧机的轴承，大型发电机轴承，水泥磨轴承等。静-动压油膜轴承可以应用在高精度的大型轧机、矿井提升机以及其他一切大载荷、高运转精度、满载启动等的各类大型设备上。静压润滑技术比较成功地应用在静压轴承、静压导轨、静压丝杠等方面。静压轴承、静压导轨在机械制造业中应用比较广泛，特别是在高精度的磨床中，都同时采用了这两种技术。静压丝杠主要应用在传力大、转矩小、精密传递等场合。静压轴承用在受力不很大但轴承的运转精度却很高的地方，只要供油系统设计得好，可以做到油膜刚度无限大，即当外力变化时，轴的相对偏心率不变。静压润滑技术已广泛应用到机械制造、能源机械、化工机械等方面。

静压气体轴承，也称外供压气体轴承，由外部提供加压气体，通过节流器进入轴承间隙产生具有一定刚度和承载力的稳定润滑气膜，实现润滑支撑。气体静压轴承按其供气形式分为多供气孔轴承、多孔质节流轴承、缝隙节流轴承和表面节流轴承等。其中，多供气孔轴承是气体静压轴承的一种使用最广泛的形式。工作期间轴承间隙内始终有压缩气体存在，支撑件起停过程中无固体接触，因此没有支撑件磨损。按用途划分，静压气体轴承可分为径向轴承、止推轴承和球轴承。这三种轴承的结构如图 16-5 所示。

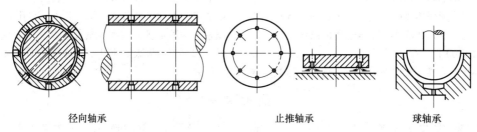

径向轴承　　　　　　　　　止推轴承　　　　球轴承

图 16-5　静压气体轴承结构

静压气体润滑支承作为精密和超精密运动载体的主要支承形式，已广泛应用于精密和超精密设备中，如超精密机床、光刻机、高速主轴、微涡轮发动机和医疗设备中。

16.4　气体轴承——气体润滑的核心产品

气体轴承是利用气膜支承负荷来减少摩擦的机械构件。与滚动轴承及油滑动轴承相比，气体轴承具有速度高、精度高、功耗低、寿命长、清洁度高、结构简单和易于推广应用等诸多优点。

作为高速回转机械用的轴承，气体轴承的简单性、优越性和经济性是十分明显的，近年来得到了广泛的应用。在高转速和高精度的机械设备上，气体轴承显示出它的极大优越性，如超精密车床、超精密镗床、高速空气牙钻、三坐标仪、圆度仪以及空间模拟装置等，都采用了气体轴承支承。广州机床研究所（现广州机械研究院）曾经开发了多款的高速气动空气静压轴承磨头和多种中频电主轴空气静压磨头及高精度气浮转台等，这些新产品已在许多工业部门得到成功的应用。气体轴承是一门包含多种学科的综合性技术，涉及范围很广，受到了业界的高度关注。

精度高是气体润滑的另一个主要优点，另外气体轴承也能够在非常苛刻的具有高温和辐射的环境下工作，如高温瓦斯炉的炉心冷却循环机需要在高温和有辐射的条件下工作，其循环机的润滑一直是难以攻克的技术难关，后来采用了动压型的氦润滑气体轴承，并取得了成功的应用。

16.5　气体润滑的发展趋势

1）气体润滑理论由理想向更加贴合实际和精确化方向发展。随着气体润滑轴承在许多高新技术领域中的应用日益扩大，必须考虑更多的影响因素。例如在气膜厚度极小的情况下，必须考虑表面粗糙度及气体分子平均自由程等因素的影响；在高速流动情况

下，对气体等温流动的假设，气体惯性效应的影响等，均须做仔细的分析。

2）高性能新型结构气体轴承的研制。刚性好、稳定性好以及回转精度高是目前气体轴承研制过程中主要攻克的目标。研制具有较高综合性能的气体轴承是气体润滑目前的一个研究热点。

3）进一步改进气体支承的制造工艺，提高气体支承的标准化和系列化以及降低气体轴承的使用成本。

4）气体静压轴承仍将是气体润滑支撑的主力。随着我国航空航天事业的迅猛发展，球轴承必定会得到更大的发展，也必将刺激静压气体润滑的不断发展。在静压气体轴承超声速现象研究方面将会有新的进展。由于气体的可压缩性，当静压气体轴承内气流速度超过声速时，气膜内会出现压力突降，严重影响轴承的承载能力，因此，需要对它进行深入研究，并提出解决方案。

总之，减少间隙，提高刚性，改善精度，将气体轴承和自动控制技术相结合是今后研究发展的趋势。近年来，在计算机领域用于支承高速磁头和磁盘的气膜润滑问题，是一项超薄膜润滑技术，也是润滑技术向微观世界发展，向"分子润滑"技术迈进的具体体现。这一新技术的出现，意味着润滑技术又向新的高度迈进。

气体静压轴承由于采用气体作为轴承的润滑剂，它与其他轴承相比，具有"轻巧、干净、耐热、耐寒、耐久和转动平滑"等诸多优点，但它的缺点是承载能力不高，技术不易掌握。由于气体静压轴承的轴颈在轴承中处于悬浮状态，轴颈与轴承套之间的间隙完全充满压缩空气，所以，气体静压轴承主轴的回转精度极高，它多用于超精密机床主轴或高精度测量仪器的轴承。

静压气体轴承也称外供压气体轴承，由外部提供加压气体，通过节流器进入轴承间隙，产生具有一定

刚度和承载力的稳定的润滑气膜，实现润滑支撑。在工作期间，轴承间隙内始终有压缩气体存在，支撑件在起停过程中无固体接触，因此也没有固体磨损。郭良斌、穆国岩等人在静压气体球轴承的结构设计、计算及应用等方面进行过许多研究。

在小孔节流静压气体轴承方面，按节流种类，静压气体轴承可分为小孔节流轴承、环面节流轴承、狭缝节流轴承、毛细管节流轴承、表面节流轴承、多孔质节流轴承和可变节流轴承。其中，小孔节流静压气体轴承是最早研究的静压气体轴承之一，应用广泛。侯予和章正传等人对小孔节流静压气体轴承进行过深入研究。

参 考 文 献

[1] 林亨耀，汪德涛. 机修手册：第 8 卷 [M]. 北京：机械工业出版社，1994.

[2] 王云飞. 气体润滑理论及气体轴承设计 [M]. 北京：机械工业出版社，1999.

[3] 王元勋，等. 气体润滑轴承的研究与发展 [J]. 湖北工学院学报，1994 (3)：155-159.

[4] 靳兆文. 气体润滑技术及其研究进展 [J]. 通用机械，2007 (3)：57-60.

[5] 广州机床研究所. 液体静压技术原理及应用 [M]. 北京：机械工业出版社，1978.

[6] 陈燕生，等. 液体静压支承原理和设计 [M]. 北京：国防工业出版社，1980.

[7] 张冠坤，钟洪. 液体动静压轴承——原理、计算和试验 [M]. 广州：科普出版社，1988.

[8] 张直明. 滑动轴承流体动力润滑原理 [M]. 北京：高等教育出版社，1987.

[9] 陈雪梅，黎文兰. 气体轴承技术及应用 [J]. 润滑与密封，2000 (4)：61-63.

[10] 冯慧成，等. 国内静压气体润滑技术研究进展 [J]. 润滑与密封，2011 (4)：108-113.

第 17 章　全优润滑管理

17.1　概述

对于工业设备来说，润滑的作用十分重要。有人形象地将润滑剂比作机械设备的"血液"，而润滑方式和装置则是输送血液的"心脏"。可见，在设备润滑的每个环节，例如润滑油的选用、更换及润滑装置的使用等，如果处理不当，则可引起设备故障，甚至导致整条生产线停产，造成巨大经济损失。根据统计，搞好设备"全优润滑"管理工作，可直接减少轴承采购 50%，液压件消耗下降 50%，润滑油消耗下降 50%，与润滑有关的设备故障、事故下降 90%。

全优润滑也是现代设备润滑的代名词，其精髓在于"全"和"优"。"全"意味着全员参与，不仅需要顶层设计，还必须落实到车间班组，包括润滑工的参与，也就是指设备润滑的全过程。包括润滑剂的选择、优化和品质控制、采购和储存控制、污染控制、油液监测和状态管理等。"优"则表明全优润滑是一个注重技术和实践，不断改进和优化的过程。瑞健等人曾指出，全优润滑主要涉及三项技术的应用，即润滑材料、污染控制和油液监测。润滑剂的正确选用和优化是全优润滑的前提，有效的污染控制是消除润滑故障、提高润滑剂和零部件使用寿命的关键手段。而油液监测是润滑剂的优化和污染控制的"导航雷达"，三者互为关联，缺一不可。

业界专家指出，全优润滑管理是一座待挖的金矿。设备全优润滑管理的目的就是以设备安全和经济效益为核心，以科学管理手段和现代润滑技术为依据，通过技术层面和组织层面的有机结合，形成科学的、贴近实际的和具有可操作性的设备润滑管理体系。通过对设备润滑全过程的不断改善、优化来实现设备及时、正确、合理、有效、适度的润滑，减少机件磨损，延长使用寿命。

随着现代科技的不断进步和各工业领域的创新发展，设备维修制度已从过去故障维修（事后维修）、预防维修（定期维修）、预知维修（预测维修）发展到当今的主动维修（设备维修新理念）。据报道，在工厂发生的总故障统计中，与润滑有关的故障约占 40%~50%，而在润滑管理的总效益中占前三甲的是节约维修费用，节约停工损失费，延长设备使用寿

命。上述这些表明，润滑油在设备管理效益中所占的地位十分重要。由润滑油的质量问题造成的设备故障或损坏不计其数。随着技术进步，这些故障目前可从润滑油某些指标的监测数据中做出准确诊断，并提出克服措施。

全优润滑管理源于 20 世纪 70 年代末，最先在日本新日铁推广和应用（1978 年）。日本新日铁公司为提高设备管理水平，将污染控制与全面的油液监测技术相结合，加强设备的精准润滑、污染控制和主动维护。从设备润滑管理的各节点，建立了系统的润滑管理体系。新日铁在全优润滑管理上的成功，大大地促进了全优润滑技术在欧美国家的发展。据报道，2006年美国 NORIA 公司主办的全优润滑技术国际会议，每人参会费高达 1200 美元，但竟然仍有 1400 多名代表参加，可见全球对全优润滑的高度重视。

在我国，从 2012 年举办首届"中国企业润滑管理高峰论坛"开始，由国机集团广州机械科学研究院有限公司、中国机械工程学会摩擦学分会工业摩擦学工作委员会连续组织的 6 次润滑管理国际会议及工业摩擦学研讨会议，吸引了国内外近 3000 名代表参会，积极促进了中国润滑管理行业的快速发展，为企业绿色发展提供了有益帮助。

17.2　全优润滑的内涵和特点

全优润滑就是对设备润滑的所有环节进行优化，以达到设备效益的最大化。即在当前技术、经济条件下，以实现设备寿命周期成本最低、设备寿命周期利润最高为目的，在现有基础上，对设备润滑系统进行全过程优化而采取的各种管理和技术措施。图 17-1 所示是全优润滑的内涵。

全优润滑又称 FLAC 监控体系，FLAC 是燃油（fuel）、润滑油（lubricating oil）、空气（air）、冷却液（coolant）的英文缩写，它主要监控上述这四种物质的品质。据不完全统计，设备故障有 75% 是由 FLAC 直接或间接造成的。全优润滑新理念包括以下三项：

1）润滑油是机器的血液，机器的生命在润滑油里。

2）润滑油是机器工作的最重要条件，一旦失效

图 17-1　全优润滑的内涵

将导致所有零件失效。

3）FLAC 中只有润滑油是设备管理和维修人员能够控制的因素，你不能改变机器的设计和操作规程，但你能够控制和改变润滑油。

全优润滑依赖三项核心技术：

1）精准润滑（润滑材料与润滑方法的优化）。

2）润滑与污染控制（控制固体颗粒、水分、气泡及泄漏）。

3）润滑剂的选用和优化。

其中，润滑剂的选用和优化是全优润滑的前提，污染控制是全优润滑价值和实践的核心，而油液监测是润滑剂优化和污染控制的手段，三者交互作用，缺一不可。

润滑装置的优化包括对点与集中润滑、气雾润滑以及油和脂润滑等的优化及其用量的控制等。润滑油中的污染物主要是指各种固体颗粒和水。润滑污染控制是指采用各种有效措施，保持润滑材料洁净。国外某研究院对 6 个行业 3722 台机器进行了失效调查，结果显示 82% 的机器失效和更换都与固体颗粒引起的磨损有关。润滑污染控制已被广泛用于包括润滑材料在内的几乎所有需要润滑的零部件。润滑污染控制已被现代工业看作是保障设备可靠性、延长设备使用周期和润滑油使用寿命的最重要手段。

油液状态监测技术是通过油液检测有效地分析出设备和专用油所处的状态，从而有效地指导设备运行和维护。油液监测内容由三个部分组成：

1）油液污染状态监测。

2）油液理化状态监测。

3）设备磨损状态监测。

优化是强调用最少的投入得到性价比最大的产出。全优润滑不是使用最好的润滑材料，而是考虑在改进润滑方式的基础上使用合适的润滑剂，并与设备生产和维护相匹配，从而达到最终的目标，即设备寿命周期成本最低和设备寿命周期利润最高。全优润滑要求企业在设备需要用油时，优先考虑精确选优和合理用油；通过对润滑油的正确运用和维护，减少污染，提高油品的清洁度；通过油液监测技术，延长润滑油的使用寿命，从而达到能源的高度利用，实现低碳排放。

17.3　全优润滑体系建设

建立设备全优润滑体系的目的是探索一条有效的设备润滑优化管理的新思路。设备润滑是一项重要的基础工作，它是保证设备正常运行的基本条件，润滑的优化是改善现有不合理的润滑实施方案和管理模式。全优润滑体系的建立及其有效的执行，既有利于强化润滑管理，又有利于实现设备的持续有效的润滑。从而达到减少设备的腐蚀和磨损、维持设备精度、降低设备故障率、减少备件消耗，以及延长设备使用寿命的目的。

全优润滑体系的建设有四大特点，分别是制度化管理、专业化执行、信息化效率和可持续化发展。

（1）制度化管理

1）建立车间润滑管理组织架构。为了保证润滑管理工作的正常开展，车间根据设备润滑工作的需要，合理地设置各级润滑管理组织，配备适当人员，组成车间润滑管理架构，这是搞好设备润滑的重要环节和组织保证。

2）梳理原有润滑制度，制定车间设备润滑制度。

3）制定车间设备润滑标准。按照润滑"六定"（定点、定质、定量、定期、定人、定法）内容编写《车间设备润滑作业指导书》，规定每个润滑点的润滑剂品种、数量、润滑周期、责任人和润滑方法，每个润滑点都是可视化的。

4）制定润滑管理流程。

5）贯彻润滑的"二洁"和"三过滤"。润滑的"二洁"指加油工具要清洁，注油油路（注油孔隙）及周边要清洁。润滑的"三过滤"指转桶过滤，领取过滤，加油过滤。

（2）专业化执行

1）完善车间润滑点。对照原有设备润滑卡完善润滑点，并对每个润滑点拍照采样保存。

2）完善润滑剂，润滑工具管理。根据"能满足生产的最少润滑剂品种"的选择原则，确定全车间的润滑剂品种，每种不同牌号的润滑剂都设定一种代表颜色，以颜色区分润滑剂。根据确定的润滑剂品种，配备对应的润滑工具，每种润滑剂所配套用的润滑工具都贴上与该润滑剂代表颜色一样的颜色标识，避免润滑剂的混用和润滑工具的乱用。

3）可视化润滑点。润滑油品和润滑工具的可视化由彩色标识实现，而润滑点除了颜色外，还需区分润滑周期。

4）规范润滑操作作业流程。

5）可视化润滑实施过程。

6）制作看板，宣传全优润滑体系理念。

7）制作润滑扑克牌，开展体系知识培训。

8）油液的状态监测。油液状态监测是利用油品分析技术对机器正在使用的润滑油进行综合分析，从而获取设备润滑和磨损的信息，以此信息预测设备磨损过程的发展，诊断设备的异常部件、异常程度和异常原因，从而预报设备可能发生的故障，有针对性地对设备进行维护和维修，实现设备的预维修管理，降低设备的故障率。

9）润滑剂的回收报废。有效地回收各种润滑剂，既有利于减少环境污染，又有利于引导节约能源，降低成本。润滑剂的回收报废是具有长远意义和现实意义的一项基础性工作。

（3）信息化效率　打造一个信息共享平台，通过全优润滑信息系统的建设帮助润滑管理有效健康地进行，确保润滑工作持续有效，跟踪管理，提高润滑效率。信息系统主要分为以下五个功能模块。

1）设备润滑规程管理。员工凭工号登陆润滑信息系统，并实施润滑管理。系统润滑规程的主要信息包括润滑位置代码、序号、润滑位置名称、在用润滑油脂牌号、标准用油量、润滑周期等。

2）设备润滑图维护。对各润滑点的截图进行管理，本功能的目的是方便操作人员找到润滑点。

3）设备润滑记录录入。润滑人员完成润滑作业后，在系统中找到相对应的润滑点详细记录润滑情况。

4）设备润滑提示。根据润滑点的润滑规程和润滑的记录，系统能够自动推算出超期未进行润滑的点，提示操作人员进行润滑。

5）设备润滑年报。根据系统的润滑规程和润滑记录，生成设备润滑卡片报表。

17.4　应用设备状态监测技术进行全优润滑管理

某煤矿集团进行全优润滑管理，设备状态监测技术的应用已进行多年，实践证明，该集团设备长期处于良好的润滑状态，并能有效延长设备的使用寿命。据此对设备的润滑状态和不良状态通过监测仪器进行了识别监测。润滑状态的识别采用的仪器是 CMJ-3 型计算机冲击脉冲计、红外线测温仪和 YTF-6 双连分析式铁谱仪。下面是具体识别方法。

1. 冲击脉冲计技术识别

在监测时，脉冲计出现两个数值，1 个是最大值，1 个是地毯值，一般情况下会根据冲击值的地毯值识别轴承的润滑状态。新轴承在加油运行 1 周后进行第 1 次测量，所测冲击值的地毯值作为初始值，以后再按周期继续进行监测。

2. 红外测温仪的识别

红外测温法主要用来测量轴承的温升变化，以此来判断轴承的润滑状态。如定期对井下的煤流运输设备滚筒进行温度监测，一般情况下测得温度值为 35～45℃，这是经过类比分析以后总结的结果。如果有的轴承经过监测大于 45℃，结合冲击值的大小，可确定该轴承已经脱离了良好的润滑状态，按照监测流程会下达状态监测报告单，通知设备使用单位进行处理。

3. 铁谱分析技术识别

周期监测或日常巡检中发现监测点有以下情况时就要采集油样做铁谱分析：

1）冲击值偏大。

2）振动值依据 ISO 2373 标准振动烈度值达到 7.1mm/s 以上时或类比分析偏大的。

3）转动部位有异响。

4）轴承部位有油溢出，且溢出的油脂颜色变黑和变红，于捻油时没有滑腻感。如铁谱分析发现金属颗粒较多，说明轴承已脱离良好润滑状态，建议更换新油，如果有明显大于 25μm 的特殊金属颗粒应考虑换新油。

煤矿所用减速机基本上都是采用飞溅润滑，对减速机良好润滑状态的识别可直接监测润滑油。

对润滑油的监测，首先可直接进行表面观察，如果润滑油有乳化现象，要换新油；润滑油污染严重、有变黑或变红、不透明、有菌臭味或有金属颗粒等，都要考虑换油。其次如果做简易理化指标分析，黏度有明显变化，酸值大于 0.5mgKOH/g、水分达到 0.5%，都要考虑换新油。

应用设备状态监测技术对设备进行状态润滑管理之后，大大降低了设备故障率，实现了设备维修过程管理的科学化，保证了设备安全运转的全优润滑，为矿井的高产、高效提供了有力保障。

17.5 预知维修体系（PMS）——全优润滑方式的主要组成部分

如图 17-2 所示，PMS 由组织体系、技术及资源体系和诊断对象集三部分构成，其中组织体系是 PMS 行为实施的主体；诊断对象集是 PMS 行为实施的客体；而技术及资源体系则是 PMS 工程实施的技术基础和必要手段。

1. 组织体系

PMS 的组织体系由高层决策者、中层规划者和基层执行者构成，他们一般来自于企业设备的主管领导、设备动力科（机动科）或维修车间的技术管理人员和维修工人，是企业实施 PMS 的行为主体。PMS 组织机构人员的管理素质、技术素质的优劣和整体工作配合的好坏制约着 PMS 工程实施的成败，其主要工作和职责如图 17-3 所示。这是针对大、中型国有生产企业制定的，对小型生产企业要根据具体情况酌情加以修改或层次简化。

2. 诊断技术及资源体系

PMS 工程是一项较为复杂的系统工程，其技术基础是设备状态监测和故障诊断技术。随着相关领域理论、方法研究的不断深入和发展，"现代设备技术诊断学"已取得了丰硕的成果，特别是传感器技术、信号处理技术、计算机软硬件技术的飞速发展使"现代设备诊断技术"在某些企业得以实施。图 17-4 所示为 PMS 工程的诊断技术及资源体系。

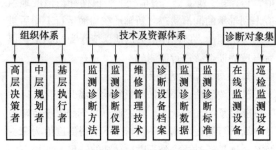

图 17-2　PMS 工程的体系结构

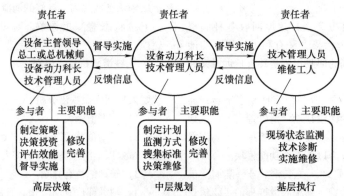

图 17-3　PMS 组织机构人员工作和职责

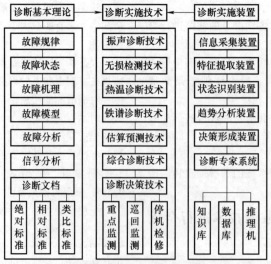

图 17-4　PMS 工程的诊断技术及资源体系

应该指出的是，PMS 工程并不是单纯的故障诊断，而是设备维修管理和诊断技术的有机结合。因此，在以 PMS 工程实施为目标的软件系统中，不仅要实现多种诊断技术、方法的集成，还应实现诊断资源管理和诊断技术的集成。只有这样才能使诊断技术更好地服务于企业，才能使 PMS 工程在企业设备维修管理工作中充分发挥效用。

"狭义预知维修"和"广义预知维修"的概念有效地界定了预知维修工程的深刻内涵。即现代意义上的预知维修工程不应当仅局限于设备故障诊断的技术范畴，而应从技术与管理有机结合相互支持的角度出发，从整体上去研究预知维修工程的实施策略及其实施技术，从而真正体现出 1+1>2 的系统论观点。设备 PMS 工程是一项具有战略意义的复杂的系统工程。对于不同的企业，由于设备规模的差异、设备状况的差异、生产形态的差异以及维修管理人员素质的差异等，在设备 PMS 工程的实施策略、方法及实用技术等方面会有种种不同，重要的是"不断摸索、勇于实践、勤于总结、贵在坚持"。

17.6　全优润滑管理的典型应用案例

1. 北京首钢股份有限公司全优润滑管理

北京首钢股份有限公司（以下简称首钢）始终坚持用高新技术改造钢铁业的发展战略，坚持高端高效，精细管理，发挥核心的技术优势、高端品牌优势和高效管理优势等。特别是在工业设备（尤其是大型钢铁企业设备）全优润滑管理方面在行业中发挥了标杆性的作用。

首钢构建实施的设备全优润滑管理体系在归纳、总结国内外先进理念和优秀操作方法的基础上，对全优润滑发展模式进行了新的探索，将全员生产管理"全员参与""自主创新""现场效率目标极限化"的理念与全优润滑管理追求的"全过程改进""全过程控制""全过程优化"的理念深度融合，将全员生产管理的管理方法、管理手段及设备管理技术相结合，实现设备润滑管理全过程的行为规范标准化、业务流程闭环化和环节管控精细化等。图 17-5 所示为首钢提出的设备全优润滑管理体系，图 17-6 为首钢提出的全优润滑管理实施的"五定"内容。

近年来，首钢通过不断探索和实践总结，为全行业提供了一套先进的设备全优润滑管理体系的构建与实施模板，值得推广和行业借鉴。

2. 某作业公司海洋石油平台全优润滑管理

全优润滑管理是一种全新的润滑管理理念，它是对设备润滑过程的全程优化，并全员参与的管理理念。由于海洋石油作业所处的特殊地理环境，不能将常规陆地企业的设备润滑管理模式简单地进行套用。鉴于润滑管理对于设备的重要性，在海洋石油行业内部推广全优润滑管理就显得尤为重要。

海洋石油采油平台设备主要包括燃气发电机组、原油发电机、应急柴油发电机、液压传动起重机、天然气压缩机、各种介质输送泵、热介质锅炉、空气压缩机和锚泊设备等。每个平台受控的油品达 30~50 种，主要设备近百台套。某作业公司油田群目前使用的润滑油共 38 种，润滑脂 5 种，其中 90% 以上均为国外品牌润滑油。具体包括汽轮机油、液压油、齿轮油、柴油机油、燃气机油、导热油、压缩机油和锂基润滑脂等。

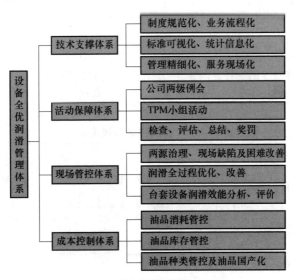

图 17-5　设备全优润滑管理体系

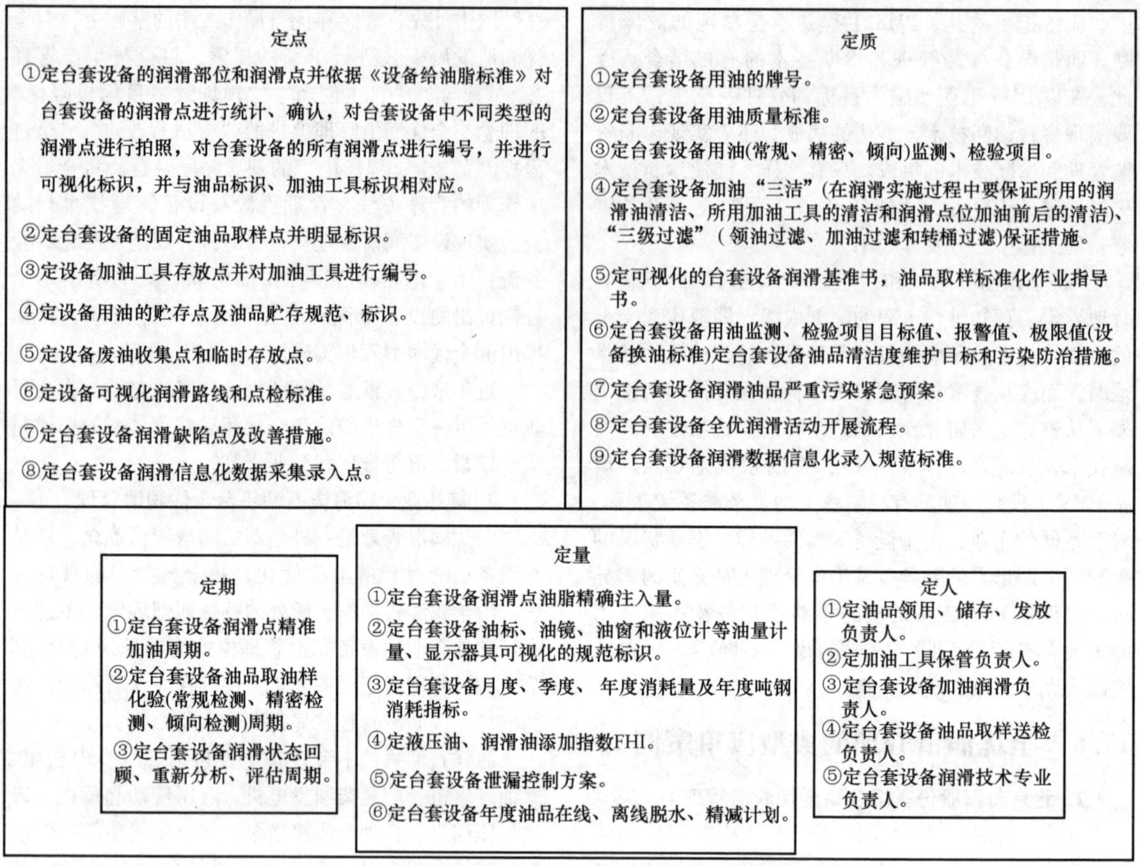

定点
①定台套设备的润滑部位和润滑点并依据《设备给油脂标准》对台套设备的润滑点进行统计、确认,对台套设备中不同类型的润滑点进行拍照,对台套设备的所有润滑点进行编号,并进行可视化标识,并与油品标识、加油工具标识相对应。
②定台套设备的固定油品取样点并明显标识。
③定设备加油工具存放点并对加油工具进行编号。
④定设备用油的贮存点及油品贮存规范、标识。
⑤定设备废油收集点和临时存放点。
⑥定设备可视化润滑路线和点检标准。
⑦定台套设备润滑缺陷点及改善措施。
⑧定台套设备润滑信息化数据采集录入点。

定质
①定台套设备用油的牌号。
②定台套设备用油质量标准。
③定台套设备用油(常规、精密、倾向)监测、检验项目。
④定台套设备加油"三洁"(在润滑实施过程中要保证所用的润滑油清洁、所用加油工具的清洁和润滑点位加油前后的清洁)、"三级过滤"(领油过滤、加油过滤和转桶过滤)保证措施。
⑤定可视化的台套设备润滑基准书,油品取样标准化作业指导书。
⑥定台套设备用油监测、检验项目目标值、报警值、极限值(设备换油标准)定台套设备油品清洁度维护目标和污染防治措施。
⑦定台套设备润滑油品严重污染紧急预案。
⑧定台套设备全优润滑活动开展流程。
⑨定台套设备润滑数据信息化录入规范标准。

定期
①定台套设备润滑点精准加油周期。
②定台套设备油品取油样化验(常规检测、精密检测、倾向检测)周期。
③定台套设备润滑状态回顾、重新分析、评估周期。

定量
①定台套设备润滑点油脂精准注入量。
②定台套设备油标、油镜、油窗和液位计等油量计量、显示器具可视化的规范标识。
③定台套设备月度、季度、年度消耗量及年度吨钢消耗指标。
④定液压油、润滑油添加指数FHI。
⑤定台套设备泄漏控制方案。
⑥定台套设备年度油品在线、离线脱水、精减计划。

定人
①定油品领用、储存、发放负责人。
②定加油工具保管负责人。
③定台套设备加油润滑负责人。
④定台套设备油品取样送检负责人。
⑤定台套设备润滑技术专业负责人。

图 17-6 全优润滑管理实施"五定"内容

该作业公司根据近年来润滑管理工作的现状,结合国际先进的全优润滑管理理念,于 2015 年进行了专题研究。分别从体系建立、油液分级检测、搭建专业润滑管理系统等方面对润滑管理的发展方向与面临的突出问题进行了相应的研究。并提出了应建立海洋石油平台全优润滑管理体系的必要性。

该作业公司还组建了油液三级检测体系,解决了海洋石油平台没有专业润滑实验室油液送检时效差的问题。油液监测是通过对设备在用油样品的定期检测,获得有关润滑油衰变、油液污染和部件磨损三方面的信息。据此对润滑油状态和设备磨损状态做出评估,同时提出润滑维修建议。作为一种设备状态监测的技术,油液监测的优势是可以提前发现设备的故障征兆,从而有可能避免非计划停机和重大设备故障。

油液监测技术与振动监测技术具有良好的互补性,该作业公司通过多年来的振动监测,积累了关键设备运行的参考数据,并与油液监测技术有机结合,更及时和更全面地掌控了设备的运行状态。该作业公司提出了全优润滑管理的系统流程,如图 17-7 所示。主要功能模块简介见表 17-1。

表 17-1 主要功能模块简介

序号	功能模块	说　明
1	设备信息管理	实现设备树的建立,设备类型、结构、主要信息的设置和录入;设备润滑信息的设置
2	润滑油使用更换管理	现场加换油工作信息的管理,包括加换油工单的生成,自动导入导出,使用润滑油的库存领用,历史信息查看等
3	润滑油库存管理	各生成单元润滑油出入库信息的统计和管理,包括油品入库、消耗、调拨等功能

（续）

序号	功能模块	说　明
4	标准油样参数指标管理	标准油品信息的录入、管理。设置标准油样各项化验指标，作为后期化验超标的依据
5	油品状态监测	油品状态监测信息管理，包括油样送检流程、化验结果等信息的统计与管理，可绘制各项指标历史趋势图
6	技术交流中心	学习，讨论，技术交流，用户可进行提问、回答、上传图片等操作
7	KPI 指标	对各终端用户润滑管理工作关键操作进行统计，并以邮件提醒等方式向用户进行反馈提醒，定期形成评价报告

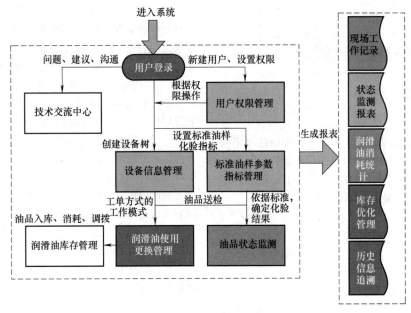

图 17-7　全优润滑管理的系统流程

该作业公司的海洋石油平台全优润滑管理具有很多创新点。它是在企业原有润滑管理基础上结合现代化设备管理理念在海洋石油领域进行有效结合产生的，具有弥补行业空白、易推广和收效快等特点，为全优润滑管理新理念在海洋石油平台的应用指明了实践方向。

17.7　IT 时代预知维修技术发展的动向

进入 21 世纪以来，在企业设备管理的重要性日益增加的同时，铁路桥梁等永久性公共设施从建设期进入维修期。由于 IT 时代的到来，作为企业资产的最佳管理方案，维修管理正在进化为企业资产管理，预知维修系统正在进化为设备资产管理，特别是设备诊断技术，其重要性和有效性在维修现场已被确认，

现在已经出现了远程监视和远程诊断（两者合称为 E-monitor）等 IT 时代的新装置。

远程维修成为当前的话题，但应用最早的还是利用因特网的远程监视和远程诊断。尤其是机床、一般旋转机械、大楼空调设施、电机设备等，不仅在欧美各国，在日本也出现了许多远程监视专业公司，它们正在激烈竞争中快速发展。

1. 远程监视和远程诊断

有关远程监视和远程诊断的仪器已经开发出系列产品，这些称为 E-Monitor 的仪器正处在商品化过程中。例如，具有无线发射信号功能的振动传感器和应力传感器已研制成功，无须配线工程的振动监视系统已进入市场销售。

此外，用热成像和 CDD 摄像诊断腐蚀图像等已

被实际应用于构筑物和管道等的诊断；而能够测到声响和振动的在空间分布的声响图像和振动图像，则正在研究室中使用。

图 17-8 所示为 E-monitor 的构成，其所具有的主要功能有设备监视、精密诊断、便携式无线检查、过渡状态监视、质量性能监视和网络方案。

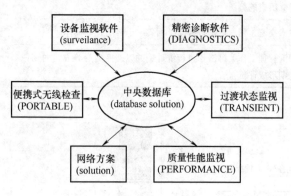

图 17-8　E-monitor 的构成

这里要强调的一点是，面临 IT 时代的到来，设备维修的基本思想（原理）和方式及维修技术正处于剧变之中。从 20 世纪"设备使用后就扔掉"的时代转入 21 世纪"维修与再生循环"时代，这种技术潮流是必然的，也是全优润滑管理的内涵。

1）全优润滑管理不是孤立的过程，它涉及人、机、料、法则和环境各个方面。它是一个涵盖企业管理方方面面的管理系统，忽视哪一方面都会影响其作用的发挥。

2）全优润滑管理是一个动态过程，只有根据实际情况不断优化设备润滑管理，才能真正实现设备寿命周期成本最低、设备寿命周期利润最高的目标。

3）设备精确润滑是全优润滑技术的基础，除了设备润滑标准化的优化，更重要的是严格按照"润滑五定"的要求认真贯彻设备润滑标准，否则全优润滑将无从谈起。

4）重视油品监测和污染控制是全优润滑不同于以往润滑管理模式的显著特点。通过对设备润滑介质的实时监控，对油品采取主动维护措施，控制其劣化倾向，可以有效降低设备维修和使用成本。

2. 设备润滑管理理念的更新

（1）润滑创造财富　设备的润滑是一项系统工程，它贯穿于设备的整个生命过程，它是与设备的安全和维修成本密切相关的。科学有效地开展设备润滑管理工作，能极大地降低企业的设备维护成本，提高设备的利用率，为企业创造财富。

（2）润滑油是设备最重要的零部件　作为设备

最重要的零部件，润滑油的失效有可能造成设备所有运动部件发生失效，但由于润滑油失效所导致的设备失效是隐形的、渐进的和复杂的，常被误认为是设备机械零部件的质量问题而进行更换，导致零部件失效的原因不明确，最终导致设备零部件的消耗及维修成本的上升。

（3）工业建立在 $10\mu m$ 厚度的油膜上　现代化的选煤生产是靠大型、综合化的机械设备来完成的，各类机械设备的运动部件几乎都要靠润滑油膜来支撑，设备润滑所形成的保护设备油膜厚度一般在 $10\mu m$ 左右，所以人们形象地描述现代化的机械设备是骑在 $10\mu m$ 厚度的油膜上工作的。

（4）润滑隐患是设备故障的根源　设备的温度上升、振动噪声增大、力学性能下降等现象是设备失效的宏观表现形式，其往往是因设备零部件的异常磨损而引起的，其主要原因则是润滑油的失效和润滑不合理，所以润滑隐患是设备故障的根源。

（5）设备润滑必须依靠正确管理　设备的润滑状况好坏，除了润滑油液的质量外，还受设备用油的选型、设备润滑系统的合理性、润滑油品的污染等多方面因素的影响。尤其是煤炭企业生产设备是在高污染环境条件下工作的，所以必须对设备的润滑进行正确管理以避免因外界污染所导致的润滑性能失效。通过对大量的检测结果进行分析和统计发现，影响设备正常工作、减少设备使用寿命、造成设备多发故障的原因，均与润滑油受污染程度的大小有直接关系。采用什么样的技术手段来解决油液的污染问题，以及解决后怎样进行有效的控制和监测，这是解决问题的关键所在。

KLEENOIL 在线旁路技术过滤所特有的专利技术——滤芯及其过滤结构设计，是运用吸附渗透原理及分子扩散原理来完成对油液中的污染物——水、固体颗粒的污染过滤处理。污染颗粒的过滤精度高达 $1\mu m$ 过滤，$3\mu m$ 绝对过滤。

这项技术的工作原理如下：滤芯在特定结构设计的容器中，通过输入设定的压力，将流入滤芯的油液不断地进行渗透-排斥、吸附-排斥等循环处理，同时定量排出高清洁的油液。这一循环处理过程常被喻为机械设备的"血液透析治疗法"。

通过使用 KLEENOIL 过滤设备处理后的油液清洁度大于或等于 ISO 4406 的 14/9 级标准，大于或等于 NAS 1638 的 6 级以上标准。

全优润滑管理的主要节省并不是来自润滑油的节省，而是设备寿命的延长和失效率的降低，及由此产生的设备利用率和生产效率的提高。先行一步的日本和美国工业界的经验证明：全优润滑管理所产生的效益是 1：5：10。即：从提高企业生产效率方面的得益是设备寿命延长的 5 倍，是润滑油节省的 10 倍。

节能、减排、增效是目前我国倡导的企业实现可持续发展模式，也是实现企业科学发展的需要。设备全优润滑管理将降低企业对电力、设备配件、润滑材料的消耗，增加设备的使用效率，减少设备故障的发生，节省企业的设备维修费用，实现企业油液资源回收再利用的环保目标。这是一项具有前瞻性的利国利民的好事，它所产生的社会效益是不可估量的！

参 考 文 献

［1］　黄兴，林亨耀. 润滑技术手册［M］. 北京：机械工业出版社，2020.

［2］　贺石中，冯伟. 机械设备润滑诊断与管理［M］. 北京：中国石化出版社，2017.

［3］　首钢股份有限公司. 大型钢铁企业设备全优润滑管理体系的构建与实施［J］. 冶金管理，2017（1）：41-48.

［4］　张盛，等. 海洋石油平台全优润滑管理研究与应用［J］中国设备工程，2017（21）：160-162.

［5］　胡邦喜. 设备润滑基础［M］. 北京：冶金工业出版社，2002.

［6］　吴晓玲. 润滑设计手册［M］. 北京：化学工业出版社，2006.

第18章 纳米润滑技术及应用

18.1 概述

纳米是一个长度概念，1 纳米（nm）为百万分之一毫米（mm）。纳米材料泛指粒子在纳米尺度范围内（1～100nm）并因此而具有与宏观常规尺寸材料完全不同的纳米特性的各类超细微材料，包括超细微金属纳米材料、无机非金属材料、有机高分子纳米材料、仿生和生物纳米材料等。研究表明，当物质粒度降到纳米尺度（即 100nm 以下）后表面积急剧增加，处于空键缺位不稳定的表面、界面的原子分子数量和比例大幅增加。

纳米粒子具有奇异的光、电、磁、热和力学等特殊性质，使其在摩擦学领域引起了人们的极大兴趣，也给润滑材料的发展提供了广阔的技术空间。纳米润滑材料的研究始于 20 世纪 80 年代末，美国和日本是最早起步研究纳米润滑材料的国家。我国清华大学、华中科技大学、北京大学及中科院兰州化物所等单位于 20 世纪 90 年代都相继开展了纳米润滑材料的研究。

同宏观上三维方向都具备足够大尺寸的常规材料相比，纳米材料是一种低维材料，即在一维、二维甚至三维方向上尺寸为纳米级（1～100nm）。纳米材料按空间维数分为以下四种：零维的原子簇和原子团簇，即纳米粒子；一维的多层薄膜，即纳米膜；二维的超细颗粒覆盖膜；三维的纳米块体材料。纳米材料的分类见表 18-1。

表 18-1 纳米材料的分类

分 类	实 例	应 用
纳米粉（颗粒）	各种金属、金属氧化物、氮化物、碳化物、硼化物等的纳米微粉或纳米颗粒	磁流体、吸波隐身材料、高效催化剂等
纳米纤维	纳米碳管、SiC、GaN、GaAs、InAs 等纳米线，同轴纳米电缆等	微导线、微光纤材料，纳米电子技术等
纳米膜	SnO_2、金刚石、$CuInSe_2$ 等纳米膜	传感器、超微过滤、高密度记录、光敏超导等
纳米块体	纳米 Fe 多晶、纳米铜、TiO_2 纳米陶瓷、ZrO_2 纳米陶瓷等	高强度材料、智能金属等
纳米复合材料	$MoSi_2$/SiC、Al-Mn-La、堇青石-ZrO_2、尼龙-蒙脱土等金属间化合物、复合陶瓷、无机-有机杂化材料、插层材料等	特种防护层、特种陶瓷、生物传导材料、分子器件等
纳米结构	团簇、人造原子、纳米自组装体系等	"纳米镊子""纳米马达"等纳米超微器件设计

20 世纪 80 年代初期，国际兴起了研究纳米科技的热潮。纳米科技已经成为 21 世纪前沿科技领域之一，对经济和社会的发展产生了巨大影响，它也成为国际关注的热点。美国从 1991 年开始，先后把纳米科技列为"政府关键技术""2005 年战略技术"和"国家纳米技术推进计划"，美国提出的 10 年重要发展的 9 个领域的关键技术中，就有 4 个领域涉及纳米

科技。纳米技术是组建和利用纳米材料来实现特有功能和智能作用的高科技先进技术，其对经济和社会发展所产生的潜在影响，已经成为全世界关注的焦点。因此，世界各国，尤其是科技强国，都十分重视将大力发展纳米科技作为国家的战略之一。

全球新冠病毒大流行期间，智利发明了抗菌纳米铜离子口罩，我国也发明了含纳米纤维可多次（最

高可达 60 次）重复使用的口罩，近期的这些新发明都充分利用了纳米技术。

纳米科技是一门应用科学，它主要研究在纳米尺度下材料和结构的设计方法、组成、特性及其应用，它是现代科学以及先进技术相结合的产物。纳米科技在纳米尺度（$0.1 \sim 100nm$）上研究自然界现象中原子、分子的行为和相互作用的规律，在此基础上，旨在创造出性能更为独特优异的产品。纳米材料由于大的比表面积以及一系列新的效应（如小尺寸效应、界面效应、量子效应和量子隧道效应等），出现了许多不同于传统材料的独特性能。在这当中，纳米摩擦学研究是其热点之一。它是在纳米尺度下研究摩擦界面上的行为、变化、损伤及其控制的科学。纳米摩擦学虽然发展时间不长，但其理论和应用研究已取得重大进展，有些成果还直接应用于实际，在这当中，纳米润滑技术的研究受到人们的高度关注。

我国已将纳米技术、信息技术和生物技术列为我国 21 世纪重点发展的三大支柱技术。近年来，为了克服传统添加剂中含有硫、磷、氯等有害物质造成的金属腐蚀和环境污染，在润滑油中加入固体润滑材料已经越来越受到业界的关注。特别是纳米材料技术的不断进步和广泛应用，对润滑油中固体添加剂的应用产生了巨大的推动，因而纳米粉末成为当前润滑油添加材料研究和开发的一个新热点。纳米材料添加剂具有良好的减摩抗磨效果，且可大幅度地提高润滑油的承载能力，某些纳米颗粒还对磨损的表面具有一定的自修复功能，从而显示了其广阔的应用前景。

近年来，随着纳米科技的飞速发展，纳米粒子作为润滑油添加剂已开始显示其优越性能。纳米粒子是指粒子尺寸在 $1 \sim 100nm$ 的超微粒子，一般人们把纳米材料分成两个方面，一个是指纳米超微粒子，另一个是指纳米固体材料。纳米粒子的大比表面积使它们具有很高的活性，纳米粒子暴露于大气后，表层被氧化，因此纳米金属的粒子表面常有一层氧化物包裹着。由于纳米粒子的原子数与总原子数之比随着纳米粒子尺寸的减少而大幅度增加，粒子的表面能和表面张力也随着增加，从而引起纳米粒子性质的变化，使纳米粒子具有很多特殊性能。美国 Chemistry of Materials 杂志在 1996 年第 8 期出版了第一个"纳米结构的材料"专刊，刊登了 20 篇综述文章和 50 多篇研究论文，比较全面地介绍了纳米研究的最新进展。1999 年美国出版了一套 5 卷本的有关纳米结构和纳米工艺的手册。现在世界各国都非常重视纳米科技的研究。随着纳米材料和纳米技术的发展，为研制先进润滑防护材料和技术提供了新的途径。研究表明，纳米材料

具有优异的降低摩擦和减小或防止磨损等功能。如经过化学修饰的纳米颗粒具有较好的氧化安定性，在有机溶剂中具有较好的分散性，这些纳米粒子高的表面性能和化学活性使其较易在磨损表面上沉积，形成具有低熔点和易剪切作用的防护层，从而在运行中对磨损表面进行原位修复，并可以有效地减少或防止磨损。

纳米颗粒作为润滑油添加剂早在 20 世纪 80 年代已开始应用，如某些润滑油清净添加剂的碱性组分碳酸钙中往往含有大量的纳米尺度的 $CaCO_3$ 颗粒，近年来关于超高碱值洗涤剂抗磨损特性的研究已倍受人们关注。有关纳米金属作为润滑油添加剂的研究也有不少报道，如俄罗斯科学家将纳米铜粉末或纳米铜合金粉末加入润滑油中，可使润滑性能提高 10 倍以上，不但能显著降低机械部件的磨损，还能提高燃料效率，改善动力性，延长使用寿命。

随着近年来摩擦化学和摩擦物理学的快速发展，新型润滑添加剂不断涌现，其性能不断提高，同时也对润滑管理人员提出了更高的要求。随着抗磨添加剂得到广泛应用，机械设备的润滑机理发生了根本变化：化学吸附膜取代物理吸附膜，化学反应膜取代吸附膜等。

纳米润滑材料充分利用纳米材料的结构效应，如小尺寸效应、量子化效应、表面效应和界面效应等，这些效应能赋予润滑材料许多奇异的性能。如小尺寸效应的表现首先是纳米微粒熔点发生变化；量子化效应带来纳米微粒的性质变化；表面效应会引起纳米微粒表面结构的变化等。将纳米材料应用于润滑体系中是一个全新的研究领域。这种含有纳米微粒的新型润滑材料，不但可以在摩擦表面上形成一层易剪切的薄膜，降低摩擦系数，而且还可以对摩擦表面进行一定程度的填补和修复，这也催生了自修复纳米润滑添加剂的发展。传统的润滑油及其添加剂只能减缓磨损而不具备在摩擦过程中对被磨损表面产生自补偿的功能。武汉材料保护研究所顾卡丽等人在磨损自修复润滑添加剂方面开展了多年的科研工作，卓有成效。国内另一种自修复功能的润滑添加剂也已发表专利。

18.2　纳米微粒的基本特性及制备技术

在这一方面，乔玉林学者在他的专著中曾经做过较详细的描述。

1. 基本特性

（1）微观特性　纳米材料由纳米微粒组成，纳米微粒的尺寸在 $1 \sim 100nm$ 范围内，它具有以下几方面的特殊效应：

1）界面与表面效应。随着纳米微粒尺寸的减少，界面原子数增多，晶体的对称性变差，其表面能带被破坏，因而出现了界面效应。具有高化学活性的原子一旦遇到其他原子就会很快结合，使其稳定化，这种表面的活性就是表面效应。纳米微粒粒度越小，界面与表面效应越显著。

2）量子尺寸效应。这一效应可使纳米微粒具有高的光学非线性、特异的催化性和光催化性等。

3）小尺寸效应。由于颗粒尺寸变小所引起的宏观物理性质的变化称为小尺寸效应。尺寸变小，比表面积显著增加，从而磁性、化学活性、催化性及熔点等都出现了一系列新奇的性质。

4）宏观量子隧道效应。微观粒子具有贯穿势垒的能力称为隧道效应。这一效应与量子尺寸效应一起确定了微电子器件进一步微型化的极限，也限定了采用磁带磁盘进行信息储存的最短时间。

（2）宏观特性　纳米微粒具有大的表面积，表面原子数、表面能和表面张力随粒径的下降急剧增加。导致纳米微粒的热、磁、光、敏感特性和表面稳定性等不同于常规微粒，这就使得它具有广阔的应用前景。

1）热学性能。纳米微粒的熔点、开始烧结温度和晶化温度均比常规微粒低得多。由于微粒小，纳米微粒的表面能高、比表面原子数多，熔化时所需增加的内能要小得多，这就使得纳米微粒熔点急剧下降。

2）力学性能。纳米晶体材料的弹性模量与普通晶粒尺寸的材料相同，但当晶粒尺寸非常小（<5nm）时，材料几乎没有弹性。对于某些纳米晶体材料，在相对于普通晶粒材料更低温度和更高应变速率的情况下产生了超塑性。

3）磁学性能。当纳米微粒尺寸小到一定临界值时，便出现超顺磁状态。不同种类的纳米磁性微粒显现超顺磁的临界尺寸是不同的。

4）光学性能。当纳米微粒的粒径与超导相干波长相当时，小颗粒的量子尺寸效应十分显著，这种表面效应和量子尺寸效应导致了纳米微粒具有特殊的光学性能。

5）催化性能。由于纳米微粒的尺寸很小，故表面所占的体积分数大，由于表面的键态和电子态与颗粒内部不同以及表面配位不全等因素，导致表面活性位置增加，这就使它具备了作为催化剂的基本条件。有专家预计，纳米微粒催化剂很可能成为 21 世纪催化反应的主要角色。催化剂的作用主要体现在以下几个方面：

① 提高反应速度，增加反应效率。

② 决定反应路径，具有优良的选择性。

③ 有效降低反应温度。

另外，纳米微粒也具有特定的表面特性，如纳米微粒的表面能、表面官能团、表面润湿性以及表面电性等。

纳米微粒的表面能及其应用性能和表面修饰剂之间的作用存在着很大的关系。一般来说，表面能越高，吸附作用越强。但对于纳米微粒来说，表面能高却易于团聚，因而难以均匀分散，故在实际工作中要对某些纳米微粒进行表面修饰，其目的就是要降低其表面能，使其不产生凝聚团粒，从而容易分散均匀。影响纳米微粒表面能的因素很多，如空气中的湿度、蒸气压、表面吸附水、表面污染以及表面吸附物等。

纳米微粒表面的官能团决定了纳米微粒在一定条件下的吸附和化学反应活性以及电性能和润湿性等。这对其应用性能以及与表面修饰分子的作用等有重要影响。纳米微粒不同，表面官能团的种类和数量也不同，同一纳米微粒的表面官能团有一定的分布。纳米微粒的表面形态也会影响其活性部位的分布和密度。

纳米微粒表面润湿性的大小是纳米微粒在有机高聚物中能否稳定分散的重要表面性质之一。表面修饰可以增加无机纳米微粒在高聚物基料中的润湿性，以提高其分散性，从而增强与有机基体材料的亲和性。

纳米微粒表面的电性是由纳米微粒表面的荷电粒子（如 H^+、OH^- 等）决定的。纳米微粒在溶液中的电性还与溶液的 pH 值及离子类型有关。另外，纳米微粒表面的电荷性（正电或负电）以及荷电大小（电位），在一定程度上会影响颗粒之间、颗粒与表面活性剂分子之间的静电作用力，因而影响颗粒之间的凝聚和分散性，这也会影响表面修饰剂在微粒表面的吸附作用。

2. 制备技术

纳米材料的制备技术是纳米技术发展的关键。纳米微粒的制备方法一般分为气相法、液相法、固相法和混合法四类。气相法可制备出纯度高、分散性好、粒径分布窄而细的纳米微粒。液相法可制备化学组成、形状和大小各异的纳米微粒，但需要克服纳米微粒之间的团聚问题。固相法工艺简单，产量较高，但在制备过程中易引入杂质。

（1）气相法制备纳米微粒　气相法是直接利用气体，或通过各种方法将物质变成气体，使之在气相状态下发生物理变化或化学变化，并在气相保护气氛中冷凝和长大，从而形成纳米微粒的方法。气相法的优点是所制备的纳米微粒纯度高、微粒尺寸小、团聚少，这种方法较适合于氧化物纳米微粒的制备。

气相法制备纳米微粒还有很多种方法，主要包括化学气相沉积法、化学气相冷凝法、原子沉积法、蒸发-凝结法、激光诱导气相沉积法、等离子气相合成法和燃烧法等。

（2）液相法制备纳米微粒　液相法制备纳米微粒在目前是最具竞争优势的制备技术。此方法的特点是，能较易控制成核及其成长过程和形状大小。目前，此方法的制备技术也较为成熟，一般可获得化学均匀性较高的微粒。液相法包含沉淀法、溶胶-凝胶法和聚合物基模压法等。其中，控制颗粒的长大和团聚是液相法制备纳米微粒的关键技术之一。

（3）固相法制备纳米微粒　此方法主要包括机械合金化法、爆轰法和固相合成法。机械合金化法是将欲合金化的各微粒按一定配比机械混合，在高能球磨机等设备中长时间运转，微粒经历反复的挤压、冷焊合及微粒粉碎的过程，在固态下实现合金化。爆轰法是利用负氧平衡炸药在密闭容器中爆炸，最终形成类金刚石或石墨的一种方法。

固相合成法制备纳米微粒的突出优点是操作容易，合成工艺简单，粒径均匀，且粒度可控，污染少，又可避免液相中易出现的硬团聚现象。研究者发现，反应速度是影响粒径大小的主要因素。反应速度快，单位时间成核数目多，可抑制晶粒长大，使反应所得产物的粒径较小。

超声波分散可改变微粒的分散程度，但只能破坏微粒之间的软团，增加分散性，不能解决微粒的硬团聚问题。表面活性剂的加入能明显地改变微粒的分散性，其用量与粒径大小的影响存在一定相互关系。总之，固相法成本低，设备简单，但微粒易团聚，不易分散均匀。目前主要利用固相法来制备纳米 Si_3N_4、SiC、ZnO、SnO 和 NiO 等氧化物。

（4）混合法制备纳米微粒　此法是将溶液通过物理手段进行雾化，获得超微粒子的一种物理与化学相结合的方法。该法的突出优点如下：

1）可方便地制备多种组元的复合微粒，且各个组元在微粒中的分布非常均匀。

2）工艺可控，微粒形状好。

3）工艺简单，从溶液到微粒都可一步完成。

混合法主要包括喷雾干燥法、喷雾热解法、冷冻干燥法、超临界流体干燥法、超临界流体快速膨胀法和微波辐照法等。其中，喷雾干燥法用于制备陶瓷纳米复合微粒，适合批量生产，具有广阔的应用前景。乔玉林学者指出，这种方法可在很宽的范围内控制所得到的微粒的粒度。通过控制反应过程参数，如转子转速、进出口温度、溶液浓度、料液黏度、料液分散性等，对微粒的粒度可在纳米尺寸到微米尺寸之间调控。喷雾干燥法制备微粒如图 18-1 所示。

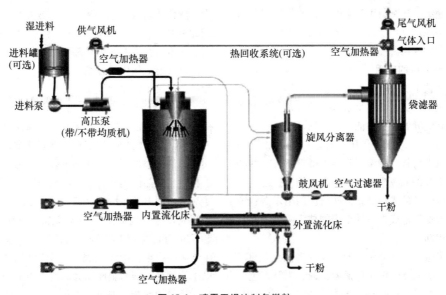

图 18-1　喷雾干燥法制备微粒

应该指出的是，采用喷雾干燥法不能直接制备纳米金属微粒或纳米级金属复合微粒，只能先制备纳米级氧化物微粒或氧化物复合微粒的前驱体。

在溶液反应法制备纳米微粒的过程中，干燥是最为关键的步骤之一。由于微粒越小，表面能就越大。随着胶体中液体的挥发，极易产生微粒的团聚和长大。因此，干燥技术及其工艺条件对微粒的大小、团聚状态等都会产生很大的影响。

其中的溶剂置换干燥法，在此干燥过程中，因表面张力引起的微粒团聚，可通过使用表面活性剂或选择低表面张力的溶剂来减轻团聚程度。当微粒在毛细压力作用下进一步接近时，微粒间除了范德华引力外，还由于因水分子间的氢键产生桥接作用的水分子在胶体干燥到一定温度时可被脱除，而发生两个微粒表面 OH 基氢键作用，进一步脱水（如煅烧），导致了微粒间真正的化学键合作用，从而形成难以分散的硬团聚，如图 18-2 所示。

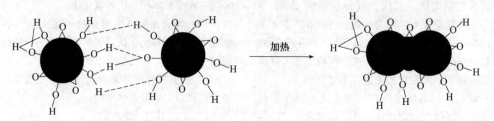

加热

图 18-2　微粒表面氢键作用产生团聚微粒示意图

18.3　纳米润滑添加剂的应用实例

纳米润滑油添加剂是一类新兴的润滑油添加剂，相比于传统的润滑油添加剂，它不但具有优异的摩擦学性能，而且还具有独特的磨损自修复功能。纳米润滑油添加剂是指将纳米材料用作润滑油添加剂。20世纪 90 年代，河南大学张治军教授和中科院兰州化物所薛群基院士在国际上率先开展纳米材料摩擦学的研究工作，开创了纳米材料用作润滑添加剂的研究方向。随后，中科院兰州化物所刘维民课题组、清华大学雒建斌课题组、陆军装甲兵学院徐滨士课题组等对纳米润滑油添加剂进行了许多深入的研究工作，并获得了很多成功的应用。

1. 在润滑油中的应用

随着纳米技术的兴起和发展，促进了纳米微粒在润滑领域的应用研究，特别是纳米微粒在苛刻工况条件下显示出其优异的润滑性能，一些纳米微粒在摩擦过程中还具有一定的修复作用及环境友好性能。因此，许多摩擦学科技者寄希望于纳米微粒解决一些特殊工况和高科技的润滑难题。近年来，纳米技术的快速发展与纳米颗粒的成功制备，使得应用纳米微粒来改善润滑油的性能已成为一种重要的技术手段，并且有广阔的应用前景。

所谓纳米金属粉润滑添加剂，是指将粒径为 50~100nm 的球形纳米金属粉（包括铜、镍、铝等有色金属及其合金）以适当的方式分散于各种润滑油中，由此形成的一种均匀、稳定的悬浮液。这样，每升油中可能含有数十亿个金属粉颗粒，它们与固体表面相结合，形成超光滑的保护层，可填塞微划痕，由此大幅度降低摩擦和磨损。纳米金属粉与润滑油混合时，一般是将纳米金属粉以适当的比例和表面活性剂均匀、稳定地分散到油中，从而制成多功能的油品添加剂。

纳米金属微粒作为润滑油（脂）添加剂能有效地改善润滑油（脂）的摩擦学性能，这不仅在摩擦试验机上，而且在发动机台架试验机上得到验证。纳米材料在润滑油中主要作为添加剂使用，如摩擦改进剂、抗磨剂、极压剂和磨合剂等，由于纳米添加剂具有很多传统添加剂无可比拟的优良性能，因此，可以发现，当纳米材料的应用进入润滑领域后很快就表现出了取代传统添加剂的势头，在这方面，周峰等在他们的专著"纳米润滑材料与技术"中已做过详细介绍。大量研究表明，纳米颗粒具有良好的减摩抗磨和自修复性能。国内外在纳米微粒用作润滑油添加剂方面已经开展了许多研究工作。

（1）金属纳米颗粒作为润滑油添加剂　纳米金属粉与润滑油混合时，一般是将金属粉以适当的比例和表面活性剂均匀、稳定地分散到油中，从而制成多功能的油品添加剂。金属纳米颗粒作为一种新型的润滑材料，其晶体结构与电子结构不同于相应的金属粒子。自德国 H. Gleiter 首次制备出粒径为 6nm 的铁纳米颗粒以来，世界上对纳米金属（如 Cu、Ag、Pb、Sn、In、Bi、Co 和 Ni 等）的研究蓬勃发展，并取得了丰硕的成果，纳米金属广泛地应用于冶金、化工、电子等领域。纳米金属作为润滑油添加剂同样表现出一些优异的性能，如可以在摩擦副表面形成转移膜，起到抗磨、减摩和自修复的作用。常见的制备纳米金属和纳米合金的方法有还原萃取法、液相分散法、原位还原法等。

装甲兵工程学院的徐滨士院士等对铜纳米微粒用

作润滑油添加剂的摩擦学性能进行过深入研究，实验和实践均表明，金属纳米铜的加入可在磨损表面形成一层润滑膜，该润滑膜能改善不同种类润滑油的抗磨减摩性能。图 18-3 所示为负荷 300N、时间 30min 及转速 1450r/min 试验条件下，Cu 纳米微粒添加剂体积分数 ϕ 与钢球磨斑直径 d 和摩擦系数 μ 之间的关系曲线。

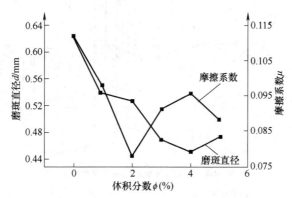

图 18-3　一定条件下 Cu 纳米微粒添加剂体积分数 ϕ 与钢球磨斑直径 d 和摩擦系数 μ 之间的关系曲线

由图看出，不含添加剂的基础润滑油润滑下的磨斑直径为 0.621mm。曲线表明，Cu 纳米添加剂可使基础油的抗磨性能得到显著改善，当添加剂体积分数为 4.0% 时，与基础润滑油润滑下相比，其磨斑直径降低 27.4%。铜纳米添加剂的减摩效果也很明显，其中不含添加剂的基础润滑油润滑下的摩擦系数为 0.112，当添加体积分数为 2.0% 时，其摩擦系数降低 36.9%。由此说明，Cu 纳米微粒添加剂具有良好的减摩抗磨性能，这已在发动机油中得到广泛应用。

俄罗斯专家将纳米铜粉末或纳米铜合金粉末加入润滑油中，研究表明，可使润滑油的润滑性能提高 10 倍以上，并能显著降低机械部件的磨损、提高燃烧效率，改善动力性及延长部件使用寿命等。夏延秋等人将 10~50nm 铜粉添加到石蜡基矿物油中，利用 Tim ken 摩擦磨损试验机评价其磨损性能，发现其磨痕宽度大幅下降。Tarasov 等人将不同气氛条件下制得的纳米铜粉加入 SAE30 机油中，也发现纳米铜粉可大幅度提高摩擦副的摩擦磨损性能。为了解决纳米铜粉的分散稳定性问题，周静芳等人通过 DDP 修饰纳米铜。研究表明，经过修饰的纳米微粒作为润滑油添加剂表现出更好的润滑性能。

也有学者研究指出，将微纳米铜粒子以适当方式分散于润滑油（脂）中，可形成一种稳定的悬浮液，在摩擦副表面形成微米级或纳米级的润滑保护膜。目前，含铜纳米粒子作为纳米添加剂是纳米润滑技术领域的研究热点之一。纳米金属颗粒作为润滑油添加剂主要包括一元金属纳米颗粒、二元金属纳米颗粒和多元金属纳米颗粒。

（2）无机化合物纳米颗粒作为润滑油添加剂　在摩擦学领域，主要有以下类型的无机化合物纳米颗粒作为润滑油添加剂。

1）氧化物纳米颗粒。研究表明，这些氧化物（如 PbO、ZnO、TiO_2、SiO_2 和 ZrO_2 等）具有一定的抗磨减摩性能。对于经过表面修饰的纳米氧化物颗粒来说，在不同的载荷下具有不同的作用方式。在低载荷下，表面修饰剂通过吸附或化学反应的方式起到润滑作用，而在高载荷下，氧化物通过与摩擦表面反应或沉积铺展成膜的方式起到抗磨减摩作用。有学者系统地研究了纳米 CuO、ZrO_2 和 ZnO 添加剂在 PAO6 中的摩擦学性能，采用环块测试对其在滑动摩擦条件下的减摩抗磨性能进行研究，结果如图 18-4 和图 18-5 所示。

其中，纳米 ZrO_2 和 ZnO 表现出相似的摩擦学性能，当添加剂浓度都为 0.5% 时，其抗磨减摩性能达到最佳值，且随浓度的增加，其性能变差，当添加 2% 纳米 CuO 时，减摩性能最差，但抗磨性能最佳。研究指出，添加剂的抗磨减摩性能受纳米颗粒尺寸、硬度和沉积方式的影响。

2）硫化物纳米颗粒。业界已进行了很长时间有关纳米硫化物添加剂的研究，也有许多报道。硫元素会影响添加剂的润滑性能，其解释是，一方面可直接通过"滚动轴"的方式起到润滑作用，另一方面又可通过摩擦化学反应生成保护膜，从而起到润滑作用。

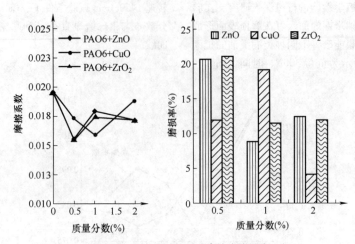

图 18-4　添加剂浓度对减摩性能的影响

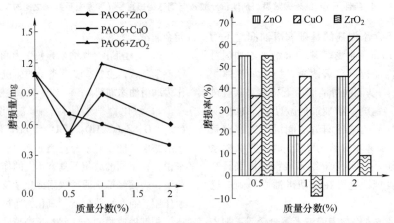

图 18-5　添加剂浓度对抗磨性能的影响

作为一种重要的过渡族金属硫化物，二硫化钼以其六方晶系层状结构的特点，作为固体润滑剂在工业上得到广泛应用。而纳米 MoS_2 相对于普通 MoS_2，除纳米颗粒本身尺寸效应、表面与界面效应外，纳米 MoS_2 能在摩擦表面形成牢固的吸附膜和化学反应膜，在长期高负荷条件下其摩擦学性能更为优异。

近年来，随着合成工艺的不断发展，研究人员合成了纳米管、纳米薄膜和富勒烯状等形貌的纳米 MoS_2，为纳米 MoS_2 作为润滑油添加剂提供了更多的选择。在润滑油中添加纳米 MoS_2，相比普通 MoS_2 更易形成化学膜，有助于提高抗磨减摩性能。

作为一种重要的润滑添加剂，MoS_2 的形貌结构对摩擦性能起着决定性作用，研究指出，具有球形和富勒烯结构的纳米颗粒成为近年来润滑领域的研究热点。如 C_{60}、C_{70}、$IF\text{-}MoS_2$、$IF\text{-}WS_2$ 和碳纳米管等，具有层状结构的石墨和金属硫族化合物表现出优异的润滑性能，适合作为润滑油添加剂使用。图 18-6a、b 所示为 $IF\text{-}MoS_2$ 纳米颗粒和片状 MoS_2 纳米颗粒的 TEM 图片。图 18-7 所示为纳米 MoS_2 润滑机理分析。

研究表明，纳米 MoS_2 具有优异的摩擦学性能，这主要归因于其特殊的纳米尺寸效应和结构优化机制。一方面，纳米级颗粒由于粒度较小，表面活性能较高，极易牢固地吸附在摩擦基体表面，提高抗负荷能力，并有效填补基体表面的凹坑，形成致密的润滑保护层，使其在较长的使用时间内能保持稳定且较低的摩擦系数。另一方面，在摩擦初期阶段，纳米 MoS_2 球形结构呈现"滚动摩擦"的功能，有效减少摩擦磨损。二硫化钼纳米球的摩擦机制，实际上是"滚动摩擦"和"滑动摩擦"的复合摩擦机制。

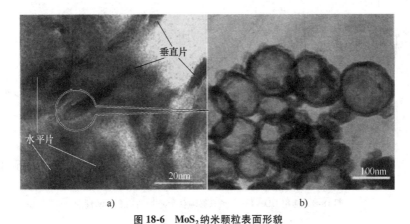

图 18-6　MoS₂ 纳米颗粒表面形貌

a）IF-MoS₂ 纳米颗粒　b）片状 MoS₂ 纳米颗粒

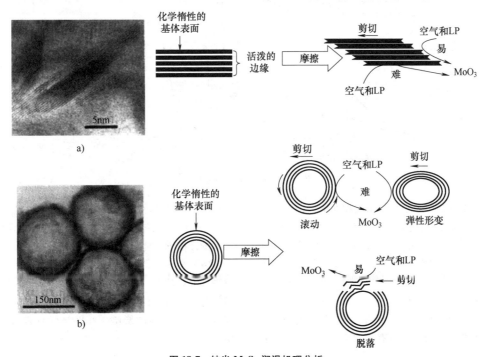

图 18-7　纳米 MoS₂ 润滑机理分析

a）IF-MoS₂ 纳米颗粒　b）片状 MoS₂ 纳米颗粒

3）稀土金属化合物纳米颗粒。稀土金属化合物纳米颗粒具有优异的摩擦学性能，目前作为润滑油添加剂的主要有稀土氟化物、氢氧化物和氧化物等。周静芳和闫婷婷等人研究了有机化合物表面修饰的 LaF_3（三氟化镧）纳米微粒润滑油添加剂的摩擦学性能。图 18-8 所示为使用 DDP-LaF_3 纳米微粒作为添加剂时的摩擦学性能测试（测试条件：转速 1450r/min，测试时间 30min，载荷 300N）。研究结果表明，ZDDP 和 DDP-LaF_3 都能改善石蜡基础油的摩擦性能，但从图 18-8 中可看出，DDP-LaF_3 抗磨性能优于 ZDDP。研究通过 SEM 和 EDS 对钢球磨损表面进行分析，证明 LaF_3 作为润滑油添加剂在摩擦过程中在金属表面上形成了一层 La、F 元素的保护层。

4）碳酸盐纳米颗粒。这方面研究较多的是碳酸钙（$CaCO_3$）颗粒。研究表明，纳米 $CaCO_3$ 是一种兼具洗涤剂作用的多功能润滑添加剂。张明等使用化学共沉淀方法成功制备出能够稳定分散在润滑油中的 $CaCO_3$ 纳米颗粒，并系统研究其抗磨减摩性能，如

图 18-9所示。

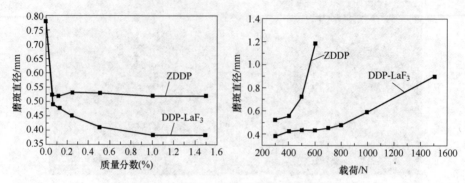

图 18-8 使用 DDP-LaF₃ 纳米微粒作为添加剂的摩擦学性能

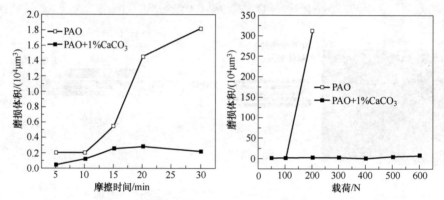

图 18-9 纳米 CaCO₃ 颗粒的摩擦学性能

试验结果表明，$CaCO_3$ 纳米颗粒在测试范围内能够改善 PAO 的抗磨性能。通过表面元素分析表明，沉积膜的主要成分为氧化钙，说明 $CaCO_3$ 纳米颗粒通过表面沉积和摩擦化学反应的方式能发挥抗磨减摩的作用。

（3）金刚石纳米颗粒作为润滑油添加剂　金刚石粉末已被广泛地应用于工业领域。大尺寸的金刚石粉末常被用作抛光剂，而具有纳米尺寸的金刚石颗粒可作为润滑油添加剂，用于改善润滑油的摩擦学性能。Chu 等人系统地研究了纳米金刚石作为润滑油添加剂的摩擦学性能。

纳米金刚石具有球状外形和表面官能团，能够通过物理或化学方法分散在润滑油中。研究人员以液状石蜡为基础油，考察了金刚石纳米颗粒对其承载能力和极压抗磨性能的影响，其摩擦学性能如图 18-10 所示。

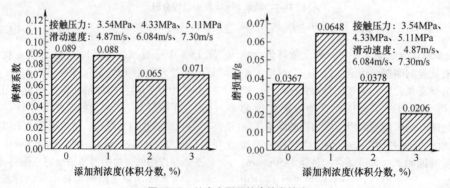

图 18-10 纳米金刚石的摩擦学性能

研究结果表明，添加剂浓度的增加能降低其摩擦系数，但含量不能过多。而磨损是随添加剂浓度先增大而后减小。添加剂浓度为 2% 和 3%（体积分数）时，其摩擦学性能最优。大量研究表明，以纳米颗粒作为润滑油添加剂能够有效地改善其润滑性能，但多在边界润滑或混合润滑状态下才发挥其有效作用。在流体润滑状态下，由于其粒径远小于润滑膜厚度，无法直接发挥有效的润滑作用。

2. 在润滑脂中的应用

纳米润滑添加剂在润滑脂中的应用已取得了很多实际成果。润滑脂的产量虽然在润滑材料产品中所占的比例很小，但它在国民经济中却发挥着重要的作用，在维持机械设备的正常运转（尤其是滚动轴承）、减少抗磨减摩和延长设备使用寿命等方面发挥着重要的作用。随着工业化水平的不断提高，对润滑脂的性能也提出了更高的要求，而润滑脂的润滑性能在很大程度上取决于所使用的添加剂的性能。润滑脂作为一类半流体胶体分散体系，具有良好的体系稳定性，有助于纳米颗粒的稳定悬浮和分散。因此，近年来业界很注重开发性能优异的纳米润滑脂添加剂。周峰等学者总结出了目前较为重要的几类纳米润滑脂用添加剂。

（1）纳米氧化物作为润滑脂添加剂　一般来说，纳米添加剂的粒径越小，其摩擦学性能就越好。这是因为，粒径越小，纳米颗粒表面能和活性也就越高，更容易在摩擦副表面熔融形成易剪切的纳米润滑保护层，防止摩擦副间直接接触，从而起到有效的抗磨减摩作用。

王李波考察了纳米 SiO_2 添加剂在锂基润滑脂中的抗磨减摩性能及承载能力的影响，如图 18-11 和图 18-12 所示。

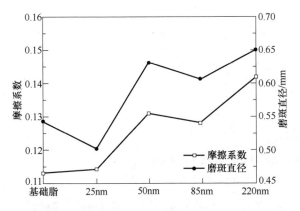

图 18-11　纳米 SiO_2 添加剂在锂基润滑脂中的抗磨减摩性能

注：四球试验机，转速 1450r/min，30min，300N。

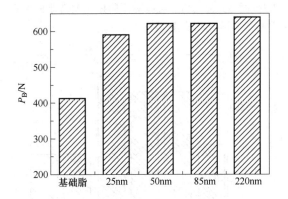

图 18-12　纳米 SiO_2 添加剂最大无卡咬载荷随粒径的变化

注：四球试验机，转速 1450r/min，10s。

由图可见，具有较小粒径的纳米二氧化硅（25～50nm）具有更优越的抗磨减摩性能。这是由于小尺寸纳米颗粒表面活性高，易在载荷作用下熔融铺展形成润滑膜的缘故。

（2）纳米金属作为润滑脂添加剂　近年来，纳米金属 Cu、Ni、Bi、Ag、Mo 等作为润滑脂添加剂的报道较多，尤其是将纳米 Cu 粉加入到发动机润滑油中作为添加剂，并对其发挥的摩擦学性能进行研究已报道很多。研究发现，在高载荷和高速下纳米 Cu 能够有效地提高润滑脂的摩擦学性能。

李成菊学者考查了微粒铜粉在润滑脂中的摩擦学行为和抗磨性，分别用基础脂和含 1.5%（质量分数）铜粉的润滑脂做对比进行四球长磨实验。长磨时间均为 1h，在不同载荷下考查铜粉在润滑脂中的抗磨性，实验结果如图 18-13 所示。

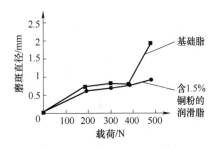

图 18-13　磨斑直径随载荷的变化

纳米软金属添加剂是当前研究的热点之一，在抗磨减摩和自修复方面取得了明显的效果。但由于目前表征手段欠缺，具体的作用机制仍有待进一步明确。研究人员考察了纳米 Bi 添加剂浓度对润滑脂承载能力的影响，如图 18-14 所示。

由图可看出，随添加剂浓度的增加，润滑脂的最大无卡咬载荷 P_B 先增大后减少，并在质量分数为

1.0%时达到最大值。载荷对不同体系润滑脂的摩擦学性能的影响如图 18-15 所示。

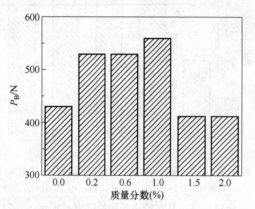

图 18-14　纳米 Bi 添加剂浓度对润滑脂承载能力的影响

由图 18-15 看出，随着载荷的增加，摩擦系数降

低，纳米 Bi 添加剂表现出一定的减摩性，但其抗磨性能比基础脂差，这是由于在载荷作用下，纳米软金属 Bi 的熔点进一步降低，处于微溶状态，在表面形成一层低剪切润滑膜起到减摩作用。但是，由于薄膜强度较低，无法起到有效的抗磨作用。

（3）纳米氟化物作为润滑脂添加剂　无机氟化物纳米微粒作为润滑添加剂主要为稀土氟化物。稀土元素独特的原子结构使其具有许多特殊性能。业界研究表明，使用稀土化合物能够显著改善润滑油脂的摩擦学性能，尤其是极压性能。

研究人员考察了纳米 CaF_2 作为润滑脂添加剂时，其摩擦系数和磨斑直径随添加剂浓度的变化情况，如图 18-16 所示，由图看出，当质量分数为 1% 时减摩抗磨性能最佳、磨斑直径相对基础脂降低了 29%，摩擦系数降低了 19%。但进一步增加浓度时，其减摩抗磨性能均有所下降。

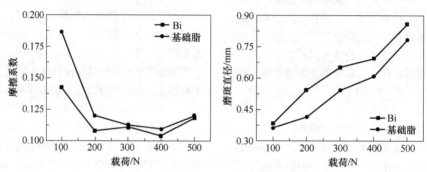

图 18-15　载荷对不同体系润滑脂的摩擦学性能的影响

注：四球试验机，转速 1450r/min，30min。

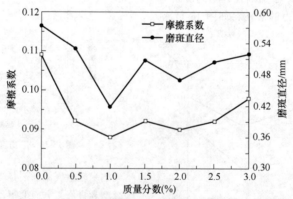

图 18-16　纳米 CaF_2 添加剂浓度对润滑脂减摩抗磨性能的影响

注：四球试验机，转速 1450r/min，30min，300N。

（4）纳米硫化物作为润滑脂添加剂　一般来说，传统的含硫添加剂主要用作极压剂和油性剂，包括硫化烃、硫代酯及多硫化物等。含硫化合物是非常好的

极压添加剂，而纳米硫化物同时具有减摩的作用。纳米硫化物通过与摩擦副表面发生摩擦化学反应生成一层保护膜，从而起到抗磨减摩和提高承载能力的作

用。研究人员考察了纳米硫化铜（CuS）作为锂基润 滑脂添加剂时摩擦学性能的影响，如图 18-17 所示。

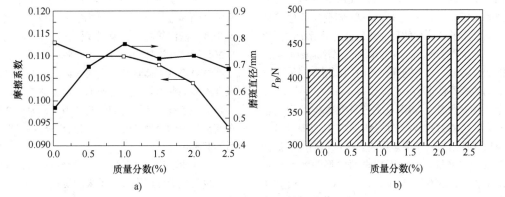

图 18-17　纳米 CuS 添加剂浓度对摩擦学性能的影响

a）四球试验机，转速 1450r/min，30min　　b）四球试验机，转速 1450 N，10s

由图 18-17 可知，随添加剂浓度增加，摩擦系数显著下降，而磨斑直径呈相反趋势。提高添加剂浓度还可增强润滑脂的承载能力，但效果不明显。

毛大恒研究过高温润滑脂中 WS_2 亚微粒子的摩擦学行为。研究结果表明，WS_2 能大幅提高复合锂基脂在不同温度（尤其在高温）下的抗磨、减摩和抗极压等摩擦学性能。

（5）纳米 $CaCO_3$ 作为润滑脂添加剂　现阶段常见的纳米添加剂多含有硫、磷或重金属元素，这些添加剂目前难以满足环保的要求。所以，开发新型绿色添加剂便受到业界研究人员的高度关注，而在这当中，人们的目光都投向了纳米 $CaCO_3$ 添加剂。纳米 $CaCO_3$ 是一类高性能的绿色添加剂，研究表明，纳米 $CaCO_3$ 添加剂能够显著改善润滑剂的抗磨减摩及承载能力，如图 18-18 所示。由图可知，在一定测试条件下，含纳米 $CaCO_3$ 添加剂的锂基润滑脂的摩擦系数随添加剂浓度增大呈现出先减小后增大的趋势。当添加剂浓度为 5%（质量分数）时，摩擦系数最小，此时润滑脂的减摩性能最佳。而磨斑直径则随添加剂浓度的增大而减少，表明纳米 $CaCO_3$ 添加剂具有良好的抗磨性能。

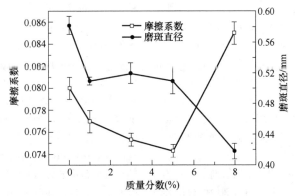

图 18-18　纳米 $CaCO_3$ 添加剂浓度对摩擦学性能的影响

注：四球试验机，转速 1450r/min，30min。

纳米添加剂由于在小尺寸效应和表面界面效应的作用下具有较高的吸附能力和反应活性，易在摩擦表面形成一层低剪切薄膜，降低摩擦系数，还能对表面进行一定程度的修补。纳米颗粒作为润滑脂添加剂应用于摩擦体系中，与传统添加剂作用形式不同，传统润滑油添加剂在发挥抗磨减摩作用的同时，往往以牺牲摩擦副材料为前提，无法对磨损表面进行修复，大大限制了其使用寿命。相对于润滑油来说，纳米颗粒能够稳定地悬浮于润滑脂中，起到良好的润滑作用。

樊凤山学者用纳米金属添加剂对润滑脂进行改性研究，以期应用于钻头轴承上的润滑。随着钻头技术的发展，钻头轴承对轴承润滑脂的要求越来越高，特别强调润滑脂耐高温、高转速和高负荷的性能，如何提高润滑脂的这些性能就成为当今钻头轴承润滑脂发展的技术关键。润滑性能是润滑脂最重要的性能之一，对润滑脂进行改性的目的就是提高润滑脂的润滑性能。研究工作表明，不同的纳米金属添加剂对润滑脂性能的影响不一样，同样，不同的润滑脂对纳米金属添加剂的感受性也不一样。

李宝良等学者在 MRH-3 高速环块摩擦磨损实验机上研究了纳米微粒 Cu、Al、Al_2O_3 及几组混合粒子加入通用锂基脂中后摩擦学性能。采用扫描电子显微镜和能量色散谱仪分析了摩擦表面的形貌和元素组成。结果表明，含有纳米 Cu、Al、Al_2O_3 及混合粒子的润滑脂对摩擦表面均有很好的减摩、修复及抗胶合能力，其中混合粒子要比单粒子具有更好的效果。通过对试验结果的分析，纳米粒子的微滚珠、吸附、填充、焊合、软剪切层等效应是改善润滑脂摩擦学性能的主要原因，适当配比的混合粒子具有良好的协同效果。因各种粒子均能发挥出他们各自的特性，从而显示出特殊的优异性能，大大提高了基础脂的减摩性能和表面修复性能。

18.4 自修复润滑油添加剂及其应用

自修复润滑油添加剂的研制成功给纳米润滑技术的发展增添新的活力。选择性转移是一种具有自修复功能的摩擦学现象，因此，研究开发自修复纳米润滑添加剂已成为纳米润滑技术发展的新方向。自修复纳米润滑油添加剂制备的关键技术是纳米微粒的表面修饰以及纳米微粒在油相中的分散和稳定性问题。这是两个密切相关的交联因素，即使分散好的纳米粒子，其稳定性也不一定好。

众所周知，润滑油添加剂是高级润滑油性能的精髓。近年来，纳米技术的发展与纳米颗粒的制备使得人们在小尺度下对界面处相互作用的控制有了快速提高。应用纳米粒子改善润滑油性能成为一种重要的技术手段，具有良好的应用前景。

目前，含纳米粒子添加剂的商品润滑剂还仍然不多，究其原因，主要是纳米粒子在润滑剂中的分散性及稳定性问题尚未得到满意解决。传统的分散剂（一般为表面活性剂）虽然在水性介质中有着良好的分散效果，但对固体颗粒在润滑油中的分散效果不佳。为此，业界都致力于分散剂的研究。实验表明，偶联剂是一种很好的分散剂。偶联剂一般为两性结构物质，它使无机填料和有机高聚物分子之间产生具有特殊功能的"分子桥"，这样的纳米粒子便可得到较好的分散。另外，纳米粒子通过表面修饰，也有助于增加其在润滑油中的分散性。

纳米粒子在润滑油中的分散程度与纳米粒子在润滑油中的润湿热有关。润湿热描述了液体对固体的润湿程度，润湿热越大，说明固体在液体中的润湿程度越好，固体在液体中的分散性也越好。研究表明，极性液体对极性固体具有较大的润湿热，非极性液体对极性固体的润湿热较小，而非极性固体与极性水的润湿热远小于有机液体的润湿热。因此，研究纳米粒子在润滑油中的分散性时，要选择合适的纳米粒子与合适的润滑剂。

表面化学修饰法是使纳米润滑粒子表面与修饰剂之间进行化学反应来改变纳米润滑粒子表面结构和性质，以达到改善表面的目的。该法主要有偶联剂法，它是利用偶联剂分子中可水解的烷氧基与无机物表面的羟基等活泼氢进行化学反应，而其另一端的长链有机基团与润滑油具有很好的相溶性。常用的偶联剂有硅烷铝酸酯和钛酸酯等。而对于纳米粒子在润滑油中的稳定性，可通过在纳米粒子表面进行一些单分子聚合反应，从而得到囊状纳米粒子来增强。由于纳米粒子被聚合物所包覆，可阻止纳米粒子自身的团聚，这样有利于增强纳米粒子在润滑油中的稳定性和分散性。

薛群基等人利用含硫有机化合物修饰金属化合物和二硫金属化合物制成纳米微粉，将其添加进润滑油中，然后进行四球机摩擦磨损试验。结果表明，该物质在有机溶剂和润滑油中具有良好的分散性，它是一种优良的润滑油极压抗磨添加剂。

金属纳米颗粒同样可以实现低摩擦。Tarasov 等人通过实验发现，在机油中添加纳米铜颗粒能降低摩擦系数，并将减摩的机理归结为软金属铜的填充效应。Zhou J F 等人在实验中发现在基础油中添加纳米铜颗粒可以获得如添加 ZDDP 一样的润滑效果。与普通润滑油相比，添加纳米铜颗粒的润滑油在高负载的情况下具有优异的摩擦学性能。一些学者认为，这是在摩擦表面沉积的铜层以及在接触区高温高压下形成的低抗剪强度的表面膜所致。通过图谱分析可知，经过摩擦后，保留在摩擦表面上的 Cu 以单质形式呈现，这表明即使在高温高压下，Cu 本身未被氧化，而单质 Cu 膜所具有的低剪切性能是润滑油抗磨性能的主要保证。

在 20 世纪末期，科学家发现纳米硫化物可实现超低摩擦，如二硫化钼，二硫化钨和硫化铜等。此外，人们也发现类石墨烯结构的硫化物同样可以降低摩擦，如无机类石墨烯的二硫化钼颗粒和硫化钨颗粒。

美国国家的纳米技术计划中，以设计和制造能进行自修复的纳米材料作为可能取得突破的长期目标。由于纳米材料具有比表面积大、高扩散性、易烧结性和熔点降低等特性，因此，以纳米材料为基础制备的新型润滑材料应用于摩擦学系统中，将以不同于传统载荷添加剂的作用方式起到抗磨减摩作用。这种新型润滑材料不仅可以在摩擦表面形成一层易剪切的薄膜，降低摩擦系数，而且直接吸附到零件的划痕或微坑处，或通过摩擦化学反应产物对摩擦表面进行一定程度的填补和修复，起到自修复作用。

近几年来，在摩擦磨损自修复润滑油添加剂的应用研究方面进展很快，主要表现在以下几方面：

（1）软金属自修复添加剂　由于面心立方晶格结构的软金属具有各向同性的特点，使其具有与高黏度流体相似的润滑行为，如在低摩擦速度下的铝膜具有自修复功能。一般软金属的抗剪强度较低，在发生摩擦时，软金属可能会在对偶件材料表面形成转移膜，在软金属内部发生滑移，这样容易发生自修复行为。目前研究的软金属自修复添加剂主要包括铜、锡、铝、锌和银等，其中铜类材料自修复添加剂研究较多。

全军表面工程研究中心经过多年研究，开发了原位动态纳米减摩自修复技术，摩擦试验表明，采用加有纳米自修复添加剂的润滑油润滑时，添加剂对柴油机各个摩擦副均具有很好的抗磨效果，其中铜套在整个试验过程中基本处于零磨损状态。因此，含有纳米颗粒、油溶性有机钼和稀土化合物等抗磨减摩及自修复成分的润滑剂，能够减少装备摩擦副表面的摩擦磨损，在一定条件下，实现发动机、齿轮、轴承等磨损表面的自修复。

据报道，钢铁总院研制的修复型润滑添加剂，是将超细金属及纳米陶瓷粒子采用特殊方法均匀分散于载体油中形成的一种稳定的悬浮体系。该润滑添加剂不仅可大幅度改善润滑油的耐磨性能，而且具有很强的自修复功能。重庆后勤工程学院研究了油溶性有机铜添加剂对摩擦磨损的自修复作用。中科院兰州化物所对 CuDDP 表面修饰纳米颗粒添加剂进行了研究，研究表明，粒径较小的纳米颗粒作为润滑油添加剂在金属磨损表面的沉积及其对磨损表面的修复能力更强。

（2）自补偿修复添加剂　武汉材料保护研究所在磨损表面自修复润滑添加剂方面开展了多年的深入研究，并已经研制出多种自补偿润滑添加剂。试验结果表明，在摩擦过程中这些自补偿润滑添加剂与摩擦表面作用形成了自补偿膜，且其成膜率大于磨损率，

导致"负磨损"形成，从而产生了优异的自补偿修复效果。郭志光等人研制了一种能在钢-钢摩擦副之间发生选择性转移效应的磨损自修复润滑添加剂。对该润滑添加剂进行稳定性实验表明，它能较稳定地分散在 N68 基础油中，表现出了良好的减摩性能，还具有自修复功能。

（3）矿物微粉自修复添加剂　哈尔滨圣龙新材料科技公司开发的金属磨损自修复材料能够原位强化和修复铁基摩擦副表面，有利于降低摩擦振动、减少噪声和节约能源，实现对零件摩擦表面几何形状的修复和配合间隙的优化，这种加入润滑油中的微量粉体材料，可在铁基金属摩擦表面生成减摩性能优异的金属陶瓷层，在机械运行中完成对已磨损部位的自修复过程，从而延长工程机械的使用寿命和运行稳定性。

此类自修复剂的基本成分是矿物质羟基硅酸镁，辅助成分含添加剂和催化剂，基本形状是细微粉末，可以以浓缩粉末、凝胶体和分散液三种形式添加到润滑剂（油基、水基、脂）中使用。矿物微粉自修复技术的原理是，以润滑剂为载体的自修复剂达到摩擦表面后，在摩擦能的作用下与金属表面发生置换反应生成一层类金属陶瓷保护层。它是置换反应生成的铁硅酸盐，具有自修复功能，可选择性地补偿表面磨损，在实际使用中，只要能充分保持铁硅酸盐表面保护层的形态和数量就不必更换零件。

18.5　摩擦磨损自修复添加剂展望

目前国内摩擦磨损自修复添加剂的研究工作方兴未艾，根据业界专家观点，摩擦磨损自修复添加剂的研究主要包括以下三个发展方向：

（1）表面成膜自修复　在摩擦过程中，利用摩擦产生的机械摩擦作用和摩擦化学作用，摩擦副与润滑材料产生能量交换和物质交换，从而在摩擦表面形成保护膜，以补偿摩擦副的磨损与腐蚀，产生磨损自修复效应。该修复膜的形成与磨损往往是同时存在的，它是一个动态的磨损和修改过程。

（2）在线强化自修复　通过采用特种添加剂与金属摩擦副产生机械物理作用和物理化学作用，从而在摩擦副纳米级或微米级厚度层内渗入，或诱发产生新元素或新物质，使金属的微组织、微结构得到改善，从而改善金属的强度、硬度、塑性等，实现摩擦副的在线强化，提高摩擦副的承载能力和抗磨性能。

（3）摩擦条件优化自修复　摩擦条件如润滑介质、表面粗糙度等直接影响摩擦副的摩擦磨损性能。通过摩擦条件优化可以使摩擦磨损性能得到恢复和提高，实现摩擦性能的自修复。

近年来，随着纳米科技的发展，通过研究纳米微粒的微观摩擦磨损行为和材料表面的物理化学状态变化，有望通过在润滑油中添加纳米材料，在摩擦表面建立起一层自修复润滑膜，为零磨损和原位动态自修复的实现提供一条切实可行的途径。

机械零件磨损表面的原位动态自修复是未来机械装备发展的关键技术之一，也是维修领域的创新性前沿课题。要实现摩擦副表面的原位动态修复，润滑剂中应该含有能够实现原位动态修复的物质。当这些物质（如纳米颗粒、稀土化合物和某些矿物微粉等）加入润滑油后，它们随着润滑油分散于各个摩擦副接触表面，在摩擦的机械和化学作用下，由添加剂分子在摩擦副表面上的沉积、渗透、铺展成膜，从而填补

表面微观沟谷，并对磨损表面产生一定的补偿和修复作用。

装甲兵工程学院史佩京等学者利用合成和复配等技术研制了一种含纳米铜和稀土化合物的复合自修复添加剂，在发动机上考察了该添加剂的使用性能，并分析了不同工作时期发动机机油的衰变情况。结果表明，含纳米自修复添加剂的润滑油对发动机中不同材料的摩擦副均有良好的抗磨效果，在发动机运行300h后，连杆轴、铜套等部位达到了"零磨损"，实现了摩擦副表面的动态自修复。表18-2所列为纳米自修复添加剂的主要性能指标，表18-3所列为主要摩擦副的磨损测试结果。

表 18-2　纳米自修复添加剂的主要性能指标

项目	密度/(g/cm³)	运动黏度 (100℃)/(mm²/s)	闪点/℃	凝点/℃	元素含量 （质量分数，%）		四球摩擦磨损试验		
					S	P	WSD$_{30}^{392}$[①]/mm	P_B/N	摩擦系数
指标	0.86	9.8	180	-32	12.7	8.6	0.36	980	0.045

① WSD 为磨斑直径。

表 18-3　主要摩擦副的磨损测试结果

润滑剂	时间 t/h	曲轴	轴瓦	连杆轴	活塞	气缸	活塞销	铜套
基础油	150	13	11	6	52	6	4	32
	300	21	16	10	69	14	9	36
含纳米自修复剂 的润滑油	150	2		1	6	4	3	0
	300	3	6	0	9	6	8	1

据报道，自修复添加剂已在俄罗斯部分军事装备上得到应用，并取得了一定的成果。在航空轴承、传动齿轮上使用自修复添加剂，大幅度提高了这些摩擦部件的使用寿命。在舰船、车辆的动力装置上使用后，取得了节省燃油、增加使用寿命和降低潜艇运行噪声等优点。

德国 WAGNER 专业润滑油公司通过深入研究，已开发出高水准的 WAGNER 陶瓷微粒润滑油，并已在 2017 年得到了丰田汽车的认证。该公司拥有独有的技术优势，即 WAGNER 陶瓷微粒有效成分、混合技术和超微粒陶瓷润滑剂（0.02~0.16μm），比起普通的陶瓷润滑油，它有着显著降低摩擦-磨损及噪声的效果。这种复合添加剂是以固体陶瓷微粒为基础，混合最合适的添加剂成分，形成附着在表面上的不可分离的化学润滑膜。同时含有非常多的能掩埋金属表面凹坑的陶瓷微粒固体润滑剂，与滚珠轴承一样，微小颗粒在机油内流动，针对磨耗提供全方位的保护。

WAGNER 陶瓷微粒润滑油已成功应用于汽车和工业部门。所有种类的内燃机，乘用车、商用车、工程机械和农业机械上的发动机、变速箱，以及船、空调的压缩机等发生摩擦的任何部位上都可使用该润滑油。

18.6　纳米材料的润滑机理

许多学者认为纳米粒子的润滑机理主要是通过三个途径实现：

1）通过类似"微轴承"作用，减少摩擦阻力。

2）在摩擦条件下，纳米微粒在摩擦副表面形成一光滑保护层。

3）填充摩擦副表面的微坑和损伤部位，起修复作用。

纳米材料粉末近似为球形，它们起到类似微型球轴承的作用。图18-19所示为纳米粒子起支撑负荷的滚珠轴承作用。

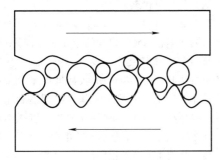

图 18-19　滚珠轴承作用

也有学者提出"第三体"抗磨机理。作为润滑油添加剂时发现，纳米粒子在油中的分散稳定性远优于微米级的极压添加剂。通过对摩擦副的微观表面分析认为，纳米粒子添加剂对摩擦副凹凸表面的填充作用以及表面摩擦化学反应形成了稳定的第三体，其稳定性优于传统上认为由磨粒磨屑构成的第三体，因而具备更优越的抗磨效果。

近年来一些国内外学者对各种纳米粒子作为油品添加剂所起到的减摩、抗磨作用做了一些考察验证工作，并且对其作用机理做出了一些推测，尤其是支承负荷的"滚珠轴承"的作用机理。张治军研究发现，二元基二硫代磷酸修饰的 MoS_2 纳米粒子在空气中的稳定性远远高于纳米 MoS_2，在油中的分散能力也大大提高。用作抗磨添加剂时，可以大大降低摩擦系数（$\mu<0.1$），而且提高了载荷能力。通过材料表面分析认为，这是由于 MoS_2 纳米粒子的球形结构使得摩擦过程的滑动摩擦变为滚动摩擦，从而降低了摩擦系数，提高了承载能力。

通常有良好摩擦学性能的无机纳米粒子在润滑油中的分散性和稳定性都不够理想，人们通过对纳米粒子进行表面修饰，以改善无机纳米粒子的亲油性，提高纳米微粒的表面活性，从而更好地发挥纳米润滑添加剂的优异性能。

目前对纳米微粒表面修饰的方法很多，下面介绍几种常用的修饰纳米微粒表面的方法。

（1）纳米微粒的表面物理修饰　该法是通过物理吸附将修饰剂吸附在纳米微粒的表面，从而防止纳米微粒团聚。通过物理表面修饰的纳米微粒在某些条件下（如强力搅拌等）容易脱附，有再次发生团聚的倾向。

1）表面活性剂法。表面活性剂分子中含有亲水的极性基团和亲油的非极性基团。当无机纳米粒子要分散在非极性的润滑油中时，表面活性剂的极性基团就吸附到纳米微粒表面，而非极性的亲油基则与润滑

油相溶，这就达到了在油中分散无机纳米粒子的目的。反之，要使无机纳米粒子分散在极性的水溶液中，表面活性剂的非极性基团吸附到纳米微粒表面，而极性基团与水相溶。例如，以十二烷基苯磺酸钠为表面活性剂修饰，使其能稳定地分散在乙醇中。

2）表面沉积法。此法是将一种物质沉积到纳米微粒表面，形成与颗粒表面无化学结合的异质包覆层。例如，TiO_2 纳米粒子表面包覆 Al_2O_3 就属于这一类。这种方法可以举一反三，既可包覆无机 Al_2O_3，也可包覆金属。利用溶胶也可以实现对无机纳米粒子的包覆。例如，将 $ZnFeO_3$ 放入 TiO_2 溶液中，TiO_2 溶胶沉积到 $ZnFeO_3$ 纳米粒子表面，这种带有 TiO_2 包覆层的 $ZnFeO_3$ 纳米粒子的光催化效率大大提高。

（2）纳米微粒的表面化学修饰　该法通过纳米微粒表面与修饰剂之间进行化学反应，改变纳米微粒表面结构和状态，达到表面改性的目的。这种表面修饰方法在纳米微粒表面改性中占有极其重要的地位。表面化学修饰大致可分为以下三种：

1）气相法制备纳米微粒。气相法制备纳米微粒包括气体冷凝法、溅射法、加热蒸发法、混合等离子法、激光诱导化学气相沉积法（LICVD）和化学气相凝聚法（CVC）等。

2）液相法制备纳米微粒。这类方法包括沉淀法、喷雾法和水能法等。

3）高能球磨法制备纳米微粒。高能机械球磨法是近年来发展起来的一种新的制备纳米粒体材料的方法，为纳米材料的制备找出了一条实用的途径。但此法目前存在的问题是粒径不均匀，易混入杂质等。

纳米润滑添加剂的主要摩擦机理如下：

1）纳米粒子在摩擦副表面发生摩擦化学反应，生成化学反应膜。

2）纳米粒子在摩擦表面沉积，形成扩散层或渗透层，在摩擦剪切作用下形成具有减摩抗磨性能的润滑膜。

3）纳米微粒在摩擦表面被挤压，相当于滚珠轴承，且能"自我修复"，从而起到减摩抗磨作用。

18.7　"超滑"概念的提出

超滑是 20 世纪 90 年代末发现的新现象，立即引起了摩擦学、机械学、物理学乃至化学等领域学界的高度关注，它是纳米摩擦学深入研究的必然产物。从理论上讲，超滑是实现摩擦系数接近于零的润滑状态，即超滑态。在实际研究中，一般认为摩擦系数在 0.001 量级或更小的润滑状态，即为超滑态。在许多工业技术和各行各业中，特别是现代高新技术装备的

发展中通常会受到摩擦和磨损问题的严重困扰，而超滑研究的重点在于大幅度降低摩擦功耗，还有近零磨损的特征。

在超滑状态下，摩擦系数较常规的油润滑成数量级降低，磨损率极低，接近于零。超滑状态的实现和普遍应用，将会大幅度降低能源与资源消耗，显著提高关键运动部件的服役品质，这将是人类文明史上的一大进步。重大科学问题的研究进程一般经历三个阶段：现象发现→机理揭示→实践应用，目前超滑的研究正处于由第一阶段向第二阶段过渡的关键时期，因此，未来十年可能是超滑面临重大突破和飞速发展的重要时期。美国国家航空航天局、欧洲研究理事会、日本宇宙航空研究开发机构等重要组织已相继投入开展超滑研究，并在近年来先后公布了一系列具有优秀超滑性能的材料。目前，我国在液体超滑（清华大学雒建斌、张晨辉、李津津团队等）、固体结构超滑（清华大学郑泉水、马明团队和中科院兰化所张俊彦团队等）研究方面已经取得了重要的原创性突破，研究水平位列国际前三。在国际范围内抢占先机和重点布局超滑研究是当务之急，需要企业界和学术界共同携手开展研究及应用。

据统计，全球约 1/3 一次性能源消耗在摩擦损失中，其经济损失占 GDP 的 5%~7%。据报道，全球汽车因克服摩擦，年耗燃料约 5 万亿元，若能减摩 20%，则节省燃料效益约 1 万亿元，减少 CO_2 排放约 5 亿 t，这是一个惊人的数据。

在超滑机理方面，目前国际上主要有三个科研小组对"液体超滑"进行了深入研究，这三个科研小组均提出了不同的机理，Klein 科研组认为超滑机理归结为"水合力"，Adachi 科研组认为"化学反应膜"为主导，而中国清华大学的雒建斌科研组认为，超滑机理应归属于"液体效应、双电层作用及水合作用"。各家对"超滑机理"各有不同的解释。

钱林茂等学者认为超滑应主要包括下面两个概念：

1）具有理想的绝对摩擦系数（≤0.001）和急剧下降的相对摩擦系数。因为对于空气润滑状态下，摩擦系数均在 10^{-3} 量级，但此时并不处于超滑态，因此，要求摩擦系数要有相对数量级幅度的下降。

2）润滑机理具有趋于"零摩擦"的特点。因为采用磁悬浮等技术可以将摩擦副隔开，达到很低的摩擦力。但从纳米摩擦学角度来看，这并不属于超滑研究范围，它仅属于空气润滑状态。超滑是要求润滑分子经过改性处理后发生结构变化，从而具有趋于"零摩擦"的润滑机理。满足上述两个条件的润滑状态才可认为是超滑状态。

1922 年德国工程师 Hermann Kemper 从列车最大阻力来自列车车轮与轮轨之间的摩擦受到启发，认为如果列车悬浮于轨道之上，没有摩擦，就会跑得更快。1934 年，Hermann Kemper 获得世界第一项有关磁悬浮技术的专利。磁悬浮的基本原理是利用"同性相斥，异性相吸"的电磁悬浮原理，以磁力对抗重力，让车轮悬浮起来，然后利用电磁力引导，推动列车前行。从技术上看，主要包括三大技术：无接触支承，导向技术和驱动技术。我国上海的磁悬浮线至今已安全营运 15 年。

18.8 微纳米润滑材料的特点

将微纳米材料与润滑剂相结合，可制备出具有减摩抗磨和自修复功能的润滑材料，也是近年来摩擦学与润滑领域研究的热点，这也是微纳米材料与润滑剂相结合的切入点。微纳米自修复技术是机械设备智能自修复技术的重要研究内容之一。以微纳米材料为基础开发的润滑剂在减摩抗磨和自修复技术方面的应用已成为现代再制造技术的发展方向之一，也是再制造领域的创新性前沿研究内容。

微纳米润滑添加剂在润滑剂中的作用主要是提高润滑剂的极压抗磨性，并不改变润滑剂的理化性能、氧化安定性和机械安定性等，它在金属摩擦副间起减摩抗磨自修复作用。另外，只要加入少量的微纳米润滑添加剂便可明显地提升润滑剂的极压功效。

微纳米润滑材料可以降低摩擦，修复磨损，达到提高设备可靠性和延长使用寿命的目的。微纳米润滑材料一般不与润滑剂发生化学反应，在摩擦过程中，微纳米颗粒可随润滑剂到达摩擦副表面的任何接触部位，微纳米颗粒利用粒度、硬度、晶体结构等自身特点的不同，起到了提升润滑剂在边界润滑条件下的减摩、抗磨和极压性的作用。随着人们对循环经济和绿色经济要求的不断提高，微纳米润滑材料将会显示出举足轻重的作用。

据报道，美国密歇根大学曾对含有微纳米添加剂的新型固体润滑剂进行多种发动机试验，发现这种润滑剂特别适合在重载、低速、高温和振动条件下使用。但是，微纳米润滑材料发展中的突出问题是其颗粒在润滑剂中的分散与稳定问题。目前采用的解决办法多是依靠有机表面修饰剂，以降低微纳米材料的表面能，从而减少其吸附团聚倾向。研发微纳米润滑材料，可有助于推动润滑剂技术的突破与创新，为摩擦学领域开拓一片广阔的天地。

18.9　纳米润滑材料的应用

目前，纳米润滑材料的应用主要有以下几方面：

（1）高密度磁记录　随着磁记录密度的不断提高，磁头与介质的间隙不断变小，现在磁头与磁盘的间隙已下降到 10nm 以下，在这种情况下，间隙处的摩擦学稳定性就成了硬磁盘的主要技术问题之一。为了避免磁头与磁盘接触，通常是在磁盘上涂一层抗磨保护层，然后再在上面加涂一层纳米润滑剂，一般选用全氟聚醚（PFPE）润滑剂，它由主链结构和端基组成，一部分润滑剂分子与磁盘表面形成化学吸附，另一部分通过范德华力在磁盘表面形成物理吸附，这样有助于提高磁记录盘的密度。

（2）大规模集成电路的制造　大规模集成电路的制造需要洁净的环境，对污染物颗粒尺寸的控制相当严格，一般颗粒度应小于集成电路芯片尺寸的 1/10，所以，必须排除由轴承产生的尺寸在 10nm 以上的尘埃，这种轴承就需要采用纳米材料作润滑剂。

（3）微型机械　一般将尺寸在毫米级以下至微毫米级的机械理解为微型机械，如可清除血管内壁沉积物的微型机器人等。微型机械的表面效应非常明显，在微小负荷作用下，其摩擦力变化很大，因此，纳米润滑剂在这里有着广阔的应用空间。

（4）合成高档润滑油　我国王示德等人用纳米石墨粉作添加剂合成高档润滑油，并取得发明专利。还有官文超等人合成的纳米润滑剂也已成功地用于钢的冷轧和石油钻井用液中。

（5）通信卫星　在通信卫星中，无线需要精确的定位机构和展开机构，而在这些机构中的轴承转矩对定位精度有十分重要的影响。一般要求转矩在 7～10 年内保持不变，以确保定位精度。在这种情况下，必须采用新型的纳米润滑剂以减少微观尺度的摩擦力和磨损的变化带来的影响。

研究结果表明，纳米颗粒、纳米纤维和纳米薄膜等材料具有优异的摩擦学性能，在许多微型机械部件上具有广阔的应用前景。开发与生态相适应的纳米微粒润滑油添加剂是值得聚焦的热点问题之一。

目前，信息技术、生物技术、先进制造、航空航天等高新技术领域的微型化趋势极大地促进微/钠机电系统的发展，催生出一批高性能的微/纳机电产品。然而，由于表面和尺寸效应的影响，当器件尺度从毫米量级减少到微米量级时，以黏着力和摩擦力为代表的表面力相对于体力来说增大很多倍，导致微/钠机电系统产生严重的磨损问题，它已发展成为影响微/纳机电系统中零部件使用寿命和整体结构失效的

主要原因。纳光抛光是实现 32nm 以下大规模集成电路的关键技术之一，它涉及原子尺度材料的去除机理，如图 18-20 所示。

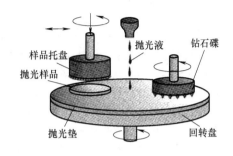

图 18-20　纳米抛光

另外，如硅片的化学机械抛光，实际上是纳米颗粒在液体环境下对单晶硅材料的微观去除过程。据报道，当抛光液的 pH 值达到 11 时，硅片表面的去除率最高；增大载荷，提高抛光速度及抛光液中二氧化硅粒子的浓度，均可提高硅片的抛光效率。

目前，纳米材料作为润滑油添加剂亟待解决的问题是：弄清楚作为润滑油添加剂的纳米材料的最佳粒径、浓度、温度、转速与其他添加剂的配伍及对基体材料性质的影响等。需要尽快建立与纳米粒子相适应的试验室评价和检测手段。

许多低速、重载、高温和低黏度润滑介质的机器设备以及许多高超精密机器的摩擦副常在几纳米到几十纳米厚的润滑状态下工作，对在这种状态下的润滑膜特性的研究，需要采用高分辨率的测试方法。过去人们常用光干涉法，由于其分辨率较低（100nm）而被淘汰。近年来基本上由三种典型的测量方法主导，即垫层白光干涉法（英国 Imperial 理工学院的 Spikes 小组）、光干涉相与光强法（清华大学雒建斌、黄平、温诗铸等）和三束光干涉法（捷克 Hartl）。其中，清华大学雒建斌小组近期开发高速摩擦润滑测试系统，可实现最高线速度 100m/s 下的摩擦力测试，以及最高线速度 42m/s 下的润滑膜厚的精确测量。兰州华汇仪器科技有限公司联合中科院兰州化物所和清华大学摩擦学国家重点实验室，重点研究应用于摩擦学领域的先进测量技术，现已研发出多种试验设备和在极端条件下的检测设备。

清华大学刘家浚教授介绍过，我国曾从乌克兰引入了一种称为摩圣（Mosheng）的以全新理念来解决摩擦表面自修复的技术。这种理念是从摩擦学、材料科学、润滑化学和矿物学等学科的机理出发，为摩擦表面创造了一个相互自适应的运动环境，通过磨损表

面的自补偿、优质表面层的成长以及合理摩擦面间隙的自然形成，实现了优异的摩擦副减摩耐磨和修复功能。

据报道，摩圣这项摩擦表面自修复技术在我国的应用已推广多年，在铁路、石油、化工、汽车、交通、冶金、水力、电力、航空航天、机械加工、军工和轻工业等众多工业部门的应用已获得显著的效果。如广州机务段一台机车发动机在维修后运行180000km，经摩圣处理后运行50000km，经对轴径测试结果表明，轴的尺寸完全恢复。又如沈阳黎明发动机厂一法国立式车床经摩圣处理后，由于轴径尺寸得到恢复，主轴跳动值明显下降。还有其他许多应用例子，如湖南湘钢集团动力厂燃气车间的煤气压缩机进行摩圣处理后，该压缩机的日机油损耗由处理前的15kg降至0.83kg。

将摩圣摩擦表面的再生剂添加到作为载体的润滑油或润滑脂中，通过摩擦副摩擦表面的相互运动，首先是较硬的摩圣粒子会对摩擦表面进行研磨和超精加工，使摩擦表面受到清洗、活化，使表面粗糙度明显下降。如果对磨面是较软的材料，如巴氏合金，则一部分硬粒子可能嵌入较软基体表面，这样有效地提高了其承载能力和耐磨性。在摩擦副进一步运行后，摩圣粒子可能被粉碎，达到纳米尺度，在基体表面上发生复杂的摩擦化学与摩擦物理效应，把磨损下来的Fe粒子再沉积到磨损表面，继而在高压和高温作用下转变成结构和性能与原基体完全不同的金属陶瓷层，如图18-21所示。

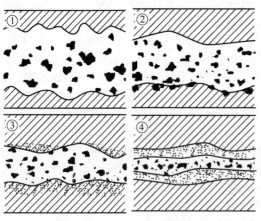

图18-21 摩圣作用示意

摩擦表面自修复技术从工艺过程来看，似乎与一般润滑油添加剂没有什么区别，但在作用本质上却有根本的差异。如在摩擦表面可生成金属陶瓷层，而且其减摩和耐磨特性都远远超过一般润滑油形成的边界

润滑膜。这种技术可实现原位免拆卸维修，无任何污染，是一种完全绿色的再制造技术。

目前用作纳米润滑添加剂研究的纳米材料主要有以下几类：

1）层状无机物类，如石墨、MoS_2 等。

2）软金属类，如 Cu、Al、Ni 等。

3）稀土化合物，如稀土氟化物 LaF_3、稀土氧化物 La_2O_3 和稀土氢氧化物 La（OH）$_3$ 等。

4）无机硼酸盐，如硼酸铜、硼酸镍等。

5）氧化物，如三氧化二铝、氧化锌等。

6）含活性元素化合物，如硫化铅、硫化锌等。

7）其他如金刚石、碳酸钙等。

用纳米材料作为润滑添加剂时，通常以加入润滑油中，镀在基体材料上形成纳米 LB 膜，填充聚合物等形式存在，也可将复合纳米微球当作润滑油添加剂。

润滑油抗磨减摩添加剂主要有两大类：一类是含S、P、Cl 的活性极压添加剂，它们具有好的承载能力和减摩性能，但存在腐蚀性和环保等缺点。另一类是含 B、N、Al、Si 等元素的非活性添加剂，这些非油溶性的化合物固体微粒存在易沉淀和摩擦系数较高的缺点。而纳米材料的发展有望解决上述这两类添加剂存在的问题。研究表明，某些纳米颗粒或纳米薄膜具有良好的摩擦学性能，尤其是纳米粒子的加入能明显改善在重载、高温和振动条件下的摩擦学性能。

目前的研究工作表明，纳米粒子作为润滑油添加剂能明显改善润滑油的摩擦学特性，与基础油相比具有明显的减摩抗磨性能。纳米粒子综合了流体动压润滑和固体润滑添加剂的优点，但又不同于传统的固体润滑添加剂，适合在重载、高温、低速的条件下工作。但是目前的研究工作还不够系统深入，有许多的问题需要研究解决。首先，为了进一步弄清纳米粒子的润滑本质，目前的润滑机制理论还需要进一步的改进和完善；其次，还需要开发出经济简单的纳米粒子的制备方法；第三，还需要建立与纳米摩擦学相匹配的监测评价装置；最后，纳米粒子在润滑介质中的分散稳定性是一个迫切需要解决的问题，这不但需要改进目前的合成方法以改善其油溶性，还需要合成有效的分散剂和稳定剂。

纳米润滑技术在工业生产中有着广阔的应用前景，大量研究表明，纳米尺寸的润滑添加剂使润滑油具有更优良的摩擦学性能。基于选择性转移效应和磨损自修复理论，研制自修复纳米润滑添加剂是纳米润滑技术研究的一个新课题。它的出现有可能实现真正意义上的摩擦副的零磨损，在不拆卸的情况下对机器零件进行在线修复。

近年来，各种纳米富勒烯材料由于其独特的层状结构，已成为润滑添加剂的研究热点之一，表现出良好的摩擦学性能并且绿色环保。尽管如此，有关纳米添加剂的研究工作还有待进一步深入。业界认为，还需要进一步探索和解决以下问题：

1）纳米添加剂的作用机理。

2）如何确保纳米添加剂在润滑油中的稳定分散问题。

3）纳米添加剂与其他添加剂的协同作用问题。

4）改进纳米微粒的制备技术，以利于大规模生产，从而降低成本。

参 考 文 献

[1] 周峰，王晓波，刘维民. 纳米润滑材料与技术 [M]. 北京：科学出版社，2014.

[2] 钱林茂，田煜，温诗铸. 纳米摩擦学 [M]. 北京：科学出版社，2013.

[3] 乔玉林，徐滨士. 纳米微粒的润滑和自修复技术 [M]. 北京：国防工业出版社，2005.

[4] 许并社，等. 纳米材料及应用技术 [M]. 北京：化学工业出版社，2004.

[5] 黄兴，林亨耀. 润滑技术手册 [M]. 北京：机械工业出版社，2020.

[6] 江贵长，等. 纳米润滑材料的研究与应用 [J]. 材料导报，2002，16（2）：31-33.

[7] 刘谦，徐滨士. 纳米润滑材料和润滑添加剂的研究进展 [J]. 航空制造技术，2004（2）：71-73，91.

[8] 王尔德，等. 超细人造石墨润滑剂：中国，87100337A [P]. 1987-01-17.

[9] 何柏，等. 纳米润滑油添加剂技术的研究进展 [J]. 化学工业与工程技术，2006，27（4）：29-32.

[10] 秦敏，等. 纳米润滑添加剂的研究进展 [J]. 合成润滑材料，2001（4）：9-14.

[11] 张贤明，等. 含铜微纳米粒子作为润滑添加剂的研究进展 [J]. 现代化工，2004，34（8）：53-56.

[12] 王晓勇，陈月珠. 纳米材料在润滑技术中的应用 [J]. 化工进展，2001（2）：27-30.

[13] ZHANG M, et al. Performance and anti-wear mechanism of CaCO₃ nanoparticles as a green additive in poly-alpha-olefin [J]. Tribol Int, 2009, 42 (7): 1029-1039.

[14] ZHOU J F, et al. Tribological behavior of lubricating mechanism of Cu nanoparticles in oil [J]. Tribo Lett, 2000, 8 (4): 213-218.

[15] VOEVODIN A A, et al. Nanocomposite and nanostructured tribological materials for space applications. Compos [J]. Sci Technol, 2005, 65: 741-748.

[16] JOLY P L, et al. Diamond-derived carbon onions as lubricant additives [J]. Tribol Int, 2008, 41: 69-78.

[17] 郭志光，顾卡丽，等. 纳米润滑油添加剂的润滑自修复效应 [J]. 材料保护，2003，36（9）：22-24.

[18] 乔玉林，徐滨士，等. 含纳米铜的减摩修复添加剂摩擦学性能及其作用机理研 [J]. 石油炼制与化工，2002，338，34 38.

[19] Rapoport L, et al. Tribological properties of WS₂ nanoparticles under mixed lubrication [J]. Wear, 2003, 255: 785-793.

第 19 章　仿生润滑剂及减阻技术的应用

19.1　概述

仿生的基本理念是在自然界中寻找灵感，然后应用于技术中。仿生技术通过模拟自然界生物的结构和功能，启发人们的灵感与新思维。现代仿生学以1960 年在美国俄亥俄州代顿市召开的全美第一届仿生学研讨会为标志，美国空军的 Jack steele 创造了仿生学（bionics）一词。到目前为止，人们在仿生学方面已获得了许多重大突破。例如在运动与控制仿生方面，鸟类翅膀剖面的飞机翼型和基于墨鱼运动原理的喷气推进已经成为现代飞行器设计的基础。在化学和材料仿生方面，基于昆虫感受器的传感技术，基于蜘蛛喷丝部位结构的挤出技术等，这些为解决关键工程问题发挥着核心作用。在摩擦学仿生方面，基于鲨鱼皮表面形态的减阻结构已经用于游泳运动员的服装设计，基于猫爪结构及功能的仿生轮胎在德国已经开始应用。基于土壤洞穴动物表面特点及功能的防黏和减阻技术和基于壁虎形态的附着技术也为开发广泛的工业应用提供了宝贵思维和灵感。

仿生润滑技术是现代仿生学技术中的一个重要组成部分，国内外许多单位都给予高度关注和开展深入研究。上海大学等单位近年来在仿生润滑剂生物摩擦学方面开展了许多卓有成效的研究工作，仿生自然界中的天然润滑材料与润滑系统，有助于促进在医疗工程、运动科学和植入工程等方面新技术的发展。

19.2　人体关节的组成与生物摩擦学

生物摩擦学（biotribology）是生物学（biology）和摩擦学（tribollgy）的复合词。生物摩擦学是摩擦学在生物系统中的应用。自 1972 年由英国 Leeds 大学著名摩擦学专家 Dowson 教授倡导建立生物摩擦学新学科以来，生物摩擦学研究在国际上得到了快速的发展。生物摩擦学是将摩擦学的理论、技术和方法应用到生物体系（主要是人体）的摩擦副上，它是以生物系统的摩擦、磨损及润滑为核心，研究人体摩擦副的生物摩擦学问题。而在这当中，人体关节和人工关节摩擦学的研究最为广泛深入。

人体共有 206 块骨骼，分成颅骨、躯干骨和四肢骨三大部分。骨与骨之间由结缔组织纤维、软骨或骨

组织相连，形成连接，称为关节或骨连接。图 19-1 所示为成年人的骨骼和主要关节，髋关节和膝关节是人体最重要的关节。图 19-2 所示为人体髋关节结构示意图。图 19-3 所示为生物与仿生摩擦学发展研究内容。

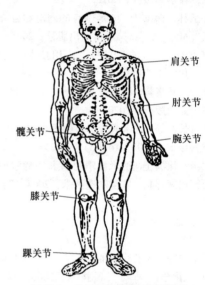

图 19-1　成年人的骨骼和主要关节

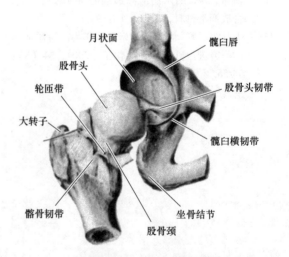

图 19-2　人体髋关节结构示意图

关于关节的摩擦研究较多的是膝关节。一般采用

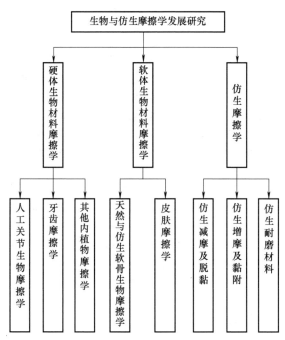

图 19-3　生物与仿生摩擦学研究内容

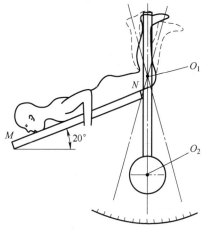

图 19-5　活体膝关节的摩擦测定法

振子法来测定活体关节的摩擦。图 19-4 所示为用振子法测定支点关节的摩擦，图 19-5 所示为活体膝关节的摩擦测定法。

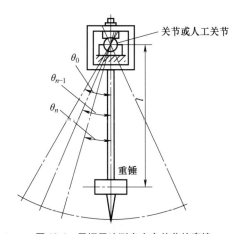

图 19-4　用振子法测定支点关节的摩擦

日本学者笹田直等在关节的摩擦和运动条件关系方面进行了深入的研究，并采用如图 19-6 所示的加入微型机械手的振子摩擦测定装置。试验步骤如图 19-7 所示。

动物关节的运动形式很多，但是关节面之间的运动只有三种形式：滚动（摩擦力很小），滑动，自旋（spin）。后两种摩擦都是滑动摩擦。

关于关节润滑的研究，有几种不同学派的观点，

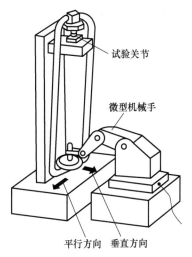

图 19-6　加入微型机械手的振子摩擦测定装置

一般较为突出的是 Mac Conail（1932 年）的流体润滑说，Charnley（1959 年）的边界润滑说，McCutchen（1962 年）的漫出润滑说，Fein（1967 年）的挤压膜弹性流体润滑说，Dowson（1970 年）的增压润滑说。这些假说可大改区分为以流体润滑为主的（关节液内部的流体压力支撑载荷）和以边界润滑为主的（吸附在软骨表面的高分子薄膜支撑载荷）两类。

一些业界专家认为，人体关节的摩擦面上可能成立的润滑机制有三种润滑方式：流体润滑，边界润滑和混合润滑。

（1）**流体润滑**　依靠润滑剂形成流体膜的压力来支撑施加在摩擦面上的载荷的润滑方式叫流体润滑，如图 19-8a 所示，可避免固体之间接触，因而磨损几乎为零。而且，其摩擦系数也很低。但是，由于摩擦力来自润滑液内部的黏性阻力，故它随摩擦速度

及流体膜厚度而产生很大变化。

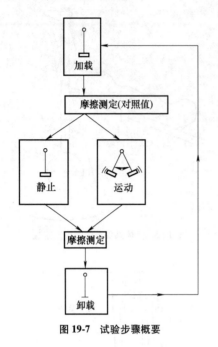

图 19-7 试验步骤概要

流体润滑是理想的润滑，如图 19-9 所示，但是，它的成立有几个必要条件。根据这些条件和成立的机制可分成挤压膜流体润滑、楔膜流体润滑等。

（2）边界润滑 如图 19-8b 所示，在固体接触部分的界面上形成润滑剂的分子膜支撑施加于摩擦面上的载荷的润滑方式叫边界润滑。成立的条件是形成分子膜的分子和摩擦面的亲和性，没有力学条件。

边界润滑下的摩擦系数一般与摩擦速度无关，而且，众所周知，摩擦系数随力学条件的变化不怎么变化。

（3）混合润滑 流体润滑和边界润滑共存的润滑叫混合润滑。施加于摩擦面的载荷，由固体接触部分和流体膜共同支撑。本来，这种状态在不变形的硬质摩擦面上是不存在的。因此，这种润滑方式以摩擦面的变形作为成立的条件。

在混合润滑状态下，流体膜支撑的载荷分担比越大，润滑性能越高。但是，力学条件越苛刻，则边界接触部分的载荷分担比越大。

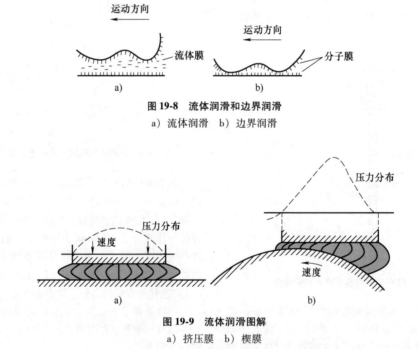

图 19-8 流体润滑和边界润滑
a）流体润滑 b）边界润滑

图 19-9 流体润滑图解
a）挤压膜 b）楔膜

19.3 人工关节的润滑技术及展望

鉴于人工关节材料通常不同于天然骨关节，因此，对天然骨关节具有优良润滑作用的人体组织液并

不一定能适合人工关节副，为此，有必要开发对人工关节副具有优异润滑性能且生物相容性好的滑液。也就是说，应该寻找对人工关节副具有优异润滑功能又与人体组织无不良反应，且具有多重功能的仿

生润滑液。如何给人关节副提供和保持仿生滑液，而且滑液又不被人体组织液所稀释，这是借助滑液功效优化人工关节摩擦学的关键前提之一。受人体天然关节系统的启发，人们设想在人工关节系统中设计一个存储、防渗漏的机构，即仿生的"人造关节囊"，从而形成包括人工关节摩擦副、润滑介质和关节囊的新型人工关节的润滑系统结构。这个"囊"将滑液与磨损颗粒都密闭在其中，这不仅可以解决滑液的存储问题，而且还可防止人工关节材料产生的磨损颗粒渗漏进入人体内，以防止"异物反应"。"仿生关节囊"的材料应满足其生物相容性、长寿命、抗疲劳、不影响人体关节及其周围组织的正常活动等各方面的要求。

为实现人工关节优异的摩擦学性能，使用人工滑液对人工关节摩擦副进行润滑是降低摩擦磨损和提高人工关节使用寿命的重要措施，因此，开发研制人工关节滑液是实现新一代人工关节的关键技术之一。张建华等人参照人体关节摩擦学系统，提出了一种包括生物滑液、人工关节摩擦配对副和仿生关节囊的新型的人工仿生关节摩擦学系统结构。在研究材料摩擦磨损性能的同时，有必要对关节滑液中的主要组分的润滑协同效应和摩擦过程中它们与摩擦副表面的作用机制及物理化学变化进行研究，从理论上揭示其润滑机制，为润滑剂的优化提供理论依据。

实践证明，关节滑液对关节润滑起着十分重要的作用。许多学者对天然关节的润滑机理进行了研究，但目前各家观点不一。因为天然关节的润滑机理极其复杂，很难简单地用任何一种理论来满意表达。学者认为，如果关节中的润滑状态为边界润滑，则人工滑液必须能和软骨有良好的吸附能力。反之，如果关节中的润滑状态为流体润滑，则人工滑液必须具有足够的黏度。如果上述两种润滑状态都存在的话，则人工滑液两种性能都必须兼顾。

相关研究认为关节滑液主要由透明质酸、蛋白聚糖、磷脂等水溶性的生物大分子所组成，其中透明质酸的含量最多。它是一种不含磷的黏多糖，与蛋白分子复合成透明质酸蛋白。透明质酸溶液属于非牛顿流体，在一定程度上具有类似于天然滑液的流变性，其黏度随透明质酸质量分数的增大而增大，而随剪切速率的增大而减少。美国加利福尼亚大学的 Jacob Israelachvili 教授系统地研究了透明质酸在关节软骨润滑中的作用，发现透明质酸改变了滑液的黏度及流变性能，可直接吸附到软骨表面作为边界润滑剂，并能够传输滑膜中的磷脂质，加强润滑作用。

研究表明，关节滑液是一种高保湿性的凝胶态的浅黄色黏液，其内部的生物大分子可通过亲水的糖基结合大量的水分子。微凝胶是一类分子内交联的纳米级或微米级的聚合物胶体颗粒，在内部网络结构中充满了可流动的水。众多研究表明，人体关节润滑液数量很少，一般都在 2mL 左右。生物界面滑液有效降低了生物组织、器官及细胞之间的摩擦和磨损，受此启发，仿生润滑剂的设计和润滑机理的研究已成为摩擦学研究的热点。

虽然目前对关节滑液中主要组分如蛋白质、血清和卵磷脂等的润滑性能进行了研究，但还是缺乏对这些组分的协同润滑作用和摩擦过程中它们的物理化学变化及对摩擦学性能影响的研究。

实践表明，水基生物润滑剂是通过化学作用附着在关节软骨表面上，因而润滑效果很好，这也反映了从生物系统移植水基润滑剂技术的一种趋势。研究还表明，透明质酸和磷脂的混合物具有更好的润滑效果。

业界研究指出，糖蛋白和蛋白多糖都是具有"瓶刷状"结构的生物大分子，其主链为多肽，支链为多糖分子。除此之外，糖蛋白和蛋白多糖还可以通过疏水相的相互作用组装到透明质酸分子链上，形成以透明质酸为主链，糖蛋白或蛋白多糖为侧链的多级结构的刷型组装体。这些刷型聚合物可分散于关节滑液中或组装于软骨界面上，起到优异的水润滑作用。当前，瓶刷状仿生润滑剂的研究已引起生物摩擦学工作者的广泛关注，其优异润滑性能主要来自界面吸附和边界水化膜的形成。

目前，聚合物在纳米材料、生物分离、表面修饰等领域中已显示出很大的应用前景。业界研究还表明，聚合物刷在特定条件下表现出了超润滑的现象。

天然关节中关节囊分泌的滑液是一种血浆的渗析液，其组成和性能与由生理盐水和小牛血清配制的润滑剂相似。蒋松等人采用与人血清组分相似的小牛血清和 0.9% NaCl 生理盐水配制了关节滑液，考察了滑液的摩擦学性能，为开发性能更好的人工关节滑液提供设计依据。

现在人工关节最常用的润滑剂是透明质酸，它具有一定的润滑效果，但实践表明，在长时间使用后，其分子会碎片化，因而急需一种更好的人工关节润滑液。聚乙二醇和氧化石墨烯是最近发现的较好的人工关节润滑液。任姗姗等人制备了不同比例的氧化石墨烯和聚乙二醇的润滑液，并在 UHMWPE-CoCrMo 摩擦副体系中研究其润滑效果。

仿生滑液的研究目前主要集中在模拟天然润滑液的组成和结构上，已经实现了水润滑中的超低摩擦，但仍有许多不足。一方面是对仿生润滑机理的研究不够清晰和系统，需进一步建立润滑模型；另一方面，对于智能响应的仿生润滑液的研究应加大力度，使其成为摩擦学领域研究的新热点。

实践表明，生物界面滑液能有效地降低生物组织、器官及细胞之间的摩擦和磨损，受此启发，仿生润滑剂的设计和润滑机理的研究也是未来发展的重点。专家指出，可通过表面接枝聚合物刷在水环境中的超低摩擦性能和良好的生物相容性来实现关节润滑的功能模拟，以期由此来实现摩擦力的调控，即利用聚合物刷的刺激响应性以调控摩擦力，更有利于理解天然关节润滑的机理，并由此设计和制备出可调控的人工关节材料。

业界专家认为，必须进一步的科学分析动物关节中的奇妙而优异的生物润滑系统，仿生自然界中的天然润滑材料与润滑系统，以促进新技术（如医疗工程、植入工程等）的发展，拓宽仿生润滑技术的应用范围应是未来人工关节润滑技术的发展方向。评价人工关节润滑液性能的更为先进的方法和相应设备也应是发展重点。

对于人工关节的润滑技术发展，要重点研究以透明质酸为基础成分的复合人工滑液，因这类滑液具有良好的流变性质和边界润滑能力，对人工关节能够提供综合和有效的润滑防护作用。

对于人工关节的润滑技术发展，还应进一步拓展仿生润滑技术在人工关节植入工程、医疗检查、治疗性润滑剂等生物医疗工程方面的潜在应用前景，这也是仿生润滑技术未来应用的发展新方向。

19.4　骨关节仿生滑液及其应用

骨关节仿生滑液是一种极具应用前景的润滑剂，为骨关节疾病的缓解治疗和工业润滑提供了新的思路。人体关节主要包括膝关节、踝关节、肘关节、腕关节和肩关节等。人体骨关节是一种既要传递载荷又要传递运动的生物摩擦学系统，人体关节是由关节面、关节骨、软骨、关节滑液及供应滑液的关节囊所组成，如图19-10所示。滑膜的功能是产生关节液，使关节液组成成分保持一定，并能使关节液保持洁净。杨付超等人对骨关节仿生滑液的制备设计与应用进展做了较详细的描述；周峰等人编著的"纳米润滑材料与技术"中对关节滑液方面做过深入的介绍。图19-11所示为滑液关节整体示意。

关节滑液的优异润滑性能吸引了业界专家和工程技术人员的目光。它是滑膜关节的黏性液体，在外观上呈现为一种透明、黄色而发黏的物质，在关节腔内

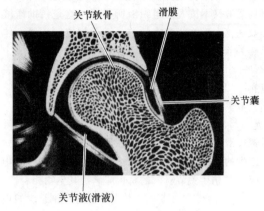

图 19-10　关节的构造

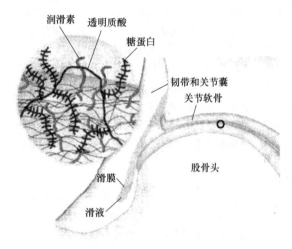

图 19-11　滑液关节整体示意

注：左上角为关节软骨表面的大分子结构模型。

以流动的液体形式存在，具有润滑和吸收振动的功能，发挥生物力学润滑剂的作用。滑液的主要成分为水、透明质酸、糖蛋白、蛋白多糖等高分子化合物，其中高达95%的成分是水，因为水是生物润滑的基础，正常关节滑液的 pH 值在7.3~7.5 范围内，可维持在0.001~0.005 的超低摩擦系数低磨损的天然滑膜关节具有优良的摩擦学性能，它不是单一的润滑方式，而是由多种润滑方式组合而成。专家指出，被滑液润滑的关节滑膜的摩擦学性能是由多种因素共同决定的，包括正常载荷和应变、滑动速度、时间和润滑方式等发生的演化。人体和动物体关节润滑的机理可以视为以极压膜为主，以边界润滑和弹流润滑效应为辅。

滑膜的主要功能是关节液产生的净化，以及从关节液吸收和排放出物质。关节液蛋白的大部分来自血

浆蛋白，关节软骨外观上平滑，但扫描电子显微镜观察时绝非平滑，关节软骨表面的断面示意，如图 19-12 所示。

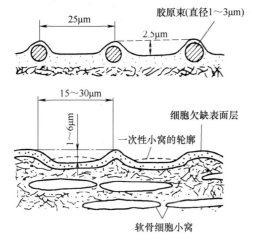

图 19-12　关节软骨表面的断面示意（Clarke）

骨关节仿生滑液的主要性能包括水合特性、黏度特性、非牛顿流体特性、高保湿性、生物相容性和自润滑性等。关节滑液功效与关节炎密切相关，据相关权威机构统计表明，我国有超过一亿人患有不同程度的关节炎，且数量还在持续增加。关节炎病人平日承受着巨大的痛苦，目前临床多采用人工关节置换手术进行治疗。我国约有 100 万~150 万关节病人需做人工关节手术，但实践表明，若人工关节表面润滑性不好，很容易造成磨损，影响正常使用。据报道，目前有两种改善方法，一种是采用聚合物表面改性的方法，另一种是可增强人工关节表面润滑，其途径便是选择注射骨关节仿生润滑剂。最常用的润滑剂为透明质酸，它具有很好的润滑效果，但长时间使用会导致分子破裂，透明质酸结构如图 19-13 所示。

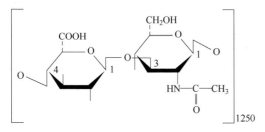

图 19-13　透明质酸结构

因此，需要一种新型的性能更佳的人工润滑剂，近年来人们对仿生滑液的研究为解决这个问题提供了新的思路。自润滑性是骨关节仿生滑液的主要性能之一，它是指当关节不承受负荷时，软骨组织起到储存

关节滑液的作用，但当关节承受负荷时，储存于软骨组织中的关节滑液便会不断渗出，从而对关节起到润滑作用。

自润滑性可应用于仿生关节中使其得到充分润滑，当人体关节处于动态时滑液分泌流出，提高关节润滑膜厚，使滑液得到充分利用，从而实现对仿生关节的合理润滑。但是在仿生领域，对骨关节仿生滑液性质的要求比生物关节滑液要求更为严格，如极佳的稳定性等，这些都是目前研究的难题。

人工关节主要处于混合润滑区，当承载力增大时，它会产生液膜润滑。日本学者利用在材料表面上种植疏水性大分子链，获得了较低的摩擦系数。清华大学也成功地在 CoCrMo 合金上通过氧化、种植等方法取得了满意的结果。利用仿生学研究人工关节软骨组织，研发新型超低摩擦系数、自润滑的软体界面是目前仿生润滑技术的研究重点。天然滑液关节在相互运动过程中，滑液中的糖蛋白分子以及在压力作用下从软骨中挤压出的糖蛋白分子通过相互作用形成边界润滑层，如图 19-14 所示，并形成水化层，使关节滑液呈现超低的摩擦系数。

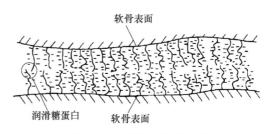

**图 19-14　关节表面相互运动时表面
水合的糖蛋白**

天然关节软骨是覆盖在关节表面的一种软组织，即软骨是关节的滑动表面，在人体的正常生理环境中提供一个优良的润滑承载关节面，可以承载传递 7~9 倍人体的重量，且摩擦系数极低（0.001~0.03），一般能够正常运动 70 年以上。关节软骨是一种多孔黏弹性材料。在循环载荷作用下，软骨内的滑液不断被挤出和渗入，在关节运动中起到润滑作用，从而减少关节面的摩擦，对维持关节运动的功能具有重要意义，图 19-15 所示为髋关节软骨和人工软骨。

滑液是血浆的透析液，它是一种透明、黄色而发黏的物质，存在于自由运动的关节软骨之间。它主要包括透明质酸和磷脂等水溶性的天然大分子，同时还含有一些糖蛋白和润滑素分子等，其中透明质酸、糖蛋白和润滑素分子的结构模型如图 19-16 所示。

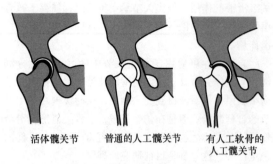

活体髋关节　　普通的人工髋关节　　有人工软骨的
人工髋关节

图 19-15　髋关节软骨和人工软骨

剂可大大降低摩擦，这应归功于弹性流体动力润滑效应。在关节迅速活动的过程中，当接触表面间的流体厚度超过 $1\mu m$ 时，就会发生流体动力润滑效应。所以，软骨关节上的润滑通常被视为一种弹性流体动力润滑。滑液中的高浓度透明质酸可以通过增大黏性来提升润滑效果。

　　天然关节的润滑机理是极其复杂的。如果关节中的润滑状态主要为边界润滑，则人工滑液必须能和软骨有良好的吸附能力，而与滑液本身的黏度关系不大。虽然人工滑液的研究工作已取得了很大的进展，但复合人工滑液的润滑机制尚不太清楚，有待深入研究。今后的重点研究方向是对于软骨材料用特种润滑剂的研究，希望能发现一些效果更佳的复合软骨润滑剂。

　　滑液属非牛顿液体，随着剪切速度的增加，黏度明显减少。这些天然分子能显示出边界润滑的特性，有效地降低关节之间的摩擦系数。滑液作为一种润滑

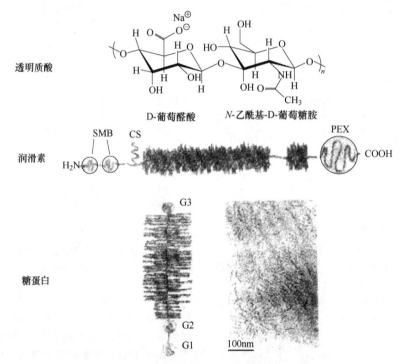

图 19-16　关节液主要成分及其结构模型

　　仿生医用润滑也是仿生润滑技术的重要应用领域。在人体器官/组织中，存在各种各样滑液，如关节滑液、黏液等。但人体尿道内不存在天然滑液，因此在进行膀胱镜、导尿管等器械手术时，病人因润滑不良而十分痛苦。陶德华等人通过大量研究，最终合成出适合的润滑剂，经泌尿科临床试验表明，这种润滑剂可大大减轻病人痛苦。仿生医用润滑发展的另一个方向是治疗性润滑剂，英国 Leeds 大学科研人员在这方面进行了大量的研究工作。

　　实践表明，生物界面滑液能有效降低生物组织、器官及细胞之间的摩擦和磨损，受此启发，仿生润滑剂的设计和润滑机理研究也是摩擦学研究的热点之一。

19.5　仿生润滑技术在工业机器人方面的应用

　　1964 年，美国研发世界上第一台工业机器人，随后工业机器人在日本、欧洲等地区得到迅速发展。

目前工业机器人已成为自动化装备的主流及发展方向，具有极大的市场前景。2017 年 8 月，国际机器人联合会（TFR）发布的数据显示，2016 年机器人销量增长 16%，2017—2020 年的年平均增长率为 15%。

工业机器人在 20 世纪 90 年代得到了飞速的发展，目前中国的机器人发展，无论从规模还是应用领域都是前所未有的。这是在 2017 年 8 月 21 日，由中国工程院主办，中科院沈阳自动化研究所和机器人学国家重点实验室承办的在沈阳举行的机器人技术国际工程科技发展战略研究高端论坛上，国际机器人领域技术专家、电气和电子工程师协会机器人与自动化学会前主席、法国国家科学研究中心主任、巴黎第六大学智能系统与机器人研究所所长 Raja Chatila 作的表态。现在，世界上主要发达国家都纷纷将机器人作为重点发展领域，期望抢占机器人学科的制高点。中国工程院副院长、国家制造强国建设领导小组成员陈左宁院士指出，随着传感器和智能控制技术的发展，机器人技术正从传统的工业制造领域向医疗服务、教育、娱乐、勘探勘测、生物工程和救灾救援等领域迅速拓展。2010 年，我国工业机器人保有量为 52200 台，而 2011 年为 74300 台，估计目前的保有量已超过十多万台。2017 年 9 月 8 日科技日报报道，全球最忙的手术机器人在中国，从 2006 年引进首台手术机器人至 2017 年 2 月，我国已累计开展四万多例机器人手术。机器人走上手术台已成为现实，但也必须指出，无论机器人如何智能先进，都不可能完全取代医生。

由于工业机器人越来越多地应用于低温、高温、高速和重负荷等苛刻工况环境，故综合性能优异的润滑剂及先进润滑技术对工业机器人在各领域的成功应用显得越来越重要。目前，工业机器人大部分是用于搬运和焊接作业，而其关节部位的减速机构是完成工作的关键。由于工业机器人关节减速机的加工精度很高，摩擦面之间的间隙一般很小，而工业机器人越来越多地应用于高负荷的工况。中石化韩鹏指出，在这种情况下，减速机在运转过程中经常处于边界润滑状态，这就要求润滑剂（脂）具有足够的油膜厚度和良好的极压性能以及优异的抗微动磨损性能。这是因为，工业机器人关节部位运转特点是频繁启动和在较小范围内进行往复运动，容易造成微动磨损。韩鹏等人已成功开发了机器人关节减速机用的高性能润滑脂。

由工业机器人的实际使用环境温度和工况条件可知，工业机器人关节减速机润滑脂对基础油的低温性能、热稳定性和氧化安定性等都有较高的要求，因此，选择合成油作为工业机器人关节减速机润滑脂的基础油更为合适。考虑综合性能和成本，推荐选用 40℃运动黏度为 40~60mm²/s 的合成烃作为工业机器人关节减速机润滑脂的基础油。综合润滑脂性能指标要求、生产成本和生产工艺的稳定性，推荐选用复合锂基润滑脂最为合适。

工业机器人关节减速机所使用的金属材料主要是钢，由于减速机润滑脂中加入了活性较强的极压抗磨剂，为提高其防锈性能，抑制含硫、磷化合物等活性物质对润滑脂防锈性能的影响，需要加入 0.5%（质量分数）的防腐添加剂，同时还应加入相应的抗氧剂等。

由于机器人模拟人的动作是靠运动副（关节）来实现的，如工业机器人手臂就有 4 个回转副。因此，运动副必须保持良好的润滑状态以确保轴承能正常运行。关节轴承通常采用润滑脂润滑，并有可靠的密封系统，以避免脂损失。根据机器人关节轴承的工况和结构特点，华南理工大学朱文坚和王涛等人曾提出在机器人关节处采用固体润滑转移膜的润滑方法。由于机器人关节轴承为四点接触轴承，这对转移膜的形成和转移膜成为均匀和连续状况是有利的。研究指出，机器人关节和轴承保持架采用碳纤维填充的 PTFE 复合材料，能在接触表面形成转移膜，这层转移膜具有很好的自润滑性能，有助于机器人关节轴承的实际成功应用。

19.6　仿生表面减阻技术的应用

在仿生减阻方面，人们受鱼类（尤其是鲨鱼、鳝鱼、泥鳅等）在水流、泥土中的生物行为和荷叶的超疏水性现象的启发而产生灵感。众所周知，鲨鱼是海洋中游泳速度最快的生物之一，时速可高达 60km/h，拥有极佳的减阻能力。德国科学家对鲨鱼的皮肤进行细致的研究发现，其皮肤表面布满了肋条状真皮组织，呈冠状结构，每块冠状组织上有 3~5 条径向沟槽，如图 19-17 所示，具有最佳减阻特性的是三角形沟纹，如图 19-18 所示。意大利米兰大学的专家认为通过最大化肋条顺流向的突起高度与其沿横向流动方向的突起高度之间的差距，就可以实现优化减阻，因为这样就能使肋条对横向流动的阻抗最大而对纵向流动的阻抗最小。

研究表明，在高速流体流动状态下，盾鳞肋条结构表面的减阻效果高达 8%。同时鲨鱼的盾鳞还具有良好的防污功能，紧密有序排列的盾鳞以及分泌的黏液使鲨鱼体表具有较低的表面能和亲水性，这样能够有效地防止海洋污损生物的附着。图 19-19 所示为鲨鱼皮盾鳞结构。

图 19-17　大鲨鱼表面

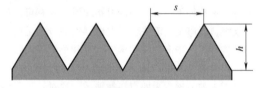

图 19-18　三角形沟纹

鲨鱼体表的特殊结构启发人们的灵感和思维，以具有极佳减阻能力的鲨鱼皮为模板，采用模板技术对鲨鱼皮表面微观拓扑结构进行仿生复制，通过扫描电子显微镜对鲨鱼皮及其复制品的表面形貌进行表征。图 19-20 所示为鲨鱼盾鳞的解剖结构示意图和扫描电子显微镜图。

人们在生活和实践中意识到，在自然界中，相对运动物体之间存在的表面阻力给人们的生产和科研活动带来了各种各样的不便与烦恼，如地面机械触土部件表面，由于土壤的黏附阻力增大而不能正常工作。飞机、轮船等交通工具的大部分燃油都消耗在克服空气和水等介质所带来的阻力上。据有关资料介绍，各种触土部件与土壤之间的表面摩擦阻力占总阻力的 30%~50%。民用飞机中，表面阻力几乎占总阻力的 50%，管道输送中 80%~100% 的能量都损耗在表面摩擦阻力上。由此可见，大量的能源因表面阻力而被消耗掉，这与人类所追求的节能目标是相矛盾的，因此，一种模仿生物非光滑表面的新减阻与脱附技术受到人们的高度关注，进行深入的研究并开发在工程上的应用。

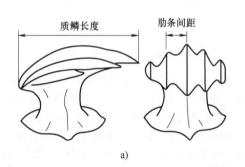

a)

图 19-19　鲨鱼皮盾鳞结构

a）盾鳞结构　b）鲨鱼皮表面 SEM 照片

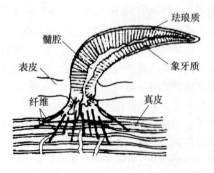

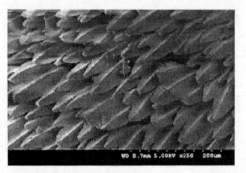

图 19-20　鲨鱼盾鳞的解剖结构示意图和扫描电子显微镜图

国外许多航空公司很早就意识到减少飞机阻力的重要性，在不改变飞机外形结构的前提下，设法减少飞机的黏性阻力已成为国外各大飞机公司近年来研究的一项重要技术。我国在这方面虽然起步较晚，但发展也很快。美、英、德等国的不少飞机公司的研究表明，在飞机表面黏贴了减阻薄膜后，黏性阻力可降低约8%，我国最早在"运七"飞机对其外表面沟纹膜的减阻效应进行研究，并取得成功应用经验。

业界专家对沟纹膜减阻机理进行过深入研究，减阻薄膜主要用于减少湍流摩阻，对于湍流边界层来说，通常认为边界层内贴近壁面的流向涡是起到能量交换的主要原因，具有沟纹的薄膜的减阻机理主要就是抑制流向涡的能量交换。

鲨鱼是海中的猎豹，那种高速的游泳速度是无数海洋生物无法企及的，受这样的启发，人类身着仿生鲨鱼的泳装不是也能成为泳池的王者呢？在2000年的悉尼奥运会上，穿上澳大利亚Speedo公司提供的Fastskin系列泳衣的运动员共摘取游泳项目33枚金牌中的28枚。美国著名游泳运动员"飞鱼"所穿的那种特制的游泳衣便是一个例证。Speedo公司曾在自己的网站上宣称，Fastskin能够使男运动员降低阻力4%，女运动员降低阻力3%，后来，TYR和Arena两家公司也相继推出了类似的泳装。据报道，早在1987年，美国帆船杯赛的一艘帆船船体就仿制了鲨鱼的表皮结构，比赛期间，这艘帆船的速度遥遥领先，但后来被组委会宣布为"不合法"的器材。仿生泳衣及其表面形貌如图19-21所示。试验还发现，减阻效果与所用聚合物相对分子质量有关，相对分子质量大的和亲水亲油平衡值（HLB）大的减阻效果较好。

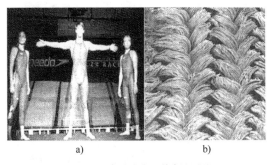

a)　　　　　　　　　　b)

图 19-21　仿生泳衣及其表面形貌

实践表明，要获取大量天然鲨鱼的滑液是相当困难的，在医学方面，陶德华等人模仿鲨鱼的润滑材料特性，研制了一系列润滑性能与其类似的优良的、无毒的、能符合卫生医用要求的合成润滑剂，并且进行

了临床试验。考虑泌尿系统特性，适用于该系统的润滑剂必须满足下列条件：

1）不能发生化学反应，只能物理润滑。

2）必须是水溶性的，溶解后可随尿液排出体外。

3）合成剂必须是高聚物，且不可透过皮肤细胞膜残留在体内。

4）必须符合无毒害、无刺激性以及无菌等医用要求。

上述研究成果表明，仿生医用润滑技术在医疗检查中的成功应用，可有效地减轻患者的痛苦，提高医疗检查质量与效率。

19.7　仿生减阻技术在海洋领域的应用

人们发现，生活在自然界中的生物具有生物非光滑表面，通过大量的观察和试验，发现这种非光滑表面具有减黏减阻和脱附效应，这种仿生非光滑表面减阻脱附技术已被应用到了空中、水中和土壤中，实践表明，取得了很好的减黏减阻与脱附效果。

发展海洋经济、建设海洋强国是我国当前的重要发展战略之一，船舶、舰艇、鱼雷等海中航行体在海洋经济建设和海洋国防中发挥着重要的作用，马付良、莫梦婷、薛群基和柯贵喜等人在这方面做过详细描述。海中航行体的运行速度和能量消化率是评价其性能的重要指标。利用减阻技术降低航行体在海水中的行驶阻力具有重要意义，业界专家提出了许多减阻方法和理论，海洋减阻技术一直是国内外海洋科技领域的热点之一。

海中航行体运行过程中需要克服的阻力如下：

1）行波阻力。航行体在静水面上行驶时由于波浪兴起而形成的阻力。

2）涡流阻力。当水流经船体时，由于水具有黏性所引起的首尾压差而形成的阻力。

3）摩擦阻力。航行体在水中运动时，由于水的黏性，使在水中的航行体周围有一薄层水被航行体带动随船体一起运动，而各层水流速度大小不一，它们之间会产生切应力作用，并沿着航行体运动方向形成合力，即为航行体摩擦阻力。

随着海洋战略思维的更新，21世纪的海洋战略已上升为国家核心利益，因此，研制小阻力高速远航的水下航行器已受到各国的高度重视。据报道，在动力和能源一定的条件下，假如将阻力减少10%，则水下的航行器的巡航速度和航程可以同时增加约3.6%。因此，航行体的流体阻力控制是增加其航行速度、提高能源利用效率的最重要手段，因此，海洋减阻技术一直是国内外海洋科技领域的热点。2019年11月在广州举行的中国摩擦学学会成立 40 周年庆典上，中科院院士薛群基教授做了海洋船体减阻技术方面的主题报告，阐述了国内外在这个领域的研究应用现状。

经过几十年的努力，目前各类减阻技术已在理论（特别是湍流理论）方面取得了突破性的进展，并逐步走向实用化。美、俄、德、英、法、日等发达国家在这个领域走在世界前列。美国海军机构为提高军舰、潜艇和鱼雷的航行速度和战斗力，对减阻技术进行了大量系统的研究。根据鲨鱼皮原理制成的新型环保涂层已经在美国海军舰艇上应用多年。这种涂层可有效摆脱海底生物的附着，提高舰艇航行速度，节省燃料。这种新型涂层主要涂装在吃水线以下的船体上，它能阻止海洋中各种藻类和其他海底生物固着在船底，防止对舰艇造成不良影响。最早应用在船体上的防护涂层通常是有毒的，联合国环境署已明文禁止使用。后在美国海军资助下，佛罗里达大学的材料科学教授 Brennan 领导的科研团队开发出一种对环境无害的舰艇环保涂层。科研团队的灵感来自鲨鱼皮上有各种细小的矩形结构，上面长着更小脊骨或刚刺，不均匀地分布在表面，海底生物孢子很难附着，因而无法繁衍成各种藻类或其他生物。该科研团队根据鲨鱼皮的结构特点研制了一种仿生鲨鱼皮的防护涂层，其表面由无数细小的菱形凸起物组成，该菱形凸起物约长 15μm，里面还有凸起的"肋骨"，在显微镜下可清晰地看到其图案构成，这种名为 Gator Sharkote 的新型环保涂层已在美国海军航行器中广泛使用，效果非常明显。

美国国家航空航天局根据鲨鱼皮上覆盖有很小的 V 字形小凸点的启示，采用顺溜走向的肋条构造，让脊形沟槽垂直于表面，将其应用在飞行器和船舶表面，以减小阻力。德国柏林大学的科学家也发明一种仿鲨鱼皮的产品，他们模仿天然鲨鱼皮结构，提出防止生物污损的构思，并研究成功防污损的防御系统。

我国深圳市百安百科技公司也研制成功鲨刻烃仿生膜，并把这种仿生膜应用在船体表面，实践证明这种膜能减少67%海藻、贝类等的附着量，当船行速达 4~5n mile⊖时，可帮助船舶"自洁"，把所有附着的海生物脱掉。中科院化学研究所、中船重工七二五所、海洋化工研究院等研究机构对模仿大型海洋生物表皮的防污减阻技术进行了深入研究。

我国海洋化工研究院在国内率先开发成功的喷涂聚脲弹性体技术是一种新型环保施工技术，具有固化速率快、强度高、伸长率好和施工效率高等优点，聚脲能够更容易地制出不同模量的基料，在减阻材料中具有广阔的应用前景。海洋化工研究院采用长链氨

基聚醚和带侧基的二胺扩链剂合成的低模量、高强度聚脲树脂用作柔性减阻涂层，涂层致密、不透水，经中国船舶科学中心测试，在流速为 4m/s 时，平板上 0.5mm 的柔性减阻涂层可降低阻力达 12% 以上。该研究院利用喷涂聚脲弹性体技术的优势，制成在潜艇等水下运动物体表面的仿生减阻涂层，如图 19-22 所示，达到减阻、降噪和节能的目的，已广泛应用于水下航行器。除仿生减阻涂层外，海洋化工研究院还成功研发了柔性减阻涂层、低表面能减阻涂层和柔性渗脂减阻涂层等。未来的新型潜艇很需要在艇体表面采用减阻技术以提高航速，在这方面柔性减阻涂层将发挥重要作用。

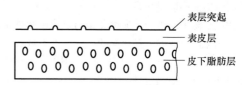

图 19-22　仿生减阻涂层的结构

就水下航行器的减阻技术而言，目前比较有实用的方法包括沟槽法、柔性壁法、微气泡法、聚合物添加法、低表面能法和仿生法。近年来，尤其受鲨鱼皮表面特殊微观结构的启发，仿生表面减阻取技术得了显著的进展。仿鲨鱼皮表面减阻方式有两种：一种是直接复制鲨鱼皮，另一种是仿鲨鱼皮的沟槽结构，如图 19-23 所示。

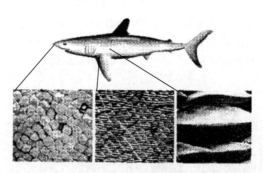

图 19-23　鲨鱼皮表面的沟槽示意图

据业界专家分析，仿生表面减阻技术未来的发展趋势有以下几方面：

1）随着增材制造的发展成熟，未来可用增材制造技术制备仿生沟槽表面，实现表/界面微观结构的调控。

2）从单一的减阻方式向多种减阻方式协同作用

⊖　1n mile = 1609. 344m。

进行，目前已有将沟槽减阻和微气泡协同研究的先例。将各种减阻方式有机地结合在一起，通过匹配、参数调控等达到减阻效果的增强。

3）重视对于减阻机理方面的研究、科研的最终目的是服务于应用，仿生减阻从实验室研究走向实际的大规模应用需要更多科研团队的合作和努力。

专家指出，新建造的海洋工程结构物在下海后很快就会附上大量的海洋污损生物，它显著的增加了海洋工程结构物的体积和表面粗糙度，从而增加大波浪所引起的动力载荷效应，改变了原有的界面状态，也导致严重的腐蚀磨损问题，因此，其关键是解决海洋工程结构物的表面防污损问题。针对这方面的问题，中科院兰州化物所、中国海洋大学、清华大学和华南理工大学等单位都在深入研究低表面能的海洋防污涂料，并取得了许多研究成果。钱斯文等人提出了一种低表面能与表面微结构相结合的仿生防污新方法，有助于推进开展新型仿生防污涂料的研究工作。

人们已通过仿生学设计手段开发出一系列的功能润滑涂层材料，包括疏水的自清洁涂层、减阻涂层、防冰涂层、防腐涂层、防润滑油爬行涂层等，还有亲水的防海洋污染涂层、生物润滑涂层、仿生抗磨涂层和防雾涂层等。

参 考 文 献

[1] 周峰，王晓波，刘维民. 纳米润滑材料与技术［M］. 北京：科学出版社，2014.

[2] 钱林茂，田煜，温诗铸. 纳米摩擦学［M］. 北京：科学出版社，2013.

[3] 刘国强，等. 聚合物仿生润滑剂研究进展［J］. 摩擦学学报，2015，35（1）：108-120.

[4] 张建华，陶德华. 仿生润滑技术研究及其应用探讨［J］. 润滑与密封，2004（6）：99-100.

[5] 葛世荣. 人体生物摩擦学的基础科学问题［J］. 中国科学基金，2005，19（2）：74-79.

[6] 刘宝胜，等. 鲨鱼皮仿生结构应用及制造技术综述［J］. 塑性工程学报，2014，21（4）：56-62.

[7] 戴振东，等. 仿生摩擦学的研究及发展［J］. 科学通报，2006，51（20）：2553-2559.

[8] 曲冰，等. 仿鲨鱼皮表面微结构材料制备的研究［J］. 大连海洋大学学报，2011，26（2）：173-175.

[9] 邵静静，等. 鲨鱼皮仿生防污研究［J］. 涂料工业，2008，38（10）：39-44.

[10] LUO Y H, et al. Tnvestigation for fabricating continuous vivid sharkskin surface by bio-replicated rolling method［J］. Applied Surface Science, 2013, 282：370-375.

[11] BALASUBRAMANIAN A K, et al. Microstructured hydrophoic skin for hydrodynamic drag reduction［J］. AIAA, 2004, 42（2）：411-414.

[12] 刘文光，等. 医用微机器人体内润滑分析与试样研究［J］. 润滑与密封，2007，32（10）：66-69.

[13] 孟震英，等. 工业机器人用润滑油脂［J］. 合成润滑材料，2018，45（1）：17-20.

[14] 刘博，等. 鲨鱼盾鳞肋条结构的减阻仿生研究进展［J］. 材料导报，2008，22（7）：14-17.

[15] 莫梦婷，薛群基，等. 海洋减阻技术的研究现状［J］. 摩擦学学报，2015，35（4）：507-515.

[16] 马付良，等. 仿生表面减阻的研究现状与进展［J］. 中国表面工程，2016，29（1）：7-15.

[17] BIXLER G D. et al. Bioinspired rice leaf and betterfly wing surface structures Combining shark skin and lotus effects［J］. Soft Matter, 2012, 8（44）：12139-12143.

[18] VERBERNE G, et al. Liposomes as potential bi-olubricant additives for wear reduction in human synovial Joints［J］. Wear, 2010, 268：1037-1042.

[19] NORNURA A, et al. Controlled snthesis of hydrophilic concentrated polymer bruohoo and their friction/lubrication properties in aqueous solutions［J］. Journal of Polymer Scicnce, part A：polymer Chemistry, 2011, 49：5284-5292.

[20] 柯贵喜，等. 水下减阻技术研究综述［J］. 力学进展，2009，39（5）：546-554.

[21] 王宝柱，等. 减阻降噪技术的最新进展［J］. 现代涂料与涂装，2008，11（1）：33-36.

[22] 田丽梅，等. 仿生非光滑表面脱附与减阻技术在工程上的应用［J］. 农业机械学报，2005，36（3）：138-142.

[23] LI F, et al. Simulation on fiow control and drag reduction with bionic jet surface［J］. Journal of Basic Science and Engineering, 2014（3）：574-583.

[24] TRETHEWAY D C, et al. Apparent fluid slip at

hydrophobic microchannel walls [J]. Physics of Fluids, 2002, 14 (3): L9-L12.

[25] 笹田直, 等著. 生物摩擦学—关节的摩擦和润滑 [M]. 顾正秋, 译. 北京: 冶金工学出版社, 2007.

[26] 陈铁柱, 等. 人工关节材料的研究进展 [J]. 中国现代医药杂志, 2009, 11: 133-135.

[27] 李物. 关节的润滑机制 [J]. 四川解剖医学, 1985, 3: 43-49.

[28] 吴刚, 等. 仿生多孔超高分子量聚乙烯的摩擦磨损性能研究 [J]. 摩擦学学报, 2007, 27 (6): 539-543.

[29] DEDINAITE A. Biomimetic lubrication [J]. soft Matter, 2012, 8: 273-284.

[30] GE S, et al. Friction and wear behavior of nitrogen ion implanted UHMWPE against ZnO_2 ceramic [J]. Wear, 2003, 255: 1069-1075.

[31] 张亚平, 等. 人工关节材料的研究与展望 [J]. 世界科技研究与发展, 2000, 22: 47-51.

[32] 杨付超, 等. 骨关节仿生滑液的制备设计与应用最新进展 [J]. 湖北大学学报 (自然科学版), 2019, 41 (5): 517-525.

第 20 章　薄膜润滑技术

20.1　概述

薄膜润滑是 20 世纪 90 年代发现的一种新型润滑状态，它有着独特的润滑规律。一般认为，弹性润滑以黏性流体膜为特征，而边界润滑则是以吸附膜为特征，在弹流润滑和边界润滑之间存在着一个过渡区，而这个过渡区目前尚未被人们所完全认识。1989 年清华大学温诗铸和雒建斌团队根据摩擦系数和膜厚的划分范围，发现弹流润滑与边界润滑之间存在一个空白区，并从模糊学的观点出发，认为该区是一个质变与量变交互在一起的过渡润滑状态。1990—1991 年，英国帝国理工学院专家 Spikes 和 Johnson 等分别用垫层法以及垫层与光谱分析相结合的办法，测量出纳米级润滑膜厚度随工况参数的变化情况，并首先提出了超薄膜润滑的概念。1992 年在 Leed-Lyon 国际摩擦学会议上，专家们就亚微米和纳米级薄膜的润滑问题展开了深入讨论，有的称其为"超薄膜润滑"，有的称其为"部分薄膜润滑"。1993 年在北京举行的摩擦学国际会议上，清华大学温诗铸教授称其为"薄膜润滑"。1994—1996 年，雒建斌和温诗铸等采用相对光强法进行纳米级润滑膜厚度的测量，并研究了该区域的润滑特性及其与弹性润滑转变的关系，还有薄膜润滑的时间效应，提出了薄膜润滑模型，并以薄膜润滑状态填补了弹流润滑与边界润滑之间的空白。1996 年，胡元中等用分子动力学模拟探讨了薄膜润滑的流变特性以及分子有序排列问题。1998—1999 年，雒建斌和温诗铸等探讨了薄膜润滑的失效问题，以及基体表面性能对润滑膜的影响，并提出了新的润滑状态划分准则。

纳米摩擦学是摩擦学领域的前沿，也是现代超精密机械与微型机械发展的基础。薄膜润滑作为纳米摩擦学的一个重要分支，已成为摩擦学研究的一大热点。

20.2　薄膜润滑概念的提出

无论从膜厚还是从摩擦系数的范围划分来看，在弹流润滑和边界润滑之间存在一空白带。这一区域的未知领域被认为是薄膜润滑区，它既广泛存在于超精密制造的机械系统与微机械系统中，又存在于生物基体的组织中。混合润滑只是描述各种润滑状态共存时的摩擦性能，它并不是基本的润滑状态，随着润滑膜厚度的减薄，润滑状态可能经历以下的过程：

①流体动力润滑→②弹流润滑→③未知状态→④边界润滑→⑤干摩擦。

1992 年温诗铸教授在清华大学摩擦学国家重点实验室学术报告会上首先提出了薄膜润滑理论。就机理而言，薄膜润滑是介于弹流润滑与边界润滑之间的一种独立的润滑形态，它具有特殊的润滑规律和本质。1993 年 10 月，温诗铸教授在清华大学召开的摩擦学国际学术会议上，进一步系统地论述了润滑理论研究从弹流润滑到微弹流润滑，进而到薄膜润滑的发展过程，并系统地提出了薄膜润滑研究的内容和发展方向。

随着微米-纳米技术的迅速发展，许多高精密表面的粗糙度限制在纳米级范围内，因而这些高精密表面也会常处于薄膜润滑状态。因此，薄膜润滑不仅仅是一种理论上的过渡润滑状态，而且是高技术设备和现代精密机械的实际工况中将会大量存在的润滑状态。人们在对弹流润滑理论研究的过程中发现，许多处于低速、重载、高温和低黏度润滑介质的机械设备，还有许多高科技机械设备及超精密机械的摩擦副常处于比通常弹流润滑膜（$0.1 \sim 2\mu m$）更薄的润滑状态（即薄膜润滑状态，膜厚在几纳米到几十纳米范围内）下工作，因此，有关薄膜润滑状态的研究在工程上具有重大价值。

由于实际工况中出现润滑膜较薄（$\sim 0.1\mu m$）、压力高（$\sim 1GPa$）、切应变高（$\sim 10^8 1/s$）以及接触时间短（$\sim 10^{-8}s$）等高副接触情况，经典的 Reynolds 流体润滑理论的假设已不再成立，而热效应、表面粗糙度、非稳态工况以及润滑油的非牛顿性质等方面的影响又显得非常重要，于是新的润滑理论——弹性流体动力润滑理论诞生了，在许多前人专家的不断努力下，该理论已逐渐趋于成熟，并使得边界润滑与流体润滑之间的空白区域大幅度缩小。在温诗铸教授等专家的努力下，近年来，弹流润滑理论在我国也有了快速发展。薄膜润滑的膜厚远大于弹流润滑的理论计算膜厚值，并且与时间效应相关，由此可知，薄膜润滑与弹流润滑的润滑机理是不同的。专家提出薄膜润滑模型如图 20-1 所示。

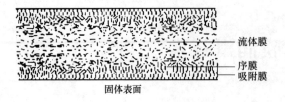

图 20-1　薄膜润滑模型

在工程实际中，人们总是需要了解摩擦副所处的润滑状态，由于薄膜润滑的提出以及纳米级光滑表面摩擦副的出现，使得原来仅靠膜厚与表面粗糙度的比（h/Ra）来划分润滑状态的准则在此已不适用。因此，提出了一种利用膜厚与分子等效半径的比（h/Rg）和膜厚与表面粗糙度的比的范围划分润滑状态的准则，如图 20-2 所示。

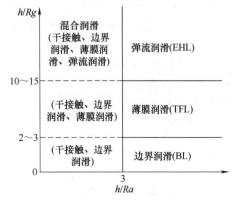

图 20-2　润滑状态划分图

清华大学雒建斌教授还提出了当油膜厚度大于三倍的综合表面粗糙度时，不同润滑状态下油膜厚度与影响因子的关系，即随速度继续降低，润滑膜厚度减薄，当速度低到一定程度时，在压力作用下润滑膜破裂，膜厚迅速降低，此失效点与润滑剂黏度、速度和压力存在一定关系，也就是润滑状态间存在着转化关系，如图 20-3 所示。

薄膜润滑状态的润滑膜由流体膜、有序膜和吸附膜组成。如果接触区的油膜较厚，流体膜起主要作用，其润滑性能将服从弹流润滑规律。当油膜变得很薄时，有序膜的厚度比例较大，这时有序膜将起主导作用。当这一层油膜破裂后，单分子吸附膜将起主导作用，此时的润滑状态将变成边界润滑状态。温诗铸等提出了各种润滑状态的特征与应用，如图 20-4 所示。

雒建斌团队指出，薄膜润滑状态被用来描述边界润滑与弹流润滑之间的过渡状态，弹流润滑向薄膜润滑转化的划分依据主要是润滑膜厚度。人们已经从理论和实验两方面都论证了这种亚微米和纳米量级膜厚的润滑状态的存在。在弹流润滑区，当速度减小时，油膜厚度随之减少；当弹流膜厚减薄到一定数值时，膜厚变化规律偏离弹流理论，该油膜厚度就是临界油膜厚度或者转化厚度。该临界油膜厚度与润滑剂的黏度和固体表面张力等因素有关。雒建斌等人用纳米级油膜厚度测量仪进行了基础油的薄膜润滑规律研究，发现薄膜润滑的膜厚与润滑剂表观黏度、分子结构、相对分子质量的大小、载荷和滚动速度都有关。

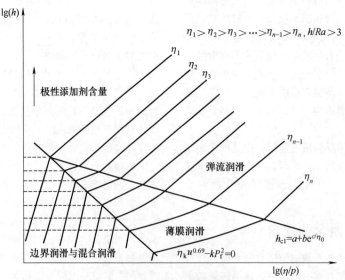

图 20-3　不同润滑状态间的转化关系

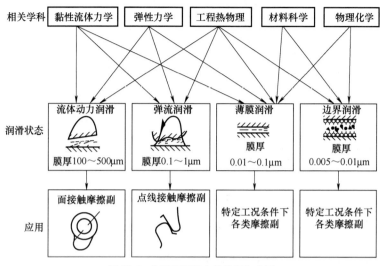

图 20-4　各种润滑状态的特征与应用

纳米薄膜介于弹性流体膜和边界膜之间，薄膜润滑向边界润滑转化的问题就是流体膜失效的问题。雒建斌团队对纳米尺度流体膜失效和失效点与压强、速度、黏度的关系进行了研究。

清华大学摩擦学国家重点实验室科研人员曾对水基乳化液润滑下的薄膜润滑问题进行了深入研究，发现乳化液的成膜特性与供液方式、运动黏度、乳化剂浓度密切相关。马丽然在纳米级超薄膜干涉仪的基础上结合水基润滑的特点，研制了纳米级水基润滑膜厚摩擦综合测试仪，并对接触区膜厚进行实时测量，也对冷轧钢用乳化液成膜特性进行了研究。考察了不同乳化液浓度对其成膜能力的影响。发现在低速范围内乳化液的成膜能力随浓度的升高而增强；在高速范围内，极低浓度乳化液在接触区中心形成的膜厚高于较高浓度乳化液所形成的膜厚。实验结果打破了工业应用中对乳化液浓度的经验限制，这对乳化液在工业领域的应用意义重大。

20.3　薄膜润滑的特性

薄膜润滑的基本特征是介于弹流润滑与边界润滑的一种状态，它具有自己固有的润滑本质和变化规律。薄膜润滑区别于弹流润滑之处，在于其分子在剪切诱导和固体表面吸附势等作用下处于取向有序状态，因而表现出不同的润滑特性，如尺寸效应等。薄膜润滑区别于边界润滑的地方是具有相当的膜厚值，此时润滑剂具有流动性，因此，润滑剂的黏度对润滑性能影响很大。为了从机理上解释薄膜润滑的特性，人们先后提出了富集分子模型和有序分子模型。总的

来说，薄膜润滑的特性包括接触区膜厚曲线的形状、润滑剂黏度对薄膜润滑的影响、滑滚比对薄膜润滑的影响、固体表面能对薄膜润滑的影响以及薄膜润滑的摩擦特性等。

在速度较高的区域，膜厚与速度基本上呈线性关系，这时润滑膜以弹流为主。随速度的降低，膜厚变薄，当膜厚降到 15nm 左右时，膜厚与速度的相关性迅速减弱。研究学者试验发现，进入薄膜润滑状态后，膜厚与速度的相关性大大减弱。

润滑状态由弹流润滑转变为薄膜润滑状态时，润滑机理已与弹流润滑不同。润滑油黏度对膜厚的影响程度低于弹流润滑的情况，这时薄膜润滑与弹流润滑膜厚度也存在较大差异，这些都是薄膜润滑区别于弹流润滑的主要特征。在薄膜润滑状态下，膜厚降到了纳米量级时，静态吸附膜已经达到了不可忽略的地步。薄膜润滑的膜厚远大于弹流润滑的理论计算膜厚值，并且与时间效应相关。由此可见，薄膜润滑与弹流润滑的润滑机理是不同的。在薄膜润滑状态下，摩擦副表面的吸附膜在摩擦过程中不参与流动，其对膜厚-速度关系的影响已不可忽略。

在薄膜润滑条件下，雒建斌等学者发现膜厚随着运行时间增加会发生变化，负载、滚动速度和润滑剂黏度等因素都会影响膜厚和时间的关系。清华大学摩擦学国家实验室的研究人员对水包油型水基乳化液的成膜行为进行了深入研究，发现乳化液的成膜特性与供液方式、运动速度以及乳化剂浓度都有密切关联。众所周知，水基乳化液由于其润滑性能好、冷却性优异和不易燃等特点已广泛应用于金属加工领域，但对

其成膜机理的研究至今尚无定论。因此对水基润滑液成膜特性及机理的研究对工业生产具有重要意义。

纳米级微粒添加在润滑剂中形成微观二相流，由于微粒的大小与润滑间隙处于同一量级，它对润滑膜的破裂以及微磨损的影响非常重要。微粒的大小、形状、表面修饰状态及运动规律等对润滑特性均有较大的影响。

薄膜润滑研究中的关键问题之一就是实现这种润滑状态的全面性能测试。众所周知，要建立长期稳定的纳米润滑膜并对其厚度和形状加以测量是一件相当困难的工作。这是因为，除了因为加工精度难以达到纳米量级和安装误差导致运动不平稳外，还有外界的干扰（如振动、光源、外界光变化）也可能给测试结果带来不小的影响。

温诗铸、雒建斌提出了利用相对干涉光强测量纳米级膜厚的方法，它的原理是，在同一干涉级次的最大干涉光强与最小干涉光强之间，干涉光强是随润滑膜的厚度或光程而变化的。由光学原理可知，任一点的膜厚取决于该点的光强在最大光强与最小光强之间的相对位置（相对光强）以及无润滑膜时的光强值。因此，只要将相对光强细分（如划分为 256 份），则对应的膜厚就具有很高的分辨率。根据此原理，清华大学研制出 NGY-2 型膜厚测量仪（见图 20-5），解决了纳米润滑膜厚度的测量问题。并在后继工作中，进一步扩大了仪器的膜厚测量范围，增加了三维自适应摩擦力测试装置以及润滑油微流量循环和温度控制系统，实现了点、线、面 3 种接触方式下微摩擦力和膜厚的同时测量。该测量仪器的主要技术指标如下：

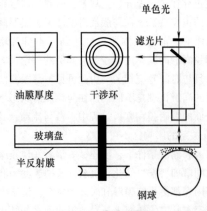

图 20-5　膜厚测量仪

1）润滑膜厚度测量范围为 0~500nm。

2）垂直（膜厚方向）分辨力为 0.5nm。

3）水平分辨力为 1μm。

4）速度控制范围为 0.2~1900mm/s。

5）摩擦力分辨率为 0.1mN。

6）温度控制范围为室温至 120℃。

20.4　薄膜润滑技术的应用前景

理论计算和实验测试都表明，在宏观弹流润滑与边界润滑之间存在着薄膜润滑状态。根据 Kingsbury 关于精密滚动轴承润滑的研究表明，即使在润滑油停止供应的严重乏油条件下，接触区仍然存在极薄的流体膜。Johnson 等人的研究也表明，含抗磨添加剂的润滑机理是在接触表面生成黏性润滑膜，例如业界很熟悉的 ZDDP 抗磨剂生成的润滑膜厚仅为 10~50nm，这些研究都充分证明薄膜润滑状态的存在。

对于水基乳化液润滑下的薄膜润滑问题，清华大学摩擦学国家重点实验室的科技人员进行过深入研究，发现乳化液的成膜特性与供液方式、运动速度及乳化剂浓度等密切相关。马丽然利用纳米级水基润滑膜厚度摩擦综合测试仪发现去离子水也能在接触区中心形成上百纳米厚的膜，进而研究表明，该现象来自于极其微量的油污，这有助于指导洗涤剂的研制，也有助于深入研究乳化液的成膜机理，对乳化液在工业领域的应用具有很高的参考价值。

薄膜润滑是一个迅速发展的新领域，在理论研究上已取得一定的进展，如何针对具体的应用工况开展研究已成为目前的迫切问题，业界已充分意识到薄膜润滑研究具有广阔的工业应用前景。目前，计算机硬盘制造技术的飞速发展，为纳米薄膜润滑特别是分子膜润滑提供了广阔的应用空间。

薄膜润滑的机理研究是近年来摩擦学领域中最为活跃的研究方向之一，薄膜润滑已成为整个润滑理论体系建立的关键环节，有关薄膜润滑状态的研究无论在理论上还是工程应用上都具有极高的价值。薄膜润滑的研究也大大促进了纳米技术的发展，目前涉及纳米电子学、纳米材料学、纳米生物学和纳米机械学。特别是在纳米机械学中出现了纳米加工手段，如低能离子和原子束，不仅可以用于刻蚀线路也可以用于表面抛光，其表面粗糙度也可达到纳米级甚至原子级。另外，纳米级光学超精密加工技术也有很大的发展。

纳米固体润滑技术基于纳米薄膜和涂层技术，可以减少摩擦对偶面的能量耗散与材料磨损。在微机械中，纳米固体润滑技术显得尤为重要。在微纳尺度上实现机械润滑是当今润滑技术发展的一个重要方向。纳米尺度的固体润滑主要通过纳米膜、纳米粉体等纳米自润滑材料来实现。

据调查报道，工程中实际存在的润滑油膜从几个分子层厚到几百微米厚，包含不同的润滑状态，而各润滑状态都具有典型的特征和膜厚范围。典型的 Stribeck 曲线图预示了整个润滑体系中摩擦系数的变化，人们对该曲线中流体膜润滑（包括流体动压润滑和弹流润滑）与边界膜润滑的规律已有较全面的认识。温诗铸和雒建斌教授指出，对于两者的中间状态（通常统称为混合润滑），迄今还研究较少，这正是现代润滑理论需要着重研究的领域。

另外，纳米气体薄膜润滑方面也很值得研究。随着气膜厚度不断下降到纳米级尺度，将显现稀薄效应。在高空稀薄气体环境中高速飞行的物体，其流动就表现出稀薄效应。在航空航天实际需求的推动下，国内外已经进行了大量稀薄气体动力学和稀薄气体传热学的试验研究。随着 21 世纪的纳米技术，如离子材料加工、微电子蚀刻、微机电系统、精细化工和真空系统等不断发展，在这些技术当中遇到的流动问题也涉及稀薄效应的问题，而且稀薄效应有时还起着关键作用，使这方面的研究也变得十分重要。

超滑概念的提出，引起了摩擦学、机械学、物理学和化学等各界研究学者的关注，它是纳米摩擦学深入研究的必然产物。从理论上讲，超滑是实现摩擦系数为零的润滑状态，但在实际研究中，一般认为摩擦系数在 0.001 量级或更低的润滑状态即为超滑态。它最早由两位日本学者 Hirano 和 Shinjo 根据宏观力学的理论通过计算在 20 世纪 90 年代初提出。2018 年 8 月，在广州举行的第 6 届全国工业企业润滑管理高峰论坛上，清华大学摩擦学国家重点实验室主任雒建斌院士对"超滑"专题做了主题演讲。他认为超滑的理论定义是"零摩擦"，工程定义为滑动摩擦系数为 10^{-3} 量级或更低。他指出，超滑将使"近零摩擦和近零磨损"成为可能。

目前，工业界各行各业，特别是现代高新技术装备和纳米技术的发展，通常都会受到摩擦和磨损的严重困扰，而超滑研究不仅可以大幅度降低摩擦功耗，而且具有零磨损的特征。作为纳米级润滑薄膜重要特性之一的润滑分子有序化是实现常温超滑状态的一个重要条件。

薄膜润滑研究具有广泛的工业应用前景，例如，在工业中普遍使用的水基润滑剂，由于其黏度和黏压系数低而形成薄膜润滑，又如气体透平等在高温下运行的机械以及粗糙表面中粗糙峰的润滑，也都处在薄膜润滑状态。

专家认为，薄膜润滑是最复杂的一种润滑状态，目前在理论研究和实验测试方面还存在很大困难，首先是薄膜润滑研究涉及多门学科；其次，由于这种润滑状态的润滑膜厚度极薄，摩擦表面的几何形貌和表层特征是不可忽视的影响因素，而且粗糙表面的几何形貌是随机变化的，因此在摩擦过程中，薄膜润滑特性具有强烈的时变性。温诗铸教授曾指出有关薄膜润滑研究应重点集中在以下几个方面：

1）研制亚微米、纳米级润滑膜特性的测试技术和实验装置。

2）研究不同类型润滑膜的流变特性与润滑特征及其转化。

3）研究薄膜润滑特性的变化及其与工况参数和环境条件的相关性。

4）研究薄膜润滑状态的模型化及其数值计算。

5）研究薄膜润滑的失效准则与应用。

此外，以改善薄膜润滑性能为目标的新型润滑介质的研究也具有重要意义。

参 考 文 献

［1］温诗铸，黄平，田煜，等. 摩擦学原理［M］. 5 版. 北京：清华大学出版社，2018.

［2］钱林茂，田煜，温诗铸. 纳米摩擦学［M］. 北京：科学出版社，2013.

［3］温诗铸. 润滑理论研究的进展与思考［J］. 摩擦学学报，2007，27（6）：497-503.

［4］雒建斌，等. 薄膜润滑研究的回顾与展望［J］. 中国工程科学，2003，5（7）：84-89.

［5］雒建斌，温诗铸. 薄膜润滑特性和机理研究［J］. 中国科学（A 辑），1996，（9）：811-819.

［6］彭泳卿，等. 纳米尺度下气体薄膜润滑理论研究［J］. 摩擦学学报，2004，（1）：56-59.

［7］BHUSHAN B. Introduction to Tribology［M］. New york：John Wiley & Sons Inc，2005.

［8］马丽然. 高水基乳化液成膜特性及机理研究［D］. 北京：清华大学博士学位论文，2010.

［9］MA L R，et al. Inuestigation of the film formation mechanism of oil-in-water（O/W）emulsions［J］. Soft Matter，2011，7（9）：4207-4213.

［10］TICHY J A. ultra thin film structured tribology［J］. Proc of Ist Intern symp on Tribology，1993，1：48-53.

［11］JOHNSTON G J. et al. The measurement and study of very thin lubricant films in concentrated contacts [J]. Tribology Transaction, 1991, 34 (2): 187-194.

[12] 李津津, 雒建斌. 人类摆脱摩擦困扰的新技术——超滑技术 [J]. 自然杂志, 2014, 36: 248-254.

[13] GUANGTENG G. Spikes H A. Boundary film for-mation by lubricant base fluids [J]. Tribol Trans, 1996, 39 (2): 448-454.

[14] ARAKI T. et al. An experimental investigation of gaseous flow characteristics in microchannels [J]. Microscale Thermophysical Eegineering, 2002, 6 (2): 117-130.

第21章 新兴产业和特殊产业领域的润滑技术

以绿色新能源、工业机器人和无人机为代表的新兴产业领域近年来异军突起，受到各国政府部门的高度关注，发展极为迅速。特殊产业领域如高速铁路、地铁交通、核发电站和空间机械工业等也格外引人注目，各国投入巨资扶持发展，我国在这些特殊产业领域的发展，目前在世界已处于领先地位。无论是新型产业领域还是特殊产业领域，所需的设备都十分特殊，这些设备对润滑的要求也不同于普通的工业设备。因为这些设备有特殊的结构要求，其工作环境和操作条件也各异。因此，必须提供相适应的润滑材料及润滑应用技术才能确保这些设备正常运转及获取应有的经济效益。本章将对这些产业领域及对设备润滑的要求予以介绍。

21.1 风电机组的磨损与润滑

1. 风电行业概述

19世纪末，丹麦建成了第一座风力发电站。一个多世纪以来，风力发电技术得到了快速进步，尤其是20世纪80年代后，各风力发电机主制造商在结构设计上进行了大量的创新工作，使风电机组单机容量不断扩大。从全球风电装机的总体分布看，欧洲、北美和亚洲仍然是世界风电发展的三大主力市场，而英国是欧洲最具潜力的风能市场。

风力发电机是一种把风力资源转换为电能的机械装置，它是一种高度复杂和尖端的机电一体化产品。风能是一种清洁的可再生能源，而风力发电是风能利用的主要形式，也是目前可再生能源中技术最成熟、最具有规模化开发条件和商业化发展前景的发电方式之一。根据我国相关权威部门的统计数据介绍，全球的风能比地球上可开发利用的水能总量还要大10倍。自2013年以来，世界风能市场每年都以40%的速度增长。由于技术不断进步，目前风能的发电成本已降到初期成本的20%。由于风电技术的不断成熟和环境保护的挑战，风能发电在商业领域将完全可以与燃煤发电进行竞争。

我国风能资源丰富，适合大规模开发。自1986年山东荣成建成国内第一个风电产品以来，经过三十多年的努力，风电装机容量取得了高速发展。据不完全统计，目前，我国风电装机台数已超过9万多台，

容量超过1.5亿kW，位居世界第一，并且正以每年超过1万台、2000万kW的数量递增。这给风电运维市场带来了前所未有的机遇，而风电后市场的不断扩大，使其成为影响着我国风能产业健康发展的重要因素。我国风电机组在实际运行中也暴露出许多问题，包括润滑不当及润滑管理和服务不到位。如果能够有效解决这些问题，将对降低风电运营成本、增加风电市场效益具有十分重要的意义。据报道，我国将成为世界上最大的风电市场和风能设备的制造中心。据介绍，我国风能潜力为10亿kW，其中为陆上可开发和利用的风能资源有2.5kW，海上可开发和利用的风能储量有7.5亿kW。风能作为当今一种重要绿色新能源资源已受到各国的重视，我国也相继出台各种政策法规支持风能行业的发展。

2. 风电设备及运行特点

风力发电主要通过风力发电机组实现，风力发电机组属于大型高精度、高价值运转设备，是一种自动化程度极高的能源转换机械系统，对运行精度和稳定性的要求极高，因此它对润滑产品的环境适应性和长寿命方面有着特殊的要求。风力发电机组所有的轴承、齿轮等部件均处于频繁启停、高负荷连续运转的工况条件，且风力发电场又大多集中在拥有巨大风能资源的高山、荒野和近海地区，恶劣的自然环境对设备造成严重的侵害，加之风力发电机组装配在很高的塔座上，维护保养又十分不便。因此，风力发电要求设备具有良好的稳定性，尽量减少因设备问题造成的非正常停机和检修次数。一般风力发电机组的设计使用寿命约为20年，年运行平均时间为2000h，而且在风力发电机组向大型化发展的过程中，风力发电机组的直径和高度也在不断地升高，对风力发电设备的各个组成和零配件的工作稳定性要求越来越严格。图21-1所示为风力发电机的组成。图21-2所示为运行中的风力发电机组。

风力发电机组运行环境恶劣，四季温差较大。冬季多为风季，这是设备运行的高峰期，因此在严寒地区的设备运行正常与否是最为关键的。夏季是内陆地区风力发电场的运转淡季，设备处于停滞状态的时间相对较多。而在沿海地区的风力发电场，由于海水盐雾量相对较大，海水对设备的侵蚀也是一个大问题。

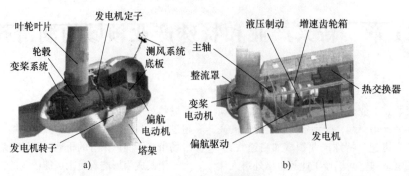

图 21-1　风力发电机的组成

a）直驱式　b）双馈式

图 21-2　运行中的风力发电机组

风力发电场多在人员稀少的野外，又是高空作业，设备维护较难，维护成本昂贵。由于涉及并网发电量，停机造成的间隙损失较大。因此，要求设备具有良好的稳定性，尽量减少因设备问题造成的非正常停机和检修次数。

3. 风力发电机组的润滑特点及技术要求

确保风力发电透平机组服务寿命期间无故障运行尤其重要，因此对润滑油品的选择成为风力发电机组制造商、部件供应商、风力发电机组的终端用户及油品供应商的共同责任。由于风力发电机组所处的恶劣环境和严格的运行特点，所以要求风力发电机组的润滑介质必须具有高度的环境适应性。换言之，它必须在各种恶劣的环境条件下，仍然可以提供高效的设备润滑保护。现代风力涡轮叶片高达 40 层楼，在海上维护更为困难。美国摩擦学和润滑工程师学会表示，风力涡轮润滑油将成为润滑油工业的大市场。

由于风力发电行业的快速发展，对风力发电机组的润滑管理也提出了更高的要求，为保障风力发电场风力发电机组安全稳定运行，风力发电机组油品的润滑管理也必须优化和创新。采用先进的润滑技术以及系统化和网络化的运行模式，从油品选用、状态监测

到对润滑维护进行全优润滑管理，以提升设备润滑管理水平。润滑油脂作为风力发电机组正常运转不可缺少的重要材料，它的选择和维护直接影响风力发电机的正常运转和发电成本。

风力发电机组的主要润滑部位包括齿轮箱、主轴承、发电机轴承、叶片轴承、偏航系统轴承与齿轮，以及液压制动系统等。涉及的润滑油脂种类包括齿轮油、液压油、润滑脂、冷却液等。一般来说，机械类型故障是风力发电机组故障的主要形式，而与润滑相关的机械类型故障的比例约占一半。

目前应用较为广泛的是直驱风力发电机组。直驱电动机是直接驱动式电动机的简称，主要指电动机在驱动负载时，不需经过传动装置。由于直驱电动机避免使用了传动带等传动设备，而这些传动部件恰恰是系统中故障率较高的部件，所以使用直驱电动机的系统，从技术上讲应具有更低的故障率。使用传动装置（如减速齿轮、带轮等）的机械系统，常常导致结构复杂，体积庞大，重量增加，而且带来系统运行成本、噪声及传动效率等方面的多种问题。直驱电动机的诞生使得驱动装置变得更紧凑，重量更轻，控制起来也更加容易。图 21-3 所示为直驱风力发电机组的

各润滑点。

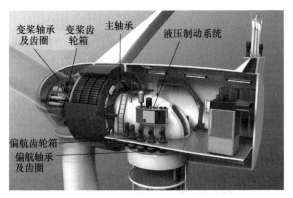

图 21-3　直驱风力发电机组的各润滑点

（1）齿轮箱的磨损与润滑特点　增速齿轮箱是风力发电机组中最重要的一个组成部分，它是风力发电机的主要润滑部位，它作为传动系统发挥动力传输的作用，其成本占风电总价的 15% 以上，一旦损坏，维修费用惊人，而且它是风力发电机中最易损换的部件之一。齿轮箱是风力发电机组的主要润滑部位，其用油量占风力发电机组全部用油量的 75% 左右。据调查，齿轮箱失效占停运、维护和发电损失的最大比例。据报道，风力发电机组故障使风力发电成本增加 15%~20%。齿轮箱的故障率约占风力发电机组故障率的 35%，如图 21-4 所示。

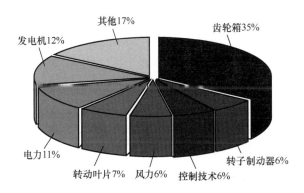

图 21-4　风力发电机组故障率分布

由此看出，齿轮箱的润滑剂对齿轮及轴承的保护十分重要。齿轮箱可以将很低的风轮转速（600kW 的风力发电机的转速通常为 27r/min）变为很高的发电机转速（通常为 1500r/min），齿轮箱的润滑多采用油池飞溅式润滑或压力强制循环润滑。

我国幅员广阔，风力发电机组的分布区域既有黑龙江、内蒙古等冬季寒冷的区域，也有海南、广东这样潮湿、有盐分污染的区域，北方寒冷地区在最冷的

月份里连续多日气温低于 -25℃，有的甚至低于 -40℃。在这样的低温下，风力发电机组停机后很快就会冷却到环境温度，这时，润滑油会变得很黏稠，造成起动困难。润滑脂的泵送性能也会受到很大影响。所以在寒冷地区，风力发电机组齿轮箱、液压系统及主轴承集中供脂系统所用润滑油脂都有较高的油品低温流动性要求。

位于沿海地区的风力发电机组，由于气候潮湿并且有盐分污染，故所选用的润滑油和润滑脂都应有优秀的防腐防锈性能和抗高温性能，润滑油还同时要求要有好的分水性。

风力发电机组主齿轮箱是连接风力发电机的增速传动部件，应用于绝大多数风力发电机机型中。风力发电机组齿轮箱是低转速、高转矩的增速齿轮箱，而且负荷不稳定，因此必须选择对风力发电机组齿轮箱具有特殊保护功能的润滑油产品。风力发电机组的主齿轮箱为三级行星螺旋齿轮组形式。其中，第一级大转矩级为行星齿轮，而第二级和第三级为螺旋齿轮，齿轮箱的润滑方式为自动喷射飞溅润滑，并通过独立的油冷器冷却。风力发电机组主齿轮箱的润滑机理是利用齿轮的啮合作用，将润滑介质带入齿轮轮齿之间的结合面，形成楔形油膜，将齿面分开，避免齿面的直接接触磨损。

基于风力发电机组设备的运行特点要求在设备润滑应用时，必须充分考虑不同形式的特点选择最佳的润滑方案。国际标准化组织（International Organization for Standardization，ISO）对于工业闭式齿轮箱齿轮油的等级有着明确的分类规定（中国国标的分类法与 ISO 规范基本相同）。风力发电机组主增速齿轮箱的润滑油必须满足 CKT 级的工业齿轮油的质量要求，也就是具有抗微点蚀的保护功能。实践表明，许多风力发电机组的齿轮深受微点蚀问题的困扰。虽然微点蚀不是一个新问题，但是它的危害性在以前并未被广泛关注。然而，随着润滑技术的进步，现在已经确认微点蚀会损害风力发电机组齿轮的精确度，在某些情况下甚至是一种主要的齿轮失效模式。

微点蚀是一种发生在赫兹接触区的疲劳现象，这种疲劳是由于作用在表面粗糙颗粒上的周期性接触应力和塑性流变所导致的，一般会导致微裂缝，形成细小微坑。微点蚀也被称作疲劳划痕、表面斑点、表面磨砂、釉化、灰变，然而，微点蚀是最恰当的叫法，因为它描述了现象的表征以及发生机理。如果风力发电机组增速齿轮箱发生了微点蚀，则会出现噪声增大、快速磨损、齿廓缺失、动力传递损失等症状，甚至最终会导致轮齿断裂等严重的部件损坏故障。

风力发电机组齿轮箱的失效形式除了齿面点蚀，还有轮齿折断、齿面磨损、齿面胶合和塑性变形等。轮齿折断的主要原因有由于多次重复的弯曲应力和应力集中造成的疲劳折断，以及由于突然严重过载或冲击载荷作用所引起的过载折断。齿面磨损的原因有灰尘、金属微粒等污染颗粒进入齿面间引起的磨料磨损，以及齿面间相对滑动摩擦引起的磨损，这与润滑油有直接关系。齿面胶合是由于高速重载传动时，啮合区载荷集中、温升快，因而引起润滑失效，而在低速重载时，油膜不易形成，使两齿面金属直接接触，并熔黏到一起，随着运动的连续，而使软齿面上的金属被撕下，在轮齿工作表面上形成与滑动方向相一致的沟纹。而齿面塑性变形是由于在低速重载传动时，带轮齿齿面硬度较低，当齿面间作用力过大时，在啮合中的齿面表层材料就会沿着摩擦力方向产生塑性流动。

由于风力发电机组齿轮箱的润滑特点是形成油膜的条件差，齿面的接触压力很高，齿面间既有滚动又有滑动，而且润滑是断续的。同时，齿轮的材质、热处理和机械加工等方面也对润滑有一定的影响。因此，对风力发电机组的齿轮油要求具备以下的性能：

1）很好的极压抗磨性。

2）良好的冷却性能和清洗性能。

3）优良的热氧化稳定性。

4）良好的水解安定性和抗乳化性。

5）优异的黏温性能。

6）较长的使用寿命。

7）较低的摩擦系数，以降低齿轮传动中的功率损耗。

风力发电机组主齿轮箱润滑性能指标见表21-1。

表 21-1　风力发电机组主齿轮箱润滑性能指标

序号	名　称	标　准	条　件	单　位
1	基础油类型	API 1509	—	—
2	ISO 黏度等级	ISO 3448	40℃	mm²/s
3	黏度	ASTM D445	−30℃	mm²/s
			40℃	mm²/s
			100℃	mm²/s
4	黏度指数	ASTM D2270	40℃ 和 100℃	—
5	倾点	ASTM D97	—	℃
6	闪点	ASTM D92	开杯	℃
7	四球抗磨试验	ASTM D4172	1800r/min，20kg，54℃，60min	mm
8	烧结负荷	ASTM D2783	—	N
9	防锈试验	ASTM D665	海水	—
10	铜腐蚀测试	ASTM D130	100℃，3h	等级
11	清洁度	ISO 4406	>4μm、>6μm、>14μm	—
12	剪切稳定性	ASTM D6278	—	—
13	分水性	ASTM D1401	82℃达到40/37/3时的时间	min
14	泡沫试验	ASTM D892	顺序，倾向性、稳定性	mL/mL
15	FZG 微点蚀齿轮试验	ASTM D5182	FVA 程序第 54	失效级数/GFT 级
16	FZG 齿轮试验	DIN 51534	A/8.3/90	失效级数
			A/16.6/90	失效级数

（续）

序号	名　称	标　准	条　件	单　位
17	FAG 油品与风力发电机组齿轮箱轴承适应性测试	—	FAG 试验台架	—
18	过滤试验	Hydac Filterability test	HN 30-80	—
19	FLENDER 起泡试验	Flender foaming test	—	—
20	FLENDER 齿轮油认证测试	—	—	—
21	油品可以承受的加热密度	—	—	—
22	密封兼容性	Freudenberg 密封兼容性测试	Freudenberg 试验台架，动态试验 1000h，静态试验 168h	—
23	油漆兼容性	Flender 涂料兼容性	—	—
24	油品使用寿命	—	—	—

学者闫宏飞从实践探索中提出了风力发电机组齿轮油的基本要求如下：

1）40℃运动黏度为 288~352mm²/s。

2）清洁度<NAS 8 级。

3）水分<0.05%（摩尔分数）。

4）氧化度降低≤新油 50%。

5）总酸值较新油增加≤1。

据报道，辽宁锦州某风力发电场装机 66 台，自 2010 年后所有风力发电机使用国内某品牌齿轮油，运行过程中，每年进行一次油品检测，至 2013 年各项指标正常，2014 年部分机型润滑油水分偏高，及时更换滤芯，运行 3 个月后，取样检测状态得到改善。2015 年迎来换油期，其中 2015 年换油 9 台，2016 年换油 8 台，2017 年换油 11 台，大大降低了风力发电机组的运维成本。该风力发电场发电量近几年一直处于同类风力发电场前列。

目前，中国石化大连润滑油研究开发中心已经研制出满足风力发电机组齿轮箱运转要求的抗微点蚀工业齿轮油产品，已获得了德国著名风力发电机组齿轮箱生产商 Flender 的认证，同时在中国风力发电场现场试用，并取得成功，打破了进口品牌润滑油一统我国风力发电市场的格局。

在风力发电机组齿轮箱用润滑剂的设计及制备方面，中科院兰州化物所开展了风力发电机组用润滑油脂的许多研究工作，建立了适用于我国极端气象条件下风力发电机组润滑的技术指标及性能与可靠性的模拟试验方法，研究并制备了适于作为风力发电机组润滑油、润滑脂基础油的多元醇酯类及 PAO 化合物，制备了具有不同分子结构的系列样品。通过针对风力

发电机组润滑重载和冲击等工况的要求，研究了具有优异抗磨减摩性能和磨损自修复功能的纳米润滑油添加剂，使风力发电机组润滑油脂具有更好的摩擦学性能。

（2）风力发电机组主轴轴承的润滑　风力发电机组主轴轴承是风力发电机旋转支撑的核心部件，它的应用范围包括主轴和偏航机构所用的轴承，齿轮箱所使用的轴承和发电机所用的轴承。轴承是风力机械中的薄弱部位，故障频发，它吸收转子由于重力及弯曲运动所产生的转子推力。由于拆装与维修非常困难，因此其寿命和可靠性在一定程度上决定了风力发电机的使用寿命与性能。通常它被设计为自调节式球面滚柱推力轴承，被套装在主轴上。轴承直接使用螺栓连接到吊舱底盘并使用润滑脂润滑。由于风力发电机组主轴承是整个风力发电机组的核心部件，其润滑质量关系到整个风力发电机组的运行稳定性。一般风力发电机组轴承的使用寿命要求达 20 年，因此，其轴承润滑必须可靠，故对轴承脂提出了以下性能要求：

1）具有高度的抗氧化性和热氧化稳定性，必须选用稠度为 NLGI 1~2 级的合成基础油聚脲基润滑脂产品。

2）具有良好的黏温特性，可以在较大温度范围内使用。

3）对轴承具有良好的抗磨保护，轴承运行振动小，噪声小。

4）润滑脂可靠性高，可以适用于全密封，不需维护轴承。

（3）风力发电机组液压系统的润滑　液压系统一般在风力发电机组上的作用是提供液压制动动力，

有些风力发电机组也采用液压系统对叶片的变桨系统提供动力与控制。风力发电机组设备液压系统的主要部件和子系统构成风力发电透平中的液压系统，包括维持和控制制动系统、偏航马达、偏航制动系统，以及在某些设计中用于变桨控制液压压力。

在风力发电机设备中，最常见的液压系统既是主轴制动系统又是偏航制动系统。其中主轴制动系统通过液压制动件挤压风力发电机组主轴制动盘，达到降低风力发电机组主轴转速至停止的目的。由于风力发电机组主轴的重量重，转动惯性矩非常大，所以风力发电机组主轴液压制动系统的液压压力也非常高。

风力发电机组液压油的作用是，实现制动系统的动作，并对极压元件起到润滑保护作用，风力发电机组液压油一般要求使用能满足 ISO HM 级或 DIN 51524 HLP 级质量规格的抗磨液压油。一般来说，对风力发电机组液压油的技术要求如下：

1）优异的黏温性能。
2）良好的抗磨性能。
3）良好的防腐、防锈性能。
4）优异的低温性能和过滤性能。
5）良好的空气释放性。
6）良好的抗氧化性。
7）优良的水解安定性和抗乳化性能。

（4）风力发电机组润滑管理要点　风力发电的快速发展对风力发电机组润滑管理提出了更高的要求，为保障风力发电场中风力发电机组的安全稳定运行，风力发电机组油品的润滑管理的全面优化和创新势在必行。必须采用先进的润滑管理理念，从油品选用、状态监测到对润滑维护进行全面优化整合，以提升设备润滑管理水平。

据报道，机械类型故障是风力发电机组故障的主要形式，而与润滑相关的机械类型故障就约占了一半。设备润滑，尤其是齿轮箱的润滑质量直接关系到风力发电机组的整体运行可靠性。实践表明，虽然齿轮箱不是故障率最高的部件，但它却是导致停机时间最长的部件。

无论是陆上风力发电机组还是海上风力发电机组，其地理位置都很偏远，同时由于工作环境恶劣，依赖在线传感技术和高压作业，维护困难，海上风力发电机组还有被快速腐蚀和锈蚀的危险。综合来说，对风力发电机组日常润滑管理提出以下技术要点：

1）选择换油期较长的润滑剂。由于地处偏远和高空，风力发电机组的维护十分不便，故必须选用换油期长的润滑剂。根据实践经验，在选择润滑剂时，通常不同类型的产品选择不同的润滑剂供应商，也就是一个现场可有多个供应商。但供应商选择过多，也增加了管理难度。

2）注意保证在用油液的清洁。在使用过程中，若油液中混入灰尘等固体颗粒物，就会对系统中的齿轮表面、液压泵阀和轴承等产生极大的擦伤磨损，所以必须保证在用油液的清洁。同时，要确保在用油液不会受水分污染，否则会破坏边界润滑保护层，缩短油品的使用寿命。

3）建立油液定期检测制度，及时了解机组的润滑与磨损状态，以便指导机组的润滑管理和视情维护。状态监测系统可对关键风力发电机组件进行连续实时的监测。

从润滑的角度来看，润滑器对于风力发电机组这样多达几十个润滑点的场景十分有用，它通常应用于发电机、主轴承、偏航和变桨轴承、叶片轴承和回转支承等的润滑点上。Timken 公司开发了单点和多点润滑器。其中 M-power 润滑器为机械驱动，为单点提供润滑；而集中式 C-power 多点润滑器系统能掌控轴承、齿轮部件上多达 6 个点的润滑服务，可减少服务间隙。

风力发电机组上一般使用两种润滑脂，一种是主轴承和偏转轴承用脂，另一种是发电机轴承用脂。发电机轴承的工作温度满负荷时在 90℃ 左右，这就需要使用滴点高、针入度小的润滑脂，以确保油脂在较高温度时仍有一定的硬度。由于发电机轴承的重要性，故所用的油脂应采用具有良好抗磨特性的优质滚动轴承用的润滑脂，不可用普通脂代替。

国产油脂可选择长城 7019-1（2 号或 3 号）极压复合锂基润滑脂。7019-1 脂是以复合皂稠化精制矿物油，并加有极压、抗氧、防锈等多种添加剂精制而成。具有良好的抗磨极压性能、抗氧化性能、防锈性能，并具有更高的使用温度和更长的使用寿命，它是普通锂基润滑脂使用寿命的 4 倍以上，更重要的是它具有良好的抗微动磨损性能。7019-1 极压复合锂基润滑脂的典型指标见表 21-2。

表 21-2　7019-1 极压复合锂基润滑脂的典型指标

项　　目		3 号	2 号	1 号	0 号	00 号
锥入度/10^{-1}mm		239	274	325	360	402
10 万次延长工作锥入度/10^{-1}mm		285	309	360	395	440
滴点/℃		>330	>330	>330	>330	>330
四球试验	P_B/N	1373	1373	1373	1373	1373
	ZMZ/N	705	705	705	652	652

选择性能好的状态监测装置对于轴承、齿轮等部件的稳定运行和延长使用寿命具有重要意义。目前，状态监测装置被越来越多地应用到风力发电机组上，如今的设备状态监测工具考虑到难以触及的位置和危险区域，配备了整套预测性程序，能在很大程度上延长机组正常运行时间，提高可靠性。

作为风力发电机组血液的润滑油在运行中为风力发电机组保驾护航，风力发电机组绝不同于普通的工程机械，其特征在于维修困难、运行成本高、运行条件苛刻等。科学选择优良的润滑油是保证风力发电机组运行的根本要求，实现低故障、零维修，力保风力发电机组运行 20 年甚至更长的寿命。但是，在风力发电机组国产化发展过程中，风力发电机组润滑在一定程度上还是依赖进口产品。近些年来，国产润滑材料发展也很快，国家标准 GB/T 33540. 1～4—2017《风力发电机组专用润滑剂》已于 2017 年正式颁布实施。

目前，国内外有多个关于磁悬浮技术应用于风力发电机组的专利技术报道，其特点是降低了轴承摩擦阻力，提高了风力发电机组效率与使用寿命。磁悬浮风力发电机组可在微风下运行，工作风速为 1.5～36.9m/s（即 1～12 级风），风轮转动抗湍流能力强，展示了一个全新的发展方向。

21 世纪是世界风力发电产业由陆地转向海洋的世纪。我国东部沿海水深 2～15m 的海域曲枳辽阔，可利用的风能资源约是陆上的 3 倍，而且距离电力负荷中心很近，随着海上风力发电场技术的发展成熟，其未来必然成为主要的可持续能源。

21.2　工业机器人用润滑材料

1. 工业机器人概述

工业机器人是集机械、电子、控制、计算机、传感器和人工智能等多学科先进技术于一体的重要现代制造业自动化装备。1964 年美国开发了世界上第一台工业机器人，随后工业机器人在日本、欧洲等国家和地区发展迅速。目前，工业机器人已成为自动化装备的主流及发展方向，具有巨大的市场前景。图 21-5 所示为 2008—2016 年全球工业机器人供应量。

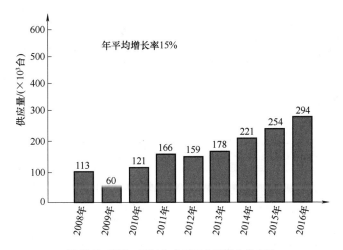

图 21-5　2008—2016 年全球工业机器人供应量

从 2013 年开始，我国取代日本成为世界上最大的机器人消费市场，图 21-6 所示为 2008—2016 年我国工业机器人供应量。

我国从 20 世纪 70 年代开始研究工业机器人，产生了包括沈阳新松机器人自动化股份有限公司、上海机电一体化工程有限公司、广州国机智能科技有限公司和北京机械工业自动化研究所有限公司等一批颇具实力的工业机器人研发和制造企业。但是，纵观整个机器人行业产业链，我国虽然已有能生产出部分机器人的研发和制造企业，并能生产出部分机器人关键元器件，但包括关节精密减速器、伺服电动机和控制系统在内的三大关键零部件至今还没有完全实现产业化。

在我国工业机器人市场中，国际知名工业机器人制造企业约占 80% 的市场份额，自主品牌仅占 20% 的市场份额。进口工业机器人制造企业以日本和欧洲为主，也包括一些韩国企业。由于我国巨大的市场吸引力，大多国际知名的工业机器人制造企业在我国都建有生产厂。表 21-3 所列为在华国际知名机器人企业，表 21-4 所列为自主品牌机器人主要企业。表 21-5 所列为工业机器人用部分国外润滑油型号及应用部位。

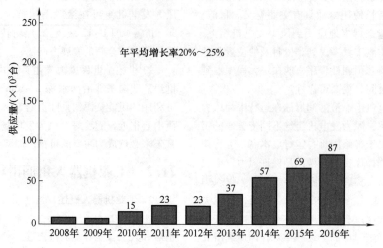

图 21-6　2008—2016 年我国工业机器人供应量

表 21-3　在华国际知名机器人企业

国际知名企业名称	所在地
瑞士 ABB 集团	上海
日本 FANUC 机电公司	上海
日本安川电机株式会社	北京
德国 KUKA 机器人有限公司	上海
瑞士 Stäubli 集团	杭州
日本 Epson 公司	上海
日本川崎重工业株式会社	天津

表 21-4　自主品牌机器人主要企业

企业名称	所在地
沈阳新松机器人自动化股份有限公司	沈阳
安徽埃夫特智能装备股份有限公司	芜湖
南京埃斯顿自动化股份有限公司	南京
广州数控设备有限公司	广州
哈尔滨博实自动化股份有限公司	哈尔滨
江苏汇博机器人技术股份有限公司	苏州
常州铭赛机器人科技股份有限公司	常州
广东拓斯达科技股份有限公司	东莞
盟立自动化科技（上海）有限公司	上海

表 21-5　工业机器人用部分国外润滑油型号及应用部位

润滑油型号		润滑部位
日本协同油脂	NABTESCO VIGOGREASE RE0 润滑脂	丝杠，导轨，轴承
	MOLYWHITE RE NO. 00 润滑脂	机器人减速器
	Kyodo Yushi TMO150	机器人减速器
Castrol	Optimol Optigear RO150 合成齿轮油	机器人减速器
Nabtesco	RV OIL SB150	机器人减速器
挪威 Statoil	Mereta 150	机器人减速器
Mobil	Mobilgear 600 XP320	机器人减速器

2. 工业机器人对润滑的需求

工业机器人一般由人机界面、运动控制器、驱动器和机械本体等部分组成（见图 21-7），各部分功能紧密联系，构成一个闭环系统。

图 21-7　工业机器人系统基本构成

精密齿轮减速器是工业机器人中润滑需求量最大的部件，其他方面还包括滚珠丝杠、传动链条、轴承和平衡装置等。精密齿轮减速器的类型主要有滤波减速器、谐波减速器、摆线针轮减速器和 RV 减速器等。谐波减速器具有运动精度高、传动比大、重量轻、体积小和转动惯量小等优点。摆线针轮减速器是行星齿轮传动的一种形式，其特点是具有高单级传动比和高传动效率，体积小，但结构复杂，对制造和安装精度要求高。RV 减速器是在摆线针轮减速器行星传动的基础上发展起来的一种精密传动形式，具有传动精度高等许多优点。

工业机器人的工况特点是使用地域广，温度范围宽，连续工作时间长，甚至是 24h 满负荷连续运转。关节减速器部位连续工作，不断产生热量，正常使用时运行温度约为 70℃，极端条件下可达到 100℃。另外，关节部位一般有中度至重度的负荷，运动形式多为往复运动，运动时加速度较大，并且起动频繁，易产生微动磨损。在工作状态中，不同关节减速器保持方位也不同，且随时变化，要求减速器密封材料的密封性能优异，确保润滑油不发生泄漏。这些减速器维护周期很长，因此，要求润滑材料具有较长的使用寿命。

基于机器人减速器的结构特点和工况条件，润滑材料需要满足以下性能：

1）温度适用范围广，可以在室内和南北方通用，满足−20～120℃的使用温度范围。

2）热安定性优良，确保在 70～100℃ 范围内能够正常工作。

3）抗磨极压性能好，能满足重负荷工况条件。

4）抗微动磨损性能好，可减少摩擦部位磨损。

5）与密封材料的兼容性好，确保设备润滑油不发生泄漏。

6）抗氧化性能好，长时间使用后无明显的氧化现象。

7）使用寿命长，换油周期一般应达 3~5 年（约40000h 工作时间）。

8）RV 减速器润滑剂分为两类，一类采用脂润滑（日系机器人基本采用脂润滑），另一类以齿轮油润滑为主（如 ABB、KUKA 等欧系机器人减速器采用油润滑）。谐波减速器采用润滑脂润滑，轴承、滚珠丝杠及平衡装置等也用脂润滑和保护。

3. 工业机器人主要的润滑油品牌

实际上，工业机器人用润滑油脂的技术确认权主要掌控在整机厂及关键零部件（如精密减速器）生产商手中，许多机器人生产企业都有自己指定的润滑油品牌。由于我国工业机器人的核心部件多从国外引进（如精密减速器和伺服电动机主要由日本进口），加之国际品牌机器人占据了我国机器人的大部分市场份额，其所用的润滑油脂也多由 OEM（原机制造商）提供或指定。

日本协同油脂与日本机器人公司紧密合作，其生产的机器人减速器专用油脂为大部分日系机器人指定用脂。绝大部分欧系小型机器人使用谐波减速器，多使用润滑脂润滑，其润滑脂品牌由减速器制造商指定。中、大型机器人使用的齿轮油以 Mobil、Castrol 及 Shell 等品牌为主。某些负载量相对较小的中型机器人采用矿物齿轮油产品，其余均为合成齿轮油。

工业机器人关节减速器的工况决定了其对润滑脂的性能要求。图 21-8 所示为工业机器人关节减速器示意。中国石化润滑油有限公司天津分公司已成功研制出满足工业机器人关节减速器使用的润滑脂，其研制指标见表 21-6。

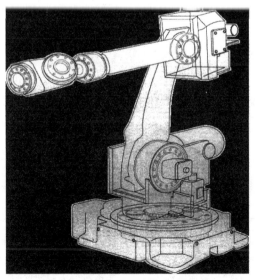

图 21-8　工业机器人关节减速器示意

表 21-6　工业机器人关节减速器润滑脂研制指标

项　　目	指标	试验方法
工作锥入度/（0.1mm）	400~430	GB/T 269
延长工作锥入度（10^5 次）与工作锥入度差值/（0.1mm）	≤45	GB/T 269
极压性能（四球机法）		SH/T 0202
最大无卡咬负荷 P_B/N	≥785	
烧结负荷 P_D 值/N	≥1569	
抗磨性能（四球机法，75℃，1200r/min）		SH/T 0204
磨斑直径 D（392N，60min）/mm	≤0.50	
滴点/℃	≥170	GB/T 4929
氧化安定性（99℃，100h，758kPa）		SH/T 0325
压力降/kPa	≤50	
腐蚀（T_2 铜，100℃，24h）	合格	GB/T 7326
防腐蚀性（52℃，48h）	合格	GB/T 5018
相似黏度（-30℃，$10s^{-1}$）/（Pa·s）	≤200	SH/T 0048
SRV 摩擦磨损试验		SH/T 0721
摩擦系数（50℃）	≤0.07	

　　应用试验后，工业机器人关节减速器润滑脂与国外同类产品的性能对比见表 21-7。

　　国外工业机器人用油开发较早，油品类型已由传统的矿物油、合成烃油向聚亚烷基二醇型合成油转

表 21-7　应用试验后工业机器人关节减速器润滑脂与国外同类产品的性能对比

项　　目	工业机器人关节减速机润滑脂	国外同类产品	试验方法
极压性能（四球机法）			SH/T 0202
最大无卡咬负荷 P_B/N	882	784	
烧结负荷 P_D 值/N	2450	2450	
抗磨性能（四球机法，75℃，1200r/min）			SH/T 0204
磨斑直径 D（392N，60min）/mm	0.45	0.45	
SRV 摩擦磨损试验			SH/T 0721
摩擦系数（200N，50Hz，2h，50℃，1mm）	0.60	0.63	
铁元素含量/（mg/kg）	82	171	ASTM D6595

化。其中聚亚烷基二醇型合成油以其优异的减摩及耐高温性能等优点在欧系工业机器人品牌中广泛采用。国内公司由于工业机器人及其核心部件减速器均依赖

进口，故其初装油和指定用油均被国外公司所控制。中国石油昆仑润滑油公司自 2014 年以来，就已着手工业机器人减速器配套用油的开发工作，紧跟国际先

进水平步伐,目前已成功开发出 KG/R150 工业机器人专用油。产品具有优异的黏温性能、极压抗磨性能、极低的摩擦系数和良好的氧化安定性等,其质量已达到国外同类产品水平。昆仑 KG/R150 工业机器人专用油产品的典型数据见表 21-8。

表 21-8　昆仑 KG/R150 工业机器人专用油产品的典型数据

项　　目	昆仑 KG/R 150 工业机器人专用油	分析方法
运动黏度（40℃）/（mm²/s）	150	GB/T 265
黏度指数	235	CB/T 1995
倾点/℃	-42	CB/T 3535
铜片腐蚀（100℃,3h）/级	1b	CB/T 5096
液相锈蚀试验（A 法）	无锈	CB/T 11143

21.3　无人机润滑

无人机是当今世界上军用武器发展的一个热点。无人机即无人驾驶飞机,它是一种依靠控制器而不是依靠载人驾驶飞行的飞机。与传统载人驾驶飞机相比,无人机具有许多优势,因此被广泛应用于军事与民用领域,在军事方面,无人机具有良好的机动性,极强的隐蔽性,不会造成人员伤亡等特点,广泛应用于战场的侦察行动、空中情报截获等方面。在民用方面,可利用无人机飞行时间长、灵活便捷等特点,被广泛应用于不利于人类执行的任务。其可完成在高危环境或山区恶劣环境条件下的任务,如在森林火灾抢险、失踪人员搜救等方面。图 21-9 所示为无人机的外形。

图 21-9　无人机的外形

我国无人机的发展已有 50 多年的历史,北京航

空航天大学、南京航空航天大学和西北工业大学等先后对无人机技术进行了深入研究。随着未来对无人机性能要求的不断提高,如飞行更高、更远、更长,隐身性更好,必须采用更先进的技术,发展高性能低成本的无人机,机体采用的复合材料和制造工艺将是重大挑战。

与常规有人驾驶飞机相比,无人机除要求的高推重比外,还应具有抗高机动载荷能力等优点,这是因为它的设计一般可以不用考虑人的因素。因而,飞机的速度、高度和机动性可以有很大的突破,机动能力也可以成倍增长。无人机内的润滑系统是发动机的重要组成部分,它在很大程度上决定着发动机能否安全、可靠地工作。无人机动力装置的润滑油系统应具有承受比有人机更大的机动飞行载荷,以及更为苛刻的飞行姿态的能力。

（1）无人机发动机滑油系统的设计特点

1）保证发动机在整个飞行包线内和所有飞行姿态下都能可靠地工作。

2）对发动机轴承、齿轮、发动机附件机匣等能进行良好的润滑和冷却。

3）将接触式密封、轴承腔壁面和通风管冷却到润滑油热氧化安定性相应的温度。

4）提供轴承支座阻尼减振器所需的润滑油。

5）保证轴承腔、附件机匣、润滑油箱通风性良好。

6）在承受更长时间的瞬时断油时,保证发动机能可靠地工作。

7）对系统参数进行状态监视或者监控。

8）满足发动机飞行姿态限制的要求。

9）系统附件能够承受更大的机动载荷。

（2）航空用润滑油　航空用润滑油是航空发动机的血液,对发动机起着润滑、冷却、防锈、清洁和密封等多重作用。润滑油中的污染物可能会堵塞油滤、喷油孔,使油压下降或供油不足。高温以及和空气的强烈掺混都会引起润滑油的氧化,在发动机零件上和润滑油系统中造成不同形式的分解和沉淀现象,润滑油被氧化或硝化都会加速对摩擦副表面的腐蚀。在超声速飞行时,由于轴承上负荷增大,使发动机组件上的温度急剧升高,在这种情况下,黏度较小的矿物油就会急剧蒸发和氧化,润滑油黏度的变化又会造成润滑性能下降,进而引发各种发动机故障。因此,可以说,润滑油的稳定工作决定了发动机的稳定工作,故必须对发动机内的润滑油进行实时监控,尤其是在大过载工作条件下,即对无人机动力装置的润滑油系统的工作参数、润滑油中的颗粒及润滑油的工况进行监测和跟踪。

（3）轴承腔保护及断油 随着发动机热量的增加，必然使轴承腔的温度随之升高，要确保润滑油不被氧化、硝化和不烧焦，就必须对轴承腔做好隔热保护。按照润滑系统要求，允许发动机短时间断油，但间隔时间不能过短，因此，在无人机的机动飞行控制上必须考虑此间隔时间的因素。同时也有必要试验发动机或飞机在不供滑油条件下持续工作的能力，直到转子报死为止。

（4）润滑油消耗率 润滑油消耗率低意味着持续作战能力强和润滑系统的工作稳定，因此，需要进一步研究减少润滑油消耗的措施。

（5）供油系统 供油系统主要由润滑油箱、供油泵、调压活门、单方活门、管路和喷嘴等组成，无人机长距离飞行时，所需要的润滑油会较多。另外，无人机在大过载条件下，所产生的热量必然也较大，这时，润滑油的消耗量也相应较大，因此，发动机润滑油的储量必须足够，润滑油箱体积也尽量大一些。但润滑油箱受发动机和飞机的结构限制又不可能太大，因此，润滑油箱的设计必须权衡整个系统的工作状况。同时，润滑油箱也必须保证发动机在任何状态下都能有效地提供润滑油，这对无人机的机动性有所制约。同时，润滑系统的高空性能要求润滑油箱承受一定的内腔压力，因此必须权衡性能上的需求和结构上的制约，从而使供油系统设计更为合理。

供油泵主要用于向发动机输送润滑剂，无人机润滑油泵的选择或设计必须根据工作压力范围、转速、流量、效率及造价等综合考虑，而且必须满足发动机重量、结构紧凑和安全可靠等要求，以确保在各种发动机状态下润滑油泵的稳定工作。

（6）回油系统 回油系统由回油泵、磁屑检测器、油气分离器、磁堵、油滤、散热器等组成，对于回油泵，除了与供油泵的要求一致，还必须保证发动机在任何状态下都能有效地抽回润滑油而不是空气，这就需要和轴承腔配合进行设计。

（7）通风系统 通风系统主要由离心通风器、高空活门及管路组成。离心通风器的好坏决定着润滑油消耗的高低，在较高的飞行高度上，发动中的润滑油压力会下降，这将引起强烈的汽化，在某些情况下还会使润滑油从通气管中溢出。高空活门可以相对保证润滑系统的高空性能，也可通过对润滑油箱加压的方法来保证其高空性能。

（8）润滑系统的高空性 滑油泵是发动机的一个附件，它是计量和分析润滑系统高空性能的出发点。润滑系统的高空性是指在供油（增压）泵可保证发动机需油量的前提下所能达到的最高飞行高度。如果在润滑油最高允许温度，发动机最大工作状态时，系统的润滑油压力在飞机实际静升限上不低于规定的允许值，则可认为润滑系统的高空性是足够的。

（9）润滑系统中润滑油箱压力、油泵气蚀和润滑油本身的冷却问题

1）润滑油箱压力过低问题。这可通过将润滑油箱与高压主轴承腔相连通，用回油来对润滑油箱增压，也可在润滑油箱上安装油箱增压活门。

2）回油泵气蚀及回油能力不足的问题。在真空环境下，由于环境压力下降，回油泵进口压力也会下降，有可能在回油泵中发生气蚀现象。这不仅使回油泵的容积效率下降，而且会造成回油泵齿轮表面金属剥蚀，在这种情况下，可以在主轴承腔相通的离心通风器上安装高空活门，也可在回油池上增加油池增压活门。

3）润滑油冷却问题。为了对润滑油进行冷却，在润滑系统中安装有空气润滑油散热器和燃油润滑油散热器，以便将润滑油冷却到所需温度。润滑油的热量主要来自轴承腔和齿轮箱内的摩擦和风阻。在20km高空，用于冷却润滑油的燃油流量和空气流量都会大幅度下降，这给润滑油冷却带来问题，有可能引起散热器出口的润滑油温度满足不了要求，此问题应予以高度重视。

21.4 高速铁路轮轨及车辆的润滑问题

高速列车具有速度快、运量大、能耗低、污染小、安全可靠和经济舒适等特点。

1964年，日本建成世界上第一条现代化高速铁路——东海道新干线（运营时速为210~230km），从此，世界铁路开始进入了高速时代，高速铁路运输引起了世界各国的高度重视。继日本之后，法国、德国和英国等国家也建成了高速铁路，在世界上形成了一股建设高速铁路的潮流。50多年来，许多国家相继修建了高速铁路，我国在这方面更取得了举世瞩目的飞速发展。截至2020年7月底，我国高铁的运营里程已达3.6万km，居世界首位。欧盟的高铁运营里程仅次于我国，达2.3万km。我国时速500km的高铁也已试运行，京张（北京-张家口）高铁时速350km的智能线路已于2019年12月30日投入运营，高铁技术已成为我国在国际舞台上的一张响当当的名片。

据报道，我国目前正在研制600km/h的高速磁悬浮列车，专家指出，高速磁悬浮是世界轨道交通技

术的一个"制高点"。2016 年 7 月，我国启动了 600km/h 的高速磁悬浮交通系统的研制，历经 4 年的科技攻关，2020 年 6 月 21 日由中车四方股份公司承担研制的 600km/h 高速磁悬浮试验样车在上海同济大学磁悬浮试验线上成功试跑。600km/h 高速磁悬浮工程样车在 2021 年下线，标志着我国形成了高速磁悬浮全套技术和工程化能力。据报道，时速 400km 的变距列车在国内也已研制成功，这一高铁技术制高点对我国意义非凡。

1. 高铁轮轨的摩擦与润滑

轮轨滚动接触是轨道交通最基本的特征，由轮轨蠕滑产生的轮轨摩擦力是实现车辆牵引、制动、导向等行为的基础。为实现低滚动阻力而采用高刚度轮轨材料，轮轨界面材料经常承受很复杂的载荷，从而导致各种形式和不同程度的损伤。朱旻昊和金学松等人的高速轮轨系统理论及技术及轮轨摩擦学研究对高速列车轮轨接触的摩擦学行为进行了深入

的论述。

列车速度的提高也意味着列车高速运行时遇到的摩擦和磨损问题更为苛刻。据报道，高速列车运行阻力的增加与速度的平方成正比，说明磨损与速度已不再是线性关系。主要的技术故障（85%以上）是工作零件的过早磨损，这直接威胁到高速列车运行的安全，因此，高速铁路的润滑问题显得至关重要。

轮轨系统是铁路运输工具的关键零部件之一，列车的牵引、运行和制动都必须通过轮轨之间的滚动摩擦接触来实现。图 21-10 所示为轮对和轮轨示意，列车运行良好与否和轮轨滚动摩擦副的匹配状态有密切关系，也就是说，轮轨关系问题是铁路技术的关键问题。由此可看出，轮轨摩擦学的研究是具有很重要的实际意义的。在这当中，用来防止轮轨摩擦磨损的润滑剂以及用来提高黏着和制动效果的增黏剂是十分重要的。

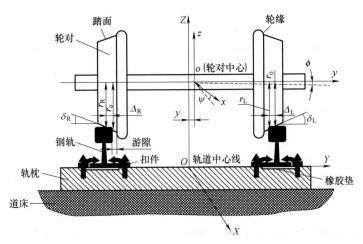

图 21-10　轮对和轮轨示意

轨道交通作为现代社会的一种新的运输方式，以其各种优势在我国得到了飞速发展，它是现代城市中大多数人出行的重要工具。轨道交通润滑主要包括轮轨润滑、机车、动车和车辆内部运动部件润滑以及弓网润滑三大部分。实践表明，轨道和轮缘的磨损成为备受关注的问题。列车通过变道时，因受到惯性力和向心力的作用，轮缘与轨侧间滚动、滑动并存，造成轨侧剧烈磨损。而列车在通过直道时，轮轨游间机车轮踏面的锥度会引起车轮蛇行运动，使车轮轮缘和轨道内侧缘之间不可避免地发生磨损。因此，必须采取合理的润滑措施。据统计，合理的润滑不但可降低轮轨磨损 30%~80%，而且由于降低了轮缘与轨侧的摩擦系数，有助于车辆的安全行驰。

随着高铁运行速度的不断提高，轮轨间的黏着系数下降，因此，润滑剂绝对不能施于钢轨顶部和车轮踏面。另外，高速还会增大轨侧与轮缘间的挤压力，这就需要在摩擦界面形成更牢固的润滑膜。目前，主要采用车载式钢轨润滑器向轨顶侧面喷涂润滑剂，以确保润滑剂不污染钢轨或车轮踏面。在轮轨润滑产品的选择方面，据介绍，日本使用半流体极压润滑脂，德国、法国采用 shell 公司的溶剂沥青型产品，溶剂挥发后，高黏度沥青可黏附在钢轨侧面。美国则采用极压锂基润滑脂。轮轨润滑剂性能比较见表 21-9。

表 21-9　轮轨润滑剂性能比较

项目	润滑油	润滑脂	固体润滑棒
组成	以矿物油作为基础油，加入各种抗磨极压添加剂配制而成	主要采用高黏度指数矿物油作为基础油，以锂皂作为稠化剂，所用添加剂包括石墨、二硫化钼、金属氧化物、硫/磷型抗磨极压剂、防锈剂、黏附剂等	以固体润滑添加剂（二硫化钼、石墨等）、成膜剂、金属表面改性剂、增强剂、高分子聚合物等按一定比例配制，经模压、烧制成型
性能特点	最早在轮轨上使用，易流失，由于存在油焊效应，会造成轨道裂纹扩展	目前在轮轨上广泛使用，以兼顾黏附性和流动性的 D 号酯为主，具有较好的极压抗磨性、耐高温性、黏附性、抗水性和防锈性，同时与喷酯器具有较好的匹配性	具有良好的减摩、抗磨性能。能准确定位在润滑轮缘与钢轨侧面，不会造成环境污染，不污染路面
典型产品	尚无具有统一规范和性能较好的产品	Marathon 公司的 Moly EP 润滑脂、Texaco 公司的 Texaco 904 润滑脂、Southwest Petroleum 公司的 604 润滑脂	Century Corporation of England 公司的 LCF 系列轮缘润滑棒
发展趋势	以改性大豆油、合成酯等作为基础油的环保产品得到应用	基于环保要求，出现了动植物油、合成酯作为基础油的润滑脂	研究的重点是装置简单，以及维修方便、经济

2. 高铁设备的润滑

目前我国的高铁技术在国际上已享誉盛名，我国高铁里程世界第一。实践表明，良好的润滑是保证高速列车安全高效运行的重要条件。高速列车（见图 21-11）内需要润滑的运动部件包括轴承、牵引齿轮、牵引电动机和压缩机等。电动机通过联轴器带动齿轮箱，组成高铁机车的驱动桥，贺石中和冯伟在他们的专著中已做了较详细介绍。

图 21-11　高速列车

（1）轴承润滑　牵引电动机是电力机车和电传动内燃机车传动系统的主要设备，轴承是其重要的组成部分。高铁牵引电动机的功率大，负荷大且波动大，运转时的发热量大。在夏季，瞬时高温可达 200℃ 以上，这样对润滑脂的性能提出了更高的要求。

轨道车辆的车轴、牵引电动机等部件基本上是采用圆柱和圆锥滚动轴承，这些轴承通常处于弹性流体动力润滑和混合润滑的状态，而在起停的瞬间却处于边界润滑状态。牵引电动机轴承的润滑多采用长寿命的脲基润滑脂，而以合成酯和烷基苯醚等为基础油的复合锂基脂为发展方向。在这些润滑脂内，一般需要添加硫-磷-锌型或硫-磷-氮型极压添加剂，以利于提高润滑脂的极压抗磨性能。另外，由于高转速使轴承的离心力增大，这样易使基础油从润滑脂中分离出来，这也是导致润滑脂失效的主要原因。为此，日本曾研制以烷基二苯醚合成油为基础油的复合锂基脂来代替矿物油的复合锂基脂，以解决润滑脂的分油问题。

（2）齿轮润滑　在速度变化大及负荷交替频繁等工况条件下，牵引齿轮常发生磨损、点蚀、擦伤、胶合和断裂等损伤情况。实践表明，齿轮的啮合运动为滚动与滑动相结合，这样就使流体动压润滑、弹性流体动力润滑、混合润滑和边界润滑四种润滑状态共存。列车提速也增大了齿轮温升和冲击负荷，只有采用合适的润滑剂才能有效降低齿轮的损伤程度。目前国内外高速列车的牵引齿轮一般都采用 75W-90 车辆齿轮油。据报道，日本在速度为 350~400km/h 的高速列车上使用的是 PAO 合成齿轮油，其性能见表 21-10。

表 21-10　日本高速列车牵引齿轮油（SAE 80W）的性能

项　目		MA	MB	项　目		MA	MB
基础油		矿物油	矿物油	凝点/℃		−35.0	−30.0
极压剂		S-P 型	S-P 型	总酸值/(mgKOH/g)		2.18	2.57
运动黏度/(mm²/s)	40℃	69.26	67.11	泡沫试验	24℃/mL　≤	10	10
	100℃	9.349	9.509		93.5℃/mL　≤	10	10
黏度指数		112	121		后 24℃/mL　≤	10	10
闪点/℃		210	218				

（3）空气压缩机润滑　空气压缩机及润滑部位如图 21-12 所示。

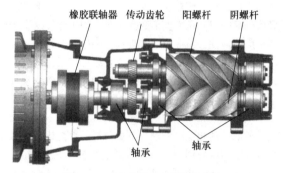

图 21-12　空气压缩机关键润滑部位

轨道车辆主要使用螺杆空气压缩机，其特点是体积小、效率高、运转平稳、噪声低、可靠性好、易损件较少等，在轨道车辆上已广泛应用。在压缩机运转过程中，空气压缩机油在使用时呈雾状，与高温和高压空气充分混合，以高循环速度反复地被加热和冷却，同时还受到铜和钢等金属的氧化催化作用，故油品易氧化变质。另外，油中混入的冷凝水和从空气中吸入的杂质等因素也会加速油品的劣化。因此，螺杆空气压缩机油一般以抗氧化性能好、残炭低、寿命长的合成油为基础油来制备。其中，双酯型螺杆空气压缩机油使用寿命达 4000h，性价比最好；以多元醇酯或 PAO 为基础油的压缩机油使用寿命可达 4000～8000h，但其价格较高；醚型、酯型压缩机油也称为超级冷却液，导热性极好，不易形成积炭，在螺杆空气压缩机上的使用寿命可达 8000h 以上。

目前，国内外的轨道交通继续向高速和重载方向发展，对轨道交通的润滑要求越来越高，润滑管理技术显得非常重要。而且可以说，合成润滑剂将会在轨道交通上得到更广泛的应用。

近年来，根据德国政府对生态环境保护提出的高要求，德国铁路在不断改进机车车辆和钢轨涂油润滑技术的同时，试验采用能够降低环境污染、可快速生化分解的新型润滑材料，特别是在对轮缘和道岔进行涂油润滑时使用的技术。采用有效的轮缘涂油润滑新技术，能够降低轮缘和钢轨的磨耗损伤，防止脱轨事故发生，并减少运行阻力，节省能源。对道岔涂油润滑，则可以消除道岔区水、雪、冰所造成的污染。他们对轮缘和道岔的涂油润滑技术以及使用的润滑剂都进行了一系列的试验研究。

轨道车辆是一种由金属轮轨导向系统进行支撑并引导方向作为主要运行方式的运输工具，由于轨道车辆在运行时轨道表面的波磨损坏和车轮踏面摩擦损伤形成的不规则性，车辆在运行时轨道与车轮所产生的摩擦就成了噪声的主要来源。实践表明，只要在轨道车辆上安装轮缘润滑装置就可以减轻这种摩擦，从而减少噪声。高振国和梁微等人介绍了轮缘润滑装置在轨道车辆上的应用情况。

在轨道车辆上安装轮缘润滑装置之所以能有效地降低城市轨道交通车辆产生的噪声，主要是通过增加轨道车辆运行时车轮与轨道之间的润滑，减少车轮与轨道的摩擦来达到的，同时可以节省运营成本，减少噪声排放。实践表明，轨道车辆上应用的轮缘润滑装置可有效地降低轨道交通车辆运行时产生的干摩擦问题，减缓车轮轮缘的磨耗，有效地降低轨道交通车辆运行时产生的噪声。因此现在绝大多数车辆（尤其是地铁车辆）均安装有车载轮缘的润滑装置。

从所应用的润滑材料上，车载式轮缘润滑系统分为湿式轮缘润滑装置和干式轮缘润滑装置。图 21-13 所示为湿式轮缘润滑系统示意，图 21-14 所示为干式轮缘润滑装置结构。

湿式轮缘润滑装置中，控制柜是润滑系统的控制中心。该系统由压缩空气驱动，能够将精确定量的润滑剂与压缩空气混合，并在压缩空气的推动下，经喷嘴高速喷射到轮缘上形成一层油膜，通过车轮与轨道的不断滚动接触，润滑剂被依次传递至下一对轮缘，

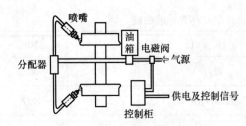

图 21-13　湿式轮缘润滑系统示意

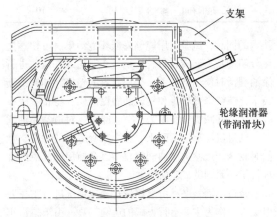

图 21-14　干式轮缘润滑装置结构

这样就使车辆的所有轮缘都有机会被润滑。

　　干式轮缘润滑装置需要选用好的固体润滑块，通过安装支座将其固定在转向架上，通过恒力弹簧均匀地向润滑块提供压力，使之与轮缘直接接触。在车辆运行过程中，由于轮轨相对作用导致轮缘温度上升，固体材料融化，使润滑块接触车轮轮缘，形成一层薄膜。当轮缘与钢轨接触时，这层薄膜转移到钢轨，钢轨再润滑下一个车轮的轮缘，从而减少轮轨间的干摩擦。目前车载式轮缘润滑系统在轨道交通中已得到广泛应用，对车辆的平稳安全运行发挥着重要的作用。

21.5　地铁车辆及地铁工程关键设备润滑问题

　　进入 21 世纪以来，我国地铁建设便驶入了"快车道"。作为民生工程，即使目前运营地铁线路中大多数处于亏损阶段，但国家政策还是保持轨道交通向前发展。

　　地铁设备中应用润滑剂的主要部位包括轮毂、齿轮箱、轴承、压缩机、制动缸液力传动单元等多个系统。实践表明，合理使用润滑技术，能有效降低地铁设备的摩擦和磨损损耗、降低噪声污染、节约能源，因此合理的润滑技术是车辆运维中的重要一环。

　　目前地铁车辆使用的润滑油多数是由车辆生产厂商推荐的品牌。由于地铁车辆各部件使用的润滑油品种不同，一般来说，地铁车辆润滑油的维护都是按部件定期进行的。如大连地铁齿轮箱润滑油是每 40 万 km 运营里程更换一次，空压机润滑油是夏季更换一次，广州地铁也是类似做法。深圳地铁积极对延长润滑油使用周期的探索也受到我国部分新开通地铁运营城市的关注。Shell 公司在全球的一项调查显示，合理应用润滑技术和润滑剂，可以帮助地铁运营公司降低约30%的运维成本，应该从设备的全生命周期去考虑润滑费用。基于我国地铁运营成本的压力，对车辆润滑运维的成本考虑也是必要的。

　　目前地铁运营公司的润滑油检测，一般都是将润滑油定期送检，而对润滑油在使用过程中的异常情况导致油品变质问题方面前瞻性不足。为了弥补这个问题，广州地铁公司提出引进现场监测这一新技术。现场监测技术在欧美的设备现场作业中已广泛应用。引入现场监测技术，从地铁运营效率和润滑油的合理安全使用来看也是一种正确方法。

　　从广州、深圳等地铁公司的探索实践中，明确指出合成润滑油相比矿物油具有更优异的性能优势，且合成润滑油的使用寿命较长，具有广阔的应用前景。广州地铁公司在合成润滑油的使用上具有较丰富的经验。

　　近年来，随着我国地铁的快速发展，地铁车辆"计划修"已不能满足当前的运营要求，运维工作已从"计划修"转向"状态修"。"状态修"主要是通过引入先进的状态监测和诊断技术，对地铁运营设备进行状态监测，判断设备现状，预知设备故障，并安排在故障发生之前对设备进行检修。地铁车辆润滑运维作为地铁运维检修中的重要组成部分。随着我国地铁运维体系的转变，地铁车辆润滑运维也产生了相应的改变，特别对车辆润滑油的应用和管理等都提出了新的要求。

　　对于地铁车辆的润滑油在线监测，Shell 公司做了大量的探索工作，涉及互联网、大数据等信息化技术，并推出润滑分析师、润滑管理师和润滑辅导员等一整套润滑油的相关增值服务。Shell 公司还推出一个大胆的设想，未来可以在设备本身上面安装传感器，将润滑产品的使用情况和品质情况实时传输，进行分析，助力地铁运维企业更科学和更高效地管理车辆维护。

　　地铁专家指出，在地铁车辆润滑油实时监测上，只能在润滑油内部环境实现监测，因为车辆润滑油主要是起润滑、密封、防锈和缓冲等作用。在车辆运行时,如齿轮箱润滑油等随着相关部件高速运动,与金属、杂质、空气等众多物质接触,在这样一个复杂的运动环境下,实时对润滑油的准确监测也存在不少困难。

掘进机械是一类重要的工程机械,主要应用于水平方向的隧道、巷道、管孔的机械化施工。盾构隧道掘进机简称为盾构机,被业界称为"地下工程机械之王"。这类机械主要应用于水利工程、铁路、公路、城市轨道交通以及穿江过海的隧道建设等。成型隧道如图 21-15 所示,盾构机内部结构如图 21-16 所示。

图 21-15　成型隧道

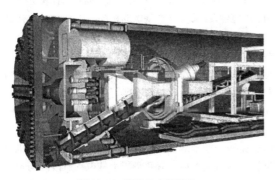

图 21-16　盾构机内部结构

盾构机是集机械、电子、液压和控制等技术于一体的复杂的集成系统。由于其工作环境的特殊性,对盾构机的稳定性和可靠性等要求极高。盾构机的基本工作原理是一个圆柱体的钢组件沿隧洞轴线向前推进的同时也对土壤进行挖掘。该圆柱体组件的壳体即护盾,它对挖掘出来的还未衬砌的隧道段起着临时支承的作用。它不仅要承受周围土层的压力,有时还要承受地下水压,并起到将地下水挡在外面的作用。挖掘、排土、衬砌等整个作业过程都是在护盾的掩护下进行的。

1987 年,上海市隧道工程公司承建市南站过江电缆隧道工程,成功设计了我国第一台直径 4.35m 土压平衡式盾构掘进机,由上海造船厂制造。2005 年以后,随着我国大规模基础建设的持续展开,尤其是城市地铁、引水工程、过江隧道等大量工程的开工建设,国内盾构机市场需求急剧增加。国内盾构机主机厂在技术和市场方面发展极为迅速。截至 2013 年底,国内企业的市场份额已占到 70% 以上。我国盾构机产业的规模和市场规模均已位居全球首位。

由于盾构机工作的特殊性,它对该系统中所用的润滑油脂也有严格要求。

(1) 液压系统　盾构机的液压系统包括主驱动、推进系统、螺旋输送机、管片安装机及辅助设备液压系统等。液压油箱及液压泵站为刀盘驱动推进液压缸,为管片拼装机、管片输送车、螺旋输送机、注浆泵等液压设备提供液压油。盾构机推进液压缸是为盾构机向前推进提供动力的。盾构机液压系统的特点对液压油提出如下性能要求:

1) 盾构机液压系统属于高压液压系统,因此,对油品的抗磨性要求较高。

2) 要求油品有良好的氧化安定性,以匹配较长的换油期。

3) 液压控制系统大量使用比例阀等精密液压件,故要求液压油具有良好的清洁度。

4) 为确保盾构机的高可靠性及稳定性,要求油品具有良好的抗泡性和空气释放性。

5) 因盾构机常在不同地域和环境温度下作业,要求油品具有良好的黏温性及低温性能。

(2) 齿轮传动系统　盾构机齿轮传动系统包括刀盘驱动用减速机和拼装机回转支承用减速机,油路中有一个水冷式的冷却器用来冷却齿轮油。齿轮油初次换油期通常在 500h,之后的换油期约在 2000h。常用的齿轮油黏度等级有 220 或 320,一般都是按 OEM 推荐选择油品黏度等级的。盾构机齿轮传动系统要求所用的齿轮油具有良好的极压抗磨性、氧化安定性、黏温性能和低温性能等。

(3) 润滑脂使用部位　盾构机使用润滑脂的系统主要包括主轴承密封系统、盾尾密封系统、主轴承润滑系统及辅助设备用脂系统等。这些部分都以压缩空气为动力源,靠油脂泵的运动将油脂输送到各个部位。

根据盾构机用油部位及工作特点,提出了用油润滑方案,其中包括 AE 液压油和 AP 齿轮油。AE 液压油具有良好的黏温性能、低温性能、抗泡性、空气释放性、氧化安定性、抗磨性和高清洁度。AP 齿轮油具有良好的氧化安定性、承载能力及较好的黏温性能和低温性能。

由于考虑到盾构机对稳定性和可靠性的要求及油液在盾构机系统中的重要性，需要对在用油品进行定期监测，以协助判断设备的运行状态。

21.6 核电站关键设备的润滑问题

核电是通过可控核裂变将核能转变为电能，实现核能的和平利用，核电也被称为 20 世纪人类的三大发明之一。1954 年，苏联建成了世界第一座试验核电站。经过几十年的发展，核电已成为继火电及水电之后的第三大能源。

由于在控制温室气体排放和发展低碳经济中所体现出来的特殊优势，近 20 年来，我国在大力推进核电建设，核电已成为国家发展规划中低碳能源供应的重要支柱。在各类型核电站中，均需要冷却剂将堆芯中核裂变产生的热量带出，以冷却堆芯并进行后续发电过程。执行这一功能的心脏设备就是冷却泵，也称核主泵。核主泵水润滑轴承是核主泵中最为关键的零部件之一。

在核主泵水润滑轴承的摩擦学基础理论研究方面，清华大学等单位进行过深入研究。水润滑轴承是压水堆核主泵中最容易发生故障的零部件之一，由于水的黏度很低，水膜厚度小，轴与轴瓦界面间难以形成完整的水膜，致使水润滑轴承常处于混合润滑状态，需要对核主泵水润滑轴承进行深入研究。

近年来，核电设备的润滑管理格外受到管理者的重视。由于核电设备在安全问题上极具特殊性，设备对润滑的要求也不同于普通设备。核电厂设备主要为汽轮机、各类主泵、电机、齿轮减速器等，目前，核电设备所用润滑剂几乎都是设备供应商所推荐的油品。核电设备中的汽轮机组和各种泵类中，用来润滑轴承的油品主要以汽轮机油为主。调节油系统均采用磷酸酯类抗燃油，这是因为磷酸酯最突出的一个特性就是难燃性，其在极高温度下可燃烧，但它不传播火焰，或着火后能很快自灭。核电设备中的大部分电机主要使用复合锂基脂、极压脂和高温脂。在齿轮油的选用上，多数采用设备供应商推荐的以 PAO/PAG 为基础油的齿轮油。核电循环水系统中鼓风减速机要求采用合成油。核电设备中的冷水机组、压缩机组和柴油发电机等均采用专用油或设备供应商推荐的油品。

核电汽轮机是核电站最重要的设备，它的稳定运行将直接影响核电站的运行效率和安全。杨晓辉等人介绍，润滑对汽轮机组的正常运行至关重要，汽轮机

润滑油系统是汽轮机系统中的重要组成部分，油品在汽轮机系统中的主要作用如下：

1）润滑轴承，包括汽轮机系统内的滑动轴承和止推轴承。

2）系统冷却作用。

3）防止在运行过程中产生油泥和漆膜，并防止金属部件生锈和腐蚀。

对于汽轮机来说，在绝大多数的正常情况下都属于流体动力润滑或称为厚膜润滑状态，在这种情况下，轴颈和轴瓦之间完全被润滑油形成的油膜所隔开，润滑油膜的厚度与润滑油黏度有关，因此，黏度是汽轮机油选型需要首先考虑的参数。除了润滑，汽轮机油还有一个重要的功能就是冷却作用，运行中的汽轮机油不断在系统内循环流动，不断带走和排出热量，所以汽轮机油也被视为传热介质。

一般来说，国际上主要汽轮机生产厂商对于如何选择汽轮机润滑油都制定了相应的油品规格标准。综合考虑汽轮机的安全性和核电机组的润滑要求，以及满足三菱重工的标准，我国哈尔滨汽轮机厂和三菱重工经过反复论证，最终在三门核电项目中选择了 Shell 公司的 Turbo J 作为其汽轮机润滑油。

在核电站里用于驱动关键和主要设备的电动机都是可靠性要求很高的"核级"电动机。轴承是电动机的主要组成部分，它是电动机动、静部分的连接载体。轴承的使用寿命是轴承多项性能指标的综合反映，轴承使用寿命的结束是指轴承因内外滚道、滚动体和保持架的工作面由于受高应力的重复作用而使材料面发生剥离，造成接触性疲劳损伤，严重影响轴承正常工作。

电动机轴承的重要作用是支承和固定转子，它同时又是一个精密部件，是电动机唯一转动磨损的机械部件。据有关报道，有 80% 以上的电动机故障与轴承故障有关，而轴承故障又与轴承的润滑状态有着一定的因果关系。故合理有效的轴承润滑是减少轴承故障和延长轴承使用寿命的重要前提。

电动机轴承的润滑分为油润滑和脂润滑，脂润滑因其结构简单、可靠性高而被广泛采用。润滑脂通过防止和减少多接触面的磨损来提高轴承的性能和延长轴承的使用寿命。润滑脂的使用寿命是指润滑脂在一定的工作环境下（温度、负载、转速）保持结构不被破坏和维持良好润滑性能不变的能力。在轴承正常的工作状态下，润滑脂所形成的油膜只有若干个分子那么厚，大约 $0.3\mu m$，各运动部件在这种油膜上发生滚动和滑移运动。核电站的检修工作，

尤其是对一些关键的重要设备的电动机的检修工作十分重要。轴承的润滑工作是现场设备持续安全稳定运动的重要环节，采取科学有效的润滑方法具有重要的实际意义。

核电站应急柴油发电机组润滑油系统设计也很重要，应急柴油发电机组是核电站在失去所有外部电源的事故中，确保核反应堆积热导出，防止堆芯熔毁的应急安保电源设施。按要求，机组应在接到起动指令 10s 内起动并达到额定转速和额定电压，将应急母线上的负荷重新投入运行。因此，应急柴油发电机组及其辅助系统必须具有极好的起动和运行可靠性。

核电应急柴油发电机组包括润滑油、燃油、冷却水、空气起动和进排气五大辅助系统。在这当中，润滑油系统在机组备用状态就必须投入运行。同时，润滑油系统在机组起动后持续运行，保证柴油机零部件能够得到良好的润滑、清洁和冷却。润滑油系统的合理设计对保障应急柴油发电机组的运行可靠性至关重要。许多核电站对此高度重视，提出了核电站应急柴油发电机组润滑油系统的先进设计方案。

据介绍，大亚湾和岭澳核电站内每台柴油发电机组均配置两路应急系统，以确保在事故工况下的应急供电能力。附加柴油机的润滑油回路由四个部分组成——本体回路、冷却回路、预热回路和补油回路。有效地避免核电站应急柴油机润滑油系统温度过高的故障发生。

应该指出，设备润滑管理是核电厂设备管理工作的一项重要内容，设备的安全可靠运行与设备润滑工作密切相关。国际著名的轴承公司 SKF 指出，有 54% 的轴承失效是不良润滑造成的。由于核电厂特殊的要求，对设备润滑及运行的可靠性要求更高。对于核电厂设备来说，大的如汽轮机，小的如 1 个轴承或 1 台风机，其润滑工作都十分重要。正确选用和使用润滑剂，定期对润滑油脂品质监控等是开展设备润滑管理和设备状态维修的重要基础工作。尤其是对于核电厂来说，设备润滑管理是一项技术性很强的工作，必须给予高度重视。

我国在新能源技术领域已有了跨越式的创新与突破，这不仅有效地降低了我国的油气成本，还确保了我国经济能源的安全。我国已占据了全球环保能源的多个制高点。据报道，2030 年，我国在核能领域有望超越美国。

21.7　航空航天领域的润滑问题

航空航天事业代表着一个国家的科技发展水平，更是一个国家综合国力的体现。在航空航天关键基础件中，润滑材料的选择以及这些材料在服役工况条件下（如高温、高载荷、超低温、高真空、强辐射以及腐蚀性介质等特殊及苛刻环境）的摩擦学性能十分重要，先进润滑材料及技术的应用对航空航天事业的发展关系十分重大。

自 1957 年 10 月苏联发射第一艘航天器"人造地球卫星 1 号"以来，世界航天事业得到快速发展。人造卫星、飞船、航天飞机、空间站等飞行器服役于空间环境时，它们会面临真空、极端温度、辐射微重力、放电离子及空间碎片等不同的空间环境因素。每种空间环境都有可能导致空间飞行器的异常和失效。空间飞行器包含许多机械运动部件，如轴承、齿轮、丝杠、蜗轮/蜗杆等。对这些机械运动部件进行有效的润滑处理，对于空气间飞行器的长期可靠运行十分重要。空间机械摩擦学系统要求低摩擦、低摩擦噪声，间隙操作条件下的良好润滑及极端环境条件下的有效润滑，这些都是业界专家学者长期以来重点关注和迫切需要解决的问题。

曾有由于空间环境因素引起润滑失效，从而导致空间运行器发生事故的情况。据资料介绍，日本地球资源卫星雷达天线失效和伽利略号木星探测器失效都与空间环境引起的润滑失效有关。还有伽利略宇宙飞船伞形天线因缺乏润滑剂未能完全打开，影响了飞船的飞行任务。NASA、ESA 及俄罗斯宇航局的研究均表明，相当大比例空间机械部件的失效都与润滑有密切关系。由于苛刻的空间环境条件，使得空间用润滑材料的选择范围十分有限，在地面大气环境条件下具有良好润滑性能的润滑剂并不适用于空间机械的润滑处理。最典型的例子如石墨，石墨在地面大气环境条件下具有优异的润滑性能，但它在空间及真空环境条件下会表现出高摩擦磨损。

太空环境包括高真空、温变和极端温度、微重力、强辐射和原子氧的影响等。据介绍，航天器在太空高轨道上运行时所承受的空间气压为 10^{-11} Pa 量级，而其在近地轨道上运行期间所承受的空间气压处于 $10^{-5} \sim 10^{-7}$ Pa 量级的范围，与此对应的舱内真空度为 10^{-4} Pa 量级。研究表明，在这样的高真空环境中，两个相互接触的洁净机械零部件金属表面之间非常容易发生胶黏，而且由于摩擦热难以散失，致使接触界面温升很高，这些都是导致接触界面产生摩擦磨损的重要原因。由此可见，对空间机械摩擦副的润滑要求是非常严格的。在这种特殊环境下使用的润滑剂，不仅应具有适应性很强的优异的摩擦学性能，还必须具有超低蒸气压的特性，以防污染探测器等物体。

中科院兰州化物所和航天科技集团兰州空间技术物理研究所是我国空间润滑材料研究和应用的龙头单位。他们首先在国内开展了有关润滑材料空间环境效应的地面模拟研究，并首次开展了针对润滑材料的真实空间环境暴露试验，其试验装置安装于"神舟七号"载人飞船的舱外。试验样品回收后，他们开展了固体润滑材料的真实空间环境效应的探索性研究，图 21-17 所示为"神舟七号"载人飞船舱外的固体润滑材料空间环境的暴露试验装置。

图 21-17 "神舟七号"载人飞船舱外的固体润滑材料空间环境的暴露试验装置

试验结果表明，尤其是 MoS_2 固体润滑材料对航天环境有较好的适应性，对超高真空环境更为适宜，对温度也有足够的适应范围。

赵海滨等人介绍，采用先进的射频溅射法，可使 MoS_2 固体润滑膜具有下述三个独特优点：

1) 黏度高，在高精度轴承上涂敷微米级以下的薄膜、不需要留间隙余量和后加工)。

2) 与底材结合强度及内聚力强，薄膜与底材之间形成过渡层，组织结构致密，其单位厚度的耐磨寿命远高于其他材料。

3) 磨损小，微量磨损物留存在工件表面有利于防止冷焊和金属表面磨损。

上述这类 MoS_2 固体润滑膜已成功应用于轴承内、外套圈沟道表面，并采用与其相容和匹配的 PI+MoS_2 实体保持架，所研制的轴承用于气象卫星扫描装置框架结构，该轴承已随卫星在轨道上运行多年，工作正常，发回的图像清晰，完全满足主机的使用要求。

以薛群基和刘维民两位院士为代表的中科院兰州化物所长期从事空间机械用润滑材料及润滑技术的研究，并取得了卓越成绩。在刘维民、翁立军等人的专著《空间润滑材料与技术手册》中做过详细介绍。航天器及运载工具中的运动机构，如电源系统、姿态控制系统、无线系统以及运载工具推进系统所涉及的一系列运动部件，业界统称为空间机械摩擦运动部件。常见的空间机械摩擦运动部件包括滚动轴承、滑动轴承、关节轴承、滚轮、齿轮、凸轮、螺母/丝杠等长期持续运动部件。间隙运动部件如轴、索轮、垫片、紧固件、滑片和弹簧等。这些摩擦运动部件都要求采用合适的润滑材料和先进的润滑技术。

空间机械用的润滑材料主要有三大类型，即液体润滑材料、固体润滑材料和固体-液体复合润滑材料。

1. 空间机械用液体润滑材料

科学家 Sommerfeld 及 Stribeck 深入研究了摩擦体系的摩擦系数（μ）与润滑油黏度（η），所加负荷（L）及滑动速度（V）之间的关系，并获得了有名的 μ 与 Sommerfeld 常数之间的关系曲线，即所谓的 Stribeck 曲线，如图 21-18 所示。

在 Stribeck 曲线中，横坐标是 Sommerfeld 数，该数为润滑油黏度×滑动速度/负荷；纵坐标是摩擦系数；h 为油膜厚度。对于干摩擦，$h=0$，因而摩擦系数很高；当 $h \to 0$ 时，摩擦表面存在极压反应生成的无机盐类，如 FeS 和 $FePO_4$ 等边界润滑膜，该区域定义为边界润滑；当 $h \approx R$ 时，油膜与表面微凸体相近，在某些点上会发生两个摩擦表面的直接接触，故此区域定义为混合润滑区；当 $h>R$ 时，两个摩擦表面完全被油膜所隔离，该区域被定义为流体润滑。在此区域的摩擦系数主要受润滑油黏度的影响；而体系在边界润滑区域时的摩擦行为则主要由润滑油中的极压抗磨添加剂决定。在流体动压润滑区域，其摩擦体系的摩擦学行为主要由润滑油的黏度来决定的。黏度是指液体所受的切应力与其切应变率的比值，称为动力黏度。

润滑剂的主要种类：

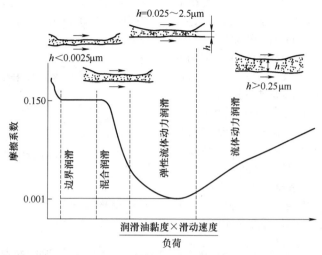

图 21-18　液体润滑的 Stribeck 曲线

1）全氟聚醚（PFPE）油。这是一类具有突出的耐高温性能和优良的化学惰性的合成润滑材料，其分子完全由碳、氧和氟原子构成的长链线性聚合物组成，已广泛用于航天工业液体发动机的氧化剂泵、电动机轴承润滑剂和电子计算机驱动系统用润滑剂等许多领域。

2）PAO。PAO 用的烯烃一般为 C_6 以上的 α-烯烃，其中以 C_{10} 为代表的 α-烯烃最为常用。PAO 的分子结构式如下：

$$CH_3—CH-(CH_2—CH)_n CH_2—CH_3$$

（结构式中 $(CH_2)_m$，CH_3 等）

3）多烷基化环戊烷（MACs）。它能溶解常用的抗磨添加剂，故可以通过添加抗磨和抗氧剂来提高其润滑抗磨性能。该特点也优于 PFPE，使其特别适合空间润滑。

4）聚硅氧烷。作为润滑剂使用的聚硅氧烷在常温下为液体，人们一般称之为硅油。据报道，美国 GE 公司生产的产品牌号为 F-50 油品的分子结构中含有 7% 氯原子的甲基四氯苯基硅油，已广泛用于美国航天器的轴承部件中。甲基氯苯基硅油的分子结构式和甲基氟氯苯基硅油的分子结构式如下：

甲基氯苯基硅油：

甲基氟氯苯基硅油：

5）合成酯。20 世纪 70 年代，合成酯作为轴承及精密仪器的润滑油在航天上已得到应用。据报道，以多元醇酯为主要基础油的润滑油，曾成功地应用于卫星的姿态控制系统中。酯类油具有良好的边界润滑性能，但酯类油在真空中的挥发性还是较高的，水解安定性也不太好，这些缺点都需要进一步研究解决。

6）空间用润滑脂。与在大气环境中使用的润滑脂相比，空间机械用润滑脂除了需要具备润滑脂的常规性能之外，还需具备满足空间使用要求的特殊性能，如低的挥发性、优异的高低温性能以及良好的真空润滑性能等。据报道，一般要求空间级润滑脂在 125℃、10^{-4}Pa 下，放置 24h 后，其挥发损失不大于 1%。MIL-G-27617 是一个关于润滑脂的美军标准，满足这个标准的润滑脂可以用于飞机、空间飞行器及相关设备。在这个美军标准中，对润滑脂的高温轴承润滑性能、挥发损失、低温转矩等都有比较严格的要求。国内研制的 LH-3 润滑脂已成功用于卫星扫描机构轴承的润滑，使用温度范围为 -20～120℃，用于具有密封装置的机构中，也表现出了良好的润滑性能。

硅油是继矿物油之后在空间机械上获得成功应用的润滑油。以硅油为基础油制成的润滑脂具有优异的低温性能和低的挥发性。由于硅油的倾点可达 -70℃ 以下，且硅油又具有良好的黏温性能，故硅脂的低温转矩可达到较低的数值。KK-3 润滑脂就是以甲基苯基硅油为基础油制成的润滑脂。

另外，国内研制生产的多烷基化环戊烷和 PAO 具有良好的润滑性能、低的挥发性和优异的黏温性能，以这两种润滑油为基础油配制的润滑脂都是非常好的空间级润滑脂。

2. 空间机械用固体润滑材料

常用的固体润滑材料主要分为：层状结构物质、低摩擦聚合物、软金属和低摩擦非层状无机化合物四种类型。

1）层状结构固体润滑材料：石墨、二硫属化物和氧化物。

2）低摩擦聚合物：PTFE、聚酰胺（尼龙）、PI。

3）软金属：铅、锡、锌、铟、金、银及其合金，可用于航天器齿轮及轴承等运动部件的润滑与防护。

4）低摩擦非层状无机化合物：以金属氧化物、氟化物以及某些含氧酸盐等无机物为主。主要用于解决高温条件下的润滑问题。

另外，黏结固体润滑膜/涂层，又称干膜，它是另一类重要的固体润滑材料。所谓黏结固体润滑材料技术，即是将固体润滑剂（如 MoS_2、石墨、PTFE 等）分散有机或无机黏结剂中，利用喷涂等方法

涂覆于摩擦部件表面上形成膜，以降低摩擦副的摩擦与磨损。图 21-19 所示为黏结固体润滑薄膜/涂层的种类。

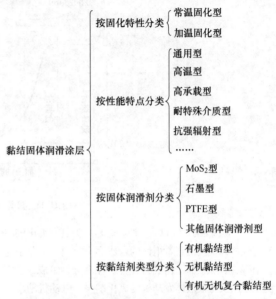

图 21-19　黏结固体润滑薄膜/涂层的种类

3. 空间机械用固体-液体复合润滑材料

为了提高空间润滑的可靠性和使用寿命，国外近年来重点研究将固体和液体润滑剂复合使用的问题。NASA 曾发表 MoS_2-TiC/PFPE 的固体-液体复合润滑体系。刘维民等人在专著中曾介绍过，采用适当的固体和液体润滑剂复合使用，构成复合润滑体系，有可能产生良好的协同效应，使其性能与单独的固体润滑或液体润滑相比获得明显的提高。实践表明，固体-液体复合润滑可明显延长使用寿命，能满足较长使用周期的运动部件的润滑需求，无需补充润滑油的装置，从而可有效减轻空间运动机构的重量，并可简化结构设计。

随着美国"月球勘探者"空间探测器顺利登陆月球，中国、日本和印度等也相继制定了登陆月球的整体规划，对月球的开发利用具有十分重要的战略意义。月球可给人类提供非常丰富和廉价的自然资源。

2019 年 1 月，我国的嫦娥四号首次成功登陆月球背面，通过这次月球行走获得月球背面的第一张地质剖面图，并可探测到 100～200m 深的地质构造，所以，嫦娥四号成功登陆月球背面并实现了人类多个"第一次"。这次嫦娥四号任务圆满成功，标志着我国探月工程全面拉开序幕，我国首次火星探测任务也于 2021 年实施。

航天专家指出，月球环境给月球车辆的润滑设下

了重大课题，月球车在行走和勘探时，沙土、浮尘等会钻到设备缝隙里，造成摩擦。深空中又存在巨大辐射，会加速润滑油和有机物的老化、变质。NASA 研究表明，摩擦失效是限制月球车使用寿命的主要因素。月球车关键组件的发展离不开润滑与密封技术的支持。为确保月球车在使用年限内正常工作，润滑与密封技术就成为发展月球车的关键技术之一。

在恶劣空间环境中运行的月球车系统，诸如轴承、齿轮和密封件的磨损是失效的主要原因，据荣欣介绍，月球环境及其影响见表 21-11。

表 21-11　月球环境及其影响

环境	特点	影响
温度	白天 +130℃，夜间 -180℃	需要热控分系统
辐射	太阳辐射及宇宙射线	危害结构分系统（主要是一些复合材料结构）、电子设备等
尘埃	高磨损性带静电	运动构件表面间磨损
真空	$1×10^{-6}$ Pa	润滑剂蒸发，不能在金属表面形成氧化膜，以避免金属间直接接触
地貌	复杂	驱动系统必须具备不同地貌适应力

美国阿波罗月球车原设计正常使用时间为 72h，但现在新一代月球车的使用寿命一般为 2 年，最长 15 年。采用主动温度控制以确保系统在月球上的使用温度。据报道，对月球车危害最人的辐射有人阳耀斑、宇宙线、X 射线和紫外线，它们会诱发一些材料产生化学变化。月球上的灰尘是运动机械部件必须克服的难题之一。月球上的尘埃还带有静电，使其顽强地吸附于没有接地的导体表面。月球车轮与土壤相互作用是尘埃悬浮的主要原因，因此，设计时还须考虑防尘和容尘能力。

航天专家发现，随着电子学的进步和航天技术的发展，润滑失效正与机械故障一起成为限制航天器使用寿命的"杀手"，因此，研究一种适应月球环境的新型的润滑系统，具有重要的实际意义。姬芬竹等人进行了月球车辆无动力润滑系统的结构设计与仿真。这种新型的无动力润滑系统不需要动力源，依靠零件之间的相互作用和弹性与承载体的微小变形挤压润滑油，使润滑油能够在零件的摩擦表面之间产生循环流动，从而实现液体润滑。

一般的月球探测车主要由两大部分构成，即行走部分和仪器舱。所有这些机械组件及仪器的正常运转都离不开润滑。研究表明，MoS_2 基固体润滑涂层在解决航天机械润滑失效中起着重要的作用，其中，固体润滑膜的制备技术是关键技术之一。

我国在航天器的发射、控制和回收等方面已处于国际领先水平。北京理工大学的科研工作者对登月机器人关节润滑的关键技术进行了深入的研究，并在纳米复合多相涂层技术方面取得了很大的进展。

21.8　新能源汽车对润滑的要求

随着石油资源的日益紧缺以及生态环境压力的不断加大，新能源逐步替代传统能源将是大势所趋。在大力提倡节能、低碳的形势下，新能源汽车已成为全球汽车产业发展的趋势。世界各国纷纷出台强制政策，推进新能源汽车国际市场的发展。美国零排放车辆（Zero Emission Vehicle，ZEV）法案规定，在加州及其他 9 个州内，汽车销量超过一定数量的企业，必须使其环保汽车销量达到一定的比例，要求 2018 年车型中 ZEV 的比例为 4.5%，之后逐年增加，2025 年 ZEV 的占比要达到 22%。欧盟汽车排放标准规定，到 2021 年欧盟地区的新车平均 CO_2 排放量不得高于 95g/km，不达标者将面临数亿欧元的罚款。我国工信部等部委于 2017 年 9 月 28 日正式印发了《乘用车企业平均燃料消耗量与新能源汽车积分并行管理办法》，该办法自 2018 年 4 月 1 日起执行，要求中国乘用车新车耗油在 2020 年下降至 5L/100km 左右。除此之外，荷兰、挪威、法国、英国和德国等国家也已制定禁售燃油车的时间表。

新能源汽车一般包括混合动力汽车、电动汽车、氢发动机汽车、燃气汽车及其他替代能源（如生物燃料、二甲醚等）汽车等。与润滑关系较密切的新能源乘用汽车主要是纯电动汽车和混合电动汽车，纯电动汽车是完全由可充电电池（如铅酸电池、镍镉电池、镍氢电池或锂离子电池）提供动力源的汽车。这种汽车的结构主要由电力驱动控制系统、汽车底盘、车身以及各种辅助装置等部分组成。混合动力汽车是指车辆驱动系统由 2 个或多个能同时运转的单个驱动系统联合组成的车辆。通常所说的混合电动汽车，一般是指油电混合动力汽车，即采用传统的内燃机（柴油机或汽油机）和电动机作为动力源。

对于新能源汽车，不同类型的变速箱的结构也有较大区别，所需配套的润滑油品种也有所不同。新能源乘用汽车各类型变速箱的油品应用情况参见表 21-12。

表 21-12 新能源乘用汽车各类型变速箱的油品应用情况

项　　目	油品应用类型
AT	ATF（液力传动油）
CVT	CVTF（无级变速器油品）
DCT	DCTF（双离合器油品）
EVT	ATF
一档/多档位减速器	ATF/GL-4 类齿轮油/MTF（手动变速箱油）

目前，市场上的混合动力变速箱基本上没有使用专用的混合动力变速箱油品，而以变速箱类型专用油（如专用的 ATF、DCTF 油品等）应用为主。纯电动汽车变速箱以使用 ATF（液力传动油）、齿轮油或低黏度的手动变速箱油品为主。应该说，各类型的变速箱油品需要兼顾各类型变速箱的摩擦性能要求的不同，进行性能区别。如 ATF 需要良好的摩擦性能和抗抖动性能；CVTF 油品则需要良好的钢对钢的摩擦性能；DCTF 要同时兼顾 ATF 良好的摩擦性能和抗抖

动性能以及 MTF 对齿轮和同步器良好的抗磨损和点蚀性能。纯电动汽车减速箱油品要求更高的抗泡沫性能、氧化安定性和热安定性等，而且油品的低黏化是发展方向。

总的来说，目前新能源汽车对润滑油的影响主要集中反映在发动机油上，要求发动机油产品满足多种燃料的使用要求。在发动机油技术的发展中，节能减排始终是重心，并逐渐将生物燃料使用的兼容性考虑在内，以使发动机油产品始终能满足汽车工业发展的需要。

润滑油分析师巩巍认为：目前看来，油电混合汽车对国内润滑油暂未造成太大的影响，主要在于发动机与电机的运转是相对独立的，油电混合汽车与传统发动机汽车的用油基本一致。不过从长远看，势必会推动润滑油产品向着专业化、精细化方向发展，推出更多适应发动机发展及符合混合动力兼容性强的润滑油品。业界专家指出，合成润滑油是面向明天的发展方向，随着新车型的不断推出，传统汽车润滑油并不足以满足使用要求。高黏度和较轻的润滑油，可以发挥节能潜力，合成油可带来优异的热稳定性、氧化安定性和剪切稳定性，可提升润滑油的使用寿命。

参 考 文 献

[1] 贺石中，冯伟. 设备润滑诊断与管理 [M]. 北京：中国石化出版社，2017.

[2] 宜小平，等. 风电机组润滑产品解决方案 [J]. 风能，2011 (2)：65-69.

[3] 王永家. 风力发电机的润滑及油品选择 [J]. 内蒙古电力技术 1988，(1)：33-34.

[4] 王孚懋，等. 我国大型风电技术现状与展望 [J]. 现代制造技术与装备，2010 (2)：1-3.

[5] WANG F M, et al. The status quo and prospect of large-scale Wind power generation in China [J]. Modern Manufacturing Technology and Equipment，2010 (2)：1-3.

[6] WINKELMANN L, et al. Effect of Superfinishing on Gear Micropitting [J]. Gear Technology，2009：3-10.

[7] XUE F, et al. Fretting fatigue crack anaiysis of the turbine blade fron endear power plomt [J]. Engineering Journal of Fatigue，2014，(44)：299-305.

[8] 苏连成，等. 风电机组轴承的状态监测和故障诊断与运行维护 [J]. 轴承，2012 (1)：47-53.

[9] 孟震英，等. 工业机器人用润滑油脂 [J]. 合成润滑材料，2018，45 (1)：17-1.

[10] 程文永，等. 无人机结构复合材料的应用进展 [J]. 航空制造技术，2012 (18)：88-91.

[11] 雒建斌，刘维民. 2014—2015 机械工程学科发展报告（摩擦学）[M]. 北京：中国科学技术出版社，2016.

[12] 温诗铸，黄平，天煜，等. 摩擦学原理 [M]. 5 版. 北京：清华大学出版社，2018.

[13] 刘维民，翁立军，孙嘉奕. 空间润滑材料与技术手册 [M]. 北京：科学出版社，2009.

[14] 金学松，刘启跃. 轮轨摩擦学 [M]. 北京：中国铁道出版社，2004.

[15] ZHANG W H, et al. Wheel/rail adhesion and analysis by using full scale roller-rig [J]. Wear，2002，253：82-88.

[16] 姬芬竹. 空间润滑剂与液体润滑系统的研究进展 [J]. 润滑与密封，2010，35 (9)：122-126.

[17] 于德洋，等. 空间机械润滑研究的发展现状 [J]. 摩擦学学报，1996，1：89-95.

[18] 高晓明，等. 润滑材料的空间环境效应 [J].

中国材料进展，2017（7）：481-491，511.

[19] 刘晓峰，等. 新型轮轨润滑剂的发展与展望 [J]. 中国铁道科学，2001，22（3）：96-101.

[20] 王克华. 高速列车轴承和齿轮的润滑 [J]. 合成润滑材料，2014（2）：7-11.

[21] 刘泊天，等. 空间用润滑材料研究进展 [J]. 材料导报，2017（A02）：290-292，306.

[22] 程亚洲，等. 空间润滑脂的研究进展 [J]. 航天器环境工程，2013，30（1）：14.

[23] 梁微，等. 浅析轮缘润滑装置在轨道车辆上的应用 [J]. 中外企业家，2018（2）：130-131.

[24] 杨晓辉 等. 百万千瓦级别核电汽轮机润滑油选型 [J]. 化工进展，2016，35（S1）：58-62.

[25] 高明华，等. 核电厂设备润滑管理 [J]. 润滑与密封，2019（11）：154-155.

[26] 郭丁源. 新能源汽车料将改变润滑油行业：更专业更精细 [J]. 市场瞭望，2015，2：66-67.

[27] 周铁. 新能源乘用汽车的发展现状及变速箱油品润滑性能要求 [J]. 石油商技，2019（2）：4-7.

第 22 章 设备润滑管理及润滑状态监测与诊断技术

22.1 概述

工业生产离不开机械设备，也离不开设备的管理维修。由于工业生产技术的快速发展，或者说由于设备向大型化、自动化和智能化方向发展，对设备状态诊断技术提出了更高的要求。设备管理维修制度已从传统的事后维修和定期预防维修发展到以状态检测为基础的预测维修，或称视情维修。因此，机械设备润滑状态监测与诊断技术是现代设备管理转变的关键技术。设备管理的状态维修制比计划维修（或故障维修）制更科学。

设备故障诊断技术国外最初是从航空航天工程及核能工程开始的。后迅速发展到民用工业，目前已广泛应用到各种工程领域，如各种机械设备和仪器的诊断、各种工程结构和部件的诊断、工艺工程及工业流程的诊断、各种材料的无损检测等。

所谓设备状态监测与故障诊断，也就是说，不需要对设备进行解体，而对设备的应力、劣化、强度、功能和故障等进行定量评价的一种方法。使用设备诊断系统，可在设备的运行过程对异常的原因、部位及程度等进行区别，从而预测、评价它的可靠性和性能，并决定维修的方法。通俗地讲，设备状态监测与故障诊断技术是一种给设备"看病"的技术。设备诊断技术属于信息技术范畴，它利用被诊断的对象所提供的一切有用信息，经过分析处理获得最能区别设备状态的特征参数，最后做出正确的诊断结论。

机械设备的状态监测方式主要分为如下三种：

1）内线监测（in-line）在机械设备的生产线或设备内，连续地实时监测。

2）在线监测（on-line），在设备上周期或非周期地间断实时监测，其特点是快速、及时和直观。

3）离线监测（off-line），不定期地或实时监测采集信息，在现场或离开现场诊断分析。

目前常用的监测技术有振动技术、油液分析技术、红外测量技术、声发射技术及其他无损检测技术等。本章重点介绍与设备润滑有关的油液分析技术在设备状态监测中的应用。图 22-1 表示机械设备润滑状态监测系统。

22.2 润滑系统油液监测诊断技术

油液监测技术是机械设备现代化管理的重要手段之一，它通过对机械中润滑所用的油品（如润滑油、液压油、齿轮油、发动机油等）的分析。根据在用油品本身的理化性能分析和其中所含金属颗粒的光谱、铁谱的分析来判断机械本身的运行状况和磨损状况，从而进行机械故障的诊断，并预测机械的磨损趋势，由此来决定该设备是否需要换油和分析检测维修，为设备的视情维修提供的依据。

润滑油在使用中，油中的金属含量也不断在变化，油中添加剂的金属含量也由于添加剂的消耗而不断在下降，如钙和锌金属元素等。设备因磨损而产生的金属颗粒也同时进入润滑油中，如铁、铜和铝等。与各种机械部件相适应的检测方法见表 22-1。

油中磨粒检测方法的比较见表 22-2。

机械设备故障诊断油样铁谱分析技术是 20 世纪70 年代开始发展起来的新的监测分析技术。由于该技术具有独特作用，目前已被越来越多的部门所采用。

22.2.1 油液污染度监测

油液污染度监测主要采用颗粒计数及颗粒称重的定量分析以及简易的半定量或定性分析，如图 22-2所示。

图 22-3 所示为机械设备油液污染监测系统。

1. 污染颗粒测量仪

LaserNet Fines-C 自动颗粒分析仪外观如图 22-4所示。LaserNet Fines-C 自动颗粒分析仪是将形貌和颗粒计数两种常用的油料分析技术合二为一的分析仪器。采用激光图像技术和先进的图像处理软件自动识别颗粒形貌分布。该分析仪特点如下：

1）体积小，操作方便，用于舰船上或野外使用。

2）对大于 $5\mu m$ 的颗粒进行计数。

3）大于 $20\mu m$ 的颗粒由神经网络技术分成切割磨损颗粒、疲劳磨损颗粒、滑动磨损颗粒和氧化物四类。

4）可处理含量超过 10^6 颗粒/mL 的样品。

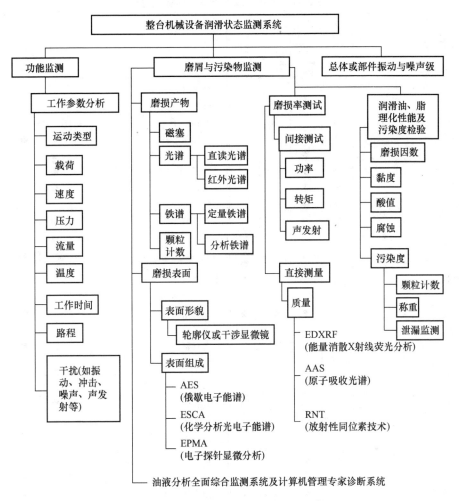

图 22-1　表示机械设备润滑状态监测系统

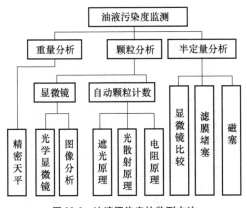

图 22-2　油液污染度的监测方法

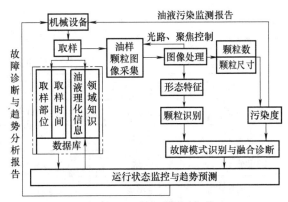

**图 22-3　油液污染分析与颗粒识别的机械
设备油液污染监测系统**

表 22-1 与各种部件相适应的检测方法

监测的部件	通用监测方法				监测的部件	通用监测方法			
	直观监测	功能监测	振动监测	磨屑监测		直观监测	功能监测	振动监测	磨屑监测
固定部件					回转部件				
壳体	●	●			轴			●	●
底座与基础	●	●	●		机器转子			●	
箱槽与容器	●	●			汽轮机叶片	●	●	●	
压力容器	●	●			叶轮与推进器	●	●	●	
管道	●	●			轮子	●		●	
热交换器	●	●			齿轮	●		●	●
屏幕与隔板	●	●			链传动			●	●
定子叶片	●				柔性联轴器	●		●	●
往复运动部件					带轮与带	●		●	
活塞				●	调速器		●		●
连杆与杠杆	●			●	密封件				
凸轮与挺杆			●	●	唇形密封圈		●		
阀门		●	●	●	机械密封		●		
绳缆与链	●			●	密封衬垫、填料		●		
波纹管					迷宫密封		●	●	●
隔膜					活塞环		●		●
弹簧					耐磨表面				
导轨与滑板					硬表面	●			
花键					弹性表面	●			
摩擦部件					制造工具				
制动器	●	●			切削刀具	●	●		
离合器	●	●		●	金属加工工具	●	●		
振动阻尼器（减震器）		●	●	●	铸模和压模	●	●		
轴承					工作液				
滑动轴承		●	●		液压液	●	●		
滚动轴承			●	●	冷却与热传导液	●	●		
挠性轴承	●				润滑剂	●			

表 22-2 油中磨粒检测方法比较

项目	颗粒计数法	过滤法	光谱	铁谱	磁塞
颗粒大小范围/μm	0~1000	0~1000	<5	0~150	>10
形貌分析	不能	差	不能	优	差
定量分析	优	良	优	优	良
化学成分分析	不能	不能	优	良	差
与非磨损颗粒的区分	不能	不能	良	优	良
早期磨损监测能力	良	差	优	优	差

（续）

项目	颗粒计数法	过滤法	光谱	铁谱	磁塞
对非磁性颗粒分析能力	可	可	优	差	差
分析速度	快	慢	快	中	中
操作技术要求	高	低	中	高	低
分析成本	高	低	高	中	低

图 22-4　LaserNet Fines-C 自动颗粒分析仪

图 22-5　便携式油液颗粒计数器（S2 型）

5）按 ISO 4406 标准显示污染度等级。

6）按 NAS 1638 标准显示污染度等级。

7）内置设备运转状态磨损趋势分析数据库软件。

8）数据输出包括颗粒类型识别、图像映射、颗粒尺寸趋势，以及 NAS、NAVAIR 和 ISO 污染度清洁级别代码。

2. PAMAS 便携式油液颗粒计数器

德国 PAMAS 公司生产的便携式颗粒计数器（见图 22-5）可以方便地用于现场，连续检测记录油液污染和过滤器的效率，从而保持润滑系统的清洁度。该仪器配置膜式键盘和内置式打印机。内置式传感器 HCB-LD-50/50 可以在流速为 25mL/min 时测量高达 24000 颗粒/mL 的颗粒浓度，灵敏度为 1μm（ISO 4402）和 4μm（ISO 11171）。对于无压力样品和压力高达 42MPa 的加压系统，内置式活塞泵可以向传感器输送恒定流速的样品。采用可编程处理器控制的分析能够进行多样品自动采样和数据报告。

3. DCA 便携式污染监测仪

美国 DIAGNETICS 公司推出了一种用于机电设备预知性维修的在线监测油品污染度的仪器——便携式污染监测仪（见图 22-6）。该仪器是一种便携式仪器，既可现场使用也可实验室使用，对润滑油的污染程度进行监测，可分别按 NAS 标准、ISO 标准并以在线颗粒数显示污染程度。其特点如下：

图 22-6　便携式污染监测仪

1）有照明装置以供晚上使用。

2）完备的字母数码键盘。

3）高压取样器可使仪器方便地用于压力达 2000N/cm² 的系统之中。

4）可选择数据格式或数据的图形表示。

5）可自动求得趋势分析。

其精密的颗粒计数采用数显污染报警系统，该仪器的原理是，利用一种微孔阻尼来计算颗粒数。液体油样流经一个精确标定过的滤网，大于网眼的颗粒沉积下来，由于微孔（直径为 5~15μm）的阻挡作用，流量便会降低，最后颗粒填充在大颗粒的周围，从而进一步阻滞了液流，结果形成一条流降与时间的关系曲线。利用数学程序把该曲线转换为颗粒大小分布曲线。

该仪器携带、操作极为方便。操作者根据需要按下仪器键盘上的相应按钮，即可在 3min 内得到监测结果。

该仪器特别适用于液压系统、轴承及齿轮减速器系统，以及发动机润滑系统的污染监控。

22.2.2 磁塞监测技术

1. 磁塞监测的基本原理

在润滑系统的管路中装设带磁性的磁塞探头，收集润滑系统在用润滑油中的磨损颗粒，定期取出磁塞，借助放大镜或肉眼观察分析所收集的磨损颗粒的大小、数量、形状等特征，从而判断机械设备相关零件的磨损状态。通常该方法对采集磨粒尺寸大于 50μm 的磁性颗粒比较有效。

2. 磁塞

磁塞的一般结构如图 22-7 所示。探头芯子可以调节，以磁芯探头充分伸入润滑油中，以便收集铁磁性颗粒。所以，采用磁塞检测法时，必须把磁塞探测器安装在润滑系统中最容易捕获磨粒的位置。一般尽可能置于易磨损零件附件或润滑系统回油主油道上。

采用磁性检测，磁性探头应定期更换。一般可 60h 左右更换一次，并将收集的颗粒进行观察分析，做好记录、报告，给出磨损状况的判断意见及维修决策。

3. 磁塞磁性颗粒的分析

机械设备初期跑合阶段收集的颗粒较多，其形状呈现不规则形貌，并掺杂一些金属碎屑、金属零件加工切削残留物，或外界侵入的污染物，在装配清洗时

不慎遗留下来。

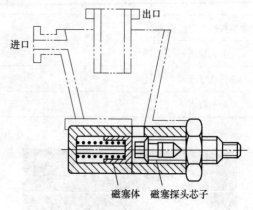

图 22-7　磁塞监测

机械进入正常运转工况状态，磁塞收集的颗粒显著减少，而且磨粒细小。如发现磁性磨粒数量、尺寸明显增加，表明零件摩擦副出现异常磨损，则应将磁性探头的更换时间缩短，加密取样；如磨粒数量仍呈上升趋势，应立即采取维修措施。

对磁塞收集到的磨粒，除了肉眼观察外，可借助于 10~40 倍放大镜观察分析，特别应观察记录磨粒的表面形貌以判断磨损机理和原因。

磁塞检验是一种常用分析方法，有的类型的磁塞带有指示器，可以进行在线测量，跟踪记录，使用费用较低，简单易行，适合于检测 100~400μm 的颗粒。表 22-3 列出磁塞收集的磨屑特性，从而可以根据这些磨屑的数量大小和形态来推测设备不同部件的磨损状态。

表 22-3　磁塞收集的磨屑特性

序号	磨屑来源	特　性
1	滚珠轴承	1）一般碎片 ① 圆形的、"玫瑰花瓣"式的，径向分开形式 ② 高度光亮的表面组织，带有暗淡的十字线和斑点痕迹 ③ 细粒状、浅灰色、闪烁发光 2）钢球的碎片 ① 开始时（特别是轻负荷的球轴承上）鳞片状，边缘大致为圆的 ② 放大 10~20 倍，表面有很小的斑点痕迹，这是由于突出部分被研磨后会有闪光作用。鳞片往往是中心较厚的"体形"状。通常一面是高度磨光的表面，另一面是均匀的灰色粒状组织 ③ 在重负荷下，初始产生的微粒呈较暗的黑色，但移向光源时会闪烁发光 ④ 其后产生的下层材料是较黑色的、形状更不规则，并具有较粗糙的结构 3）滚道的碎片 表面破碎的碎片，通常一面很光亮，好像钢球的材料一样，带有暗淡的十字划痕；同时与滚柱轴承的滚道材料有相似的特性，形状大致是圆的

（续）

序号	磨屑来源	特　性
2	滚柱轴承	1）滚柱的碎片 ① 通常为长度等于 2~3 倍宽度的卷曲矩形状 ② 高度光亮的表面 ③ 细粒状、浅灰色、闪烁发光 ④ 由于滚动作用，在微粒的一面整个宽度上形成了一系列的平行线痕迹 ⑤ 下层材料是长的，并呈撕裂状，其颜色比表面碎片较黑 2）滚道碎片 ① 不规则的长方形 ② 高度光亮的表面组织，沿运行纵向带有划痕 ③ 细粒状、浅灰色、闪烁发光 ④ 由于表面是平的滚动接触，因而划痕是沿滚道的方向 ⑤ 滚道和滚柱两者的外侧往往首先破碎，一般是先出现矩形鳞片，而后逐渐恶化，变成很不规则的块状 ⑥ 内滚道首先恶化，继而是滚柱，最后是外滚道
3	滚珠和滚柱轴承	1）绕转和打滑碎片 ① 形状通常是粒状的 ② 碎片是黑色尘粒 2）保持架的碎片 ① 是大而薄的花瓣形鳞片 ② 有光亮的表面组织 ③ 呈铜色 ④ 开始时的碎片是细的青铜末，继而是大的铜色花瓣形鳞片。这种鳞片并非出现严重故障，但当其中出现分散的铜微粒，或钢微粒嵌在鳞片中，或有较厚的块状青铜微粒时，则意味着有严重的故障
4	滚针轴承	1）尖锐的针形，与刺类似 2）粗的表面组织 3）深灰色闪烁发光
5	巴氏合金轴承	1）平的或球形的一般形状 2）平滑的表面组织 3）类似焊锡飞溅物或银的外表 4）在正常磨损情况下，即使局部热熔化和部分材料已扩散到轴承表面的微小空腔，回油中也很少有碎片 5）当轴承开始发生故障时，表面出现任意方向的发丝粗细的裂纹，在轴承表面局部油压作用下，油进入裂纹中造成微粒松动、受热脱落。脱落的碎片常常沉积在轴承的另一面或进入回油路中，其形状常常类似焊锡的细小球体
6	铅-20%锡轴承 （质量分数）	1）不规则的形状 2）平滑的表面组织，并有细的平行线纹 3）外表像焊锡状，银色带有黑线纹 4）这些轴承有良好的耐疲劳性，一般在磨屑从表面脱落和进入油液之前，先有一定的故障状态发展

（续）

序号	磨屑来源	特　性
7	齿轮	1）正常的磨损碎片 ① 不规则断面的发丝粗细的绞织物，很短并混有金属粉末 ② 表面组织粗糙 ③ 呈深灰色 ④ 小的细发丝状绞织物通常成团，在磁塞上呈现较厚实状态 2）故障碎片 ① 形状不规则 ② 表面带擦痕 ③ 外表粗糙，暗灰色带亮点 ④ 鳞片有时呈现齿轮牙齿的外形。一般外侧磨得更光亮，并有明显刻痕，有时伴有热变色。材料没有光泽，而且比由轴承产生的碎片更粗糙一些 ⑤ 由于齿轮的滚-滑接触特性，碎片表面的平行划痕与滚子轴承的碎片类似 ⑥ 下层的碎片是很不规则的，长而撕裂。这一状况由于齿轮的进一步研磨作用而加重

但磁塞监测法存在下列缺点：

1）磁塞所收集到的磨屑量与润滑油中所携带的磨屑量之间的数量关系很难确定，因而几乎无法用于定量表示。

2）磁塞收集到的磨屑重叠积聚，不便于观察及分析。

3）磁塞收集的主要是数百微米以上的大磨屑，而出现数百微米以上的磨屑时，零件的磨损已相当严重了，因此，磁塞的早期预报性较差。

图 22-8 所示为用三元坐标表示的机械润滑系统磨损工况与磨损颗粒的浓度、磨损颗粒尺寸三者之间的关系，说明了润滑系统磨损的发展过程。

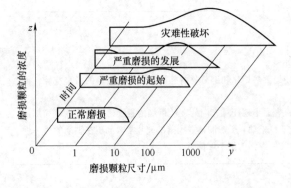

图 22-8　润滑系统磨损的发展过程

磁塞的有效检测范围主要是数百微米以上的颗粒，因此，它能及时检测出较大的造成灾难性破坏的磨损颗粒，防止突发性事故的发生。

22.2.3　光谱监测技术

1. 概述

对润滑油料进行光谱分析主要使用原子吸收光谱或原子发射光谱来进行，目前已有专门的油料分析光谱仪。通过分析油中金属磨损颗粒化学元素的含量，对比不同时期油中金属含量的增加速度，可以了解设备摩擦副的磨损情况，正确规定润滑油的使用期限，减少停机时间。

1）根据不同时期各种金属磨损颗粒中的金属元素含量，可以判断摩擦副磨损程度，预报可能发生的失效及磨损率。

2）根据微粒的化学成分及其浓度的变化，可以判断出现异常现象的部位以及磨损的类型。

光谱监测技术与铁谱监测技术及颗粒计数技术相配合，还可以发挥出对磨损监测技术的更大作用。

2. 工作原理

用于油品分析的光谱仪可以带一台计算机进行控制。将润滑油样放在小油盘中，利用两个电极间产生的高压交流电弧，激发润滑油中所含金属（如铜、铁、铅、锌、铝、钠等）和非金属元素（如硼、硅等），使其放射出特定波长的光波，再用光栅分光和光电倍增管接收，并将光信号转变成电信号，经放大及模数转换，将元素含量数据显示或打印出来。根据油中各元素的含量变化情况，可以了解运动件的磨损情况、添加剂含量变化情况以及油的污染情况。

光谱油料分析的优点是快速而精确，但不能检测以下两种失效形式：失效过程太快；磨损颗粒尺寸较大。

图 22-9 所示为磁塞、光谱监测方法的有效检测范围与铁谱监测方法的比较。从图中可以看到，在 $10\sim100\mu m$，即严重磨损可能发生与发展的特征性颗粒范围内，磁塞与光谱油分析法的效率低于 50%，因此有时不能发现已经出现的异常故障。

但发射光谱分析对于磨屑颗粒尺寸为 $1\sim10\mu m$、磨屑的质量分数低于 5×10^{-6} 时进行的分析较为适用，分析快速而精确，可靠性高。而且还可用来监测油品中添加剂和污染杂质元素的成分，由此可以检验添加剂的损耗情况和污染物的增加情况，及时并合理地换

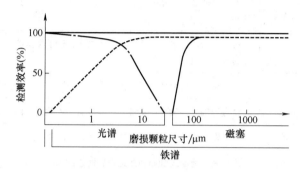

图 22-9　磁塞、光谱监测方法的有效检测范围与铁谱监测方法的比较

油或补充新油。此外具有大颗粒收集技术（RFS）的发射光谱仪（例如超谱 M 型光谱仪），在检测磨粒的

尺寸范围上有了较大的改进。表 22-4 为油液分析技术的性能比较。

表 22-4　油液分析技术的性能比较

项目	铁谱分析	光谱分析	磨粒计数	过滤器检测	磁塞
磨粒浓度	好（铁磨粒）	很好	好	好	好（铁磨粒）
磨粒形貌	很好			好	好
尺寸分布	好		很好		
元素成分	好	很好		较好	好
磨粒尺寸/μm	>1	0.1～10（RDE）/>0.1（RFS）	1～80	>2	25～400
局限性	局限于铁磨粒及顺磁性磨粒，元素成分的识别有局限性	不能识别磨粒的形貌、尺寸等	不能识别磨粒的元素成分和形貌等	可采集微粒，不能识别磨粒的尺寸分布	局限于铁磨粒，不能做磨粒识别
检测用时间	长	极短	短	较长	长
评价	磨损机理分析及早期失效的预报效果很好	磨损趋势监测效果好	用作辅助分析、污染度分析	用作辅助简易分析	可用于检测不正常磨损
分析方式	实验室分析、现场及在线分析	实验室分析、现场分析	实验室分析、现场分析	现场分析	在线分析

光谱分析对磨损趋势分析十分有用，特别是在跑合期间通过跑合过程光谱分析，给出跑合趋势曲线

图，可以确定出最佳跑合规范。表 22-5 为磨屑或污染物元素及其可能来源。

表 22-5 磨屑或污染物元素及其可能来源

序号	磨损元素	符号	可能来源
1	铁	Fe	缸套，阀门，摇臂，活塞环，轴承，轴承环，齿轮，轴，安全环，锁圈，锁母，销子，螺杆
2	银	Ag	轴承保持器，柱塞泵，齿轮，主轴，轴承，柴油发动机的活塞销，用银制作的部件
3	铝	Al	衬垫，垫片，垫圈，活塞，附属箱体，轴承保持器，行星齿轮，凸轮轴箱，轴承表面合金材料
4	铬	Cr	表面金属，密封环，轴承保持器，镀铬缸套，铬酸盐腐蚀造成的冷却系统泄漏
5	铜	Cu	铜合金轴瓦，轴套，止推片，油冷器，齿轮，阀门，垫片，铜冷却器的泄漏
6	镁	Mg	飞机发动机用箱体、部件架，海运设备时进的水，油添加剂
7	钠	Na	冷却系统泄漏，油脂，海运设备时进的水
8	镍	Ni	轴承、燃气轮机的叶片、阀类材料
9	铅	Pb	轴承，密封件，焊料，漆料，油脂（用含铅汽油的发动机无效）
10	硅	Si	空气带进的尘土，密封件，添加剂
11	锡	Sn	轴承，衬套材料，活塞销，活塞环，油封，焊料
12	钛	Ti	喷气发动机中的支承段磨损，压缩机盘，燃气轮机叶片
13	硼	B	密封件，空气中带进的尘土，水，冷却系统泄漏，油添加剂
14	钡	Ba	油添加剂，油脂，水泄漏
15	钼	Mo	活塞环，电动机，油添加剂
16	锌	Zn	黄铜部件，氯丁橡胶密封件，油脂，冷却系统泄漏，油添加剂
17	钙	Ca	油添加剂，油脂
18	磷	P	油添加剂，冷却系统泄漏
19	锑	Sb	轴承合金，油脂
20	锰	Mn	阀，喷油嘴，排气和进气系统

由于光谱分析技术所需投资及使用费用较高，因此，主要应用于飞机、铁道车辆、内燃机、冶金及石油化工设备、汽轮发电机、重大设备的齿轮箱及液压系统等的润滑状态的监测。

22.2.4 放射性同位素（示踪原子）监测技术

放射性同位素监测技术使用热中子或回旋加速器产生带电质子核粒辐照活化零件，然后进行磨损监测。所采用的方法有以下三种：

（1）薄层活化示差法 即以测定局部活化零件在磨损试验过程中放射性能量的改变来评定磨损量和速率。零件活化层深度控制在 $20 \sim 250 \mu m$，零件的放射性很低，常在 10uCi 左右，可用于对发动机中较大零件的磨损监测。

（2）浓度法 即以测定油中活化磨损颗粒的放射性来度量和监控零件的磨损情况，放射性为 20uCi 左右，可测精度达 $10^{-6} g/L$。

（3）滤油器流通法 即在浓度法的基础上，扩展一个滤油器的测量室及电测线路。总的磨损量可由测量滤油器与油中的磨损颗粒相加得到，可测精度达 $0.0001 \mu m/h$。

放射性同位素监测技术目前已比较成熟，准确而可靠，比较安全，只是成本较贵且放射性同位素不易取得，故尚不能普及应用。

22.3　铁谱监测诊断与技术

20 世纪 80 年代，我国机械行业"六五"重点攻关项目中开展的铁谱技术基础研究为我国铁谱技术的发展奠定了基础，原广州机床研究所（现广州机械科学研究院有限公司）等开展的铁谱技术在润滑系统工况监测的应用研究取得了显著的效果。1986 年召开的第一届铁谱技术学术交流会对来自各高校、研究院所、厂矿企业各行业发表的 26 篇论文，在液压系统、齿轮和柴油机、船舶、机床等润滑系统监测的经验和成果进行了交流和讨论，有力地推动了铁谱技术监测方法的发展。

从 20 世纪末到 21 世纪初，利用铁谱技术监测机械设备润滑状态的学术交流会议多次在我国举行，把铁谱分析、光谱分析、理化分析结合起来综合进行监测的润滑系统状态监测方法得到广泛应用，从而成为最有效的设备润滑状态监测方法，大大提高了润滑状态监测的准确度。北京、上海、广州、武汉等地逐渐形成并成立了油样铁谱分析技术的应用研究中心（或为工矿企业服务的专业性润滑油液监测检验中心）。铁谱技术因在柴油机、液压系统、轴承和钢铁、工程机械、矿山机械、大型机加工设备等各类机械设备的润滑系统状态监测与故障诊断中均发挥了重要的作用而受到重视。

铁谱技术作为磨损诊断与监控具有广阔的应用前景，但由于磨损颗粒产生的复杂性、随机性等，磨损颗粒识别与磨损诊断主要依靠具有丰富经验的铁谱工作者来进行，这极大地限制了铁谱技术的发展与推广。其中，磨损颗粒的识别是铁谱分析的首要环节，也是故障诊断和状态监测的关键环节。随着人工智能技术的发展，模糊集理论、灰色系统理论、神经网络及专家系统等新的理论和方法不断被应用于磨损颗粒的特征提取和自动识别，大大提高了磨损颗粒分析的智能程度，基于对称交互熵的智能识别方法对磨损颗粒数字特征的提取提供了量化信息，这些都令问题的解决越来越成为可能。近年来，专家系统在该领域的应用倍受关注，并取得了许多非常有效的成果，其中较为典型的如 FAST 系统，以及后来的 FAST-PLMS 系统、CASPA 系统等。但总体来说，由于铁谱分析过程中出现的复杂性和模糊性等，目前铁谱领域仍存在一些问题，如下：

1）由于铁谱知识具有一定的模糊性，很多情况下完全是根据铁谱工作者本人的经验，因而造成在利用传统专家系统时，知识库及规则的建立存在一定的困难。

2）目前的铁谱分析系统一般只是较高层次的，仍未能直接基于铁谱图像，而作用于磨粒图像的磨粒识别等也是铁谱智能化过程中的主要难点。

3）铁谱分析系统往往要产生大量的图像、文字和数字信息，如何管理好这类信息非常困难。关于这方面较为成功的例子仍不多。

基于以上原因，本章将重点介绍铁谱技术的基本原理和操作、磨损颗粒识别与磨损诊断以及铁谱技术应用的各种实例。磨损识别与磨损诊断目前仍必须依靠具有丰富经验的人员来进行，因此，必须在反复练习的基础上加以掌握才能达到有效的应用。

铁谱技术的主要原理是让润滑油样通过一个高梯度磁场，利用磁场的作用，将油样中的磨损颗粒沉积在经过特殊处理的铁谱基片上。当油样从铁谱基片上流过时，磨损颗粒就沿着铁谱基片的长度方向沉积下来。由于这些磨损颗粒是在磁力作用下沉积的，因此，可以排除非磁性颗粒，并能按磨损颗粒尺寸大小分开沉积，不致相互覆盖，可以单独观察各颗粒的特征。图 22-10 所示为铁谱技术的流程示意。

把谱片放在光学显微镜下用反射光进行检查时，由于很难把金属颗粒与化合物区分开来，因此需使用能同时使用反射光与透射光的"双色显微镜"或"铁谱显微镜"。

由于金属中的自由电子对光波的反射作用，光线在金属颗粒表面只能穿透很少几个原子层，而由化合物组成的颗粒（主要是非金属颗粒）则可以透过光线。因此，当在显微镜中同时用红色反射光和绿色透射光进行照明时，金属颗粒吸收透射绿光而把红色光反射入物镜，因此呈红色；化合物则允许较多的绿色透射光通过，因而呈现绿色。如果化合物颗粒厚度为几个微米，则呈现出黄到橙的颜色。金属粒子的表面状况也可以通过反射光的照明来观察。铁谱分析监测技术的内容包括磨损颗粒的分离、大小颗粒数量的测定、数据的综合与处理、磨损趋势的分析、颗粒形态的观察与分析，最后作出判断。

应用铁谱技术进行磨损分析的仪器统称为铁谱仪。20 世纪 70 年代以来国内外开发的铁谱分析仪器有各种型号的分析式铁谱仪、直读式铁谱仪、在线铁谱仪和旋转式铁谱仪等。

1. 分析式铁谱仪

（1）结构和工作原理　分析式铁谱仪是最先研制出来的铁谱技术仪器，图 22-11 所示为一种型号的分析式铁谱仪系统，由铁谱仪和铁谱显微镜两部分组成。图 22-12 所示为分析式铁谱仪工作原理。

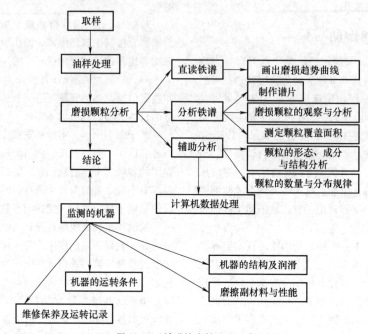

图 22-10　铁谱技术的流程示意

图 22-11　一种型号的分析式铁谱仪系统

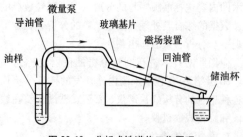

图 22-12　分析式铁谱仪工作原理

按一定要求从设备润滑系统中取得的油样，经稀释、加热后将约 2mL 的待测油样放入玻璃管中，用

稳定低速率的微量泵输送油样到放置在强磁场装置上方，且成一定倾斜角（1°~3°）的玻璃基片上（亦称铁谱基片）。油样由上端以约 15m/h 的流速流过高梯度强磁场区，从铁谱基片下端流入回油管，然后排入储油杯中。油样中的磨粒在高梯度强磁场的作用下，按一定的规律排列沉积在铁谱基片上，用四氯乙烯溶剂冲洗去除底片上的残油，待溶剂全部挥发干后，垂直向上地取下铁谱片。图 22-13 所示为沉积在铁谱片上的磨损颗粒分布。

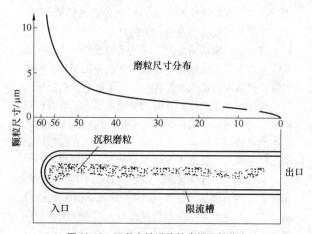

图 22-13　沉积在铁谱片的磨损颗粒分布

用于沉积磨损颗粒的玻璃基片称为铁谱基片，沉

积了磨损颗粒的基片称为铁谱片，简称谱片。图 22-14 是铁谱基片的表面形状。

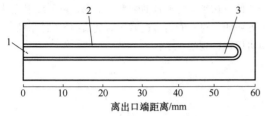

图 22-14　铁谱基片的表面形状
1—油样出口　2—栅栏　3—油样进口

铁谱基片的厚度为 0.17mm 左右。由于谱片需在

光密度计上测量颗粒覆盖面积，并在光学显微镜和扫描电子显微镜下观察与分析，故对基片的纯度、均匀度及表面清洁度有一定的要求。基片经特殊处理，在处理后的基片中央用 PTFE 划出一条通道，使从输送管流入基片的油只能顺通道流过而不致溢出。

为了描述磨损颗粒在谱片上的位置，把油样通道中任意一点到谱片油样出口端的垂直距离称为谱位。

（2）磁场装置　分析铁谱仪的核心装置是磁场装置。图 22-15 所示为磁场装置示意。这是一个具有约 1mm 气隙、磁通密度为 1.8T（相当于铁的饱和磁化率），垂直梯度分量为 4.0~5.0T/cm 的高强度磁场装置。

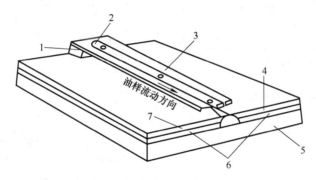

图 22-15　磁场装置示意
1—台阶　2—油样入口　3—铁谱基片　4—右极靴　5—轭铁　6—磁铁　7—左极靴

由图 22-15 可看到，当油样流经位于磁体上方的铁谱基片时，油样中的铁磁性颗粒在磁场作用下沉积下来。基片长度方向的中心线位于气隙中央并与水平面呈 1°~3° 的倾斜角，令基片表面的磁场强度顺着入口端向出口端增强，图 22-16 所示为铁谱基片表面磁场的分布。○点表示磁场方向从纸面垂直向上，×点表示磁场方向从纸面垂直向下，即磁力线从左极靴指向右极靴。图中点的密度代表磁场强度，由图可见，入口处 a 磁场最弱，出口处 c 最强。因此，油液中的磨损颗粒在基片上流动时受到一个逐渐增强的磁场力的作用。

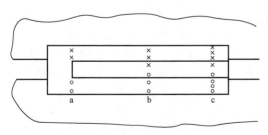

图 22-16　铁谱基片表面的磁场分布

（3）磨损颗粒的沉降与排列　当油样流过铁谱基片时，油样中铁磁性颗粒受到磁场力作用而向下沉降，同时也受到油品的黏性阻力作用。因此，颗粒的沉降速度由磁场力和黏性阻力决定。令颗粒下沉的磁场力与颗粒的体积成正比，而阻止颗粒沉降的黏性阻力则与颗粒的表面积成正比。因此颗粒的沉降速度取决于体积与表面积之比。设想颗粒是直径为 D 的圆球，则可以认为颗粒所受的磁场吸力与 D^3 成正比，而黏性阻力与 D^2 成正比，故此可以推论颗粒的沉降速度与 D 成正比。这就导致大的颗粒首先沉降下来而比较小的颗粒会随油样流到较远处才沉降下来。在铁谱基片上流动的油层具有一定的厚度，处于层流状态的油液中不同深度的液层具有不同的流速，表层的流速最大而越靠近基片的油层流速越小，紧贴基片的油层的流速接近于零。所以，最下层的流体中的颗粒（包括最小的颗粒）都会几乎一接触到基片就沉淀下来，但携带着大多数小颗粒的最表层中的颗粒则会沉淀到谱片的远处。大约 50% 的小颗粒会被占流体 20% 的外层流体所携带而沉淀到谱片的后半部。但是，在谱片的入口处必然也有一定的小颗粒随着大的

颗粒一起沉淀下来。

铁磁性磨损颗粒沉降到铁谱基片表面时，由于被磁化的颗粒之间 N 极 S 极互相吸引而排列成垂直于流动方向的链状，又因为已经排列成链的磁性粒子会与上方继续下沉的粒子互相排斥，故此先后沉降的链之间将保持一定的距离。根据上述沉降机理而推算出的谱片排列情况见图 22-17 与表 22-6。大量实验的结果与上述推论基本相符。

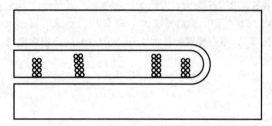

图 22-17　谱片上磨损颗粒排列示意图

表 22-6　谱片上不同位置沉积的颗粒尺寸

谱位（离油样出口端距离）/mm	颗粒平均尺寸/μm
入口位置	25
50	1~2
40	0.75~1.5
30	0.50~1.00
20	0.25~0.75
10	0.1~0.5

（4）铁谱显微镜　沉淀在铁谱片上的颗粒，除了金属磨损粒子外，还有由于氧化或腐蚀等产生的化合物颗粒、润滑油中的添加剂在摩擦过程中形成的各种聚合物，以及外来的污染颗粒。为了能区分这些颗粒，并对它们进行形态观察，在铁谱分析中使用双色照明的显微镜，即铁谱显微镜。

图 22-18 所示为铁谱显微镜的光路原理。L_1 和 L_2 是两个光源，由 L_1 来的反射光透过红色滤光片 F_1，到达半透膜反光镜 M_1 并往下反射，从上方照明谱片 S。从 L_2 来的透射光通过绿色滤光片 F_2，再由反光镜 M_2 从下方照明谱片 S，绿色透射光线从下方穿过谱片进入镜筒，而红色反射光则从谱片表面反射进入镜筒。谱片上的金属磨损颗粒吸收绿色透射光而反射红色反射光，因而呈现红色。氧化物和其他化合物，由于是透明或半透明的，能让光线通过，所以透过绿光呈现绿色。如果化合物厚度达几个微米，则能

部分吸收绿光及部分反射红光，红色光线与绿色光线混合的结果呈现黄色到粉红色。这样，通过颜色检查，便可初步确定颗粒的类型和来源。由于反射光从上方照明，对不能透过透射光的金属磨损颗粒的形态也可以进行观察。

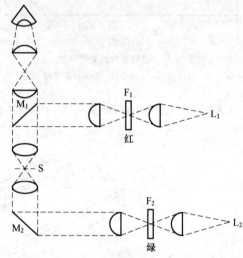

图 22-18　铁谱显微镜的光路原理
L_1—反射光源　L_2—透射光源　M_1、M_2—反光镜
S—谱片　F_1—红色滤光片　F_2—绿色滤光片

铁谱显微镜上配有放大倍数为 100 的高数值孔径物镜，其分辨率为 0.26μm，因而能较方便地对亚微米级的磨损颗粒进行观察。由于高数值孔径（数值孔径等于透镜口径半角的正弦与光线所透过介质的折射率的乘积），物镜能从宽角度接收入射光线，因而特别适用于观察滚动疲劳所产生的球形颗粒。

（5）谱片光密度读数器　铁谱片上磨粒的数量和尺寸分布可通过光密度读数器测量谱片上磨粒的覆盖面积百分数而获得。光密度读数器的光敏元件与显微镜的光路相连，可以数字显示被测部位的磨粒覆盖面积百分数，亦称铁谱读数。通常，光敏元件不接受光时，读数器应调到 100% 读数。

测定铁谱读数时，采用白色反射光照明和 10 倍物镜。测量步骤如下：

1）将被测部位的视场在显微镜下聚焦。

2）移动工作台，将铁谱片无磨粒沉积的干净空白部位于物镜下，接通光敏元件光路，调零点。

3）将被测部位重新移到物镜视场下。

4）慢慢移动工作台，对被测部位扫描，并读出覆盖面积百分数的最大值，即铁谱读数的最大值。通常在铁谱片入口处应纵向、横向两个方向扫描，其他部位只需横向扫描即可。测量过程中注意防止非磨损

的大颗粒或纤维物等的干扰。

5）记录铁谱片各个测量部位的磨粒覆盖面积百分数。通常规定铁谱片入口处磨粒覆盖面积百分数为 A_1，距出口 50mm 处磨粒覆盖面积百分数为 A_0，分别表示大小磨粒的数量。

（6）分析式铁谱的定量分析方法　磨损研究表明，润滑工况下，相对运动的两表面的磨损状态与磨损过程中产生的磨粒数量、磨粒的尺寸及其分布密切相关。非正常的磨损均会导致磨粒浓度的变化，严重磨损总是伴随着较大磨粒的数量增加。所以，测量、记录油样磨粒的浓度变化、尺寸分布变化及其趋势就可以相对定量地诊断和监测设备的磨损状况。图 22-19 所示为一般金属表面磨损过程与磨粒尺寸及磨粒数量的关系。

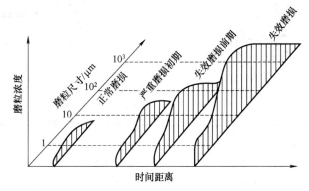

图 22-19　一般金属表面磨损过程与磨粒尺寸及磨粒数量的关系

（7）分析铁谱的图像分析方法　借助图像分析仪可以对铁谱片上排列的磨粒进行图像分析，通过光学显微镜采集铁谱片上磨粒的图像，经显微镜顶部的摄像扫描器及视频模拟数字转换单元，将图像的数字信号传输至微处理机，按给定的灰度反差，由软件程序分析磨粒的面积、周长、弦长、垂直及水平截距，以及基准尺寸宽度内的磨粒数量等参数。如将上述参数输入磁盘，也可以计算各种磨损参数，并可显示图形结果。

操作时，显微镜工作台在谱片平面两个方向上移动，最好能自动控制，以准确地对铁谱片扫描测量。近年来借助于真彩色软件包，通过区分磨粒的颜色去分辨磨粒，用铁谱显微镜的双色光、偏振光采集图像，再配以铁谱片加热法，进一步对不同磨粒，如钢、铸铁、有色金属、氧化物等进行分析。图像分析结果给出磨粒覆盖面积、磨粒形状因子、磨粒尺寸的分布（可表达为累积威布尔分布函数）等，从而分析判断设备的磨损程度。

2. 直读式铁谱仪及其分析方法

图 22-20 与图 22-21 所示为直读式铁谱仪及其结构原理图。直读式铁谱仪中磨损颗粒的沉淀原理与分析式铁谱仪相类似，只是用一支称为沉淀器管的玻璃管来代替铁谱基片。当润滑油样被虹吸穿过沉淀器管时，位于管下方的磁场装置使铁磁性磨损颗粒沉淀在管壁上；同样，在高梯度磁场作用下，大于 5μm 的大颗粒首先在进口处沉淀下来，1～2μm 的小颗粒则沉淀在较下游处。在代表大小颗粒的沉淀位置各有一束光穿过沉淀器管，并被放置在沉淀器管另一侧的光电传感器所接收。第 1 道光束设置在能沉淀大磨损颗粒的管进口处，相距 5mm 处设置的第 2 道光束刚好位于小颗粒的沉积位置。随着磨损颗粒在沉淀器管壁上的沉积，光传感器所接受的光强度将逐渐减弱。因此，数显装置所显示的光密度读数将与该位置上沉积的磨损颗粒的数量相对应。大约 2mL 油样流过沉淀器管后，沉淀管中磨损颗粒的排列如图 22-22 所示。从图中曲线的纵坐标（颗粒直径）可见，前后传感器处的颗粒大小分别对应大于 5μm 和小于 2μm，因此上述两个传感器的光密度读数和分别代表大于 5μm 和小于 2μm 的磨损颗粒的数量。

直读式铁谱仪的主要特点是可以比较迅速而方便地对磨损状态进行定量分析，因此在工厂、基地、港口船舶等处得到了广泛的应用。

3. 旋转式铁谱仪及其分析方法

（1）工作原理和结构　分析式铁谱仪的操作中，谱片的制备尤其是油样的稀释等操作都比较繁复，而且微量泵在泵油过程中，磨粒可能受到机械压碎作用。另外，当大磨粒较多时，制谱中谱片入口处容易产生重叠现象。旋转式铁谱仪就是在克服分析式铁谱仪的上述缺点，又保留铁谱片可以分析观察磨粒形貌、尺寸大小、材质成分等优点的情况下设计出来

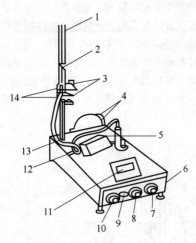

图 22-20 直读式铁谱仪
1—支柱 2—毛细管固定环 3—托架支座 4—光导纤维管
5—磁体 6—开关 7—小颗粒"0"位调节 8—大颗
粒"0"位调节 9—颗粒选择开关 10—光源调节
11—显示屏 12—沉淀器管 13—管夹 14—托架

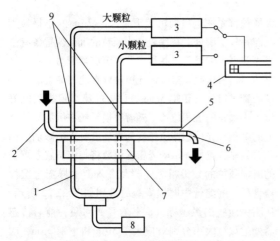

图 22-21 直读式铁谱仪的结构原理
1—光导纤维光导管 2—吸样毛细管 3—大小颗粒测量器
4—数字显示仪 5—沉淀管 6—虹吸管 7—磁场装置
8—光源 9—光电传感器

的。20世纪80年代初英国Swansea大学首先研制了旋转式磨粒沉积器。

旋转铁谱仪的基本原理就是把从机械设备中采集到的油样（可不必稀释）一滴一滴地滴到旋转磁台中心处，由于离心力作用油液向四周流散，油样中的磨粒在环形高梯度强磁场的作用下以同心圆环的形式沉积在玻璃基片上，最后经清洗残油将磨粒固定在基片上，制成铁谱片。

图22-23所示为旋转式铁谱仪的结构原理。测定

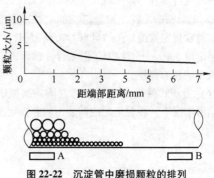

图 22-22 沉淀管中磨损颗粒的排列
A—前传感器 B—后传感器

时用注射器式输送管把1mL油样输送到面积大约为30mm^{2}的平玻璃片或塑料片（基片）中心，基片利用定位套定位并使用橡胶密封带固定位置。放置在磁铁上的基片和磁铁装置一起，通过传动轴用可调速的驱动装置带动回转，油样中的磨屑在磁力和离心力的作用下沉淀并排列在基片上形成一系列同心圆。然后用洗涤管从溶剂瓶内吸取溶剂洗涤谱片上的颗粒。颗粒沉降时，装置以70r/min的速度旋转，洗涤时再以150r/min的速度旋转，最后再以大约200r/min的速度旋转5~10min，使之干燥。谱片干燥后拉开固定用的橡胶带使谱片松开并取出。

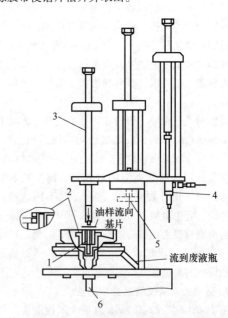

图 22-23 旋转式铁谱仪的结构原理
1—磁铁 2—基片固定带 3—注射器式送油管
4—洗涤管 5—基片定位套 6—驱动轴

图22-24所示为旋转式铁谱仪所制备的谱片上磨损颗粒的分布。磨损颗粒为3个同心圆环，内环为大

颗粒，尺寸为 $1\sim50\mu m$，最大可达几百微米；中环颗粒尺寸为 $1\sim20\mu m$；外环颗粒尺寸小于 10mm。对于工业上磨损严重并有大量大颗粒及污染物的油样，采用旋转式铁谱仪制备谱片可以不稀释油样一次制出；对于磨粒比较少的油样也可以增加制谱油样量。制出的谱片还可以在图像分析仪上进行尺寸分布的分析。

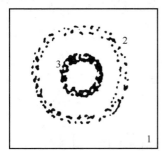

图 22-24 旋转式铁谱仪谱片上磨损颗粒的分布

1—谱片 2—外环小磨粒 3—内环大磨粒

（2）旋转式铁谱仪的谱片光密度计 中国矿业大学摩擦学研究室研制的 KTP 型旋转铁谱议带有谱片光密度计，它利用光密度原理对谱片上的两个同心标准环带进行检测：$\phi5.5\sim\phi7.5mm$ 环带上测出的为大颗粒光密度读数 R_L，$\phi7.5\sim\phi22mm$ 环带上测出的为小颗粒光密度读数 R_S。利用这些数据可以计算下列参数，用以表达所分析的各机器摩擦副的磨损情况。

磨损度：R_L+R_S

磨损严重度：R_L-R_S

磨损严重度指数：$I_S=(R_L+R_S)(R_L-R_S)$

该谱片光密度计主要参数如下：

谱片尺寸：25mm×25mm。

通光孔径：$\phi24mm$。

有效检测孔径：$\phi5\sim\phi22mm$。

重复性误差≤2%，精度误差≤3%。

测量结果输出：LED 数字显示。

铁谱谱片光密度计由三部分组成：光学系统、试样台、电处理与显示。

1）光学系统。谱片光密度计的光电原理如图 22-25 所示。光学系统由两个望远平行光组（物镜 2 及物镜 4）以及光源 1（6V，0.5W）组成，物镜 2 发出平行光用以照明谱片 3，穿过谱片的光信号由物镜 4 聚集，然后由光电器件 5 接收并转换成电信号，经放大及处理后成为谱片透过率（光密度值），最后由发光二极管显示其数值。显示的数值表示谱片相对于白片（基片）的相对透过率（即光密度值）。

2）试样台。试样台是安放标准环带基片及被测

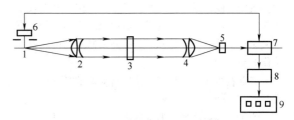

图 22-25 光密度计的光电原理

1—光源 2、4—物镜 3—谱片 5、6—光电器件
7—信号放大器 8—处理电器 9—数字显示

谱片的工作台。此试样台适合变换两种标准环带白片，用于测定固定环带上的铁谱相对透过率。

3）电处理及显示。数字式铁谱片光密度计光电路流程如图 22-26 所示。使用光密度计进行测量，当放大器的玻璃片全无磨粒时，显示数字为零，当放入玻璃片全被磨粒遮盖时，显示数字为 100。因此，测量中所显示的数字即为测量光密度百分比数。

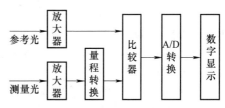

图 22-26 光密度计光电路流程

4. 在线式铁谱仪及其分析方法

在线式铁谱仪实际上就是直读式铁谱仪用于在线测量的一种改进仪器。在线式铁谱仪主要由两部分组成，一个是并联安装在被监测的机械设备润滑油循环系统中的光敏感元件，即探测器，另一个是显示传感器测量值的分析器。探测器由高梯度的磁场装置及沉积管、流量控制器和光电传感器等构成。当探测器接通时，润滑油流经沉积管，润滑油中携带的磨粒在高梯度强磁场的作用下沉积到沉积管的内表面，表面感应电容传感器可以连续测量大、小磨粒数量，分析器给出了相应的磨粒浓度及磨粒尺寸分布状况。当达到预先设置的磨粒浓度值时，流量自动切断，一次测量结束。沉积管被自动冲洗，待冲掉沉积的磨粒后再开始下一个测量循环。每次测量的循环持续时间可在 $30\sim1800s$ 范围内自动变化，设定的磨粒浓度值通常根据沉积量与润滑油流过沉积管的油流量之比确定。一般有两种磨粒浓度读数范围，粗读数值为 $0\sim1000\times10^{-6}$，用于高磨损率情况；低读数值为 $0\sim100\times10^{-6}$，用于低磨损率情况。

由于在线式铁谱仪直接装在被监测的机械设备润

滑系统中，能自动连续监测设备磨粒状况，既保证了监测的及时性，对设备的早期磨损及时发出预报，同时又避免了采取油样的麻烦，提高了监测的可靠性和工作效率。

目前在线式铁谱仪可由微机自动对油样标定，校准与操作，使用更为方便。

为了提高在线监测的准确度，在线式铁谱仪应安装在被监测设备润滑系统最能收集到主要磨损零件信息的部位，这样就可以比较可靠地对设备的磨损故障给出早期预报。

（1）OLF-1 型在线式铁谱仪　西安交通大学润滑理论及轴承研究所于 1990 年 4 月研制成功 OLF-1 型在线式铁谱仪（见图 22-27），OLF-1 型在线式铁谱仪主要由电磁部分、光电传感器、信号放大、单片机、采样动作控制部分以及电源、油泵、电磁阀等部分组成。

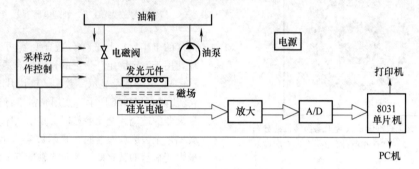

图 22-27　OLF-1 型在线式铁谱仪

仪器的基本工作原理如下：

1）磁场由单片机控制、建立和清除，磁场梯度适合磨粒有序排列。

2）传感器由发光二极管及硅光电池成对组成，可以同时对 6 个位置上的磨屑沉积覆盖面积采取数据。

3）信号变换部分采用弱电流低噪声放大及电流电压转换电路，有 6 路信号供 A/D 转换。

4）8031 单片机是主控机，可定时采样、动作控制、实时打印、总打印、建立数据库、进行故障判断及与上级机串行通信。

5）动作控制包括油泵控制、阀门控制、磁场建立和清除、声光报警等。

6）仪器的应用程序分为五个模块，即键盘管理模块、采样动作控制模块、浮点运算模块、串行通信模块和自检模块。

OLF-1 型在线式铁谱仪控制模块的流程如图 22-28 所示。仪器主要功能如下：

1）启动软时钟，进行时、分、秒及延时时间显示，实时记录采样时间。

2）采样间隔由用户设定，在 1~240min 范围内分为 10 档。

3）用户设定磁场保持时间。

4）如接上 GP-16 微型打印机，即可打印采样数据。

5）内存可存 700 多组采样数据（每采样一次得

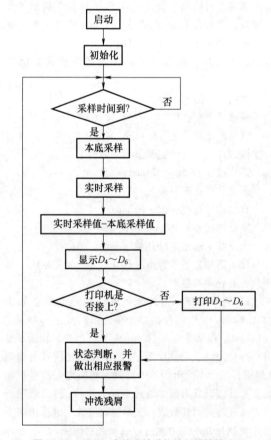

图 22-28　OLF-1 在线式铁谱仪控制模块的流程

一组数据），计算机复位后，可分档将全部数据打印出来。

6）每次采样时，程序自行判断，根据磨损恶化情况分三个级别报警。第三级报警为报警灯亮提示，扬声器发出低频警报音响，表明磨损状态改变，提请注意；第二级报警为报警灯亮提示，扬声器发出中频警报音响，表明磨损状态异常；第三级报警为报警灯亮提示，扬声器发出高频警报音响，表明磨损状态恶化，请操作人员结合设备其他状况，进行处理。每级报警一段时间后，如无人干预，仪器仍继续进行循环采样。

7）仪器具有 RS232 串行接口，能与计算机进行通信。上级机不定时向仪器发出通信请求时，仪器将上一次通信至本次通信之间所采样的数据全部送至上级机。

（2）ZX-1 型智能在线式铁谱仪 1992 年研制成功的 ZX-1 型智能在线式铁谱仪是为大型机械设备状态监测而设计的，也可用于汽车发动机台架试验磨损趋势的监测。它利用线性磁敏元件为传感器、单片机为主控制单元，可自动地完成定时采样、数据分析、显示打印、通信及声光报警等功能。

1）ZX-1 型在线式铁谱仪的组成。ZX-1 型在线式铁谱仪主要由三部分硬件组成——传感器系统，数据采集与控制系统，以及信息输入、输出系统。

传感器系统包括油样输送装置、永磁体驱动装置及探头。由单片机控制伺服电动机运行，驱动输油泵实现油样定量输送。永磁体由步进电动机驱动，可实现精确定位，可靠地收集油样中的磨粒，并按磨粒尺寸大小沿流动方向沉积下来。探头内的 7 个磁敏元件和一个热敏元件输出 7 路磨粒数量信号和一路油温信号。

测量数据的采集和控制系统采用 8031 单片机扩展系统为主机，其中包括 8K ROM、8K RAM、8155I/O 接口以及 8 路 8 位 A/D 转换。为了防止系统干扰，除采用光电隔离外，还增加了干扰后自复位电路，通过软件扫描可自动地恢复运行。

信息输入输出系统包括键盘显示器、串行通信口、打印机接口及声光报警电路等。键盘显示器为 3×8 按键键盘，8 位数码管显示，由 8279 单片机管理。串行通信口可以和任何具有 RS232 口的设备进行通信，也可以接收上级机的指令及向上级机发送采样值。打印机接口用于配接微型打印机，打印采样数据。

ZX-1 型在线式铁谱仪的软件系统由 5 个模块组成：键盘管理、自检、串行通信、主程序和数学运算。

仪器的运行过程采用定时控制。ZX-1 软件系统含配用的上级机软件，全部采用菜单驱动，具有良好的用户界面。软件还具有报表和图形输出功能。

2）ZX-1 型智能在线式铁谱仪具有下列主要功能：

① 通过键盘设置仪器的运行初始数据，如开机日期、时间、磁场捕捉时间、采样间隔时间等。捕捉时间设置范围为 0~99min。采样间隔时间设置范围为 0~1080min。

② 自检功能。如按"自检"键，仪器将分别检查显示器、传感器系统、数据采集系统、声光报警系统等。一旦发现异常现象，即通知用户。自检模块还带有模拟电路调试程序，专业人员可以利用它有效地调整模拟电路参数。

③ 采样值存储。全部采样值均存储在 8K RAM 中，当 RAM 存满后，新的采样值将挤掉最早期的采样值。RAM 有掉电保护功能，断电后数据不丢失。

④ 通信功能。该仪器可以随时接受上级机的通信要求，及时发送所采集到的数据。

⑤ 打印功能。打印机可以实时地打印所采油样的数据及采样时间，也可以将 RAM 中所存储的数据打印出来。

⑥ 声光报警。仪器对所采油样测量值可进行趋势分析和统计推断，如发现异常的波动可进行声光报警，根据严重程度分为三级，提示用户判断。

22.4　铁谱读数与数据处理

1. 铁谱读数

应用铁谱分析监测机器的润滑磨损工况可以先根据铁谱读数进行磨损趋势分析，然后再根据磨损颗粒的类型判别机器的磨损状态。以下是直读式与分析式铁谱仪的读数：

（1）直读铁谱读数 D_L 和 D_S 分别代表油样中所含大于 $5\mu m$ 和小于 $2\mu m$ 的磨损颗粒的相对量，其单位是 DR 单位。仪器的读数范围是 0~190DR 单位，即当沉淀器管的底部完全被磨损颗粒覆盖时就达到满刻度 190DR 单位。

（2）分析铁谱读数 A_L 和 A_S 这是装在铁谱仪显微镜上的光密度计在谱片上两个位置读得的读数。它们代表在 1.2mm 直径的视场中被磨损颗粒所覆盖的面积的百分数；A_L 是在靠近液体入口点（大约距谱片出口端 55mm）的最大覆盖面积读数，A_S 是在距谱片出口端 50mm 处的最大覆盖面积读数。A_L 和 A_S 读数的范围是 0~100。这两个位置对应于直读铁谱中读

数 D_L 和 D_S 所处的位置。

直读铁谱与分析铁谱两种读数是等价的，但是，在数值上却是不能互相换算的。这是因为铁谱技术的读数取决于液体介质中磨损颗粒沉降出的大小颗粒的排列。磨损颗粒沉降时的运动方程是颗粒尺寸、形状、磁化率、密度及油液的黏度、密度、流动速度的复杂函数，对于形状和磁化率相同的颗粒来说，其下沉速度近似地与它的尺寸的平方成正比，因而，颗粒随流体所流过的距离将与它的尺寸和进入磁场时它在流体层中的高度及流动速度有关。就一定大小的颗粒来说，它有一个可能达到的最大流动距离，在直读铁谱中，大于 $5\mu m$ 的粒子在管中流动的距离不大于 $1mm$。因此，沉淀器管中每一点实际上都被大小不同的粒子所覆盖，但每一点都有一个该点可能沉淀的最大颗粒尺寸。在分析铁谱中谱片上颗粒的沉淀也以类似的方式发生，但由于分析铁谱中磁场强度和梯度与直读铁谱有所不同，谱片上所有大于 $5\mu m$ 的颗粒将沉淀在入口处，而大多数 $1\sim2\mu m$ 的颗粒则沉淀在 $0\sim50mm$ 范围内。同样，它也不能阻止小颗粒的早期沉淀而只是由于大颗粒有较高的沉淀速度，这导致在每个谱片上的某一点之前，一给定尺寸的所有颗粒将已沉淀下来。粒子尺寸越大，与该粒子相对立的点将越靠近入口区，但这些点的位置也同时受到流体的黏度、局部磁场的变化、粒子形态和颗粒的磁化率等因素的影响，因此，A_L 和 A_S 读数与 D_L 和 D_S 读数由于各自条件不同而在数值上不能互相换算。

2. 磨损烈度指数

在正常的润滑工况下零件表面缓和的磨损过程中所产生的磨损颗粒的最大尺寸一般都在 $15\mu m$ 以下，其中绝大多数是 $2\mu m$ 或更小些，而任何一个不正常润滑工况下所产生的磨损，即任何一种能大大降低摩擦副使用寿命的磨损方式（如严重滑动磨损、疲劳、擦伤等）所产生的磨损颗粒，除了数量大大增多之外，其最大尺寸大多数大于 $15\mu m$，所以磨损过程的第一特征是其磨损颗粒的最大尺寸与磨损方式有关，这一点显然可作为对磨损情况进行定量的第一个基准。考虑到这一情况，正常磨损工况的铁谱定量读数 A_L 或 D_L 值应该接近 A_S 或 D_S 值（实际上正常磨损时的 A_L 值或 D_L 值往往稍大于 A_S 或 D_S 值）。而在大多数不正常的润滑磨损工况下，A_L 及 D_L 值会大大地超过 A_S 和 D_S 值。因此，数值 A_L-A_S 或 D_L-D_S 可作为发生不正常磨损的一个标识，即 A_L-A_S（或 D_L-D_S）可以作为用铁谱技术定量磨损过程的第一个指标。

其次，从铁谱技术读数测定的结果中还发现，不正常磨损时，磨损颗粒的总数大大增加（只有疲劳磨损的初始阶段例外）。磨损颗粒的总数可以用 D_L+D_S 或 A_L+A_S 表示，因此，这个参数可以作为发生不正常磨损的第二个指标。

综合以上所述，把上述两个指标相乘，即以 D_L+D_S 或 A_L+A_S（代表颗粒总数）和 D_L-D_S 或 A_L-A_S（代表大颗粒数量）的乘积作为反映磨损激烈开始的敏感性指标，以符号 S_A 标记，称为磨损烈度指数。以直读铁谱读数为基础的标记为 S_D，以分析铁谱读数为基础的标记为 S_A。

$$S_A = (A_L+A_S)(A_L-A_S) = A_L^2-A_S^2$$

$$S_D = (D_L+D_S)(D_L-D_S) = D_L^2-D_S^2$$

S_A 和 S_D 统称为 I_S。

由于不同的机器润滑系统在颗粒数量和尺寸分布上的变化很大，因此必须对所监测的对象测定其正常运转时的 I_S 数值范围。如果以后的测定值超出了这个范围，就可以做出系统出现不正常磨损的预报。

一般也可以对监测系统使用两个参数，即以 A_L+A_S（或 D_L+D_S）作为磨损的一般水平的指示值，而用 S_A（或 S_D）作为磨损剧烈程度的指示值。这样，对于某些"非灾难性"却也是过度磨损的情况（例如过度的正常摩擦磨损、某些类型的氧化磨损及磨料磨损），可以利用 A_L+A_S（或 D_L+D_S）检测出来，而磨损烈度指数 S_A 或 S_D 则作为很快会失效的剧烈磨损开始的指示值。

3. 累积总磨损值与累积磨损烈度曲线

在正常的缓和磨损情况下，系统的磨损将处于稳定状态，磨损率相对恒定，也即磨损颗粒的产生速率也相对恒定，机器润滑系统中磨损颗粒的浓度也相对稳定。因此，若将代表磨损颗粒总量的参数（D_L+D_S 或 A_L+A_S）定义为总磨损值，则对润滑系统每次取样测出的总磨损值累积叠加称为累积总磨损值 $\sum(D_L+D_S)$ [或 $\sum(A_L+A_S)$]，在坐标图上取等距离标出每次取样的累积总磨损值并连成线，则这条累积总磨损值线将近似为一条斜率恒定的斜线。同理，若将代表大、小颗粒读数之差的参数（D_L-D_S）或（A_L-A_S）定义为磨损烈度，同样将每次取样测量得到的磨损烈度值累加称为累积磨损烈度，则相应地也可画出累积磨损烈度线，这条线也是一条斜率近于恒定的斜线。机器在正常、缓和的磨损情况下，上述两条线（累积总磨损值曲线和累积磨损烈度曲线）将构成两条发散的斜线（见图 22-29）。

当系统发生不正常磨损时，无论大颗粒还是小颗粒的产生速率都会发生变化，因此，累积总磨损值与累积磨损烈度线的斜率都将发生变化。如果大颗粒数量的增长速度高于小颗粒，则两条曲线将互相靠拢。

相反，则两条曲线均同时向上拐但进一步发散。上述两种情况均可作为磨损趋势加剧的征兆。

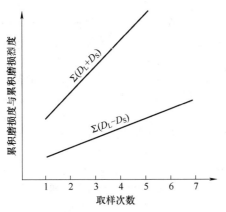

图 22-29　正常磨损情况下的累积总磨损
值曲线和累积磨损烈度曲线

4. 标准化读数

铁谱技术中的定量读数都是采用测定光密度的方法来测量磨损颗粒的量，因此，当磨损颗粒互相重叠时，测出的光密度与颗粒数量之间将偏离线性关系。重叠越严重，偏离得越厉害。所以，进行铁谱分析时，往往要对采集来的原始油样进行稀释以减少颗粒量，这样，进行磨损趋势分析时应该把测定结果换算成原始油样的读数，这就是"标准化读数"。

5. 铁谱读数误差的分析

铁谱仪读数能否与润滑油中磨损颗粒的数量相关可从下列三个方面进行考察，即定量读数与磨损颗粒数量之间的线性响应、磨损颗粒的沉积效率和读数的重复性。

（1）铁谱读数的线性响应　影响线性响应的原因是磨损颗粒的重叠。颗粒如果发生重叠，则磨损颗粒的数量和它的遮光量之间的关系不成线性。当磨损颗粒的浓度极低时，由于磁场有防止重叠的作用，颗粒排成长链而不至堆叠起来。实验表明，当覆盖面积在 50% 以下时，由重叠所引起的非线性基本上可以排除。在直读铁谱中，读数在 50 以下的重叠造成的影响很小。当 D_L 读数达到 100 时，由重叠引起的误差大约为 10%；而当 D_S 读数在 100 时，这个误差为 6%。

（2）沉积效率　油样中的磨损颗粒通过铁谱仪时能沉降下来的百分比称为沉积效率。分析铁谱的沉积效率为，油样第一次通过谱片时能沉淀 80% 的大于 2μm 的颗粒和 50% 的 0.1μm 的颗粒。表 22-7 所列为分析铁谱的沉积效率。

表 22-7　分析铁谱的沉积效率

距谱片进口端距离/mm	第一次制备谱片的覆盖面积（%）	第二次制备谱片的覆盖面积（%）	沉积效率（%）
4	46	8	83
14	42	7	83
24	34	8	74
34	27	12	56
44	25	12	52

油样中的有机杂质对沉积效率有很大影响，它能使沉积效率下降并扰乱粒子在谱片上的分布。通常，大于 1μm 的颗粒都能沉积下来，但当油中存在大量有机物时，第二次通过谱片时仍能看到 1μm 的颗粒；另外，4μm 的大颗粒也可能在谱片出口端看到。表 22-8 所列为有机物对沉积效率的影响。

表 22-8　有机物对沉积效率的影响

距谱片进口端的距离/mm	所制备谱片上颗粒的尺寸分布/μm			备　注
	第一次沉积	第二次沉积	第三次沉积	
4	70%≥5	没粒子	没粒子	油中没有有机物
24	全部≤2	没粒子	没粒子	
34	全部≤1	小量<1	没粒子	
4	10%≥3	95%≤3	全部≤1	油中有大量有机物
24	全部≤2	全部≤1.5	全部≤1	
34	全部≤1	大多数≤2	全部≤1	

（3）重复性　铁谱定量数据重复性比较差，这与磨损颗粒沉降过程的随机性有很大关系。

上述数据表明，铁谱技术定量读数的重复性较差。其误差来源之一是仪器，例如分析铁谱中液体流动速度不恒定，油进入谱片的位置不能精确定位，直读铁谱管子内径有变化等。另一个误差来源是首先沉积下来的大颗粒对局部磁场会有很大影响，并能改变基片上粒子的分布，使颗粒沉积过程带有很大的随机性，因而造成铁谱数据的重复性差，这是目前铁谱仪尚需改进的地方之一。

6. 磨损趋势分析与润滑磨损工况的检测

一个机械润滑系统的磨损过程通常将经历跑合、正常磨损、严重磨损的发生与发展，直至灾难性失效等几个阶段。润滑系统中的磨损颗粒的数量（浓度）和尺寸分布将随该系统所处的阶段而发生变化，这一变化过程通过铁谱仪读数 D_L、D_S 或 A_L、A_S 所画的各种曲线而反映出来。监测者可从分析铁谱数据曲线来监视机械的润滑磨损工况，预测机械元件的磨损趋势，从而及时采取必要的措施，这就是机械润滑系统的铁谱监控。一般的机械润滑系统在不同磨损阶段的磨损颗粒特征见表 22-9。

表 22-9　不同磨损阶段的磨损颗粒特征

序号	磨损阶段	磨损颗粒特征
1	跑合阶段	鳞片状和长条状摩擦磨损颗粒，伴随有少量其他类型的磨损颗粒（尺寸在 $5 \sim 10 \mu m$ 之间）
2	正常磨损阶段	与磨损机理有关的正常摩擦磨损颗粒或其他类型的正常磨损颗粒，尺寸一般不超过 $5 \mu m$
3	严重磨损的起始	开始出现与磨损失效形式有关的不正常磨损颗粒，如较大尺寸的切削屑，摩擦碎片屑以及严重滑动磨屑等。颗粒尺寸可大于 $5 \mu m$
4	严重磨损的发展	大量的不正常磨损颗粒，其形态取决于磨损机理，颗粒尺寸一般不小于 $10 \mu m$
5	灾难性破坏	颗粒尺寸可达 1mm，表面有失效特征

一个理想的机器状态监测与磨损分析，应能够根据磨损颗粒的数量与尺寸分布有效地揭示机器磨损过程的变化，同时应能获得有关颗粒形态和成分的数据，以进一步提供机器的润滑和磨损工况以及磨损产物来源的信息。

（1）铁谱监测与光谱监测曲线的基本区别　对同一台机器，用光谱和铁谱分析法所得到的数据曲线之间有一根本的区别。图 22-30 所示为同一台机器从跑合到正常磨损然后到非正常磨损的整个历程中，铁谱和光谱数据的变化曲线。光谱数据在整个历程中连续递增，而铁谱数据呈现所谓"浴盆"形。在正常磨损阶段，光谱数据呈线性增大，而铁谱数据将保持稳定值。图中的点画线是换油时读数的变化。铁谱读数从平衡值下跌然后逐渐恢复到平衡值，而光谱读数将重新由零开始逐渐增大并画出一条新的斜线。这是因为铁谱读数反映的是系统磨损粒的产生速率，而光谱读数则反映系统中磨损累计值。表面看来，光谱曲线与人们所熟知的磨损曲线相符，然而，铁谱读数的"浴盆"形曲线却正是铁谱监测的基本依据。下面将通过润滑系统中磨损颗粒平衡浓度的推导阐述铁谱"浴盆"形监测基础线的基本依据。

（2）润滑系统中磨损颗粒的平衡浓度　任何一个正常运转的机器，其润滑系统中磨粒的浓度将会达到一个稳定的动平衡状态，这是定量铁谱监测机器磨损状态的基本依据。机器润滑系统中磨粒浓度趋向平衡的原因是磨损颗粒的损耗。系统中磨损颗粒损耗的途径如下：

1）过滤。

2）沉淀。

3）碰撞和黏附到固体表面。

4）细分（研磨）。

5）氧化或侵蚀。

6）泄漏。

7）其他（如电磁场引起的分离）。

上述损耗途径中损耗速率均与油中颗粒的浓度、尺寸、密度和形状有关。颗粒的产生率与损耗率决定其平衡浓度的高低和达到平衡所需的时间。磨损颗粒的产生速率取决于机器的磨损状态，因此，在某一种磨损状态下，油中某种磨损颗粒的平衡浓度和达到平衡的时间（甚至能否达到平衡）将取决于其磨损率。

（3）铁谱监测基础线　光谱分析所测量的是油中从分子大小到仍可激发的最大颗粒的全部金属含量。而如前所述，细小的颗粒损耗率很低，对于尺寸接近分子的颗粒，其损耗率几乎为零，因此，它们对于光谱读数的作用将随时间而增大，直到换油为止。所以，光谱曲线随时间递增并与总磨损量相对应，一旦换油，其值将重新由零开始上升。

铁谱测定的磨损颗粒尺寸一般由 $0.1 \mu m$ 至几十微米，因此，其损耗率较大，颗粒浓度可在一定时间内达到平衡。所以，正常状态下铁谱读数将保持在某

一平衡值，因而可以根据实际测定建立起正常状态的平衡值，并确定安全操作的极限值作为基础线。当磨

损状态发生异常时，平衡浓度升高并超过基础线，从而可以提出预报。

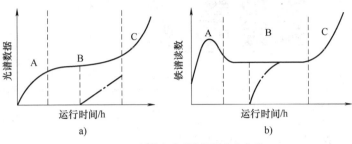

图 22-30　铁谱和光谱数据的变化曲线

a) 光谱数据　b) 铁谱数据

A—跑合阶段　B—正常磨损阶段　C—不正常磨损阶段

通过定量铁谱可以建立起设备磨损的趋势线图。通常应该经过长期的监测记录才能得出有效的正常磨损基准线、非正常的监督线以及严重磨损的限制线，将其作为该设备的磨损状态监测判断准则。监测机械设备状态时，应在磨损趋势图中标明基准线、监督线和限制线，最好分别对应用绿线、黄线和红线绘出。基准线、监督线和限制线的确定视设备状态监测要求而定。

只需对一台重要的设备进行状态监测时，应根据统计测量数据，绘制有代表性的该设备磨损趋势线图。图 22-31 取其稳定磨损工况阶段多次测量的 I_S

值的平均值 $\bar{I}_S$ 为基准线值，取该基准线值与 2 倍的测量值的偏差值之和为监督线值，取该基准线值与 3 倍的测量值的偏差值之和为限制线值。偏差值 S 可由式（22-1）求得：

$$S = \sqrt{\frac{\sum\limits_{n=1}^{i} I_i^2 - \dfrac{\left(\sum\limits_{1}^{i} I_i\right)^2}{n}}{n-1}} \tag{22-1}$$

式中　n——测量次数；

　　　　I_i——某一时间点上的磨损值。

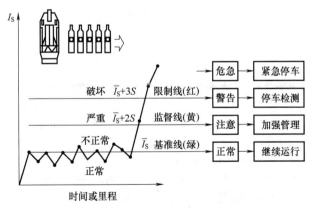

图 22-31　某设备状态监测磨损趋势线图

对几台同类型的设备进行状态监测时，应对四台以上该类型设备进行取样分析，给出相应的磨损趋势线图。图 22-32 在四台以上设备的磨损趋势线图中统计找出磨合结束时的 I_S 平均值，作为该类型设备状态监测的基准线值。取四台以上设备的磨损趋势中 I_S 值的最大值之平均值为监督线值，取四台以上设备的磨损趋势图中 I_S 值的最大值为限制线值。应用铁谱

技术定量分析与磨粒分析相结合，可以对设备的运转状态做出比较正确的诊断。

（4）铁谱监测与诊断的一般程序　铁谱状态监测与诊断的一般程序如下：

1）与有关操作、维修、管理人员协商，征询意见并对铁谱技术做必要的讲解。

2）了解下述基本资料：

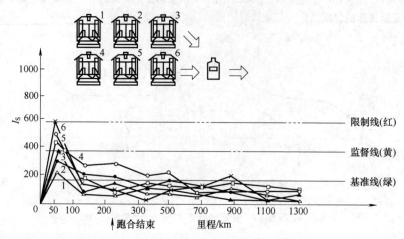

图 22-32 同类型设备状态监测磨损趋势线图

① 有关机器的结构、性能及运转历史。

② 有关机器润滑系统的结构与技术条件。

③ 有关机器的操作、维护与修理规范。

④ 油品型号、使用时间与换油期等。

⑤ 过滤器技术条件。

⑥ 摩擦副材料、表面处理与技术要求等。

⑦ 有关机器的原维修历史与有关报告。

3）确定取样程序。根据取样方法的要求确定适合有关机器的取样周期。并从机器润滑系统中取出有代表性的油样。

4）油样处理。根据所取油样的颗粒浓度及污染情况，选择合适的稀释比例与直读铁谱测定方法。同时要注意油样的加热与摇晃均匀。

5）磨损趋势分析。选择适当的定量铁谱参数，画出其随时间的变化曲线，并进行磨损趋势分析。

6）磨损颗粒观察。制备谱片，仔细观察谱片上磨损颗粒的形态、尺寸、数量、成分等，确认磨损特征。

7）调整取样周期。当确认机器开始出现不正常磨损时，应缩短取样周期，加强监测。若确认机器仍处于稳定的正常磨损阶段而原取样间隔过短时，可适当延长取样周期。

8）建立监测基准线。经过不同状态下的大量监测实践后建立起所监测机器在不同磨损状态下的颗粒特征与定量铁谱水平，以此作为状态预报的基础。

22.5 在线油液监测技术

摩擦学系统油液监测多年来采用离线监测为主，远不能满足现代设备长周期连续监测需求，因而设备在线油液监测技术就成为当前设备润滑磨损失效诊断技术重要发展热点和趋势之一。该技术通过对设备摩擦学系统实时连续的监测，能够及时动态地获取被监测对象的润滑磨损等信息，实现设备状态监测与实时故障诊断，以保障装备安全可靠连续作业。在线油液监测消除了人为不确定性因素，取样和检测几乎同时进行，可以使企业及时了解设备的工作状态，具有重要的现实意义。

2011 年 6 月，在武汉理工大学召开的在线油液监测技术专题研讨会上，与会的专家学者一致认为在线监测将成为油液监测技术的主要发展方向与设备运行状态监测不可或缺的组成部分，并对今后的在线油液监测技术发展给予厚望。开展在线油液监测基础理论研究，研发在线油液监测传感器，开发设备综合诊断分析系统以及多信息融合技术研究仍是今后油液监测技术研究领域的主题。

在线油液监测具有以下三个重要特征：

1）监测过程的实时性。

2）监测过程的连续性。

3）监测结果与被监测对象运行状态的同步性。

通常，在线油液监测仪直接安装在现场设备的润滑系统中。根据在线监测仪在润滑系统中的安装形式可分为两种：一是直接安装在主油路中，称为 In-line 内线监测；另一种是安装在附加的旁路油路中，称之为 On-line 在线监测。

22.5.1 磨损在线监测技术

磨损颗粒在线监测是采用安装在设备润滑系统上的监测传感器，实时采集流经摩擦副后的油液中磨损颗粒含量信息，并提供超限报警功能的一门在线油液监测技术。针对磨损金属颗粒具有铁磁性的特点开发的磁电型磨粒在线监测传感器是比较成功的一种。它是利用油液流经传感器具有磁场的待检区域时金属颗粒所产生的扰动，使检测区与磨粒数量相关的磁力线或磁通量发生改变，并进行标定而检测出磨粒数量的原理进行工作的。由于润滑油中不可避免会进入一些非铁磁性颗粒以及气泡等，正确区分磨损颗粒是这类传感器的关键技术。

国外比较成功的这类传感器是美国 MACOM Technologies 公司开发的 TechAlert™ 10 型（见图 22-33a）、加拿大 GasTops 公司开发的 MetalSCAN 磨粒传感器（见图 22-33b）、英国 Kittiwake 公司开发的 FG 型磨粒传感器（见图 22-33c）、英国 Gill 公司开发的吸附式金属磨损传感器（见图 22-33d）以及德国 HYDAC 公司开发的 MCS 1000 金属污染传感器（见图 22-33e）。

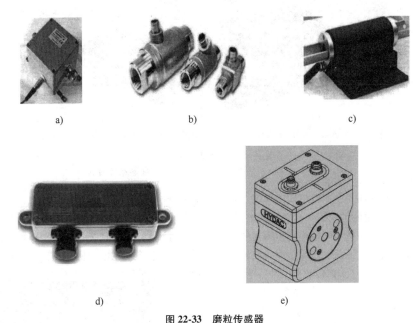

a)　　　　　　　　b)　　　　　　　　c)

d)　　　　　　　　e)

图 22-33　磨粒传感器

a）TechAlert™ 10 型磨粒传感器　b）MetalSCAN 磨粒传感器　c）FG 型磨粒传感器
d）吸附式金属磨损传感器　e）MCS 1000 金属污染传感器

TechAlert™ 10 型磨粒传感器能提供机器不同失效阶段的磨粒尺寸分布与图像信息，并具有消除因水泡和气泡引起的误报警的筛选专利技术，其铁颗粒监测范围为 50μm 以上，非铁颗粒为 150μm 以上。安装时需要从润滑系统旁通连接。MetalSCAN 磨粒传感器能根据非铁磁性颗粒的信号相位与铁磁性颗粒信号相位相反的特征区分颗粒种类，并根据信号的振幅确定磨粒的尺寸，可监测金属颗粒尺寸范围为 100μm 以上，非金属为 250μm 以上，并能统计出各个尺寸范围内的颗粒数量和质量，累积数据进行趋势分析。安装时，根据油路的管径尺寸选用不同尺寸的传感器直接接在油路上。MetalSCAN 传感器主要有 3000、4000、4110 三种型号，各型号检测颗粒的特点见表 22-10。FG 型在线磨粒量传感器可监测的铁颗粒为 40um 以上，非铁金属颗粒为 135μm 以上，安装时直接接入油路。吸附式金属磨损传感器利用电磁感应的相互作用原理，能够实时监测一段时间内的磨损情况，并且

具有体积小、易于安装的特点。相较于其他几种传感器，由于其工作原理，该传感器不能检测单个颗粒的信息，同时，也不能检测非金属颗粒。MCS 1000 金属污染传感器利用磁场和涡流的对抗作用对颗粒进行检测。它能够检测大于 70μm 的铁磁颗粒，同时，也能够检测大于 200μm 的非铁磁颗粒。目前，这几种传感器已经实现了军民两用，具有高灵敏度、高可靠性和快速检测的特点，能及时发现并预报机械摩擦学系统突发性磨损故障。

此外，美国 Parker 公司开发的金属磨粒传感器如图 22-34a 所示，它可以检测 40μm 以上的铁磁颗粒以及 135μm 以上的非铁磁颗粒。美国 Poseidon 公司研制的 DM4600 金属磨粒传感器（见图 24-34b）可以检测 40μm 以上的铁磁颗粒以及 150μm 以上的非铁磁颗粒。传感器搭载的 CJC 过滤系统，可以实现检测、过滤的一体化。

表 22-10　MetalSCAN 金属磨损监测传感器系列特点

型　　号	MetalSCAN3000	MetalSCAN4000	MetalSCAN4110
检测孔径/mm	25	7.6	7.6
铁磁/μm　＞	260	65	65
非铁磁/μm　＞	600	200	200

图 22-34　金属磨粒传感器

a）Parker 金属磨粒传感器　b）DM4600 金属磨粒传感器

在国内，较典型的是西安交通大学润滑理论与轴承研究所在 1987 年研制出的国内第一台在线铁谱仪，之后该所一直坚持在线铁谱技术的理论与传感器的研究，如今已成功研发具有可视铁谱监测功能的在线图像铁谱传感器（见图 22-35）。该传感器同时采用磁性技术与光学技术。传感器利用电磁线圈产生电磁力将流经沉积管的被测油液中的磨损金属颗粒沉积下来，并利用光学感光镜头对沉积管待测区域进行测量和观察。一方面可通过调节电磁线圈的磁力强度来选择不同的沉积颗粒粒径范围，从而获得大、小磨粒读数以及由这两个读数延伸出来的各种定量指标；另一方面，可以对沉积管中的沉积磨粒进行拍照和观测，从而获取油中磨粒的颗粒尺寸、外观形貌等摩擦学信息，从而判断设备的磨损状态和异常磨损类型。

国内在磨损传感器方面也做了一定的研究，并取得了不错的成果。比较成功的有中行高科研发的 XHY1-1 型磨损传感器（见图 22-36a）、北京航峰研发的 DC-1 型磨损传感器（见图 22-36b）、赤峰华源新力开发的 KLCD-1 型磨损传感器（见图 22-36c）以及湖南挚新开发的 ZXMSA-08 型磨损传感器（见图 22-36d）。这四类传感器的特点见表 22-11。

图 22-35　图像可视铁谱传感器

图 22-36　国内磨损传感器

a）XHY1-1 型　b）DC-1 型　c）KLCD-1 型　d）ZXMSA-08 型

表 22-11　国内磨损传感器性能对比

型　　号	XHY1-1	DC-1	KLCD-1	ZXMSA-08
检测孔径/mm	12.7	8	14	5~50
铁磁/μm　>	100	100	40	70
非铁磁/μm　>	400	450	135	265

22.5.2　油质在线监测技术

1. 油液黏度在线监测

黏度是衡量油品润滑能力的一个重要指标。对油品黏度的监测结果，可以判断设备润滑磨损状态、确定是否换油。当润滑油经过被润滑的摩擦副表面时，局部的高温高压会使在用润滑油氧化，同时各种氧化产物的生成和外界污染杂质的掺入，如油泥、积炭、漆膜片、粉尘、泥沙等，也会降低润滑油的流动性，导致黏度升高。因此，实时监测设备润滑油黏度变化能及时反映在用油品质量状态及剩余寿命。

目前，基于不同的专利技术的在线黏度监测传感器均已投入市场，具有代表性的是美国 Cambridge Viscosity 公司生产的多款在线式工业用黏度传感器，如图 22-37a 为其中一款。该在线监测传感器技术采用基于简单和稳定的电子式概念，探头内两组线圈在一个连续电磁力的作用下来回移动一个微型活塞，电路分析活塞来回移动行程的时间，从而测量油液的绝对黏度。同时，位于活塞上方的导流装置将液体导入测量室，活塞持续运动以不断更新样品，同时机械摩擦不断擦洗测量室。一个内置的 RTD 温度测量探头，实时测量测量室的温度。美国 MEAS 公司推出的一款新型在线油液监测黏度传感器如图 22-37b 所示，该传感器利用了音叉的机械谐振，可同时测量流体的黏度、密度、介电常数和温度参数。深圳亚泰研制的 YFV-2 型黏度传感器如图 22-37c 所示。该传感器利用压电陶瓷机械谐振方法，可对流体的黏度、密度等参数进行检测，测量精度为 2%。深圳英力检测研发的 DAVIS 400 型黏度传感器如图 22-37d 所示。该传感器采用压电陶瓷机械谐振方法，可以测量 0~400cP 的范围，测量精度为 5%。美国 Schaevitz 研制的 Hvdts 300-500 型黏度传感器如图 22-37e 所示，同样采用陶瓷机械谐振方法对黏度、密度等参数进行测量，测量精度可以达到 2%。另外，美国 TRW Conekt 公司研制的采用测量油液吸收与之接触的材料产生的剪切波能量是该液体黏度的函数原理技术开发的一款新型嵌入式油液黏度传感器，已应用到了汽车发动机油在线监测之中。

a)　　　　　　　b)　　　　　　　c)

d)　　　　　　　e)

图 22-37　黏度传感器

a）SPC/L311 型黏度传感器　b）FPS 型黏度传感器　c）YFV-2 型黏度传感器
d）DAVIS 400 型黏度传感器　e）Hvdts 300-500 型黏度传感器

2. 油液水分在线监测

水分是指油品中水含量的多少。润滑油中的水分会促使油品乳化、氧化，降低油品黏度和油膜强度，增加油泥，加速有机酸对金属的腐蚀，使润滑、绝缘等效果变差。实验表明，随着水含量逐渐增加，润滑油的抗磨性逐渐下降，当水含量（质量分数）超过0.4%达到1%甚至更高的时候，抗磨性急剧下降，润滑油的润滑性能丧失。因此，实时监测润滑油中的含水量，能提前预测设备故障的发生。

国内外开发的油液在线水分监测传感器技术主要采用电学方法，其原理就是利用油液的电化学性能（如介电常数）能反映油品污染状况，而水分污染对油的电化学性能参数又特别敏感这一特性。传感器采用的电学方法主要分为电容法和电阻法。电容法将油液及其中的污染物作为一个特别构造的电容器电介质，水分等存在及数量会引起介电常数变化，从而改变这个电容器的电容量。传感器通过对电容量变化大小的检测实现对油液中水分的状态监测。深圳英力公司研发的OMM300型水分监测传感器（见图22-38a）、德国HYDAC公司研制的AS1008型水分传感器（见图22-38b）、美国MEAS公司生产的HTM2500型水分传感器（见图22-38c）、美国ParKer公司开发的MS150型水分传感器（见图22-38d）以及德国HYDAC公司研发的HLB1300型水分传感器（见图22-38e）都是采用薄膜电容方法——油中微量水分会改变薄膜电容量的大小，通过检测电容的变化检测油液中所含的微量水分。传感器的量程范围可以根据客户需要设定选择。

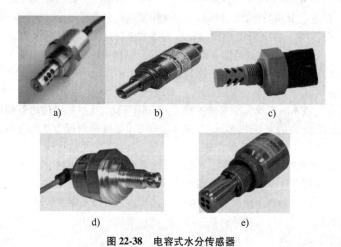

a)   b)   c)

d)   e)

图 22-38　电容式水分传感器

a）OMM300 型水分监测传感器　b）AS1008 型水分传感器　c）HTM2500 型水分传感器
d）MS150 型水分传感器　e）HLB1300 型水分传感器

电阻式在线监测传感器主要是通过测量油液的电阻率来实现对水分及其他污染物的监测。油液电阻率的大小与其中的水分、磨粒等其他污染物质含量有关，在一定条件下测出油液电阻率的变化，便可分析出润滑油品质的变化程度。国内先波公司研发的一款在线油液水分监测传感器（见图22-39a）即是采用测量油质电阻变化实现的。深圳英力公司研发的OCC330B型水分传感器（见图22-39b）也是采用这一原理实现对油中水分的检测，测量精度可以达到0.1%。美国Schaevitz公司研发的WIO200型水分传感器（见图22-39c）以及美国Parker公司开发的FCS型水分传感器（见图22-39d）采用电容测试法检测油液中的水分，测量精度为2%。

3. 油液污染度在线监测

机械设备润滑和液压系统中油液污染的程度可用油液污染度定量表示。油液污染度是指单位体积油液中固体颗粒污染物的含量，而固体颗粒，如磨损颗粒、氧化物、粉尘等是油液中最主要、危害最大的污染物，它是引起摩擦副表面磨损、刮伤、机件卡阻等故障的主要原因。常用的方法有称重法、计数法和半定量法等。目前自动颗粒计数器在油液污染分析中应用广泛，其原理分为遮光型、光散型和电阻型等。

遮光型颗粒计数器是目前应用最广泛的一种。油液污染度监测传感器检测系统主要由油路部分、光路部分、图像采集部分组成。当油液流经污染度传感器时，如油液中有污染物，油中颗粒通过光源时会产生遮光，且不同尺寸颗粒产生的遮光不同，由高速摄像机拍摄高清照片，通过微处理器对颗粒图像进行统计和分类，便可计算并显示出颗粒数或浓度。德国的OPCOM 11型污染度传感器（见图22-40a）、

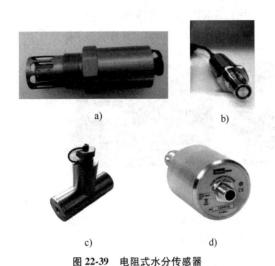

a)　　　　　　　b)

c)　　　　　　　d)

图 22-39　电阻式水分传感器

a）FWD 型水分传感器　b）OCC330B 型水分传感器
c）WIO200 型水分传感器　d）FCS 型水分传感器

美国 HACH 公司开发的 ROC-21 型污染度传感器（见图 22-40b）、德国 HYDAC 公司开发的 CS 1000 型污染度传感器（见图 22-40c）均采用工业界认同的遮光技术，检测精度达到了 0.5 个 ISO 等级。美国 Parkers 公司生产的 Icount PD 型污染度传感器（见图 22-40d）的检测精度则为 1 个 ISO 等级。德国 Bayer 公司研制的 MIRS 型污染度传感器（见图 22-40e）采用红外光谱技术，可以对油液的黏度、pH 值、污染度、水分等参数进行检测。

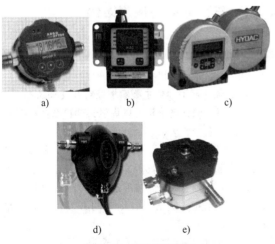

a)　　　　　　b)　　　　　　c)

d)　　　　　　e)

图 22-40　污染度传感器

a）OPCOM 11 型污染度传感器　b）ROC-21 型污染度传感器
c）CS 1000 型污染度传感器　d）Icount PD 型污染度
传感器　e）MIRS 型污染度传感器

在国内，天津罗根研发的 KZ-4 型污染度传感器

（见图 22-41a）采用 8 通道，检测精度为 1 个 ISO 等级。中航高科研制的污染度传感器（见图 22-41b）采用 4 通道，检测精度达到了 0.5 个 ISO 等级。

a)　　　　　　　b)

图 22-41　国内污染度传感器

a）KZ-4 型污染度传感器　b）高科污染度传感器

4. 油液集成在线监测技术

为了获取更多的设备润滑磨损信息，提高设备油液在线故障监测的准确度，在线油液监测传感器技术向着集成化发展。这也是针对机械摩擦学系统在油液综合诊断信息中参数间表现出多种关联和互补特性发展起来的。集成传感器通过获取设备磨损颗粒、油品理化、污染度等信息，监测系统自动实现设备运行工况的综合分析与故障诊断。目前，油液分析的各种在线监测方法也越来越多，性能也逐步稳定。这些仪器也逐渐集成化，能快速地同时测定多项在用润滑油的理化指标。如美国 LMT 公司开发的 Laser Net Fines 自动磨损颗粒分析仪（见图 22-42a）基于激光图像处理技术将磨粒形貌识别与颗粒计数两种常用的油液监测技术集成起来；Kittiwake 开发出 ANALEXrs 传感器套件组（见图 22-42b），用来监测润滑油品状态，控制污染，测试及分析磨损颗粒。

a)　　　　　　　b)

图 22-42　集成监测组件

a）Laser Net Fines 自动磨损颗粒分析仪
b）ANALEXrs 传感器套件组

广州机械科学研究院有限公司开发的系列在线油液监测系统集成了油液黏度、水分、污染度、磨损及油温等参数，并可根据机械设备使用不同润滑油特性实现多参数的分组集成（见图 22-43）。集成了多传

感器信息的在线油液监测硬件系统，由油液自动循环采集模块、油液信息监测传感器模块、信号解码及调制模块、油液特征信息归集模块等硬件组成。

集成硬件设计将根据企业需要实现油液在线检测

图 22-43 不同系列的集成式在线油液监测仪

与数据分析集成显示或分开显示，系统自动实现油液数据、实时趋势显示，数据存储与智能报警等功能。

目前已成功安装在水电水轮机组、炼化烟汽轮机组、液压系统等关键设备上，如图 22-44 所示。

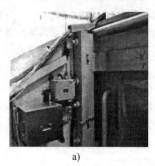 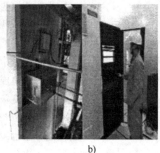 

a)　　　　　　　　　　　b)　　　　　　　　　　　c)

图 22-44 在线油液集成监测示例
a）水轮机组监测　b）烟汽轮机组监测　b）液压系统监测

对于在线油液监测传感器及监测系统，许多国内外研究机构做了大量的研究和探索。但是，由于各种机械设备的润滑磨损故障表征不同，被监测的摩擦学系统特性要求各异，油液故障特征信号检测手段复杂、信息量大、表征的油质信息多以及状态监测各种层次的区别等，都使得在线油液监测传感器技术研发困难，于是出现了多种方法。根据上述介绍的传感器和已经开发未介绍的传感器收集油液特征信息的原理，就有磁性法、光学法、电学法、声学法、X 射线法以及集成化法等。如今，在线油液监测传感器技术在工业领域已经经历了试用阶段，并逐步走向成熟。

目前，在线式铁谱仪已可由微机自动对油样标定，校准与操作使用更为方便。为了提高在线监测的准确度，在线式铁谱仪应安装在被监测设备润滑系统最能收集到主要磨损零件信息的部位，这样就可以比较可靠地对设备的磨损故障给出早期预报。

22.6 铁谱监测的应用案例

22.6.1 柴油机监测与诊断

铁谱分析是柴油机状态监测最有效的方法之一。

1. 柴油机润滑油中主要磨损颗粒及其来源

柴油机油的铁谱分析可以提供柴油机磨损状态的重要信息，它主要包括三个方面：

1）将磨损颗粒数量（定量铁谱数值）和尺寸与正常状态下的基准值相比较，以便发现异常磨损。

2）通过分析磨损颗粒形态可以判断磨损类型，如严重滑动磨损，润滑不良引起的磨损以及磨料磨损等。

3）加热谱片可以确定颗粒成分，从而判断磨损颗粒的来源。对于柴油机来说，加热谱片主要是为了区分低合金钢和铸铁。一般来说，低合金钢颗粒来自曲轴，而铸铁颗粒则来自活塞环与气缸摩擦副。

然而，由于柴油机中摩擦副较多，影响因素复杂，要想准确判断颗粒来源，必须对柴油机中各种摩擦副材料十分熟悉，柴油机的主要摩擦副及其材料列于表 22-12。尤其应当指出的是，光谱油分析结果对于判断何种摩擦副的磨损是极为重要的。

表 22-12　柴油机的主要摩擦副及其材料

序号	摩擦副名称	摩擦副材料
1	气缸套	铸铁
2	活塞环	铸铁
3	活塞	铝硅合金，可能为铸铁，锡-铅镀层
4	曲轴	低碳合金钢
5	主轴承和小端轴承	Pb-Sn，Cu-Pb-S，Ln，Al-Si，Al-Sn，Cd
6	推力轴承	磷青钢，Al-Sn，Cu-Pb
7	凸轮轴	铸铁
8	阀门组件	高合金钢
9	辅助驱动装置	磷青铜，低碳合金钢

2. 柴油机跑合阶段的铁谱监测

铁谱技术应用于柴油机跑合特性研究是基于，跑合初期由于粗糙表面的磨损，润滑油中颗粒数量将急剧增加至一最大值，不正常磨损颗粒尺寸也相应增大，此为剧烈跑合阶段。随着摩擦副磨损速率逐渐降低，颗粒尺寸也逐渐减小。当颗粒浓度水平与尺寸水平接近正常磨损水平时，跑合即基本结束。直读铁谱和分析铁谱技术能有效地显示柴油机润滑油中颗粒浓度与尺寸的变化，因而能成功地应用于柴油机跑合特性研究。图 22-45 是 Z12V-190B 柴油机跑合阶段的直读铁谱磨损趋势曲线。

3. 柴油机"拉缸"故障的诊断

图 22-46 所示为采用直读和分析铁谱磨损烈度指数 I_S 绘出的某舰艇柴油机磨损趋势曲线。在 7 月之前，磨损处于稳定状态，7～9 月，I_S 值迅速增加，出现了发动机紧急失效的预兆。对样品进行谱片颗粒检测，发现有大量的严重磨损颗粒以及过量的铜合金磨屑。采用谱片加热法区分颗粒，发现在铁磁性金属颗粒中主要是铸铁，来自气缸和活塞环。铜屑则可能来自轴承或黄铜止推垫圈。谱片分析结果加强了直读磨损趋势分析的初步判断。

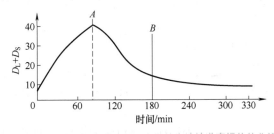

图 22-45　Z12V-190B 柴油机跑合期的直读铁谱磨损趋势曲线

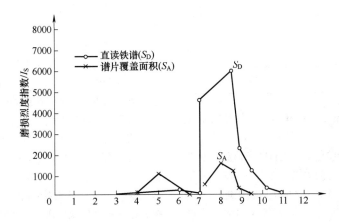

图 22-46　某舰艇柴油机的 I_S 曲线

经噪声和振动检测后，柴油机应予维修，于是送进船坞拆卸，发现活塞环和气缸套被擦伤，而黄铜止推垫圈出现过热且尺寸已大大磨小，检测结果与实验室铁谱分析结果是一致的。

4. 柴油机腐蚀磨损的诊断

腐蚀磨损是柴油机气缸磨损的一个重要原因。腐蚀起因于燃烧过程中产生的废气与燃油中的硫形成的硫酸。在使用高硫燃油的中速柴油机中，这一点尤其重要。发动机生产厂家认为，如果燃料中硫的质量分数从 0.5%增加到 1%，腐蚀磨损会增加 4 倍。润滑油中加入碱性添加剂可以中和酸。发动机在工作时，碱性添加剂会不断与酸中和而消耗。在消耗完之后，发动机就会受到带腐蚀性的酸的侵蚀，从而导致严重的腐蚀磨损。这种磨损发生在活塞环与气缸壁上，有时轴承中的铅也发生这种磨损。

柴油机发生腐蚀磨损时，直读铁谱读数将大大高于正常值。但由于缺少大颗粒，因此，$D_L : D_S \approx 1$。

对模拟腐蚀条件进行的发动机试验表明（见表 22-13），发生腐蚀磨损时，谱片上沉积的颗粒将显著高于正常状态。随着试验不断进行，谱片出口处沉积有越来越多的亚微米级的小颗粒。测量 10mm 处的颗粒覆盖面积，可清楚地看出腐蚀磨损的发展趋势。

表 22-13　腐蚀磨损时谱片上 10mm 处的颗粒覆盖面积

样品序号	稀释比	10mm 处的颗粒覆盖面积（%）
新油	1 : 1	0.7
1	10 : 1	5.7
2	100 : 1	13.0
3	100 : 1	46.4
4	100 : 1	39.0
5	100 : 1	57.8

5. 6L350PN 船舶柴油机活塞环咬死故障的早期预报

油样分析技术对船舶柴油机进行状态监测和故障诊断是船舶正常安全运行的关键措施之一。如上海航道局与上海交通大学合作，对约 20 只船舶进行了油样分析的状态检测研究，其中 6L350PN 船舶柴油机活塞环卡死预报及故障分析为一典型例子。图 22-47 所示为该机定量铁谱、光谱测定数据。

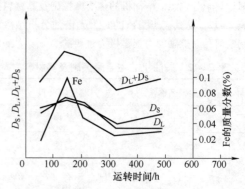

图 22-47　6L350PN 柴油机定量铁谱、光谱测定数据

6L350PN 船舶柴油机是航供油轮 1002 轮的推进主机，1971 年由沪东船厂建造，该机的常规检测主要有热工参数、压力、温度等，油样分析主要有铁谱分析、光谱分析。该机于大修完毕后试航投入运行，状态监测开始，油样的光谱和铁谱分析检测数据见表 22-14。

该机开始运行时，铁谱分析发现有尺寸为 $40\mu m \times 50\mu m$ 的长条磨粒，而且磨粒数量较多，对照光谱分析 Fe 的质量分数为 0.02186%。但当时常规检测记录热工参数等正常。

油样分析结果提请操作管理人员注意观察，3 月 16 日采集第二批油样，进行油样铁谱、光谱分析。铁谱分析表明大小磨粒数 D_L、D_S 值均已升高，磨粒铁谱片发现有团絮状氧化物磨粒，光谱分析 Fe 质量分数为 0.0998%，已近临界值。油样分析结果表明柴油机主要摩擦副已存在严重磨损现象，即时向 1002 轮柴油机管理人员提出警告，他们及时停机检查，柴油机解体发现主机第三缸活塞环卡死在活塞环槽之中，活塞上下往复运动时，活塞环已将气缸套内壁表面拉伤，气缸壁表面已出现拉伤痕迹。拆检结果与油样分析结果一致。

故障原因分析认为，活塞、活塞环承受燃烧室高温作用，活塞环随活塞上下往复运动，正常工况下活塞环与缸套内表面之间有一层油膜隔开。但如果设计不当或加工不妥，或者装配间隙不合理，都会导致活塞环膨胀卡死在环槽之中，从而失去作用。尤其是活塞运动到上止点、下止点位置时，活塞环滑动速度为零，由于高温、高压燃气影响，活塞环与缸套内壁接触表面之间的油膜最易破裂，造成活塞环外表面与缸套内壁表面微凸体直接接触，从而导致严重滑动磨损，缸壁表面出现拉伤现象。另一方面，当活塞环卡死失去作用后，燃烧室高温、高压的燃气下窜至曲轴箱，燃烧产生的蒸汽、二氧化硫又形成硫酸，燃烧产生的碳的碳化物成分又使润滑油污染，进而又加速了　缸套的磨损。

表 22-14　6L350PN 柴油机油样的光谱和铁谱分析检测数据

油样编号	取样日期	运转时间/h（间隔/累积）	直读光谱 Fe质量分数（%）	定量铁谱（1∶5）			分析铁谱（稀释比例 1∶5）	
				D_L	D_S	D_L+D_S	磨粒最大尺寸/μm	磨粒、形貌
1	3/3	50/50	0.02186	118	124	242	40×50	长条状
2	3/16	100/150	0.09980	166	164	330	20×80	长条状、团絮状
3	5/5	50/200	0.04328	161	151	312	8×8.5	长条状
4	5/20	120/320	0.03033	95	102	197	10×30	长条状、片状
5	6/6	180/500	0.03665	90	130	220	10×20	长条状

油样分析铁谱已发现大磨粒，光谱分析进一步证实 Fe 含量升高，解体缸套表面呈现磨损痕迹，但尚未严重损坏。油样分析及时准确地预报了故障的可能性，防止了更大事故的发生。及时更换活塞环后，船舶柴油机又处于正常运转状态，油样分析监测数值也处于正常稳定范围。

22.6.2　齿轮磨损状态的监测

齿轮传动广泛应用于各种机械装备，近几年来已有不少关于应用铁谱技术对齿轮系统进行磨损状态监测的成功报道。

1. 齿轮系统的失效方式与速度、载荷的关系

发生在齿轮滚-滑区域的磨损主要有两类：①节线区域的相对运动是滚动，产生的颗粒与滚动接触疲劳颗粒类似（见图 22-48a）；②在齿根或齿顶附近，滑动接触比例增大，生成的颗粒具有滑动磨损特征，如颗粒表面有条纹，表面积与厚度之比较人（见图22-48b）。

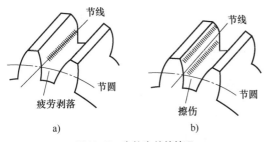

图 22-48　齿轮失效的情况

a) 节线区域磨损　b) 齿根或齿顶附近磨损

图 22-49 给出了齿轮系统的失效方式与运转速度、转矩（负荷）的关系。负荷较大而速度过低时，齿轮磨损是由于齿轮接触面间润滑油膜的破裂所致。这时提高速度，可使油膜承载时间缩短，从而可承受

较高的负荷。最左边的曲线给出了重载和低速的极限。负荷过大时，齿节部分会出现疲劳磨损。如继续增加负荷，则传递负荷将穿透油膜，齿轮会迅速破坏。影响磨损的主要因素是材料强度和负荷，而与润滑剂的选择无关。图中的疲劳剥落曲线取决于齿轮表面强度。速度过高时，会使齿轮间的润滑油膜破裂和过热，从而导致齿轮擦伤和胶合，产生的颗粒具有氧化过热特征，表面有滑动的痕迹。

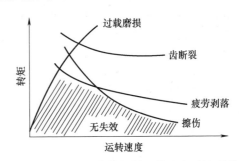

图 22-49　齿轮系统的失效方式与运转速度、转矩的关系

2. 齿轮系统的铁谱诊断的典型实例

（1）齿轮的过载　分析油样来自某化学处理厂搅拌机驱动齿轮减速器。采用双色照明观察谱片入口处，发现有大量反射红光的大磨粒。显然，齿轮系统发生了不正常磨损。

进一步对谱片观察发现，多数颗粒尺寸在 8～30μm 范围内，呈薄片状，表面没有氧化或擦痕。扫描电子显微镜观察到表面十分光滑。测试了十多个颗粒，其表面积与厚度之比约为 10∶1。

表面光滑的颗粒是在低速下产生的，而氧化颗粒或表面已氧化的颗粒则是在高温、高速或润滑不良的条件下产生的。这些大颗粒的特征与齿轮疲劳磨损颗粒特征一致，也类似于滚动轴承产生的疲劳颗粒。但在这个系统中，这些薄片屑不大可能来自滚动轴承。

当轴承与齿轮处于同一系统中时，对轴承的磨损失效监测是十分困难的。因为轴承的疲劳剥落颗粒在外观上与齿轮的疲劳剥落颗粒相类似，只是后者的尺寸稍大一些而已。

综上所述，减速器中颗粒的产生原因可能有下述两种：

1) 齿轮过载（没有出现擦伤或胶合）。

2) 齿轮滚动疲劳失效与滑动磨损失效的综合作用。

齿轮箱在进行铁谱分析6个月后损坏。化学公司确认损坏是设计不当，造成齿轮过载而损坏的。

（2）润滑失效引起的严重滑动磨损和过载　用低倍双色光观察一工业齿轮减速器油样制成的谱片，发现入口处堆积了大量大颗粒，由此推断系统发生了严重磨损。

大颗粒表面有明显擦痕，呈薄片状且表面已有一定程度的氧化。还有一些具有光泽表面和不规则边缘的疲劳磨损颗粒。此外，还发现少量大切削颗粒与铜颗粒。由此认为，油样中的颗粒主要来自齿轮的齿根和节圆部位，系统产生异常磨损的原因是齿轮油承载能力不够。

根据铁谱诊断结果发出了预报。拆卸齿轮箱后发现齿顶外表层已严重磨损。换用了含有极压添加剂的齿轮油之后，即能很好地解决了这一问题。

（3）齿轮箱中进水引起的异常磨损　用铁谱分析了两个含水的齿轮箱油样，事先并不知道油中混入了水，直读铁谱首先发现了高于正常值的读数值：$D_L = 40.6$，$D_S = 2.6$。

采用偏振光观察谱片，发现了大量的红色氧化物，一些薄片屑表面也有氧化物层；同时还发现了大量大颗粒。铁谱诊断报告认为，润滑油进了水，不仅导致氧化腐蚀，而且降低了润滑剂的承载能力，使齿轮发生严重磨损。

化学分析结果证明油中水含量已超过标准。

（4）正常磨损的铁谱与光谱诊断　曾用光谱仪监测了铁路机车用的封闭式齿轮箱。当油中 Fe 的质量分数达到 0.3% 时，光谱监测发出停机警报，然而铁谱分析却由于未发现异常磨损颗粒而预报状态正常。检查表明，齿轮箱磨损状况良好，于是换油后继续工作。

光谱与铁谱诊断结果的差异主要在于两种方法的诊断原理不同，封闭式齿轮箱中生成的颗粒不断被润滑油带入摩擦副而被破碎，使得油中小颗粒总数不断增加，而小颗粒常常悬浮于润滑油中，使得光谱数值不断增大。因此，尽管并没有生成严重磨损颗粒，光谱监测也能报警，而铁谱检测 1μm 以上的大颗粒，因此不会出现类似的误判。这个例子表明，铁谱诊断技术可以对其他诊断方法的结果加以验证，以提高诊断结果的可靠性。

（5）对一个严重磨损的蜗轮减速器的监测案例

对一个严重磨损的蜗轮减速器在更换了磨损的蜗轮后采用铁谱技术进行状态监测，并根据监测分析结果对润滑油进行更换或过滤，取得了极有效的效果，大大延长了使用寿命。图 22-50 所示为蜗轮减速器铁谱监测磨粒 D_L、D_S 曲线；图 22-51 所示为蜗轮减速器铁谱监测磨损趋势 L_S 曲线。

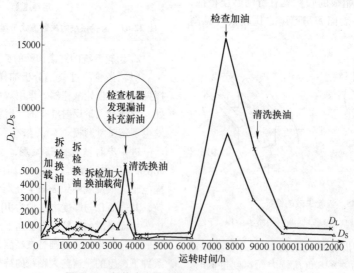

图 22-50　蜗轮减速器铁谱监测磨粒 D_L、D_S 曲线

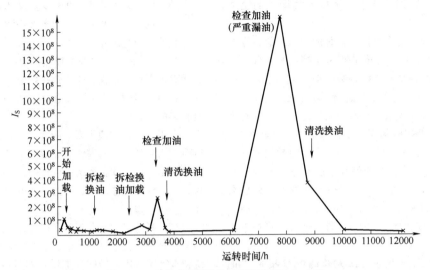

图 22-51　蜗轮减速器铁谱监测磨损趋势 L_S 曲线

蜗轮减速器直读铁谱监测表明：该减速器正常运转时 D_L 为 500~1000，初期跑合或拆检重新装配后跑合 D_L 峰值达 1500~3500，当出现不正常运转工时 D_L 值高达 15500；减速器正常运转时小磨粒读数 D_S 为 100~600，跑合期 D_S 为 600~1300，不正常运转时 D_S 值最高达 8300；减速器正常运转时磨损指数 $I_S < 1 \times 10^7$，跑合期峰值 $I_S = 10^7 \sim 10^8$，减速器出现不正常运转时 $I_S > 10^8$，最高 I_S 值可达 1.7×10^8。通过状态监测可得出该蜗轮减速器安全操作范围的直读铁谱数据为 $D_L < 1600$，$D_S < 600$，$I_S < 2.2 \times 10^7$。

将磨粒进行分析，得出如下结论。

1）跑合阶段。油样中发现条状、片状、块状磨粒，磨粒表面有滑动条纹，还有黑色氧化铁磨粒，载荷加大时磨粒增大，而且磨粒数增加，最大磨粒可达 $30\mu m$。

2）正常工况。油样中发现的磨粒多为薄片状，尺寸一般小于 $15\mu m$，但磨粒表面有时也发现擦伤痕迹，磨粒尺寸小于 $20\mu m$。

3）异常工况。油样中发现严重滑动磨损磨粒，且表面有滑动条纹痕迹。有疲劳磨损产生的块状磨粒，尺寸大于 $20 \sim 30\mu m$，对应蜗杆、蜗轮表面有麻点产生。油样中还会发现大量黑色氧化铁磨粒及油变质产物。

4）状态监测结论。该蜗轮减速器由于设计、制造、装配等原因而存在缺陷，跑合即产生磨粒，而减速器的设计无设备运转监控及维护措施，一旦产生磨粒就会在减速器内积存，加速蜗杆、蜗轮磨损，使工况迅速恶化。为了提高减速器运转寿命，最好通过随机监测，找出磨损规律及磨粒产生和变化规律，从而制订合理的换油期，提高设备利用率。

22.6.3　液压系统油液的监测与诊断

1. 概述

液压系统广泛应用于那些要求运转机械必须有效、安全和经济地实行控制和驱动的各个现代工业部门，包括航天、航空、机械制造以及工程机械等领域。对其运转可靠性和磨损寿命有较高的要求。因此，在液压系统中应用铁谱技术进行状态监测，可有效地指导系统的维护与管理，早期发现可能引起严重损坏的隐患，并可对磨损程度、原因等进行分析，因而对提高液压系统运转可靠性与磨损寿命具有积极的意义。美国俄克拉何马州立大学流体动力研究中心曾采用铁谱技术进行液压系统状态监测和磨损分析的应用研究。通过对 6 台液压系统装置进行长达 4 年的试验研究，认为铁谱技术是一种有效的状态监测方法，不仅为设备操作和管理人员提供了准确的早期状态预报，同时能对系统发生磨损的原因进行分析。

2. 液压系统正常磨损状态的诊断

（1）液压系统的正常磨损状态

1）液压系统运转正常，磨损在设计允许范围之内。

2）系统内主要摩擦副发生的是正常摩擦磨损，即磨损主要是表面剪切混合层的稳定剥落。

正常磨损状态的磨损烈度指数（I_S）和系统总磨损（$D_L + D_S$）的数值应基本稳定，或在允许范围内波动。

（2）正常磨损状态下生成的磨损颗粒的主要特征

1）对于设计要求磨损寿命长的液压系统，磨损颗粒主要是尺寸小于 5μm 的正常摩擦磨损颗粒，每毫升系统油样中大小颗粒总数一般不超过 10DR 单位，基本上不允许有不正常磨损颗粒存在。

2）对于设计要求磨损寿命较短，工作条件恶劣的液压系统，磨损颗粒应以正常摩擦磨损颗粒为主，主要尺寸一般应小于 10~15μm，油样中颗粒浓度一般应低于系统运转初期的颗粒浓度水平，或基本相近。在谱片入口处可以允许有小于该位置颗粒总数 3%~5% 的不正常磨损颗粒，如严重滑动磨损颗粒，氧化物或宽度在 1μm 以下的切屑，以及一些外来污染颗粒等。

对于正常磨损状态，铁谱监测的预报是"正常"。如此时正值换油或维修，则可考虑延长其使用期。

图 22-52 显示出一个液压系统由跑合阶段进入正常磨损阶段的磨损趋势。跑合期间磨损烈度指数 I_S 及总磨损值较高，跑合结束后进入正常磨损，磨损值降低且保持稳定。该系统的磨损趋势变化规律与"浴盆形"曲线中前半部分相符。

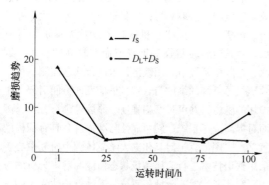

图 22-52　一个液压系统由跑合阶段进入正常磨损阶段的磨损趋势

3. 液压系统非正常磨损状态的诊断

液压系统非正常磨损状态是指系统出现了异于正常磨损，超出设计要求范围，尚未达到严重磨损程度的非正常磨损。此时，液压系统的运转仍很正常。

发生非正常磨损时，磨损烈度指数 I_S 和系统总磨损 D_L+D_S 可能出现持续增加或较大的波动，有时变化正常，但从谱片上可以发现非正常磨损。液压系统中非正常磨损的类型及其磨损颗粒特征如下：

1）切削磨损。出现较多的、尺寸较细小的切屑或少量尺寸较大的切屑。

2）严重滑动磨损。出现少量尺寸在 15μm 左右的严重滑动磨损颗粒和轻微黏着磨损颗粒，并常伴有一定数量的黑色氧化物。

3）有色金属零件的磨损。出现一定数量的有色金属磨损颗粒，如铜、铝、银等颗粒。

4）疲劳磨损。疲劳屑增大至 15μm 左右，且伴有较多的球状颗粒。

非正常磨损加快了系统的磨损速率，使系统磨损寿命大为降低，同时潜伏着导致发生严重磨损的可能性。但是，由于非正常磨损可在较长时间内不影响机器正常运转及性能参数，因此常常不被设备管理和操作人员所重视。

当判断系统发生非正常磨损时，铁谱监测发出的预报信号是"注意"。设备管理和操作人员应根据系统特点，采取适当措施，使非正常磨损状态回复到正常磨损状态。这对提高机械使用寿命与运转可靠性十分重要。

图 22-53 所示为一台取料机悬回装置液压系统的磨损趋势曲线。对于设计磨损寿命较长的这类液压系统来说，磨损烈度指数出现了如此大的波动被认为是发生非正常磨损的信号。

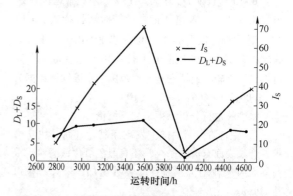

图 22-53　一台取料机悬回装置液压系统的磨损趋势曲线

4. 液压系统严重磨损状态的诊断

液压系统的严重磨损状态表示系统发生了严重的磨损，摩擦副的磨损形式主要是严重滑动磨损、黏着、切削或腐蚀磨损。系统的磨损率很高，零件的表面损伤程度较严重，有时可影响到系统的正常运转而出现油温升高，振动、噪声增大，油液变色等现象。

当系统出现严重磨损时，磨损烈度指数 I_S 和系统总磨损 (D_L+D_S) 均明显增高，且始终维持在高水平。

液压系统中严重磨损类型及其磨损颗粒特征有下列几种：

1）切削磨损。出现大量的尺寸较大的切屑，有些颗粒表面有过热现象。

2）严重滑动磨损。谱片入口处沉积有大量的尺寸在 $15\sim30\mu m$ 范围的严重滑动磨损颗粒，并伴有其他的不正常磨损颗粒。

3）黏着磨损。出现较多的弯曲条状或块状、片状黏着擦伤颗粒，大量黑色氧化物。大部分颗粒表面有明显过热现象。

4）腐蚀磨损。谱片出口或入口处沉积有大量的润滑油变质产物和一定数量的污染颗粒，以及细小的腐蚀磨损颗粒。

液压系统出现严重磨损时，系统磨损速率将急剧增大，并很快因过度磨损而失效。同时亦可能发展成破坏性磨损，造成系统突然损坏。

当判明液压系统出现严重磨损状态时，铁谱监测发出的预报信号是"警告"。此时，设备管理和操作人员应视具体情况采取适当的维修措施，并做好必要的准备工作。

图 22-54 所示为一台 QY5 汽车起重机液压系统循环作业 8000 次后的磨损趋势曲线。由图可看出，经作业 1600 次以后，I_S 和 D_L+D_S 值迅速增加，并始终维持在高数值水平，预示了该系统正处于严重磨损状态。取其作业 3200 次后的抽样制作谱片，发现谱片入口处沉积了大量尺寸>$5\mu m$ 的颗粒，表明系统发生了严重磨损。进一步检测表明，严重磨损颗粒主要是铜颗粒、切屑以及黏着与擦伤颗粒。系统拆检结果，证实铜制滑靴及钢摩擦副均发生了严重磨损。

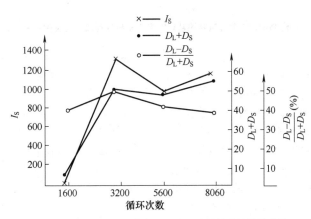

图 22-54　一台 QY5 汽车起重机液压系统的磨损趋势曲线

5. 液压系统破坏性磨损状态的诊断

破坏性磨损状态对液压系统运行危害性极大。严重磨损状态常可发展成为破坏性磨损状态，这主要取决于严重磨损方式及早期防范措施。

出现破坏性磨损状态时，磨损烈度指数 I_S 和系统总磨损（D_L+D_S）急剧增加，其数值常是正常磨损值的几倍甚至几十倍。

破坏性磨损状态的主要磨损方式及其颗粒特征如下：

（1）破坏性切削磨损　磨损颗粒主要是粗大的切屑，宽度可达 $10\sim20\mu m$，长达数十微米或数百微米，且表面常有过热现象。

（2）破坏性黏着磨损　磨损颗粒中出现少量尺寸大于 $50\mu m$ 或上百微米的大磨屑，主要颗粒是尺寸在 $15\sim30\mu m$ 的黏着磨损颗粒与严重滑动磨损颗粒，长达几十或上百微米的弯曲条状擦伤颗粒，其表面常有明显过热现象，伴有大量黑色氧化物和切屑等。破坏性磨损状态预报信号是"危急"，操作人员应立即

停机拆检。

图 22-55 所示为一台 W613 铲车液压系统从正常磨损至破坏性磨损及失效的磨损趋势曲线。可看出，在 $1300\sim1400h$ 时，系统已处于破坏性磨损状态。但磨损颗粒的观察结果却不及定量铁谱结果明显。在 1408h 时，油样中发现了几个尺寸在 $100\sim175\mu m$ 的严重磨损大颗粒，似乎显示严重磨损状态正在向破坏性磨损状态转变。同时还发现油样已严重污染，油样中进入大量泥沙是造成系统发展为破坏性磨损的原因之一。

根据铁谱诊断结果向使用部门发出了警报，几天后系统叶片泵损坏。

6. 液压系统严重黏着磨损的监测与诊断

严重黏着磨损是液压系统常见的一种磨损故障，通常发生于承受载荷较大、条件苛刻的液压泵和液压马达的摩擦副表面，常由于不适当的设计、制造与安装等引起。严重黏着磨损的出现使系统的寿命急剧降低，并可能导致摩擦副的咬死或断裂，成为灾难性事故。

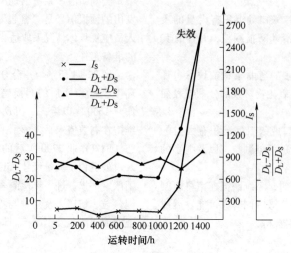

图 22-55 一台 W613 铲车液压系统从正常磨损至破坏性磨损及失效的磨损趋势曲线

（1）实例1 对一台双联叶片泵组成的 W618 铲车液压系统进行了近 4000h 的连续监测。

该系统的磨损趋势曲线如图 22-56 所示，是该系统油样直读铁谱和分析光谱仪定期监测的结果。系统总磨损（D_L+D_S）和根据润滑油中 Fe、Cu、Cr 含量随时间变化而画出的磨损趋势曲线表明，系统投入运转后，没有出现一个稳定的正常磨损阶段。随时间增加，D_L+D_S 和 Fe、Cu 含量有缓慢增加的趋势，并出现不稳定的波动。说明系统主要摩擦副表面并非处于良好的边界润滑状态，表面剪切混合层生成与剥落的动态平衡已经破坏，出现了不正常磨损。

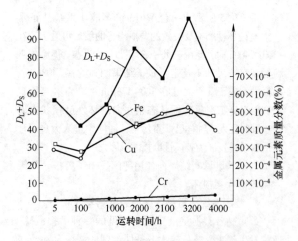

图 22-56 W618 铲车液压系统的磨损趋势曲线

该系统采用 L-HM32 抗磨液压油，新油与使用4000h 后油样的几项理化性能检测结果见表 22-15。从表可见油品各项理化指标正常，性能并没有下降。

表 22-15 新油与使用 4000h 后油样的几项主要理化性能检测结果

油 品	新油	使用 4000h
运动黏度（40℃）/（mm²/s）	32.13	31.22
酸值/（mgKOH/g）	1.79	1.75
水分（质量分数,%）	无	无
闪点（开口）/℃	180	209
腐蚀（Cu, 100℃, 3h）	合格	合格

从上述铁谱谱片的磨损颗粒分析判断，系统已发生严重的黏着磨损，谱片上未发现大量的外来污染颗粒，因此可以排除外来污染导致系统严重黏着磨损的可能。但对油品理化性能的检测结果表明 L-HM32 抗磨液压油使用 4000h 后的各项性能基本没有下降，因此黏着磨损并非由于液压油性能不良所引起。由此判断不正常磨损系由于定子与叶片的制造或安装不当引起。

系统拆卸结果发现，定子、叶片与铜分流盘均已严重黏着擦伤。检验定子表面某些区域硬度仅有46HRC，远低于规定的 58~60HRC，因此造成早期的严重黏着磨损。

（2）实例2 ZL-40 装载机液压系统黏着磨损的监测与诊断。

对一台在矿山露天工作的 ZL-40 装载机液压系统进行了 10 个月 1748h 的监测，该系统使用双联齿轮泵，工作压力为 1400N/cm²，使用 L-HM32 抗磨液压油润滑。系统在经过轻负荷试车跑合后投入正常使用。

图 22-57 是 ZL40 装载机液压系统（直读铁谱和光谱测出）的磨损趋势曲线。曲线表明，运转期间系统磨损速率持续增加。由于液压系统已经过轻负荷跑合作业，因此出现上述趋势是不正常的。铜含量稳定增加，但颗粒中并未观察到大量铜颗粒，则可怀疑铜摩擦副出现了腐蚀与不正常磨损；而铝含量持续增加则表明齿轮泵中轴套发生了磨损，磨损趋势曲线表明了过度磨损。

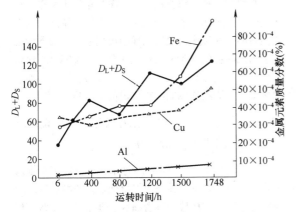

图 22-57　ZL40 装载机液压系统的磨损趋势曲线

对运转期间所有油样均制作了谱片，谱片上主要是严重滑动的磨损颗粒，并有一定数量的细小腐蚀磨损颗粒沉积在谱片入口和出口处。典型磨损颗粒照片如图 22-58 所示，颗粒最大尺寸在 $30 \sim 50\mu m$ 范围，同时并未发现其他大尺寸的异常磨损颗粒。因此，综合定量磨损结果诊断为，系统出现了严重的黏着磨损，但尚未达到导致迅速生效的程度。

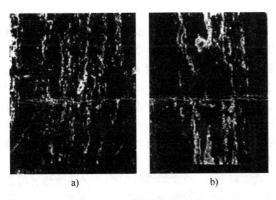

图 22-58　典型磨损颗粒照片

a）SEM，运转 1200h　b）SEM，运转 1748h

油品的常规理化性能检验表明，L-HM32 抗磨液压油使用 1748h 后各项性能基本未改变。因此，系统

出现严重黏着磨损主要是由于制造或安装的原因。

系统拆检证实：主从动齿轮由于安装不当，造成齿顶一侧局部接触而严重黏着与擦伤。对黏着与擦伤部位进行了扫描观察也发现齿表面已有严重塑变与黏着。表面光滑和撕裂剥落形成的凹坑形状，都与严重黏着磨损颗粒的表面及形状相吻合，从而确认谱片上观察到的厚片状颗粒是黏着磨损的产物。

7. 液压系统磨料磨损的监测与诊断

由于制造、使用和外来污染等原因，可使液压系统内的重要摩擦副发生二维或三维的磨料磨损（或切削磨损）。早期预报磨料磨损故障并采取有效措施，对于保证系统可靠运转和提高其使用寿命有重要的意义。广州机械科学研究院曾监测了 50 多个液压系统，其中 4 个系统发生磨料磨损被有效地做了预报。

实例：对两台在油田工作的日本 NK-160B-Ⅱ型起重机液压系统进行近 800h 的监测。

图 22-59 是两台起重机液压系统的直读铁谱磨损趋势曲线。其中 8007 号车液压系统出现了总磨损值持续增加的不正常磨损趋势，而 8010 号车则基本平稳且磨损值有下降趋势，显示了一个良好的磨损状态。

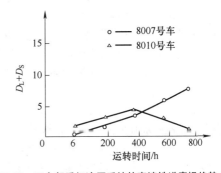

图 22-59　两台起重机液压系统的直读铁谱磨损趋势曲线

光谱测定出两台车液压油的 Fe 质量分数均小于 1×10^{-4}%，Cu 质量分数则波动在 $(1 \sim 2) \times 10^{-4}$% 的范围内。Si 质量分数 8007 车（$2.7 \times 10^{-4}$%）略高于 8010 车（$2.2 \times 10^{-4}$%）。但是，由于抗磨液压油中使用硅脂作为抗泡添加剂。因此 Si 含量并不严格对应于系统润滑油中的污染粉尘等。光谱分析结果表明两个系统均处于相近的正常状态。

采用颗粒自动计数仪测定了两台系统运转期间液压油中大于 $5\mu m$ 各类颗粒的数量变化（见图 22-60）。两台系统在运转至 800h 时均出现颗粒数量明显增加的情况，铁谱监测技术直观且可靠地诊断出磨料磨损的存在及发展。这表明摩擦学诊断技术具有良好的故障早期预报性。在此时采取措施如清洗系统和换油过滤等，则可使系统回复到正常状态。早期故障在萌芽状态即被排除，可提高系统运转的可靠性与使用寿命。

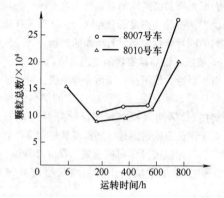

图 22-60　系统液压油中 75μm 颗粒总数的变化曲线

22.6.4　大型矿山设备状态监测及故障诊断

油样分析状态监测技术在大型矿山设备的故障诊断及状态监测中具有巨大的实用价值。其原因如下：矿山设备运行环境十分恶劣，润滑油系统易受环境污染，因污染而导致润滑失效所造成的设备事故占相当高的比例；矿山采矿、选矿设备都向大型化、复杂化、自动化方向发展，迫切需要采用现代化监测仪器进行状态监测；矿山设备运动部件的失效往往以磨损断裂形式存在，故借助于油样磨粒检测能有效地监测设备的异常磨损事故。

江西德兴铜矿对 107 台大型设备进行了润滑与磨损状态下动态监测油样的分析研究，累积监测次数 2962 次，取得了 4 万多个数据，拍摄磨粒图谱 100 余幅。根据矿山设备的特点总结出一套有效的分析诊断方法和监测标准，成功地预报了 344 次润滑不良事故，537 次磨损异常事故，避免了 34 次重大设备故障事故，保证了生产的正常进行，取得了显著的经济效益。状态监测的主要内容如下：

1）矿山设备润滑剂监测。主要监测油品黏度、水分、燃油稀释、灰尘污染、燃烧产物污染以及添加剂损耗等。

2）矿山设备磨损状态监测。主要监测润滑剂中磨损金属颗粒的含量、成分、尺寸、形貌等参数。

3）磨损状态监测标准。根据大量的实际工况的监测经验和统计数据，提出该矿山设备磨损状态监测的标准。划分为：正常、异常、严重、极严重四个等级。

结论：润滑油系统中，磨损元素 Fe、Cu、Pb 含量较高，应检查齿轮、青铜合金部件主轴摩擦盘、摩擦环及偏心套的磨损情况。

油样铁谱分析发现大量青铜合金块状磨粒，尺寸约为 150μm，表面有明显的烧伤痕迹，而且磨粒表面显示出蓝色铜质回火斑痕。另外，谱片上还发现大量高温氧化物和红色氧化物磨粒。

22.6.5　重大机加工设备润滑状态监测

某船厂委托上海交通大学对轮机车间大型车、镗床进行状态监测。通过理化指标、光谱、铁谱的综合监测表明，在镗床齿轮箱油样中出现了来自轴承疲劳产生的成串链的球状磨损颗粒和有色金属铜合金块状磨损颗粒。此监测为该企业的维修提供了科学、准确的决策，并为维修体制的转化提供了经验。

22.6.6　拉膜生产线挤出机变速器轴承故障的铁谱分析诊断

某厂拉膜生产线挤出机变速器主轴承在正常维修后开始运行时发现油品颜色严重变黑，滤网被很多金属磨屑堵塞，取样检验润滑油性能理化指标正常，但从铁谱分析发现出现大量钢铁和铜磨屑，由此判断其主轴承（单列调心滚柱推力轴承）发生故障，铜屑应由保持架产生，钢磨屑为滚柱所产生。拆解证实了铁谱分析的结论：其主轴承（单列调心滚柱推力轴承）滚柱破裂导致保持架拉伤和整个系统的严重磨损，产生大量磨屑和润滑油变黑而油品性能却没有下降。

22.6.7　透平机组减速齿轮箱的在线铁谱监测应用示例

西安交通大学轴承所研制的在线式铁谱仪是一种以分析铁谱仪为基础，由微处理器控制的定时自动采样、处理的装置。它主要由电磁铁、探测器、液压泵、电磁阀等部分组成。油泵及电磁阀完成从设备润滑油循环管路中抽取油样的功能。油样从仪器进油口抽入又从仪器出油口送回管路中。电磁铁造成可控制磁场，探测器位于磁场上方，在适合的流速和磁场强度下，油流中的铁磁性粒子在探测器腔内按尺寸大小依次沉积下来。探测器内部有六对光源和光电转换器件依据光密度探测原理探测沉积在腔底平面的粒子覆盖面积百分比。在结构特征上，探测器与分析铁谱仪类似，其颗粒探测灵敏度为 5μm。由于在采样流程上，每次采样前总要先采本底样，实际采样时要扣除本底值，这样就把由于油透明度变化及污染物浓度变化等原因造成的误差作为系统误差扣除。最后的采样结果只对应于铁磁性颗粒的多少。又由于消除了人为误差，其定量准确性大大提高。因为有六个采样点，可采用的定量指标之一为平均铁谱度。平均铁谱度 D_v 定义为

$$D_v = \frac{\sum\limits_{i=1}^{6} D_i}{6}$$

$$D_i = \frac{D_{ic}}{1 + \alpha(T_m - 1)}$$

式中　D_{ic}——采样点覆盖面积百分比读数；
　　　α——磨粒堆积影响系数；
　　　T_m——磁场持续时间。

由于平均铁谱度是给定时间内磁场收集的磨粒平均数，因此与被监测对象的磨損速率相对应。

天津炼油厂催化车间二号涡轮机组的结构如图 22-61 所示。涡轮机通过齿轮减速器驱动鼓风机。涡轮机转速为 8800r/min，额定功率为 3kW，齿轮箱减速比为 1:2.08，鼓风机额定功率为 2kW。整个机组使用 20 号汽轮机油对齿轮箱及滑动轴承进行润滑。该机组已配置了在线振动监测系统，振动和油温、瓦温信号经前置处理器后由计算机进行采集、分析和处理。作为状态监测系统的一个子系统，使用在线式铁谱仪对齿轮箱进行实时监测。在线式铁谱仪通过 RS232 串行口与现场的振动监测计算机连接，现场计算机通过光纤数字传输系统与监测中心的计算机相连。在监测中心，可以设置在线式铁谱仪的时钟、采样间隔、磁场持续时间等参数，仪器按照设置的参数进行自动采样分析，并可做出超限报警。其监测模式如图 22-62 所示。

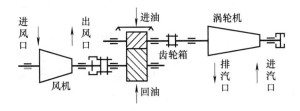

图 22-61　涡轮机组结构示意

22.6.8　铁谱技术在船舶柴油机工况监测中的应用

随着现代船舶可靠性和维修性工程的不断发展，对船舶进行故障诊断和工况监测已受到人们的高度重视。铁谱技术在故障诊断中已得到广泛应用，对船舶滑油系统的工况监测的可行性也得到认可。林少芬等

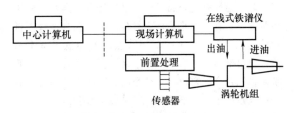

图 22-62　涡轮机组监测模式

曾介绍过"育美"轮柴油机的铁谱分析技术，并表明将铁谱技术引入航运润滑油系统的监测具有广阔的应用前景。

22.6.9　铁谱检测技术在矿用汽车状态监测故障诊断中的应用

百吨级的电动轮汽车是矿山生产的大型设备，它价格昂贵，维修费高，故需精心保养认真维修。汽车发动机故障的初期不易察觉，因此如何在发动机不解体的情况下，对其工况进行监测和故障诊断，为汽车保养维修提供可靠的科学依据，对于提高矿山的经济效益无疑具有重大的意义。

据鲁湘湘介绍，我国某矿山企业曾从美国引进六台 154t MARK-36 型矿用电动轮自卸汽车发动机，其型号为 Commins KTA-50C，功率 1194kW，转速 2100r/min。该机采用以压力润滑为主的综合式润滑系统，润滑油采用国产 SAE15W-40CE 型冬夏季节复合式高增压柴油机油。该企业采用铁谱技术对汽车发动机的重要摩擦副进行工况监测，发现普遍存在如下颗粒：

（1）摩擦聚合物颗粒　各谱片都大量存在摩擦聚合物颗粒，呈半透明的块状和透明的片状。颗粒长约几微米至几十微米不等。经分析摩擦聚合物是润滑油在临界接触区受到超高应力作用，使油分子发生聚合反应生成的，它们是非金属颗粒。摩擦副聚合物存在较多，说明润滑油质量在下降。

（2）黑色氧化物颗粒　各谱片入口处发现有黑色铁磁性金属颗粒，几乎看不到有光泽的金属颗粒，据分析，这些铁磁性颗粒主要来自以铁磁性材料为主的汽车零件，如曲轴、缸套、活塞环等。

（3）铜合金颗粒　有 5 个谱片都不同程度地存在深色块状颗粒，表现了明显的非铁磁有色金属特征。据实践经验，曲轴轴瓦已磨损，其材料是铜合金。

（4）铝合金颗粒　在显微镜白色反射光下观察，5 个谱片中都有不同数量的亮白色片状颗粒，这些颗粒在谱片上沉积的位置及长轴方向都具有随机性，表

现出非铁磁性有色金属材料的沉积特点。因发动机主要摩擦副只有活塞是铝合金材料，而且铝合金磨损颗粒的颜色和在谱片上的沉积特点与上述情况基本一致，故可推断这种磨损颗粒来自活塞的铝合金。一般来说，铝合金材料较软，易磨损。发动机工作时，活塞在气缸中上下往复运动，它是靠飞溅润滑的。当润滑不良时，金属表面油膜就会破裂而发生黏着，使一部分金属从母体分离，表面金属产生划痕，继而产生磨损颗粒。

（5）球形颗粒 各谱片都存在少量的球形颗粒，在白色反射光下观察，这种颗粒中心呈亮点，周围有黑色环带，这些球形颗粒都沉积在磁链上，说明它们主要来源于铁磁性金属材料，据此判断，矿用发动机中的球形颗粒来自正时齿轮系统。

实践表明，采用铁谱技术对发动机中异常磨损颗粒的形貌特征进行分析，能够推断异常磨损发生的部位和原因，尤其是对刚投入使用的汽车发动机突发故障的诊断有其独到之处，这可为状态维修提供科学依据。业界专家认为，将铁谱技术与光谱技术结合起来，两者相互补充，可使汽车发动机的状态监测和故障诊断更为精准。

22.7 油液分析故障诊断的专家系统

1956年，国际上第一次使用了人工智能（Artificial Intelligence，AI）这一术语，标志着以研究人类智能的基本机理，使计算机更"聪明"为目标的新型学科——人工智能正式诞生。AI发展到今天已形成很多分支，专家系统（Expert System，ES）是其中最活跃的分支之一，它将AI从实验室引入现实世界，并已取得了令人瞩目的成绩，受到世界各国的高度重视，产生了巨大的经济效益。

据报道，目前全世界有几万个不同ES在运行和应用。在油液分析故障诊断的ES中具有代表性的是加拿大Gas Tops公司历时6年开发的Lube Watch Fluid Analysis，并已在美军对飞机发动机、柴油机等的诊断中成功地应用。

参 考 文 献

［1］ 林亨耀，汪德涛. 机修手册：第8卷［M］. 3版. 北京：机械工业出版社，1994.

［2］ 贺石中，冯伟. 机械设备润滑诊断与管理［M］. 北京：中国石化出版社，2017.

［3］ 中国机械工程学会摩擦学学会《润滑工程》编写组. 润滑工程［M］. 北京：机械工业出版社，1986.

［4］ 科拉科特. 机械故障的诊断与情况监测［M］. 孙维东，等译. 北京：机械工业出版社，1983.

［5］ 杨俊杰，周洪树. 设备润滑技术与管理［M］. 北京：中国计划出版社，2008.

［6］ SEIFERT W W. Westcott V C. A Method for Study of Wear particles in Lubricating Oil［J］. Wear，1972，21（1）：22-42.

［7］ BOWEN E R. Setfert W W，Westcott V C. Ferrograph［J］. Tribology International，1976，9（3）：109-115.

［8］ JONES M H. Ferrography Applied：Diesel Engine Oil Analysis［J］. Wear 1979，56（1）：93-103.

［9］ HU D Y. Condition Monitoring of Worm Gearing，An exploratoryInvestigation of Ferrographic Trend Analysis［C］//Conditon Monitoring' 84. Swansea：Pineridge Press，1984：564-579.

［10］ 张红，李柱国. 油液分析技术在重大机加工设备状态监测中的应用［J］. 润滑与密封，2002（5）：67-68.

［11］ 李柱国. 机械润滑与诊断［M］. 北京：机械工业出版社，2005.

［12］ 刘仁德，等. 润滑脂铁谱分析的研究和应用［J］. 润滑与密封，2002（5）：65-66.

［13］ RABINOWICZ E. Investigating a Tribological FailureProc［C］// Eurotrib' 89. Helsinki：Lansisavo oy，1989.

［14］ 雷继尧，何世德. 机械故障诊断基础知识［M］. 西安：西安交通大学出版社，1989.

［15］ 严新平，等. 油液分析诊断软件包的系统分析［J］. 润滑与密封，1996（5）：62-63，57.

［16］ 刘岩，等. 透平机减速齿轮箱的在线铁谱监测［J］. 润滑与密封，1996（2）：51-53.

［17］ 吕晓军，等. 一种新型的在线铁谱仪［J］. 润滑与密封，2002（3）：72-75.